中国古代

包装艺术史

朱和平 著

人民出版社

目　录
CONTENTS

第一章　绪　论

　　包装作为一种满足和美化生产、生活的行为，几乎与人类的起源同步。伴随着人类自身的进化和人类社会的发展，包装经历了一个不断演化的历史过程，这一过程，不仅包含了材料的拓展、工艺的进步，而且还涉及了功能的演进。正是这种演进，使得古代包装无论是在功能，还是在艺术表现力方面，都呈现出纷繁复杂的局面。

　　包装艺术的演变过程尽管是一种历史的必然，但与历史发展的不平衡性，地理环境的差异性，以及历朝各代的经济体制、阶级关系、统治政策、经济思想、科技发展和审美价值取向不无关系。这些因素导致其在整个古代社会发展中产生着不同的影响和作用，成为一定时期不同地域，不同阶层生产、生活的晴雨表。这就使得包装艺术史难以从古代政治史、经济史、思想史、科技史、文化史、社会生活史等中抽离出来。

　　为了既与上述专门史区别开来，又能说明包装艺术史与这些专门史之间的关联性，我们拟先以绪论的形式，将其发展置于整个古代历史发展进程中，先就相关问题，盱衡于整个中国发展的整个进程，结合包装所涉及的造物动因、材料、形态结构、装饰以及工艺等因素，进行辨析和作一鸟瞰式阐述！

第一节　关于包装概念及其演变

包装与其他造物种类和行为一样，是人类为实现特定目的而进行的设想、规划、方案等创造性活动。这种创造性活动的目的旨在通过人造物的使用来实现美化人类生产、生活的环境，并改善和提高人类生活的品质。尽管包装也属人类造物体系中的一部分，但是，包装物与其他一般的造物活动相比，仍有很大的不同。根本的区别在于：包装作为一般性的造物活动，是一种依附于某一类人造物的造物行为，不具备独立存在的特性，它的存在始终受到被包装物的限制与约束。就这一视角而言，包装的进步和发展，在很大程度上是受制于被包装物的进步和发展的程度。当然，影响包装发展和演变的最为根本的原因，还是人类社会发展进程中不断进步的生产方式和不断提高的生活水平。从人类的发展历史来看，包装经历了萌芽、发展到现代意义上的转变过程。这一过程是一个随人类生产方式的进步和生活水平的提高而不断演变的过程。在这个过程中，受政治、经济、文化、思想等多方面的影响，包装概念以及所体现的功能性都随之不断更新变化，并在各个时期表现出不同的特点。

一、早期包装概念

"包装"是一个既古老而又年轻的概念，其名词晚至近代才出现。但是，作为一种人类造物行为的发展与实施并不能以概念的形成为起始。因为包装作为一项造物活动与其他造物行为一样，也经历了一个漫长的历史过程。包装与人类的生产、生活密切相关，它的起源、发展，乃至在近、现代的转型，都是人类社会发展的必然产物。只是在这一起源、发展及近、现代转型的过程当中，人们对包装的认识和理解是所有差别的。所以，目前人们立足于现代包装的概念、含义和范畴去探究古代的包装，尤其是用"现代"的观念去审视古代包装艺术，显然是不妥的！所以，我们在讨论古代包装艺术之前，有必要就包装的含义、范畴及其在各历史阶段的演变作一阐释和梳理，以期更好地厘清我国古代包装艺术的发展脉络和线索！

"包装"作为一个词组显然属于现代词，而且在我国也多被认为是一个舶来词。

因为"包装"一词不仅在我国古代历史文献中未出现过，而且作为一项造物活动的专用词汇在我国也迟至1983年才有一个明确的解释。即包装是为在流通过程中保护产品，方便储运，促进销售，按一定技术方法而采用的容器、材料及辅助物等的总体名称；也指为了达到上述目的而采用容器、材料和辅助物的过程中施加一定技术方法等的操作活动①。在这里，"包装"明显地存在着两重含义：一是指盛装产品的容器及其他包装用品，即"包装物"；二是指把产品盛装或包扎的活动。按照这一理解，我们翻检古代历史文献，并未发现有在内涵上完全相同于"包装"的词汇，而仅有"包"与"装"这两字，或是与"包装"这一词组含义相似或相近的诸如"包裹""包藏"等词组。根据《说文解字》《康熙字典》《汉语大字典》以及《辞海》的释义，在我国古汉语中，"包"字的意思主要为包容、包藏、包裹等，"装"字则有裹束、装载、藏入、装饰、装配、装订等几种解释。从上述辞书对"包""装"二字的释义来看，"包"本义应为"裹"无疑，而"装"字的释义"裹束""装载""藏入"与"包"字本义"裹"组合在一起，可以解释为将物品裹束好放入某器物中。依据这种解释，古汉语中的"包""装"二字显然与"包装"作为一项人类造物活动的专用术语的内涵相去甚远，但在某种程度上来看，却不失为我国古汉语中对包装行为的另一类词语表述。因为"包装"这一概念，可以因时代与地域的差别而有所不同，也可以因不同领域的人而有不一样的认识。所以，我们不能因为我国古代并未出现"包装"一词，而否认我国古代缺乏对"包装"的认识和理解，必须以动态的眼光，辩证地去理解各历史时期"包装"的内涵和外延。

包装固然是伴随着人类社会的进步和商品经济的发展而在内涵上呈现出不同的特点，但是就其基本功能而言，它是不会变更的。这是我们理解古代包装，尤其是认识古代早期包装，并将包装从古代独立使用的容器和一般日用器具中区分开来所要把握的。关于包装的基本功能，我们从世界各国对包装的定义，以及我国古汉语中对"包"与"装"的释义来看，它作为一项独立的造物种类，在本质上是依附于被包装物的，无论历史如何变迁，它始终是以保护物品的内容性质和方便消费使用为基本属性；一般情况下，它在完成转移和流通物品，并协助被包装物实现消费和

---

① 国家标准（GB4122—83），《包装通用术语》，1983年。

使用的目标之后，即可说是完成了它的使命而可以抛弃。就这一角度而言，包装是具有从属性和临时性的双重性质的一类造物。不过，也有部分包装与被包装物融为一体，虽从本质上讲，是从属物，然却不具备所谓的临时性，譬如书籍装帧、奁式漆制包装（图1-1）等。

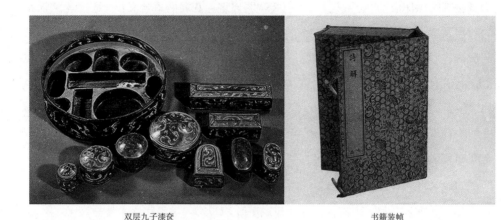

双层九子漆奁   书籍装帧

图1-1　奁式漆器与书籍装帧包装

由于包装具有自身的独特性，因而与人们日常生活中独立使用的容器和一般的日用器具（诸如水缸、水杯、碗、盆、衣柜、衣箱等），在内涵上有着根本的不同。包装从核心内涵上而言，是在物流过程中，为保障物品的使用价值的顺利实现，而采用的具有特定功能的单元或系统。虽然包装与日用器皿、器具，在目的上都是为顺利实现物品的使用价值而服务的，但是，相比之下，包装侧重的是满足被包装物品在使用之前内容、性质、形态、质量等不受损坏或甚少损害的保障，强调的是保障的过程环节；而日用器具则一般是独立使用的，不具备从属性，侧重的是适放物品的内容性质，强调的是物品的使用结果。当然，包装与日用器皿、器具的区分界线并非泾渭分明，具有一定的含糊性和相对性，所以，既不能完全把包装，尤其是包装容器与日用器皿、器具绝对分开，同时也不能将人类社会生活中的诸如棺材、马桶、盆、柜等笼统地归纳于包装范畴。因此，我们在研究古代包装艺术史的过程中，一方面要站在还原历史语境的背景之下，辨析包装品的本来功能以及由它所折射出来的当时人们使用包装的一种普遍性行为；另一方面则是以发展的眼光看待包装，辩证审视各历史阶段的包装：有部分造物在人类社会早期可以归属于包装范畴，但在后来的社会中却不再用于包装的用途，因为在造物演化过程中，一部分造物转化了其功能，成为独立使用的器具或者工艺品、陈设品，还有一部分则由于伴随着包装含义范畴的扩大而应排除在包装范畴之外。

不过，为了全面深入地探讨古代包装艺术，我们仍试图对作为包装艺术物质载体的包装品进行含义范畴上的限定。因为作为人类的一项造物活动，其必定是以某种物质实体的方式展现出来。实际上，这就是本书的主要研究对象——包装品。包装品不一定等同于包装（因为包装有时还体现为一种方式或者过程），但它却是包装的一种实体展现。所以，我们从包装品出发，可以在某种程度上还原包装的方式和过程。关于包装品的含义，我们有广义和狭义的理解。从广义来理解，一切用于盛装、包裹、储藏以及便于搬运物品所采用的手段和工具，都属于包装品的范畴。但这样一来，包装品所涵括的范围就无限扩大了，将一切独立使用的容器和一般的生活日用器具也囊括在其中，很大程度上淹没了包装独有的特性。因此，我们一般采取狭义的认识，即包装品是在物品的流通过程中，以保障物品的使用价值得以顺利实现，采用的一系列保护物品、方便储运，以及便于使用的包裹、捆扎、容纳物品的，具备一定空间、一定尺度和一定体量的容器、裹包用物和辅助材料。确切地说，这也即包装的初始概念，或者原始形态。

狭义范畴下的包装品，主要是一种基于人的本能需求的造物。这类包装的出发点和归宿点始终是实用性。其功能主要体现在两个方面：一是保护功能，即在流通过程中保护物品的内容、形态与质量，使被包装物品不受损坏或甚少损坏，以确保物品的使用价值能得以顺利实现；二是方便功能，主要是指在实现物品使用价值的过程中，所体现出来的便于搬运装载、方便储藏、方便陈列与展示，以及便于使用（收藏、携带、开启、使用）的功能。

当然，按照马克思主义的观点，任何事物都是发展变化着的，包装概莫能外。随着人类社会中政治、经济、文化、思想等多方面的不断向前发展，包装的功能、形态以及概念、范畴都在不断地变化，我们同时也要以历史的眼光，从动态发展的角度去认识和理解包装，不能以某一阶段的单一标准去限定各个时期、各个阶段的包装。纵观包装的萌芽、发展，以及现代概念的转型，包装概念的演变大致经历了三个阶段：第一阶段是"包装"意识的萌芽时期，即包装的双重性阶段；第二阶段是包装的发展时期，即包装的专门性阶段；第三阶段是包装的成熟时期，即包装专门性和从属性并存的阶段。

1."包装"的萌芽期——内涵上的"双重性"阶段

所谓"双重性"，是指早期包装在用作生活日用器皿、器具的同时，兼具裹包、捆扎、储放、转移物品的功能属性。按照历史学的分期来看，在内涵上具备"双重性"的包装，主要是在史前社会这一漫长的历史时期中所出现的包装物。因为史前社会处于原始社会阶段，生产力极为落后，人类认知自然的能力十分有限，人们仅靠双手或简单的工具进行采集、捕猎获取食物，对猎获和吃剩的动物及采集的野果，为了携带的方便，便拣拾采摘诸如葫芦之类的植物果壳，或采用诸如荷叶之类较大植物的叶子，以极简单的形式进行盛装和包裹，或者采用柔软的藤、葛等植物枝条，进行极简单的捆扎。如果从功能的角度去分析和认识，这种行为仅仅停留在最基本的"包"和"装"两部分功能之上，即用来满足人类基本生活需要的"盛装"和"转运"的功能，毫无疑问，它并不具备包装作为一门独立造物活动的基本内涵，至多算是对自然物的简单利用，因此不能被称作真正意义上的包装，只能算是早期人类的一种包装意识的萌芽。

从原始社会后期开始到奴隶社会这个漫长过程中，人类社会发生了巨大的变化，生产力水平逐渐提高，所使用的工具不断改进，剩余产品也日益增多，单纯依靠简单利用自然物的特性进行短距离和短期转运与储存的方式，已经无法满足人们日益发展的生产、生活的需求。于是，人们开始制作器物来进行中、长途的转运与长时间的储存，如竹器、陶器等。根据考古所发掘的骨针及大量印有绳纹、网纹等的陶器和关于陶器起源的比较一致的说法——陶器起初是将黏土涂抹在编制的器物上用火烧制而成，以及在浙江钱山漾新石器时代晚期遗址中出土的大量竹编制器[1]，我们可以初步断定：在陶器出现前，人类已经掌握了编制、缝制技术。因此，在陶器出现前，人们极有可能利用已有的缝制、编制技术创制出可存放、容纳、转移的容器。

---

① 浙江省文物管理委员会：《吴兴钱山漾遗址第一、二次发掘报告》，《考古学报》1960 年第 2 期。

这一创造性的劳动可谓开启了人类步入有意识的制作包装的阶段。

尽管大量的陶器、编织器、竹木器在原始社会后期出现，但是这些器物当中仅有部分在当时被用来作包装使用。因为在史前社会受到各方因素，特别是器物种类以及数量的限制，那些具有可存放、容纳、转移的包装器物并未从生活日用器物中分离出来，仍是混同于生活日用器皿、器具中，其从属性依

图 1-2　红陶小口尖底瓶

然不明显。如新石器时代的陶瓶（图 1-2），有时候用于盛水[1]，有时候则又用来盛酒[2]，其功能上所表现的通用性，是此时期"双重性"包装容器的典型代表。

处于"双重性"阶段内的包装与其他人类造物，在内涵和使用范围上基本相同，但其从属性特征不明显，所以在原始社会和进入阶级社会相当长的一段时期内，包装被混合于生活用具中而未被明确地分离。从使用角度来看，"双重性"阶段的包装属性的体现，主要是由于人们在使用它的过程中强调了它裹包、捆扎、储放、转移物品的功能属性。所以，我们也可以这样认为：萌芽期(或原始社会时期)的"包装"具有"普遍性"的特点，决定它的因素取决于它的容纳空间和使用方式。

2. "包装"概念的过渡期——"专门性"阶段

包装概念的"专门性"，是指在设计、制作、生产过程中即已赋予其捆扎、裹包、储存、转移物品的特定目的，且在使用过程中具有相对稳定性和持续性的特定造物，是一种人类有意识地区分一般器物的造物，不同于通用存储器。从人的思维意识变化来看，"包装"发展到这一时期，是早期先民对包装的利用从一种偶然的

---

[1]　王大钧等：《半坡尖底瓶的用途及其力学性能的探讨》，《文博》1989 年第 6 期。

[2]　包启安：《史前文化时期的酿酒（二）——谷芽酒的酿造及演进》，《酿酒科技》2005 年第 7 期。

图1-3 提梁卣

行为到有意识的自觉制作和使用的转变。这个阶段，我们称之为古代包装独立体系形成的"过渡时期"。

从人告别简单利用各种不同特性的自然之物进行包装开始，在人们的造物活动中，便将人类的情感、思想一并注入其中，创造了一系列具有文明特征的竹木器、陶器、青铜器、漆器等，这些容器从包装起源的角度上来说，涵盖了原始包装的功能，但随着社会的发展，原始社会用于盛装、容纳的器物有些逐步演变为生活用具，而不再被用于充当包装。尤其是当人类进入阶级社会以后，确切地说是奴隶社会，社会分工的进一步细化，手工艺的造物趋向明显的专一性，如随着酿酒业、食品加工业的发展，先民们便开始制作专门用来储存、转运酒、食品的包装容器，这些器物才逐渐脱离了一般性的生活日常用具的范畴，并且有了功能的限定与专业的名称，以及特定的造型和结构。譬如，用于贮酒的卣、罍、壶等青铜和陶制的容器。古文献中也有不少相关的记述，如《尚书·洛诰》中载："予以秬鬯二卣，曰明禋，拜手稽首，休享。"孔传："周公摄政七年致太平，以黑黍酒二器，明絜致敬，告文武以美享。"[1]大意是说用卣来盛放特定的酒，足见其在用途上的专门性（图1-3）。

从这些拥有专门储存性功能特征的容器的产生来看，我国古代早期包装的发展已逐步过渡到包装概念的专门性阶段。古代包装专门性阶段的概念范畴，与原始社会早期相比，其内容范畴更加清晰，在一定程度上将以往被认为是包装的通用容器（生活器具）排除在包装领域之外。这种具有专门性、持续性且具备专一功能特性的包装从一般的生产工具、生活用具中分离出来，从而拥有了独立的主体范畴。

3."包装"概念转型期——从属性与专门性并存

从现代包装概念来看，包装的一个显著特征便是其从属性，所以，古代包装发

---

[1] 李学勤主编：《十三经注疏·尚书正义》（标点本），北京大学出版社1999年版，第416页。

展过程中从属性的出现即是包装迈入"转型期"的一个重要标志。所谓从属性包含两层关系：其一，包装是被包装物的附属物，两者可以分离，带有临时使用性，用毕即可抛弃（当然也可以再利用）；其二，包装也成为被包装物一个部分，两者可视为一体。而所谓从属性与专门性并存则是指包装在具有专门性的同时，尤其体现了其从属性的特点。

与包装在内涵演变的前两个阶段所不同的是：包装从属性的出现是人类在生产、生活中的一种有意识的普遍行为，是人类社会、政治、经济、文化、思想等发展到一定阶段的必然产物。这也是对"转型期"阶段包装界定的一个重要依据。因为"从属性"阶段的包装无论在材料的选择、造型的确立，还是在结构的处理上，均以保护物品、便于流通为目的和宗旨，总体上来看，是讲究简易、经济和实用的（当然上层社会所使用的包装物，因基本上不受经济成本的限制，也未通过市场环节，与一般工艺品在表现形态上无异）。步入"从属性"阶段的包装实质上是产品的形态设计，是极大限度地提高产品的外观质量，用包装与同类产品展开竞争，充当着无声的广告和推销者的作用，很大程度上是为了争夺消费者，并引导消费者。这是人类社会发展到一定阶段之后，包装属性的必然产物。商品经济相对繁荣，交换行为日渐频繁，社会对包装需求大增，人们对包装功能的需求也已不再是简单地停留在方便运输、保护产品、便于使用等基本功能阶段，而是上升到了一种为了增加产品附加值的多功能阶段。

根据目前所知的史料来看，包装的"转型期"肇始于春秋战国时期，并在随后的包装发展历程中贯穿始终。因为春秋战国以后，人类社会逐步完成从奴隶制向封建制社会的转变，商业更加繁荣，各大中城市商品流通繁忙，所以致使保护商品（物品）、方便储运、促进销售的商品包装，迅速成为一项独立的造物活动而得到人们的普遍重视。《韩非子·外储说左上》所记述的"买椟还珠"这则故事中的"椟"作为包装，即反映了包装在内涵上已属于一个从属于被包装物品（商品），是为伺机贵卖被包装物品而专门定制的物品。我们知道，在人类早期所出现的包装中，运用的技术是十分简单的包裹、捆扎，因而密封性、牢固性、保质性等均很差，包装的作用和效能的发挥十分有限。然而，随着人类步入封建社会，各种传统材料的改进以及新材料的出现，加之包装技术的不断提高，特别是焊接技术、密封技术的总结，以及保鲜、防腐技术的陆续被运用，使包装的功能得以极大限度地发挥，其包装内涵不断拓展，包装在人们的生产、生活中的作用也越来越大。但是，在中国古代，由于社会经济以自给自足的小农经济为其主要形式，商品经济并不发达，因而包装的从属性虽然日益凸显，但在向现代经济条件下的包装内涵的转变中其历程十分漫长、缓慢！在这个历史过程中，人们对包装的认识逐步提高，尤其是对包装的概念和范畴认识的不断完善，最终在 19 世纪后半叶不断加剧的机械化、标准化、批量化生产的商品经济大潮中，完成了向现代包装概念范畴的转变。

二、包装概念的传统积淀和现代的变迁

我们知道，就现代意义的包装来说，商业性是其重要特性，简而言之，包装的功能主要是便于商业交换。但是，我国古代商业的发生、商品经济的存在有着漫长的历史。大量的考古资料证明：原始社会末期便有了商业交换行为，按照恩格斯对人类社会三次大分工的观点，商业的出现是在父系氏族社会后期①。从商品经济的层面来说，作为一种以交换为目的的经济形式，包括商品生产与商品流通和商品交换等行为，至迟在商代已产生，因为《左传·定公四年》记载，周灭商后，分"殷氏六族"给鲁，"殷民七族"给卫，而这十三个族中至少有九个族就是以经营不同的手工业而著称的。如"索氏"为绳工，"长勺氏、尾勺氏"为酒器工，"陶氏"为陶工等，充分说明当时手工业分工十分细致，且为不同人所占有，完全具备了产生商品生产的先决条件。准此，然则我国商品生产的历史十分久远，随之，与之匹配的商品包装，其发展道路也极为漫长。原因是萌发于原始社会时期的商品交换和商周奴隶制社会的商品经济，始终是作为农耕经济的附庸，没有得到充分的发展。受自然经济条件的限制，当时带有商品生产行为的初衷，并不是为了现代意义上的交换，因为当时的手工业是农业的结合体，其生产目的绝大程度上是为了满足奴隶主奢侈生活的需求，而不是为了出售，不存在人作为商品生产者独立存在的现象。当然，随着社会生产、交易活动的展开，出现了具有专门盛装功能、容纳功能、便利

---

① [德] 马克思、恩格斯著，中共中央马克思恩格斯列宁斯大林著作编译局编译：《马克思恩格斯选集》第 4 卷，人民出版社 1995 年版，第 154—171 页。

使用功能等包装特性的器具，故而当时所谓的包装仍旧夹杂于生活用品中，即用品也是包装品，具有二重性。

春秋战国时期不仅是我国由奴隶制社会向封建社会过渡的时期，也是我国历史上商业第一次大发展时期，生产力和社会经济发生了巨大变化。在农业发展的基础上，社会分工、城乡分工、商品流通进一步扩大，货币经济发展，同时出现了以工商业发达而闻名的众多区域性经济中心城市。沟通全国交通的水陆道路网络的出现，又使各地的土特产品和统治阶级所需的奢侈品得以在全国流通①。

有关历史文献记载，春秋战国时期的各国大中城市商品流通繁忙，一些商家为招揽、吸引顾客，在注重公平交易、以诚信为本和提高服务意识的同时，一方面通过招牌、幌子等宣传商品，另一方面讲究商品包装，以包装促进销售。据《韩非子·外储说左上》记载："楚人有卖其珠于郑者，为木兰之柜，薰以桂椒，缀以珠玉，饰以玫瑰，辑以翡翠。郑人买其椟而还其珠。此可谓善卖椟矣，未可谓善鬻珠也。"②又据《韩非子·外储说右上》记载："宋人有沽酒者，升概甚平，遇客甚谨，为酒甚美，悬帜甚高。"③大意是卖酒时，量器公平，服务态度好，且注意招牌幌子的广告作用。当时对于商品包装的重视，我们还可以从著名商人子贡、范蠡、白圭等人对于贮藏的认识和具体实施，以及当时长途贩运的情况可见一斑！他们根据"待乏"原则进行储藏，然后伺机贵卖。而储藏是离不开包装的，贵卖是需要空间区域的。他们"群萃而州处，察其四时，而监其乡之资，以知其市之贾；负、任、担、荷、服亲、韬马，以周四方；以其所有，易其所无，市贱鬻贵"④。正因为当时商品经营过程中分为了积贮、运输、购买、售卖四个环节，而这四个环节都与包装密切相关，所以在包装早期功能性的基础上有了较大的提高，同时商业性功能也得以出现。从考古出土的有关实物来看，当时包装的功能性和艺术性都有不同程度的提高，如春秋晚期到战国早期，漆器制作的木胎较厚，一般是在挖制而成的木器上直接加以髹漆，实际上仅是木器的一个加工程序，功能性和艺术性均不足。而战国

---

① 史仲文、胡晓林主编：《中国全史·春秋战国卷》，人民出版社1994年版，第153页。

② （清）王先慎集解，钟哲点校：《韩非子集解》，中华书局1998年版，第266页。

③ （清）王先慎集解，钟哲点校：《韩非子集解》，中华书局1998年版，第322页。

④ 上海师范大学古籍整理组校点：《国语·齐语》，上海古籍出版社1978年版，第227页。

中后期则多用夹纻或皮胎，使漆器整体上更为轻巧，并且用金属制成各种附件以加固和作为装饰，更显得精巧美观。从上述分析来看，这一时期商品包装已开始与生活用具分离，逐渐成为独立门类发展。

秦汉时期，尽管自然经济仍占据绝对统治地位，但商品经济继战国蓬勃兴盛之后，保持了持续发展的势态。其突出表现是陆路和海上交通的日渐发达，特别是丝绸之路开通后，对外贸易除了与周围各民族的贸易极为发达，如由陆路互市的不仅有东北的匈奴、鲜卑、乌桓等以及西南边疆各少数民族，而且远至中亚、西亚，甚至西方国家。和这些民族与国家的互市贸易，正如《史记·货殖列传》所云是"待农而食之，虞而出之，工而成之，商而通之"[1]，社会分工十分明确，交易量往往是"数以千计"，出现了专业的运输商和囤积商。《史记·货殖列传》中所谓"船长千丈……其轺车百乘，牛车千辆"[2]，是指长途贩运商人的运输工具。贩运商所"滞财役贫，转毂百数"，聚积了巨额财富，见诸文献的有周（洛阳）的师史，"转毂百数，贾郡国，无所不至……致七千万"；南阳孔氏，"连车骑，游诸侯，因通商贾之利"，以致"南阳行贾尽法孔氏"；曹邴氏"行贾遍郡国"；刁间"逐渔盐商贾之利"，如此种种，不一而足。出于长途运输需要，上至当事官员，下至商人，无不希望通过相应的包装保护物品，商品包装，特别是运输包装受到高度重视。长途运输需要和出于吸引域外消费需求，以及为保存日用物的生活诉求，这一时期无论是统治阶级，还是产品的经营者，抑或是市民阶级，都更加注重包装。如西汉氾胜之就曾记述："取干艾杂藏之，麦一石，艾一把，藏以瓦器、竹器"[3]的谷物储藏方法；至东汉，王充在《论衡·商虫篇》也提出："藏宿麦之种，烈日干暴，投干燥，则虫不生"[4]的谷物贮存方法。从某种意义上而言，这些运输包装，或是出于保存物品的功能要求，或纯粹是为了招徕顾客的需求，而不是独立存在的价值实体，这可以说是包装概念在发展演变过程中的一大变化。

由于长期的战乱和分裂割据，魏晋南北朝商品经济与两汉相比有所逊色，甚至

---

① （西汉）司马迁撰：《史记》卷129《货殖列传》，中华书局1982年版，第3254页。

② （西汉）司马迁撰：《史记》卷129《货殖列传》，中华书局1982年版，第3274页。

③ （西汉）氾胜之：《氾胜之书·收种篇》。

④ （东汉）王充撰，黄晖校释：《论衡校释》，中华书局1990年版，第719页。

在某个时期某些行业有所停滞或衰退。随之，其商品包装也不可能发生根本性的变化。但是继之的隋唐王朝，由于社会经济繁荣，中外文化交流的空前频繁，贸易的兴盛，商品竞争意识强化，特别是坊市制度的崩溃与"草市"的普遍兴起，使商品市场得到了充分的扩展，促进了商品货币经济的活跃，自此，历两宋时期，市场开设日趋灵活，消费者需求逐步社会化和规模化。在这之前，市场上所贩卖和出售的商品主要是供统治阶级享用的奢侈品，到了唐宋，逐渐扩大到了一般性日用消费用品。即如宋人在其著作中称当时开封，"集四海之珍奇，皆归市易"①，各种商品，"无所不由，不可殚记"②。在市场经济繁荣昌盛，物质资料生产规模壮大的背景之下，市场上的商品种类众多，为保护产品和方便运输而出现的包装不仅增多了，而且制作的要求更高，在规格和质量上便逐步有了严格的规定，这在《唐律疏议》卷16和《新唐书》卷48《百官志》中均有体现，所有产品上面要求镌题上年月和制作者的姓名，即"物勒工名"。同时《唐律疏议》卷26还规定，凡"不牢不真"，即质量不过关和"短狭"，即不合乎规格的产品禁止出售。这种要求，自然使包装的保护和便利功能得到了加强。及至宋代，随着文化的昌盛，商品外观包装的艺术性和审美性骤然兴起，吉祥纹样开始在包装装潢上流行。于是这一时期的包装不仅具备了保护、便利等功能，而且审美功能和促销功能得到了一定的拓展。这种状况历元明清而不废，并在装饰装潢方面有长足发展，以致在明和清初，包括包装在内的各种器物的装饰装潢方面，几近言必有意、意必吉祥的程度，导致了传统吉祥纹样大量流行。毫无疑问，这种吉祥纹样符合大众审美的要求，充分体现了包装生活化、大众化的发展趋势，从而使传统包装的内涵和定义得到了充分的张扬。

明朝开国时重建社会经济结构，保护和发展农业经济，并从整体上采用了全局轻赋、局部重赋的赋税方式③，促进了农业、手工业中商品生产的明显增长。自明末开始，西学渐进，西方的科技文化随即涌入我国，国内手工业、商业开始发生变更，在手工业中出现了资本主义萌芽，其中部分地区带资本主义生产性质的制

① （宋）孟元老撰，邓之诚注：《东京梦华录注·序》，中华书局1982年版，第4页。
② （北宋）周邦彦：《周邦彦选集·汴都赋》，河南大学出版社1999年版，第246页。
③ 参见张研：《清代经济简史》，中州古籍出版社1998年版，第21页。

瓷、造纸、棉纺织等作坊迅速崛起。由此，严格意义上的商品经济正式出现，一方面商品的数量大幅度增长，商业随之繁荣；另一方面，自给性的官营手工业呈衰落之势，而作为商品生产的私营手工业得到迅速发展，家庭手工业也已向商品生产转化，传统的手工业生产方式逐步被半机械化、机械化取代。到清中期，在西方列强经济和技术的冲击下，使建立在传统手工业生产方式基础上的包装，伴随着商品生产方式、规模和市场的变化，也逐步摆脱了手工业制作的阶段，开始步入了机械化大生产阶段。特别是到了晚清，列强相继涌入中国，中国逐步沦为西方资本主义国家推销商品、掠夺资源的场所，致使中国向半殖民地半封建性质转变。这种情况之下，带来了商品包装的发展，进而开启了我国近现代的包装工业发展之门，包装在含义上也由此接近为现代经济条件下的包装概念。

综上所述，包装概念的演变是随着包装这一实体的发展而进行的，受到社会统治政策、经济、科技等重要因素的影响，具有明显的时代性。随着社会的进步，经济的繁荣，科学技术的发展，包装概念的内涵和外延也在不断地变化。我国古代包装一直在以自然经济为主导的社会环境中艰难地发展，从最初的具扎捆、裹包等实用功能，发展演变成集目的、要求、对象构成要素、功能作用及实际操作等因素的具有系统概念意义的包装，从而形成了一个完整的包装概念。

第二节　包装艺术与人类社会发展的关系

艺术作为精神文化的一种形式，是社会化物质生产发展中所衍生出来的一种物化的社会形态。包装作为一种人类的造物活动，虽然受被包装物品的形态、内容、性质等限制和约束，但是其作为被物化的社会文化载体之一，其在发展的历史进程中，也无不受到各历史时期社会政治、经济、文化艺术、审美意识以及思维观念等因素的不同程度的影响，使其烙上时代的印记，从而呈现出别样的历史风貌。与其他造物艺术一样，包装作为人类的一种意识形态的产物，其一方面凸显和表现着人类社会的发展与变化，另一方面，人类社会也无时不在影响着它的演变与发展。正如豪泽尔所说："艺术和社会处于一种连锁反应般的相互依赖的关系之中，这不仅表示它们总是互相影响着，而且意味着一方面的任何变化都与另一方面的变化相互关联着，并向自己提出进一步变化的要求。"① 然而，毕竟包装艺术是建立在以实用为基础之上的，它在材料的选取、造型与结构的确立上始终是受制于被包装物的。简而言之，即包装的艺术性的体现是受到被包装物的限制与约束的，因而它区别于其他形式的造物艺术，尤其是人类历史发展进程中的纯艺术。所以，它除了受制于一般艺术发展规律以外，还有着自身的独特发展规律，但归根结底还是与人类社会的发展密切相关。

我们知道，从人类造物的动因来看，包装物的出现、演变及承载于其上的艺术内涵与形式的变化，是取决于其所根植的时代社会的经济基础的，因为一定社会经济的发展状况必定影响到造物艺术表现的物质条件、外在形式等。按照马克思主义的观点，由生产力和生产关系构成的"经济基础"（生产关系总和）决定了包括人类各类意识形态在内的"上层建筑"，而作为上层建筑之一的艺术，尤其是与人们生产、生活密切相关的包装艺术，其毫无疑问是受社会经济基础所决定的。尽管社会经济基础对包装艺术的决定，可能并非是直接的，而是通过多重途径或中间环节来反映与体现，但究其根源，乃是什么样的经济基础，即会产生什么样的艺术，这是亘古不变的原理。按照这种原理，我国古代包装艺术的萌芽、发展，乃至在近、现代的转型，其主要内容与形式，毫无例外地取决于各历史阶段社会经济关系的基础。这也正如格罗塞所言："经济事业是文化的基本因素——能左右一个社会集群的一切生活表现的确定性格。"②

当人类进入阶级社会以后，伴随着私有制、阶级、国家的出现，生产关系发生了改变，包括包装在内的艺术形式与社会经济之间的关系也发生了变化，在内容与形式上不再像史前社会那样朴素、直接和简单，而是无一例外地受到来自阶级意识形态、宗教信仰和文化观念等中间环节的影响和制约，不仅在形式上变得异常复杂，而且在承载内容方面也多是集统治思想、阶级审美等于一身。当然，除了社会经济、政治文化对包装艺术的发展产生影响外，像传统文化、民俗习惯等也对其产生了或多或少的影响，如我们不难感受到的地理环境、地域气候等便与包装艺术的

---

① 　[匈] 阿诺德·豪泽尔著，居延安译：《艺术社会学》，学林出版社 1987 年版，第 37 页。

② 　[德] 格罗塞：《艺术的起源》，商务印书馆 1984 年版，第 116 页。

发展有着密切联系。

一、传统统治政策与包装艺术

我国自步入奴隶制社会，历封建制社会的发生、发展，直至消亡的数千年中，历朝历代的统治阶级为了巩固政权，其政治、经济、文化无不围绕着中央集权专制统治的建立和巩固。其中与包括包装在内的造物艺术紧密相关的，是一整套等级森严的制度。所谓"明贵贱，辨等列"的等级观念，不论是在奴隶社会，还是在封建社会，均渗透到了人们的衣、食、住、行等社会生活的方方面面。在这种强权制度之下，包装艺术，尤其是宫廷包装无一不被打上政治的烙印。正如马克思所指出的："支配着物质生产资料的阶级，同时也支配着精神生产的资料，因此，那些没有精神生产资料的人的思想，一般地是受统治阶级支配的。"①可以说，在阶级社会中，统治思想和统治政策作为一种统治阶级意识形态的体现，影响到了社会的各个方面，只是各历史时期由于所主导的统治思想的差异，以及所推行政策的不同，从而使得包括包装在内的造物艺术在各历史时期所受的影响会有程度上的差异。

夏代作为我国阶级社会的起始王朝，基本上还是氏族方国联盟的王朝，其统治者的王权主要是通过巫术神权来得以体现，人们的思想意识，均是以神的意志为转移。到了商代，由于其政治地理环境相对狭窄与它统治区域过大的矛盾，以及商统治集团与外服异姓方国之间的芥蒂②，促使为推行统治意识而服务的国家宗教体系愈来愈强化神权，并以此来维护王权的威严，进而使神权政治在商代达到了极盛。所谓"殷人尊神，率民以事神，先鬼而后礼，先罚而后赏，尊而不亲"③正是此意。可以说，夏商时期的神权政治决定了夏商文化，尤其是商文化的巫术现象。这反映在包装艺术上，即体现为造型、结构与装潢均带有一种沟通天地的神化意义。从考古发现的商代青铜实物来看，其青铜材质包装容器不仅造型表现出诡谲、威严的形

---

① [德] 马克思、恩格斯著，中共中央马克思恩格斯列宁斯大林著作编译局编译：《马克思恩格斯全集》第3卷，人民出版社1998年版，第52页。

② 李学勤主编：《十三经注疏·尚书正义》（标点本），北京大学出版社1999年版，第261页。文中载：殷商末年，"小民方兴，相为敌雠。"

③ 李学勤主编：《十三经注疏·礼记正义》（标点本），北京大学出版社1999年版，第1485页。

象，而且装潢也以面目狰狞的饕餮纹最为突出，显得十分复杂而神秘（图1-4）。

图1-4　商代饕餮纹鼎

殷商统治者由于一味地推行残暴的神权政治，导致至商代末期，"小民方兴，相为敌雠"，外服诸侯相继叛离，最终被周所取而代之。周初"作'周官'，兴正礼乐"，在"因于殷礼"的基础上，吸取殷商灭亡的教训，制定了敬德保民、明德慎罚的带有民本意识的治国思想。《礼记·表记》言："周人尊礼尚施，事鬼敬神而远之，近人而忠焉"[①]。在这种统治思想的主导之下，周代推行了一系列礼乐制度，并以此为手段达到社会各阶层的尊卑有序、远近和合的统治目的。《礼记·曲礼上》言："夫礼者，所以定亲疏、决嫌疑、别异同、明是非也。……行修言道，礼之本也。"在这个时期内，不仅每个人要按照礼制的规定去做，而且器物艺术也一定要按照"礼"的标准来予以规范，以符合社会的发展。《礼记》中载："礼有以多为贵者，天子之豆二十有六，诸公十有六，诸侯十有二，上大夫八，下大夫六"[②]。在这种规范下，春秋战国之前的包装艺术，不论是统治阶级使用的，还是民间使用的，在外观形态和平面视觉元素的表达上，均是围绕"宗法"和"礼制"的诉求而设计制作的。关于这一点，从我国古代青铜器历人化→神化→人化的演变历程可以清楚地看出[③]。

春秋战国时期是我国古代历史上第一个大动荡、大发展的时期。五霸七雄的纷争局面，加速了西周以来的政治秩序和宗法秩序的崩溃，致使奴隶制逐渐衰落、瓦解，最终过渡到以地主阶级占主导地位的封建制社会。在这一历史阶段，统治阶级更强调对"人"的观念与价值的认同，民本主义的治国思想得到发展。这种统治背景之下，西周讲究伦理秩序的包装艺术开始瓦解，在包装物上突出地表现为僭越礼制的现象，这在当时以青铜作为主要包装材料的青铜包装容器上，形成了晋系、楚系、巴蜀、鄂尔多斯等不同风格体系的包装艺术。

[①]　李学勤主编：《十三经注疏·礼记正义》（标点本），北京大学出版社1999年版，第1486页。

[②]　李学勤主编：《十三经注疏·礼记正义》（标点本），北京大学出版社1999年版，第722页。

[③]　详见拙著《中国古代青铜器造型与装饰艺术》，湖南美术出版社2004年版，第38—55页。

我们知道，从春秋战国到大一统的秦汉时期，政治体制是由多元化过渡到一元化，是由政治权力的分散到高度集权的历史阶段，这为思想文化艺术的统一提供了必要的条件。秦代，以法家路线治国，以暴力手段统一思想，实行文化专制主义，使"车同轨，书同文，行同伦"，战国时所形成的区域性文化在这一时期交汇融合，形成了文化上的多元融合。在包装以及其他的造物艺术领域，则体现为形制、造型、大小、质量和性能等方面有着统一标准，如湖北云梦睡虎地出土秦简《工律》简165中载："为器同物者，其小大、短长、广亦必等。"①汉承秦制，汉王朝继承并发展了秦政权的统治规模和封建皇权专制制度。所不同的是，西汉开国初期，推崇黄老学说，采取休养生息的统治政策，经济、文化、艺术等领域相对宽松，不仅民间包装艺术获得了较大的发展，而且初步形成了宫廷与民间风格包装的分野。至西汉武帝时期，武帝一方面转变统治思想，"罢黜百家，独尊儒术"，以儒家学说取代无为而治的黄老思想；另一方面则采取一系列强化皇权，巩固统一的措施。如颁布"推恩令"，行"左官律"和"附益法"，打击了诸侯王势力。在经济上，也采取国家统制政策，实行均输、平准、盐铁专营，抑制了工商业的发展。这一系列政策和措施，致使汉代包装艺术，尤其是上层社会所使用的包装，呈现出严格的等级规范，并朝过度奢侈化的畸形方向发展；而为商品服务的商品包装则在工商业发展受到一定的限制和约束的情况下，放慢了发展的速度。

从东汉末年黄巾起义开始，我国历史又一次步入了大分裂时期，从那时至公元589年隋炀帝统一南北为止的四百余年里，政权林立，几乎无日不战。一方面民不聊生，社会经济遭到严重破坏，商品经济出现了停滞乃至逆转之势；另一方面门阀制度盛行，致使等级观念根深蒂固，"士庶天隔"的局面渗透到整个社会生产、生活的各个方面，致使宫廷包装与民间包装的分野更为突出。传统的民间包装因自然经济比重上升，虽在整体上呈现出衰落之势，但在风格表现上却因民族纷争和民族融合而呈现出多元发展的态势。

隋代所创建的科举制及所推行的均田制，在唐代得到进一步的实行，这就在一定程度上打破了注重门第出身的门阀等级观念。正如《新唐书·柳冲传》中柳芳所

---

① 张政烺、日知：《云梦竹简》，吉林文史出版社1990年版，第45页。

说：隋"罢乡贡举，离地著，尊执事之吏，于是乎士无乡里，里无衣冠，人物廉耻，士族乱而庶人僭矣"①。在这种政策之下，隋唐五代时期的阶级关系发生了一系列新的变化，门阀士族的势力逐渐衰败，庶族地主、工商业者的经济实力增强，市民阶层逐渐兴起，农民的人身依附关系也相对减弱。这反映在包装艺术上，即为讲究等级秩序的包装物体系相对减弱，民间包装获得相对自由的发展。可以说，伴随着隋唐相对开明政策的实施，唐王朝经济空前繁荣，文学艺术也异常发达，与包装紧密相关的手工业制作也取得长足的发展。官营和私营两种性质的生产作坊得到极大的发展，致使唐代在包装艺术上，明显分野出宫廷与民间两大风格（图1–5）。这个时期内包装在材料撷取、功能满足、艺术表达、成型技术以及生产规模上，都远远超过了前代，呈现出一派繁荣的景象。

鎏金鹦鹉纹银盒　　　　　　　　　　　长沙窑青釉褐绿彩油盒

图1–5　宫廷包装与民间包装

经过五代十国的长期战乱后，赵匡胤黄袍加身，建立了宋朝。但是，宋朝的统一范围有限，周边众多的少数民族政权并未归附，而是形成了辽、金、西夏等少数民族政权与宋朝多元并存，且相互纷争的局面。两宋时期，在统治政策上，"兴文教、抑武事"，强调以文治天下。这虽然使宋朝在军事、政治等方面的作为不及前代，但却在一定程度上促使了经济、文化艺术等领域的再度繁荣。继唐代包装艺术在风格上出现宫廷和民间两种大的分野以后，进一步出现了典雅秀丽的宫廷风

---

① （宋）欧阳修、宋祁：《新唐书·食货志》，中华书局1975年版，第5678页。

格、朴素质美的文人风格以及带吉祥寓意的市井味风格等针对不同阶层而设计、生产的包装。与此同时，与商品经济相关的运输包装、商品销售包装等在汴京、临安等大都市也尤为盛行。辽、金、西夏等少数民族政权在与宋王朝的不断战争与交流当中，在政治上也多仿宋朝，推行科举制度，设立类似中原汉族政权的官职。正如《契丹国志》所云："其惕稳，宗正寺也；夷离毕，参知政事也；林牙，翰林学士也；夷离堇，刺史也，内外官多仿中国者。"[1] 这就使得游牧民族的草原文化与中原农业文化相互汇合，形成了以汉民族文化为核心的多元化文化。在包装艺术上，则呈现出游牧文化与中原农耕文化相互交织的现象。

自宋以后，蒙古族入主中原，建立了元朝，中原进入少数民族统治的时代。在统治政策方面，元代统治者尽管奉行民族歧视政策，将人分为四等，防止了蒙古族被异化的可能。包装艺术在这种民族政策下，其造型和装饰风格方面一定程度上凸显了蒙古族的游牧文化，但也呈现出蒙汉文化交融的特点。元朝还设立了司农司，推行了一系列有利于农业发展的政策，编订了《农桑辑要》《农书》《农桑衣食撮要》等三部农书，这在很大程度上推动了农业的发展，同时也普及了农产品的藏贮、保存的相关包装技术和方法。

至明清时期，中国步入封建社会的晚期，中央集权的专制制度发展到了极致。明初统治者在政治上强化君主专制，在思想文化上，沿用科举制，实行八股取士，以行政暴力干预意识形态，推行文化专制主义的政策。这虽然造成了明代思想文化领域的沉寂，但却在一定程度上助长了文化复古主义思潮的出现，使大部分明代文人转向艺术品收藏与鉴赏，以及艺术创作等方面，这不仅使得文人风格的包装盛极一时，而且也使部分文人参与到了包装的设计与制作中[2]。而在经济上，明代统治者从地主阶级的根本利益出发，实行轻徭薄赋、休养生息的政策，致使永乐年间出现了"宇内富庶，赋入盈羡，米粟自京师数百万石外，府县仓廪蓄积甚

---

① （宋）叶隆礼撰，贾敬颜、林荣贵点校：《契丹国志·建官制度》，上海古籍出版社 1985 年版，第 129 页。

② 爬梳明代相关的历史文献，不难看出诸如文震亨、高濂等明代的一批文人，均参与到了包装的设计与制作中，这从他们所撰写的《长物志》《遵生八笺》等著作中可以窥见。如高濂在其《遵生八笺》中言："提盒，余所制也……远疑提甚轻便，足以供六宾之需。"

丰，至红腐不可食"[1] 的局面。这不仅增大了为满足保存、贮藏、转移物品的包装的需求量，而且相对宽松的经济环境为包装完成商品化的转型奠定了基础。进入清朝以后，尽管统治者在加强君主专制方面较明代有过之而无不及，并残酷地推行文字狱，但是传统的包装艺术却呈欣欣向荣之势。在清代，不论是宫廷包装，还是民间包装，甚或是文人风格包装，在设计、成型、种类、生产规模等方面都达到了古代包装发展史上的最高峰。不过，随着清王朝的没落，以及西方列强相继涌入中国之后所推行的殖民统治，中国自 1840 年后，开始步入近代包装工业的阶段。

总之，奴隶制和封建制的统治政策，对奴隶和农民从人身依附关系到生产方式，从经济形态到生活情形，都具有决定性的影响。如大凡自然经济占支配地位时，包装的发展就停滞，商品性程度就低；反之，当重农抑商政策淡漠，商品经济繁荣时，包装的发展就迅速，其功能就得到拓展。又如森严的等级制度，使得民间包装在材料选取上大多为就地取材，仅为满足大众基本所需，而不敢追求材料的多样化。这在造型、装饰上，同样有所体现。就统治政策对商品包装的影响来看，中国几千年所推行的以农为本、重农抑商政策，导致了商品经济的发展极为缓慢，资本主义性质的生产在封建经济体制中难以萌芽和成长，使我国严格意义上的包装长期处于时有时无状态，标准化、规模化包装始终难以出现和发展。当然，这种状况所带来的是手工的、个性化的包装艺术的绚丽多彩！

二、传统经济思想与包装艺术

在诸子百家争鸣的春秋战国时期，不仅学术空前繁荣，而且关于经济的学说、思想亦层出不穷，较具代表性的有：道家的经济思想主张经济活动应顺应自然法则，主张清静无为和"小国寡民"；而儒家的经济学说出于维护国家的稳定、社会的和谐，提出了均富、节用、重义等思想。在儒学产生前，我国经济思想处于极为低下的水平，以至于迄今尚未发现论述经济问题的专书和专文。从某种意义上说，儒学的产生和发展，为我国古代经济思想注入了强大的活力和动力，至西汉后，儒

---

[1] （清）张廷玉等：《明史》卷 78《食货志二》，中华书局 1980 年版，第 1895 页。

家思想便成为我国古代经济思想的纲领①。儒家的经济思想集中体现在以下几个方面：平均主义的分配观、重本抑末的产业观、崇俭黜奢的消费观及重义轻利的价值观。在传统儒家经济思想的束缚下，我国自夏代以来的自给自足的自然经济变得更为根深蒂固，在不同历史时期即使出现和存在过一定的商品经济，甚至在明清时期产生了资本主义性质的生产作坊，但自然经济的主导地位从来未被撼动过。

在奉行"重本抑末"的传统经济思想和单一的经济结构模式的影响下，我国古代包装艺术的发展可谓十分缓慢。

自夏王朝建立后，我国便进入了奴隶制社会，奴隶制条件下的经济基本上是自给自足的自然经济。奴隶主完全占有社会生产资料，从而迫使无数奴隶为其从事生产，主要提供各类奢侈品满足奴隶主的生产、生活的需求，因此，其物质资料的生产不是以社会、市场的需要为目的的，这样使得产品交换的可能性微乎其微，换言之，即社会产品难以进入流通领域实现其价值，在奴隶制度下，物质资料的生产和分配遵循的是产品的使用价值，而不是产品的价值②。尽管当时除农业而外，还存在着手工业和商业，但"庶人工商各守其业以共其上"③"处工就官府"④，手工业和商业基本上是官府控制的，不是严格意义上的商品生产和建立在市场基础上的商业行为。这种经济结构严重阻碍了产品包装的发展，一方面，奴隶主完全占有社会生产资料，在很大程度上抑制了不同消费群体的存在和市场交换规模的出现，从而制约了包装风格多样化的产生。另一方面，社会生产不以社会、市场需求为出发点，妨碍了社会市场的发育、形成，使得产品难以进入流通领域，阻碍了包装功能的拓展，从而也限制了我国古代包装艺术的多样化发展道路。

春秋战国时期，我国社会由奴隶社会逐渐过渡到封建社会，自此至 1840 年，我国封建社会的经济结构是自然经济与商品经济相结合，且自然经济依旧占据主导

---

① 张守军：《传统经济思想的社会和谐目标》，《东北财经大学学报》2008 年第 3 期。

② 孟令国：《论基本经济规律——文明时代：奴隶社会》，《牡丹江师范学院学报（哲学社会科学版）》2004 年第 6 期。

③ 上海师范大学古籍整理组校点：《国语·齐语》，上海古籍出版社 1978 年版，第 37 页。

④ 上海师范大学古籍整理组校点：《国语·齐语》，上海古籍出版社 1978 年版，第 226 页。

地位。相对奴隶制社会而言，封建制社会的商业有了长足的发展，然而，在传统"重农抑商"政策的压制下，商品经济一直未能脱离于自然经济而成为社会经济的主导。尽管封建社会在一定时期内的商品经济一度发达、商业资本一度变得十分活跃、商业一度出现繁荣局面，甚至出现了资本主义的萌芽，如自唐中后期坊市制度崩溃，市场曾一度多元化、自由化。但因商品生产并没有得到相应的发展，是商业使产品变成商品，而不是商品以自己的运动形成商业①。再者，广大下层阶级消费能力低下，对市场需求十分有限，无法刺激商品生产的发展。以上两方面使得经济运行链条之生产、消费两环节十分薄弱，极大地限制了产品的多样化生产及多元化市场的形成，从而间接地妨碍了商品包装艺术多样化的发展。

我们知道，决定包装存在和发展的是经济形态，而在奴隶制和封建制的经济结构之下，社会生产的商品化程度极为低下，商品市场无法发育完善，同时社会的购买欲望和购买力十分低下，这一切，使我国古代包装长期处于"皮之不存，毛将焉附"的地位！不过，社会的进步、生活水平的提高对包装要求的不断提升，使我国包装艺术在几千年缓慢、畸形的发展中，在西方列强工业革命引发的殖民大潮中，被动地走上了现代化之路。

三、传统文化与包装艺术

包装作为我国先民的重要造物形态，是基于一定的材料，用工艺的方式造物的文化，在满足某种物质需要的同时，融入了人们的造物思想观念和审美价值取向，因而在一定历史时期，具有其独特的艺术品格，在其发展过程中，不断积淀和承载着文化。而这些被积淀和承载的文化，又不断地对后来的历史产生影响，这是文化的影响力，也是文化的特性！

在原始社会，人类对自然认知能力十分低下，缺乏了解，在后世人看来极为正常的人之生死、自然灾害等自然现象，对他们来说是那么的神秘、富有力量，给他们带来无限的恐惧，在具有"超凡能力"的自然环境影响下，先民们的原始观念文化中渗透着对自然、生殖、祖先和图腾的崇拜，这一文化现象真实而生动地反映于

① 林甘泉：《秦汉的自然经济与商品经济》，《中国经济史研究》1997年第1期。

图1-6 彩陶鲵鱼纹瓶

图1-7 鸟鱼纹彩陶瓢箪瓶

原始包装艺术之中。

　　反映生殖崇拜的原始包装艺术主要以鱼纹、蛙纹等艺术形式出现。如陕西临潼姜寨遗址所发现的罐、瓶、瓮等陶质包装容器上（图1-6），即装饰有黑或红宽带纹、鱼纹、蛙纹等[1]。而出土于陕西临潼的鸟鱼纹彩陶瓢箪瓶包装容器体现的则是图腾崇拜文化（图1-7），瓶腹绘制的人纹、鱼纹、鸟纹的综合形象具有氏族保护神的意味。在原始社会，人们一般都相信自己的氏族与某种动物、植物或生物之间有一种特殊的亲密关系，并以之作为氏族崇拜的对象，这就是图腾[2]。

　　先民对自然界崇拜除了天、地外，还包括其他一些自然之物。《礼记·祭法》记载："山林川谷丘陵，能出云，为风雨，见怪物，皆曰神"[3]。这些自然崇拜体现在原始的包装容器上，主要以纹饰形式出现，如旋涡纹、水波纹彩陶罐。现藏于甘肃省博物馆的旋涡纹彩陶罐，为盛储器，其腹部以黄、红、黑彩绘连续的旋涡状纹，颈部饰平行线纹。罐外表柔滑而富有光泽，线条柔和均匀，流利生动，结构巧妙，动感强烈，此包装容器明显地表现出先民对具有超凡能力的自然之水的崇拜（图1-8）。

　　在上述充满自由意象的观念文化的熏陶和

① 巩启明：《姜寨遗址考古发掘的主要收获及其意义》，《人文杂志》1981年第4期。亦可参见姜寨遗址发掘队：《陕西临潼姜寨遗址第二、三次发掘的主要收获》，《考古》1975年第5期。

② 张岱年、方克立：《中国文化概论》，北京师范大学出版社2004年版，第76页。

③ 李学勤主编：《十三经注疏·礼记正义》（标点本），北京大学出版社1999年版，第1296页。

观照下，原始包装呈现出生动、活泼、质朴的特征，展现出原始先民粗犷的情感，表现出浓烈的天真、生机勃发的气息。

当古代先民脱离掉自然发生的共同脐带时，便迎来了具有特殊内容和面貌的神本文化时期。有关文字资料显示，以使用青铜为主要材质的殷商西周时期尚尊神重鬼，如《礼记·表记》中记载："殷人尊神，率民以事神，先鬼而后礼"[①]。在他们看来，鬼神主宰人间一切，人们的一切行为均得由鬼神决

图 1-8　旋涡纹彩陶罐

定，得按鬼神的意志行事，否则将受到惩罚，这种尊神重鬼的神本文化意识极为深刻地镌刻于这一时期的青铜材质包装中。正如宋人李公麟所言："圣人制器，载道垂戒，寓不传之妙于器用之间，以遗后人，使宏识之士，即器以求象，即象以求意，心悟目击命物之旨，晓礼乐法而不说之秘，朝夕鉴观，罔有逸德……而使民不犯于有司，岂徒眩美资玩，为悦目之具哉！"[②] 这就充分地阐释了古代早期器物制作的目的、手段以及原则，器物的造型、纹饰并不是为了单纯的审美，而是在于道义的作用。包装作为早期造物艺术种类之一，也概莫能外。

青铜材质包装所表现的神本文化一方面体现在其造型上，如各种想象中的动物造型、动物和人结合的造型；另一方面反映在纹饰上，最有代表性的当推饕餮纹。饕餮装饰纹样可谓尊神重鬼的神本文化的凸显，它是由多种动物意象组成的视觉形象，其潜藏着无比巨大的原始力量，神秘、恐怖、威慑，它自觉不自觉地被赋予能主宰一切的神的力量，成为神鬼的化身和符号。正如李泽厚先生所言："以饕餮为代表的青铜纹饰具有肯定自身、保护社会、'协上下'、'乘天休'的祯祥意义。"[③] 这一怪诞形象的雄健线条、深沉凹凸的铸刻图案，无不体现出一种无限、原始的意味，表达了尚不能用语言来表达的原始宗教情感、观念及理想，它与雄浑、坚实、

① 李学勤主编：《十三经注疏·礼记正义》（标点本），北京大学出版社 1999 年版，第 1485 页。

② （宋）李公麟：《李伯时〈考古图·序言〉》。

③ 李泽厚：《美学三书》，天津社会科学院出版社 2003 年版，第 33 页。

厚重的包装容器造型可谓极为融合，呈现出一种近乎鬼神般的恐怖、狰狞之美。

自西周开始，殷商时期凌驾于人事之上的天地鬼神等观念逐渐衰落，周人提出了一系列具有"人德"的观念、思想，诸如"天命靡常""敬德保民"，而至百家争鸣的春秋战国时期，此思潮更甚，特别是在这一时期形成的儒学，孔子提出了"务民之义，敬鬼神而远之""未能事人，焉能事鬼"及"子不语怪力乱神"等思想观念，它们具有明显的人本文化特征，战国时期的荀子更是将儒家的人文主义发扬光大，对人道、人文进行了深刻的阐述[①]。春秋战国以降，以儒家为代表的人本文化开始广泛地渗透到社会的各领域，与社会生活密切相关的包装，自不例外。

受"礼崩乐坏"的礼仪制度解体及人文主义的社会动向的影响，人们逐渐习惯了以"人"为中心而不是以"神"为中心的思维方式，以人为主、关注人的社会生活成为风尚，注重人性化和现实生活的社会观念、理论意识逐渐显现，古代包装也从此逐渐走向以人的现实物质、审美等需求为主导，颇具生活化、习俗化的价值取向。盛行于春秋战国、秦汉时期的漆制包装标志着商周以来以政治功能为主的包装向以实用功能、审美功能为主的包装的转变，包装艺术开始以自由生动、灵动飞扬为追求目标，这不仅体现出个体意识的强化，旧观念的解放与超越的文化倾向，而且彰显出人性化自由生活的诉求与对世俗生活的向往（图1-9）。

作为我国传统人本文化大发展时期的宋代，理学盛行，而宋代理学是在对佛学等批判改造的基础上产生的，同时吸收融合了佛、道、玄学的某些精神，并继承发展了先秦儒学的基本思想。它以人为关注焦点，探讨人与自然、人与社会、人与人的关系问题，涉及本体论、心性论和伦理观等领域[②]。

以心性论为核心的宋

图1-9　蒲公英蜻蜓剔红盒

① 冯秀珍：《中华传统文化纲要》，中国法制出版社 2003 年版，第15—16 页。

② 毛荣生：《中国传统文化概论》，上海财经大学出版社 1998 年版，第41 页。

代理学对两宋及以后的包装影响甚大，这从两宋包装艺术丝毫未延续唐代那种磅礴气势与炽热情感中可见一斑。受理性、思辨色彩浓郁、尚理趣理学的影响，两宋时期的包装开始追求精灵透彻的心境意趣，含蓄而自然，精致而优雅，宁静而淡远的意蕴，体现出更为理性的"理趣"化审美倾向，追求包装容器的自然之美、造型之美、材料之美、纹理之美，在装饰手法上，讲究"器完而不饰"。这种审美倾向，在两宋代表性的包装器物如瓷器、漆器上均有明显体现，这一时期的审美意识主调也逐渐由崇尚阳刚壮美与阳刚之气嬗变为追求优美与阴柔之气。正如宋人邵雍所言："阳尊而神，尊故役物，神故藏用。是以道生天地万物，而不自见也。天地万物，亦取法乎道矣。阳者道之用，阴者道之体。阳用阴，阴用阳，以阳为用则尊阴，以阴为用则尊阳也。"[①] 邵雍把阴作为无，阳作为有，认为无实而有虚，这反映在包括包装在内的造物艺术上，即是追求优美与阴柔之气的美学态度。这种转变，历元明清而不废！

四、中外文化交流与包装艺术

如果说人类社会发展史是一篇美妙乐章的话，那么文化交流史就是这一乐章中的重要旋律，稽诸史实，或是用经济贸易的和平方式，或是极为残酷的战争方式奏响这一文化交流的旋律。

考古发掘资料显示，我国文明与西方文明之间的交流可谓源远流长，甚至可追溯至远古混沌时期，在我国一些神话传说中也能寻找出中外联系的蛛丝马迹，如《穆天子传》《山海经》等，而中外文化交流比较科学的论断时间，目前大致可推定为公元前 6 世纪，即我国春秋、战国之交[②]。此后，中外文化交流趋于频繁、繁荣，西汉时期张骞通西域、东汉时期佛教传入、唐代鉴真和尚东渡、明代郑和七下西洋、明清时期西学东渐等历史事件就足以说明。在两汉、唐宋、明清时期出现三次文化交流高潮，不仅物质贸易数量巨大，而且思想文化意识领域的交流也极为频繁、深入。

---

① （宋）邵雍著，卫绍生校注：《皇极经世书·观物外篇》，中州古籍出版社 2007 年版，第 312 页。

② 何芳川、万明：《古代中西文化交流史话》，商务印书馆 1998 年版，第 6—7 页。

　　在源源不断的中外文化交流过程中，一直是双向的，是相互撷取的，我国传统文化影响异域文化的同时，异域文化在一定历史时期对中华文化也产生了巨大的影响。从大量历史文献及考古实物来看，唐宋、明清时期的包装，在材料的选取、制作工艺、造型形态、装饰纹样和审美情趣等方面均烙上了浓郁的异域艺术风格和情调，外来文化不仅拓展了古代包装艺术的表现空间、题材，而且在一定程度上促进了我国古代包装艺术风格的多元化发展，其中以魏晋隋唐包装艺术表现得尤为明显。

　　魏晋南北朝时，随着佛教的传播，与佛教相关的题材和纹样被大量地运用到各类装饰中，从此，中国传统艺术的题材和表现形式中增添了佛教的内容，各类包装装潢中，莲花、八宝、忍冬等纹样开始出现。

　　唐代极为发达的水、陆路交通网络及开放的对外贸易政策促使了一大批以贸易为主的沿海港口城市兴起，如扬州、泉州、广州等，这些城市的对外贸易商品主要以手工业制品为主，包括纺织品、茶叶、陶瓷、工艺饰品等，在长期与西域、波斯、中亚、东南亚及西方国家的贸易、文化交流中，外来文化的审美时尚逐渐影响到包装艺术领域，唐代的包装艺术在艺术造型、装饰形式等方面出现了浓郁的异国特色艺术风情，其中最典型的是金银器的造型与装饰，标志着中外文化艺术实现了完美的融合[1]。中外文化艺术融合从金银器开始，迅速波及了传统的陶瓷包装等领域，如 1980 年扬州城北唐墓中发现一件完整的青釉绿彩阿拉伯文背水扁壶，其装饰文字为一组阿拉伯文，据有关专家鉴定，阿拉伯文为"真主最伟大"[2]，

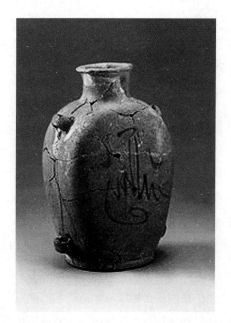

图 1-10　青釉绿彩阿拉伯文背水扁壶

①　朱和平：《论中国古代设计艺术的三次飞跃》，《装饰》2006 年第 8 期。

②　朱江：《扬州出土的唐代阿拉伯文背水壶》，《文物》1983 年第 2 期。亦可参读扬州博物馆：《扬州东风砖瓦厂八、九号汉墓清理简报》，《考古》1982 年第 3 期。阿拉伯文的背水壶，是在清理汉九号墓时，在叠压在汉九号墓上的唐代木棺残墓中发现的。

其造型与装饰风格也都充满了浓郁的阿拉伯民族色彩（图1-10）。

特别需要指出的是：中外联系的加强、文化交流的频繁开展，使我国传统包装艺术风格得到了极大的拓展。在魏晋以前，我国古代包装主要以宫廷风格和民间风格为主，它们极具我国典型传统文化特色，然而在外来文化的直接影响下，带有明显中外文化交流成果印迹的宗教风格、异域风格在魏晋以后相继兴起。

宗教风格包装是通过艺术的形式，形象、直观地向人们展示宗教信仰虚幻、神秘、抽象的境界，其本质上只是宗教理念的物质载体，无论内容还是形式都摆脱不了宗教信仰的影子。在唐代，佛道等宗教活动蓬勃兴盛，产生了大量与宗教有关的铜质造像、经文、佛像画、法器，甚至佛舍利等，为了满足这些宗教用品的存储需要，便形成了独特的宗教风格包装。1987年，在陕西法门寺地宫出土的八重宝函便是宗教风格包装的典型[1]，盝顶式造型、众多佛教人物图案、忍冬纹、缠枝纹等与传统凤纹、瑞鸟纹等同时出现，它们似乎在共同地默默诉说着中外文化交流的历史往事。

丝绸之路经过汉、隋两代的发展，到唐代达到空前繁荣，贩夫走卒络绎不绝，李唐王朝与中亚、西亚等地域国家的沟通与交流得以加强，异域物品源源不断地通过朝贡、贩运等方式输入，为时人所青睐，为上层社会所珍爱。频繁的文化交流使得异域风格包装的制作工艺、造型艺术、装饰样式等悄然地对唐代的包装领域产生重要影响，一些包装设计风格不同程度地将异域包装艺术元素融入其中，从而表现出异域风格。正如夏鼐先生所言："在唐朝以前，萨珊朝波斯的金银容器便输入中国，到了唐朝初期输入更多，同时中国的金银匠人也模仿制作"[2]。这种风格的包装

---

[1] 陕西省法门寺考古队：《扶风法门寺塔唐代地宫发掘简报》，《文物》1988年第10期。八重宝函是唐懿宗所供奉，其间贮藏佛指舍利一枚，宝函外用红锦袋包裹，属宗教包装范畴。八重宝函的最外层是银棱盝顶黑漆宝函，外壁以减地浮雕描金加彩的手法，雕刻释迦牟尼说法图、阿弥陀佛极乐世界和礼佛图等。其余七重宝函由外至内分别为：鎏金四天王盝顶银函，素面盝顶银函，鎏金如来坐佛盝顶银函，六臂观音盝顶金函，金筐宝钿珍珠装金函，金筐宝钿珍珠装珷玞石函，宝珠顶单檐四门金塔。金塔塔基正中立焊一银柱，佛指套置其上。另可参见朱和平、万映频：《试释法门寺佛指舍利八重宝函与现代系列化包装的渊源关系》，《中国包装工业》2006年第12期。

[2] 夏鼐：《近代中国出土的萨珊朝文物》，载《考古学论文集（外一种）》下册，河北教育出版社2000年版，第729页。

鎏金飞狮六出石榴花结纹银盒　　　　　　　　鎏金翼鹿凤鸟纹银盒

图1-11　鎏金飞狮六出石榴花结纹银盒和鎏金翼鹿凤鸟纹银盒

典型的如陕西何家村出土的飞狮六出石榴花结纹银盒和翼鹿凤鸟纹银盒（图1-11）。其盒盖上的飞狮及翼鹿纹饰，就属于萨珊式的纹样，而这类装饰在唐代并不常见，只出现在8世纪的几件器物上，应该是受萨珊波斯器物饰样影响的产物。有学者通过研究，也认为何家村所出土的唐代金银器上所装饰的花纹，除却忍冬一类的花纹外，装饰有深目高鼻人像、联珠纹、对兽纹等纹饰的金银器具有波斯萨珊朝风格①。

　　如果说中外文化交流对唐代包装艺术的影响主要体现在风格样式上的话，那么在宋至明清时期，它除了影响传统风格包装外，更多地体现在促使包装趋向社会化、商业化发展方面，这一影响以宋代包装最为突出。

　　两宋时期，由于陆路丝绸之路有敌对政权的把持，在这种情势下，当朝统治者不得不将对外贸易的通道转移到海路上，海路交通便日益成为中外往来的主要通道②。

　　有关资料显示，进出口商品在北宋前期不超过50种，而至南宋时期增加到300余种，大致可分香料、珠宝、药材、木材、矿产、染料、纺织品和动植物初级制品等几大类，大量的外来"洋物"极大地繁荣了市场交易。这些物品中既有为士

---

①　段鹏琦：《西安南郊何家村唐代金银器小议》，《考古》1980年第6期。

②　何芳川、万明：《古代中西文化交流史话》，商务印书馆1998年版，第72—75页。

大夫阶层所喜爱的名贵之物，也有大量关系国计民生的手工原料及日用品，这与宋代商业中日用品的比例上升的趋势是完全一致的。外来商品的包装主要为漆木盒、金银盒、高档丝绸绣花的香囊等，这些大量外来商品及其包装的涌入在一定程度上助推了包装的社会化、商业化。再者，国内为数不少的民间力量参与贸易更加速了包装社会化、商业化的趋向。商业包装新的趋向对这一时期的传统包装来说是不小的冲击，在"南海一号"宋代沉船上打捞上来的遗物中，已发现宋代与国外包装交流与装饰和造型风格相互渗透的迹象，水下考古出土物中，有大量印着东南亚及中东地区特色的花纹、镀铅仿银的瓷片即是见证。另外，为适应异域人们的装饰、审美需求，对一些"来样加工"的商品包装充分地吸收了国外的造型、装饰风格，如黄庭坚在一书跋中说："余尝得蕃锦一幅，团窠中作四异物，或无手足，或多手足，甚奇怪，以为书囊，人未有能识者。"① 考古出土物中也发现有阿拉伯国家大喇叭口造型的瓷瓶和式样、造型及风格都与国内同类物品风格迥异的瓷器首饰盒等。

文化对包装的影响有时是突显的，更多的时候是潜移默化的，它的影响力取决于一个民族的心理和价值观，同时也与一定时期政治、经济密切相关。此外，值得注意的是：当一种包装风格流入异域之后，在发展并被异化为另具特色的风格时候，也有可能会产生一种重新回流的现象，即被异化为异域风格的包装被回流到起始地，进而又影响到其起源地包装的发展。按照这一推理，在某种程度上来说，我国古代包装艺术的更迭与演进过程中，除受到本区域的政治、经济、文化等方面因素的影响外，无疑还是在伴随着中外文化双向互动的交流中向前发展的。

五、地理环境与包装艺术

据《马克思主义百科要览》一书介绍，地理环境是指与人类社会所处地理位置相联系的各种自然条件的总和。地理环境是一个复杂的系统，它包括地形、山脉、河流、湖泊、海洋、土壤、气候、动植物的种类和分布、矿藏资源等等。它是社会赖以存在和发展的经常的、必要的条件。毋庸置疑，地理环境是社会物质生活条件之一，它不仅决定了人们的生产、生活方式，而且它对社会的存在和发展有着重要

---

① （宋）黄庭坚：《山谷集》第 29 卷。

的影响，地理环境不仅是人类赖以生存和发展的物质基础，同时也是人类的意识和精神的基础①。优越的地理环境可以加速社会的发展，恶劣的地理环境可以延缓社会的发展。

虽然我国历史上的疆域、地理环境总体上相对稳定，即西起帕米尔高原，东临太平洋，北界西伯利亚原始森林和苔原冻土地带，东南濒海，西南是高耸的喜马拉雅山系。四周有自然屏障，内部有结构完整的体系，形成一个封闭独立的地理单元②。但随着人口的增减、朝代的更替呈现动态变化的现象，关于这一点从我国古代经济重心的迁移③ 和魏晋南北朝时期民族地区的开发可以得到证明。

对于任何艺术门类而言，材料是其生存发展的物质基础，首先我国地大物博，自然资源十分丰富，这些自然资源，使得古代包装的材料具有多样化的特征。各地地理环境、地质条件复杂多样，具有不同的成矿条件，因此矿产资源比较丰富。在古代的科学技术条件下，人们掌握了金、银、铜、铁等金属的冶炼和加工技术，先后被用作包装材质，而这些金属材料的矿源分布是有地域性的，同样，各种天然材料在地域分布上，因受气候条件的影响，呈现出南北东西的巨大差异，如北方盛产葫芦，南方多产竹藤，东北则用树皮，西北北部则利用动物皮毛做包装材料。由于地理环境的差异，造成我国各地的自然条件不尽相同，导致一些包装材料具有明显的地域性与差异性，拿古代的酒包装来说，有的地域采用竹筒、有的地域采用皮囊、有的地方采用陶器、有的地方采用瓷器等。复杂各异的地理环境造就的民族性格差异也潜移默化地影响着包装艺术特色形式、风格特征，就前者来说，如粗犷的北方地区的包装风格质朴、豪放简拙；细腻的南方地区的包装精工细作、细腻纯朴，如此种种，不一而足！

其次，不同地理环境下温度、湿度、光照等的差别，导致同一物品对包装的功能性要求产生差别，从而使同一物品的包装从材质到造型、结构允许产生差别，这方面最典型的莫过于食品类包装，在古代的技术条件下，北方寒冷干燥地区的要求

---

① 张岱年、方克立：《中国文化概论》，北京师范大学出版社 2004 年版，第 24—25 页。

② 李燕、司徒尚纪：《地理环境与中国历史发展的多元一体》，《地理研究与开发》2000 年第 2 期。

③ 参见冀朝鼎：《中国历史上的基本经济区与水利事业的发展》，中国社会科学出版社 1981 年版，第 12—28、98—106 页。

相比南方炎热湿润地区的要求低得多！

再次，地理环境所形成的地形、地貌的不同，带来了交通工具的差异，使为了满足交通需要的运输包装的要求明显不同。一般而言，在古代南北方分别以水上交通和陆路交通为主，而水、陆交通对包装的要求是不同的，如瓷器包装，陆上运输对防震的要求高，水上运输对防震要求相对低一些，正因为如此，所以北方一般用木桶加填充物作包装，并发明有一种用植物豆、麦等在瓷器内发芽，通过豆根形成根网作包装缓冲材料的做法。宋孟元老《东京梦华录·七夕》："又以绿豆、小豆、小麦于磁器内，以水浸之，生芽数寸，以红蓝彩缕束之，谓之种生。"[①]而南方则用木桶、竹编物，并以草一类的绳子对瓷器进行简单的捆扎。《陶说》中载："每十件为一筒，用草包扎装桶，各省通行。粗器用茭草包扎，或三四十件为一仔，或五六十件为一仔。一仔犹一驮。茭草直缚于内，竹篾横缠于外。水陆转运，便于运送。"[②]同时，据文献记载，为便于航海运送，船上陶瓷器均以"大小相套，无少隙地"[③]的简单方式来达到防损目的。

至于地理环境不同所带来的物产、经营结构、生产方式的差异所滋生的风俗习惯，乃至文化观念的差别折射到包装的造型与装潢上，更是显而易见的，如农耕民族求天和、求人和、求天人相和的意识[④]，在包装领域，原始社会时期频繁出现于彩陶包装上，或具象或抽象的植物、动物形象，无不蕴含着古人对天时地利的顺应和对祈盼自然惠泽的殷殷之情，从根本上说，这是一种对天人之和的内心诉求。夏商周三代时期青铜包装中神秘、狰狞的意象图案的装饰和厚重、庄严的造型，在彰显对鬼神敬畏以求庇佑的同时，毫无例外地渗透出"天人之和"的意识。而自春秋战国以后，包装中那些不论是颇具人文化、生活化、世俗化的装饰也好，还是造型也罢，在对生活进行观照的同时，蕴藏着人间世界或伦理或道德的人文教化的文化内涵。

---

① （宋）孟元老撰，邓之诚注：《东京梦华录注·七夕》，中华书局 1982 年版，第 208 页。

② （清）朱琰撰，杜斌校注：《陶说》，山东画报社 2010 年版，第 32—33 页。

③ （宋）朱彧：《萍洲可谈》（合订石林燕语），中华书局 1985 年版，第 18 页。

④ 彭吉象：《中国艺术学》，北京大学出版社 2007 年版，第 558 页。

第三节 科学技术的演进对包装发展的影响

我国不仅有着悠久而灿烂的五千年历史文化，而且创造了足可以傲视世界的科技文明，特别是在16世纪之前，在诸多科技领域我国一直处于领先地位[①]。古代科技所取得的非凡成就涵盖了农学、工学、医学、天文、数学等几乎与人们生产、生活密切相关的众多领域，它们在社会发展进程中起到革命性的推动作用。在这些科技成果中与包装紧密联系的有制陶制瓷技术、冶炼术、造纸术、印刷术等等，这些不断演进的科学技术一方面直接引发包装领域的巨大变革，另一方面使某些加工工艺不断得到改进和完善，推动包装艺术全面发展。

一、材料的发现、发明与包装的多样化

无论是天然材料，还是人工材料，其发现和发明的过程，在过去乃至今天都是十分困难和具有非凡意义的！我国古代人民在长期的生产、生活实践中，不断总结和探索发现并掌握了众多天然材料和人工材料的性能，将其利用，就包装领域而言，从文献记载和考古发掘出土的实物来看，其材料十分丰富，先后被利用的主要包括自然材料、陶瓷、青铜、金银、纸材等。这些材料的先后利用，从根本上说，是取决于科学技术的进步。

在人类的早期，由于认识水平的限制，原始时期人们只知道直接利用天然的树叶、果壳等作为包装材料。随后，在长期的生产实践中，人们逐渐认识到草茎、树皮、竹、藤等柔韧性植物可以用于编织，所以，用稻草、芦苇、树皮、竹、藤等编织成绳子、篮子、筐子、箱子等，这些东西在古老的包装中扮演了十分重要的角色，成为中国古代包装中主要的用材和形态[②]。至新石器时代早期，人们就发明了制陶术，陶器的出现对于古代包装来说具有划时代的意义，它标志着包装材料的使用由自然化形态向人工化形态的根本转变，因为从黏土到陶器是通过化学变化使得

---

① ［英］李约瑟：《中国科学技术史》，科学出版社2006年版，第1页。

② 朱和平：《试论中国古代包装的特征》，《湖南社会科学》2003年第1期。

一种物质转变为成另一种物质，可以说这是古代包装发展迈入多样化演进之路的第一步。漫长的制陶实践、经验的积累以及认知能力的提高，陶的演化物——瓷（原始青瓷），至晚在商代出现，而真正意义上的瓷器则在东汉后期登上历史舞台。相对于陶而言，由于烧造温度的极大提高以及高岭土材料的选用，硬度高、致密性好的瓷具有更为良好的包装属性。当然，陶的使用并未随着瓷的出现而退出古代包装历史，甚至沿用至今。

古代包装历史上首次使用的金属材料当属青铜，出现了诸如壶、卣、方彝、缶等酒水包装容器，以及簋、敦、盒等食品包装容器。我国古代发明的青铜材料是由红铜和锡、铅等化学元素熔合而成的。就目前已知的相关研究成果来看，青铜材质的出现是得益于原始采矿、冶炼科技的进步。因为考古资料显示，在距今 5000 年前后我国即有了原始冶炼技术。青铜的采矿科技是从石器的加工和烧制陶器的实践中逐渐被认知和掌握的；而青铜冶炼科技则得益于烧陶技术，后者为前者创造了必要的技术和高温条件[①]。尽管青铜材料早在原始社会晚期即已发明，并在随后的夏代被用来制作军事武器、农业工具和生活日用容器，然而，据目前已掌握的考古资料，其被运用到包装制作领域，至迟在夏代晚期或商代早期便业已出现。关于这点，我们将在"夏商西周包装"的有关内容中作专门论述，此不赘言。

伴随着采矿、冶炼科技的进步，约在原始社会末期[②]催生了我国古代包装史上另一种金属包装材料——金银。金银材质的包装发明虽然也甚早，然在原始社会末期至魏晋南北朝这个漫长的历史过程中，无论是黄金，还是白银，都主要是被用作饰品，用作包装容器十分罕见。从考古资料来看，仅西汉时期，在山东齐王墓（图1–12）、广州南越王墓（图1–13）中各发现 1 件可归属包装范畴的银盒，但据研究这几件银盒极有可能是来自伊朗的舶来品[③]。自西汉以降，经魏晋，到隋唐时期，金银材质开始被广泛地用来制作包装容器，出现了用于储存酒、果品、药品、茶叶、食物以及宗教法物的罐、盒、瓶、笼子、函、囊等各种包装容器。

---

① 史仲文、胡晓林主编：《中国全史·远古及三代卷》，人民出版社 1994 年版，第 158 页。

② 甘肃省博物馆：《甘肃省文物考古工作三十年》，载文物编辑文员会：《文物考古工作三十年》，文物出版社 1979 年版，第 139—153 页。在甘肃玉门火烧沟夏墓发现了我国目前所知的最早的黄金制品。

③ 龚国强：《与日月同辉——中国古代金银器》，四川教育出版社 1998 年版，第 58—59 页。

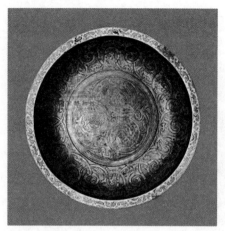

图 1-12 齐王墓银盘   图 1-13 南越王墓银盒

相对于直接利用天然材料而言，对自然材料进行加工后用作包装就显得更具科技含量了，除上述陶瓷、青铜、金银外，漆的运用及纸张的发明也是如此。浙江余姚河姆渡文化遗址出土的漆碗表明，早在 7000 多年前，我国先民便开始掌握制漆技术及制造漆器工艺，夏商西周时期已逐渐从单纯使用天然漆发展到使用色料调漆，至春秋战国及秦汉，漆的运用、漆器的制作工艺更为繁荣和发达，正式出现了诸如漆盒、漆奁等漆制包装容器。

至于造纸术的发明，更是堪称包装领域的革命。纸除了用作书画材料以外，大量被用于包装。用纸张作包装，具有无比的优越性。因为纸质材料在制作工艺、包装成型、轻便性、成本及广告印刷等方面都具有绝对优势，十分适合制作物品包装。正因为如此，纸张发明以后，很快便被应用于包装领域。唐人陆羽的《茶经》关于纸张用于包装的记载如下："纸囊以剡藤纸白厚者夹缝之，以贮所炙茶，使不泄其香也"[1]。到宋代，随着雕版印刷术的繁荣及活字印刷术的发明，纸张则被广泛应用于商品包装领域，如济南刘家功夫针的包装。

纵观古代包装艺术的演进历程，我们不难发现，包装的更迭与演变始终和新材料的发现、发明有关。材料是包装得以呈现的媒介，包装的最终形态的形成都要通

———————————

[1] （唐）陆羽著，卡卡译注：《茶经》，中国纺织出版社 2006 年版，第 10 页。

过物质材料来体现。可以说，在很大程度上，古代包装的多样化的呈现，是材料多样性发展所带来的。人类从对自然材料的利用到人工材料的不断发明和使用，直接造就了包装的更迭与变迁。当然，值得指出的是：人类所发明的众多人工材料被应用于包装领域，相比起其他造物艺术，要相对滞后，这一方面是由于一项新材料发明之后，其性能被人们完全掌握，需要很长一段时间；另一方面则是在利用材料制作包括包装在内的容器一类的器物，必须发展出相应的成型工艺，而成型工艺的发明也并非一蹴而就的；加之我国古代手工匠人，在制作技法上多是靠经验传承，创造意识并不强，所以新材料在包装领域的应用总是相对缓慢。另外，还有一些人工材料虽然被发明，但却极少用来制作包装，像铁、铅等材料便是如此。这是因为这些材料或是容易生锈，或是过于笨重，又或是具有毒性，因而不利于用来包裹、贮藏物品。

二、成型工艺的演进与包装容器门类的增多

从文献记载及考古发掘出土的实物来看，在制陶技术发明前，古代包装容器多为果壳之类，如葫芦（图1-14）。而随着制陶术出现之后及其他容器成型工艺的演进，古代包装的容器门类逐渐得到拓展，这里笔者不妨以制陶术、青铜成型工艺为例，稍加论述，试图明了其他成型工艺与包装容器之间的关系。

就制陶术而言，大致经历了从手工捏制到泥条盘筑法再到慢轮、快轮的演进过程，泥条盘筑成型工艺为将泥料制成泥条然后圈起来，一层一层往上叠，并将里外抹平。据考证，最初人们仅会手工捏制一些造型简单的小型器物，出于实用及生活的需要，泥条盘筑成型工艺的使用则可以制作器形较大的容器，如罐、瓶等包装容器，使包装容器的门类得到很大程度上的拓展，而慢轮、快轮工艺的使用则进一步推动了古代包装容器向大型化、多样化的发展，当然它们也使得包装容器器形更为规整。但是某些比

图1-14 天然葫芦

较特殊的器形，如在罐、瓶等上为便于搬运而设置的系、盖等结构，往往是采取局部轮制和模制相结合的方法。

古代金属包装容器技艺的典型代表当属青铜工艺，其发展之路大体为由范铸法工艺向失蜡法工艺的演进。范铸法的原理大致是利用石块或陶泥做内、外两范，在内外两范中间之空间浇铸青铜熔液；而失蜡法则为用蜡制模，内外用泥填充包裹后，灌入青铜熔液制青铜器之法。总体而言，范铸法制成的器物多为圆形、方形等规矩的几何体造型，对于一些复杂的器形则较难实现。为解决范铸法在制作青铜容器时不便一次成型的问题，商中期以后，工匠们发明并熟练地掌握了分铸法，因而能够铸造出各种形制、工艺比较复杂的器形。所谓分铸法，又可称为二次铸造。其一般是将器物的一些部位先予铸造（图1–15），如卣的提梁以及容器上的立体装饰附件，然后再嵌到陶范中与器身铸接在一起；也有的是先铸器身，尔后再在器身上安铸附件，如卣、簋、罍等。在青铜包装容器上，比用分铸法更为复杂、精致的包装容器则需要利用失蜡法来实现。相比范铸法，失蜡法是一种容器成型更为精密的铸造方法。其做法大体是：用蜂蜡做成容器的模型，再用细泥一类的耐火材料填充泥芯和敷成外范；加热后，蜡模熔化，铸件模型制成；尔后，再往空壳模型中浇灌青铜熔液，便铸成容器。不过，这种成型方式的普遍流行是在春秋中期以后的事，为青铜包装容器的实用化、生活化的走向提供了技术条件。伴随着青铜包装容器的

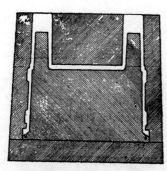

后母戊鼎的铸型及其装配（铸型的剖视）

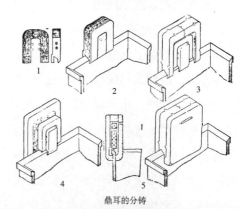

鼎耳的分铸

1.鼎耳模　2.鼎耳模和芯的安放　3.鼎耳底范和侧范　4.鼎耳泥芯和底范
5.鼎耳范及其剖视

图1–15　分铸法

成型工艺的革新，还出现了铸接、焊接、榫接、铆接等技术，以及镶嵌、金银错、鎏金、刻纹等装饰工艺，这些技术推动着青铜包装容器，乃至后来的金银和锡质包装容器等的多样化。

在包装容器的发展与演进过程中，其造型、结构与装饰的技术实现，除受到材料的限制外，其成型工艺无疑是起着决定性的作用。因为一件包装容器，必定要以一定的空间形态来呈现，而成型工艺正是利用材料实现一定空间形态的保障。再者，包装容器空间形态的呈现，还必须充分考虑被包装物品的内容、性质和形态，进而满足包装的功能要素，这些不仅仅是生产之前设计的工作，而且也是成型技术必须满足的。可以说，包装成型的技术条件，不仅在古代至关重要，而且在现代包装生产中也是十分关键的。

三、装饰手法的丰富与包装的艺术审美及文化内涵的提升

通过梳理古代包装的发展脉络，我们不难发现，古代包装最初主要以实用器的形态出现，然而出于审美、情感、精神等的内在需要，随着社会的发展，原始包装很快便表现为实用、形式审美融合的形态。从那时至今，包装在满足其功能的同时，通过装饰美化，体现审美的精神功能。作为人类生活、观念意识所释放的产物，装饰不仅是人类文化的重要组成部分，而且是不同历史时期人们的思想情感、文化信仰的自然反映，可以说装饰技艺的演进在见证了人类造物、审美历史的同时，也极大地丰富了古代包装的艺术审美，这里主要以陶瓷装饰技艺为例略加阐述。

正如上述所言，新石器时代的陶制包装容器主要基于功能性的考虑，而且时人对陶器制作术的认知及掌握程度有限，一般不作任何装饰，即素面容器，即使需要进行装饰，也仅利用简单的磨光、几何纹、压印绳纹加以修饰，而随着实践经验的积累及陶瓷装饰技工的成熟，我国古代包装艺术迎来了彩绘的时代。可以说，彩绘包装容器是古代包装装饰史上的新起点，它有别于素色陶器（灰陶、黑陶、白陶），主要通过绘、刻、雕、拍印等手法，在红色或橙黄色的陶坯上加以彩绘[1]。古代陶制包装容器的彩绘图案或纹样明显地完成了由具象形象到抽象图案的演化，表现

---

[1] 翁剑青：《形式与意蕴》，北京大学出版社 2006 年版，第 22 页。

图 1-16　双耳四系旋涡纹彩陶罐

图 1-17　饕餮纹提梁卣

出强烈的对称与韵律、对比与均衡、虚与实等形式美学特征，如马家窑文化的双耳四系旋涡纹彩陶罐（图 1-16），利用大小同心圆、直线旋纹及波浪纹的对比组合使用，形成曲折起伏、旋动多变的节奏和动感，运用彩绘散点式布局实现了"步步移、面面看"的整体审美效果，而且集中在包装容器上部的彩绘形式暗合了我国传统的"仰观俯察"观照方式[①]。此外，更为重要的是，这些看似变化无穷的装饰还蕴含着深刻的文化内涵，它们体现出古人质朴而原始的自然崇拜、生殖崇拜等崇拜文化内涵及神秘的巫术文化意味。

与陶制包装装饰相比，古代金属包装容器中的青铜材质包装装饰则表现出另一番艺术审美价值，在从原始意味走向理性逻辑的演变中，后者在符合形式美的基础上，突出地表现出一种秩序之美、理性之美及雕塑之美，当然这些装饰同样蕴含着古人的一些文化信仰及对超自然的力量的信奉，其中最为典型的莫过于饕餮纹，如商代的饕餮纹提梁卣（图 1-17）。

从商代原始瓷器的出现到东汉时期真正意义上瓷器的烧造，这一历史时期内，瓷制包装容器的装饰较为简朴，且装饰纹样带有明显的彩陶装饰风格，尚未形成自身独特装饰艺术风格。魏晋时期化妆土技艺的出现，使得瓷

[①]　彭吉象：《中国艺术学》，北京大学出版社 2007 年版，第 7—10 页。

制包装容器表面更为光滑整洁，而浸釉技术的普遍使用，保证了容器釉层厚实而均匀，这些都很大程度地提升了容器的艺术审美价值。隋唐以降，瓷制包装容器的装饰艺术迎来了快速发展和繁荣的时代，不断出现的印花、堆花、贴花、刻花、画花、剔花、彩绘及粘塑、透雕、浮雕和多样化的釉色装饰技艺，极大地丰富了古代瓷制包装的艺术审美，如划花的转折灵活、流畅活泼；釉里红的色彩鲜艳、喜庆热烈等，同时也刻画出或粗犷豪放或清新典雅、或端庄敦厚或繁缛精巧的艺术风格。

上述演进中的装饰技艺不仅呈现了古代瓷制包装容器绚丽多姿的有意味的装饰之美，更为重要的是它们满足了人们趋吉避凶的心理需求，体现出强烈的吉祥文化思想、观念，如植物纹样中的牡丹纹、莲瓣纹，动物纹中的龙纹、凤纹等，文字纹中的福寿纹、万字纹等。

科学技术的不断进步除了在以上三方面对古代包装的出现产生了重要影响外，还在功能拓展、造型与结构的科学性及合理性等方面也产生了重大影响。在功能方面，如瓷制包装相对于陶制包装而言，除了包装基本的容纳功能外，由于其物理性能更为优越，从而更兼具保护功能，另外就是不断演进中的装饰技艺也充分地拓展了古代包装的装饰功能，至于促销功能方面，影响最大的应是印刷术的出现和演进。

第四节　包装在古代社会中的地位和作用

古代包装历经原始社会、奴隶社会及封建社会，在不同的社会形态中，包装的表现虽然存在一定差异，如材料的撷取、造型与装饰的形式、包装的目的、包装的功能等，然而，由于包装是以人类的需求、社会整体发展为动力，并伴随着人类的进步、社会的发展而发展，所以，纵览整个演变历程，不论何种社会形态，古代包装总是与人们的生活息息相关，不断地影响或改变着他们的生活方式；不论何种社会形态，它总是成为实现物品或商品的使用价值及价值的手段；不论何种社会形态，包装作为人类的造物，不仅凝结了造物主的物质劳动，而且还凝结着他们的精神劳动，这使得古代包装不可避免地除了成为一种审美载体外，还传承了源源不断的传统文化。

一、包装与生活方式的变迁

在原始社会初期，由于生产力极为低下，人们仅依靠双手或简单的工具从大自然中获取有限的生活资料，所以过着居无定所的游民生活，而随着生产力的提高，所获之物逐渐增多，原始人类开始思考如何搬运、存放这些剩余食物。或许是受到自然事物的启发，他们逐渐学会利用自然界的植物或包裹或扎捆所获取的食物，同时也逐渐学会了利用自然界动物的皮、壳等盛装、转移所获之物，这种极具原始形态的包装在一定程度上满足了原始人类生活的各种需求，使原始人类过渡到定居生活成为可能和现实。随后，到新石器时代，陶制包装容器的出现，更加强了定居的稳定性。进入阶级社会之后，包装的发展，对人们生活方式的影响和改变作用更加突出。随着人类社会三次社会分工的发生，特别是农业劳动生产率的提高、手工业及商人阶级的出现，不同地域、国家之间的商品交换越发频繁，而不断发展中的古代包装不仅良好地保护了长途贩运的商品，而且使得不同地域、国家的人们在轻易地享受外来商品的同时，也影响或改变着当时人们的买、卖的行为或方式。从某种意义上说，包装发展所带来的物产交流的频繁、生活方式的趋同，在中华民族的形成和发展史上起着十分重要的作用，它缩小了差异，使多民族更加趋同发展，在自觉不自觉中加强了民族融合。

二、包装是实现被包装物品使用价值与价值的手段

随着第一次社会分工的出现，部落与部落、群体与群体等之间所生产的生活资料的数量出现多寡之分，这使得交换成为可能，而私有制的出现更是促进了生产、生活资料交换的发展。我们知道，商品是用来交换的劳动产品，它具有使用价值和价值两个因素，是两者的统一体，而包装则确保了物品使用价值抑或是商品的使用价值及价值的实现。物品的使用价值和价值一旦得到确保和实现，就意味着社会财富的增加，随之而来，社会经济也就发展了。

在我国古代，不论是原始社会还是奴隶社会，抑或是封建社会，自给自足的自然经济总是占据主导地位，人们的劳动产品大多未能进入流通领域，而是自我生产、使用、消费。这种生产方式能否得以维系，与包装的发展息息相关，因为农产

品使用价值的保障，离不开包装，包装可以在携带、搬运、存放等环节保护劳动产品不致受到损坏，能经受起时间的推移和空间的转移，从而确保其使用价值。正是因为人们在长期的生产、生活过程中，总结出了良好的包装方法和技术，所以我国古代农业经济即使遇到天灾人祸，也具有顽强的再生性，因为包装能使有关的食物得到较好的保存，满足长期使用之需，同时，包装也能使物产流播、转移，成为商品。我国古代自给自足的自然经济体系中，尽管重农抑商政策一直甚嚣尘上，但商品经济始终存在，甚至在一定时期或局部地区出现过一定程度的繁荣，应与包装使进入到流通领域的商品能够实现其使用价值与价值有着密切的关系，因为包装确保了商品在生产、流通、交换、消费等环节中的完好性。

三、包装是重要的审美载体

与人类的物质需要一样，审美的精神需求由来已久。有关考古资料显示：早在旧石器时代早期，人类就有了十分明显的审美需求及审美表达愿望。人类的这种需求与愿望，固然存在有目的的专门行为，但在古代社会生产力发展水平十分低下的情况下，更多地表现为与生产、生活的一种结合。这样，使得与生产、生活密切相关的包装就成为其审美需求及表现的重要载体。

我们知道，陶器是人类真正意义上制作的包装容器，从原始陶器的造型和装饰，我们不难感受到它良好地满足了原始人类强烈的审美心理需求。因为单纯从实用功能的角度上说，复杂奇异的造型和各种各样的纹饰完全是多余的。但是，考古所出土的原始陶器不仅造型丰富多变，而且运用各种装饰手法，使其均具装饰性。陶制包装容器上不论是写实的动物图像，还是抽象的几何纹样，或质朴或律动；或旋动流畅或秀丽精巧；又或刚健粗犷，这些有意味的形象无不传达出创作者生动活泼、纯朴天真的审美意识与风貌。陶的出现可谓开启了古代人们传达审美情感、意识等的人工载体之门。当陶制包装上纹饰的风格由活泼愉快走向沉重神秘时，人类迈进了文明的门槛，迈入了一个全新的时代。随着新时代的到来，人们的审美趋向发生了根本的变化，这种变化表现在代表其时代特征的青铜器上。在今天看来，包括青铜包装容器在内的青铜器不仅成为古人铸刻那些经过意象变形的可怕动物形象的载体，更是成为一种神秘的力量与狞厉之美的载体。这种审美特性，是奴隶制下集权政治的反映，是奴隶主贵族审美意识的表现。而春秋战国以后，无论是强烈醒目、美艳沉稳、典雅端庄的漆制包装，还是美轮美奂的瓷质包装容器，以及金碧辉煌的金银器包装容器，都体现了进入封建社会以后，以人为中心时代的审美的世俗化与生活化。

总之，建立在各种材质和工艺基础上的古代包装容器，在作为一件实用器或附属于商品的前提下，不仅成为表象形式的审美载体，而且成为统治者、制作者等的审美情感、审美意识等传达的重要载体，同时也成为材质之美、工巧之美的古人造物审美艺术的表现载体。

四、包装与文化的传承

华夏五千年传统文化源远流长、博大精深，它是中华民族伟大创造的结晶，如此丰富、肥沃的文化土壤孕育了无比灿烂的中国艺术，当然其中也包括了绚丽多姿的古代包装艺术，作为古代造物之一的包装，是物化了的文化，是文化的载体，它们凝聚并传承着恢宏的传统物质文化与精神文化。

众所周知，文化的产生、积淀和传承，是离不开大众和一定的机制与载体的。包装作为一种造物行为，它创造了文化，这是不容争辩的事实。与此同时，在商品经济的运行规律之下，包装通过交换市场，走进千家万户，它自身所蕴含的文化及其承载的文化，被大众所认同和接受，所以，它实质上是传统文化及其精神传承的载体。

纵览古代包装发展史，不论是造型独特的包装，抑或是装饰繁缛的包装，它们均深深地根植于我国传统文化，特别是体现出吉祥文化的思想，它们成为这种思想的物化形态。

趋吉避凶可以说是一些自然生物的生存心理，造物者希冀通过造物来营造吉祥的环境，而与人们日常生活息息相关的包装则成为首选。如彩陶包装容器上的鱼纹、蛙纹寄托着先民氏族子孙繁衍昌盛与物质生活富足的文化心理[1]；又如古代包装上不论是仿生的动物造型（如鸳鸯），还是常见的牡丹纹、龙凤纹，抑或是八宝纹、百宝嵌等，无一例外地体现出古人对美好生活的向往与和顺平安的祈望，同

---

[1]　朱和平：《试论中国古代包装的特征》，《湖南社会科学》2003 年第 1 期。

时也深深地镌刻着祈福禄寿喜或求福祈祥等吉祥文化思想的印记。现藏于广东省博物馆的广珐琅花卉福寿八宝双层馔盒（图1-18），盖面微鼓，纹饰分四层，由内至外依次饰"五蝠捧寿"、折枝花卉、缠枝西番莲间"佛八宝"、折枝花卉纹。盖、盒外壁均饰杂宝纹间缠枝花卉纹，圈足外饰缠枝瑞草。盒内8个扇形碟、1个圆形碟组成一个攒碟，碟内饰花卉纹和金色寿字纹，外壁一圈蝙蝠纹。上盒纹饰既有传统的福寿、八宝纹，又有线条奔放、西洋味十足的番莲纹，装饰华丽，构图繁复，色彩鲜艳，取意吉祥。诸如此类，不胜枚举。

图1-18　广珐琅花卉福寿八宝双层馔盒

　　门类繁多、精美绝伦的古代包装作为传统造物系统的重要组成部分，在凝聚造物主审美情趣、工艺技术、思维观念等的同时，自觉或不自觉地创造和传承了文化、艺术，各种不同形态的包装，使文化和艺术的呈现在多姿多彩中得以扬弃和升华。彩陶容器、青铜容器可谓是古代包装艺术最为典型的代表，同时也蕴含着深刻的文化内涵，彩陶装饰纹样由写实图案向抽象化图案演变的历程，实质上是经历几千年积淀以后所形成的传统文化中宇宙观由神到气的演化的本源，也是传统文化由原始仪式到现实理性精神这一演化的肇始期。曲折、灵动线条的表象后，蕴含着中国传统文化精髓之气的世界。至于青铜容器在它的礼化阶段，无论是其形制，还是装饰图案，除了局部和个别有某些独特的文化内涵和精神之外，总体上体现出一种秩序、制度、礼法，凝重厚实中蕴藏着我国传统文化精神之礼的世界。

第五节　包装艺术史研究的现状及意义

　　包装在经历了原始起源、奴隶制和封建制的手工业生产制作以后，在近代进入了机械化、标准化、批量化生产的时代。时至今日，包装在传统保护产品、方便贮运的功能的要求基础上，不断拓展其设计要求，成为无声的推销员和创造与传承文化的载体；包装在整个国民经济中地位日益上升，在国民经济各个主要行业中，其经济产值稳步上升，至 2010 年一直稳居第 14 位，并持续保持与国民经济总额同步增长之势；包装与人们的生活密切相关，成为人们安全生活的保障，成为人们的精神食粮。包装无处不在，包装无时不有。

忘记历史，意味着背叛。面对迅猛发展的包装，我国要从包装大国迈进包装强国，要求包装设计必须在传承的基础上，不断推陈出新。因此，深入挖掘传统包装艺术具有十分重要的学术意义和现实价值。

一、中国古代包装艺术史研究的现状

尽管包装与人民的生产、生活密切相关，在我国古代社会发展过程中起着十分重要的作用，但历史上，由于其属于"百工"的范畴，且在"百工"中具有一定的综合性和附属性，所以，未受到应有的重视，不仅在正史中被漏落，而且在有关杂记、笔记、政书、类书和方志中也只有在叙述有关物产时有片鳞半爪的记载。文献的这种状况一方面使得我们对历史时期包装的概貌，特别是包装艺术发展的脉络并不清楚；另一方面，增加了学者们研究该领域的难度和困难。

新中国成立以后，随着考古发掘的不断增多，人们在对出土的古器物进行整理和研究过程中，虽然在对器物功能的认知中，涉及包装的用途，但也只是蜻蜓点水式的一笔带过，没有展开具体的分析和论列。

20 世纪 80 年末期至 90 年代以后，我国包装业发展迅猛，人们在探寻现代包装艺术理论的过程中，虽有屈指可数的论著涉及包装发展历史，然多一般性的叙述，缺乏学术的广度和深度。目前具体涉及古代包装艺术研究的相关成果的理论著作和文章，主要有姜锐的《中国包装发展史》[1]，故宫博物院的《清代宫廷包装艺术》[2]，刘志一的《中国古代包装考古》[3]《中国远古包装科技简述》[4]，韩景平的《中国

---

① 姜锐编著：《中国包装发展史》，湖南大学出版社 1989 年版。

② 故宫博物院：《清代宫廷包装艺术》，紫禁城出版社 2002 年版。

③ 刘志一：《中国古代包装考古》，《中国包装》1993 年第 4 期。

④ 刘志一：《中国远古包装科技简述》，《中国包装》1992 年第 1 期。

上古包装探源》①，刘宝河的《古代包装漫谈》②，韩笑、王芳的《中国古代包装艺术的产生与发展》③ 等，这些成果或就古代包装范畴阐述，或就发展线索探析，或就制作材料和艺术特征论述，总体上还处在对古代包装史整理的零碎起步阶段。国外学者，尤其是日本和美国的一些汉学家，虽然对中国古代遗存物有浓厚的研究兴趣，但从目前的研究成果来看，其研究多是从古器物学的角度进行的，且多集中在对工艺美术品的美术价值和历史文化的发掘上，至今尚未有关于中国古代包装史的专门成果。可以说，截至目前，关于我国古代包装艺术史的研究尚处于起始阶段，亟待全面和深化。

二、中国古代包装艺术史研究的意义

包装艺术作为设计艺术的门类之一，不仅在现代设计艺术中占据重要的地位，而且在古代造物设计体系中扮演着重要的角色。作为文化的重要载体之一，古代包装不仅承载着厚重的历史文化，而且蕴含着丰富的时代信息。可以说，通过对古代包装艺术史的研究，除了能解读出丰富的政治、经济、宗教等时代信息以外，在一定程度上还有助于明晰民族文化传承脉络；更为重要的是：对我国古代包装艺术的起源、发展、演变及理论等的认知将更为客观、全面、系统；再者就是有利于我国古代包装艺术理论体系的构建。

具体而言，我国古代包装艺术史的研究意义荦荦大者有如下三点：

第一，通过纵向和横向的研究方式，对古代包装艺术的更迭与演变进行梳理、比照，有助于明晰我国古代包装在历史演进中所积淀的科学、合理的造物思想、技艺、方法等，并有利于实现古为今用，为当下我国现代包装的民族传统特色发展提供有益的借鉴。

自 20 世纪 80 年代改革开放以后，我国的现代包装开始步入快速发展轨道，然而面对汹涌而入的国外商品包装的冲击，由于缺乏丰富实践经验和正确设计理论指导，在相当长的一段时期内，我国现代包装的发展出现诸如媚外、过度包装及对传

---

① 韩景平：《中国上古包装探源》，《中国包装》1986 年第 4 期。

② 刘宝河：《古代包装漫谈》，《价格与市场》1999 年第 12 期。

③ 韩笑、王芳：《中国古代包装艺术的产生与发展》，《中国包装》1988 年第 2 期。

统包装设计元素简单模仿、拼凑等一系列问题，尚未结合我国历史传统与现代社会发展情势，在扬弃的基础上，进行合理传承，更谈不上将我国传统包装艺术与西方现代包装有机结合，走民族特色之路。

诸多包装实物史料显示，我国古代包装在演进过程中，不仅积淀了丰富的文化底蕴和造物思想，而且在结构与造型、空间与形态的设计上都有着科学的功能考虑和视觉审美上的综合考量；在装潢设计方面，也紧跟时代潮流，在符合被包装物性质、内容和包装物自身视觉形态的同时，其装饰方式和题材纹样的选取上也充分地满足了人们的审美习惯和需求。可以说，我国古代包装艺术，是古代先民们的思想意识、文化观念，以及审美态度等的物化，具有强烈的民族性。在经济全球化、一体化的当下，包装的差异性、文化性及民族性将成为立足之本，而针对古代包装艺术的研究，无疑将为现代包装的民族化、本土化的发展提供取之不尽、用之不竭的创作思路。

第二，以历史发展为主线，以政治、经济、文化等为辅线，对不同历史阶段的包装艺术的发展状况进行深入分析，梳理出古代包装艺术在历史演进中的主干脉络，有助于人们全面、准确地认识和理解古代包装艺术。

在绵延数千年的文明进程中，统一与分裂、太平与乱世的不断交替始终是历史的主旋律，朝代纷呈导致社会发展过程中的政治、经济、文化这三大支柱的表现往往各异。统治者为维系王朝的统一，往往将个人或上层阶级的意志作为国家的统治思想；虽然我国古代的经济形态多以自然经济为主导，然而在不同统治政策、社会分工裂化的影响下，社会的经济形态、结构等存在一定差异；另外，我国虽深受儒家文化思想的影响，然纵览传统文化的演进，在一定历史时期内，不同的地域文化、本土文化与外来文化、本族文化与异族文化等之间的碰撞、交流、融合的情况也各异。上述历史状况使得古代包装艺术的发展演变、风格特征存在明显的差异性、多样性的特征，故而只有在对古代包装各不同属性特征进行研究的基础上，且结合时代政治、经济、文化等因素，方能深入挖掘不同历史时期包装艺术的风格特征、文化内涵等，从而在准确地把握各个历史时期包装艺术的产生、发展、流变的前提下，客观、准确地呈现整个古代包装艺术发展的全貌，这在很大程度上有助于国人全面、准确地认知、理解古代包装艺术。

第三，以不同历史时期包装艺术的历史演变、风格特征为研究重点，从材料、结构、功能、造型、装饰、审美及文化等层面阐释古代包装艺术，勾勒和构建我国古代包装艺术的理论体系，在一定程度上填补了学术空白。

客观而言，古代包装与现代包装在诸多方面存在较大差异，使得我们不能用现代包装的定义和内涵看待古代包装，然就包装主体的功能来说，两者又具有许多共性的特征，如容纳、保护及装饰等功能。另外，包装作为人类造物的一种，是为便利生活、服务作为社会主体的人的使用而出现，这点与现代包装也有着共通之处，我们甚至可以这样说，古代包装与现代包装在理论层面有着共同的根本点，因为它们都属于人类的造物设计。

毫无疑问，在梳理、归纳、分析不同历史时期包装艺术的演进、风格所呈现特征的基础上，从材料的发现、选取及制作、功能的生发及拓展、造型的形态、装饰的形式及审美和包装所蕴含的文化内涵等方面为框架内容，结合现有的关于人类造物设计理论及现代包装设计理论，勾勒和构建我国古代包装艺术的理论体系，将在一定程度上深化古代历史，尤其是社会生活发展史的研究，同时，更有益于现代包装设计的发展。

第二章　史前包装考述

　　人们一般将出现文字以前的人类历史称为史前史。此阶段也就相当于考古学家所称的石器时代。它包括旧石器时代和新石器时代。从时间上说，旧石器时代是指人类出现到距今约 1 万年以前，而新石器时代则从距今 1 万年左右开始，至距今 4000 年左右结束。我们所要讨论的史前包装，也正是这一时期人类为满足生产、生活所使用的具有一定包装功能的器物，即我们所称的史前原始包装品。当然，史前时期的包装品，严格来说，还称不上是真正意义上的包装。但如果我们从整个包装的发展历史演变过程来看，这一时期的某些行为方式，可以看作是一种包装意识的萌发。如利用葫芦来盛水或收藏种子、食物等；又或利用稻草、芦苇、树皮、藤等编织成绳子、篮子、筐子、箱子等来满足生活的需要。随着时间的演变，人们在长期的劳动实践中，发明了陶器。陶器的发明，可以说是设计艺术发展的第一次飞跃，也正是因为这一次飞跃使得人们制作包装的材料从天然进入到了利用人工材料的新时代①。可以说，史前包装作为包装意识的萌发，在整个包装的发展演变中起着重要的作用，其包装结构造型的基本样式及装潢的内容等都影响着后续几千年间包装的发展。

---

① 朱和平：《论中国古代设计艺术的三次飞跃》，《装饰》2006 年第 8 期。

第一节　包装的起源

如同任何事物的起源、产生有其内在和外在的原因一样，包装的起源是有其客观必然性的。但是由于其起源于鸿蒙初开的远古，不仅没有文献资料记载，而且考古发掘也鲜有保存完好的实物。这种状况给我们了解包装的起源带来了艰难性。在缺乏直观、直证材料的情况下，使得我们只能从文化人类学和民俗学的基础上，结合人类自身生活的需求，用理证的方式试图去探求包装的起源，还原早期的包装。

一、包装起源原因、条件分析

1. 从文化人类学的角度探究包装起源

包装的起源与人类的起源几乎同步，并始终伴随人类的进化而演变着。自从1965年5月，我国考古学家在云南省元谋县上那蚌村附近的小丘梁上发现距今约170万年的两枚人牙化石和几件刮削器后[1]，我国真正意义上的人类文化，就步入了进化的历程。与此相应，人类从事包装实践的活动亦即进入演变历程。通过检索考古所发现的诸如敲砸器、砍砸器、尖状器等石器工具来看，人类在起源阶段就已懂得如何利用工具来获取生存资料。又因在原始共产的社会条件背景下，猎取的食物需要共同分享，因而产生分发、搬运、转移生活资料的需求，进而产生了对包装物的需求。当然，这时期的包装物并非我们传统意义上所认为的包装，而仅仅是体现了早期人类的一种无意识的包装行为而已，也可以看作是包装意识的萌起。

众所周知，原始的知识系统是极为实用的系统[2]。而起源阶段的人类正是这一实用知识系统的最早践行者。这在包装上的体现便是当时的人们就地取材，利用植物纤维或荆条进行捆扎，并学会使用植物叶、果壳、兽皮、动物膀胱、贝壳、龟壳等物品来盛装或转移食物和饮水。这一方面是人类为了满足对容纳和转移生活资料

---

① 中国国家博物馆：《文物史前史》，中华书局2009年版，第10页。

② 林惠祥：《文化人类学》，商务印书馆2007年版，第63页。

的需要而制成的，如食物和饮水等需要容器盛装，以便转移、分发和食用；另一方面则是与人类生活环境的条件相关，时人利用周围的天然材料以制作具有包装功用的简单包装物，正如《淮南子·修务训》所说："古者，民茹草饮水，采树木之实，食蠃蚌之肉……"① 与原始社会后期相比，这一时期的包装物仅是对自然物的简单利用。

我国原始社会从原始人群到氏族制度的转变，至少经过了几十万年，大约从数万年以前开始，也即大约在旧石器时代晚期，逐渐进入母系氏族公社时期。考古研究资料显示，距今 18000 年的北京"山顶洞人"，已与现代人差不多，并开始以血缘关系结成氏族定居下来，正式进入到了母系氏族社会时期。与此同时，人类在长期的劳动生产中逐渐学会了用火和保存火种，各种工具也更加适合人类的生产生活，采集渔猎经济显著进步，并开始从事畜牧和种植。与原始社会早期相比，此阶段人类的生活相对地安定下来，从自然界中获取食物的能力也大幅度提高，人们的食物也开始有了剩余，因而需要暂时贮放起来，于是他们或用诸如桦树皮一类树皮缝合成圆柱形容器，或用兽皮缝制成皮囊用以盛放剩余食物。

据考古发现，在旧石器时代晚期至新石器时代早期的遗址中，如我国的冀南、豫北的磁山文化遗址就发现村落遗址，发现有用于贮藏食物用的窨穴，窨穴内还发现有用石器盛装物品的遗迹。这较原始社会早期的包装形式而言，已有较大进步。原始社会早期人工包装物极少，大多是对自然材料的简单利用，诸如葫芦、果壳、荷叶之类，在简单的人工制作后，用于盛装和包裹实物；抑或是采用柔软的植物枝条、藤、葛之类等进行极简单的捆扎。然而定居社会开始后，包装的形式逐渐丰富，人工包装物增多。这一变化过程，既是人类自身智力水平的提高，亦是人类包装实践能力的提高，体现了原始先民从寻求天然的包装逐步过渡到了有意识地制造包装。

除了我们上文中所说的用兽皮制作围裙或者口袋，用树皮做成容器外，这时期包装一个重要的特点就是出现了陶器包装。从新石器时代的诸多遗址来看，大多遗址是在靠近水源不远的高地上建造的，于是就产生了贮存食物和运送生活用水等诸多问题，而用树皮制成容器或者葫芦等器物都不能满足生活用水的需求，因此，

---

① 何宁：《新编诸子集成·淮南子集释》，中华书局 1998 年版，第 1311 页。

从这方面来讲，陶器是时代发展的必然产物[①]。据目前的考古发现来看，中国陶器大约在距今八九千年前就已出现，如在距今约 8000 年的河南新郑裴李岗和河北武安磁山的新石器时代遗址中，就发现有双耳壶、大口深腹罐和圆底罐等陶器（图 2-1）。这说明当时人们的包装意识已更加强烈，对包装的选材和包装容器的结构造型有了更深入的了解。然而，随着时间的推移和人们长期的劳动实践，具有审美特征的彩陶随即出现，具有包装功用的器形种类也日渐丰富多样，有用于盛放食物的食具；也有用于汲水和储水的盛水器，如小口尖底瓶；有盛装、贮藏粮食和种子的储器，如陶罐等。可以说，陶器的发明作为人类最早通过化学变化将一种物质改变成另一种物质的创造性活动，开启了人类从直接利用自然材料制作包装物到利用人工材料制作包装物的新时代，对后世包装的发展起着重要的作用。

1. 河南新郑裴李岗双耳壶　　　2. 河南新郑裴李岗大口深腹罐　　　3. 河北武安磁山大口深腹罐

图 2-1　早期陶质包装容器

母系氏族公社经历了全盛时期，社会生产力得到极大的发展，但随着男子在农业、畜牧业和手工业等主要的生产部门中逐步占据主导的地位，于是社会逐步从母权制过渡到了父权制。大约距今 5000 年前，也即新石器时代晚期，黄河、长江流域的氏族部落经过长期的发展，先后进入了父系氏族公社时期。在父系氏族社会，

[①]　卞宗舜、周旭、史玉琢：《中国工艺美术史》，中国轻工业出版社 2003 年版，第 12 页。

一个重要的标志就是婚姻关系上的一夫一妻制的出现①。这时期，男子在社会生产中越来越发挥着重要作用，于是妇女的劳动就局限在了家庭之内，以家庭劳动和家庭副业为主，女子在家庭经济中退居到了从属地位。考古资料显示，大体上属于这一时期的文化遗存，有龙山文化、齐家文化、屈家岭文化、青莲岗文化、良渚文化及大汶口文化等。父系氏族社会，由于经济的发展，促使着私有制的出现，并逐步出现了贫富分化和阶级分化。随着私有制的不断发展，到父系氏族晚期逐步向奴隶社会过渡，并最终导致了阶级社会和国家的产生。

与此相应，社会生产力的进步则主要表现为，以轮制陶器和初期金属器的制造和使用为主要标志的手工业技术水平得到极大的提高，社会分工进一步扩大，交换关系也得到迅速发展。在此基础上，包装获得了长足的发展。采用陶轮技术方法制成的陶器，结构造型整齐，厚薄均匀，大大地提高了陶器的生产效率，使得陶器包装容器的种类和数量急剧增多，且更具实用和审美的价值。如山东龙山文化就出现有薄如蛋壳的黑陶器，其颜色漆黑，表面光亮，有别具一格的特色（图2-2）。值得一提的是：这一时期出现的金属制造业，直接促使着包装材料和包装形式及包装种类不断增多，如后来青铜包装容器的出现就得益于这一技术的发明。

图2-2 蛋壳形黑陶容器

2. 从民族民俗学的角度探究包装起源

人类初期，由于生产力十分低下，适应自然环境的能力极为有限，所以人类便采取结聚在一起的群体生活方式，由此形成了人类早期的社会形态——原始群。而后随着社会的发展，逐渐出现了以血缘关系为主的氏族社会形态。但在当时社会生

① 白寿彝：《中国简明通史》，江苏文艺出版社2008年版，第30页。

产力水平下，无论是原始的群居形态，还是氏族社会形态，不可避免地存在各群落或部落之间交流的闭塞，因而造成生活方式上的地域性和民族特色，个性化和多样化包装形式的形成、出现和存在也就顺理成章，不言而喻！甲骨文中有关夷、蛮、狄、戎、羌等氏族的记载①，说明了当时已有多民族生活，氏族部落之间，为了各自的利益，是不断有战争的，这在古代文献中有大量的记载，这也旁证了我们所说的交流的闭塞。关于地域性和民族特色，在我国古代的《礼记》中就有相关的记载："凡居民材，必因天地寒暖燥湿、广谷大川异制，民生其间者异俗，刚柔、轻重、迟速异齐，五味异和，器械异制，衣服异宜。""中国戎夷五方之民，皆有性也，不可推移。东方曰夷，被发文身，有不火食者矣。南方曰蛮，雕题交趾，有不火食者矣。西方曰戎，被发衣皮，有不粒食者矣。北方曰狄，衣羽毛穴居，有不粒食者矣。中国（指中原地区——引者）、夷、蛮、戎、狄皆有安居、和味、宜服、利用、备器。五方之民，言语不通，嗜欲不同。达其志，通其欲，东方曰寄，南方曰象，西方曰狄鞮，北方曰译。"②这段文字，为学术界所熟知，是中国古代的人们对民族之间存在不同生活方式等的明确认识。在长期的历史发展中，各原始部落之间形成了各自不同的心理、行动和语言，表现在包装上则显示为不同的内容和表现形式，因而也使得包装呈现出多样化和个性化的特点。

如前所述，在远古时代，人们是用兽皮、树皮、贝壳、龟壳等来盛装食物或者水，形成了人类最早的包装样式。这种包装样式，在各原始群中，尽管都普遍运用着，然而却并没有形成明显的区别，但是随着时间的推移，生产技术水平的提高，尤其是在制陶技术出现后，就逐步形成了各具特色的包装形式。如山东龙山文化中薄如蛋壳的黑陶器，其以黑、薄、光、亮著称；长江以南地区出现有几何印纹陶，多为黑褐色和棕黑色胎底，纹饰主要有方格纹、米字纹、回纹、绳纹等；又如在黄河上游的辛店文化中，其陶包装容器上所装饰的为太阳纹、S形纹和同心圆纹，而在黄河下游的大汶口文化中，其装饰的图案则主要为折线纹、菱形纹、花瓣纹等；再如长江流域地区的屈家岭文化中，又呈现出不一样的特色，其直筒形陶瓶极具特

---

① 杨建新：《中国民族关系理论的几点思考》，见杨建新主编：《中国民族学集刊·第一辑》，甘肃民族出版社 2008 年版，第 2 页。

② 李学勤主编：《十三经注疏·礼记正义》（标点本），北京大学出版社 1999 年版，第 398—399 页。

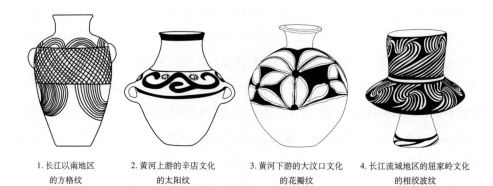

1. 长江以南地区　　2. 黄河上游的辛店文化　　3. 黄河下游的大汶口文化　　4. 长江流域地区的屈家岭文化
的方格纹　　　　　　　的太阳纹　　　　　　　的花瓣纹　　　　　　　的相绞波纹

图 2-3　陶质包装容器纹饰的地方特色

点，主要装饰相绞波纹和人字纹等（图 2-3）。凡此不同形态和装饰纹样似乎都体现出这一时期内由于各部落或氏族之间信仰及生活方式的不同，从而导致包装样式或包装装潢的个性特点的形成。

　　民族学的研究成果表明：原始居民的心理是以信仰为核心的，其中包括各种禁忌在内的反映在心理上的习俗，它更多地表现为心理活动和信念上的传承。这在包装物上的体现，就是包装形式的传承和延续。正如龙山文化的地域转移一样，从山东到河南，再到陕西，尽管空间在变化，然而龙山文化所具有的实质性内容却仍在继续着。其中所包含的包装物亦是如此，只是在原来的基础上，包装物有新的创造和延伸而已。有学者曾言："无论自然崇拜、图腾崇拜、祖先崇拜，都包含着人们对自然万物、氏族来源及宗族观念的认识过程。……它表现在民俗上……都是在于求得人类自身的利益。这种心理上的因素一经成为习俗性的活动，便带有奇异性和神秘性，从而约束人们不能不将它维系和传承下去。"[①] 由此，可以推断：包装物的发展演变除受实用的因素影响外，习俗性的心理因素应是推动包装物传承演变的动力。

　　总之，包装物在创造初期是始于实用而并非用于传递宗教思想或某种信仰。改变包装物的造型结构和表面装饰，其根本原因虽然旨在赋予包装物更多、更新的功能，但毋庸讳言，它也不可避免地羼入了人们的宗教思想和信仰，毕竟决定人们行

①　张紫晨：《中国民俗和民俗学》，浙江人民出版社 1985 年版，第 9—10 页。

为的因素是主观世界和客观世界共同引发的。当然这种受宗教和信仰影响的造物行为及其后果，在一定程度上改善了人类生活、生产状态的同时，反过来又使得宗教及其信仰在观念和物质层面不断完善和发展。历史发展表明：人类就是在这样一种运动中不断地实现自我，推动历史前行！

3. 包装产生的客观条件分析

在上述论述中，我们从文化人类学和民族民俗学的角度探讨了包装的起源，基本梳理了史前包装发展的基本情况。但为了能够更好地了解史前包装的产生，我们将在下文中对包装产生的一些客观条件进行具体分析。

首先，人类的起源和繁衍是包装产生最根本的保证。从人类诞生之日起，人就能按照自己头脑中的已存在的某种需求，有意识、有目的、自觉地去改造自然物。这是早期人类"有意识的生命活动把人同动物的生命活动直接区别开来"[1]的重要观点。马克思曾说过："动物只是按照它所属的那个种的尺度和需要来建造，而人却懂得按照任何一种的尺度来进行生产，并且懂得怎样处处都把内在的尺度运用到对象上去；因此，人也按照美的规律来建造。"[2] 这些都可以从史前人类制造的石器工具和陶器中得到印证。与此相关的一切，似乎都说明了一个问题：那就是人是按照自己的需求来制造和使用工具的。而包装物作为工具也正是这一需求所衍生的结果。这是人类创造的开始，也是人类设计活动的开始[3]。正是因为人类的产生和繁衍，才保证了包括包装物在内的各种符合人类自身发展的产物得以继续向前推演。

其次，人类在社会生产生活中的需要是包装产生最为直接的条件。远古的先民们在从事渔猎、采集生活的同时，还需要使用具有一定包装功能的器物来汇集、搬运和转移生活资料，因此，直接催生出了早期的包装物，这亦是包装的起源。到后来，随着生产力的发展，人们有了一定的剩余产品，因而需要对食物进行储存，这直接促使着包装的发展。就史前人类需求而言，史前包装的起源和发展主要经历了两个阶段：一是原始社会早期仅利用自然材料和自然容器来包裹、捆扎生活资料；

---

① ［德］马克思：《1844 年经济学哲学手稿》，人民出版社 1985 年版，第 53 页。

② ［德］马克思：《1844 年经济学哲学手稿》，人民出版社 1985 年版，第 53—54 页。

③ 朱和平：《现代包装设计理论及应用研究》，人民出版社 2008 年版，第 8 页。

二是原始社会后期创造性地发明了陶器，尔后利用陶这一人工材料来制作包装容器，从而使包装从利用天然材料进入到了人工材料的时代。与此同时，也促使着包装材料和包装容器结构造型的不断增多。这一切都是人类在生活、生产中所产生需求的结果。

再次，天然包装物品及其形态对人类的启示，为人类制作包装物提供了可借鉴的造型与结构。这正如格罗塞所言："原始的造型艺术在材料和形式上都是完全模仿自然的。"[1]关于模仿自然形象，在我国古代的文献中有不少记载。《易传》言："圣人有以见天下之赜，而拟诸其形容，象其物宜，是故谓之象"[2]。可见在我国上古社会人们的日常生活之中随处所用之器物，是靠"依象制器"而得的，早期人造包装物的形态与结构的确立莫不如此。大自然中许多物品本身就具有包装的机能，这为人类包装的发展提供了诸多合理的规范。大部分水果基本都为椭圆的几何造型，在造型结构上具有合理性，也具有包裹种子的作用。如蜜橘将自己的种子包裹在橘瓣里，其周围再以果汁包上，每一个结实的橘瓣实际上起到了个别包装的作用；其次，缠绕在每个橘瓣外层的白须，亦起到固定每个橘瓣的作用，具有捆绳的作用；再次，橘子最外层由带缓冲性的表皮加以保护。原始人类在长期的劳动实践中，必然会注意到这种天然包装物品，并加以了解，进而模仿并制作出符合人类社会生活、生产的包装物，如诸多圆形、半圆形的包装容器以及陶质葫芦包装都是在这一借鉴的基础上产生的。

最后，原始商业的发展是包装加速发展的助推剂。据口碑传说史料反映，早在六七千年以前的原始社会后期，就出现了市场交易。《易·系辞下》中最早记载了我国远古时期的市场交易的情景："包牺氏没，神农氏作……日中为市，致天下之民，聚天下之货，交易而退，各得其所。"[3]《史记正义·平准书》："古人未有市，若朝聚井汲水，便将货物于井边货卖，故言市井也。"[4]王孝通先生曾言，在原始社会

---

① [德]格罗塞：《艺术的起源》，商务印书馆 2005 年版，第 144 页。

② 李学勤主编：《十三经注疏·周易正义》(标点本)，北京大学出版社 1999 年版，第 274 页。

③ 李学勤主编：《十三经注疏·周易正义》(标点本)，北京大学出版社 1999 年版，第 298—299 页。

④ (汉)司马迁：《史记》卷 30《平准书》，中华书局 1982 年版，第 1418 页。

的商业是"农有余粟，则以易布，女有余布，则以易粟"①的以物易物的商品交换形式。商品交换的出现，使得包装的重要性逐步加强，包装已不仅仅再局限于保护产品、方便储存和运输等功能，还应具备一定的促销功能。这将在一定程度上促使包装样式和包装材料不断地推陈出新，以满足商品交易的需要。

第二节　设计艺术第一次飞跃对包装艺术发展的意义

一、设计艺术的第一次飞越

　　众所周知，在从猿进化为人的过程中以及人类的启蒙时期，人们所设计制作的物品主要是简单的木器、骨器和石器一类的生产工具。从旧石器时代到新石器时代的考古出土物表明，这些生产工具虽然存在着使用功能不断拓展、制作日益精进的特征，但毋庸讳言，它们只是利用自然界中存在的东西进行简单的碰打、刮削、捆绑和磨制。在我国古代设计艺术发展史上，就器物的设计艺术而言，第一次飞跃应为陶器的发明和使用。这是因为，陶器的产生，是原始人的造型观念和艺术设计能力发展到一定阶段的必然产物。从黏土到陶器，并不像原始木器、石器、骨器一样仅仅是通过加工技术来改变其外形，而是通过化学变化将一种物质改变成另一种物质的创造性活动，是原始人造型观念和艺术设计能力的飞跃。

　　原始陶器的设计意识，突出地表现在其造型、装饰纹样、装饰色彩和工艺制作等方面。从考古发掘出土的实物来看，原始陶器在数千年的发展过程中，出现了鼎、盘、壶、罐、瓮、缸、碗、豆、盆等近30种品类。这些器物的造型基本上是根据生活的需要创造而成的，大都为半球形的几何形体。这种造型在满足较大容量需要的前提之下，具备了烹、煮、饮、食、盛等多种功能效用。当然，随着原始人生活内容的丰富和造型能力的不断提高，原始陶器的设计，无论是在造型方面，还是在装饰上，也经历了由简单到复杂、从单一到多样的过程。如以造型设计来说，从敞口圆底球形、半球形的单一结构形式，发展到具有流、口、肩、腹、足、盖、

---

① 王孝通：《中国商业通史》，上海书店出版社1984年版，第3页。

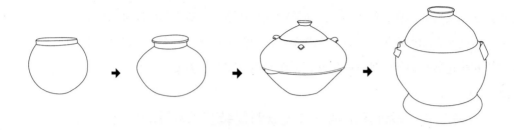

图 2-4　陶质包装容器造型演变图

座等多种结构组合、多种空间变化的造型形式（图2-4）。这些造型显然更具有实用性与合理性。从原始陶器造型的设计方式来看，以仿生、象生为主，可以说是设计艺术的一次飞跃，因为仿生、象生使设计者和制作者的思想意识、审美情感得以物化，往往将动物、人物、植物形象与实用器皿融为一体，既有实用的功能作用，又充分发挥了艺术设计、艺术塑造的表现力。

以仿生为造型设计源泉的做法，为后来器物的造型发展奠定了基础，产生了深远的影响。随后青铜器、瓷器雕塑的造型及玉器和竹木牙雕等工艺品的发展，均在很大程度上受其影响。

除陶器造型之外，原始陶器的装饰也构成和充当了中国古代设计艺术起源和发展的重要形式之一。在纸张没有发明的时代，绘画艺术需要找到一个合适的表现载体。尽管原始的艺术家当时已经运用了岩画、地画等表现形式，但终因作画难度较大而只能在一定时期和区域内出现和存在，难以普及和发展。他们在强烈的审美表现欲的驱动下，不断摸索实践，或许受原始陶器造型设计、塑造的启发，发现陶器表面可以用笔和颜料进行彩绘，而且，这种彩绘经过火的烧成可以固定在陶器表面而不易脱落，这样，一种器物装饰艺术的表现形式就此被创造出来。这种艺术表现形式由平面逐渐发展为立体形式。

原始陶器的装饰表现，同样表现出了高超的设计思想和设计意识。大致说来，经历了由仿生、象生写实表现逐渐到抽象化的过程。其装饰纹样题材有几何纹、动物纹、人物纹、植物纹等。这些装饰纹样，尽管有的是劳动、生活的直接表现，有的反映了人们对自然、神灵的崇拜，有的则是氏族部落的识别标记，但都统一在单独、连续、适合等艺术构成的形式中，这些艺术构成形式的形成之所以能够在起到美化造型、增强造型艺术感染力的同时，又具有独立的艺术欣赏价值，是与设计制作者的整体设计观念密不可分的。

综上所述，陶器的发明和制作，是设计艺术史上的第一次飞跃，也反映了我国早期先民的设计观念。这对于我国古代包装的发展历程来说起着重要的作用，因为这是人类第一次通过化学作用将自然物质材料改变成另一种物质的活动，也使包装从利用天然材料进入到了使用人工材料的阶段。且陶质包装容器相对于原始社会早期的包装器物具有坚硬、牢固、不易漏水的特点。这些都是设计艺术第一次飞跃附带给史前包装艺术的贡献。

二、原始陶器包装的种类、设计及制作

1. 陶器的起源

陶器究竟是怎样发明的，目前的考古资料还不足以详尽地说明。但在我国古代传说中，有关于"宁封子传为黄帝时陶正"的传说，《列仙传》中有言："宁封子者，黄帝时人也。世传为黄帝陶正。有人过之，为其掌火，能出五色烟，久则以教封子。封子积火自烧，而随烟气上下。"据学者研究，"陶正"是管理制陶事务的一个官职名称；也有所谓舜"陶河滨，作什器于寿丘"的说法。传说当然不足为凭，但也在一定的程度上反映了我国在黄帝时代，制陶事业就已经很发达了。

据目前学术界比较一致的说法，陶器可能是由于涂有粘土的篮子经过火烧，形成不易透水的容器，在得到了进一步的启发后，塑造成型并烧制的陶器也就逐步出现了。对此，恩格斯曾有段著名的言论指出："可以证明，在许多地方，也许是在一切地方，陶器的制造都是由于在编制的或木制的容器上涂上粘土使之能够耐火而产生的。在这样做时，人们不久便发现，成型的粘土不要内部的容器，同样可以使用。"[1]尽管这只是推测，然而可以明确一点的是：陶器的产生与农业经济的发展有

---

① [德] 恩格斯：《家庭、私有制和国家的起源》，中共中央马克思恩格斯列宁斯大林著作编译局编译：《马克思恩格斯选集》第 4 卷，人民出版社 1995 年版，第 20 页。

关。据目前的考古证明，一般是先有了农业，然后才出现了陶器。

在石器时代晚期，即新石器时代，由于农业和牧畜业的逐步出现，人类开始了定居或半定居的生活。其农业的发生和发展，为当时的人们提供了相对可靠而稳定的可供食用的谷物。如在距今 10000 年的湖南道县玉蟾岩遗址[①] 和距今 7000 年的浙江余姚河姆渡遗址中就发现了大量的水稻遗存。尤其是在河姆渡文化遗址中，其粮食的遗存，在 400 多平方米的范围内，稻谷壳和稻草一起构成一个厚约 20—50 厘米的堆积层，换算成稻谷至少也是在 10 万斤以上[②]。与此同时，还发现了一件夹砂黑陶陶钵，其外壁刻有稻穗纹，似乎寓意着丰收的喜悦[③]。正因为随着农业经济的发展和定居生活的需要，人们对于烹调、盛放和储存食物及汲水器皿的需要越来越迫切。从而促使人们在生活实践中，创造出与人类生活息息相关的陶器，在促使人类设计艺术飞速发展的同时，亦使得陶质包装艺术在史前社会大放光彩。

2.原始陶质包装容器的种类

陶器作为新石器时代的重要标志之一，是原始人类设计意识的强化，在设计艺术的发展史上具有划时代的意义。因为陶器的发明，是新石器时代除石器工具的设计外，另一个重要的设计领域，影响着后世几千年的造物形态、结构和装饰艺术的演化。在陶器生活用具器皿的设计制作中，以陶质包装容器的设计为大宗。作为与生活紧密相关的生活器物，陶器的设计制作自然是首先要满足人们的生活需求。因此，其结构与造型的设计取决于实际使用的要求，实用性便是这一时期所有器物最为主要的功能特点。所以，史前时期的制陶工匠们，设计制作了多种多样的日用器皿，其中就不乏属包装范畴的贮藏器等。

需要指出的是：陶质包装容器不等同于陶器，陶质包装容器从属于陶器，它们是从属与被从属的关系。陶器包含所有的陶制器具，有用于烹煮、食用、贮存、盥洗等的生活用具，同时还包括所有用于生产、生活的陶质工具，如用于纺纱的陶制纺轮；用于吹奏的陶哨（或称为埙）。据统计，这段时间内出现了约 30 种品类。正

---

① 朱乃诚：《中国陶器的起源》，《考古》2004 年第 6 期。

② 曾劲松、孙天健：《新石器时代的陶器工艺成就》，《景德镇陶瓷学院学报》1995 年第 3 期。

③ 刘伟：《中国陶瓷》，上海古籍出版社 1996 年版，第 7 页。

因如此，我们就有必要将陶质包装容器从众多陶器当中区分开来，从而进一步明确陶质包装容器所包括的内容。在前文中，我们就已提出原始包装器物是包装意识的萌发，所以陶质包装容器也应是包装意识的一种体现，其在特定的时期内应具有特定的包装功能特征，因而我们根据器物的用途，认为属于原始陶质包装容器的主要为盛装、储存粮食和种子的储器、保存火种的器具、储水和储酒的器皿等。这几类都起着盛装、储存、保护及便于运输所盛物品的功用。准此，然则原始陶器中的陶罐、瓶、壶、瓮、缶等都具备这样的功用，可归入包装容器的范畴（图 2-5），当然，正如我们在第一章第一节关于包装概念论述时所指出的那样，这一时期上述这些容器也具有作为生活器具的双重用途。这是史前所有包装物在功能上与后世包装物不同的地方，它们在功能概念上是处于一种模糊状态，并不像后来的包装物一样具有专门性。

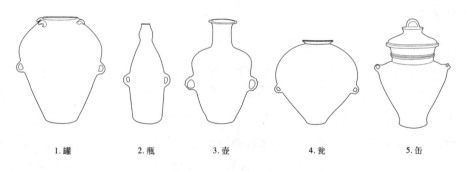

1.罐　　2.瓶　　3.壶　　4.瓮　　5.缶

图 2-5　典型性的陶质包装容器

3. 原始陶质包装容器的设计

从整个史前陶器的发展过程，我们可以看到，陶器随着人类生产力的逐步发展，不断演化出各种具有实用价值且更为合理的造型器物，同时从素面陶走向了具有装饰意味的彩陶。从造型结构的种类而言，原始陶器的种类已经涉及生活的各个方面，有用于烹煮食物的鼎、鬲等；有用于饮食用的簋等；有用于盛装和贮存食物或水、酒的豆、壶、罐、瓮、缸等；也有用于盥洗的盆、钵等。如此多的种类不是一蹴而就的，而是随着社会生活的需要和生产技术的进步逐步出现的。其无论是在造型结构方面，还是在装饰艺术上，都是从简单逐步过渡到复杂、从单一到多样的一个过程。这在陶质包装容器上体现得尤为明显，如在新石器时代中期以后，开始出现了带盖的容器，到新石器晚期，已很普及，不少容器都根据需要设计了各种形式的器盖，如有单盖、复盖、合式盖和盘式盖等。各种器盖的结构造型非常巧妙而科学，既有便于手拿的纽，又有与容器口沿紧密吻合的衔口，还有的可以仰覆两用。甘肃武威皇娘娘台出土有齐家文化盖罐，其盖的形式就似倒置的敞口碗；1955年江苏南京赵士岗出土的红陶人物飞鸟罐，其盖似倒置直墙洗[1]。盖的发明，是包装容器逐步走向专门性的一个重要特征，因为随着剩余产品的增多及产品性质的不一，必然需要分门别类地贮存物品，而盖又可以根据储存产品所需密封程度的不同而进行设计制作，所以它的发明在一定程度上加速了古代包装从具有一定包装功用的容器和生活实用器具的双重性能逐步走向包装功用明确的专门性包装。当然，在这一时期，也大大增加了陶质包装容器便于盛装、储存和运输的保护功能，使之更加适用、美观。

（1）陶质包装容器的造型设计

史前陶质包装容器从其造型设计的发展演变来说，其大体如同其他陶质生活器皿一样是从敞口圆底球形、半球形的单一造型形式，发展到具有流、口、肩、腹、足、盖、座等多种造型组合、多种空间化的造型形式。如果从包装容器造型上来分析，从简单粗糙的敞口壶、瓶到富有曲线美的小口的带有流、錾、盖、座的壶或瓶，体现着包装容器的设计已逐步走向根据所盛装的物品的特性来设计造型，如在上文中提到的小口尖底瓮就是专门用来盛装酒的，敞口易致酒香的挥发，且容易导致酒的变质，而改为用小口且带盖的就可以防止挥发，至于尖底则方便插入土中，稳定摆放，带有流的小口和錾的设计又便于倒酒（图2–6）。当然，不管其造型如何变化，其基本形态都不外乎为球形或半球形，因为其首先应使容器满足储存物品的最大容量。如半坡类型彩陶中的长颈小口双耳罐，其腹部庞大，形体接近圆球形，这就是在设计制作时考虑到了容器盛装容量追求最大化的问题。陶质包装容器的发展演变过程，促使陶质包装容器造型的日渐丰富，同时也体现出包装容器造型

---

[1]　冯先铭：《中国古陶瓷图典》，文物出版社1998年版，第131页。

的实用性与合理性得到进一步的加强。其
陶质包装容器为后来青铜包装容器、漆制
包装容器及瓷质包装容器等的造型设计提
供了可资借鉴的规范样式，尤其是夏商周
时期的青铜包装容器的造型设计，与陶器
的造型结构具有一脉相承的关系。如贮酒
用的青铜圆壶和提梁壶是从陶壶演变而来
的；用于盛酒的大型青铜罍、瓮等是从陶缸
演变而来的，而盛酒器尊缶的祖形则为陶
缶，这在《说文》中是有明确记载的。

1. 西安半坡遗址出土
2. 晋西南地区仰韶
文化遗址出土

图 2-6　半坡类型小口尖底瓮

　　陶质包装容器的造型设计大致可分为
两类：一类是具象仿生型的造型设计，主要有以葫芦形为结构造型的仿生陶瓶，此
类造型设计的出现可能是由于葫芦本身的实用和美观，进而使得人们模拟葫芦的外
形来做成各种容器造型。这一类造型器物，在目前考古发现的新石器时代遗址中有
众多出土。如半坡类型的葫芦形双耳瓶，其整个瓶形为葫芦的造型，其器身修长，
腹部微鼓，达到了容器空间与造型设计最完美的状态。腹部设计有双耳，可以方便
搬运和提拿；小口设计，可以避免杂物飘入，保持所装液体的洁净；圜底的设计，
可以使得整个容器平稳地摆放，保护所盛液体的存放安全。

　　另一类是以几何形态为主的造型设计，严格来说，这亦是仿生式造型。这类几
何形的容器造型是所有陶质包装容器中最常见的造型特征。从各类壶、罐等当中可
以看出，当时的人们已经能得心应手地根据各类器皿的不同用途和审美要求运用对
称、均衡法则对各种几何形器皿进行精心合理的设计。容器器身的转折或各部位的
衔接以弧线或凹凸起伏处理，如罐要设计成球形或半球形，瓶为长身形等；而口，
或敛或侈或敞或直；颈，或长或短；肩，或环或拆；腹，或鼓或扁或曲或直；下腹
或收或放；底，或凸或凹或环；等等。在这一类包装造型的器物中，具有代表性的
属崧泽文化遗址中出土的一件带盖黑陶罐（图2-7），其器表打磨光滑而乌黑光亮，
弧肩折腹，平底矮圈足，在口部边有一周凸棱与盖结合，使覆盘形的盖稳扣不会滑
动，同时还设计了蘑菇状的提钮，既方便开启又加强了容器密封性；同时，为了便

图2-7　崧泽文化带盖黑陶罐

于物品的贮存，口稍显大，但又恰到好处，器腹鼓起，使容器取得最大限度的容量空间。这一式样的包装容器，为以后诸多材质的容器造型设计提供了可供参考的典范。总之，从上述所论及列举的实物例证，我们不难看出：原始社会时期的陶器包装无论是仿生型的造型设计，还是几何状的造型设计，其设计的初衷和最终结果，均是围绕实用与否作为标准而进行的。

（2）陶质包装容器的纹饰设计

如前所述，陶质包装容器的造型随着时间的推移在不断地演变着，其包装容器的功能也逐渐从双重性向专门性过渡，尽管这种过渡极为缓慢，直到后来的青铜包装容器和漆制包装容器才完全体现出包装容器的专门性特征，但这种演变完全取决于生产技术的进步。这是历史发展的客观规律所在。然而与之不同的是：陶器的装饰的出现和发展，则是人们审美水平提高和宗教信仰强化的一种显现。这也可以说是设计艺术第一次飞跃附带给器物艺术的贡献。陶质包装容器从素面陶器到彩陶的盛行，其装饰设计都体现着与造型设计变化之间密不可分的关系。从最初的简单刻划和拍打印纹等，逐渐形成了能够按器物的造型和人们使用的需求而进行设计。在装饰的题材内容和构图等方面，都有了极大的发展。除了最初的绳纹、线纹等刻印几何纹样外，又增加了鸟、兽、鱼等方面的动物纹样和表现人类生活的舞蹈题材内容。其装饰设计都根据品种造型的不同而有不同的设计，即使同一品种的造型，其不同的造型部位也有不同的装饰。如半山、马厂型中常见的彩陶罐，其装饰部位多在口、肩、上腹，大体都是在陶器造型弧面与人视线成直角的部位，即人们视线最为集中的地带。罐的下腹由于形体的收缩，从某个角度去看，其器物造型的弧面成为透视线，不利于人们的观看，因而也就不需要装饰。正因如此，使得陶质容器的结构造型设计与装饰纹样达到了和谐的统一。这些似乎说明了原始社会时期陶质包装容器的造型和图案纹样的构图处理、题材内容等方面，都达到了相当高的水平，符合人们的视觉审美规律。

4.陶质包装容器的制作

在原始社会，制陶是设计文化的具体实践[①]，而陶质包装容器的制作则是我国史前先民包装设计的实践成果。不论是陶质包装容器的制作，还是其他陶器生活器皿的制作，其制陶的工艺都是从简单到复杂，从低级到高级，不断进步的一个过程。据人类学家和考古学家考证，早期的陶器可能是在篮筐内涂泥或将粘土用手捏成器皿，然后放在篝火堆上烧制而成的。所以早期的陶器类型简单，器型很不规整，器壁上还常常留有指纹，且火候低，质量不高，颜色不纯。这种制陶法在新中国成立前云南地区的佤族还有流行[②]。随着考古资料的日渐丰富和相关研究的深入，我们对史前陶器的制作程序已逐步清晰，大体需要经过选料、练泥、制胚、烧制等过程。

在新石器时代初期，先民是在用火烧烤食物时，从黏土烧结成硬块中得到启示，逐步学会制陶的。在制陶早期，对这一技术还没能完全掌握，对原料的选取还没有自主意识，主要是利用自然黏土。所以，制成的陶器因含砂和杂质较多而质松易碎，多有渗漏且不利于长期使用。后来随着对陶认识的加深，便开始对所用原料进行选择。从目前出土的史前陶器遗物来看，当时的制陶原料采用红土、沉积土、黑土或其他可塑性较强的黏土，某些黏土的化学成分与后来制瓷的高岭土类似。如从仰韶文化晚期起，就开始出现白陶；大汶口文化、龙山文化白陶也比较流行。据研究，当时选择的黏土中含有铁的化合物，起助溶作用，降低陶器的烧制温度，在不同的烧制条件下，使陶器呈现各种颜色，如红陶是在氧化条件下烧成；灰陶是在弱还原条件下烧成；黑陶是在强还原条件下进行渗碳烧成[③]。这样制作的陶器致密性好，不易破碎，器形能够保存下来。在以后的长期实践中，又逐步学会了用淘洗的方法去掉黏土中的杂质，来改进陶土质量的材料，以制造出更为细致的陶器。这种经过选择与淘洗的原料，一般用来制作精致的食用器和具有包装功用的储藏器。有

---

① 赵农：《中国艺术设计史》，陕西人民美术出版社 2004 年版，第 27 页。

② 朱和平：《中国设计艺术史纲要》，湖南美术出版社 2003 年版，第 42 页。

③ 张旭：《中国古代陶器》，地质出版社 1991 年版，第 2 页。

的还根据用途的不同而对原料进行加工，有意识地加入砂粒、草灰、稻草末和碎陶末等组成的羼和料，为的是改变原料的性质，除便于成型外，还可以防止陶坯在烧制过程中，因高温而出现的开裂或变形等现象。这种原料多用来制作较大的炊器[①]。属于新石器时代初期的仙人洞、甑皮岩原始文化遗址，所出土陶器一般夹有粗细不等的砂粒。而长江流域的彭头山文化、河姆渡文化、大溪文化等地生产的陶器，都因掺和了大量稻壳、稻草等有机物，陶胎呈黑色或深灰色[②]。羼和料的应用，提高了陶器制品的成品率，在制陶工艺史上是一个伟大的创举，促进了陶质包装的发展。

制陶原料选定后，开始练泥，后便进行制胚。制坯大概可以分为手制和轮制。在早期由于制造技术的落后，采取手工成型法。据研究，手制法可分为三类：捏塑法、模制法、泥条盘筑法[③]。一般器形不规整，且留有手印的陶器，大多是用手捏塑而成的，采用这种制法的多为小型器物。而随着人们实践的增多，人们发明了泥条盘筑法，其方法是将泥料制成泥条然后盘筑起来，一层一层叠上去，将里外抹平，制成器型（图2–8）。这一制法在仰韶文化的制陶中已普遍采用。如仰韶文化遗址中出土的小口尖底瓶就是用这一方法制成的。而模制法一般是在制作某些特殊的器形时才采用。如龙山文化中的圆锥形陶模。在各种手工成型方法中，模制法与捏塑法往往是结合使用的[④]。

轮制法，又可分为慢轮和快轮两种，这是前后演进的两个阶段。大约在仰韶文化中晚期，一部分陶器生活器皿开始使用结构极为简单、转动很慢的轮盘辅助坯体

图2–8　泥条盘筑法

① 李辉柄：《中国瓷器时代的特征——新石器时代的陶器》，《紫禁城》2004年第3期。

② 曾劲松、孙天健：《新石器时代的陶器工艺成就》，《景德镇陶瓷学院学报》1995年第1期。

③ 冯先铭：《中国陶瓷史》，文物出版社1982年版，第32页。

④ 曾劲松、孙天健：《新石器时代的陶器工艺成就》，《景德镇陶瓷学院学报》1995年第1期。

成型，这也就是慢轮成型法。它是在手制的基础上，对陶质容器口沿等局部进行修整而使之规整的一项技术，其为快轮制法的出现和发展奠定了基础。在大汶口文化中期，罐类容器的口沿已经过慢轮修整加工，一些小件陶器已由快轮制成。到龙山文化时期，快轮制法也广泛地应用。它是将泥料放在陶轮上，借其快速转动的力外用提拉的方法使之成形。用此法成型的特点是：器形规整，厚薄均匀。如龙山文化的黑陶高脚杯。快轮成型技法的出现和普及大大提高了陶器的产量和质量，也为陶质包装容器走向专门性提供了技术上的保障，同时为后来瓷质包装的出现和发展奠定了基础。

胚体成型后，需要进行烧制。据测定，我国新石器时代的陶器的烧成温度大约在 900—1050 摄氏度[①]。早期的陶器采用露天烧制。这种烧法很难控制温度的均衡性，因而烧成的器物坚固耐用性差。经过长期的实践，随后人类便发明了陶窑。新石器时代陶窑的发展历程大概是，初期为平地堆烧，早、中期是横穴窑、洞穴窑，中、晚期是竖穴窑。陶器的烧成温度则是随着这个发展历程而逐步提高的。目前考古发现最早的陶窑是在裴李岗文化遗址中，距今已有 8000 多年。从春秋战国开始，人类对陶窑不断地加以改进，使烧造的器物在数量上和质量上都有很大提高。陶窑技术的不断进步，促使着后来瓷器的烧制成功，为瓷质包装取代陶质包装奠定了技术基础。

第三节　考古出土史前包装实物及其文化阐释

一、考古出土史前包装实物的地域分布

从我国境内考古发掘情况来看，考古出土的史前包装实物虽多集中在黄河流域和长江中下游地区，但已遍布全国各地。这些不同地区不同文化的包装实物，各有其不同的特点，因此也形成了不同的包装形式。下面根据地域以及存在时间的先后顺序，分别对黄河流域和长江流域出土有代表性包装实物的各文化遗址进行介绍。

---

① 冯先铭：《中国陶瓷史》，文物出版社 1982 年版，第 42 页。

1. 黄河流域出土史前包装实物的重要文化遗址

黄河流域是我国新石器文化分布较为密集的地区，而且各文化之间也形成了在时间和地层关系上具有延展性和继承性的文化序列。目前，在这一区域的文化遗存已发现有包装实物的主要有仰韶文化、马家窑文化、齐家文化、龙山文化和大汶口文化等。

（1）仰韶文化 大约处在公元前5000—前3000年，因1921年首次在河南省渑池县仰韶村发现而得名，主要有半坡、庙底沟以及西王村三大类文化类型。其文化遗址出土具有一定包装功能的器物，如栗种贮存罐、菜籽贮存罐、带盖陶壶、双耳瓶和彩陶鱼鸟纹细颈瓶等。除此之外，在遗址中还发现部分陶器底部留有席草编织印下来的纹路，可见仰韶文化时期的先民已经能利用植物进行编织，并且可能用编织物来保护陶器不被损坏，因而可推断当时已出现有编织形式的包装物。

（2）龙山文化 距今4000多年，因1928年发现于山东章丘龙山镇城子崖而得名。龙山文化遍布于黄河中下游广大地区，是新石器时代晚期文化遗存的泛称，有河南龙山文化、陕西龙山文化和山东龙山文化等。各地区文化内涵存在差别，渊源也不相同，出土的包装实物也存在着较大差异，最具代表性的包装实物当推前揭黑陶盖罐。这种带盖的黑陶罐在对被盛装物的保护功能方面，比同一时期其他陶制包装容器要强得多。正因如此，所以在各文化遗存中有大量出现。

（3）马家窑文化 约公元前3300—前2000年，是仰韶文化晚期的一个地方分支，因发现于甘肃临洮马家窑遗址而得名。陶质包装容器大多用泥条盘筑法制成，陶色以橙黄陶为主，有少量的灰陶。从出土的具有包装功用的贮藏器瓮、罐、瓶的器形特征来看，造型线条较上述文化遗址发现的包装实物更加流畅，各部分的比例

图2-9 马家窑彩陶罐、彩陶瓶

更加匀称，实用性更强。代表性的包装实物是彩陶罐、彩陶瓶等（图 2–9）。

（4）齐家文化　大概相当于新石器时代晚期至商代早期，约公元前 2000—前 1900 年，因首先发现于甘肃齐家坪遗址而得名。其中最具有代表性的包装物是双大耳陶罐、三大耳罐陶和双耳侈口高领罐等，多为夹砂红褐陶，但也有不少灰陶。除此之外，遗址中还发现有纺织品，主要以麻织面料为主，这似乎也可以说明当时人们已经开始使用麻织品，尽管还没有充足的证据来推断麻织品已用于包装制作中，但也不能否认其用于包装制作的可能性。

（5）大汶口文化　处在公元前 4300—前 2500 年左右，是由母系社会向父系社会过渡时期，同时也是介于仰韶文化与龙山文化之间的一种文化。因 1959 年在山东省宁阳堡头村大汶口首次被发现，故命名为大汶口文化。用于包装的生活用品都非常精美，三足器、圈足器、平底器、袋足器较多，花纹精细匀称，几何形图案规整，代表物是灰黑陶罐，用材多为泥质、夹砂质。

2. 长江流域重要史前出土包装实物遗址的地域分布

长江流域出土有包装实物的文化遗址颇多，目前在中下游地区已发现的有屈家岭文化、河姆渡文化、马家浜文化和良渚文化等，在这些遗址中出土了大量的包装实物。它们基本上都是以种植水稻为主，兼渔猎，并从事制陶等原始手工业。

（1）屈家岭文化　约为公元前 2550—前 2195 年，因最早发现于湖北京山屈家岭而得名，是新石器时代末期的重要遗址，出土的包装实物主要以陶制容器为主，代表物是带盖圈足罐和彩绘黑陶罐。屈家岭文化的陶制包装容器多为手制，但快轮制陶已普及；容器以泥制为主，夹砂陶较少，黑陶及灰陶较多，圈足器发达，三足器较多，平底器较少。

（2）河姆渡文化　约为公元前 5000—前 3300 年，因最早发现于浙江余姚河姆渡而得名。目前遗址中出土的包装实物主要是陶质包装容器，代表物是夹炭黑陶罐。河姆渡文化包装容器的装饰纹样丰富多样，其中以较写实的鱼、虫、鸟和花草一类的装饰最具代表性，这是区别于北方黄河流域的陶质包装容器的重要特征之一。

（3）马家浜文化　约为公元前 4700—前 3200 年，因最早在嘉兴市马家浜地区发现而得名。目前遗址中发现的包装实物主要是陶质包装容器，其形制多为罐、瓶、壶等，虽然都是手制，但整修得相当整齐，材质多以泥质红陶和夹砂红陶为主，以外红里黑或表红胎黑的泥质陶罐为典型。除此之外，根据遗址中出土的葛麻纤维织造的纬线花罗纹编织物，推断当时可能已出现植物编织的包装形式。

（4）良渚文化　约公元前3300—前2200年，因最早发现于浙江余杭良渚镇遗址群而得名。包装实物多为陶质容器，形制有罐、壶、大口尖底器等；也有部分草编、竹编、木制容器等实物，形制为篓、篮、箩、筐等，如钱山漾遗址就曾出土有200余件篓、篮、箩、筐等草编容器，并盛装有丝织品。除此之外，钱山漾遗址中还发现有绢片、丝带和丝线等，这在一定程度上反映了当时人们对丝织技术已经成熟掌握，因而似乎也不可排除时人用丝织品进行包装实践的可能性。整体而言，良渚文化的包装实物以夹细沙的灰黑陶、泥质灰胎黑皮陶和竹编容器为典型。

诚然，我们对黄河流域和长江流域出土史前包装实物较多的文化遗址进行了简单的阐述，但是在我国出土包装实物的史前文化遗址远不止以上所述，可以说是遍布全国各地。如代表北方草原地区的红山文化、南方新石器文化遗址和四川大溪文化遗址等，在此不再赘述。为了便于清晰地了解史前包装实物的分布和类型，我们试图通过列一简要的表格，将包装物以线描图形式加以勾勒：

时间	文化类型	地域分布	代表性的包装实物	包装材料
公元前5000—前3300年	河姆渡文化	长江流域	 图2-10　缠藤篾朱漆筒 图片来源：《中国美术全集》	木质，夹炭黑陶，泥质陶

时间	文化类型	地域分布	代表性的包装实物	包装材料
公元前5000—前3000年	仰韶文化	黄河流域	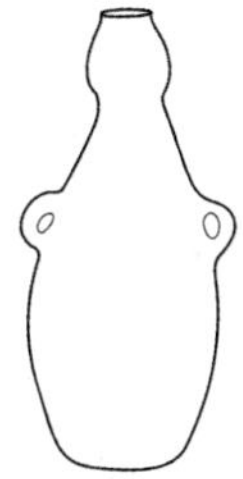 图 2-11　葫芦形瓶 图片来源:《中国八千年器皿造型》	丝麻质,泥质陶,夹砂陶
公元前4700—前3200年	马家浜文化	长江流域	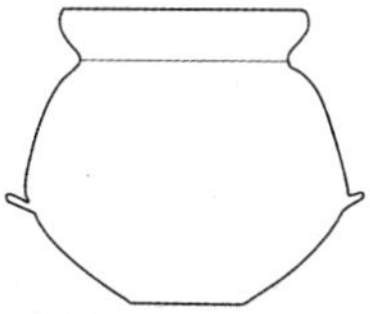 图 2-12　大口束颈罐 图片来源:《新中国的考古发现和研究》	麻质,夹砂红陶
公元前4400—前3300年	大溪文化	长江流域	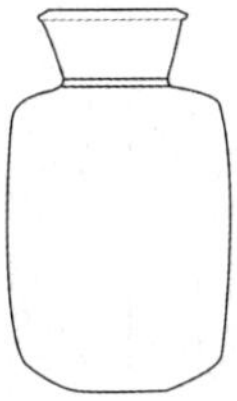 图 2-13　高颈平肩长直腹瓶 图片来源:《新中国的考古发现和研究》 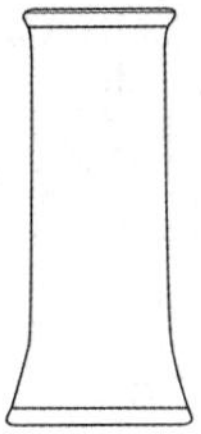 图 2-14　筒形瓶 图片来源:《新中国的考古发现和研究》	红陶,灰陶,黑陶

时间	文化类型	地域分布	代表性的包装实物	包装材料
公 元 前 4300— 前 2500 年	大汶口文化	黄河流域	 图 2-15　单耳回纹彩陶罐 图片来源：《固原历史文物》	红陶，黑陶，白陶
公 元 前 4000— 前 3000 年	红山文化	辽河流域	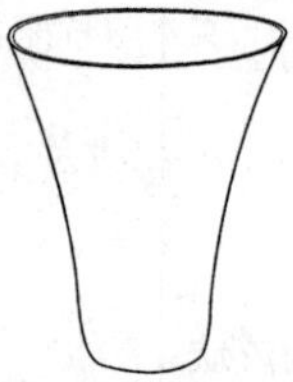 图 2-16　大口深腹罐 图片来源：《中华文明的一源：红山文化》 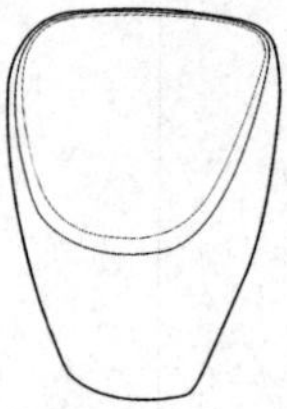 图 2-17　斜口罐 图片来源：《中华文明的一源：红山文化》	泥质红陶
公 元 前 3300— 前 2200 年	良渚文化	长江流域	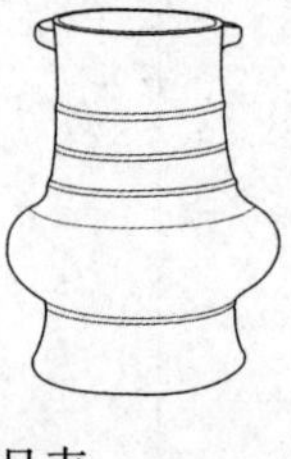 图 2-18　圈足壶 图片来源：《中国美术全集·工艺美术编——陶瓷》（上册）	竹质，木质，夹砂黑陶

时间	文化类型	地域分布	代表性的包装实物	包装材料
公 元 前 3300— 前 2000 年	马家窑文化	黄河流域	图 2-19　双大耳罐 图片来源:《中国八千年器皿造型》	夹砂红陶,泥质红陶
公 元 前 2310— 前 1810 年	龙山文化	黄河流域	图 2-20　深腹罐 图片来源:《新中国的考古发现和研究》	灰陶,红陶,黑陶
公 元 前 2000— 前 1900 年	齐家文化	黄河流域	图 2-21　三耳罐 图片来源:《中国彩陶艺术论》	麻质,泥质红陶

二、考古出土史前包装实物的种类、用材、设计及制作

1. 史前包装实物的种类及用途

与人类生活密切相关的史前包装物具有某些共同的特点,即都是围绕生存、生活的最基本的需求而产生、存在和发展的,具有实质性内容的包装物是建立在人类定居生活的基础之上,特别是当原始经济发展到一定阶段之后,像人类发明其他生活工具一样逐一出现的。通过对史前的包装实物进行分辨和梳理,其功能主要围于

容纳、保护、方便储运等方面。包装形式虽然较后代的相对简单，但创造了后世包装物的雏形。按照器物类型学原理，可以从制作用材、功能用途和器物形制三方面来分析。从制作用材方面来看，主要有果壳、贝类物、竹编物、草编物、毛皮物、丝织物、麻质物、木制容器以及陶质容器等种类；从功能用途来分，有储水器、盛食器、贮酒器等；从器物形制来分，主要有绳、葫芦、兽角、筐（篓）、囊、罐、瓶、壶等。

毋庸讳言，对史前包装进行分类有不同的标准和划分方式，然而，从史前包装所具有功能的含糊性来说，各种分类方式都存在缺陷，如果仅从制作用材方面对史前包装物进行分类，则难以阐述清其包装的功能性特点；如果从功能用途方面进行分类，则容易陷入笼统的论述模式，难以了解各种包装形式的优劣。显然，这两种分类方式都不利于我们更好地了解史前包装物的特点。尽管从器物形制方面进行分类阐述，也存在诸多的缺陷，但我们认为，如此可在一定程度上展示这一时期包装利用的特点。下面试依当时包装物的形制加以论述：

（1）绳　主要用于捆扎食物或者其他需要保护、搬运的东西。《说文》言："绳，索也。"《尔雅·释器》："绳之，谓之缩之也"，郭璞注："缩者，约束之。《诗》曰：'缩版以载。'"孙炎曰："绳束筑版谓之缩，然则缩者，束物之名。用绳束版，故谓之缩。复言缩之，明用绳束之也。故云缩者，约束之。"[1]这也就是说，绳子具有捆绑的作用。目前考古发现的史前时期的麻绳，在浙江钱山漾遗址中就有麻绳的出土[2]。据人类学家和考古学家研究，在人类开始有最简单的工具的时候，先民便会用草或细小的树枝绞合搓捻成绳子，并用它捆野兽、缚牢茅草屋、做腰带系住草裙等。具有捆绑功用的绳子，应是原始包装的早期形式之一。

（2）兽角　用于盛水或者盛装其他东西。《说文》言："角，兽角也。象形，角与力鱼相似。"在甲骨文、金文中皆有象兽角的图形，这似乎说明兽角在人类早期应是生活中常见的东西之一。与此相关，《易·大壮》中有言："羝羊触藩，羸其角。"[3]兽角与史前人类生活紧密相关似乎也从这里得到了佐证。当然，兽角也不排

---

① 汉语大字典编辑委员会：《汉语大字典》，湖北辞书出版社、四川辞书出版社1992年版，第1441页。

② 朱筱新：《文物与历史》，东方出版社2002年版，第38页。

③ 李学勤主编：《十三经注疏·周易正义》（标点本），北京大学出版社1999年版，第148页。

除有巫术的用途。

（3）筐　为盛物的竹器。也有用柳条或荆条等编制。《史记》引《尚书·禹贡》言：
"其贡漆丝，其筐织文。"集解孔安国曰："地宜漆林，又宜桑蚕。织文，锦绮之属。
盛之筐篚而贡焉。"①这大概是说禹时期，用筐盛放丝织品以进贡。文献所载筐在相
当于新石器时代的大禹时期就已经使用的说法，在考古发现中已得到证实。考古发
掘的新石器时代良渚文化钱山漾遗址也出土有整、残竹编器物200多件②，有些筐、
篓中还盛有丝织品。《诗经·召南·采蘋》言："于以盛之，维筐及筥。"③这亦是说
用筐盛装丝织品。关于筐的形式，毛传言："方曰筐，圆曰筥。"④从考古发现的实物
和《尚书》中的记载，似乎可以说明编织手工业在当时已十分发达，筐、篓等式样
的包装已广泛应用于新石器时代生活和生产中。

（4）罐　用于汲水或盛装实物和籽料。《说文新附》："罐，器也。"《玉篇·缶
部》："罐，瓶罐。"《类篇·缶部》："罐，汲器。"⑤。从目前考古发现来看，罐主要为
陶质，在新石器时代早期至汉代极为流行，为史前时期包装中被广泛使用的形式之
一。器形为敛口、直口或敞口，短颈，圆肩或折肩，腹较深，多为平底，代表性器
物如齐家文化双大耳罐。

（5）瓶　古代比缶小的容器，多用以汲水，也用以盛酒食。《方言》卷五："缶
谓之瓿瓯，其小者谓之瓶。"钱绎笺疏："……《易·井》卦云：'羸其瓶。'是瓶亦
为汲水之器。郑注云：'盆以盛水，瓶以汲水。'是也。又《礼器》注云：'盆、瓶，
炊器也。'是又不独以汲水矣。……"⑥瓶在仰韶文化、龙山文化、马家浜文化等新
石器文化遗址都有出现，应是史前包装的主要形式之一。这一时期的陶瓶，通常为
小口，深腹，形体较高。有的陶瓶在颈、肩或腹部安置环形系，这都是为了更为实
用而进行的设计。瓶底最初为圆锥尖底，后逐渐演变为平底。代表性的史前陶质包

---

① （汉）司马迁：《史记》卷2《夏本纪》，中华书局1982年版，第54—55页。

② 朱筱新：《文物与历史》，东方出版社2002年版，第40页。

③ 李学勤主编：《十三经注疏·毛诗正义》(标点本)，北京大学出版社1999年版，第149页。

④ 李学勤主编：《十三经注疏·毛诗正义》(标点本)，北京大学出版社1999年版，第149页。

⑤ 汉语大字典编辑委员会：《汉语大字典》，湖北辞书出版社、四川辞书出版社1992年版，第1226页。

⑥ 汉语大字典编辑委员会：《汉语大字典》，湖北辞书出版社、四川辞书出版社1992年版，第599页。

装瓶有仰韶文化半坡类型和马家窑文化的尖底瓶。

（6）壶　用于盛酒、水或粮食，也用于盛其他液体，主要为陶制。《说文·壶部》："壶，昆吾圜器也。"《玉篇·壶部》："壶，盛饮器也。"《公羊传·昭公二十五年》："国子执壶浆"[1]，显然，壶具有一定包装功能。除在众多文献记载中有所记载外，出土实物亦可资证明。如利用小口尖底瓮来储存或酿制谷芽酒[2]；又或用陶瓮或罐来贮放粮食或蔬菜种子，这在陕西临潼姜寨遗址和半坡遗址中就分别发现有贮存有粟的和存有芥菜或白菜籽的陶罐[3]。壶这一具有包装功用的器物，在史前时期主要流行于新石器时代，在我国目前所发掘的诸如仰韶文化、大溪文化、马家浜文化、良渚文化等文化遗址中，都发现有壶。陶壶基本造型为小口直颈，球形或扁圆腹，平底或圈足，亦有三足的。代表性的实物有马家窑双耳壶、半山型双颈壶等。

史前各种包装之间既各具特色，又有相通之处。不同的是呈现的形式形形色色，其实用功能也随之有所差异。相通之处便是使用目的一致，都以实现便于使用为包装目的。整体而言，上述包装物，又可以分为两大类：一类是用于储藏酒水食物等；一类是用于盛装丝织品等。储藏类包装物主要为大型的陶罐、陶瓶、陶瓮、陶壶等为多，这一类中又根据存储对象的不同，制作材质和器形也会有所差别，如用于储存酒、水的容器多是细沙质地，能防止水的向外渗漏，小口，带耳，便于取水和搬运；储存食物的器物则多为粗沙质地，大腹，大口，以便于存放和拿取食物。盛装类包装则多为筐、篓等，多为竹、藤等编织。

史前时期的包装类别应不止上述这几类，只因史前早期多为一些天然材质的包装物，不易保存，至今我们难以知其详。前面我们借助于有关的文献资料或者考古发掘的实物资料对史前时期的有关包装形态做了一番初步的推论和探讨，深入的研究只能期望更多考古出土物的发现。

2. 史前包装物的主要用材

史前包装实物的用材主要分为两大类：一类是天然材料，包括直接利用自然界

---

① 李学勤主编：《十三经注疏·春秋公羊传注疏》（标点本），北京大学出版社1999年版，第526页。

② 包启安：《史前文化时期的酿酒（二）——谷芽酒的酿造及演进》，《酿酒科技》2005年第7期。

③ 朱筱新：《文物与历史》，东方出版社2002年版，第19—20页。

材料和对自然材料进行简单加工两种，诸如藤、树叶等为前者，贝壳、果壳、毛皮、草编、竹编、丝、麻、木等为后者；另一类则为对自然材料性质进行改变再加以利用的，如用黏土烧制陶器。

（1）贝类材料

贝壳状如斗笠或帽子；有的呈陀螺状、圆锥状、宝塔状、圆盘状；也有的像牛角等，形态各异。《尚书·顾命》："大贝、鼖鼓，在西房。"孔安国注曰："大贝如车渠。"① 这说明大的贝壳有如车渠一般，此处虽没有讲贝壳用以盛装水或食物的功用，但是据1997在我国潮州地区发掘的陈家村贝丘遗址中，发现有牡蛎、蛤蜊、海螺、长蛎等20余种的贝类化石来看，并不排除史前人类用天然的具有储存水或盛装东西功用的贝壳作为日常工具的可能性。

（2）毛皮材料

远古先民的游牧、渔猎生活，使他们在获取满足生存的食物资料之余，同时也获得了大量的动物皮毛。这些皮毛除了用作服饰材料以外，也有部分用于包装。可惜的是那些用于包装的皮毛不易保存，今天难以见到实物遗存，但是在《尚书·禹贡》中有关于兽皮的记载。《尚书·禹贡》："熊、罴、狐、狸、织皮。"孔颖达疏引孙炎曰："织毛而言，皮者毛附于皮，故以皮表毛耳。"② 虽然，此处没有直接说明时人有利用兽皮制作包装，但从另外一个角度佐证了史前人类早有利用兽皮为材料的事实。

（3）草质材料

草质材料，即为史前包装物制作所用草本植物的总括。在钱山漾遗址出土有200余件篓、篮、箩、筐等竹编和草编容器。与此同时，在出土史前的诸多陶质包装容器上也有类似草类编织纹样的痕迹③。中国草类原料丰富，不仅有各种天然野草、水草，还包括各类粮食和经济作物的秆、茎和皮等。农业考古学家的研究报告称，我们的祖先大约在10000年前就已经开始种植粮食作物④。甲骨文中频繁出现

① 李学勤主编：《十三经注疏·尚书正义》（标点本），北京大学出版社1999年版，第503页。

② 李学勤主编：《十三经注疏·尚书正义》（标点本），北京大学出版社1999年版，第154页。

③ 裴安平：《农业、文化、社会——史前考古文集》，科学出版社2006年版，第60页。

④ 裴安平：《农业、文化、社会——史前考古文集》，科学出版社2006年版，第45页。

有"稻"的字眼,《诗经·豳风·七月》也有"八月剥枣,十月获稻,为此春酒"[1]的记载。这些似乎都说明,史前人类种稻已为平常的耕作之事,因此,用粮食和经济作物的秆、茎和皮等编织包装容器应是常理之事。

（4）竹类材料

竹,茎中空,有节,可用于制器物用。在原始社会,生活在长江流域的先民们,利用竹子来制作各种器物是有可能的。《尚书·顾命》:"兑之戈、和之弓、垂之竹矢,在东房。"[2] 这是说用竹来制作箭矢。又《吕氏春秋·古乐》:"昔黄帝令伶伦作为律……取竹于嶰谿之谷,以生空窍厚钧者、断两节间、其长三寸九分而吹之……次制十二筒……"表明黄帝时期就有用竹来制作乐器竹筒的事实。这些似乎都说明早在新石器时代先民们就已利用竹子来制作生活中所需的器物。除文献记载外,前揭考古发掘的良渚文化遗址钱山漾一地即出土整、残竹编和草编器物200多件,这说明竹编手工业在当时已十分发达,竹编包装广泛应用于生活和生产中是不容否认的。

（5）天然果壳

天然果壳,比如葫芦、瓜果壳也是远古先民在生活中可以利用的现成包装容器。这些果壳不仅被后来出现的陶器、青铜器和瓷器等作为造型仿生设计的原型,而且经过简单的加工直接成为包装容器,沿用至今不废。这种果壳包装最为有名的当推天然葫芦。葫芦,用于储存水或食物,为史前天然包装物。葫芦在古文献中也称"瓠"[3],《说文·瓠部》:"瓠,匏也。"王筠句读:"今人以细长者为瓠,圆而大者为壶炉。"这也即我们所说的葫芦。我国早在原始社会就开始食用和利用葫芦,在河姆渡遗址中出土了葫芦种子,经鉴定属葫芦科的小葫芦[4]。关于葫芦的食用和使用,在《诗经·豳风·七月》也记载有:"七月食瓜,八月断壶。"毛亨传:"壶,瓠。"[5]

---

① 李学勤主编:《十三经注疏·毛诗正义》(标点本),北京大学出版社1999年版,第503页。

② 李学勤主编:《十三经注疏·尚书正义》(标点本),北京大学出版社1999年版,第503页。

③ 李艳:《"瓠"、"匏"、"瓢"考辨》,《宁夏大学学报》(人文社会科学版)2009年第1期。

④ 中国植物学会编:《中国植物学史》,科学出版社1994年版,第4页。

⑤ 李学勤主编:《十三经注疏·毛诗正义》(标点本),北京大学出版社1999年版,第503页。

（6）蚕丝纤维材料

我国古代很早就懂得植桑养蚕，并利用蚕丝制作各种丝织品。《尚书·禹贡》："桑土既蚕。"孔颖达疏："宜桑之土，既得桑养蚕矣。"①《诗经·魏风·硕鼠序》："国人刺其君重敛，蚕食于民，不修其政，贪而畏人。"孔颖达疏："蚕食者，蚕之食桑，渐渐以食，使桑尽也。"②除文献记载外，在钱山漾遗址中还发现有绢片、丝带和丝线等丝织物。经鉴定，这些丝织物是用蚕丝织成的，而且是先缫后织的。绢片采用平纹织法织成，其经纬密度为每平方厘米 47 根。因为蚕丝纤维偏细，人们用蚕丝织造时，便有意识地增强经纬纱数，以使丝织物具有一定的强度③。这是目前我国史前时期最重要的丝织品实物。在仰韶文化时期，各处遗址均发现了骨针、纺轮等生活用具，在西安半坡遗址中，纺轮更多达 52 件，在陶器上还发现有布纹、细绳纹、粗绳纹、线纹等的痕迹。这一切无不说明在史前时期已出现人工织造的丝织品。这些丝织品除用于做服饰材料以外也常用于包装物品。

（7）麻纤维材料

在庙底沟遗址中，有的陶器上曾发现布纹痕迹，每平方厘米有经纬各十根。据分析，这是粗麻布留下的痕迹。在江苏吴县的良渚文化草鞋山遗址中，还发现了三块已经炭化的纺织物，经分析鉴定，是以野生葛为原料，采用纬线起花的织造技术织成的罗纹织品。另外在钱山漾遗址中还出土了麻布片和麻绳，是用苎麻为原料织成的平纹麻布，其经纬线的细密程度与今天的细麻布已十分接近④。关于麻的种植和使用，在《诗经》中多有记载，兹举两例以示说明：《诗经·齐风·南山》："执麻如之何？衡从其亩。"⑤此例是讲麻的种植，又《诗经·陈风·东门之枌》："不绩其麻，市也婆娑。"⑥此例谓不纺织麻布，也要穿用麻布织的这衣服去跳舞。从这些描述中，可以看出那时人们已懂得种植和利用麻类植物了。

---

① 李学勤主编：《十三经注疏·尚书正义》（标点本），北京大学出版社 1999 年版，第 140 页。

② 李学勤主编：《十三经注疏·毛诗正义》（标点本），北京大学出版社 1999 年版，第 372 页。

③ 朱筱新：《文物与历史》，东方出版社 2002 年版，第 39 页。

④ 朱筱新：《文物与历史》，东方出版社 2002 年版，第 38—39 页。

⑤ 李学勤主编：《十三经注疏·毛诗正义》（标点本），北京大学出版社 1999 年版，第 344 页。

⑥ 李学勤主编：《十三经注疏·毛诗正义》（标点本），北京大学出版社 1999 年版，第 441 页。

以麻、丝为原料，织造出精美的纺织品，既满足了人们衣着的需要，也为人们的生活增添了绚丽的色彩。虽然史前时代丝织的包装实物并没有发现，但根据已出土的丝织品以及各地出土的骨针、陶纺轮等实物，说明当时人类已经熟练掌握了手工纺织和缝制技术，因此史前人类并非没有可能用纺织材料缝制用以包裹物品的口袋、布囊、布袋之类的用具。在《诗经》中，就有关于"囊"的记载，在此处"囊"可能是布袋的别称，并用来盛装粮食或者其他东西。《诗经·大雅·公刘》："乃场乃疆，乃积乃仓；乃裹糇粮，于橐于囊。"毛传："小曰橐，大曰囊。"又言："乃裹此粮食于此橐之中。"[1] 大意是说，用囊来盛装粮食，以便于搬运。《说文》："橐，囊也。"段玉裁注："许云：橐，囊也；囊，橐也。"囊和橐形状应大体一样。这里的囊应该是袋子，与后世所称的囊可能有所区别，后世称囊可能多为皮囊之类。

（8）木质材料

远古时候气候温暖湿润、森林密布，木材资源十分丰富。据学者们研究，人类在经历石器时代之后，曾有过所谓的木器时代，即人们利用自然界丰富的森林资源，制作各种木器，以满足生产、生活的需要。在我国古代文献中有相关记载，如《尚书·梓材》："若作梓材，既勤朴斫，惟其涂丹雘。"[2] 陆德明释文："马云：'古作梓字。治木器曰梓。'"[3] 这里所说的"梓"即言治木器。除文献记载外，在仰韶文化遗址和良渚文化遗址中都出土了木制容器实物。1978 年，浙江余姚河姆渡新石器时代遗址第三文化层中，出土了一件漆碗，木质，敛口，有圈足，器壁外均髹涂有朱红色漆。据考证，至今已有 7000 年。这是我国现今发现的最早的木质漆器[4]。

（9）陶质材料

关于陶质材料的发明和使用，在上文中已有所论述，这里仅作简要叙述。据目前的考古发现，史前人类从事最为广泛的包装实践活动应是陶质容器的制作。史前人类在制陶黏土的选择上，不但严格，而且还根据黏土的不同特点和所要制作器物使用的不同目的，进行筛选、研细、淘洗等精心处理，并掺加其他材料如砂子、蚌

---

[1] 李学勤主编：《十三经注疏·毛诗正义》（标点本），北京大学出版社 1999 年版，第 1111 页。

[2] 李学勤主编：《十三经注疏·尚书正义》（标点本），北京大学出版社 1999 年版，第 386 页。

[3] 李学勤主编：《十三经注疏·尚书正义》（标点本），北京大学出版社 1999 年版，第 383 页。

[4] 沈福文：《中国漆艺美术史》，人民美术出版社 1992 年版，第 7 页。

壳沫等制成混合材质。在烧制过程中，人们不断总结经验，利用控制火候、温度等技术，烧制出多种不同性质特点的容器。陶质包装容器，由于具有坯体不透明、有微孔、吸水性强等特点，在储存、保护和运输物品等方面，比更早出现的天然材料包装（如贝类包装、果壳包装）有着更多的优点。

史前包装主要是由于生活实践与物质生产需要而产生的，生活实践促使人们去认识某些材料的性能。人类对包装材料的使用，开始只是简单的利用自然物，后来逐步发展到根据被包装的对象和包装用途选择适合的材料，而且还能利用材料的特性再加工、再创造。我们勤劳的祖先在极度艰难的生活条件下，以采集野果、集体捕猎为生，为了保存和运输他们劳动得来的食物，他们就地取材，或用植物叶子、兽皮包裹，或用藤条、植物纤维捆扎，有时候还用贝壳、竹筒、葫芦、兽角等盛装。大约距今一万年，原始人用于包装的材料和工艺发生了一次质的飞跃，即陶器的烧制成功。这一实践的结果，直接促使着人类包装实践活动的不断发展，为后来青铜材质包装、瓷质包装等的发展奠定了坚实的基础。

3. 史前包装造型设计

史前包装主要体现在贮运携带的功能上，人类根据不同的生活需要制作出形态各异的造型。其所利用的材料，在陶器未发明以前，主要是天然的贝类、毛皮、草编、竹、果壳、丝、麻、木等，或捆扎，或包裹，或编织，形成一定容积和体积，以满足盛装、储运的需求。可惜因年代久远，难于保存，我们难以知其梗概。目前可知的史前人类真正具有意识性的进行包装造型设计和审美观念的萌芽应集中在新石器时代，并且能够反映这种设计和观念的标志就是陶质包装容器的应用。

史前包装造型设计的形式特征本质上是"从最初借助模拟构成器物造型，到以后按照自身应有的规律发展"[1]。"因为形式一经摆脱模拟、写实，便使自己取得了独立的性格和前进的道路，它自身的规律和要求便日益起着重要的作用……使形式的规律更自由地展现……"[2] 因此，我们将史前陶质包装容器造型设计大体分为三

---

[1] 杨永善：《陶瓷造型艺术》，高等教育出版社 2004 年版，第 6 页。

[2] 李泽厚：《美学三书·美的历程》，天津社会科学院出版社 2003 年版，第 27 页。

类：单一的几何仿生造型、复合的组合仿生造型和按生活需要进行的造型设计。

（1）单一的几何仿生造型设计

所谓单一的几何仿生造型，是指早期陶器模仿一些果壳的造型而呈现出的单一的诸如圆形、椭圆形等形式特征。早期的陶质包装容器的造型都是以简单的仿生造型为主，这是早期人类在利用和改造自然的过程中产生的。究其缘由，可能是由于原始社会早期人类在不断利用自然物体略加改造以作器物使用的过程中，对这一形式产生了较为强烈的"意识"，因而在陶器烧制成功以后，储存于大脑"意识"当中的这一形式特征便自然成为首要的选择，进而以这一自然形象为模拟对象进行陶质容器的造型创造。

史前陶质包装容器的造型设计最为典型的就是圆形。究其缘由，一方面可能是在原始社会的生活环境中，人类接触的各种物质中以圆形最多，如果实、太阳、月亮等，也许正是在接触和使用的过程中受到启发，人们才模仿出各种圆形陶质容器；另一方面可能是在长期的生活实践过程中发现圆形器物比其他形状的器皿容积更大，同时在制作过程中也要比其他形状的器皿更为省材料，因此多选择圆形为陶质容器的基本造型；此外，在容器的成型过程中，圆形较之于其他形态更易制作成形，同时，用黏土制作的圆形陶器，在干燥后不容易开裂，烧制中不容易变形。至于说圆形可以产生圆满与和谐感，容易为人所接受，也可能成为早期人类选取圆形为包装容器造型的原因之一，不无道理。正因为如此，以圆形为基本造型特征的容器，始终是陶质包装容器和后来出现的青铜包装容器、瓷质包装容器的基本形制。

除上述外，史前包装容器造型也有以模拟葫芦式样的单一形态。葫芦在史前时期不但自身常被原始人类用来盛装水或食物，而且也影响着陶质包装造型的发展演变。据传说，我国在伏羲时代（大体相当于新石器时代）就开始大量使用葫芦作为包装容器使用。葫芦式的造型在新石器时期被大量运用在陶器上，在考古发现中屡屡得到证实。葫芦式陶质包装容器的特征，主要以自然葫芦形为基本型，并对口和底加以改变，是人类模拟自然造型的又一个表现。如庙底沟类型的葫芦形双耳瓶，其整个瓶形为葫芦的造型，其器身修长，腹部微鼓，达到了容器空间与结构设计最完美的状态（图 2-22）。又如陕西省临潼县姜寨遗址出土的彩陶变形鱼纹葫芦瓶，造型呈短直口，束颈，鼓腹，平底，完全符合实用的需求。在凸弧线的构成中，中间很少折棱，在纹饰的配置上，增加曲线的因素，与瓶的弧凸外形和谐地融为一体（图2-23）。显然，这种来源于自然美，又比自然美更集中、更典型的形象，是时人所喜闻乐见的[①]。

（2）复合的组合仿生造型设计

所谓复合的组合仿生造型设计，是指在原始陶质包装容器造型的基础上不断变化、创新，形成基本体的单一仿生到基本体、局部、构件仿生的复合转变，从而呈现多样化、意象化的更趋于科学、实用的复合造型结构形式。正如上文所述，陶质包装容器造型"从模拟开始，是造型方法最初的探求，其目的是造物致用，结果应该是'成器'。原始陶器中有些造型既保留了原型的某些特征，又在'蜕变'中开始形成自己的造型特点"[②]。

新石器时代较早期的陶质包装容器造型是模拟自然的原始形态，造型较粗，随着生产的发展进步以及陶器造型能力的提高，人们在原来的器皿造型基础上，对陶质容器的设计逐渐有了些改变。大致可分为两类：

一类是包装容器由上下两部分仿生形态组合而成，也即我们常说的多个几何造

图2-22　庙底沟类型的葫芦形双耳瓶

图2-23　姜寨遗址出土的彩陶"变形鱼纹葫芦瓶"

---

① 黄丽雅：《试论新石器时代陶器的造型艺术》，《华南师范大学学报》（社会科学版）2003年第3期，第117页。

② 杨永善：《陶瓷造型艺术》，高等教育出版社2004年版，第6页。

图 2-24 红陶双口壶

图 2-25 网纹彩陶束腰罐

型的结合体。这类几何形的容器造型是所有陶质包装容器中最常见的。如壶下部多为椭圆形的仿生形态，上部则为圆柱形的形态，马家窑文化中的彩陶壶，极具代表性；而红山文化中的红陶双口壶，整器由似瓜的腹部和腹上部的两个筒状口组合而成，极具特色（图 2-24）。瓶亦是如此，只是相对壶来说，瓶的颈部和腹部都显得细长，如马家窑文化中的旋纹尖底瓶、网纹彩陶双耳瓶、人面鱼纹彩陶双耳瓶等[①]。至于罐则是颈部短，圆肩或折肩，椭圆形的深腹，如马家窑文化中的网纹彩陶束腰罐，由上下两个大小差异较小的几何造型结合，上部呈筒状，下部则为椭圆状（图 2-25）。这些都体现了史前人类在早期陶器基础上对容器造型设计的再创造，但仍属于仿生造型范畴。

另一类则是在前一类基础上，在局部或者小构件上进行仿生设计。如将陶质包装容器上的器盖和盖钮，制作成动物的造型形态。半坡出土的仰韶文化鸟头形盖钮和兽形盖钮；江苏邳县大墩子出土的螺蛳形带流陶壶都是很好的例子。模拟人物的形体而制作的陶质包装容器目前发现较少，但是将容器局部设计成人物形象的却有发现，如马家窑文化彩陶瓶中有的把瓶口塑为人头形，独具特色。又如仰韶文化、半山类型彩陶中，有两件人头形盖，其在两个星形圆顶台座上各放有一

---

① 国家文物局：《中国文物精华大辞典·陶瓷卷》，上海辞书出版社 1995 年版，第 33 页。

个雕刻人头，形象逼真，造型别具一格①。陕西
洛南出土的一件仰韶文化红陶人头壶，人像清
晰、比例对称，与器皿的搭配也显得十分和谐
圆润②。

图2-26　立鸟陶器

　　除此之外，在器盖特别是盖钮造型设计上
多有仿生形象。如尉迟寺遗址的立鸟陶器通高
60厘米，主要由上下两部分组成：上部是在基
本形态——圆的基础上衍生出来的圆锥体，而
两侧又有仿茅草或者羽毛装的立体装饰，顶端
钮的造型则为仿鸟形态，下部为圆柱体，上部
稍粗，偏上位置带4个圆孔，器表拍印篮纹；
上下部之间间隔一周深而宽的凹槽③（图2-26）。
这是典型复合的组合仿生造型设计，其或是基
本体和局部为原始"圆"造型形态的变形组合；
或是构件盖钮的全部仿生；或是两则似耳部件的部分仿生。

　　(3) 按生活需要进行的造型设计

　　随着原始人生活内容的丰富和造型能力的不断提高，原始陶质包装容器的设计
在造型方面也经历了由简单到复杂、从单一到多样的过程。新石器时代的陶质包装
容器较早期的那种模拟自然的原始形态，开始有了变化。表现为人们在原来的器皿
造型基础上，逐渐摆脱了对具体形象的模仿，开始了掺入主观的创作思想。人类根
据生活和生产的需要，对陶质包装容器的造型加工进行改进和再创造，使之更实用
美观。具体表现在对器物的细部进行相应的设计，如：沿有平沿、卷沿或是折沿；
口有敛口、侈口或敞口；颈有长颈、短颈、粗颈或细颈；肩有环形肩或折形肩；腹
有鼓腹或扁腹；足有三足、四足或圈足；耳有圆形耳、方形耳等。

　　整体而言，古代陶器造型开始于"器以象制""形式服从于功能"的发展过程。

---

①　谭旦冏：《中国陶瓷·史前、商、周陶器》，光复书局1980年版，第79页。

②　袁浩鑫：《新石器时代原始陶器的造型》，《装饰》2006年第1期。

③　韩建业、杨新改：《大汶口文化的立鸟陶器和瓶形陶文》，《江汉考古》2008年第3期。

史前陶质包装容器，造型来源于自然美和生活美，它最初就是以满足人们的日常生活需要为目的，既有实用功能，又具有审美价值。所体现的人性的、原初的审美意蕴，非但不幼稚，而且更淳朴、更自然、更深沉，因之更本真。尤其是陶质包装容器造型的随意性的美感，充分体现出人性的、情感的真诚，从结构到比例，完全是人类追求自身完美的写照。

4.史前包装装饰设计

与史前包装的造型设计一样，史前包装的装饰设计也同样以陶质包装容器为代表。作为以实用为主要目的的史前陶质包装容器，通过造型以外的装饰设计，使其在赋予变化、增益、更新等意义的同时，给人以整个器物的装饰美。尽管在史前时期陶质容器上的装饰或许亦兼具着某种巫术功用，但无论如何，这些包装容器的装饰无一例外反映的是人的精神世界，即以装饰来表达人们的某种情感和寄托某种愿望。不论是实用性的包装容器的装饰，还是兼具巫术功用的包装容器的装饰，它们都是人造物，是伴随包装实践活动而产生的。

史前人类在长期的社会生活和生产实践中不断地观察、体会，逐渐丰富着美的认识和形式美的组合能力。具体反映到包装容器的装饰上，"主要体现在由单纯的模仿自然物到抽象自然物，再到几何化，而后独立的创造，经历了由简单到复杂，由粗到精，由巧的偶合到熟练的掌握的实践过程"[①]。据考古出土的包装实物来看，在史前时期，人们对形式原理的运用，已能结合包装容器不同的用途、不同的器形作出各种不同的结构和安排；与此同时，对同一用途、同一品种的包装容器，亦能创造出不同的样式，变化出众多的装饰纹样来。可以说，审美和实用，装饰和器形，在史前时期已经取得了较好的结合。根据包装容器用途的需要，当时已产生有单独、连续、适合以及相互组合的各种装饰纹样。有学者曾经对半坡彩陶纹样进行过统计，认为西安半坡仰韶文化早期类型出土彩陶的纹饰，几乎囊括了新石器时代早期陶器上已出现的用各种直线、波线和折线构成的几何纹。基本纹饰有：宽带纹、竖条纹、三角纹、斜线纹、圆点、波折纹和月牙状纹。半坡制陶先民巧妙地运

---

① 吴山:《中国新石器时代陶器装饰艺术》，文物出版社 1982 年版，第 24 页。

用这八种纹饰进行组合配置，变幻出38种图案①。这足见彩陶装饰纹样的千姿百态。而具体到陶质包装容器上的装饰纹饰更是各具特色，几乎没有完全相同的。

按照表现手法，史前时期陶质包装容器上的纹饰可以分为两大类：一类是具象的自然纹样或仿生纹样，包括动物、植物、人物、自然景象；一类是抽象的几何纹样，如方形、圆形、棱形、三角形、多边形等等。单从数量来看，彩陶中几何纹饰要多于自然纹饰②。据学者研究，几何纹样应是从自然纹样抽象而来的。

（1）具象的自然纹饰

史前陶质包装容器上的自然纹饰，是通过象征的方法表现出来的。有学者曾言："象形纹样是以自然物象作为发生学基础的……"③据统计，自然纹样以动植物为最多，景物次之；而人物形象一般来说不以图案形式装饰器物，而往往是单独纹样，与器物浑然一体。自然纹饰中的自然物象和种类相对少于几何纹，但它们作为纹饰母题所衍生的种类很多④。具体而言，具象的自然纹饰包括动物纹样、植物纹样、景物纹样和人物纹样等。与此相应，在史前的诸如罐、瓶、瓮等包装容器上，多装饰以动物纹、植物纹、景物纹，然而人物纹样则相对较少出现于具有包装功用的这些器具上，多出现于生活实用器具的盆上。

1）动物纹样，在史前包装容器上出现较为频繁的主要有鱼、鸟、蛙等。鱼纹以仰韶文化半坡类型中所出现的彩陶容器最为典型。有学者认为，半坡彩陶鱼纹基本写实的有单体鱼纹、双体鱼纹、三体鱼纹，四体鱼纹的四个鱼头也表现出一定的写实性。这些鱼纹都是朝着抽象化的鱼纹演变⑤。从半坡陶质容器上装饰的鱼纹来看，早期的鱼纹是鱼的自然形态，全面而写实地描绘鱼形；后来逐渐出现了由几何图形拼合的鱼形，图案装饰意味浓厚但仍保持鱼的基本形态；晚期的鱼用三角形来表示，中间一点作为鱼眼，代表鱼的整体形象（图2–27）。从这个演变过程我们不难看出：其装饰艺术经历了由写实到写意，由简单描摹到抽象概括的发展历程。大

---

① 熊寥：《中国陶瓷美术史》，紫禁城出版社1993年版，第33页。

② 程金程：《中国陶瓷艺术论》，山西教育出版社2003年版，第167页。

③ 李砚祖：《纹样新探》，《文艺研究》1992年第2期。

④ 程金程：《中国陶瓷艺术论》，山西教育出版社2003年版，第168页。

⑤ 赵国华：《生殖崇拜文化论》，中国社会科学出版社1990年版，第41页

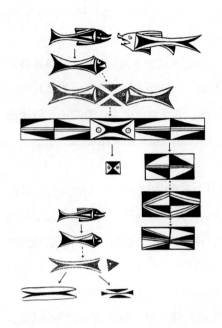

图 2-27 半坡遗址彩陶上的鱼纹演变关系图

量的鱼纹的出现，一般被认为与原始人的生殖崇拜有关，因为鱼多子多产，鱼又与生殖器相似，所以鱼是生殖崇拜的象征。

鸟纹以仰韶文化庙底沟类型彩陶中最为典型。多见的鸟纹大都是变形或抽象的纹饰，只是各自的程度不同。与鱼纹的演变过程一样，鸟纹也经历了具象—半抽象—完全抽象的演变过程。庙底沟早期的鸟纹，身子较为圆肥，嘴尖长而张开，双翅翘起，尾也上翘而分叉，形象似鸦鹊类的鸟。以后鸟头由三角形变为圆形，以一根细线表示嘴。后来侧面鸟纹不断简化，鸟头仅以一个圆点表示，身子变成一条细长的弧带。然后侧面鸟纹又简缩为一个圆点和三条弧线①。

蛙纹在半坡类型和庙底沟类型中就已出现，但较为集中和典型的蛙纹是在马家窑文化中的彩陶纹饰中。蛙纹经过庙底沟期到马家窑时期，其多着重于写意或图案的组合，后来又出现了蜕化的趋势。与其他纹饰的演变一样，亦是从写实向抽象演变。只是相对于上述两种纹样的抽象而言，晚期抽象的蛙纹已很难辨认，其"结构松散，绘图草率，有的图案界于蛙纹、波折纹两者之间"②。

除上述几种动物纹饰外，在史前时期的陶质容器上，还装饰有羊纹、狗纹，以及一些取动物的部分或者重新组合的纹样，如无头或者二足的蛙状纹、双头六足的兽纹、不对称多足爬虫纹等③。

2）植物纹样，其在原始的装饰艺术上应用极为广泛。如仰韶文化和大汶口文

① 郭廉夫等：《中国纹样辞典》，天津教育出版社 1998 年版，第 64 页。

② 刘溥、尚民杰：《涡纹、蛙纹浅说》，《考古与文物》1987 年第 6 期。

③ 程金程：《中国陶瓷艺术论》，山西教育出版社 2003 年版，第 174 页。

化陶器上的植物形象，有些像稻谷，有些像叶子，也有些像花瓣。手法简洁，甚至有些已概括成为几何形体，并和几何形纹混合在一起构成纹样。在半坡出土的彩陶残片上，画有树纹。河姆渡文化出土的陶器上，刻划有四叶形和枝叶形纹，都较写实。植物纹饰一般是取植物的富有特征的局部加以构形而成。与动物纹相比，植物纹更易于描绘，也利于组成各种图案。植物纹大都在基本定型后成为纹样的母题，由母题又不断生发演化出新的具体图案。与此相应，常见的植物纹样母题有花瓣纹、豆荚纹、花叶纹、谷纹、叶形纹、花卉纹、树纹、勾叶纹、禾苗纹等，其中最常见的有花瓣纹、豆荚纹、叶形纹等。这当中的每一种纹样又有多种变体和组合方式。

　　3）景物纹，多为与水、山、太阳、天文图像相关的纹样。如与水的波纹相关的有波浪纹、涡纹；与山的起伏相关的有"山"字纹、山形连续图案；与太阳光芒相关的有太阳纹；与天文图像相关的有诸如月亮纹、星座纹等。有关这类纹样在河南大河村彩陶中较多①。

　　（2）抽象的几何纹饰，从简单的刻划、摹拟自然物和在器物上拍印纹饰，逐渐发展至能够按器物的结构造型和人们的意愿要求，进行创造性的设计装饰纹饰，演化出来一些抽象的、符号式的几何纹。如半坡型几何纹通常以直线、波折线为基本构成元素，稚拙而质朴；马家窑型漩涡纹生动自然，结构精致巧妙，动感十足；半山型彩陶纹样中多方格，特别重视整体结构和别致的组合排列，从不同角度欣赏可以产生不同的美感。从宏观背景而言，史前陶质包装容器上的几何纹样主要是由线的长短、粗细、横竖、交叉和圆点等规则地排列组合而成。从形态学分析，其图案主要有方形纹、圆形纹、弧形纹、菱形纹、多边形纹，以及在这些纹样基础上所变形出来的纹样（图2-28）。

　　新石器时代陶质容器上几何形图案的产生，不外乎是原始先民在长期的劳动生产或者包装实践中对形体的认识，经过推理和艺术的组合演化而来。抑或是在不断的包装容器创造实践中对一种节奏感、韵律感和规律性的再现；是在对形体抽象的一种概念——点、线、面条理性的反复、重叠、交叉与组合中变化而成

---

① 　程金程：《中国陶瓷艺术论》，山西教育出版社2003年版，第175页。

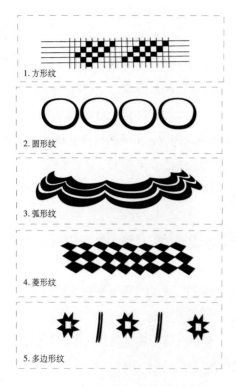

1. 方形纹

2. 圆形纹

3. 弧形纹

4. 菱形纹

5. 多边形纹

图 2-28　基础图案

的①。屈家岭文化出土的遗物表明：纺轮彩纹，多以直线和弧线等组成，大多是纺轮旋转的一种摹拟，是当时纺线的一种象征性图案，也是当时人们精神生活的一种直接反映，纺轮彩纹转动时，不但能产生多样的美的动律，同时也便于观测转动的速率，可谓既有利于提高生产效率，又便于使用过程中人的心理调剂。

值得指出的是：几何形图案是最富于变化的，做法最易，也最容易适应容器造型，与此同时，又是能取得较好审美效果的一种装饰纹样。单以点与点，线与线，面与面的相互重合、交叉、多少、大小、反复，以及排列的疏密、参差、颠倒和连续等，就能作出众多的几何形图案来。再以点与线，线与面，面与点之间的互相渗合运用，再和自然形结合，更能变化出无穷无尽的美丽纹样。如方形纹可变体出席纹、篮纹、编织纹、网格纹、方格纹等；圆形纹可演变出圆点纹、半圆纹、同心圆纹、圆圈纹、涡纹等；弧形纹可变化出垂弧纹、凸弧纹、连弧纹等；多边形纹可变化出菱格网纹、三角纹、六角星、八角星、十字形纹、曲折纹、锯齿形纹等等。由这些纹饰组成的图案，在符合容器造型形态的基础上，相互之间进行组合、变形，从而具有独特的节奏和韵律之美。由此可见，几何纹样既能单独成纹，亦能连成一片，对于容器形体的适应，比起任何植物、动物、人物构成的纹样都要灵活和优越。不论大小高低、宽窄长短、方圆曲直、疏密繁简，都能随意适应。正是因为几何形图案在构成和应用上具有许多优

① 吴山：《中国新石器时代陶器装饰艺术》，文物出版社 1982 年版，第 17 页。

点，所以才有可能在史前陶质包装容器上得到广泛的应用。

综观这一时期陶质包装容器上的装饰纹样，单独纹样的内容，很多是动物形象，这是从直接摹拟自然界的动物得来；二方和四方连续纹样的内容，大多是几何形，它可能直接导源于编织纹和绳纹等，也有少数可能是从动物纹演化而来[1]。

关于陶质容器上装饰花纹与容器造型的关系，学者已多有论及。如田自秉先生就曾有探讨[2]；彩陶专家张朋川先生总结出八条[3]。笔者在他们的研究成果基础上，拟就陶质包装容器造型形态与纹饰之间的关系略申论一二。从笔者对史前包装物的定义出发，通过对符合包装容器条件的史前陶质容器上纹饰的梳理，我们不难发现，其纹样装饰方式大多为对称的构图和多层次的装饰，装饰位置则多在颈部至腹部之间的部位，尤其是肩部，如马家窑陶罐上的纹饰就多装饰于肩部。除此之外，亦能根据容器的不同部位、不同的器形，运用不同的装饰花纹，如半山和马厂类型彩陶壶、瓮的上腹膨大，腹上部常装饰旋纹和四大圈纹，丰盈的花纹与饱满的造型匹配，且花纹与器腹外形都以弧线构成，因而显得和谐统一。半坡类型的细颈壶和齐家文化、四坝文化的折腹罐，器形棱角分明。这类彩陶上的图案多以直线构成，与器物造型相统一，构成规整挺拔的风格[4]（图 2-29）。

1）对称的构图

通过考察史前陶质包装容器外部装饰的表现形式，不难发现，对称的构图，最具普遍性，亦最具突出性。仔细观看所出土的众多陶质包装容器，可以发现，其装饰的图案一般是依照容器的

1. 半山文化中的长颈壶　　　2. 齐家文化中的圆底罐

图 2-29　装饰花纹与陶质包装容器的统一

① 吴山：《中国新石器时代陶器装饰艺术》，文物出版社 1982 年版，第 31 页。

② 田自秉：《中国工艺美术史》，东方出版中心 2004 年版，第 19—20 页。

③ 张朋川：《中国彩陶图谱》，文物出版社 1990 年版，第 146—148 页。

④ 张朋川：《中国彩陶图谱》，文物出版社 1990 年版，第 148 页。

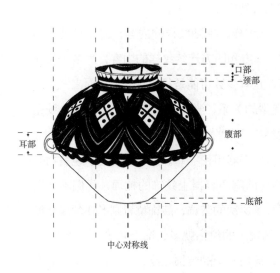

图 2-30　陶质包装容器装潢设计的对称构图

唇、颈、肩、上腹、下腹等部分来分成不同的图案单元，器耳又常是彩陶腹部两面的分界。在彩陶器的各部分的拼合处，常绘一条宽带纹，既顺应着器形以拼合处为图案定位线，又可遮盖拼合处的痕迹[①]。这亦从宏观上体现了一种对称的构图（图 2-30）。当然，彩陶纹样的对称结构，主要表现在构图中的上下左右分层安排，绝大多数是把装饰纹样分布在轴线的左右或上下两侧，这是因为自然界中充满左右对称的实例。对称也是一种重复，是纹饰位置的平移或反复，同样的纹饰通过二方连续或四方连续，可以达到一种富有动态韵律的美感。对称的构图也为使用带来便利，可以根据器物的大小随意地重复纹饰，从视觉原理来说，可使观者眼部肌肉感到舒适省力。先民已经开始注重对称与均衡的美学法则，使得画面上的点、线、面之间，既互相对立又互相呼应。

　　2）多层次的装饰

　　这种形式在史前陶质包装容器上的表现，一般是按一定的规律把器物分割成若干等份，利用重叠、明暗对比、虚实结合等方式，对器物进行不同层次的装饰。如有的是将包装容器的口、颈、肩、腹几部位分隔开进行装饰，口部和颈部多用曲线纹或直线纹，肩部或腹部多用圆形纹或旋涡纹；有的同一部分上覆盖两层或三层纹饰，虚实结合，让留下的空间巧妙地自成花纹，从而使人们在视觉互补中得到几种视觉物象；有的还善于使用器物的本色（有的加陶衣），与纹饰的颜色具有明暗对比互相衬托的效果（图 2-31）。典型包装容器有 1966 年江苏祁县出土的彩陶罐，该罐表面磨光，施红色陶衣，腹部上半部分彩绘花瓣图，用白色勾画弧形及直线

―――――――――――
① 　张朋川：《中国彩陶图谱》，文物出版社 1990 年版，第 148 页。

纹，空地处则自然形成花瓣纹样，且在白底上填涂黑彩，留白边，每四朵花瓣的中央处绘黑色圆瓣。纹饰构思巧妙，色彩运用协调，线条流畅，富于美感。

图2-31　陶质包装容器装饰部位

总之，原始陶制包装容器上的这些装饰原则或者装饰方法，都是受制于包装容器的造型形态。换言之，即陶质容器的造型决定着装饰。如纹样总是装饰在最易见的部位，大都绘在罐、壶的肩部、腹部和向外鼓起的部分，口缘外移角度较大、里壁外露的罐口也绘有装饰，而器皿的下半部或往里收缩的部分则不施彩绘。这是和其实用性相联系的，因为当时的生活方式决定了其器皿都是放在地上，观看是从侧上方进行的，因此腹部以下常常没有装饰。陶质包装容器的外部装饰基本上采用了带状连续图案围绕器物一周，这种装饰方法是充分考虑到了圆形器物的观赏特点；体现了容器造型和装饰的有机合理的结合，堪称包装容器实用和审美的统一。

5. 史前包装的制作工艺

从造物发生学的角度来说，尽管目前所见到的史前包装物甚少，但无可否认，先民们是根据自己意愿和使用目的要求选用材料对物品进行包装与包装设计的。根据目前出土的史前包装实物，包装物的制作工艺主要是制陶业，其次就是一些编织工艺和漆木器工艺。

作为史前包装物的陶质容器，从无数考古发掘中出土的遗物，以及后世陶器的制作工艺技术，我们可知其当时的制作技术。我国明代科学家宋应星在《天工开物·陶埏》中总结出水火既济而土合的陶器制作过程，他说："一杯（陶杯）工力，过手七十二，方克成器。"目前的研究成果表明，陶质包装容器制作工艺可划分为四个阶段：即原料选择、坯体成型、彩绘及烧制（图 2-32）。

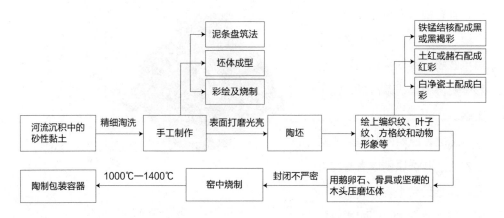

图 2-32　陶质包装容器制作工艺流程图

考古出土实物表明：最早的陶质包装容器都是原始先民用手捏塑成的，所以，器型不规整，器壁上常常留有指纹。后来他们逐渐摸索出一种新的手工成型方法——泥条盘筑法。这种制陶工艺在新石器时代晚期已经比较盛行。具体的制作方法是：先把和好的泥料揉搓成泥条，然后由下向上盘筑叠起成型，最后把里外抹平，陶质包装容器的雏形就完成了。轮制法是继泥条盘筑法后，原始先民发明的另一种重要制陶方法，又分慢轮和快轮两种。用泥条盘筑制作的陶器，器形往往较大而不是十分规整，胎壁较厚，器壁上有指纹，人们便发明了陶轮来修整陶坯。具体做法是将泥料放在陶车（古称陶钧，陶轮是木制的水平圆盘，水平地固定在直立的短轴上）上，利用陶轮的旋转，用双手将泥料拉成陶器坯体。用此法制作的陶质包装容器器壁厚薄均匀，形状更加美观。早在新石器时代晚期，我国一些地区已经采用这种方法制陶。仰韶文化、大汶口文化、大溪文化、马家滨文化等，都是由手制陶器逐渐过渡到轮制陶器。轮制法的发明，是制陶工艺的一大进步。

用编织工艺而成的包装，因年代久远，无完整实物发现，我们只能从一些出土的实物残痕和印在陶器上的绳纹，了解到一些当时的制作工艺。如浙江良渚钱山漾新石器文化遗址中出土的 200 余件篓、篮、笭、筐等草编容器包装，以及 1984 年我国考古工作者在河南荥阳青台村仰韶文化遗址出土的距今约 5500 年的丝织品残片。从这两处文化遗址出土的编织物，我们从中可以了解到一些史前人类已经掌握的某些编织方法：斜编法和绞编法。前者是两组经线交叉编织的方法，这种编织法相当原始而且应用广泛，在其他一些新石器时期遗址中发现的席纹，也都是用这种方法编织的，目前

图 2-33　河姆渡文化的漆碗

所知最早的斜编丝织物是出土于浙江吴兴钱山漾的丝带，年代约为公元前 2750 年①；后者作为一种古老的编织技法，在竹筐、竹篮、竹箩、竹篓等制作中多有运用。这种编法在织物上出现的年代也很早，河南荥阳青台村出土的丝织罗就是由平纹织质的纱和以两根经丝线组成的绞纱织物②。从出土的丝织物实物来看，原始腰机的使用在当时已经较为普遍。河姆渡文化遗址和良渚文化遗址中均有原始腰机部件的发现，并可进行复原，得知它是一种已经有经轴、提综杆、打纬刀和卷布轴等部件的原始织机③。我国新石器时期的漆木质包装容器发现不多，仅见于 1974 年浙江余姚河姆渡遗址出土的漆碗（图 2-33），故对其制作工艺难知其详。考古发掘报告揭示该器为：缠藤篾朱漆筒，木胎，系整木挖制。从出土的实物来看，其色漆是在天然漆的基础上使用调漆法调制出来的色漆，像红色、棕色等，均为调色漆，这无疑比使用天然漆大大进了一步。器物的染涂装饰方法或为满涂，或以线条装饰④。

---

① 赵丰主编：《中国丝绸通史》，苏州大学出版社 2005 年版，第 13 页。

② 高汉玉、张松林：《河南青台遗址出土的丝麻织品与古代氏族社会纺织业的发展》，《古今丝绸》1995 年第 1 期。

③ 朱新予：《中国丝绸史》，纺织工业出版社 1992 年版，第 11 页。

④ 陈丽华：《漆器鉴识》，广西师范大学出版社 2002 年版，第 37 页。

第四节　史前包装艺术的特征、意义及发展缓慢原因探析

尽管从包装艺术和艺术本身来说，史前社会都是起源阶段，但正如任何事物的产生都有其必然性一样，在其初期都具有某种初始的特征，史前包装在其满足某种基础功能性的前提之下，因精神需求而催生出美的成分和因素，使其已具备了一定的审美性，这种审美性所反映出来的实质上就是史前包装的艺术特征。

一、史前包装的艺术特征

如前所述，史前已具有不同种类、不同式样的用于贮藏、搬运的包装物，且随着生产技术的进步亦能根据所包装物品的不同而设计所需的包装。这说明了史前人类的包装意识已逐渐加强，他们在进行包装设计的同时，能有意识地注意包装材料的选用、包装造型及其装潢的合理性的经验积累与总结，从而使史前各类包装逐步趋于科学、合理、美观，并呈现出一定的审美特征。当然，由于史前时期，生活水平低下，其工具的简陋和技术的简单，包装设计在整体上显得朴素、简洁、自然。纵观整个史前的包装物，其包装艺术的特征主要以人为中心，以实用为根本。大体可以概括为以下几个方面：

第一，外观造型服从实用功能。不论是天然包装物，还是人造包装物，总是以实现基本的包装功用为第一原则，这奠定了后世设计的出发点和基本点。如原始人所实用的贝类包装、果壳包装等天然包装的运用，都是基于外观造型符合当时对贮存、保护等要求的基础上而成为兼具生活实用器具的包装物。随着社会的发展和技术的进步，出现了更为符合实现保护和贮存功用的原始陶器，以及实用和美观和谐统一的彩陶。从考古发现的史前包装物中可以看出，陶质包装容器的造型简朴、单纯、实用。自 20 世纪 60 年代初期在江西省万年县仙人洞遗址发现的早期陶器，到半坡、庙底沟，再到马家窑，陶器的造型由低级向高级发展，功能由简单向多样延伸。从陶质包装容器的整体造型特征或者局部特征上来看也是如此。瓶小口长身；壶为小口圆身；罐是敞口扁身；瓮是大口通直。这些做法，都是为了满足基本包装功用的需求。再从容器上的小部件来看，小口、提梁、双耳、长颈、尖底等，都是

为了充分地发挥容器的实用功能。

第二，史前包装造型设计具有浓厚的仿生意识。这充分体现了人类认识世界、改造世界和造物的基本规律与做法。史前包装容器的制作是根据史前人类生活的需求，并借助于自然形象的启示，开始认识造型的形体，并创造出自然界所没有的许多造型形体。正如恩格斯所言："和数的概念一样，形的概念也完全是从外部世界得来的，而不是头脑中由纯粹的思维产生出来的。"[①]"线、面、角、多角形、立方体、球体等等观念都是从现实中得来的。"[②]进而似乎可以认为最初出现的陶器造型，只是依照自然界存在并被利用的形式，加以改造和完善后的产物[③]，尽管这一时期的人工包装容器还没有摆脱天然包装容器的特点，但实质上是包装发展史上创造性的探求，是最早关于包装容器造型方面的知识和经验的积累，体现了史前包装容器向科学、合理、美观的方向发展。如陕西省临潼县姜寨遗址出土的彩陶葫芦瓶（图 2-34），其造型是模仿葫芦而成。这和早期人们直接将自然植物葫芦作为水器有关，葫芦形瓶的造型明显脱胎于葫芦的自然形态。

第三，史前包装的局部变形和纹饰的变化形成早期包装的系列化特征。史前人类在包装容器的造型上多采用几何体的复杂组合，形成各式各样的饮器、盛器，并且同一容器具有多种功能，如瓶、壶、罐、瓮等。尤其是先民们通过对同一类型陶器进行局部

图 2-34　彩陶葫芦瓶

① ［德］恩格斯：《反杜林论》，中共中央马克思恩格斯列宁斯大林著作编译局编译：《马克思恩格斯选集》第 3 卷，人民出版社 1995 年版，第 377 页。

② ［德］恩格斯：《反杜林论》，中共中央马克思恩格斯列宁斯大林著作编译局编译：《马克思恩格斯选集》第 3 卷，人民出版社 1995 年版，第 379 页。

③ 杨永善：《论中国传统陶瓷的造型意识及其潜在的文化内蕴》，《文艺研究》1995 年第 3 期。

改造和变形，又形成这一器物形态上的系列化，如细颈陶壶、长颈壶、双颈壶、动
物形壶等。除此之外，在容器造型大体一致的情况下，纹饰的变化也形成器具的系
列化，如半山式波纹壶、半山式圆弧纹壶、半山式平行带纹壶、半山式涡纹壶等
（图 2–35）。这两种变化所形成的系列化，充分体现了功能和审美的需要，堪称是
系列化包装设计意识的萌芽，为后来系列化包装设计的发展奠定基础。

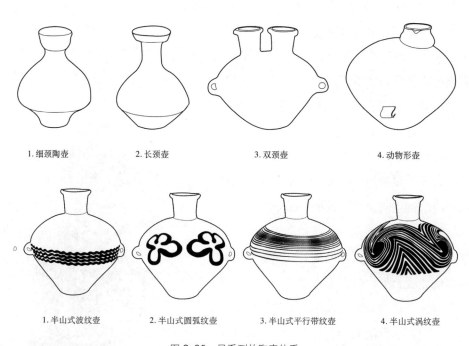

1. 细颈陶壶　　　　2. 长颈壶　　　　　3. 双颈壶　　　　　4. 动物形壶

1. 半山式波纹壶　　2. 半山式圆弧纹壶　3. 半山式平行带纹壶　4. 半山式涡纹壶

图 2–35　呈系列的陶壶体系

　　第四，包装的造型和装饰的和谐统一。纵观史前包装容器的发展历程，我们可
以发现，装饰也是包装设计不可或缺的一部分。当然，其装饰随着时代、环境、使
用对象的不同而有所变化，但无论是时代的不同，还是环境和使用对象的不同，装
饰都是为适合容器的造型和结构而设计的。如新石时代纹饰的构图一般是随着造型
不同而采取不同的方式，且一般都饰在人们视觉集中点——容器的腹的上部。另
外，包装容器上的立体装饰，最初是作为容器的部件而出现，但随着时间的推移和
人们审美水平的提高，便逐渐加强在部件上的修饰，如盖钮、把手、提梁、耳等，
这些最初的纯实用部件逐步发展为在满足实用的同时还具装饰意味，一方面表明

人类的需求是不断变化和上升的；另一方面也体现了人类对客观世界把握能力的提高。这是人类意识的物化，也是社会进步的反映。

二、史前包装艺术出现的意义

从人类学来说，"人"的进化是有序的，极为缓慢的，从"猿"到"人"并非一蹴而就，先是"古猿"，而后发展到"猿人"，再进化到"古人"阶段，大约从距今 3 万—4 万年前开始，中国境内的"古人"开始向"新人"阶段进化。在这一进化过程中，除人类的劳动起到了根本的作用之外，劳动附带而出的"工具"也在一定程度上促使了人类意识的进步。恩格斯在《劳动在从猿到人转变过程中的作用》中说："劳动创造了人本身"[1]。可以说，人类劳动实践的特点，是人类通过利用和制造、使用工具的活动，进行着向自然界索取物质的历史，唯因此，大自然才开始了"人化"的历程[2]。据此，也可认为以"工具"身份出现的史前包装，一方面对改变人类生活方式起到了积极的作用；另一方面也在人类自身进化的过程中发挥着不可磨灭的作用。

据考古学家的推测，在"北京猿人"之前的更早的"猿人"阶段，诸如"蓝田人""元谋人"之类，更多的是利用自然物来作为"工具"使用的，人类早期具有一定包装功用的"包装物"也正是如此，多以植物叶子、兽皮包裹，又或用藤条、植物纤维捆扎，有时候还用贝壳、果壳、竹筒、葫芦、兽角等盛装。

在漫长的人类历史进程中，这些自然物的轮廓形状被深深地印刻在他们的"意识"之中。细细推究起来，某些自然物的某些轮廓形状之所以能够被"记住"，成为有意识的"形式"，完全是因为这些形状的自然物便于劳动的进行和满足先民生存的需求。拿果壳来说，不论它的外观轮廓形式，以及外壳坚硬脆韧的程度如何，都会因为直接关系到使用的"效果"而必然成为"意识"中的重要内容。正是由于这些"意识"中的重要内容，才成为后来包装物制作的标准。

至于为什么有些包装物（如果壳、葫芦等）的轮廓形状能够被先民的"意识"

---

[1]　[德] 马克思、恩格斯著，中共中央马克思恩格斯列宁斯大林著作编译局编译：《马克思恩格斯选集》第 3 卷，人民出版社 1995 年版，第 508 页。

[2]　刘道广：《中国古代艺术思想史》，上海人民出版社 1998 年版，第 1—2 页。

记住，这完全取决于该果壳或葫芦等的自然形状符合使用时的"合适"要求。当人最初利用这些自然物来作为"包装物（或工具）"使用时，包装物的结构形态是否能满足存放、搬运等生存要求就决定了该包装物是否"合用"，当然，这可能也要经过具体的"劳动"过程之后才能进一步判断它的合用与否。随着社会的进一步发展，在之前"意识"的基础上，人类开始进入到改造自然材料来制造符合自身使用需求的包装物，如陶质容器的出现。陶质容器的出现为人类社会的进一步发展提供了贮存、保护食物等的保障。

在利用工具、制造工具和使用工具的长期劳动实践中，人也在不断的"进化"之中，包括大脑和四肢均变得越来越灵活。早期包装物之所以同时兼具生活工具的属性，正是这种灵活性的反映。可以说，人在长期的劳动实践过程中身体"进化"，又促进了人的大脑等各个器官、各个系统之间的更为协调的进化，于是我们可以说："通过劳动实践促使人类从动物向人的体质形态进化，既为美术发生中创造主体的各种能力（如操作能力、各种心理能力、意识和观念）提供了生物学方面的条件，也为美术的形态发生提供了身体方面的内在尺度与根据"[1]。上文中所说的对果壳轮廓"意识"的把握也就是劳动过程中人类大脑的进化，而大脑的进化和包装意识的发展，又为制作符合人类自身生存和发展的包装物提供了保障。除此之外，我们还可以认为包装的出现和发展（劳动实践）"在改变主体与自身关系的同时，也在主体与主体之间建立了新的社会性关系"[2]。包装物的出现不但为人本身的进化起到了某些作用，而且也为整个社会的发展起到了一定的推动作用。

史前人类从"猿"进化到"人"这一过程中，并在制造和使用包装物的历程中（主要仍为石器的使用和制作），也在缓慢地萌发和形成自己对"形式"概念的理解能力，并对后世的包装物自身的发展积累经验。到目前为止，所有出土物都能证明："点""线""面"及"对称""均衡"等几何学概念的因素在当时人们的头脑中已经形成了概念。如原始社会早期，人类在利用果壳等天然包装物中，总结出对称形式，为新石器时代创造的以对称形式为特征的陶质包装容器提供了经验，而成为

---

① 王宏建、袁宝林：《美术概论》，高等教育出版社 1994 年版，第 309 页。

② 王宏建、袁宝林：《美术概论》，高等教育出版社 1994 年版，第 310—311 页。

后世包装容器造型结构的主要特征。当然，在这个发展过程中，人们经过长期的实践，就自觉地对外在特征进行规律性的抽象概括，从而演变和形成各种形式美的法则。如后来出现的比例、平衡、节奏、韵律、视错、强调、重复等等。

史前人类对"形式"美法则的积淀为包装造型语言的历史延续提供了条件。造型是人造物与功能相关的结构形式，无论什么时代，无论有怎么样的审美趣味和价值取向，在功能不变的前提下，与功能相应的造型或形制往往变化不多。包装设计也是如此，它们因有效的包装功能和简洁的造型而世代留传，从而形成了造型语言上的一种历史延续。如史前陶质包装中的壶、罐等造型式样在后来青铜包装容器、瓷质包装容器中继续沿用，而青铜包装容器中的方壶造型在漆制包装中仍有使用，漆制包装中的酒具包装、盒式包装等造型形式在后来的瓷质包装和其他的材质包装形式中继续大放光彩。当然，也有不少与时代生活不相应的包装容器被淘汰或转为欣赏品。如原始社会时的小口尖底瓶已不再实用，则被历史所淘汰。包装容器造型是历史的积淀，当然，历史的积淀并不是历史的重复，而是历史演进和发展中的扬弃，只是在代代相传之后，我们可能看不到历史的表层显现，但造型语言美的规律却是根深蒂固的客观存在①。

三、史前包装艺术发展缓慢的原因

上文中已经阐释了史前包装艺术与人类的起源是同步的。但是，在整个史前社会所发生的包装活动，由于人们的认识水平有限，其包装艺术的发展也极为缓慢。包装品也多局限于利用自然界的天然物质进行简单的加工。尽管先民们懂得用火和人工取火的方法，通过制造陶器一改以往对自然物简单利用的现状，从而使包装艺术产生了质的飞跃，但是，盱衡于人类历史的整个进程，我们不得不承认史前包装艺术发展缓慢的客观事实。究其缘由，大体有如下两个方面的因素：

首先，史前社会生产力的低下是导致史前包装艺术发展缓慢的根本原因。按照历史唯物主义的观点，一个时代文化艺术的发展必然会受制于那个时代的社会生产。史前社会的包装艺术的发展便是如此。一方面，史前社会早期生产对象极为有

---

① 诸葛凯：《设计艺术学十讲》，山东画报出版社 2006 年版，第 95 页。

限，仅靠渔猎、采集等活动，从大自然中获得起码的生活资料，并没有剩余产品需要存贮，就算到了新石器时代晚期，农耕文化逐步兴起，普通大众的剩余产品也并不是很富余，此种客观情况不要求人们制作过多的包装品；另一方面，用于获得生活资料和制造生活用具的生产工具也极为简陋，多为木器、石器等，致使包装品长期局限在满足存贮食物、水等方面的基本功能上。除此之外，作为生产力要素之一的劳动者，也由于受智力因素的影响，以及生活经验的不足，其潜在的包装意识并没有完全萌发，从而在一定程度上限制了包装艺术的发展。

其次，史前时期人们的生活方式是限制包装艺术发展的直接因素。人类早期生活方式的总体模式，整体来说是相当封闭的，也是相当落后的。封闭性表现在人类各群体、各部落之间，几乎处于相对隔绝的状态之中，彼此之间很少有联系，除了战争掠夺以外，少有交换的出现，因而也不需要用于物品空间转运所需的包装容器；而生活方式的落后性几乎表现在满足人类基本生存需要的衣、食、住、行等方面。如在饮食方面，史前社会早期，在火没有被利用和人工取火技术发明以前，人类的食物来源不仅十分有限，而且还处于茹毛饮血阶段。又如在衣着方面，则为兽皮、羽毛和树叶。此种生活方式的落后性，仅局限在满足功能层面上，至于审美层面则少有关注，因而难以催生出多数量、多形式的包装品，并且其包装品多体现为对自然的简单模拟。诚然，在原始社会晚期出现了大量精美的彩陶，也仍不能掩盖整个史前社会包装艺术形式单一、简洁、粗犷的特点。因此，可以说，生活方式的封闭性、落后性直接阻碍着史前包装艺术的发展。

另外，还需值得注意的是，史前人类的信仰方式也在一定程度上阻碍着包装艺术的发展。由于早期人类对自然认识的有限，加之思维能力低下，他们不能把自己同周围的自然界分开，而是把自然界和自己等同起来，人与自然界一体，因而产生了一种万物有灵的观念[①]，又或者产生图腾崇拜和巫术崇拜等。信仰的出现，虽然满足了当时人们了解、认识自然的好奇心，但是也阻碍了人们认知水平的提高。反映在包装艺术上，主要是包装装潢，一方面催生了史前包装品的审美性特征，并呈现出神秘性的特点；但是在另外一方面也制约着包装品装潢图形朝多样化发展，如

---

① 林耀华：《原始社会史》，中华书局 1984 年版，第 396—397 页。

重复装饰某几类纹样，目前所知最多的是鱼、蛙、鸟等寓意生殖意象的图像纹饰，或者是将这些纹样进行抽象，但本体仍是代表一个部落或者民族的图腾符号，这在某种程度上限制了装潢题材的多样化，从而阻碍着包装艺术的发展。

当然，细加分析，影响和制约史前包装艺术缓慢发展的条件和因素远不止以上所述，即使是这些主要因素与包装艺术之间的关系也并非只是简单的、递进的、单向的，而常常是复杂的、重叠的、双向的。一种原因可能会产生多种结果，而一种结果又可能是由多种原因造成的，此不赘述。

第三章　夏商西周时期的包装

夏商周断代工程的研究表明：我国从公元前 21 世纪建立的夏朝开始，就已经进入奴隶社会。继夏之后，这个社会又经历了商和西周两个王朝，直到春秋战国之交才转入封建社会，延续了 1600 余年。奴隶制的兴起，社会生产力得以发展，劳动效率也进一步提高，社会剩余产品亦逐渐增多。不论是农业、手工业，还是商业都得到了长足的发展。在这一基础之上，包装也得到了极大的发展。此时期的包装品，除传承了史前时期流行的编织、缝织、木制和陶制等各种材质制作的包装品外，还发展了漆制包装，并创造性地发明了青铜包装容器。

从包装发展的历史进程来看，夏商西周时期的包装制作是从兼具生活用具功用的模糊阶段逐渐向专门化包装阶段的过渡时期，是包装实践活动从无意识状态向有意识、自觉的包装行为转变的关键时期。与史前包装相比，夏商西周的包装形式已不再是简单的模仿自然界，而是根据生活和礼制的需要，从自然形态逐渐发展到人工形态，能制作各种人工形态的日用器皿和包装容器。

奴隶制社会下的夏商西周以发达的青铜包装容器制作为标志，它不仅是我国古代设计艺术发展史上的第一次飞跃，而且成为中国古代包装技术积累的时期，后世的许多成型加工工艺均源于这一时期。

第一节　奴隶制经济形态下的包装艺术

一、奴隶制经济的特征

原始社会之后的奴隶社会尽管标志着人类进入了文明时代，但奴隶制度本质上是一种阶级剥削和阶级压迫的制度。奴隶制生产关系是一种剥削与被剥削、奴役与被奴役的生产关系。奴隶制生产关系的基础，是奴隶主占有生产资料和直接占有生产工作者。奴隶主完全地、直接地占有生产者——奴隶，是奴隶制经济制度的根本特征，也是奴隶制度和其他社会经济制度相区别的最主要之点[1]。与原始公社经济制度相比，奴隶制度下的交换经济得到了一定的发展。从现代包装设计理论的角度而言，包装设计是与社会经济紧密相连的设计门类[2]。因此，奴隶制经济的形成和发展必然加速包装的演进过程。具体而言，一方面是直接催生了包装专业化生产组织的形成[3]；另一方面亦促使着包装设计向具有专门化包装功用的性质发展，并使其向更趋科学、合理、实用的方向演变。与此同时，亦加速了包装的商业化进程。下面，我们试从以下几个方面稍作阐释：

首先，在奴隶制经济下，奴隶主占有并集中了大量的生产资料和奴隶，可以组织奴隶进行简单协作和一部分复杂协作，而协作可以进行较大规模的生产，提高了生产效率，从而使包装的大批量生产成为可能。据考古发现，安阳殷墟一处铸造作坊遗址，面积达 1 万平方米以上，出土的陶范、陶模、坩埚有数千件之多；洛阳北郊一处西周早期青铜冶铸遗址，规模宏大，面积大概有 9 万—12 万平方米，出土了大量陶范和熔炉残片及制范工具[4]。除此之外，出土的青铜容器、陶制容器更是难以计数。由此可见，奴隶制经济的发展，不但为大批量生产包装物提出了客观要求，而且在制作技术、生产工艺和生产规模上提供了可能。

---

① 孙健：《资本主义以前的社会经济制度》，上海人民出版社 1980 年版，第 55 页。

② 朱和平：《包装设计的经济属性》，《中国包装工业》2003 年第 12 期。

③ 姜锐：《中国包装发展史》，湖南大学出版社 1989 年版，第 19 页。

④ 季如迅：《中国手工业简史》，当代中国出版社 1998 年版，第 31、45 页。

其次，奴隶制经济替代原始公社经济，为农业和手工业的社会大分工提供了强有力的条件，进而促成了包装生产专业化组织的形成。在奴隶制度下，出现了城市与乡村、脑力劳动与体力劳动分工的结果。在这一结果之下，社会生产和科学、文化、艺术等各个方面都得到了较快的发展。包装作为其中的一个重要范畴，其发展自不待言。随之而来，包装生产专业化组织已开始出现。据目前考古资料显示，奴隶主贵族在二里头、郑州、安阳等重要城市普遍设立了诸如铸铜、制陶等各种手工业作坊。除考古发现外，在诸多的古典文献中亦有对手工业各行业工匠的记述，有所谓"百工"之说。《礼记·曲礼》："天子之六工，曰土工、金工、石工、木工、兽工、草工，典制六材"①。《考工记》中载："国有六职，百工与居一焉。"②同书中也对各工匠的职类进行了说明："凡工木之工七，攻金之工六，攻皮之工五，设色之工五，刮摩之工五，搏埴之工二……"③上述诸多文献记载，足以说明当时手工业之发达。而作为当时手工业一部分的包装业，虽在有关文献材料中没有具体记述，但其发展不言自明！按照当时的手工业生产规模、管理制度和实际生产情况，可以推测当时包装生产专业化组织业已形成，这就为包装生产走向科学化、制度化、规范化奠定了坚实基础。

再次，奴隶制经济下，商品包装开始出现，从而推动着人类早期的包装由保护产品、方便贮运的基本功能向促进销售的延伸功能方向演进。奴隶制经济的出现是生产资料私有制的必然结果。反之，奴隶制经济的发展，亦加速生产资料私有制进程；与此同时，亦促使社会分工进一步细化。在这一情况之下，商品经济的发展，商品流通已成为必不可少的活动，由此引起商品空间上的移动。正是由于商品流通的需要，催生了商品包装的出现。然根据社会两大部类不同性质的商品流通，此时期商品包装也有两大类：一个是为了便于商品的贮藏和运输而出现的大包装，诸如篓、筐等。另一个则是与奴隶主奢侈消费相应的精美包装，这类包装一方面具有促销的作用，主要是视觉感官刺激，另一方面，具有满足使用者精神需求的作用，主要是心理需求。众所周知，商品包装，是随着人类社会的进步，特别是随着商品经

---

① 李学勤主编：《十三经注疏·礼记正义》，北京大学出版社 1999 年版，第 130 页。

② 李学勤主编：《十三经注疏·周礼注疏》，北京大学出版社 1999 年版，第 1055 页。

③ 李学勤主编：《十三经注疏·周礼注疏》，北京大学出版社 1999 年版，第 1062 页。

济的不断发展而发展起来的①。然而，奴隶制经济下的商品经济尚处于起步阶段，因此，尽管商品包装在奴隶制时代已出现，但其在相当长一段时期内发展极为缓慢。

就整体而言，奴隶制社会下的包装艺术与原始社会相比，其包装虽然仍以容器性质为主，但与单纯容器相比，在功能和形式方面有了一定的拓展，即在满足保护商品或产品、便于搬运功能的基础上，产品促销功能已衍生。

二、奴隶制生产、生活方式与包装艺术

1.奴隶制生产方式下的包装

奴隶制代替原始公社制是人类社会发展的一个很大进步。奴隶制生产方式一方面促进了生产力的发展，进而推动社会经济的发展和社会生活的进步；另一方面也创造了比原始社会更加丰富多彩的物质财富和科学技术文化，从而使夏、商、西周三代成为中国古代手工业的技术积累的时期。以上两方面，为包装艺术在夏、商、西周三代的进一步发展奠定了基础。具体表现在以下几个方面：

第一，奴隶制生产方式下，包装的批量化、规范化生产成为现实。由于大量的生产资料和大批的劳动力集中在奴隶制国家或奴隶主个人手中，因此，统治阶级或奴隶主可以组织较大规模的生产，进行大量的简单劳动协作和一部分复杂劳动协作。例如郑州商城遗址南、北、西面各发现有铸铜、制骨和制陶遗址，安阳殷墟、湖北盘龙城等地发现有生产规模宏大的冶铜遗址。大规模生产作坊的设置，为包装批量化生产提供了条件。

第二，在奴隶制生产方式的基础上，包装标准化、专业化的实现成为可能。我们知道，三代宗法社会的核心内容是礼②。这在甲骨文、金文（图3-1）以及文献记载中多有披露。通过爬梳文献，可以知道，礼实际上就是规范、制度的意思。正如荀子所言："人无礼则不生，事无礼则不成，国家无礼则不宁"③，可以说，礼首先从

---

① 程为宝、刘建国：《包装经济学》，江西美术出版社2005年版，第1页。

② 参阅陈戍国：《先秦礼制研究》，湖南教育出版社1991年版。

③ （清）王先慎集解，沈啸寰、王新贤点校：《荀子集解》，中华书局1988年版，第23页。

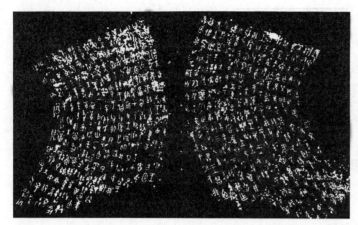

图 3-1　甲骨文与金文拓片

政治的角度规定了从帝王到庶民的社会地位，并使之等级化；其次，从职业的角度规定了人在社会生产生活中的等级秩序①。这反映在器物设计上，也是严格地体现着等级秩序，从而形成所谓的"物体系"。从这一角度而言，包装的标准化生产是必然的。在这一基础之上，随之而来的是要求包装的专业化生产。专业化生产又要求社会生产分工的进一步细化，进而达到专业化生产的目的。正如《中国手工业简史》所言：奴隶制的出现"使农业与手工业之间以及手工业内部更大规模的分工成为可能"②。前揭《考工记》中对工种的详细划分，正体现了专业化生产下工作细化的要求。除文献记载外，从目前考古发现来看，也发现有大量的青铜器、陶器、纺织等专业作坊，这亦说明了当时器物制作的专业化生产。尽管就包装角度而言，其专业化生产并不明显，但是已具备了包装生产专业组织的雏形。我们甚至还可以说，包装标准化、专业化生产在奴隶制社会的出现是历史的必然。

　　第三，冶金技术的出现和发展，从技术层面推动着包装材料从陶质材料向金属材料转变。中国发明青铜合金材料的最初年代，目前尚无确切资料以供考证，但考古学家根据出土资料推测，中国在新石器时代可能就已发明了冶金技术③。众所周

①　李砚祖：《人伦物序：〈礼记〉的设计思想》，《南京艺术学院学报》（美术与设计版）2009 年第 2 期。

②　季如迅：《中国手工业简史》，当代中国出版社 1998 年版，第 26 页。

③　马承源：《中国青铜器鉴赏》，上海古籍出版社 2004 年版，第 2 页。

知，中国从公元前 2000 年左右进入青铜时代，历经夏、商、西周和春秋战国，大约经历了 15 个世纪[①]。尤其是在商朝中晚期、西周早期，其青铜的冶铸业达到鼎盛，青铜材质包装也相应得到了发展。这从目前的考古发现中可以得到证明。从设计艺术学的角度来看，青铜材料的创造和使用，是设计艺术的第二次飞跃，同时也是包装设计艺术的一次历史性飞跃。因为青铜材料的开发，一方面是又一次改变了人类包装实践用材的方式方法，即从陶质材料逐步转向了金属材料（图 3–2）；另一方

图 3–2 陶质材料与青铜材料包装容器

面则带动了相应的包装成型、包装装潢等技术和构成手法的发展，进而推动其他材料包装的改良。我们综观中国古代包装史的发展历程，不难发现，人类的包装实践都与材料的开发和利用密切相连，从陶质材料的发明到青铜材料的创造，无不推动着社会包装业的革新和进一步发展。

总之，奴隶制在人类社会发展过程中，尤其是在包装艺术的历史演进中，占有重要的历史地位。奴隶制创造了比原始社会更高的生产力和科学文化，对人类社会由低级阶段向高级阶段发展，特别是包装从兼工具性质阶段向专门化阶段转变，起到了无可替代的历史推动作用。

奴隶制虽然把包装艺术向前推进了一步，但它对于包装的进一步发展又有着很

---

① 马承源：《中国青铜器鉴赏》，上海古籍出版社 2004 年版，第 3 页。

大局限性。究其缘由，一方面，是奴隶制度本身的局限性所导致的，因为在奴隶制下，奴隶对非人的生活和强制劳动非常憎恨，没有劳动积极性，经常以怠工、破坏生产工具、虐待牲畜等方式进行反抗，与此相应，奴隶主则只让他们使用最粗笨、最不易破坏的工具劳动，这就阻碍了生产工具的改进和生产力的提高，进而限制了包装的发展；另一方面，是奴隶主的残酷剥削和虐待致使大量的奴隶过早夭亡或残废，又或逃亡，即使被强制留下来的也对生产经验的总结和新的生产技术的探索缺乏主观能动性，从而导致包装实践活动缺乏相应的从业人员和有经验、有创新意识与能力的工匠而陷入缓慢发展之中。

2. 奴隶制生活中的包装

尽管进入阶级社会后，青铜材质包装逐渐成为时人崇尚的包装形式，然而，在"事鬼神"、尚"礼制"的社会观念下，青铜材质包装只是在贵族阶层流行，并没有在平民日常生活中普遍使用。在平民日常生活中主要使用的包装物仍是天然材料包装和陶质包装容器。当然，贵族阶层的生活中，除使用青铜材质包装外，也大量使用品质上佳的白陶包装和原始瓷质包装等。

自人类出现以来，特别是到了石器时代，天然材料就已普遍应用于包装上，只是相对于阶级社会而言，人类早期的天然材料包装显得十分简单、粗糙。而进入奴隶社会后，人们则能更加广泛地利用天然材料作包装材料，编制各种较为复杂且实用的包装容器和捆扎、裹包材料。《尚书·顾命》中记载有这样一段文字："牖间南向，敷重篾席，黼纯……西序东向，敷重底席，缀纯……东序西向，敷重丰席，画纯……西夹南向，敷重笋席，玄纷纯……"[1] 这段文字当中的"篾席""底席""丰席""笋席"在古代都是表示编织而成的席，其区别在于所用材料或编制方式有所不同。"篾席"即用芦苇、高粱秆皮等编织而成的席子；"底席"即细竹篾编制的席子；"丰席"即莞草编制的席子；"笋席"则是青竹篾编制的席子[2]。这里虽然谈的并非包装物的编制，但据此不难推测：周代以前存在普遍利用天然材料进行编织实践的情

---

① 李学勤主编：《十三经注疏·尚书正义》，北京大学出版社 1999 年版，第 502 页。

② 郭廉夫、毛延亨：《中国设计理论辑要》，江苏美术出版社 2008 年版，第 255—256 页。

形，而且编织技术也颇为先进。与上述相
应，在殷墟妇好墓中，发现有多种粗细不
一的麻布、麻线，以及丝线等物，这些都
说明一个问题：即天然材料无论是范围方
面，还是数量上，与前代相比，在社会生
活当中的运用大大拓展。

　　至于天然材料在包装上的运用，这一
时期是比较普遍的，除继续沿用史前社会
使用的部分天然包装外，还出现了丝绳、
麻绳、包裹青铜的纺织品以及布囊等形
式。如在安阳殷墟后岗就发现有成束的丝
绳和麻绳；在殷墟大司空村发现有包裹青
铜器的纺织品痕迹[1]（图3–3）。至于文献中
用纺织品制作"橐"用来盛装粮食或者其
他东西的记载，更证实囊袋这种软包装在
进入阶级社会以后备受青睐，成为主要的
包装形态。

1. 绢的遗迹

2. 双经双纬织物遗迹

图3–3　殷墟出土的包裹青铜器的丝织物

　　从包装发展史的角度看，天然材料在包装上的应用，从最初截竹凿木、摹仿葫
芦等自然物的造型制成包装容器，到用植物茎条编成篮、筐、篓，用麻、畜毛等天
然纤维捻结成绳或织成袋、兜等用于包装，经历了一个相当长的历史阶段。

　　在这一时期，平民日常生活中除使用天然材料包装外，还广泛使用陶质包装。
考古资料表明，夏、商、西周三代专门制陶作坊颇多，而且规模比较大，能批量地
生产陶质包装。如河南郑州铭功路所发现的一处规模较大的商代早期制陶遗址，在
1400多平方米的范围内，发现有陶窑14座[2]；郑州二里岗遗址和殷墟遗址都发现有
大量的陶质容器，而且有部分容器胎质细腻，器表磨光，制作精美。这些似乎都说

①　中国国家博物馆：《文物夏商周史》，中华书局2009年版，第61页。

②　中国国家博物馆：《文物夏商周史》，中华书局2009年版，第60页。

明了陶质包装容器是普遍存在于当时人们的生产、生活中。

陶质包装容器发展到夏、商、西周三代，其烧制技术和成型技术都有了极大的改进，品种大量增加，包装形式也更为多样化。在品种上除史前社会原有的灰陶、黑陶、红陶及南方的印纹硬陶外，在商代，还成功创烧了白陶和釉陶，并使釉陶发展成为原始瓷器①，这在工艺史和包装史上是一重大的进步。就奴隶社会阶段陶质包装生产的整体情况而言，前期以灰陶为主，到后期，灰陶被功能属性更佳的白陶和印纹硬陶所取代，呈衰落之势。

据统计，在从偃师二里头到春秋时期遗址发现的陶器中灰陶占90％以上②。从文化人类学的角度来看，灰陶应该是整个奴隶社会阶段人们日常生活中使用最为广泛的器物种类之一。从包装方面来说，灰陶质包装容器也是生活日用包装容器的主要种类之一。其包装器形多为罐、瓮、壶、簋、豆等。资料表明，这些日用生活的灰陶包装容器，在用材上主要为泥质，胎质相对较硬，经久耐用。由于这些包装品多是从实用功能方面考虑的，因而在很长时间内，其结构造型除细节外并没有很大的变化，形制的增加和消失也不是很明显。殷商和西周时期大部分灰陶包装容器装潢都为粗略的绳纹，很少见到饰有饕餮、云雷纹样的灰陶包装容器。从这一意义上来讲，灰陶包装容器应是平民阶层的主要包装物。尽管灰陶包装容器在奴隶社会早期有过一段贵族使用的时期，但是随着青铜包装容器的批量化生产和白陶包装容器的出现，自然又回归于平民阶层的日常生活中。

白陶是一种胎质呈白色的陶器，虽然早在二里头早期文化层中就有发现，但是将这一材质运用于包装上，则是在商代中期以后，包装形式也仅为白陶豆、罐等。这在黄河流域的商代中期遗址中有发现。到商代晚期，白陶包装的种类大量增加，其形式在前期基础上增加了罍、壶、卣等③盛酒的专用包装。至西周时期，白陶质包装容器已极为少见。这可能是由于青釉陶质包装容器和原始瓷质包装容器的兴起造成的。尽管白陶的创烧成功，使陶质包装容器更趋于生活日用化，然而在同期出土的陶器中其仍只占极小的比重。在河南殷墟等文化遗址中发现有白陶片663块，

① 参见杨泓：《美术考古半世纪》，文物出版社1997年版，第365—368页。

② 卞宗舜、周旭、史玉琢：《中国工艺美术史》，中国轻工业出版社2003年版，第87页。

③ 参见冯先铭：《中国陶瓷》，上海古籍出版社2001年版，第34—43页。

但仅占陶片总数的 0.27 %[1]。白陶表里都呈白色，经科学鉴定，其胎土成分与现代制瓷器的重要原料高岭土的化学成分非常接近[2]，烧成温度在千度左右。与同时期的灰陶、黑陶等相比，白陶显得洁白晶莹且产量少，所以很有可能为贵族阶级所占用。这从考古发掘的商代墓葬中发现的少量随葬白陶，以及商代晚期白陶包装形制和表面装饰[3]，都明显与代表等级的青铜包装容器相似的情形中得到最为直接的证明。

随着商代早期制陶手工业的发展，到了商代中期，陶和瓷的分野即已出现，创制出了我国目前已经发现的时代较早的原始瓷器[4]。按照目前的认识，瓷器的烧制一般应具备三个基本条件，即：第一是原料的选择和加工，主要是使用了高岭土，使胎质呈白色；第二是经过 1200℃ 以上的高温烧成，使胎质烧结致密，不吸水分；第三是器表有高温下烧成的釉，胎釉结合牢固，厚薄均匀。从目前所公布的材料看，黄河中下游地区的河南、河北、山西和长江中下游地区的湖北、湖南、江西、江苏等地属于商代中期的墓葬中均有符合上述瓷器三个基本条件的原始瓷器发现[5]。

商代中后期的原始瓷质包装容器胎质较粗，胎色以灰白色为主，器形不甚规整，有些包装容器存在器身歪斜、高低不等和圆不圆等情况。原始瓷质包装容器品种主要有瓮、罐等（图 3-4）。每一包装品种又有多种形式，如

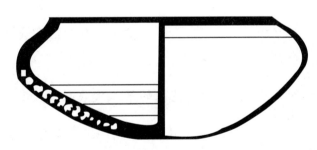

图 3-4　原始的瓷质罐剖面线描图

---

[1]　李济：《殷墟陶器研究》，上海人民出版社 2007 年版，第 24 页。

[2]　李济：《殷墟陶器研究》，上海人民出版社 2007 年版，第 28 页。

[3]　商代中期白陶形制多为豆和罐，器物上多装饰密集的云雷纹；到商代晚期，白陶品种有罍、觯、壶、尊、卣等酒器和鼎、豆、盘、簋等食器，这些形制多为仿青铜礼器，其装饰纹样也多为青铜器上出现频繁的云雷纹、饕餮纹、夔纹、蝉纹、圆涡纹等。

[4]　朱和平：《中国设计艺术史纲》，湖南美术出版社 2003 年版，第 44 页。

[5]　冯先铭：《中国陶瓷》，上海古籍出版社 2001 年版，第 221 页。

罐有凹底罐、圜底罐，瓮有凹底瓮、圜底瓮等，式样各异，在一定程度上说明了原始瓷质包装容器生产的逐步成熟。到西周时期，原始瓷质包装容器得到了极大的发展，不但生产的范围扩大，而且包装品种也增多，各品种的式样也更趋多样化，造型也有所改进。如器物的底部由商代的圜底、内凹底改变成大平底或装一个向外撇出的圈足，使包装物在放置时更加平稳。在陕西西安、安徽屯溪、江苏等地的周代遗址或墓葬中，都发现有大量的原始瓷器，常见用作包装容器的品种有豆、罐、瓮等。安徽屯溪发现的两座西周土墩墓共出土文物 102 件，内有原始瓷器 71 件，占总数的 69.6 ％[①]。从上述这些资料，我们不难看出，原始瓷质包装容器自商代中期创烧成功，发展至西周，不但质量得到改进，而且多为贵族阶层所占有。

值得指出的是：即便是原始瓷器烧制技术成熟之后，在包装领域，陶质包装容器也仅相对处于次要地位，它自身的一些特点仍未被原始瓷质包装容器所取代，并且在很长一段时间内仍作为人们日常生活包装而得以存在。从包装发展的历史脉络来看，原始瓷器的烧制成功，一方面使陶质包装容器退出主导地位；另一方面为真正意义上的瓷质包装容器的出现奠定了技术基础，从而推动包装艺术的发展。

第二节　设计艺术第二次飞跃对包装艺术的影响

一、设计艺术的第二次飞跃

考古资料表明，原始社会末期出现的青铜器，在进入阶级社会以后，逐渐取代了陶器而成为主要的器物。这一变化，不仅标志着人类进入到了金属时代，而且堪称是我国设计艺术发展的第二次飞跃。因为青铜器的设计、制作虽然与陶器有一定的继承关系，但在功能、造型、装饰、材料和工艺技术上都发生了巨大的变革。这一方面是因为青铜器是一种用铜、锡、铅等元素的合金材料冶铸而成的，无论是成型过程，还是成型以后的持续性、稳固性，都与陶器有很大的差别，这种差别，使得青铜器与陶器相比，在设计制作过程中需要更多的设计意识和能力；另一方面，

---

① 安徽省文化局文物工作队：《安徽屯溪西周墓葬发掘报告》，《考古学报》1959 年第 4 期。

由于青铜器的制作在当时实属不易，统治者把它当成了地位、权力的象征和维护其奴隶制、封建制统治的工具，赋予了青铜器以实用以外的诸多功能，而这些功能的实现，虽然是通过独特的造型与装饰获得的，但在这种独特的造型与装饰背后，却蕴含着当时人们的政治、思想和文化观念。因而，青铜器实际上是一种政治、思想和文化观念的物态化形式，其思想性、艺术性自然是以往任何产品所无法比拟的。

通过文献所载和考古出土实物我们不难看出，青铜器的功能作用，并不像原始陶器那么单纯，只是一种生活实用品，也不只是在实用的基础上表达人们审美情趣的载体，而是非常错综复杂。如果要对青铜器的发生、发展、演变过程的特性进行概括的话，其含义可以说是经历了"人化—神化—礼化—人化"这样一种演变。具体而言，在奴隶制建立不久，即青铜器产生之初，其功能以实用为主，是人化的；而在奴隶制的鼎盛时期，青铜器主要作为祭祀用的礼器，其功能是神化和礼化的；随着奴隶制的衰落和封建制的确立，青铜器又逐渐恢复了实用品与人的密切关系，是功能人化的复苏和回归。

青铜器在发展过程中所蕴含的象征意义和所起的作用，使得青铜器的造型与装饰艺术设计在各个阶段有明显的变化。从设计艺术的角度来看，不同时期的青铜器造型、装饰给人以不同的审美感受。从现在出土的青铜器的造型来看，其源于陶器的造型，但又超越了陶器，创造出了更丰富的形式，可以说造型丰富、结构合理、变化细微、收放自如、品类繁多，无论功能还是审美都达到了器物设计的高峰，对以后器物的发展产生了深刻的影响，并成为后来器物模仿的型与式。今日，我们所见到的容器造型，都可将其还原为青铜器的造型或可以找到共同的特征，其对包装容器设计的影响亦概莫能外。商代晚期到西周早期的青铜器造型，强调形体的几何感、体量感和力度感，造型雄厚、刚劲、凝重，以适应祭神的功能需要。而装饰纹样则以内涵复杂而神秘，外形狞厉而威严的饕餮纹为主，其对称严谨的装饰纹样，与稳重冷峻的造型融为一体。西周中期至春秋早期青铜器的造型（图3-5），则体现出一种秩序化、系列化、规范化的发展趋势，给人以一种整齐的、条理的、统一的美感，与之相应的装饰纹样有垂环纹、环带纹、窃曲纹等各种几何纹样，其连续、反复的构成，与秩序化、规范化的造型形式十分吻合。而战国以后的青铜器，除了宋元明清的仿古青铜器以外，其造型全都尺度宜人、轻薄灵巧、生动优美，达

亚弜方卣
（商代晚期）

鸟卣
（商代晚期）

亚址卣
（商代晚期）

曩仲壶
（西周中期）

十三年疢壶
（西周中期）

侯母壶
（西周晚期）

图 3-5　商、西周青铜材质包装容器

到了实用和审美的高度统一。在装饰方面，从战国开始，以反映时人生活作为主要
题材，如采桑弋射、水陆攻战、宴饮歌舞、车马狩猎等。这些现实生活题材的大量
出现，不仅使青铜器从神化状态回到世俗人间，而且在艺术上表现出写实的现实主
义特征。

　　青铜材料的出现，在推动整个设计艺术的进一步发展的同时，无疑也促使着包
装容器，特别是青铜材质包装容器的生产和制作。从包装设计角度而言，青铜材料

在包装上的运用具有历史性的意义：一方面是其熔点低，易于铸造、硬度高、抗腐蚀性能强等诸多优点，使其超过了当时所有的其他材料而得到大力发展，并很快被广泛应用，完成了包装材料从陶质材料向金属材料的转变；另一方面是推动了包装成型工艺的发展，其容器成型所用的"范"由"双合范"发展为多合拼制为整器的"拼范"，也即部分部件分别铸造的方法。这就使包装容器的造型结构设计和成型加工技术，也由以往较单调的圆形、椭圆形、半圆形，发展到制作难度较大、技术要求较复杂的方形等多种形式①。除上述外，值得指出的是，青铜材料在包装上广泛运用的同时，也带动着包装装潢设计的发展。整体而言，青铜金属的发明和应用，不仅大大促进了社会生产力的大发展，也极大促进了当时包装制作业的迅速发展。

二、青铜包装的种类、设计及制作

以青铜为材质的包装物的产生堪称是中国包装发展史的第二次飞跃。我们可以清楚地看出：在夏商周时期的青铜包装，一个器具的用途不仅在不同时期会有所不同，而且在同一时期的用途也不一定是单一的。这就体现出奴隶制下，青铜器与陶器的设计、制作明显有着不同的多功能性。这种状况是与当时青铜器的拥有者和使用者的特殊身份密切联系在一起。出于他们对物质生活资料的占有，一些本来是生活用具的青铜器被赋予了政治或信仰的含义，具有体现奴隶主统治权威和区别尊卑贵贱的功能，成为奴隶制礼制的象征。所以这个时期的青铜包装容器是作为礼器产生的，并非单纯的生活实用器物，但是又体现出了包装的某些功能属性，因而具有现实意义。并且当奴隶制逐步退出历史舞台，伴随着"礼崩乐坏"，青铜包装容器逐步走向生活化，更体现出它的实用意义。

1.青铜包装的种类

进入奴隶社会后，随着手工业的不断进步，人类生活水平的提高，产业分工也愈益明显，导致人类在器物用具的制造上出现了专一性。如随着酿酒业的产生和发展，人类开始制作专门用来贮存酒的器物，这些器物不仅有专门的功能和用途，而

① 姜锐：《中国包装发展史》，湖南大学出版社1989年版，第22页。

且也有专门的名称。我们根据考古出土的大量青铜包装容器实物，按照使用目的的不同将其分类，进行横向的比较研究，并对同一类的包装器物不同时期的演变进行纵向的比较研究，发现这一时期青铜材质包装容器，根据盛贮物的不同，分为食物包装和酒水包装两大类。

民以食为天。在奴隶社会，尽管生产力水平十分低下，但是社会产品与原始社会相比，已经大大丰富，有了一定的剩余，这些剩余产品不仅需要存藏，而且需要运输和流通，特别是在当时的朝贡制度下，邦国、诸侯要定期向王和周天子进贡。于是，在奴隶主集团内部出现了诸如用以盛装食物的簋、盨、簠等容器（图3-6），

1. 簋　　　　　　　　　2. 盨　　　　　　　　　3. 簠

图3-6　食品类青铜材质包装容器

以及专门用于酒包装的青铜容器。这些容器虽然不是专门用于包装，但在特定的场合和条件下，具有了包装的某些功能，这一点，我们从容器造型的演变可以充分得到说明，因为簋在商代专门为食器，无盖，到西周早期以后变得有盖，并且专门用来作为礼器，成为象征权力、地位的食物包装容器。盨和簠的形制也与簋一样，从早期的无盖变得随后有盖，由一般盛装食物，到后来成为食品包装容器。

至于用于贮存酒水的青铜容器则主要为尊、卣、壶、瓿、罍、方彝等[1]（图3-7）。这几种容器在造型和结构上的演变趋势与食物包装一样，也是朝更加符合人类使用的方向发展的。如壶、卣、罍的形制特征就体现出了很好的盛酒实用功能，都具有足够大小容量的深腹，壶、卣的提梁和盖，罍、瓿的小口、耳鋬和盖均为酒

---

[1]　有关这些青铜容器的名称来源及具体用途的详细考证，可参考马承源先生所著《中国青铜器鉴赏》一书。

1. 尊　　　　2. 卣　　　　3. 壶

4. 瓿　　　　5. 罍　　　　6. 方彝

图 3-7　酒水类青铜材质包装容器

　　的保存和搬运提供了便利，这些都是容器在演进过程中逐步得到改进和完善的，是从实用角度进行的考虑。当然，与以上几款酒包装容器相比，尊和方彝的实用功能要相对弱些，因为尊的形体多为大口尊、觚形尊、鸟兽尊等几类，大口尊和觚形尊一般没有耳錾和盖，鸟兽尊虽然有盖，但由于其造型复杂，也多不适合酒的保存和搬运。至于方彝，由于屋顶般大小的盖占据了全器的一半，另一半又被底部占了很大比重，有实用功能的腹部显得十分狭小，整器又全无搬运的提梁和耳錾[①]，因此其包装实用功能属性相对壶、卣、罍等要差。具体来看，这些容器由早期的单一盛酒功能，很快发展到兼具更多包装功能的包装容器，尤其是具有祭祀礼仪的象征性功能，这在大量的文献和考古发现中可以得到证明！

　　在商、西周时期，尽管考古出土物中包装功能属性明显的青铜材质包装容器多

---

① 卞宗舜、周旭、史玉琢：《中国工艺美术史》，中国轻工业出版社 1993 年版，第 69 页。

得不胜枚举，但从大量文献资料及相关研究成果来看，青铜材质包装容器在很大程度上是作为礼器而存在的。如前所述，我们也知道商、西周时期的青铜容器是具有一定实用意义的，并体现了包装的部分功能属性，但由于其主要作用是礼器，所以我们一般将这一时期的青铜包装容器称之为象征意义上的包装容器，只是根据王朝的更迭其所象征的意义有所变化而已。到春秋战国，以及后来的秦汉，才走向了完全生活意义上的青铜包装容器，因为进入东周以后"礼崩乐坏"，致使青铜器从尚礼的阶段走向了生活化，恢复了人性，体现出了它的实用性。

2. 青铜材质包装容器的造型设计艺术

青铜材质包装容器的造型与结构在发展演变的过程中，种类无数，样式繁多，每一种器类可分为十几种或二十几种器名。且每一种器物由于王朝的更替、典礼制度的变化、习俗的相互影响，乃至生产技术的进步，又会演变成很多种造型和结构形式，这在酒水包装容器中体现得尤为明显。如商代壶有弧形壶、长颈圆体提梁壶、细长颈圆腹壶、扁壶等；西周有扁壶、圆壶、长颈椭方壶等。从商代西周时期壶的造型设计演变，到春秋战国时期新的造型结构式样的确立这样一个过程中，我们不难看出，商代早期的壶，笨重且腹的最大直径在壶体下部，结构造型的视觉感不强，至商晚期和西周时期，壶体修长，还开始流行圈式盖，其盖取下还可作为杯用，这是从更符合实用考虑的，从包装的角度来说，也是包装功能的进一步体现，如现藏于陕西历史博物馆、出土于陕西扶风县的西周中期"几父"壶两件。又如商代的卣多扁圆体，也有少量的圆体卣、筒形卣和方卣，还有象生形卣；至西周便多圆形的卣，还开始流行一种两侧较为平坦的椭圆体卣，此外还有少量圆卣和圆筒形卣。再者，就食物包装功能属性明显的簋来看，早商的簋器身和耳錾上布满很多乳丁，因而给使用时造成诸多不便，而到了西周的簋，圈足下加以方座，一方面使整器给人以高耸而端庄的视觉感受，另一方面也起到了防潮、防震的实用功能。从壶和卣、簋的造型演变中，我们不难看出，其容器的造型结构设计是逐步走向合理的，壶的直径变化，卣的造型结构从商代少圆卣到西周时期以圆卣为主的造型设计，以及簋局部结构的变化，都体现着青铜包装容器造型结构的合理化趋势。

每种基本器形，不但有多种样式，同时还可以繁衍出各种其他的造型种类。不论是在酒水包装容器中，还是在食物包装容器中都体现得十分明显。商代早期的酒水包装容器，多流行大口有肩尊和瓿，至商代中后期瓿便消失了，而代之以罍这种大型酒器。据有关学者考证，罍可能是瓿的形体升高的结果①。又如在商代具有盛酒功用的卣的造型结构至西周晚期又演变为尊缶，并被其替代。当然，尊缶的祖形仍为陶缶，但青铜尊缶也在一定程度上受到了青铜卣容器造型结构的影响。此外，商代的青铜食器簋到西周演变为盛放食物的盨，而盨又衍生出了后来的簠（图3–8）。我们从器物造型发展的规律来说，每种器形的发展，一般都是从简单到复杂，在铸造技术上由不合理到合理，这是一个不断创造的过程。从包装角度来看，同样如此，包装容器从商代早期的笨重、粗犷到后来的轻巧、精美，都在演绎着这样一个规律。

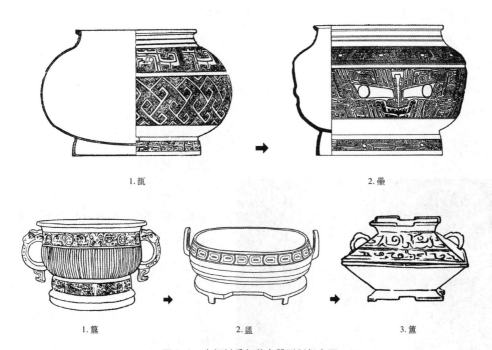

1. 瓿　　　2. 罍

1. 簋　　　2. 盨　　　3. 簠

图3–8　青铜材质包装容器形制衍变图

如前所述，商西周时期的青铜材质包装容器，早期和晚期的造型有着明显的差别。然而，就青铜材质包装容器的造型特征和青铜金属材质的特点的结合来看，是

① 马承源：《中国青铜器鉴赏》，上海古籍出版社2004年版，第234页。

达到了比较完美的契合。我们从大量的包装实物可以充分感受到，设计者正是充分运用了青铜金属材质的厚重、坚硬、冰冷、可塑性强等特性，包装属性虽然原始，但很实用的工艺技术使其造型呈现出了独有的个性风格。青铜材质包装容器在不同时期，表现出不同的造型风格特点，但从审美的角度去认识，却具有如下共性特征：

首先，结构端庄凝重、严谨合理。这是所有青铜器都具有的特征，但在青铜材质包装上体现得尤为突出。圆形的、方形的、方圆结合的几何体造型是青铜材质包装容器中最常见的造型。圆形器多是壶、罍、卣、瓿、大口尊、觚形尊等；方形器则有方壶、簋、方彝等；方圆结合的有簋、盨等。大体来看，这些几何体造型都遵循着这样的原则：力求使器物的上、中、下各部位比例协调，左、中、右各部位保持平衡，这种上下和左右比例的协调与平衡使得器物的重心落在了能使整个造型无论是否盛装物品都可以稳定的位置上，并且给人以沉稳的视觉效果，体现出实用与艺术的有机统一。此外，与器物匹配的有关附件的设计与安置，也以不破坏整体平衡为原则，这种设计与制作原则除了满足实用需求以外，不仅成为一种调节整体平衡的手段[①]，而且使整个器物达到了一个极富节奏和韵律的整体协调感。如盛酒浆用的青铜壶，商代中期的壶直口、长颈、贯耳，圆腹下鼓，矮圈足，多无盖。壶体呈对称形状，随后因防止酒的挥发、外溢和便于搬运，逐渐增加盖、贯耳或兽首衔环耳，这些部分的增加，在实现和满足功能的基础上，进一步强调了对称的各种元素（图3-9）。兽首耳和垂耳以隐形的中轴线对称设计，达到了绝对的均衡与对称，使整个容器更显稳定、庄重。

其次，造型奇特，形象生动，充满了幻想和趣味性。青铜材质包装容器中有些容器造型非常奇特，

1. 商中期兽面纹壶

2. 西周中期青铜壶

图3-9　壶式青铜材质包装容器

---

① 朱和平：《中国古代青铜器造型与装饰艺术》，湖南美术出版社2004年版，第92页。

这是由于设计者通过或组合，或变形，或意象等艺术手法，使设计物充满了神秘怪异感。这类造型多见于酒水包装中的尊和卣，而在食物包装容器中少见，有也仅是在局部构件上的变化，如簋和盨的耳錾多兽首形（图3-10）。从考古出土的实物来看，此类造型多以立体人兽造型出现，器物一般是将人或物的立体雕塑与实用容器造型融为一体，在保证实用功能的前提之下，同时也增强了艺术审美性和亲近感，缩短了与使用者之间的视觉和心理差异，因为在当时社会，人自身和动物是时人最习见和最了解、也是最能接受的外物。

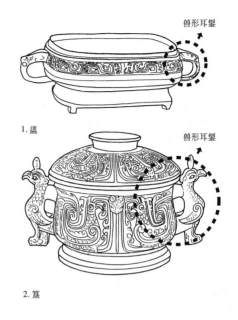

兽形耳錾

1. 盨

兽形耳錾

2. 簋

图3-10　簋和盨的兽形耳錾

　　在这类青铜材质包装容器中依据造型手法的不同，可分为两类：一是仍旧保留原来基于实用为出发点的器物的基本造型，通过浮出器表的立体动物造型作为主要装饰手段；二是将容器的外形设计成鸟兽的形貌，用动物造型来实现实用容器的功能[1]。作为以鸟兽的形体为容器造型的器物，按其特点可区分为两类：一种是肖形地模拟真实的动物，通过生动传神的造型来吸引和满足使用者的心理需求；一种是极富想象力地将多种动物的特征汇聚成形，在展现充分的想象力的同时，形成神异诡谲感，使使用者，特别是受众心理受到某种震撼，从而达到某种用意和目的。肖形的模拟真实动物形貌的青铜器，以尊类包装容器为多，这种包装物利用动物躯体为中空的尊体，将尊口开在背脊处，其形貌有牛、马、犀、象、虎、鱼等[2]。但又并非完全是具象的动物形态，而是在一定程度上采用虚构动物造型来设计的器物，给人以一种神化了的动物形象。当然，更多的是将几种动物进行合成后，使造型既具有

---

① 杨泓：《美术考古半世纪——中国美术考古发现史》，文物出版社1997年版，第66页。

② 杨泓：《美术考古半世纪——中国美术考古发现史》，文物出版社1997年版，第68页。

图 3-11 虎食人卣

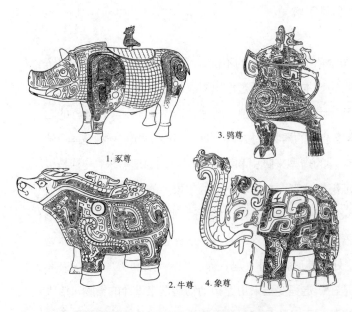

1. 豕尊
2. 牛尊
3. 鸮尊
4. 象尊

图 3-12 仿动物的青铜材质包装容器

一定的现实性，又具有虚构性，从而产生出某些超现实的形象。

立体人兽造型的青铜材质包装容器，从造型的角度而言，其本身就像是一个雕塑艺术作品，更进一步说，是雕塑艺术与工艺设计相结合的产物。其奇特而充满神秘感的造型设计，往往令人叹为观止。如商代后期的"虎食人卣"，造型写实生动，构思奇特巧妙，喻义令人回味无穷，堪称艺术珍品。因为设计者将卣设计成一只踞坐着的虎与人相拥的形状，虎口大开，人面对着虎，双手搂抱虎胸，双足蹬踏在虎的后爪上，由于相拥，人头正好处于虎口处，犹如噬食状，但从表情来看，人神态安详不做挣扎恐惧状，其主旨似乎不是表现猛虎食人，而是表现两者的共存互融（图 3-11）。透过巫术法器等神秘的背后，不能不令人想到人和自然界的和谐，不能不令人感叹这是"天人合一"的杰作。此外，这一类以动物为蓝本而设计的典型器物，还有安阳殷墟出土的鸮尊[①]；湖南出

---

① 岳彬洪：《殷墟青铜礼器研究》（博士学位论文），中国社会科学院，2001 年，第 25 页。

土的四羊方尊[①]、象尊[②]、豕尊[③]等(图3–12)。至于青铜材质包装中所广泛运用的双关借用、因势造型、因势利导等造型和装饰手法，至今也是现代包装设计艺术中最常用的设计手法之一。

再次，功用性与艺术性完美结合，造型设计与结构设计完全融合为一个整体。青铜材质包装容器的设计，虽然受到当时社会政治制度、阶级利益、思想观念的预设和制约，但设计者们所显现出的创造性和聪明才智，实是对艺术、对人与物乃至自然界关系的把握与利用。这充分地体现在奠定造型的结构设计上，使功能与艺术灵活的结合并且相得益彰！青铜包装容器因使用目的的不同产生了众多的品类，这些品类不同造型的产生所依据的主要是各自的功能。如青铜包装器中多有圈足，有的在圈足下还增加了小足，除了它的审美功能之外，还有诸如防潮、防震等实用功能性。这一方面是因为当时的生活方式是席地而坐，这样的设计更便于人的使用，使人和物之间的关系更亲切、和谐、舒适、自然，拉近了人与物之间的距离；另一方面则由于食物、酒和水等物容易变质、倾倒和受到污染，因此，采用这样的设计可以在一定程度上避免此类情况的发生。

众所周知，在设计学中，所谓的功能既包括实用功能，又包括审美功能及社会功能等。在庄严、沉重、狰狞的青铜材质包装容器上则很好地体现出了实用和审美这两大特征。如青铜壶的形制在发展成熟时期已达到实用与审美的完美结合：盖子除了在功能上可以防止酒的挥发、灰尘掉落而造成的污染等实际功能外，也遵循了设计审美的要求，它的高度、大小、弧度曲线和圈足形成了完美的呼应，并略小于圈足，避免了头重脚轻的不适感觉；壶的颈部较细，最大壶腹在壶的下部，后期发展成垂腹，也就在能满足有较大盛装容量的同时保证壶在放置时的稳定性；两边增加的贯耳或兽首衔环耳，在功能上也能达到稳定容器、便于人们移动搬运的要求，并且位于颈部最细的部位，向两边拓展、延伸，弱化了下腹大弧线的笨重感，使器物的造型更加饱满、均衡，富有节奏韵律（图3–13）。

---

① 高志喜：《湖南宁乡黄材发现商代铜器和遗址》，《考古》1963 年第 12 期。

② 熊传薪：《湖南醴陵发现商代铜象尊》，《文物》1976 年第 7 期。

③ 何介均：《湘潭县出土商代豕尊》，《湖南考古辑刊》（1 集），岳麓书社 1982 年版。

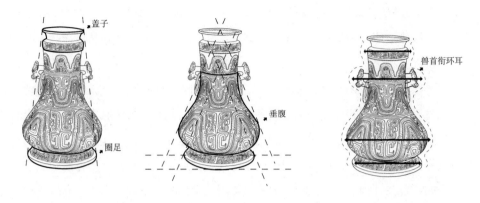

图 3-13　壶式青铜材质包装容器结构分析图

3.青铜材质包装的装饰艺术设计

从整个夏商西周三代的青铜包装容器所表现的艺术效果来看，其装饰形式主要有浮雕与线刻结合的图案花纹、圆雕的立体兽首以及构成器物华丽外轮廓的扉棱等。在这些装饰形式与手法的基础上，表现在器物的适合部位，形成独特的装饰效果。一方面通过装饰元素，透露和反映出当时人们对具象、抽象与意象造物的灵活运用；另一方面，也结合了当时铸造技艺，使艺术想象力和工艺水平巧妙结合，给人以巧夺天工之感！青铜包装容器纹饰最具有精神意义的是那些幻想中的、变形了的、极为抽象的饕餮、龙、凤和各种变形动物形象，它是人类在认识初期对宇宙的神秘、冥冥之中神奇力量的意象物化，也是奴隶主统治阶级宣扬神授权力的象征。正如有些学者所指出的："将各种青铜纹饰按照时代顺序加以排比，从中可以看到社会观念、审美思想变化的轨迹"①。因此，从社会意识形态方面来说，它的重要性不亚于器物造型，甚至在一定程度上超过了造型。具体来看，这一时期青铜包装容器上的装饰艺术主要有以下三个特征：

首先，装饰题材丰富。青铜包装容器上的装饰纹饰，多分布于器物的腹、颈、圈足或盖等部位。从题材上看，这一时期的装饰纹样主要有神异动物纹样、写实动

---

① 王朝闻：《中国美术史·夏商周卷》，齐鲁书社、明天出版社 2000 年版，第 105 页。

物纹样、几何纹样三大类。神异化动物纹是当时设计者根据某些现实动物原型新创
造出来的集多种动物形象于一体的幻想动物。这类纹饰主要有饕餮纹、龙纹和凤鸟
纹三类。综观夏商周三代青铜器的纹样装饰，我们不难看出，这类纹饰与其他两类
相比，处于青铜容器装饰纹样的主导地位。当然，由于王朝的更迭，这些纹饰的主
体地位也会随之变化，如商代以饕餮纹为主，龙纹、凤纹为辅，到西周则以凤鸟纹
为主，饕餮纹为辅（图3-14）。与神异化动物纹样不同的是，写实动物类纹样则是
对现实生活中动物原型的直接模仿，内容从走兽到飞禽，再到水族、昆虫无所不
包。具体而言，主要包括蝉、蚕、象、鱼、鸟、兔、虎、鹿、龟、牛、枭、犀等自
然和生活中常见的动物形象。此类纹饰一般多是神异动物纹的辅助纹饰，起到了强
化、衬托神异动物纹所体现出的狰狞、神秘面貌的作用。从商西周青铜容器的装饰
题材来看，虽然是以上述两类动物纹样为主体，但就延续时间及装饰普遍性而言，
几何纹样也同等重要。不同的是，几何纹样只是一类普通的辅助纹样而已，因为神
权的政治背景下，奴隶主统治阶层需要的是那些能象征权力和威严，并能与上天沟
通且面目凶狠、充满神秘感的动物形象。就纹饰的形式和结构来看，几何纹饰常常
是现实事物的变形和概括，它们线条简单，但以抽象的意味见长，在线条中充满节
奏感和丰富的内在意蕴[1]，主要有云雷纹、乳钉纹、直线纹、圆圈纹、环带纹、窃

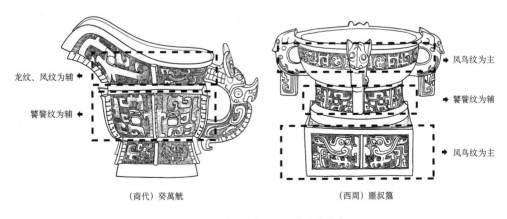

龙纹、凤纹为辅 ←

饕餮纹为辅 ←

→ 凤鸟纹为主

→ 饕餮纹为辅

→ 凤鸟纹为主

（商代）癸丧觥　　　　　　　　（西周）畺叔簋

图3-14　青铜材质包装容器上主体纹饰的变迁图

---

[1] 杨远：《夏商周青铜容器的装饰艺术研究》（博士学位论文），郑州大学，2007年，第114页。

图 3-15　饕餮纹

曲纹、重环纹、鳞纹、瓦纹等。在以上三大类装饰纹样当中，最具艺术性和艺术含义的当推饕餮纹、龙纹、凤纹、云雷纹。

饕餮纹，有不少学者认为这种纹饰是古代艺术与政治结合的产物，是商代最典型的装饰纹饰。饕餮之名源于《吕氏春秋·先识览》："周鼎著饕餮，有首无身，食人未咽，害及其身，以言报更也。"[①]纹饰的基本特点是：以中间鼻梁为中轴线，两边为对称的目纹，目上往往有眉，其侧有耳，下部为兽口，上部为额，额两侧有突出的兽角（图 3-15）。

有学者提出这种构图是古代艺术家常用的拆半表现技法，在古代中、外的图案纹样中都极为流行[②]。饕餮纹是古代先民对各种幻想动物的集合体，从形式上看，其构图多数是程式化和装饰性极强的图案，从而突出了其威严神秘的文化内涵。饕餮纹给人的恐怖、狞厉的感受正是统治阶级意志的体现。到西周末年，青铜容器的纹饰失去了前期威严雄壮的气势，风行一时的饕餮纹也日趋式微。其根本原因在于青铜器物已由礼器回归到了实用器，统治阶级的意志在装饰上被异化，纹饰更多地是用来满足人们审美和情感的需要，代之而起的是各种世俗化的图案形象。

龙纹，即是以传说中的龙作为装饰。商周时期青铜包装容器上的龙纹，基本形似蛇，做蟠曲状，有耳，无角，无足，龙身排列有两列规则的鳞纹。表现形式有：商时期几条龙相互盘曲，也有的作一头二身的巧妙结构；西周多为数条龙纹盘绕状，或头在中间，分出两尾。根据龙纹的结构大致可分为爬行龙纹、卷龙纹、交龙纹、两头龙纹和双体龙纹等（图 3-16）。至于商周时期的铜器上为何多用龙作装饰，

---

① 张双棣、张万彬等译注：《吕氏春秋译注》，吉林文史出版社 1987 年版，第 492 页。

② 朱存明：《美的根源》，中国社会科学出版社 2006 年版，第 286—324 页。

可能与时人的崇拜观念有关。
闻一多曾言："龙究竟是个什么
东西呢？我们的答案是，它是
一种图腾，并且是只存在于图
腾中而不存在于生物界中的一
种虚拟的生物，因为它是由许
多不同的图腾糅合成的一种综
合体。"①王大有也说："龙，是
以各种水族为主体（主要是扬
子鳄、蛇、龟等）与鸟兽复合
为图腾的氏族—部族的徽识。"

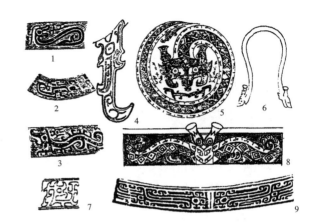

图 3-16　龙纹的类型

此外，也可能与统治阶级的统治意识有关联，如《易·乾》："飞龙在天，大人造
也。"《正义》曰："此自然之象，犹若圣人有龙德飞腾而居天位，德备天下，为万
物所瞻睹，故天下利见此居王位之大人。"②依此，我们不难看出，龙纹在青铜容器
上普遍出现，可能是与当时统治阶级的意识相关。

如果说饕餮纹、龙纹用作装饰题材，带有神秘性，更多地是为了满足统治阶
级意愿的话，那么凤纹的出现，可以称得上是人们追求吉祥的一种行为，因为凤
纹又名凤鸟纹，是羽毛华丽的鸟形，头上有上翘或下垂的羽冠。大量文献资料
显示，凤为古代传说中的鸟名。《楚辞·离骚》言："凤凰既受诒兮，恐高辛之先
我。"③郭沫若《屈原赋今译》说："玄鸟受诒即凤凰受诒，受、授省，诒、贻通，
知古代传说之玄鸟实是凤凰也。"④闻一多《离骚解诂》也说："彼言玄鸟致诒，而
此言凤凰受诒，是凤凰即玄鸟也。"⑤又《山海经》言："有鸟焉，其状如鸡，五采
而文，名曰凤凰，首文曰德，翼文曰顺，背文曰义，膺文曰仁，腹文曰信。是鸟

①　闻一多：《神话与诗·伏羲考》，上海人民出版社 2005 年版，第 20 页。

②　李学勤主编：《十三经注疏·周易正义》（标点本），北京大学出版社 1999 年版，第 6—7 页。

③　汤漳平注译：《楚辞》，中州古籍出版社 2005 年版，第 17 页。

④　郭沫若译：《屈原赋今译》，人民出版社 1953 年版，第 112 页。

⑤　《闻一多全集》，生活·读书·新知三联书店 1982 年版，第 308 页。

也，饮食自然，自歌自舞，见则天下安宁。"① 又《礼记·礼运》中载："鳞、凤、龟、龙谓之四灵。"② 从上述文献记载来看，凤实是先民们崇拜的自然对象，有追求吉祥的含义。商人认为自己的始祖是玄鸟，而玄鸟就是凤。凤纹在商代已出现，商末至西周中期作为主题纹饰十分盛行，西周前期到穆王、恭王时期凤纹装饰华丽，被称为凤纹时代。

云雷纹，统称回纹，基本特征是连续的。它由连续的回旋形线条构成，作圆形的回旋纹样称为"云纹"，作方形回旋形纹样称为"雷纹"，合称为云雷纹③。这种纹饰的出现是人们对自然现象的观察和爱好追求的一种结果，因为在广袤的自然界中，天空中的主体是太阳、月亮，云、雷只是暂时的、瞬间的和烘托的。设计师们正是认识到了这一点，所以在殷商时期的三层花式装饰中，它不仅是作为底纹，而且往往在装饰中形成一个灰面，烘托主题纹样。它可作任意形式的变化，随意填补在大小形状不同的装饰面中。云雷纹大多以二方或四方的连续性组织构成底纹，用以衬托器物上的主要花纹。

其次，装饰纹样构成独特，体现了平面图案的组织原则。应该说，青铜材质包装容器的装饰纹饰是依器物的形体构造而设计的。但是，在具体的装饰部位和手法上，则体现出了其构成的独特性。一般而言，是将器物划分为若干不同的装饰面或装饰区间（图3-17）。如在圈足而有双耳的簋上，往往以两耳为准，纵分为前后两个装饰面；在方形的器物上，则以四角为界线，划分为四个装饰面，这在方彝和方壶上体现得尤为明显。这种分面和分区的装饰，不仅根据人的视觉特征，而且充分考虑到了包装容器的形态，体现了突出视觉焦点，顾及整体美的要求，形成统一完整的艺术整体。从装饰纹样的分布与构成形式角度而言，这些纹样的表现形式，又有适合纹样、二方连续、四方连续等。

综观夏商西周青铜器上的纹样构成形式，适合纹样和独立纹样占主要地位，二方连续纹样在西周中后期盛行，四方连续纹样虽在商西周两代都有运用，但始终只在少数器物上出现。适合纹样是独立纹样的一种，从构图形式上区分有均齐式和均

---

① 袁珂校注：《山海经校注》，巴蜀书社1992年版，第19页。

② 李学勤主编：《十三经注疏·礼记正义》，北京大学出版社1999年版，第702页。

③ 田自秉：《中国工艺美术史》，东方出版中心2004年版，第53页。

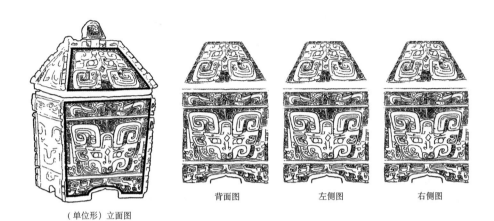

背面图　　　　　左侧图　　　　　右侧图

（单位形）立面图

图 3-17　青铜材质包装容器的装饰分区

衡式两种。均齐式是以中轴线和中心点为依据，在固定的中轴线和中心点的上下左右或多方面配置相应的同形同量纹样的形式①。这种构成形式多出现在商代及西周早期青铜包装容器的装饰上，如饕餮纹、龙纹、虎纹等都常常以两个侧面的整体组合成一个正面的兽面。这可能与青铜容器的制作与成型技术有关，因为模范法需要分块进行对接，特别是当两块衔接处为器物对称中心时，装饰纹样也要随之分开铸刻。当然，聪明的工匠在长期的实践当中，也逐渐接受并刻意去追求这种均齐、对称的纹饰格式。这具体表现在两个方面：一是将由于合范时留下的范痕，修整处理成华美的扉棱；二是以扉棱为界限来划分装饰区域，并将饕餮纹、龙纹、凤鸟纹等装饰纹样对称地布置在各区域内。从视觉心理学角度而言，这种均齐、对称的格式，具有稳定、庄重、严谨等的视觉效果。

　　二方连续纹样，又称带状纹样，指一个单元纹样向上下、左右反复连续起来的纹样。构图形式有散点式、垂直式、斜线式、波线式等②。在商西周青铜容器上，这类纹样构成形式的运用十分广泛，多用于簋、壶、尊、方彝、卣等器皿的口、颈、腹和足位，在商代装饰纹样常见的有龙纹、鸟纹、蝉纹、蚕纹、涡纹等，其中又以龙纹、鸟纹的数量与形式最多。进入西周以后，则多为散点排列的鳞纹、涡纹

①　郭廉夫等：《中国纹样辞典》，天津教育出版社 1998 年版，第 2 页。

②　郭廉夫等：《中国纹样辞典》，天津教育出版社 1998 年版，第 1 页。

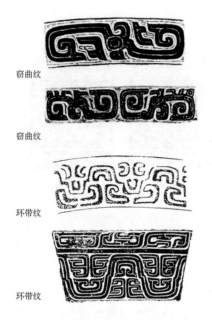

窃曲纹

窃曲纹

环带纹

环带纹

图 3-18　窃曲纹与环带纹

和波状连续的窃曲纹、环带纹等组成的带形二方连续纹样。与适合纹样和独立纹样相比，这类纹饰是主体纹饰的补充形式，具有统一、调适、活泼、变化等作用。

商西周青铜包装容器的装饰，主要是上述两种，商代的纹饰构成主要还是适合纹样和独立纹样，二方连续纹样并不十分突出，至西周早期，适合纹样和独立纹样仍为主要形式，但到了西周中后期，二方连续纹样逐渐占据主流地位，如窃曲纹、环带纹等（图 3-18）。至于四方连续纹样，在商西周青铜包装容器上虽也有运用，但相对较少。这类纹样的组织形式主要是指向上下、左右反复循环延续的纹样。其构图形式有散点式、连缀式、重叠式等[1]。在商西周青铜包装容器上，多见散点式和重叠式两种。殷商时期的勾连回纹和商、西周早期青铜容器上的乳丁纹，即为散点式连续；西周时期重环纹、垂鳞纹等属重叠式。

总之，商西周青铜材质包装容器的装饰构成形式，尽管有的因王朝的不同而装饰题材不尽相同，有的因容器的造型有别而所使用的纹样组织形式有别，但从设计学的角度来看，这些构成形式都充分考虑到了将容器的造型与纹样的内容紧密结合，在一定意义上说，体现了内容与形式的统一。

再次，装饰手法多样。在青铜材质的包装容器的构成形式和固定题材使装饰艺术形成一定格局的情况下，为了追求装饰纹样表现的多样化，当时的工匠们在这种格局限制下，在工艺条件允许变化的范围内，对纹样作了尽可能多的表现。就装饰手法而言，有浮雕、立雕、线刻等多样的手法。不仅如此，而且这些多样的手法还是相互结合，交错而合理运用。大致说来，纹饰由地纹和主体纹饰两种组成，形成

---

① 　郭廉夫等：《中国纹样辞典》，天津教育出版社 1998 年版，第 2 页。

一种组合，主体纹饰一般作浮雕形式，在浮雕上还有线刻，地纹以几何纹饰为主，在主体纹饰与地纹之间有的还有一些次要纹饰。这样形成线、面、体的三种结合，由粗到细，由整体到部分的多层次装饰。如商代中后期，流行复层纹饰（俗称三层纹样），即在凸起的主纹之上，加刻阴文装饰线，在主纹之下又刻了细密的云雷纹作地饰，使整体装饰花纹显现出丰富的色阶变化，加上器身凸出的扉棱和牺首，立体的牺首与平面的装饰花纹相互配合或连接，从而形成繁复华丽的纹饰，以满足统治阶级对包装物奢华的审美追求。

4. 青铜材质包装的制作工艺

从考古发现及相关研究成果显示，商西周青铜器的制作工艺已处于成熟时期。具体来看主要表现在两个方面：一是在原料的选择和配制上，特别是青铜合金的比例上，已能根据铸造对象不同而选择适合的金属比；二是在器物成型工艺上，出现了合范成型技术和分铸法。就包装设计角度而言，这无疑是包装技术史上的一次飞跃。因为这些有意识的实践，使商西周时期不但能制作出具有盛放功能的青铜容器，而且还可以根据使用需求的不同有选择地使用金属比例不同的合金材料来制作容器，开创了青铜材质包装的新时代。

众所周知，青铜的主要成分是铜和锡，然而，作为一种合金，各种金属的含量和比例不同，合金的理化性能是不同的。在长期的青铜的加工制作过程中，工匠们还研究了不同的铜锡配比以使性能更适合于各种器物的功能要求。如锡的比例在15%左右则很坚韧，当锡的比例增加到25%左右，虽硬度增强但韧度会降低而显得刚脆[1]。商周时期的这些技术成就在《考工记》中作了总结，其中就记载着不同类型器物铜和锡的配比。如有："六分其金而锡居一，谓之钟鼎之齐。五分其金而锡居一，谓之斧斤之齐。四分其金而锡居一，谓之戈戟之齐。三分其金而锡居一，谓之大刃之齐。五分其金而锡居二，谓之削杀矢之齐。金锡半，谓之鉴燧之齐"[2]。据现代金相学检验结果表明，出土的商周青铜器的铜锡比例基本与《考工记》中记

---

① 汴宗舜、周旭、史玉琢：《中国工艺美术史》，中国轻工业出版社1993年版，第51页。

② 戴吾三：《考工记图说》，山东画报出版社2003年版，第42页。

述的相符①。毫无疑问，这种比例只有在青铜冶铸技术相当成熟的情况下才能总结出来。此外，值得注意的是：商代青铜合金中，也有加入一定比例的铅质，甚至完全用铅代替锡的情况，这种做法，对于青铜容器而言，不仅是一种用材的扩大，更重要的是为了满足某些特殊工艺效果的要求。因为事实证明，在铜锡合金后加入极少量的铅，可以在铸造花纹时，收到花纹清晰、减少气孔的良好效果。

如果说青铜合金材料的创造，为制作性能更为优越的青铜包装容器提供了材料保证，那么，合范铸造技术的出现则为不同造型的青铜包装容器的成型提供了技术保障。正是因如此，才有现在我们所看到的种类繁多、造型多样的食物包装和酒水包装等青铜包装容器，因为在当时技术条件下，要制作容器只能应用合范法。合范有内范、外范两部分，具体做法大概有以下几个步骤：第一，用陶泥设计并塑造一个实心泥模，随后如实地把欲铸造青铜包装容器的大小形状做成一个陶模，并在模上雕刻纹饰，经窑中烘干修整，即做成了外范。第二，在外范内表面涂一层油脂，再在内模上敷一层泥，再进行烘烤修整，将内模刮去一层，厚度与所铸青铜容器的预定器壁厚度相当，即为内范。第三，将内外范合在一起，留出浇铸口，涂泥外固并对其进行预热，至烧结的程度，即为完整的合范。第四，合范完成后，进行铜液的浇铸，冷却后经过打碎外范、清除内范，对器物进行打磨加工等工序，便完成了一件青铜容器的制造过程。这种合范铸造法，在相当于夏代的二里头文化中已经采用②，但具有明显的原始性，至商西周时期已能熟练运用，并普遍运用于青铜容器的制作当中。这种合范铸法，多是用于铸造器形较为简单的没有兽头等附饰或者没有鋬、耳等附件的包装属性不明显的铜器。而瓿、尊、卣、罍、方壶、方彝、鸮尊等包装属性明显的容器都采用分铸法③。

分铸法在青铜材质包装容器上的普遍运用，是由于器物结构的复杂性所导致的，具体做法是，把完整的范模分隔成数块，块与块之间留有接榫的榫头，这样铸造起来就更灵活，也即将器物的不同部位分开铸造。这种铸造技术的采用，不但能制造器形复杂的青铜包装容器，而且使青铜包装容器朝科学实用的方向发展。因为

① 参阅华觉明：《中国古代冶炼技术——铜和铁造就的文明》，大象出版社1999年版，第251—293页。

② 华觉明：《中国古代冶炼技术——铜和铁造就的文明》，大象出版社1999年版，第88页。

③ 参阅华觉明：《中国古代冶炼技术——铜和铁造就的文明》，大象出版社1999年版，第140—141页。

分铸技术不仅可以铸造器物上提梁、耳錾、盖等实用结构部件，而且由分铸技术所衍生出来的铸合技术，特别是榫卯工艺，也解决了为结构部件与器物之间的熔合难题。从设计学角度而言，分铸法一方面促使青铜包装容器造型朝多样化发展，另一方面也为装饰由平面走向半立体、立体提供了重要的技术基础[1]。

值得注意的是，商代青铜容器的铸造一般是一器一范；但从出土的实物来看，商代晚期也出现有多器"同范铸造"的实例，然而进一步发展则是在西周时期，如西安张家坡窖藏铜簋每四件一组，同组器物的尺寸、形状、纹饰和铭文完全一致；扶风齐家村瓦纹簋四件也是这样。它们无疑是用同一陶模翻制的[2]。应该说，这种有意识的自觉行为是有着巨大意义的：一方面提高了青铜容器制作的生产效率；另一方面也为系列化青铜包装容器的批量出现奠定了技术基础。

5. 青铜包装容器生产、使用的管理方式

青铜包装容器生产、使用的管理方式实质上就是包装设计的组织性，即我们现在所说的包装设计的中层，是包装设计内层的物化，它具有较强的时代性和连续性特征。主要包括协调青铜包装容器设计、制作、使用时各部分之间的关系，规范生产行为并判断、矫正组织制度。青铜包装容器被人类赋予了精神价值、思想意识，这是隐藏在物质之后的文化思想、精神意义。它不仅是宗教、巫术礼仪、祭祀等神秘信仰和崇拜的物化形态，而且体现了极为鲜明的等级制度，烙上了人的意志。因而，在青铜包装容器的生产制造及使用管理过程中，遵循了极其严格的奴隶社会等级制度，体现了那个时期社会的礼制制度。

首先，从设计阶段而言，《考工记》说："智者创物，巧者述之守之，世谓之工"[3]。在奴隶社会，所谓"智者"无疑是奴隶主阶层，巧者述之，就是说工匠根据其思想意识，将其物态化。以此言之，器物设计是奴隶主阶层的思想意识的集中反映。然而，在实际的设计过程，特别是设计的表现形式上，聪明的工匠在满足统治阶级意愿的前提下，具有一定的灵活性，也正是这种灵活性，使青铜器的制作呈现

---

① 杨远：《夏商周青铜容器的装饰艺术研究》（博士学位论文），郑州大学，2007年，第131页。

② 华觉明：《中国古代冶炼技术——铜和铁造就的文明》，大象出版社1999年版，第157页。

③ 戴吾三：《考工记图说》，山东画报出版社2003年版，第17页。

出艺术的多样性。

其次，在生产制作阶段，从出土的青铜器数量可知青铜包装容器的生产规模是十分大的；生产的工序也是比较复杂的。从矿物质的开采、运送，到提炼铜、锡、铅各种金属材料；然后用陶模制范，再把铜液灌入陶范中待冷却、固化，最后到一个完整青铜容器的成型，是一个连续的工艺流程。《荀子·强国》中所记述的"刑范正，金锡美，工冶巧，火齐得，剖刑而莫邪已。然而不剥脱，不砥砺，则不可以断绳。剥脱之，砥砺之，则劙盘盂，刌牛焉，忽焉耳"[①]正是对这一流程的阐述[②]。如果没有严格的有条理的组织，是很难完成这样一系列复杂工作的。甲骨卜辞、铜器铭文、考古发现以及相关研究成果表明，商周时期的手工业作坊，尤其是铜器作坊，是完全由奴隶主统治阶层直接控制的，并且一般都集中在王都和重要的都邑所在地。至于当时是如何组织制作包括具有包装功能属性的青铜容器在内的器物，从文献来看，一般是通过建立官府手工业机构进行组织生产。《礼记·月令》载："季春之月……命工师，令百工，审五库之量，金、铁、皮、革、筋、角、齿、羽、箭、干、脂、胶、丹、漆，毋悖于时，毋或作为淫巧，以荡上心。""季秋之月……霜始降，则百工休。""孟冬之月……命工师效功，陈祭器，案度程，毋或作为淫巧。以荡上心，必功致为上。物勒工名，以考其诚，功有不当，必行其罪，以穷其情。"[③]就这一段记述来看，一方面体现了商周时期手工业生产的分工之细；另一方面也显示出统治阶级对手工业生产的管理和控制。与此相应，从考古发现的青铜铸造作坊的内部构造也大概可以知晓当时青铜器生产制作的组织方式和方法。如安阳殷墟一处铸铜作坊遗址，面积在1万平方米以上，出土的陶范、陶模、坩埚有数千件之多，还有大量的炼渣和木炭。也许当时并没有我们现在各种管理方法的理论书籍，但从它的规模之大，可知当时青铜容器制造的过程管理是井然有序，分成不同的作业组进行制作的。

再次，从青铜包装物的使用来看，这一时期，与其他青铜器一样，是奴隶主阶级的专用品，这从大量文献记载当中可以得到证明。有所谓的"列鼎制度"：天子九鼎八簋，诸侯七鼎六簋，大夫五鼎四簋。《礼记》中也规定："天子之豆二十有六，诸

---

① （清）王先慎集解，沈啸寰、王星贤点校：《荀子集解》，中华书局1988年版，第291页。

② 郭宝均：《中国青铜时代》，生活·读书·新知三联书店1960年版，第14页。

③ 李学勤主编：《十三经注疏·礼记正义》（标点本），北京大学出版社1999年版，第487、534、548页。

公十有六，诸侯十有二，上大夫八，下大夫六。"[①]这些记述说明了两个问题：一是可以肯定青铜器完全被统治阶级所占据；二是统治阶级内青铜器的使用也有严格的等级区分。除此之外，青铜器的制作、使用和赠予也与商、周时代贵族间婚媾、宴享、朝拜、会盟和铭功颂德等礼制活动紧密相关，这从青铜铭文的内容中可以知晓。

三、青铜包装容器艺术的文化意蕴

我国古代青铜包装容器因实用而产生，因实用而发展，因此，总体形态所体现的是以功能性为目标的设计思想。然而，由于社会生产力发展水平的制约，以及我国古代劳动人民认识水平的限制，青铜包装容器在实用的表象后面，蕴含了深刻的政治、思想和文化内涵，不仅成为我们全面认识青铜包装容器艺术特征的重要因素，而且也是探寻古代物质文明发展规律，以及全面了解中国青铜时代历史不可忽视的重要方面。

如果要将青铜器的发生、发展、演变过程的特性进行概括的话，青铜器所蕴含的含义可以说是经历了"人化→神化→礼化→人化"这样一种演变。而这样一种演变过程中所蕴含的象征意义和所起的作用，使得青铜器的造型与装饰艺术的设计为了与之相适应，并且在各个阶段有着明显的变化。这种变化体现出设计艺术的造型与装饰要素的特征，渗透着设计者个人审美因素、政治因素、社会因素、文化传承因素等对设计艺术源泉与表现的影响。这些特征同样也反映在青铜包装容器上。

1.夏晚期、商早期注重实用功能下人化的青铜包装容器

与其他器物一样，青铜包装容器在初始阶段都是基于日常生活实用用途而被制造的。但与其他器类相比，具有包装功能属性的青铜容器的实用化阶段并不是很明显，长期处于模糊状态。其根本原因在于考古发现的早期青铜包装容器较少，包装属性也不十分突出，加之学术界也多将夏商两代的青铜器统归于青铜礼器的范畴，导致我们对生活日用化青铜包装阶段的时间跨度处于一种混沌模糊的状态。

通过梳理目前考古发掘的夏商西周三代青铜容器的发展演变过程，我们初步认

---

① 李学勤主编：《十三经注疏·礼记正义》（标点本），北京大学出版社 1999 年版，第 722 页。

为，夏代晚期至商代早期是青铜包装容器生活实用化的摸索阶段。原因有三：一是这一时段处于青铜冶炼技术的积累时期，尚不能与制陶技术娴熟的时期相比；二是青铜容器的制作多模仿陶器制作，尚未形成独立的造型体系，如尊、罍、簋等包装属性明显的青铜容器都能在史前陶器中找到实例；三是此时期青铜包装容器的造型和装饰，以及结构部件的制作都显得极为粗糙，尚不能与祭祀或礼制要求下的商代中、后期，以及西周时期的象征意义上的青铜包装容器相比；如商代早期的尊、罍、瓿、壶等具备包装功能属性的容器，其圈足器皆有"十"形大孔，有的圈足边沿留有数道缺口；罍皆狭唇高颈有肩，形体亦偏高[①]。与此同时，从整体风格来看，商代早期器物表面的光滑度甚差，器物的内表面形状与器物外表面形状相同，多留有合范所铸造的痕迹。从这些情况来看，这一阶段的青铜材质包装走的是生活日常实用化路线，还未转向象征意义上的青铜包装容器，因此文化含义并不是很明显。

2.殷商时期巫术神权文化下神权象征的青铜包装容器

夏代至早商时期，青铜器生产还处在发展时期，这个时期的青铜包装容器完全出于物质需要。但在物质需要得到一定满足的同时，垄断青铜生产制作和使用的奴隶主阶级对精神需要的追求在这些日用器物上表现得格外强烈、突出，从而把青铜器的精神功能逐步摆到了重要地位。这样就使得这一时期的青铜包装容器被蒙上了浓郁的原始宗教和信仰色彩，因为在当时的认识水平之下，人们对自然现象的认识的局限性，使得在他们的造物活动中，自觉或不自觉地表现出来，或作为思考对象，或作为崇拜物。与此同时，对现实生活中所发生的一些事件，出于某种需要，也将其表现在造物上。

从商代中、后期开始，青铜包装容器开始形成自己独立的造型体系，一方面是动物类容器造型大量出现，有牛、豕、象、虎、鸮等形貌，如妇好墓出土的鸮尊[②]、湖南湘潭出土的豕尊[③]、醴陵出土的象尊[④]等都是新形式；另一方面是在传统容器造

---

① 马承源：《中国青铜器鉴赏》，上海古籍出版社2004年版，第411页。

② 中国社会科学院考古研究所：《殷墟妇好墓》，文物出版社1980年版，第56页。

③ 何介均：《湘潭县出土商代豕尊》，《湖南考古辑刊》（1集），岳麓书社1982年版。

④ 熊传新：《湖南醴陵发现商代铜象尊》，《文物》1976年第7期。

型上有了更多的式样，有尊、罍、瓿、壶、带盖簋等，在殷墟妇好墓还出土了方尊、方罍、方壶、方缶等新式造型。青铜包装容器发展到这一阶段，食物包装和酒水包装等基本包装种类已趋于完备，各类包装的造型也十分丰富。然而，这些具备包装属性的青铜容器发展到这一时期，其功能已经发生了变化，除具有一定的实用意义外，在某种特定的场合下多为象征权力、等级的礼仪用具。

　　从众多文献记述以及甲骨文内容可知，商代宗教观念已由多神信仰发展到对于至上神——天帝的崇拜[1]。在商代有所谓"尊神重鬼"的观念。尊神、率民以事神在商代的政治生活和日常生活是一件非常重要的事情。《礼记·表记》载："殷人尊神，率民以事神，先鬼而后礼，先罚而后赏，尊而不亲"[2]；《左传·成公十三年》也有："国之大事，在祀与戎"[3]；《国语·周语上》上也言："夫祀，国之大节也"[4]。而祭祀本身就是宗教迷信的产物。祭祀的对象非常广泛，主要是天神、鬼神和祖先。各种名目繁多的祭祀活动在宗庙、祖庙里进行，这是一个充满神秘色彩和神灵气氛的特殊环境。与这些活动和环境相适应的盛放祭品的器皿——祭器便随之产生，一些青铜酒器、食器用于祭祀和典礼时被赋予特殊意义而成为青铜礼器（图3-19）。

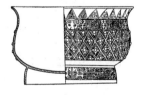

司母大方壶　　　　提梁铜鸮卣　　　　夔龙方格雷纹青铜簋

图3-19　神权象征的青铜包装容器

① 李松、贺西林：《中国古代青铜器艺术》，陕西人民美术出版社2002年版，第12页。
② 李学勤主编：《十三经注疏·礼记正义》（标点本），北京大学出版社1999年版，第1485页。
③ 李学勤主编：《十三经注疏·春秋左传正义》（标点本），北京大学出版社1999年版，第755页。
④ 上海师范大学古籍整理组校点：《国语·鲁语上》，上海古籍出版社1978年版，第165页。

从商代中、晚期开始，其青铜容器的造型和装饰已完成了从商代早期粗犷形态向器体厚重、装饰狰狞的神秘色彩的转变，无不体现着殷商"尊鬼重神"的观念，因此也成就了与西周"礼化"阶段青铜包装不一样的"神化"阶段。与同时期其他器物设计一样，青铜包装容器造型和装饰设计也都是按"神"的尺度进行设计的[①]。就造型方面来看，这一时期的青铜容器，都力求使青铜器的上、中、下各部位比例协调，左、中、右各部位保持平衡，使器物的重心落在理想的位置上，从而取得沉稳、庄严的视觉效果，这与商人在祭祀鬼神时所追求的神圣肃穆的气氛相吻合；又有些造型多以动物形象来制作，有牛、豕、象、虎等形貌，这些动物形象的造型应是商代专用以"事鬼神"的礼仪用器，如相传出自湖南安化与宁乡交界处的"虎食人卣"[②]，就给人一种威严恐怖之感。张光直先生曾认为这一形象是出于互通天地的需要[③]。

从装饰方面而言，其青铜容器都以"狰狞"的饕餮纹为主体纹饰，并饰以繁密的云雷纹做地纹，与主纹构成强烈的对比，形成威严、恐怖的视觉感受。这正如李泽厚所言："以饕餮纹为代表的青铜器纹饰具有肯定自身、保护社会、'协上下'、'承天休'的祯祥意义""它们呈现给你的感受是一种神秘的威力和狞厉的美"[④]。除此之外，有些青铜容器上还装饰有诸如虎纹、龙纹等其他的纹饰，这些纹饰的增添更增强了青铜容器的神秘性。无论是厚重、诡异的容器造型，还是狰狞、恐怖的装饰纹样，都是为了"突出一种无限深渊的原始力量，突出在这种神秘威吓面前的畏怖、恐惧、残酷和凶狠"[⑤]。综上所述，不难发现，这一时期的青铜包装容器是殷商"尊神重鬼"观念的物化形态的显现。

3. 西周伦理意识下礼制象征的青铜包装容器

殷商和西周的奴隶主阶级不仅在自然现象认识上有差异，而且在统治观念上

---

① 高丰：《中国器物艺术论》，山西教育出版社 2001 年版，第 204 页。

② 熊建华：《虎卣新论》，《东南文化》1999 年第 4 期。

③ 张光直：《中国青铜时代》，生活·读书·新知三联书店 1990 年版，第 322 页。

④ 李泽厚：《美学三书》，天津社会科学院出版社 2003 年版，第 33 页。

⑤ 李泽厚：《美学三书》，天津社会科学院出版社 2003 年版，第 33 页。

有着明显的不同，使得其满
足生产生活的设计造物活动
与前代相比大相径庭，因而
这一个时期在青铜包装容器
的设计上呈现出不同的风格。
西周取代殷商之后，新的统
治阶级有了前车之鉴，对神
与人关系的认识逐渐明智了
一些，在建国之初就制定了

图 3-20　礼制象征的青铜包装容器

“敬德保民”的人本思想，把从政的重点从神权向人治的方向转移①。西周的祭祀活
动逐步地发展成为一种比较理性的，含有伦理意识和等级观念的礼仪性活动，青铜
包装容器进而也呈现出礼制观念的特征（图 3-20）。

　　与商代尊神重鬼的风尚不一样的是，西周施行宗法制度和礼乐制度，尤其是在
礼乐制度上，商周形成了十分明显的差异。《礼记·表记》载：“周人尊礼尚施，事
鬼敬神而远之，近人而忠焉”②。又《礼记·曲礼上》言：“夫礼者，所以定亲疏、决
嫌疑、别异同、明是非也。……行修言道，礼之本也。”从这点来看，西周社会比
商代更具人文、伦理色彩③。

　　然而，从众多古文献记载来看，西周“尚礼”的目的在于以礼来严格区分上下
贵贱的等级界限，正如《荀子》中所言：“乐合同，礼别异”④。《礼记·曲礼》也有
所谓“礼不下庶人，刑不上大夫”⑤的记述。《左传》也记载有“王及公、侯、伯、子、
男、甸、采、卫、大夫，各居其列”⑥。这些严格的等级规定，在周代社会是不容随
意僭越的。《周礼·典命》称“上公九命为伯，其国家、宫室、车旗、衣服、礼仪

---

①　王冠英：《中国文化通史·先秦卷》，中共中央党校出版社 1999 年版，第 152 页。

②　李学勤主编：《十三经注疏·礼记正义》（标点本），北京大学出版社 1999 年版，第 1486 页。

③　李松、贺西林：《中国古代青铜器艺术》，陕西人民美术出版社 2002 年版，第 72 页。

④　（清）王先慎集解，沈啸寰、王星贤点校：《荀子集解》，中华书局 1988 年版，第 382 页。

⑤　李学勤主编：《十三经注疏·礼记正义》（标点本），北京大学出版社 1999 年版，第 78 页。

⑥　李学勤主编：《十三经注疏·春秋左传正义》（标点本），北京大学出版社 1999 年版，第 934 页。

皆以九为节；侯伯七命，其国家、宫室、车旗、衣服、礼仪皆以七为节；子男五命，其国家、宫室、车旗、衣服、礼仪皆以五为节。"[1] 诸如此类的记述，在古文献中多不胜举。这些都无不体现出"礼"已渗透到西周社会的各个阶层，并规范着人们的生活。礼制在西周社会的盛行，对当时的工艺美术，特别是器物的设计和使用有着极大的影响。《春秋公羊传》中何休注："礼祭，天子九鼎，诸侯七，卿大夫五，元士三也"[2]；《礼记》中也规定："天子之豆二十有六，诸公十有六，诸侯十有二，上大夫八，下大夫六。"[3] 可以说，"在礼制的规范下，各类物事是在礼制规范下产生或创建的，原有自适性的'物体系'被打上了礼制的符号，成为礼制的'物体系'。"[4] 反映在包装上，特别是青铜材质包装，明显地表现为从"神化"到"礼化"转变的特点。

在礼乐制度的制约下，青铜材质包装容器的品类、造型式样、体量、数量都有严格的规定，象征着地位和等级，呈现出明显的礼制化特征。因此，我们称这一时期的青铜材质包装容器为象征意义上包装的礼制化阶段。西周早期青铜材质包装容器的造型和装饰基本上是承继晚商的体制，到了西周中期，特别是从穆王时代开始，青铜材质包装容器的各个方面都发生了急剧的变化，与西周早期形成了十分明显的界限。

一是用于盛酒或贮存酒专用酒包装容器逐渐消失或改变了式样，食物包装容器居于主导地位。青铜酒水包装，有壶、方彝、尊、盉等形式，但与商代相比已大量减少，并有所变化。壶有扁壶、圆壶、筒形壶、长颈椭方壶等式样，并流行圈顶式盖，盖取下还可以作为杯用，功能更为实用（图3-21）。方彝在西周中期已少见，逐渐消失。尊类酒器的形制也基本上是商代晚期的式样，在西周中期出现较多，后逐渐少见。西周盉与晚商相比，形体略为偏低，不论是方盉还是圆盉都是如此[5]。这些酒类容器的变化无疑是与西周实行禁酒有关，如《尚书·酒诰》中载："群饮。

---

① 李学勤主编：《十三经注疏·周礼注疏》（标点本），北京大学出版社 1999 年版，第 544 页。

② 李学勤主编：《十三经注疏·春秋公羊传注疏》，北京大学出版社 1999 年版，第 74 页。

③ 李学勤主编：《十三经注疏·礼记正义》（标点本），北京大学出版社 1999 年版，第 722 页。

④ 李砚祖：《人伦物序：礼记的设计思想》，《南京艺术学院学报》（美术与设计版）2009 年第 2 期。

⑤ 马承源：《中国青铜器鉴赏》，上海古籍出版社 2004 年版，第 424 页。

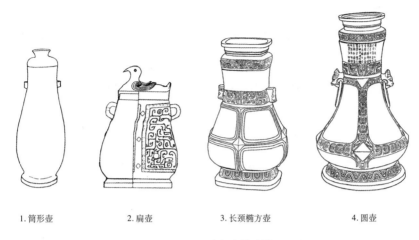

1. 筒形壶　　2. 扁壶　　3. 长颈椭方壶　　4. 圆壶

图 3-21　西周青铜壶的式样

汝勿佚。尽执拘以归于周，予其杀。"[1]

　　与酒水包装的发展相反的是食物包装在这一时期得到了极大的发展，除簋、豆等传统容器外，还出现了盨、簠等新兴食物包装容器。这显然是与西周社会重食思想的兴起相关。簋类形制的青铜容器，在西周中后期除原有式样外，还出现了四耳簋、四足簋、圆身方座簋、三足簋等各种形式，部分簋还加有盖（图3-22）。在簋的基础上，在这一时期还演变出了盨、簠等新形式。张懋镕先生认为，盨实由簋演变而来，与簋有密切关系，虽然在西周中晚期青铜食器中的核心器物仍是簋，但盨的存在则有助于提升饪食器在礼器组合中的地位，标志着墓主

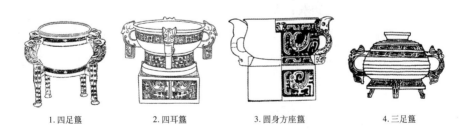

1. 四足簋　　　2. 四耳簋　　　　3. 圆身方座簋　　　　4. 三足簋

图 3-22　西周青铜簋的形式

_____

① 李学勤主编：《十三经注疏·尚书正义》（标点本），北京大学出版社 1999 年版，第 382 页。

人身份的特殊①。值得注意的是，组合包装出现了新的变化，商代是重酒器的组合，而西周则是重食器的组合②。这些变化都是西周社会宗法制度和礼乐制度下的结果。

二是在包装装潢上，形成了周代的纹饰体系，具有一种秩序美。具体表现在三个方面：首先，与晚商和西周早期相比，三层花纹的装饰已不再出现，进而出现的是更为简洁流畅的装饰风格；其次，饕餮纹已逐渐衰退，代之而起的是富有灵动美和秩序美的凤纹、窃曲纹、重环纹等纹饰；再次，商代格式的单独适合纹样被二方连续的带状纹样所取代，形成了富有秩序化的纹样特色。从上述这些变化来看，无疑是受到了礼制思想的影响。正如田自秉先生所言："这种秩序，和周代的礼治要求有一种间接的联系，也反映了古代图案艺术的形式法则，是用以恰当表现思想意识的。"③

综上所述，我们不难发现，礼制下的西周青铜材质包装从内容到形式都转向了人间化、理性化的方向，而商代青铜包装容器所具有的那种神秘、威严的视觉感受逐渐暗淡了。可以说，这正是西周时期礼制社会思想变化的物化体现，也是周人理性设计意识的集中体现。正如有的学者所总结指出："周人思想意识自由商人的只尊神转变到既敬天又保民，人类的观念由将自然作为宇宙的主体向将人类自身作为宇宙主体转变，逐步开始了理性的人生态度，将宗教的关注转为对人世间的关注，使青铜雕饰那种受精神力量支配的不自觉的装饰意欲，渐为理性的设计意识所取代……"④

夏、商、西周时期的青铜包装容器所体现的文化性特征正是那个时代社会形态、人的生活状态的艺术再现，真实地反映了那个时期的政治、文化、经济、科技等状况，也是当时哲学观、宇宙观、审美观、价值观的一种折射。在发展演变的过程中既有继承，又有革新，能看到前代的遗风，又注入了新时代的精神。夏、商、西周青铜包装容器的发展历程充分地体现了从"实用—神化—礼化—人化"的演变趋势。

---

① 张懋镕：《两周青铜簠研究》，《考古学报》2003 年第 1 期。

② 田自秉：《中国工艺美术史》，东方出版中心 2004 年版，第 71 页。

③ 田自秉：《中国工艺美术史》，东方出版中心 2004 年版，第 74 页。

④ 张春水：《浅谈商周青铜风格与思想意识演变》，载三代文明研究编辑委员会编：《三代文明研究》（一），科学出版社 1999 年版，第 382 页。

第三节　考古出土所见夏商西周时期的包装实物

一、夏商西周时期包装物的发现及其特征

1.夏商西周时期包装物的地域分布

关于夏、商、西周的具体年代问题，一直以来学术界都存在较大的分歧。尤其是在对夏文化的时间确定上，目前考古学界、史学界主要有两种意见：一种意见认为，二里头文化早、晚期之间发生了巨大变化，河南西部龙山文化的中、晚期至二里头文化早期属于夏代文化，二里头晚期则属早商文化；另一种意见认为，二里头文化的早期与晚期都属于夏代文化。两种意见都有自己的合理性，但根据"夏、商、周断代工程 1996—2000 年阶段成果报告"，我们认为 "夏代始年为公元前 2071 年，基本落在河南龙山文化晚期第二段（公元前 2132—前 2030 年）范围之内，现在暂以公元前 2070 年作为夏代的始年"[1]。商的年代是自公元前 1600 年开始。武王灭纣的年代，确定在公元前 1046 年。

（1）夏代包装物的地域分布

根据"夏商周断代工程"的成果，我们基本上可以确定有关于夏代的文化类型主要为河南龙山文化晚期和二里头文化。

河南龙山文化又称王湾三期文化，是分布于豫西地区，在年代上早于二里头文化的一种考古文化。豫西地区出土的包装物品种主要为陶质包装容器，并以灰黑陶为主，有少量黑陶与棕陶。代表性的包装形制是：罐、瓮等。包装容器器表装饰除素面外，以篮纹与方格纹居多。

二里头文化[2]是以二里头遗址为代表，分布于豫西、晋南地区的一类文化遗存

---

① 夏商周断代工程专家组：《夏商周断代工程 1996—2000 年阶段成果报告简本》，世界图书出版公司 2000 年版，第 82 页。

② 有关偃师二里头文化遗址的报告：参见《考古》1961 年第 2 期、第 4 期，1965 年第 5 期，1974 年第 4 期，1975 年第 6 期，1978 年第 4 期，1986 年第 1 期，1991 年第 12 期。

图 3-23 夏代罐式陶质包装容器

的总称。二里头文化主要有两个类型，分布在豫西地区以二里头遗址为代表的称为二里头类型；分布于晋南地区以东下冯遗址为代表的称为东下冯类型。东下冯类型的起始年代略晚于二里头类型①。目前学术界公认为"二里头文化"就是典型的夏文化，准此，然则二里头文化类型的包装应是代表着夏代包装发展的水平。

河南西部地区的二里头文化早期所出土的包装物形制多为罐、瓮，但是式样较河南龙山文化晚期要大量增加，出现了平底罐、圜底罐、大口罐、深腹罐、圈足罐、小口瓮、短颈瓮、深腹瓮、圆肩瓮、折肩瓮等（图 3-23）。在用材上，这一时段仍以砂质和泥质灰陶为多，并有部分黑陶、棕陶、红陶，同时也出现有白陶与硬陶，但用于制造包装容器的数量很少。在装饰上，纹样较豫西龙山文化晚期丰富，在原有基础上，增加了回纹、云雷纹、涡旋纹、叶脉纹、圆圈纹、花瓣纹和人字纹等。

山西晋南地区的二里头文化所发现的陶质包装容器，可以山西夏县东下冯类型出土的陶质包装容器为代表。就目前公开的材料来看，其包装容器造型与上述地区一样多为罐和瓮。但与二里头早期相比，典型特色是出现了单耳罐包装式样。

值得注意的是，夏代在材料运用上，除陶质材料外，还发展了青铜材料和漆制材料，并也懂得利用这些材料来制作包装。就青铜材料在包装上的应用而言，虽然目前尚未发现有实物，但是从代表夏文化的二里头文化中所发现的青铜兵器和少量爵、斝、鼎等容器②，以及一些文献记载来看，夏代应该具备生产青铜材质包装容

---

① 夏商周断代工程专家组：《夏商周断代工程 1996—2000 年阶段成果报告简本》，世界图书出版公司 2000 年版，第 75 页。

② 有关偃师二里头文化遗址的报告：参见《考古》1961 年第 2 期、第 4 期，1965 年第 5 期，1974 年第 4 期，1975 年第 6 期，1978 年第 4 期，1986 年第 1 期，1991 年第 12 期。

器的能力。因为在《墨子·耕柱篇》中有"昔者夏后开使蜚廉，折金于山川"[①] 的记述；《左传》中也有的"昔夏之方有德也，远方图物，贡金九牧，铸鼎象物……"[②] 的记载。至于漆制材料在包装上的应用，不仅在有关夏文化的遗址中，不同程度地出土了一些漆制包装物，而且在文献材料中，也有关于夏代存在漆制包装的记载，如《韩非子·十过》篇中记载禹所做的祭器，"墨染其外而朱画其内"。据有关学者考证：这种祭器据说就是漆器。二里头遗址出土有平底漆盒、漆豆、漆觚等，而从出土物漆盒的形制来看，可以初步认定其是用来包装物品的。从中我们似乎可以感觉到当时人们已具备包装的概念和意识，也体现了当时的漆器制造工艺。

（2）商代包装物的地域分布

从目前公布的考古材料、文献史料以及"夏商周断代工程"的成果，可知商代大约从公元前 16 世纪开始，共持续了六百多年。

由于商代各个时期的包装物都有发现，因此我们对商代包装物地域分布的梳理，可以区分为商代早、中、晚三期。早商时期的文化中心在河南偃师与郑州一带。早商早期可以郑州二里冈下层为代表；早商晚期可以河北藁城为代表。商代后期，以河南安阳小屯殷墟为代表，不过，在河南郑州、辉县，河北邢台、武安、邯郸，山东益都、济南、平阴，以及山西、陕西、江苏、湖南等地，也都发现有商代后期的遗址。这些遗址都不同程度地发现了陶质、青铜质和漆制包装容器。

从各地考古出土商代器物来看，这一时期酿酒、冶铜、制陶、丝织、制革等手工业相当发达，特别是青铜铸造业，在这一期已得到极大的发展，并代表着当时的手工业技术与时代特点。据不完全统计，历年出土的商代或相当于商时期的青铜器有数千件之多，不仅数量多，而且分布地域极广，不仅种类较夏代大量增加，而且造型复杂，制作十分精巧。大量的青铜器中，除生产工具、农具和兵器外，主要是拥有各种纹饰的鼎、鬲、甗、爵、盉、罍、尊、盘、觚、卣、盂等礼器。这些礼器的出土相当集中，如在小屯村北发掘的妇好墓，出土青铜器有 468 件之多，其中青铜礼器有 210 件，约占总数的 44.8 %[③]。诸如此类的青铜器，除了以郑州、安阳为

---

① （清）孙诒让著，孙启治点校：《墨子校注》，中华书局 1993 年版，第 656 页。

② 李学勤主编：《十三经注疏·春秋左传正义》（标点本），北京大学出版社 1999 年版，第 602 页。

③ 杨泓：《美术考古半世纪》，文物出版社 1997 年版，第 58 页。

中心的地区发现以外，还在北京、河北、山西、山东、江苏、湖北、湖南、安徽、江西、四川等省市有不少发现。上述地区不同程度所发现的青铜器当中，不乏我们包装史所研究的范畴。礼器固然是一种祭祀仪器，然而从部分诸如罍、卣、尊等礼器所具有的盛装和保存祭品的功能用途角度而言，其早期包装的功能性是十分明显的，因此，青铜礼器中具备包装功能的部分用具在商代所呈现出来的普遍性，从一个侧面也透露出当时包装在商代政治生活中的重要性。

如果说商王及其大贵族较多地使用象征地位、财富的青铜容器作为包装的话，那么，对于一般的小贵族，特别是平民和奴隶阶层，用作包装的器物，则多为陶器。商代的陶质材料已经有了灰陶、白陶、釉陶和原始瓷等多种。陶质包装的品种与夏代相比，既没有明显地增多，也没有形制的消失，仍是以瓮、罍、壶等为主（图 3-24）。这些包装属性明显的容器，在商代通常用来贮存酒和保存某些食物。

1. 瓮   2. 罍   3. 壶

图 3-24　商代陶质包装容器的形制种类

特别值得一提的是商人嗜酒，因而在这一时期用以贮藏酒的专用包装容器十分发达，成为当时包装中最为重要的种类。这也说明，在这一阶段，专门化属性的包装物已出现，并逐渐成为包装发展的趋势。

除青铜、陶等包装容器在全国各地商文化遗址中有不同程度的发现以外，我们从河北藁城出土的商代铜觚上所遗留的纱、罗等五种丝织痕迹、北京故宫博物院的商代铜戈把和玉戈上附着的丝织品痕迹，以及瑞典远东博物馆收藏的一件青铜钺上的丝织物痕迹[①] 来看，可以初步认定，商代已有用绢、麻等纺织品作为包装材料，来包裹贵重器物或有关物品（图 3–25）。然而，令人遗憾的是由于这些包装材料的

图 3–25　商代丝织品包装

易腐烂性，使我们对其具体的包装结构和表现形式难知其详。与这种情况同样存在的还有漆制包装，不过从河北藁城台西村遗址中出土的商代漆盒来看，已是薄板胎，并镶嵌绿松石[②]，色彩鲜明，花纹精细，表明当时的漆制包装工艺一直在发展提高。

（3）西周包装物的地域分布

公元前 11 世纪周武王灭商，到公元前 771 年的三百余年，史称西周。西周通过分封诸侯，大大拓展了其统治区域，使周朝的势力北到辽宁，东至山东，西至陕、甘，南到长江以南，实际活动和影响遍及全国。随着西周社会经济的发展，西周手工业在商代的基础上也得到更进一步的发展。从文献和目前考古发现所见来看，周代实行"工商食官"制，手工业作坊多集中在都邑中，分工较商代更细、种类更多，生产技术达到新的水平。就目前在全国各地的考古发掘中，有关这一时期包装物的品种、形式种类和数量，已大大超过了之前的夏商两个王朝。具体而言，有青铜材质、陶质材质、原始瓷质和漆制包装容器等。

从目前公布的材料来看，这一时期青铜材质包装容器仍多为具有政治意义的

---

①　季如迅：《中国手工业简史》，当代中国出版社 1998 年版，第 35—36 页。

②　河北省文物研究所：《藁城台西商代遗址》，文物出版社 1985 年版。

罍、卣、尊等形制,出现了簋、盨、壶、带盖簋等包装属性明显的器物。在陕西、河南、北京、河北、山东、湖北等地的西周墓葬或遗址当中都有大量发现。如1961年在沣西张家坡东发现一处内埋53件铜器的窖藏坑[①];1976年在扶风庄白发现的窖藏坑出土铜器多达103件[②]。除在这些周族活动的中心地区以外,在甘肃、河南等地也都有发现。从出土青铜材质包装容器本身的特点来看,西周青铜材质包装容器艺术的发展呈马鞍形,一些重要的代表性品种多出现在早期与晚期。周穆王时代是其发展的转折点。西周早期青铜材质包装容器的种类、造型样式和纹饰、装饰手法都与商代后期非常接近。到了穆王时代,青铜材质包装容器各个方面出现了很大的变化,和西周早期形成了明显的分界。尤其是西周禁酒的缘故,使得盛酒包装容器与商代相比明显减少的同时,有些盛酒的专用包装容器或者渐渐消失或者改变了样式,相反盛食包装容器则在逐步增多。

陶质包装容器发展到西周,虽然受到来自青铜包装容器、瓷质包装容器及漆制包装容器的冲击,但依然在下层社会的日常生活中普遍流行,只是在包装品种上,较商代有所减少,成型工艺等也似乎要略逊于商代。这种情况的形成,一方面可能是奴隶主贵族日常生活中使用数量较多的是青铜材质包装、原始瓷质包装和漆制包装等有关;另一方面可能是由于前者的变化,造成统治阶级对制陶业的相对忽略,从而使得西周陶质包装容器发展相对落后。当然,从包装发展史的角度来看,陶质包装的减少和地位的下降,是历史的必然。

与陶质包装不同的是:原始瓷质包装发展到西周时期,各方面都得到了很大的发展。目前来看,西周瓷质包装不但在周族的活动中心区域发现极多,还在河南、山西、河北以及长江流域的湖北、湖南、江西、安徽、江苏等区域均有发现。特别是1959在安徽省屯溪市西郊的两座西周墓里出土了71件之多的原始瓷器,当中就有瓷罍、瓷罐等包装属性十分明显的器类(图3-26)。这些器物上所施釉呈灰青色,釉层薄而匀,胎釉结合紧密[③]。从这些来看,西周原始瓷质包装的制作技术已基本成熟,为东汉时期真正意义上的瓷质包装的烧制成功起到了极大

---

① 中国科学院考古研究所:《长安张家坡西周铜器群》,文物出版社1965年版。

② 陕西周原考古队:《陕西扶风庄白一号西周青铜器窖藏发掘简报》,《文物》1978年第3期。

③ 安徽省文化局文物工作队:《安徽屯溪西周墓葬发掘报告》,《考古学报》1959年第4期。

的推动作用。尤其值得一提的是，原始瓷质包装的成型工艺在商代的基础上得到了较好的改进。如器物的底部由商代的圆底、内凹底改变成打平底或装一个向外出的圈足，使器物在放置时更为平稳①。

除上述包装品类在西周普遍流行外，考古还发现有具备包装

1. 原始瓷罐　　　　　2. 原始瓷罍

图 3-26　原始瓷罍与原始瓷罐

属性的罍、豆、盒等少量漆制包装。如在北京琉璃河西周燕园墓地发现有嵌螺钿漆罍②；虢国墓中出土有残毁的漆豆、浚县辛村古残墓发现有漆圆盒③。结合这些考古发现，并查阅《周礼》《庄子》等古代文献④，都说明了西周时期的制漆技术已达到相当成熟阶段。

总之，这一时期用于包装的材料，已从天然材料的利用，发展到人工材料的多样化。其包装除用青铜、陶质、原始瓷质、漆制等材料制作以外，铁、金等材料也被局部地运用于包装上⑤。除上述外，包括包装在内的手工业的生产制作专业化程度也有了显著提高，因而推动了包装艺术在西周时期的迅速发展。

① 冯先铭：《中国陶瓷》，上海古籍出版社 2001 年版，第 223 页。

② 乔十光：《中国传统工艺全集·漆艺》，大象出版社 2004 年版，第 16 页。

③ 转引自沈福文：《中国漆艺美术史》，人民美术出版社 1997 年版，第 10—11 页。

④ 《周礼·地官·载师》："漆林之征，二十有五"。漆林、漆园的发达表明漆树成为经济作物，已有相当的经济规模。《庄子·人世间》又有言："桂可食，故伐之，漆可用，故割之"。这些似乎都说明用漆在当时已经非常普遍。诸如此类的记述，足以说明周代制漆业的发达。

⑤ 有关铁在三代器物上用作装饰，目前还无确凿的证据来证明，但是从一些考古发现来看，夏商西周时期已有用天然铁制作器物或装饰品的情况。如江苏邳县大墩子遗址的一件陶罐内藏有五块铁矿石，其中一块已磨成扁球状，显然是作饰物用的（南京博物院：《江苏邳县四户镇大墩子遗址探掘报告》，《考古学报》1964 年第 2 期）。关于金在包装上的局部运用，目前考古发现足以证明，如河北藁城台西商代墓葬出土的漆器上就贴有金箔（河北省文物研究所：《藁城台西商代遗址》，文物出版社 1985 年版）。

2.夏商西周时期包装发展的阶段性及不平衡性

从总体上说，夏、商、西周时期是中国古代包装发展史上继史前社会之后第二个重要阶段。但由于这一时期的农业经济所导致的政治中心的游移迁徙，奴隶制下手工业的官府控制和垄断，以及统治政策对社会生产、生活方式的影响等原因，导致了夏商西周时期包装发展呈现出明显的阶段性及不平衡性特征。

所谓阶段性特征即随着王朝的更迭、统治者的轮换以及技术水平的提高，致使包装呈现出明显的时代特征。我们纵观三代包装艺术的发展历史，由于上述原因而体现出来的阶段性特征是十分明显的。总体来看，三代包装阶段性特征的体现：一是在主要包装材料的运用上；二是在包装造型与装饰风格的演变上。就包装材料的运用来看，夏代仍以陶质包装为主，虽然夏代在史前社会的基础上发展了青铜冶金技术，但青铜材料并未广泛或者并未运用于包装上[①]；而到了商、西周时期，陶质包装则开始衰落，代之而起的是原始瓷质包装容器和青铜包装容器，特别是青铜包装容器，在商、西周两代得到高度的发展并成为时代的宠儿。显然，这是由于技术水平的提高而呈现出来的。

诚然，技术水平的提高在一定程度上促成了三代包装艺术的阶段性特征，但是从三代的王朝更迭以及统治者轮换所带来的包装造型与装饰艺术风格演变来看，特别是青铜材质包装容器，其发展的阶段性和时代特征体现得更为明显。从我们上文所阐述内容来看，夏商西周时期青铜包装容器的发展主要经历三个阶段：一是夏代晚期至商代早期，生活日用化青铜包装容器的摸索阶段，也即人化阶段。这一阶段整体来看，是处于实用化阶段的。尽管在夏代有"铸鼎象物，百物为之备，使民知神奸"[②]的说法，但总体来看，夏代青铜容器的实用性仍是第一位的。随着夏王朝

---

① 从目前考古发现来看，虽然已发现有夏代的青铜器，但多为鼎、爵、斝、盉、觚等饮酒器，戈、镞、戚、钺等兵器以及一些生产用具，并未发现包装属性明显的青铜容器。然而，通过爬梳古代文献，又可以发现，在夏代青铜冶炼技术已得到了极大的发展，已能制作大型的容器。考古发现的二里头遗址也有面积达万余平方米的铸铜遗址。因此，青铜包装容器在夏代是否已经存在仍需要在考古资料逐渐丰富的基础上做进一步的探讨。

② 李学勤主编：《十三经注疏·春秋左传正义》（标点本），北京大学出版社1999年版，第602页。

的没落，居住在黄河中下游的商部落取代了夏王朝并建立了商朝。但是商代在盘庚迁都之前，具有包装属性的青铜容器并没有多大的发展，在造型和装饰上也仍延续着夏代晚期简洁朴素的风格。因此，夏代晚期至商代早期是青铜包装容器发展的第一个阶段。二是商代中、后期至西周早期，实用青铜包装容器向象征意义上青铜包装容器的转换阶段，也即神化阶段。商王朝在盘庚迁都殷以后，青铜包装容器无论是在造型上，还是在装饰上都无不体现出神秘、庄严的气氛，是一种权力和神性的象征。在这个意义上来看，这时期的青铜包装容器是具有神性象征的包装。三是西周中、后期，青铜包装容器从象征"神"意义上的阶段走向具有人性意义的"尚礼"阶段，是象征意义上青铜包装容器的礼制化阶段，也即礼化阶段。自武王灭纣后建立周朝，实行宗法制度和礼乐制度，然而其影响到青铜材质包装容器的设计制作却经历了很长一段时间。直至西周中、后期，其青铜材质包装容器的礼制化特征才十分突出。西周末期，由于周王朝逐渐衰落，以"礼乐"为核心的制度也随之弱化，各地诸侯国之间战争频繁，因此使得西周末期的青铜包装容器从礼制的物化逐渐向人化方向回归。

从包装物生产制作所依附的手工业的存在和管理方式来说，奴隶制度下的包装发展程度呈现出不平衡性特点。所谓不平衡性主要是指三代时期各地域包装发展程度的不均衡。从目前考古发现来看，以中原王都为中心的附近区域是三代包装容器制作和生产的主要集中地，而在距离王都较远地域的包装则相对落后。如考古发现的商周青铜材质包装容器铸造作坊多集中在偃师二里头、新郑、郑州南关外、安阳殷墟、洛阳等三代都城所在地或附近区域[①]。

在王都以外区域的包装发展程度虽然比不上中原国都的中心区域，然而在长江流域部分区域却也发现有批量包装属性明显的青铜容器。形成这种局面的缘由：一方面可能是与当时王室和奴隶主贵族控制手工业生产有关。因此，有关包装实物的出土主要在政权集中地，尤其是精美的包装器物都是在官府作坊里生产制作的，并且逐步影响到其他地区。另一方面则应与青铜原料产地紧密相连，特别是长江流域部分区域所发现的青铜包装容器。这一时期，尽管政治经济重心在关中和中原地

---

① 马承源：《中国青铜器鉴赏》，上海古籍出版社 2004 年版，第 506—509 页。

区，但夏、商、周三个王朝在江南地区，乃至偏远地区，如四川、湖南等地，也建立了许多所谓的方国，这些方国不仅本身存在着政治、经济、文化中心，而且还与中原王朝保持着密切的联系，受到中原王朝物质文明的巨大影响。在湖南、湖北、四川、江西等商文化的边缘或者不属于商文化的地区，也不同程度地发现了大量精美的具有包装属性的青铜容器，部分容器的精美甚至超过中原地区。尽管考古发掘和相关研究成果表明，古代青铜器的原料开采地和铸造地是异地的①，但是从长江流域中下游所发现的批量青铜包装容器来看，南方的青铜器制造与青铜矿料产地是有直接关系的②。研究也表明，长江流域中下游也是当时铜矿原料的主要产地③。虽然这些铜矿原料地开发多是运往王畿之地，但也在一定程度上方便了南方诸方国批量生产制作青铜材质包装。

二、夏商西周时期包装的种类及设计艺术

1. 包装种类的逐渐增多与漆制包装的发展

与史前社会人类利用包装相比，夏商西周时期包装已不可同日而语，包装利用也得到了极大的改观。这主要体现在两个方面：一是包装用材增多，开始并普遍运用物理属性优越的原始瓷质材料和青铜合金材料，尤其是青铜合金材料在包装上的普遍运用，成为了这个时代包装艺术发展的一个标志；二是在前者基础上，包装种类大量增多，有陶质包装、原始瓷质包装、青铜材质包装以及漆制包装等材质，包装物有簋、盨、簠、尊、卣、壶、瓿、罍、方彝、匣、盒等。而这些包装物在形制和功能上都存在差异。这种局面的产生，根本原因在于奴隶制国家的建立，生产关

---

① 魏国峰：《古代青铜器矿料来源与产地研究的新进展》（博士学位论文），中国科学技术大学，2007年，第71页。现已发现的湖北铜绿山，皖南的铜陵、南陵，江西的瑞昌铜陵，内蒙古的林西大井，山西的中条山，宁夏的照壁山等采矿和冶炼遗址都位于铜矿区；而偃师二里头、新郑、郑州南关外、安阳殷墟、洛阳、侯马等三代都城所在地发现的都是铸铜作坊，而没有炼铜作坊。

② 傅聚良：《盘龙城、新干和宁乡——商代荆楚青铜文化的三个阶段》，《中原文物》2004年第1期。文中认为湖北盘龙城、江西新干和湖南宁乡三地出土的商代青铜器的发达与江西瑞昌铜矿是有直接关联的。

③ 华觉明：《中国古代冶炼技术——铜和铁造就的文明》，大象出版社1999年版，第46—48页。

系的变化，生产有了进一步发展后的结果。在这种历史条件下，夏商西周时期的漆器，特别是包装功能属性明显的漆器，在继承史前新石器时代漆工艺的基础之上，有了一定的发展，为春秋战国漆制包装走向辉煌奠定了基础。

　　漆器，大而言之，是指那些髹有漆的一切器物。自然也包括髹漆陶壶、髹漆铜器等非木质胎体的髹漆之物。首先必须指出的是：这一时期漆器所用之漆，并非后世的人造漆，而是来自于漆树的天然漆。关于漆制包装容器的发展，据考古发现以及文献记载来看，早在原始社会末期就已形成雏形。《韩非子·十过》曾有记载："尧禅天下，虞舜受之，作为食器，斩山木而财子，削锯修其迹，流漆墨其上，输之于宫以为食器。……舜禅天下，而传之于禹。禹作为祭器，墨染其外而硃画其内，缦帛为茵，蒋席颇缘，觞酌有彩而樽俎有饰。"[1] 又《尚书·禹贡》载："兖州……厥贡漆丝，厥篚织文"[2]。据此可知，原始社会的漆器只有部族首领才能享用，而且也用来进贡。目前考古发现年代最早的漆器，是浙江省余姚河姆渡遗址第三文化层出土的 1 件瓜棱形朱漆碗和 1 件缠藤篾朱漆木筒，距今约 7000 年[3]。尔后，在浙江良渚文化、江苏吴江、山西等地都相继发现有原始社会时期的漆器。然而，特别值得指出的是，在江苏梅堰还发现一件包装功能属性明显的漆绘彩陶壶[4]（图 3-27）。这就充分说明：在原始社会时期，我国已有严格意义

图 3-27　漆绘彩陶壶

----

① （清）王先慎集解，钟哲点校：《韩非子集解》，中华书局 1998 年版，第 70 页。

② 李学勤主编：《十三经注疏·尚书正义》（标点本），北京大学出版社 1999 年版，第 141 页。

③ 浙江省文物管理委员会、浙江省博物馆：《河姆渡遗址第一期发掘报告》，《考古学报》1978 年第 1 期。同时可参见河姆渡遗址考古队：《浙江河姆渡遗址第二期发掘的主要收获》，《文物》1980 年第 5 期。

④ 江苏省文物工作队：《江苏吴江梅堰新石器时代遗址》，《考古》1963 年第 6 期。

上的漆制包装容器。

虽然漆制包装容器的制作在我国新石器时代中晚期已开始，但在以青铜器制作与生产占据主导地位的"青铜时代"，漆制包装容器要获得与青铜材质包装容器同等发展的地位，显然是不可能的！然而，我们也不应否认：这时期漆器制作在史前社会基础之上，有了长足的发展。以至有的学者认为，漆器发展到商及西周迄春秋，有部分漆器已纳入礼器范围，其制作的各种工艺技术也逐渐形成[1]。

在夏代的二里头二期文化遗址中，出土了漆皮和用作包装之用的红漆木匣和漆盒[2]。夏代漆器胎骨，仅见木胎一种，制作工艺除了继承新石器时代外还采用了雕刻新工艺。商西周时期，漆器有了新的发展，这从当时文献中记载漆树种植与社会经济之间的关系可见一斑。《周礼·载师》："唯其漆林之征二十有五"。"贾氏曰：漆林之税特重，以其非人力所能作。郑鄂曰：漆之为物，特为用文饰。舜造漆器，群臣咸谏；惧用漆以致金玉，富民之道，可不禁其奢乎？植至成林，则奢意无极，特重其税，非不仁也。"[3]从这里我们不难看出，商周时期，用漆做器物装饰已经十分普遍了。除文献记载以外，考古发现的商西周时期镶嵌、螺钿、彩绘漆器层出不穷，足以证明这时期制漆工艺达到了相当高的水平。

商代漆器出土地点有殷墟安阳西北岗大墓、侯家庄大墓以及河北、湖北、山东等地遗址或墓葬。分布以殷墟为中心地带，以及黄河中下游和长江中下游达二十余处。这时期出土的具有包装功能属性的漆器多为生活实用包装物，主要有木匣、长方形盒、圆盒、陶罐等。如河北藁城出土的圆形漆盒和长方形漆盒[4]，其中一件漆盒上还运用了贴金的装饰技法。据研究，这是贴金技法的最早的实物见证[5]。依考古发现，这时期漆制包装的胎体仅有木胎和陶胎两种。其中木胎占绝大多数，陶胎

① 陈振中：《先秦手工业史》，福建人民出版社 2008 年版，第 625 页。
② 参阅陈振裕：《楚文化与漆器研究》，科学出版社 2003 年版，第 388 页。夏代的漆器，主要有 1980 年至 1984 年在河南偃师二里头的四次发掘，出土了漆木匣、鼓、觚、盒、钵等漆器，以及漆棺等葬具。
③ 李学勤主编：《十三经注疏·周礼注疏》（标点本），北京大学出版社 1999 年版，第 336—337 页。
④ 河北省文物研究所：《藁城台西商代遗址》，文物出版社 1985 年版。
⑤ 陈振裕：《楚文化与漆器研究》，科学出版社 2003 年版，第 389—390 页。

漆器目前只发现 1 件，即安阳殷墟小屯出土的 1 件泥质黑陶罐上，用红漆绘有各种图案①。值得说明的是，这时期的漆制包装容器以及其他生活实用漆器在装饰上，多受到来自青铜器的影响。如装饰的饕餮纹、夔纹、蕉叶纹、回纹等，基本和青铜器相似。

西周漆制包装容器较商代又有所发展，出土地点主要在湖北圻春毛家嘴遗址、河南洛阳庞家沟西周墓、陕西长安张家坡、安徽屯溪、山东临朐、北京琉璃河西周燕国墓地等。其器多以木质或编织物为胎，外涂漆液，有的甚至嵌以蚌泡，器形多仿青铜器，主要有包装食物的豆、簋和包装酒水的壶、罍，以及生活实用包装盒等包装种类和器物形制。西周漆器的色彩有红、黑、白、青等，其色彩配置要符合礼制的规定。这时期漆器大都作为当时礼器的组成部分。器胎以木胎为主，较厚重，器物表面出现了运用蚌片、蚌壳的镶嵌工艺，其中北京琉璃河西周燕园墓地发掘的彩绘兽面凤鸟纹漆罍，开创了螺钿镶嵌之先河②。与商代漆器装饰相比，西周时期，多见的是蚌饰，有花纹的相对较少，花纹主要为饕餮纹、云气纹等。此外，这一时期纹饰上的另外一个特点就是使用了地纹③。

总体来看，商西周时期，漆制包装容器的发展还比较缓慢。究其原因，一是漆器属奢侈品，只有上层贵族才能使用，限制了漆制包装容器的大众化和日常生活化；二是原始瓷质包装容器的出现，在一定程度上满足了奴隶主统治阶级在日常生活上使用包装的要求；三是具有多重象征含义的青铜材质包装容器的高度发展，遏制了漆制包装容器的批量生产。尽管如此，也不能否认漆器包装容器在这一时期获得的技术积累，以及为春秋战国乃至秦汉时期漆制包装容器走向顶峰所奠定的坚实基础。

2. 包装功能的不断认知及其演变

我们知道，人类在远古时代，利用自然材料与自然容器，如树叶、竹叶、荷叶、芭蕉叶、树皮、牛皮、羊皮、葫芦、鸵鸟蛋壳、海螺壳、竹筒、牛角、骨筒等

---

① 陈振裕：《楚文化与漆器研究》，科学出版社 2003 年版，第 389 页。

② 乔十光：《中国传统工艺全集·漆艺》，大象出版社 2004 年版，第 16 页。

③ 王利明：《从考古发现看商代和西周时期的漆器》，《文博》1996 年第 5 期。

等，来做包装材料或包装容器，但是这些自然和人工物的包装材料与陶和青铜相比，其耐用性、防腐性、防虫性、远距离运输的可靠性、加工煮熟的方便性、造型的多样性与艺术性等等，是无法相比的。这无疑是人类对包装认知不断加深的缘故。

奴隶制下，人类从使用石器走向了使用青铜、铁器等多种材料制成的性能更好的器具转变，从而加快了农业和手工业的发展。剩余产品越来越多，交易活动也越发频繁，并由近渐远，逐步扩大。各种产品不仅需要就地盛装，就近转移，还需要经过包装捆扎以便于运输。这样，仅靠那些从自然界直接获取的用动植物材料做的原始包装物，已不能满足生产、生活的需要。尤其是那些容易受损变质的产品，需要保护、防腐功能较好的包装容器来保证远距离运输、内装物的质量及交易安全顺利地进行。在这一现实情况下，作为造物行为的包装业在奴隶社会得到了迅速发展。

从目前考古发现来看，此阶段的包装品生产，是以人工为主的手工业方式进行的。只是相对原始社会时期的包装品而言，其生产制作的方式要更为复杂、烦琐，生产流程也更多、更细、更科学。从包装使用范围和次数来看，奴隶制生活下，已经出现有专用包装和通用包装。如有专门的青铜贮酒器、盛食器等专用包装；也有广泛使用的能盛装多种物品的陶质容器等通用包装。当然，这类专用包装与通用包装的区分，是相对而言的，没有绝对的界限，有的既可作为专用包装，又可以作为通用包装，如青铜簋、青铜盨等就可用来盛黍、稷、稻、粟、粱等饭食[①]。

就包装技术而言，这一阶段生活中的包装已采用密封、防潮、防腐、防虫、防震等方法。如在陶质包装容器的制作上，已经能够根据其使用的目的和贮存内容的性质设计容器。据李济先生的研究成果表明，当时的人们不但能够有意识地筛选泥料、选择形制和结构部件、控制容量大小等，还能在控制陶器吸水率上做文章[②]。除此之外，尤其值得指出的是，在商代人们已开始用高岭土做陶泥，并成功烧制了

---

① 马承源：《中国青铜器鉴赏》，上海古籍出版社 2004 年版，第 132—133 页。

② 有关奴隶制时代陶器方面的研究，可参考李济所撰写的《殷墟陶器研究》。这本书对殷墟出土的陶器从泥料、硬度、吸水率、颜色、陶器部件、形制、制造方法等方面进行了多方的考察研究，对了解奴隶时代的陶器制造水平有极大的帮助。

原始青釉瓷。这一陶器种类的发明，不仅使上述包装方法顺利实现，而且也为后世瓷质包装容器的出现奠定了基础。除此之外，这一时期的包装容器，不论是陶质的，还是青铜合金的，都有设置相对科学的可起到稳定摆放器物和防潮、防虫等作用的足部、盖等结构部件。这些有意识的行为使得诸如密封、防潮、防腐、防虫、防震等包装技术得以较好地实现。与此同时，青铜冶炼技术的改进，也使得时人能更好地运用上述包装技术，进而推动了古代包装业的发展。

值得指出的是，奴隶制下，系列化包装形式也在史前时期的基础上得到了进一步的发展。如到西周有所谓的"列鼎制度"，《春秋公羊传》中何休注："礼祭，天子九鼎，诸侯七，卿大夫五，元士三也"①。目前在河南、山西等地的西周诸侯及贵族墓中发现的青铜列鼎的数目，就十分符合这套制度。当然，鼎并非我们古代包装史所研究的范畴，然而由其所形成的配套系列器具，诸如系列簋、成套豆，是值得我们从包装角度去研究的。如在目前发掘的一些东周诸侯、贵族的墓葬当中，就发现有成配套系列的簋、豆等。从这些配套系列器具来看，当时系列化包装的形成是与"礼制"紧密相关的。虽然，目前尚未有足够的考古材料来证明，但是从现今发现的春秋时期的贵族墓葬中，也可见其端倪。从某种意义上来说，"列鼎制度"是包装系列化的滥觞。

诚然，包装功能属性在这时期已被人类不断地认知，创造出了各种符合人类生产生活的包装容器。然而，在包装使用上呈现明显的阶级特色。我们知道，人类自进入奴隶制社会后，奴隶是被统治的对象，而奴隶主则代表着统治阶级。在这一现实基础之上，社会形成了两个明确对立的阶级，同时也造成了两种不同的生活方式。这也就使此阶段的包装形成了两种界限非常明确的种类：一是平民或者普通贵族日常生活所用的包装，即生活日用包装，包括天然材料包装和陶质包装；二是统治阶级所用的包装，即贵族包装，主要有青铜材质包装、漆制包装、白陶质包装、原始瓷质包装。但由于时代的特殊性，属于人们生活当中常见的包装形式仍多为天然材料包装和陶质包装两种形式，也即我们所说的生活日用包装。尽管在这一时期青铜冶炼技术和漆器制造技术得到了极大的改进，不但青铜材质包装有批量化的生

---

① 李学勤主编：《十三经注疏·春秋公羊传注疏》（标点本），北京大学出版社 1999 年版，第 74 页。

产，而且漆制包装品种也逐步增多，但是就生活日用包装这个角度而言，青铜材质包装和漆制包装仍然不能替代上述两种包装。个中原因，一是青铜材质包装和漆制包装在当时的社会背景下，其面向的对象是贵族而并非平民，因而也造成了青铜材质包装和漆制包装使用范围的局限性；二是这时期的青铜容器多为祭祀用途，是礼制下的产物，实用器具较少，所以即便是贵族也不能随便和轻易使用；三是青铜容器自身笨重、庞大等不利搬运的缺陷，限制了青铜材质包装的普及和实用化发展；再者，由于科学技术水平的提高，奴隶社会下的编织技术和制陶工艺与史前社会相比，已不可同日而语，人们能制造出与生产、生活相适应的编织包装、陶质包装和原始瓷质包装等多种类型的包装物。

当然，各种原因都不能否认青铜材质包装和漆制包装的出现在包装史上的历史地位，因为其不但开创了包装在用材上的新纪元，也推动了包装艺术的多元化发展。尤其值得说明的是，青铜材质包装容器的出现还代表着一个时代设计水平和历史状况而成为包装史上的第二次飞跃。

三、夏商西周时期包装的艺术特征

夏商西周时期包装不仅在造型设计和装潢艺术上，符合对称、比例、均衡、整齐、变化等形式美规律，而且还具有独特的审美价值和宗教价值，在艺术风格上较史前社会已有很大的不同。究其缘由，影响这一变化的是新的生产关系、新的社会制度、新的宗教观念及新的材料和工艺技术等因素，在所有这些因素中最为根本的是新的生产关系的出现——奴隶制生产关系。因为奴隶制生产关系的确立，推动了社会的进步，促进了科技、文化、艺术的发展，同时也派生出了新的政治观念、社会观念、审美观念以及宗教观念等意识形态，从而影响到包括包装实践在内的诸多造物实践，进而致使这一时期包装以及其他器物设计呈现出与史前社会明显不同的艺术特征。主要表现在以下几个方面：

第一，雄浑厚重的造型视觉艺术效果。与史前社会粗犷稚拙的包装容器造型相比，夏商西周时期的包装容器整体体现出凝重、庄严的视觉效果。这一特征在青铜材质包装容器上体现得尤为明显，因为商、西周时期青铜材质包装多用作祭祀、表现贵族身份与权力的礼器，对其造型、装饰等方面的艺术追求非常强烈。商代的四羊方

1. 四羊方尊

2. 龙虎尊

3. 虎食人卣

4. 蟠龙纹盖罍

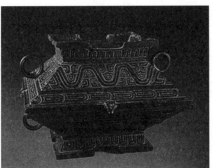
5. 伯公父簠

1. 利簋

2. 天亡簋

3. 颂壶

图 3-28　雄浑厚重的青铜包装容器

尊、龙虎尊、虎食人卣等容器造型，庄重宏丽，给人以凝重、恐怖之感。西周青铜容器的造型虽然没有商代那么怪诞，但较史前包装依然显现出威严、庄重的视觉感受，如利簋、天亡簋、颂壶、蟠龙纹盖罍、伯公父簠等器物造型都极具雄浑厚重的艺术效果（图3-28）。此外，在陶质包装、原始瓷质包装等其他材质的包装容器造型，也都具有这些共性特征。因为就容器造型形态来看，这些材质的包装容器造型受到来自具有象征意味的青铜包装容器造型的影响，如多尊、罍、壶、卣、簋等富有礼仪性质的造型式样。

第二，神秘诡谲的平面装饰艺术美。从渊源来看，青铜时代包装容器的装饰无疑在一定程度上受到史前陶质包装的影响，然而其艺术风格已有本质上的区别。史前陶质包装上的纹样多几何图形，动物纹饰多为稚拙的写实形态，而商西周时期的包装容器，特别是青铜材质包装容器，其器上的装饰均以面目狰狞的兽面纹、龙纹、凤纹等神异动物纹和云雷纹为主要内容，构图繁复、气氛神秘。此外，从纹饰构图来看，不论是商代的对称、单独适合纹样的图案形式，还是西周的反复连续、成为带状的二方连续的图案组织，其纹饰的主体内容都给人以神秘诡谲的视觉艺术美（图3-29）。这一特点的形成，无疑是与商代"尊鬼重神"的巫史文化观念和西周的敬祖观念与礼乐制度紧密相关的。正如有学者所指出的：纹饰是青铜艺术的主体部分，它最为集中、最为鲜明地反映了青铜时代的精神风貌[1]。

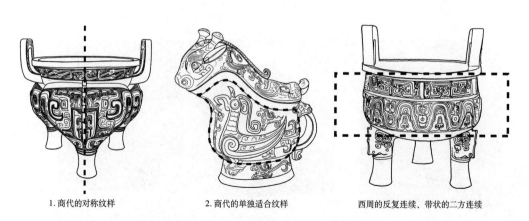

1. 商代的对称纹样　　　　2. 商代的单独适合纹样　　　　西周的反复连续、带状的二方连续

图3-29　神秘诡谲的平面装饰艺术美

---

[1]　陈望衡：《狞厉之美——中国青铜艺术》，湖南美术出版社1991年版，第17页。

第三，装饰意味浓厚的立体构件。这一点主要体现在青铜材质包装容器的结构部件上，如盖钮、耳錾、足等结构部件。这些结构部件多以牺首、龙首、羊首、鸟首等兽首形状以及象、鸟的写实造型来表现，并有圆雕和浮雕两种装饰形态，极具装饰趣味。圆雕性装饰主要有鸟兽形盖钮、兽形耳、支足等附件，浮雕性装饰主要有伸出器表的各种兽首。上述装饰形态，多出现在尊、卣、罍等青铜酒水包装和簋、盨、簠等食物包装上，其中又尤以尊类青铜酒水包装为突出。当然，在陶质包装容器上也有体现，如藏于台湾"中央研究院"、出土于殷墟小屯的白陶尊[①]，其腹下部就有浮雕兽耳（图3–30）。从这些立体构件来看，不但完善了容器的包装功能，而且装饰意味浓厚，给人以美的享受。

图 3–30　白陶尊

综上所述，夏商西周时期包装容器以雄伟的造型，刚健的线条，以及那极富装饰意味的神秘纹样和图案组成方式，体现出了与史前包装乃至后世包装不一样的特色，具有明显的时代共性特征。毫无疑问，这是包装艺术发展史上光辉灿烂的篇章。

---

① 谭旦冏：《中国陶瓷Ⅰ——史前、商、周陶器》，台北光复书局 1980 年版，第 119 页。

第四章　春秋战国时期的包装

春秋战国，即公元前 770 年周平王东迁洛邑（今洛阳）到公元前 221 年秦始皇统一中国的 550 余年，包括春秋（公元前 770—前 476 年）和战国（公元前 475—前 221 年）两个重要历史时期，是中国历史社会剧变的时期。就政治格局而言，是诸侯林立、大国争霸的政治多元化时代；就社会形态而言，是由奴隶制向封建制转变的社会大变革时期；就经济文化发展而言，是"工商食官""诸侯异政""百家异说"的自由开放时代。各个政权为了图强争霸，在大肆增强军事力量的同时，注重地方和区域经济的发展，并竭力开拓对外交往和联系。这种有别于前代的格局，给包装业提供了良好的发展土壤。因此，春秋战国时期，包装生产专业化组织得到进一步的完善，陶质包装、原始瓷质包装、青铜材质包装以及漆制包装都得到了长足的发展，特别是青铜材质包装的人性回归以及漆制包装的广泛使用，使得这一时期的包装艺术进入了大发展的辉煌时代，造就了华夏民族璀璨的包装艺术。

第一节　政治、经济和文化多元化格局对包装发展的影响

一、诸侯争霸与政治多元化

自周平王东迁洛邑（今洛阳）之后，王室衰落，诸侯争霸，周天子失去控制各诸侯国的权力。周王室名存实亡，周天子实际上成为拥有强大经济和军事实力的

诸侯的傀儡，是各诸侯国名义上的共主。钱穆曾在《国史大纲》中言："周室东迁，引起的第一个现象，是共主衰微，王命不行""王命不行下引起的第一个现象，则为列国内乱""王命不行下引起的第二个现象，则为诸侯兼并"①。从这里我们不难看出，王室的衰微，一方面导致诸侯国内部的混乱，以致出现几家大夫瓜分公室财产的事件，例如鲁国的季孙氏、叔孙氏和孟孔氏三家，在鲁襄公十二年（公元前561年）"三分公室"，到鲁昭公六年（公元前536年）又"四分公室"②。此外，《论语》中也有所谓的"陪臣执国命"③的说法。

另一方面也引起了各诸侯国之间的兼并战争。周天子王权衰微，致使各诸侯国间竞相吞并，以强凌弱，以大欺小，以众暴寡，因而大小战争成为整个春秋时代屡见不鲜的历史现象，古代史学家称之为"春秋无义战"。在这种历史背景之下，强大的诸侯国齐、晋、秦、楚相继争雄，并号令群雄。从此周王室再无控制诸侯的力量，实际左右全国政局的诸侯有所谓春秋五霸，具体确指，说法不一，最主要的当推鲁、齐、晋、秦、楚、宋、郑、吴、越等诸侯国，五霸即指其间代兴的一些国君④。这些诸侯国中，地处中原地区的华夏诸侯，又与被视为蛮夷的楚、吴、越、秦存有矛盾。诸如齐桓公、晋文公等华夏诸侯霸主，在"尊王攘夷"口号下，竭力遏制所谓的蛮夷之国，特别是楚国势力的发展。

由于诸侯王国的分割，所谓西周礼制体系下按严格等级规范的包装和其他器物的使用制度也随之解体，代之而起是僭越礼制而回归人性的包装物体系，这突出地表现在两个方面：一是对于西周时期按等级制度严格规范的包装使用制度的突破和改变。这从春秋时期的一些贵族墓葬中所随葬青铜容器的数量和组合中得到证明，如安徽寿县春秋末的蔡侯墓中，出土了九具和七具的列鼎各一组，还有包装属性明显的八簋、四簠、两壶、三尊等等，其中簠、尊缶等容器都为全新形式。二是从包装容器的造型、装饰风格以及纹饰内容变异所呈现出的容器在本质上的异化。如青

---

① 钱穆：《国史大纲》，商务印书馆1996年版，第54页。

② 孙开泰：《中国春秋战国思想史》，人民出版社1994年版，第2页。

③ 钱穆：《论语新解》，生活·读书·新知三联书店2005年版，第429页。孔子曰："……自诸侯出，盖十世希不失矣。自大夫出，五世希不失矣。"

④ 李学勤：《东周与秦代文明》，文物出版社1984年版，第5页。

图 4-1　彩绘陶壶

铜容器不论是造型还是装饰意蕴，都显得轻巧、精美而具有生活的气息，不再像西周时期那样厚重、狞厉，且呈现出神秘的味道（图4-1）。

春秋后期，中原各国中的某些卿大夫强大起来，并逐渐代替了原有的国君的地位，因而出现了"三家分晋"和"田氏代齐"的局面。周贞定王十六年（公元前453年），韩、赵、魏三家大夫灭了智氏，把晋国公室也瓜分了。周威烈王二十三年（公元前403年），韩、赵、魏三家正式被周天子承认为诸侯，这就是"三家分晋"。而在齐国，周元王元年（公元前475年），大夫田常实际控制了齐国的政权，周安王十六年（公元前386年），田和取代了姜氏，被周天子承认为诸侯，这就是"田氏代齐"①。在这一局面之下，逐渐形成魏、赵、韩、齐、楚、秦、燕七大强国并立的形势，后人也把这一时期称为"战国时代"②。《战国策》叙录称当时"万乘之国七，千乘之国五，敌侔争权，盖为战国"③。五个千乘之国，分别指鲁、卫、郑、宋、中山等五国，它们苟存一段时间以后，最终相继被其他所谓万乘之国所吞并。就这些国家分割的区域来看，这些国家，"溪异谷别，水绝山隔，各自治其境内，守其分地，握其权柄，擅其政令。下无方伯，上无天子，力征争权，胜者为右，恃连与国，约重致，剖信符，结远援，以守其国家，持其社稷"④。可以说，政治上的钩心斗角，军事上的征战杀戮，在五个世纪的春秋战国时期中几乎未曾间断。后来七个万乘之国中的东方六雄，最终也灭于西北雄国——秦。随着统一的中央集权的秦王朝建立，长达五百余年乱世的春秋战国时期，遂告结束。

虽然经过几个世纪连续不断的兼并战争，给人们带来了深重的灾难。然而，客

① 孙开泰：《中国春秋战国思想史》，人民出版社1994年版，第2页。

② 杨宽：《战国史》，上海人民出版社1956年版，第1页。

③ （西汉）刘向集录：《战国策》，上海古籍出版社1988年版，第1196页。

④ 何宁：《淮南子集释》，中华书局1998年版，第1461页。

观上所形成的分裂割据，造成了"礼崩乐坏"的政治变革，进而在政治上呈现出多元化的格局，不仅使文化艺术发展多元化，而且地域差异也十分明显。李学勤曾将东周时代列国分为七个文化圈①，这就在一定程度上说明了东周时期由于政治多元化所造成的文化艺术，尤其是工艺美术的地域性差异。就包装艺术角度而言，一方面是受各诸侯国地缘之间对西周时期包装艺术固有旧貌的历史传承和发扬；同时则又受政治变革与地缘间交往、交流以及战争兼并而融会交合所发生的种种变异，从而展现出异彩纷呈与凝塑内蕴的具有时代特征、地域特征的包装风格。这一特征，在青铜材质包装容器上体现得尤为明显，目前考古发现有所谓的晋系青铜器、楚系青铜器、巴蜀青铜器、鄂尔多斯北方青铜器等地方种类就是明证。

二、列国林立与经济多中心化

从上所述中，我们不难看出，诸侯争霸以及兼并战争，使得名义上的周王朝实际上已四分五裂，不再具有实际的控制势力。列国林立在这一时期已成为事实，在政治、军事、经济上都处于大动荡、大分化、大改组的时期。尤其是在土地归属问题上，当时，周天子作为"土地王有制"下的最高级领主的政治权力已经衰微，从而造成了其土地所有权的丧失，代之而起的是诸侯和世卿大夫控制下的领主制经济。"平王之时，周室衰微，诸侯强并弱，齐、楚、秦、晋始大，政由方伯"，相应地，齐、楚、秦、晋、宋等五霸霸主成为第一批分割周天子所有权的封建领主，原来的领地占有权变化为实际上的土地所有权②。至战国时代，又有齐、楚、燕、韩、赵、魏、秦等战国七雄成为实际上的土地所有者。土地私有化进一步发展，进而促使了地主制经济的形成，封建制已完全取代了奴隶制成为了新兴的社会制度。就包装角度来看，地主制经济的形成以及封建制生产关系的建立为包装走向并完成商品化转变，奠定了经济和社会制度上的基础。

如果说地主制经济和封建制生产关系的建立是商品包装形成的基础，那么，经济多中心化的局面则是商品包装得以盛行的有力保障。我们知道，由于社会的变

---

①　李学勤：《东周与秦代文明》，文物出版社 1984 年版，第 11—12 页。

②　傅兆君：《春秋战国社会经济形态史论》，黄山书社 1998 年版，第 47 页。

革，带来了农业、手工业与商业的飞速发展，在这一基础之上，各国城市也随之大批兴起，经济多中心化俨然形成，出现了如临淄、安邑、邯郸、咸阳等繁华的大都市。这一局面形成的根本原因在于当时诸侯争霸、地方割据以及兼并战争的频繁出现。此外，另一重要因素是商品经济发展的促进作用，有学者就曾言："在春秋时代，国君所居的首都——国，卿大夫所居的大邑——都，都有城的建筑，实际上就是领主的堡垒。到战国时代，城依然是封建统治阶级的堡垒，但是由于商品经济的发展，市已成为城的主要部分了"[①]。大量文献记载也证明，在春秋战国时期重要的交通枢纽、河川渡口、物产富饶处的原野上，早已经突破了"城虽大，无过三百丈者；人虽众，无过三千家者"的旧制，耸立着的"千丈之城，万家之邑"[②] 已不是少数。《战国策·齐策》载：当时临淄"富而实"，人民"家敦而富，志高而扬"；街道上"车毂击，人肩摩，连衽成帷，举袂成幕，挥汗成雨"；市民们"吹竽鼓瑟，击筑弹琴，斗鸡走犬，六博蹋鞠"[③]，什么都有。《盐铁论·通有第三》中载："燕之涿、蓟，赵之邯郸，魏之温轵，韩之荥阳，齐之临淄，楚之宛、陈，郑之阳翟，三川之二周，富冠海内，皆为天下名都"[④]。从某种意义上说，春秋战国时期的大多数城市也已经由西周时期"帝王的军营"，逐渐发展成为政治中心、军事据点和经济中心三位一体的大型都市。这些城市有的是在没有工商业的情况下建立起来的，后来由于经济的发展、交通的发达，成了著名的政治、经济中心，进而成为著名的商业都会。有的城市则是由于经济发达而成为工商业城市。这些中心城市的出现，加速了农业、手工业以及商业等社会经济的发展，促进了当时各区域之间以及全国的商品流通。

毫无疑问，春秋战国时期经济多中心化为商业，以及包装业和其他手工业的发展创造了极为有利的条件。因为这些经济中心的出现和确立不仅为手工业原材料及其产品提供流通的渠道和交换的场所，而且还在客观上起到了繁荣商品市场的作用。商业的发展又直接促成了一个富商阶层和相对富裕的工商阶层的形成，这对于

---

① 杨宽：《战国史》，上海人民出版社1956年版，第46页。

② （西汉）刘向集录：《战国策》，上海古籍出版社1988年版，第678页。

③ （西汉）刘向集录：《战国策》，上海古籍出版社1988年版，第337页。

④ 王利器校注：《盐铁论校注》，中华书局1992年版，第41页。

为市场提供民用品的民间手工业来说，意味着社会购买力的增长。另外，贸易的增多和扩大也起到了刺激消费的作用，这对于民间手工业来说，又意味着市场的扩大①。在这一商业繁荣的背景之下，出现具有现代包装意义的商品包装是必然趋势，也是必然结果。因为商品包装的出现是商品经济发展的产物，是随着人类社会的进步，特别是随着商品经济的不断发展而发展起来的。

从大量文献以及考古发现中，我们不难看出，这一时期已出现有大量诸如满足人们生活需求的各种食品、酒水、珠宝、化妆用品、纺织品包装，以及其他日杂用品的包装。严格意义上来说，上述这些生活日用包装都属于物质资料包装，也就是我们现在所说的消费资料包装。总之，经济多中心化为商品包装盛行以及包装业的长足发展，提供了有力的条件和保障。

三、"百家争鸣"与人性的张扬和审美的自由性

综上所述，春秋时期，天子地位衰微，出现了"礼崩乐坏"的形势，新型的君主专制国家和郡县制的发展，也使处于几个不同文化区域的诸侯大国逐渐形成多个不同的政治、经济、文化中心。西周时期施行的宗法制度已经崩溃，"学在官府"的局面也被打破，出现了"士"阶层，私人办学蓬勃兴起，从而推动了学术文化的普及和文化思潮的发展②。急剧动荡的社会变革、戎狄蛮夷和华夏融合，农业、工商业、科学技术的发展，激发了思想家们对面临的各种现实问题，如君臣关系、君民关系、华夷关系以及忠孝、仁义等思想伦理学说的探讨。当时诸侯各国都致力于富国强兵，并在政治、经济、文化上进行大变革，因而对学术研究和言论均采取了宽松的政策。由此，不同的政治主张竞相被提出，不同流派的私学讲学和各成一家之言的私人著述逐渐发展。无疑，春秋时期的儒墨显学之争已揭开了文化争鸣的序幕。

---

① 徐飚：《成器之道——先秦工艺造物思想研究》，江苏美术出版社2008年版，第35页。

② 孙开泰：《中国春秋战国思想史》，人民出版社1994年版，第7—8页。"士"阶层的活跃，和当时社会的"养士"之风的盛行，有密切的关系。由于当时各诸侯或大夫除了在政治、经济、军事等方面加强自己的实力外，为了逐鹿中原，争得霸主地位，又或统一中国，十分需要借重"士"的力量，因此纷纷"养士"，从而形成了一种社会风气，进而为私学的发展提供了条件。

战国以后，新成长起来居于统治地位的地主阶级在各诸侯国都把主要精力用于政治、经济、军事方面的变法改革，以致地主阶级的意识形态，在相当长的时期内停滞不前并落后于经济基础和上层建筑的其他方面。于是，他们希望从思想家那里吸取新的学说和营养，所以当时礼贤下士成风，对"士"采取较春秋时期更为宽容的政策，允许学术自由，这就为"士"阶层著书立说、发表个人的意见和看法，创造了良好的条件，从而大大促进了战国时期的思想解放。这些政策为士人冲破旧思想的束缚创造了极为有利的政治环境和生活环境，促使不同观点的各种著作如雨后春笋般涌现，儒、道、阴阳、法、名、墨、纵横、杂、农、小说诸家纷然并存，相互驳难，形成了错综复杂、生动活泼的百家争鸣局面。

"百家争鸣"是在政治秩序和宗法秩序解体的过程中，人们对伦理思想和政治思想的探寻，他们思考的重点已不再是自然宇宙，而是人类社会，特别是如何协调社会秩序，如何累积个人德性等方面。"人"的观念和"人"的价值在这一时期得到了最大限度的认可。这不仅是自西周"敬德保民"思想对神权政治修正以来的又一次思想观念的转变，而且也是理性思考的新时代。正如有的学者所言："如果说，西周'敬德保民'思想的提出预示着神权的动摇，那么，春秋民本思想的发展则标志着神权制度的衰落……'天道远，人道迩'，历史开始了理性思维统治的新时代。"① 可以说，百家争鸣使得"人性"在这一时期得到了超越极限的释放，因为其不但引发了理性批判精神和民本思想的高度发展，而且也培育了一个较西周以前"礼"总体规范下不一样的审美风尚——审美的自由性。

人性的解放和审美的自由性，致使当时人们生活的审美活动具有非现实而又高于现实的性质和方式，大多数情况下显示出世俗生活本身的精致化、享乐化和审美化。这反映在包装上，则是对包装艺术性追求的提高。这突出体现在漆制包装的批量出现以及青铜材质包装的实用回归上，如漆制包装色彩艳丽、装饰华美、造型讲究，是当时人们对包装艺术性追求的典型例证；青铜材质包装也在装潢上显得华丽而美观，不再具有神秘、威严、狰狞的视觉感受。总体而言，春秋战国时期的包装，与其他器物设计一样呈现出精致、轻松、活泼的艺术感受，较商、西周以来神

---

① 王冠英：《中国文化通史·先秦卷》，中共中央党校出版社 2000 年版，第 155 页。

权政治和宗法秩序下显现统治阶级意识形态的包装，已有了十分明显的改变。

第二节　"买椟还珠"与包装的畸形发展

一、"买椟还珠"辨疑

"买椟还珠"语出《韩非子·外储说左上》。书中记载田鸠回答楚王说："楚人有卖其珠于郑者，为木兰之柜，薰以桂椒，缀以珠玉，饰以玫瑰，辑以翡翠。郑人买其椟而还其珠。"并感叹曰："此可谓善卖椟矣，未可谓善鬻珠也。"[①]"椟"原意为函匣、柜一类的收藏用具[②]，也即我们现在所言的木匣。故事讲的是有个楚国人想在郑国出售一颗珍珠，他用名贵的木兰为珍珠做了个匣子，用香料把匣子薰香，还用珠、玉、红宝石等来加以装饰，并插上了翠鸟的羽毛。一个郑国人买走了这个匣子，走前，却将匣子里的珍珠还给了那个楚国人。韩非子本意用这个故事说明"以文害用"，即只重表面言辞不重实际的害处，但自古以来这一典故作为成语流传，用以笑话和讽喻像郑国人那样舍本逐末、取舍失当之人。

改革开放以来，众多学者试图从营销策略、包装设计等不同的角度对这则成语进行讨论和分析，有褒也有贬。有学者从营销行为和结果的角度认为，被如此精美的"椟"包装起来的珍珠，在商品交换中得到的结果是珍珠自身的光彩完全被包装物——"椟"所掩盖，从而致使购买者仅买走了盒子而留下了珠宝，所以这是一次失败的营销行为。持这一观点的学者，都认为这次失败是营销行为导致其真实意图与结果出现了错位，珠宝商的营销行为没有促进珠宝的销售，反而造成了不相关的销售行为。与此相反，也有学者用辩证法的思维从另一个角度分析认为，楚人卖珠的目标确实是落空了，即"未可谓善鬻珠也"；可是郑人"买其椟"所付的款并未使楚人空手而归，生意无亏，"此可谓善卖椟也"。而经商谋利，"善卖椟"又何尝逊于"善鬻珠"？除了从营销策略方面对这一成语进行的阐释之外，也有部分学者

---

① （清）王先慎集解，钟哲点校：《韩非子集解》，中华书局 2003 年版，第 266 页。

② 汉语大字典编辑委员会：《汉语大字典》，湖北辞书出版社、四川辞书出版社 1992 年版，第 551 页。

将视线投射转移到了"椟"的讨论上，也即从包装角度进行阐释。

有学者说"买椟还珠"体现了包装设计强大的促销功能。可以想象在诸侯争霸、列国林立的春秋战国时期，这次看似普通的小集市上，楚人为了吸引顾客的注意所精心设计的"熏以桂椒，缀以珠玉，饰以玫瑰，辑以翡翠"的"木兰之柜"，也即"椟"，使得郑国人在购买商品的时候，购买的是"椟"而非珍珠，这就彰显包装的强大促销功能。在郑国人的心目中，精美的外包装（"椟"）的价值远远大于商品本身（珍珠）的价值。这正体现了包装不仅本身具有一定的价值，同时还是可增值的无形资产。"木兰""桂椒""珠玉""玫瑰""翡翠"作为"椟"的物质基础，本身就有着一定的交换价值，加之劳动者附加的劳动价值，包装自身的特定价值就表现出来。郑人花费相对昂贵的价格来购买作为附属的包装物——"椟"，这恰恰体现了包装有着可增值的无形价值——美是无价的。毫无疑问，楚人精心设计的包装使商品从被动等待变为主动刺激消费的角色，这是商品包装所在特定时期所彰显出的强大促销作用。

但是也有学者从另一种角度来分析，"买椟还珠"中的包装设计存在现代意义上"过度包装"之嫌。集"木兰""桂椒""珠玉""玫瑰""翡翠"等材料于一身的"椟"，虽然在一定程度上起到了促销商品的作用，但从我们现在来看，无疑是属"过度包装"一类。我们现在对包装的定义是"包装是为在流通过程中保护产品、方便运输、促进销售，按一定技术方法而采用的容器、材料及辅助物等的总体名称"[①]。尽管世界各国对包装的含义多有不同的理解和说法，但基本内容是一致的，即：包装必须具备保护功能、方便功能和销售功能。这则寓言故事中的"椟"似乎只是用它的华丽外表向我们证明了它销售的功能，然而并没有起到售出产品本身的作用。众所周知，消费者掏钱买的应该是商品而不是包装，包装的本意是保护商品、美化外观，而这则故事当中的商家本末倒置，使包装的价值超越了产品本身，而且层层叠叠的烦琐包装匣也并没有起到保护产品，且方便使用的功能内涵，是有违包装设计的本意的。

诚然，众多学者从不同角度对"买椟还珠"这则故事进行了分析，并各有道理。

---

① 国家标准（GB4122—83），《包装通用术语》，1983 年。

然而，我们认为，从包装发展的历程来说，这种以现代包装概念作为标准来探讨古代包装是欠科学的，因为古代包装，特别是处于大动荡、大分裂时期王权政治背景下的包装，其包装的内涵是不同的，其所面对的对象也多是地主、贵族等有身份的人群，因而是有别于现代包装的。正是基于这一点，我们主张应该回归到历史背景当中来探讨这一故事所体现出来的包装的时代特色，特别是其所反映出来的时人对包装功能的认识。

从古代包装发展的历程来看，"买椟还珠"这一故事，一方面反映了先秦人关于包装美的观念；另一方面也反映出了先秦人对商品包装认识的提升。就前者来说，主要有两点：一是重视物品的包装；二是强调包装的服务性原则①。在"买椟还珠"的故事中，楚人以装饰华美、制作精巧的木兰匣子作为珍贵的珍珠的包装，商人的目的是在于更好地促进销售，不在艺术，所以他是为了迎合时人的心态，并说明了时人有用精美的包装盒来保存贵重物品的观念，这无疑是当时人们对物品包装的艺术与美的一种有意识的追求。《论语·季氏》也记载有："虎兕出于柙，龟玉毁于椟中，是谁之过与?"②《国语·郑语》也有言："乃布币焉而策告之，龙亡而漦在，椟而藏之"③。这些都无疑说明了先秦人，特别是贵族阶层已有意识地重视包装对保护物品质量所起到的作用。此外，这则故事中的木兰匣子作为珍珠的包装，它的本意是服务性的，因为楚人是为了将匣子所盛的珍珠的价值与美更完美地体现出来，虽然匣子的美致使珍珠黯然失色，有"喧宾夺主"的嫌疑，但却充分体现了时人利用包装来彰显贵重物品珍贵性的有意识行为。当然，值得注意的是，这则故事在反映先秦人们普遍利用包装进行商品促销的同时，无不显示出古代包装在内涵上的重要转变，即从保护产品、方便运输、美化产品等基本功能属性的包装转变到了附加商品促销、宣传、增值等多种功能属性集合为一体的商品包装。这些都无不是时人对包装内涵认识的提升，推动了后世商品包装的发展。

当然，"买椟还珠"也是存在有现代意义上所谓的"过度包装"的嫌疑，在一定程度上反映出当时包装的畸形发展。从整则故事来看，这种"过度包装"在当时

---

① 姚海燕、向红：《中国古代包装艺术观与传统美学》，《湖南经济》2002 年第 1 期。

② 钱穆：《论语新解》，生活·读书·新知三联书店 2005 年版，第 426 页。

③ 上海师范大学古籍整理组校点：《国语》，上海古籍出版社 1978 年版，第 519 页。

是一种风气。据《韩非子》中所记载的"……此可谓善卖椟矣，未可谓善鬻珠也。今世之谈也，皆道辩说文辞之言，人主览其文而忘有用"① 等来看，这虽是韩非子对当时这种虚浮社会风气的批判，并也在一定程度上彰显了少数名士阶层对适度包装的推崇，但更多地反映出当时这种过度包装或器物的过度装饰是一种普遍性的社会行为。其实，如果我们将这种"过度包装"的畸形发展放到当时的社会历史背景当中进行考察，就不难发现这种包装现状，事实上是封建王权统治背景下所导致的一种必然行为和结果。

二、包装在社会生产、生活中地位的上升

自先民们制作第一件具有包装属性意义的包装品开始，直到以"礼"为重要制作标准的商、西周包装，再到回归人性标准的春秋战国包装，已经跨越了一个相当长的岁月。其间，随着人类自身的进化和认识世界能力的提升，我们看到，先民们已经创造了就人类早期而言称得上极其辉煌的包装艺术品，也展示出相当丰富的包装实践活动、包装意识和包装审美趣味。这一方面是人类理性思维水平得以提高的原因，另一方面则是社会、经济不断发展下的结果。

从包装的起源中，我们能够体会到原始人类在造物过程中的包装意识，虽然这种包装意识起初可能是不自主和潜意识的，但是，当人类造物水平达到了一定的熟练程度之后，这种包装的意识便开始向有意识、标准化和规模化发展。同样，造物技能的发展也是包装意识进步的一个主要因素。当制造器物的手法有多种选择的余地时，人类便开始向更合理、更方便、更逻辑的形式发展②。这种发展模式不仅体现了包装在社会生产、生活中地位的上升，而且更关键的是体现了人们对包装认识的提高。毫无疑问，只有当生活经验和造物经验的积累，以及社会发展到一定的程度之后，人类才有可能转入到有目的地制造包装的时期，之后才将出现有规律的、半标准化的器物或者包装制作，最后才可能出现专门化包装。就包装历史发展而言，人类有意识的、标准化、规模化和专门化的包装制作，大概在殷商、西周以后

---

① （清）王先慎集解，钟哲点校：《韩非子集解》，中华书局 2003 年版，第 266 页。

② 朱淳、邵琦：《造物设计史略》，上海书店出版社 2009 年版，第 23 页。

就已开始，至春秋战国期间才趋向成熟。如青铜包装容器中的系列簋和系列豆，以及漆制包装中的漆奁、酒具盒等，均是人们造物经验和生活经验积累到一定程度之后的一种有意识的巧妙创造。

可以说，包装发展到春秋战国时期，其包装特有的功能属性日趋明显，不但完成了包装功能从兼具生活用具的双重属性向包装独有的专门属性的普遍转变，而且还出现了具有促销、宣传、增值等功能属性的商品包装，为后世包装艺术，特别是宫廷包装和商品包装的进一步发展和繁荣夯实了基础。《韩非子·外储说左上》中所记述的"买椟还珠"的故事就是很好的说明。包装的商品促销功能的出现，固然在一定程度上体现了包装在商品经济中地位的上升和作用的强化，然而必须要指出的是：这一时期占据主流的包装仍为"非经济行为"的宫廷包装。换言之，也即这一时期的大部分包装未涉及商业行为，仍然以服务于日常生活为主。与商品包装更注重其商品促销功能相比，这一时期的日常生活包装所关注是包装在使用过程中的便利功能。如多件包装和配套包装[①]的出现，就充分地体现了当时人们对空间便利功能、时间便利功能、省力便利功能等包装便利功能的重视和成熟认识。

在这一时期，包装随着其功能属性的进化，其包装门类也大为增多，如按内装物性质来分，有食品包装、酒水包装、化妆品包装、饮食器包装、丝织物包装、文具包装等门类。食品包装和酒水包装，虽属商、西周以来的传统包装门类，但也出现有新的包装形式，如罐头式密封包装和冰鉴酒缶组合式包装容器。与前述几种包装门类不同的是，奁式漆器化妆品包装（图 4-2）、饮食器包装和文具包装应该肇始于春秋战国时期，是这一时期的新生门类。

图 4-2　奁式化妆品包装

① 　多件包装是指把若干个相同产品包装在一个容器内；配套包装是把数件品种相同，但规格不同或品种不同，而用途相关的产品搭配包装在一起。春秋战国时期的具杯盒属多件包装，而酒具盒属配套包装。

这些发展，一方面体现的是包装品在人们生产、生活中地位的上升，另一方面则反映的是当时人们包装意识的强化和对包装制作技术的挖掘和熟练掌握。从包装技术角度来看，当时人们不但延续和发展了商、西周以来的诸如防潮、防震的传统技术，而且还创造并熟练掌握了罐头包装、便携式包装、集合包装、组合包装等一系列包装生产和制作所需要掌握的密封、透气、防腐、开启、携带等包装技术。如湖北包山楚墓所出土的 12 个密封食物陶罐①，就充分说明了当时人们对制作密封罐头包装所需的密封、透气、防腐、开启等技术的认识已十分成熟。而漆制包装中的酒具盒、杯具盒以及不同数量集合的漆奁，则充分体现了人们对便携式、集合式和组合式包装制作技术的掌握。

春秋战国时期包装艺术的高度发展固然是与当时人们对包装认识的提升有关，但更为关键的是与周代力行人治的特有文化机制紧密相关。因为周代从神治转向人治，从某种程度上提高了人们摆脱神秘感受、冷静思考天地自然和社会人生的素质。随着周人哲学意识的萌生，至西周末年，特别是春秋时代，一些思想家在论述自然现象、政治问题、社会问题的同时，也开始涉及与包装紧密相关的工艺技术和设计原则等理论问题。无疑，这也是促使当时人们思考"包装"，并推动包装发展的一个关键因素。

当然，必须指出的是：不论是在政治经济的发展方面，还是在思想文化艺术方面，春秋战国时期都堪称是中国文化史上的"轴心时代"。反映在包装艺术上也不例外。从考古出土的包装实物和相关的文献记载，并纵观整个包装发展史，我们不难看出，春秋战国时期是包装发展历史过程中的一个分水岭。因为春秋战国时期是中国历史前后转折的"中心"，向前翻转，是一个神化的时代，包装设计在各个方面尚未定型，是人类包装意识的萌发期，同时也是包装制作经验的积累期；向后翻转，力行"人治"，社会在人性觉悟的发展中，包装设计开始显示出自身的历史走向，不仅专门化、通用化包装同时发展，而且商品包装日趋成熟，包装迈入建构自身体系的新篇章。

---

① 湖北省荆沙铁路考古队：《包山楚墓》，文物出版社 1991 年版，第 196—197 页。刘志一在《中国古代包装考古》一文中认为这是中国最早的全密封式食品罐头。参见刘志一：《中国古代包装考古》，《中国包装》1993 年第 4 期。

第三节　以漆器为特色的包装艺术

众所周知，我国是世界漆器手工业的起源地，早在原始社会漆器业已出现。商周时期文献中有大量关于漆的记载："漆林之征，二十有五"[①]，如此种种，说明生产漆已经作为一种经济活动，广泛用于生产、生活之中，统治阶级甚至对漆林等进行了征税。到战国时期，漆业发展更加迅速，有文献记载："庄子者，蒙人也，名周。周尝为漆园吏"[②]。正是对漆的长期的利用，使得漆的使用和工艺经历了从自然使用生漆到加入意匠制作精美的漆器产生的过程。随着生产技术的发展，特别是制作工具的进步，制作漆器的手段、工艺也产生了质的飞跃，漆器的加工工艺逐渐出现了涂施、雕刻、绘画、镶嵌等工艺技术。这为漆制包装取代青铜材质包装成为这一时期乃至秦西汉时期人们的主要包装物奠定了基础。

一、漆器的特点及其包装功能

漆生产作为有着久远历史的手工艺，之所以能成为重要的包装材料，被广泛运用于包装中，是与其自身的特点密切相关的。我们的先民在长期使用漆的过程中，逐步认识和掌握了这些特点，将其运用，并在春秋战国时期逐步取代陶器和青铜器，成为包装的主流，创造了灿烂辉煌的漆制包装艺术。

1. 突出的实用性

无论是陶质，还是青铜材质包装，在原始社会与夏商时期的技术水平低下，都具有笨重、移动不便等缺点。就青铜材质包装来看，其壁厚几毫米至几厘米不等，且许多器物体积庞大，作为礼器，用于祭祀虽然能营造庄严、肃穆的气氛，但作为与生活实用相关的日用包装使用起来就显得相当不方便。而漆器在这方面所表现出来的优势则十分明显。因为漆器不仅轻便耐用，而且有防腐、防潮等性能，特别是

[①]　李学勤主编：《十三经注疏·周礼注疏》（标点本），北京大学出版社 1999 年版，第 336 页。

[②]　（汉）司马迁：《史记》卷 63《老子庄子申子韩非列传》，中华书局 1982 年版，第 2143 页。

"器表有富丽的光泽和光滑细腻的肌理，又便于施加各种图案纹饰以获得理想的艺术效果"[①]。这在人们由神权社会回归到人性社会的春秋战国时代，更能满足人们对现实生活和人性解放的需要。人们正是利用了漆优良的耐化学腐蚀性优异于陶器、青铜器，以及加工容易和能更全面准确地表达人们的审美精神需求，所以在人类由理想境界转回现实境界的社会背景之下，漆器被大量地制作使用，运用于包装中。

2. 制作的便利性

漆器的制作大体上分为底、垸、糙、䰀四道工序，即胎为骨，布漆为筋，灰漆为肉，䰀漆为皮的骨肉筋皮法[②]。比起陶器的拉坯、烧制和青铜器制作过程的制范、熔铸、装饰等复杂烦琐的工序，漆器的工序则较简化，其成型周期短、省时省力。特别是与青铜器和陶器制作中的泥范均为一次性相比，如果花费大量时间和精力雕刻的范出现错误或偏差，只有被丢弃，造成严重的浪费。而漆器的胎体因材质广泛，制作技法多样，在出现错误时有更正弥补的可能性。故此，漆器具有节约资源与能源的优点，其造价一般低于青铜器。更值得注意的是漆器有与众不同的制胎工艺：木胎制作工艺、夹纻胎制作工艺和其他材质的制作工艺，胎体多样的制作技术，使得漆器在具体的制作时，利于从实际需求进行相应的选择，选择空间大，可以更多地羼入制作者的审美意识和使用者对功能的不同要求。考古和文献资料表明，春秋战国时期的漆器胎体中占绝大多数的是木胎，这主要是因为木材易得，同时也比较容易加工成型。

除了漆器自身的特点和制作的便利性以外，用其制作包装容器在满足包装功能性方面，也有陶器、青铜器无可比拟的优势。

首先，漆良好的附着力，不仅使包装容器的密封性得以加强，可以防腐，防渗漏，而且能使包装外观装潢尽情表现，且经久不变。漆器是漆与器的完美结合体，它继承了漆液神奇的流动性和描绘性、髹漆之器的可塑性和轻便性等（图4-3）。

---

① 皮道坚:《楚艺术史》，湖北教育出版社1995年版，第144页。

② 皮道坚:《楚艺术史》，湖北教育出版社1995年版，第146页。

我们知道，无论是天然漆液，还是人工漆液，其异于其他材质器物的不同之处，在于其具有高度的黏结性，涂刷于物体表层的漆膜干燥、耐水、耐热、耐磨、耐冲击力、耐弱酸碱、盐和油剂的侵蚀，能够延长器物的使用寿命，并且髹了漆的器物较青铜器、陶器等更易装饰着画，是其他涂料所无法比拟的。除此以外，漆具有优异的附着力，使漆器

图 4-3　凤纹盒

千文万华的装饰成为可能，譬如堆起、雕镂、戗划等技法。同时，漆还具有绚丽通透的光泽。正如民谚道："好漆清如油，宝光照人头。摇起虎斑色，提起钓鱼钩。"[1]正是漆器的光泽和耐腐蚀等特性，使得其即使埋葬地下千年，依然光泽如新。

其次，从这一时期漆的胎体用材主要为木质、夹纻和皮竹等来看，不仅制胎工艺简易，能有利于发挥设计制作者的想象力，满足各种不同包装对造型与装饰的需要，而且弥补了单一材质制作包装容器的缺陷。

漆制包装物最常使用的是木胎制作工艺。木胎可分为厚木胎与薄木胎。按照不同器型的制作技法有斫制成型、镟制成型、卷制成型及雕刻、拼接等[2]。可以根据具体器型决定以某种制法为主，再辅以其他方法。如盒、壶等胎体较厚的圆鼓腹器物包装多用镟制法，其内空部分采用挖制，而器表采用镟制；奁、卮等圆筒状的包装则用薄木板卷成筒状器身，下接平板为底。另外，部分漆制包装容器为了使器型灵活多变，广泛采用拼接的制法，即先制作好构件，然后再用榫卯接合成型，如豆型包装。木胎制好后，先涂漆，再用彩漆或其他颜料描绘出各种优美的花纹图案，或者与金工结合，在木胎上配以铜环、铺首和足等构件。

木胎漆器无论使用何种加工方法成型，都遵循因物制宜的设计原则，使漆器更适合人的需要，实用性能强成为其特点之一。如奁、盒等漆器，常被用于集合化的

---

① 张燕：《扬州漆器史》，江苏科学技术出版社 1995 年版，第 9 页。

② 张燕：《扬州漆器史》，江苏科学技术出版社 1995 年版，第 9 页。

包装，内容物较多，要求体轻底厚、结实耐用，恰好与卷制成型的工艺相契合。"卷制法是将薄而均匀的长条形木板卷成均匀的圆筒状构成器壁，器壁内表面再与较厚的底和盖的外缘粘接，髹漆装饰最后成型。"① 这种胎体技法变挖制为卷制，不仅节省了木料、工时，同时也使器物更加轻巧美观，便于使用。此外，木胎漆器的共同之处还在于胎体的表面都加工得比较平整，很少见到凸凹不平的现象。它利用打灰地的工序将工作量减少到最低限度，节约生漆等原料。春秋战国时期的生漆价值都高于木材，适当地选用制胎用的木料和进行较精细的加工节省了生漆的用量，降低了生产成本。

夹纻胎是漆制包装最常使用的胎体技法，它采用麻织品经涂布漆灰而成。厚度薄、胎体轻、易加工，且造价低，使制出的漆器显得轻巧美观。同时，又因为夹纻胎是采用纺织品和漆灰为原料制成，本身吸湿、去湿性较弱，其膨胀或收缩程度比木材小得多，没有木材那种膨胀或收缩时的各向异性，产生的膨胀或收缩也较均匀，故此夹纻胎漆器的外形稳定，这成为漆制包装容器的显著特色之一。

除木胎、夹纻胎之外，漆制包装还有皮胎、竹胎、金属胎、陶胎以及丝麻织品等胎体。其中值得一提的是皮胎、竹胎的胎体成型。皮胎具有轻巧、柔软、易于成型、不易开裂等优点，使包装延伸到兵器领域。随着胎体制作技术的进步，皮胎制成囊的形状被西北和北方等以游牧为生的部族使用，质轻耐磨、便于挂带在马上，加系带之后又便于骑马之人携挂，是其他材质的器物所不可替代的。另外，竹胎漆器以竹篾片编织的方式髹漆制成胎体，精美、纹理明晰，受压性能佳，透气性好，使包装更加轻巧，常被贵族用于盛装华美衣衫的衣箱，特别适合外出携带。

再次，漆器材质的安全性，使得其在当时包装主要为与人们的生存、生活密切相关的食物方面，备受青睐，被大量应用。人类在很长的时期里，物质资料除了满足生存以外，并不丰富。对于有限的食物，人类倍加珍惜，不仅十分节俭，而且努力做到细水长流，因此，必对饮食器物要求严格，对食物包装容器在性能上不遗余力地确保其符合使用功能（卫生、无毒、保鲜、轻巧等），视觉上要求效果佳，这些愿望和要求与漆器的特点不谋而合。事实上，仅从科学技术的角度来看，漆器优

---

① 皮道坚：《楚艺术史》，湖北教育出版社 1995 年版。

良的耐化学腐蚀性大大优于陶器和青铜器。在正常情况下，用之保存食物在保存期上远长于陶器和青铜器，它基本上不污染食物，所以漆器是作为饮食包装的最佳选择。

此外，漆制包装的审美功能，也成为其深受人们喜爱的重要因素之一。当时人们在满足生存、生活的条件之后，精神追求也成为随之而来的欲望和要求。作为占有漆制包装容器的统治阶级，他们作为当时拥有一定知识文化水平的阶层，对审美情趣的表现、释放和体验与漆制包装容器良好的承载功能契合在一起。因为漆制包装容器的装饰功能能融艺术与实用为一体。

作为艺术品，漆制包装容器最大程度地更接近绘画和书法艺术，更能将线的艺术展现彻底。漆器上的画是直接以笔绘出来的，较之青铜器上刻出来的线条有更多变化，更为自由，它生动、丰富，又流动飞扬、摇曳生姿，令人叹赏（图4-4）。所以，虽然漆器也继承了青铜器雕塑而发展出木雕，同样具有雕塑美，但绘画的线条、色彩、结构的美却为主要。同时与陶器相比，漆器艺术继承了它的绘画美，但又远为丰富和具有独立性。这是因为漆器艺术不仅继承了陶器艺术的成就，而且继承了青铜器艺术、书法艺术的成就，并加以综合和创造[①]，并具有相对独立的价值，一种传达生命与感情的价值。

如果说漆器气韵生动的线条之美，是一种艺术创造的话，那么，其色彩之美，则是人们对其材质之美的发现和利用。用刘勰之语"惊彩绝艳，难以并能"来形容直接诉之视觉的漆器色彩，最为贴切恰当。由于天然漆是一种特殊的涂料，经过氧化，即使在不描绘任何花纹图像的情况下，本身也已具有了黑色的光艳之美，符合人对艳丽色彩的追

图4-4　漆器艺术

---

① 沈福文：《中国漆艺美术史》，人民美术出版社1992年版。

求。外黑内红是漆制包装的基本色，也是漆器的特点之一。按中国人自古形成的色彩观念来看，"天玄地黄"是最基本的观念。"玄"指黑色，从色彩学原理来看，它是红、黄、蓝三原色的混合，因此与任何一种颜色搭配都是协调美丽的。

再者，漆制包装容器的艺术特点同时在于具有千文万华的装饰。可塑性极强的漆器，使之在装饰上的发展空间更大，装饰手法多样。《髹饰录》[①]中列有质色、罩明、描饰、填嵌、阳识、复饰、纹间、裹衣、单素等十八门技法，各种技法交错结合，又生出无穷的技法，从而制造出各种奇异、精美的纹饰，折射出具有东方风韵的艺术之美！

二、漆制包装容器的种类及其设计

春秋战国时期的漆制包装容器种类繁多，涵盖生活的诸多方面，其造型丰富多样，设计制作也极其精美。从春秋战国开始逐渐发展起来的漆器，较之青铜器更贴近生活，更注重人的日常需要。故此，从艺术的角度去审视漆制包装容器，它是"生活"的艺术，是"用"的艺术，是"人情味"的艺术。从食具盒、酒具盒到饮器的耳杯盒，从梳妆用具的奁和黛板盒到文化用具的棋奁、砚盒，从兵器的箭箙到家具的盛衣箱……漆制包装涉及人民生活衣食住行以至于婚丧嫁娶等方方面面。楚地和巴蜀地区是春秋战国时期漆器的主要出产地，其中就含有大量具有明显包装功能属性的漆器。经过能工巧匠的精心制作，各类器皿千姿百态、琳琅满目，充分显示了均衡协调、朴素大方、美观实用等造型特点。这些漆制包装按照造型的设计可大致归纳为仿动物形、仿青铜器和陶器形，以及为生活需要而制作的三大类。

1.仿动物形象的漆制包装造型及设计

在新石器时代，人类在改造和利用自然的过程中，曾经模仿植物、动物等自然形象进行器物造型。在商周时期的青铜器中，这类器物造型仍屡见不鲜，并且延续到春秋战国时期的漆制包装中。具体而言，主要有写实仿生造型和局部夸张造型两大类。

就写实仿生造型而言，由于漆器具有良好的可塑性，使得设计的自由空间加

---

① 参见王世襄：《髹饰录解说·髹饰录坤集》，文物出版社 1998 年版。

大，因而仿生的漆制包装容器造型也更生动形象。古代匠师汲取自然界中生物形态优美、合理的一面，将其运用到包装设计中去，使其具有生物形态特点的漆制包装容器如同被模仿的对象一样，留其神而造其形，达到神韵生动，这就使此种包装种类具有了设计的自然亲和力。如湖北随县曾侯乙墓出土的战国早期盛装物品的日用包装器——彩绘撞钟击鼓图鸳鸯形器盒[①]（图4-5）。其盒形整体似一只鸳鸯，由头和身雕琢组装而成，颈下有一圆柱形榫头，插入器身，颈部可以转动。身部雕空，背上有一长方孔，安置有一方盖，盖上浮雕有夔龙纹。双翅收合微向上翘，尾部平伸，双足做蜷曲状，形态逼真。此外，采用同样设计思路的还有同墓葬出土的战国早期龟形漆盒。其器身底部为一椭圆形木板，下安四足，足上部为方柱形，下端作"人"字形分叉[②]。器壁四周略高于底板，中部近器口处突高，口为一带流的匜形。盖也似一带流匜，反扣于口部。这种扣合设置，不仅实现了包装便于开启的功能，而且更为重要的是还符合了整器仿生设计的原则。俯视全器，四周作椭圆形，当中呈梨形拱起，中部上凸、折平、上翘，后部呈龟背状下弧直达边缘，堪称漆制写实仿生包装的经典之作（图4-6）。

图4-5　彩绘撞钟击鼓图鸳鸯形器盒

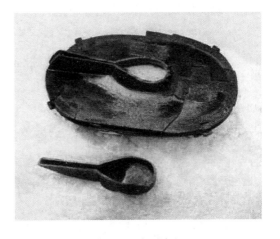

图4-6　龟形漆盒

---

① 皮道坚：《楚艺术史》，湖北教育出版社1995年版，第156页。

② 杨泉喜：《湖北省出土的战国秦汉漆器》，《江汉考古》1995年第2期。

图 4-7　彩绘鸳鸯漆盖豆

上述仿生包装均遵循写实的设计手法，达到求美的目的。但还有另一种设计与写实性强的造型正好相反，其整体造型通常具象明确、形态真切，局部则采用抽象、变形的手法，对母体进行了大胆而有匠心的形式化处理，使对象的基本特征被巧妙地凸显出来，也即局部运用夸张造型。如湖北江陵雨台山 427 号墓出土的战国时期彩绘鸳鸯漆盖豆①，由带盖的深盘、细把、喇叭形座接榫而成。其盖与盘以子母口相扣合，起到密封和遮灰尘的包装功用；其器内呈椭圆形，外做静睡的鸳鸯状，即鸳鸯做盘颈侧视、双翅收合、蜷爪、尾略上翘状，形象生动逼真。这些局部皆以抽象、夸张、变形的手法彩绘出来。其头、身、翅、脚、尾等均系浅浮雕，雕工精细，形象逼真。最为精彩的是鸳鸯尾部描绘出的金色形象，形中之形，象中之象，是抽象意识构成的体现（图 4-7）。

仿动物形象的漆制包装容器所呈现的艺术形象接近于当代的趣味性包装，生动的包装造型使人倍感亲切，渗透着对人性的注重和关怀，同时也是"礼崩乐坏"的有力见证。仿动物形象的漆制包装容器在造型手法上突出的一个特征是将幻象与真象交织，将具体的对象分解之后重新构成新的艺术形象和审美空间。鸳鸯漆豆颈部的设计在形似的超越中寻求神韵的等同，将鸳鸯悠雅静美的神态展露无遗。可见，运用这种手法所创造成的形象、空间和氛围、规模、气度往往出人意料，不同凡响。此"象"多是"放之则弥六合，卷之则退藏于密"的无形大象，或可说是老子"大象无形"说的视觉方式体现②。这种称之为超越模拟的视觉形象构成法，在整体上呈抽象形式，或具有浓厚的抽象意味，而局部则参照具体对象的视觉表象加工制

---

① 荆州地区博物馆：《江陵雨台山楚墓》，文物出版社 1984 年版。

② 皮道坚：《战国楚漆器的造型意识与造型手法》，载《长沙文化论集》（一），1995 年。

作。不过即使是这些用具象写实手法制作的局部形象，也非自然对象的如实模拟，它们也已在很大程度上被形式化了①。

从漆制仿生包装可以看出，包装造型设计同样体现着"适者生存"这一亘古不变的自然法则。古代匠师汲取自然界中生物形态优美、合理的一面，将其运用到包装设计中去，使其具有生物形态特点的漆制包装容器如同被模仿的对象一样，留其神而造其形，达到神韵动生，在形态上营造"生存的空间"。由于漆器具有较佳的可塑性，使得设计的自由空间加大，仿生的漆制包装容器造型也更生动形象，贴近被模仿物，这就使此种包装种类具有了设计的自然亲和力。通过雨台山的鸳鸯漆盖豆等诸如此类的包装造型，无形中为我们打通了连接自然界最好的表达方式，为设计打开了一个更开阔、更具有发展的空间，即自然空间。这些精美的仿生漆制包装容器造型是通过对原型的提炼、扩展和升华来恰当地处理仿生与使用功能的关系。但必须说明的是：由于春秋战国时期的商业经济的严重滞后和上层社会好享乐之风盛行等因素，使得包装在具体设计时，更注重审美性的创造，有时甚至牺牲实用功能来获取最佳的视觉效果。这种现象也是中国古代包装区别于现代包装的一个重要表现。

2. 仿青铜器和陶器的漆制包装容器造型及设计

不仅人类的造物活动具有继承性，而且艺术创造也具有传承性，这充分体现了历史在延续中不断发展。春秋战国时期，商周礼制和神性思想大为减弱，人性得以回归，人们逐渐使用漆器替代作为祭祀用具的青铜礼器，故此，仿青铜器造型的漆器在此时期常见。仿青铜器的漆器"一方面有着造型上的自然延续性，一方面也表现了社会政治等各方面对漆工艺造型设计的制约"②，承载着一种政治文化功能上的延续。春秋战国时期的漆制包装容器中，仿青铜器、陶器制作的器物造型占有很大的比例。此类漆制包装容器在使用功能实现的同时，或多或少也兼具社会功能，被当成礼器或祭祀器物之用。此类仿青铜器和陶器的漆制包装容器主要有酒水包装漆

---

① 皮道坚：《楚艺术史》，湖北教育出版社 1995 年版，第 156 页。

② 李砚祖：《装饰之道》，中国人民大学出版社 1993 年版，第 369 页。

方壶、漆樽和食品包装漆盖豆、漆簋等。

从使用目的来看，漆方壶沿承了青铜壶的用途，做贮酒器用，但其礼法功能减退，已成为以实用功能为主的生活日常酒包装容器。一般而言，漆方壶，多为木胎，器身较其他包装容器高，口径宽，颈长。其基本形制：长径、方口，带盖；颈下部外折，棱角分明；鼓腹，下腹逐渐收缩成圈足。且一般常在颈下部和腹部作装饰和纹样①。春秋战国时期出土的漆器方壶较少，主要有湖北当阳赵巷4号墓出土的属春秋时期的云雷纹方壶②和河南信阳县长台关2号墓出土的战国早期彩绘漆方壶③（图4-8）。这些方壶的制作工艺是先将木料雕成壶的两半全身，然后扣合在一起而成。以上所列的两件漆方壶，其器身高、鼓腹，可大容量地盛酒，契合了当时人们嗜酒的习俗。恰当

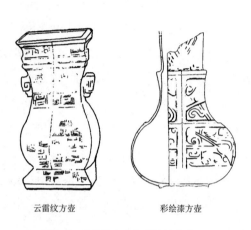

云雷纹方壶　　　　彩绘漆方壶

图4-8　云雷纹方壶与彩绘漆方壶

的长颈设计使方壶不显得笨重，反倒有一种轻盈优雅之美，生活气息浓厚。由于深腹较难取物，宽口径的设计方便舀酒勺取酒。宽直径的鼓腹和方形足增加了器物的稳定性。同时，方壶的设计注重了视觉效果。不同的几何形体通过视觉的延伸，营造出较好的艺术形式美感：口径的方形借助修长的颈部，顺内敛的弧线将视觉导入到鼓腹的椭圆，再经下收的弧形，引出底部有棱角的方形，最后以短直线收尾。这一方形一椭圆、一方体一球体，一长一短、一凸一凹，再加之颜色的一红一黑，纹饰的一密一松，将造物之美发挥到了极致，堪称古代漆制包装容器中的经典之作。

除漆方壶以外，仿青铜器造型的还有漆盖豆。漆器盖豆的功能类似于陶豆和青铜豆，一般认为是放腌菜、肉酱等的容器，等同于当代的酱菜包装容器。《说文》：

---

① 洪石：《战国秦汉漆器研究》（博士学位论文），中国社会科学院研究生学院，2002年。

② 湖北省宜昌地区博物馆：《湖北当阳赵巷4号春秋墓发掘简报》，《文物》1990年第10期。

③ 河南省文物研究所：《信阳楚墓》，文物出版社1986年版，第101—103页。

"豆，古食肉器也。"①《诗·大雅·生民》："卬盛于豆，于豆于登。"②就胎体及其形制来看，漆盖豆多为木胎和夹纻胎，分盖、盘、柄及座四部分，底盘和盖子母口扣合为一整体，底盘均为方形，盖有方形及圆形。一般而言，圆形豆盖顶部无抓手，盘部配有侈耳；方形漆豆盖顶部置有抓手，底盘无侈耳。其圆形豆盖，形制一般为上部圆盘或碗形盘，高圈独足，极像现代的高足碗。

春秋战国时期，用于日常生活的漆器盖豆较为常见，其中不乏精品。这类漆制包装的式样主要有两种：一种是盖部为方形顶部置抓手；另一种是圆盖部无抓手。漆豆盖部为方形顶部置抓手，底盘无耳的漆盖豆在战国中期出现。如河南信阳县长台关1号墓出土的战国中期的云纹方形漆豆③。同墓出土的还有垂线纹方形漆豆，其盖部同样有方形抓手，下面有高圈足。圆盖部无抓手，但底盘配有侈耳的漆盖豆最为常见，如湖北江陵天星关1号墓出土的双线陶纹侈耳漆豆④（图4-9）。漆盖豆

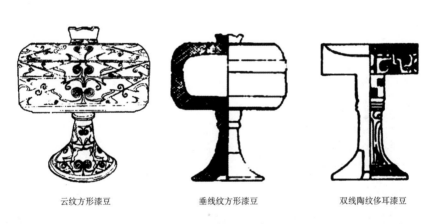

云纹方形漆豆　　　　　　垂线纹方形漆豆　　　　　　双线陶纹侈耳漆豆

图4-9　垂线纹方形漆豆

的抓手和侈耳的不同用处，表现了包装设计最基本的原则，即只有在满足使用功能的前提之下，再进行其他的设计。对于此漆豆来说，由于盖部与底盘子母口扣合较

---

① （东汉）许慎：《说文解字》，九州出版社2006年版，第404页。

② 李学勤主编：《十三经注疏·毛诗正义》（标点本），北京大学出版社1999年版，第1077页。

③ 河南省文物研究所：《信阳楚墓》，文物出版社1986年版，第38页。

④ 杨泉喜：《湖北省出土的战国秦汉漆器》，《江汉考古》1995年第2期。

为紧密，如果不借助外界力量很难将其开启，而抓手和侈耳正是充当了把手的作用，较好地解决了其开合的问题。古代匠师是聪明睿智的，由于抓手和侈耳的使用功能一致，在奉行节约的设计原则之下，故只采用其中一种附件。方形漆豆盖两边为直棱形，与底盘侈耳外弧形的形制不相搭配，不适用于盖与盘的扣合方式，否则会减弱包装的密封性，不利于内容物（腌菜酱肉）的存放，背离了包装保护储存的基本设计法则。圆形漆豆盖锅盖状的形制与底盘侈耳的造型契合，在满足装潢功能的同时兼具使用功能，为腌菜酱肉构造了最佳的存放空间。

上述仿青铜器漆制包装容器沿用并改进了青铜器的造型特点，以方形、圆形等几何形体作为设计的主体造型模式，进行体积、形状的变化，形成一种遵循秩序但又不失活泼变化的自由奔放的造型美。这种美区别于仿生造型的漆制包装容器，是带有理性和政治色彩的，美的自由奔放受到宗教礼法的限制，更接近统治者的思想。因此，虽然说漆制包装容器的出现表明殷商的巫术文化向礼乐文化过渡的完结，但由于脱胎于巫文化，所以不可避免地带有青铜礼器的烙印[1]。在一定程度上，仿青铜造型的漆制包装容器仍仅属于上层社会，远离于其他社会阶级，远离于最普遍的大众，其世俗味较淡薄。

3. 为生活需要而制作的漆制包装容器造型及设计

在众多的出土漆制包装容器种类中，有不少生活用具，其造型迥异于仿青铜器，表现出更多的注重人们生活中的需求，因而实用性占主导。我们知道，生活领域涉及饮食、文化娱乐、化妆鉴容、劳动生产、军事战争等诸多方面，尤以饮食为根本，因而其中饮食包装数量最大。譬如河南信阳长台关 1 号楚墓出土的漆制包装容器多达 20 余件，而饮食包装（如高足方盒 12 件）约占 80%[2]。

一般说来，各种日常生活的漆制包装容器的造型，没有什么特殊的含义，也无须表达某种特定的象征意蕴。其设计主要讲求实用，因而更多体现的是古代匠师造型设计意识的务实倾向与具体设计和制作时的精确周到[3]。这里，我们从考古出土

---

① 张光直：《中国青铜时代》，生活·读书·新知三联书店 1988 年版。

② 河南省文物研究所：《信阳楚墓·长台关》M1、M2，文物出版社 1986 年版。

③ 皮道坚：《楚艺术史》，湖北教育出版社 1995 年版。

的实物出发，结合文献记载，并依据器物的形制及其造型，认为人们因生活需要而制作的漆制包装容器主要有漆扁壶、漆酒具盒、漆盒、漆奁和漆箭箙等。

酒包装当中，尤以扁壶式的漆扁壶为典型。漆扁壶，又名"椑"，多木胎，扁腹，长方形圈足。如湖北江陵凤凰山出土的漆扁壶，肩上有两个对称的铜环做系，圆盖，盖顶中央有一铜环，径部短粗，斜直径，上粗下细，腹部成扁椭圆形，圈足外撇较甚。此种酒包装容量很大，体量较沉，故此需要有较好的稳定性，而底部向外撇的设计则很好地解决了这个问题（图4-10）。由于器身通高较短，它比仿青铜器的漆方壶更容易使用，契合了包装便于使用的设计要求，被较为广泛地应用于日常生活中，其使用功能更强。

图4-10　漆扁壶

酒类包装发展到春秋战国时期，除有用于贮存酒的包装容器外，还出现了用作包裹、盛装酒具的包装盒。按被包装物的内容来看，这类包装分两类：漆耳杯盒和漆酒具盒。耳杯套盒，内装个数不等的饮酒器耳杯。由于漆耳杯皆为流线型的月牙形双耳，椭圆形杯口，便决定了漆耳盒的结构造型受内容物耳杯的形状所限制。因此，就造型来看，耳杯套盒整个器形呈圆角长方形和长椭圆形。盒盖、器身分别用整木剜凿而成，形制基本相同，以子母口扣合，皆为敞口，椭圆形腹，盒两端各有一把手，多为方耳形，盒底、盖顶均微外凸，两端常突起同样形制的装饰（图4-11）。

图4-11　耳杯套盒

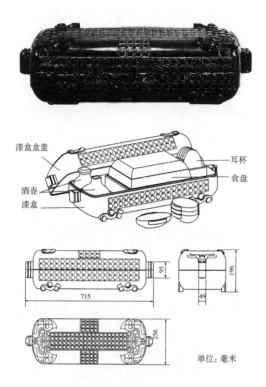

图4-12　包山兽形酒具盒原始图与结构分解图

在这类包装当中，漆酒具盒的设计更是巧妙。漆酒具盒专门用来盛装饮酒时相关酒具的包装，内容物分别有盘、酒壶、耳杯，这些器物多彼此依隔分置摆放。最具代表性的要数湖北省荆门包山2号墓出土的战国中期龙纹漆酒具盒，亦称包山兽形酒具盒（图4-12）。此件酒具盒是用于放置八个耳杯、两个壶、大小盘各一的可携式集合酒具。该酒具盒是木胎挖制辅以雕制而成的，整件器具由盖、器身组成，呈圆角长方形，盒盖与盒底子母口相扣，两端各伸出一龙嘴形柄。此柄设计巧妙，便于开合，以包装的方便功能为设计原则而论，其使用方便，利于使用者拆包使用，体现了使用者对包装实用功能的需要。酒盒内的小器具，如壶、盘等器型与酒具盒的容积空间分割尺度相吻合。尤其是两具酒壶各依所处之盒内空间卷缩成器，使之与盒体紧密挈合[①]。据发掘报告称，酒具盒"器内用三块横隔板，两块纵隔板分隔成四段六格，内置1盘、2壶、8耳杯，盖内用两块横隔板分隔为三段，隔板与器身之间浅槽套合"[②]。这件酒具盒是将各类酒具、食具按照最合理的空间分割规律进行排列，最大限度、最有效率地利用容器内有限空间，放置尽可能多的器物，并能使该器具存放和携带方便，堪称携带式经典包装。可以说，此件酒具盒充分体现了先秦造物实践中小中见大、大中有小的艺术特征。无独有偶，在湖北江陵纪南城1号墓

---

① 王琥等：《中国传统器具设计研究·首卷》，江苏美术出版社2004年版，第59页。

② 湖北省荆沙铁路考古队：《包山楚墓》，文物出版社1991年版，第132—133页。

亦出土有云纹酒具盒，其设计原理与如上所列酒具盒相同，只是器内所放置器物的数量较少而已。

上述这种可携式集合包装的设计原理，也多用于餐具包装中。如湖北曾侯乙墓出土的两件漆食具盒外形、尺寸均一致，而器内设计、装置有所不同。一件装铜罐、铜鼎和盒，盒置于鼎腹下三腿之间，鼎足又落于食具箱内底部挖凿的眼内，一件套一件，装置严密，放置合理；另一件内装笼格式果盒，像现在的蒸笼一样，共有三层，每层之间用子母榫搭口，最上一层横隔成三格，当中一层横隔成两格，最下一层竖隔成两格①。这种横竖不同的隔法，使每一格的大小也不一致，但两件食具箱的器身外两侧均装有铜扣，用绳绕起来，恰是一担，设计合理，功能性强。

除被包装物内容明确的酒具盒和食具盒以外，还有一种归属性不具有限定性的漆盒，应属通用包装的范畴。这种漆盒，胎体多样，以木胎和夹纻胎为最多。大概是因为它的归属性不具有限定性，可以用来包装众多物品，因而是目前所知漆制包装中最常见也是数量最多的包装种类。具体来看，包装盒形基本上依内容物的形状而定，有圆形、扁圆形、椭圆形、方形等规矩体，还有带足形、船形、曲尺形等自由体。

学术界把春秋战国时期的漆器分巴蜀和楚地两大风格，漆圆盒在巴蜀漆器中多为双碗相扣，扣而为盒的造型。通过1978年

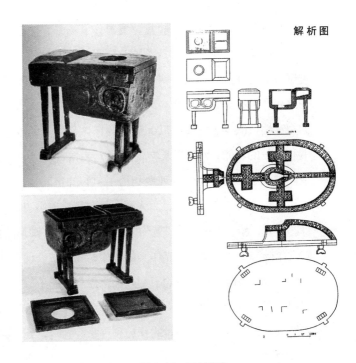

解析图

图 4-13　三足漆盒

① 湖北省博物馆：《曾侯乙墓》，文物出版社1989年版，第360—361页。

和 1981 年四川青川、荥经两县战国墓群出土的漆器盒可见，巴蜀漆圆盒的盒盖呈碗形，敞口，圆拱形顶，上附圆圈形钮；盒身呈钵形，子口、斜直腹，平底微外突，下附圆足。楚地出土的战国时期漆圆盒，形制则却多为扁形，盖顶略凸，顶正中常置一环钮，器底除高低不同的圈足之外，还出现了带三足的造型。这也许继承于青铜器鼎的造型（图 4-13），但与仿青铜器造型的漆制包装容器相比，承载的礼制文化逐渐减弱[①]。日常生活领域的漆器包装中三足的存在，也许源于对稳定性等功能的考虑和一种单纯地对原有传统的眷恋。

湖北江陵雨台山 323 号墓出土的战国中期的素面扁圆形漆盒[②]，盖顶有钮且底部带三足，盖上部稍隆起，中央有铜套环鼻钮。器身口略大于底，腹壁斜直，平底。此外，有足无钮的漆盒在湖北曾侯乙墓中有出土[③]：由盖、身、腿和足四部分组成的三足漆盒，其盖身又由深浅两个盒组成，深盒作长方形，平顶盖，当中有一圆孔，与盒底凹剜的一圆孔相对应，可能为放置筒形杯用；浅盒带盖，盖呈四脊凸起，平顶，高于相邻的深腹盒，盒身作长方形，内加格，形成两个长方形浅盒，内底呈斜坡状。盒身下各有三条腿，腿下有一方柱状横木为足。此盒类似于近代外出时携带的餐饮盒，其设计将包装的特点作了形象真实的表现。匠师按照内容物筒杯的直径尺寸在盒底面挖相应大小的凹孔，使筒杯放置时能紧扣盒底，增加了运输时的稳定性，减少了震荡，从而确保筒杯内液体不易溢出来，较好地满足了包装的容纳和保护的功能；另一半长方形漆盒，装饮食餐具之用，并加隔以区分和明确各自空间的使用功能，充分合理地利用了包装的空间。

在漆圆盒包装设计中，耐人寻味的当推盒盖中央的带钮和底部圈足或铸三足的设计。首先，漆盒作为包装"美"的设计展露无遗，圆形漆盒被铸造打磨得光滑无糙点，线性流畅飞扬，再髹以光亮华美的黑漆，物美被表现得淋漓尽致。但如此光滑无折的圆形造型，易造成使用时的不便，加之盖与身的子母口扣合式，使盒盖与盒身契合更牢固，更加不宜开合且易滑手脱落，有悖于包装"善"的设计。而盖上加钮则弥补了此缺点，方便漆盒在使用时的开启和提拿，同时，处于中央部位的钮更符合人们的视

---

① 张承：《战国漆器造型随谈》，《东南文化》1996 年第 1 期。

② 湖北省荆州地区博物馆：《江陵雨台山楚墓》，文物出版社 1984 年版，第 98—100 页。

③ 湖北省博物馆：《曾侯乙墓》，文物出版社 1989 年版，第 362—366 页。

觉习惯，如塔尖状形成视觉焦点，增强漆盒的立体感，成为占主体造型——圆形的突破点，使得同一包装物形制丰富多样，使得设计丰满有变化。其次，漆盒底部三足类似于常见的圈足，用于增强器物的稳定性，除此以外，足还具有包装的展示功能。细长的足与浑圆的主体盒在形制上形成鲜明的对比，三足一大圆的造型结合，更易引起关注。由此可看出古代匠师们"功利于人为之巧"的造物法则。

　　除圆形的漆盒种类以外，还出现了长方形的盒体设计。1975 年湖北江陵雨山 140 号墓出土的彩绘龙纹漆方盒，通高 8.4 厘米，边长 15.5 厘米，身高 5.2 厘米[①]，与同时期其他造型的漆盒相比，其体积相对较小，可能是用于盛装文具用品。盖呈盝顶形，子口承盖，盖顶正中绘变形蟠虺纹，周边绘勾连云纹。此种造型仅在楚墓中所见。盒的四壁中间各绘一条龙纹，设计精美华丽（图 4-14）。楚地漆盒除圆形、方形等规则型体之外，还出现了足形、船形、曲尺形等自由型体，意味着包装内容物的多样化，使用领域的扩大化，使用群体的平民化，包装设计的人性化，漆制包装容器制作技术的进步化，从而促进了漆制包装地位的提升。形式各异的漆制包装均渗透着古人睿智的设计思想，因物制宜，"文质彬彬"，强调包装真、善、美的结合，较先前青铜材质、陶质等包装容器更生活化、实用化，充满对人的关怀。

　　在众多漆制包装容器当中，尤其值得一提的是，包装属性相对比较明显的是漆奁。从目前考古发现并结合相关文献记载来看，漆奁最初为盛放食物之用，到战国时期，逐渐转变为梳妆用具的包装（称妆奁），内部

图 4-14　彩绘龙纹漆方盒

① 湖北省荆州地区博物馆：《江陵雨台山楚墓》，文物出版社 1984 年版，第 98—100 页。

多放铜镜、梳篦、黛板、衣针以及珠宝装饰品、香料等器物。其常见的造型为圆筒直壁形，分奁身和奁盖套合而成。奁盖顶较厚，外壁弧凹，内壁平；奁盖底最厚，内底平坦，外底多直壁，少有微突①。

　　春秋晚期，奁的使用已经十分广泛，它不仅用来装载食物，还可盛放梳妆用具（铜镜、木梳篦），可算是现代化妆盒的雏形②。此时期，最为著名的就是湖北荆门包山2号墓出土的迎宾图漆奁，为战国中期梳妆用品的包装盒。奁内被包装物十分丰富，分别放置有花椒、骨笄（长形针状头饰）、搽粉饰、木片饰、方形铜镜、圆形铜镜等物③（图4-15）。铜镜是梳妆时必需之物，作为化妆用具的包装盒必然要符合内容物的造型，漆妆奁圆筒形的胎体与圆形铜镜外形相符，这为以后妆奁以圆筒形为主埋下了伏笔。除此之外，作为包装不可或缺的重要部分——包装装潢，

图4-15　迎宾图漆奁

在其身上也得到了充分的显示。其器表装潢图案不同于原有多虚幻空间的装饰题材，而是以战国时期的现实生活为主题素材，是生活的真实写照：随风摇曳的柳树、轻柔飘拂的袍带、引颈高飞的大雁、驰骋矫健的骏马、奔腾跳跃的惊犬、面貌俊朗的侍从、策马扬鞭的车夫……无不使画面呈现韵律十足的视觉效果。

　　在当时社会经济水平下，妆奁不同于大多数生活必需的包装，它的内容物决定了其包装的性质为奢侈类包装，仅供上层贵族使用，带有浓厚的阶级象征色彩。但正是由于此特点，使妆奁具有更深刻的文化价值，它的出现说明战国时期"神权至上"思想的松动，人们价值观、人生观的改变，逐渐由不重现世，把今生所

---

① 洪石：《战国秦汉漆器研究》（博士学位论文），中国社会科学院研究生学院，2002年。

② 黄纲正：《湖南楚墓出土的漆奁和漆樽研究》，载《楚文化研究论集》（三），湖北人民出版社1994年版，第228页。

③ 杨泉喜：《湖北省出土的战国秦汉漆器》，《江汉考古》1995年第2期。

有的期望寄托到来世转变为对自我生命的觉醒，将现世生活等同于来世，将当时人们的思想生活中心从神转化为神与人的同尊。其外部的车马出行图将这种文化思想上的转变更鲜明地表现出来，将龙腾凤舞的仙境回归到现实的世俗生活中来，将飘逸奔腾的线条改变为有头有尾、纹路拙实的线条，体现着真实的人间生活。妆奁作为包装的出现暗示着社会制度的诸多转变，与战国时期奴隶制瓦解，逐渐重视人性世俗化、享受思想开始盛行的社会背景相吻合。也从侧面折射了古代包装的发展历程，逐渐向专门性、从属性同时并存的包装方向迈进。包装行业也逐步朝专业化发展。

综上所述，我们不难看出，漆制包装容器的种类和存在形态千差万别，展现出了一个分裂割据时代特有的奢侈之风。尽管各种不同类别、不同形制的漆制包装容器之间存在着在结构、造型上的差异，然而其在个性当中亦有普遍的共性特征。换言之，亦即漆制包装容器在设计理念上的共通性和在表现形式上的类似性。

就设计理念的共通性而言，首先是注重对称的设计法则，这是基于生活实用性的客观需求。对称首先是符合中国传统的审美观，以"和"为美，求均衡和谐、平稳统一；其次是使得包装的稳定性增强，利于容纳功能；再次是利于展示功能的实现。先秦时期人们席地而坐、席地而食，使人视线较低，视觉中心点多定位于器物的正立面，要求主体造型和装饰纹样美得平和匀称且长久，不易造成视觉疲劳，因此注定了对称设计法则的大量使用。仿生漆制包装将对称更改为对等，即均衡，不求完全绝对的一样，而是达到力量上的稳定，一种心理感觉上的对等。如曾侯乙墓的鸳鸯漆豆，绘在鸳鸯腹部两侧的图案弥补了造型差异，撞钟击磬图的力量感和击鼓舞蹈图的跳跃感形成了视觉和心理的平衡。就其对称在实际功能的具体运用而言，它力求器物的重心落在理想的位置上，即整体造型的横轴线和竖轴线上，从而取得沉稳的陈列效果。由此而知，器物各种附件的安置，都在不破坏整体平衡的原则下进行，因而除了更好地满足具体需要外，成为一种有效的调节整体平衡的手段。

其次，集合化包装设计思想的运用。集合包装作为一种多件包装方式，主要是指多件同种类产品的成套包装。集合包装设计通常会充分利用作为内装物的产品本身的形态特征进行包装容器的结构设计、造型设计，通过容器内部空间的分隔与组合，来达到多件包装的目的。如上文所述的春秋战国时期的酒具盒、餐具盒等即充分地体现了集合化包装设计思想。可以说，不论是酒具盒，还是餐具盒都将各类需要摆放的器具按照最合理的空间分割进行排列，最大限度、最有效率地利用包装盒内有限空间，置放尽可能多的器物而不显杂乱。包山楚墓所出土的兽形酒具盒内就有序、合理地放置有八个耳杯、两把壶、大小盘各一个，是集合化包装的代表，同时也体现了大中见小，小中见大的艺术特征。需要说明的是，部分集合化漆制包装的造型是基于内包装物的结构形态而进行设计的。如漆耳盒充分利用作为内容物的耳杯盒本身的形态特征进行包装容器的结构、造型设计，通过容器内部空间的分割与组合以此达到多件包装的目的。一般认为，这种在春秋战国时期就兴起的集合包装，不但可供室内贮藏使用，而且也更方便置于车马上携带外出使用。通观古代包装发展的历史脉络，不难看出，集合化包装的出现开启了包装发展的新时代，为汉代组合化、系列化包装的设计提供了思路上的启发。

春秋战国时期的漆制包装除了在造型上体现了功能的合理性和人们对形态美的哲学思想以外，在装潢纹样的选择与表现方面，也充分体现了当时社会的思想和审美情趣。如器物表面常见行云流水般的卷云纹就充分说明了这一状况。此种以追求审美为目标的设计与表达，使纹饰的描绘挥洒自如，形态似与自然和当时帛画上人们对理想人生境界的追求如出一辙，是先秦时期人们审美倾向的体现[1]。此外，春秋战国的大、中、小型墓中随葬的漆制包装容器，其品种和数量具有一定程度的差异，而且制作的精美程度也不尽相同。这固然与当时历史发展的不平衡性有关，但主要是当时社会的等级差别在丧葬制度上的反映。作为一种生活用品，无论是供哪个阶层所使用，其所蕴含的设计思想均值得重视，在一定程度上表明时人在日常生活中对灵巧、生动的喜好和对各种抽象形式因素对比关系的敏感。例如用于饮食方面的漆制包装容器的造型，虽然是远古的陶器、商周的青铜器演变而来的，有一定的因袭成分，但整体上却已完全具备了全新的文化品格。漆制包装容器更多沿用的是当时生活实用需要的设计，因此漆制包装容器的造型也就成为其存在时代的生活象征。

---

① 胡伟庆：《溢彩流光》，四川教育出版社 1998 年版，第 38 页。

第四节　青铜材质包装容器包装功能的回归与新的艺术形式

　　春秋战国时期的青铜材质包装容器是在历史变革中不断发展的。社会经济和文化的发展以及阶级力量对比的变化，在青铜材质包装容器的造型、装饰、数量等方面均有所反映。整体来看，这一时期周王室和王臣所使用铜器大减，而诸侯各国的青铜器则普遍增多，不仅大的诸侯国如晋、楚、齐、鲁、吴、越、秦等国自行铸造青铜器，而且许多小的诸侯国如薛、费、黄等国也有铸器。考古资料和相关研究成果也表明，春秋战国时期存有中原的晋系青铜容器、东方的齐鲁器、西方的秦器、南方的楚器、北方的燕器等文化区域有别的青铜器种类。尽管这些青铜器分属不同的文化系统，而且其造型和纹饰等在春秋早期也都源于西周器，相同之处较多，然而，随着时间的推移，到了春秋中后期，其地域性差异逐步明显起来。在这一局面之下，代表各地区、各方国文化的青铜器，特别是包装属性明显的青铜容器高度发展，并以新颖的器型、精巧富丽的装饰风格和卓越的范铸技术，成就了异彩纷呈的各式青铜材质包装容器。与此相应，青铜容器的包装功能也全面回归，不仅摆脱了"神"和"礼"的控制，而且重新走入人们的现实生活当中。

　　从考古出土的春秋战国青铜容器实物来看，这一时期包装属性明显的青铜材质包装容器，与商、西周相比，已呈现出十分明显的变化。从制作和实用的目的看，如前几章所述，殷商时期重酒水包装容器的组合使用，并且多以祭祀礼仪用器为主，用于现实生活的较少，多是巫术神权象征意义上的包装。西周则是重食品包装容器的组合，多是伦理意识下礼制象征意义上的包装。西周时期青铜材质包装容器虽然仍以礼器为主，但却在一定程度上体现了重"人"的思想观念。到了春秋战国时期，随着社会的大变革，"礼崩乐坏"已成为事实，天命观念已彻底动摇。这些反映到青铜材质包装容器上，便是其神性、宗教性、伦理性等的弱化或丧失，取而代之的是现实生活意义上的青铜材质包装容器的全面回归（图4-16）。

　　有必要说明的是，我们在上文中所说的青铜材质包装容器的神性、宗教性、伦理性等性质的弱化，只是相对于商、西周时期那种对青铜器近乎迷狂状态的爱恋与崇敬而言的。青铜材质包装容器发展到春秋战国时期其实用功能固然已得到加强，

图 4-16 双龙纹罍

人性也全面回归，但是在一定程度上其作为礼器的性质和作用依然存在，它在宣扬统治阶级至高无上的权力、威严及其神圣不可侵犯的地位方面仍具有重要作用。如战国时"问鼎"的故事就明显地反映出青铜礼器在当时的重要性①。只是这种作用不仅仅是通过把青铜材质包装容器神化的方式来实现的，更多地是通过统治阶级的"德行"和"品格"来建立一种威信。

诚然，春秋战国时期的青铜材质包装容器在一定程度仍具有某种礼制的作用，然而这种意义似乎过于空洞。可以说，原本在西周礼制文化下，彰显伦理意识的，且蕴含丰富社会政治内涵的青铜容器，在伴随着国家分裂局面的出现和旧制度的衰落，其所代表的伦理含义已显得十分无力。

有学者就曾言：在一定的社会条件下，器物形式的意义空洞有可能以单纯的审美意义来充盈。但对照春秋战国时期的社会现实，那些有利于纯粹审美意义展现的条件显然并不具备。器物形式出现了意义上的空洞，却又不能以纯粹审美价值来充实；相反，必须借助于其他意义或价值来充实。这就是诸子百家时代器物形式问题或者说是形式美学问题的尴尬处境②。具体来看，这一时的青铜容器的铸造观念呈现出两个方面的特点：一方面是各诸侯王寄希望于通过制造僭越旧礼制规范下的青铜礼器来彰显自己身份地位的上升；另一方面则又否认这一制度所体现出来的实质内

---

① 《左传·宣公三年》记定王使周大夫王孙满慰楚子，楚子问鼎之大小轻重之事。其回答是："在德不在鼎。昔夏之方有德也，远方图物，贡金九牧，铸鼎象物。百物而为之备、使民知神奸，故民入川泽山林，不逢不若，魑魅魍魉、莫能逢之，用能协于上下，以承天体，桀有昏德，鼎迁于商，载祀六百，商纣暴虐，鼎迁于周，德之休明，虽小，重也；其奸回昏乱。虽大轻也"。

② 徐飚：《成器之道——秦工艺造物思想研究》，江苏美术出版社 2008 年版，第 246—247 页。

容。在这一互悖铸造观念的不断反复之下，青铜材质包装容器，无论是在造型、装饰上，还是在纹样内容上，显现出来的都是其内在本质的异化，也即"由供祭神人祖先的神器逐渐脱变为豪门贵族在礼仪场合、宴飨活动中'钟鸣鼎食'的奢侈品，向着人间化、生活化的转化成为新的时代特点"[①]。

一、青铜材质包装容器实用性的加强及表现形式

1. 青铜材质包装容器实用性加强的原因

存在主义哲学家斯宾诺沙曾说："凡物之存在或不存在必有其所以存在或不存在的原因或理由……而这个原因或理由，如果不是包含于那物本性之内，就必定是存在于那物本性之外。"[②]依此理论并结合春秋战国时期的时代背景来分析，这一时期青铜材质包装容器艺术突破殷周的神秘色彩，而以活泼、轻巧的形态存在，除受到青铜容器本身所具有的实用性影响外，更受到来自特定时代背景下，政治、经济、文化、科技等多方面因素的综合影响。实用性即青铜材质包装容器之所以作为有用物而存在的最根本的属性，由于其实用价值能满足当时人们生产、生活的需要，也合乎人使用的目的性，因而使其获得了一种作为包装的本质性存在的必然。其次，由于我国古代器物设计的存在形态是受到来自统治阶级观念，以及社会思想意识形态的限制，因此，青铜材质包装容器以实用性形态而存在的现实也必然是受到来自这一方面内容的影响，而且是最为根本的原因。我们知道，春秋战国时期是一个大动荡、大变革的时代，礼崩乐坏，西周以来的政治秩序和宗法秩序逐渐走向崩溃，"人"的观念以及"人"的价值得以提高，"神"的权威日益下降，历史进入了理性思维统治的新时代[③]。由于人性的觉醒，人对自己生活的这个宇宙认识的加深，对各种自然现象也有了一定的了解。科学技术的发展、新材料的出现、新工艺的发明等都扩大了人类改造自然的范围和能力，使人认识到自己本身的力量，逐步建立了具有现实意义的意识形态观念。正是观念形态的现实化，引起了青铜材质包

---

① 李松、贺西林:《中国古代青铜器艺术》,陕西人民美术出版社 2002 年版,第 118 页。

② [荷兰] 斯宾诺莎著,贺麟译:《伦理学》,商务印书馆 2007 年版,第 10—11 页。

③ 王冠英:《中国文化通史·先秦卷》,中共中央党校出版社 2000 年版,第 155—157 页。

装容器走向了现实世界，其神秘性被弱化，而实用性、功能性特征得到了强化。

此外，由于这一时期正处于中国文化"轴心时代"①，各种哲学思想及文化艺术观念开始萌芽，并逐渐形成雏形。在这些思想当中又都或多或少掺杂着有关设计、技艺的哲学思想②。虽然诸子百家在各自思想的表达上存在着莫大差异，然而从整体来看，其所反映的设计或工艺思想都大同小异，在强调器物形式重要的同时，尤其注重器物的实用功能，这亦是这一时期青铜材质包装容器以及其他包装种类趋于生活实用化的重要原因之一。如孔子提出了"文质彬彬"的工艺思想，认为"质胜文则野，文胜质则史"③，即要求功能和形式的统一。墨子则更加注重器物的实用功能，反对无谓的装饰，如《墨子·过辞》曾言："当今之主，其为衣服……冬则轻暖，夏则轻清，皆已具矣……以此观之，其为衣服，非身体，皆为观好。"④韩非子也有同样的主张，反对装饰，认为"以文害用""好质而恶饰"⑤，只要器物的质量好，就不需要什么装饰了，认为装饰会影响实用功能。从这些来看，都无不反映出当时有识之士对实用器物的提倡和推崇。在很大程度上，这些造物思想的出现，促使着包括青铜材质包装容器在内的器物制作向生活实用化方向发展。

政治上的变革，学术上的争鸣，解放了人们的思想，文化艺术领域日臻繁荣，致使包括青铜材质包装容器在内的造物艺术进入一个大发展的新阶段。与商代、西周相比，这一时期青铜材质包装容器产生了许多新特点，并且其实用性得以加强。从造型上来看，一是其造型设计更注重实用，由原来的庄重威严向轻巧实用方向发展；二是产生了许多新器形，生活日常容器增多；三是造型充分体现材料本身的美，

---

① 参见［德］卡尔·雅斯贝斯著，魏楚雄、俞新天译：《历史的起源与目标》，华夏出版社1989年版，第7—9页。

② 参见杭间：《中国工艺美学思想史》，北岳文艺出版社1994年版，第63页。书中说：春秋战国时代，周王室的衰落和诸侯称霸的风起云涌，使得代表当时先进生产力的工匠站在了历史显著的舞台上，这是中国技术史上一次特殊的时代。各家的思想似乎都在人和人，人和物的关系的思考上得出自己济世救民的方案，道和器的关系的讨论，异常的繁荣。这里的道和器，即是人、自然和人造物、技艺的关系，先秦诸子许多治国平天下的道理，都是通过举技艺的例子来说明。

③ 钱穆：《论语新解》，生活·读书·新知三联书店2005年版，第155页。

④ 转引自郭廉夫、毛延亨：《中国设计理论辑要》，江苏美术出版社2008年版，第126页。

⑤ （清）王先慎集解，钟哲点校：《韩非子集解》，中华书局2003年版，第266—133页。

追求工艺的精巧，形态也显得活泼、轻巧。就器物装饰来看，其装饰的内容也开始面向现实生活，由装饰纹样向装饰绘画过渡，虽仍有许多神话幻想题材，但能把幻想与现实放在平等的位置上加以表现①。就青铜铭文而言，除个别的例外，大多变短，像西周那种通过铸长铭文来显示赫赫家族或宣扬礼制的青铜器基本上不见了。从这些我们不难看出，青铜材质包装容器宣扬礼教的那种功能已经丧失，取而代之的是其实用性的回归。总的来看，这一时期的青铜材质包装容器已向轻便、实用且多样化方向发展。这一切变化，追根溯源是由于思想文化转变的结果，是春秋战国时期新思想、新意识形态在造物艺术上的外化。

2. 青铜材质包装容器实用性的表现形式

如果说殷周时期的青铜材质包装容器具有神权、等级伦理象征意义的话，那么，春秋战国时期则是回归生活、注重实用的现实生活意义上的包装。从有关历史文献记载和考古出土物表明：商人嗜酒，因此，殷商是重酒水包装的时期，且特别注重酒包装容器之间的组合使用，带有神权的思想；与殷商不同的是，西周因实行禁酒，酒水包装容器大量减少，食品包装成为主流，并强调食品包装容器之间的组合使用，以象征一种伦理意识下的礼制要求。尽管进入春秋以后，食品包装容器的延续仍是这一阶段包装艺术发展的特点之一，但是其已突破了商、西周以来所具有的神秘色彩，开始摆脱其所附带的各种社会政治含义，并逐渐失去祭祀和礼器的功能，其不仅实用功能得以全面回归，而且还增加了生活享乐的功能。

具体来看，这一时期的青铜材质包装容器实用性的凸显，主要是通过造型与结构的变化以及工艺技术的运用而得以实现的。这其中又以丰富的造型变化为主要手段，因为通过器物造型的变化，不但可获取容器使用时所需要的实体空间，而且可以很好地实现其包装功能。如用于贮存酒水的壶、尊、罍、缶、鉴、瓿等酒水包装容器和盛放食物的簋、簠、豆、敦等食品包装容器，通过造型的变化来实现其在不同场合和不同内装物要求下所需强调的包装功能。考古和相关资料也显示，青铜

---

① 参见卞宗舜、周旭、史玉琢：《中国工艺美术史》，中国轻工业出版社 2003 年版，第 104 页。同时可参阅田自秉：《中国工艺美术史》，东方出版社中心 2004 年版，第 84—85 页。

材质包装容器发展到这一时期，不论是种类、数量上，还是在器物样式上，都较商、西周时期大大增多，每一种器类可分为十几种，甚至二十几种器形。就种类而言，这些器物当中，大概又可以分为两大类。综观这两类中每一种器物形制，它们在造型上都有着各自的演变过程，并都充分满足了其作为实用器具所需的功能特征。这无疑是人类在长期的造物实践过程中，不断总结经验的结果。我们试逐一阐述如下：

一类是沿用西周以来的器物形制，但在容器造型上却有了很大的改观或变形，造型上更注重功能性，不仅方便性、安全性以及稳定性达到了青铜材质包装容器设计的极致，而且还发展了一物多用的包装功能，如壶、簋、盨、簠、豆等容器的盖子都可以翻过来当盘子或者一般盛装物使用，增加了青铜材质包装容器的灵活多用途性，并且充分体现了包装便于使用和方便处理的功能特点。一物多用功能的发展，在某种程度上来说，增加了笨重、不利于搬运的青铜材质包装容器的实用价值，同时也解决了商、西周以来诸如壶、罍、簋、盨、簠、豆等包装容器实用性不足的设计缺陷。

从包装功能上来看，壶式包装容器属于通用包装范畴，但青铜材质的壶式包装容器我们一般认为其应归属于酒水包装容器的范畴。壶作为包装容器，自史前产生以来一直受到人们的青睐，发展至青铜时代则一度成为青铜礼器中不可或缺的重要一员。与商、西周时期不同的是：春秋战国时期的壶取代了尊和卣的位置而成为酒水包装容器中的主体。这固然与春秋战国时期特定的历史背景有关联，但更为重要的是壶本身造型的多变性和实用性造成的。从目前出土的实物来看，春秋战国时期的青铜壶，有圆形、方形、扁形、弧形、提梁壶等多种形式，不但形态美丽，而且用途多样，能满足不同场合和要求下的包装需要。从局部造型结构来看，其包装实用功能的体现主要在壶盖与足造型的多样性方面，如盖的造型改变了西周时期的圈足盖的单一造型，流行仰莲形盖，足则出现了高柄圈足、圈足下附小足或圆雕兽形足等造型，这些不但满足了包装容器的防尘性和稳定性要求，而且还增强了包装容器的视觉美感（图4-17）。

除上述细微变化以外，战国青铜壶的提梁也一改商西周的弧形提梁，出现了活链式的提梁，这不仅起到了方便搬运的作用，而且更为关键的是降低了容器的

空间占有面积（图4-18）。换言之，即在很大
程度上实现了青铜材质包装容器的空间方便功
能。如《商周彝器通考》上所载的图764、图
768、图769以及图770均为这种活链式提梁
造型①。这其中特别值得一提的是图770，其腹
如立蛋形，两肩铺首为活链提梁，盖的钮环与
提梁套铸，这种设计在满足了方便搬运功能
的同时，还在很大程度上起到稳固器盖的作
用，堪称青铜材质壶式包装容器中经典的功能
性设计作品。再者，春秋战国时期壶的壶体最
大直径在腹的中部，并有逐渐上移的趋势，这
不但增加了壶的容量，而且满足了良好视觉感
受，符合人体工程学的设计原理。高明先生就
此曾指出："由于壶腹的大径上升，使壶的容量
扩大，提高了实用价值。从艺术方面考虑，使
铜壶的造型更加精致美观。"②与圆壶不同的是，
方壶在战国时期有了极大的变化，四角从上至
下均呈直角的形态，即所谓的钫，与春秋时期
流行的圆角扁方壶有较大的区别，这种壶在汉
代还有所沿用。此外，值得注意的是，在战国
中晚期还出现了刻有容量值的扁壶③，我们推测，
这种扁壶或是量器；或是包装容器容量的有意
识标刻。

　　至于罍，虽然流行时间较长，但从商代晚期
以来，其并非为酒水包装容器中的主体。从造型

图4-17　春秋战国时期青铜提梁壶

图4-18　活链式提梁造型

① 容希白（容庚）：《商周彝器通考》（下册），台湾大通书局1951年版，第404—407页。

② 高明：《中原地区东周时代青铜器研究》（中），《考古与文物》1981年第3期。

③ 马承源：《中国青铜器鉴赏》，上海古籍出版社2004年版。

变化来看，春秋至战国时期基本不见方体罍，而多为圆体罍。尽管圆体罍的实用性较方体罍稍好，然而由于其受本身形体硕大、笨重、不易搬运等因素的限制，在春秋中期以后也消失殆尽。罍式包装容器属大型酒包装容器范畴，其代表性的器物为山东诸城葛布口村出土的一件圆罍①。其小钮平盖、鼓腹、平底的造型，不但满足了包装的保护、便于开启、稳定摆放的功能作用，而且显得非常朴实，而双兽耳、下附三个做立兽状小足的设置，在较好地解决了方便搬运、防震等方面的包装功能同时，又为其朴实的形象平添了几分别致的情趣，不失为罍式包装容器中的优秀设计。

春秋时期的簋沿袭西周晚期形制②，大多没有变化，但到春秋中晚期，簋这种食品包装则不甚流行，只是在传统的礼器体系中尚有所发现，且形制也有了较大变化。簋的铜胎变薄，有的簋盖铸成莲瓣形，盖取下后还可以盛装物品。战国以后，簋这一形制极少见到。总的来看，这一时期的簋，不但数量上大为减少，而且造型也不如西周时期那样丰富，走向了没落，这一方面可能与漆制食品包装容器的普遍应用有关，另一方面则可能与其他诸如簠以及新出现的敦等食品包装容器的兴起有一定关系。

盨和簠是簋所衍化出来的新的食品包装容器，但并非春秋战国时期的新品种，均在西周中后期产生，流行时间都较短。就盨式青铜材质包装容器的形制来看，其器盖与器身形态相近，但稍显小，器盖上一般有四个方足，取下器盖后翻置起来即成另一器皿，食毕归置如一。这是包装多功能设计思想的体现。然而，这也阻挡不了它的没落，自进入春秋时期后，盨主要在早期流行了一段时间，到春秋中期就已很少见。这可能与敦这一新式食品包装容器的流行有关系。相比起盨来说，簠式包装容器在这一时期得到了一定的发展，一直到战国晚期才淡出历史舞台。簠，造型多呈扁长方形，形如方斗，盖与器形状基本相同，即可倒置也可分开使用。这符合古代文献中的记载③。春秋中晚期的簠改变了西周末期以来斜壁、浅腹、容积小的缺陷，转而将器与盖的口沿四周各切出一个截面，并加出一个直壁，成了折壁式造

---

① 山东诸城县博物馆：《山东诸城臧家庄与葛布口村战国墓》，《文物》1987 年第 12 期。

② 参见马承源：《中国青铜器鉴赏》，上海古籍出版社 2004 年版，第 113 页。西周时期簋的数量特别多，大概有圈足簋、四耳簋、四足簋、方座簋、三足簋、弁口簋和大侈口簋等数种。

③ 《周礼·地官·舍人》："凡祭祀共簠簋。"郑玄注："方曰簠，圆曰簋，盛黍、稷、稻、粱器。"

型，加大了容量①。簠式包装容
器折壁式造型的改进，一方面
是加大了容器盛装容量，增大
了簠的实际利用空间，且方便
食品的装填，完善了包装的贮
存功能，从而更能满足人们的
日常生活所需（图4-19）。另
一方面则是增加了容器的视觉
美观度，因为直壁较宽，失去
了斜壁线条所具有的威严之
势，从而给人以朴实厚重之感。

图4-19　簠式青铜包装容器

　　与上述几种食品包装不同的是，青铜豆式包装容器在春秋战国时期得到了很大
的发展，包装功能属性也愈益明显。这主要体现在腹体加深、盘体加大、带盖等几
个方面，因为腹的加深和盘体的加大都
增大了豆的容量空间，而盖则起到了较
好的密封和防灰尘的作用。与商末西周
时期的豆相比，春秋战国时期的青铜豆，
形制较多，有浅盘、深盘、短柄、长柄、
环耳、附耳等各种形状，且盖可仰置盛
放食物。就造型来看，有圆豆、方豆两
种样式，圆豆相对较多，而方豆则相对
较少。出土于河南固始侯古堆的春秋嵌
红铜龙纹方豆（图4-20），是这一时期方
豆中的典型代表，其豆盘与盖呈两斗相
合，深腹平底，两则各有一对环耳，盖
的四角各有一个环钮，柄较细，呈多棱

图4-20　春秋战国时期的豆

① 杨远：《夏商周青铜容器的装饰艺术研究》（博士学位论文），郑州大学，2007年，第38页。

柱形，下有圆饼形圈足①。这些细节的呈现不但充分考虑到了包装所需的实用功能，而且考虑了包装的审美功能，堪称实用与美观完美结合的代表作品。从使用目的来看，这些不同形制、造型各异的豆都是为了方便使用而设计制作的，是实用性得以加强。可以说，在传统形制的食品包装当中唯独青铜豆在这一时期具有与青铜敦相媲美的地位。

另一类是在旧有器物形制的基础之上所演变出来的尊缶、敦、盒等新形制（图4-21）。与前一类相比，这类青铜包装容器，更为实用，归属性也更为明确，是基

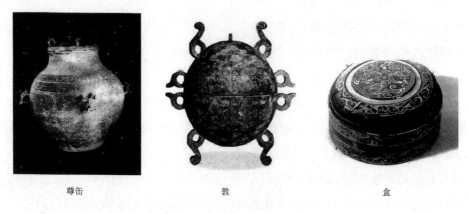

尊缶　　　　　　　　　　敦　　　　　　　　　　盒

图 4-21　尊缶、敦、盒

于人们日常生活的需要而制作的。整体来看，这一类包装容器不仅注重功能的实用性，而且也尤其重视外观形态。

尊缶是盛酒容器，属酒包装范畴，是为适应贵族奢侈生活的需要而出现的。"缶"亦作"瓿"，按《说文解字》解释："缶，瓦器，所以盛酒浆。"②古代早期的缶多是陶质，青铜缶较少。青铜缶的祖形是陶缶，始见于春秋中后期，皆呈敛口而广肩的形状。缶有圆缶、方缶等形制。圆缶如春秋晚期晋国器栾书缶，造型古朴，有盖，盖上有四环形钮，鼓腹，平底，是一件带有铭文的贵族酒包装容器。方缶如安徽寿县蔡侯墓出土的蔡侯缶，有盖，盖四隅皆有圈钮，中间鼻钮套环；四肩亦各

---

① 　马承源：《中国青铜器鉴赏》，上海古籍出版社 2004 年版。

② 　（东汉）许慎：《说文解字》，九州出版社 2006 年版，第 428 页。

有圈钮，器的整体较宽，圈足甚矮
（图 4–22）。从这些缶来看，青铜缶
不但包装功能属性得以完整体现，
而且也是贵族生活中的奢侈品，抑
或是贵族阶层的一种身份和地位的
象征。因为从部分青铜缶上来看，
缶上一般都带有诸侯王的姓名或记
载诸侯王的铭文事迹。

栾书缶

蔡侯缶

图 4–22　栾书缶与蔡侯缶

　　难能可贵的是：在缶式包装容
器中，还出现了由缶与鉴合为一体的组合使用方式。这种包装方式，是东周时期，
特别是战国时期的一大贡献，堪称缶式包装容器中兼具功能设计和审美设计的实用
性包装容器。如曾侯乙墓出土的战国时期青铜冰鉴酒缶。它主要由方鉴和方尊缶、
长勺、漏斗组成，方尊缶置于方鉴内部，组合为一体；缶套置于内，依靠在鉴内的
冰块。从俯视角度来看，冰鉴中所放置的冰块把方尊缶紧紧地包围在中间，不仅起
到了冰镇的作用，而且具有缓冲材料的效果，一定程度上实现了包装防震性能。从
剖面角度来看，置冰的高度可以和盛酒的高度持平，且方尊缶壁呈弧形，使冰与盛
酒缶的接触面积增大，这样的空间设计既考虑到了包装的空间方便功能，亦即尽可
能多地盛放酒，同时又考虑到了所盛之冰能够充分发挥冰镇酒的功效。该件包装还
从设计的角度着手，科学地运用了防震包装技术，如鉴与缶的组合设计使用了上下
固定法，巧妙地将缶颈与缶底固定在鉴体上，这样既满足了包装容器方便使用的功
能，又使容器具有良好的稳定性和安全性。鉴盖上留有一方孔，缶的口颈略高出鉴
盖，穿过方孔正好被鉴盖卡住，使缶不能晃动。由于冰鉴大而重，因此在使用方
式上区别于一般的酒包装容器，不是靠"倒"而是靠"舀"。设计者将鉴盖设计成
中空形式，中空部分凸出缶盖，在放置冰块时打开鉴盖，而舀酒时只需要打开缶
盖，这样既方便使用所配的长勺从方尊缶内舀酒，又能保持长久的冷却状态[①]（图

---

① 王琥：《中国传统器具设计研究》，江苏美术出版社 2004 年版，第 66—73 页。书中有对此鉴的详细
　　分析，并配有分解图。

图 4-23　曾侯乙墓出土的战国时期青铜冰鉴酒缶

4-23)。当然，从冰鉴酒缶的组合设计来看，尊缶也依然只是贵族阶层，特别是诸侯王所使用。因为设计制造这样的冰鉴酒缶没有足够的财力、物力、人力是难以完成的。

　　除酒包装容器中出现了青铜缶这一新形制以外，春秋中期随着传统食品包装容器青铜簋、盨等形制的没落，出现了属食品包装容器的敦这一新形制。敦是由鼎、簋的形制结合发展而成的①，就造型来看，是由两个半球形的容器上下扣合而形成的圆球状或椭圆状容器，分开则成为两器，一般来说，是上下对称，但有些敦由于盖钮和足部的差异，导致了上下造型的不对称。如蔡侯墓所出的敦就有两种造型：一类盖上作三环钮；一类盖与器皆作三细长足，仰置时，造型上没有差别②。前者由

---

① 马承源：《中国青铜器鉴赏》，上海古籍出版社 2004 年版。

② 李松、贺西林：《中国古代青铜器艺术》，陕西人民美术出版社 2002 年版，第 121—122 页。

于盖与足不同，从而显得不对称，而后者则几乎是完全对称。当然，也有上下球体不对称的情况，如淅川下寺出土的敦①，球形体不对称，盖口沿有两个环钮，顶置三环钮，器身上腹附两个环钮，下为短小蹄足。整体来看，青铜敦不但实用空间容量大，有三足能稳定摆放，有钮能方便起用和搬运，而且具有一物多用的功能。尤其值得说明的是，青铜敦所呈

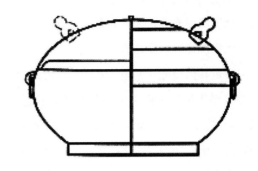

图4-24　盒式青铜包装容器线描图

现出来的圆形或椭圆形的优美造型，还能给人以视觉享受，堪称实用性与审美性兼具的包装作品。

　　另外，在战国时期楚国地域还出现了生活性十分强的一种盒式青铜包装容器（图4-24），不过发现较少，属通用包装范畴。铜盒造型与陶盒和漆盒类似，是一种由盖、器身、底组合而成的盛器。一般来而言，铜盒器壁较薄，有些厚仅0.15—0.25厘米左右②，这在很大程度上降低了铜盒的重量，从而增加了其方便使用的功能。其形制有圆方形、椭圆形、扁圆形等。其中椭圆形铜盒，造型较接近簋，上下两器基本相同，可能是春秋时期簋所演化而来的。如湖北襄阳蔡坡4号墓出土的一件贴金花纹铜盒，上、下器基本相同，其下半部分为子口，上器则为直口。这种设计，不利于将两器扣合在一起，包装开启性能相对较差，值得称道的是其两器分开后还可分别盛装食物，体现了一物多用的设计理念。圆方形的铜盒中，以湖南长沙出土的战国晚期的错银云纹铜盒③为代表。该铜盒盖、身以子母口套合，不仅扣合性、防污染、防灰尘的性能较好，而且也便于开启，是青铜包装容器设计中的进步。难能可贵的是，盒式青铜包装容器中还出现套盒包装方式，如湖北荆门包山2

① 河南省文物考古研究所等：《淅川下寺春秋楚墓》，文物出版社1991年版，第254页。

② 湖北省博物馆：《曾侯乙墓》，文物出版社1989年版，第214、216页。

③ 高至喜：《楚文物图典》，湖北教育出版社2000年版，第54—55页。

号墓出土的战国中期的浅盘铜套盒①。该件铜套盒由 4 件大小相应的浅腹盒套合而成，器壁薄而光滑，为一套罕见的食品包装容器。

如果说青铜容器造型变化是实用性得以加强的要求与必然，那么，工艺技术则可以说是其得以成功实现的基础与保证。因为只有技术的改进，才能解决青铜材质包装容器实用化过程中所遇到的诸如成型、构件焊接等关键问题，以及密封、防潮、防震、防虫、遮光、透气等包装技术方面的难题。因此，这一时期青铜材质包装容器之所以能向实用化趋势发展，不仅仅是因为"礼崩乐坏"和人治思想的大环境背景所影响，而且还有能够满足实用化趋势的工艺技术。有关学者的研究成果表明：大约从春秋中期起，随着失蜡法和铸焊技术的发展，较为单一的传统范铸技术逐步被包括分铸、铸铆焊、失蜡法、锡焊、铜焊、锻打、铆接、红铜镶嵌、错金银、鎏金、刻镂等多种成形、装饰技术在内的新的金属工艺体系所代替②。

尽管这一时期出现了众多青铜工艺技术，但是从包装实用功能角度来看，包装成型工艺的革新才是青铜包装容器实用性得以实现的最为主要的技术保障。就包装成型工艺方面来说，大体可以分为两类：一是构成包装容器主体造型的成型工艺；二是包装容器上局部构件与器身相结合的工艺技术。前者主要包括失蜡法、分铸法等，后者则包括焊接、铆接等，这些工艺技术的出现，不仅丰富了青铜包装容器的造型式样，而且有效解决了包装本质内容所要求容器的密封性、防护性、灵活性、便于搬运性等多方面问题。如失蜡法在制容器模时，不用泥作母模，而是用一种特制的蜡作母模，往往内用蜡模，外加湿柔陶泥涂墁，在整个母模被泥浆一层层包裹并干涸后，只需用烤化的方法将蜡融化，蜡熔解流出，遗留下来的空隙便为浇铸时铜液填充的空间，即可成型。这相对于陶范法而言，不但容器成型更为便捷，而且还能铸造陶范法所不能铸造的十分复杂的包装容器。此外，由于蜡特别细腻、柔软，形体的可塑性比较强，在青铜材质包装容器上雕刻精细、复杂、繁冗的花纹时，花纹层次丰富，清晰精细，表面光滑，可透雕复杂的形体和装饰花纹。如我们上文所提到的冰鉴酒缶即为失蜡法成型工艺的代表作品之一。

---

① 湖北省荆沙铁路考古队：《包山楚墓》，文物出版社 1991 年版，第 108、110 页。

② 华觉明：《中国古代金属技术——铜和铁造就的文明》，大象出版社 1999 年版，第 164 页。

在失蜡法成型工艺发展的同时，商周就已发明的器身与附件分别铸造的分铸法，则在原有基础上得到了进一步发展，并被广泛应用①。分铸法这一局部成型工艺，解决了部件复杂包装容器的制作难题，是失蜡法成型工艺缺陷的补充，为创造出结构复杂、美观实用的包装作品提供了又一技术保障。随着分铸法的出现和发展，相应地用于局部构件与器身相结合的工艺技术也得以出现，如焊接法和铆接法等。这两种方法的出现解决了由分铸法所带来的器身与部件之间的分离问题，使得以前用模范法难以铸造的造型成为可能。焊接法、铆接法、分铸法和失蜡法工艺，不但创造了更为丰富的青铜包装容器造型，而且这些方法的综合运用还提高了当时人们制作包装容器的效率。

综上所述，我们不难看出，这一时期的青铜材质包装容器实用性的表现形式有三个特点：一是改变西周以来器形厚重庞大的缺点，采用轻薄灵巧的器形，并多以实用功能强的小型器物为主，但也不乏大型器物。整体来看，这一时期不论是小型包装容器，还是大型包装容器，通过先进工艺技术，特别是失蜡法技术的运用，加上人为地在器物造型上进行改造或变形，其在整体器形上也都显得比较轻巧。尽管有的器物也较大，但相对于商、西周以来的器物，并不显得沉重。虽然容器都讲究对称设计，但却脱去了商、西周时期那样过分的凝重、威严、震慑之感。二是铜器的局部结构设计巧妙，实用性强，并发展了一物多用的包装功能特征。包装属性明显的青铜豆有了盖子，盖上有支撑物可以仰置，可作为盛放食物的盘具，这就增加了一物多用的多功能性；新出现的器体和器盖合为球形的敦，形态十分优美，其器体和器盖分之可供二人食用，也可以分别盛放不同的食品，合之则又可起到很好的贮存作用，是多功能内容和形式完美结合的典型代表。提梁壶则改变了过去简单僵硬的弧形提梁，而改用灵活性更强的链条，从包装功能角度来看，既节约了包装物所占用的空间，又便于青铜壶的提拿，是包装设计上的一大进步。三是为实现以上两点所需的青铜材质包装工艺技术的出现。失蜡法的出现解决了器物厚重庞大的缺点的问题，为制作轻薄灵巧且实用功能强的包装容器提供了成型的技术保障。分

---

① 杜廼松：《东周青铜器研究》，载国家文物鉴定委员会编：《文物鉴赏丛书·青铜器（一）》，文物出版社 1997 年版，第 141 页。

铸法则便于部件复杂包装容器的制作，特别是制作各种不同造型的盖、钮、提梁、耳、足等结构部件，补充了失蜡法成型工艺上的不足。而焊接、铆接等工艺方法，解决了器物分开铸造后器身与构件的组合问题，又或构件与构件之间的结合问题，如链条式提梁。一言以蔽之，青铜材质包装容器实用性的加强和表现，充分表明这一时期的包装已从商西周以来象征意义上的包装走向了生活现实意义上的包装。

二、青铜包装容器装饰艺术的生产、生活化

1. 青铜包装容器装饰艺术的生产化、生活化的表现形式

春秋战国时期，由于政治、经济的多元化，使青铜包装容器的生产由商、西周以来被王室独控、垄断的局面被打破，地区的冶铸规模日益扩大，因此，在给青铜包装容器的造型、结构带来重大变化的同时，其装饰艺术也发生了明显的变化，已从那种狰狞、神秘、严肃的装饰风格走向了现实生活，并表现出生产、生活化的艺术特征，这在纹饰的内容、表现形式和装饰的工艺等方面均得到了体现。其纹饰的内容以接近生活的写实为主要题材；装饰艺术能比较自由地表现出现实生活中的人间趣味，从而表现出艺术与现实的密切关系；从工艺的进步来看，反映出艺术的发展与人类社会发展同步，科学技术的进步必然要推动艺术的发展。这是人类社会发展的规律，也是艺术发展的规律。

从纹饰内容变化来看，这一时期青铜包装容器的纹饰摆脱了宗教神秘的气氛，完全抛弃了商代饕餮纹、夔龙纹等神秘、恐怖的图像，并将西周以来流行的窃曲纹、重环纹、蛟龙纹、波纹等纹饰进一步抽象化，变为如蟠螭纹、蟠虺纹等似动物纹又似几何纹的形式。与此同时，还大胆地创造出了反映社会现实生活题材的纹样，如宴饮、舞乐、渔猎、攻战等。就纹饰的演变趋势而言，春秋早期虽然仍保留有西周后期以来的纹饰题材，然而其不论是几何纹饰，还是动物纹样，都表现出平实无华的现实生活特点。至春秋中期以后则以网状宽幅、细察工整、单层的蟠螭纹和蟠虺纹为主，纹饰较为单调，但平实无华。蟠螭纹是由古代神话动物衍生而成，只是一种图案，已失去神秘色彩。蟠虺纹与蟠螭纹是以没有角的龙和盘曲的蛇而构成的几何图案，极具抽象性。由于这种纹饰以四方连续的形式施于器物的腹部、颈

部或盖上，还有的通身施满，虬曲回旋，因而能给人以曲线美之感！

　　上述这些纹饰多是从装饰风格上凸显出生活实用化、审美生活化的特点，而此时期以狩猎、车马、宴乐、射礼、采桑、水陆攻战等为题材的装饰则主要在内容上明确地表现出了这一特点（图4-25）。有学者就曾指出："……狩猎纹、燕射纹和车马纹则是这个时期新出现的纹样，它是真正反映人类社会生活场面的纹样……"[1] 可以说，这些纹样真实地反映那个时代的政治、经济、文化等各个方面，也反映了青铜包装容器纹饰演

图 4-25　狩猎纹铜壶

变的特点和趋势，即一些装饰图案向描写现实人间生产、生活的装饰图画转变。然而，需要指出的是，这种装饰图画在春秋时期的包装容器上运用所占比例相对较少，至战国时期才大为增多。装饰图画由少到多的发展过程，反映的是春秋至战国两个阶段的社会变化，即从春秋的民本思想进一步发展到了战国时期以人本主义思想为主体的社会意识形态，它充分地说明了人的思想意识观念已经由天界向现实生活转变，把关注的目光投向了现实世界。反映社会现实生活状态的最具代表性的青铜容器是 1965 年在四川成都战国墓出土的镶嵌水陆攻战图像的青铜壶，该铜壶用镶嵌进行装饰，画面用带状分割的组织方法将图像分为三层六组。上面第一层右面表现采桑，妇女们坐在树上采摘桑叶，枝上挂着篮子，左面描写射击和狩猎；第二层右面有一楼房，楼上的人们在举杯宴饮，楼下在奏乐歌舞，编钟、编磬悬挂在长架上，左面有数人在弋射；第三层右面是攻防战，有的在城上坚守，有的正在用云梯攻城，左面描绘了水战，两只船上的兵士在奋力划船，表示战斗正在紧张地进行着。这三层画面，每一层都用三角形的连续卷云纹组成花边，进行分割，使整个画

---

① 　陈振裕：《中国古代青铜器造型纹饰》，湖北美术出版社 2001 年版，第 6 页。

图4-26　镶嵌水陆攻战图像的青铜壶纹样展开图

面显得既变化又统一（图4-26）。这种构图手法，虽然其真实感受到了限制，但它透露出我国古代劳动人们在表现社会生活中的艺术创造方面，其手法在不断走向科学和真实。

就纹样的组合方式来看，如果说商代的装饰格式是单独纹样，而且运用中轴对称，西周时代是左右连续反复的二方连续纹样，至春秋战国则是在二方连续纹样普遍运用的同时，也少量运用上下左右连续的四方连续纹样，统一而不单调，繁复而不凌乱，反映了春秋战国时期的装饰风格。值得指出的是，与二方连续纹样相比，由于受到器皿造型的制约，四方连续纹样在春秋战国时期青铜容器上的运用依然很少，偶见于食品包装容器簠上，如淅川下寺36号墓出土的铜簠盖顶上，饰有的蟠螭纹就属于这种构图方法[①]。

就青铜材质包装容器的装饰艺术手法而言，东周时期，由于金属细工得到充分发展，错金银、嵌绿松石、针刻、线刻、鎏金、失蜡法等新工艺的出现和不断完善，不仅使装饰与人类生产、生活紧密相关的内容能够得到全面实现，而且其装饰艺术的效果也大大地增强。特别是随着线刻画像在春秋晚期以及战国时期的运用，使青铜材质包装容器上装饰画面丰满，雕刻精致，构图严谨，比例协调，从而使其装饰体现出内容美、形式美和工艺美等综合审美特征。此外，值得一提的是，镶嵌工艺的出现和运用，这种工艺多运用于具有包装功能属性特征的诸如缶、壶等青铜包装容器上。如上文所列的水陆攻战图像青铜壶即为镶嵌工艺的代表。与镶嵌工艺相似的针刻装饰艺术强调用线条勾画出轮廓，呈现出流动且具有律动感的线纹，使

---

① 　陈振裕：《中国古代青铜器造型纹饰》，湖北美术出版社2001年版，第6页。

整个画面产生强烈的动感。

当然，随着失蜡法的广泛运用，青铜包装容器的装饰艺术也更加精美，也更能将人们的所思所想完美地表现出来，因为这种工艺能将透空装饰运用和表现得淋漓尽致。如湖北随县战国曾侯乙墓所出土的具有包装功能特征的曾侯乙尊盘，尊、盘可以扯开，上饰透空蟠虺花纹，尊颈部与腹部之间加饰 4 条圆雕豹形状兽，尊足饰伏龙 4 条，层次分明，密而不乱，疏而不散。

新装饰工艺的出现，改变了青铜包装容器的整个外观视觉形象，所展现的正是这个时代的精神气息。如刻划、镶嵌、金银错、鎏金等装饰手法，完全改变了夏、商、西周时期那种沉重、威严、恐怖的饕餮、夔龙、夔凤纹饰所给人的感觉。由于铁器的普遍使用，产生了坚硬而锐利的工具，从而可以对青铜器进行更加细致的加工，能够在青铜包装容器上刻画较细密的花纹，使线条细如发丝，也可以刻出阴纹后，嵌以红铜或金银细丝，再用错石（细岩石）磨错平滑。这种被称为"金银错"的装饰是春秋战国时期青铜工艺装饰的一种新创造。有的虽然依旧运用商周时期的纹饰，但由于是精细的线刻，而不是用模铸造的、立体感较强的、特别突出的纹饰，因而，它给人的感觉并不恐怖、狰狞，反而精巧细致、清新秀丽。绿松石和金银等贵金属物质的出现及其镶嵌、打磨技术使青铜器呈现出了一种灿烂、辉煌、富丽的效果。镶嵌和金银错都是用具有装饰效果的物质，如绿松石、金、银等颜色和质感不同于青铜材料，镶嵌于青铜包装容器的表面作装饰，运用异质材料作出具有立体感的图案装饰，并且青铜器上的绿色、红色、金色、银白色等色彩把春秋战国时期那种色彩纷呈、充满了动荡、激情、活力的时代文化、情感流露于具体的艺术作品。

总之，与商西周时期相比，春秋战国时期的包装容器更注重装饰带给人视觉观感上的美，装饰方式更加张扬，不仅依靠纹饰、图案来强化装饰，更重要的是运用具体的、具有生命力的动植物整体形象塑形或作为装饰元素，使装饰活灵活现地呈现在观者的眼前，而无须带着沉重的思考去欣赏美丽的装饰。这样的装饰带给人的美感是轻松、愉悦、明朗的。此外，采用了不同质感和鲜明色彩的金属作装饰，有的青铜器整个外表都被装饰包裹着，极其艳丽夺目，改变了青铜那种青绿色冰冷、坚硬的质感所带给人的冷漠、阴森、沉闷之感。由装饰材料的色彩带来的视觉冲击力极为强烈，打破了几千年来单调的纯青铜色和质的传统，可以说是青铜器工艺的飞跃和革命。

2. 青铜材质包装装饰艺术的生产化、生活化所反映出的社会意义

苏珊·朗格曾言："艺术品本质上就是一种表现情感的形式，它们所表现的正是人类情感的本质。"[①] 装饰艺术作为艺术品一个重要组成部分，自然也是表现人类情感和社会意识形态变化的重要媒介体。从这一角度来看，青铜材质包装装饰艺术的生产化、生活化的趋势亦是这个时代社会意识形态和人类思想观念的变化的反映。众所周知，曾经在商、西周时期风行一时的象征意义大于包装实用功能的酒器和食器等青铜容器，作为祭祀礼器，承载着重要的巫术、宗教、崇拜等人类观念，特别是统治者神化其权威、权力的一种手段，这一具有政治性、宗教性观念的宣扬主要是通过青铜器上的纹饰来传递的。然而，随着社会的变革，到了春秋战国时期，整个社会新的意识形态经过几百年的积淀终于萌发了，人类终于认识到自己力量的伟大。酒器、食器等青铜材质包装容器的装饰图案明显地具有了浓郁的生活性，反映的是时代精神文明中积极向上的一面，带给观者的是热烈激昂、充满真实而有意义的生活画面图景，促进、激发人们对生活的热爱。于此，我们不难看出，青铜器上所传递的礼制、宗教观念已趋于衰颓，人本主义思想不断得到体现。在这一社会背景之下，青铜包装容器的装饰艺术也必然随之发生变化，因为这一时期人的思想境界已经从天界转到人世间，这也就必然推动装饰艺术向人间的转化。正如朱光潜先生所言："情感触境界而发生，境界不同，情感也随之变迁，情感迁变，意象也随之更换。"[②]

春秋战国时期，青铜材质包装容器上所装饰的人物与动物突破了西周以来的形象，彻底否定了神秘、威严的气氛和呆板的作风而走向了写实主义，人物和动物多以现实生活中存在的形象被搬上了青铜器，这一方面是由于生产力的发展使人对自然更加了解的结果，另一方面则是时人，特别是统治者思想观念的变化使得人们对

---

① [美] 苏珊·朗格著，滕守尧、朱疆源译：《艺术问题》，中国社会科学出版社 1983 年版，第 7 页。
② 朱光潜：《文艺心理学》，复旦大学出版社 2006 年版，第 183 页。

人类自身以及所处社会环境状况更加重视的结果。我们可以称这些变化为特定时期、特定社会的具有代表性意义的某种符号，因为它们的出现是这个时期人类思想观念、意识形态等各个方面发生变化的明显的痕迹，它们不是毫无意义的孤立存在，必定是带有一定社会意义而存在的。黑格尔曾说："在这些符号例子里，现成的感性事物本身就已具有它所要表达出来的那种意义。在这个意义上象征就不只是一种本身无足轻重的符号，而是一种在外表形状上就已可暗示表达的那种思想内容的符号。同时，象征所要使人意识到的却不应是它本身那样一个具体的个别事物，而是它所暗示的普遍性的意义。"①这一普遍性意义在东周时期的青铜材质包装容器装饰艺术上的体现，就是礼崩乐坏、宗教观念的动摇以及人本主义思想的兴起等方面。

　　具体来看，这种普遍性意义主要体现在两个方面：一是装饰风格的变化；二是装饰题材的变化。就前者而言，春秋早期的装饰艺术基本上是延续了西周末期那种秩序化的风格，到春秋后期则趋于华丽精美，但这种风格有别于商、西周时期的神秘诡谲作风，表现出的是一种具有装饰意趣的、朴实的图案化风格。随着装饰工艺的改进，这种风格日益突出，审美性超出了其象征意蕴，已逐步摆脱那种神秘气氛。到战国时期，春秋后期那种装饰风格愈发明显，多种金属细作工艺的运用，充分地体现出了华美绚丽的装饰意趣，就装饰风格来看，已完全摆脱了神秘的宗教气氛。就后者来看，则是画像故事类题材的出现，这点尤其值得注意，因为其在装饰内容上即完全凸显了青铜包装容器装饰艺术的生产、生活化。这类题材是伴随着春秋中、晚期后，特别是战国时期所发生的诸多前所未有的影响深远的历史剧变而逐步出现的。这类题材的出现对以往装饰图案主流形成了强大的冲击和突破，标志着装饰艺术摆脱了礼制观念和宗教思想的羁绊，是时人摆脱神性而走向人性独立的暗示。李泽厚就曾言："战国青铜壶上许多著名的宴饮、水陆攻战纹饰，纹饰是那么的肤浅，简直像浮在器面表层上的绘画，更表明一种全新的审美趣味、理想和要求在广为传播。其基本特点是对世间现实生活肯定，对传统宗教束缚的摆脱，是观念、情感、想象的解放。"②春秋的民本思想和战国的人本主义思想将人的思想意识

---

① ［德］黑格尔著，朱光潜译：《美学》第2卷，商务印书馆2006年版，第11页。

② 李泽厚：《美学三书》，天津社会科学院出版社2003年版，第43页。

完全转移到现世生活当中，人的注意力再也不是神的世界，而是人的世界。青铜材质包装容器服务于现实人生的功能性自然得到了加强，特别是在器物的装饰图案方面反映最为明显和突出，尤其是那种面向现实生活的生动图画正好把那个时期的文化精神充分地展现在我们眼前。以这种现实社会生活中的人成为图案主体，动物则成为被渔猎的对象和补空勾边之用的装饰方式，无不说明人性的觉醒超越了对宗教的迷狂，这是人们对现实的肯定和自觉表现，是人本主义思想的物化表现①。

第五节　其他包装形态的缓慢发展

春秋战国时期，手工业有了突出的发展，除了漆木制造业取得长足进展外，其他如金属冶炼制造业、陶瓷制造业、丝织业等也有不小的进步，因而在推动青铜材质包装容器、漆制包装容器发展的同时，也促使着史前以来的陶质包装、丝织包装、竹编包装等传统包装种类及其形态的发展。史前以来的诸多传统形态的包装，无论是在工艺水平上，还是在数量品种上，都达到了前所未有的高度，并占据了春秋战国时期包装的重要地位。然而，必须指出的是：介于其材质的种种天生缺陷，决定了它们无法媲美于漆制包装容器，只能成为春秋战国时期漆制包装容器以外的补充物。宏观来看，青铜材质包装容器和漆制包装容器是奴隶主和上层贵族的专属包装用品，并占据主流；陶质包装容器普遍流行于社会下层阶级，在贵族生活中则已开始转向象征性包装，即明器；丝织包装、毛皮包装等大多为贵族所占据。正因为这一时期包装物使用出现了上述分野，所以带来了为贵族阶层所忽略的包装物发展的缓慢，因为在古代社会，这种情况不但影响包装技术和工艺的改进与提高，而且关系到包装物的使用数量，毕竟在商品经济不发达的古代社会，能够占有和享受包装的主要是贵族阶级。

一、陶质和瓷质包装容器

众所周知，青铜器和漆器在春秋战国时期多为奴隶主和各诸侯贵族所占有和享

---

① 杨远：《商周青铜容器的装饰艺术研究》（博士学位论文），郑州大学，2007 年，第 178 页。

用，下层民众一般无权使用。这一方面是因为青铜器和漆器代表着某种统治权力，下层民众无权制作，另一方面则是由于制作成本的相对过高，下层民众缺乏相应的经济基础。而包装作为与人类生产、生活密切相关的器物之一，又是人们无法弃之不用的东西，因此，替代青铜器和漆器的陶质与瓷质包装容器仍然普遍流行于下层社会中。考古发掘以及相关研究成果表明，春秋战国时期的陶瓷器，比西周时期更为发达①，不但数量多，而且质量也有所上升。然而，在这一时期陶瓷器中具有明显包装功能属性的器物似乎在逐渐减少。导致这一现象的主要原因应是在长期的生产、生活实践中，人们逐步发现了陶质包装容器不利于贮酒和盛食等天生的缺陷。

1.陶质和瓷质包装容器的种类及其演变特征

春秋战国时期的陶质和瓷质包装容器，按材料可分为：灰陶、暗纹陶、几何印纹硬陶、原始青瓷、彩绘陶等种类。用这些性能不一的陶质和瓷质材料所制作的包装容器，其使用场合、包装对象及其呈现出来的特点亦各不相同。灰陶包装容器具有一定实用性，多仿青铜器礼器。暗纹陶始见于春秋时期，到战国时得到较大发展②。暗纹陶的出土多见于黄河流域，据研究，应为日常实用器，因而归属于日常实用包装，其中以盒、罐等包装造型最为常见。彩绘陶包装容器纹饰精美、造型丰富，主要是用作明器，作为陪葬品用；几何印纹硬陶盛行于战国时期我国东南部地区，多为日用品包装，但造型较少；原始青瓷接近于青瓷，常见于战国时期的湖南长沙及江苏无锡等地，虽种类丰富，但主要为杯、碗等盛器，包装品种较少。就内装物的性质来看，陶质和瓷质包装容器的功能归属性不是很明显，但从相关研究成果来看，应多为食物包装，酒类包装则相对较少。具体来看，史前以来的陶罐、陶壶、陶瓮等传统包装容器依然普遍流行于这个时期，与此同时，也出现了陶敦、陶盒等新的陶质包装容器。宏观来看，这一时期陶质包装容器中的内装物的归属性并不是很明显，亦即包装专门性特征不是十分突出。如罐、壶、瓮、陶盒的功能归属

---

① 这一点从当时陶窑窑内面积即可见一斑。"洛阳、侯马、武安等地发掘的战国窑场，陶窑分布相当密集，每窑面积约 3 至 10 平方米，容量有很大增长。如洛阳一座陶窑窑内面积达 10 平方米，为西周时的 5 倍。"转引自季如迅：《中国手工业简史》，当代中国出版社 1998 年版，第 75 页。

② 田自秉：《中国工艺美术史》，东方出版中心 2004 年版，第 98 页。

性就难以得到确证。尽管如此，也不能否认其具有包装的一些基本功能。

从目前考古发现来看，春秋战国时期的陶质包装容器中，出土数量最多的应属罐式容器。洛阳东周王城战国陶窑遗址中就曾一次性出土 243 件陶罐[①]，多为泥质灰陶，器形多为敞口，折沿，短颈，圆肩，鼓腹较深，多为腹向下斜收，小平底，一般饰绳纹。由于其质地粗糙，加之造型和纹饰呈现出的简朴粗略、朴实无华的特点，可以肯定此类陶罐应属社会底层民众所使用的生活日用包装容器。一般而言，罐式的陶质包装容器的式样较多，应是当时人们针对生活中的实际需求而进行的设计。如湖北随县曾侯乙墓出土的三角暗纹三足陶罐，有盖，小方口唇，鼓肩，腹壁向下斜，平底，有手捏制的三矮扁足；颈部有两个对称的小穿孔，可能穿绳便于携带之用[②]。同墓还出土有一件三足陶罐，整个造型与前者基本相同，但容量要较前者小些。其盖口大于罐口，盖与颈部同样有两个对称的小穿孔，可上下通用，加强了包装的实用性功能。

此外，值得称道的是：包山楚墓所发现的 12 件均经包裹与密封处理的小型灰色或黑色陶罐[③]，罐内盛装着各不相同的食品，如梅、炭化植物和鲤鱼等，堪称世界上最早的完全密封的"食品罐头"。这件陶罐在包山楚墓所发现的遣策中被记为坿或砸。陶罐质地坚硬，腹外多饰绳纹、弦纹，少数素面磨光。器形一般为圆腹长颈，高约 15—25 厘米。个别小的仅有 10 厘米，高大的则有 30 多厘米。这件密封陶罐，在包装制作工艺上，其采用了极为细致的多层密封包装技术。具体操作程序大体如下：

罐口由内向外依次用纱、草饼、泥、绢或蓁叶叠相封闭。先用纱布封罐口，上面盖一层草饼，也有将纱置于草饼之上的。草饼用草绳卷绕成圆饼形，再用八至十道不等的细草绳经向编连固定在罐口上。然后，再用蓁叶作隔离层，或置于最里层，或放在中间层。接着用稀泥涂抹于罐封的二层或三层之上，口、颈涂抹均匀，约厚 0.4 厘米，进一步密封陶罐，以防止罐内食品的氧化。在罐封最外面，又蒙上一、二层绢，然后用篾、组带或绦带捆紧。罐封束的系结外，再加盖封泥一枚。封

① 洛阳市文物工作队：《洛阳东周王城战国陶窑遗址发掘报告》，《考古学报》2003 年第 4 期。

② 湖北省博物馆：《曾侯乙墓》，文物出版社 1989 年版，第 435—436 页。

③ 湖北省荆沙铁路考古队：《包山楚墓》，文物出版社 1991 年版，第 196—201 页。

泥印纹有涡纹和三牛纹两种。封泥下插有标签牌，写明内装食品的名称，有如现代包装上标贴所起到的功用一般。罐身外用径粗均 0.3—1.2 厘米的草绳缠绕，用 0.2厘米左右的细草绳六至十二道经向编织，以成经纬编织法固定，以起到防震、防摔等保护陶罐的作用。个别陶罐还在包裹绳之外再加套一件带提梁的花编竹篓，以便提携与运输（图 4–27）。

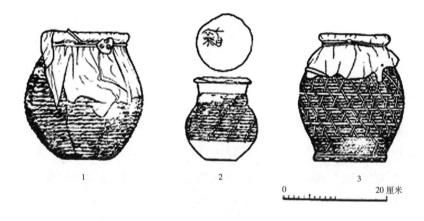

图 4–27　包山楚墓食品陶罐

　　这种包装方式，虽然比不上现代罐头包装那样绝对密封，但是却采用了科学的气调包装结构，即允许内装食品新陈代谢过程中释放本身的热量，控制罐内的氧气与二氧化碳的比例，保证食品长期不变质、不变色、不变味[1]。这批陶质食品罐头，虽然比不上现代罐头的制作技术，也不是现代所谓的商品罐头，但是已完全具备了现代罐头包装所需的基本要素。一般认为，食品罐头工业是以 1809 年法国尼古拉·阿佩尔用玻璃瓶制作瓶装食品为起点[2]。而这批包山楚墓陶质包装罐头的出现，无疑是打破了这一说法，并将罐头的起点提前到了距今 2300 多年的我国战国社会。

　　除陶罐以外，壶、瓮等传统式样的陶质包装容器也依然流行，出现了仿青铜造型的钫、尊缶、罍、敦等具有时代特色的陶质容器。然而，这些容器中大部分都已

---

① 刘志一：《中国古代包装考古》，《中国包装》1993 年第 13 卷第 4 期。

② 赵红州主编：《大科学年表》，湖南教育出版社 1992 年版，第 441 页。

逐渐脱离包装的范畴而回归完全的生活日常器具。如湖北江陵纪南城龙桥河西Ⅱ段27号水井出土的长颈汲水陶罐①。这种长颈罐大量发现于水井中，例如1965年发掘的纪南城余家湾2号水井内就出土完整器15件，是春秋战国时期楚国最为常见的一种汲水罐②。这种罐折沿有颈，便于封口，还可以用于储存物品，因而有时也用作包装物。此外，另一种日用陶质容器瓮，其包装属性就相对明显。瓮属大型陶器，多见于遗址中，为楚国日用陶质包装容器的主要器形之一，一般是用于储藏粮食等物品。如湖北当阳杨木岗遗址第3层出土的春秋早期圜底红陶瓮③。战国时期的瓮式包装容器，以湖北江陵纪南城龙桥河西Ⅱ段89号水井出土的附加堆纹大陶瓮为代表④。此瓮腹壁与井壁基本垂直，下腹与底较宽，应为窖藏井或冷藏井⑤内贮盛食物的容器。

在陶质容器包装功能逐渐衰退的同时，部分陶质容器已经不带有任何的包装使用性，仅保留了其象征意义，也即所谓的明器。如仿青铜器造型的钫、尊缶、罍、敦等。仿青铜的陶质容器，它异于其日常化的容器实用属性，其使用功能为辅，行使的是其社会功能，反映当时社会政治、礼教、宗法上的一些制度。《陶说》卷四《说器上》中载："《钟离意别传》：意为鲁相，修夫子庙，道有瓮，召守庙孔䜣问曰：此何等瓮？䜣曰：夫子瓮，背皆有书。夫子亡后，无敢发者。意乃发，得素书"⑥。这条史料的真实性虽然无从考证，但也从侧面反映出当时部分陶质容器在功能上已趋于一种象征意义了。陶质容器中，还有一类新出现的器形——陶盒。一般而言，其盖、器扣合呈扁圆体，腹较深，圆底，矮圈足。就包装实用性而言，其陶盒同时具有"包"与"装"的功用，亦满足了保存、搬运等基本功能。然而，据相关研究成

① 湖北省博物馆：《楚都纪南城的勘查与发掘》（下），《考古学报》1982年第4期。

② 高至喜：《楚文物图典》，湖北教育出版社2000年版，第273页。

③ 湖北省博物馆等：《当阳冯山杨木岗遗址试掘简报》，《江汉考古》1983年第1期。

④ 湖北省博物馆江陵纪南城工作站：《一九七九纪南城古井发掘简报》，《文物》1980年第10期。

⑤ 窖藏井或冷藏井，即在水井中置放盛装食物的器物，用以长期贮藏食物或其他物品。《太平御览·居处部十七》引《荆州记》云："范蠡相越……收四海难得之货，盈于越都……如山阜者。或藏之井塈，谓之宝井。"除文献记载外，在秦都咸阳也曾发现有用水井来贮藏食物的遗迹。基于以上两点来看，发现此附加堆纹大陶瓮的井应是窖藏井或冷藏井。

⑥ （清）朱琰撰，杜斌校注：《陶说》，山东画报出版社2010年版，第124页。

果表明，陶盒是战国晚期新出现的替代敦的一种陶礼器随葬品。换言之，即陶盒仅保留了作为容器而存在的象征意义，实际上反映的是一种礼制文化的更替。如湖北江陵雨台山555号墓出土的矮圈足陶盒①和湖南长沙杨家湾6号墓出土的陶盒②。这两件陶盒中，尤以后者代表着一种礼制文化的变化，因为战国墓的随葬礼器大都是鼎、敦、壶三种，而杨家湾6号墓则以盒代替了敦③。

2.陶瓷容器包装功能的衰退及其发展缓慢的原因

陶瓷之所以成器，制成包装容器，主要是基于其材料本身最重要的两种本质特性，即"可塑性"和"可转换性"。"可塑性"是指加入适量水分的黏土，经混合、揉练成泥团后，在外力的作用下，可发生形态变化；当外力停止后，仍可保持其形态不变的性质。"可转换性"，则是指那些具有天然材料性质的泥坯，经煅烧后发生了质的变化，可以转换成具有耐高温、耐腐蚀性能的、质地坚硬的人造器物④。所以说，陶瓷包装秉承了泥土的"可塑性"和"可转换性"，同时由于其制作成本相对较低，因而也兼具"廉价性"，成为春秋战国时期除青铜材质包装容器、漆制包装容器以外的重要补充物之一。

但陶瓷同世界一切事物一样也有两面性，它的某些特性决定了陶瓷并不是十分切合人意的包装材料。在成型和烧制过程中，陶瓷有较易开裂、收缩变形等问题，以及具有对烧成温度和温度均衡性特别敏感以致影响制品质量的弊端。同时，它一经烧结后又变得无延展性、易破碎和几乎无法再生等缺陷。陶瓷具有的此种特性要求其烧制技术、手段和工具、环境的高水平，而这不符合于当时社会的科学技术状况，因而使得此时的陶瓷包装容器不可避免地具有这样或那样的缺陷。

陶瓷因材料不尽相同，制作的观念及功用目的、加工成型方式也各异。具体到包装领域的运用，对处于奴隶社会与封建社会的过渡时期而言，由于瓷器的发

---

① 湖北省荆州地区博物馆：《江陵雨台山楚墓》，文物出版社1984年版，第67—68页。

② 湖南省文物管理委员会：《长沙杨家湾M006号墓清理简报》，《文物参考资料》1954年第12期。

③ 高至喜：《楚文物图典》，湖北教育出版社2000年版，第269页。

④ 李正安：《陶瓷设计》，中国美术学院出版社2002年版，第1页。

展受制于落后的技术，使瓷质包装容器尚处于孕育期，决定了春秋战国时期的陶瓷包装实质为陶质和原始瓷质包装。这就决定了此时期陶瓷包装仍然具有陶器的某些特性，与前代相比，尚未发生根本变化。尽管陶器有粗陶与精陶之分，粗陶多采用有色黏土或青土做原料，而精陶多使用含有一定长石和石英的白色原料，但一方面奴隶社会的陶质包装容器多采用粗陶，就地取材，因此在选料、淘洗、制备和成型等方面尚欠精细，使陶质包装容器较为粗糙、装饰性差；另一方面，无论是粗陶还是用料细腻的精陶，由于其烧成温度普遍偏低，烧结程度较瓷要差，故有气孔率较大，吸水率较高的特点，其化学稳定性和机械强度较差，易开裂破碎。

以上所述陶瓷材质的天生不足，使得春秋战国时期的陶瓷包装容器含有诸多缺陷。具体说来，陶瓷包装易开裂，不符合包装的保护和贮运功能，容易使内容物受到外界碰撞造成损伤，同时容易打破内部的封闭空间，与氧气结合后引起内容物（食品）变质腐烂；限于当时施釉技术的落后，陶制包装的泥土气味容易与内容物混合，影响了食品等内容物的质量，有悖于食品包装要求的保质功能；陶瓷包装经火烧后，容易收缩变形，与理想形态差异较大，使合格包装的成型率较低，外形的差异性不符合中国古代好"协调对称"的审美标准；经烧结后的陶瓷无延展性、不可修复等属性，严重制约了大体积的陶瓷包装的发展，很难装载体量大的内容物，再由于陶瓷易碎，难以承担起重量型的内容物，不适合体积大且重的内容物的包装；粗陶质地粗糙，且彩绘涂料没有经过高温烧制，直接着画极易脱落褪色，限制了陶质包装审美功能与使用功能的兼得。此外，由于春秋战国时期的陶的气孔率大，吸水率强，决定陶质包装很少用于酒等液体包装，又缩小了其使用范畴。

因此，较之漆制包装容器而言，陶瓷包装容器具有明显的滞后性。导致滞后性的原因除了陶瓷本身的特征，还同陶瓷包装容器的工艺因素——成型技法有直接的关系。早期陶制包装的制作方式，无疑是靠手工成型的。最初，人们采用"捏塑"的方法做一些简单的小包装容器，随着人们对陶泥特性的熟悉和了解，丰富了成型的技法。借助原始的模具，将泥料敷抹、贴筑在模具内壁或外表上，形成"模具敷泥贴筑法"；将搓成的泥条盘筑成行，形成"泥条盘筑法"；将泥料拍打或压延成泥板，切取各式泥板围合、接粘、拍压成型，形成"泥板围合法"；利用素陶和石膏模具，形成"印坯法"；以及较徒手捏制更进一步的"塑造法"。后来人们将陶泥置于陶轮上，设法快速旋转陶轮，并用手的各种动作操控泥制，将其拉制成一定形态的陶坯。陶轮的发明实现了从"手制"到"轮制"的进步，开始了人类可以批量制作圆形器物的历史。尽管陶瓷包装容器制作技法在不断成熟，但还是未能很好地解决包装附件的安装问题，如捉手、附耳、铺首和蹄足等，仅是简单的粘贴在容器表面，导致其牢固性和耐用性极差，不具备能与漆制包装容器相比较的可能性。这无疑也是陶瓷包装容器发展缓慢的原因之一。

　　总之，由于陶瓷材质的特点决定了在奴隶社会不甚发达的技术水平下，很少能生产出兼顾审美和使用功能的包装形式。立体型的陶瓷制品或者成为注重审美精神的泥塑欣赏品和施以彩绘的明器，或者成为侧重使用功能的装饰朴素无华的灰陶包装容器。灰陶包装容器审美性的缺乏制约了它的高档化，极少被贵族和富人使用，限制了它的发展和壮大；彩绘包装容器虽装饰纹样精美，注重了包装的审美性，但削弱了使用功能，无法称之为真正的包装。因此，在春秋战国时期，陶瓷包装容器的整体发展，远不及漆制包装容器的风采。

二、丝织包装

　　如前所述，原始社会末期，我国已出现有较为成熟的麻纺织品，并有资料显示已开始出现丝织工艺。但是由于丝织品易腐化，难以保存，所以发现的实物甚少，加之丝织技术仍不成熟，故使丝织包装在很长一段时间内未能自成体系。从目前已经出土的春秋战国时期的丝织品以及相关文献记载来看，此时期丝织业取得了极大的发展，诸如绢、纱、绮、锦、组等丝织品均已大量出现。《诗经》中也有"春日载阳，有鸣仓庚，女执懿筐，遵坡微行，爰求柔桑"的诗句，是关于采桑养蚕的诗意描写；亦有"抱布易丝"等词句。《列子·汤问》中记载的"纪昌学射"的故事，说明春秋时代我国已出现脚踏织机。这种斜织机可以更快地引纬、打纬，织布速度和质量都有极大的提高。此外，《考工记》中还记述着缫丝、漂白、晾丝等操作方法。

　　尽管丝织工艺在这一时期有了长足的进步，并且用丝织品包裹器物早在我国殷商时期就已存在①，但是将丝织品普遍运用于包装领域，则是在汉代以后的事情。而春秋战国时期的丝织品包装仍处于发展初期，并且仅停留于包装少数贵重产品，或者具有某种特殊意义的产品上，如包裹青铜礼器、铜镜、漆器等器物。如1954年湖南长沙左公山15号墓就出土一件用帛包裹的漆奁②。具体来看，其丝织品包装的包装方式主要为封口、镜衣、锦囊、方包等。器物封口主要集中于陶罐、铜壶，多为绢和纱。如包山楚墓中就发现陶罐、铜壶的封口多用绢和纱，并以组带束系。这其中纱用于封口以及包裹器物较为频繁，因此纱极有可能在当时已普遍运用于包装中。简报中也称："从许多出土器物内壁或外壁残存纱痕迹看，纱在当时另一个重要用途就是包装器物及作器物的内衬。"③另外，值得注意的是，虽然包山楚墓中绢和纱均用于罐和壶的封口，但不同的是纱主要用于封口内层，而绢多运用于外层。这可能与绢和纱本身的密封性能有关。

用于包裹器物的丝织品主要有帛、锦等，但由于出土时丝织物已残损，难以知晓其包裹方式。然而，值得庆幸的是：1982年湖北江陵马山1号墓出土一件目前发现的最早的完整镜衣，其中包裹铜镜一件，这为我们了解丝织品包装提供了完整的实物史料。镜衣为夹层，状若圆锅形。尤其值得称道的是，该件丝织品铜镜包装在注重其包装功能的同时，还尤为强调其审美性。如该镜衣根据丝织品面料的不同，以红棕色绢为面，上绣凤鸟花卉纹，里为深黄色绢，条纹锦缝缘④。

除上述形式的丝织品包装以外，春秋战国时期还出现了麻布方包、锦囊一类的丝织品包装。1975年出土于湖北当阳赵家湖金家山9号墓的4件麻布方包，堪称丝织品包装中的经典。其用整块麻布叠成小方包，饰红色方格图案，中穿竹签。还有小方包8件⑤。虽然其用途有待考证，但是其包裹的方式，类似于现在的捆扎集合式包装。此外，1982年湖北江陵马山1号墓还出土一件锦囊，细长圆筒形，以塔形纹锦加小菱形纹锦，分上下两段缝合，囊底用小圆形锦片缝接。内盛帽形器。囊

① 河南安阳、河北藁城台西村等殷商贵族墓葬中的青铜器上就黏附有丝织物残痕。
② 湖南省文物管理委员会：《长沙左公山的战国木椁墓》，《文物参考资料》1954年第12期。
③ 湖北省荆沙铁路考古队：《包山楚墓》，文物出版社1991年版，第167页。
④ 湖北省荆州地区博物馆：《江陵马山一号楚墓》，文物出版社1985年版，第27页。
⑤ 湖北省宜昌地区博物馆：《当阳赵家湖楚墓》，文物出版社1992年版，第158—159页。

口用组带系扎①（图4–28）。根据锦囊中所盛帽形器来看，应属于衣物服饰一类的包装。

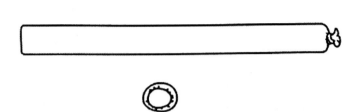

图4–28　盒式青铜包装容器线描图

从原始社会末期至春秋战国这一漫长的历史过程，丝织品少有用来制作包装，原因固然是多方面的，但根本原因是丝织品产量相对较少，过于珍贵，且多被上层贵族所占据，因而在客观上造成丝织品包装难以普及。汉代以后，随着丝织业的快速发展以及丝织工艺的进步，丝织品包装便日趋普遍。

三、竹编包装

竹编包装多指用竹片或竹条编织或装订成的包装容器，在这一时期的某些文献中有所记载，如《诗·召南·采蘋》有云："于以盛之？维筐及筥。"这描述的就是竹编织容器。当然，从严格意义上来说，筐一类的竹编器还算不上是包装，因为其包装的专门性、临时性等特殊属性并不十分明显。但就其在特定历史时期所具有的特定功能而言，是具有某种程度上的包装属性，如盛放丝织品以进贡等。有学者也称："最初的篮子可能是简单的'临时'容器，由容易获得的草和树叶制成，它包裹在某些物品的外面，当该物品被携带到目的地后，就拆毁包裹层。"②

尽管竹木制器物容易腐化，难以保存，已出土的实物也较少，相关文献也极少对竹编包装有详细的描述或记载，致使我们很难详细了解竹编包装的发展脉络。然而，不能否认的是竹编工艺发展至春秋战国期间已相当成熟，特别是在当时的楚国境内竹编工艺尤为发达，竹笥、竹篮、毛笔筒、竹盒、竹席、竹篓、竹笼、竹箕、

①　湖北省荆州地区博物馆：《江陵马山一号楚墓》，文物出版社1985年版，第27—28页。这种形式的囊在我国系首次发现。

②　朱淳、邵琦：《造物设计史略》，上海书店出版社2009年版，第15页。

竹筐等编织器均有出现①，这为我们认知这一时期的竹编工艺和竹制包装提供了实物史料。虽然这些器物中有部分受其自身功能属性的限制，难以划分到包装研究的范畴，还有部分（如竹筒、竹篮、竹篓）则由于其功能属性的模糊性而兼具生活日用器具和包装功能的双重属性，但是像毛笔筒、竹盒等器物的包装功能属性则是明显的。

目前所发现的毛笔竹筒主要集中于河南信阳②、湖北荆门③、湖南长沙④等地的战国中后期的楚墓中。毛笔竹筒，顾名思义是专门为盛放毛笔而制作的专用器物，属文具包装的范畴。这种竹筒包装物一般比毛笔稍长，口径多在1.2—1.5厘米，不但符合内装物毛笔的长度和大小，而且壁厚仅0.1厘米左右，轻便易携带，堪称专用文具包装的肇始（图4-29）。与毛笔竹筒一样出土于战国楚墓的竹盒则属

图 4-29　毛笔竹筒结构分解图

于生活日用包装范畴。在制作手法上，毛笔竹筒为竹子的简单利用，而竹盒则采用的是相对复杂的经纬编织法。湖北江陵雨台山楚墓出土有2件竹盒，身、盖合成椭圆形，通高约10厘米、口径7厘米、篾片宽0.02厘米。用双层篾织成，细篾片做经线，细篾丝做纬线⑤（图4-30）。显然，竹编包装发展至春秋战国期间，已取得了较大的进步，不但有专用的文具包装和生活日用包装，而且在制作工艺上也更为精练。

---

① 　陈振裕：《楚国的竹编织物》，《考古》1983年第8期。

② 　河南省文物研究所：《信阳楚墓》，文物出版社1986年版，第66—67页。

③ 　湖北省荆沙铁路考古队：《包山楚墓》，文物出版社1991年版，第264—265页。

④ 　湖南省文物管理委员会：《长沙左家公山的战国木椁墓》，《文物参考资料》1954年第12期。

⑤ 　湖北省荆州地区博物馆：《江陵雨台山楚墓》，文物出版社1984年版，第117页。

竹编包装固然在这一时期得到了较大的发展，但是与漆制包装、青铜材质包装等其他材质的包装相比而言，其发展仍相对缓慢，并未形成自身的发展体系。究其缘由，一方面是当时作包装用途的多为漆器、青铜器以及陶器，竹编器物则一般多用来做生活日常工具，因而少有用于包装领域；另一方面则是由于竹子的生产具有地域性，所以原材料的供应也在一定程度上阻碍了竹编包装的发展。

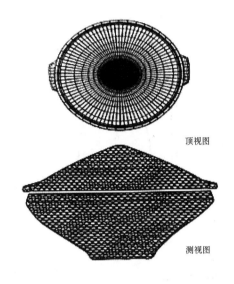

顶视图

测视图

图 4-30　竹盒线描图

四、天然包装物

天然包装物包括动物和植物的皮、叶、纤维果壳等，可直接使用或经过简单加工成板、片后用作包装物品。虽然天然包装物在原始社会早期就大量出现，但是其在进入阶级社会以后，一直较少受到上层贵族的青睐，被使用范围也多局限于下层民众。然而，令人遗憾的是，由于天然包装物的易腐蚀性，使我们已难以了解当时下层民众使用天然包装物的情况。如今我们要了解这一时期天然包装物的使用情况，只能从贵族墓葬中所发现的少数实物窥知一二了。具体而言，天然包装物主要有竹、兽皮、藤、草、树叶、柳等简单加工而成的简易包装物。

春秋战国期间，天然包装物与史前时期不同的是，多进行了简单加工，或编结，或缝制。如时人利用天然植物纤维或线材绞、纠、扭成的"绳""索"，并以经纬编织法将编结形态逐渐由条状扩展为面状，最终结为体状的一种包装[1]，这类包装主要为竹编包装。而缝制而成的包装，就目前考古资料和文献记载来看主要为兽皮包装，多用作刀鞘、箭筒或制成皮囊以包裹漆器等贵重器物。湖北荆门包山 2 号墓就曾出土一件套于皮囊内的漆酒具盒。皮囊一端和一侧内折边，用单线缝合。套

---

① 刘思智、成晓民：《黄河三角洲民间美术研究》，齐鲁书社 2003 年版，第 8 页。

图 4-31　笋叶袋

入酒具盒后，口部用皮革带捆扎四道，结死结①。皮囊封口结死结，可能是出于陪葬的缘故。从这一案例来看，以皮囊包裹酒具盒一类的漆器，极有可能是当时贵族外出为了方便携带酒具盒，同时又为保护酒具盒不被损坏的一种普遍做法。

　　此外，尤其值得一提的是，湖北荆门包山2号墓所出土的战国中期笋叶袋，应属生活日常包装物（图4-31）。其通高20厘米，口径5.5厘米，身用多片笋叶做成袋形，叶与叶之间以漆液粘接，通身髹黑漆。袋口椭圆形，并有一木质椭圆形盖②。可以说，以笋叶为原材料制作的包装容器，并完整保存至今的目前独此一件。

---

① 湖北省荆沙铁路考古队：《包山楚墓》，文物出版社1991年版，第132—133页。

② 湖北省荆沙铁路考古队：《包山楚墓》，文物出版社1991年版，第147页。

第五章　大一统的秦汉时期的包装

公元前 221 年，崛起于西北的秦国兼并韩、赵、魏、楚、燕、齐六个诸侯国，结束了列国林立、诸侯混战的战国时代，实现了中国的大一统，建立起亘古未有的专制主义中央集权制封建大帝国——秦王朝。然而，由于秦朝十数年的残暴统治，引起全国上下的普遍不满，于公元前 207 年，爆发农民起义，推翻了秦朝统治，经过楚汉相争，刘邦于公元前 202 年建立了汉朝。秦朝的建立，不但重新确立了一整套新的中央集权的政治制度，奠定了中国两千多年封建政治体制的基本模式，而且开创了大一统的新时代，为后世王朝，特别是汉朝繁荣的一统局面奠定了坚实的基础。汉朝则经历了西汉与东汉（或前汉与后汉之称）两个历史时期，史学家称为两汉。期间，一度有王莽篡汉自立的短暂新朝。一般而言，西汉始于汉高祖刘邦即帝位的公元前 202 年，终于公元 9 年，即王莽篡汉建立新朝之日；东汉则于公元 25 年由西汉宗室刘秀所建，终于公元 220 年。汉朝在秦朝的基础之上，建立了一个国家统一、社会稳定、经济繁荣、文化发达的中央集权制王朝。

大一统的秦汉时期，其农业、商业和手工业等各个方面都得到了较大的发展。这其中尤其是与商业经济紧密相关的手工业生产，受到了前所未有的普遍重视。基于这一环境，包装生产与制作也获得了长足的进步，不仅先秦以来传统范畴意义下的包装得以继续延续和发展，而且商品包装也得到了某种程度上的强化。此外，由于秦汉时期与周边少数民族联系加强，因而出现了代表边疆民族地区特色的包装品，致使这一历史时期的包装呈现出大融合、多样性的特点。

第一节　秦汉统治政策及主流经济思想对包装的影响

众所周知，秦灭六国和秦王朝的建立，是得益和取决于商鞅所主张的重农抑商政策的。正因为如此，所以秦汉王朝一直将这种政策奉为圭臬，贯穿在当时社会政治、经济、思想乃至生活中，这一状况，使与社会生产、生活密切相关的包装受到了前所未有的影响，呈现出畸形发展的特征。

一、重农抑商政策对商业及商品包装的摧残

自中国从分裂割据的春秋战国过渡到大一统的秦汉时期，从政治体制上说，是由多元化过渡到一元化，是由政治权力的分散到高度集权；从经济结构上来说，是由奴隶制经济过渡到封建地主经济制时期。统一的地主政权的形成，进一步强化了自战国以来兴起的封建制生产关系，同时在一定程度上推动着农业、商业和手工业等产业的迅速发展。特别是商业经济，在国家统一、疆域扩大的全新的历史条件下，其活动的空间获得了极大的拓展。交通的发展以及度量衡制度的划一，也为商业活动的繁荣创造了前所未有的便利条件。专业化商品生产的程度有很大的提高，越来越多的农业和手工业的产品进入商品流通领域。与此同时，与商业经济紧密相关的商品销售包装也得到商品市场的认可而日趋活跃起来。这正如司马迁所言："汉兴，海内为一，开关梁，弛山泽之禁，是以富商大贾周流天下，交易之物莫不通，得其所欲"①。

统一的封建地主政权的建立，从商业发展的外部空间来说，是十分有利的，但是，由于统治阶级为了巩固专制主义中央集权的统治制度，需要建立单一的农业经济模式②，加之封建地主经济本质上也属于小农经济③，这些反映到统治阶级的政策上，则是推行重农抑商、崇本抑末的经济政策，也即优先发展农业生产而限制其他

① （汉）司马迁：《史记》卷 129《货殖列传》，中华书局 1982 年版，第 3261 页。

② 冷鹏飞：《中国秦汉经济史》，人民出版社 1994 年版，第 6 页。

③ 参见叶茂等：《封建地主制下的小农经济——传统农业与小农经济研究评述》（下），《中国经济史研究》1993 年第 3 期。

经济部门的增长。这就给处于持续发展中的商业及商品包装带来了沉重的打击。

就时间上来说，"重农抑商"政策的提倡和实施，首倡于商鞅，发展于秦皇，形成于汉武①。战国秦汉以来的"重农抑商"主要是以重农为前提的，封建统治者"重农"的最重要也是唯一举措就是让农民不离开土地。商鞅就曾说："百人农一人居者王，十人农一人居者强，半农半居者危。故治国者欲民之农也。"②汉文帝也曾下诏言："农，天下之大本也，民所恃以生也，而民或不务本而事末，故生不遂。"③出于这种"重农"的目的，秦汉时期统治者采取了一系列"抑商"的政策，以限制工商业的发展，从而达到防止或减少农业劳动力转移到工商领域的目的。

秦始皇统一六国后，将商鞅"重农禁末"的思想发展为"上农除末"政策。秦始皇不但在经济上严厉打击工商业者，而且在政治上残酷迫害工商业者，从而大大加深了对工商业的抑制程度，进而把抑商政策推向了极端。秦始皇曾言："皇帝之功，勤劳本事，上农除末，黔首是富"④。同时他还颁布了七科谪戍条例，"治狱吏不直者，诸尝逋亡人，赘婿，贾人，尝有市籍者，大父母、父母尝有市籍者"，其中的四种人就是商贾及商贾的后代。至西汉初年，统治者基本上承袭了秦始皇的抑商政策，对工商业的发展施以种种限制。如高祖刘邦在天下初定之时就令"贾人不得衣丝乘车，重租税以困辱之"⑤。至西汉武帝时，则采取国家统治政策以抑制工商业的发展，诸如盐铁官营、平准、均输等等。这些抑商政策的实施，在很大程度上抑制了商人资本为牟取暴利而对国家和民众经济生活所造成的诸如贫富两极分化、土地兼并加剧、农业人口流失等等问题，但随之而来的是严重阻碍了商业经济的发展，正如《汉书·食货志下》所载，这些抑商措施所带来的是"商贾中家以上大氏破"⑥。自汉武帝以后，汉朝的历代皇帝均不同程度地延续和推行了"重农抑商"的政策。尽管在昭帝、宣帝时期，一度施行了"与民休息"的方针，并出现了"昭宣

---

① 张临生：《抑商政策是历史的反动》，《河北学刊》1984 年第 6 期。

② 高亨注译：《商君书注译》，中华书局 1974 年版，第 73—74 页。

③ （汉）班固：《汉书》卷 4《文帝纪》，中华书局 1962 年版，第 118 页。

④ （汉）司马迁：《史记》卷 6《秦始皇本纪》，中华书局 1982 年版，第 245 页。

⑤ （汉）司马迁：《史记》卷 30《平准书》，中华书局 1982 年版，第 1418 页。

⑥ （汉）班固：《汉书》卷 24《食货志·下》，中华书局 1962 年版，第 1170 页。

中兴"的局面，但"重农抑商"的政策并没有完全停止，并仍在很大程度上阻碍着商品经济的发展。

与西汉统治者不同的是，东汉统治者虽然继续沿用西汉"重农抑商"的政策，但是其抑商思想的推行力度已减轻了许多。如王符就曾主张在"以农为本"的前提下，限制生产和经营奢侈品的工商业，而并非完全抑制商业的发展①。正因为如此，所以东汉商业发展的内部条件是优于西汉的。但是，东汉中后期以后，随着豪强地主势力的勃兴，自给自足的自然经济不断滋长，使商品经济失去了发展的外在推动力，商业长期处于停滞之中。

"重农抑商""重本禁末"政策，作为封建社会上层建筑的一个重要组成部分，它固然在很大程度上推动了秦汉时期农业经济的发展，并达到了巩固秦汉封建专制政权的作用，然而，它所带来的社会负面影响是不可估量的②。反映在社会经济上，其直接的一个后果就是抑制了商品经济的发展。与包装发展相关，一方面，它造成了我国秦汉时期社会分工的单一化，并呈畸形发展，遏制了商品生产和商品流通的正常发展，阻碍了国内消费市场的扩大，从而导致缓慢发展的商品包装处于一种停滞不前的状态；另一方面，在"抑商"政策下，工商业者对扩大再生产的积极性不高，影响了商业资本的投资流向，抑制了社会财富的增加，造成市民消费能力相对较低，因而在一定程度上淡化了包装在商品经济中所能起到的作用。再者，"重农抑商"政策也使商品在流通渠道时有阻碍，致使大量农业产品和手工业产品不能通过流通方式在竞争中得以发展，这也就在客观上限制了商品销售包装的普及化。

尽管早在春秋战国时期，我国的商品经济及商品包装就已经有了初步的发展，西汉武帝以后，我国大量丝织品经甘肃、新疆，越过葱岭，运往西亚、欧洲各国，开辟了亚欧交通的"丝绸之路"，有利于推动商品经济和商品包装的发展，但因汉代是"重农抑商"政策的固化时期，诸多抑商举措，最终使汉朝的商品生产和商品包

---

① 史慕华：《中国古代的重农抑商思想与政策探究》（硕士学位论文），吉林大学，2007年，第15页。同时可参见李守庸：《中国经济思想史》（教学参考资料选编），武汉大学出版社1988年版，第250—251页。书中有王符关于"本末论"的资料辑录。

② 张鸿雁：《论"重农抑商"政策思想对中国经济形态演进的负面影响》，《历史教学问题》1995年第3期。

装没能得到发展。只是在专供少数权贵、豪强享用的奢侈品生产及奢侈品包装（或称宫廷包装）方面有某些畸形发展。因为"重农抑商"政策的实施，致使家庭手工业以外的其他手工业和商业得不到应有的重视，从而促使从业者转向高档奢侈品的生产，进而派生出大量的奢侈包装。当然，必须指出的是：奢侈品及其奢侈品包装的生产仅有少数部分来自于私营手工业作坊，大部分仍是秦汉官营手工业作坊生产。此外，抑商政策和小农经济虽然极大地限制了商品经济的发展，也在很大程度上阻碍了商业由贩运贸易向大规模商业发展的转变，但是对于以奢侈品为主要经营内容的贩运贸易则影响不大[1]，因而也在某种程度上促使着包装发展向贵族化、宫廷化的高档奢侈包装衍变。自此，包装发展转入一种竞相争奇、争绚的恶性循环之中。

二、反奢侈尚俭朴思想对包装畸形化的扭转

在上文中我们已经阐述，从战国开始，特别是至秦汉时期，包装艺术有一个十分重要的变化，即从春秋时期开始的生活化和商品化开始逆转，呈现向宫廷化、贵族化的奢侈风格发展，而以满足民间大众生活的功能化包装则处于停滞不前的境况。可以说，秦汉时期，特别是汉武帝以后包装发展的成就主要体现在上层社会所使用物上，特别是在宫廷流行的奇异绚丽的高档包装品。《盐铁论》中即载有由于奢侈品而附带的高档包装，"家人有宝器，尚函匣而藏之。"[2] 宝器大概就属那种奢侈品一类的器物，而函匣则为藏物器具，在此即储藏保护宝器的包装物。就某种程度而言，包装向高档化趋势发展，固然在一定程度上受到战国秦汉时期"重农抑商"政策的影响，但根本原因在于统治阶级的等级意识和贵族阶层对奢靡生活的追求。对于贵族阶层的奢靡生活，以及包装艺术的这种畸形发展趋势，秦汉时期的思想家，特别是汉代的政论家已有大量的批判。《盐铁论·通有》中曾对当时这种器物的奢侈使用进行了批判，认为"旷日费功，无益于用"[3]。可以说，这种基于反奢

---

① 可参读傅筑夫：《中国封建社会经济史》（第二卷），人民出版社 1986 年版，第 401 页。

② 王利器校注：《盐铁论校注》，中华书局 1992 年版，第 67 页。

③ 王利器校注：《盐铁论校注》，中华书局 1992 年版，第 42—43 页。"今世俗坏而竞于淫靡，女极纤微，工极技巧，雕素朴而尚珍奇，钻山石而求金银，没深渊求珠玑，设机陷求犀象，张网罗求翡翠……旷日费功，无益于用。"

侈尚俭朴思想对造物艺术的批判，在一定程度上扭转了包装朝贵族化、宫廷化、过度化的方向发展，特别是限制了"过度包装"的盛行。

事实上，这种反对奢侈尚俭朴的思想，早在春秋战国时期的诸子百家就已开始提倡。如《论语》中载：林放问礼之本。子曰："大哉问！礼，与其奢也，宁俭。"①这即表明孔子从政治角度出发，主张节俭以礼。与孔子节俭思想类似的还有荀子，所不同的是他在孔子节俭以礼思想的基础上，进一步认为节俭与国家稳定、民生富足紧密相关②。这些思想言论在礼崩乐坏的春秋战国时期，无疑起到了敦促统治阶级按礼制标准进行适当消费的作用，进而在一定程度上限制了宫廷包装品的过度化。与此同时，墨子和晏子也提出了无等级消费性节俭原则，即要求普通大众也同样要遵循一种节俭方式③。墨子的节俭原则主要体现在其注重实用性方面，尤其是在器物设计方面强调实用，去除无用，这就极大地推动了包括普通大众及贵族阶层所使用的生活日用包装朝实用、朴素的方向发展④。

尽管春秋战国诸多思想家、政治家已不同程度地表露了反奢侈尚俭朴的思想，并也在一定程度上抑制了统治阶级及贵族阶层对奢侈品及其奢侈包装的追求，但至秦汉时期，由于社会经济的发展，致使奢靡生活、奢侈品以及高档奢侈包装重新在豪强地主以及贵族阶层大肆盛行。不过，与春秋战国时期不同的是，秦汉时期，特别是汉朝两代的奢侈品和高档奢侈包装的消费不仅仅是简单局限于统治阶层，而是广泛扩大到了诸侯贵族和豪强地主之间，且普遍表现为一种僭越礼制的消费。如《史记·平准书》记：汉兴七十余年之间，"网疏而民富，役财骄溢，或至兼并豪党之徒，以武断于乡曲。宗室有土公卿大夫以下，争于奢侈，室庐舆服

---

① 李学勤主编：《十三经注疏·论语注疏》，北京大学出版社 1999 年版，第 30 页。

② （清）王先慎集解，沈啸寰、王星贤点校：《荀子集解》，中华书局 1988 年版，第 177 页。指出："足国之道，节用裕民，而善臧其余。节用以礼，裕民以政。"

③ 王文文：《春秋战国节俭思想研究》（硕士学位论文），吉林大学，2007 年，第 8—9 页。

④ 吴毓江、孙启治点校：《墨子校注》，中华书局 1993 年版，第 255 页。《墨子·节用》中言："是故古者圣王制为节用之法，曰：'凡天下群百工：轮车、鞼匏，陶冶梓匠，使各从事其所能。曰：凡足以奉给民用，则止。'诸加费不加于民利者，圣王弗为。"同书还就具体的宫室建造、衣服制作等，以实用为标准予以了详细说明，服装方面如："冬服绀缁之衣，轻且暖，夏服绤绤之衣，轻且清，则止。"

僭于上，无限度。"① 对于这种奢侈之风，贾谊表示出了忧虑，为此发出了"淫侈之俗，日日以长，是天下之大贼也"② 的感叹！至东汉时，僭越礼制的消费情况并没有得到改观，而有更甚之趋势，王符就对此曾有淋漓尽致的揭露。他曾说："今京师贵戚，衣服、饮食、车舆、文饰、庐舍，皆过王制，僭上甚矣。"王符认为，这种贵族之间的奢侈之风严重败坏了社会风气，致使"富者竞欲相过，贫者耻不逮及"③。在汉代诸如此类的器物使用僭越礼制的情况，十分常见，这在《史记》《汉书》以及记录诸子言论等的书中记述颇多，在此不一一列举。

由于这种奢靡僭制的消费行为，不仅冲击了封建等级制度，而且加剧了社会阶级矛盾，从而直接危及了汉代社会的发展和稳定。在这种情况之下，汉代反奢靡尚俭朴思想应运而生，其不但对汉代社会的发展起到了一定影响，而且在很大程度上促使着包装以及包装以外的其他造物艺术回归朴素。这些变化可以从皇帝诏令以及政论家和思想家的言论中，窥见一斑。汉文帝就曾提倡"上节用则国富，君无欲则民安"④ 的寡欲尚俭原则。在这一原则之下，汉文帝"即位二十三年，宫室、苑囿、车骑、服御无所增益"⑤。不难看出，这种抑奢是西汉早期统治阶级自上而下的一种自觉行为。但是随着社会经济的发展，文帝所推崇的这种俭朴之政，成效并不显著，《汉书·贡禹传》中载：文景之后，"后世争为奢侈，转转益甚"⑥。这就使得崇俭抑奢由一种自上而下的自觉行为转变为以士大夫们对统治阶级和贵族阶层奢侈行为的劝阻和呼吁为中心⑦。如汉武帝时，严安就曾上书曰："今天下人民用财侈靡，车马、衣裘、宫室皆竞修饰……彼民之情，见美则愿之，是教民以侈也。侈而无节，则不可赡，民离本而徼末矣。"⑧ 诸如此类的戒奢言论在《汉书》中颇多。当然，这些戒奢言论也在某种程度上起到了

---

① （汉）司马迁：《史记》卷 30《平准书》，中华书局 1982 年版，第 1420 页。

② （汉）班固：《汉书》卷 27《食货志上》，中华书局 1962 年版，第 1128 页。

③ （汉）王符著，（清）王继培笺，彭铎校正：《潜夫论笺校正》，中华书局，第 130 页。

④ （宋）王钦若：《册府元龟·帝王部·节俭》卷 56，江苏古籍出版社 2006 年版。

⑤ （汉）班固：《汉书》卷 4《文帝纪》，中华书局 1962 年版，第 134 页。

⑥ （汉）班固：《汉书》卷 84《贡禹传》，中华书局 1962 年版，第 3070 页。

⑦ 仝晰纲：《简论汉代抑奢思想》，《河南师范大学学报》（哲学社会科学版）1992 年第 2 期。

⑧ （汉）班固：《汉书》卷 76《严安传》，中华书局 1962 年版，第 2809 页。

遏制统治阶级和贵族阶层的奢靡生活的作用，如汉元帝时，大臣贡禹就曾上书赞汉
元帝言："唯陛下深察古道，从其俭者，大减损乘舆服御器物，三分去二。"[1] 东汉时
王符在抑奢思想的基础上，还提出了器物设计应以"便事"为设计原则，以"胶固"
为制作标准。正如他所言："百工者，所使备器也。器以便事为善，以胶固为上……
物以任用为要，以坚牢为资。"[2] 据此，我们不难看出，汉代反奢侈尚俭朴思想的兴
起，不仅在某种程度上从个人生活方式方面遏制了统治阶级和贵族阶层对奢侈品的
追求，而且更为关键的是推动了器物的设计和制作向功能性、实用性回归。可以
说，汉代这些政论家和士大夫们把崇俭抑奢看成是稳定国家的重要措施，尽管他们
这些反奢侈的言论未能从根本上解决国家的奢侈之风，但是却在一定程度上遏制了
统治阶级、贵族阶层以及商贾豪强对奢侈生活、奢侈品以及奢侈包装的过度追求。

第二节　包装范畴的进一步扩大及形式的多样化

秦汉时期，随着社会经济的迅速发展和人民生活水平的提高，加之前代所积淀
下来的丰富的包装制作和使用经验，使包装已经充斥在人们的日常生活中，成为人
们生产、生活中不可或缺的日用物品。再者，在秦汉大一统局面之下，社会生产力
大幅度提升，农业、手工业、工商业等社会经济迅速发展，致使社会剩余产品增
多，追求高档奢侈品成为一时之风，这就在一定程度上强化了包装作用，并促使着
包装生产规模的不断扩大和包装设计制作的日益精巧。可以说，在这一时期，不仅
造物艺术已经相当成熟，而且包装的制作和生产也在春秋战国以来的基础上，出现
了某些新的特征。具体来看，主要表现在两个方面：一是包装范畴的进一步扩大；
二是包装形式呈现出多样化的特点。

一、包装范畴的扩大及其表现

如前所述，包装自史前以来一直在缓慢地发展，特别是到了春秋战国时期，包

---

[1] （汉）班固：《汉书》卷 84《贡禹传》，中华书局 1962 年版，第 3072 页。

[2] （汉）王符著，（清）王继培笺，彭铎校正：《潜夫论笺校正》，中华书局 1997 年版，第 17 页。

装不仅完成了从兼具生活用具和包装功能的双重属性向包装独有的专门属性的转变，而且还出现了具有促销、宣传、增值等功能属性的商品包装。在包装门类上，也有诸如文具包装、器物包装等包装新门类的出现。到了大一统的秦汉时期，包装继续发展，不仅包装的内涵有所变化，而且其生产和使用的范畴也进一步扩大。可以说，包装在秦汉时期基本上从一般性的造物活动中脱离出来而成为一个专门性产业，并且其内容范畴也较之前的先秦时期更加清晰，为日后的包装从通用容器中分离出来作了铺垫。

1. 包装生产组织的进一步细化

大体来看，秦汉时期的包装生产仍以延续先秦社会以来的漆制包装、青铜材质包装、陶质包装、天然材料包装、丝织包装等为主。包装生产虽仍集中于官营作坊，但是较战国时期开始出现的私营包装生产作坊相比，这一时期封建地主，尤其是豪强地主的私营包装生产作坊得到了较好的发展，经营范围更为扩大，从业者也更多，因此，整个秦汉时期，特别是汉代，就包装物的生产形式而言，初步形成了代表宫廷和民间包装风格的官营与私营两大类包装生产组织。

官营包装生产组织一般是为了满足宫廷及贵族阶层的包装需要而建立的。秦汉官营包装生产组织不仅规模庞大，种类众多，生产分工十分细致，而且更为重要的是形成了从人员管理到生产管理，再到产品管理的一整套完整的管理体系。这从云梦睡虎地秦墓所出土的秦律竹简中可见一斑。如竹简中的《金布律》《工律》《工人程》《均工》《司空》《效律》等部分，就详细记载着秦代对官营手工业的各种制度，如有对工匠的训练与考核，有对产品的品种、数量、质量、规格和生产定额等，都有十分详细的规定。除此之外，《秦律》还设置了管理包装生产以及其他手工业生产的工官，中央设有"内史"，郡县设有工室，生产部门则设有"工师""垂""曹长""徒""隶"一类的职官直接参与手工业生产[①]。汉承秦制，在中央及郡县同样设置工官，诸侯王国也有工官。中央的许多机构，如太常、宗正、大司农、少府、中尉、将作大匠、水衡都尉等，属下均设有各种名目的工官和作坊，其中以供应宫

---

① 宫长为：《试论秦律中的手工业管理》，《学术月刊》1995 年第 9 期。

廷需求的少府设置最多①。这些工官和作坊分别从事铁器、铜器、铸钱、染织、衣服、制陶、玉器、兵器、漆器、木器、宫室营造、船只等的生产②。总之，秦汉时期，国家通过对手工业生产的检查，产品的验收等不同措施，来督察郡县工官及生产工匠执行国家计划，完成各项生产的情况。与此同时，国家还根据具体情况，对违反国家生产管理制度的工官，作出相应的处罚，以此达到对包装物在内的各种器物生产的管理。

秦汉时期的官营包装生产所形成的一套严密、系统的自上而下的管理体系，反映了当时包装生产从需求、选材、设计、制作、加工、成型到分工、合作、管理、检验等各个环节均有章可依。可以说，这一时期包装的生产不仅更为注重包装品的功能性与审美性的统一，而且尤其强调包装品的专门化、标准化制作。如《工律》简 165："为器同物者，其小大、短长，广亦必等。"③这说明当时的器物制作在造型、大小、质量和性能上都有着统一的标准，不能混淆。《工律》简 166 也规定："为计，不同程者毋同出。"④"程"就是法度、规格的意思⑤，律文大概是说制作产品要按照国家标准及其规定的文件严格执行。这种规定，反映到包装等造物艺术上，一方面是讲究容量、颜色、造型等方面的统一，另一方面则是"物勒工名"制度的体现。这从出土的众多秦汉考古实物中得到证明，前者如漆制包装中的系列壶、钫、盒等和青铜包装容器、陶质包装、竹编包装中的壶、罐、盒、钫、笥等。云梦睡虎地秦墓出土 18 件圆奁（图 5–1），除一件里外均涂黑漆外，其余均为器内涂红漆，器表涂黑漆⑥；山东长清县曾

---

① 参见（汉）班固：《汉书》卷 19 上《百官公卿表上》，中华书局 1962 年版，第 730—731 页。"少府，秦官，掌山海池泽之税，以给供养，有六丞。属官有尚书、符节、太医、太官、汤官、导官、乐府、若卢、考工室、左弋、居室、甘泉居室、左右司空、东织、西织、东园匠十（二）[六] 官令丞，又胞人、都水、均官三长丞，又上林中十池监，又中书谒者、黄门、钩盾、尚方、御府、永巷、内者、宦者（七）[八] 官令丞。诸仆射、署长、中黄门皆属焉。"

② 季如迅：《中国手工业简史》，当代中国出版社 1998 年版，第 88 页。

③ 张政烺、日知：《云梦竹简》，吉林文史出版社 1990 年版，第 45 页。

④ 张政烺、日知：《云梦竹简》，吉林文史出版社 1990 年版，第 45 页。

⑤ （东汉）许慎：《说文解字》，九州出版社 2006 年版，第 572 页。"程，品也。十发为程，十程为分，十分为寸"。

⑥ 云梦睡虎地秦墓编写组：《云梦睡虎地秦墓》，文物出版社 1981 年版，第 30 页。

出土有西汉时期的 4 件大小相等、形制相同的钫式包装容器和 8 件大小相近、形制稍异的壶式包装容器①。后者如漆制包装中的壶、钫以及青铜材质包装中的壶、钟、钫等包装容器上不仅刻官署或工官或年号或用途等信息，而且还将容器的重量以及容量如实标明。长沙马王堆出土的具杯盒、盒、奁、钫等漆制包装上就刻有诸如"轪侯家""君幸食""君幸酒""石""斗""升"等表示物主、用途、容量的文字②（图5–2）。"物勒工名"主要是在包括包装在内的各类器物的设计、加工、成型等技术上考察其质量、标准、产地及制造者等的一种标记，反映了秦汉两代对包装品及其他手工业产品的质量要求。

官营包装生产规模的扩大及其系统、严密的组织管理，促使包装行业和行业内部分工的细化，导致包装生产从业者的专业化程度更高。如漆制包装容器制造的分工就很细，从贵州与朝鲜古乐浪郡出土的部分漆器上即详细刊有漆器制作的地点、年月以及各工匠的姓名等信息，我们发现其具体工序就达 11 种之多，有素工、髹工、画工、上工、泪工、铜釦黄涂工、铜

图 5–1 圆奁盒

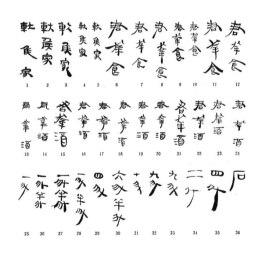

图 5–2 马王堆漆器上标刻的铭文

① 山东大学考古系等：《山东长清县双乳山一号汉墓发掘简报》，《考古》1997 年第 3 期。

② 湖南省博物馆、中国科学院考古研究所：《长沙马王堆一号汉墓》（上集），文物出版社 1973 年版，第 78 页。

耳黄涂工、清工、造工、供工、漆工等①。与此同时，官营包装生产组织不仅不必考虑资金短缺的问题，而且更为重要的是其集中了一大批富有生产经验和加工技术的工匠，这就在很大程度上推动了包装的设计、加工、成型等技术方面的交流，从而促进了包装生产、制作等方面技术的提高。官营包装生产组织固然在一定程度上推动了秦汉时期包装的发展，但是，由于官营包装生产基本属于非商品包装生产，仅为满足统治阶层的生活需求，具有统治阶级垄断性的特点，加之政府又抑制民营手工业的发展，因而在某种程度上限制了民间包装的发展。

秦汉时期，民营包装生产业的发展虽然受到了官营包装生产业和政府抑制私营手工业政策的影响和限制，但由于这一时期农业和商业的迅速发展，再加上战国以来，个体手工业者的增多，致使秦汉私营包装生产业也较快地得到兴起②，并形成与官营包装生产业相抗衡的局面。不过，与官营包装生产业不同的是，民营包装生产组织的主要服务对象是以市井百姓和商贾豪强等为主。其主要由家庭手工业、个体包装生产从业者、大工商业经营的包装生产作坊等部分组成，经营范围十分广泛，不仅为市场提供包装所需的包装材料，而且更为重要的是还制作各类非商业日用包装品和商品包装，具体涉及木制包装、竹编包装、陶质包装、皮革包装、金属包装等种类。这从《史记·货殖列传》中所记述市场情形可见一斑："通邑大都，酤一岁千酿，醯酱千瓨，浆千甔，屠牛羊彘千皮，贩谷粜千钟……木器髤者千枚，铜器千钧，素木铁器若卮茜千石……其帛絮细布千钧，文采千匹，榻布皮革千石，漆千斗，糵麹盐豉千荅，鲐鮆千斤，鲰千石，鲍千钧，枣栗千石者三之，狐貂裘千皮，羔羊裘千石，旃席千具，佗果菜千钟，子贷金钱千贯，节驵会，贪贾三之，廉贾五之，此亦比千乘之家，其大率也。"③ 这段文献记载不仅反映了当时商品贸易的发达，而且也从侧面体现出了秦汉时期包装生产业以及其他手工制造

---

① 沈福文：《中国漆艺美术史》，人民美术出版社 1997 年版，第 60 页。素工，漆灰底的工序；髹工，漆胎上进行髹漆；画工，描绘花纹；上工，镶金属铜钮的工序；工，专门涂朱色漆的工序；铜钮黄涂工，铜钮鎏金的工序；铜耳黄涂工，漆器附耳伪铜钮和鎏金；清工，检验清理的工序；造工，专门制作造型的素骨胎；供工系专门制造和供应原材料的工作；漆工，专门制漆的工作。

② （汉）班固：《汉书·张汤传附子安世传》，中华书局 1962 年版，第 2652 页。书中载：当时张安世"家童七百人，皆有手技作事"。

③ （汉）司马迁：《史记》卷 129《货殖列传》，中华书局 1982 年版，第 3274 页。

业的繁荣。

再者，从目前考古出土的大量漆制包装、青铜材质包装等实物上所标刻的诸如姓氏、吉祥语等中也可得知，当时民营包装生产相当发达，如 1973 年西汉霍贺墓就曾出土了一件食品类奁式漆制包装，其器内底部有墨线绘印章，篆书有私人漆器作坊之主"桥氏"二字[1]；1960 年在河南省桐柏县出土有一件私营作坊制作的汉代铜壶，底部铸有"大吉"二字，口沿上有后刻的"张伯景、刘春"五字[2]。私营包装生产固然在秦汉两代取得了较大的发展，在各种手工业中，都存在着私营的包装生产作坊，但是由于官府对私营手工业，特别是涉及奢侈品及其奢侈品包装生产的民间生产作坊采取抑制的政策，故秦汉时期的私营包装生产业始终不能与官府包装生产组织相比。不过，不能否认的是，私营包装生产者及其作坊的存在，不仅推动了秦汉时期民间包装艺术的发展，而且还在某种程度上扩大了包装，特别是商品包装的使用范畴。此外，更为关键的是民营包装生产业的兴起和繁荣，一定程度上促使民间包装与宫廷包装之间的互渗，而且呈现出民间风格包装流向上层社会的趋势。这从目前已经发掘的贵族墓葬中所发现的标刻有民间作坊工匠姓氏的包装实物上可以窥知。

2. 新型包装材料的出现及其运用

按包装材料性质来分，秦汉时期的包装在继承先秦以来即已流行的天然材料包装、陶质包装、青铜材质包装、漆制包装、丝织包装等种类的同时，更为关键的是随着造纸术的发明和制釉技术的创新，以及冶炼技术和琢玉工艺的进步，出现了纸制品包装、瓷质包装容器、铁制包装容器、玉质包装容器等新型材料制作的包装。

我们知道，造纸为中国古代四大发明之一，早在东汉时期，就已能成批量地制作。但纸的起源，可能在蔡伦改进造纸术前的西汉就已经开始有了，因为考古发现西汉时期就已经用麻头、麻布等麻纤维制成了十分粗糙的麻纸。虽然"麻纸"粗糙、松软，不适于书画，但却是包裹日常用品的好材料。1957 年发现于陕西西安、

---

[1]　南京博物院、连云港市博物馆：《海州西汉霍贺墓清理简报》，《考古》1974 年第 3 期。

[2]　李恒全：《汉代私营手工业的商品生产述论》，《学海》2002 年第 2 期。

属于西汉武帝时期的"灞桥纸"[1]，其出土时叠放于铜镜下面，似是铜镜包装的缓冲材料，因而属于包装的范畴。有学者也曾认为，这种用植物纤维制造的比较粗糙的灞桥纸应是用来包裹物品的[2]。无独有偶，在甘肃敦煌汉代悬泉置遗址中也出土有西汉武帝、昭帝时期的 3 件长方形古纸。考古简报上根据其古纸形状和折叠痕迹，以及纸上所书写"付子""熏力""细辛"等药品名称，认为这几件古纸当为包药用纸[3]。此外，汉魏文献中的相关记载也可以佐证，《汉书·赵皇后传》中就记载有用纸包裹药品的史料：汉成帝"元延元年……中有封小绿箧，记曰：'告武以箧中物书予狱中妇人，武自临饮之。'武发箧中有裹药二枚，赫蹄书……"注引应劭言："赫蹄，薄小纸也。"[4] 从上述几条实物史料和文献史料来看，纸制品应在西汉时期即已开始用于包装药品和贵重物品。

在西汉造纸技术的基础之上，东汉蔡伦改进造纸技术，创造了用树皮、麻头、破布和渔网等原料造纸的方法，时人谓其为"蔡侯纸"。这种方法操作工艺简单，所需原料丰富，成本低，很快在全国普及。《后汉书·宦者列传第六十八》中载："自古书契多编以竹简，其用缣帛者谓之为纸。缣贵而简重，并不便于人。伦乃造意，用树肤、麻头及敝布、鱼网以为纸。元兴元年奏上之，帝善其能，自是莫不从用焉，故天下咸称'蔡侯纸'。"[5] 此后，纸包装也随之得到发展，逐渐替代以往昂贵的绢、锦等包装材料，用于食品、药品、贵重物品等的包装。甘肃伏龙坪东汉砖室墓曾出土两张东汉晚期的墨书纸，其时间在蔡伦造纸以后。两张墨书古纸出土时包裹一面圆形铜镜，正反面各衬一张。这两张纸为圆形，色泽白净，厚薄匀称，质地坚韧，直径均为 17 厘米，比铜镜约大 5.2 厘米左右[6]。从这两张纸正面均带有有直行墨书的情况来看，应属书写废纸运用于包装上的情况。可以说，自东汉蔡伦改

---

① 田野：《陕西省灞桥发现西汉的纸》，《文物参考资料》1957 年第 7 期，第 78—81 页。关于灞桥纸是否为纸，学术界存在争议，不过学术界还是普遍认为其为麻纤维一类的纸，有学者就称灞桥纸为世界上最早的植物纤维纸。参见潘吉星：《世界上最早的植物纤维纸》，《文物》1964 年第 11 期。

② 李岩云：《关于西汉古纸的思考》，《寻根》2006 年第 6 期。

③ 甘肃省文物考古研究所：《敦煌汉代悬泉置遗址发掘简报》，《文物》2000 年第 5 期，第 12 页。

④ （汉）班固：《汉书》卷 113《外戚下·赵皇后传》，中华书局 1962 年版，第 3992 页。

⑤ （南朝宋）范晔：《后汉书》卷 78《宦者列传》，中华书局 1965 年版，第 2513 页。

⑥ 叶削坚：《近期甘肃境内关于纸的两次考古发现》，《图书与情报》1994 年第 2 期。

进造纸技术之后，纸制品十分盛行，其不仅广泛运用于书画艺术领域，改变书画创作的方式，而且更为关键的是推动了包装生产从容器领域逐步分离出来，从而使包装步入一个新的发展时代。

从整个古代包装发展史来看，纸制包装的兴起和流行，堪称包装设计领域的一次大的革新。因为一方面纸制包装与陶质、铜制和瓷质等包装容器相比，纸包装在制作工艺、包装成型、轻便性、成本及广告印刷等方面都具有绝对优势，因而十分适合制作物品包装；另一方面则是纸制品包装的出现，不仅进一步推动了商品包装的发展，而且也为后世包装从容器中分离出来奠定了材料基础。再者，就现代包装设计行业等来看，纸包装仍是包装生产和制作领域不可替代的包装品种。

与纸制品包装不同的是，玉器虽然在秦汉时期大量出现，但是玉质包装容器则十分少见，目前考古所掌握的资料显示，汉代玉质包装容器仅一件，为广西南越王墓所出土的一件玉盒。该玉盒为青玉，呈青黄色，盒身深圆圈底，下附小圈足，其盖口和器口上均作子母口；器盖漫圆，中央隆起，顶端有桥形立钮，内扣绞索纹圆环，环可转动；器盖外沿有4个小圆孔，成两对，但孔位不等分[1]。整体看来，该件玉质包装容器不仅色泽漂亮，造型美观，而且密封性能很好。虽然玉质包装容器目前仅发现这一件，但是可以肯定的是其并非舶来品，因为目前考古发现的诸多汉墓中还发现有不少玉卮、玉杯一类的日用容器，且铸造工艺及其纹饰题材等都可划归到我国玉器自身发展的序列中。

据考古资料显示，西汉时期，除玉质包装容器开始出现以外，金银等贵金属材质包装容器也逐步崭露头角。不过，要特别指出的是，考古实物多为银制盒、壶一类的具有包装属性的容器，尚未发现用黄金制作包装容器的事实。山东淄博市临淄区大武乡窝托村西汉齐王墓随葬坑中发掘出土1件银盒。其中银盒似豆形，弧形盖，子母口曲腹高圈足，喇叭形铜座，盖上饰有三个铜兽钮，盒身外壁和器盖上均饰凸花瓣形纹[2]（图5-3）。这一类型的银制包装容器在我国广州西汉南越王墓也有发现。另外，在云南晋宁石寨的西汉滇国墓中也出土有两件凸瓣形制的铜盒[3]。凸瓣形纹饰

---

[1]　广州市文物管理委员会等：《西汉南越王墓》（上），文物出版社1991年版，第202—204页。

[2]　山东省淄博市博物馆：《西汉齐王墓随葬器物坑》，《考古学报》1985年第2期。

[3]　云南省博物馆：《云南晋宁石寨山古墓群发掘报告》，文物出版社1959年版，第69页。

图 5-3　凸瓣纹银盒

银制包装容器在我国独见这几例，难以划分到我国自身的器物装饰发展序列，但它在波斯阿契美尼德王朝以及后来的安息王朝的金银器上却很常见，所以这几例个案银质器物应为来自古伊朗的舶来品[1]。域外金银器的输入，在一定程度上推动了我国古代金银材质包装容器的发展，为后世金银材质包装容器，特别是隋唐金银材质包装容器的鼎盛发展奠定了基础。

自西汉开始引进域外的银制包装容器后，至东汉时期我国也开始利用金银制作包装容器，并且在设计制作上也均与我国传统的器物造型和纹饰类似。河北定县刘畅夫妇墓中即出土一件东汉时期的银盒。该银盒呈椭圆形，平底，盖的顶部稍鼓，

图 5-4　长颈鼓腹银壶

子母口，盖顶錾有四叶形花纹[2]。不难看出，其不论是在造型上，还是在结构设置上，抑或是在纹饰题材上均有别于山东淄博和广西南越王墓出土的凸瓣形银盒。此外，从这件银盒子母口扣合结构的设置，与秦汉时期流行的漆盒、漆奁、铜奁等包装容器的扣合方式的设置如出一辙的情况来看，其应是我国工匠模仿铜奁、漆奁等器物自行设计制作的。此外，值得一提的是，东汉末期，还出现了壶式银制包装容器，如上孙家寨汉晋墓就发现一件汉末魏晋初期的长颈鼓腹银壶[3]。该壶造型与长颈铜壶类似，口、腹、底部有三组错金纹带，口部饰有

---

① 龚国强：《与日月同辉——中国古代金银器》，四川教育出版社 1998 年版，第 58—59 页。

② 定县博物馆：《河北定县 43 号汉墓发掘简报》，《文物》1973 年第 11 期。

③ 青海省文物考古研究所：《上孙家寨汉晋墓》，文物出版社 1993 年版，第 160、209 页。

钩纹、腹部纹带由六朵不同形状的花朵组成，底饰三角纹，是一件典型的本土文化影响下的银制包装产品（图5-4）。

关于用金银制作的包装容器的使用归属，我们认为其多用于盛装和保存食品、药物等。因为据汉魏时期相关文献记载显示，金银在汉代被广泛认为是可以养生的。如《史记·孝武本纪》中就记载方士李少君对汉武帝说："致物而丹砂可化为黄金，黄金成以为饮食器则益寿……"① 此后这一观点得以流行，使得金银用于与日常生活有关的方面有了思想基础，从而也推动了金银包装容器在食品、药物等领域的应用。除文献记载外，考古发现也可以佐证。如广西西汉南越王墓中所出土的凸瓣形纹银盒中就曾保存有半盒药丸②。

另外，有必要说明的是，我国对金银等贵金属的利用早在原始社会末期即已开始③，只是将其运用于包装上则迟至春秋战国。不过，与汉代相比，先秦以前金银在包装领域的使用，多是作青铜包装容器、漆制包装等上的装饰品或者小的结构部件，并未被用来制作专门的包装容器。从原始社会至春秋战国期间，甚或汉魏时期，金银为什么少有用于制作容器，原因是多方面的，主要可以归结为：一是金银开采难，冶炼不易，产量少；二是金银铸造技术尚未达到制造容器的程度。

值得一提的是，随着冶铁技术的进步，西汉时期还出现了铁制包装容器④。河北获鹿高庄出土了西汉时期的9件铁壶，均锈蚀严重。9件铁壶中，最大的一件，口径27厘米、底径30厘米、腹径50厘米、高58厘米。为便于铁壶的搬运，其腹部设置有对称的圆环。四件小的口径19厘米、高44厘米。另外4件口径24厘米、高51厘米⑤。9件铁壶，造型相同，只是大小分三类，这极有可能是根据内装物的需要而特意设计制作的。从铁的化学性能上来看，其本身容易氧化生锈，且十分沉

---

① （汉）司马迁：《史记》卷12《孝武本纪》，中华书局1982年版，第455页。

② 广州市文物管理委员会等：《西汉南越王墓》（上），文物出版社1991年版，第210页。

③ 参见齐东方：《中国早期金银器研究》，《华夏考古》1999年第4期。河南汤阴龙山文化遗址中曾出土了含金砂的陶片，比一般陶片重，是有意识将金砂掺入，起到装饰效果。

④ 参见华觉明：《中国古代金属技术——铜和铁造就的文明》，大象出版社1999年版，第303页。事实上，冶铸铁的技术早在春秋中晚期，甚至更早即已经发明，但是据考古资料来看，并未被应用于制作包装容器。

⑤ 石家庄市文物保管所等：《河北获鹿高庄出土西汉常山国文物》，《考古》1994年第4期。

重，因而不利于用作包装容器，特别是不利于作食品、酒水等饮食物的包装材料和成型。所以，尽管铁质包装容器在西汉时期即能生产制作，却并未被后世社会广泛地接受。

从以上所述，我们不难看出，秦汉时期，特别是两汉时期人们已有意识地将纸、玉、金银以及铁等材料运用于包装生产领域，可谓为后世包装艺术的多样化发展奠定了基础。

3. 包装使用范畴的扩大

从史前社会至先秦这一漫长的历史阶段，包装主要是用于食品、酒水等饮食类产品的盛装和保存，而少有用于其他产品的盛装和包裹。不过，随着社会经济的发展和人类造物经验的日趋丰富，人类对包装的认识也从一种无意识的行为迈向了有意识的包装制作，而且开始将包装运用到社会生活的各个方面。从时间发生上来看，这一变化大概是从春秋战国时期即已开始，至秦汉时期趋向成熟。具体而言，秦汉时期的包装利用，已不仅仅局限于食品、酒水、化妆品等产品领域，而扩大到了文玩用具、药品、宗教用品等产品领域。因此，就使用范畴来说，秦汉时期除大力发展了食品包装、酒水包装、化妆品包装、器具包装等以外，还发展了诸如毛笔包装、书籍包装、砚台包装、药品包装等与人们日常生活紧密相关的产品包装门类。此外，这一时期还创新性地将包装运用到了宗教领域，发展了经书包装一类的宗教包装。

尽管药品包装和文玩用具包装在秦汉时期得到较好的发展，但事实上，药品包装和文玩用具类包装并非起源于秦汉时期，其中特别是药品包装可能在春秋战国期间，甚或更早即已出现。因为在春秋战国期间，或者更早，时人即已开始编撰代表当时医学理论成就的《黄帝内经》一书[①]。只是由于年代久远以及考古发现和文献记载的不足，致使我们难以知晓秦汉以前药品包装的使用情况和包裹方式。不过，值得庆幸的是，从目前考古所发现的秦汉墓葬中不仅发现了一批医学典籍，而且更令人振奋的是还发现了药品实物和用于包裹或盛装药品的包装实物，这就为我们了

---

① 王日失、解光宇：《从黄帝到王冰：〈黄帝内经〉成书历程》，《安徽大学学报》1998 年第 4 期。

解我国古代早期的药品包装的使用情况提供了直接的文献和实物证据。关于药品包装的在秦汉时期的广泛使用，我们可以根据长沙马王堆汉墓中出土的医书上的文字记载以及药品包装实物，再结合其他的史籍记述和汉墓出土的包装实物知其梗概。

具体来看，这一时期的药品包装按材料性质分主要有丝织品包装、纸包装、金银材质包装以及天然材料包装等。

丝织品用于药品包装在这一时期可谓最为普遍，并且形式多样，有香囊、圆筒袋等不同式样。马王堆汉墓中曾出土有数件丝织香囊，如一号汉墓的4件形制相同的香囊，其中一件全装茅香根茎，一件全装花椒，两个装有茅香和辛夷等[1]（图5-5）。这四件香囊包裹药物的方式基本相同，腰部均设置有带，以起到捆扎香囊的作用；腰部以上的领部和囊里都用斜裁的素绢缝制，腰以下的囊部除一件用香色罗绮外，其他囊均用"信期绣"缝制。从这四件包装的用材足见贵族包装之奢华。整体来看，该四件香囊的领部和囊部的长度约呈三比二的样子，虽说领部稍显过长，但

图5-5　丝织药用香囊

是整个囊给人的视觉感受并未有不适之处，而且也并未影响到囊裹药的密封性能，只是减少了储药的实体空间了而已。同墓还发现盛装于竹笥之内的6件圆筒状药草袋。出土时，除一袋仅盛装花椒外，其他五个药草袋内均裹藏有花椒、桂、蕙香、高良姜和姜，不过，五袋中有两袋还盛装有辛夷和杜衡，还有一袋又有藁本[2]。6件药草袋，与上述4件香囊一样，形制也相同，腰部也缀有绢带以便于捆扎和结系，

---

① 湖南省博物馆、中国科学院考古研究所：《长沙马王堆一号汉墓》（上册），文物出版社1973年版，第71页。

② 湖南省博物馆、中国科学院考古研究所：《长沙马王堆一号汉墓》（上册），文物出版社1973年版，第73页。

不同的是药草袋均用单层烟色素绢缝制而成。马王堆出土的医书《养生方》中也载："……车戋□□□者，以布囊若盛。为欲用之，即食口之。"[①]"布囊"大概指的就是丝织品一类的香囊或者草药袋。由此来看，我们不难发现丝织品一类的包装不仅在当时已普遍运用于包裹或盛装药品，而且均以系列化包装出现。

相比丝织品包装广泛运用于包裹和盛装药品的情况，纸制包装和金银包装则要逊色很多。就文献记载和目前考古发现来看，纸制品在汉朝两代并未广泛应用于药品包装领域。具体实例如上文中我们所提到的甘肃敦煌汉代悬泉置遗址中出土的西汉武帝、昭帝时期的3件长方形包药纸制品，以及《汉书·赵皇后传》中所记载的用"赫蹄"包裹药品的史料。金银包装运用于药品包装领域的则更少，目前虽说考古也发现有几例银制包装容器，但确证其用于药品包装的则仅有南越王墓所出土的外来凸瓣形纹银盒。

除上述几类药品包装以外，还有竹编、皮制以及葫芦等天然材料一类的药品包装。长沙马王堆三号汉墓出土了一批竹筒，其中有部分竹筒就盛装有茅香、桂皮、花椒、高良姜等药物[②]。而皮制药品包装虽在考古中未发现实物，但从马王堆出土医书《养生方》中所载来看，当时应该存在有皮革一类的药品包装。《养生方》载："以五月望取莱、兰，阴干冶之，有（又）冶白松之□□□□□□□□□□□□□各半之，善裹以韦，日一饮之。""取刑马脱脯之。……□□□以韦囊裹。"[③] 这条史料中多提到的"韦"是加工过后的皮革，因此，"善裹以韦"和"以韦囊裹"极有可能指的是以皮革制成囊的形式裹包药物的意思。另外，值得一提的是葫芦，在古代将葫芦用于盛装药物应是比较普遍的，俗语也言"不知道葫芦里卖的什么药"，这即在很大程度上说明了葫芦在我国古代应该普遍用于包装药品。不过，从汉魏文献记述来看，秦汉时期多将葫芦盛药与道家或道士等神秘内容相联系，因而也有宗教包装的影子在其中。《后汉书·方术列传·费长房传》中载："市中有老翁卖药，悬

① 周一谋、肖佐桃：《马王堆书考注》，天津科学技术出版社1988年版，第277页。

② 刘丽仙：《长沙马王堆三号汉墓出土药物鉴定研究》，《考古》1989年第9期；湖南省博物馆、中国科学院考古研究所：《长沙马王堆二三号汉墓田野考古发掘报告·附录七》，文物出版社2004年版，第274页。

③ 周一谋、肖佐桃：《马王堆书考注》，天津科学技术出版社1988年版，第262、295页。

一壶于肆头，及市罢，辄跳入壶中"①，晋葛洪称其老翁为"壶公"②。由此足见葫芦在秦汉魏晋时期应多被用于盛装道家丹药一类的药物。就包装性能来看，相比起丝织包装、竹编包装以及皮制包装，甚或漆制包装容器等，葫芦保存药物性能要好，因为它的外壳坚硬，保护性和密封性能好，可以防止潮气的进入，从而保持药物的干燥，以使药物不被损坏变质。再者，葫芦易取，且造型又美观，还便于携带，因此其常被用于装药盛酒。

与药品包装的起源和兴起相比，文玩用具包装，特别是毛笔包装大约至战国中晚期才开始出现，及秦汉才逐步兴起。考古资料显示，秦汉时期的文玩用具包装主要涉及了毛笔以及砚台等方面。毛笔包装在战国的基础上得到了较大的改进，主要体现在便于开启、方便提取毛笔等几个方面的设计上。云梦睡虎地秦墓发现了三支毛笔，出土时笔杆均插入笔套里③。其中一件笔套设计十分经典，不仅结构设计精巧，而且实用美观。毛笔的笔套为竹制，比毛笔稍长，且其中的竹节被打通，其内径也比毛笔粗，从而为毛笔套入其中设置足够大的实体空间。尤为巧妙的是，设计者为了便于毛笔的取出，在整支笔套的中部镂空而呈一对穿空槽，这样一是可以从笔套中部两侧均可看到笔套内的毛笔杆，而且更为关键的是可方便毛笔的取出，堪称现代广为流行的开窗式包装结构设计的圭臬。至汉代，毛笔包装似乎摒弃了秦代以来创始的开窗式结构设计，出现了双管笔套，其笔套呈两节，采用子母口方式套合。这种笔套的巧妙之处在于一是将笔套空间的利用最大化，组成双管毛笔集合式盛装；二是笔套子母口对接方式的设计，不仅便于毛笔的装取，而且能起到使笔套对接处不易脱开的作用，因而属文具包装中集合式包装的经典代表。具体实例如江苏东海县尹湾汉墓中发现的一件双管子母口对接的笔套④（图5–6）。

文玩用具包装中除毛笔包装在这一时期得到极大改进以外，还出现并发展了砚台包装和书籍包装。关于砚台包装，目前尚未发现秦汉以前的考古实物，但是根据所出土战国时期的毛笔以及毛笔包装等来看，不排除在战国或更早即已有砚台包装

---

① （南朝宋）范晔：《后汉书》卷82下《方术列传》，中华书局1965年版，第2743页。

② （晋）葛洪：《神仙传》卷9（钦定四库全书本）。

③ 云梦睡虎地秦墓编写组：《云梦睡虎地秦墓》，文物出版社1981年版，第26页。

④ 连云港市博物馆：《江苏东海县尹湾汉墓发掘简报》，《文物》1996年第8期。

的可能。从目前考古所发现的几件汉代砚台包装实物来看，砚台包装在汉代应已发展成熟。如1973年西汉霍贺墓出土了一件木砚盒[①]，其盒上下套合，内装石板一块，

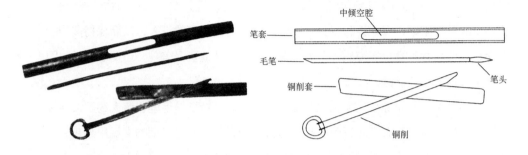

图 5-6　秦汉毛笔包装、毛笔竹筒结构图

盒上部有一镂空圆孔，可能是为了便于携带而特意设计的。同时，盒盖内面上标刻有"□、子、卯、孙中翁竝长君生名……君田□右地"和"孙长□□□拜"等数句文字信息，可能是砚盒的实际使用者所刻。汉代砚台包装中堪称经典的要数江苏徐州出土的一件东汉时期的鎏金铜兽形砚盒，其不仅造型生动，精巧美观，而且其包装的保护功能也体现得淋漓尽致（图5-7）。具体而言，该铜砚盒以兽腹为界，分上下两个部分。上部为盒盖，包括兽的上颌、背、尾；下部分则为座，主要用于盛放石砚，形象包括颌、腹、四足。其下颌内侧弧凹，为贮水之用；腹内置石砚并附砚石，具有一物多用的功能特点[②]。就包装角度来看，其不仅可以有效地保护盒内放置的砚台，而且还具有极高的审美价值，实属文玩用具包装中仿生造型的典范。

图 5-7　鎏金铜兽形砚盒

还有一类书籍包装，虽然与文玩用具在内容性质上十分接近，但是却难以涵括于文玩用具包装中。因为书籍在性质上并

①　南京博物院、连云港市博物馆：《海州西汉霍贺墓清理简报》，《考古》1974年第3期。

②　参见朱世力：《中国古代文房用具》，上海文化出版社1999年版，第302页。

非文玩一类的物品，而是具有载言记事等用途的特殊物品，所以我们将其独立出来不归属于其他包装门类。不过，要特别指出来的是，经书一类的包装属于宗教包装范畴，我们暂且不将其归入即将要展开论述的书籍包装的范畴。因此，确切地说，我们在此所要探讨的书籍包装是指秦汉时期与宗教经书无关的，并且体现了对书籍进行盛装、包裹、保存等的一类包装物。具体来看，由于当时用于书写的载体多是简牍、绢帛以及纸张等容易腐蚀和被损坏的材料，所以秦汉时期的书籍包装种类也较多，主要有针对文书、史书等进行包裹和保存的书函、书囊、书匣等形式。

　　长沙马王堆汉墓发现的帛书，出土时存放于一个长方形的黑色漆奁中。该漆奁分上下两层，内设五个长短大小不等的方格，其中长条形的方格中放置了《导引图》《老子》甲本及卷后古佚书四种、《春秋事语》和竹简"医书"四种，其余帛书则呈长方形叠放于另一大方格中[1]。由此不难看出漆奁在此处应属书匣、书函一类的包装物。除考古发现以外，汉魏文献中记载着大量关于秦汉时期，特别是汉代的书籍包装史料。《汉书·孝成赵皇后》载："中黄门田客持诏记，盛绿绨方底，封御史中丞印"。颜师古注："方底，盛书囊，形若今之算耳。"[2]《后汉书·蔡邕传》中也记载："以邕经学深奥，故密特稽问，宜披露失得，指陈政要，勿有依违，自生疑讳。具对经术，以皂囊封上。"李贤注引《汉官仪》曰："凡章表皆启封，其言密事得皂囊。"[3]由此可见，汉代对十分重要的文书多以丝制一类的书囊加以裹包，再封以防开启的印章，以起到保护和防窃启的功用。另有一些书籍包装，甚至根据文书的不同内容运用不同色泽的书囊[4]，以起到区分文书内容的作用。

　　除上述文具包装、书籍包装以及药品包装以外，这一时期还出现宗教包装。因为秦汉时期统治者崇尚神仙方术，加之汉代统治以黄老思想为指导，致使道教得以确立。再者，佛教在东汉时期也相继传入，从而导致宗教用品的包装物逐步出现。从严格意义上说，宗教包装中也涵括有上述文具包装、书籍包装、药品包装等几类

---

① 湖南省博物馆、中国科学院考古研究所：《长沙马王堆二三号汉墓田野考古发掘报告》，文物出版社2004年版，第87页。

② （汉）班固：《汉书》卷67《外戚·孝成赵皇后传》，中华书局1962年版，第3992页。

③ （南朝宋）范晔：《后汉书》卷60下《蔡邕列传》，中华书局1965年版，第2000页。

④ 参见马怡：《皂囊与汉简所见皂维书》，《文史》2004年第4辑。

包装范畴中所涉及的部分包装物。只是由于这部分包装物带有宗教性质，因而我们将其归入到了宗教包装的范畴。

具体来看，这一时期的宗教包装有用于藏道家经书的竹筒、藏佛教经书的经函以及储存丹药的葫芦等。道家藏经书的竹筒，一般称之为"九簰"。因为道家谓天门有九重，所以称其藏经之处为九簰。《昭明文选·升天行》中载鲍照言："五图发金记，九簰隐藏丹经。"[1] 李善注："齐鲁之间，名门户及藏器之管曰'簰'，以藏经。而丹有九转，故曰九簰。"[2] 有关于道教一类的包装还有我们上文谈到的《后汉书·费长房传》中记述的葫芦式药品包装。虽然佛教迟至东汉明帝永平年间才得以传入我国，但是用于盛装、包裹佛教物品的包装却同时出现，只是相比起土生土长的道教的物品包装相比，稍显逊色而已。就文献记载来看，东汉时期的佛教用品包装主要为经书包装，即经函一类的书籍包装。《洛阳伽蓝记》中载："白马寺，汉明帝所立也，佛入中国之始。……遣使向西域求之，乃得经像焉。时白马负而来，因以为名……寺上经函至今犹存，常烧香供养之……"[3] 这条史料中所提到的"经函"实际上就是盛装佛教经典的函匣。可见，佛教一类的包装大概自佛教传入后，即已开始出现。

二、包装形式的多样化及表现

从上文的论述中我们不难看出，包装在秦汉时期呈现出全面发展的势头，不仅包装产业在组织生产方面较之前更为严密、系统，分工也更为细致，诸多新型材料也运用到了包装制作上，而且更为关键的是包装在这一时期几乎渗透到了社会生活的各个方面。诚然，各种材质、各类不同使用性质的包装在秦汉时期相继出现，但是考古资料显示，陶瓷质包装、青铜材质包装、漆制包装、丝织品包装以及天然材料包装等传统材质的包装仍活跃于这一时期的社会生产、生活中。就使用范畴来看，这些材质的包装主要是用于包装酒水和食品，但也用于诸如药品、兵器、书籍等产品领域。就这一时期的传统材质包装来看，其不仅结构巧妙，造型多样，而且在整体风格上也呈现出与先秦以前不同的风貌。为此，本节拟按材料性质分类，并

① 陈宏天等：《昭明文选译注》第3卷，吉林文史出版社2007年版，第327—328页。

② 参见（宋）吴聿：《观林诗话》（钦定四库全书本）。

③ （北魏）杨衒之撰，范祥雍校注：《洛阳伽蓝记》，上海古籍出版社1978年版，第196页。

结合器物类型学对陶瓷包装容器、青铜包装容器、丝织品包装、天然材料包装等进行分别阐释。

1.陶瓷包装容器

秦汉时期的陶瓷包装容器制作较为普遍，在用材上也较战国以前更为丰富，主要有灰陶、红陶、釉陶、原始瓷和青瓷等。不过要特别指出的是，就目前考古发现来看，铅釉陶虽然创始于汉代，但是其并未运用于实用容器上[①]，因为铅釉有毒，不适宜盛装实物，所以釉陶主要是做明器使用。相比之下，普通陶质容器和原始瓷质容器则普遍运用于日常生活中，但主要是存在于秦和西汉时期，至东汉晚期由于瓷器的出现而逐渐淡出历史舞台。瓷器的烧制成功可谓东汉晚期的一大成就，其与造纸技术的发明一样，不仅开辟了后世包装艺术多样化发展的另一条道路，而且更为关键的是致使瓷质包装成为了后世唯一能与纸质包装相媲美的包装种类之一。具体来看，这一时期的陶瓷质包装容器主要盛行罐、壶、瓮、盒、奁等一类的形制，其造型也大体可分为两类：一类是仿青铜礼器的造型，如壶、钫、瓿、盒等；一类是具有陶瓷器自身的特点，如茧形壶、蒜头壶、匏壶等（图5-8）。

就罐、壶以及瓮等式样的陶瓷包装容器来看，造型多种多样，十分繁多，但是基本上属于史前社会以来造型的延续，或者是商周青铜礼器造型的陶质转换，因此我们不再对这些式样的陶质包装容器逐一探讨，仅选取少数能代表秦汉陶瓷包装特色的式样进行阐释。从考古资料来看，罐式和壶式包装容器，可谓秦汉陶瓷包装容器中的大宗，在全国各地均有发现，多用于盛装食物和贮藏酒水，但是在造型上区别不是很大。不过，也发现有一些造型特别、包装性能优越的陶质容器。

长沙马王堆西汉墓发现了23件印纹硬陶罐，其中带耳罐1件，大口罐22件，出土时全部储藏有豆等各类食品[②]。与其他普通日用陶罐不同的是，这一批陶罐应属战国包山楚墓以来密封罐头式包装的延续。这批陶罐在出土时，罐口用草和泥填塞，填塞方法是先用草把塞住罐口，再将草把的上部散开捆扎，然后用泥糊封，有

---

① 中国硅酸盐学会编：《中国陶瓷史》，文物出版社1982年版，第114、115页。

② 湖南省博物馆、中国科学院考古研究所：《长沙马王堆一号汉墓》（上册），文物出版社1973年版，第126页。

茧形壶　　　　　　　　蒜头壶　　　　　　　　瓿壶

壶　　　　　　　　　　瓿　　　　　　　　　　盒

图 5-8　秦汉陶质包装容器

部分罐上还缄封有"轪侯家丞"的封泥，以起到防伪、防开启的作用，同时在颈部还用麻绳系有竹牌，以标明罐内所盛食品，起到了现代标签的功用。由此可见，这批陶罐在包装结构的设置上与包山楚墓出土的 12 个密封式食品陶罐有异曲同工之妙，只是与包山陶罐相比之下，其在制作工艺上稍显逊色而已。

　　大量考古资料显示，战国秦汉以来用于食品包装的陶罐在用材上多以硬陶为主，这可能是由于部分食品在包装过程中需要透气，要采取透气性相对较好的陶质容器，但同时又因软性陶质容器较易损坏，所以防损性、防震性等性能相对较好的硬陶便成为了首选的对象。用陶质包装容器，特别是硬陶容器来盛装、贮存食品在秦汉时期十分普遍，在目前发掘的各大汉墓中均发现有实例。如北京大葆台汉墓出土的陶瓮中盛有小米[1]；洛阳烧沟汉墓发现的部分陶罐上则刻有"黍米""稻米"一类的文字[2]。可见，当时陶质包装容器仍大量存在于人们的生产、生活中，尚未有退出历史舞台的迹象。此外，还有一类特殊造型的陶联罐，多在南方，特别是广州地区的汉墓中出现，具有极强的地域特征。由于这一类联体罐多出现在两广一带的汉墓中，因此我们将其放在南越民族包装中进行阐释，在此暂不赘述。

与罐式不同的是，壶式包装容器在这一时期不仅作为酒包装，而且还兼具贮藏日用食品的功用。如洛阳烧沟汉墓发现的部分釉陶壶上出土时不仅内壁粘附着一层相当厚的黄色物，而且壶外还附有表示贮藏日用食品名称的诸如"监"等铭文字样[3]。壶式包装固然在秦汉时期充当了部分食品包装的功用，但事实上仍是以储存酒水的功用为主。就形式来看，秦汉时期的陶壶中出现了几种特殊的形制，如茧形壶、蒜头壶、匏壶以及带系扁壶等[4]。茧形壶腹部呈横向长椭圆状，既似茧，又若鸭蛋，主要流行于战国秦西汉期间，西汉中期基本消失[5]。虽然茧形壶形制独特，但是一般来说是作为陪葬明器，少有用于日常生活，因而我们不将其归入壶式包装容器的范畴。与茧形壶不同的是蒜头壶，它是一种实用酒器，始见于秦汉时期，是战国以来秦文化的一种延续。考古资料显示，蒜头壶有铜质、陶质和原始青瓷三种。陶质蒜头壶的特征为蒜头形小口，长颈，圆腹。不过，西汉中期以后，壶口为蒜头形的蒜头壶逐渐淡出了历史舞台，取而代之的是一种长颈壶[6]。这可能是由于蒜头形壶口的密封性相对较弱，不利于盛装酒一类的内容物的缘故。

如果说蒜头壶是秦文化的一种延续，是中原地区壶式包装容器中的典型代表，那么匏壶则是南方地区，特别是南越国一带的本土化影响下的酒包装容器的典范。

---

① 大葆台汉墓发掘组、中国社会科学院考古研究所：《北京大葆台汉墓》，文物出版社 1989 年版，第35 页。

② 洛阳区考古发掘队编：《洛阳烧沟汉墓》，科学出版社 1959 年版，第 101 页。

③ 洛阳区考古发掘队编：《洛阳烧沟汉墓》，科学出版社 1959 年版，第 106 页。

④ 参见孙机：《汉代物质文化资料图说》，文物出版社 1991 年版，第 319 页。书中认为，茧形壶、蒜头壶以及扁壶等盛酒器统称为"榼"。

⑤ 杨哲峰：《茧形壶的类型、分布与分期试探》，《文物》2000 年第 8 期。

⑥ 李陈奇：《蒜头壶考略》，《文物》1985 年第 4 期。

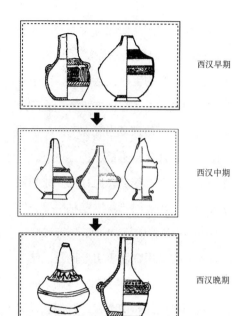

西汉早期

西汉中期

西汉晚期

图 5-9 陶匏壶造型演变图

图 5-10 东汉青釉扁壶

因为从大量的考古发现来看，其主要是在福建、两广等地区的两汉南越国的汉墓中出现①。就器形来说，陶匏壶是一种小口大腹，形似葫芦的一种陶质包装容器。从包装设计角度来看，小口可以防止酒香的挥发，而大腹则体现了壶拥有足够大的实体盛装空间，满足了包装的贮藏功能。不过，从西汉中晚期以后，陶匏壶在造型上逐渐向蒜头壶靠近（图5-9）。至东汉时期，与蒜头壶一样衍变成了一种长颈壶。

此外，东汉时期还出现了包装功能显著，并且属瓷质包装范畴的酒包装容器——青釉带系扁壶。带系扁壶的造型特征是壶体扁平，肩腹部设置有系，以便于穿绳提携，与战国秦汉时期的青铜扁壶和漆器扁壶类似。1986年浙江余杭反山出土了一件东汉时期的青釉扁壶，扁腹，足部呈长方形斗状，肩部上腹两侧有对称的贴塑衔环耳②（图5-10）。其不仅体现了良好的贮藏和便于搬运的包装功能，而且其审美功能也得到了很好的兼顾。整体来看，该件扁壶式包装容器造型独特、装饰精美，是东汉青瓷器初创时期所见瓷质包装容器中的罕见包装品。事实上，这类扁

① 梅华全：《论福建及两广地区出土的陶匏壶》，《考古》1989 年第 11 期。

② 冯先铭：《中国古陶瓷图典》，文物出版社 2008 年版，第 148 页。

壶在战国秦汉时期的铜器、漆器等中就出现较为频繁，有学者就曾认为扁壶可能是秦文化影响下的一种贮酒容器，因而又称"秦式"扁壶[1]。

有意思的是，陶瓷包装容器中还出现了一种可能属于酒水包装容器的枭形瓶。其形状像枭，枭的头插入瓶口，作为盖；两足和尾部支撑瓶底，能够直立。这类枭形瓶在全国各地汉墓中出土较少，并不普遍，目前仅在河南辉县的 10 座汉墓中发现有 22 件[2]。这种枭形瓶十分类似商周时期的青铜鸟兽尊，可能是模仿商周青铜器而制作的。这种陶质枭形瓶在墓中随葬的意义及其具体的用途虽然不能确定，但是从它本身的结构造型看来，应该是一种容器，而且很有可能是用于贮酒水的容器，与东汉时期墓中常出现的动物陶制明器应不属一类东西。

除上述食品和酒水包装容器以外，还有盒和奁两类仿铜器或者漆器的陶瓷质包装容器。秦汉时期的陶圆盒，造型上是仿青铜礼器，呈子母口，钵形盖，盖顶弧圆，腹部微鼓下收，平底微内凹。从目前考古资料来看，秦汉陶圆盒一般与陶鼎、壶、钫等仿青铜礼器造型同时出土，其中特别是彩绘陶圆盒应属随葬礼器的范畴，而少有用于人们的日常生活中。有意思的是，在诸多汉墓中"发现凡是有豆的均没有盒，凡有盒的都没有豆"[3]，这可能是因为随葬礼制变化了的缘故。不过，出土的陶圆盒中，还有一种素面陶圆盒被用于包装食品。如长沙马王堆出土的六件圆盒中，其中三件素面陶盒出土时盛装有可能用小米制成的圆饼[4]。与陶圆盒不同的是，还有一类用于日常生活使用的陶方盒。如洛阳烧沟汉墓出土有 52 件陶方盒中，其中一件藏厨房用刀一把，一件器表上就粉书有"白饭一盒"四字[5]。可见其方盒应多用来盛装或者储藏食物的。从这批方盒来看，其造型与漆方盒大体相同，为立体长方形，有长方形盒盖，且部分方盒的盒身全部套合于盒盖中，这就不仅满足了包装贮藏内装物不易渗出或者抖出的防护性功能，而且还美观大方，便于开启。难能

---

① 参见谢崇安：《试论秦式扁壶及其相关问题》，《考古》2007 年第 10 期。

② 中国科学院考古研究所：《辉县发掘报告》，科学出版社 1956 年版，第 60—61 页。

③ 中国科学院考古研究所：《辉县发掘报告》，科学出版社 1956 年版，第 57—58 页。

④ 湖南省博物馆、中国科学院考古研究所：《长沙马王堆一号汉墓》（上册），文物出版社 1973 年版，第 122 页。

⑤ 洛阳区考古发掘队编：《洛阳烧沟汉墓》，科学出版社 1959 年版，第 130、131 页。

可贵的是，这批盒式包装容器中还有一件在盒内设置分隔结构的方盒，其虽然制作粗糙，但却是目前发现的早期陶瓷包装容器中进行器内结构设计的最早实例，可谓开启了我国陶瓷包装容器中的器内分隔式结构设计方式。

与陶盒不同的是，陶奁则普遍被应用于人们的日常生活中，这从全国各地所发现的陶奁中可见一斑。在洛阳烧沟的 150 余座汉墓中共发现了 161 件陶奁，每个墓葬中少的有 1—5 件不等，多的达 7—8 件。出土的这些陶奁中，发现时有部分均盛装有肉食一类的食物和漆木、铜制一类的梳妆用具[①]。从洛阳烧沟、辉县等地的百余座汉墓出土的陶奁来看，陶奁的整体造型一般呈直筒状，部分有盖，均有三足。其造型结构的差异主要体现在足部的变化上，如有的呈扁圆形足，有的则呈各种不同兽形的足。这可能是因为使用者审美习惯不同的缘故。

整体而言，陶质包装容器在秦汉时期已趋于衰落，这一方面是由于众多性能优越的替代材料容器的出现，其中特别是漆制包装容器的盛行和青铜材质包装容器的实用回归等原因；另一方面则是由于原始瓷器烧造技术进步的缘故。特别是到了东汉晚期，青瓷的烧制成功（图 5-11），致使陶质和原始瓷质的包装容器退出了长期以来居于包装主流容器的历史舞台。因为瓷质包装容器较之陶质和原始瓷质的包装容器，不仅坚固耐用，吸水率十分低，易于清洗，清洁卫生，而且彩釉不易脱落，通体光滑，透光性好，色泽鲜明，既实用又美观，因而十分符合包装食品、酒水、糖果以及其他油墨一类的产品。再者，瓷土相比其他一般的泥土，可塑性更大，可以满足人们各种不同包装造型的需要。此外，瓷质品较其他材质的包装，可用各种不同工艺技巧来美化装饰，如后世瓷器上就有刻、划、印、镂、雕、贴塑等工艺手法以及变换釉色、调整釉色组合等施釉技术的运用。正是由于瓷器具有这些特点，

图 5-11　水波纹四系罐

---

① 洛阳区考古发掘队编：《洛阳烧沟汉墓》，科学出版社 1959 年版，第 132、133 页。

使得瓷质包装容器越来越受到当时人们以及后世帝王、官僚贵族、文人雅士以及市井百姓等不同阶层人们的青睐，从而风行于整个封建社会。当然，需要说明的是，瓷质包装容器虽然在后世被普遍运用于人们的生产、生活中，但是有一部分原本属于包装范畴的瓷质容器却逐渐淡出了包装领域而转向了艺术品的行列。

2.青铜材质包装容器

如果说商、西周时期是"巫术神权"和"礼制文化"象征意义下青铜材质包装容器发展的辉煌时期，那么战国秦汉，特别是秦汉时期则是青铜材质包装容器实用性完全回归的时期。因为秦汉时期的青铜器，不论是具有包装属性的容器，还是其他用于日常生活的器物，在造型和装饰上均不再呈现出商周时期那样的厚重、威严的美学特征，而是表现出一种轻松活泼的生活感觉。虽然秦汉时期的青铜材质包装容器已经失去了商周时期所拥有的那种辉煌地位，但是其仍在秦汉社会中起到关键作用。不过，这也难以阻挡其衰落。正如有的学者所言："在秦汉时代的四百四十年期间，中国古代的青铜艺术度过了最后的辉煌"[①]。

从考古资料来看，秦汉时期的青铜材质包装容器较之前代，特别是商周时期，在种类和器形方面均大为减少，一方面是沿用了商周以来的壶、钫、盒等式样，另一方面则是出现并流行了樽、蒜头壶、扁壶等众多新形制。这些包装容器基本上是用于盛装、贮藏酒水和食物等产品，不过也有用于包装砚台一类的文具和像铜耳杯一类小型的铜质器具。具体来看，秦汉时期用于酒水包装的主要是商周以来的壶、钫以及新流行的蒜头壶和扁壶等；用于食品包装的则多为铜圆盒；而用于包装砚台和包装铜耳杯的为动物形铜盒和铜樽。

壶和钫两类铜质酒包装容器，在秦汉两代的墓葬中发现较多，但是在造型上与商周时期并无较大差异。其中特别是钫，基本上是延续了战国中期以来的形制，造型变化不大。青铜壶中，圆壶和提梁壶两种是延续先秦之前流行的造型，其中圆壶在造型上没有太多的改变，而提梁壶则在延续战国时期楚式壶式样的同时，进行了改进，尤其是到了西汉晚期以后，壶的颈部变长，圈足变高，腹变扁，开启了汉

---

① 俞伟超：《秦汉青铜器概论》，载《古史的考古学探索》（论文集），文物出版社 2002 年版，第 215 页。

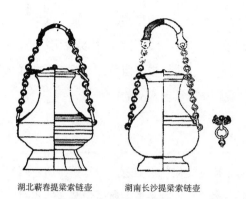

湖北蕲春提梁索链壶　　湖南长沙提梁索链壶

图 5-12　西汉提梁索链壶

式风格提梁壶的阶段①。不过，从包装角度来看，其更为关键的变化是将壶的提梁与壶盖科学地结合在一起。如长沙汉墓中发现的一件西汉晚期提梁锁链壶，其腹部两侧有两个铺首衔环，环上结链索，链索又穿过器盖两侧的环，上接一个璜形的提梁②（图 5-12）。这种提梁设计不仅较好地满足了提梁链索便于提携的功能，而且还可以使壶盖紧扣不脱。与此相同的提梁壶设计，还有湖北蕲春③和江西南昌④出土的提梁链索壶。相比之下，蕲春这一东汉时期的提梁链索铜壶较长沙西汉晚期的提梁链索壶设计要更为巧妙，因为其将长沙提梁壶盖两侧出现的钮套环改进成了榫口对置横耳，并套一大圆环，这不但可以更好地利用链索来扣稳壶盖，而且更为美观。

提梁索链壶中设计巧妙的实物还有河北满城汉墓所发现的链子壶，这种链子铜壶，能提、能背、能带，十分方便旅行时使用，可谓青铜旅行酒包装容器中的经典代表。该件链子壶，壶身似橄榄形，盖作覆钵形，上置放有四个对称等距的小环钮，钮上各系以短链；与此同时，壶身的肩部也相应有四个小环钮，不同的是，其钮上各系长链，长链各穿过盖上短链末端的环，而相近的两长链末端又以大环连接，使长链成为左右两组，可背于身上，便于内装物的转移、搬运。壶在启盖时，必须将穿于短链中之长链松开，方可将盖挪离器口。合盖时，将长链从短链中拉紧，利用链环之间的卡阻作用，使盖不能自动启开。不难看出，该壶是专为外出行旅的需要而设计的⑤（图 5-13）。

---

① 吴小平：《汉代铜壶的类型学研究》，《考古学报》2007 年第 1 期。

② 中国科学院考古研究所：《长沙发掘报告》，科学出版社 1957 年版，第 111—112 页。

③ 湖北京九铁路考古队、黄冈市博物馆：《湖北蕲春枫树林东汉墓》，《考古学报》1999 年第 2 期。

④ 江西省博物馆：《江西南昌地区东汉墓》，《考古》1981 年第 5 期。

⑤ 中国社会科学院考古研究所、河北省文物管理处：《满城汉墓发掘报告》，文物出版社 1980 年版，第 49 页。

与上述圆壶、提梁壶以及钫不同的是，蒜头壶、扁壶等是秦汉时期新流行的酒水包装容器。铜蒜头壶与我们上文中所提到的陶蒜头壶一样，也是秦文化下的独有产物，并且造型式样也完全相同，演变趋势也十分相似，最后均演变成了长颈壶①。扁壶又称为柙、椑、榼②，其最为典型的特征是扁鼓形腹。扁壶一般用于盛酒。这可从文献史料中管窥，如《太平御览》卷761引谢承《后汉书》："陈茂……与刺史周敞行部到颍川阳翟，传车有美酒一椑。茂取椑击柱破之曰：'使君传车榼载酒非宜'。"③由此足见扁壶是专用的盛酒器，即酒包装容器。就包装功能角度来

图 5-13　链子铜壶

看，汉代扁壶盛酒功能较好，因为秦汉铜扁壶多为素面，两肩有铺首衔环，壶有盖，既可防挥发，亦可防灰尘，部分器的两环上系有铜链，便于携带。如贵州清镇平坝汉墓就曾发现一件青铜扁壶④，该壶有提梁，有盖，盖顶的钮孔内套一小环，以方便酒容器的开启。更为巧妙的是，盖两侧有链环，并下垂至肩部与铺首连接，不仅方便提携，而且可使壶盖紧扣壶身。不过，值得说明的是，秦汉时期，特别是秦帝国时期，在秦文化盛行的地方，铜扁壶均为素面，口呈现蒜头状，为蒜头壶的一种。

不同于青铜酒水包装容器的是，青铜材质食品包装容器在秦汉时期已较为少见。究其缘由，主要是由于这一时期漆制包装的盛行，特别是与东汉晚期瓷质包装容器的兴起有关。因为相比之下，漆器和瓷器具有吸水率低、无毒性以及轻便性等优越性能，因而被人们普遍接受并广泛应用于包装食品和食物，而青铜容器则在盛装食品时难免会有铜锈味，同时也不易搬运，所以逐渐淡出了食品包装的领域。即

---

① 参见李陈奇：《蒜头壶考略》，《文物》1985年第4期。

② 孙机：《汉代物质文化资料图说》，文物出版社1991年版，第319页。

③ （宋）李昉等著，孙雍长、熊毓兰校点：《太平御览》761卷《榼》（7册），河北教育出版社1994年版，第140页。

④ 贵州省博物馆：《贵州清镇平坝汉墓发掘报告》，《考古学报》1959年第1期。

图 5-14　樽

便如此，也仍有诸如盒一类的青铜容器用于盛装固体食物或食品。从目前考古实物资料来看，秦汉时期的铜盒在造型上十分接近战国晚期的楚式铜盒，应属楚文化的一种延续①。

诚然，青铜容器已逐渐淡出了食品包装的行列，但是值得注意的是，青铜容器中出现一类用于盛装器具的便携式集合包装容器。山西浑源毕村西汉木椁墓发现了一件铜筒形铜樽，内装保存完整的铜耳杯十件②（图 5-14）。众所周知，樽本是温酒器③，属生活用具而一般不将其划归于包装容器的范畴。山西浑源发现的这件铜樽说明，铜樽亦具有包装的功用。就造型来看，该铜樽带盖，圆口平底，盖有三钮，腹部有对称纽环，底附三兽蹄足，与其他筒形铜樽并无多大差异，因而极有可能是与耳杯配套使用的器具，具有一物多用的功能。这种用于盛装器具的青铜器具包装容器还是首次出现，实属青铜包装容器中的罕见品。另外，还有用于盛装砚台的青铜容器，如我们在上文中提到的江苏徐州东汉墓出土的一件铜兽形砚盒。

综上所述，我们不难看出，秦汉时期的青铜包装容器已完全从三代的神性象征意义下回归人性，走进了人们的日常生活中。无怪乎有学者曾指出："载奴隶制之礼的青铜礼器在秦汉以后逐渐消亡，而战国以后出现或增多的日用器成为青铜文化的主流。"④整体看来，秦汉时期的青铜包装容器无论是在造型上，还是在装饰上，抑或是在结构上，均呈现出与三代完全不同的风貌，特别是在结构设计上，完全体现了时人对实用性功能的强调。在纹饰方面，战国时期反复出现在青铜容器上的蟠螭纹和云雷纹在这一时期逐渐淡出，仅出现于部分青铜容器的器盖等局部位置上，

① 吴小平：《汉代青铜容器的考古学研究》，岳麓书社 2005 年版，第 69 页。

② 山西省文物工作委员会等：《山西浑源毕村西汉木椁墓》，《文物》1986 年第 6 期。

③ 参见孙机：《汉代物质文化资料图说》，文物出版社 1991 年版，第 313 页。

④ 杨菊花：《汉代青铜文化概述》，《中原文物》1998 年第 2 期。

基本未见在腹部上出现。代之而起的是柿蒂纹和鼎、鱼、羊、鹿、鹭和钱币等带有吉祥意味的吉祥图案①。

3. 丝织品包装

秦汉时期的丝织品包装与漆制包装、青铜材质包装一样，是属于上层社会的使用品，在下层社会，特别是普通市井百姓中几乎难得一用。因为从目前考古发现的实物来看，丝织品包装多发现于秦汉时期的诸侯级贵族的墓葬中，一般墓葬中虽有丝织物发现，但较少见到丝织品包装实物。关于丝织品运用于包装领域，大概在史前社会即已肇始，至春秋战国期间日渐普及，到秦汉时期十分盛行。丝织品包装在秦汉时期，不仅品种大为增多，纹样精美，而且还十分注重式样设计。就品种来看，丝织品包装广泛运用于药品、书籍、食品、生活日用器具、乐器等不同物品和产品的包装和包裹。就式样而言，则有用于包装药品的香囊、圆筒袋，有用于包装生活日用器具夹袱、镜衣，有用于包装乐器的瑟衣、竽衣、竽律衣等不同的包装式样。这些式样多是根据内装物的性质、形状等不同而专门设计的，具有专属性的特点。关于丝织品用于药品包装和书籍包装的领域，我们在上文中已言及，此不赘言。

从考古发现来看，丝织品包装运用于食品包装领域较为少见，这可能是由于丝织品本身不利于保鲜、防腐等属性缺陷的缘故。虽然丝织品少有整体运用于包装食品，然而其却常以封口、系带等局部结构的身份出现于其他材质的食品包装容器上，如陶质食品包装容器的封口处就常以丝织品封口和丝织带结系。

丝织品本身属性的缺陷固然不利于包装食品，然而其易于缝制、可塑性强、保护性好和审美性足等优越属性，又使其成为了日用器具和乐器等物品包装的首选。包装日用器具的丝织品主要有夹袱、镜衣、杖衣、针衣等形式。夹袱形式的丝质品包装在秦汉时期主要用于包装漆器、铜器一类的贵重日用品，但是以包装漆器的夹袱最具包装特点。如长沙马王堆就发现有两件包裹漆奁的夹袱②，其中一件“长

---

① 吴小平：《汉代青铜容器的考古学研究》，岳麓书社 2005 年版，第 298 页。

② 湖南省博物馆、中国科学院考古研究所：《长沙马王堆一号汉墓》（上册），文物出版社 1973 年版，第 72 页。

图 5-15　长沙马王堆九子奁夹袱

寿绣"绢面用于包裹五子漆奁，另一件为"信期绣"绢面，比前者要长且宽，用于包裹九子漆奁（图5-15）。两件夹袱的形制相同，均为绢里、绢缘，在包装方式上十分讲究，属内装物外包装的性质。不同于夹袱的是，长沙马王堆两件漆奁中盛装的镜衣则属包裹铜镜的内包装性质。如长沙马王堆发现的两件镜衣①，发现于五子漆奁和九子漆奁中，其形制相同，均为筒状，相比之下，九子漆奁中的镜衣较为完整，"长寿绣"绢底，筒缘用紫色绢，并絮以薄层丝锦，美观而且实用。《西京杂记》中记：汉"宣帝被收系郡邸狱……系身毒国宝镜一枚……及即大位，每持此镜，感咽移辰。常以琥珀笥盛之，缄以戚里织成锦，一曰斜文锦"②。可见用珍贵的丝织品包裹铜镜在秦汉贵族阶层是十分普遍的。这种用于包裹铜镜的镜衣在南越王墓中亦有发现。此外，值得一提的是，同墓中发现的两件针衣，均出土于九子漆奁的长方形小漆奁中。据考古发掘报告称，两件针衣的形制基本相同，用细竹条编成帘状，两面蒙以绮面，四周再加绢缘和带。其中一件为素面，一件为赤缘。针衣的中部，都拦腰缀一丝带，其上隐约可见针眼痕迹，当为插针之用③（图5-16）。就包装角度来看，该两件针衣有别于其他一般的容器式包装，而是呈平面状，其包装功能于平面中部强调，主要是防止衣针的散落，属内包装性质。

除上述几类丝织品包装外，秦汉时期，特别是汉代还出现了用于包裹乐器

---

① 湖南省博物馆、中国科学院考古研究所：《长沙马王堆一号汉墓》（上册），文物出版社1973年版，第72页。

② （晋）葛洪辑著，成林、程章灿译注：《西京杂记全译·身毒国宝镜》，贵州人民出版社1993年版，第18页。身毒：古印度的音译。《史记·大宛列传》："大夏……其东南有身毒国。"《索隐》引孟康云："即天竺也，所谓浮图胡也。"

③ 湖南省博物馆、中国科学院考古研究所：《长沙马王堆一号汉墓》（上册），文物出版社1973年版，第72页。

的丝织品包装，堪称为目前所知最
早的乐器包装，为后世乐器包装的
兴起和发展，提供了可供借鉴的包
装模式。从包装设计角度来看，这
一时期的丝织乐器包装，不论是结
构设计，还是造型设计，均是根据
内装物乐器的结构和造型进行设计
制作的，主要是起到防损坏、便于
携带等方面的包装功能。具体来看，
丝织品乐器包装主要有瑟衣、竽衣、
竽律衣等几种，这从马王堆汉墓出
土物可见一斑。如瑟衣作长方形罩

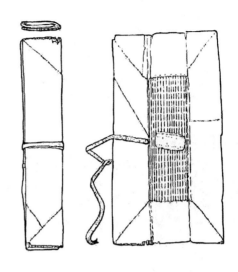

图 5-16　马王堆针衣

状，通长 1.33 米，宽 45 厘米，用单层红青色的纹锦缝制而成，并加烟色绢夹
缘。其缝制方法是将整幅的锦平铺于瑟面之上，折过瑟尾包至尾部，再与两侧
的各半幅锦缝合起来。由此不难看出，其瑟衣完全是根据琴瑟的造型而量身定
做，不仅起到了防护琴瑟的功用，而且还便于琴瑟的搬运，类似于当代的乐器
包装。与此包装方法类似的还有竽衣和竽律衣。不过，与瑟衣不同的是，竽衣
在裹包竽后，再装入瑟衣内，属于内包装范畴。且是用与瑟衣相同的单层纹锦
缝制而成。具体缝制方法是，用整幅的锦裹住竽的管部，再将嘴侧缝住，呈顶
小底大的圆筒状，顶盖用"信期绣"绢缝制。而竽律衣，在结构设计上较之前的
两种形式复杂，这是因为竽律管本身结构形式复杂所造成的。其内装竽律一套
十二管，用"信期绣"淡黄绢缝制而成，上部三边加有紫色绢缘。在距顶部 10
厘米以下部分，垂直缝成十二个长短不等的小筒，以便将竽律管顺序装入袋中[①]
（图 5-17）。

　　综上所述，秦汉时期的丝织品包装已十分成熟，并广泛运用于社会生产、生

---

① 湖南省博物馆、中国科学院考古研究所：《长沙马王堆一号汉墓》（上册），文物出版社 1973 年版，
　第 71—72 页。书中有对瑟衣、竽衣以及竽律衣的描述，可参读。

活中，在当时包装品中占据着十分重要的位置。这一方面是得益于丝绸制作技术的进步，另一方面则是与丝织品的商品化有关，特别是丝绸之路的开通，在很大程度上推动了丝织品包装向下层社会的发展。不过，整体来看，秦汉时期的丝织品包装，特别是丝绸制的包装品仍主要被上层社会和豪强商贾所占据，较少流入普通市井百

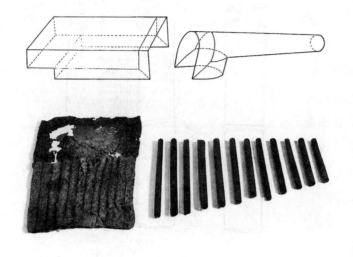

图5-17　马王堆出土的瑟衣、竽衣、竽律衣

姓的生活中。另外，值得注意的是，丝织品包装在长江以南的长沙、四川以及南越等地区十分盛行，其中又尤以南越等地区最为突出，这从南越王墓中所出土的丝织实物可以管窥。

4.天然材料包装

秦汉时期的天然材料包装与先秦以前基本相同，主要是竹编包装、木制包装以及树叶、竹叶、兽皮和果壳等。我们这里不妨以竹编包装和木制包装为例，稍加论述。因为相比之下，树叶、竹叶，甚或兽皮、果壳等包装材料发展至秦汉时期，在包装方式上无多大变化，一般仅作为包装容器的一部分。如马王堆出土的食品陶罐封口处即运用的是树叶或竹叶。而竹编包装和木制包装则不同，其在春秋战国的基础上获得了一定的发展，已普遍运用于包装食品、器物等与人们生活紧密相关的物品或产品。

从考古资料来看，竹编包装有笥、答、竹夹、竹筒以及竹管等形式，其中尤以笥最为常见。从出土情况来看，竹笥在目前发现的秦汉墓葬中几乎均有出土，而且出土时大部分的竹笥盛装有食物或服饰，也有用于盛装其他器具或器物的情况。符

合《说文》中"笥，饭及衣之器也"[1] 的记述。考古实物显示，竹笥在秦汉时期主要用于盛装食物和中草药，兼具盛放衣物和丝织品以及其他器物的功用。如云梦睡虎地秦墓发现有五件竹笥，其笥内主要盛放食物或铜镜、铜铃、铜璜等物[2]；长沙马王堆 1 号汉墓中共发现 48 件竹笥，其中 30 件用于盛装食物，而且主要是盛装肉类食品，有 8 件是盛装药物，仅 6 件盛放衣物，4 件盛放器具[3]。

竹笥一般作长方形箱形，用细竹篾，采用人字形编织法编成，盖和底的口部及顶部周缘，又用藤条或竹篾加缠竹片以加固，有的四角也加竹片。马王堆汉墓中发现的大部分竹笥还分别用朱红色或蓝色的麻绳索捆扎，以防止笥内食品或物品因搬运途中的震荡而损坏，特别是盛装食品的笥中还用茅草垫底，以起到缓冲材料的作用，最大限度地防止食品的损坏。此外特别值得注意的是，大部分竹笥出土时，有的还保存有原来缄封的封泥匣，有防开启的作用，而竹笥上系的标明所盛物品名称的木牌，如"牛脯笥"等字样，则具有如现代包装上标贴或标签的功用（图 5–18）。

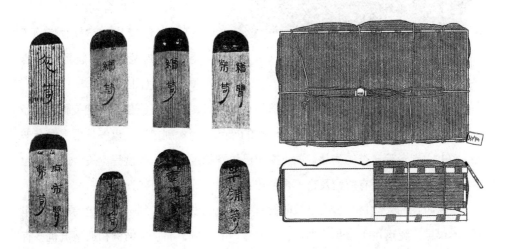

图 5–18　马王堆出土的竹笥

---

① （东汉）许慎：《说文解字》，九州出版社 2006 年版，第 382 页。

② 云梦睡虎地秦墓编写组：《云梦睡虎地秦墓》，文物出版社 1981 年版，第 57 页。

③ 湖南省博物馆、中国科学院考古研究所：《长沙马王堆一号汉墓》（上册），文物出版社 1973 年版，第 111—112 页。

与竹笥具有通用性不同的是，竹筊与竹夹应是果类食品的专用包装。云梦睡虎地秦墓中发现一件竹筊，出土时器内盛放有核桃等果品，形制为6方形孔编织而成，高在15厘米左右①。而在果品一类的食品包装中，结构设计巧妙的要属竹夹式包装。如马王堆发现的一件裹夹梅子的竹夹，长56厘米，宽48厘米，厚18厘米。其共计十余层，每层由纵向并列的三个小竹算拼成。小竹算分别用五列宽0.8厘米左右的宽竹篾为经，三列宽0.2厘米左右的细竹篾为纬编制，有效地将梅子夹在其中。具体看来，竹夹中每层竹算的两列宽竹篾之间，各有一行用两根细竹篾穿

图 5-19　马王堆出土的裹夹梅子竹夹

起的梅，每行约二十个，每层十五行左右②。这种方式在便于搬运的同时，还完好地将梅子固定于两竹算之间而不易滚落，更为关键的是其极大地满足了水果类食品保存须透气的要求。此外，在竹夹各层的三个小竹算上，还置放有"軑侯家丞"字样的封泥匣，以起到防开启的作用（图5-19）。

此外，竹制包装中还有竹筒、竹管等包装形式，竹筒可能是用于盛装酒水或经书的容器，竹管则主要是用于包装笔一类的产品。而木制包装，也多是用于保存书籍、经书、砚台等一类的物品，如上文中已谈到的经函和木砚盒等。关于这两类包装，我们在上文中已有所论及，不再赘述。

秦汉时期的天然材料包装已较前代有了很大的发展，特别是竹编包装和木制包装，不仅被广泛运用于食品、书籍、文具等产品领域，而且在结构和造型上也多有创新。究其缘由，一是竹木类的天然材料容易获取，而且可塑性强；二是这一类材料在保存食物、书籍、文具等产品上，拥有轻便、防虫等方面的优越属性。不过，

① 云梦睡虎地秦墓编写组：《云梦睡虎地秦墓》，文物出版社1981年版，第58页。

② 湖南省博物馆、中国科学院考古研究所：《长沙马王堆一号汉墓》（上册），文物出版社1973年版，第119页。

值得指出的是，竹编包装较多地在南方地区流行，北方则较为少见。

综上所述，秦汉时期的包装，不仅有铜、铁、金、银、玉、纸、漆、陶、瓷、丝织、竹、木等众多不同材料的区分，而且还有意识地根据所要包装的内容物选取不同的材料，如食物、糖果等食用产品多采用硬质陶制包装容器、瓷质包装容器、竹编包装以及漆制包装容器等相对清洁卫生，便于保存，且无毒性的材料；酒水由于易挥发则多用密封性、防漏性较好的青铜材质包装容器、漆制包装容器和瓷质包装容器等；而书籍、文玩用具等易于损坏、易招虫咬的产品则多用竹编包装、漆制包装、木制包装、玉制包装以及丝织品包装等；药物一类的产品由于须防潮、防药性散失、便于服用等要求，所以多用金银材质的包装容器、玉制包装容器和纸制包装；而贵重物品则多用防损性较好、审美功能足的漆制包装和丝织品包装；乐器由于结构造型的特殊性，因而一般采用可塑性强的丝织品包装；化妆品一类的产品，因为其使用对象为贵族女性，须在体现其实用功能的同时，还要强调包装物的审美功能，所以多采用漆奁包装。这些有意识地根据内装物性质的不同而选取的不同材质的包装，足见秦汉时期人们对包装已有充分的认识。当然，这些不同材质的包装在结构和造型上也有相互撷纳的情况，如陶质包装容器有仿青铜和漆器的，而青铜包装容器也有仿陶器、漆器的；同样地，漆制包装容器也有仿陶器和铜器的情况。此外，这一时期针对不同的属性产品还进一步发展了先秦以来的诸如防潮、防震、密封、透气、防腐、防伪、防开启、携带、捆扎等包装技术。与此同时，秦汉时期还继续沿用并发展了产生于西周时期的系列包装和春秋战国时期的组合式、集合式、便携式、旅游式等包装方式。

第三节　漆制包装的盛行及其原因

如果说漆器取代青铜器，在战国时期还处过渡阶段的话，那么到了秦汉时代，这种取代就已成为定局。秦汉时期的漆器发展达到了一个高潮，漆制包装的数量和品种增多，漆业由官府经营，为王室、诸侯和卿大夫所有，渐渐扩大到中、小奴隶主经营和享用，突破了官营的范围。冶铁业的发展，铁质工具的应用和推广，极大地促进了经济的发展，推动了手工业技术的进步，使得漆制包装扩展到生活的各个领域。王室贵族、达官贵人、宫廷贵族，竞相使用，在上层社会蔚然成风。这从考古发现的秦汉墓葬出土物足可管窥。

一、考古所见秦汉漆制包装

从目前的统计资料来看，考古所见的秦汉时期漆器除西藏、青海、宁夏、海南、吉林、黑龙江、福建、台湾、天津及上海等地区尚未出土或少有出土外，其他省、自治区、直辖市都有出土。其中以南方地区，特别是湖北、湖南、江苏地区出土的漆器数量多、保存完好。相比之下，北方地区出土的漆器不但数量少，而且保存情况不佳。考古资料显示，出土有秦汉漆器的墓葬，主要分布在湖北的云梦和荆州、湖南长沙、江苏的扬州和连云港、安徽的阜阳和天长等地，另外在山东临沂、广东广州、广西的贵县、贵州清镇、甘肃武威、四川成都等地也多有分布。其中湖北江陵雨台山楚墓、湖北随县曾侯乙墓、湖北荆门包山汉墓、湖北云梦睡虎地秦汉墓、湖北江陵凤凰山楚墓、湖南长沙马王堆汉墓、广西贵县罗泊湾汉墓等墓葬的漆器大都保存完好。这些漆器中不乏设计精美巧致的包装容器，为我们了解秦汉时期的包装艺术提供了大量丰富的实物史料。

漆制包装容器从春秋战国时期逐渐发展至秦汉时期，其包装形式在不断变化和丰富着。战国早期漆制包装容器的种类较少，仅以圆盖豆常见；战国中期器类略为丰富，增加了樽、圆奁；战国晚期及秦，虽早期的圆豆不见了，但其他包装器型继续存在，并在型式上有所变化，同时还新出现了很多的器类，如椑和笥等。西汉早期在器型上更为丰富，特别是多子奁的产生，以及盛、椑等生活餐具结合化包装的出现，使汉代漆制包装形式十分丰富。总之，漆制包装容器由春秋战国的出现，秦时期的成长、壮大，再到西汉早、中期的繁荣，漆制包装容器到此经历了第一次鼎盛。

战国、秦时期漆器主要集中在湖北、湖南等战国时期楚国统治区，两汉时期的漆器主要集中在邻近的湖北、湖南、江苏地区[①]。漆制包装容器从战国至汉代，历经了几百年，一些传统的漆制包装容器种类，如豆、钟、钫等"礼器"，逐渐消失，

---

① 顾森主编：《中国美术史——秦汉卷》，齐鲁书社 2000 年版，第 395 页。

到了西汉中晚期最终脱离战国漆器组合的传统，而以樽、圆盒和放置这些单件包装的器具及妆奁等日用器具为固定组合，从而形成了汉代漆器的组合风格。

漆制包装容器由战国的单一件到汉时期的整合包装的转变，是人们生活习惯变迁的见证。战国时期，人们以席地而坐的方式用餐，且无凳少几案，使得具器食大量存在。《汉书·郑当时传》："然其馈遗人，不过具器食。"颜师古注："犹今言一盘食也。"这种器物兼具容纳、保护的目的功能，同时更为重要的是便于运输和携拿功能，它能将多件餐具整合放置于一体，无形中起到了器具案（类似于现在的饭桌）的作用。至西汉中晚期，随着技术的发展和享乐主义的盛行，饮食的日益丰盛，包装内容单一的系列化包装已经无法满足大量的餐具器皿，再加之器具案的出现，具器食类型的包装逐渐衰退。

具体来看，秦汉时期漆制包装的种类大概可以分为两类，一类是具有盛装、贮存功用的包装容器，如漆壶、漆罐、漆钫、漆樽、漆笥等；一类是具有包裹、保存器具功能的漆奁、漆盒等日用生活包装容器。除此之外，还有用于包裹兵器的军用漆制包装，如矢箙、漆盒等。由于上述这些漆制包装中，有部分结构和造型与战国时期的漆制包装并无多大差别，所以此处仅对部分包装功能属性明显，且结构巧妙、造型美观的漆制包装进行分别阐述。

1.盒式漆制包装

在秦汉时期的漆器中，包装功能明显，且结构巧妙、造型多样的要属盒式漆器。因为从考古发现的实物资料来看，盒式漆器中不仅有特定的用于盛装食物和女性化妆用品的漆盒，而且还有用于裹装器具的具杯盒。秦汉时期盒式漆器的造型与结构较先秦时期规矩，但其形制和式样仍呈现出多样化的格局。据有关研究人员统计，秦汉时期的漆盒制造除多沿袭先秦以前的圆盒、方盒、具杯盒等式样以外，新品种也层出不穷，主要有单层长方盒、盝顶式长方盒、双层长方盒、马蹄形梳篦盒、双层月牙盒、长方及半月形联盒、有柄圆盒、椭圆形盒、正方形盒、桃形小漆盒等[①]。当然，必须要指出的是：这些不同式样的盒式漆器，有一部分是归属于奁式

---

① 陈丽华：《漆器鉴识》，广西师范大学出版社 2002 年版，第 107 页。

漆制包装中的，如椭圆形盒、桃形小漆盒等。根据这些漆盒的功能用途，再结合其造型特征，我们大体可以将盒式漆制包装归分为两类：一类是以圆盒为主的几何造型；一类是以具杯盒为主的生活实用造型。

（1）以漆圆盒为主的几何造型。随着社会的发展和人类自身的进化，人的需求不断增多，欲望不断膨胀，对与物质生活密切相关的包装的需求也不断丰富多样，反映在漆制包装容器上，漆圆盒被运用于诸多方面。这就导致秦汉时期的漆圆盒形制随之发生变化。云梦睡虎地秦墓出土的两件彩绘鸟云纹圆盒，整体造形和大小几乎相同[1]。其皆为木胎，挖制成型，由盖与器身扣合而成，盖顶隆起，带圆形抓手

图 5–20　彩绘鸟云纹圆盒

（图 5–20）。此造形的圆漆盒在汉代继续发展，但较之春秋战国时期，在整体器型的高矮、器盖、腹壁及圈足等处均有变化。整体器型由矮变高；腹壁由弧变直；由最初的盖与身不相同，到盖与器身大致相同[2]。就包装设计角度来看，整个器型渐高，挖制胎体改进为镟制和夹纻胎体，不仅使得包装容积量增大，体量更为轻巧，而且关键的是符合包装世俗化的发展趋势。如荆州高台秦汉墓发现漆圆盒 25 件，其整体造型及大小基本相同：整器形呈扁圆球体，由盖、身作为子母口扣合而成。器内髹红漆，器外髹黑漆。盒身作子母口内敛，上腹壁较直，圆底，矮圈足。身高于盖，盖与身的肩部均较宽广。盖顶隆起，上有圈足状环形抓手[3]。这种式样的圆盒式漆制包装，不仅用于装贮内容物的实体空间得到了充分的满足，而且更为关键的是盖顶多了圈足状的抓手，便于使用时的提拿开启。

圆球形盒式漆制包装固然在秦汉时期获得了较大的发展，然而，其归属性，并

---

① 云梦县文物工作组：《湖北云梦睡虎地秦汉墓发掘简报》，《考古》1981 年第 1 期。

② 洪石：《战国秦汉漆器研究》（博士学位论文），中国社会科学院研究生学院，2002 年。

③ 湖北荆州博物馆编：《荆州高台秦汉墓》，科学出版社 2000 年版，第 154 页。

不是十分明确。不过，根据马王堆1号汉墓所发现的4件漆圆盒上的铭刻有"君幸食"的字样来看，圆盒式漆制包装，应属食品包装范畴。相比之下，漆圆盒较陶圆盒、青铜盒等包装容器更适合用于盛装、包裹食品。因为漆器具有轻便、卫生以及无毒性等优点，所以较陶制、青铜制的食品盒要好。据此，我们可以这样认为：陶圆盒、青铜盒等用于食品包装领域的容器之所以在秦汉时期逐步退出历史舞台，应是与漆圆盒的兴起有关。

在食品盒式漆制包装中，设计尤为巧妙的是安徽天长县三角圩西汉墓发现的一件果盒。其为夹纻胎，造型呈圆筒形，有盖，器身内分制大、中、小三个四出弧曲椭圆形凹槽盒，槽内各装一个椭圆形果盒①。从盒内结构设计来看，其大、中、小三个椭圆形凹槽盒的设置，不仅合理地利用了筒形盒里的空间，将用于盛装果品的椭圆形实体盒科学地置放其中，而且更为关键的是利用凹槽结构巧妙地将椭圆形实体盒稳固，起到了很好的包装防震作用。

除圆盒式漆制包装之外，还有造型为方形的盒式漆制包装。方形漆盒与圆盒一样，在秦汉墓葬中发现甚多，有夹纻胎、木胎等不同胎体以及长方盒、双层长方盒等不同种类。基本型为方形的盒式漆制包装，有大、小两种，其大型方盒和部分小型方盒的包装归属目前尚不明确，但从其形制来看，其应属生活日用包装的范畴，而小型方盒则部分可归属于化妆品包装范畴，不过其一般是作为奁式漆制包装中的子奁而存在（图5-21）。大型方盒如云梦睡虎地秦墓和安徽天长县三角圩西汉墓发现的长方盒。相比之下，安徽天长县出土的2件大方盒②均较睡虎地秦墓的长方盒要长

图5-21　安徽天长县方形漆盒

①　安徽文物考古研究所等：《安徽天长县三角圩战国西汉墓出土文物》，《文物》1993年第9期。

②　安徽文物考古研究所等：《安徽天长县三角圩战国西汉墓出土文物》，《文物》1993年第9期。

要宽，包装功能相对弱，其可能属家具范畴。而睡虎地秦墓发现的长方盒，大小适宜，为木胎，由器身与盖套合而成，盖顶为盝状①。与安徽天长县的漆方盒相比，其更适于包装一般性的生活日用物。

与此相关，安徽天长县三角圩还出土了25件形制相同的小长方形盒②，与大长盒不同的是，其为夹纻胎制，美观而且十分轻巧，尤其利于包裹小物件。值得称道的是，由于夹纻胎抗压率不如木胎，坚固程度也难以与木胎相比，所以时人在小方盒的盝顶盖嵌长条形银柿蒂，并在盖、身各银扣三周，不仅增强了方盒的抗压力和坚固程度，而且也美观大方，实属巧妙之举。与此种方盒的制作工艺相同的还有同墓出土的结构、造型奇异的长方、半月形联盒，夹纻胎，全器银扣数周，间绘金黄色云气纹和几何纹图案，轻巧美观。其结构设置为上盒长方形，下盒半月形，半月盒盖上有一长方形凹槽，槽内放一长方形盒，不仅较好地将方盒扣住，而且造型奇巧十分美观。从此墓中发现的诸多造型各异，装潢美观的漆盒，特别是梳算盒、有柄圆盒等来看，这类轻巧奇异造型的盒式漆制包装应属女性化妆品包装范畴。

与上述方盒不同，西汉时期还出现了一种集合式双层长方盒。这种双层结构的长方盒在先秦以前尚未发现，应属西汉时期的新形制。如安徽天长县三角圩出土的2件形制相同的夹纻胎双层长方盒。该盒由上、下两个长方盒套合组成，分上盖和下底，中层为上盒底与下层盒盖相连接，上下盒大小相同。器表朱绘云气纹及飞禽走兽等③。

（2）以耳杯盒为主的漆具器。在众多出土的秦汉盒式漆制包装中，包装功能最明显的要属"漆具器"了。随着秦汉时期包装需求的专门性增强，包装的分类也越来越细，由春秋战国时期较多的酒具盒逐渐发展为多双耳长盒和耳杯盒。并且在包装造型方面也有变化：器身由长方形变为椭圆形，由长变短，由平盖变为隆盖带凸棱，由平底变为圈底带凸棱（全组），内部盛放的器物逐渐减少，由装杯、酒壶等多种酒食具，减少到只装耳杯。盖的隆起、底的圈环增加了包装的高度，一是视觉效果更佳，二是放宽了内容物的高度，扩展了可包装物的范围，兼具了包装的使用

---

① 云梦睡虎地秦墓编写组：《云梦睡虎地秦墓》，文物出版社1981年版，第30页。

② 安徽文物考古研究所等：《安徽天长县三角圩战国西汉墓出土文物》，《文物》1993年第9期。

③ 安徽文物考古研究所等：《安徽天长县三角圩战国西汉墓出土文物》，《文物》1993年第9期。

和审美功能。

双耳式长盒酒具漆制包装，以云梦睡虎地秦墓出土的 10 件形制相同的双耳长盒为典型，为夹纻胎，由器身与盖扣合而成①。与其他长方盒不同的是，双耳长盒两头有双耳作把，盖上与器底的两头均有弧形假足，较好地实现了搬运和开启等包装功能，这可能是其包装用途与一般方盒不同的缘故（图5–22）。这种带双耳的漆盒属秦墓中首次发现，不过并非秦代独创，因为此种形制的漆盒早在战国时期即已出现。如四川荥经曾家沟 21 号战国墓中就曾发现一件双耳漆长盒②，其与睡虎地秦墓中的双耳长盒形制基本相同。

此类用于盛装器具的盒式漆制包装中堪称经典的要数马王堆汉墓发现的西汉早期的漆耳杯盒（图 5–23）。该耳杯盒为木胎，椭圆形。其由盖和器身两部分以子母口扣合而成，盒内套装耳杯七件，其中六件顺叠，一件反扣。反扣杯为重沿，两耳断面三角形，恰巧与六件顺叠杯相扣合，可谓设计奇特，制作精巧③。另外，从其造型和装饰来看，其器呈椭圆形，盖部微隆，器两端有短柄，盖顶与器底的两端有长弧形凸棱，配以器上

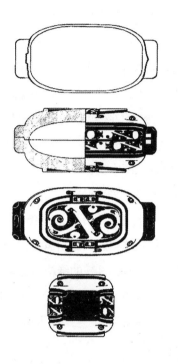

图 5–22　双耳长盒

图 5–23　漆耳杯盒

---

① 云梦睡虎地秦墓编写组：《云梦睡虎地秦墓》，文物出版社 1981 年版，第 28 页。

② 四川省文物管理委员会等：《四川荥经曾家沟 21 号墓清理简报》，《文物》1989 年第 5 期。

③ 湖南省博物馆、中国科学院考古研究所：《长沙马王堆一号汉墓》（上册），文物出版社 1972 年版，第 83 页。

装潢的红漆和黑漆绘云纹、漩涡纹和几何纹等图案，整个具杯盒显得十分美观。无独有偶，在荆州高台秦汉墓也发现了一件耳杯盒，与马王堆汉墓出土的耳杯盒在形制上基本相同，子母口扣合而成，整器用整木凿成，器两端有扣合后呈圆圈状的短柄。所不同的是，该件耳杯盒叠放耳杯的数量和方式均不同，盒内叠置耳杯 10 件，分两边各 5 件叠置，耳杯底部朝外，中间两件则杯口相对。盒内耳杯，除中间的一件为了放置方便而将杯耳削去外，其余九件均作新月状圆耳[①]。此类耳杯盒在湖北云梦西汉墓中也有发现，只是其盛装耳杯的数量相对较少，仅为 6 件，叠放方式也有所不同，采用平放[②]。

从上述几件耳杯盒，我们不难看出，秦汉时期集合式器具包装容器专门性更强，但是这类盒式漆制包装在结构设计方面似乎仍未成熟。因为从耳杯盒置放耳杯的情况来看，耳杯的结构与造型大多做了改变，这种为适应耳杯盒的叠装而进行的修改，有削足适履之嫌，无疑与包装设计要适合内装物形制和性质而进行设计制作的设计原则不符。当然，即便如此，我们也不能否认这两件耳杯盒在包装结构设计方面的进步。

2. 奁式漆制包装

随着社会经济的不断进步，用于盛放梳妆用具的"化妆盒"漆奁从秦汉时期开始迅速发展，形制种类丰富、功能不断完善，在漆制包装中占有重要的地位。就整个外部形制而论，秦汉期间的奁式漆制包装有圆形、方形、椭圆形等不同式样，且以方圆漆奁最为常见。就子奁形态而论，有圆形、椭圆形、方形、桃形、马蹄形、月牙形等。就结构设计方面而言，可谓式样繁多，较先秦时期相比，主要是双层式和多子式的漆奁包装大为增多，诸如有五子奁、七子奁、三足奁、双层七子奁、双层九子奁、双层十一子奁等，不胜枚举。就扣合方式来看，奁式漆制包装可分为直口式和子母口式两类。此处，我们为了能更好地讨论漆奁包装，将按照扣合方式的不同进行分类阐释。

---

① 湖北荆州博物馆编：《荆州高台秦汉墓》，科学出版社 2000 年版，第 136—139 页。

② 湖北省博物馆等汉墓发掘组：《湖北云梦西汉墓发掘简报》，《文物》1973 年第 9 期。

（1）直口式漆奁包装。从出土的漆奁实物来看，直口式的漆奁形制有圆形、椭圆形和方形，其中尤以圆形最为常见。圆奁的整体形状为圆筒形，直壁，平底，由器身和器盖扣合而成。从盖与身扣合方式而言，直口式漆奁包装一般是由器盖套合至器身近底处。如湖北云梦睡虎地秦墓中发现的九件木胎圆奁即为器身与盖相扣合的方式。其中一件盖外与器外均有"大女子小"的针刻文字，其出土时内装铜镜、木梳各一件，用红、褐漆彩绘鸟纹、变形鸟纹、菱形纹等几何纹饰[①]，是秦代典型的化妆品包装。与此种扣合方式相同的，还有同墓中发现的 7 件木胎椭圆形奁。与春秋战国时期相比，秦代的漆奁盖部隆起稍高，反映了漆奁内装空间的增大，同时其装饰纹样的丰富也充分地体现了时人对包装审美功能的重视。

西汉时期的奁式漆制包装的功能越加完善，出现了直口式多子奁。如湖南长沙马王堆出土的"五子检"妆奁，也即单层五子奁（图 5-24）。出土时，器内装放镜擦一件，镜衣及铜镜一件，环首刀三件，笄、镊、茀、印章各一件，木梳篦一件以及圆形子奁五件[②]。其中三件子奁内盛装化妆品，均布胎，质轻，盖内外中心部分

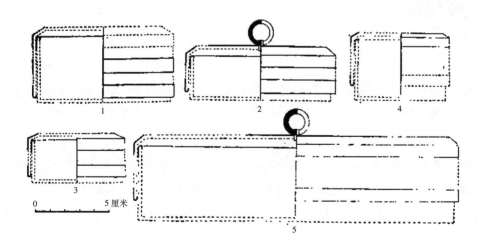

图 5-24 直口式漆奁扣合方式

① 云梦县文物工作组：《湖北云梦睡虎地秦汉墓发掘简报》，《考古》1981 年第 1 期。

② 湖南省博物馆、中国科学院考古研究所：《长沙马王堆一号汉墓》（上册），文物出版社 1972 年版，第 89 页。

锥画云气纹，并加朱绘，盖边缘及器身近底处锥画几何纹，并朱绘点纹。另两件子奁器形稍大，分别盛花椒和香草类植物，为卷木胎。其盖隆起升高，内部盛有多子奁，表明包装形式开始向整体化进展，并且装饰的程度更加精美，在彩绘的基础上加入了油彩和锥画纹饰。值得指出的是：子奁在选材上，具有明显的针对性，其内容物相对轻巧的用布胎，而其他相对沉重的则用卷木胎，其包装的实用性不言而喻。此外，在河北满城汉墓中也发现有 2 件直口式开合五子奁[1]，与马王堆形制基本相同，不过出土时已朽。

图 5-25　七子漆奁

技术水平的提升和社会享乐主义的盛行，使得装饰华丽的直口式多子奁也大量出现，江苏邗江姚庄出土的西汉七子漆奁就是最好的证明（图 5-25）。奁内含有七个子奁，均为薄木胎，依据内容物各自的形制之分，子奁有长方形二件、圆形二件、马蹄形一件、方形一件、椭圆形一件。整个装饰富丽华贵：器表镶嵌银扣，之间再装饰金、银镂带、朱绘几何纹带，在金、银瓣中各镶嵌一颗鸡心形红玛瑙，朱绘鸡心形纹饰；盖顶中心外围镶嵌三道银扣，装饰两道金、银镂带和朱绘菱形几何纹带，相间排列；金银镂带图案内容为山水云气纹、流云纹、羽人、禽兽、车马等；奁身外底中心绘一同心圆，周围绘四个圆与其相交，内绘飞燕、龙纹；外底中心外围的两道纹饰带分别绘云气纹和菱形几何纹[2]。与此相同的七子奁，在江苏邗江胡场五号汉墓[3]及姚庄 102 号汉墓[4]等墓中也有发现。

从上述直口式开合的漆奁，我们不难看出，其包装的形式和方式均在不断变

---

① 中国社会科学院考古研究所、河北省文物管理处：《满城汉墓发掘报告》（上册），文物出版社 1980 年版，第 300—302 页。

② 陈振裕：《楚秦汉漆器艺术·湖北》（图录），湖北美术出版社 1999 年版。

③ 扬州博物馆、邗江县图书馆：《江苏邗江胡场五号汉墓》，《文物》1981 年第 11 期。

④ 扬州博物馆：《江苏邗江县姚庄 102 号汉墓》，《考古》2000 年第 4 期。

化。如盖由微隆到隆起较高；装饰由无纹到漆绘再到油彩、锥画纹饰，再发展到嵌扣、镂带装饰，愈益华美；乃至由单件包装发展为多内置子盒的成套包装。总之，秦汉时期的奁式漆制包装的使用性和审美性均有显著的提高，是先秦时期的漆奁包装不可比拟的。

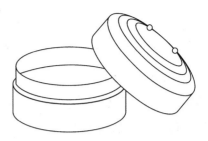

开启状态

密封状态

图 5–26　子母口式漆奁包装

（2）子母口式漆奁包装。在奁式漆制包装中，其包装功能体现得最完美的要属子母口式漆奁包装（图 5–26）。因为子母口式开启设计，可以使漆奁包装的器身与器盖结合更牢固，密封性加强。湖北云梦大坟头出土的彩绘变形鸟纹双层漆奁，上层口径 21.6 厘米、盖径 22.5 厘米、高 4.4 厘米；下层口径 20.9 厘米、盖径 22.5 厘米、高 3.5 厘米[①]（图 5–27）。从上可知盖部的壁厚 0.45 厘米、身壁厚 0.9 厘米，两者相减正好等同于上下层口径的差，足见设计的准确和工艺的精巧。器身壁比盖壁厚，这说明两者的胎骨有差别，是由两部分各自功能的差异而决定的：器身具有容纳、保护和贮运的任务，采用夹纻胎使包装体轻，且胎体内部的多个层面决定了器物良好的缓冲功能；漆盖主要起到密封作用，盖壁要薄轻一些，采用能够使胎体坚实的卷木制或

图 5–27　彩绘变形鸟纹双层漆奁

---

① 湖北省博物馆等汉墓发掘组：《湖北云梦西汉墓发掘简报》，《文物》1973 年第 9 期。

斫制方法，便于更长久的使用和加强运输过程中的安全性及牢固性。在装饰方面，上层器身的外壁与盖外壁，用红漆和金色绘云气纹和变形鸟纹；盖顶用红、褐漆和金色绘变形鸟纹和云气纹；下层外壁用红、褐漆和金色绘菱形纹。双层漆奁内分别装铜镜、玉璧、木梳各一件，木篦三件，木刮刀二件。较之单层直口式开合的漆奁，其密封性更好，容积空间更大，进一步完善了包装功能。

图 5-28　双层九子漆奁

漆奁的内部包装件也在不断增加，由最初的无子盒发展到三子、五子、七子，再丰富到九子、十一子。如湖南长沙马王堆出土的双层九子漆奁（图 5-28），它较之前期漆奁形制整体器形更高，盖部隆起更多。此奁分器身两层，连同器盖共三部分。盖顶圈形，高 10 厘米；上层器身高 12.5 厘米，外形呈"凸"字形，上半部套入盖内，下半部套在下层器身的上面；下层高 7 厘米；三层套合后通高 20.8 厘米，口径 35.2 厘米。上层隔板厚 0.7 厘米，板上放置素罗绮手套、朱红罗绮手套、"信期绣"绢手套各一幅，丝绢絮巾、组带、"长寿绣"绢镜衣各一件；下层底板厚 5 厘米，凿出凹槽九个，槽内放置盛有各种不同女性化妆用品的九个子奁，分别为椭圆形二件，圆形四件，马蹄形一件，长方形二件[①]。由此，我们不难看出，器型相对增高，增大了其包装内容物的实体空间，合理地将九件子奁置放其中；而底板用凹槽设置，不仅满足了九件子奁的置放，而且更为关键的是起到了防震和缓冲材料的作用。再者，在用材方面，此件漆奁也尤为注意，为了满足贵族阶层的审美需要以及使用时的轻便，其外部大奁及内部小子奁均为布胎；而为了较好地承载器内九件子奁的重量，其器底则用厚木胎，以增强奁的承重力。

① 湖南省博物馆、中国科学院考古研究所：《长沙马王堆一号汉墓》（上册），文物出版社 1973 年版，第 88—89 页。

除了包装功能优越以外，该件九子奁的外包装和内包装在审美功能上也尤为突出。其器外髹黑褐色漆，再贴金箔，上面施油彩绘，盖顶和上下层的外壁，以及盖内和上层中间隔板上下两面的中心部分以金、白、红三色油彩绘云气纹；盖周围和上下两层的口沿内均髹黑褐色漆，再绘油彩云气纹。九个子奁多以金、白、红三色油彩绘云龙纹或锥画花纹。

除在马王堆发现了子母口式九子漆奁以外，长沙咸家湖西汉曹㜏墓和江苏邗江甘泉各发现了一件双层九子奁。相比之下，咸家湖九子奁与马王堆九子奁大致相同①，差异不大，同属西汉时期的漆器。而江苏邗江甘泉的则属于东汉时期，且形制与马王堆所发现的九子奁大为不同，呈方形。奁内上层置一面用丝织物包裹的铁镜，一件嵌有三粒水晶泡的小长方形漆盒，盒内有一件黛板。下层为九子小奁，小奁盒除底部以薄铜皮为胎外，边框和盖均为木胎，子奁中分别放置有梳篦、铜刷、毛笔、粉状颜料等②。子奁中除一个为圆形、一个为椭圆形以外，其余均为大小不同的方形子奁。这种双层方形九子奁式漆制包装，尚未发现有西汉时期的作品，此件方形九子奁极有可能是仿西汉时期圆形九子奁的结构而制成的。

总之，无论是直口或子母口扣合的奁式漆制包装，均有如下的变化：整个器形升高，从扁矮变为扁高；器盖逐渐隆起，从平顶变为盝顶；从单层变为双层，包装内部空间不断扩大；包装形式从单件器变为内置多子的成套包装形式；内置子奁的数量和形状日益多件化、丰富化；子奁的放置方式从平置变为底部凿凹槽镶嵌摆放。

3. 以樽和椑为主的酒食漆制包装

用于盛装酒水、酒器以及食品的漆制包装在先秦和秦汉时期的漆制包装中占有相当大的比重，主要有漆樽、漆椑、漆笥、钟、钫、壶等品种。由于漆钫、漆圆壶等用于盛装酒水的漆制包装容器在造型上与先秦时期大体一致，差异不大，所以我们不再详加阐述。而漆笥出土实物数量较大，与上文中所论及的竹笥的形制基本一

---

① 长沙市文物局文物组：《长沙咸家湖西汉曹㜏墓》，《文物》1979 年第 3 期。

② 南京博物院：《江苏邗江甘泉二号汉墓》，《文物》1981 年第 11 期。

图 5-29　马王堆汉墓漆钟

致，同样是用于盛装和储存食品或服饰，因此不再赘述。

漆钟应是西汉时期的新品种，多是用以盛酒。如《晋书·崔洪传》中载："汝南王亮常晏公卿，以琉璃钟行酒。"[1]这类钟在马王堆1号汉墓中发现2件，长颈，大鼓腹，圈足。盖上有三"S"形钮（图5-29）。出土时，器内均残存酒类或羹类的沉渣[2]。从文献记载和考古实物来看，其漆钟属酒水包装范畴是毋庸置疑的。再从整体来看，其胎厚，体型稳重牢实，强调了其作为酒水包装所需的实用功能。不过，值得注意的是，这类漆钟并未广泛普及，流行时间也不长，汉以后即十分少见。这极有可能是与瓷器酒壶的兴起有关。

与漆钟专用于盛装酒水不同的是，漆樽不仅用于盛酒，还用于置放耳杯一类的酒器和食品，这从大量的考古实物资料、墓室壁画、画像石和画像砖上可见其端倪。如江苏邗江县胡场出土的一件漆樽内放置了一件漆勺[3]；江苏连云港市海州出土的一件漆樽内也放置了7件杯[4]。在汉代一些画像砖、画像石上也有所反映，均可以看到漆樽是与杯、勺配套使用。例如甘肃嘉峪关东汉晚期墓的画像砖[5]上图像，以及山东沂南画像石墓中室东壁横额之宴乐图左队席边有一三足酒樽，置于三足盘上，樽内放有一勺子[6]。在樽式漆制包装中特别值得一提的是，海州西汉霍贺墓所发现的一件盛装有食品和酒具的漆樽。其出土时内装有栗子、枣子、杏子和五

① （唐）房玄龄等：《晋书》卷45《崔洪传》，中华书局1974年版，第1288页。
② 湖南省博物馆、中国科学院考古研究所：《长沙马王堆一号汉墓》（上册），文物出版社1973年版，第80页。
③ 扬州博物馆：《邗江县胡场汉墓》，《文物》1980年第3期。
④ 南波：《江苏连云港海州西汉侍其墓》，《考古》1975年第3期。
⑤ 嘉峪关文物清理小组：《嘉峪关汉画像砖墓》，《文物》1972年第12期。
⑥ 南京博物院、山东省文物管理处编：《沂南古画像石墓发掘报告》，文化部文物管理局1956年版，第18页。

个耳杯,其奁上覆盖一漆碗,实属一套组合食用漆器具。该件食樽,为圆形直口,人头形三足,器内底部正中墨线绘形似长方印章,篆书漆工"桥氏"的印记①。从上述材料我们不难看出,樽式漆制包装不仅属于酒或酒器具包装容器,而且还可以归属于食品包装的范畴。

毫无疑问,漆樽的造型来自于青铜礼器,但发展到秦汉时期,其作为一般性容器功能减退,包装的功能性逐渐占据了主导地位。樽一般为木胎,圆筒形,与圆筒形漆奁十分相似,不过其一般有三足,其开合方式多为子母口式,也有直口式。漆樽发展到西汉时期,其整体器型由矮扁变瘦高,盖由平变隆,口由敞口变为直口,腹由斜直壁变为直壁②(图5–30)。由此,其包装功能也更加完善,并且多将勺、杯放置其中,以便于组合使用。

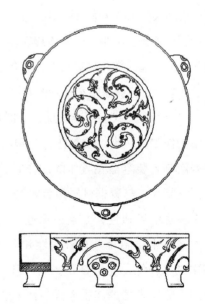

图 5–30 西汉漆樽

---

① 南京博物馆院、连云港市博物馆:《海州西汉霍贺墓清理简报》,《考古》1974年第3期。

② 洪石:《战国秦汉漆器研究》(博士学位论文),中国社会科学院研究生学院,2002年,第27页。

漆榼，即扁壶，盛酒的包装容器。考古发现的秦代漆扁壶，以湖北云梦睡虎地秦墓发现的 8 件为典型。这 8 件扁壶均由两半黏合而成，扁腹，长方形圈足，器表涂黑漆，有的还用红漆彩绘图案[①]。如湖北江陵凤凰山出土的西汉时期的长方口漆榼，通高 48 厘米，肩上有两个对称的铜铺首衔环[②]。口沿外和圈足上朱绘鸟头纹图案；两侧腹为朱、褐色彩绘云鸟纹、点纹、鸟头纹；正面、背面各绘豹三只。整个画面由鸟纹、云鸟纹和卷云纹构成一个整体，装饰图案与器型浑然一体，构成了装饰意味极强的漆制包装。此外，山东莱西县岱野发现的一件扁壶，不仅美观，而且包装的提携功能较好。具体看来，其呈扁形体，卷木胎，两侧肩部各雕一圆纽，纽上还留存有麻绳[③]，可见其是为方便提携而设置的，很好地满足了包装方便搬运的功能属性。

值得指出的是，秦汉时期的扁壶形制的容器除有漆制外，还有铜制、陶质等不同材质的区分，其中尤以铜制扁壶最为普遍。相比之下，漆制扁壶在造型变化上要比铜制扁壶逊色不少，而且漆扁壶多在南方地区发现。从漆扁壶的形体由大变小，腹部越来越扁的变化趋势来看，其包装功能在逐步减弱，完全是一种功能"逆反"的衍变态势，应属皇室和权贵的专属包装用品。

综上所述，我们不难发现，漆器在其发展过程中，出现了各种制胎工艺，有木胎制作工艺、夹纻胎制作工艺和其他材质的制作工艺。胎体多样的制作技术，使得漆制包装容器在具体的制作时，利于从实际需求出发进行相应的选择，且选择空间大。与青铜材质包装容器、陶质包装容器等相比，体轻，易加工成型，具有较优的可塑性，并且适用性能强，使用范围广泛。另外，由于漆制包装容器主要的木质胎骨具有普遍性和再生性，较之青铜器等其他器物，取材方便，制作成本较低，易于普及。同时漆具有高度的黏结性，利于器物的粘连加固，涂刷于物体表层的漆膜干燥、耐水、耐热、耐磨、耐冲击力、耐弱酸碱，能抵御盐和油剂的侵蚀，延长器物的使用寿命，且安全性能比较好，尤其是在生活

---

① 云梦睡虎地秦墓编写组：《云梦睡虎地秦墓》，文物出版社 1981 年版，第 32—33 页。

② 纪南城凤凰山 168 号汉墓发掘整理组：《湖北江陵凤凰山 168 号汉墓发掘简报》，《文物》1975 年第 9 期。

③ 烟台地区文物管理组、莱西县文化馆：《山东莱西县岱野西汉木椁墓》，《文物》1980 年第 12 期。

实用方面，如壶、奁等漆制包装容器。同时又因漆器适合各种工艺加工，如鎏金、镶嵌等工艺手段，因而漆制包装容器也能满足上层社会或贵族奢侈的生活需求。

秦汉时期漆制包装容器的造型，比先秦时期更为丰富，并为适应生活中更多的实用需要，发展了战国时期多功能和组合化、系列化包装设计的包装形式。与前代相比，由于较普遍地采用旋制与卷制技术，许多漆器造型更为规整，而且圆形、椭圆形等容积较大、省工省料、较为实用的漆器，更为常见，对器物造型实用与美观相结合的制作法则与规律的掌握已趋于成熟①。盛装化妆品香料一类的漆奁，不仅生产数量多，而且出现了双层和多子的组合式内部结构设计，容器造型与先秦相比，更为精致灵巧。如湖南马王堆、山东银雀山等地汉墓都出土了内装子盒的单层或双层奁具，其子盒或五、或七、或九，甚至十一，形状各异，充分考虑了节省空间容积的组合。这种包装形式既表现了两汉时期包装意识的进步，同时也体现出了当时高度的设计技巧和合理的实用性。

二、秦汉漆制包装的文化艺术阐释

包装无论在任何时期，其包装物本身均不具有真正的实用价值，人和社会需要的是它的包装功能。然而，我们知道，包装功能的实现要涉及包装要素、包装结构和包装环境等诸多方面的因素。由此，从"内部关联"分析，漆制包装根据其自身需要采用适合的技术功能，包括胎体材质的取舍、附件的配用、制胎技术的选定、形态结构的设计、内部空间的分隔等，即包装介质与内容物密切相关的联系，均要按照包装存在的价值（实用功能或审美功能）来进行指定②。从"外部关联"分析，将使用者（多贵族）的要求蕴含在漆制包装整个的生命周期的各个环节中，从包装件的制作厂（官营或手工作坊）、运输、储存、使用到废弃处理，以防护功能作为基础，设计好各环节间的平行的联系。最后将内外部联系整合为一，将目的功能（多审美功能）作为技术功能要求的约束，设计出符合秦汉社会所需要的漆制

---

① 陈振裕：《楚文化与漆器研究》，科学出版社2003年版，第282—525页。

② 刘玉生等：《包装功能论初探》，载《国际现代包装及教育学术研讨会》（论文专版），2004年5月，第149—156页。

包装容器。

1.漆制包装容器的虚实空间设计

老子在《道德经》中有过这样的论述:"埏埴以为器,当其无,有器之用;凿户牖以为室,当其无,有室之用。"其意为发挥器皿功用的不是器皿的实体,而是这个器皿所构筑的空间。在老子看来,真正对人有用的不是器皿的实体,而是器皿中的虚空间,器皿没有虚空间,就不能盛放东西,也就失去了器皿的效用。"有"的作用,完全是为了构筑"无"。虚空间是为了功能服务的,因而真正发挥包装功用的是虚空间。如秦汉时期带三足的漆樽,在底部铸支脚,将容器架空,加强造型下部的虚空间;盖部为盝顶式的漆盒,凸起的部分增加了容器上部的虚空间,这都是靠虚实相生的设计原理来增强造型的气势。带侈耳或置捉手的漆盖豆包装,其重心集中在上部,显得稳健而有重量感,但通过下部细长撑杆的回转,构成了下部的虚空间,使整个包装舒展大方。

同时,合理的虚空间设计能给使用者带来直观的指示和引导作用,有效地消除人机之间的交流障碍。如漆制包装中侈耳或抓手、铺手或盖钮等类似于把手的设计,与器盖或器身构成了有界限的虚空间,给使用者的手留出停放及携拿处,让手与受体之间形成一个得力的角度,便于漆制包装的开启与使用。这些附件与包装容器主体形成的不同虚空间也显示了各自的端拿方式——端把方式、提梁方式和侧卧方式。但附件的配置不是无序随意的,而是根据把放置手空间的容量大小和包装使用方式紧密相关。

虚空间的合理运用可以产生心理稳定感,它主要是通过视觉引发心理上的稳定,其设计的关键因素就是重心和方向。重心,即容器重力向下的中心轴的下部。在漆制包装上,我们就可以见到虚空间的运用,匠师在包装容器上增加装饰手法来调整视觉平衡度;降低重心,包括拉长容器的下部、增大靠近支撑面部位;附加形体于包装容器上的不同位置,从而达到结构方式上的视觉平衡;容器底部凹底,底部中央向上凸起形成虚空,此结构具有较强的抗内压力,保证了容器的稳定性。如圈足的使用等。

任何一件包装可能会包含多个虚空间,所以要对这些虚空间进行统一的规划和序列化设计来获得整体感①。如漆奁外部包装物，内部小盒与内部空间形成了虚实共存的空间。将其进行覆盖式的区域划分，使人们在打开包装的过程中，以结构的形式作为诱导，将视线的移动随着点的集合、线的扩散、面的延伸和体的重叠，加强了序列感。

最为经典的例子是长沙马王堆出土的彩绘双层九子奁，它为梳妆盒具，大的圆盒内套放多个造型各不相同的小盒，有圆形、半圆形、方形、长方形、马蹄形、椭圆形等，按照外部包装的实空间形状（圆筒形），有秩序的间隔摆放，子奁自身的实体空间与彼此间隔营造出的虚空间共同构成了完整的包装。并且合理的虚空间布局也具有实际的使用价值，它凭借明确的空间区域划分，无形中形成了视觉流程，使人们在不自觉中随着结构的引领建立起视觉导向，暗示了实用的流程和各个包装的功能。更为巧妙的是在奁底部厚板上挖凹槽，暗指了子盒的放置地点和放置形式（凹托式）。一方面增强了子奁的稳定性，即包装的牢固性，同时子奁实体高低的不同影响到与此相临的虚空间，在本是同一高度的空间内产生层次变化，造成视觉上的丰富。

2.漆制包装容器实用性造型的设计

漆制包装以自己独特的造型和装饰构成了一种设计文化，它在满足包装使用功能的同时，通过恰当的纹理和表现可以转化为内涵。秦汉时期的漆制包装就是这个时期的代表。在造型方面，继商周青铜材质包装之后，秦汉时期的漆制包装成为绝对的替代品，其造型不仅美观大方，而且尤为注重功能上的实用性。以漆圆盒为例，青川地区出土的战国漆圆盒，整体造型为圆筒状，深长的盒盖扣合后几乎可以盖住盒的大部，只剩六分之一在外。而云梦出土的秦代漆圆盒却犹如两碗紧紧地扣合在一起，盖和底的造型完全同于今日所用的碗，扣合后所显示的几乎是圆盒的全部。此造型显现的艺术文化具有极强的实用性，在节省材料的同时，还增加了包装的承载量。

① 李砚祖：《视觉传达设计的历史与美学》，中国人民大学出版社2000年版。

两汉时期被称为"人之道时期"①，宽松的政治环境，为汉代漆器工艺品转向实用、日用品提供了条件，即以人为主，关怀人的漆器包装。这就决定了汉代不同于春秋战国时期多仿青铜器和仿生型的包装造型需要而服务的造型为主。汉代仿青铜器的漆制包装朴素单纯，没有任何多余的与使用功能无关的造型空间变化，或者在包装形体上外加任何影响造型的附件。如漆钫的造型简洁明了，隆鼓起的大腹增加了贮酒的容量，其方形的底座和盖顶的"S"形钮则有重要的使用功能。

秦汉时期的漆制包装最具艺术文化性的当属"仿生型"的造型，它是将漆器的造型按照自然界中动物形象为模板进行仿制的。汉代的仿生型漆制包装主要包括漆壶、鸳鸯豆、鸳鸯盒、猪形盒等，其造型较前代更为简洁，并且将原有的抽象范围缩小到局部，把现实与夸张较好地结合为一体。如安徽天长汉墓出土的鸭嘴形盒②，其更注重局部的夸张，将盖和器身设计为鸭形，用钮连接，可方便开启（图5-31）。

图 5-31　安徽天长汉墓鸭嘴形盒

漆制包装种类和造型不断丰富和多样化，包装的功能性也更加完善。由于实际需要，漆制包装增加了大容积的包装器物，以贮运功能为主。如湖北江陵凤凰山出土的西汉时期彩绘鸟云纹壶，敞口，束径，大圆鼓腹，最大的腹径21厘米宽，通高为40厘米，内部容积量的增大可盛大量的酒。但盛容量的增大并没有影响其便于使用和携拿的功能，这要得益于卷木胎和夹纻胎等制胎工艺的大量使用。它能将胎体变薄、变轻，最终使薄胎取代了厚胎，这标志着漆器工艺的真正成熟，同时也暗示了漆制包装艺术文化性的丰富和完善。

随着社会发展，为了满足秦汉时期人们日益增长的物质和文化方面的需求，

---

① 参见（战国）孟子著，杨伯峻译注：《孟子译注·离娄上》，中华书局1960年版，第173页。"诚者，天之道也，思诚者，人之道也。"

② 安徽省文物工作队：《安徽省天长县汉墓的发掘》，《考古》1979年第4期。

漆制包装整体化和组合化设计形式日益成熟。此种包装巧妙地将包装的外部空间进行划分，成为除实空间以外的诸多虚空间，并对这些虚空间进行统一的规划和序列化设计，以此获得整体感。此种设计在造型上既考虑到了大小包装件配置后的整体效果，使整个空间虚实得当，同时也兼顾了内部包装件放置的合理性，这种包装功能多样化的配套包装成为汉代漆制包装在造型设计方面的特色之一。

3.漆制包装上世俗化装饰纹样的设计

就秦汉漆制包装的装饰设计来看，我们不难看出，当时人们已经完全掌握了包装装潢的构图法则，并以丰富的想象力将各种纹样图案进行恰如其分的描绘，这种兼具美观和实用价值的装饰纹样，为纯粹的审美增添了功利性的文化色彩。

（1）生活素材增多。人们喜好将虎、豹、飞凤、鹤、鸟、奔云、云兽、鸟云纹、变形凤纹、变形鸟纹等直接彩绘或锥刻于漆制包装容器外表上，其中有不少象征祥瑞的吉祥动物纹样，这与当时社会流行的黄老思想和宿命论有一定关系。各种动物纹样勾勒交错、连续萦回，将天上、人间和地下的三界混为一体，为人们描绘出梦想的生活空间，来以此作为人们的精神寄托。

在植物纹方面，秦汉时期漆制包装多是以花卉的花、蕾、瓣和枝叶等的变形纹样为配饰，其中最常见的是柿蒂纹，多被描画在漆盒和漆奁的盖顶部，象征着开花结果的富贵之意[①]。自然景色的纹样在秦汉时期多与其他纹样搭配使用，共同构成主纹饰，或作为几个纹样的连接纹饰，以此宜于整个画面的和谐统一。几何纹样在漆盒、漆奁等主要包装种类上很少用到，它们绝大多数是与动物、自然景象等纹样相互配合，增加画面的纹饰变化，起到烘托的作用。

社会生活和神话传说为主要题材的漆制包装，在春秋战国时期较少见，但发展至西汉时期略为增加。如襄阳擂鼓台发现的一件西汉时期的漆圆奁[②]，盖内部与内底均绘有人物、怪兽和树等，显然与历史神话传说有关，画面依据包装造型而巧妙

---

① 李玫：《秦汉漆器的装饰风格》，《艺术百家》2001年第4期。

② 襄阳地区博物馆：《湖北襄阳擂鼓台一号墓发掘简报》，《考古》1982年第2期。

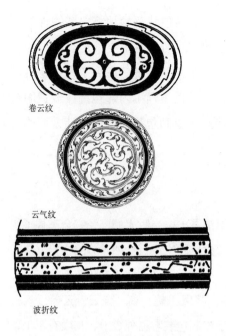

卷云纹

云气纹

波折纹

图 5-32　秦汉漆器装饰纹样

设置花纹，装饰艺术水平较高。进一步反映出秦汉时期漆制包装艺术的生活性和世俗文化的加强。

（2）程序化线条的解放。秦汉时期的漆制包装不再过多地注重色彩，更多地把注意力转向了线条发展，这种完全以线条勾勒出来的装饰纹样，也就成为了此时期漆制包装的文化艺术的特性之一。从大量出土的漆器包装中可以看到具有表现流动线条的点，具有强烈的装饰效果，一种飞腾的运动感。线的动感不断加强，并有意识的程序化为卷云纹、云气纹和波折纹等（图 5-32）。这些装饰线与藤生植物共用，线与线之间、线与图之间互为依存，左右摆动，使秦汉时期的漆制包装更充满了弹性动感。

程序化的线条表现手法，在契合汉文化专制政策的同时，也便于线与象的结合，即借助线将具象变为抽象形式表现纹样，具有秦汉时期独有的一种气势非凡、自由奔放、"天人合一"的文化艺术气息，它常常被人们用来表现大自然中各种神秘的力量。线被描绘得或粗或细、时疏时密、若有若无，与动式同在，虽简洁洗练，但不纤弱，符合了秦汉时期人们的价值观和审美的标准——能屈能伸、顶天立地的性格和充满生机与力量的美，与秦汉生气勃勃的文化氛围相得益彰。

虽然秦汉等级制度严明，束缚了漆制包装装饰纹样和技法的自由设计，可是，用于描绘纹样的线条上则相反，纹饰开始从单元的拘禁中挣脱出来，线条变得长而纤细、舒缓流畅。常用的回纹式线条的棱角圆顺了，繁密线被飘逸的线取代，自由地在装饰底边上游动，生命的运动感更强。所体现来的是人们对生命的无限渴望和向往之情，恰好契合了当时社会趋于自由开放的时代精神。

4.关于漆制包装的思想文化内涵

任何包装在满足其基本的以防护为主要目的包装功能和以容纳为主的技术功能之外，它作为人、自然与社会的产物，必然显示三者之间的关系，即满足直接消费者的功能需求，同时还需满足整个社会潜在的消费者的功能要求，所以，必须处理好人、物、环境之间关系。

漆制包装的出现预示着在社会上占主导身份和地位的礼仪制度的解体，一种注重人性化和现世生活的社会观念、理论意识的出现。漆制日用品包装及工艺品包装逐渐与当时存在的青铜器、玉器、金银器等一起构成了一个社会高层贵族完整的生活世界。依照这些漆制包装的精美程度来看，从春秋战国时期开始使用的漆制包装，到这时已经在上层贵族的日常生活中占据了重要的地位。正如有学者所言，以占有青铜器数量的多寡，即规格的高下标志贵族地位与权势的做法，看来已在很大程度上逐步让位于拥有漆器的数量及其精美程度上，以此来显示贵族的身份及地位[1]。

秦汉漆制包装上大量新的装饰技法的出现，并非简单的得益于科学技术的进步，更深层次的来自于秦汉时期人们思想观念的转变。秦汉早期，积极入世、有所作为是普遍的社会心理，使得人生价值的评定标准界定为：循规蹈矩、恭谨慎重，讲究仁义礼信的美德，却又朴实无华[2]。反映在漆制包装上，创造力受到压抑，仿生造型减少，包装的纹样样式和纹饰组合形式等方面逐渐规范化和程式化。

精美无比的漆制包装，主要表现为主动超越而崇尚世俗的享乐主义的热情追求和享用上。上层阶级世俗化的感官生活成为大众日益效仿的审美倾向，也正是这种追求感官逾越的世俗化意识决定了大众消费观的内容、形式及欣赏趣味。在享用漆制包装的时候，首先是作为社会主体的人，然后才是作为文化消费者的个体出现，因此日常生活的经验、社会关系、身份地位、文化内质、价值取向等因素决定了大众对使用物品的不同欣赏口味和选择标准[3]。

面对不同的使用群体，漆制包装扮演的角色不同，对于上层社会而言，他们注

---

① 皮道坚：《楚艺术史》，湖北教育出版社 1995 年版，第 94 页。

② 沈福文：《中国漆艺美术史》，人民美术出版社 1992 年版，第 32 页。

③ [英] 西莉亚·卢瑞：《消费文化》，南京大学出版社 2003 年版。

重的是漆制包装所带有的政治内涵，即一种通过造型装饰而形成的阶级性的皇权表现；对于地主和商人，注重的是审美功能，即通过精美奢华的设计而直通心理、精神上的文化享受；对于普通的平民，注重的是使用功能，即通过低廉的价格，合理的功能性设计而提高生产效率的民俗化的物质需求。漆制包装承载的文化景观蕴含着一种社会关联形式①，官营作坊机构中的匠师个体在没有积极性和创造性的复杂情况下被动地接受制作，所以说供上层社会享受的漆制包装是在较为封闭式的文化景观中操纵出来的享受物品，与大众使用的漆制包装鲜活的生命力是不同的。

特别是秦汉时期的社会富于感应性、重视技术，文化也因此受缚于经济成为商品，漆制包装装饰形式的日益专业化、技术化、科学化、批量化等表明，完全由个体生产等小规模的集合作业来完成，产生了以此为基础的标准化漆制包装，从而使漆器艺术文化带有批量生产的世俗化标记。世俗趣味的高涨、工具科学化的蔓延、以个体为主的消费习惯，使文化气质表现出各种不同的差异，但由于漆制包装的普遍使用，使得主体、材料、市场，为了与生产和分配商品而紧密地结合在一起，漆器艺术文化又带有商业性。再者，又鉴于漆制包装的使用对象多为权贵、地主和商人，决定了它的装饰风格日益朝着奢华的方向发展，将漆器装饰得富丽堂皇、高雅华贵，这种风气在汉代贵族们的推崇下，逐渐成为不可逆转的社会时尚和艺术文化追求。漆制包装精美化程度的提升，世俗化、商业化、批量化等文化属性，契合了大众文化的主体，即追求无限体验贪欲的主体。

三、秦汉漆制包装盛行的原因

包装艺术文化内涵的全面体现是需借助诸多方面的，如材质、制作技法、包装造型、结构等直观可视的，以及装饰纹样、装饰题材、图案组合形式、色彩搭配等重审美功能的，此外还有它的使用范围、使用对象、包装领域等外部环境方面，进行综合分析。对于秦汉时期的漆制包装而言，要通过漆制包装种类的丰富和使用范围的扩大，包装功能的完善等表象，深层次地挖掘出隐藏在其背后的艺术文化内涵，以及所折射出的秦汉时期的文化思想变向。具体而言，影响秦汉时期漆制包装

---

① 孔明安：《从物的消费到符号消费》，《哲学研究》2002 年第 12 期。

全面繁盛的原因主要有如下几个方面：

1. 社会层面的原因

社会环境的稳定是秦汉漆制包装繁荣昌盛的保障。秦汉处于中国封建社会的确立与成长时期。秦朝首次在全国实现了多民族的统一，建立起了中央集权的封建国家，树立了至高无上的皇权。汉王朝继秦而立，逐渐健全了封建制度，巩固了多民族统一体制，营造了长期稳定的社会环境。这些均为漆制包装的繁荣营造了舒适的外部环境。合理有效的政治制度和繁荣昌盛的经济，共同构成了稳定的社会环境，为漆制包装发展构建了一个舒适富足的物质社会。

商品经济的发展在很大程度上促进了漆制包装的普及。国力的强大、经济的繁荣，社会环境的相对安定，促进了秦汉农业和手工业的发展，从而为商品经济的发展提供了殷实的物质基础，为漆制包装的普及化和使用对象的多样化创造了条件。由于当时的商业是"行贩已成之物"，在政治经济稳定的商业环节中，必然会加快漆制包装商品化的进程，促进漆制包装大量的生产，使之进入市场后成为销售货物中的主打包装。特别是商人阶层的出现和壮大，将漆制包装的生产和销售逐渐规范化，为它的繁荣提供了专门的传播者。同时，也由于社会的需要，汉代手工业者和商人往往是合而为一，呈现出自产自销的经营特点，促进了商业经济的发展，一定程度上利于漆制包装使用的普及。

商人阶层的出现，商品经济的发展，使社会分工细化，为漆制包装的繁荣提供了充足的人力资源和技术力量。同时，还鉴于秦汉时期小块土地所有制的经济制度，促成了社会阶层的两极化过程，形成了"富者田连阡陌"的地主阶级阶和"贫者亡立锥之地"的贫民阶级[①]。这就为富人日益增长的物质需求情形下，有了足够从事手工业产品的生产和制作的劳动力。这些充足的劳动力反之又保障和刺激了漆制包装手工业的发展，使大量的民间漆器作坊兴起。

此外，秦汉时期漆器制造业官营和私营的组合形式与漆业严明的分工流程，为漆器工艺的繁荣奠定了制度上的保障。如"物勒工名"的责任明确制，要求在漆器

---

① 徐殿才：《中国文化通史·秦汉卷》，中共中央党校出版社 2003 年版，第 26 页。

制品上刻主管官吏、制作年代、地点和工匠名字，以示对此产品质量负责。这种制度的盛行，在很大程度上确保了高档漆制包装的质量，促进了装饰风格的多元化形成，契合了皇室以官府和军队对奢华用品的需求，为高档的漆制包装繁荣给予了权威的认可和保证。除此之外，还依据秦代的官营手工业管理制，又进一步将官营机构统归少府管辖，并在少府下分设考工室、尚方等专项手工业的管理部门，少府下辖的尚方专门负责生产漆器，为漆器制作设置了专门的生产机构①。如此管理严密、分工细致的专业化正规的管理制度，使从中央到地方都设置了专官管理生产，为漆制包装的发展提供了法制上的有力保障。除官营外，民间的漆工经营在汉代出现并逐渐扩大，伴随商人地主而生的大量私营漆器作坊拓展了漆制包装不同档次的发展，满足了商人地主和普通贫民等不同消费者的需求，便于漆制包装实用性的设计。

2. 科技层面的原因

秦汉时期科学技术得到了长足的发展，其中冶铁业、金属业的重大进步，促进了漆器胎体制作、装饰技术和造型设计等诸多方面的改善和提高，使得漆器更适合包装的需求，成为漆制包装繁荣的主导因素。

秦汉时期冶铁技术有了显著的提高，使制成的铁农具和铁工具在使用时不易产生脆裂，具有一定的韧性和强度。以这种用铁制成的斧、刀、凿、锤、锯等工具，提高了木材的采伐与加工效率，促进了木工技术的进步，大大提升了漆盒、漆奁等圆筒形木胎和竹胎的生产、加工效率。这些品质优良的工具对卷木胎漆器的作用是十分显著的，漆制包装一般多是采用卷木胎的胎骨。这类漆器的器壁为薄木板卷制而成，要求木板厚度均匀，表面平整，借助木工工具和木工技术可以削制出表面平整且厚度仅有几毫米的薄木板，使得漆制包装的木制胎体向精加工方向发展，同时也使漆制包装向民间扩展，拓宽了漆制包装在社会各个领域的使用。

秦汉时期，在继承战国以来夹纻技法的基础上，加以发展和完善，使其品种得以多样化，并较先秦时期更加轻巧精美。这也使得秦汉时期漆制包装的实用功能得以提高，更加方便人们使用。夹纻胎的特点，是适合自由创造器型，特别是制造圆形器，

---

① 王世襄：《中国古代漆工杂谈》，文物出版社 1979 年版，第 3 页。

较之木质造型少受限制。所以才能制造出像洛阳烧沟出土的漆罐，山东莱阳出土的圆奁、马蹄盒、长方形盒，以及长沙、乐浪、贵州出土的九子奁等夹纻器。各种曲线复杂的立体造型，无疑是受到了铜器翻沙和陶器拉坯的技术启发的[①]。当时铜器和陶器的制作坯模技术已具有很高水平，加之制作夹纻器的泥模，比较简便，这为漆制包装造型的多样化提供了条件，也开辟了漆制包装发展的一个新天地。与此同时，金银器的发达也促进了漆制包装的高档次发展。"蜀广汉主金银器，岁各用五百万。三工官，官费五千万……"[②]为高档漆制包装的奢靡豪华提供了实现的可能。

漆化学知识的进步，使漆在保持外观华丽鲜艳、易着色描画的特点基础上，还增强了漆使用的安全性，对于饮食类的包装不容易造成食物的污染，减少了由化学物质污染导致食物变质的概率。耐腐蚀性特点的改进，使漆器成为饮食包装的首选，从而在秦汉时期饮食类的包装占有绝对重要的地位，这必然促成漆制包装繁荣局面的形成。

总之，冶铁业、金属业和制漆工艺的长足进步将漆器材料的可取性、轻便的适用性、漆器的防腐性和装饰的可塑性等进一步提升与完善，契合了秦汉时期对包装实用性和审美高档化的要求，能够满足不同阶层的实际需要，为漆器繁荣发展提供了充足的物质保障和技术支持。

3. 文化层面的原因

大一统的秦汉时期，思想文化的转型为漆制包装的繁荣提供了思想根源。包装与其他设计领域最大的不同就是其具有的实用性特征，它以容纳和保护内容物为基础，紧密联系了人生理上对物质功能的需求，最能体现人与社会物质文化的基本风格，较之其他工艺品世俗化味道浓厚。根据包装的特性，决定了漆制包装能够得以繁荣，其最本质的精神层面的原因就是神性的退却和人性的觉醒。

漆制包装受汉初黄老思想和与民休息的"无为"统治政策的影响，注重使用功能，礼制的约束相对松弛。宽松的政治环境和青铜时代的没落，为它转向实用日用

---

① 沈福文：《中国漆艺美术史》，人民出版社 1992 年版，第 61 页。

② （汉）班固：《汉书》卷 72《贡禹传》，中华书局 1962 年版，第 3070 页。

品提供了一个生存和发展的空间。以人为主，关怀人的日常生活的社会新风尚，必然会使注意物品的实用功能的设计思想逐渐受到重视，成为工艺用品的造物准则。这些都为漆制包装的繁荣发展提供了良好的社会思想空间。

汉朝开始的"人之道时期"，人的自我意识得以张扬和显露，人性在社会活动中的作用愈益突出，人的形象及社会生活成为工艺品制作的中心，为漆制包装的兴盛提供了思想根源。宇宙观的改变，造成了秦汉时期天人关系的不同，由早期的天人分立转化为秦汉开始的天人合一思想，使人们以一种平和自然的心态去进行艺术创作，刺激了包装等实用器物的繁荣。即使在先秦时期有人性的显现，但奴隶制决定了人主观上与自然的分离与疏远。

秦汉时期，天人一体，天人亲和，使人不再只是一味地畏惧小心，循规蹈矩，人们开始大胆地吐露心扉，表达自己的情感欲望与生命的种种体验①。注重个人的享乐和需求，自然会对世俗物品产生浓厚的兴趣和拥有欲望，兼有赏玩和使用功能的漆制包装自然受到社会各阶层，尤其是上层社会的青睐，在此社会环境下，再加上漆器所具有的特有属性适合于制作包装物和满足包装的需要，在这种情况下，漆制包装发展繁荣自然成为必然。

除此以外，由于秦汉时期纬书和道教主张的"自然"思想的盛行，更为"人"平凡的生命确定了在茫茫宇宙中的位置，这种对生命极其关注的情绪，为民本思想的产生创造了一定的思想基础②。秦汉时期的人们已经习惯于以"人"为中心而不是以"神"为中心的思维方式，决定了社会审美开始逐渐追求自由灵活、流动奋逸的艺术风格，是崇尚自然美、个体意识、解放与超越的文化倾向。这正好与漆绝佳的装饰性相符合，促进了漆艺的发展，同时又鉴于世俗化对实用性器物的要求，审美与实用相结合的漆制包装快速兴起。

"上古时代，对于'死'和'生'，往往是持有一种不去深究的态度，或以为是神的安排，或以为是宇宙的必然，使民众对面对的自然对象仍然处于回避、恐惧或者模糊的认识阶段。"③这种由注重生与死的彼岸世界，到注重生与死的现实状态的

---

① 徐华：《两汉艺术精神嬗变》，学林出版社 2003 年版，第 154 页。

② 阴法鲁等：《中国古代文化史》（2 册），北京大学出版社 1999 年版，第 427 页。

③ 徐华：《两汉艺术精神嬗变论》，学林出版社 2003 年版，第 150 页。

生死观的变迁，说明人们理性意识的形成和日趋成熟，正是因为意识到了生命短暂，需及时行乐享用物质化的富贵生活，对精美巧妙兼有实用功能的物品的渴望急剧增强。漆制包装的特有属性，较之青铜容器和陶器等传统包装轻巧易拿又可装饰的特点契合了此时人们的心理需求，故此得到了发展的空间。

我们甚至可以这么说，漆制包装的发展是西汉人生命意识日渐凸显的心理变化过程中，所产生的一种新的精神追求的物质载体。秦汉漆制包装的造型、功能和纹饰等方面最直接、最真实地展现出这一时期社会的生存观念和人生价值。反之，追求物质享受思想的盛行，又进一步促使了注重实用性和兼具华美装饰的漆制包装的发展与繁荣。由于青铜礼器的衰败，陶器的先天不足，制瓷技术的刚刚起步，注定了只有漆器是当时最佳的包装物。漆制包装能够满足贵族重装饰审美、商人地主兼顾审美与实用、平民重实用的消费心理。总之，此时期社会思想的特点注定了漆制包装在汉时期的繁荣和辉煌。

第四节　边疆地区包装的发展及风格特征

秦汉时期，在我国的周边地区生活着匈奴、乌桓、鲜卑、百越、羌、氐、西南夷和西域诸族。随着经济、文化的发展，特别是封建大一统的中央集权政治制度的建立与巩固，这些生活于不同地区的各少数民族与秦汉帝国在政治、经济和文化上的交往也比先秦时期更为密切，并且逐渐成为秦汉帝国的组成部分，为统一的多民族封建国家的形成奠定了基础。当中原地区各种包装艺术争奇斗艳时，边疆少数民族的包装艺术也如绚烂鲜花，竞相开放。这些包装物既富有民族特色，又表现出与中原文化长期交流与相互影响的格局，在风格上有相互撷纳之势。具体来看，在众多秦汉时期的少数民族中，其包装艺术的发展尤以匈奴、西域、南越、巴蜀等四个地区和民族的最具特色。

一、匈奴民族的包装

匈奴作为我国北方古老的游牧民族，长期活跃于漠北蒙古高原。秦汉以前，其生活方式是逐水草而居，因而其包装呈现出鲜明的游牧民族特征。我们知道，不定居的游牧生活对生活物质资料的搬迁贮运的要求很高，所以其包装的制作，不仅较好地体现了包装便于搬运和携带的功能要求，而且也充分地反映出了游牧民族生活习性的特点。在经过了几个世纪的沉浮之后，匈奴民族到公元前3世纪和前2世纪时达到了鼎盛时期。这时与之并存的中原王朝正好是强大的秦汉帝国。这期间，匈奴与秦汉帝国在不断的战争与贸易交往中，其政治、经济和文化等各个方面很大程度上均受到了秦汉王朝的影响。这在作为物质文明的包装领域反映得尤为突出。不过，必须指出的是：其包装在撷纳中原汉民族优秀文化的同时，仍旧保留着其游牧民族文化的特色。

从考古发现的实物资料来看，秦汉以前匈奴的包装，就其材料而言，主要以皮革和毛织品为大宗，其包装的方式除了皮革等缝制的容器以外，基本上是简单的包裹和捆扎，仅是为满足物质产品贮藏、转运的需要，并不太注重其物质功能以外的艺术性追求。到了秦汉时期，匈奴与汉民族通过战争、和亲、贡纳和赏赐、互市等几种交流途径[1]，使汉匈之间的物质交流频繁，中原的农业技术、手工业技术相继传入匈奴，例如制陶技术、铸铜技术等。在频繁的汉匈交流中，汉族的一些审美观念对匈奴也产生了一定影响。这体现在包装上，主要是呈现出陶质包装容器的增多、漆制包装的引进、青铜材质包装容器的萌芽和包装装潢工艺的汉化等特点。除此之外，匈奴民族独有的诸如桦树皮天然材料包装也依旧被广泛应用于人们的生产、生活中。

尽管秦汉时期中原地区汉民族的制陶技术传入匈奴，但是从整体看，匈奴的制陶业仍相对落后，所以其陶质包装容器不论是在数量、种类上，还是在用材、装饰上，抑或是在其包装基本功能属性的体现上，均要逊色于秦汉时期中原地区的陶质包装容器。秦汉时期匈奴民族的大多数陶器以慢轮成型，制作粗糙，个别陶胎中夹杂有大砂砾。就陶制容器的色彩来看，以灰陶为主，有少数为褐陶和红陶，其中褐陶是匈奴墓葬中典型的器物，而灰陶是匈奴制陶技术在汉族影响下产生的。就考古发现的实物资料看，绝大多数匈奴墓葬中都随葬有陶器，但种类较少，器形单一，多以罐式包装容器为主。相关研究成果显示：匈奴的陶罐造型独

---

① 参见田继周：《中国历代民族史丛书·秦汉民族史》，四川民族出版社1996年版，第141页。

特而统一，其典型特点是把磨光的暗条纹、弦纹和波纹图案结合起来装饰于器表，形成明显区别于其他草原文化的陶器风格①。一般而言，这类罐式包装容器在近底部的器壁上有一直径为 1 厘米左右的小孔，以穿扎提绳，便于搬运。用于盛装酒水或食品的罐式包装容器，一般多附带桦树皮盖。因为据考古发现，桦树皮盖呈圆片状，用两层桦树皮合起来，厚一般约 3.5 厘米，边缘用针线缝合，一般直径在 10—14 厘米左右，多出土于墓葬中死者头骨两侧的陶罐和壶附近，且与罐和壶口大小相宜②。

陶质包装容器中除罐式以外，还出现了一种受汉文化影响而生产的陶樽一类的陶质包装容器。如内蒙古自治区博物馆收藏了一件汉代匈奴的黄釉浮雕陶樽（图 5-33）。该件陶樽在造型上与汉代中原地区的陶樽相似，呈圆柱形，上有尖锥形盖，黄釉，盖和罐四周布满凶禽猛兽纹样，应属食品包装范畴。不过，值得指出的是，从陶樽上所装饰的兽纹来看，却有别于汉代的装饰风格，而与匈奴民族崇尚虎、鹰等猛虎猛禽的心理特征相符合，是典型的匈奴民族的装饰风格。同时，从陶樽上雕刻的登仙三道、

图 5-33　汉代匈奴的黄釉浮雕陶樽

长生不死为主题的纹饰来看，又充分反映了阴阳五行、黄老思想和各种神话传说对匈奴人思想意识的影响③。此外，值得一提的是，内蒙古伊克昭盟东胜市漫赖汉代匈奴墓出土的黄釉陶鸮壶。该壶鸮头为盖、肩部有二纽以便于穿系，翼与尾形体抽

---

① 单月英：《匈奴墓葬研究》，《考古学报》2009 年第 1 期。

② 内蒙古文物工作队：《扎赉诺尔古墓群》（下），载《内蒙古文物资料选辑》，内蒙古人民出版社 1964 年版，第 113 页。

③ 王永强、史卫民、谢建猷：《中国少数民族文化史图典·北方卷上》，广西教育出版社 1999 年版，第 66 页。

图 5–34 汉代匈奴黄釉陶鸮壶

象，两爪粗壮，平底、三足，整体造型浑圆肥硕[1]，是汉代匈奴民族的包装中十分罕见的一件仿生型包装容器（图 5–34）。

随着汉匈之间文化交流的频繁，汉代先进的青铜铸造技术和漆器制作工艺相继被传入匈奴民族，只是由于多方面的原因，匈奴未能生产出一批有如汉代那种造型美观、结构巧妙、装饰精美的包装容器。就考古资料来看，秦汉时期匈奴民族的青铜器生产多是饰牌、兵器、工具、车马器具等一类的产品，而较少有青铜容器一类的产品。截至目前，考古发现的青铜容器主要为用于盛水的青铜镬、盆、壶[2]

等几类形制。这几类青铜容器中，包装功能属性明显的仅有青铜壶一类，因为就其形制来看，其在颈、肩、腹都有耳，圈足上还有穿孔，这些结构部件应都是为了便于搬运而设置的。如内蒙古自治区伊克昭盟准格尔旗汉代匈奴墓出土了一件双系铜扁壶，直口，扁圆腹，椭圆足，肩部两侧各有一环，便于穿系绳携带，是典型的游牧文化的青铜容器[3]。尽管在匈奴墓葬中偶有发现壶一类的青铜包装容器，但是数量极少，并未普遍流行。由此可见，秦汉时期匈奴民族中的青铜包装容器尚处于萌芽时期。与青铜包装容器偶有被生产的情况不同的是，漆器基本上是从汉民族直接引进的，而且多是些耳杯、几案一类的产品[4]，而少有属包装范畴的漆器。据目前掌握的考古资料来看，秦汉时期北方游牧民族中属包装范畴的仅见漆

---

[1] 王永强、史卫民、谢建猷：《中国少数民族文化史图典·北方卷上》，广西教育出版社 1999 年版，第 67 页。

[2] 马利清：《原匈奴、匈奴——历史与文化的考古学探索》，内蒙古大学出版社 2005 年版，第 74、75 页。

[3] 王永强、史卫民、谢建猷：《中国少数民族文化史图典·北方卷上》，广西教育出版社 1999 年版，第 62 页。

[4] 马利清：《原匈奴、匈奴——历史与文化的考古学探索》，内蒙古大学出版社 2005 年版，第 89 页。

奁一类的器物，如扎赉诺尔古墓群即发现一件与中原地区汉代漆器相同的漆奁，但已残损[①]。

　　除上述几类包装以外，匈奴人仍保留着具有自己民族特色的包装物，如兽皮、树皮等。这两类包装在匈奴人的日常生产、生活中运用十分广泛。如宁夏同心倒墩子匈奴墓地发现了一件被腐蚀的皮囊，其为皮革缝制，内衬织物。不过，考古资料显示，这件皮囊极有可能是装钱用具[②]，难以划分到包装范畴。此外，尤其值得一提的是，具有典型的匈奴民族特色的桦树皮包装。桦树材料除了普遍被匈奴人用来制作生活工具、军事器具以外，还广泛被用来制作包装。如扎赉诺尔古墓群发现有四件已残破的桦皮盒，较大者高 8 厘米，直径 17 厘米。这几件盒子的盒身用一块桦树皮卷成筒状，并附有圆形的底和盖，再用针线缝合，不仅有较好的容纳功能，而且轻便利于搬运。此种形制与质料的器物，至今呼伦贝尔盟地区的几个少数民族尚在使用[③]。用桦树皮制作的包装，还被应用于包装兵器。如扎赉诺尔古墓群发现了一件长 9.2 厘米，宽 32 厘米的桦皮弓衣，内置一张桦木弓。该件桦皮弓衣，用桦树皮卷曲成长扁筒形，两端衔接处用针线缝合[④]。当然，这种桦树皮包装并非为匈奴民族所独有，在其他诸如鲜卑族的北方游牧民族中也比较流行。如图 5-35，即为东汉时期鲜卑族的桦树皮罐。

图 5-35　东汉时期鲜卑族的桦树皮罐

---

① 内蒙古文物工作队：《扎赉诺尔古墓群》（上），载《内蒙古文物资料选辑》，内蒙古人民出版社
　　1964 年版，第 105—106 页。

② 宁夏回族自治区博物馆等：《宁夏同心县倒墩子汉代匈奴墓地发掘简报》，《考古》1987 年第 1 期。

③ 内蒙古文物工作队：《扎赉诺尔古墓群》（上），载《内蒙古文物资料选辑》，内蒙古人民出版社
　　1964 年版，第 113 页。

④ 内蒙古文物工作队：《扎赉诺尔古墓群》（上），载《内蒙古文物资料选辑》，内蒙古人民出版社
　　1964 年版，第 113 页。

二、西域民族的包装

西域，作为一个名词，始见于《汉书》。在《汉书·西域传》中，班固给"西域"下的地理定义是："匈奴之西，乌孙之南。南北有大山，中央有河，东西六千余里，南北千余里。东则接汉，厄以玉门、阳关，西则限以葱岭。其南山，东出金城，与汉南山属焉。"① 上述定义相当于今天的南疆地区，但《汉书·西域传》所述的内容实际上远远超出了这个范围，包括了天山以北的乌孙和葱岭以西的许多国家。大致而言，我们这里所指的西域是指天山以南，昆仑山以北，葱岭以东，玉门关以西的地域，具体所指是今天的新疆一带。秦末汉初，西域地区的少数民族政权主要有：天山以北的乌孙、呼揭、车师后王；塔里木盆地南缘的楼兰（后来改名鄯善）、扞弥、于阗、莎车；塔里木盆地北缘的车师前王、焉耆、渠犁、龟兹、疏勒；巴尔喀什湖以南的康居、大宛；葱岭（帕米尔高原）的西夜、蒲犁、无雷、难兜；葱岭以西的大月氏、大夏、安息、大秦，以南的身毒等②。

西域历来就是一个多民族聚居的地区。在秦汉时期，众多的民族国家，其经济或以农业为主，或以游牧为主，或农牧杂居，甚至有少数政权的经济以商业贸易作为支柱。这种经济格局，使其包装呈现出形式多样的特征。在西汉武帝时期，由于张骞出使西域，开通丝绸之路，不仅加强了西域与中原地区在政治、经济、文化上的交流，而且更为关键的是使大量的名贵丝织品与纺织工艺、漆器和漆器制作工艺等传入西域，从而促进了这一地区包括包装在内的手工业生产的发展。其中尤其以丝织品包装、漆制包装的发展最为突出。

1. 丝织品包装

从考古所出土的秦汉时期西域丝织物来看，多产自中原，从织物题记可知的有四川、河南、湖南、湖北、江苏和浙江等地。西域地区丝织技术的提高和纺织品的增多，使之大量地运用于包装领域。从目前所发现的丝织品包装实物来看，当时的

① （汉）班固：《汉书》卷 96 上《西域传》，中华书局 1962 年版，第 3871 页。

② 钱伯泉、王炳华：《通俗新疆史》，新疆人民出版社 1986 年版，第 21 页。

丝织品包装多用于包装生活日用品和化妆用品，如铜镜、梳篦、化妆粉等，形制有铜镜袋、粉袋、锦囊、毛布袋、毛布小扎包等。

新疆民丰尼县北大沙漠中古遗址墓葬区出土了一件东汉时期的"君宜高官"铜镜和绣花镜袋①。该件绣花袋呈圆形，为提袋形式，开口，底面圆形，有立边，边上缝缀两条绛紫色的宽绢带，作提携用。镜袋底面是绣绮，白绢衬里，中间夹放丝绵，显得比较厚。绣绮为绿地，用锁针绣绣出天青、绛紫、葡萄紫及白色的卷草图纹②。从镜袋直径 12 厘米、镶边 6 厘米、带长 20 厘米来看，其与内装的直径 12.4 厘米的"君宜高官"铜镜基本切合，不仅满足了盛装器物的功用，而且还便于携带，不失为一件既美观又实用的女性化妆品包装。无独有偶，1995 年在民丰县尼雅遗址 1 号墓地 8 号东汉墓葬中也出土了一件盛装铜镜的锦囊③。锦囊为红色，袋上有黄色的系带，花纹图案精美华丽。

除有用于包裹、盛装铜镜的镜袋和锦囊以外，新疆还发现有东汉时期的织锦梳篦袋④，绿边镶嵌，中间有一条黄色的系带。锦为夹纬经二重平纹组织，蓝地，黄、绿、白、红等色经线显花。图案以动物为主，有孔雀、仙鹤、辟邪、夔龙和虎等祥瑞禽兽。质地厚实，图案纹样华丽流畅（图 5-36）。还有一件同样藏于新疆维吾尔自治区博物

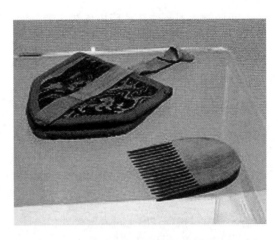

图 5-36 织锦梳篦袋

---

① 新疆维吾尔自治区博物馆：《新疆民丰县北大沙漠中古遗址墓葬区东汉合葬墓葬清理简报》，《文物》1960 年第 6 期。

② 新疆维吾尔自治区博物馆委员会：《新疆维吾尔自治区博物馆画册》，香港金版文化出版社 2005 年版，第 83 页。

③ 新疆文物考古研究所：《新疆民丰县尼雅遗址 95MNI 号墓地 M8 发掘简报》，《文物》2000 年第 1 期。

④ 新疆维吾尔自治区博物馆等：《新疆且末扎滚鲁克一号墓地发掘报告》，《考古学报》2003 年第 1 期。该墓葬中发现四件毛布袋，有两种，一种袋内一般盛放纺轮或芦苇束捆，属生活日用器具包装范畴，另一种则是梳妆袋，一般用来放置梳和镜。

馆的梳篦袋，暗绿色边镶嵌，图案以动物纹为主，四分之一开合。一般来说，这类用于放置梳篦的梳妆袋，对折近似方形，展开则为长方形，其里面两侧一般各有一袋口，成对称形式。这两件包裹、盛装梳篦的袋，不仅刺绣工艺精湛，而且结构形体与内装物梳篦恰好吻合，充分体现了秦汉时期西域地区丝织品包装功能和形式的结合。此外，在新疆民丰县还出土有用于盛装花粉的绣花粉袋①，新疆且末扎滚鲁克一号墓地还发现有捆扎式丝织包装——毛布小扎包②。该件毛布小方扎包，用细毛绳捆扎出一个小包，里面包的是麻黄草碎杂，包装归属性尚不明确。由此，我们不难发现，两汉时期，特别是东汉时期西域的丝织品包装的发展已十分成熟，这应该是与西汉张骞以后丝绸之路的开通有莫大关系。

2. 木制包装

西域的木器制作艺术历史悠久，考古发现证实，在距今 3800 多年的小河墓地和古墓沟墓地等古代文化遗存中，就发现了大量具有独特文化内涵的木制器具。之后在新疆整个青铜时代到铁器时代早期，最晚到我国汉晋时代的几个著名的古墓葬中，都有具代表性文化特征的木制文物的出现。从目前考古所发现的木制包装实物来看，其主要有盒、奁等几种形制，多为方形、椭圆形、圆形等造型，其多用于包装化妆品、印章等物品。

盒式包装容器有粉盒、小圆盒、长方形木雕盒等式样。属化妆品包装范畴的木制粉盒，以新疆尉犁县营盘墓地7号墓出土的粉盒为代表③。该粉盒胎体为镟制，有盖，子母口扣合，出土时内盛料珠、绢片，绢片上还插有一枚缝衣铁针。这种盒式木质包装容器，在制作方法上，与汉代中原地区的盒式漆器包装有类似之处。所不同的是，此件木盒没有涂漆，装潢也不显富丽，仅在钮顶、上腹部分别刻划四道和五道弦纹。在新疆营盘墓地的 6 号墓中，则发现了一件木制木刻长方形盒和一件

---

① 新疆维吾尔自治区博物馆：《新疆民丰县北大沙漠中古遗址墓葬区东汉合葬墓葬清理简报》，《文物》1960 年第 6 期。

② 新疆维吾尔自治区博物馆等：《新疆且末扎滚鲁克一号墓地发掘报告》，《考古学报》2003 年第 1 期。

③ 新疆文物考古研究所：《新疆尉犁县营盘墓地 1999 年发掘简报》，《考古》2002 年第 6 期。

小圆盒①，均应属化妆用品包装范畴。因为从长方形盒内遗存有疑似化妆粉的白色干糊来看，应是女性化妆盒。不过，在木雕式方形盒类包装中，堪称经典的应属1996年在新疆且末扎滚鲁克一号墓地中 M24 和 M64 出土的两件长方形木盒②。24号墓出土的木雕盒，带盖，以子母口扣合。盒子用"开半对连"技巧合为一体，并且盖子可以滑动。这种开启方式的设计，不仅能有效起到密封的功用，而且也便于开启。而从其盒与盖所雕有的似变形鸟的形象等来看，该盒给人一种鸟儿飞翔的意境，显得十分美观、大方。整体看来，这件木雕盒式包装容器上所装饰的纹样由现实形象走向变形，再到抽象化，应是表现民族心理的一种方式。与此件木雕包装类似的是同墓地 64 号墓所出土的狼纹木雕盒。所不同的是，该件狼纹木雕盒出土时缺盖，装饰上也不尽相同，盒的正、反面浮雕狼纹，为连体的两只狼首，腹部雕刻一只羚羊头，是典型的西域装饰风格。具体看来，其器上所雕刻的狼的形象，并非是单独的狼体，而是巧妙地将狼形与盒体融为一体，这充分体现了西域人民在器物设计，尤其是包装容器设计上有着十分成熟的设计意识。

　　奁式木制包装容器有椭圆形奁、圆奁等式样。从目前考古发现的实物资料来看，木奁式样与中原地区的漆奁不无差异，但尚未发现有多子木奁。一般而言，奁式包装容器在汉代的中原地区多属化妆品包装范畴，在秦汉时期的西域也不例外，这可能是受到秦汉帝国的中原文化的影响所致。如新疆尉犁县营盘墓地 7 号墓和 8号墓所出土的两件木奁，其中一件是椭圆形奁，一件是圆奁，出土时均已残破③。椭圆形奁有盖，子母口，器壁用薄木片弯成，连接处用皮条固定，这有别于中原地区的做法。其器底为一块刨制的椭圆形木片，是为加固木奁，增强其承载力而特意加设的。其出土时，内盛绢片若干、2 件小香包、1 件线卷、1 件棉粉扑。由此可见，该椭圆形木奁是一件用来盛装、存放女性用品的容器。而 8 号墓出土的木奁，系掏凿而成，奁口小，底大，相比之下要逊色于椭圆形木奁。从上述目前考古所见的两件木奁，我们不难看出，西域木制包装具有独特的、有别于中原地区的艺术风格。

①　新疆文物考古研究所：《新疆尉犁县营盘墓地 1999 年发掘简报》，《考古》2002 年第 6 期。

②　新疆维吾尔自治区博物馆等：《新疆且末扎滚鲁克一号墓地发掘报告》，《考古学报》2003 年第 1 期。

③　新疆文物考古研究所：《新疆尉犁县营盘墓地 1999 年发掘简报》，《考古》2002 年第 6 期。

3.其他材料的包装

与秦汉时期其他少数民族政权一样，西域地区的各少数民族政权，一方面撷取秦汉王朝中原地区包装艺术的构成元素，制作具有汉文化特点的包装艺术；另一方面则继续发展具有民族文化个性的包装物。这两类不同风格特点的包装，最为突出的区别在于其用材和结构、造型的不同。不过，值得注意的是，这两种风格的包装，并没有十分清晰的界限，而是呈现出互为交织的特点。换言之，即包装中既有汉文化的内容，也有自己民族文化的特色，只是呈现内容的少与多的问题。具体而言，明显受汉文化影响下而制作的包装，主要为漆制包装，而属民族文化产物的则有皮革包装等。

考古资料显示，西域地区所发现的漆制包装与木制包装一样，多用于包装化妆品、生活用品，偶有用来置放文书一类的物品。就形制来看，主要是奁式、盒式、罐式等几种，其中尤以奁式最为常见，少见有其他式样的漆制包装。1999 年新疆尉犁县营盘墓地所发掘的一批东汉魏晋时期墓葬中出土了不少漆器，其中 6 号、8号、13 号、42 号、59 号墓葬中均发现有漆奁。不过，这几件漆奁的器形完全相同，只是在大小和纹饰上有所区别①。这几件漆奁均为带尖顶盖，子母口，器身直壁，平底，除底板以外的器表髹黑漆。虽然在造型和扣合方式上基本相同，但是内装物则有所不同，6 号墓漆奁出土时内盛一红色粉扑和一串项链，还有少许白色粉粒，是一件典型的女性化妆用品包装；而 59 号墓所发现的漆奁，其内装物除盛放鼻塞2 件外，还有墨书有佉卢文字母的小片残纸卷，估计随葬前应是用于盛放书籍、文具的漆器。因为在营盘 1999 年发掘的 66 号墓中也同样出土了一件盛放有佉卢文纸文书的漆奁盒②。不同于上述几件圆奁式漆器包装的是 1995 年营盘地 7 号、14 号墓葬所发现的 2 件漆奁，出土时已腐烂③。7 号墓漆奁呈椭圆形，其器盖大于器身，盖表面外弧，底面内凹。其盖内缘刻沿，盖身黏合其上，这种连接方法类似于子母口

---

① 新疆文物考古研究所：《新疆尉犁县营盘墓地 1999 年发掘简报》，《考古》2002 年第 6 期。

② 转引自新疆文物考古研究所：《新疆尉犁县营盘墓地 1999 年发掘简报》，《考古》2002 年第 6 期。该文书已解读，可参见林梅村：《新疆营盘古墓出土的一封佉卢文书信》，《西域研究》2001 年第 3 期。

③ 新疆文物考古研究所：《新疆尉犁县营盘墓地 1995 年发掘简报》，《文物》2002 年第 6 期。

合式，但又不尽相同。14 号墓漆奁则呈筒形，用有韧性的树皮圈成。奁的重合处以藤条缝制，以加固漆奁，奁身套合在底部外缘凹槽内，较好地满足了开启闭合的功能。盒式漆制包装多数被用来包装花粉、丝锦等一类的物品。1995 年、1999 年营盘墓地共发现东汉魏晋时期的 5 件器体小巧玲珑的粉盒，其中 1995 年出土 4 件，而 1999 年为一件，前者的胎体制作以外旋切为主，后者的制作方法不详。

从上述我们可知，西域地区的漆制包装大多是东汉魏晋以后，结构造型既有类似于中原地区的地方，也有自己独特的方面。类似的地方，主要是子母口扣合方式和造型的圆筒形或椭圆形等方面，而不同的则是装饰的不同和局部重合处以藤条或树皮缝制，这充分显示了西域民族在丝绸之路畅通、内地与西域联系密切下，仍然注重保持自己民族个性的造物意识。

此外，西域各少数民族政权也继续保留并发展了自己民族文化特色的日用包装品，如毛皮包装、藤条包装等天然材料包装。这在考古发现中时有发现，如箭筒、皮囊等，均为毛皮所制。箭筒属军用包装范畴，而皮囊则多用于包装日常生活用品，属于日用包装范畴。新疆民丰县北大沙漠中古遗址发现了一件东汉的皮革箭筒，内装木箭 4 根[①]。无独有偶，1995 年民丰县尼雅遗址 1 号墓地 3 号墓也出土了一件东汉时期的皮革箭筒[②]（图 5-37）。由此可见，用皮革制作包装军用品的容器，应在西域地区比较普遍。另一类则是皮囊、皮袋，多为羊皮所制，如 1995 年在营盘墓地发现了 7 件佩囊，其中 6 件为筒形囊，1 件为扁囊，出土时多佩挂在死者腰间，多为盛放香料，

图 5-37　东汉时期的皮革箭筒

---

① 新疆维吾尔自治区博物馆：《新疆民丰县北大沙漠中古遗址墓葬区东汉合葬墓清理简报》，《文物》1960 年第 6 期。

② 参见祁小山：《西域国宝录：汉日对照》，新疆人民出版社 2000 年版，第 67 页。

也有盛放零星细物的。同墓还发现了 3 件可能是用于盛装女性化妆粉的皮囊。囊多以一块条形皮折叠,边缘用毛线缝合,袋口缀细皮带,用以扎束袋口[①]。这种皮囊式包装实物,在新疆鄯善苏巴什古墓葬也有发现[②]。此外,尤其值得注意的是,东汉时期新疆地域还出现了以藤条编织的奁盒包装,该奁盒出土时内盛铜镜、粉袋、木梳及绦线等物品[③]。从这件奁盒来看,其应是汉式奁盒传入西域后,被西域民族吸收、变异,且西域化的结果。

三、南越民族的包装

南越国是秦汉时期地处南方重要的少数民族政权,它是赵佗于西汉初年(公元前 203 年)在岭南建立的地方政权,历五世,共 93 年,至公元前 111 年(即汉武帝元鼎六年)被汉朝军队击灭。南越国地处岭南,偏居一隅,独特的地理位置和与西汉王朝较为密切的关系,使其包装在东南少数民族风格特征的基础上,不可避免地又受到汉族的影响。南越地区无论是在南越国的控制之下,还是在秦汉王朝的统治下,一直与中原地区保持着密切的联系,汉文化的输入使这一传统少数民族地区的政治、经济、文化深受汉族人影响,呈现出相互影响,岭南地区不断被汉化的格局。秦汉时期,南越地区的包装以陶器、青铜器、玉器、漆器、纺织品和自然植物等为主。下面我们根据考古出土实物结合相关文献资料,按包装材料的不同,进行分门别类的介绍和阐述。

1. 陶质包装容器

秦汉时期南越国继承了岭南先秦几何印纹陶的传统,又受中原汉文化的影响,制陶工艺进一步发展,形成岭南陶器发展史上的高峰。在南越墓葬和遗址中出土的器物以陶器为最大宗,多达数万件。例如广东番禺南越王墓就出土了 900 多件陶器,种类繁多,主要有储容器、炊煮器、日用器等,这些陶器造型匀称精美,器形

---

① 新疆文物考古研究所:《新疆尉犁县营盘墓地 1995 年发掘简报》,《文物》2002 年第 6 期。

② 吐鲁番地区文管所:《新疆鄯善苏巴什古墓葬》,《考古》1984 年第 1 期。

③ 新疆维吾尔自治区博物馆:《新疆民丰县北大沙漠中古遗址墓葬区东汉合葬墓清理简报》,《文物》
1960 年第 6 期。

多种，风格独特①。具体来说有瓮、罐、小盒、三足盒、瓿、套盒、双联盒、四联盒、八联盒、匏壶、双联罐、三联罐、四联罐、五联罐等包装属性明显的容器。很多生活器皿里原来还存放有粮食、禽兽、海产贝壳、鱼和果品等，还有的容器内盛有药饼②。

　　南越国陶器包装造型自成一体，有别于其他中原器物样式，出现了许多生动有趣的造型样式，无论是造型还是纹饰都具有南越少数民族浓郁的特色。如区庄螺岗出土的秦代陶小盒，其器身似碗，盖面隆圆，中央有平圆立钮，盖面与腹壁有弦纹、篦纹和水波纹③。陶小盒、三足盒、三足小盒，仅在西汉早期有发现，汉代中叶以后不再出现，为西汉早期的典型包装容器，具有显著的地方特点。陶小盒、陶三足小盒都是盛装果品、食物的器物。如南越国时期的三足格盒（图5-38），平底附三短足，盖顶中央有绳索形钮，外周有两个鸟形和两个卷曲形的小钮，对称排列。器内分成7格，中间3格，两边各2格，与现在的果盒形式十分相似④。尤为经典的是，南越国时期的陶套盒，亦称"子母盒"。如广州市先烈南路大宝岗出土的陶套盒（图5-39），其器表施青褐薄釉，

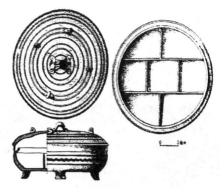

图5-38　陶三足格盒

图5-39　陶套盒

---

① 参见广州市文物管理委员会等：《西汉南越王墓》（上），文物出版社1991年版。

② 麦英豪、王文建：《岭南之光：南越王墓考古》，浙江文艺出版社2002年版，第93页。

③ 广州市文物考古研究所：《广州考古五十年文选》，广州出版社2003年版，第466页。

④ 广州市文物考古研究所：《广州考古五十年文选》，广州出版社2003年版，第469页。

圆筒形，腹上半做成子口，与盖相合，类似于这一时期的漆奁式样。不同的是，其器底附帖三颗乳状小足①。此套盒大小套扣、使用方便，便于保存。南越国时期三足格和套盒的设计注重器物形式的整体美，注重子盒与母盒、部分与整体的有机统一，在造型与装饰方面充分体现协调性与整体感。

陶罐类包装是中国古代瓷器包装最常见、历史渊源最悠久的包装品种之一，秦汉时期，岭南地区出土数量最多和最常见的器形也是陶罐。常见的器形有直口罐、盖罐等。作为包装实用的陶罐可用来储物。从储藏功能来看，陶罐都应该是有盖的，即为盖罐。因为有盖罐用于包装，可保持物品的色、香、味，而且不易变质，陶罐在秦汉经常用于存放食品、酒、药品、茶叶等，有些陶罐出土时候，罐内尚有橄榄、梅子或海产品等（图5-40）。与中原地区不同的是，岭南地区出土的南越民族罐式陶质包装容器极具地方特色，如把多个大小不一的小陶盒、罐连在一起的双联罐、三联罐、四联罐（盒）、五联罐、八联盒等。

图5-40　陶罐

岭南地区南越民族的联罐式陶质包装容器以五联罐最普遍，造型相当别致，四个较大呈"田"字形排列，中心位置安放一较小的罐。如广州西村出土的联罐，全器由五个小罐联成，周四个较大的罐并连，一个小罐居中罐的形制基本相同，外围四罐底部各附一足②。五联罐一直发展至西汉中后期，耳和足俱消失，到东汉时期五联罐就完全消失。这类联体罐式陶质包装容器多是盛干果品或盛装调味品的容器，属于食品包装范畴。如广州西村出土的五联罐，出土时罐内即存有梅核，足证

---

① 广州市文物考古研究所：《铢积寸累：广州考古十年出土文物选萃》，文物出版社2005年版，第46页。

② 广州博物馆，香港中文大学文物馆：《穗港汉墓出土文物》，香港中文大学出版社1983年版，第42页。

明其用途是作为盛装果品的器物
（图 5-41）。广州动物园 13 号西汉
早期的木椁墓所出土的一个五联
罐内，也发现有压叠成层的叶子，
极可能是盛装较小的果类①。除联
罐之外，还有四联盒和八连盒也
很富有地方特色。

　　在岭南地区发现的罐式陶质
包装容器中，还有一类包装方式
与中原地区类似的陶罐，其包装

图 5-41　五联罐和梅核

属性十分明显。如西汉南越王墓的后藏室中发现有 36 件陶罐，其中 12 件器内装
有食物。其中不少罐身上有草编织物痕迹以及在口沿上有绢帛残痕。据发掘报告
称：其"应是在装盛食物后，用绢帛包封器口，再放入用草编成的网袋中，以便
提取"②。这种包装方式类似于马王堆的罐式陶质食品包装容器。不过，相比之下，
南越王墓的罐式包装容器在密封性方面要逊色于马王堆发现的罐式包装容器。但
是，其在方便提取的功能上却要比马王堆发现的陶罐要便利。发掘资料显示，南
越王墓陶罐上的草绳编扎网袋有 2 种形式：一是上下各一道横绳，当中缚上若干
道直草绳，上下联结成"方格"式；另一种结成"三角"形。较为特别的是，其
中还有一件陶罐身上的网兜是用竹篾编织而成③。这种草编和竹篾编织的网袋不仅
有效地起到了防震、防损等保护陶罐不被损坏的功能作用，而且还具有便于提取
的功用，实属南越民族包装中较为特别的一例。

　　在日常生活中，匏瓜常被用作盛酒或水的容器。仿匏瓜而制作的匏壶是广
州西汉墓中常见的出土物，造型富于变化，分为咀（敛口的无咀）、上节、下
节（有足和平底无足）等部分。这种匏壶多是用于盛水和酒的，属酒水包装范

①　广州市文物管理委员会、广州市博物馆：《广州汉墓》（上），文物出版社 1981 年版，第 107 页。

②　广州市文物管理委员会等：《西汉南越王墓》（上），文物出版社 1991 年版，第 294 页。

③　广州市文物管理委员会、广州市博物馆：《广州汉墓》（上），文物出版社 1981 年版，第 294—296 页。

图 5–42　陶瓿壶

畴（图 5–42）。据《盐铁论·散不足篇》载："庶人器用即竹柳陶瓿而已"[1]，说明瓿壶是当时普遍使用的器物。如广州市农林东路 24 号大院即出土了一件陶瓿壶[2]。一般而言，广州地区南越国时期的陶瓿壶都是矮身，西汉中、后期的明显修长，分节清楚，到东汉时期陶瓿壶消失。1955 年广东省大元岗出土的一件西汉后期陶瓿壶[3]，瓿壶上节修长，带凤鸟形塞，造型轻巧别致，釉色晶莹，反映出西汉后期南越陶艺水平的发展与提高。

2. 青铜包装容器

秦汉时期，南越国青铜器的铸造工艺水平与中原内地还有一定差距，许多青铜器的制作采用的仍是中原东周时期的传统工艺，如两分范合铸容器、活芯垫控制器壁厚度，以及圈足器的浇口设在器底中部的技术，工艺上较为滞后。值得指出的是，南越王墓出土的陶器与青铜器有个共同的特点，即汉、越文化两类器物并存，不同的是青铜器中以汉式器物为多，陶器以越式器物为多。

这个时期青铜包装容器代表性器物是铜筒，又作桶、筩。铜筒是岭南地区极富地方特色的青铜容器，大约流行于战国晚期至西汉时期，最早出现于云南，然后南传入越南北部，东传入广西和广东[4]，以西汉前期南越国时期在西江流域，即南越国当时所控制的范围内为限，在此范围之外尚未发现。铜筒是岭南地区土著文化中最

---

① 王利器校注：《盐铁论校注》，中华书局 1992 年版，第 351 页。

② 广州市文物考古研究所：《铢积寸累：广州考古十年出土文物选萃》，文物出版社 2005 年版，第 10 页。

③ 广州博物馆、香港中文大学文物馆：《穗港汉墓出土文物》，香港中文大学出版社 1983 年版。

④ 参见黄展岳：《铜提筒考略》，《考古》1989 年第 9 期。

具代表性的典型的器物，具有浓郁的岭南文化风格。这类铜桶，都是圆筒形的，一般器身上口稍大，中腰以下微收缩，底部留出矮圈足。但有的口部稍敛，中腰微鼓，底部略收缩。一般口沿作直口，器腹上部有两个对称的可系绳索的半环状直耳，直耳基部中间有一个筒形贯耳，或将筒形贯耳简化为圆柱形实鼻。口上盖有覆盘形木盖，筒形贯耳用于穿绳拴系木盖。据相关研究人员统计，岭南地区发现的铜提筒"最大的大约是高50厘米，口径46厘米，最小的大约是高21.4厘米，口径20.6厘米"[1]。一般而言，铜提筒在云南地区多用于盛贝，而两广地区的则多用于藏酒[2]，以专供南越国时期的贵族饮宴的藏酒、酿酒所用。如广州4013号墓（东汉前期）出土一件陶提筒，筒内尚存高粱近半筒，器盖里面墨书"藏酒十石，令兴寿至三百岁"[3]。

除此之外青铜包装容器还有1976年贵县贵城镇罗泊湾1号墓出土的杯子形铜壶、蒜头扁壶、提梁漆绘铜壶等[4]。其中尤其以杯形壶的设计最为有趣，整器呈弧形腹，上粗下细，子口合盖，盖面隆起，有四只环钮，盖器扣合严密，且器表打磨光洁，还涂有漆。不难看出，其不仅造型美观，审美功能十足，而且子口合盖的开启设计较好地满足了包装的密封性要求。此外，趣味性十足的还有提梁漆绘铜壶，其形似竹筒，盖顶有环钮，上腹部有一对铺首衔环耳，系活动提梁。器身分两节，仿竹节形，加之器表所画漆彩画，不仅美观大方，而且颇具历史趣味性。

3. 漆制包装

南越国时期，是岭南漆器发展的一个重要时期。有关这一时期的墓葬中发现漆器的数量甚多，有的墓葬中出土的漆器数以百计，多的达近千件。重要的是，在其中一些漆器身上，发现了烙印的文字，有"蕃禺""布山"等字样。如广东省出土的一件秦代椭圆形漆奁，虽已破损严重，但盖面云纹，"蕃禺"两字烙印尚清晰可见。[5]"蕃禺"就是"番禺"，汉代的"番禺"就是今天的广州。"布山"是南越国治

---

① 蒋廷瑜：《西汉南越国时期的铜桶》，《东南文化》2002年第12期。

② 黄展岳：《铜提筒考略》，《考古》1989年第9期。

③ 广州市文物管理委员会、广州市博物馆：《广州汉墓》（上），文物出版社1981年版，第322页。

④ 广西壮族自治区博物馆编：《广西贵县罗泊湾汉墓》，文物出版社1988年版，第36页。

⑤ 广州市文物管理委员会、广州市博物馆：《广州汉墓》（上），文物出版社1981年版，第175页。

下桂林郡首府，位置大约在今天广西的贵县。既然漆器上有"蕃禺""布山"等字样，说明这些漆器是在番禺或布山生产的。同时表明南越国时至少在以上两地存在着制作漆器的手工作坊。漆器制造业与制陶、冶铁业一样是南越地区重要的手工业部门。

考古资料显示，秦汉时期南越民族的漆制包装相当发达，主要有日用的盒、奁、壶等不同种类。南越王墓中就曾出土了一批包装属性明显的漆器，只是由于出土时均已腐烂，以至于我们难以知其梗概了。在目前所发现的南越民族漆制包装中，盒式漆器包装是南越民族，特别是南越国贵族阶层所用漆制包装中最常见、数量最多的包装样式。盒式漆器包装的盛装物涉及生活中的方方面面，如南越王墓中曾出土 5 件漆盒，其中一件盛树脂和漆算筹一类的物品，有 2 件圆盒则内盛置彩绘铜镜，还有一件出土时内盛漆卮 5 件，象牙卮 1 件，银卮 1 件[1]。

具体而言，南越民族的盒式漆器包装容器有圆形、扁圆形、方形等形制，还有带足形、船形、曲尺形等自由体。如广州出土的一个已残的漆盒。从马蹄形漆盖来看，全器应当是一个马蹄形的小漆盒，造型与 1955 年扬州凤凰河第五号西汉木椁墓所出的一件相似[2]。目前出土秦汉时期南越民族的盒式漆制包装中，保存最为完整的为 1953 年在广州市龙生岗所发现的一件东汉时期的漆套盒[3]。此漆套盒为圆形，分盖、身、底共三节两层，套合成上下两层，内外黑漆，素面，表里光亮如新，制作精良。上层藏两个半圆形小盒，一个内盛白粉一块，另一个尚有少许胭脂。此盒制作细腻，为南越国上层贵妇所使用的化妆品套盒式漆器包装（图 5–43）。

除了漆盒外，漆奁也是当时重要的漆制包装。多木胎和夹纻胎。常见为圆筒直壁形，由奁身和奁盖套合而成。如 1982 年广州瑶台柳园岗西汉墓群，出土一件漆奁，木胎，红漆，外部饰有黑、黄色卷云纹，奁内置四山纹铜镜一枚和木梳一把[4]。整体看来，南越民族的奁式漆制包装，不论是在结构和造型的设计上，还是在器形

① 广州市文物管理委员会等：《西汉南越王墓》（上），文物出版社 1991 年版，第 135 页。

② 苏北治淮文物工作组：《扬州凤凰河汉代木椁墓出土的漆器》，《文物参考资料》1957 年第 7 期，第 22 页。

③ 广州市文物管理委员会、广州市博物馆：《广州汉墓》（上），文物出版社 1981 年版，第 353—354 页。

④ 黄淼章：《广州瑶台柳园岗西汉墓群发掘纪要》，载广州博物馆、香港中文大学文物馆：《穗港汉墓出土文物》，香港中文大学出版社 1983 年版，第 2 页。

图 5-43　漆套盒

种类上，均要比同时期江淮、两湖地区的要逊色很多。究其缘由，一方面是与南越地区土质为酸性，不利于保存漆器有关，另一方面则极有可能是制漆技术的相对落后。

4. 金银和玉质包装

秦汉时期南越国的金银器和玉器出土数量虽然众多，但用于包装的器物却少见。就目前考古资料来看，仅在南越王墓中发现了一件盛药的银制药品盒和归属不明的盒式玉质容器。银盒，盖身相合呈扁球形，盖面隆圆，顶部有两圈凹线弦纹，构成一圈宽带。盖的外周为对向交错的蒜头形凸纹。腹部自口沿以下亦有同样的凸纹。纹样是用模子压着锤鋻而成，每个蒜头形外凸内凹。器身有子口，微内敛，底部亦微向里凹入。盖与身相合处的上下边缘各饰一匝穗状纹带，谷粒样凸起，因系鋻刻而出，故内壁相对部位光平。盒盖顶部宽带纹外侧分立 3 个如银锭形的小凸榫。凸榫和铜圈足座是后加的，用银焊接固定。后加的钮和圈足座表明，此盒是依照中国汉代盒形盖上有钮饰，器底附圈足的特点设计的，可见这是为符合时人的生活方式而进行的改进。盖面上用银焊的 3 个凸榫，应是套入 3 个主体为羊或熊的钮座。钮上刻有编码，当是便于安装钮饰时对号入座。此银盒从造型到纹饰都与中国的汉代及其以前的金属器皿的风格迥异，但在西亚波斯帝国时期的金、银器中却不

图 5-44　南越王墓出土的玉盒

难找到与之相似的标本。故推测银盒极有可能是海外的舶来品，而后焊接的盖钮和器座则应是流入南越国后附加上去的①。银盒出土时器内尚存药丸半盒，可见其应属药品包装范畴。用银质器盛装药物，极有可能受到了汉代养生观念的影响。

玉盒是由青玉雕琢而成，盖与盒身有子母口相扣合。盒盖面隆圆，上面的一个桥形钮里所套的玉环可以活动。盒身像个圆碗，外壁装饰有 3 圈纹饰：上圈 4 组凸起的勾连涡纹与 4 组阴刻的花蒂纹两两相间；中圈为阴刻的勾连涡纹；下圈靠近圈足处是一道斜线纹。玉盒内外打磨光洁，雕镂精细。盖内有线刻的双凤纹饰，一凤回首，一凤超前，相互缠绕，脚踩在一个圆圈上②。盒盖原已破裂，在原有的钻孔旁加钻两个小孔，以穿绳缝合，由此足见其在当时之珍贵（图 5-44）。

5. 丝织品包装

如前所述，秦汉时期，中国的纺织业空前发展，尤其是丝绸制造业，其工艺和织造技术，都达到了很高的水平。1972 年长沙马王堆一号汉墓出土的大批保存完好的丝绸品，充分展示了当时丝绸业的成就。岭南地区与长沙之间，虽有五岭阻隔，但南越国时期，两地常有贸易往来。在丝绸纺织业方面，交流频繁。1983 年象岗南越王墓中发现了一大批丝织品。从出土的超细绢、云母研光绢、黑油绢等来看，南越国的缫丝、织造等工艺技术已经达到相当高的水平。可惜的是因保存得不好，色泽变深，织物已毫无强度，轻轻一碰就成粉末状；但幸运的是织物的组织、结构还比较清晰，印染的花纹、色泽还可以分辨。同时还发现了与印染有关的工具。从

---

① 广州市文物管理委员会等：《西汉南越王墓》（上），文物出版社 1991 年版，第 209—210 页。

② 广州市文物管理委员会等：《西汉南越王墓》（上），文物出版社 1991 年版，第 202—203 页。

这些出土的纺织品来看，岭南地区当时应有养蚕业，部分丝制品是本地生产和织造的。

南越王墓出土织物的原料、色泽、图案、工艺大部分与中原同期织物十分相似。出土织物大致可分为三类：一、原匹织物；二、包裹各类器物用的织物，其中铜器、玉器百分之七八十用绢包裹捆扎；三、穿系随葬物品的织物，如铜镜和玉璧的绶带等。这其中包裹各类器物的纺织品可以说既是一种包装材料，又是一种包装。据统计，南越王墓中用绢来包裹铜器的有110件，占出土铜器种类的88%；裹包铁器30件，占出土铁器的30%；包裹车马器12类，164件，约占车马器的12.8%；包裹玉石器7种73件，占玉石器的78.7%；包裹陶器仅1件，占陶器的2.8%[1]。从统计数据来看，丝织品主要是用于包裹铜器、玉石器等相对贵重的物品，而较少用于包裹陶器、车马器一类物品。不过值得注意的是，南越王墓中并未见裹包金银器的现象，其原因还有待深入探讨。诚然，虽然丝织品被大量用于包裹器物的事实千真万确，然令人遗憾的是，这些纺织品出土时大都已残损，仅剩下残痕，以致我们难以知晓其具体的裹包情况。

6. 天然材料的包装物

由于岭南地区气候潮湿温暖，自然资源极为丰富，盛产竹、藤等植物，所以竹器制品手工业随之而起，以竹篾编织竹器的历史很悠久。在广东曲江石峡遗址的上文化层内（相当于商周时期），曾出土过青铜篾刀，增城西瓜岭战国遗址也出土过青铜篾刀，它们是专用于破削竹篾的工具，可见岭南在商周时期已经出现了竹篾编织[2]。竹编包装在南越国普遍流行，两广地区发现了不少南越国时期的竹器，其中不乏包装容器。广西有竹篓、竹篮；广州则有竹笥（用以盛放衣物、书籍等的竹制盛器），用竹篾编成横"8"字形纹的竹筐，以及表示器皿名称或内装物品的竹牌等。比较大件而精致的则是竹制剑鞘。所有这些，都反映出南越国竹木包装使用的普遍性和具有一定的发展。

---

① 广州市文物管理委员会等：《西汉南越王墓》（上），文物出版社1991年版，第137页。

② 余天炽、梁旭达：《古南越国史》，广西人民出版社1988年版，第154页。

四、巴蜀民族的包装

四川地区古称巴蜀，在古代巴、蜀分别为族称、国名，最后又作为地名，主要范围指的是今天的四川省和重庆市，至今人们仍然沿用巴山蜀水、巴蜀大地代表四川。巴蜀地区从新石器时代开始，就和中原地区有联系。进入秦汉时期以后，这种联系日益增多，逐渐成为中原王朝不可分割的一部分。秦汉时期巴蜀地区的手工业相当发达，形成了冶金、制玉、制陶、竹木器、纺织、矿业、建筑业等专门的行业，不仅具有浓郁的地方特色，而且有些行业的产品还在当时全国范围内居于领先地位，体现出这一地区物质文明的辉煌成就。在众多的手工业产品中，归属于包装，且又极具时代、地方特色的当以漆器为代表。

自古以来，巴蜀地区就是生漆的重要产地，我们从古文献不难发现巴蜀地区漆器生产具有得天独厚的自然条件。《华阳国志·巴志》说巴地盛产"丹漆"。《蜀志》也说蜀有"漆、麻纻之绕"。《史记·货殖列传》称巴蜀沃野，盛产"竹、木之器"。寻古溯源，巴蜀漆器可上溯到3000多年前殷商时期的三星堆髹漆雕花木器，已成为一个不争的事实。秦汉时期巴蜀地区的漆器经历了鼎盛、衰落的过程。

西汉为巴蜀漆器的鼎盛时期。这一时期漆器既继承了先秦漆工艺优良传统，又开拓了新的漆工艺领域，工艺日渐精湛，形成了独特的工艺特征。与前代相比，在器类及装饰方面有了较大的变化，扣器工艺开始普遍流行，出现了金扣、银扣和铜扣器。汉代文献记载，全国最著名的漆器产地有九个郡，其中蜀郡、广汉郡举世闻名。那时大量署有"蜀郡工官"（西汉时成都、郫县皆属蜀郡）和"广汉郡工官"的漆器蜚声国内。漆制包装精美，数量很多。类型也比东周时增多，主要有圆盒、奁盒、小盒盖、扁壶等。这时期巴蜀漆制包装进入到了一个空前绝后的鼎盛时期。

东汉时期为巴蜀地域漆制包装的衰微期。就全国范围来看，东汉前期仍延续西汉时期漆制包装制作的繁荣景象，东汉后期瓷器开始兴起，逐渐取代漆制包装在日常生活用品中的地位，使得这时期漆制包装产业开始走向衰微。巴蜀地域漆器经过西汉鼎盛时期，到了东汉前期仍承西汉漆器制作表现出一度的辉煌。那时大量署有"蜀郡工官""广汉郡工官"的漆器远销异国他乡，如朝鲜古乐浪郡东汉墓的漆器，就有"蜀郡西工"的署名，说明巴蜀地域漆器自战国至东汉的前后六七百年中是十分繁荣的，并且经过了"成亭""成市""蜀郡西工"三个历史阶段。到了东汉中、后期，巴蜀地域漆器制作逐渐开始走下坡路，如涪陵东汉崖墓，此墓凿于长江北岸，在后壁东侧长方形龛内发现残存的漆器痕迹①。此崖墓随葬品以青瓷器、铁器为主，漆器随葬品处于次要地位②。

秦汉时期巴蜀漆制包装种类十分丰富，比如说漆盒在巴蜀地区从战国早期至汉代都有发现，荥经曾家沟12号春秋战国墓中出土的双耳长盒③，这种器物样式一直流行到秦汉，是当时巴蜀地区流行的漆制包装。其一般为厚木胎，由器盖与器身子母榫扣合而成，圆形，两端有方形器耳。底两端有一双半圆形小圈足。圆形格盒也是巴蜀漆盒的一种样式。成都商业街2号战国早期船棺出土1件圆形格盒。盖与器身形制相同作子母口，圆口，底平，两侧有对称虎头双耳，器内各有五格。这种多格盒开创了后世晋墓漆攒盒的先河④。

除圆形格盒外，巴蜀地域还出土了很多圆形盒，如青川县战国中晚期墓中出土3件：厚木胎，子母口扣合。黑漆朱绘曲折纹、圆点花草、变形鱼纹、变形凤纹、花瓣纹、云纹等。成都羊子山172号战国晚期墓出土2件圆形盒：盖合处各有圆铜扣，盒底有铜圈足，盒盖上也有铜圈，这不仅加固了盒式漆器包装，而且承载力也得以加强。秦汉时期的圆盒有所不同，少见有铜圈足的漆圆盒。荥经古城坪秦汉墓出土2件圆形盒，有底和盖扣合而成，包装的密封性功能得以加强。其中一件底与盖外部各有一朱书"王邦"两字，底上还有烙印"成亭"二字⑤。此外，奁式、壶式等漆器包装在巴蜀区域也十分繁盛，基本形制与秦汉中原地区的式样相差无几，不再一一赘述。

以上所举的漆制包装大多体现了秦汉统一西南后，秦汉帝国在物质文化及生活习俗方面都对巴蜀产生了深刻的影响。从现在出土的秦物来看，秦式漆扁壶、秦式

① 四川省文物管理委员会：《四川涪陵东汉崖墓清理简报》，《考古》1984年第12期。
② 聂菲：《巴蜀地域出土漆器及相关问题探讨》，《四川文物》2004年第4期。
③ 四川省文管会等：《四川荥经曾家沟战国墓群第一、二次发掘》，《考古》1984年第12期。
④ 参见陆锡兴：《从椟到攒盒》，《中国典籍与文化》2003年第3期。
⑤ 荥经古墓发掘小组：《四川荥经古城坪秦汉墓》，载《文物资料丛刊4》，文物出版社1981年版，第70页。

漆圆盒都是秦式漆器的代表作。秦式漆器纹饰倾向于写实，以云气纹、鱼纹、凤纹为主。而巴蜀漆器只有圆耳杯，战国晚期巴蜀出土的漆扁壶、漆圆壶与秦墓出土的秦式漆扁壶、秦式漆圆壶相似，铭文内容、漆器纹饰与秦式漆器也有了许多共同之处。这些绝不是偶然巧合，而是秦与巴蜀长期文化交融的结果。秦灭巴蜀后，文化交流非常频繁，巴蜀漆器本身固有的特点在这种频繁的交流中逐步消失殆尽，到了东汉后，巴蜀漆器几乎与中原相差无二。包装也不例外。

除了漆制包装，此时期巴蜀的织造业发展也尤为兴盛，主要以织锦而著名。扬雄《蜀都赋》记载："若挥锦布绣，望茫兮无幅"。可见蜀地织锦业的繁荣，为后世蜀锦的繁荣奠定了基础。但是由于相关出土包装实物较少，我们很难详细描述当时巴蜀的丝织包装。另外青铜器、金银器、陶器等手工业都在这个时期有所发展，反映在包装上则是表现形式的异常丰富。但是由于出土文物太少，且损毁较严重，我们难以知其详，故本书暂不作蠡测，以待他日考古资料丰富后苴补。

第六章　魏晋南北朝时期的包装

"汉末魏晋六朝是中国政治上最混乱、社会上最苦痛的时代，然而却是精神史上极自由、极解放，最富于智慧、最浓于热情的一个时代，因此也就是最富有艺术精神的一个时代。"①现代著名哲学家兼美学家宗白华，在论及魏晋南北朝时用了这样的概括。的确，始于公元 220 年三国曹魏政权建立、终于公元 589 年南朝陈政权灭亡的魏晋南北朝，风风雨雨地经历了三百多年纷乱分裂，是中国历史上政权更迭最频繁的时期，堪称中国封建社会中最为混乱的历史时期之一，同时也是中国历史上最为活跃、最为有生气、最富有时代特色和地域特色的多元文化兼容时期。

论及魏晋南北朝，分裂、混乱虽然是主旋律，但不可掩盖的事实是，在这乱世之音的背后，政治的多元化、民族的大融合和区域经济的发展等推动了整个中华文明的发展。自然经济、商品经济的交织作用，使这一时期的包装呈现出明显的双重特性，即自给自足的自然经济下的包装与流通市场的商品经济下的包装同时共存又互为影响；魏晋南北朝时期的不断分裂与兼并为隋唐统一提供了机遇，同时这一时期的包装形式与特色也深深地影响着隋唐包装，源和流的关系并没有因为纷争与分裂的存在而割裂；各民族甚至各国因为交流和交易，不断地推动文化的融合与逐步认同，不仅丰富和繁荣了中华民族文化，同时为包装带来了发展的新契机与发展的动力，最突出地表现为两个方面：一方面是民族间的斗争与交融为新的包装形式的

---

① 宗白华：《美学散步》，上海人民出版社 2005 年版，第 356 页。

出现准备了条件；另一方面是佛教及外来艺术的影响为包装艺术带来了新的元素。

总之，魏晋南北朝时期包装物的设计思想、设计形式和设计审美，都不可避免地受到其特定的政治、经济、科技与思想文化等的制约与影响，当然，丰富而极具特色的包装要素，又深深地影响着隋唐及以后各朝各代的包装发展，甚至影响着周边国家和地区，使这些国家和地区的包装发展深深地烙上了浓郁的中国元素。

第一节　魏晋南北朝历史特征及其与包装的关系

作为物品容纳、运输、使用等功能体现的包装，总是与一定时代的政治、经济和文化保持着密切的联系，体现着一个时代的发展变迁。魏晋南北朝时期的包装概莫能外，甚至说这个时期的包装由于某种迥异于前后时期的历史特征，具有了某种独特性。而包装的独特性又填补和丰富了魏晋南北朝时期物质文化生活，具有了独特的历史价值。

一、魏晋南北朝的历史特征

魏晋南北朝时期是我国历史上战乱最为频繁的时期，政治上以地方割据势力改朝换代为特征，经历了大大小小几十个政权，短短三百多年的历史呈现出你方唱罢我登场的繁复与尴尬；经济上，以士族庄园经济为代表的自然经济和以交换购买为特征的商品经济互相并存，但自然经济的畸形发展成为这一时期最主要的经济特征；文化上则表现为民族交融更为频繁，不同文化在不同民族之间相互交流，取长补短，在扩大汉民族文化影响力的同时，中原大地上也吸纳了外来民族包括周边各国的优秀文化。这种文化的交融对后世发展影响巨大，以至于我们在某种程度上可以说，魏晋南北朝的最大贡献在于文化的兼容。

首先，从政治格局来说，这一时期是政权林立，朝代更替频繁。东汉末年，各路军阀割据争雄，东汉统一帝国名存实亡。公元196年，曹操将汉献帝劫持到许昌，挟天子而令诸侯，试图在汉的旗号下重新实现全国政治上的完整统一，但由于政治、经济、军事及人为努力等多种因素的交互作用，在汉帝国的废墟上出现魏（公元220—265年）、蜀（公元221—264年）、吴（公元222—280年）三个鼎立对峙的政权。公元 280 年，继承魏的西晋（公元 265—317 年）统一全国，但西晋仅稳定统治了 30 余年便在各种矛盾的影响下土崩瓦解。西晋灭亡后，江南相继出现东晋（公元 317—420 年）、宋（公元 420—479 年）、齐（公元 479—502 年）、梁（公元 502—557 年）、陈（公元 557—589 年）等五个前后相承的政权，北方则经历了十六国（公元 304—439 年）、北魏（公元 386—534 年）、东魏与北齐（公元 534—577 年）及西魏与北周（公元 535—581 年）等政权的统治。公元 439 年北魏统一北方后，与江南的宋、齐、梁、陈形成南北对峙的局面，史称南北朝时期。公元 581 年，隋取代已统一北方的北周政权，并于公元 589 年灭陈，重新统一全国，魏晋南北朝历史时期结束。"上接秦汉，下启隋唐的魏晋南北朝，是介于两个统一帝国之间的分裂动荡时期，同时也是继承秦汉的历史遗产，孕育隋唐新的统一帝国的时期。"[①]

　　分裂和动乱是魏晋南北朝时期政治上最突出的表面现象。在近四个世纪中，先后出现 34 个政权，其间只有西晋三十多年是相对安定的统一时期，仅十六国北朝，中国北方就出现了三度分裂与三度统一。战争与残杀成为经常的事，攻城略地，杀人盈野，官渡之战、夷陵之战、淝水之战以及西晋灭吴之战等著名战役都发生在这一时期。东汉末年军阀混战宣告了这一时期的到来，而隋灭陈之战标志着这一时期的结束，战争与这一历史时期相始终。由于秦汉长期统一的历史影响，以及各种关于大一统的种种理论阐述，这一时期任何一个分裂割据政权都把实现统一作为自己的使命，只要条件许可，它们都要在统一的旗号下发动兼并战争。正因为如此，当造成这一时期分裂割据的各种因素消失后，比秦汉更为强盛的隋唐帝国便如涅槃的凤凰，从动乱中获得新生。

　　其次，从经济而言，这一时期是自然经济高涨，商品经济萎缩，区域经济发展，长途贩运发达的时期，同时也是封建商品经济发生转变的萌芽和准备期。魏晋南北朝时期，由于国家的分裂，民族矛盾上升，战争的破坏，使经济的发展显得尤为艰难。特别是汉末和西晋末年的两次全国性大动乱，对经济的发展，产生了严重的破坏性影响。因此，怎样进一步开发尚待发展的南方经济，恢复受到惨重破坏的北方经济，是当时统治者面临的最大困难之一。而这一具体问题解决的

---

① 何德章：《中国魏晋南北朝政治史》，人民出版社 1994 年版，第 1 页。

程度，决定着各个封建王朝经济成就的优劣。也使这一时期的经济发展，呈现出其独特的风貌。

第一，江南经济发展较快，中原发展相对缓慢，南北经济趋于平衡。秦汉时期，黄河流域是中国经济发展的中心，南方经济明显落后于黄河流域，这是不争的事实，但到了魏晋南北朝时期，由于八王之乱、永嘉之乱、十六国混战等大规模的破坏性的战乱多发生在黄河流域，使得北方经济遭到严重破坏，农业生产几经由破坏到复苏的迂回曲折的发展道路，使其在社会经济中的比重和地位有所下降。南方则处于相对较安定的局面，江南经济迅速发展。因为北方的动乱加剧了人口的大量南迁和先进生产技术的输入等，这一时期南方农业生产取得了长足的进展，而且战乱局面持续时间很长，相对安定的江南则开发较快，到南朝刘宋之时，"江南之为国盛矣"，"一岁或稔，则数郡忘饥。会土（会稽）带海傍湖，良畴亦数十万顷，膏腴上地，亩直（值）一金，鄠（hù，今陕西户县）、杜（今陕西西安东市南）之间，不能比也。荆城（荆州）跨南楚之富，扬郡（扬州）有全吴之沃，鱼盐杞梓之利，充牣八方，丝绵布帛之饶，覆衣天下"[1]。江南经济迅速发展是这一时期经济的突出特点。

第二，士族庄园经济和寺院经济占有重要地位。由于门阀士族制的发展和统治者崇信佛教，士族享有的特权和佛教的盛行导致了地主庄园经济和寺院经济恶性膨胀，造成土地和劳动力的大量流失。如士族孔灵符在山阴（今浙江绍兴）"产业甚广"，"又于永兴（今浙江萧山）立墅，周回三十三里，水陆地二百六十五顷，含带二山，又有果园九处"[2]。佛寺也拥有大量田地、财产，建康有佛寺五百余所，"僧尼十余万，资产丰沃，所在郡县，不可胜言"。他们还占有大量劳动力，以至"天下户口几亡其半"[3]。北方寺院经济也占有重要地位，严重影响了封建政府的兵源和财源。因此，由于庄园经济的恶性膨胀，大量农户被隐匿，使得国家统治阶级与地主庄园、寺院争夺对土地和劳动力的控制非常激烈。

第三，商品经济整体水平较低，但在局部地区，某些行业畸形发展。由于汉末

---

① （南朝梁）沈约：《宋书》卷 54《孔季恭传附孔灵符传》，中华书局 1972 年版，第 1531—1533 页。

② （南朝梁）沈约：《宋书》卷 54《孔季恭传附孔灵符传》，中华书局 1972 年版，第 1533—1534 页。

③ （唐）李延寿：《南史》卷 70《郭祖深传》，中华书局 1974 年版，第 1721—1722 页。

频繁的战争使大都名城夷为平地，人口的大量死亡与迁移，给整个社会经济带来严重破坏，加上因政治上与军事上的需要而兴起的坞屯壁垒等军事组织形式出现的自给自足性地主田庄的普遍化，以及南北分裂和少数民族的落后因素的不断涌入中原，阻碍了商品经济的恢复与发展，甚至出现实物货币取代金属货币流通的情况。但在六朝，南方因战争和发展的需要，国内工商业、造船手工业和海外贸易，逐步发展起来。出现了北方商品经济的严重破坏与江南商品经济的畸形发展及海外贸易的空前繁荣的现象。

第四，各民族经济交流加强，各种文化形成多元碰撞、相互撷取的格局。民族融合是魏晋南北朝的重要特征。随着少数民族内迁，这些游牧民族把畜牧及其生产技术带到了中原地区，牲畜饲养、役使方法等逐步被中原汉人接受，他们也向中原汉人学习农耕方法与生产技术，相互学习、影响，共同促进了社会经济的发展，为隋唐的繁荣提供了历史条件。

再次，在文化领域，由于长时期的封建割据以及连绵不断的战争，使这一时期中国文化的发展受到非常特别的影响。其突出表现是玄学的兴起、佛教的传入、道教的勃兴及波斯、希腊文化与中亚地区文化的渗透。上述诸多新的文化因素互相影响，交相渗透的结果，使得这一时期儒学的发展及孔子的形象和历史地位等问题趋于复杂化。

虽然魏晋南北朝时期中国文化的发展趋于复杂化，但儒学传统并没有中断，相反却有了较大发展。孔子的地位及其学说经过玄、佛、道的猛烈冲击，脱去了两汉造神运动所带来的神秘成分和神学外衣，开始表现出更加旺盛的生命力。而魏晋南北朝的学术思潮和玄学思潮，也都不同程度地反映了士大夫们改革、发展和补充儒学的愿望。他们不满意把儒学凝固化、教条化和神学化，故提出有无、体用、本末等哲学概念来论证儒家名教的合理性。他们虽然倡导玄学，实际上却在玄谈中不断渗透儒家精神，推崇孔子高于老庄，名教符合自然。因此，在此时期虽然出现儒佛之争，但由于与政权结合的儒学始终处于正统地位，佛、道二教不得不在某种程度上认同儒家的宗法伦理制度，从而以儒学为核心的三教合流的趋势逐渐形成。

二、自然经济、商品经济共存下包装发展的双重性

我们知道，在人类早期，包装的功能主要是包裹和盛装物品、食品等，因此，陶器、青铜器、瓷器在成为各类容器的同时，也就成为了包装的形式和载体。随着社会的发展和进步，特别是商品经济的出现，人类早期这些具有包裹和盛装功能的容器，其专门性和附属性开始发生了转换，即专门性逐步演变为基础性，而附属性的地位和作用日益彰显。这种转换在魏晋南北朝之前业已出现，但到了魏晋南北朝，在自然经济、商品经济交织发展下，包装的双重性更趋突出，即自给自足的自然经济条件下的包装与商品流通市场下的包装同时共存又互为影响。

1. 自然经济下的包装

自然经济下的包装是指集生产消费于一体，满足一家一户日常生活而需要的包装。这种包装在很大程度上是包装发展史上的一种倒退，因为这种经济模式之下的包装只需满足包装最基本的功能需要，而无须讲究材料、结构、装潢，艺术性不高，每一种包装主要是直接用来盛装包裹物品，而不参与社会来往，不涉及流通领域的交换。从经济学角度来说，它只具有使用价值，而不具备价值，因为价值的体现是建立在交换的基础之上的。

在商品经济条件下的包装是"为了保证商品的原有状态及质量，在运输、流通、交易、储存及使用时不受到损害和影响而对商品所采取的一系列技术措施和艺术手段"，这种提高产品的外观质量的形态设计，目的在于用包装与同类产品展开竞争，充当无声的广告和推销者，以争夺并指导消费者。尽管魏晋南北朝时期商品经济的程度不高，但有关资料显示，用于流通的商品包装在选材、工艺、造型和装潢方面均明显不同于自然经济下的包装。自给自足的小农经济下的包装，在设计的宗旨、风格等方面则表现以实用为基调，即以保护商品为目的，力求简易、经济和实用。"这种实用性表现在研究选材的方便性时，一般是就地取材，不对材料进行深加工；在包装物的制作中，无论是内包装，还是外包装，注重技术上的简单性。"①

---

① 朱和平：《试论中国古代包装的特征》，《湖南社会科学》2003 年第 1 期，第 155 页。

　　最典型的自然经济下的包装要数食品包装，比如传统的粽子包装。因"汉代至魏晋是端午节初步形成的阶段，而南北朝至隋唐则是端午节定型化、成熟化的阶段"①。新疆吐鲁番地区曾出土了唯一一件高昌时期（460—640 年）的草编粽子，"粽子是用草篾编制而成，大小共有五枚，均呈等腰三角形……大者底长 1.37 厘米，高 1.35 厘米；小者底长 1.1 厘米，高 1.01 厘米。五枚粽子由一根手捻棉线穿挂于一起，线的一端打有一结。……粽子系类似于麦秸秆这样一种植物。从中剖开后，用赶角叠压的方式编制而成"②。尽管我们据其小巧的形制推测为小儿佩戴之物，但这丝毫不妨碍我们了解晋唐时期粽子包装的形制以及集合成串包装的实际运用情况。据南朝梁人吴均《续齐谐记》载："屈原以五月五日投汨罗水，楚人哀之，至此日，以竹筒子贮米投水以祭之。"③《荆楚岁时记》亦云："夏至节日，食粽。周处谓为角黍，人并以新竹为筒粽。"④ 由此可见，粽子最初有用竹筒包装的；当然，更广泛的还是用菰叶来包粽子。《尔雅翼》卷一"黍"字云："及屈原死，楚人以菰叶裹黍祠之，谓之角黍。"⑤ 又《尔雅翼》卷一"苽"字曰："其菰叶，荆楚俗以夏至日用裹粘米煮烂，二节日所尚，一名粽，一名角黍。"⑥ 即用竹筒装米密封煮熟，称"筒粽"；用菰叶（茭白叶）包黍米成牛角状，称"角黍"。除此之外，亦有用竹箬包裹的粽子，《齐民要术》引《食次》曰："用秫稻米末……以枣栗肉上下著之遍，与油涂竹箬裹之"⑦。这装米的竹筒、包米的菰叶和裹枣、栗肉的竹箬正是我国传统食品包装的典范。

　　《世说新语》是我国南朝宋时期（420—581 年）产生的一部主要记述魏晋人物言谈逸事的笔记小说。在这部作品里，记载了很多与包装有关的故事。比如《世说新语》上卷就记载了一种装饭的"囊"，"吴郡（三国）陈遗，家至孝，母好食铛底焦饭，遗作郡主簿，恒装一囊，每煮食，辄仁录焦饭，归以遗母。后值孙恩贼出吴

---

① 姚伟钧：《汉唐节日饮食礼俗的形成与特征》，《华中师范大学学报》1999 年第 38 期，第 73 页。

② 王珍仁、孙慧珍：《吐鲁番出土的草编粽子》，《西域研究》1995 年第 1 期。

③ （梁）吴均：《续齐谐记》，载《汉魏六朝笔记小说大观》，上海古籍出版社 1999 年版，第 1008 页。

④ （梁）宗懔、韩致中：《荆楚岁时记》，上海文艺出版社 2001 年版。

⑤ （南宋）罗愿：《尔雅翼（一）》，载王云五主编：《丛书集成初编》，商务印书馆 1935 年版，第 2 页。

⑥ （南宋）罗愿：《尔雅翼（一）》，载王云五主编：《丛书集成初编》，商务印书馆 1935 年版，第 13 页。

⑦ （北魏）贾思勰：《齐民要术》卷 9，《粽（米壹）法第八十三》，团结出版社 2002 年版，第 351 页。

郡，袁府郡即日便征。遗已聚敛得数斗焦饭，未展归家，遂带以从军。战于沪渎，败。军人溃散，逃走山泽，皆多饥死，遗独以焦饭得活。时人以为纯孝之报也。"①可见当时这种用囊盛装干粮等实物的情形广为存在。除盛干粮以外，布囊还用来包裹贮存种子。如《齐民要术》便有记载："以布囊盛粟等诸物种，平量之，埋阴地。冬至日窖埋。"②说的就是用布袋把种子装好，埋在背阴的地方，冬至日再用窖埋藏，以保存和挑选来年适宜耕种的作物。

魏晋南北朝时期消费呈奢侈化倾向，几乎遍及了人们生活的各个方面。如《世说新语》下卷记载："诸阮皆能饮酒，仲容至宗人间共集，不复用常杯斟酌，以大瓮盛酒，围坐，相向大酌。时有群猪来饮，直接去上，便共饮之。"③可见这个"大瓮"是一种可用来盛酒的大口径容器，视之为酒包装容器大致不诬。又《世说新语》下卷记载："鸿胪卿孔群好饮酒，王丞相语云：'卿何为恒饮酒？不见酒家覆瓿（小瓮）布，日月糜烂？'群曰：'不尔，不见糟肉，乃更堪久？'"④这里的"瓿"虽是盛装流质食品的容器，但需经日用，毫无疑问具有包装容器的属性。

由上可见，魏晋南北朝日常百姓生活中的包装是随处可见，比如上述的装焦饭和种子的"囊"、盛酒的"大瓮""瓿"及上所覆的"布"等，虽然这类包装没有参与到流通领域，只是利用来盛装食物自用，但它们为我们提供了古代包装的方式，因而都可以算作自然经济下的包装范畴。

2. 长途贩运业发展下的商品包装

众所周知，魏晋南北朝时期的自然经济占据主导地位，但并不意味着早就存在的商品经济消失了。在商品经济发展史上，"与前代相比，魏晋南北朝时期的商业虽呈发展趋势，但南北发展道路不同，南方呈稳定上升之势，北方则出现发展的断续性和不平衡性。这一时期的商人队伍开始复杂化，商品化农业中的种植业成为主要商品来源，长途贩运日益成为商品的主要流通方式，随之商业性城市大量涌现，

---

① （南朝宋）刘义庆撰，徐震堮校笺：《世说新语校笺》，中华书局 2001 年版，第 27—28 页。

② （北魏）贾思勰：《齐民要术》卷 1《收种》，团结出版社 2002 年版，第 11 页。

③ （南朝宋）刘义庆撰，徐震堮校笺：《世说新语校笺》，中华书局 2001 年版，第 394 页。

④ （南朝宋）刘义庆撰，徐震堮校笺：《世说新语校笺》，中华书局 2001 年版，第 398 页。

城乡联系加强，城乡商业网络开始萌芽。"①

　　流通是商业链中至为关键的环节，而长途贩运成为魏晋南北朝时期商品的主要流通方式，标志着此时期商业发展到了一定程度。然则什么是长途贩运呢？长途贩运是指"把已有的生产物从有的地方运到无的地方，从多的地方运到少的地方，以买贱鬻贵的不等价交换方式，去赚取价格差额的长途贩运贸易方式，自古以来就是商业活动中的一种活动形式"②。大量的文献材料表明，魏晋南北朝时期以粮食和日用生活资料为主的长途贩运贸易空前发展，这种状况尽管说明此时期的商业仍然摆脱不了农业经济的束缚，但就其本质来说，它是商品经济的一种独特方式，这一时期涉及长途贩运的材料颇多，如三国时期曹魏统治下的邺城市场那些来自中原地区及河北平原的商品是一些梨、栗等水果，左思在《魏都赋》中就说道："真定之梨，故安之栗，醇酎中山，流湎千日"③。而在描述蜀汉统治下的成都商业盛况时说到了布匹、调料等，正所谓"异物崛诡，奇于八方！布有橦华，面有桃榔，邛杖传节于大夏之邑，蒟酱流味于番禺之乡"④。

　　孙吴境内地区间的长途贩运贸易较魏、蜀时期更显活跃，《三国志》中吕蒙在袭荆州时就曾巧妙地伪装成商船运兵，"尽伏其精兵舟舻中，使白衣摇橹，作商贾人服，昼夜兼行"⑤，可见长江上商船络绎不绝。西晋时，据《晋书·潘岳传》云："方今四海会同，九服纳贡，八方翼翼，公私满路，近畿辐辏，客舍亦稠。"⑥"行者赖以顿止，居者薄收其值，交易贸迁，各得其所。"⑦国家呈现一幅贩运业与逆旅业繁荣的景象。十六国北朝时期，前秦统一北方后，史载当时"关陇清晏，百姓丰乐，自长安至于诸州，皆夹路树槐柳，二十里一亭，四十里一驿，旅行者取给于途，工

---

① 朱和平：《试论魏晋南北朝商业的特征》，《郑州大学学报》2000 年第 9 期。

② 朱和平：《魏晋南北朝长途贩运贸易试探》，《中国社会经济史研究》1998 年第 3 期。

③ （西晋）左思：《魏都赋》，载严可均辑：《全上古三代秦汉三国六朝文·全晋文（第 11 册，第 74 卷）》，中华书局 1965 年版，第 15 页。

④ （西晋）左思：《蜀都赋》，载严可均辑：《全上古三代秦汉三国六朝文·全晋文（第 11 册，第 74 卷）》，中华书局 1965 年版，第 3 页。

⑤ （西晋）陈寿：《三国志·吕蒙传》卷 54，中华书局 1959 年版，第 1278 页。

⑥ （唐）房玄龄：《晋书·潘岳传》卷 55，中华书局 1972 年版，第 1503 页。

⑦ （唐）房玄龄：《晋书·潘岳传》卷 55，中华书局 1972 年版，第 1502 页。

商贸贩于道"①。北魏都城洛阳的通商、达货里中，居住着许多"资财巨万"的大商人，"有刘宝者，最为富室，州郡都会之处，皆立一宅，各养马十匹，至于盐粟贵贱，市价高下，所在一例。舟车所通，足迹所履，莫不商贩焉。是以海内之货，咸萃其庭。"②北齐中散大夫李岳，"举钱营生，广收大麦载赴晋阳，候其寒食以求高价。"③东晋南朝，长途贩运贸易更为发达。史云南齐时"吴兴无秋，会稽丰登，商旅往来，倍多常岁"④。南兖州所产食盐，"公私商运充实，四远舳舻往来，恒以千计"⑤。荆、扬二州所产丝绵布帛，运销四方，"覆衣天下"⑥。

不仅国内长途贩运贸易甚为发达，而且与周边民族、地区和国际间的长途贩运贸易也达到了前所未有的繁荣。据《洛阳伽蓝记》所记，北魏时期的洛阳城内，住着外来商人的情况是："自葱岭以西，至于大秦，百国千城，莫不款附，商胡贩客，日奔塞下。……天下难得之货，咸悉在焉"⑦。在内陆国际贸易方面，北朝时期与波斯、拜占庭、罗马等国的经济贸易关系极为频繁。在与周边民族的经济交往方面，北朝时期，周边存在着大小几十个少数民族政权，北朝各代政府几乎均与它们发生过不同程度的经济交往，这不仅在《魏书·西域传》《北史·西域传》《北史·吐谷浑传》《北史·库莫奚传》等中有详细记录⑧；而且在考古出土的陶俑和壁画中频频出现被誉为"沙漠之舟"的骆驼，通常由胡人牵引，满载货物、用具，呈现出中原王朝与周边民族和地区经贸往来频繁的景象。

魏晋南北朝时期大范围调剂生活资料盈欠的长途贩运变得十分频繁，不仅给商品经济增添了新的内容，同时也不断地给长途贩运下的包装提出了新的要求。如在航运方面，谷物、果蔬之类的物品通常选用易于搬运的竹藤制成的筐作为舟船上的

---

① （唐）房玄龄：《晋书》卷113《苻坚载记上》，中华书局1972年版，第2895页。

② （北魏）杨衒之：《洛阳伽蓝记·城西》卷4，中华书局1963年版，第157页。

③ （北宋）李昉：《太平御览》卷838引《三国典略》，中华书局1959年版，第3744页。

④ （南朝梁）萧子显：《南齐书》卷46《陆慧晓传附顾宪之传》，中华书局1972年版，第807页。

⑤ （北宋）乐史：《太平寰宇记》卷124引《南兖州记》，中华书局2007年版，第2464页。

⑥ （南朝）沈约：《宋书》卷54《孔季恭传》，中华书局1974年版，第1540页。

⑦ （北魏）杨衒之：《洛阳伽蓝记·城南》卷3，中华书局1963年版，第132页。

⑧ 朱和平：《魏晋南北朝长途贩运贸易试探》，《中国社会经济史研究》1998年第3期。

运输包装；而在陆上长途运输中，为了
依靠骡马、骆驼之类牲畜拉动，所使用
的包装多为布袋和木质箱盒。如洛阳北
魏元邵墓出土的骆驼，带鞍架，铺长毯，
毯上有货袋，袋的前后有扁壶、兽①，又
如西魏侯义墓的骆驼更加突出了载货的
形象，驮载的束丝醒目地呈现在我们面
前②；再如1955年山西太原北齐张肃墓出
土的一件骆驼陶俑，骆驼背上绑着的大
套袋里装满了丝绸等货物（图6-1），类
似的实物和图像史料颇夥③，向我们展示
了古代丝绸之路上长途贩运包装的情况。
可见当时自然经济状态下的商业经济，

图6-1　北齐墓骆驼陶俑

不仅商品材料是自然经济环境下的生产物，同时商品包装也是利用自然环境中的植
物以及植物加工而成的。也就是说这种包装既可以是老百姓用来日常生活盛装、搬
运的自然经济下的包装，同时在某种程度上也可以作为商品运输的包装。从而赋予
了这些包装的双重属性，即既是自然经济下的产物，又是商品经济中商品储运之
必需。

三、民族融合与包装的民族融合

魏晋南北朝时期作为政局动荡的时期，同时也是民族融合的黄金时期。在这一
时期，由于社会动乱和朝代更替，各民族人民为了生存，经常需要四处迁徙，这就
打破了过去民族聚居的状态而出现了民族杂居的格局。在多民族杂居和长期共存的
生活状态下，各民族逐渐相互融合。比如随着少数民族内迁，这些游牧民族把畜牧
及其生产技术带到了中原地区，牲畜饲养、役使方法等逐步被中原汉人接受，他们

① 洛阳博物馆：《洛阳北魏元邵墓》，《考古》1973年第4期。

② 咸阳市文管会、咸阳市博物馆：《咸阳市胡家沟西魏侯义墓清理简报》，《文物》1987年第12期。

③ 齐东方：《丝绸之路的象征符号——骆驼》，《故宫博物院院刊》2004年第6期。

也向中原汉人学习农耕方法与生产技术，相互学习、影响，共同促进了社会经济的发展。多民族的融合构成了魏晋南北朝社会大分裂之外的又一大时代特征。这一时期，南方与北方之间，汉族与少数民族之间，中国各族政权与周边国家、地区之间，有广泛的经济文化交流，相互融合，相互吸收，万紫千红，异彩纷呈，秦汉以来大一统政治格局之下造物的趋同性在逆转的同时，因民族政权的建立和对汉族的冲击而蒙上了浓厚的民族特色，民族风格在这一时期得以突显。

这一时期，北方的匈奴、鲜卑、羯、氐、羌，趁西晋末年"八王之乱"，纷纷迁居内地，先后建立起政权。十六国之中，除了前凉、西凉和北燕为汉族人建立以外，其他都由迁居内地的少数民族建立。北朝中的所有政权，也都是迁居内地的西北、北部少数民族建立。这一时期其他地区的少数民族，如南方的越族、西南地区的夷人，也都与内地封建王朝有过或多或少的接触。少数民族凭借武力向中原地区迁移，更多地接受汉文化的影响；北方士族和大量民众渡江避乱，迁往长江流域，导致汉族从中心地区向尚待开发的江南和边远地区流亡，扩大了汉文化的普及面。经过长时间的杂居相处，共同经历割据混战的苦难，各族人民之间增进了相互之间的了解。民族界线越来越小，社会上出现了民族大融合的趋势。这种以不同民族间相互通婚为主要途径，通过政治、经济、文化方面的相互交流和吸收，最后融合为同一个民族的民族大融合趋势，在北方表现得最为明显。特别是北魏孝文帝顺应这一历史潮流，采取措施进行改革，客观上促进了少数民族的汉化和封建化，促进了北方民族大融合局面的出现，有利于社会的安定和历史的进步。相对落后的征服者总是被他们征服的民族的较高文明所征服；当然，较高的文明也从异质文化中吸取了养料。经过魏晋南北朝的民族大融合，中华民族增添了新鲜的血液，内地经济生活中增添了新的成分，文化更加丰富多彩，各民族间不同文化与风俗的碰撞与融合，构成了这个时期社会风俗与以往不同的特点。

随着北方的匈奴、鲜卑、羯、氐、羌等游牧民族进入中原地区并先后建立政权，富有浓郁游牧民族文化特色的包装也大量涌入中原地区。中原人民深受这种少数民族包装的影响，从而使得北方包装明显呈现出"胡化"的倾向。与此同时，随着北方战乱地区人民的大量南迁，加快了中原地区与江南地区人民在风俗文化上的交流，从而使得传统汉族包装在南方地区更多地保留了下来。在人类历史的长河中，各族人民对包装目的的认识，材料的选取、造型形态与成型工艺的改进、装饰的变化，以及各民族对于包装作用的认识等方面都存在一个演变过程，在此过程中积淀了一系列带普遍性的内容，形成了某些带规律性的东西，这些普遍性的内容和规律性的东西随着各民族的交流和融合，也逐渐呈现融合之势，质言之，就是说各民族的包装也进行了融合，他们都不可避免地带有本民族造型特点或者吸收外来民族装饰工艺等特征。在这个时期的墓葬中，常可以看到民族间不同包装相互影响和融合的迹象。这些在包装的形制和纹样发展中，都曾清晰地打上了各民族的烙印，如作为商周秦汉以来主要包装的陶质容器，在魏晋南北朝时期由于民族融合，导致其在造型、装饰等方面发生了明显变化。在这些包装容器上我们可以清晰地看到胡腾舞、连珠纹、莲瓣纹等外来民族纹饰，并逐渐发展成为中华民族的传统纹饰。

在中原地区，几乎所有的酒器都是正圆体或方体，这两种造型制造方便。但是马背民族和与骆驼为伴的人们，所用酒器却多为扁体，这是为了携带方便的缘故。如图6-2北齐墓中出土的胡腾舞黄釉扁壶，就是吸收了我国西域少数民族的风格而制作的。此壶1970年出土于河南省安阳县的北齐凉州刺史范粹墓中，通高20厘米，

扁体，圆口，短颈，"颈与肩连接处，施联珠纹一周。两肩各有一孔作穿带用。"① 通体施黄釉，模制。在壶腹两面，模印着同样的"胡腾舞"图，壶上有胡腾舞场面的浅浮雕。北方少数民族能歌善舞，胡腾舞就是从西域传入中原的一种男子独舞，流行于北朝至唐代，当时深得中原贵族赏识，风靡一时。画面中央一人婆娑舞于莲座上，头戴尖顶帽，身穿窄袖翻领长衫，腰系宽带，衣襟掖在腰间，足蹬长筒靴，正回首反顾、摇臂扭胯、提膝腾跳，做扭动舞蹈状。其右侧立二人，一人双手击钹，一人

图6-2　胡腾舞黄釉扁壶

① 河南省博物馆：《河南安阳北齐范粹墓发掘简报》，《文物》1972年第1期。

弹五弦琵琶。左侧一人执笛横吹，一人击掌伴唱。此五人皆身着胡服，深目高鼻，显系西域胡人形象。此壶形体扁圆，双肩又有穿绳的系，其设计不单追求纹饰的精美生动，更重要的是考虑到其易于提携，适合马背上的民族骑射携带，这一设计思路显然是模仿西域少数民族皮囊壶之形制。具有西域风情的扁壶在中原地区的出现，正是丝绸之路东、西文化艺术交流的物证，也是包装民族融合的范例。

第二节　瓷器的正式烧制对包装的意义

史前社会以来，陶器在我国古代包装艺术史上一直扮演着非常重要的角色，本书在前面的第二章、第四章所阐述的包装容器，绝大多数为陶器便是例证！我国远古先人在长期陶器的烧制和改进工艺的实践中，通过对窑炉、烧成温度及对瓷土的了解和不断改进，到东汉末年，终于成功烧制出了比陶器胎质细密坚硬，外表光洁瑞丽，且更具实用性的瓷器。瓷器的真正发明和制瓷工艺的日渐成熟，使得瓷器逐渐成为人们日常生活中的必需品，这也使得瓷器真正成为了较为完美的包装容器之一。

一、六朝瓷器的成功烧制及发展

我们知道，考古发掘表明：我国瓷器的烧造历史可以追溯到三千多年前，原始青瓷最晚出现于商代，盛烧于西周、春秋、战国，西汉以后衰落。约在东汉晚期，成熟青瓷烧造成功，经科学测定，浙江上虞窑场的东汉青釉、黑釉制品已具备成熟瓷器诸要素。比如在浙江上虞、宁波、慈溪、永嘉等市县先后发现了汉代瓷窑遗址；在河南洛阳中州路与烧沟、河北安平逯家庄、安徽亳县、湖南益阳、湖北当阳刘家冢子等东汉晚期墓葬和江苏高邮邵家沟汉代遗址中，都曾发现过瓷制品，而尤以浙江、江西发现更多。而有确凿年代可考的青瓷器，其中有东汉"延熹七年"（164年）纪年墓中所出的麻布纹四系青瓷罐[1]，"熹平四年"（175年）纪年墓内出土的青瓷耳杯、五联罐、水井、熏炉和鬼灶[2]，"熹平五年"纪年墓中发现的青瓷罐灶[3]，还

---

[1]　安徽省亳县博物馆：《亳县曹操宗族墓葬》，《文物》1978年第8期。

[2]　浙江省博物馆编：《浙江纪年瓷》，文物出版社2009年版，第1—4页。

[3]　邱宏亮：《安吉高禹发现东汉熹平五年纪年墓》，《东方博物》第三十八辑，第123页。

有与朱书"初平元年"（190 年）陶罐同墓出土的麻布纹四系青瓷罐[1]。

　　瓷器是由瓷土或瓷石等复合材料，在约 1200—1300℃的高温中涂以高温釉烧制而成。这些都是在原料粉碎和成型工具的改革、胎釉配制方法的改进、窑炉结构的进步、烧成技术的提高等条件下获得的，是我国古代劳动人民长期生产实践的结果和聪明才智的结晶，是我们伟大祖国对人类文明的又一贡献。瓷器的出现，是我国陶瓷发展史上一个重要的里程碑，它同时也是我国古代包装艺术发展史上的飞跃！

　　六朝时期，南方政治形势总体上较稳定，社会经济一直处于上升势头，而广大的中原地区则因战乱人民纷纷大批南下，南方地区的这种情形，为瓷器等手工业生产的发展创造了有利的条件，从而使得东汉晚期发明出来的青瓷、黑瓷得到了进一步发展，新兴的制瓷业迅速兴起。迄今为止，在江苏、浙江、江西、福建、湖南、四川等江南的大部分地区都发现了这时期的瓷窑遗址。可见当时长江下游的江、浙地区，长江中上游的赣、湘、鄂、蜀地区，以及东南沿海的闽、粤、桂一带，都有瓷器生产，而且据史料记载还烧出了独具地方特色的瓷器，并在胎料、釉料的选择和配制，成型、施釉、筑窑和烧造技术上，取得了长足的进步。其中浙江、江苏两地又是瓷器的主要产区，浙江的越窑、瓯窑、婺州窑、德清窑和江苏的南山窑构筑了一个庞大的瓷窑体系。越窑主要分布于古越人居住的上虞、余姚、绍兴等地，始烧于东汉，是我国最先形成产品风格一致的窑系。瓷窑遗址在绍兴、上虞、余姚、鄞县、宁波、奉化、临海、萧山、余杭、湖州等县市都有发现，是我国最先形成的窑场众多，分布地区很广，且产品风格大体一致的瓷窑体系，也是当时我国瓷器生产的一个主要窑场。同时制瓷手工艺也有了很大的提高，基本上摆脱了东汉晚期承袭陶器和原始瓷器工艺的传统，在制瓷技术方面表现出以下五个方面的明显进步：

　　第一，是胎料选择和加工技术有了稳步发展。此期胎料配制技术上的两个重要事件是越窑瓷胎含铁量增加和婺州窑化妆土的使用成功。第二，到了晋代，德清窑又利用含铁量很高的紫金土，甚至掺入了含锰黏土来配制黑釉，这是制釉工艺又一个大的进步。第三，我国大约在汉代就采用了浸釉法施釉，但当时仍以涂刷法为主；三国西晋后，在普遍采用浸釉法的基础上，做到了釉层较为均匀，呈色亦较稳定；

---

[1]　中国科学研究院考古研究所：《洛阳烧沟汉墓》，科学出版社 1959 年版，第 100 页。

胎釉结合好，流釉较少。第四，龙窑技术的改进。三国时期，龙窑结构仍处在探索阶段上，迟至南朝，就逐渐变得比较合理起来。与东汉龙窑相较，优点是窑身加长了，采用分段烧成，龙窑长度可视需要而定。加大长度的优点是：一可增加装烧面积，从而增加装烧量；二可提高热利用率；三可使窑身宽度变小，从而可延长窑顶寿命，因当时的窑顶是用土坯砌造的，过宽则易倒塌；四可使窑内温度分布更为均匀。这样，龙窑结构就一步步走向了定型。第五，装烧技术提高。当时的窑具计有两种：一是垫具，它是置于窑底上的，用来把坯件装到窑内最好烧成的部位，一般较为高大粗壮；二是间隔具，用于叠装，一般制作较为精细。三国时，有的垫具作直筒形，腰部作弧形微束，托内有内折平唇，晋时改作了喇叭形和钵形。间隔具在三国时多用三足支钉，西晋时窑工们又发明了一种锯齿状口的盂形隔具。东晋之后，德清窑和一部分越窑窑场已不再采用隔具，而是在坯件间放置几粒扁圆形泥点（雅号"托珠"）垫隔，这不但增加了装烧设置，而且节省了原料和制作垫具的工时。

魏晋十六国时期，北方因战祸连年，陶瓷技术长期停滞不前，陶瓷包装自然不可能有大的发展变化。到公元 4 世纪末，随着北魏政权的建立和北方的统一，从那时至隋统一南北为止，中原的社会经济逐步恢复和发展，南北交往日趋频繁。在这种情势之下，率先在南方发展起来的瓷器制造工艺逐步影响到北方，于是北方的青瓷、黑瓷和白瓷得以相继发明。首先是烧制成功的青瓷，多数胎体厚重，加工粗糙，其色灰黄，多数釉面缺少光泽、透明度较差，少数器物存在脱釉现象。以后进一步发展出了黑瓷和白瓷。我们知道，青瓷、黑瓷实际上都是以铁等为着色元素的。以青釉器为中心，若在工艺上设法排除了铁的干扰，就会烧出白瓷来；若加重铁在釉中的呈色，就会烧成黑瓷。黑瓷胎釉结合较好，釉层脱落甚少。白瓷的出现，尽管在当时对包装的影响不甚明显，但它是我国劳动人民的又一重大成就，是我国陶瓷史上的一个重大事件，因为它为后世的青花、釉里红、五彩、斗彩、粉彩等各种彩绘瓷器的发明奠定了良好的基础，为我国瓷器技术的发展开辟了一条广阔的道路，为日后瓷业的大发展作出了巨大贡献。

二、六朝瓷质包装容器及其发展趋势

"瓷器在使用价值和艺术价值两方面都远远超过陶器，尤其是作为食器和容器，对人类的饮食卫生贡献更大。"①瓷器较之陶器质地洁白而半透明，胎体坚硬、致密、细薄而不吸水，击之发出清脆的金石声。这是因为瓷器的烧成温度一般在 1300℃ 左右，器表罩施的一层釉经过高温烧制，胎釉结合牢固，釉面光洁、顺滑，厚薄均匀，不易脱落；加上其化学稳定性和热稳定性均较为理想，耐酸耐碱，又有抗冷、热急变之功能，贮存食物不易发生化学变化；而且由于瓷器比陶器更坚固耐用，又远比青铜、漆器的造价低廉，再加上它的原料分布极广，蕴藏丰富，各地可以广为烧造，因此，在六朝时期，瓷器出现后迅即获得认同和喜爱，也逐渐取代了很多应该由铜、锡、漆所做的包装容器②，随着瓷器烧制技艺的进步和提高，瓷器的使用越来越频繁，日益成为人们生活中不可或缺的理想包装容器，而且种类繁多，形式多样。

六朝时期的江南制瓷业迅速壮大，窑厂广布，如浙江地区，以产青瓷包装容器著称，这一时期瓷器的胎质、釉料、造型等方面都比以前有长足的进步，越州、婺州、瓯窑等窑所烧瓷器胎质和釉面光泽度均有较大提高，种类也比以前更为丰富。在成型方法上，除轮制技术有所提高外，还采用了拍、印、镂、雕、堆和模制等，因而能够制成槅、盒、奁、方壶、扁壶等各种不同造型的器物，品种繁多，样式新颖，所烧产品富于装饰性，这与陶质包装容器相比，瓷器满足了实用功能和审美统一的要求。正因为如此，所以瓷器烧制成功，马上就渗入到生活的各个方面，还逐步代替了漆、木、竹、陶和金属制品。就目前所知，六朝常见的瓷质包装容器有罐、壶、盒、槅等。使用瓷器作为包装具有其他包装材料无可比拟的优越性，古代的酒类、茶叶、酱菜的包装等多采用陶瓷制品。《齐民要术》中记载了制作各种酱的方法。其中多为将豆酱、肉酱、鱼酱、虾酱等原材料，"内著瓮中""盆盖""泥密封""勿令漏气"③。尤其强调要"用不津瓮"，并特别说明"瓮津则坏酱"④，强调要用不渗水的瓮才行，而这一时期，气密性较好瓷器的成功烧制正是顺应了这一特殊包装的需求。

六朝以前，我国陶瓷制作已有悠久的历史，在造型和装饰方面已掌握了较为丰

① 孙天健：《原始瓷器的发明及其里程碑意义》，《中国陶瓷》2003 年第 6 期。
② 孙天健：《论中国发明瓷器的历史必然性》，《中国陶瓷工业》1995 年第 12 期。
③ （北魏）贾思勰：《齐民要术》卷 8《作酱法》，团结出版社 2002 年版，第 286 页。
④ （北魏）贾思勰：《齐民要术》卷 8《作酱法》，团结出版社 2002 年版，第 287—289 页。

富的经验和技术，瓷器虽然与陶器不同，但两者作为包装容器，在设计上并无二致，因此，六朝时期的很多瓷包装容器是在吸收前代陶包装容器设计精华的基础上，进行的探索与创新，体现出历史的延续性与变革性。

首先，瓷包装容器造型随实用、审美及制作工艺的时代发展而不断演变。

作为传统陶质包装容器，这一时期的有关考古发掘显示，由于受到当时"魏晋风度""秀骨清相"等美学观点的影响，许多陶瓷包装的形态也一改汉代古拙风格，向着修长挺拔秀丽的风格转化。在造型上呈现出由东汉末三国初的腹部圆鼓、腹径大于通高，器形短胖稳重；到东晋初最大腹径在器物中部、器形变高、直径与通高相等，装饰少，经济实用；南朝时器身变瘦变高，显得较为修长，胎质薄，不脱釉，花纹繁多①。造型的这种变化，从审美实用的角度去评价，体现出造型从拙陋到精巧，从不切实用到切合实用；同时也反映了人们从席地而坐发展到桌椅出现以后垂足而坐的变革。而这种变化的实现，是建立在瓷器烧制技术基础上的。比如最常见的专供门阀贵族日常生活所需的瓷质包装，东汉时流行直口、高领、厚肩的四耳麻布纹圆腹或卵腹瓷罐，孙吴时沿用，并流行直口长腹四系或六系瓷罐、广直口四耳扁瓷罐，最大径在肩部，新出现带盖瓷罐，个别为单耳瓷罐。西晋时瓷罐的制作较为精致，继续使用东吴的四耳矮瓷罐直口长腹瓷罐，常用泥条环形系，最大径在腹中偏上，肩腹交界处不如前期明显，肩部或腹上常有菱形网格花蕊纹组成的装饰带。如瓶壶类包装容器，在1984年朱然墓出土的青瓷卣形壶②，以及北齐范粹

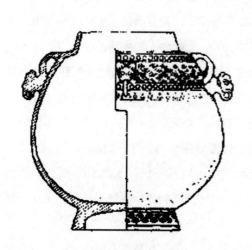

图6-3 青瓷卣形壶剖面图

---

① 罗宗真：《六朝考古》，南京大学出版社1994年版，第119页。

② 安徽省文物考古研究所、马鞍山市文化局：《安徽马鞍山东吴朱然墓发掘简报》，《文物》1986年第3期。

墓出土的白瓷壶① 都具有上述特征。特别值得一提的是大港南朝墓出土的青釉四系带盖罐（图 6–3），盖上和腹上部均有两道紧挨着的弦纹装饰，其盖钮呈方形且在四边中间设有凹槽，打破了环形、桥形钮的惯例，这种设计，是为了使绳索通过凹槽穿过罐身的系扎牢固而不会晃动，从而方便提携，构思十分巧妙（图 6–4）。六朝时期精美的日用陶瓷包装容器很多，如各种各样的盛装酒的瓶、盒（镜盒、药盒、油盒、粉盒、黛盒、朱盒、香盒、文房用品中的印泥盒）、罐（南朝青釉莲花罐、南朝青釉四系盖罐、南朝青釉刻花莲瓣纹六系罐）等等。此外，还有一种用隔梁把盘子分割成多个小格的多子盒，古人名之曰"樏"或"㮮"（图 6–5）；今天在考古发掘报告中亦称"果盒"或"多格盒"。《倭名类聚钞注》卷六："樏，其器有隔，故谓之累，言其多也。后从木作樏"。"樏约在西汉出现，最早流行于南方，原来流行圆器，分格并不多"②，"东汉时期，尽管樏的格逐渐增加，但是大致在岭南使用，形制并无大变。三国时代东吴占有南方地区，逐渐把樏推广到整

图 6–4　四系带盖瓷罐

图 6–5　多子盒

①　河南省博物馆：《河南安阳北齐范粹墓发掘简报》，《文物》1972 年第 1 期。

②　陆锡兴：《从樏到攒盒》，《中国典籍与文化》2002 年第 3 期。

图6-6　漆方槅

个长江以南。西晋统一中国，槅又传入黄河南北。"① 这种叫"槅"的多子盒最重要的特征是用隔梁隔开成多个小格，因此也称作"槅"。江西南昌东湖区西晋吴应墓就出土了一件多子漆盒，底朱漆书"吴氏槅"，另安徽马鞍山朱然墓也出土了一件精美的漆方槅②（图6-6）。在考古出土中发现的这类多子盒，也由最开始的陶器和木胎漆器，逐渐为青瓷制品所取代，子（格）的数量也从四、五、七、八、

九、十、十一、十二、十五，到十七、十八不等③，文献记载最多的达三十五子④。形制起初多流行圆器（图6-7），后多为长方形，有的带盖，有的不带盖，但大部分不带盖者均有子口，可以扣盖。这类器型包装常用于盛装和存放各类食品、果脯等，今天在快餐厅或食堂的饭盒，以及招待客人的果蔬盘上还可以找到它们的影子。

　　此外，六朝瓷包装容器造型形态变化万千，还追求着造型美与艺术美的统一，标志着制瓷艺术已达到相当高的水平和艺术境界。可以这样说，"求大同，存小异"是这一时期包装容器的内在规律。

① 陆锡兴：《从槅到攒盒》，《中国典籍与文化》2002年第3期。

② 安徽省文物考古研究所、马鞍山市文化局：《安徽马鞍山东吴朱然墓发掘简报》，《文物》1986年第3期。

③ 如：广西贺县东高寨汉墓陶槅，中间十字隔梁，分成四格；安徽马鞍山东吴朱然墓漆方槅、江西南昌永外正街晋墓木方槅，均为七子；江西清江经楼镇江背村南朝陈至德二年（581年）及黄金坑隋大业十一年（615年）墓瓷圆槅，均分八格；安徽马鞍山市佳山东吴墓瓷方槅、浙江衢县路西西晋墓青瓷方槅、江苏宜兴西晋周处墓出土青瓷方槅、广西苍梧倒水南朝墓陶方槅以及山东苍山庄坞乡晋墓出土两件陶圆槅，均为九格；江苏镇江市郊东晋墓出土瓷圆槅，分十格；西安草场坡北朝墓十一子陶方槅；江苏吴县狮子山四号晋墓瓷方槅十二格；洛阳27号墓陶方槅、陕西长安县17号晋墓出土陶方槅两件、山西运城十里铺西晋墓陶方槅三件、山东苍山南朝宋元嘉年间画像石墓出土陶方槅两件，均为十五子；江西南昌东吴高荣墓漆方槅为十七子。

④ 据《太平御览》卷759引《东宫旧事》所载："漆三十五子方槅，二沓，盖二枚"。

其次，瓷质包装容器纹样的不断丰富，成为承载当时社会变迁、大众审美情趣的载体，具有极强的时代特征。

图 6-7　槅

需要指出的是：瓷器在兼具实用和审美结合功能问题上，经历了一个发展过程，因为从东汉末到孙吴时期，瓷器刚刚出现，主要以满足实用为主，其纹饰十分简单，作为当时主要包装容器的四系瓷罐上的纹样主要是麻布纹，另外一些包装容器，如一般的瓷罐，也只是传统陶器上的弦纹、联珠纹（花蕊纹）和半环纹。这种情况到西晋时期，开始发生变化，瓷器上的装饰手法和纹样开始多样化，并且瓷器包装造型也流行仿动物的形状，如鹰、龟、羊等动物造型；在装饰上流行菱形网格及由此演变而来的菱形网格中增十字、井字、回字或短线构成装饰带，或以弦纹加花蕊纹、联珠纹等组成装饰带，有的器耳上刻划出焦叶纹；贴塑纹有铺首、朱雀、麒麟、佛像等，如西晋青釉四系鸟钮盖缸，外壁模印菱形锦地网格纹，间以划线弦纹。器物内外皆施青釉，盖圆形，盖口可以合于缸口内。盖面饰三圈凹陷的宽弦纹，盖顶堆塑一对展翅翘尾、相对而立的小鸟，情态活泼，栩栩如生（图6-8）。尽管在东晋时期，瓷器的纹饰一度又趋向简朴，但又开始流行以鸡首、羊首作装饰，且釉斑点彩更加普遍。随着佛教的流传，佛教中的因果报应与道教中的长生不老、儒教中的阴阳五行三者有所融合，再加上神话传说，极大地丰富了装饰图案的题材，又主要表现为吉祥图案。如瓷质包装容器上已经出现了莲瓣纹、忍冬纹等寓意高洁、长寿等纹饰。而且相关的"宝相花""太子莲花经创""童子戏莲"图案等也日益盛行起来，逐渐成为中国

图 6-8　青釉四系鸟钮盖缸

图 6-9　莲瓣纹青瓷盖罐

传统纹样普遍的装饰题材。莲荷装饰的全盛期在西晋以后。而随着佛教思想的传播，莲花的内涵与中国传统的理念相互渗透，成为我国吉祥纹样装饰中普遍采用的题材。此时，荷花装饰内容也更丰富，形式层出不穷，应用范围日益广泛。而众多的趋势使荷花装饰显得生动活泼，如人们根据佛教故事，再配上金鱼、鲤鱼图案，成为民间流行的传统吉祥图案。如南朝莲瓣纹青瓷盖罐，此器盖面略鼓，盖纽作长方形，中有一小圆孔。此罐腹部和盖面剔刻双重莲瓣纹，莲瓣上覆下仰，腹中部以忍冬纹为饰，花纹刻画精细（图 6-9）。后来，莲花还成为佛教的八大法器之一，由"法螺、法轮、宝伞、华盖、莲花、宝瓶、金鱼、盘长"八大法器直接派生出的吉祥寓意，也在明清瓷质包装容器的装饰上进一步嬗变，演化为中国传统纹样中"莲生贵子""年年有余"等寓意。

从上述六朝时期瓷质包装容器的装饰特点可以看出，装饰题材繁杂，动物、植物、人物纹样都被广泛应用，甚至将佛教造像与传统的四神、仙人、乐舞百戏及吉祥图案巧妙地组合在一件瓷质包装容器上，普遍贴饰铺首等，装饰明显具有六朝艺术的因素。

再次，瓷器釉质莹润，富有光泽，与当时的审美情趣相得益彰。

我们知道，魏晋南北朝时期由于战乱频仍，思想界玄学盛行，阶级矛盾和民族矛盾尖锐，佛教和道教得到广泛的传播，佛学的"空无"与玄学的"虚无"是二者在认识论上的共同点。玄学则通过"名教"和"自然"关系的讨论，进一步调和"儒道"；同时，佛学和玄学相互补充，因而秦汉以来的思想意识发生了巨大的转变，"独尊儒术"受到了挑战，思想观念的转变同时带来了造物艺术的观念和创作的变化。这正如宗白华先生所认为的魏晋人的生活与人格具有自然主义和个性主义的特征[1]，这种

---

[1]　宗白华：《美学散步》，上海人民出版社 2005 年版，第 358 页。

特征直接影响和反映到魏晋南北朝的山水画、山水诗的艺术创作，以及瓷器、园林和名士围绕生活方式等开展的设计行为和活动，促成了追慕"清秀"的审美设计倾向。宗白华先生痴情于晋人之美，对于魏晋南北朝人审美取向的研究，颇有心得。魏晋南北朝时，"中国人的美感走向一个新的方面，表现出一种新的美的理想。那就是认为'初发芙蓉'比之于'错采镂金'是一种更高的美的境界"①。以"澄怀"而致"虚静"的精神心理状态，联通浩茫的宇宙本体，从而获得大解放、大自由。据刘勰《文心雕龙》描述，"川渎之韫珠玉"，其质呈现为"内明而外润"②。"内明"，即指内里空明澄澈；"外润"则指外观晶莹润泽。宗白华先生说："晋人以虚灵的胸襟，玄学的意味体会自然，乃能表里澄澈，一片空明，建立最高的晶莹的美的意境"③。"清秀"是魏晋南北朝审美创造的主导倾向，而"清秀"之"清"所包含的清真、清淡、清远的意味情韵，更为明晰地界定了"晶莹的美的意境"的确切内涵。正是这种以自然秀丽的外观形式，内蕴着"晶莹的美的意境"，外显出自然秀丽的形式的玄妙意象。魏晋南北朝时，追求清秀之美是艺术创作的主导倾向。其时表现出"清秀"的审美特征的作品，数不胜数，如"文温而丽，意悲而远"的《古诗十九首》，陶渊明、谢灵运等人的山水诗；顾恺之、宗炳等人的山水画；陆探微等人的"秀骨清像"的人物画；"二王"的书法；等等，无不具有"清秀"的特质。以这一时期的青瓷包装容器为例，虽然仍然继承自商代出现原始瓷器以来就有的质朴特点，但是不以纹饰为重，而以釉色见长，青瓷的颜色给人以淡泊明净的感受，符合魏晋士人的审美心态。同时魏晋南北朝青瓷工艺的审美设计，艺术风格开始向轻盈、灵动等多方向发展，与追慕"清秀"的审美倾向相适应。浙江上虞青瓷，是该时期青瓷工艺的重要代表。该青瓷釉汁纯净，择色以淡青为主，质感莹润如玉，其"苍古幽雅"的格调，"富于冷静、幽玄情趣的色泽……与玄学所追慕的境界隐隐合拍"④。同时东晋时的陶瓷包装容器的"器形由西晋时的矮胖逐渐向高瘦发展，变得更为秀气"⑤。

---

①　宗白华：《美学散步》，上海人民出版社 2005 年版，第 59 页。

②　（南朝）刘勰著，黄叔琳等注：《增订文心雕龙校注》，中华书局 2000 年版，第 495 页。

③　宗白华：《美学散步》，上海人民出版社 2005 年版，第 361 页。

④　熊寥：《中国陶瓷美术史》，紫禁城出版社 1993 年版，第 161—162 页。

⑤　陈文平：《中国古陶瓷鉴赏》，上海科普出版社 1990 年版，第 52 页。

总之，"清秀""玄静"是魏晋南北朝主要的审美取向，它对于建构自然秀丽的审美意象，营造清真、清淡、清远的意境，起到了决定性的导向作用，也为这一时期的陶瓷包装容器指明了装饰的方向，更为唐宋时期"类冰似玉"的陶瓷包装容器高峰的到来奠定坚实的基础。

第三节　佛教和外来艺术对包装发展的影响

在包装发展史上，魏晋南北朝时期的包装设计，无论是在设计思想，还是包装的造型、装饰，乃至整体风格方面，都深深地打上了佛教文化和外来艺术的烙印，并形成了自己的特色。我们知道，中国文化强调阴阳和谐，情与理的兼顾，真、善、美的统一等，这些文化思想经历了两汉以后，其精髓已渗入、贯穿到包括包装设计在内的整个造物设计与制作的全过程之中。魏晋南北朝时期，受佛教和外来艺术的影响，在汉代造物设计的传承与变异中渐次嬗变，包装造型与装饰中的"清瘦"与"宽怀"并举、"仙气"与"佛光"互映已渐见端倪，清新、灵气的造物特色打破了汉代以来的传统格局，生动地体现了中华民族传统文化与异质文化的交融、创新，为当时包装设计理念注入了新的血液，使中国造物艺术更加丰富多彩。

一、佛教文化的影响

发源于古印度的佛教在两汉之际首先进入我国西域，逐渐传入内地。从魏晋开始，先后涌现出法显、鸠摩罗什等一批中外高僧，往返于中印之间，宣传中国文化，传播佛学经典，这一时期印度佛教通过与中国传统文化互相影响、吸收、交融，逐渐发展为中国的主要宗教之一，对中国古代哲学、文学、艺术等文化形态，都产生了深远的影响，成为中国传统文化的重要组成部分，折射出中华文明兼容并包的灿烂与辉煌。同时这种文化又自然而然地体现在与人们日常生活密切相关的各种器物中，包装物概莫能外。考古所出土的魏晋南北朝时期的众多瓷器、铜器、漆器和金银器，无论从造型还是装饰风格上，都能看到受佛教文化影响的影子。

如前所述，魏晋南北朝时期是个社会动荡、战乱连绵的时期。在这种社会环境下，人们普遍心情苦闷，急需精神寄托之所。佛教所宣传的轮回转世和因果报应等思想，把人们的眼光从痛苦的现实转移到无法验证的来世幸福上，让痛苦的百姓在渺茫的"来世"中消除对死亡的恐惧和流亡的苦痛，从中得到虚幻的慰藉，为在苦难中挣扎的穷苦百姓，找到了一条精神解脱的道路，因而，导致了佛教的广泛流传。魏晋南北朝又是我国各民族大融合时期，各民族文化以及科学技术快速地交相融合，使这个时期的文化艺术空前发展。同时，挣脱了两汉儒学独尊的文化模式，为佛学的传入开拓出一片自由的天地。随着佛教在中国的初弘，造成了社会政治和思想文化的大变迁，迎来了中国历史上一个思想极度自由的时代，表现为对文化不断交融，对固有传统不断延伸。佛教建筑、佛塔、夹纻佛像等与佛教有关的造物品大量出现，这昭示着佛教向艺术领域的全面渗透，唤起了人们对艺术的自觉，从而赋予了设计在这个时期所表现出的交融与图新，因此，佛教题材成为本时期造物设计，尤其是装饰的重要内容，随之，包装设计的新类型、新装饰开始出现。

　　佛教以一种外来文化进入另一个背景完全不同的文化中，为了尽快在中国扎根，传教初期在很多方面均依附于本土的儒道文化。与儒道的融合，是佛教向中国化发展的第一步。在宣扬佛理方面，魏晋时期开凿了大量石窟，在窟内雕塑佛像、绘制壁画，把佛经故事或道理用浅显的画面图解出来，以此在民众中普及佛教知识。那些最初到中国传教的僧人，仿效道教的方士或神仙家，自称有预占凶吉、治病等功能，他们在译经或撰写佛经时也使用儒家及道教的观念来解释佛理。这些痕迹在早期佛教中尤为明显，在包装装饰上也有所体现。

　　佛教传入的造型与装饰艺术的新内容，使这个时期造物设计呈现出异域风格的特点，在一定程度上，造物世界成为一个世俗与宗教并存的世界。在佛教文化的影响下，植物花卉题材的纹饰渗透到了包括陶瓷装饰、建筑装饰和金属器皿装饰等艺术领域。这是佛教在这一时期大发展的结果，如东吴时期的青瓷

图6-10　青瓷釉下彩盘口瓶

釉下彩盘口壶（图6-10），是一种典型的盛装泡菜的包装容器。其瓷胎白中略灰，通体褐色彩绘纹饰，施青黄色釉，盖钮塑一回首鸟形，盖面绘人首鸟形动物，盖内壁饰仙草、云气等。颈部绘七只异兽，肩部有佛像、铺首、双首连体鸟三组贴塑。上腹饰一周贴塑，由四个铺首、两尊佛像、两个双首连体鸟形系组成。下腹部在釉下彩绘两排共21个持节羽人，上排有十一人，下排为十人，高低交错排列，空隙处绘有疏密有致、飘然欲动的仙草和云气。佛像与羽人存在于同一器物之上，这并非巧合，而恰巧传递出佛教初传中国时，和本土道教相互融合的时代信息，成为三国时期罕见的佛道相容的包装艺术载体。

我们知道，魏晋南北朝前，我国纹饰的主题以动物和几何图形的纹饰为主。随着佛教的广为传播，佛教艺术也随之而来，从魏晋南北朝开始，在佛教文化的影响下，与佛教教义相关的禽、兽、佛像、飞天纹和植物纹样中的莲花、忍冬以及莲花等变化纹样等日趋增多，且成为时尚纹样。尤其是植物花卉题材的纹饰渗透到了包括陶瓷装饰、建筑装饰和金属器皿装饰等所有的艺术领域。用于包装的陶瓷器、金银器等包装容器也深受佛教文化的影响，出现了大量以莲花、忍冬纹等装饰的包装容器（图6-11）。莲花与佛教有着极其密切的源远流长的关系，佛教将莲花视为

图6-11　黄釉绿彩刻莲瓣纹四系罐

圣洁、吉祥的象征。据佛经记载，莲花与佛祖释迦牟尼的诞生有关。《大唐西域记》卷六："菩萨生已，不扶而行于四方，各七步，而自言曰：'天上天下，唯我独尊。今兹而往，生分已尽。'随足所蹈，出大莲花。"[1]自从佛教在印度创立以来，无论僧侣还是信徒都赋予莲花以特殊而神圣的意义，佛经称"莲经"，佛座称"莲台""莲座"，佛寺称"莲宇"，僧人所居称"莲居"，袈裟称"莲花衣"佛龛称"莲龛"，等等。在佛教

---

① （唐）玄奘、辩机原著，季羡林等校注：《大唐西域记校注》，中华书局1985年版，第523页。

艺术中，莲花代表"净土"，寓意吉祥，象征"自性清净"。佛教修行中，"博地凡夫"带孽返生"佛国净土"，须经投胎莲花，"化身净土"方能达到目的，因而莲花又是佛教修持圆满成就的标志。莲花作为佛教的象征，属于佛教艺术的一部分，也是当时进行艺术创作的主要装饰元素，代表这一时期受佛教影响最典型、艺术成就最高的陶瓷包装容器当属大型盛酒容器青瓷莲花尊（图 6-12）。

忍冬为一种缠绕植物，俗称"金银花""金银藤"，通称卷草，其花长瓣垂须，黄白相半，因名金银花。因它越冬不死，故有忍冬之称，比作人的灵魂不灭，轮回永生。忍冬图案多作为佛教器物的装饰纹样，成为魏晋南北朝时期具有佛教象征的一种植物纹样。忍冬纹通常是一种以三个叶瓣和一个叶瓣互生于波曲状茎蔓两侧的图案装饰于器表上，始见于魏晋时期浙江一带的青瓷上，常与莲瓣纹相配用作主题纹饰。主要表现手法是刻划。青釉刻花单柄壶的纹饰共有 3 组，肩部及腹下刻仰覆莲瓣各一周，两层莲瓣间，刻忍冬纹，每层纹饰之间隔以弦纹，纹饰层次清晰，线条简洁、明快、流畅（图 6-13）。莲花与忍冬图案的发展与演化反映了佛教文化对整个艺术文化领域的影响，从而发展成为中国传统纹样的代表。需要特别指出的是，

图 6-12　青瓷莲花尊

图 6-13　黄釉绿彩刻莲瓣纹四系罐

佛教的渗入与影响不只表现在造物设计的纹饰和造型上，还体现在造物思想观念和对器物的评判上。随着佛教的传入，影响了设计家的造物思想，而禅宗美学的问世，则标志着它的最终走向成熟，佛教中的"禅"给艺术设计带来了新的特殊意境。禅宗，这种本土化了的佛教形式对中国人的精神文化生活产生了巨大的影响，作为一种文化载体对中国的艺术产生了不可低估的作用。禅宗讲究顿悟净心，寻求心灵的澄澈自由，引导人们以平静淡然的态度来看待世界。在虚无中寻求达观的态度，在万物皆为空的生命意识中表达一种自在而为的人生追求，看似淡然的外表下隐藏着极为广阔的思想空间，这些构成了禅宗空灵说的基础。空灵说深深地影响着中国艺术思想，对意境的追求成为中国艺术，甚至东方艺术的一个重要特征。由"禅"产生的"禅"意影响了人们的审美观念，许多人喜欢简洁，崇尚质朴，不需要多余装饰的艺术设计。在禅的领悟中，超越了文字、图形和符号，而获得了超升终极的境界，魏晋以后"类玉类冰""类雪类银"等对器物品质的评判标准，一方面是受禅宗思想的影响，另一方面也对造物设计起到了一定的引导。这种双向互动，实质上是文化产生和根植的魅力所在。

佛教艺术为我国魏晋南北朝时期的包装设计提供了一种新的造物方式，本土文化与异质文化碰撞出振奋心灵的艺术火花。在佛教器物和图形中，保存着丰富的造物实践记录，当时造物的产生和发展与宗教密切相关，对我们研究造物设计的各种文化机制，揭示中国造物发展的原因是非常重要的。人类文化以器物为交流传播媒介，在丝绸之路开通之后，大量佛教艺术中保存着中外造物设计交流的历史信息。玻璃、金银器、瓷器以及各类器物，甚至佛事用具，都找得到本土文化的影子。自汉代以来，中国和外部世界的造物交流是丰富多彩的，它深刻广泛地影响到中国造物艺术历史的发展。在原始时期，中国造物设计就不断地融合各地区造物的特点，到魏晋南北朝时期，广泛吸收佛教艺术的特点，使造物艺术更加丰富多彩。因此，佛的恬淡、道的虚静、儒的温敦，儒、道、释的合流构成了汉文化的一大特点，新的思潮和样式给中华民族审美意识和审美心理注入了新的成分，既给中国艺术创造了一种开阔的文化氛围，又给艺术灌注了新的精神，使魏晋南北朝时期的包装艺术在乱世中超然前行。

二、外来艺术的影响

魏晋南北朝是中外异质文化相互交流、相互吸收、相互融合的初次尝试，也是中国传统文化为了自身的发展向外来文化汲取养料的一种表现。异质艺术的交流在彼此极力彰显自我个性的同时，又不断汲取和融汇对方的精神、观点和表现语言，从而促进自身变革，通过对异质艺术的观念或样式的借鉴来激活自身的创造力，实现自我的超越与更新。

从宏观上说，魏晋南北朝时期，外来艺术对中国影响最大者莫过于古老的印度文化，即如我们前面所说的佛教。其对中国社会的思想观念和行为都有不同程度的渗透与影响。然而，除此之外，从文献和考古资料我们发现，还有通过贸易朝贡方式产生的物物交流所引发的中外艺术碰撞、交流与融合。这方面以与波斯萨珊王朝的交往最为突出。

魏晋南北朝时期，正值波斯萨珊王朝（226—642 年）时，其时中国和波斯的交往十分频繁。当时中国史籍称伊朗为波斯，这一名称一直沿用到近代。据文献记载，在公元 455 年至 521 年间，波斯遣使中国达十次之多。《魏书》里也记载了波斯使臣给北魏皇帝带来的各种礼品，有珍物、驯象等。萨珊王朝以制作精美的金银器物著称于世，金银器的式样、装饰和制作工艺都达到了很高的水平，椭圆形盘、碗、水罐和瓶是最常见的，描绘国王狩猎的情景是金银器装饰的主要内容。从中国各地出土的萨珊银币来看，为数颇多。"有的可以确定是些窖藏，例如西宁的一批，出土在 100 枚以上，装在一陶罐中，又如乌恰的一批，达 947 枚之多。有的是放在佛教寺庙塔基中的舍利函内，是一些虔诚的佛教徒的施舍品"[1]，如 1964 年河北定县一处北魏塔基就出土了一个舍利函，内装有 41 枚萨珊银币[2]。"在唐朝以前，萨珊朝波斯的金银容器便输入中国"[3]，萨珊波斯艺术对中国南北朝直至隋唐时期的包装艺术产生过重大的影响。夏鼐先生曾提到联珠纹，即"以联珠组成边圈的圆饰，

①　夏鼐：《近年中国出土的萨珊朝文物》，《考古》1978 年第 2 期。

②　夏鼐：《青海西宁出土的波斯萨珊银币》，《考古学报》1958 年第 1 期。

③　夏鼐：《近年中国出土的萨珊朝文物》，《考古》1978 年第 2 期。

是波斯萨珊朝的常见的图案"①。联珠纹也作连珠纹，或称"花蕊纹"。联珠纹图样是在一个接连一个的双线圆轮中画上各种鸟兽图样，双线圆轮中又描上大小相等的圆珠，称为联珠。在各种大圆轮中间，常在上下左右四处连接点的中间，又画上小型的联珠纹圆轮。圆轮中间的鸟兽图样有立雁、立鸟、猪、狮子等常见动物。由于鸟兽图样常常两两成对，左右对称，所以又称联珠对鸟纹或联珠对兽纹。三国西晋时颇为盛行，由小圆圈或花蕊纹连接而成，多装饰在网格带纹的上下两侧。联珠纹广泛使用在器物的表面装饰上，为魏晋南北朝的包装铭刻上了浓厚的西方色彩的烙印。萨珊波斯风格的联珠纹饰成为中西文化交流的生动载体。

南北朝时期，金银器皿日渐受到王公贵族的重视。从目前的考古发现来看，当时的金银器大多是从域外如波斯等地输入的，主要有造型奇特的胡瓶、盘、杯、碗等容器，以及项链、戒指等装饰品。作为我国本土生产的，不仅数量少，而且也主要是模仿域外金银器的制作工艺和装饰手法，因此常常呈现出明显的中亚或西域风格。从考古出土物来看，那些造型特殊的胡瓶、盘、杯、碗等容器，如果不是从西方传入，可能就是仿西方制造的。当然，在仿域外之余也加入了某些中国元素，一般表现在器型上与波斯的金银器大致相同，而在花纹的装饰部位上则带有中国传统味道。如在 1983 年宁夏回族自治区固原县北周李贤墓出土的鎏金银壶②，壶腹上部饰一周莲瓣纹，中部浮雕三对男女形象，下部浮雕涡纹和怪兽游鱼图案，酒具上图像主题表现的应是希腊神话故事。器形与萨珊王朝银壶无异，颈腹之间，高座束腰处和座底边缘各饰联珠纹一周，这是萨珊式壶瓶常用的纹饰，胡人头像甚至与今天的伊朗人非常相像，因此认为是由古伊朗输入的萨珊王朝银器，当时习惯称为"胡瓶"。中原发现最早的胡瓶是十六国时期，北朝至隋唐已很盛行，这时期胡人及骆驼的塑像和画像中，常见携带或悬挂着胡瓶，反映出中国与异域诸国经济贸易与文化的友好往来非常频繁。此壶的造型和纹饰与中国传统金属器皿风格迥异，但与西亚波斯帝国的金银器十分类似，其造型和装饰均带有明显的波斯风格，应该是丝绸之路开通以后，中外文化艺术交流的产物。

---

① 夏鼐：《新疆新发现的古代丝织品——绮、锦和刺绣》，《考古学报》1963 年第 1 期，第 67 页。

② 宁夏回族自治区博物馆、宁夏固原博物馆：《宁夏固原北周李贤夫妇墓发掘简报》，《文物》1985 年第 11 期，第 11 页。

玻璃器在古代是一种贵重的物品，是财富和地位的象征。魏晋统治者热衷于美丽的玻璃制品，而且当时萨珊玻璃在世界上独树一帜，极富艺术造型之美，于是其产品及制造技术大量输入中国。据《魏书·西域传》载："世祖时（公元424—452年）其国人（大月氏）商贩京师，自云能铸石为五色玻璃，于是采矿山中，于京师铸之。既成，光泽乃美于西方来者。……自此中国玻璃遂贱，人不复珍之。"[1] 玻璃器在佛教中还是一种宝物，其透彻、晶莹的特性也与佛教的义理相合，所以被佛教寺院所看重。这些玻璃器可以大致划分为香水瓶、供养器和舍利容器，由于资料的原因，现在还不能作一个更为细致的划分，有关包装实物的发现也有待他日。但是，在大量西方玻璃器的实物和图像资料(大部分为萨珊时期的玻璃) 的直接和间接影响下，不仅打开了中国人艺术世界的想象空间，而且为魏晋南北朝时期的包装提供了物质载体的选择空间，给人的思维理念带来了新的启迪。萨珊波斯艺术的生命超过了王朝生存的年代，直到9世纪的唐代，在中国北方还有余绪可见。

龟兹，又称丘慈、邱兹、丘兹，为汉魏西域出产铁器之地，是西域中的名国，古代居民属印欧种。关于龟兹的记载最早见于《汉书·西域传》。其以今新疆维吾尔自治区库车县为中心，包括拜城、新和、沙雅和温宿、乌什、巴楚、轮台县等部分地区，东西千余公里，南北六百余公里。龟兹地处塔里木盆地的北缘，自古以来就是沟通中西方交通——丝绸之路的中枢地带。随着丝绸之路的开辟和发展，到魏晋南北朝时期，龟兹地区经济繁荣、文化昌盛。作为西域重镇，在政局比较稳定的环境下，对外来文化具备了相当的融合力和改造力，因而不仅自身艺术风格呈现丰富多彩的局面，而且对中原王朝的影响力也大为增长。

龟兹因盛产葡萄，葡萄酒产量大，因而酒包装十分发达。考古发现的陶器中有许多造型精美、装饰华丽的酒具，尤其引人注目的是，陶器的颈部或腹部贴塑有希腊化的"酒神"形象的装饰，以及外来的如西亚或波斯的纹样和以浓厚的佛教文化内涵为题材的陶器制品，构思巧妙，造型新颖，装饰典雅，充分显示了龟兹制陶工匠高超的审美意识和造型能力，具有强烈的艺术感染力。

从目前所见考古出土实物来看，这一时期受到外来文化影响的典型包装容器

---

[1]　（北齐）魏收：《魏书》卷110《西域传》，中华书局1974年版，第2275页。

图 6-14　扬鞭催狮舞——青釉人物狮子纹瓷扁壶

当推北齐的扬鞭催狮舞——青釉人物狮子纹瓷扁壶[①]（图 6-14）。这一融合了异域民族风格的盛装美酒的釉陶酒包装容器，出土于山西太原市玉门沟，高 27.5 厘米、口径 5.7 厘米，现收藏于山西博物院。此壶造型与装饰均仿自具有西方风格的银器，正背两面纹饰相同，系模制手法制成。口椽与底座周边，饰以联珠纹与叠带纹，颈部饰包嵌意味的云纹。壶腹正中浮雕一长发短须、深目高鼻、健壮高大的胡人，着长衣，腰束带，足着高腰靴，手中还举握着一戏狮甩鞭。胡人左右各有一昂首翘尾蹲坐的卷毛狮子。狮背上角，各露一人，做舞球状。扁壶两侧面浮雕象头，巨耳细目，象耳耸在狮头之上，壶棱脊充当象鼻，长鼻下垂至底，鼻内侧各垂珠练一串，下圈至底与左右相连接，构成了壶腹主纹的边框。这是一件带西方风格的驯狮表演纹饰的瓷扁壶，是南北朝时期盛行胡人舞狮的反映。舞狮这种中西方文化之间交流的产物，到唐代盛行于宫廷、军旅和民间，发展成为中国传统的娱乐文化。

　　萨珊王朝和龟兹古国在魏晋南北朝时期对中原影响较大，特别是由于当时人们喜爱由西方传入中国的异域美术品，所以引发了人们对这些异域美术品或其装饰手法进行仿制的风气。这一时期在金银器等器物上出现的大角鹿纹样、走狮纹样等，就是从西方、中亚一带传入的。此外，魏晋南北朝时期的金银等金属工艺的装饰工艺美术向多元化发展，为唐代的成熟和繁荣做了准备。外来艺术的传入使中国艺术融入了新的精神内容。正是这种文化碰撞擦出的艺术火花，为包装造型的多元化、

[①]　高寿田：《太原西郊出土唐青釉人物狮子扁壶》，《考古》1963 年第 5 期，第 263 页。注：该文将此壶定为唐代，但在后来经过考证，首都博物馆在展出时定为北齐之物。

装饰纹样的异域化带来了新的灵感和创作激情。

第四节　中国包装艺术对西域地区和国外的影响

从班班可考的史籍，我们不难发现，魏晋南北朝时期的中外交流，较之秦汉时期有更大的发展：一是交流的地区和国家更为扩大、增多；二是交流的方式和渠道更为多元化，除西北、西南陆路可达中亚、西亚、南亚和欧洲、非洲等地外，又开辟了海上交通，可直达朝鲜半岛、日本、东南亚诸国和阿拉伯半岛；三是交流的项目和内容更为丰富多彩，包括经济贸易、宗教、艺术、学术思想和生活习俗。中外文化的碰撞、交流与撷取是魏晋南北朝时期文化发展的重要特征；而民族融合与东西文化交流对于这个时期的包装发展具有重要意义，从制作技术到装饰风格都在这一非常历史时期有了显著的演变，具有了别样的风采；同时中国包装艺术也以自身的魅力影响着西域、中亚、西亚、南亚和东北亚等民族地区和国家。

魏晋南北朝时期，在先秦两汉的基础上，对外交流形成了海陆三条通道：向西连接西域、中亚、西亚乃至欧洲、非洲；向南连接东南亚、南亚；向东连接日本、朝鲜等国。这样，就以中国为中心，形成一个放射状的交通线路。这些放射状的交通线路将中国与周边国家和地区的政治、经济、文化紧密联系在一起，相互影响。在这种双向互动的影响中，中国发达的包装艺术深深地影响着周边国家和地区包装的发展。

一、对西域地区的影响

随着中原地区与西域政治、经济、文化交流不断加深，两地艺术获得不断进步与发展，中原与西域的东西互渐，也使得中西文化与文明不断交融。当然这种交融是通过丝绸之路开始的，正所谓遥远而漫长的丝绸之路联系了东西方文明，纷乱也不能阻挡交流的步伐，丝绸之路上跋涉的不是骆驼和商人，而是成群结队的文明使者。中国包装对西域包装的影响也是起步于丝绸之路，持续于不同民族、不同国家人们的现实生产和生活的需求。

众所周知，西汉时，张骞出使西域，开创了一个全新的文明天地。两百多年后的曹魏时期，战乱并没有断绝中国与西域的交通，其不但得到了恢复，更开辟了新的道路。据《三国志》卷三十《乌丸鲜卑东夷传》注引《魏略·西戎传》记载："从敦煌玉门关入西域，前有二道，今有三道。从玉门关西出，经婼羌转西，越葱领，经县度，入大月氏，为南道。从玉门关西出，发都护井，回三陇沙北头，经居卢仓，从沙西井转西北，过龙堆，到故楼兰，转西诣龟兹，至葱领，为中道。从玉门关西北出，经横坑，辟三陇沙及龙堆，出五船北，到车师界戊己校尉所治高昌，转西与中道合龟兹，为新道。"①老路的通畅与新道的开通，加强了中原和西域的联系。《三国志》卷三十《乌丸鲜卑东夷传》记载说："魏兴，西域虽不能尽致，其大国龟兹、于阗、康居、乌孙、疏勒、月氏、鄯善、车师之属，无岁不奉朝贡，略如汉氏故事。"②魏明帝为了保障两地商贸活动的畅通，以仓慈为敦煌太守兼任西域都护，到北魏时期，双方的经济往来达到鼎盛。北魏政权十分重视商贸活动，在新都洛阳特别规划设置了广大的商业区。仅洛阳城内就住有西域商胡一万多家。到北齐、北周时，商贸活动仍十分繁荣。北齐邺城（今河北临漳）、北周长安（今陕西西安）常住有大批西域胡商。

随着中原地区人民与西域人民不断加强往来，西域的食物、服饰、金银器、马匹等东传的同时，中原的丝绸、陶瓷等也以互换贸易的方式传入西域，并且也对西域的包装产生了积极的影响。考古发现西域高昌后期的墓中随葬器皿上，常见书"黄米——瓮""白米——瓮"字样，这"黄米瓮、白米瓮"虽然是丧葬用的明器，但反映了墓主人生前使用瓮来盛装黄米、白米的真实生活写照③。敦煌文物研究所1970年在敦煌县城东南义园湾附近发掘的晋代墓葬中，有一腹饰弦纹的灰陶罐中盛有粟（小米），而另一件残陶罐中则盛有谷物空壳④。这表明魏晋南北朝时期，西域地区的人们已经学会使用中原地区的瓮这种陶瓷包装容器来盛装粮食。

除了陶瓷包装容器外，西域地区魏晋时期的纺织品包装、漆木包装也有较多出

---

① （西晋）陈寿：《三国志》卷30《魏书·乌丸鲜卑东夷传》，中华书局1959年版，第859页。

② （西晋）陈寿：《三国志》卷30《魏书·乌丸鲜卑东夷传》，中华书局1959年版，第840页。

③ 新疆社会科学院考古研究所：《新疆考古三十年》，新疆人民出版社1983年版。转引自贺菊莲：《从考古发现略论汉唐时期祖国内地饮食文化在西域的传播》，《丝绸之路》2010年第2期。

④ 敦煌文物研究所考古组：《敦煌晋墓》，《考古》1974年第3期。

土。如上文提到的尼雅遗址中就出土了"金池凤"锦袋，圆形边，黄、蓝、红色编成各式图案，有棉质背带[①]。这种锦袋与中原地区的梳篦锦袋十分相似，是典型的梳妆类包装。在尼雅遗址还出土了一件"缀绢饰晕间缂花毛织袋"，蓝地，中绣纵纹缂花，上部有背带，边缘缀各色绢条[②]。另外，在新疆尉犁县营盘魏晋墓出土了一件毛质的香囊，有带，以红、黄、蓝、褐色线织出各色图案[③]。新疆众多丝织品包装的出土，反映了在魏晋南北朝时期，在丝绸之路上的西域地区已经掌握了丝织品各种加工工艺，能够结合当地的毛织工艺和江南地区的锦囊等制作方法，织造出精美的纺织品包装，成为丝绸之路上的见证。同时，新疆还出土了典型的漆木包装。如在尼雅遗址中出土的漆奁，奁底有底座，带盖，盖顶有环，方便提携开启[④]。此漆奁内还装有棉、毛类物品，其中还有一件类似铜镜包装的镜衣。从细碎的毛、麻、布头等内容物来看，这件漆奁类似于今天的针线包，专门用来盛放细碎的缝补用的材料。除此之外，在新疆的尉犁县营盘魏晋墓还出土了六件类似的漆奁，均为木胎，多为尖顶盖，盖与器身作子母口。器身直臂，平底，多为旋制，亦有一件椭圆形奁的器壁用薄木片弯成。器表（除底板外）多髹黑漆地，上绘彩色花纹。出土时盒内多盛粉扑、项链、木梳、香包、针线、绢片等物件。另外，还出土了两件带钮盖木粉盒，均为子母口，内有粉扑、料珠、绢片、缝衣针等物[⑤]（具体见表6-1）。在上述发掘的8座墓葬中，六号墓出土的带盖的漆粉盒大小、形制，与河西地区西晋墓葬中的釉陶小盒十分接近。这也反映了当时西域包装受中原文化的影响深远。

---

① 王永强、史卫民、谢建猷：《中国少数民族文化史图典4·西北卷上》，广西教育出版社1998年版，第126页。

② 王永强、史卫民、谢建猷：《中国少数民族文化史图典4·西北卷上》，广西教育出版社1998年版，第127页。

③ 王永强、史卫民、谢建猷：《中国少数民族文化史图典4·西北卷上》，广西教育出版社1998年版，第55页。

④ 王永强、史卫民、谢建猷：《中国少数民族文化史图典4·西北卷上》，广西教育出版社1998年版，第126页。

⑤ 新疆文物考古研究所：《新疆尉犁县营盘墓地1999年发掘简报》，《考古》2002年第6期。

表6-1　新疆尉犁县营盘墓地出土漆奁和粉盒一览表①

包装实物	包装装饰	被包装物	图片
漆奁 (M6出土,盒直径8厘米、通高5.4厘米。)	木胎。带尖顶盖,子母口。器身直壁,平底。器表（除底板外）髹黑漆地,上绘彩色花纹。盖顶花纹可分为内、外两区,中间用一道粗红线和两道黄线隔开。内区中心绘叶纹,黄线勾边,叶面交替涂红色或灰色漆。叶尖之间空隙处填绘黄柄红果实。外区绘三角形纹,内填黄线勾边的云形纹。盖边壁绘三道花纹,中间为绿色,上、下两条为黄色。盒外壁中部绘大小间隔配置的云形纹,均以黄线勾边,其上、下各绘两道红、黄色彩条	出土时盒内盛一粉红色粉扑和一串项链,还有白色粉粒	 （图6-15）
奁 (M7出土,残长11.6厘米、宽6.4厘米。)	木胎。已残。椭圆形,有盖,子母口。器壁用薄木片弯成,连接处用皮条固定。器底为一块刨制的椭圆形木片,盖边壁已失,顶为一块内平外弧的椭圆形木片	出土时盒内盛绢片若干、2件小香包、1件线卷、1件棉粉扑	无图
木奁 (M8出土,口径5.3厘米、底径6.4厘米、通高3.3厘米。)	已残。掏凿而成。有盖,子母口。盖已碎成数块,平顶,边沿平直。盒口小底大,敛口,斜壁,大平底	不详	无图
漆奁 （M13出土,直径7厘米、通高4.6厘米。)	木胎,稍变形。镟制。有盖。盖与器身作子母口。盖尖顶,内壁平直。盒直壁,平底。器表髹黑漆,其上彩绘。已脱落	不详	 （图6-16）

①　表格资料来源于新疆文物考古研究所:《新疆尉犁县营盘墓地1999年发掘简报》,《考古》2002年第6期。

包装实物	包装装饰	被包装物	图片
漆奁 (M42出土，直径6.3厘米、通高3.9厘米。)	旋制。有盖，盖与器身作子母口，盖尖顶。盒直壁，平底。器表（底板除外）髹黑漆地，上绘彩色图案。盖顶中心有一圆点纹，向外四周绘黄色十字纹，中间空隙填黄色花瓣纹。花瓣尖靠盖边绘红色圆点纹。十字纹外各连一道红色粗线，其外各有一内填点彩的圆弧纹。盖沿绘一道红色和一道浅黄色弦纹。盒体外壁上、下各绘一道红色弦纹，中部绘短红色线条	出土时盒内盛1件木梳、2件红绢质鼻塞，还有少许绢片、线等	 （图6-17）
漆粉盒 （M6出土，口径6厘米、底径3.2厘米、高7.4厘米。）	木胎。带盖，子母口。盖外壁圆弧，有蘑菇状钮。盒鼓腹，平底。 器表（除底板外）髹红漆地。盖钮顶面施黑漆，钮柄根部绘一周绿漆和一周黄漆，盖口沿外绘一道黄漆。盒口沿外绘一道黑漆	出土时内盛一条红绢带、两个红色棉粉扑，还有少许白色粉块	 （图6-18）
粉盒 (M7出土，直径9.3厘米、通高8.3厘米。)	镟制。有盖，子母口。盖外壁圆弧，带圆形钮，钮顶刻划四道弦纹。盒身敛口，鼓腹，圆底。上腹部刻划五道弦纹。裂缝处用6根木钉修补	出土时盒内盛料珠、绢片，绢片上插一枚缝衣铁针，针尾有小孔，针尖锋利，整体光亮如新。针长2.35厘米、最大径0.06厘米	 （图6-19）

造纸术在发明后不久，纸就通过河西走廊传到新疆。公元3世纪时，纸张已在楼兰一带被使用。由于波斯商人和粟特商人的活动，中国纸又出现在中亚地区和西亚地区。纸不但是书写工具，更是日常生活中极为方便、轻巧的包装材料，我们有理由推测在西域及其以西的波斯、天竺、大秦等受到中国纸质包装的影响。由此可见，魏晋南北朝时期随着中原王朝与西域的交往日益频繁，丝绸之路的日臻畅通，西域包装无论是陶瓷包装容器、纺织品包装，抑或是漆木包装容器，纸质包装都直

接或间接受到中国包装的影响，这既是中外包装的交流，更是中外经济文化交流的必然结果之一。

二、对东南亚的影响

中所周知，从汉代开始，我国就与东南亚地区有着十分密切的联系，到魏晋南北朝时期，我国与东南亚诸国的交往便日渐增多，双方通使相当频繁，三国时期，东吴黄武五年至黄龙三年（公元 226—231 年），孙吴大将吕岱派遣宣化从事朱应、中郎康泰出访东南亚。他们到达的国家和地区有林邑（今越南中南部）、扶南（今柬埔寨）、西南大沙洲（今南海诸岛）及大秦、天竺等。尤其是林邑、扶南等国在这一时期，与南朝的宋、齐、梁、陈王朝交往十分频繁。"据不完全统计，在魏晋南北朝的 360 多年间，扶南王国先后 20 次遣使中国南朝和北朝……林邑王国先后 20 次遣使至洛阳、建康。"[1]此外，这一时期与中国有着频繁往来的东南半岛古国还有：在今之泰国境内的金邻国、顿逊国和狼牙修国等国，以及在今之马来半岛的丹丹国和盘盘国等国。在印尼群岛，自公元 3 世纪前后开始出现了诃罗单国、干陀利国、婆利国等古王国。干陀利国在今之苏门答腊的巨港，婆利国则当为今之印尼的巴厘岛。这三个东南亚海岛的古王国都曾多次遣使建康，进贡方物和土产，与东晋、南朝有着友好往来的关系。

双方使者的频繁往来，离不开中国对海外各国海上贸易航线的扩大与中外双方贸易往来的频繁。在这一时期，不仅有波斯、印度(天竺）的船舶取道东南亚诸国，前来交州和广州等地，而且东南亚地区的海上船舶，如"扶南舶"也参与到这一时期中国与东南亚、南亚及西亚的海上贸易行列。到东晋南朝时，广东的南海、番禺等地已呈现出了海外商舶"每岁数至，外国贾人以通货易"[2]的繁荣现象。这一时期输出的物品多以陶瓷和丝织品为主，以交换东南亚的象牙、犀角、玳瑁、苏木及各种香药等土特产。《梁书·诸夷列传·扶南国》中就比较详细地介绍了"扶南国……出金、银、铜、锡、沉木香、象牙、孔翠、五色鹦鹉"的情况。贸易往来的频繁，

---

① 聂德宁：《魏晋南北朝时期中国与东南亚的佛教文化交流》，《南洋问题研究》2001 年第 2 期。

② （唐）姚思廉：《梁书》卷 33《王僧孺传》，中华书局 1973 年版，第 470 页。

极大地增进了中国与东南亚诸国之间的经济文化交流。自公元 5 世纪初以来，印尼的苏门答腊和爪哇等岛屿开辟的直通中国的海上交通路线，使得这一地区与中国贸易往来更加便利，交流额度激增。

中国与东南亚各国政治、经济、文化等各方面交往的频繁，带动了双方经济文化的进一步发展，同时也促进了包装艺术的发展与输出。据原故宫博物院顾问韩槐准先生在其《南洋遗留的中国古外销陶瓷》一书中记载，他曾在马来半岛南端的柔佛河畔，一个叫马坎门索尔顿地方的古代文化遗址进行考古发掘，发现不少中国东汉末年的青瓷碎片。他在中爪哇雅加达博物院还发现了六朝时期的带盖陶罐。由这些青瓷碎片和陶罐我们可以推测，在魏晋南北朝时期中国的青瓷器开始大规模烧制的时候，对东南亚的陶瓷包装产生了一定的影响。据韩先生考证，"居住婆罗洲的各种土人，自古皆目我国之古瓮及古瓶特多。"[①] 这些漂洋过海来的中国陶瓷器，成为当时东南亚各国统治者、贵人或地区领袖储酒贮水包装容器的首选。另外由于各国船舶航海的需要，淡水、盐及腌制泡菜等食品也首选来自中国的陶瓷包装容器。久而久之，中国的这些包装容器被当地人吸收、借鉴，并仿制，从而使中国包装在一定范围和程度上影响了这些国家和地区包装的发展。

三、对朝鲜半岛、日本的影响

随着造船业的发达，从魏晋南北朝时期开始，中国的陶瓷、丝绸等向海外的输出进入一个新的阶段——海上丝绸之路发展迅速。中国不但通过海路与东南亚、印度、非洲等地进行交流，而且还通过海路向东南、东北方向的朝鲜半岛和日本进行辐射。据记载，魏晋南北朝时期的南北政权都与日本及朝鲜半岛上的高丽、百济和新罗等往来频繁。由于互相往来密切，中国的"五经""三史"《三国志》《晋阳秋》等书籍以及医药、历法等传入朝鲜，朝鲜文字吸收了不少汉语词汇。后来，《论语》《千字文》等又在 5 世纪的时候由百济人王仁传入日本，日本还根据中国汉字创造了本国文字。这些政治、经济、文化等的交流对朝鲜半岛和日本的包装产生了一定的影响，均呈现出丰富的中国元素。

---

① 韩槐准：《南洋遗留的中国古外销陶瓷》，[新加坡] 青年书局 1960 年版，第 1 页。

魏晋南北朝时期，朝鲜半岛分为三个国家。北边是高句丽，西边是百济，东边是新罗。东吴时期，中国即与朝鲜半岛有往来。孙权嘉禾二年（233 年）遣使达高句丽，互赠礼品[①]。从朝鲜半岛墓葬所出土的随葬品中的铜、铁、瓷、金、鎏金等器物来看，无论是造型还是装饰工艺，多与中原汉晋时期的相同或相似，可见受了中国的影响。陶器有生活器皿和陶制模型，还有黄色和暗绿色的釉陶，其器型有壶、釜、钵、耳杯和灶等。从朝鲜半岛的陶质包装容器中，可以看出深受中国汉文化的影响，从而也可以获知当时的朝鲜半岛以本族文化为主体，兼容其他民族或地区的文化，而形成自身的民族文化。如现藏于韩国国立中央博物馆的双

图 6-20　双鹿装饰罐

鹿装饰罐[②]（图 6-20）和藏于韩国国立庆州博物馆的土偶装饰罐[③]（图 6-21），在其上堆塑和刻画弦纹、圆圈纹和竖线纹，造型古朴生动，更多地带有朝鲜半岛本土特色。在进入魏晋南北朝以后，泥质陶、釉陶轮制技术等的出现进一步反映出受汉文化的影响。同时大口深腹罐的出现还体现出与鲜卑文化的相互交流。另外，还有些从中原和江南等地区直接进口的盘口青瓷壶、双系白瓷壶、青瓷小壶等包装形式，这些壶、罐等都是富有中国特色的包装器物。这些包装器物由于受到中国陶瓷技术

① （西晋）陈寿：《三国志》卷 47《吴主传》，中华书局 1959 年版，第 1137—1140 页。"二年春正月……是岁，权向合肥新城，遣将军全琮征六安，皆不克还"，其注引《吴书》载："初，张弥，许晏等，俱到襄平，官属从者，四百许人。渊欲图弥、晏，先分其人众，置辽东诸县，以中使秦旦、张群、杜德、黄强等，及吏兵六十人，置玄菟郡……旦、群、德、强等，皆逾城得走……旦、强别数日，得达句骊（王宫）。因宣诏于句骊王宫及其主簿，诏言有赐为辽东所攻夺。宫等大喜，即受诏，命使人随旦还迎群、德。其年，宫遣皂衣二十五人，送旦等还。奉表称臣，贡貂皮千枚，鹖鸡皮十具。"

② 李正安：《外国陶瓷艺术图典》，湖南美术出版社 1999 年版，第 172 页。

③ 李正安：《外国陶瓷艺术图典》，湖南美术出版社 1999 年版，第 174 页。

的影响，艺术造型上提高很多，其中也不
乏通过中国间接吸收外国装饰艺术的包装。
如三国新罗时期的绿釉长颈壶[①]（图 6-22），
器型饱满莹润，通体施黄绿釉，有盖，盖
顶有圆钮，方便提挈开启。颈部有弦纹和
凸连珠纹装饰，颈部下沿和肩部有刻画纹。
值得注意的是上腹部还有一圈凹联珠纹饰，
联珠纹是古波斯萨珊王朝最为流行的花纹，
而从萨珊王朝流传到朝鲜半岛的新罗，从
当时的交通条件来说必须要经过中国，因
此，我们敢肯定这种花纹是经过了中国再
传的。

在中国与朝鲜半岛交往的同时，中国
与日本的交流也日趋频繁，甚至通过朝鲜
半岛上的国家和日本互通往来，在这种频
繁的交往中，日本深受中国传统文化的影
响。魏晋南北朝时期，当时的日本正处于
奴隶社会的弥生时代后期和古坟时代，社
会经济取得了长足的发展。"社会发展的需
要使日本国内需要对华进行贸易，并交换
和吸收中国先进的生产技术，这在很大程
度上促进了中日间的海上交往"[②]。曹魏时
期，在北方开通了对日新航线；随着对日
海上需求的日益增加，南方政权也开辟了
中日航线——"南道"。据记载，刘宋时期

图 6-21 土偶装饰罐

图 6-22 绿釉长颈壶

① 绿釉长颈壶：庆尚北道庆州市出土，三国时代（新罗），现藏于日本东京国立博物馆。

② 张炜、方堃：《中国海疆通史》，中州古籍出版社 2002 年版，第 110 页。

日本使者循此航线先后八次到达建康；在齐、梁、陈时，中日之间也以海上航线保持着往来。随着中日交流的进一步加深，日本经济文化迅速发展，社会生产力显著进步，渔猎、农业和手工业进一步发展，社会分工得以扩大，交换关系也不断加强。由于海上贸易输出的商品以陶瓷器、铁器、丝织品、铜镜等手工业产品为主，这在很大程度上促使着日本古代包装业的发展。

　　日本古坟时代由中国经由朝鲜传入了辘轳成型和高温烧制的陶艺技术，成功高温烧制出灰色或黑色的自然釉土器。这种被称为"须惠器"的陶器，从简单的硬质土器，接受了从中国引进釉陶的技法，在器物上涂抹草木灰，烧制后草木灰自然化

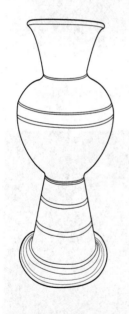

图 6-23　高足壶线描图

为灰釉，即自然釉，产生了装饰的效果。这种坚质的日本最古的"须惠器"的问世，标志着日本陶器工艺的正式诞生。如日本爱知县名古屋市热田区高藏町出土的弥生时代后期（1—3 世纪）的高足壶①就是这一时期须惠器的代表。另日本的三林遗址出土的须惠器中有盛装炭化了的种子的陶罐残片，这是目前出土的典型的古代日本陶器包装实例②（图 6-23）。与中国出土的陶瓷器比较来看，如前所述，魏晋时期陶瓷制品用于盛装谷物已经非常普遍。《齐民要术》就记载了麦种等五谷种子需"藏以瓦器、竹器"，或者用"小罂盛，埋垣北墙阴下"③。而宁夏固原北周李贤夫妇墓出土的敞口、细颈、鼓腹、平底的十几件陶罐，"罐内多残存谷物"④。虽然日本很晚才学会烧制瓷器，但丝毫也不影响其对中国瓷质包装容器的占有和收藏。"在日本墓葬中普遍发现的作为随葬品的

① 弥生时代的壶，德川赖贞氏寄赠，爱知县名古屋市热田区高藏町出土，现藏于日本东京国立博物馆。

② 朱和平、罗丹丹：《魏晋南北朝时期日本包装设计中的中国元素》，《许昌学院学报》2010 年第 1 期。

③ （北魏）贾思勰：《齐民要术》卷 1《收种》，团结出版社 2002 年版，第 11 页。

④ 宁夏回族自治区博物馆、宁夏固原博物馆：《宁夏固原北周李贤夫妇墓发掘简报》，《文物》1985 年第 11 期，第 9 页。

青瓷，无论是胎釉、质地、造型都受到六朝瓷器的影响"[1]，现藏于日本东京博物馆的三国新罗时期的绿釉长颈壶[2]、南朝越州窑青瓷四耳壶[3]和莲瓣纹六耳壶[4]都是中国陶瓷包装容器影响日本的见证。

　　在日本爱媛县松山市古三津，还出土一件东晋时期青瓷四耳褐斑罐，特征是直口圆唇，颈比较短，肩部丰满，上腹以夸张的曲线鼓出，呈扁圆形，中腹以下逐渐收入，平底，底径小于口径；肩部横安四耳，口沿点酱褐斑；灰胎，胎体较薄。施青釉，釉层薄，颜色浅淡。据说日本九州还有东晋的盘口四系壶，也有可能是当时传入的。在后来的古坟时代考古发掘中有可能发现更多的古越州青瓷。另外，古坟时代的埴轮[5]上还出现了盒子、箭袋等包装形式，虽然是作为陪葬土偶上的附属物，但由此不难推断出日本此期陶质包装容器的概貌。

　　日本还出土了这一时期的丝织品包装和漆木器包装。如大阪市黄金坝发现的外裹九层绢布并绣粘一枚东晋所谓"沈郎五铢"钱的铁刀等，都是比较明确的我国南方的制品，由此可见，在日本已经用绢布来包裹物品，这九层绢布就是一种典型的包装。除了包裹铁刀这样的钱币以外，绢、丝、锦等丝织品还用来缝制成锦袋、囊袋等，用以盛装、包裹物品。公元6世纪中叶，百济的圣明王将金铜释迦佛像和经论幡盖等赠给日本，日本曾出土过一个精致的舍利圆盒[6]。盒为木胎，贴麻布，施彩绘，并贴金箔，再刷以透明油质涂料。现存日本东京的一件，则盒盖上绘执箜篌、琵琶、笛等乐器和有翼童子四人，盒外壁绘戎装舞者七人，其中二人戴猪头面具，这实际上是中国器物装饰受西域等周边民族和国际影响以后，又东传日本的证明。因为箜篌、琵琶等乐器是汉以后从西域传入我国，并很快流传开来的。这就表明艺术是无国界的，优秀的艺术形式和作品是人类共同需要的。

---

①　曹文柱：《中国文化通史·魏晋南北朝卷》，中共中央党校出版社1999年版，第148页。

②　川原松藏氏寄赠，三重县鸟羽市答志町蟹穴古坟出土，约为7世纪的器物，现藏于日本东京国立博物馆。

③　法隆寺献纳宝物：据天平6年（734年）光明皇后法隆寺献纳衣物账记载为盛装香料的容器，现藏东京国立博物馆。

④　越州窑青瓷莲瓣纹六耳壶：约为公元5—6世纪之物，现藏东京国立博物馆。

⑤　埴轮是出土于日本古坟内的一种土偶殉葬品（一如我国古代墓葬中的陶俑）。

⑥　此盒为木制布贴彩色舍利容器：スバシ遗迹出土，公元6—7世纪，现藏日本东京国立博物馆。

　　在朝鲜半岛和日本与中华民族文化交流的长河中，中国文化以其博大和深远为朝鲜半岛和日本提供了数以千年的给养。朝鲜半岛、日本也以其智慧和通过我国优秀文化与文明的吸纳重塑了本国文明。他们用流传到朝鲜半岛和日本的包装创造的包装物，成了其传统包装的有机组成部分，也成为其民族消融外来文化影响、别具创造力的表现。朝鲜半岛和日本这种善于学习其他先进文化与技术，并不完全仿照，而是注入民族的审美理念，保持本土特色的做法，既是魏晋南北朝时期朝鲜半岛和日本包装发展的内在规律的表现，也是这两个民族一以贯之的设计创造追求。

第七章　隋唐五代十国时期的包装

　　隋唐五代十国是我国封建社会高度发展时期。在这一历史时期，由于结束了魏晋南北朝 300 多年的分裂局面，封建国家再度统一，因此，出现了政治相对稳定，社会经济和文化呈现繁荣的景象。尤为突出的是唐王朝的"贞观之治"与"开元盛世"，奠定了我国封建政治、经济、文化、思想、宗教和科技在世界的领先地位。这一切为文化艺术发展新高峰的到来奠定了物质基础。

　　在隋以前设计艺术发展的历程中，正如我们前面业已阐明的，它经历了陶器、青铜器发明和使用等两次飞跃，而到隋唐时期，迎来了设计艺术的第三次飞跃，即因金银器由仿制到自主创新制作所带来的中外艺术的交流与融合。这一次飞跃，固然离不开自西汉武帝以来的开疆拓土和魏晋南北朝时期空前的民族大融合，但关键在于隋唐王朝开明的政治、繁荣的经济、发达的科技所奠定的有利于设计艺术创新发展的土壤。由其飞跃所产生的积极意义，远不止造物种类的增多，形式的多样，而是对造物设计创新动因的认同与实践的成功！正因为如此，所以我们在探讨这一时期包装发展情况时，首先必须对这一时所发生的设计艺术的第三次飞跃有一个较为清醒的认识，在此基础上，从考古发掘出土的大量包装实物入手，稽之于相关文献记载，对这一时期各种形式的包装作一鸟瞰式的阐述。其所涉及的内容除隋唐王朝官府和民间制作的包装外，还包括当时的主要少数民族地区。

第一节　设计艺术第三次飞跃对包装的影响

一、设计艺术的第三次飞跃

考古资料表明，我国至少在距今 3000 年前的商代，已经懂得利用贵金属，开始使用黄金制品，但是，从出土实物和《诗经·大雅》中"追琢其章，金玉其相"的记载来看，一直到汉代，贵金属一直只是作为装饰材料，用于装饰某些物品，如考古出土的金箔、金片和金叶等，而鲜有包括包装物在内的完整容器的出土和制作。只有到了西汉时期，才出现了真正的金银器物，然这些器物基本上为舶来品。历经汉魏北朝的不断输入，到隋唐之际，金银器开始了仿制阶段，并与中国传统造物相互撷纳，最终设计生产出具有中国特色的器物类型。这不仅标志着中国古代工艺技术进入到了一个更高的阶段，而且成为我国古代设计艺术的第三次飞跃。一方面，金银器作为贵金属，不易得到，古代的工匠都以精益求精的态度去对待，使得金银器一般都很精美；另一方面，金银器的出现受外来文化的影响，承载着中外文化的交流与融合，使中国传统设计中的造型与装饰形式羼入外来艺术中的某些因子。从此，我国的设计艺术在本土传统的基础上，在保持民族传统特色的同时，与世界设计艺术的发展相互影响。

金银器的出现，在一定程度上促使了包装容器范畴的扩大。特别是在唐代，由于奢靡享乐之风盛行，养生成为社会关注的焦点问题，使得金银器在整个器物制作领域异军突起，得到大量生产。其原因一方面在于当时人们思想观念中金银器可以延年益寿，长生不老。而包装又与人们的生活密切相关，促使金银材质包装容器在当时十分盛行；另一方面则是由于金银化学性质相对稳定，硬度不高，延展性极佳，易于加工，具有较强的可塑性。此外，金银作为贵重的稀有金属，其独特的性能和美丽的色泽使其成为一种财富、一种奢侈品和一种高贵时尚的象征，更是拥有财富和权势的象征。

隋唐五代时期，设计艺术完成了第三次飞跃，而对包装艺术而言，一方面彰显了包装发展的多元化趋势，它汲取了域外民族造物设计的精华，将传统包装推向了又一高峰，奠定了隋唐五代包装艺术在传统包装设计史上的地位；另一方面包装艺术从此出现了明确的分野。宫廷包装、民间包装及宗教包装的艺术被赋予各自的用材和装饰特征。不仅丰富了包装艺术种类，更重要的是将包装品作为人们生活中身份和地位的一种象征性的物质化社会符号。中国设计艺术的发展历程紧紧依附于社会政治、经济和文化发展的历史进程，甚至可以说社会历史发展形态的框架决定了设计艺术思想发展的程式，同时，思想理念又规定了相应的物质（器物）表现形态。

二、金银包装容器在中国包装艺术发展史上的地位

从汉代开始传入的外来金银器，经魏晋南北朝逐渐增多，到隋唐五代时期，金银被广泛开采与制作。《新唐书·食货志》云："凡银、铜、铁、锡之冶一百六十八，陕、宣、润、饶、衢、信五州，银冶五十八……"[1]《太平寰宇记》载："本饶州乐平之地，有银山，出银及铜。总章二年邑人邓远上列取银之利。上元二年因置场监，令百姓任便采取，官司什二税之"[2]唐代金银制作，分官、私两种形式。官作为中尚方署下设的金银作坊院；私作又称"行作"，为民营的金银行、金银铺[3]，值得注意的是：唐代的金银器主要在上层社会使用，特别是在宫廷流行。《唐律疏议》载："器物者，一品以下，食器不得用纯金、纯玉。"[4] 这一记载充分体现了当时金银器在宫廷中的流行和占有程度。典型代表为法门寺地宫出土的金银器，主要是晚唐时期懿宗和僖宗的供奉物，据器上所刻的铭文及相关文献资料来看，大多为内廷文思院的制品。从这些出土物的造型与装饰来看，到晚唐，金银器的艺术风格和特点最终与中国传统艺术汇为一体。

从考古所出土的隋唐金银器，按时代排列，可以清楚地发现，无论是器物的类型，还是装饰题材与风格，在8世纪中叶以前，多受国外文化的影响，如陕西何家村出土的飞狮六出石榴花结纹银盒和凤鸟翼鹿纹银盒，盒盖上的翼狮及翼鹿

---

① （宋）欧阳修、宋祁等：《新唐书》卷54《食货志四》，中华书局1986年版，第1383页。

② （宋）乐史：《太平寰宇记》卷107（影印本），中华书局1999年版，第153页。

③ 朱和平：《中国设计艺术史纲》，湖南美术出版社2003年版，第256页。

④ （唐）长孙无忌等撰，刘俊文点校：《唐律疏议·杂律》卷25，中华书局1983年版，第488页。

纹饰，属于萨珊式的纹样，而这类装饰在唐代并不常见，只出现在8世纪的几件器物上，应该是受萨珊波斯器物饰样影响的产物。就器型而言，这一时期还出现了中国传统器物造型中少见的高足杯、带把杯、多曲长杯。其装饰纹样盛行忍冬纹、缠枝纹、葡萄纹、联珠纹、宝相花纹、卷云纹、云曲纹等。花纹纤细茂密，多用满地装饰的手法，流行珍珠地纹。从8世纪中叶到8世纪末，金银器的设计制作表现出域外风格特点与中国传统造物融合过渡性的特征，并最终形成中国化风格特点。如各种样式的壶出现，葵花形的盘、盒开始流行，各种器皿的平面多做成四、五曲花形。传统的宝相花纹仍可见到，折枝纹、团花纹开始兴起。这些金银器的造型和装饰纹样既不见于西方器物，也少见于中国传统器物，完全是一些创新作品，这种风格一直延续到了宋代乃至明清的金银器皿的制作中。这不仅反映着金银器已摆脱了外来文化的直接影响，完成了中国化，也表明了通过对外来金银器造型与装饰风格的撷取，我国的传统造型与装饰艺术开始向着更加多样化发展。

作为一种昂贵的包装材质，金银容器在高度发达的经济基础下，既满足了上层社会奢侈、豪华的生活，又承担着宗教、养生思想的物质载体。金银包装容器在整个包装艺术史上彰显着举足轻重的地位，它不仅反映出当时社会生产力的发展水平、思想文化观念和立场，同时也折射出人们对生活的态度、审美价值取向和创新、创造力。

1. 金银包装容器在某种意义上是隋唐官僚阶层生活历史画面的再现

我们知道，从造物的动因和最终的造物形态来看，是十分复杂的，它与其所根植的时代、社会，特别是人们的认识水平、能力和对人生的追求密切相关。盱衡于这些异常纷繁的因素，造物设计实质上是历史最真实的记录。除了反映社会发展的进程外，它还通过具体、生动的艺术形象，真实地再现社会生活的图景，表现各个阶级、阶层人们的生活和精神面貌。隋唐王朝之前，金银包装容器的使用只是停留在极小范围之内，仅是作为统治者权力、奢靡的象征；然社会经济的发展，外来文化的频繁交流，促使隋唐五代的金银包装容器大范围的使用，在数量上急剧增多，在制作上讲求精益求精，反映了封建经济鼎盛时期整个官僚社会的糜烂生活状况。《隋唐嘉话》载："开元始年，上悉出金银珠玉锦绣之物于朝堂，若山积而焚之……"①玄宗后，为维护、巩固李唐王朝，于开元二年（公元714年）七月颁布《禁珠玉锦绣敕》云："朕欲捐金抵玉……所有服金银器物……以供军国"②。然而，事实上，唐代统治者为了展现皇室之威、权势之大，无论是在安史之乱前还是之后，均喜好进行豪宴，而在豪宴之上，盛装酒水、茶之类的器物均以金银材质为主，充分显示出统治阶级、贵族们的骄奢淫逸。

2. 金银包装容器是当时经济、政治现象的直接体现

金、银就材质而言，属稀有贵金属。在当时社会，其在数量、价格、开采、制作等方面是民间手工业无法掌控的，只能为官府所垄断、控制。特别是到了唐朝，政府下令在少府监中尚署专门设立了用来制造金银器的机构，到了晚唐，政府又设立了"文思院"，生产、制作专供皇家所享用的产品。成为皇室贵族日常生活中不可或缺的组成部分，从考古出土的包装盒、法器包装等文物可以看出，无论是在造型抑或是装饰上，制作精湛而又复杂，充分反映了当时高度发达的生产力水平之下先进的生产加工技艺。不过，唐代金银器仍属于昂贵奢侈品，而并非寻常之物，因此，它一方面成为统治阶级内部权力斗争中请托的利器，《旧唐书·尉迟敬德传》："隐太子、巢刺王元吉将谋害太宗，密致书以招敬德曰……仍赠以金银器物一车"③；《旧唐书·长孙无忌传》："（永徽）六年，帝（李治）将立昭仪武氏为皇后……赐无忌金银宝器各一车……"④"映常以顷为相辅，无大过而罢……先是，银瓶高五尺余……映为瓶高八尺者以献"⑤，说明此时的金银器已成为人们争权夺势的工具；另一方面，金银器成为作为赐赏大臣的重器，如秦叔宝为李世民早期的重臣，居功很多，为此在李渊当政期间曾遣使赐以金瓶⑥。此外，李唐王朝还有意将

① （唐）刘餗：《隋唐嘉话》（下），中华书局1997年版，第22页。

② （宋）宋敏求：《唐大诏令集》卷180，商务印书馆1959年版，第562页。

③ （晋）刘昫：《旧唐书》卷68《尉迟敬德传》，中华书局1975年版，第2497页。

④ （晋）刘昫：《旧唐书》卷65《长孙无忌传》，中华书局1975年版，第2454页。

⑤ （晋）刘昫：《旧唐书》卷136《齐映传卷》，中华书局1975年版，第3751页。

⑥ （晋）刘昫：《旧唐书》卷68《秦叔宝传》，中华书局1975年版，第2502页。

金银器作为"抚外"的手段。由于海路、陆路交通的畅通，便捷了各少数民族及东亚、南亚甚至欧洲国家与唐王朝的友好贸易往来，这些国家和地区的使臣、商人、留学生、宗教人士将包括金银器在内的众多物品带到中国来，特别是境外输入的金银器在造型、装饰纹样方面，初唐以后对中国器物制造影响尤大。作为舶来品的金银器，不仅在考古发现中出土了大量属于中亚萨珊王朝时期的精美器物，而且文献中也有周边民族地区向唐廷献纳金银和其他器物的记载，其中以吐蕃集团为代表，在与大唐交往过程中多以金银器为礼物。"久视元年，吐蕃自顾微琐……明年，又遣使献马千匹，金二千两以求婚"①，开元十七年（公元 729 年），吐蕃的赞普曾向李氏集团赠送金胡瓶等礼品。

金银除了用于制作日常用具之外，还被用于制作包装容器，这在目前所见唐代金银器中所占比重很大。这除了反映唐王朝雄厚的经济实力外，从唐代的政治格局而论，唐都长安作为一个世界性都会，胡人云集，各国来朝，因而在一定意义上带有为政治服务的意义。

3. 金银包装材质选用是对宗教、养生思潮的阐释

包装艺术就本质而言，属社会文化范畴，它所反映出的一切内涵均是对上层建筑的表达，而金银器包装容器堪称是隋唐社会文化的展示平台。

一方面，隋唐五代国富民强，社会文化空前繁盛，统治者力图借助神的力量更好地掌控自己的子民，因而对佛、道二教采取了扶持政策，采信了道家学说中金银可以养生之说，导致上层社会和有经济能力的虔诚教徒千方百计选用金、银材质作日常用器和包装容器，以凸显对宗教的执着和社会地位。在整个隋唐王朝，尽管发生过唐武宗灭佛事件，但在中国佛教史上，唐代是佛教由魏晋南北朝时期主要在上层社会流行向下层社会渗透时期，是佛教高度发展时期，对佛教的顶礼膜拜，使金银等贵金属大量用于造像、法器制作和佛教用品的包装上，并对金银材质包装艺术产生了重大影响。关于这一点我们从法门寺地宫和有关唐代墓葬出土物可以看出。如法门寺地宫发现有四天王纹方形银盒、江西瑞昌唐墓出土有银

---

① （晋）刘昫：《旧唐书》卷 196《吐蕃传》，中华书局 1975 年版，第 5226 页。

盒[①]、鎏金花片角漆箱、盛装法器的盒子、盛装佛指舍利八重宝函等，这些金银材质的包装容器，以纯金、银制作的宝函套装为主，每层宝匣饰以观音和极乐世界等图案来诠释宗教含义。这些包装品无论是造型上还是纹饰上均呈现出浓郁的佛教文化色彩。

　　另一方面，因为道教尊奉的老子姓李，唐皇室也姓李，所以便尊老子为始祖，自称为老子后裔，特别崇奉道教。道教在李唐王朝的推崇下，走向顶峰。在这种情况下，整个社会弥漫着浓厚的养生思想。正如我们前论述秦汉包装时所指出的，认为金银可以延年益寿之说十分盛行，道教为此进行了经典阐释和具体的养生与延年益寿的方法探索与实践。这除了炼制和服用丹药以外，用金银材质作为日常生活用具成为其深信不疑的生活之道。唐代社会也普遍流行服食之风，热心于飞丹合药，企图通过服食，达到延年益寿之功效，清代学者赵翼曾注意到："唐诸帝多饵丹药"[②]。唐朝时期的官僚士大夫阶层也沉迷于养生之术，如卢照邻"以服饵为事"[③]；到了五代十国，服食之风有过之而无不及。后唐宰相豆卢革，"自作相之后，唯事修炼，求长生之术……"[④] 后唐庄宗、后周世宗也沉溺于丹药之术。

　　宗教及养生思潮的盛行，大大扩大了金银材质的运用。然而，使用金银作为包装材质，是否另有原因？在我们看来，以下两方面的因素不可忽视！

　　一是就黄金属性看，符合炼丹的要求。炼丹术从本身的发展来看，有用水法反应者，但此时主要用火法反应，即蒸馏、升华、化合及伏火等，在密封容器中，以高温促成若干金属熔化形成合金，按照炼丹家的说法："黄金入火，百炼不消，埋之，毕生不朽，以此炼入人的身体，能令人不老不死"[⑤]。金银是炼丹过程中不可缺少的材料，是承装与炼制丹药的必要承载物；《史记·孝武本纪》记载了方士李少君向汉武帝刘彻说的一段话："祠灶则致物，致物而丹砂可化为黄金，黄金成以为饮食

① 张翊华：《析江西瑞昌发现唐代佛具》，《文物》1992 年第 3 期。

② （清）赵翼撰，王树民校正：《廿二史札记》卷 19，中华书局 1984 年版，第 398 页。

③ （唐）卢照邻撰，祝尚书笺注：《卢照邻集笺注》，上海古籍出版社 1994 年版，第 535 页。

④ （宋）薛居正撰：《旧五代史》卷 67《豆卢革传》，中华书局 1976 年版，第 884 页。

⑤ （晋）葛洪著，王明校释：《抱朴子内篇校释》卷 4，中华书局 1996 年版，第 71 页。

器则益寿，益寿而海中蓬莱仙者可见……"① 在汉代人看来，使用黄金饮食器有助于延年益寿，有长生不老之功效，由此金银包装容器便在这种思想影响下应运而生。

秦汉以来的养生思想被唐代统治者普遍接受与认同。《太平御览》引《唐书》曰："武德中，方术人师市奴合金银并成，上异之，以示侍臣。封德彝进曰：'汉代方士及刘安等皆学术，惟苦黄白不成，金银为食器可得不死。'"② 唐浙西观察使李德裕也曾向敬宗李湛说："臣又闻前代帝王，虽好方士，未有服其药者。故汉书称黄金可成，以为饮食器则益寿。"③ 正是对这种金银可以养生思想的崇信，使得唐代社会上下迷信于丹药的炼制，以为食之可以延年益寿、长生不老。唐高宗曾召方士百余人"化黄金，冶丹法"；玄宗也召道士张果、孙甑之等进行炼丹，上层社会的达官显贵们也群起效仿。

二是就金银材质而言，由于抗腐蚀、物理反应不明显等特性，符合炼制丹药的放置不易腐烂的要求，在一定程度上保证了药品的质量；且金银的硬度高，在制作时便于将复杂的容器简洁化，成型容器不易变形。在西安南郊何家村那王府出土的大批金银器中，就发现了提梁银锅、银石榴瓶等炼丹器具和盛药、服药的器皿四十多件④。充分说明金银除了是炼丹的主要成分以外，同时还是作为承装丹药和其他药物的包装容器。

总之，隋唐时期，在外来金银器的影响下，由于宗教思想的推动，使这一时期金银器的制作十分盛行，同时使中国古代器物设计发生了重大变革，即对外来造型与装饰的撷纳，不仅金银包装容器大量出现，金银器代表了这一时期器物设计的艺术水平，而且也在一定程度上影响了该时期的陶瓷、纸制、木制等包装，在设计形态和设计理念上也有了新的发展：造型、装潢、制作等内容在满足包装的实用性之外，也反映出了经济社会变化所带来的大众审美价值观念的嬗变。

---

① （汉）司马迁：《史记》卷 12《孝武本纪》，中华书局 1982 年版，第 455 页。
② （宋）李昉著，孙雍长等校点：《太平御览·珍宝部》卷 820，河北教育出版社 1994 年版，第 555 页。
③ （晋）刘昫：《旧唐书》卷 174《李德裕传》，中华书局 1975 年版，第 4518 页。
④ 乾生：《金银与唐代社会生活》，《华夏文化》1995 年第 6 期。

第二节　隋唐五代经济的繁荣与包装的发展

一、隋唐五代经济的繁荣

1.农业为包装发展奠定基础

农业是古代社会最重要的生产部门，"农业作为整个古代社会重要的生产部门，其发展牵动着手工业和商业的发展，决定着经济的繁荣，又在经济繁荣的基础上促进了文化、文学、艺术等领域的发展和繁荣"[①]。由此农业成为国内经济命脉的主导，并牵动着手工业、商业等其他行业的发展。

自北周外戚杨坚取代北周建立隋，灭南朝陈，统一中国，结束魏晋南北朝近四百年分裂割据的局面后，国内的农业生产一直处于上升发展之势，统治者在国内实施均田制，大量荒田得到有效利用；府兵制的实施，减轻了军费开支，一定程度上减轻了农民的负担；屯田和营田的经营，水利的兴修，使农业耕种区域增广[②]。以上法令、法规的实行，不仅调动了人们从事农业劳动的积极性，也使国内大量闲置土地被开采，一定程度上促使了农业经济的发展。

唐代统治者沿袭前朝的农业政策，大兴水利，灌溉农田，使农田单位面积产量有较大幅度增长。唐代农业发展至开元天宝时，谓之"极盛"[③]，如诗圣杜甫在《忆昔》中盛赞："忆昔开元全盛日，小邑犹藏万家室。稻米流脂粟米白，公私仓廪俱充实"，粮食生产的发展，剩余粮食的增加为食品业的发展奠定了坚实的物质基础，同时也带来了食品包装的发展。典型代表为酿酒业和制茶业。考古出土中不仅有大量盛装酒和茶叶的容器，而且文学作品也有不少描述酒和茶叶成为商品的内容，如大家十分熟悉的白居易的《琵琶行》诗中说："老大嫁作商人妇，商人重利轻别离。前月浮梁卖茶去，去来江口空守船"。唐代的茶叶贸易，畅销黄河流域各地，并通过东、

---

① 朱伯康：《中国经济通史》（上），复旦大学出版社 1995 年版，第 492 页。

② 朱伯康：《中国经济通史》（上），复旦大学出版社 1995 年版，第 498 页。

③ 朱伯康：《中国经济通史》（上），复旦大学出版社 1995 年版，第 501 页。

西两京市场销往边疆民族地区，或经扬州销往国外。大批量的茶叶贸易带来了茶叶运输包装的出现，加之唐代崇尚养生思想，全国各个阶层都有了饮茶的需要①。由此，茶农和茶商不得不开始考虑茶叶的存放问题，大量茶叶包装应运而生。他们根据茶叶的品质、消费者的需求等方面设计了各种各样的包装，如为了方便运输、储存的简易式包装，或豪门贵族的精美包装，这些都呈现出多样化、民族化的特征。

2.手工业为包装发展提供技术支持

隋唐五代时期的手工业发展，在规模和技术上，大大超过了前代。突出地表现在丝织业和冶铸业等方面。如丝织品的发展此时不仅以洛阳为中心，还出现了河北、河南、四川、扬州等著名丝织品产区，丝织业的发展扩大了包装的材料来源。又如冶铸业，不仅规模扩大，而且种类增加，金、银、铜、铁、锡、铅和铝等金属都有相当产量，而且冶炼技术有了长足进步。

尤其是唐代，手工业得到了空前的繁荣与发展。据史料记载，有几十种手工业行业，且不断有新兴的手工业行业产生。李唐王朝一改之前仅官营手工业相对活跃的局面，而出现了官营与私营齐头并进之势，代表了此时经济发展模式。如管理中央官府手工业的机关有少府监及将作监，少府监所辖有中尚、左尚、右尚、织染、掌冶五署及诸冶铸钱等监②。官营手工业分布地区十分广泛，生产规模很大，产品质量也高，除长安、洛阳等名城外，还有定州（今河北定县，丝织）、邢州（今河北邢台，名瓷）、扬州（造船、纺织、皮革等）、蒲州（今山西永济，造纸、采煤）等地，都是有名的手工业产品和矿产品的产地。

此外，私营手工业也很发达，农村私营手工业除纺织业以外，这一时期还存在造纸、印刷、制糖、制茶、矿冶铸造以及酿酒等行业。这些与包装密切相关的手工行业的迅速发展，不仅为产品包装的迅速发展提供了行业支持，而且更为关键的是促成了民间风格包装的兴盛，从而进一步推动了包装商品化的进程。

此时期手工业无论是生产规模，或是生产技术，均激发了与包装密切相关行业

---

① 姚治中：《茶与唐代社会》，《六安师专学报》2000 年第 3 期。

② （唐）李林甫：《唐六典》卷 22，中华书局 1992 年版，第 571 页。

的进步，主要表现在如下一些方面：

第一，采矿冶炼业的繁荣，促使新的铸造技术层出不穷，并广泛应用于生产。采矿冶金业在很大程度上丰富了包装材料的选择，而先进的金属加工技术则为包装材料的成型加工提供了技术支持，可制成不同类型的包装容器。旅顺博物馆收藏的唐朝金属制品，据鉴定已经使用了金、银、铜、生铁、熟铁和铝等金属，而这些金属制品的加工方法已相当精密，每件制品除了铸造、锻造之外，还采用手工打制、加工磨制并镀金、嵌银等，可见当时的金属加工技术之高超[1]。尤为重要的是，唐代在合铸金银的方法上，取得了重大突破。有关资料显示，汉魏之际便尝试着使用金银合铸法，但以失败而告终。到了唐初，据《太平御览》卷 812 有"合金银并成"的记载[2]。五代时，更在冶钢技术上发明了"胆水浸铜法"。由于唐人对金、银的钟爱，因而金银被大量开采，加之高超的金属铸造和成型技术作积淀，我国金银制造业在唐代得到空前发展。这便为金银包装提供了广阔的生产空间，如舍利盒、药盒（丹药）的广泛使用。

第二，陶瓷业生产规模和生产技术的飞跃发展，使其成为包装容器的重要材料之一。众所周知，唐代社会经济发展，国富民安，带来饮酒之风盛行，商品酒产量增加，导致对酒包装容器的需求量较大。据宋史记载，宋代继承了唐代实行的榷酒制度，全国设立官监酒务（酒库）[3]，唐宋时期，一般酿酒是由朝廷指定部门进行酿造，并设立酒库，酒库是一个酿造、批发的机构，一个酒库一年使用数百万乃至上千万个酒瓶。随着饮酒的流行，大量酒包装亟待生产。但由于陶瓷易碎，特别是到了唐后期，政局动荡，促使了政府需要在酒库附近设有瓷窑，专门来烧造供酒库使用的酒瓶[4]，也就是说陶瓷容器成为当时酒包装的主要方式，瓷酒瓶成为当时主要的盛酒容器。此外，唐代贸易发达，需要大量的铜币，因此，传统的铜制包装容器

---

① 张奎元：《中国全史·中国隋唐五代科技史》，人民出版社 1994 年版，第 148 页。

② （宋）李昉：《太平御览》卷 812，河北教育出版社 2000 年版，第 578 页。引《唐书》曰："武德中，方术人师市奴合金银并成，上昇之，以示侍臣。封德彝进曰：'汉代方士及刘安等皆学术，惟苦黄白不成，金银为食器可得不死。'"

③ 马端临在《文献通考》卷 17 中记载："北宋中后期全国有酒库 1861 个，谓之'诸州城内皆置务酿之'"。

④ 李华瑞：《宋夏史研究》，天津古籍出版社 2006 年版，第 245 页。

被成本较低的陶瓷所替代，张德谦《瓶花谱》记载："古无瓷瓶，皆以铜为之，至唐而始尚窑器"①。上述种种情况的出现，促使了陶瓷业的发展。

第三，印刷业技术日趋成熟，唐代得到广泛应用。印刷业的出现和发展，在某种程度上来看，不仅仅是丰富了包装的外部装潢，更为关键的是促使着包装商品化程度的加深，尤其是纸制商品包装的发展。如唐前期的包装纸，吐鲁番阿斯塔那64TAM30号墓所出土的药物葳蕤丸，即是用白麻纸包裹的，纸背书写着药丸服法："葳蕤丸，每空腹服十五丸，食后服廿五丸，一依方忌法"②，这段文字具有广而告之的意味，虽未明显具有招揽顾客之意，但已出现商业化雏形，这加速了后代纸包装商业化的进程。如宋代以后出现印有经营广告内容的包装纸，古代称之为"裹贴"。裹者，包装也；贴，具有招贴之意，即招引人们知晓贴于他物上的广告。上述二纸，既具有包装功能，又含有招贴广告内容，故名之为"裹贴"。这种纸包装具有现代包装的作用，称为"裹贴"③。裹贴的出现，与雕版印刷业有着很大的联系，它可将广告语、图案印于上，促进了商业化进程。

第四，在雕版印刷术的影响下，造纸技术迅速提高，成为较为普遍的手工行业。据《新唐书·地理志》《元和郡县志》等史籍记载，全国有15个地区掌握了造纸生产技术，兴办了造纸作坊。各地的造纸作坊，根据本地区的原材料资源，因地制宜，就地取材，使用的原材料品种很多，数量也有保障。为了适应多种需求的用纸，造纸作坊不断研究生产出各具特色的新品种④，有楮皮、桑皮、藤皮、瑞香皮、木芙蓉皮等为原料的各种纸张，在这些原料中，不仅存在单一原料，而且开始运用复合型材料。如在阿斯塔纳发现的纸张，原料为麻纤维与树皮纤维混合的⑤。又如扬州六合的麻纸不仅质量高，还具有防潮、防水性能。这些特殊纸张的性能的提高，适应了不同物品包装的需要，大大拓展了纸张的使用范围。

① （清）胡源祚：《笔记小说大观》三十七编第八册（景钞本），台北新兴书局，第3013页。
② 新疆维吾尔自治区博物馆：《吐鲁番县阿斯塔那—哈拉和卓古墓群发掘简报》，《文物》1973年第10期。
③ 陈国灿：《吐鲁番出土元代杭州"裹贴纸"浅析》，《武汉大学学报》1995年第5期。
④ 张奎元：《中国全史·中国隋唐五代科技史》，人民出版社1994年版，第152页。
⑤ 潘吉星：《新疆出土古纸研究》，《文物》1973年第10期。

第五，造船业规模的扩大、技术的精湛、航驶性能的优异，便捷了物品在国内不同城市、地区的流通，以及与周边民族和国家贸易的往来，并在一定程度上刺激了当时运输包装的发展。整个隋唐五代时期，堪称是中国古代水上运输大发展的时期，不仅经济重心南移、大运河开通，使南北物产得以大周转，而且海外贸易的空前繁荣，使航海业有了长足的进步。据有关史料记载和考古出土实物，隋唐五代用于内陆河湖和海上运输的船只，在吨位与速度上较汉魏有了明显的提高，尤其是在江南地区，物资周转基本依赖于它。这种情况促进了整个社会经济，尤其商品经济的发展，从而带动了整个包装业，特别是大宗农产品和需长途周转物资包装的发展。

3. 商业的兴盛与坊市制度的崩溃推动了包装的繁荣

从历史发展的趋势来看，手工业是伴随着商业的发展而发展的，同时，商业的发展，对手工业又有促进作用。因而中唐以后，官、私手工业逐渐加强了与市场的往来，壮大了商品市场经济。商业的高速发展在有利的社会环境、交通的影响下，客观上不仅促进了包装运输的发展，也必将推动商品包装的繁盛。

（1）商品流通范围的扩大带动了运输包装的发展

隋朝时期，水、陆交通十分发达，来往于南北方之间、城市之间，其车船不计其数，很大意义上促进了国内贸易的繁荣。而丝绸之路、四通八达的运河网以及海运航线的开拓又促进了对外贸易的发展。当时的长安、洛阳，不仅为全国贸易中心，又是当时国际贸易的中心。我们从河南巩义市夹津口隋墓清理简报所载"骆驼昂首直立，双驼峰，背铺毡垫，负水囊、瓶等物"[①]及河南安阳隋墓清理简记所云"骆驼，背有双峰，其闻作有铺垫的长毯以及布袋"[②]等描述，可以看出，隋唐时期国内陆路商品贸易的频繁往来，主要是通过畜力的驮运与肩负（图7–1）。

水上贸易方面，由于运量大，费用低廉，"凡天下舟车水陆载运，皆具为脚直，轻重贵贱、平易险涩而为之制，河南、河北、河东、关内等四道诸州运租、杂物

---

① 巩义市博物馆：《河南巩义市夹津口隋墓清理简报》，《华夏考古》2005 年第 4 期。

② 中国社会科学院考古研究所安阳工作队：《安阳隋墓发掘报告》，《考古学报》1981 年第 3 期。

河南巩义市夹津口隋墓出土

河南安阳隋墓出土

图7-1 骆驼背负物品

等，每驮一百斤，一百里一百文，山阪处一百二十文。车载一千斤九百文。从黄河及潞河，自幽州运至平州，每十斤，溯流十六文，沿流六文。佘水溯流十五文，沿流五文。从澧、荆等州至扬州四文。其山阪险难驴少处，每驮不得过一百五十文。平易处不下八十文"①，可见，水陆运输成本的差价在一定程度上便利了水上运输业的发展。如对陶瓷包装的远销而言，陆路运输只会增加运输成本，且会带来一定的损坏，因而选用水路运输起到双重效果。

此外，水路交通的畅通，增大了各地商品交换的频率，这在一定程度上促进了包装运输的繁荣。如《"丝绸之路"上新发现的汉唐织物》中写道："大约是和田禄山有关的一批绢练等物，从弓月城向龟慈运输……上缺'两头牛四头驴一头百匹……'"②云南安宁县小石庄唐墓清理简报记录："驮马，昂首站立，颈背上有一凹沟，鞍上驮一口袋，所驮口袋用绳索捆绑……"③各地所呈现的商品运输状况，使用骆驼、马、牛等为交通工具，将包装以挂式、驮式等不同方式展现其造型、材质或用途，这为了解当时社会状况提供了有力证据；同时各地之间的紧密联系，融合了各地之间的包装艺术。此外，我们还可以从河北南和东贾郭唐墓④、河北文安麻各庄唐墓⑤、河南省巩义市芝田两座唐墓⑥、洛阳关林59号唐墓及陕西长安隋宋忻夫

① （宋）王溥：《五代会要》卷15，上海古籍出版社1978年版，第274页。

② 新疆维吾尔自治区博物馆出土文物展览工作组：《"丝绸之路"上新发现的汉唐织物》，《文物》1972年第3期。

③ 戴宗晶：《云南安宁县小石庄唐墓清理简报》，《文物》1993年第6期。

④ 辛明伟、李振奇：《河北南和东贾郭唐墓》，《文物》1993年第6期。

⑤ 廊坊市文物管理所、文安县文物管理所：《河北文安麻各庄唐墓》，《文物》1994年第1期。

⑥ 郑州市文物考古研究所、巩义市文物保护管理所：《河南省巩义市芝田两座唐墓发掘简报》，《文物》1998年第11期。

妇合葬墓等了解唐王朝商品包装的运输情况。

国外造船行业规模的壮大也为我国与周边国家的商品流通提供了运输保障。据《唐国史补》记载："南海舶外国船也，每岁至安南、广州。师子国舶最大，梯而上下数丈，皆积宝货。至则本道奏报，郡邑为之喧阗。有蕃长为主领，市舶使籍其名物，纳舶脚，禁珍异，蕃商有以欺诈入牢狱者。舶发之后，海路必养白鸽为信。舶没，则鸽虽数千里，亦能归也"[1]。海上运输能力的提高、新航路的不断开辟，刺激了当时运输包装的发展，长沙窑的产品近销国内，远销伊朗、马来西亚、菲律宾、印度尼西亚、日本、埃及等世界各地。

据考证，长沙窑国内销售大致分为四线：首先为东线，顺江而下，销往江西、江苏、浙江、上海等地。如1981年江西安远县出土了褐彩双系罐及贴花羽状复叶纹双系罐，1996年江西新余唐墓中发现的2件双系罐[2]。西线，逆流而上，经三峡进入重庆、四川等地，大概因路途险恶，运输成本较高，所以长沙窑陶瓷销往西线的总量不及东线。目前在湖北出土了几件陶瓷包装，如褐绿彩联珠纹双系罐[3]。南线，经湖南往南，直至广东，唐代湖南与广东有着密切的贸易往来，衡州的团茶运往湖南，主要以水路为主，因而二者之间不断进行商贸，由推断可知，茶饼易于受潮，衡州人们将其盛放在陶瓷罐或瓮内，不仅便于运输，还能有效地保证茶叶的干燥，使其品质不变。

同时，长沙窑还将大量的器物远输国外，外销瓷的盛行，打破了中国传统风情，而深深印上异国风味，加速了产品商品化进程。在印尼"黑石号"沉船中，发现了大量的器物，有金银器、陶瓷、漆器、木制品、纺丝织品，其中，主要以长沙窑的背壶最多。而1980年扬州城北肖家山唐

图 7-2　青釉绿彩阿拉伯文背水扁壶

---

① （唐）李肇：《唐国史补》（下），上海古典文学出版社 1957 年版，第 63 页。

② 李小平：《江西新余唐墓清理简报》，《南方文物》2005 年第 2 期。

③ 宜昌博物馆：《湖北秭归望江古墓群发掘简报》，《江汉考古》2002 年第 3 期。

墓中发现一件完整的青釉绿彩阿拉伯文背水扁壶，整体造型设计的 4 个附耳，便于线绳的穿插，不仅沿袭了前朝时期双系的设计结构，且就用途而言，达到易于携带的功效；而从壶的装饰文字、造型及风格来看，均充满了浓郁的阿拉伯民族色彩，真实地反映出了中国陶瓷器商品化的进程（图 7-2）。同时还发现少量的瓷盒，可能是用来盛装化妆品。

另外，外销瓷中也发现了大量文字，一种是用来标明制作者的姓名或是作坊号，据《唐律疏议》记载："物勒工名，以考其诚，功有不当，必行其罪"[1]，此时的产品已逐渐出现广告语，标志着产品商品化程度加深。另一种直接将广告语印于器物，进而便于推销产品。如"陈家美春酒""春酒"等广告语。

大量产品在全国范围内的流通，促进了市场的兴起，商业的繁荣。而包装作为承载产品的附属品，在产品商品化下，其功能由之前以保护、便于贮运为主拓展出鲜明的促销功能，附加值的构成悄然发生了变化，商品化特性日益明显。而到了五代十国时期，尽管政局动荡，时局不稳，经济萧条，对外贸易较唐代略显暗淡，但各地、民族相互间的交易并未中断，统治集团依然注重水陆运输，不仅便于国内产品的运输，且海外贸易有增无减。

（2）坊市制度的崩溃推动了包装商品化的进程

隋朝时期，经济趋于稳定，商业日益繁荣，特别是当时的都城长安，既是政治中心，又是商业中心，城内置东西两市，商业经济十分发达。

到了唐代，李唐集团在沿袭前代做法下，在城市严格实施了坊市制度，即严格区分商业贸易的"市"与居民住宅区的"坊"，并加以严密的管理控制。长安和洛阳是全国最大的城市，也是商业最繁荣的东、西两市。据史料记载，两市内有大量的店、肆、铺和邸，工商店铺约有十万之多，市内不仅商贾云集，商品种类也比前代大为增加，有 20 种之多。此时洛阳作为陪都，繁荣程度不亚于长安。洛阳三市贸易极其发达，如洛阳丝织业，官署有织染署，下设有东都官锦坊，聚集上等工匠；而关东为丝绸买卖集散之地，远销西北及西域。

唐代，尽管坊市中的商品是人们生活中的必需品，但是与自由市场的商品销售

---

① （唐）长孙无忌：《唐律疏议》，中华书局 1983 年版，第 498 页。

相比还存在着以下问题：一是坊市准入的门槛过高。设置准入门槛的原因是统治者旨在保护封建官营手工业和封建专卖制度，民间和私营商业难以进入，从而使其缺少竞争性。二是坊市制度下商品销售的竞争性受到限制。由于缺乏增加商品附加值的意识，在坊市制度下，商品从生产作坊到销售市场是不需要或者说基本上是不需要包装的，有大量商品直接在销售地生产。

除此之外，坊市制度下残存的家庭手工业也无须注重对产品进行包装，因为其所注重的是产品本身的技术秘诀。《唐六典》中在对工商业定义时，特别指出："工商皆为家专其业以求科者。"技术的传授与训练，是自古以来历久相沿的传统制度，并非唐代独有，但到了唐代却起着更为重要的作用。试以一例为证：据白居易《白孔六贴》卷14记载，"宣州诸葛氏能作笔，柳公权求之，先与三管，语其子曰：柳学士如能书，不尔退还，即以长笔与之。未几，柳以不入用，别求笔，遂以常笔与之。先与者三管，非右军不能诸葛笔也"。这个实例证明，产品在市场上畅销凭借的是产品本身的名气和质量。家传的技术秘诀使得产品的优质特点在市场上更具竞争力，从而多产多销获得利润。所以，史载唐中叶以前，家庭手工业产品只重其内而轻其外，不注重商品的外包装，使得这个时期的包装销售功能没有得到很好的发挥。

因商业存在需要出现的坊市制度，到唐代后期，随着商品经济的发展，终于走到了尽头，在利益的驱使和市场需求下，坊市制度在不断衰落与崩溃，商品经济得到了迅猛的发展。除了长安、洛阳以外，其他一些大的城市，如扬州、淮安、夔州、成都等也都有"市"见于记载。刘禹锡在《观市》中写过："肇下令之日，布市籍者咸至，夹轨道而分次焉。其左右前后，班间错跱，如在阓之日。其列题区榜，揭价名物，参外夷之货。马牛有纤，私属有闲。在巾笥者织文及素焉；在几阁者雕形及质焉；在筐筥者，白黑巨细焉"[1]，这一段生动地描绘了沅州（今湖南黔阳一带）集贸市场的热闹情景：有的商贩把织锦和生绢放在打开盖的箱笼里，陈列出来，让顾客挑选；有的把精琢细磨的首饰类工艺品放在搁板上，任人观看和选购。

---

[1]　（清）严可均辑：《全上古秦汉三国六朝文·全唐文》卷608 刘禹锡《因论七篇·观市》，上海古籍出版社2009年版。

在方形或圆形的盛物竹器里，摆放着"白黑巨细"的各种土特产。这些都充分说明了市场上商品种类繁多[①]，各类包装层出不穷。

此外，到了唐代中叶，随着江南地区的全面开发，经济重心的南移，市场不再局限于规定中的场地进行贸易，此时许多小商贩直接走街串巷，进行商品贸易。这种现象愈演愈烈，最终导致坊市制度的彻底崩溃，在坊市制度下，商品销售离不开包装，但坊市制度崩溃以后，商品包装的重要性和价值得以加强，这是不争的事实！

总之，在隋唐五代十国时期，农业经济的发展，为包装设计提供了雄厚的物质基础；手工业的发达推动了包装技术的进步；商业的兴盛促进了包装的运输与商品化趋势，同时也对商品包装设计提出了更多更高的要求；在商品化的对外贸易中，包装所展示的内涵，在一定程度上带来了中外文化的碰撞和融合，为设计者提供了更为广阔的思维空间。可以说此时期包装艺术特色，在很大程度上由于受到了经济、政治、文化等因素的影响和推动，呈现出了一定的发展和表现。

二、隋唐五代包装的发展及表现

隋唐五代时期的包装艺术，从总体上看，摒弃了以往简单、朴素的设计原则，而采用夸张、复杂的设计风格，突显包装的实用性功能。一方面由于隋唐五代时期国力强盛，为包装艺术的发展提供了经济基础；另一方面，随着生产生活水平的提高，人们的审美意识增强，造就了这一时期包装不同于前代的某些特色。

由于使用范畴的扩展，这一时期已将包装运用到饮食、医药、梳妆类、宗教文化等各个领域。而在手工业与商业高度发展下，包装造型、选材、装饰逐渐生活化、人性化、商业化。通过金银材质包装、陶质和瓷质包装、漆制包装、纸制包装、丝织类等不同材料和类型包装的表现，展现了隋唐五代时期包装艺术的特有风采。

1. 金银包装容器艺术及特征

用材的不断拓展，扩大了金银材质的使用领域。隋唐五代之前，大量金银器多

---

① 朱伯康：《中国经济通史》（上），复旦大学出版社 1995 年版，第 574 页。

以饰件、挂件、铜镜等形式出现，而随着唐代丰富多彩生活的影响，各类金银器的使用范畴在不断扩展，以使用功能为前提，出现了日常生活包装、宗教包装两大类，其中前者主要满足人们实用生活的需求，而后者则为宗教事业所服务，满足人们的精神领域。生活包装仍继承了前代包装设计的功能，用于人们生活中贮藏、运输物质等需求，其中数量最大、制作最精美的当数药品包装、茶叶包装及化妆品包装；而宗教包装不仅扩展了包装单纯盛物的范畴，还促使了包装观念的某些变化。

（1）金银包装容器的类别

一是生活类包装，以茶叶、药品及化妆品三方面为主。隋唐五代养生思潮的盛行，很大程度上带动了医药及茶叶包装的发展。《广异记》云："士人与之偕行东海上，大胡以银铛煎醍醐，又以金瓶盛珠"[1]，士人有意将炼制的丹药盛放在金瓶中，达到一种保护之功效。而在陕西西安何家村窖藏出土了一批藏药物的器具，其中金银盒28个，有大小金盒、素面大小银盒、刻花涂金银盒等，部分盒盖内还有墨书题字[2]。这些药盒的造型一般呈椭圆状，体积较小，盒盖与盒底渐微隆起，用子母口结构与之扣合。就设计的形体看，大小适中的形体由于重量的减轻而达到易于人

们的携带，盖与底通过子母口的巧妙设计，很好地将二者紧密结合，便于药物的盛放与盒子开启。

喝茶风在隋唐时期的盛行，带动了茶叶包装的飞速发展。由于茶叶有养身提神之功效，不仅受民间阶层欢迎，且在宗教中也大量使用。法门寺地宫中出土有礁簋、调达子这两种银器（图7-3），而据陆羽《茶经》中记："以瓷为之，圆径四寸……或瓶，贮

图7-3 礁簋、调达子

---

① （宋）李昉：《太平广记》卷402，中华书局1961年版，第3238页。

② 陕西省博物馆：《西安南郊何家村发现唐代窖藏文物》，《文物》1972年第1期。

盐花也"①，盖因法门寺为皇家寺院，故以白银为材料，其用于盛放茶叶和盐巴，具备了装载、除湿、保持茶香的功能。醠簋、调达子在形制上相似，上部宽大，主要用来盛装物品，底座呈现喇叭状，增大接触面积，以显其器物的稳定性；器物盖子较厚，可牢固与器身接触紧密，从而不易散落。

此外，法门寺还出土了茶罗子，这是专用于茶叶的包装（图7-4）。整个盒形

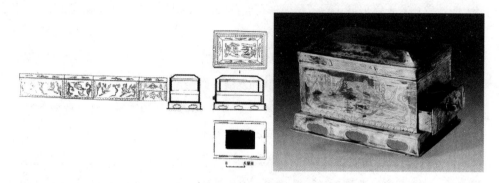

图7-4　茶罗子

采用长方体，盖部隆起，盖底宽大，边缘部镂空，不仅美观，且增大了接触面积，凸显稳定性功能；盒腹部设计成抽拉式，便于茶叶的盛放与使用；同时，将茶罗子的整体构造有意分割，可盛放茶末或茶饼，达到一器多用的功能。

唐代，由于女权地位的提高，大量化妆用具出现，用来盛装粉底和化妆油。而随着宫廷奢侈之风的盛行，大量金银被制成化妆品包装容器。其形制大多以盒类为主，主要为圆形，体积较小，不仅凸显圆形的美丽，且符合人体工程学原理，易于拿握。如1970年陕西省西安市南郊何家村出土的鎏金石榴花纹银盒，盒高6.6厘米、口径12.8厘米、壁厚0.12厘米。平面圆形，顶和底均微隆起，子母口扣合，花纹平錾，纹饰鎏金、鱼子纹地，盖、底主纹相同，均为三重。从盖内墨书"溪州井砂，卅七两，十两，兼盛黄粉"字样来看，该盒的主要功能是用来盛装药材（图7-5）。同时，在西安出土的唐代金银器②，以及苏州七子山五代墓③、山东嘉祥英山

① （唐）陆羽著，卡卡译注：《茶经》，中国纺织出版社2006年版，第11页。

② 阎磊：《西安出土的唐代金银器》，《文物》1959年第8期。

③ 苏州市文管会、吴县文管会：《苏州七子山五代墓发掘简报》，《文物》1981年第2期。

图 7-5　鎏金石榴花纹银盒

一号隋墓壁画内容[①]、江苏丹徒丁卯桥等出土唐代银器，均发现了金银材质的化妆
品盒，其造型为圆形。

　　二是宗教法器包装大量出现，这与隋唐五代佛教盛行有关，佛教徒们为了宣扬
宗教的神秘性，将舍利、经书等宗教法器如珍宝般供奉，因而形成独特的包装。宗
教包装用材考究，纹饰突出宗教色彩，整体风格庄严、神秘，其中尤以佛舍利[②]的
包装最为精美。在佛教徒的眼里，舍利已超越物质自身而成为神的象征。所以，不
仅要建宏伟的高塔作为法身舍利的供奉处，还要用最珍贵的材料制作盛装法身舍利
的容器。它多采用函（盒）、塔、瓶、锦袋等多种形式进行包装，且常为多层组合形
式，以示对神的层层保护。从造型看，以方形为主，体积较大，制作精细，这样的
设计不仅方便了圣物的盛放，且具有庄重、严肃性。如陕西扶风法门寺地宫出土的
释迦牟尼佛舍利的包装，世称"八重宝函"，由八个方盒按大小依次套装，每层的装
饰不同，不仅创造了造型上的经典，且加大了保护舍利的安全度。同时，在河北定
县北魏石函中所出带具[③]、河北正定开元寺发现初唐 1 件金函，盛放舍利，正方形，
盝顶……[④]其造型以方形为主，展现着宗教的神秘感。以方形为主，将宗教的神秘性

①　山东省博物馆：《山东嘉祥英山一号隋墓清理简报——隋代墓室壁画的首次发现》，《文物》1981 年
　　第 4 期。

②　广义的舍利泛指佛陀和高僧的遗物和感得物，如佛钵、佛发、佛爪、佛影迹及感生珠状物、影代
　　物等，也包括佛的说法——佛经；狭义上特指佛祖释迦牟尼的遗体、遗骨。

③　孙机：《中国古舆服论丛》，文物出版社 2001 年版，第 274 页。

④　刘友恒、聂连顺：《河北正定开元寺发现初唐地宫》，《文物》1995 年第 6 期。

向凡人所展示外，还出现了与一般圆形形态相同的舍利盒，如山西长治唐代舍利棺发现一长方形石函……内装一带盖白瓷罐，腹径 17 厘米，高 16 厘米，罐内又用折叠很厚的绸子包着金黄色素面金属圆盒一个……盒内装有白色珠半盒，约千粒左右，分量沉重，即所谓的"舍利"①，这种形制较为罕见，但从装载方式看，以瓷罐为依托，依循罐子的结构而设计，便于安放于罐内。

除此之外，一些金函也用来盛装经书，这是继舍利之后，又一类代表宗教包装的典型。温庭筠《菩萨蛮》词："宝函钿雀金鸂鶒，沉香阁上吴山碧"，因而从文献及出土文物看，大致器物造型呈规矩的正方体，体积较大。从形态看，与书籍结构相同，便于将器物的盛放空间填满，实用性增强，且器皿的四角坚硬，棱角分明，可保护经书的完整性。

（2）金银器包装造型的演变

我们知道，包装用材的发现和利用，以及制作工艺的改变，一定程度上影响着包装造型的改变。经过魏晋南北朝的发展，隋唐迎来我国金银器发展的高峰，金银包装容器的造型丰富多样。综观唐代金银包装容器的使用，明显地呈现出两个不同的发展阶段，并形成鲜明的演变规律（图 7–6）。

第一阶段，即公元 700—830 年左右时期金银包装容器造型。从目前发现的唐

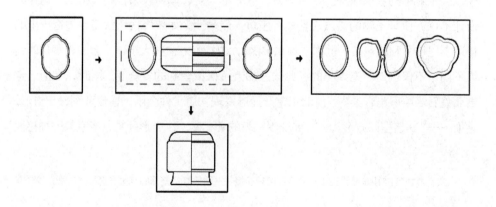

图 7–6　金银器造型演变图

① 山西省文物管理委员会、考古研究所：《山西长治唐代舍利棺的发现》，《考古》1961 年第 5 期。

代金银器实物和唐墓壁画中的描绘，可见此时期金银器包装容器造型独特。从其意匠渊源看，并非脱胎于我国传统造型艺术，而是受当时西方金银器造型和纹样特征影响颇深，许多金银包装容器都带有浓厚的中亚和西亚金银器风格，器皿口沿主要是圆形、八角形和多角形，器壁较厚。从考古资料看，当时的许多金银器包装容器造型，在以前的陶器、漆器、青铜器等器物中均未发现过相似的，应属于舶来品。这一现象的产生不足为奇，是与当时的社会历史密切相关的。唐朝初年，唐击败了西部势力强大的突厥人，从贞观四年（公元630年）起，先后统治了天山南北的广大地区。咸亨年间，波斯王卑路斯甚至逃往长安[1]，并带来大量的金银器和工匠。在这种背景下，西方的金银器通过朝贡、掠夺、贸易等方式传入我国。

在唐代以前，曲瓣花式造型在各种器物中都不曾发现。据推断，这种曲瓣花式造型大约是在公元7世纪后半叶至8世纪初才在我国逐渐流行起来，并非本土所生，而是唐代中外文化交流的产物，但通常被认为是典型的唐代造型风格。刘禹锡《谢敕书赐腊日口脂等表》所记皇帝腊日所赐物品，有"面脂、口脂、红雪、紫雪，并金花银盒二，金棱盒二"[2]，棱盒应是这种曲瓣花式盒之一。曲瓣花式造型金银包装容器主要按花瓣数量来分，有4瓣、5瓣、8瓣等。此外，也有按花种的不同来分的，其中葵花形和海棠形较多。如蓝田文物管理所藏的双凤衔绶带纹五瓣银盒[3]，1980年于陕西蓝田汤峪杨家沟村北窖藏出土。该盒，为银质，盖身五瓣，盖面盖底均隆起，而盖面更高。盖面正中为双凤衔四出绶带纹圆形图案。盒盖与盒身以子母口相接。整个盒子的造型采用五瓣形，给人一种美观、愉悦之感；而从局部造型看，设计成子母口，较好地连接了盖与身的结合，达到了密封，不易使物品流散的功效；而就结构看，盒身长且浅，便于物品的盛放，因而实现了空间最大的有效利用率，反映当时制作工艺的高超（图7-7）。至于在20世纪80年代末扬州发现唐墓中，所出土的一件鎏金银盒，盒呈葵边海棠形，上盒边沿处微残，盒有子母口，盖面錾刻一对芦雁戏荷图案，芦雁背后衬有芭蕉叶，四周铺以鱼籽底纹；端面亦錾刻有四

① （宋）欧阳修、宋祁等：《新唐书》卷221《列传第一百四十八·波斯国》，中华书局1975年版，第6258—6259页。

② （清）董诰编：《全唐文》卷542，上海古籍出版社（影印本）1990年版。

③ 吕济民：《中国传世文物收藏鉴赏全书·金银器上卷》，线装书局2005年版，第5页。

图 7-7 双凤衔绶带纹五瓣银盒

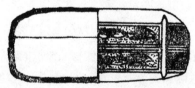

图 7-8 鎏金银盒

组蕉叶纹，周身亦衬以鱼籽底纹。在底纹的衬托下，整个花纹突起，在花纹处均鎏金[1]。整个盒子的形制采用海棠形，面积较小，深度较浅，易于盛放粉状物；局部设计子母口，便于开启与关闭（图 7-8）。

曲瓣式包装造型的出现，是对传统包装形制的一种革新，无论在用材或构造上，均代表着隋唐时期包装艺术的特色，是其他朝代不可比拟的。

第二阶段为公元 830 年以后。金银包装容器造型随着中外文化的不断融合，外来造型与装饰已融入了中国化风格，并与同期的陶瓷器皿等造型风格基本一致。呈现出器壁变薄，既富丽堂皇又精致细巧的风格，高圈足形制大量产生。据目前出土的唐代金银包装容器造型看，主要包括几何形和仿生形两大类。此外，还有少量特殊形制包装造型。

几何造型所诠释出的韵律和活力是其他形象无法比拟的：简洁单纯的形式所展现出的明快、理性、严谨、大方，有着较强的视觉印象。几何造型主要包括圆形、矩形、菱形等规矩的形体。

首先，我国古代的包装造型多以圆形盒式造型为主，主要便于人们的拿握，在局部造型上，或设计子母口，或依靠盒盖与盒身的完好连接加固，使物体不便滑落。如盛装药的银盒，大体上造型为圆形，盒盖与底面稍稍隆起，中部平坦，上下

_____

① 扬州博物馆：《扬州近年发现唐墓》，《考古》1990 年第 9 期。

以子母口相扣合，锤击成型后，打磨修整得光滑圆润。这样的形制体积、横截面积都较大，但深度较浅，因而便于人们的拿捏，且设计者在圆盒的局部处设计了子母口，这样在保证药效的同时，也便于药的盛放。在圆盒类金银包装容器中，堪称典型的是现藏于陕西历史博物馆的西安南郊何家村出土的铭刻有"上上乳（次上乳）"银药盒。该盒为素面，盖内墨书有"上上

图7-9　上上乳银药盒

乳"三字，出土时盒内装盛有管状钟乳石。由此看出，"上上乳"三字极有可能是起到了标签的功用，以说明盒内所盛物品的品质和名称，以便于物流过程中的管理，这显然是为了更好地保存物品而特意为之的。再者，从盒的结构与造型来看，盖与底部均呈凸起状态，不仅增大盛放空间，且较好地保护了盒内的物品，起到缓冲的作用；而在盒身的局部设计子母口，可加强整个盒子的紧密度（图7-9）。

　　此外，唐中后期的圆盒逐渐出现了高圈足形制，这与当时社会生活方式的改变有着密切的关系。我们知道，魏晋南北朝一改席地而坐的生活方式，大量高足式家具如雨后春笋般地出现，促使着生活用具在造型上改变，由平底的器物向圈足底发展，这一变化不仅方便了器物的提拿，而且与人的视觉改变相契合，成为此时期盒式包装的典型特色。如鹦鹉纹圆银盒，从其体积看，略小于唐前期；盒面依然沿袭前期高隆的形态，直腹，子母口相接着盒身与盖，有利于保证盒的密封性。又如出土于西安交通大学、现藏于西安市文管会的鎏金鹦鹉纹海棠形圈足银盒，整个盒身呈海棠形，盖、底微渐隆起，此时的盒面相较之前进一步加高，其实用性明显增强，其足形出现了海棠状，增添了整个盒器物的优美（图7-10）。

图7-10　鎏金鹦鹉纹海棠形圈足银盒

　　其次，矩形包装实体空间庞大，具有

刚劲雄伟、庄重稳定的视觉效果，是与菱形形制包装一同被认为设计简单、造型简洁有力、视觉冲击力强的包装容器造型[1]。此类造型多用于宗教包装，尤其是用于装舍利或经书的函。如法门寺地宫出土的素面方形银盒刻"咸通十三年闰捌月拾伍日造"，法门寺珍珠宝钿方形金盒上，上刻"咸通十二年闰捌月拾日传大教三藏僧智慧轮记"，为唐僖宗时期入藏寺院的遗物。此外，方盒还可用于盛装药物、粉底等其他物品，如1987年陕西省扶风法门寺发现的委角方形银盒，通体光素，盝顶盖，盖刹四周有凹棱，便于手掌的开启与拿握，并易于开启；而整个银盒浅腹，直口，平底，圈足，易于物品的盛放（图7-11）。洛阳"齐国太夫人"墓出土的缠枝纹椭方形银盒[2]，盖无存，盒底焊接底托，盒内还留有粉痕，可知这类盒的用途主要是盛放化妆品，充分考虑到了使用的合理性。

图7-11　委角方形银盒

图7-12　方形银盒

此外，据史料记载和出土物看，除在法门寺发现金银方形盒外，何家村也出土了金银方形盒，其形态基本相同，但用途却有所不同，不是寺院专用品，而是与圆形盒等一样，属一般性盛装容器，只是设计者将其做成方形或长方形[3]。而1970年于西安南郊何家村出土、

---

①　胡亚希、王晓：《论唐代金银器材质包装容器造型设计》，《包装工程》2010年第8期。

②　王金秋：《唐齐国太夫人墓出土的银器》，《收藏家》2003年第9期。

③　齐东方：《唐代金银器研究》，中国社会科学出版社1999年版，第87页。

现藏陕西历史博物馆的方形银盒，整个方形造型由底和盖组成，在正面的中间处设计了锁的结构，因而可以有效地防止盒随意开启，从而保证盒子内的盛装物不易丢失；且就整个造型来看，方形符合承载物的属性，便于容纳、盛装（图7-12）。同时出土的还有黄鹂折枝纹椭方银盒、宝相团花瑞鸟纹椭方银盒、鸿雁衔绶椭方银盒等造型。

再次，菱形造型包装。作为几何范畴内容之一的菱形，在此时也成为包装造型的一部分。菱形造型包装通常给人一种坚实、强而有力的感觉，较之矩形而言，能够凸显其一丝活泼之气。如丁卯桥四鱼纹菱形银盒[①]，1982年出土于江苏丹徒丁卯桥，现藏镇江市博物馆。整个盒型采用近乎棱形的形制，四角处有凹槽，便于开启；而在局部增添子母口，可很好地连接盒盖与盒身；而盒身下设计高圈足，减少了银盒的占据空间，同时使得盒内的物品不易散落（图7-13）。丁卯桥凤纹棱弧形大银盒，体积较大，可用来盛装面积大的物体；其包装方式可能是举拿，或是运输；银盒的形制呈菱形状，盒面隆起，存在子母口，便于保护物品的安全性及盛放空间的使用。而法门寺出土的鎏金双狮纹棱弧形圈足银盒，高3.5厘米，口径12.5厘米，整个形制略显小巧，轻便，便于携带；且盒敞口，弧腹，便于物品的盛放，有利于增大盛放物品的空间使用率；盒制

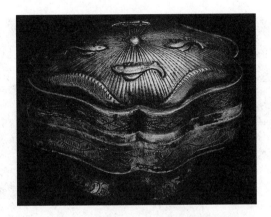

图7-13　丁卯桥四鱼纹菱形银盒

图7-14　鎏金双狮纹棱弧形圈足银盒

---

① 刘建国、刘兴：《江苏丹徒丁卯桥出土唐代银器窖藏》，《文物》1982年第11期。

为平底，喇叭形圈足，上下对称，以子母相扣合，这一方面通过圈足横截面的扩大凸显整个容器的稳定性，另一方面试图运用局部构造来保证包装容器内物品的安全性（图7-14）。

至于不规则造型，这一时期多以金银罐、壶、坛子、笼子等为代表，其风格多仿制陶瓷样式，尽展隋唐五代时期金银包装艺术的特色。下面我们试加诠解：

首先，提梁罐的革新，增添了罐形包装的展示形式。1970年陕西西安南郊何家村出土的银莲瓣纹提梁罐、银素面提梁罐，前者高25.2厘米，口径16.8厘米，鼓腹，圈足外

银莲瓣纹提梁罐　　银素面提梁罐

图7-15　银莲瓣纹、素面提梁罐

图7-16　银仰莲座有盖罐

侈，盖大出盖沿一周，盖面略鼓，饰六瓣莲花纹，上有等距虎爪形三足；提梁为半圆形，两端穿过钮口后弯曲上翘，尾巴呈荷包形；从罐颈至罐底饰一排大型莲瓣花纹。后者罐高12厘米，腹径11.2厘米，口径17.5厘米，足径15.3厘米，器高15.3厘米，盖高4.3厘米。从罐各部分的数据和比例可以看出，整个罐体设计较大，罐身腹径最大，可盛放较多的物品，而底部减窄，减少了占地空间；在罐的局部上设计两个附耳，易于罐梁的穿插，达到便于提携的功效，在一定程度上也减轻了提拿整个罐子的整体重量（图7-15）。

除此之外，其他形制的罐形包装在功能上也凸显了一定的特色。1970年陕西西安南郊何家村出土的银仰莲座有盖罐，其器物由盖罐与仰莲两部分组成，罐

身的腹部宽大，逐渐向下弧度变小，但总的体形较宽，可多容纳物品；而罐底有一小孔，可能用于空气的流通（图7-16）。

其次，壶制包装造型的多样性，丰富了包装的民族文化。1970年陕西西安南郊何家村出土的银质舞马衔杯纹壶，通高18.5厘米，口径2.3厘米，底径7.2—8.9厘米，重547克，从该壶的数据可知，设计合理，美观，其壶形采用少数民族皮囊壶样式，充分显示各民族文化的吸附能力；而就造型来看，由提梁、盖和短足组成，提梁的设计有便于提携的功能，壶盖上所设计的一条银链子，起到了不易使盖脱落及防止丢失的作用；短足的设计较于腹径来说，横截面积变小，起到了在保证壶身的稳定性外，减少占用空间（图7-17）。内蒙古赤峰市出土的银质双摩羯形提梁壶，高度较高，整个壶形为"鱼"形，腹部宽大，底座由双尾组成，横截面较宽，便于鱼壶的站立；在壶的两侧设计附耳，主要便于银链的提携；鱼壶的颈部较细，则是防止壶内液体溢出（图7-18）。

图7-17　银舞马衔杯纹壶

再次，金、银质茶笼的出现，成为唐代包装艺术的亮点。1987年陕西法门寺出土的金银丝编笼子，通长15厘米，宽10.5厘米，重355克，造型呈长圆柱形，盛放的空间较大；笼盖与身通过子母口相连，易于笼子的开启，同时固定了笼盖与笼身；笼体上侧出现附耳，用于提梁的穿插；笼子的四足为狮形兽面，足底分为四叉，翻卷而起，可便于笼子的来回滚动；由于笼子主要是用来盛装茶叶，因而笼身为细密状小孔，不仅保持茶饼的干燥，且易于散发茶叶的香气（图7-19）。正如陆羽所说："削竹

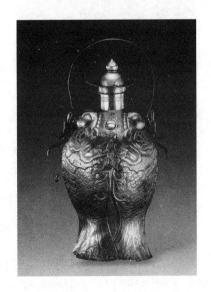

图7-18　银双摩羯形提梁壶

图 7-19　金银丝编笼子

图 7-20　银镀金飞鸿球路纹笼子

为之，长二尺五寸。以贯茶焙之"①，又如银镀金飞鸿球路纹笼子，其造型与上述笼子相似，主要用于盛装茶叶，稍许差异是笼顶采用了穹顶式，目的是使茶叶散湿更易（图 7-20）。

如前所论，几何形是历代包装造型选用极为普遍的形态。这应与其设计制作方法简单、造型简洁有力、视觉冲击强烈，以及盛装功能的兼容性等不无关系。

当然，金银包装容器在以几何形态为主体外，还出现了相当多的仿生造型，这是继传统几何包装造型的又一大主流。其造型理念及功能原理几乎都是从自然界的万物中获得，这是符合人类认识自然过程规律的。人类的任何创造都不是凭空出现的，都是模仿所得，即"近取诸身，远取诸物"②，这不仅是我国传统造型设计的重要源泉，而且也是造物思想的基础。

我们知道，从现代设计学的角度来说，仿生设计可分为功能性仿生设计和造型性仿生设计两大类。功能性仿生是指模仿自然界中的某种运动原理或生物的某种功能，而造型上仅带有仿生对象的外形结构特点，主要取其功能原理；造型性仿生则是指纯粹从美化造型的角度模仿生物的形态。从造型的角度看，仿生是一种模仿、再现，即是把对客观事物的记忆和理解在大脑中重新整合后的"再现"，在一定程度上，带有人们的幻想和寄托的成分。隋唐五代时期金银包装容器中大量动物、植物仿生形态的出现，不仅使包装形态更加多样，而且丰富了包装文化艺术。

① （唐）陆羽著，卡卡译注：《茶经》，中国纺织出版社 2006 年版，第 17 页。
② 《周易·系辞下》："古者庖牺氏之王天下也，仰则观象于天，俯则观法于地，观鸟兽之文与地之宜，近取诸身，远取诸物，于是始作八卦，以通神明之德，以类万物之情"。

首先，出现了动物仿生造型。在唐代，动物形包装容器造型已成为包装艺术的新时尚，其中值得一提的是龟、蛙等形制的出现。"龟"素有长寿之寓意，在唐代看来，使用龟的包装造型似乎可以助人长寿，如《旧唐书·则天皇后》记载："（武则天）给事中傅游艺为鸾台侍郎，仍依旧知凤阁鸾台平章事。令史务滋等十人分道存抚天下。改内外官所佩鱼并作龟"①。法门寺出土了唐代宫廷茶具鎏金银龟盒②，其形制纯粹以写实的手法表现。造型仿生龟状，龟首昂起，尾部向下弯曲，深腹、平底，四腿紧贴腹体，左足前掌履地，如行如走，极具动态。从整个造型看，腹深的空间可增大盛放茶叶的数量，龟首处设计小孔，便于倒出茶叶，将龟盖设计成可移动的器盖，无疑是为了便于盛装茶叶。看似简单的仿生，但经过巧妙的结构设计，从整个形制看，一方面将龟形完美地展现，另一方面将龟体进行肢解，达到保护、贮藏、运输的功能（图7-21）。1990年山西繁峙上浪涧村出土的银龟形茶盒③，通高18厘米，纵长18厘米，横宽11厘米，就数据可以推测出，整个龟形盒的体积较大，横断面较宽，其盛放的茶叶较多；龟首及足为中空，这在一定程度上减少了材料的使用，同时由四足承载整个龟身的重量，可增强整个龟盒的稳定性；龟背甲与龟腹由子母口相连接，可便于茶叶的盛放（图7-22）。"蛙"形包装作为隋唐时期新出现的一种特殊

图7-21　鎏金银龟盒

图7-22　银龟形茶盒

① （后晋）刘昫：《旧唐书》卷6《则天皇后》，中华书局1975年版，第121页。

② 吕济民：《中国传世文物收藏鉴赏全书·金银器下卷》，线装书局2005年版，第161页。

③ 吕济民：《中国传世文物收藏鉴赏全书·金银器下卷》，线装书局2005年版，第156页。

的盒式包装，据调查可知，国内遗物众多，著名的如 1989 年西安市东郊国棉五厂出土、今藏于陕西省考古研究所的鎏金飞鸿折枝花银蚌盒，形状与天然蚌壳完全相同，两面以合页相连。正反面均錾图案，一面为交颈飞鸿、鹊鸟，配以折枝花、石榴花结；一面为相对鸳鸯，配以折枝花、飞鸿等（图 7-23）。而且流落国外的亦不在少数，如芝加哥学术院藏飞禽唐草纹蚌形银盒，佛利尔美术馆藏双凤蚌形银盒、瑞典国王古斯塔夫六世藏鸾鸟纹蚌形盒，哈·克·李藏衔花鹦鹉纹蚌形银盒，弗拉美术陈列室藏海狸鼠蚌形银盒，白鹤美术馆藏柿状花结银蚌盒，大阪市立美术馆

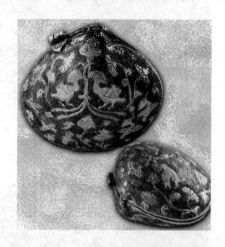

图 7-23　鎏金飞鸿折枝花银蚌盒

藏葡萄卷草鸳鸯纹蚌盒，飞鸿山岳纹蚌形盒，忍冬桃形花结蚌形盒[1]，这些"蚌"形包装的造型基本一致，风格相似，总的长度设计在 2—9 厘米左右，器体与器盖相同，上下两片扣合处接近于贝类的齿合形式，用环轴进行连接，便于开合使用；国内的李景由墓、郑洵墓、高秀峰墓等均发现过此类造型包装盒，其长度也是在 2—9 厘米左右。可见蚌形包装是隋唐时期仿生造型的典型代表。

此外，需要指出的是：这时期的包装形制还有根据蝴蝶、卧羊等形状做成的包装容器。纳尔逊—阿林金斯艺术博物馆收藏了一件卧羊银盒，高 5.7 厘米，宽 8 厘米，盒型以卧羊状为主，角蹄俱全，腹部宽大，扩大了盛放空间，将羊的头部后仰，与后腿形成均衡的状态，充分增添这一视觉上异型特征极强的造型的平衡感，进而显现安全性特征（图 7-24）。1982 年江苏丁卯桥出土的蝴蝶纹菱形银盒，整个造型采用蝴蝶状，腹径宽大，

图 7-24　卧羊银盒

① 齐东方：《贝壳与贝壳形盒》，《华夏考古》2007 年第 3 期。

可用于盛装较大的化妆物，底座设计短小，在保证器物稳定性的同时，减少了整个盒体占用的空间（图7-25）。

　　其次，出现了植物造型包装。隋唐时期的人们除对动物的崇拜而进行仿生外，还对大自然的一些植物进行了描写。现藏于美国华盛顿佛利尔美术馆的瓜形银盒[①]，便是对自然界瓜果的真实写照。银盒高6.4厘米，径5厘米。整体呈瓜棱形，剖面采用大小一致的棱边承载人们的拿握，达到不易滑落的功效；而盒盖采用蟾蜍形制作钮，便于提携；底部设计为小凹底，既美观，又在增大腹部空间的同时减少了占地面积，实现了材料和空间的最大的利用率（图7-26）。

　　再次，唐代还有一些特殊造型的金银包装容器。如鎏金鹦鹉卷草纹云头形银粉盒[②]，其造型虽是仿自然物，但它又是超越自然的幻想景象，与仿生设计相比，其幻想性和感情色彩更为强烈。"云头"形的写实与幻构，已从现实中抽离和简化，这已是写实与写意的融合。其高度只有2厘米，长度较长，整个造型可全部握于手中，便于携带（图7-27）。又如桃形或双桃形银盒，则是出于人们对"桃"的特殊喜爱，这类包

图7-25　蝴蝶纹菱形银盒

图7-26　瓜形银盒

图7-27　鎏金鹦鹉卷草纹云头形银粉盒

①　齐东方：《唐代金银器研究》，中国社会科学出版社1999年版，第87页。

②　吕济民：《中国传世文物收藏鉴赏全书·金银器下卷》，线装书局2005年版，第151页。

装装饰纹样更多地寄托了人们的祈福之愿。聪明的工匠从许多事物上获取灵感，然后又倾注了深刻的人生哲学，使得这些包装无论在功能上还是在思想内涵上都非凡的完整，从而达到"意"与"神"的精神升华。历史上，曾盛产金银器的中亚和西亚的粟特波斯萨珊王朝，至今还未见过桃形金银器和云头形器。因此，可以推断这两种包装造型完全属于我国传统造型范畴。这也再一次证明了我国金银器包装造型设计从异国风格走上了本土风格的发展道路。

从上文所述，我们可以说：用任何一种造型概括所有金银包装容器造型都是不全面的。这是由于我国历史发展中思想观念的多元性，以及不同生活环境所造就的人们审美方式的多元性和复杂性所决定的。但是，综观所有金银包装造型，我们不难发现：无论是几何形，还是仿生形，其艺术魅力及设计价值都来源于造型中的合理性。工匠都是在理智地运用不同的造型手法创造贮存空间，并没有让它们成为无用的装饰，而是作为与实用功能或精神功能相关的结构形式，这是审美需要与实用功能的结合，是民族习俗与传统文化有机结合的产物。

（3）金银包装容器装潢的创新

因唐王朝实现开放政策，中外交流极为频繁，所以，初唐时期，伴随着金银器的大量输入，金银器上精美的装饰艺术对唐王朝产生了较大的影响。这种影响突出地表现在对外来纹样的模仿上。玄宗以后，逐步摆脱西方的影响，开始形成自己的设计风格。唐代的金银包装容器装潢，对于整个包装史来说具有明显的承前启后的特征，一方面继承发展了传统文化和装饰手法；另一方面创新了一系列对后代包装有深远影响的装饰观念、技术和图案。金银包装装潢通过内容、布局、构图等方面有机统一，不仅将传统器物装饰艺术推向了顶峰，而且使包装艺术别开生面。

首先，从金银包装装饰设计的内容来说，多是人们对美好愿望的表达，推进了包装艺术的世俗化，符合包装美化生活的功能要求。在已发现的唐代金银包装容器中，素面者极少，绝大部分都有多种多样的精美装潢。它一方面继承了中国传统装饰图案中的动物纹、花卉纹和连生贵子、多子多孙、事事如意、多福多寿等寓意吉祥的纹饰等，如金银包装容器屡见柿蒂形的造型和装饰，与唐人心目中的柿树有长寿、多荫等意蕴有关；又如鹿纹，在中国传统观念里，鹿有长寿意蕴，灵芝有延年功效；再如唐代大量出土的蚌形盒包装，其中的鎏金飞鸿折枝花银蚌盒①，在装饰上表现出了两面图案，一面为交颈飞鸿、鹊鸟，配以折枝花、石榴花结，另一面为相对鸳鸯，配以折枝花、飞鸿等，这样的纹样设计象征着百年好合、永不分离的美好愿望；还如唐褐绿釉鹿纹壶②，为盛酒器，此器内外施淡青釉，下腹部绘有釉下彩鹿纹，形象生动，匠师们强化了"鹿斑"，把它概括成圈点程式铺满鹿身，因而具有装饰性和视觉效果，奔跑的鹿与器形一动一静形成对比，使器形生动，赋予明净的青釉以绘画性很强的动物形象，使此壶具有不同于图案装饰的另一种性格。另外，唐代金银器装饰上还有不少作品把放牧、渔猎、收获和宫廷宴乐、宗教活动等人类的生活场景，经过高度的艺术加工和概括，巧妙地运用于包装装潢设计上。

其次，广泛地吸收外来装饰纹样，并进行一定的改造和创新，以迎合和满足国内使用者的审美爱好和要求。唐代初期，金银器包装的装潢设计受西方影响颇深。1970 年陕西省西安市南郊何家村唐代窖藏出土的鎏金飞团狮纹银盒，盖与底面隆起，盖面中心饰以一只狮子，脊上有龙似的背鳍，尾巴蓬松如狐狸，饰有"徽章式纹样"的遗风。这种盖面中心由带有双翼的神异动物与外圈一周麦穗圆框组成的"徽章式纹样"，是中亚和西亚波斯萨珊、粟特王朝金银器最具特点的装饰风格。经过一个时期多元文化的渗透吸收过程，使得异国风情的装饰逐渐减弱，如鎏金翼鹿凤鸟纹银盒：该盒盖、面均錾刻有"徽章式"纹样，中间绘有神异色彩的翼鹿和凤鸟，明显带有异国色彩。但整个盒身除此之外，还出现了中国特色的忍冬纹和石榴花状及桃形纹，又显示出一定的中国式装饰之风，由此可以推断制作年代为初唐晚期。随着社会的不断发展，外来文化逐渐被汉化，如用来盛装化妆品的包装容器，受唐人喜爱的典型纹样是瑞兽祥禽和以团花、折枝花、缠枝花等为基本模式的植物纹饰。它没有西亚、中亚金银器上的凶猛野兽，不表现武力和对抗场面，更多的是热爱和平、吉祥祈福特质，但又绝不文弱。在唐代的装饰纹样中，哪怕是卷草纹的曲线，也表现出饱满大度，有着蓬勃的生命力和欣欣向荣的力度，自由又有规范，灵

---

① 陕西省考古研究所、西安市文物管理处：《陕西新出土文物集萃》，陕西旅游出版社 1993 年版。

② 郎绍君：《中国造型艺术辞典》，中国青年出版社 1996 年版，第 445 页。

活又重法度。同时，它也是一种追求幸福喜庆的世俗文化，宽松而有人情味，如同开放而重个性发展的唐代社会风气，更为贴近人们的生活。

再次，从金银包装容器装饰设计布局来看，既充分地展现了装饰的内容，又表现出高度的艺术性，使内容和形式高度统一，相得益彰，为现在设计提供了一定的借鉴。金银包装容器装饰可分纹样布局与图案布局。纹样布局大致有点装和满地装两大类。点装分为单点装和散点装，满地装则分为适合纹样、连续纹样、单独纹样、格律式纹样和平视式纹样等；图案装饰布局由器物的形状而定，中间饰以团花卷草纹，或以各种飞禽走兽，或者以动物为中心，周边以一花做灵活变化，运用自如。有的器物通体用一种布局方式，有的则在不同的部位采取不同的方式布局。唐代金银包装容器装饰一般在外壁，有时盖内有少许纹饰或文字。这是由于器物在人们视线的不同部位而造成的，具有高度智慧的金银匠们很少花精力去装饰人视线看不到的部分。就金银包装容器的纹饰构图来看，揭示了装饰设计的发展规律：讲究严整，对称，在一种比例与均衡之中谱写节奏与韵律。这种规律的提炼与对设计实践的指导，是艺术思想和民族审美心理成熟进程中的重要阶段，初步确定了不同器物的图案素材和整个纹样的章法、格局，使之对称与呼应。其中，对称与呼应在金银包装容器中运用得最多。这种对称与呼应法则的运用，使器物无论从整体还是从局部都显得协调而统一。而节奏与韵律则主要运用在盒类包装的盒身上，如现藏于陕西历史博物馆的唐代鎏金翼鹿凤鸟纹银盒[①]，设计师为丰富装饰，采用如意云纹与凤鸟纹相间的方式处理立面，增加了装饰的节奏、韵律。

（4）金银包装容器制作工艺的发展

手工业的高度发展，将包装器物的造型与装饰完美地结合，突显了此时期精湛的工艺技术。具体表现如下：

一是从总体看，金银器包装成型工艺大概可分两种：一为铸造成型；二为锻打成型。铸造成型是金属器皿的一种传统成型工艺，何家村出土的金银包装容器，主要是铸造成型，其成型后进行表面加工处理，在盒等器皿上有明显的切削加工痕

---

① 陕西历史博物馆、北京大学考古文博学院：《花舞大唐春——何家村遗宝精粹》，文物出版社 2003
年版，第 23 页。

迹，螺纹清晰，起刀和落刀点明显，刀口跳动历历可见，有的小金盒螺纹的同心度很高，纹路细密，子母口接触严密。锻造，主要是通过锻打，也称锤打。作为一种加工技术是基于金银等材料质软而重，延展性能好的物理属性。因为采用锻打方法能将片状或条状铸坯锤成所需的器形，然后用錾凿、焊接等工艺使之完整成型①。在何家村出土大量的金银器中有许多采用锤揲法（即锻打），其方法有两种：一为自由锤揲，它是以预先设计好的图形，敲击金银薄片，以自由的手法创作二维或三维的器形，另一种为模冲锤揲，利用模具冲压，而出现凸凹起伏的花纹。这种工艺无论从技法还是设计看均不是我国的传统工艺。它在公元前 2000 年前的西亚地区便开始了此种技法，正如阿萨都拉·索连（Assadulah Souren）和麦立坚·齐尔万尼（Melikian Chlirvani）在《伊朗银器及其对唐代中国的影响》一文中所指出的：“所有与中国唐代银器最接近的那些器物都是萨珊帝国疆域以外制作的，而且几乎都是萨珊朝最后崩溃，即伊嗣侯三世在木鹿（Mery）附近被害之后百年制作的”，文中主要讨论了翼驼纹带把壶器物应是粟特或东部伊朗制作②，因此，我们可以肯定，此时期的金银器是受到了异国文化的影响。

　　二是金银器的制作工艺采用浅浮雕、錾刻、鎏金、抛光、掐丝等技法，主体纹样多用鎏金处理，既突出主体纹样，又取得金光银辉的装饰效果。如藏于陕西历史博物馆③的鎏金线刻小簇花银盒，1970 年出土于陕西省西安市南郊何家村，盖与底子母口结合，盒面刻有一小簇花，边缘饰以波纹，其制法采用鎏金刻花，其具体工序为：先线刻纹饰的稿子，然后鎏金，再正式錾刻花纹，如此反复，最终完成鎏金线刻纹饰。又如同时出土的线刻折枝花纹银盒④，盒面錾刻折枝花，刻线

图 7-28　鎏金线刻飞廉纹银盒

---

① 高丰：《中国设计史》，广西美术出版社 2004 年版，第 173—174 页。

② "Pottery and Mctal work in T'ang China", Colloquies on *Art and Archaeology*, No.1.London, 1971.

③ 陕西省文物局、上海博物馆：《周秦汉唐文明》，上海书画出版社 2004 年版，第 147 页。

④ 陕西省文物局、上海博物馆：《周秦汉唐文明》，上海书画出版社 2004 年版，第 148 页。

图 7-29　鎏金鸳鸯纹银盒

细微。至于同时出土的鎏金线刻飞廉纹银盒，外表通体鎏金，盒内不鎏金，盖面、盒底纹刻画浅而草率，可能是未完工。从上述三种出土物我们不难看出，唐代金银器的鎏金工艺是先用极细的錾子点击出纹饰轮廓，再鎏金，再錾刻。盒面正中刻有中国古代传说的风神飞廉（图 7-28）。而同时出土的鎏金鸳鸯纹银盒、鎏金团花纹银盒，其錾刻方法有两种：一种以鎏金团花纹银盒为代表，盒子盖内、内底作简单的抛光，可看到花纹印痕；另一种以鎏金鸳鸯纹银盒为代表，盒内壁、盖心及底心处可看见同心圆痕，光洁清晰，尽显抛光之痕（图 7-29）。

总之，隋唐五代时期的金银包装容器艺术无论就造型、装饰抑或制作工艺，均呈现渐进式发展，即通过对前朝和外来文化的吸收、融合，逐渐成为此时期包装的独特艺术表现。再加上隋唐五代作为我国封建经济全面繁荣时期，国富民强，万国来朝，所以包装在选材、造型或是装饰尽显华贵、富态之气，成为该时期包装的鲜明特征。

2.陶质、瓷质包装容器及特征

从总体上看，隋唐五代时期的陶瓷包装容器，扩大了材质的使用范畴，广泛运用到社会生活的各个方面；而就造型来看，更加偏重器物的实用性，从南北朝时期的平底向圈足发展，从带有双耳、四耳、便于穿绳提拿，发展到安置把柄直接用手拿取；瓶壶颈部细长，特别到了盛唐，出现了带盖瓶，晚唐则以直颈为典型；从装潢看，随着审美要求的多元化和审美水平的提高，纹饰题材源于生活，高于生活成为时代特色。

此时期陶、瓷包装容器需求的剧增和艺术设计的要求，促进了陶瓷业的进步。就烧制技术来看，不仅出现了就用材看，"南青北白"的局面，而且其他各色瓷也有大量烧制，这无疑为包装类别和装潢提供了多样的选择；就造型看，此时期的容器可谓承上启下，不仅魏晋南北朝原有造型形态，日趋完善，更显合理，而且创新了诸多前代从未出现的新造型，如颈部以直径为主，器身细长为特色的瓶包装容器；就纹饰看，唐三彩、釉下彩，以及画花、刻花、贴花、堆塑等装饰方法的成熟和出现，使装饰的艺术性大大提高。

（1）陶瓷包装容器类别的划分

与金银器包装容器有着类似的使用功能，此时期的陶瓷包装容器在饮食、医药、日用品等领域被大量使用。

第一，饮品业的发展，促进了陶瓷在茶、酒包装设计中的运用。隋唐五代十国时期，喝茶风、饮酒风盛行，特别是唐代，茶叶在整个唐代经济社会中成为重要的组成的部分，饮茶之风日渐盛行。唐代封演在《封氏闻见记》中说道："茶，南人好饮之，北人初不多饮。开元中，泰山灵岩寺有降魔师，大兴禅教……不夕食，皆许其饮茶"[1]。消费群体的不断扩大，促进了种茶与制茶业的发展。随之，茶叶包装问题日益凸显，而陶瓷自古便以装运、存贮物品为功能，对于运输茶叶来说，可保持其干燥，达到便于运输的目的，因而成为茶叶包装的首选容器。韩琬在《御史台记》中曾写道："茶必市蜀之佳者，贮于陶器，以防暑湿。御史躬亲监启，故谓之御史台茶瓶"[2]。茶饼及茶末忌潮湿，因此用陶瓷容器包装茶叶在当时来说不失为一种好的选择[3]。

唐朝承平日久，不仅封建经济繁荣，而且滋生奢靡之风，无论是市民，还是乡间百姓，无论是贵族官僚，还是文人雅士，无论是上层社会，还是下层民众，都盛行喝酒。对此，唐代诗歌和传奇等文学艺术作品中有大量描述。随之，用于贮酒的容器不断翻新，酒包装有长足的发展。王绩在《春日》中说道："年光恰恰来，满瓮营春酒。"李白诗曰："瓮中百斛金陵春"。《拟古十二首》："提壶莫辞贫，取酒会四邻。"从这些诗句不难看出，当时的酒包装主要以壶、瓮、罐等容器为主。这些容器在考古出土物中得到了很好的验证，不仅长沙窑遗物中用于盛装酒的包装容器

① （唐）封演撰，赵贞信校注：《封氏闻见记校注》卷6，中华书局1958年版，第46页。
② （宋）王谠著，周勋初校正：《唐语林校证》，中华书局1987年版，第691页。
③ 郭丹英：《试论古代茶叶的包装》，载中国茶叶学会：《第四届海峡两岸茶叶学术研讨会论文集》，中国茶叶学会2006年版，第670—675页。

品种多，出土物数量大，而且唐代的主要窑口遗址中均发现了酒包装容器，如山东省博物馆收藏的唐代三彩双鱼瓶①，实为一酒瓶，侧放呈双鱼形，俯视为四鱼状，可能寓意"事事如意"。它不仅造型优雅，设计也十分合理，瓶口小，且带盖，便于封闭，两侧的鱼脊部塑成可穿系的孔，方便外出携带。虽然三彩双鱼瓶属明器性质，并非现实生活中的包装实物，但我们可以从侧面推测，明器的出现可能是对现实生活的模仿，死后继续满足人们的享用，因而从侧面可以看出当时山东酒包装的艺术特色。而《因话录》所云："穆兵部赟，事之最谨。尝得美酒，密以小瓷壶置于怀中"②，刘恂《岭表录异》卷上："（酒）既熟，贮以瓦瓮，用粪扫火烧之"③，《唐国史补》云："李丹之弟患风疾，或说乌蛇酒可疗，乃求黑蛇，生置瓮中，酝以曲蘖，戛戛蛇声，数日不绝。及熟，香气酷烈，引满而饮之，斯须悉化为水，惟毛发存焉。"从文献记述和考古发现的实物可以看出，一些罐、壶在设计上充分考虑到了酒易挥发的特点，因而在盖的设计上讲究密封性，在方便搬运上设计出便于提携的附耳。

第二，食物保鲜保质的需求，提高了陶瓷包装技术。公元7世纪唐代颜师古著的《大业拾遗记》在《干脍法》中记载："以新瓷瓶未经水者盛之，封泥头勿令风入，经五六十日不异新者"④，这是陶瓷包装容器能起到保鲜实物的例证和对包装密封的要求。1957年陕西西安市李静训墓⑤出土的隋代青瓷八系刻花罐，其造型，口直而大，瘦颈，肩部贴附八系，一方面便于提拿，另一方面，可便于绳等线状物的穿插，使罐盖不易脱落并有助于密封。出土时，罐内盛有核桃这种需要密封保存的食物（图

图 7-30　青瓷八系刻花罐

① 李知宴：《唐三彩生活用具》，《文物》1986 年第 6 期。
② （唐）李肇：《因话录》卷 4，上海古典文学出版社 1957 年版，第 95 页。
③ （唐）刘恂撰，鲁迅辑校：《岭表录异》，人民文学出版社 1996 年版，第 692 页。
④ （宋）李昉：《太平御览》卷 862，河北教育出版社 2000 年版，第 953 页。
⑤ 唐金裕：《西安西郊隋李静训墓发掘简报》，《考古》1959 年第 9 期。

7-30）。从而证实当时人们采用密封的方法将之进行贮藏。杜甫《解闷》诗言："侧生野岸及江浦，不熟丹宫满玉壶。云壑布衣骀背死，劳生害马翠眉须。"①这是一首描述将荔枝运输到长安而为杨贵妃所用的驿运诗，此处提到的"玉壶"，材质为瓷壶，不仅有盖，而且可以用绳丝织物通过穿插的方式捆扎和便于提拿。李白《待酒不至》诗："玉壶系青丝，沽酒来何迟。"亦是指白陶瓷酒包装容器。用陶瓷作包装荔枝的容器，是有科学依据的，我们知道陶瓷材质，其壁一般光滑，这样在一定程度上便有利于保护荔枝的完整性，避免了在驿运中的擦伤；此外，陶瓷质地坚致的特性又可使荔枝免遭容器变形的挤压，同时坚薄有利于包装荔枝的散热。用陶瓷壶装运荔枝不仅包装美观，且能有自发气调的保鲜效果②。

　　食物在贮藏与运输过程，如何保鲜保质，隋唐时期的设计者予以了关注和探索。这方面尤以设计者要考虑包装物自身的要求，这样才能有效地满足包装功能。以皇家贡物包装为典型，其运送之前，要经过精细的包装，一方面防止运送过程中贡品的损坏；另一方面表示对君王的恭敬。当时普遍使用的包装物有木盒、漆匣、木箧、藤箱、荆筐、竹笼、布袋、麻袋等③。据崔志远《桂苑笔耕集》中所描述的金银包装容器来看④，有些物品的包装是相当讲究的。如银装龛子盛海东人形参一躯，紫菱袋盛海东实心琴一张，木盒内盛犀碟子20片，金花银盒盛碾玉放腰带和金鱼带一枚。每年从益州送运长安的柑子皆以纸裹之，后发展到用细布裹之⑤。又如1957年和1958年秋季，在西安大明宫麟德殿西北库藏遗址出土了大批装酒和蜂蜜用的坛子⑥，可见，当时此贡物一般都分门别类在库房货架上，为延长其贮藏期限，库房中采用了盐渍、烟熏、罐藏、窖藏、干焙等方法。

　　第三，大众审美的觉醒，使化妆品种类增多，其包装多元化最具代表的当推

---

① （清）彭定求辑：《全唐诗》卷230，中州古籍出版社1996年版，第1377页。

② 庄虚之：《唐代北运鲜荔枝的保鲜方法考证》，《西南园艺》1994年第3期。

③ 张仁玺：《唐代土贡考略》，《山东师大学报》1992年第3期。

④ 崔志远：《桂苑笔耕集》（丛书集成本），商务印书馆1935年版，第40页。

⑤ （唐）刘肃：《大唐新语》卷13《谐谑》，中华书局1984年版，第191页。"益州每岁进柑子，皆以纸裹之，他时长吏嫌纸不敬，代以细布。"

⑥ 张仁玺：《唐代土贡考略》，《山东师大学报》1992年第3期。

盒（钿合）、罐等包装容器。唐代，由于爱美之风盛行，上至天子，下至黎民百姓，均讲究化妆。段成式在《酉阳杂俎》中记载："腊日，赐北门学士口脂、蜡脂，盛以碧镂牙筒"[1]；杜甫写过一首《腊日》诗，云"纵酒欲谋良夜醉，还家初散紫宸朝。口脂面药随恩泽，翠管银罂下九霄"[2]。罂是一种口小腹大的小罐，宫廷之内选取金银材质，以其盛装化妆品。除此之外，晚唐诗人王建在他的《宫词》中写道："黄金盒里盛红雪，重结香罗四出花"[3]，说明在当时也选用盒来盛装化妆品。当然，盒、罐等包装在中下阶层中，材质大多采用陶瓷或木质，特别是瓷盒占据了较大的市场[4]。

(2) 陶瓷包装造型的演变

如上所述，隋唐五代时期陶瓷造型在前代的基础上逐渐趋向人性化与生活化方向的演变，广泛用于梳妆品、茶叶、食品等日常生活所需物品中，为人们所喜爱。总体上分为几何形造型和仿生形造型。

首先，就目前出土文物与文献记载，陶瓷圆形包装多以盒类为主，其形制多沿用传统半球形，主要用于盛装化妆品，一般体型较小，呈椭圆状，便于粉底或化妆油的盛放；而在局部结构上多设计为子母口，易于盒子的开启，同时也加大了产品的保护力度。如西安秦川机械厂唐墓出土的白瓷盒，是妇女化妆用的粉盒[5]（图7-31）；在《唐代的瓷窑概况和唐瓷的分期》一文中，记载的粉盒，一般为圆形，有盖，直径为4—9厘米[6]；郑州市区两座唐墓发现2

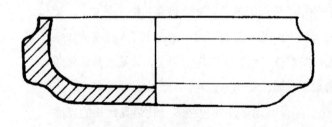

图 7-31 白瓷盒剖面图

---

[1] （唐）段成式：《酉阳杂俎》，中华书局 1981 年版，第 2 页。

[2] （清）彭定求辑：《全唐诗》卷 230，中州古籍出版社 1996 年版，第 1317 页。

[3] （唐）王建：《王建诗集》卷 10，中华书局 1959 年版，第 93 页。

[4] 王国颖：《浅析唐宋瓷盒称谓与功用》，《收藏家》2005 年第 12 期。

[5] 吴春：《西安秦川机械厂唐墓清理简报》，《考古与文物》1994 年第 4 期。

[6] 李知宴：《唐代的瓷窑概况和唐瓷的分期》，《文物》1972 年第 3 期。

件瓷粉盒，均为白釉，灰白胎，子母口，口微敛，直腹，下部折而内收，平底，口径6.7厘米，底径5.6厘米，高2.7厘米。有关此类造型的瓷盒，在唐代主墓葬中多有出现，难以穷举！

此外，该时期还出现了一些瓷质的奁盒，主要功能是用来盛装梳妆用品，包括梳篦、黛板、衣针等物品。体积较大，呈椭圆柱形，易于物品的盛装，且增加了盛放的空间。如湖南郴州市竹叶冲唐墓出土的1件圆形青瓷奁盒内，装有滑石盒2件，粉扑、铜勺、木篦、蚌壳各1件[①]（图7-32）。同时，还有一种奁盒称为"香奁"，是杂置香料或收藏珍物的瓷奁盒，《全唐诗》所收薛能《送浙东王大夫》诗云："香奁启凤诏，朱篆动龙坑"[②]。当时的人们日常需用大量香料，于是用来盛装香料的金、银、玉、玛瑙、雕漆的盒子就应运而生。石渚长沙窑出土的唐代瓷盒盖上书"花合"二字，应即是妆奁中盛花钿之合子的盖[③]。同样1956年在新海连市五代吴大和五年墓清理中，发现1件瓷奁盒置于女性墓主头前，八棱形木胎漆奁内藏有三件瓷粉盒，盒内还残留有白粉[④]；1999年郑州市伏牛南路河南地质医院的唐墓发掘中也有同样发现[⑤]；西安西郊热电厂二号唐墓出土的一胭脂盒，白色高岭土胎，高3.5厘米，腹径5.5厘米，通体扁球形，上口微凹，小平底，敛口，尖唇，口沿处内凹一圈，为内放盒盖之处，上部通体饰黄釉，中间夹有片状白釉[⑥]，此形制就整体造型而言，与盛装粉底的盒子大致相通，高度与宽度的设

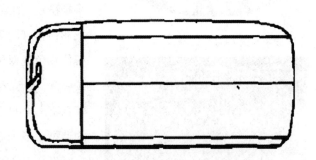

图7-32　椭圆柱形青瓷奁盒截面图

① 雷子干：《湖南郴州市竹叶冲唐墓》，《考古》2000年第5期。

② （清）彭定求辑：《全唐诗》卷559，中州古籍出版社1996年版，第3524页。

③ 孙机：《中国古舆服论丛》，文物出版社2001年版，第239—240页。

④ 江苏省文物管理委员会：《五代—吴大和五年墓清理记》，《文物参考资料》1957年第3期。

⑤ 顾万发、丁兰坡、张倩：《郑州市区两座唐墓发掘简报》，《华夏考古》2000年第4期。

⑥ 陕西省考古研究所隋唐研究室：《西安西郊热电厂二号唐墓发掘简报》，《考古与文物》2001年第2期。

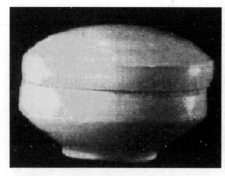 

图 7-33　瓷粉盒

图 7-34　三彩粉盒

计十分人性化，便于拿握。而盒子的局部设计虽未出现子母口，但口沿处出现的凹槽设计，在内部上加固了上下盒的牢固性（图 7-33）。类似的实物发现颇多，如在河南巩义市白河瓷窑①遗址出土了大量的唐代小型粉盒、法国吉美博物馆收藏的 1 件唐代三彩粉盒（图 7-34）、浙江省博物馆收藏的五代秘色瓷双凤粉盒（图 7-35）、青瓷摩羯纹粉盒、青瓷鸳鸯粉盒②及陕西西安市东郊韩森寨出土的三彩粉盒③等。综观上述粉盒的造型，多为敞口、腹部扁平的扁圆形盒，一般直径 10 厘米左右、腹高 2—5 厘米，这样的包装盒设计便于女子扑粉打扮④。这样的设计给人们带来了新的感受，更让她们感受到了一种人性化的关怀。同时，特别

图 7-35　五代秘色瓷双凤粉盒

①　刘彦锋、赵海星、席延昭等：《河南巩义市白河瓷窑遗址调查》，《华夏考古》2001 年第 4 期。

②　浙江省博物馆：《家有宝藏：浙江民间收藏品大展特集》，荣宝斋出版社 2004 年版。

③　张正岭：《西安韩森寨唐墓清理记》，《考古通讯》1957 年第 5 期。

④　王国颖：《浅析唐宋瓷盒称谓与功用》，《收藏家》2005 年第 12 期。

需要指出的是：这种粉盒在长期的使用过程中也存在演变之势，从旅顺博物馆所收藏的晚唐五代时期的越窑青瓷划花婴儿粉盒来看，该粉盒高 5.1 厘米，口径 12.5 厘米，底径 9.8 厘米，盒盖边沿饰卷叶纹，中心有一手持莲花的婴孩嬉于繁密如海浪的卷叶之中。较之盛唐时期的粉盒而言，呈现出的矮圈足形制更符合大众审美要求（图 7-36）。

图 7-36　越窑青瓷划花婴儿粉盒

陶瓷盒包装除去用于盛装粉底之外，还可用来盛装化妆油。我们从郑州市区两座唐墓出土的粉盒、油盒①，以及《唐五代温州瓷业及外销问题探讨》② 一文中对油盒的描述来看，油盒造型大致呈现如下特点：弧盖隆起，多带有圆钮；盒身敛口、呈掩口式；深腹一般为 5—10 厘米；多见平底和圈足。油盒的造型无一不是围绕油的特性而设计，"圆钮"与一般的隆顶不同，便于涂油后的手抓握，起到防滑落的作用；掩口和深腹均起到防油外溢挥发的作用。值得注意的是：唐代长沙窑出土的瓷油盒整体造型为底和盖紧合，油盒在盖与底的边沿上留下一个剔釉露胎的记号，若把记号对齐，底和盖便盖合紧密。这些看似简单且人性化的设计在现代包装设计上仍然得以沿用。

其次，隋唐五代陶瓷包装虽然依然沿袭了南北朝的造型特点，但此基础上又不断发生了某些新的变化，其中以罐、瓶等最具特色③，均由短粗造型向细长造型转型。但这种转变，始终以实用为前提和归宿。

从罐形包装看，在继承前代的基础上，逐渐变高，有别于前朝的矮粗，以显圆润、丰满的特色（图 7-37）。隋唐五代时期以束腰罐、系罐、足罐、花纹罐较为典型。如 1954 年陕西省西安市郭家滩姬威墓出土的束腰白瓷罐④，通高 16.9 厘米，

① 顾万发、丁兰坡、张倩：《郑州市区两座唐墓发掘简报》，《华夏考古》2000 年第 4 期。

② 蔡钢铁：《唐五代温州瓷业及外销问题探讨》，《南方文物》1997 年第 2 期。

③ 李慕南、张林：《工艺美术》，河南大学出版社 2005 年版，第 205 页。

④ 唐金裕：《西安西郊隋李静训墓发掘简报》，《考古》1959 年第 9 期。

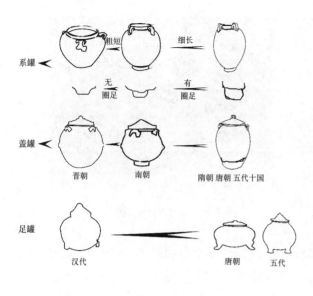

图 7-37　汉唐罐形演变图

口径 9.3 厘米，罐形较高，颈部较细，整个比例设计协调、美观，颈部的细小与腹部的宽大，形成鲜明的对比，可易于托卧；而罐盖的中间部位以圆柱形凸显，便于人们掀拿。又如昭陵新城长公主墓发现的四系盖罐[①]，小直口，圆唇，直口外壁安四系，易于携带；而鼓腹较深，不仅容量大，而且不易外溢；罐盖略呈球面形，桥形钮，便于拿握，不易脱手滑落；盖下有子母口，加大了罐身与盖的紧密度。从整体造型看，四系盖罐在盖部基本继承了小盖的设计风格，而器身显然向细、长发展，与晋、北朝时期的盖罐有着明显的区别。五代时期耀州窑出土的一件青釉雕花三足盖罐，其功能可能主要用来盛装茶叶，整个罐形上小中大下宽，便于茶叶的盛放与干燥；底部由三足组成，不仅节省材料，而且增加了稳定性（图 7-38）。足罐的变化，与唐朝相比，将圆满、宽大的器身转变成修长、清秀，这应与社会从稳定丰裕向动荡不安转变不无关系。毕竟在古代社会，经济繁荣与否和器物的丰满与否有着相关性。

图 7-38　青釉雕花三足盖罐

拿瓶形看，一方面汲取前朝造型，有意识地将手柄来取代系、耳的设计，凸显出本时期包装造型的特色；另一方面瓶形的局部造型发生了质的改变，如颈部由曲、细向直颈发

---

① 陕西省考古研究所：《唐昭陵新城长公主墓发掘简报》，《考古与文物》1997 年第 3 期。

展，这对以后宋朝陶瓷包装容器产
生了很大的影响。隋朝主要以双身
瓶为代表，唐朝主要以双鱼瓶、双
耳瓶、盘口瓶等为特色（图7–39）。
1957 年陕西省西安李静训墓出土
的双螭把双身瓶[①]，造型细长，瓶
身为白胎白釉，瓶的两腹分别以龙
的形象为主体，组成瓶身，这不仅
反映了该瓶的专属性，且就使用功
能看，便于人们的提拿与紧握（图
7–40）。今藏于北京故宫博物院的
唐代白釉双龙耳瓶，与隋朝之际的

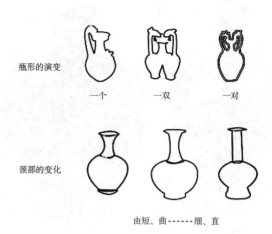

瓶形的演变　　　一个　　　一双　　　一对

颈部的变化

由短、曲……细、直

图7–39　隋唐瓶形演变图

双螭把双身瓶造型上较为相似，但只由一个龙形器物组成，此瓶在前代鸡首瓶的基
础上，将胡瓶的特色加以放大，再融合唐代的文化，形成唐代的典型代表。双龙耳
瓶，顾名思义，最大的亮点在于两个附耳的凸显，体形较大，不仅均衡了整个瓶身

的平衡感，且体积较大
的耳朵便于人们的提拿
或怀抱（图7–41）。随
着隋唐时期人们生活的
变化，喝酒、饮茶之风
的风靡，出现了以盘口
瓶为主的酒包装瓶器，
盘口瓶尽管有四系、双
系和无系之分，但共同
的造型特征是盘口较
大，颈部细长，一方面

图 7–40　双螭把双身瓶

图 7–41　白釉双龙耳瓶

① 　唐金裕：《西安西郊隋李静训墓发掘简报》，《考古》1959 年第 9 期。

隋代盘口瓶

唐代盘口瓶

图 7–42　隋唐盘口瓶

便于液体的注入与流出，另一方面易于人们提携（图 7–42）。

再次，在出土物中，所发现的仿生形制包装，一改前代以仿制青铜器形制为主的现象，转而以动植物为主，以龟形、蚌形、蝴蝶形等既具实用又形态美等造型较为普遍，与金银包装容器仿生形制有着异曲同工之处。如在湖南长沙市郊五代墓中发掘 5 件盒，可分为三式，其中，第三式为平底龟形盒，平面作椭圆形，器盖模印龟形，内盛白粉，粉中含有云母片及滑石粉[①]。从出土物成分看，云母片及滑石粉为妆粉的组成部分，可知这是个粉盒。而底部采用平面，使得盒子有了一定的平衡感，粉末不易溢出；盖子采用龟形，不仅达到美观，且易于拿捏。又如在河南温县唐代杨履庭墓[②]、西安热电厂基建工地[③]、洛阳偃师杏园郁墓及内蒙古和林格尔县大梁村李氏墓[④]、河南新郑市摩托城唐墓[⑤]等均有龟形粉盒的出土，有着相似的造型、结构、功用，代表着隋唐五代时期仿生瓷盒的特征。

隋唐五代时期的陶瓷包装容器，在造型上依然以中国传统的造型形式为主流，但我们也应该看到，域外文化和周边少数民族文化的影响，不可忽视，在一定程度上说，正是这种影响构成了隋唐五代十国陶瓷包装容器的特点。

（3）陶瓷包装容器装潢的创新

与前代相比，这一时期在陶瓷包装容器装潢上的新变化主要表现在文字装饰和

---

① 湖南省博物馆：《湖南长沙市郊五代墓清理简报》，《考古》1966 年第 3 期。

② 河南省文化局文物工作队：《河南温县唐代杨履庭墓发掘简报》，《考古》1964 年第 6 期。

③ 西安市文物管理处：《西安热电厂基建工地隋唐墓葬清理简报》，《考古与文物》1991 年第 4 期。

④ 孙建华：《内蒙古和林格尔县大梁村李氏唐墓》，《内蒙古文物考古》1996 年第 1—2 期。

⑤ 河南省文物考古研究所：《河南新郑市摩托城唐墓发掘简报》，《华夏考古》2005 年第 4 期。

釉下彩两个方面。

从总体上说，隋朝的陶瓷装饰虽然出现了新的纹饰图案，如小朵花、团花、忍冬纹、联珠纹及草叶相间的印纹，但仍然给人以东汉以来朴素的装饰感觉。然而，到了唐代，其装饰纹样变得绚丽多姿，挥洒自如，凝重豪放；五代时期以越窑为代表，其纹饰采用大量的划花、刻花、印花等，在瓷器上装饰荷花、牡丹、秋葵、龙凤、鹦鹉、人物和动物等题材，它囊括了唐代金银器和铜镜上纹饰的内涵和表现手法，花纹异常精美①。

在隋唐五代陶瓷装饰纹样演变的过程中，其转折点发生在盛唐。盛唐以后，陶瓷包装容器出现了文字形式的装潢。如唐白釉花口壶，此器胎质坚细，通体施白釉，造型圆润，小巧，器腹朵花纹饰间有"丁道作瓶大好"字样，足内刻有"记"字，是唐代罕见的白瓷装饰纹样②。文字装饰的出现不但产生视觉的新美感，而且可以清楚地识别此瓶的制造者及年代，为后代的研究提供了一定的科学依据。

彩瓷是唐代创造或发展的各种彩釉瓷的总称，包括花釉瓷、釉下彩绘及搅釉、搅胎等。花釉瓷是唐代的一大创举，通过在黑釉、黄釉上加入铜、锰、磷酸钙等颜料，经烧制后可呈现出彩霞、浮云等彩斑，整体格调显得明快、简朴、自然。这说明唐代的工匠们已掌握了多种色彩的呈色剂，这种装饰工艺为后来宋代钧窑彩釉瓷的出现奠定了基础，特别是釉下呈色剂——氧化钴（青花瓷的呈色剂）的运用，孕育了元青花瓷的烧制成功。长沙窑出产的釉下彩，即在瓷胎上用褐彩或绿彩将绘画的方法绘制几何、云水、花鸟等纹样，或先将花鸟轮廓刻其上，后填入褐、绿彩，再挂青、黄或白釉烧制而成。这种釉下彩绘工艺的出现，在我国瓷器装饰史上，具有重要意义。唐代的花釉罐，此器圆唇式口，溜肩，深腹，平底，肩部置双系，器腹釉面上施有月白彩斑四块，宛若天空中漂浮的云霞，这是唐代瓷器釉料装饰的一种新的创造，唐人称之为"花瓷"③；唐褐绿彩云纹瓷罐，其装饰通体施黄釉，釉下以褐彩斑点连缀出云朵与莲花，再以绿彩斑点沿褐彩斑点轮廓或"套"或"填"，局部亦有以绿釉斑点连缀成形再填褐斑，别有一种韵味，硕大的云朵间以莲花布满

---

① 李慕南、张林：《工艺美术》，河南大学出版社 2005 年版，第 205—212 页。

② 郎绍君、刘树杞：《中国造型艺术辞典》，中国青年出版社 1996 年版，第 436 页。

③ 郎绍君、刘树杞：《中国造型艺术辞典》，中国青年出版社 1996 年版，第 438 页。

器身，黄、褐、绿对比强烈，给人一种浑厚美感①。

（4）陶瓷包装容器制作工艺的进步

陶瓷造型、装饰的不断变化与成型工艺有着直接的关系。隋唐五代的青瓷或白瓷，主要采用传统的拉坯轮制法和泥条盘筑法，拉坯的技术和旋削工艺随着手工业的发展已日臻成熟，陶瓷包装容器的足、腹、肩、口部分在加工时都有了一套固定的程序。而烧成工艺在此时有了逐渐的提高，采用了匣钵装烧法，即由原来的胚件叠装，改为匣钵单坯或多坯装烧②，这种烧制方法可以使产品的胎体细薄，质量高，进而减轻整体重量，增大盛放空间。此外，陶瓷制作还出现了分铸法，如浙江临安板桥发现的五代墓，出土了 2 件盒，其制作工艺采用分铸法套合而成③。

此外，从器物的本身来看，陶瓷技术有了很大发展。隋朝的陶瓷就形态看，依然保留了前代已有形制，但就硬度看，却远大于前朝，如当时的白瓷烧制温度较高，亦属硬质瓷器范畴。在李静训墓中发现的碧色玻璃瓶，与《隋书·何稠传》记载相吻合④。标志着隋代的陶瓷烧制技术已得到了飞速发展。到了唐代，整个瓷器胎质细腻，器形种类增多，且开始使用护胎釉，这不仅提高了瓷器的明亮度，且很大程度上掩盖了陶瓷本身显露的瑕疵（如斑点）。如景德镇出土的白碗，经分析可知，烧成温度为 1200℃，瓷器白度达 70% 以上，接近于现代高级细瓷的标准，如此高超的技术，为前代所没有。到了五代十国时期，越窑的飞速发展，其中出现了"千峰翠色"的釉色，这种釉色中含有微乎其微的氧化亚铁，色彩呈淡绿色，其含量有着一定的规定，超过 5% 后，整个色调呈暗褐色或是黑色，因而烧制成功的千峰翠色瓷，需要反复的试验才可得到。同时，窑内的温度及通风状况，也是此瓷器的重要成分，充分说明了高超的制作技术。

3.漆制包装容器的艺术及特征

我们知道，漆器工艺流行于战国、汉朝，魏晋南北朝开始式微。究其原因，论

---

① 郎绍君、刘树杞：《中国造型艺术辞典》，中国青年出版社 1996 年版，第 445 页。

② 高丰：《中国设计史》，广西美术出版社 2004 年版，第 157 页。

③ 浙江省文物管理委员会：《浙江临安板桥的五代墓》，《文物》1975 年第 8 期。

④ （唐）魏徵等：《隋书》卷 68《何稠传》，中华书局 1973 年版，第 1596—1599 页。

者一般归之于东汉末年瓷器正式烧制成功以后，漆器被瓷器所取代。然而，曾几何时，到了隋唐五代时期，不仅瓷器发展如日中天，而且漆器制作再度风靡，大量漆器广泛用于建筑、家具、生活用品及文化娱乐等各个领域。漆制包装容器更是盛行一时。在战国秦汉传统漆器的基础上，通过运用金银平脱、金银镶嵌等制作手法，漆包装容器成为这一时期漆器中的代表。

（1）漆制包装造型的展现

尽管由于漆器多以木胎为载体，不易保存，但由于唐代漆器产量大，因而在考古发掘中时有出现，主要有：1978 年湖北监利出土一批唐代漆器，有漆碗、漆盘、漆盒、漆勺、漆盂等（委角"亚"字形漆盒）；1942—1943 年在四川省发掘的前蜀王建墓出土了精美银平脱漆器，有门、棺、樽、册匣、镜盒等平脱漆镜盒[1]，河南偃师杏园村的两座唐墓发现的一件圆形漆盒，可惜腐朽过甚，已经变形[2]，1903 年在新疆库车东北苏巴什地方铜厂河岸雀离大寺遗址出土的一件 7 世纪的木胎打舍利盒……[3]出土漆器中，具有包装功能的是盒，分为曲、方形两大类。

以曲形造型而言，盒类形制是隋唐五代时期漆制包装中数量最多的种类，其造型变化多端，圆形器物口沿喜用多曲形，方形器物喜用委角形。盒类包装一般都具有方便开启、结构精巧、底盖吻合严密、包装性能好等特征。西安市南郊出土的六曲形漆盒造型上似花瓣状，与当时铜镜的形制相一致，达到物与形完美的契合，盒底与盖紧扣，不需设计子母口，就可以保持器身的松紧程度，同时，底盖的紧密结合达到了防潮、防渗透的功效（图 7–43）。

图 7–43　六曲形漆盒

---

① 杨有润：《王建墓漆器的几件银饰片》，《文物参考资料》1957 年第 7 期。

② 中国社会科学院考古研究所河南第二工作队：《河南偃师杏园村的两座唐墓》，《考古》1984 年第10 期。

③ 孙机：《唐李寿石椁线刻〈侍女图〉、〈乐舞图〉散记（下）》，《文物》1996 年第 6 期。

拿方形形制的使用来说，漆盒的造型及用途有别于金银盒、瓷盒，漆盒以其优良的隔水、防潮、防渗透的性能，因而受到了人们的喜爱。河南洛阳偃师六座纪年唐墓中李景由墓出土的银平脱方漆盒，长宽皆 21 厘米，盒身加一木屉，分上下两层，上层盛装木梳、金钗，下层有圆漆盒三只、银盒四只、银碗与鎏金镜子，中部的木屉可以自由移动，可根据盛装物的规格决定屉的有无，设计简单，易用（图7-44）；李归厚墓出土的漆盒，用来盛装茶叶，由器盖、器身两部分组成。盒盖呈

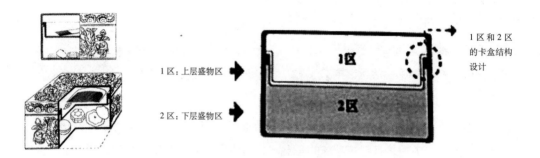

图 7-44　银平脱方漆盒

菱花弧形，平顶；器身呈浅盘形，有子口，下附圈足，漆色红褐。从整体看，腹浅，口大，可能是用来盛装圆形茶饼。而在局部设计子母口，可便于盖与身的开启，且牢固了二者。而用来盛装铜镜的漆盒，其造型多为方形，委角，银扣。五代吴越国康陵发现 9 件方盒漆器[1]，大小基本一致，子母口，因而 9 件可以相套，亦可称作叠式方盒……足外壁四面各有 2 个镂空及凸线纹组成的壶门装饰，从装饰及制作工艺看，其材质为木质，值得注意的是，9 件盒子相套，形制按大小依次套合，按其属性可归之为集合式包装范畴。这 9 件套装盒子在总体造型上与汉代的耳杯套盒漆制包装有着异曲同工之妙，很可能是受到了汉代的影响（图7-45）。此外在常州等地出土的金银平脱镜盒，盒身下附一周薄木片圈足，外裹银扣两道，盒内放着"千秋万岁"铭文铜镜以及素面镜盒[2]等。

---

[1]　杭州市文物考古所、临安市文物馆：《浙江临安五代吴越国康陵发掘简报》，《文物》2000 年第 2 期。

[2]　陈晶：《常州等地出土五代漆器刍议》，《文物》1987 年第 8 期。

　　此外，还在一些墓室壁画中发现了大量方形木质漆器包装，如唐壁画中有"抬衣箱和食物盒的队伍"①，以及陕西乾县唐永泰公主墓壁画穿襦裙及半臂的唐代妇女手捧方盒、食盒及包袱等包装品②。从画中可推测出，衣箱、食盒的材质为木质，主要用于盛装衣物、食物等物品，具有包装的功能和性质。

图 7-45　方盒漆器

　　漆制包装除了在世俗社会广泛使用外，在宗教社会也有运用，常见的有经箱、宝盝。截至目前，已在苏州瑞光塔发现了五代螺钿漆经箱③、1987 年在湖州飞英塔发现了黑漆经函④。其中最具代表的为四川省前蜀王建墓出土的宝盝⑤，漆色光润，总的结构为双重漆盒，由盖、底两部分合成，盖两侧装银质提环，方便宝盝在使用时的开启和提拿。外盒盖面中央饰有对凤团花，两旁饰执金甲武士；内盒盖面中央饰有团龙，两旁饰执金甲武士，似为守护之意。

　　木质材质的漆制包装在隋唐五代十国的包装艺术中，占有重要地位。还有一些木质包装或用金、银装饰，如盛放帝王赐物的木盒往往极其精致。如《翰林志》记载："凡将相告身用金花五色绫纸，所司印。凡吐蕃赞普书及别录，用金花五色绫纸、上白檀香木真珠瑟瑟钿函、银锁。回纥可汗、新罗、渤海王书及别录，并用金花五色绫纸、次白檀香木瑟瑟钿函、银锁"⑥。木材质在漆器、金、银工艺装潢下，延长了使用周期，同时也促进了漆、金、银的发展。

　　漆制包装容器造型，充分表明了人们对形态的喜好和把握，其装饰所呈现出的富丽、丰腴、典雅和富有生命力的气息，反映了封建社会鼎盛时期经济和文化的时

①　山西省文物管理委员会：《太原市金胜村唐墓》，《考古》1959 年第 9 期。

②　周汛、高春明：《中国历代妇女装饰》，学林出版社 1997 年版，第 226 页。

③　姚世英、陈晶：《苏州瑞光塔藏螺钿经箱小识》，《考古》1986 年第 7 期。

④　湖州市飞英塔文物保管所：《湖州飞英塔发现一批壁藏五代文物》，《文物》1994 年第 2 期。

⑤　冯汉骥：《前蜀王建墓出土的平脱漆器及银铅胎漆器》，《文物》1961 年第 11 期。

⑥　(明) 陶宗仪：《说郛》卷 11 (影印版)，中国书店 1996 年版，第 484 页。

代特点，从严格意义上说，漆制包装容器的造型、装饰折射了当时社会的生产生活面貌。

（2）漆制包装容器装潢的更新

隋唐五代十国时期，在金银包装容器、陶瓷包装容器装潢飞速发展的同时，漆制包装再度勃兴，其装饰跟上了手工业发展的脉搏①。唐代漆制包装用薄金片或薄银片按照装饰花纹的要求，剪切图案粘贴在漆器上，然后加漆两三层，最后经过研磨，直至漆地与银片平齐，最终显露出纹饰，与黑漆地形成强烈的对比，使器物更显富丽雅致。据文献记载，在河南、陕西等地出土的银平脱朱漆镜盒、银平脱双鹿纹椭方形漆盒等，无一不工艺精湛、富丽堂皇、光彩夺目，堪称我国古代金银平脱漆工艺的精美包装。类似的作品还见于郑州二里岗唐墓出土的银平脱朱漆镜盒②、黑龙江省宁安市渤海上京龙泉府遗址出土的唐代嵌银丝平脱漆盒③、前蜀王建墓出土的平脱漆镜盒等。当时金银平脱发展水平如此之高与金银器制作工艺的发展有关。

此外，嵌螺钿的漆制包装虽在西周就已经出现，但直到唐五代才得到较大发展。所谓嵌螺钿是用螺壳与海贝制成花卉、人物及吉祥图案纹饰，镶嵌在器物表面的装饰工艺，主要应用在漆制、木制包装上。螺片镶嵌的装饰花纹，有的还加以浅刻，增加表现物象的层次，以丰富其装饰效果。如浙江湖州飞英塔出土的五代嵌螺钿说法图经函和江苏苏州市瑞光塔出土的五代嵌螺钿花卉纹黑漆经箱④等，其镶嵌技术精湛，刀工娴熟，构图生动，物象清晰，螺钿花纹密布，宛如繁星闪烁，是我国嵌螺钿工艺的代表作品⑤。

此外，漆制包装也出现了文字装饰。就目前所知，写有文字的隋唐五代漆制包装器物在河南、陕西、山西、辽宁、江苏等地都有发现。扬州江蔡庄五代墓⑥和常

---

① 吕济民：《中国传世文物收藏鉴赏全书》，线装书局 2006 年版，第 157 页。

② 谢遂莲：《郑州二里岗唐墓出土平脱漆器的银饰片》，《中原文物》1982 年第 4 期。

③ 刘晓东、赵虹光、李陈奇：《黑龙江宁安市渤海国上京龙泉府官城 4 号宫殿遗址的发掘》，《考古》2005 年第 9 期。

④ 杨有润：《王建墓漆器的几件银饰片》，《文物参考资料》1957 年第 7 期；冯汉骥：《前蜀王建墓出土的平脱漆器及银铅胎漆器》，《文物》1961 年第 11 期。

⑤ 阴法鲁：《中国古代文化史》，北京大学出版社 1999 年版，第 427—457 页。

⑥ 扬州博物馆：《江苏邗江蔡庄五代墓清理报告》，《文物》1980 年第 8 期。

州五代墓①出土的漆器上朱书"胡真""魏真上牢""胡真盖花叁两""魏真上牢一两""并满盖柒两""并底盖柒两"等铭记,其中"胡真""魏真"当是作坊标记。这些漆器的出土,在一定程度上反映出隋唐五代以来漆器私营和商品化的趋势。

（3）漆制包装制作工艺的飞跃

手工业的高度发展,使包装器物的造型与装饰完美结合,突显了此时期精湛的工艺技术。陶瓷包装容器、金银包装容器以及漆制包装容器,无论造型的创新抑或是装饰、装潢的演变,在先进工艺技术下,不仅更加精美,而且包装的功能和属性得以完善。

一方面,制作工艺的提高,使包装造型呈多样化发展成为现实。如前所述,此时期的漆制包装工艺的结构有了一定的发展,以往漆制包装中的圆器都是用车旋法或用屈木片黏合,这种做法容易导致胎骨开裂,而在隋唐时期,改变了这一做法,采用长而窄的木片条圈叠成形,然后髹饰成器。从选材的严格、技艺的灵巧来看,是工匠们将实践中得出的经验,加以规范化,使之既省工又保证质量。

另一方面,精湛的制作工艺,使包装装潢设计更加精细和完美。严格意义上说,唐代漆制包装,重于装饰制作,不但促进了传统的螺钿镶嵌工艺进一步成熟,而且新造了金银平脱、末金镂和雕漆等装饰技法。在这些新工艺、新技术中,具有划时代意义的是金银平脱。它是一种将髹漆与金属镶嵌相结合的工艺技术,其做法是将金银薄片裁制成各种人物、花卉、鸟兽等纹样,用胶漆粘贴,然后髹漆数重,后细加打磨,使金银片形成的纹饰露出……②通过这种工艺,使漆制包装容器不仅形成了优美的质感,而且羼入了更多的文化意蕴,充分地展示了唐代漆制包装功能和形式美。如《酉阳杂俎》记唐玄宗赐安禄山的器物中,其中一件玉盒就是采用金银平脱的方法③。

4.纸质包装艺术及特征

隋唐时期,纸质包装广泛应用。究其原因,一是由于纸作为包装材料具有优

---

① 陈晶:《常州等地出土五代漆器刍议》,《文物》1987年第8期。

② 高丰:《中国设计史》,广西美术出版社2004年版,第178页。

③ （唐）段成式:《酉阳杂俎》,中华书局1981年版,第4页。"安禄山恩宠莫比,赐赏无数,其所赐品有:银瓶平脱掏魁织锦筐……金平脱装具玉合"。

良的性能：它的来源广泛、品种多样、印刷性能优良，能绘制和印刷出颜色形式各异的纹饰；二是由于纸根据其厚度可分为多种，能够满足不同的包装实际需要。当然，纸的实用，还能契合人们的心理需求，朴素而实用的纸质包装深受欢迎，是不言而喻的！

（1）纸的类别

隋唐时期，造纸术广为传播，有关资料表明，此时期的纸张被用作印刷书籍外，还可用来制作简易包装。纸张材质、工艺等的不断革新，为适应各个领域所需，造纸部门在不断研究生产生活需要的特色品种。据《唐六典》记载："益州有大小黄、白麻纸，均州有模纸，蒲州产细薄白纸，婺、衢、越等州有上细黄、白纸。若按产地划分，则有蜀纸、峡纸、剡纸、宣纸、歙纸；按原料命名划分，则有楮纸、藤纸、桑皮纸、海苔纸、草纸；按制造工艺划分，则有金泥纸、松花纸、五云笺、金粉纸、冷金纸、流沙纸；按质地划分，则有绫纸、薄纸、矾纸、玉版纸、锦囊纸、硬黄纸；按颜色划分，则有红纸、青纸、绿纸、白碧纸等。其品种之多，数不胜数"[①]。可见，纸的种类之多！这无疑为包装用材提供了极大的空间。

（2）纸的包装的使用领域

隋唐五代时期，大量的纸张被用于包装。1900年在敦煌千佛洞发现的15000册书卷上，确切而翔实地记载着公元835年时，纸不仅用作书画，而且广泛用于包裹食物、茶叶及中草药。这里，我们不妨对纸在这三个方面包装的使用情况稍加考释！

首先，在食物包装方面，《隋书》中曾记述隋文帝喜好食柑，蜀中摘黄柑用蜡封好，再运进京城献给他。至唐朝，人们发现用纸将每枚柑橘包裹后运输，效果很好，于是"益州（今四川广汉）每岁进柑子皆以纸裹之"[②]。因为纸张有韧性，易于成型，便于长途运输。

其次，在茶叶包装方面，唐代虽然有用绢类细薄丝织品包装茶饼的做法，如卢仝《走笔谢孟谏议寄新茶》中开篇就提到"口云谏议送书信，白绢斜封三道印"[③]，但唐代

---

① （唐）李林甫著，陈仲夫点校：《唐六典》卷20，中华书局1992年版，第546页。

② （唐）刘肃《大唐新语》卷13《谐谑》记载："益州每岁进柑子皆以纸裹之，他时长吏嫌纸不敬，代以细布。既而恐柑子为布所损，每怀忧惧。"

③ （清）彭定求辑：《全唐诗》卷388，中州古籍出版社1996年版，第2379页。

用纸囊包装茶叶更加普通，《茶经》记载："纸囊，以刻藤纸白厚者夹缝之，以贮所炙茶，使其不泄其香也……既而承热用纸囊贮之，以精华之气无所散越，候寒末之"[1]。

再次，在中草药方面，我们前面业已指出：汉代就已懂得用纸包裹药丸，到隋唐五代时期，不仅运用普遍，而且还用纸制作各种药包装容器。《太平广记·宣室志》讲道："雷生笑曰：'先生妄矣，诚有良剂，安能活此鱼耶?'曰：'吾子幸观之。'于是衣中出一小囊，囊有药数粒，投于败鱼之上"[2]；唐代王维《酬黎居士淅川作》诗："松龛藏药裹，石唇安茶臼"，用单层纸包裹药品，不仅有便于携带之功效，且纸张的防潮、渗透性，有利于保证其药效。

唐代，随着纸张产量提高、品种繁多、用途广泛，雕版印刷术进一步发展，包装纸开始印上简易广告图案和字号。据传，唐代高僧鉴真东渡日本，带有许多药材和谷物，他用印有僧人头像的纸包装药材送给当地人民。

5. 织品、皮质类包装艺术及特征

养蚕缫丝技术的改进、丝绸之路的畅通，带动了全国范围内布、锦等织品材质在包装领域的大量应用。不过，由于其材质本身的属性，尽管其使用范畴扩展，但仍以囊、袋为主要形式，承载不同的功效。

这一时期，随着文化的融合，贸易的往来，包装的作用愈益发挥，其功能不断拓展和完善，因此，在用材方面，更加多样，工艺制作更加讲究！织品、皮类用于包装主要在以下一些方面：

第一，用来盛装兵器。盛唐时期，囊袋除用作服饰配饰[3]之外，还用作盛放弓箭的箭囊。这种箭囊用动物皮制成，不仅易于成型，可根据弓箭的造型而设计，方便弓箭的插与拔，在战争等活动中不易滑落，起了很好的保护功能，而且具有相对耐久性。从图像资料来看，唐代箭囊造型大多为长形。如在唐阿史那忠墓[4]、唐代

---

[1] （唐）陆羽著，卡卡译注：《茶经》，中国纺织出版社 2006 年版，第 10 页。

[2] （宋）李昉：《太平广记》卷 74，中华书局 1961 年版，第 466 页。

[3] 新疆维吾尔自治区博物馆：《吐鲁番县阿斯塔那—哈拉和卓古墓群发掘简报》，《文物》1972 年第 1 期。

[4] 陕西省文物管理委员会、礼泉县昭陵文管所：《唐阿史那忠墓发掘简报》，《考古》1977 年第 2 期。

渤海贞孝公主墓壁画①及唐郑仁泰墓②等壁画内均画有箭囊。

第二，用于民众日用品包装。宋陶谷《清异录·方便囊》记："唐季王侯竟作方便囊，重锦为之，形如今之照袋。每出行，就置衣巾篦鉴香药辞册，皮之为简快。"明陈继儒《珍珠船》卷四云："照袋似乌皮为之……五代士人多用之。"从宋人和明人的考索中，可以肯定隋唐五代时期，方便出行盛放随身杂物的囊袋制作颇为流行。其材质为布帛或皮革，多放置衣巾、香药及文具等。此外，吐鲁番出土了唐代时期的以庸调布做成的谷物袋③、唐懿宗爱女同昌公主步辇四角悬挂的"五色锦香囊"④，可见，囊作为另一种盛放物品的容器，在唐代与陶瓷、金银包装容器有着同样重要的地位。

第三，用于盛装皇室、贵族使用的物品。如朝官封奏秘章所用的皂袋，唐杜牧在《李给事中敏二首》中说道："一章缄拜皂囊中，懔懔朝廷有古风"⑤；又如盛放笏板的笏袋，《旧唐书·张九龄传》曰："故事皆搢笏于带，而后乘马，九龄体羸，常使人持之，因设笏囊"⑥；盛放印绶的印袋，据《隋书·礼仪志》："囊，二品以上金缕，三品金银缕，四品及开国男银缕，五品彩缕。官无印绶者，并则不合剑佩。"⑦隋代仍有其制，专施于良娣以下命妇。而在唐殷仲容夫妇墓中也发现了鞶囊："骑俑头发中分……腰间缠形囊背于身后，行囊正中有一向上的孔，左侧腰间悬鞶囊，鞍后缚毡卷"⑧，可见，这种制度沿袭了很久。此外，还出现了一些盛放其他皇家之物的囊袋，如《资治通鉴·唐肃宗乾元元年》："[史]思明乃执承恩，索其装囊，得铁券及光弼牒……"⑨其主要用于盛装铁券等物之用。

第四，用于包装书籍、诗画、笔砚等。《新唐书·文艺传·李贺传》云："每旦

---

① 李殿福：《唐代渤海贞孝公主墓壁画与高句丽壁画比较研究》，《北方文物》1983 年第 2 期。

② 陕西省博物馆、礼泉县文教局、唐墓发掘组：《唐郑仁泰墓发掘简报》，《文物》1972 年第 7 期。

③ 王炳华：《吐鲁番出土唐代庸调布研究》，《文物》1981 年第 1 期。

④ （宋）李昉：《太平广记》卷 237，中华书局 1961 年版，第 1094 页。

⑤ （清）彭定求辑：《全唐诗》卷 521，中州古籍出版社 1996 年版，第 3245 页。

⑥ （后晋）刘昫：《旧唐书》卷 99，中华书局 1995 年版，第 1967 页。

⑦ （唐）魏征：《隋书》卷 12，中华书局 1973 年版，第 259 页。

⑧ 陕西省考古研究所：《唐殷仲容夫妇墓发掘简报》，《考古与文物》2007 年第 5 期。

⑨ （宋）司马光：《资治通鉴》卷 220，中华书局 1956 年版，第 253 页。

日出，骑弱马，从小奚奴，背古锦囊，遇所得，书投囊中"；"唐相国王公缙，大历中与元载同执政事。常因入朝，天尚早，坐于烛下。其榻前有囊，公遂命侍童取之，侍童挈以进，觉其重不可举。公启视之，忽有一鼠长尺余，质甚丰白，囊中跃出"①。又五代王定保《唐摭言·海叙不遇》记："平曾谒华州李相不遇，因吟一绝而去曰：'……诗卷却抛书袋里，譬如闲看华山来。'"②可见，布囊用来装载一些书籍等学习工具，可与现代意义上的书包相媲美。

此外，囊、袋还存在一些特殊用途。如唐封演《封氏闻见记·降诞》云："玄宗开元十七年，丞相张说遂奏以八月五日降诞日为千秋节，百寮有献承露囊者"③；《旧唐书》："开元十七年（729 年）八月癸亥……以每年八月五日为千秋节，王公以下献金镜及承露囊"④；杜牧《过勤政楼》诗："千秋令节名空在，承露丝囊世已无"。唐代，承露囊是中秋节期间，臣民们为了向天子祝贺，将晨曦的露水装入袋子里，以便达到庆祝之意。如唐昭陵新城长公主墓的壁画中也出现承露囊⑤。而在重阳节之际，却出现了茱萸佩囊，它是将茱萸插放在小布袋里，以便达到辟邪目的，如唐朝的郭震在《秋歌》诗之二云："辟恶茱萸囊，延年菊花酒"。

在法门寺出土的文物中，一些宝函或经书用锦包裹⑥，这应是物品的外包装设计。五代刺绣实物曾发现于苏州虎丘云岩寺塔，刊布的形象资料为包裹佛经帙，绣地皆为绢，花纹有宝相花、凤穿牡丹等⑦。可见宗教包装在注重功能的前提下，更多的是阐释人对神的敬重及祈求保佑的心理。

6. 天然材质包装及艺术性

隋唐五代时期，各门类手工艺的生产技术都有了长足的发展，新产品包装千姿

---

① （宋）欧阳修：《新唐书》卷 203《李贺传》，中华书局 1975 年版，第 5788 页。

② （五代）王定保：《唐摭言》卷 10，古典文学出版社 1957 年版，第 106 页。

③ （唐）封演撰，赵贞信校注：《封氏闻见记校注》，中华书局 1958 年版，第 28 页。

④ （后晋）刘昫：《旧唐书》卷 8《本纪第八·玄宗上》，中华书局 1975 年版，第 193 页。

⑤ 陕西省考古研究所：《唐昭陵新城长公主墓发掘简报》，《考古与文物》1997 年第 3 期。

⑥ 陕西省考古研究院、法门寺博物馆、宝鸡市文物局：《法门寺考古发掘报告》，《考古》2008 年第 5 期。

⑦ 苏州市文物保管委员会：《苏州虎丘云岩寺塔发现内容简报》，《文物参考资料》1957 年第 11 期。

百态，不断涌现。此时期的竹、木、藤、象牙等自然材料组成的包装品丰富了人们的日常生活领域，且就工艺看，超越了前面历朝各代，出现了多样化的制作技术，从而表现出材质、工艺技术相互结合的审美特性。

（1）以茶叶、水果为主的食品包装中，天然材料被大量运用。盛唐时期，饮茶开始向民众普及，而文人则更注重艺术品饮。随着艺术品饮的开始，专门茶具开始出现，并迅速发展成为系列，对于放置茶具的包装也十分讲究[1]；唐皮日休《茶中杂咏·茶籯》诗云："筤篣晓携去，蓦个山桑坞"[2]；《新五代史·王镕传》记载："匿昭诲于茶笼中，载之湖南"[3]，将茶放置笼里来达到便于运输的目的。这些用白蒲草、木材或竹子所编制的包装容器反映了这一时期利用自然植物材料编制包装容器的现象极为普遍，不仅制作成本较低，材料来源广，且易于根据物品大小形态进行成型，从而对物品起到更好的保护作用。

除了茶叶以外，全国各地包括山果在内的各种贡物跨地区流通对包装更为讲究，包装的功能得到了最大限度的发挥。有关文献记载，当时普遍使用的包装物有木筐、竹筒、藤箱、荆筐、竹笼、布袋、麻袋等[4]。唐玄宗、高宗等喜好柑橘，地方官员为了一年四季迎合皇帝需求，一方面通过保鲜方法延长柑橘存放期，另一方面在进贡时采用竹筒密封装运这种方法，保证运输途中品质不变。杜甫在《甘园》中说："结子随边使，开筒近至尊。后于桃李熟，终得献金门"[5]。按照现代果蔬保鲜技术原理，分析发现以竹为材质，不仅避免了柑橘在运输过程中的损害，同时利用植物本身散发的二氧化碳及氧气的降低可保持柑橘的新鲜度。另外，短程运输荔枝一般沿袭了柑橘的包装特色，多采用果箱和竹笼装盛。白居易由忠州寄给友人的荔

① （唐）陆羽著，卡卡译注：《茶经》，中国纺织出版社2006年版，第11页。《茶经·二之具》中主要记载了采茶和制茶时的生产、贮藏用具。专用于放置茶具的器具共有三种：一种是备，用白蒲草编成，可放茶碗十只；一种是具列，用木材或竹子制成床或架，也可制成小柜，能开启关合，并漆成黄黑色，三尺长，两尺宽，六寸高，可收贮所有的茶具；另一种是都篮，用竹篾编成的可装放所有茶具的竹篮，其作用与具列相似。

② （清）彭定求辑：《全唐诗》卷611，中州古籍出版社1996年版，第3818页。

③ （宋）欧阳修：《新五代史》卷54，中华书局1974年版，第415页。

④ 张仁玺：《唐代土贡考略》，《山东师大学报》1992年第3期。

⑤ （清）彭定求辑：《全唐诗》，中州古籍出版社1996年版，第1320页。

枝就是用青竹笼装的，"香连翠叶真堪画，红透青笼实可怜"①；莆田送给陆游的荔枝也是用竹笼装的，"筠笼初折露犹滋"，由此说明了竹类材质的优势，同时也间接地阐释了唐代采用竹、藤等形形色色的编制包装容器遍及民间。

（2）日常生活用品大量用天然材质包装盛装。陆龟蒙《渔具》："所载之舟曰舴艋，所贮之器曰笭箵"②，《新唐书·元结传》载："能带笭箵，全独而保生。能学聱斁，保宗而全家"③，笭箵，即用来盛装鱼的笼子④，其材质为竹制，整个造型呈长椭形，由数量不一的竹条编织而成，出现稀疏的小孔，可易于装鱼过程中水的渗透，且通过空气的交换，使鱼的存活时间延长；同时，笼子还可用来盛装书籍，《太平广记》云："隋开皇初，广都孝廉侯通入城……通爱之，收藏于书笼"⑤。

此外，出现了一些木、竹制作的小箱子，多用来盛装书、衣物、食物等，造型为方形，一方面起到保护功能，另一方面便于提携。皮日休《醉中即席赠润卿博士》诗："茅山顶上携书籝，笠泽心中漾酒船"⑥，书笼、书籝，用来盛放书籍的箱子，其材质多以竹木制成；而《广异记》中叙说了柳木箱用来盛装食物之用。

总之，隋唐五代时期的包装，较以往有了极大的发展，并取得了突出的成就。在包装材料开发、包装设计水平、包装制品种类和包装容器的制作工艺等方面，都曾居于世界领先地位，对我国后世的包装设计艺术产生了巨大影响。

第三节　宫廷包装与民间包装的分野及宗教包装的崛起

包装设计作为一种造物行为，固然取决于社会经济结构与发展水平，但在封建经济体制下，其与政治、文化也有着十分密切的联系。可以说，一定时期的政治格局、经济发展状况和思想文化观念决定了当时包装的发展范畴、设计程式和审美价

---

① （清）彭定求辑：《全唐诗》卷441，中州古籍出版社1996年版，第2693页。

② （清）彭定求辑：《全唐诗》卷241，中州古籍出版社1996年版，第3867页。

③ （宋）欧阳修：《新唐书·元结传》卷143，中华书局1975年版，第4685页。

④ 华夫主编：《中国古代名物大典》，济南出版社1993年版，第426页。

⑤ （宋）李昉：《太平广记》卷400，中华书局1961年版，第35页。

⑥ （清）彭定求辑：《全唐诗》卷614，中州古籍出版社1996年版，第3839页。

值取向。隋唐五代时期的时代特征，对包装的影响，突出地反映在：宫廷包装与民间包装开始分野，宗教包装承载神秘色彩而高度发展。这些不同设计风格的包装虽然并存，表现着一定的内在关联性，但在设计语言和表达内容与形式上却存在着个性化差异。

一、宫廷包装

尽管自阶级社会出现以来，就存在着森严的等级制度，并通过物质方式体现在人们的生活中，但由于社会生产力发展水平的局限性，在包装领域等级区分一直处于不明显的状态之中，只是到了隋唐五代时期，才开始出现分野——宫廷包装与民间包装。

隋唐五代宫廷包装风格的出现，是建立在强权政治、经济繁荣和文化繁荣的基础上。首先它是统治阶层从精神到物质绝对占有的产物和体现，由于中央集权的进一步加强，以皇帝为代表的统治者拥有至高无上的经济地位和权力，决定了宫廷包装具有一定的专门性；其次是上层社会追求豪华、富有、享乐等生活的真实反映，具有相对的象征性；再次，从包装材料、制作工艺等方面来看，设计师并未考虑到成本与环境保护等问题，只是一味地追求工艺技术，具有一定的设计冲动；最后，就审美趣味看，设计者力求按照美学要求来完善对包装品的设计加工，进而达到统治阶级从精神到物质上的一切功利主义的追求，具有相对完美性。

宫廷包装在设计上聚集了所有先进的工艺技术、材质、造型、装饰和理念，在整个包装艺术中占据着崇高的地位，代表了设计的最高水平。这是民间包装所无法比拟的。

首先，宫廷包装既注重实用保护功能，又强调艺术创意，其选材考究、精雕细琢、不惜工本，追求包装的审美情趣、寓意和哲理。如白瓷、青瓷的发展便是最好的例证。

白瓷历来为北方统治集团所喜爱。隋朝建立伊始，大力发展白瓷产业，以北方的邢窑为代表，将白瓷包装容器的烧制推向了高峰；在前代影响下，白瓷在全国范围内得到了发展，唐前期土贡的史料谈到的瓷器均是白瓷，而在长安一带，唐前期的大型墓葬的壁画上，瓷器的形象都以白瓷为主①。白瓷材质包装容器的出现，可以说是宫廷生产下的产物，亦属宫廷包装范围，它是承载北方民族信奉萨满教的载体②，是人们对祖宗的尊崇，是尚色的一种表现。如上海博物馆收藏的唐代邢窑白釉"盈"字盒，釉层洁白匀净，底部刻一"盈"字，是唐代内府"百宝大盈库"的简称③，洁白无瑕、通透素淡的白瓷工艺尽显高贵含蓄的大雅之风，是唐代宫廷风格包装中的佼佼者。同属这种风格的白瓷包装容器还有在西安、内丘等地出土的带"翰林"款的精细白瓷罐④。当然，随着社会生产力的提高，唐中叶后，白瓷不再只为皇家服务，全国范围内出现了多个产地，南方则以青瓷为主，出现"南青北白"的局面。

晚唐时期，随着南方越窑的兴起，使得青瓷逐渐成为上层社会新的宠儿。从20世纪30年代，陆续在有关隋唐五代纪年墓中出土了几批精致的越窑瓷器，如咸通十二年西安张叔尊墓中的八棱长颈瓶⑤，天复元年水邱氏墓中的罂⑥，天福七年杭州钱元瓘墓中的龙罂⑦等。其中，唐五代时期的秘色瓷最受欢迎，如陕西法门寺地宫也出土了唐代的秘色瓷，在唐末、五代时期就已经成为皇家专用御品。而官宦、庶民拥有的，其色彩为青绿。

金银材质包装容器，可谓是这一时期宫廷包装中最值得称道的。从用材看，采用贵金属中的黄金和白银，造型丰富，制作精湛，是民营手工业无法企及的。如陕西扶风法门寺地宫出土的银质茶具中的茶叶包装罐，与陆羽《茶经》所记茶叶包装容器相吻合。又如陕西西安南郊何家村出土的唐代舞马衔杯纹皮囊式银壶⑧，材料为银质品，其功能为盛水或酒等容器，整个壶的形制与北方游牧民族皮囊壶相似，

---

① 尹盛平：《唐墓壁画真品选粹》，陕西人民美术出版社 1991 年版，图版 4、7、8、27、28。

② 陈麟书译：《不列颠百科全书》，上海辞书出版社 1983 年版，第 39—41 页。

③ 陆明华：《刑窑"盈"字及定窑"易定"考》，载《上海博物馆馆刊》，1987 年，第 257—262 页。

④ 冯先铭：《谈邢窑有关诸问题》，载《故宫博物院院刊》，1981 年，第 49—55 页；贾永禄：《河北内丘出土"翰林"款白瓷》，《考古》1991 年第 5 期。

⑤ 陕西省文物管理委员会：《介绍几件陕西出土的唐代青瓷器》，《文物》1960 年第 4 期。

⑥ 浙江省博物馆：《浙江临安晚唐钱款墓出土天文图及"官"字款白瓷》，《文物》1979 年第 12 期。

⑦ 冯先铭：《中国陶瓷》，上海古籍出版社 2001 年版，第 356 页。

⑧ 王绍玉：《中国美术史全集》，青海人民出版社 2003 年版，第 17 页。

壶腹部宽大，底座稳重，这样设计利于盛放液体空间的最优化，同时在局部盖子的设计上还采用链子作搭配，起到了盖子不易丢失和脱落的功能。而从装饰看，舞马图案，所反映的是唐代宫廷中宫人向统治者献寿的场景，为宫廷所专有。

其次，宫廷包装在满足实用性基础上，装饰纹样和装饰工艺也体现了宫廷的特性和特质。装饰美是宫廷包装的特色之一，它凝聚了上层社会的审美意向和宫廷文化。如唐代无论是宫廷所使用器皿还是包装物，其纹饰在初期最先体现出中亚和波斯等外来文化的影响，多以翼兽、宝相花和线条简略的折枝花为主，结构松散；到了中期，因中外文化融合，外来装饰艺术和中国传统装饰艺术结合，其装饰图案以传统为主，而装饰手法撷纳外来形式，流行花鸟图案，多以鸳鸯、羽鸟为主，绕以缠枝花，花鸟的神态相互呼应[1]；到了后期，更是融会贯通，图案的内容和形式的艺术表达更加娴熟，出现了叶宽花肥的簇花纹，结构讲究对称，并出现了人物画和铸纹题名[2]。以唐代鎏金鹦鹉纹银圆盒为例，整体构造为子母口相扣，矮圈足；盖面中心锤刻一对衔草鹦鹉，并饰莲瓣纹一周，圈外饰飞雁十只，间以缠枝莲花；外壁刻菱形和坡式菱形纹，圈足沿饰变体莲瓣纹带，通体以鱼子纹为地。该包装容器刻花处均为鎏金，光彩夺目，展现出唐代金属制作工艺的高超和贵族阶层的奢华。类似讲究制作工艺的宫廷包装物还有如《酉阳杂俎》所载唐玄宗、杨贵妃赐予安禄山金银平脱妆玉盒，尽显制作精美，其工艺的综合性和难度，令人叹为观止！又如五代豪华的金银平脱器朱漆册匣，盖面用纯银参镂的图样装饰，图样的取材有凤、鹤、孔雀、狮、忍冬草，图样以双凤、双鹤、双孔雀组成五个团花为主题。团与团的间隔，用忍冬纹补间花，使团花与间花组成正中的长幅画面，构成整个图案的主题。周围再以十二组双狮绕成一道边缘，充分展现出王权的特化和唯我独尊的一种威慑力量。

再次，在装饰纹样方面，龙纹和凤纹这两种象征皇权的纹样逐步渐变为宫廷器物所垄断，民间器物不允许使用。龙属于动物纹样中的幻想形象，是皇家御用之物，代表天子形象。包装艺术采用龙纹，这便使得包装品打上了宫廷之印。如在丁卯桥出土了涂金残银盒，底部饰有行龙；在钱元瓘墓（吴越国文穆王）发现的龙罂[3]，饰

---

① 陕西省考古所唐墓工作组：《西安东郊唐苏思勖墓清理简报》，《考古》1960 年第 1 期。

② 李有成：《繁峙县发现唐代窖藏银器》，《文物季刊》1996 年第 1 期。

③ 张玉兰：《浙江临安五代吴越国康陵发掘简报》，《文物》2000 年第 2 期。

有刻花蟠龙纹，蟠龙形体硕大，威武雄壮，颇有气势，龙身上还加贴金装饰。凤纹象征帝后形象，其使用弥历整个唐王朝，形态各异，但考古出土文物，特别是图像资料显示，其形象存在一个由前期的优美生动，向后期的世俗化转变的现象。鎏金翼鹿凤鸟纹银盒的盒盖、面均有"徽章式"纹样，中间绘有神异色彩的翼鹿和凤鸟，明显带有异国色彩。但整个盒身除此之外，还出现了中国特色的忍冬纹和石榴花状及桃形纹，又显示中国风，由此可以推断为初唐晚期，用来盛装化妆品的包装容器（图7-46）。

宫廷包装容器除陶瓷、金银和漆制之外，还有从隋唐开始用作实用器的玻璃。玻璃在古代叫琉璃，虽在青铜器铸造中获得，但因罕见和颜色多样，仅作为陈设和把玩之物，比玉还珍贵。到隋期，玻璃器皿开始在宫廷中出现，如陕西西安隋李静训墓出土了浅绿色的玻璃瓶，瓶高12.3厘米，是妇女用来盛香水的器具，其造型圆润精致，色泽细腻、透亮[1]（图7-47）。到唐代，玻璃制作的器皿和包装容器在宫中使用增多。据唐代李亢《独异志》记载，淄郡出琉璃，为官府控制，产品专供宫廷贵族之用。大概因其质轻易碎，不易保存和数量有限，不仅未见有传世遗物，而且考古发现物中也稀见，仅在1957年于甘肃灵台佛塔中出土有"玻璃瓶三只，盛舍利子"[2]。

图7-46　鎏金翼鹿凤鸟纹银盒

图7-47　浅绿色的玻璃瓶

---

[1] 唐金裕：《西安西郊隋李静训墓出土发掘报告》，《考古》1959年第9期。

[2] 秦明智、刘得祯：《灵台舍利石棺》，《文物》1983年第2期。

从以上三个方面，我们不难看出：宫廷包装无论是在材料选择、结构设计，还是在包装装潢和工艺技术等方面，都具有典型的宫廷风格和鲜明的时代特征，其设计、制作除了满足使用功能以外，更多的是注重迎合皇家的审美标准和审美情趣。其包装追求高贵典雅，讲究形式与内容的完美结合。

二、民间包装

民间包装是相对于宫廷包装而言的，它是面向下层劳动人们为主体的一种设计风格。民间的包装艺术由于受到经济、政治、地域、交通以及技术等诸多方面的限制，便形成了装饰上的朴素、造型上的纯真、材料上的原生态等特点。这种设计风格虽较之宫廷包装有着天壤之别，但我们必须清醒地看到，在实用和质朴基础上，它同样具有艺术性，体现出在用材、形态、结构、装饰和工艺上的某些独特性。正因为如此，它成为宫廷包装之源。毕竟宫廷包装的设计师除了世袭的以外，有不少是来自民间的能工巧匠，他们被征调进入官府作坊以后，将在民间的设计经验与宫廷环境相结合，造就了包装设计内容和形式的宫廷风；而宫廷包装设计往往因物品赏赐而流落民间，被民间模仿学习。

民间包装虽与宫廷包装有着密切的联系，但由于产生和生长的环境不同，形成了各自迥异的特征：宫廷包装是由设计师根据统治者的要求而设计，是一种脱离现实社会，理想化的造物目的，从而显示出了在艺术上的华贵之风；而民间包装大多是为劳动人们所服务，无论是在包装的造型、材料、装饰上都是贴近生活、质朴无华的艺术，其通俗的艺术形式为广大劳动群体所接受和掌握并运用。民间包装在设计时注重经验的积累与实践的检验，这也正是传统包装的特征。

首先，从选材看，隋唐五代时期民间包装虽然仍以自然材质、陶瓷材质为主并无明显改变，但因社会经济，特别是手工业的发展，在包装的领域方面有了新的拓展，同一材质的品种有了增加，装饰的形式多样且有了新变化，工艺方面也表现某些进步。

在包装的领域方面，如前所述，唐代作为封建社会的繁荣时期，社会产品变得日趋丰富，商品化比重提高，出于商品流通的需要，满足各种商品贮运的包装应运而生，像前揭荔枝、柑橘等水果包装，以及经济重心南移之后江南物资北调所需的各类包装等。在同类材质的品种增多方面，仅以天然材料竹编包装而论。陆羽《茶经》中记载："一曰篮，一曰笼，一曰筥……以采茶也……籝，竹器也，容四开耳"①。

不仅如此，而且这一时期漆液多被用以涂在木胎或藤、竹及其他草木本植物枝条制作的容器表面，如藤竹、桑、柳枝条编制的筐、篮、筥箩等容器的表面或内壁，以使隔水、防潮、防渗透和避免脏污，又能延长保存期。此类包装容器用以盛酒、油及盐渍咸菜等，极为理想。又如用竹筐和藤筐作为菜坛、酒坛的外包装，用竹篓作土特产的外包装，用柔软的麦秆、杂草等编织而成的各种筐、箩、篮等。如新疆吐鲁番阿斯塔那北区第105号唐墓出土的篾盒，是以麻绳为经，柳条作纬编造，出土时里面盛有葡萄干②，这件实物的出土，在印证了我国唐代用植物枝条编制作为果品包装事实的同时，也说明了普通的百姓在日常生活中选用最简易、方便的材料做包装，符合社会发展现状及人民的生活水平。

至于民间包装新的装饰形式的出现所反映的审美能力的提高，以及制作工艺的明显进步，在这一时期突出的代表莫过于大量民窑烧制的包装容器。除了晚唐五代邢窑产品部分面向民间和被仿烧外，长沙窑生产的瓷器无论从胎、质、釉、型还是装饰及制作工艺，均是为质朴的大众所服务，其装饰内容多采用民间绘画，在真实地反映了民间风土人情的同时，是民间大众的审美情趣的浓缩。

其次，以包装造型而言，在连续追求功能完善的同时，与民俗文化结合的造型的地域性进一步加强，从而丰富了包装造型形态。以长沙窑出土的陶瓷包装为例，续写着民间包装的艺术特色。我们知道，器物造型的出现是社会生产生活的具体体现，隋唐五代时期人们喜好喝酒及饮茶，因而酒包装、茶叶包装大量出现，其形制为盘口、喇叭口、小口、敛口以及花口等，这样的设计一方面便于液体的流出或盛放，另一方面也易于人们的提拿或盛放；而器物的腹部多较深，颈部较短、细小，这可以增大盛放物体的空间及液体的淌出。与民俗文化关联的包装造型当推壶的设计，白居易在《家园三绝》说道："何如家酝双鱼榼，雪夜花时长在前"③，鱼形壶是

① （唐）陆羽著，卡卡译注：《茶经》，中国纺织出版社2006年版，第16页。

② 出土文物展览工作组编：《文革间出土文物》（第一辑），文物出版社1973年版，第110页。

③ （清）彭定求：《全唐诗》卷456，中州古籍出版社1996年版，第2829页。

长沙窑中常见的一种形制，其造型与尚鱼的风俗有着一定的关系，鱼有"多子多孙""连年有余"之意。这种壶虽是湖南民俗物化的表现，但远销全国各地乃至异域。其实物1976年在喀喇沁达沟门曾出土过一件双鱼榼[1]。

长沙窑除了烧制盛酒的壶式包装外，还烧制了一些罐形包装。唐时称之为瓮或罂，主要是用来贮藏酒，从目前出土的文物看，民间的罐形包装整体造型上为鼓腹、短颈、直口、唇口、平底、有时出现附耳或系。从容积形制看，腹部的宽广可多盛装酒，短颈，可易于拿抓；底部采用椭圆形平面，可增加接触面积，同时提高了罐身的稳定性；局部设计附耳或系，或便于提拿，或者穿带绳状物达到便于运输的作用，至于罐盖的设计主要是用来防止酒精的挥发。唐代文学家元结《宿尊诗》云："酒堂贮酿器，户牖皆罂瓶"[2]；岑参《戏问花门酒家翁》云："老人七十仍沽酒，千壶百瓮花门口"[3]；高适《同河南李少尹员外夜毕员外宅夜饮，时洛阳告捷，遂作春酒歌》："杯中绿蚁吹转来，瓮上飞花拂还有"[4]。考古所出土的长沙窑陶瓷器中，数量较多的是贮酒器，应是满足民间人们喝酒风俗的需要。

这一时期，长沙窑为民间用瓷的重要产地，生产了大量的化妆盒，仅1983年就发掘了474件香盒[5]，其造型可分为圆形、方形等几何形及龟形为主的仿生形包装，其中尤以圆盒多见，形制较小，扁平，或盖面做球状，从体积与造型看，完全适合人手的拿握与开启，符合人体工学原理。如在谭家山窑址出土了一件写着"油盒"二字的瓷盒，印尼国家博物馆陈列着一件有"油盒"二字的长沙窑瓷盒[6]。除去小盒用来盛装胭脂、油料、粉底之外，长沙窑中还出现了较大盒型，其直径一般在20厘米左右，其主要功能可能是用来盛装香料等物。

再次，从装饰看，这一时期民间包装不仅开始注重装饰，而且装饰内容大多反映美好、吉祥之意，这是民间追求美好生活愿望最大众、最直白的反映。普通百姓

① 喀喇沁旗文化馆：《辽宁昭盟喀喇沁旗发现唐代鎏金银器》，《考古》1977年第5期。
② （清）彭定求辑：《全唐诗》卷241，中州古籍出版社1996年版，第1481页。
③ （清）彭定求辑：《全唐诗》卷201，中州古籍出版社1996年版，第1148页。
④ （清）彭定求辑：《全唐诗》卷213，中州古籍出版社1996年版，第1204页。
⑤ 湖南省文物考古研究所、湖南省博物馆、长沙市文物工作队：《长沙窑》，紫禁城出版社1996年版。
⑥ 李建毛：《湖湘陶瓷》（长沙窑卷），湖南美术出版社2009年版，第177页。

由于文化有限，只有通过美好的意愿取其象征的形象，经由各种纹饰等载体将其转换成"好"的寓意，并形成现实的效用。如包装上的鸳鸯、石榴、松鹤等吉祥纹样，表面上看，虽然都是一个个微不足道、浅俗不经的意念符号，但寄托着人们对生活无限的期待，对"福禄寿喜""祥和平安"等的美好愿望。同时，磁州窑、耀州窑和长沙窑等著名民窑生产的瓷器还出现了文字装饰，多以诗歌、谚语、商标广告、年款为主，反映了淳朴的民风和民间生活的实际状况。

隋唐五代的包装，由于生产者、使用者这两个决定产品品质最核心的因素不同，因而宫廷包装与民间包装存在着明显的界限。宫廷包装无论是在材料的选取、造型与装潢，抑或是制作工艺日臻成熟，在一定程度上代表了时代手工业产品的最高水平。不唯如此，而且包装在当时的专属性和附属性，使其成为文化传承和统治者审美价值取向表达的载体。与此相对，民间包装因受条件限制，往往在材美、工巧和装饰之美等方面要逊色于宫廷包装，但民间包装制作的分散性、随意性，使其创新意识、创新能力和创新实际效果比宫廷包装要更胜一筹！这也正是民间工匠不断被征召到宫廷作坊的原因所在。所以，我们在探讨任何时代的包装艺术时，民间包装绝不可忽视。

三、宗教包装

隋唐五代时期，各种宗教流派得到了充分的发展，原有的佛、道二教发展繁荣，形成了众多宗派，教义哲理都有重大创造和飞跃，呈现出一派兴旺发达的景象。佛教传入内地，经过四五个世纪的流传，到隋唐时期进入了全盛时期，形成了若干中国式的佛教宗派，出现这种现象的原因与当时的政治有着密切的关系[1]。晋僧道安曾经说过这样一句话："不依国主，则法事难立。"[2]说明了佛教的发展受到统治者的制约。

隋文帝即位后，立即改变北周武帝抑佛的政策，大力恢复和扶持佛教，他在诏书中公开宣称："朕皈依三宝，重兴圣教"[3]。而隋炀帝则是历史上有名的佞佛皇

① 王永平：《中国文化通史·隋唐五代卷》，中共中央党校出版社1996年版，第205页。

② （梁）释慧皎：《梁高僧传》卷5《道安传》，1992年版，第8226页。

③ （唐）京兆释道宣：《广弘明集》卷17《佛道篇·国立舍利塔诏》；[日] 高楠顺次郎：《大正藏》卷52，日本大正一切经刊行会出版1934年版，第213页。

帝之一，他巡游各地，不仅总要带上僧人、道士等①，而且慕称天台宗的创建人智顗为"智者大师"，以至在位时大兴佛事，广济寺院，连诏书也常称"皇帝总持"②等。

唐王朝建立后，尽管统治者对宗教政策进行了某些调整，但仍然重视佛教的发展。唐高祖起义之初，在华阴祀佛求福，及即帝位，也搞过一些立寺造像、设斋行道的崇佛行动。但由于以隋为鉴，后来的统治者便开始了对佛、道二教的共同发展，到了唐高宗、武则天、中宗、睿宗时期，特别是武则天时期，则把佛教又推向了高潮，从唐代法门寺地宫出土的宝函、经书等法器可以看出，唐代的崇佛之风愈演愈烈。与佛教的迅猛发展相同，道教则呈现出高潮迭起的状态。到五代时期，一些帝王将相为了长生不老，大肆炼制丹药，对推行崇道活动产生了极大的促进作用。

从隋唐五代时期宗教的发展状态，可知佛、道教的发展对宗教包装文化的发展产生了深刻的影响，设计师通过艺术的形式、形象等方面直接地向统治者和人们展示宗教虚幻、神秘的彼岸世界。宗教包装就其本质是宗教理念的物质承担者，其形式与内容主要表现在经文、佛像画、法器、舍利等，为了满足这些宗教用品的存储，具有宗教风格的包装由此诞生。

宗教包装设计与宫廷、民间包装相比，有着自身显著的特征：一是材料上珍贵，技巧特殊，其纹饰与内容相符；二是以色彩丰富的珍宝作装饰，不计成本，这充分显示出了统治者对宗教信仰的虔诚之心及对包装物神圣与庄严的崇拜，这种崇拜之情更多的是表达人们对神的敬重以及祈求保佑之感。从出土的文物和史料记载看，宗教包装就类别来说，可分为法器类包装及经书类包装。其中，法器类器物主要以扶风法门寺为主，特别是金银宝函的出现，代表了宗教艺术发展的巅峰。经书包装的出现，不仅展现了书籍装帧的形式表达，而且也充分反映了当时纸张制作水平的提高，为宋代纸质包装的繁荣奠定了坚实的基础。

就法器内容来说，有用来盛装舍利、佛指的函、罐。如河北正定开元寺发现的

---

① （宋）司马光著，胡三省注：《资治通鉴》卷181，中华书局1956年版，第16页。

② （唐）京兆释道宣：《广弘明集》卷28《启福篇·行道、度僧天下敕》。

初唐地宫，其中发现 1 件金函，正方形，盝顶，通高 4.4 厘米，边长 2.5 厘米，制作简单，函身用金片连接后底部内折，内置一方形金片作底，盖侧面四角作豁口，此函主要是用来盛装舍利之用[①]；从整个函制看，与法门寺的八重宝函相似，采用方形结构，以显宗教的神秘之感。山西长治发现唐代舍利棺，中间有一长方形石函……内装一带盖白瓷罐，腹径 17 厘米，高 16 厘米，罐内又用折叠很厚的绸子包着金黄色素面金属圆盒一个……盒内装有白色珠半盒，约千粒左右，分量沉重，即所谓的"舍利"[②]，对舍利的保存采用双重乃至多重的包装形式，首先外包装采用白瓷罐，达到防潮、防湿之功效；而罐的里面又将很厚的丝绸品用来包裹一小盒，不仅起到美观之用，一定程度上还方便了人们的提拿；最后将舍利盛放在盒内，起到了多层保护功效。从纹饰看，题材一般为莲花、缠枝等花卉图案，充分显示了宗教的色彩。1964 年出土于甘肃径川县城城关镇水泉寺唐代大云寺塔地宫的舍利包装[③]，四周精刻缠枝莲花为饰，盖面及函体四周通饰以珍珠纹为底的忍冬花纹，线条生动，图案繁杂而美丽。这套舍利包装容器用材考究，纹饰上宗教色彩明显，整体突出庄严而神秘的风格。1959 年，在吐鲁番胜金口的佛寺遗址出土过一种舍利袋[④]，袋面为飞凤蛱蝶团花锦，时代约为晚唐，锦以大红色为底，以纬长浮线显花，金黄色的飞凤、蛱蝶环绕彩色的瑞花翩翩起舞，飞凤体形纤瘦，瑞花团若圆形，图案意味十足，开启了后世花鸟题材装饰化的新风。

法器包装中最具代表性的当推 1987 年在陕西法门寺塔中所发现的用来盛装佛指舍利的八重宝函（图 7-48）。

从组合看，由八个盒组成，其上的结构、装饰极为相似，它们形体大小依次递减，可以用大小嵌套的方式存在，也可以按次序有规律地陈列。当用大小嵌套的方式存在时，层层相套似乎让宝函多了一层凝重的神秘感，表现出被包装物舍利的尊贵与神圣，同时这种嵌套方式也令人们产生浓厚的好奇心与敬畏感。

从造型方式来看，八重宝函的八个盒子都为矩形体造型，在视觉上不仅达成

---

① 　刘友恒、聂连顺：《河北正定开元寺发现初唐地宫》，《文物》1995 年第 6 期。

② 　山西省文物管理委员会：《山西长治唐代舍利棺的发现》，《考古》1961 年第 5 期。

③ 　祝中熹：《宝器五重舍利》，《丝绸之路》2003 年第 2 期。

④ 　尚刚：《隋唐五代工艺美术史》，人民美术出版社 2005 年版，第 85 页。

第一重　　　　第二重　　　　第三重

第四重　　　　　第七重

图7-48　八重宝函

了"形"的统一，而且增强了视觉效果。由于矩形体造型的特点是实体空间大，具有刚劲雄伟、庄重安定的视觉效果，尤其运用在这种放置于寺庙中为众人顶礼膜拜的"圣物"包装上，它所传达出来的必然是一种庄严、肃穆、威严与神圣的感觉。

从材料、制作工艺来看，宝函最外层是一个长、宽、高均为30厘米的银棱盝顶黑漆檀香木宝函。其内装有三个银宝函、两个金宝函、一个玉石宝函和一座单檐四门纯金塔。层层相套的宝函从其材质上看分别为金、银、玉、木，每层宝函外面都用银锁锁上，并以丝带或绢袱包起来。唐代社会经济高度繁荣，黄金、白银的产地众多，其冶炼技术、装饰工艺技术都较为成熟，因此，在宝函材料选择上有五个盒子为金银材料，基本上保持了用材上的统一。其造型优美、做工精细，采用浅浮雕鎏金的表现技法，突出金光银辉的艺术效果，展现了大唐的气派。同时，它采用平雕刀法、宝钿珍珠装及盝顶等工艺，以纯金、银制作的宝函套装形式并于其上，饰以观音和极乐世界等图案来诠释宗教含义。

从装饰语言来看，采用佛家典型纹饰来服务于宗教并为之作一定的宣传。如从里往外层数，第四重宝函正面为六臂如意轮观音图，左侧为药师如来图，右侧为阿弥陀佛图，背面为大日如来图，外壁凿有如来及观音画像等，第七重是鎏金四天王银宝函，顶盖有蛟龙图案，四面各有天王图案等。所有的纹饰都带有神秘的宗教色彩，这无不是佛教密宗内涵的深刻表现。同时，它以客观的装饰纹样反映了当时人们祈求永恒幸福，祈求长生不老，羽化登仙的主观意识和心理感受。

其次，佛教经书的大量翻译和道教造经活动的不断进行，宗教经典包装受到重视，发展迅速。从佛教发展史来看，隋唐时期无疑是译经的鼎盛时期，仅以唐代而论，从贞观三年（629 年）开始，组织译场，历朝相沿，直到唐宪宗元和六年（811年）才终止，前后译师多达 26 人，据统计有唐一代译出的佛典达到 372 部，2159卷，印度大乘佛教的精华基本上被翻译①。从道教发展历史来看，唐代同样是造经的高峰时期，不仅在唐玄宗时期组织编撰了《一切道经音义》，而且魏晋以来有关道教斋醮科仪的资料几乎全部得到整理。佛、道经典译传整理，一方面反映了这一时期佛教和道教的兴盛，另一方面，带动了经书包装的发达。尽管因材质不易保存，有关实物留存至今的甚少，但从有限实物和文献结合，仍可以约略知道这一时期经书包装的有关情况。有学者根据五代时期的花鸟纹嵌螺钿黑漆经箱，材质为木胎，整体造型为长方体，经箱盖为盝顶，箱下设须弥座……此经箱有理由推测是用来盛装佛经。据出土经箱看出，当时佛教制作了大量经书，那么书籍有着怎样的形式，据文献及出土文物可以得出这样的结论②：

隋代	以卷轴装书为主，还有缣帛书。
唐代	盛行卷轴装书，此时出现经折装书、梵夹装书、粘页装书及缝缋装书。其中以《无垢净光大陀罗尼经》和《金刚般若波罗蜜经》出土为典型。
五代	主要是以蝴蝶装书为主，还有旋风装书和卷轴装书，而粘页装书及缝缋装书此时已逐渐退出装帧包装的舞台。

从上述表格可以看出，隋唐五代时期的书籍主要以卷轴装（图 7-49）、经折装书、梵夹装书、粘页装书及缝缋装书、蝴蝶装及旋风装为装帧形式。但就经书包装而言，卷轴装、梵夹装及经折装为代表。

一是卷轴装的传承。从造型看，自竹帛以成卷形态出现后，成为卷轴装形制的雏形。卷轴装始于汉代，盛行于魏晋南北朝及隋唐之际，成为书籍装帧的标准形式，具体造型为：将每张纸张粘贴一起后，以木棒或其他材质作轴，将粘贴好的篇

---

① 王亚荣：《论唐代初期的佛经翻译》，《南亚研究》1994 年第 4 期，第 8—13 页。

② 杨永德：《中国古代书籍装帧》，人民美术出版社 2006 年版，第 411 页。

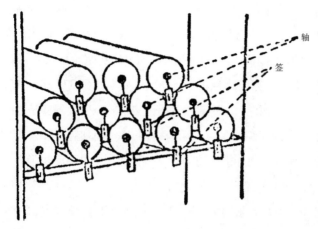

图 7-49　卷轴装

幅自左至右卷起，因而开启书卷，首先映入眼帘的是书籍的右端即首端。《隋书·经籍志》云："凡三万余卷。隋炀帝即位，秘阁之书限写十副本，分为三品：上品为玻璃轴，中品为绀琉璃轴，下品为漆轴"[1]。《旧唐书》引《玉海》云："唐开元时两京各聚书四部，列经史子集，四库皆以益州麻纸写，其本有正有副，轴带帙签皆异色，以别之"[2]，可知，卷轴装是唐代书籍包装的主要形式。而卷是缣帛的计量单位，因而，隋朝时期缣帛书也盛行一时。

佛教传入过程中，尽管译经不断，但其经书形制并不被中土所接受，因此所译经书采用了汉文书籍的表现方式，即传统的卷轴。隋文帝时期，政府曾设立专门部门进行经书的翻译，如隋炀帝"大业中，佛经译成汉文，已达六千一百九十八卷。隋文帝享国二十四年，写经四十六藏，达十三万卷"[3]。在敦煌发现了大量佛书，斯坦因所窃取大量的经卷，整个经书"皆系卷叠圆筒，高约九寸半至十寸半"，很平的卷子，外部裹以丝织品，以防遭到损坏，卷中插以小轴，轴端或系以结，可便于展开查阅。

此外，卷轴装的经书还出现了扉画，这是较为特殊的形式，自唐代开始。典型

---

① （唐）魏征等：《隋书》卷 26《经籍志》，中华书局 1973 年版，第 908 页。

② （后晋）刘昫：《旧唐书》卷 47《经籍下》，中华书局 1975 年版，第 2082 页。

③ 钱存训：《书于竹帛》，上海书店出版社 2004 年版，第 15 页。

代表为《金刚般若波罗蜜经》，简称《金刚经》，扉画后是四边都有的方框线，其设计者将经文有意印刻在框内，如《无垢净光大陀罗尼经》，但无扉画。

从卷轴装的装潢看，书籍纸张需要一定的装潢，即通过浸泡等方法而达到防虫蛀的目的。据北魏时期《齐民要术》的记载，要求书籍纸张质地坚厚，黄纸最佳。尔后将其深入药水进行浸泡，后以熨斗熨平，进而达到便于装订及防虫蛀的作用。因而早在5世纪时，人们便不自觉地对书籍纸张进行了一定的装潢，从敦煌出土大量佛经可看，其纸张为黄纸，而非白纸，不仅易于书写，且表现出耐用、美观。

书籍装潢不仅对纸张有所要求，且对卷轴也有了一定的装饰。如对卷轴装中褾的装潢，唐太宗时期书籍采用紫罗褾形式，而梁朝时便采用青绫褾，到了安乐公主后主要以黄麻纸褾为主，对纸张的装饰用以绫、罗、绢及锦等不同色彩的织品。

二是梵夹装的传入。梵夹装乃番邦之物，将其佛经写于贝叶之上，故又称"贝叶经"。从材质看，主要为贝多树叶，因表面光滑，易于书写，但由于树叶晒干后易于损坏，因此在叶之上穿以小洞，通过绳串联的方法加以捆绕夹板。

从造型看，中国式的梵夹装由于贝多树较少，取而代之的是一支支竹简将这些简按顺序用绳编排好。此时梵夹装的出现，引入了"页"与"页码"的概念。

总体看，唐五代后期，梵夹装逐渐衰落，但在经书包装中继续发展，其造型将西域与中国相结合，即将木板进行相夹，再以一定的布带进行捆扎。

三是经折装的确立。经折装首先用于佛经领域，隋唐五代时期，虽主要以卷轴装为主，但由于一定的原因，还是出现了大量的经折装包装。如当僧尼、道士在正襟危坐，诵读经书时，往往卷轴装由于篇幅过长，不易使用，因而他们在此基础上把书轴取消，将纸张进行有秩序的折叠，这便于僧人一页页地翻动。经折装的出现，不仅丰富了书籍装帧形式，而且就形式而言，延长了书籍使用的寿命。敦煌遗书中，经折装的代表作为《入楞伽经疏》，为唐写本经折装图版[①]。五代之后，大量佛、道的典籍大多采用此形制。

除此之外，统治者不仅重视经书书籍的装帧，对一般的经史子集类书籍也进行了一定的包装，如粘页装书及缝缋装的盛行，这两种形制的装帧为唐五代时期所独

---

① 钱存训：《印刷发明前的中国书和文字记录》，印刷工业出版社1988年版。

有，以后便逐渐消失。

粘页装、缝缋装书，张邦基在《墨庄漫录》中引用王洙语："作书册粘页为上，久脱烂苟不逸去"，这里书籍的制作方法便是将书页进行粘合。此种形态的书籍有两种形式，杜伟生在其所著《中国古籍修复与装裱技术图解》中有详细叙述。粘页装书的出现，为后来蝴蝶装帧技术的产生提供了前提。

相对于佛教经典包装而言，隋唐五代时期道教典籍的包装，无论是遗存实物，还是文献记述，都较为罕见，从独孤及《送李白之曹南序》说李白"仙药满囊，道书盈箧"[①] 来看，似乎道家用箧来盛装道书，这有别于佛书的盛放。不过，道书也有采用函箱来盛装的做法，如《洞玄灵宝道学科仪》卷上《敬法服品》明确规定："若道士，若女冠，上衣褐帔，最当尊重。……一者，未着之前，函箱盛之，安高净处；二者，既着之后……"[②] 从出土实物来看，用来盛装经书的包装容器，道教有用铜盒的做法，如在西安西郊沣路出土的折叠形手写经咒绢画一团，它放置于一铜盒之内，整体造型为长方形，有盖[③]。可见，对佛、道经书的盛放有着不同包装。

宗教风格的包装作为特殊的包装形制，虽然是宗教活动开展和传播的需要，但很大程度上是统治阶级意志的反映，它一方面是宗教教义的符号、宗教物化的形式之一；另一方面，它更多地体现了上层社会掌握国家机器的重要手段，统治者通过舆论、思想来控制广大的劳动人民，这种神学的物质符号的载体是社会文化的特殊表现，通过它本身的神秘性、威慑性特点来更好地为上层服务，因此宗教包装艺术是有别于传统的包装艺术，带有一定的功利色彩。

第四节　民族地区包装的发展及表现

自古以来，我国中原汉族和周边的少数民族有着剪不断的历史渊源，其各族间的政治、经济及文化的交流是维持这种渊源的纽带。特别是到了隋唐五代时期，由于政治趋于稳定、社会升平、国力强盛、统治者便产生"扬国威、徕远人"的欲望，

---

① 房本文：《李白"紫绮裘"考》，《西北大学学报》2008 年第 6 期。

② 房本文：《李白"紫绮裘"考》，《西北大学学报》2008 年第 6 期。

③ 荣新江：《唐研究》，北京大学出版社 2004 年版，第 528 页。

追求"四夷降服，海内又安"的政治目标，所以多层次、全方位展开了民族交流与融合。在这种民族政策下，当时的少数民族突厥、回鹘、吐蕃、南诏、靺鞨等深受隋唐王朝先进文化的影响，加快了民族演进的历程，创造了具有鲜明的民族性、地域性的文明，包装就是其物质文明中的一种。

一、西北地区

南北朝至隋代，对于西北地区少数民族，史书中有韦纥、袁纥、乌护等多种译法。隋炀帝大业中，以韦纥为首的铁勒诸部组成联盟，称"回纥"[1]，这是回纥的名字最早见于史书。到了唐德宗贞元四年，回纥首领向唐朝上表请改回纥为回鹘[2]。回鹘作为西北地区的少数民族之一，属游牧部族，"居无恒所，随水草流移"。而日常生活中，回鹘人嗜酒，及进入中原，则常常饮酒。史载："帝坐秘殿……置朱提瓶其上，潜泉服酒……注之瓶"[3]。

由于回鹘与唐王朝有着友好的往来，所以受中原文化的影响巨大，如回鹘在与唐的绢马贸易中，换回了大量的丝织品、金银器等。回鹘汗国时期，由于商业、手工业和农业的水平都大大超过前代，在唐代和中亚粟特人的帮助下，回鹘人在草原上建立了大量的城镇。曾经游历漠北草原的阿拉伯人塔米姆·伊本·巴哈尔在游记中对回鹘汗国作过如下描述："这是一座大城市……广开市集，可汗的帐子是金子做成，城内外均有冶炼、制陶、纺织等手工业作坊"。令人遗憾的是尚未发现文献史料及遗存实物明显说明回鹘民族包装的具体情况，但从手工业的发展程度及统治者的需求，我们可推测：回纥有着自己的包装艺术及与中亚甚至和中原王朝相融合的包装特色。

二、北方地区

隋唐时期，突厥是我国北方地区的少数民族之一。据《周书·突厥传》记载，

---

[1] （后晋）刘昫：《旧唐书》卷 195《回纥传》，中华书局 1975 年版，第 5195 页。

[2] （后晋）刘昫：《旧唐书》卷 195《回纥传》，兹考《通鉴考异》订正为贞元四年，中华书局 1975 年版，第 5210 页。

[3] （宋）欧阳修、宋祁等：《新唐书》卷 217 上《回纥传》，中华书局 1975 年版，第 6113 页。

为匈奴的后裔①。公元 552 年，强大的突厥汗国取代了柔然等族的霸主地位，君临于漠北、西域，后伊利可汗称汗建国，开创了突厥历史的新纪元②，约 556 年前后，突厥汗国进入强盛时期，但随之而来的便是集团内部矛盾的凸显，公元 583 年突厥出现了分裂的局面，形成了历史上的东、西二突厥。突厥经济以畜牧业为支柱，农业、手工业并存。这种经济格局的形成，是受到了中原地区先进农耕文化的影响而产生发展起来的。

由于生产方式和经济结构的变化，突厥内部与生产生活方式密切相关的包装，一方面存在内地包装的移植情况；另一方面，存在因内地包装影响其原有游牧生活方式下包装的情况。后一种情况使突厥原有包装功能得到完善和拓展，同时烙上民族文化融合的痕迹。

这里我们姑且不论中原内地隋唐王朝对突厥包装的直接移植，单就其民族自身包装物及受内地影响情况而论，在造型方面，突厥与其他游牧民族一样，包装在设计上追求简单、便捷、实用，主要的包装容器为罐、囊，用于盛装奶制品等赖以生存的生活必需品，同时罐类容器还兼具烧煮功能。如在今天山北麓出土一种黑陶圆底罐，为古突厥遗物，圆底罐还能在支架上悬挂炙火③，从整个罐形看，腹部宽大，可增加盛放空间使用率；而圆底，口较小，适合于烤炙。这种罐的形制为中原内地所不见，其形态虽然并不美观，但在游牧生活中却十分实用。

在包装材料方面，具体体现在：一是便于制作，易于成型；二是防漏、潮、腐，其性能较好；三是突厥人民生活的真实体现。畜牧业是突厥全部的社会经济生活主要的支柱，"其俗畜牧为事，随逐水草，不恒厥处，穹庐毡帐，被发左衽，食肉饮酪，身衣裘褐"④，举凡衣、食、住、行生活所需，无不取给于牲畜，因此以羊、马为主，马除供役使外，还以其乳为酒，是突厥人喜爱的上等饮料。从史料记载可以看出，突厥人好酒，盛装酒的器物为皮囊，而皮质品是游牧民族最初的使用材料，

① 《周书·突厥传》又记："或曰突厥之先出于索国，在匈奴之北。"《隋书·北狄·突厥传》作："突厥之先，平凉杂胡也，姓阿史那氏。"

② 薛宗正：《突厥史》，中国社会科学出版社 1992 年版，第 86 页。

③ 薛宗正：《突厥史》，中国社会科学出版社 1992 年版，第 126—127 页。

④ （唐）魏徵等：《隋书》卷 84《突厥传》，中华书局 1973 年版，第 1864 页。

其来源广，制作时易于成型，充分显示了马背上人们生活的习俗。皮质品由于密度细、耐酸，达到了不易腐蚀的效果。

三、西部地区

中国古代西部地区，在隋唐五代时期生活着一个实力强大的少数民族政权，即吐蕃王朝。它是 7—9 世纪我国藏族的先民在青藏高原建立的少数民族政权，由青藏高原的土著居民和迁徙到本地的羌人结合而成[①]。吐蕃时期的社会经济，由藏族的农业、畜牧业、手工业、商业组成，其统治者打破了封闭的高原世界，与外界有着频繁的交往，使本族懂得和掌握了许多先进的科学知识与技术，为生产生活文化奠定了坚实的基础[②]。这一时期的包装设计，无论是在造型、装潢，还是制作上均有大幅度的提升，成为藏族包装发展历史上极为重要的时期。

吐蕃时期的手工业在社会经济活动中，发挥着重要的作用，其发展的原因大致可分为：一是对唐的战争和唐蕃"和亲"中，获得大量的工匠，这在文献史料中不乏记述；二是可能在与中亚等地的战事中获得的工匠。外来工匠将先进的手工技术、材料的选取方法带入吐蕃，从而推动了吐蕃手工业的发展[③]。随着手工业的发展，包装艺术也有了新的发展，多民族文化相互融合，迎来了藏族包装文化设计的大发展。

吐蕃包装由于受到本族或异族文化的影响，呈现出民族融合的特点。当然，这种融合始终是建立在生产、生活的实用基础上的。众所周知，吐蕃亦属游牧民族，有着居无定所的生活环境，而畜牧业为主要的经济支柱，农业、商业也只是在此基础上发展起来的副业，在此背景下，包装在设计时必须保证物品的安全，防动荡、便于就地使用的功能外，主要体现在以下两方面：

首先，包装艺术在设计上简洁、大方、实用，主要的包装品分为罐、仿生的动物形象容器、瓮、瓶、袋、**囊**、壶等，这些包装容器就整体造型看，无太复杂的造型，较简洁大方，形制的设计上易于携带与安放。如在林芝地区出土的小口细颈平

---

①　袁行霈：《中华文明史》卷 5，河北人民出版社 1989 年版，第 180 页。

②　才让：《吐蕃史稿》，甘肃人民出版社 2010 年版，第 230 页。

③　才让：《吐蕃史稿》，甘肃人民出版社 2010 年版，第 243 页。

底罐，乃东普努沟出土的圆底罐，形制上或有耳、流等，纹饰为素面，也有饰蓝纹的[1]。林芝地区的平底罐，从形制看，腹部宽大，颈部细小，易于物品的盛放，由此可推断出用来盛装酒或水等液体，而平底的设计则增加了整个罐身的稳定性，在局部的造型上，设计耳或流达到了便于提拿，不易脱落的实用功能。又如吐蕃人无论男女均喜欢喝酒，《旧唐书·吐蕃传》说吐蕃人"接手饮酒"[2]，而吐蕃人也用酒来祭祀神灵，简牍文献载："献降神酒，一小满罐祭神之酒、饮用酒一扁壶"[3]，从中可知，吐蕃的罐、壶是用来盛装酒或水，从形制看，体积较小，便于拿握。

其次，从材料方面看，游牧民族的皮革是主要的包装材料。如皮制箭囊，包装的囊袋[4]，以及其他日用品包装等。此外，陶质包装容器，在吐蕃时期亦大量被烧制。从考古发现和文献史料记载，吐蕃时期的陶器成为人们生活中的必需品，这在考古发掘的吐蕃墓葬中屡有出现。至于金属包装容器，因青藏高原物产丰富，吐蕃统一之前人们已经开采金、银、铜、铁等矿物，如白兰国"出土黄金铜铁"[5]。到了吐蕃时期，则出现了规模较大开矿业，《新唐书·吐蕃传》云："其宝，金、银、锡、铜"[6]，由于中原内地、尼泊尔和中亚地区工匠的到来，在金属加工技术方面有了大的改进，金属包装容器的制作迅速发展，西藏博物馆中所藏这一时期的金属容器，虽包装的专属性尚不明显，但可以看出已存在金属制造加工业和受外来加工工艺的影响。

需要指出的是：吐蕃作为藏族发展历史上的重要时期，唐王朝的影响不可低估，自文成公主入藏和亲开始，从此汉藏"和同为一家"，中原的先进生产技术和物质文化大量涌入青藏高原。到高宗时期，松赞干布又派使者遣唐，"请蚕种及造酒、纸墨之匠等"[7]。唐中宗时期，金城公主以和亲方式嫁予吐蕃赞普赤德祖赞时，

① 童恩正：《西藏考古综述》，《文物》1985年第9期。
② （后晋）刘昫：《旧唐书》卷196《吐蕃传》，中华书局1975年版，第520页。
③ 王尧、陈践：《吐蕃简牍综录》，文物出版社1985年版，第72—73页。
④ 耿昇：《马苏第黄金草原》，《甘肃民族研究》1986年第3期。
⑤ 达仓宗巴·班觉桑布：《汉藏史集》，四川民族出版社1985年版，第176页。
⑥ （宋）欧阳修、宋祁等：《新唐书》卷216《吐蕃传》，中华书局1975年版，第6072页。
⑦ （后晋）刘昫：《旧唐书》卷196上《吐蕃传》，中华书局1975年版，第522页。

赠以锦缯、杂伎百工和龟兹乐，并于开元二十一年（773年），唐、蕃在赤岭（今青海湟源西日月山）定界树碑，与甘松岭互市。有唐一代，与吐蕃往来十分密切。唐朝的物产和工艺技术对吐蕃社会产生了重大影响。唐太宗伐辽东回来，松赞干布甚至派遣噶尔·东赞使唐以示祝贺，他带去一只大金鹅，实际是一件名贵的大酒器，史载："其鹅黄金铸成，其高七尺，中可实酒三斛"[1]，此器物造型为仿生形，极具藏族特色。到了赤德祖赞时，名悉猎使唐，所献礼品有"金胡瓶一"[2]，器物造型带有浓郁的藏族风格的同时，内地金属加工工艺明显，其整体造型细长、宽大，有着较强的实用性功能，为汉藏设计风格和工艺结合的包装容器。

四、西南地区

在云南滇池地区，隋唐时期分布着西爨、东爨等一些蛮族部落，西爨又称白蛮，受汉文化影响较深，经济文化发展水平较高。东爨又称乌蛮，经济生活以畜牧业为主，分为6个大部落，称"六诏"。公元8世纪上半叶，南诏王蒙皮逻阁得到唐玄宗的支持，于开元二十六年（738年）统一了六诏，建立了一个以大理为中心，统治范围达到今云南东部、贵州西部、四川南部的南诏奴隶制政权[3]，一直到唐昭宗天复二年（902年）被大长和国所取代，南诏由于受到唐王朝的大力扶持，在政治、经济、文化等方面表现出了一定的先进性，如政治体制上仿效唐六部设六曹，地方组织以洱海为中心，分为十睑六节度，经济上实行均田制，文化上更是采取非常积极的态度。在这样的社会环境下，社会手工业部门突飞猛进，深深影响了包装艺术的充分发展。

与前述少数民族的社会经济结构有着明显的不同，南诏政权下农业占据主导地位，农作物种类、耕种方式、收获产量等与中原内地并无差别，除粮食种植外，还种植桑、柘、麻、桃、李、橘、木棉、荔枝、槟榔、椰子等，男耕女织是境内主要的家庭经济模式。手工业以煮盐和冶铸业为主。南诏的这种社会经济形式，决定了其包装主要以农耕社会包装为主，包装设计围绕农产品而进行，以保护产品和便于

---

① （后晋）刘昫：《旧唐书》卷196上《吐蕃传》，中华书局1975年版，第5222页。

② （后晋）刘昫：《旧唐书》卷196上《吐蕃传》，中华书局1975年版，第5231页。

③ 王永平：《中国文化通史·隋唐五代卷》，中共中央党校出版社1996年版，第113—114页。

贮运为目的，其材料以木、竹、藤、草和织品为主，充分体现其原生态性。这种用材和设计理念沿用至今不废。当然，由于南诏政权与唐王朝关系复杂，交战不断，同时由于与吐蕃往来密切，受唐王朝和吐蕃影响较多、较大。所以在统治集团内部其包装在一定程度上受到这两个政权的影响，冶铁、铜与金银饰加工较为发达，史料记载，南诏贵族使用的器皿多为金银制品，如金镂盒子、银水瓶等，广泛用于制造各种区别身份、等级的器物①。可见其统治阶层与下层百姓，在物品包装方面是有区别的。

　　以上我们简要论述了隋唐五代时期各少数民族政权下包装的主要情况及其特点，不难发现：这一时期，周边的各少数民族在自身发展过程中，均积极吸纳内地优秀文明，不断提高本族的生产力水平，这种态度顺应了时代发展的要求，推动了多民族中华文化的发展，缩小了因历史、地域等形成的发展的不平衡性，同时，在一定程度上为中华文明注入了新鲜血液和影响因子，推动了中华文明的发展。

① 谷跃娟：《南诏史概要》，云南大学出版社 2007 年版，第 100 页。

第八章　两宋时期的包装

　　宋朝经历了北宋、南宋两个阶段，历时共 320 年（公元 960—1279 年），在中国历史上向来被认为是一个积贫积弱的时代而遭受诟病。究其原因，主要是因为与前代大一统的秦汉、隋唐王朝相比，一方面宋朝的疆域相对较小，至南宋时期甚至仅有长江以南的半壁江山；另一方面与宋朝并立的还先后有契丹（辽）、夏（西夏）、金、蒙古（元）等少数民族政权，宋朝在与这些少数民族政权的对峙中一直处于下风，多以战败求和，通过割地，输供茶叶、布帛、白银和降低身份等方式，苟延残喘。但事实上，在这种表象的背后，宋朝在经济、文化、科技、艺术等方面均取得了极大成就，经济取得长足发展、科技获得显著进步、文化艺术全面繁荣来形容这一时期并不为过。

　　宋朝作为民族大融合的进一步加强和封建社会的继续发展时期，其物质文明和精神文明所达到的高度，在整个封建社会中是令人瞩目的。经济的长足发展推动了商品生产和商品交换的发展，促进了市镇的大量兴起和原有古老城市的扩张，进而带动了两宋包装的大量出现并朝多样化发展；全民生活水平的富庶，推动了两宋的精神需求，使两宋的包装设计的艺术性达到一个新高度；科技的创新与进步，使包装材料和包装技术的运用得到扩展与完善；航海技术的领先水平，海外贸易的频繁，带来中外包装的交流与发展，促进了中外包装艺术的双向交流。总之，两宋时期的包装设计艺术在经济文化和科技高度发展的时代背景下，步入了一个全新的发展时期。

第一节　宋代商品经济的发展与商品包装的大量出现

两宋时期是我国古代经济高度发展的时代，其发展程度居于当时世界的最高水平，这是中外学者普遍认可的事实。两宋的经济如同她灿烂的文化一样，在中国古代历史上占据着非常重要的地位。这是一个在经历五代十国的战火之后，休养生息、重视种植的年代，是土地买卖高度自由，私有个体经济享有最大空间的年代，是中国经济重心南移的确立年代。宋代经济突飞猛进，创造了空前的财富与繁荣。产品商品化的程度更是超越以往任何时候，在全国各地涌现了繁荣的城市、市镇，货币流通扩大需求，诞生了最早的纸币；以指南针、活字印刷术和火药等为代表的技术发明和工艺改进，使产品生产质量和效率大大提高；租佃关系的松弛，使手工业队伍规模扩大，分工更细。这一切使两宋包装不仅获得了空前发展，而且出现新的变化，即开始围绕商品生产和商品销售而开展的时代。

一、两宋时期商品经济的发展对包装的影响

宋真宗至宋哲宗统治时期是北宋历史上一个重要的发展阶段，由于实施两税法、代役制和租佃制等新的经济制度，从而激发了广大农民的生产积极性。农业经济的迅速发展促进了手工业、商业的发展。北宋的造船、矿冶、纺织、染色、造纸、制瓷等手工业，在生产规模和技术上都超过了前代。

南宋政权趋于稳定后，社会经济逐步恢复、发展。尽管南宋国土比北宋减少五分之二，但当时农业生产发达地区却都在南宋境内，因此，南宋农业生产的总体水平并不亚于北宋。而南宋手工业生产的技术、规模方面则都超过北宋。宋以前的历代王朝，都是头枕三河、面向西北的内陆国家。然自中唐以后，我国开始由内陆型国家向海陆型国家转变：广州、泉州等大型海港相继兴起，东南沿海地区以发达的农业、手工业和商品经济为后盾，表现出向海洋发展的强烈倾向。特别是宋室南渡之后，为形势所迫，更加依赖外贸，刺桐港即泉州正是在此时成为当时世界上的第一大港。海外贸易的发展，在很大程度上推动了为满足长途运输过程中保护商品、

防止产品损坏需求的包装的发展，因此大件运输包装在前代基础之上有了长足的进步。如泉州湾宋代海船中发现有大量的陶瓷器、铜铁器、文化用品以及香料木、药物等遗物，其中部分药物上还有用绳索捆扎的包装痕迹。至于从遗物中所发现的竹编器、木小容器、木桶、木栓、圆形木盖等来看，更是专为盛装出口物品而特意制作的运输包装容器。有一件墨书有"南家"字样的木盖，应该是商铺的名号，亦可以佐证。尤其值得一提的是，沉船中还发现了96件之多的木牌，其中有墨书文字的88件，应属货物的标签①。这显然是针对出口货物，为方便物流过程中的管理而设置的，这是前代商品运输和贸易过程中尚未有过的做法。在海外贸易的刺激下，东南地区以生产交换价值为己任的商品经济日趋繁盛，以分工和专业化生产为基础的市场机制在经济生活中发挥更大的作用，于是原先头枕三河、面向西北的立国态势，一变而为头枕东南、面向海洋。这个转折的实质性内涵是从自然经济转向商品经济，从单一种植经济过渡到多种经营，从基本上自给自足到专业分工有所发展，从主要生产使用价值转为生产交换价值，从习俗取向变为市场取向，从封闭经济走向开放经济。这一切表明，宋代，特别是南宋东南沿海地带的商品经济发展到了一个崭新的阶段。经济的发展和进步，成为两宋商品包装全面发展和大量出现的坚实经济后盾。

1. 传统农、商、工观念的转变，是两宋经济发展和包装大量出现的保证

北宋中期，随着商品经济的发展，冲击着社会思想领域，促使人们的思想观念乃至整个社会风气发生了历史性的改变——"重本"而不"抑末"。秦汉以来的"重农轻商""重本抑末"的正统观念开始动摇。社会经济的这种转型，使不少家庭，尤其是城镇家庭，能够顺时之变，注重务工经商，并引发投资经营方向出现较大变化。在不少家庭，传统的主体投入农业，被长期以来为官府和社会所唾弃的商业所取代。当时，住在北宋首都东京汴梁的市民，只要是临街而住的，家家户户开办作坊或店铺，不临街面的居民或外来人口，则在商业街上摆摊设点，就连政府各衙门附近，也出现了很多私人的商业店铺，出现了官民杂处、民

① 泉州湾宋代海船发掘报告编写组：《泉州湾宋代海船发掘简报》，《文物》1975 年第 10 期。

生兴隆的状况①。到了南宋，这种情况依然如故。《梦粱录》中载：南宋都城临安的老城区的景象"自大街及诸坊巷，大小铺席，连门俱是，即无虚空之屋。每日清晨，两街巷门，浮铺上行，百市买卖，热闹至饭前，市罢乃收。盖杭城及四方辐辏之地，即与外郡不同。所以客贩往来，旁午于道，曾无虚日。至于故楮羽毛，皆有铺席发客，其他铺可知矣"②。由此可见，宋代城市中，到处有私人经营的各种作坊和店铺，其中店铺数量较前代相比也有大幅度的增多。与此同时，店铺中所贩卖产品的种类极为丰富，涉及人们日常生活的方方面面，有瓜果蔬菜油盐、普通的家用物品、室内装饰品、娱乐用品、玩具等③，几乎无所不有，无所不卖。在这种市场环境之下，各类包装，尤其是为满足商品促销的商品包装得到了全面的发展，不仅种类和数量大为增多，而且包装上商品促销的意图也十分明显。最典型的例子莫过于现保存于中国历史博物馆的北宋时期济南刘家针铺的用来包装针的包装广告铜版。

众所周知，自商鞅变法以来，"重农抑商"政策得到了历朝各代统治者的大力推广，成为封建立法的主体精神之一，不仅在民法中有充分的体现，而且在刑法中也有明确的规定。这种做法，无疑桎梏了商品经济的发展，也使农业缺少了发展动力。到宋朝，调整了历代立法中重刑法、轻民法的传统做法，通过专卖法来解决农、工、商中存在的问题和矛盾，出台了包括盐法、酒法、茶法等专卖法令。这些经济法令，统一了国家与经济活动者之间的利益分配问题，顺应了商品经济的规律。随之而来的是商业的兴旺，贸易的繁荣，手工业的发展，货币流通的便利，宋朝所出现的世界上最早的纸币——交子，就是在这种背景下诞生的。

为了促进民间商业的发展，宋朝政府还制定法规限制垄断，维护市场的公平竞争。例如，《宋刑统》中规定："诸买卖不和，而较固取者；较，谓专略其利。固，

---

① 谢贵安：《从宋明时期家庭经济的经营看中国文化的转型》，《中南民族学院学报》1998 年第 1 期。可参读（宋）孟元老撰，邓之诚注：《东京梦华录注·东角楼街巷》，中华书局 1982 年版，第 66 页。书中载有汴梁城东南角是商铺云集的地方："自宣德东去东角楼乃皇城东南角也……最是铺席要闹……东去乃街……余皆真珠、匹帛、香药铺席。南通一巷，谓之界身，并是金银、彩帛交易之所……以东街北曰潘楼酒店，其下每日自五更市合，买卖衣物、书画、珍玩、犀玉……"

② （宋）吴自牧：《梦粱录·铺席》，商务印书馆 1939 年版，第 114 页。

③ 参见（宋）吴自牧：《梦粱录·诸色杂货》，商务印书馆 1939 年版，第 117—119 页。

谓障固其市。及更出开闭，共限一价；卖物以贱为贵，买物以贵为贱。若参市，谓人有所买卖，在旁高下其价，以相惑乱。而规自入者，杖八十。已得赃重者，计利准盗论。"① 这种立法的宗旨和导向，无疑有利于民间商业的发展，在带来了宋朝工商业的极度繁荣的同时，还缓和了社会矛盾。无怪乎有人认为：宋朝的经济，尤其是第二、第三产业得到了极大的发展，人民生活水平达到了空前的高度。构成国家财政收入主体的，已经不再是农业，而是工商业了，宋朝已经走出农业文明了，宋代中国的农业社会已经在开始向工商业社会迈进了②。在此种背景之下，两宋的包装呈现出俨然不同于前代的特点，转而朝世俗化、商品化方向发展，进而表现出轻巧玲珑、典雅秀丽等风格特点。

随着两宋商业的繁荣以及商品经济的发展，使与之密切相关的包装在品种、数量上空前增多，同时也使包装在商品交换和商品流通的过程中，形成区域与区域之间、城市与乡村之间、宋与异域之间在包装的设计、技术和风格上的一种互渗的特点③，并积淀为鲜明的时代风格和特征。总之，传统农、商、工观念的转变，不仅带动了两宋商品经济的发展，同时也为包装，尤其是商品包装的大量出现提供了强有力的思想保证。

---

① 薛梅卿点校：《宋刑统》，法律出版社 1999 年版，第 484 页。

② 徐红：《论宋朝政府在商品经济发展中的作用》，《湖南社会科学》2001 年第 1 期。

③ 关于包装在设计、制作上的互相影响，我们可以从众多记述与造物艺术相关的宋人笔记文献中窥见一斑。兹列数条，以期说明。1.（宋）王之望：《汉滨集》卷八 "论铜坑朝札"："（铜山县）新旧铜窟凡二百余所，匠人近二百家，与鄞县出铜器地，名于打铜村，相去数十里。其于打铜村铸造之家亦百余户……所铸器物多是汉州及利州大安军等处客贩。又，四川贩铜悉集于此，故铜器为多，不皆出于本县。" 由此可见，当时的城乡之间，尤其是乡村的产品也有相当一部分输送到了附近的城镇或者较大、距离较远的城市中。这虽然不是能直接证明包装在创作上的相互影响，但一定程度上反映了城乡之间造物艺术之间的交流。参见（宋）王之望：《汉滨集》，文渊阁四库全书电子版，上海人民出版社、迪志文化出版书社 1998 年版。2.《都城纪胜》中载："自大内和宁门外新路，南北早间珠玉、珍异、及花果、时新海鲜、野味、奇器，天下所无者，悉集于此。""锦体社、八仙社……七宝考古社，皆中外奇珍异货。" 这一条史料反映了当时城市中除了本国制作的产品，也有来自异国他乡的舶来品，这无疑是增进了宋与异域之间包括包装在内的造物艺术的交流。参见（宋）耐得翁：《都城纪胜》，中国商业出版社 1982 年版，第 2、12 页。

2.农业的发展，是封建经济发展和包装产品丰富多样的物质基础

五代十国长期的分裂割据和战乱不休，使宋初田地荒芜的现象十分严重，宋太宗时，据文献记载，即使在京畿附近的二十三州，田地的开垦不过百分之二三十。随后，通过一系列政策措施招诱流民归业，经广大农民群众的辛勤开发，不仅荒地复耕，而且垦田数不断增长。据《文献通考》载：开宝末（976年）"天下垦田二百九十五万三千三百二十顷六十亩"。到至道二年（996年），垦田有"三百一十二万五千二百五十一顷二十五亩"。天禧五年（1021年），垦田则达到了"五百二十四万七千五百八十四顷三十二亩"。[①]特别值得一提的是宋代农业的发展过程中，江南的全面开发和经济重心的南移。原来号称为蛮夷之地的江南地区经过百余年的不断开发，已成为"浙间无寸土不耕"，苏州地区是"四郊无旷土，高下皆为田"，即使在闽中等山地丘陵区也根据地形，也开发能"缘山导泉"的梯田[②]。与土地大量被开垦的同时，宋代还大兴水利，灌溉农田，注重农具改进，使单位面积产量和总产量均有较大幅度增长，以至有"苏湖熟，天下足"之称；农作物品种开始改良，不仅南北方农民进行生产经验和作物品种的交流，还从西域引入绿豆、西瓜，从越南引入成熟早，抗旱力强的占城稻；经济作物的种植也迅速展开，棉花种植逐渐从海南岛、福建、两广地区向北传播。养蚕和种桑、麻的地区比以前也有扩大。甘蔗主要在浙江、福建、广西以及四川的一些地区种植。茶叶的栽培遍及大半个中国，淮南、江南、两浙、荆湖、福建及四川诸路，茶园十分普遍。仅在江南、两浙、荆湖、福建地区输送政府专卖机构的茶叶，每年就达一千四五百万斤。茶叶已成为人们的生活必需品，同时也是国内外市场上的重要商品[③]。总之，农业的发展不仅为丰富广大人民物质生活提供了条件，而且形成了区域特色和规模效益，为农产品的商品化提供了可能。《宋史·食货志》中记载，属于农（副）产品的商品有：茶、谷、麦、菽、糯米、青稞、糙米、刍粮、瓜、水果、蔬菜、木材、薪、炭、竹、牛、羊、鸡、鸭、鱼、橐驼……其中粮食和茶叶的市场流通量很大，

---

① （元）马端临：《文献通考》卷4《田赋四》，中华书局1986年版，第57页。

② 吴怀其：《中国文化通史》（两宋卷），中共中央党校出版社2004年版，第28—30页。

③ 葛金芳：《中国经济通史》（第5卷），湖南人民出版社2002年版，第437—443页。

是这一时期市场上的大宗商品①。

农产品种类的丰富和商品化程度的提高，以及人民生活的相对富足，给两宋农产品包装带来广阔前景，农产品及其加工而成的商品成为两宋包装的主要对象之一，突出表现在食品包装、茶叶包装、酒包装等方面。昔日主要是自给自足的农产品，到宋代从方便运输、储存的简易式包装到豪门贵族间的奢侈礼品包装，都呈现出多样化和大量的发展与繁荣气象。与此同时，为满足产品在长途贩运过程中的一系列需要，也出现或发明了专门的运输包装和包装技术。《东京梦华录》中载，有卖鲜活鱼的商贩，用带叶子的柳叶枝条浸泡于盛装有活鱼的浅水木桶中，以此来使鱼到消费者手中仍然鲜活："卖鱼生鱼则用浅抱桶，以柳叶间串，清水中浸；或循街出卖……"②从包装角度来看，这实际上是一种包装方式或包装技术，因为将柳叶浸泡于浅水桶中，可起到某种程度上的光合作用③，以增加水中的氧气含量，从而延长鱼儿的性命，具有保鲜的功能，同时在卖鱼的时候，柳叶枝条还可用来拴鱼，以方便顾客拎着回家。

3. 手工业的发展，带动了包装工艺的进步

两宋的手工业无论是生产规模，还是技术水平，均大大超越了前代。各种手工业作坊内部分工细密，生产技术显著提高，产品的种类、数量和科技含量均大为增加。在手工业领域，不仅具有科技与工艺创新的意义，而且有着艺术文化发展的价值，包装成为体现这种创新和价值的重要载体。

宋代手工业大体可以分为官营和私营两种形式，官营手工业是指政府控制的手工业工场、作坊、场院等，其产品部分作为商品在市场上流通，大部分供官府使用。宋代官办手工业组织比唐代更为庞大，在少府监下有文思院，"掌金银犀玉工

---

① （元）脱脱等：《宋史》卷147《食货上二》，中华书局1977年版，第4202—4203页。"谷之品七：一曰粟，二曰稻，三曰麦，四曰黍，五曰稷，六曰菽，七曰杂子。……物产之品六：一曰六畜，二曰齿、革、翎毛，三曰茶、盐，四曰竹木、麻草、乌菜，五曰果、药、油、纸、薪、炭、漆、蜡，六曰杂物。"

② （宋）孟元老撰，邓之诚注：《东京梦华录注·鱼行》，中华书局1982年版，第130页。

③ 光合作用：绿色植物利用光能将其所吸收的二氧化碳和水转化为有机物和氧气。

巧之物，金彩绘素装钿之饰，以供舆辇、册宝法物，及凡器物之用"①。文思院领有玉、银泥、扇子、捏塑、牙、销金、绣、刻丝等四十二作。文思院之外尚有绫锦院、染院、裁造院、文绣院，掌管大规模织染刺绣服饰的制作。另外内侍省里有造作所，"掌造禁中及皇家属婚娶名物"，造作所领有八十一作。文思院和造作所的加工性质属于高级奢侈品部分的手工艺，而且可以看出分工的细密。大规模的陶瓷生产和丝织一样另有专官②。官营手工业以京师和原材料产地为主，其生产的发展与产量的提高，以及其消费以皇室和贵族为主要对象的情形，使复杂的物流的形成成为必然，使宋代官营手工业中为物流和商品保质需要的包装备受关注和重视。因而刺激了官营手工业中包装的发展。

私营手工业形式多样，一种是农民的家庭手工业，这是作为农民的副业而存在的，除了生产自己需要的产品之外，也有作为商品进入市场的，农民借此增加收入。另一种是乡村地主经营的手工业作坊，生产规模大小不等，主要依靠雇佣劳动者进行生产，他们既是地主，又是工场主。

还有一种便是专业的手工业作坊，这些作坊主要集中在城市，他们的所有产品都是商品，从业者完全依靠出售产品来维持生计。日用品的作坊手工业也普遍发展，如糕点、衣服冠帽、家用杂物等制作都有专门的作坊。例如杭州，据《梦粱录》记载："是行都之处，万物所聚，诸行百市，自和宁门权子外至观桥下，无一家不买卖者，行分最多，且言其一二，最是官巷花作，所聚奇异飞鸾走凤、七宝珠翠、首饰花朵、冠梳及锦绣罗帛、销金衣裙，描画领抹，极其工巧，前所罕有者悉皆有之"③。手工业中与包装有直接关系的是印刷、丝织、陶瓷和各种材料所制作的包装用品，这些手工业在宋代均形成一定规模，且专门化和专业化，有利于包装工艺的改进和技术进步。

在上述形式的手工业经营方式中，与包装相关并对其进步产生影响的技术主要体现在以下领域：

一是矿冶业和金属加工业。从考古发掘出土和传世的两宋包装中，我们可见到不少做工精美的金银包装容器，这和宋代矿冶业的发达大有关系。在宋代，金、

---

① （元）脱脱等：《宋史》卷 161《职官志》，中华书局 1977 年版，第 3918 页。

② 吴怀祺：《中国文化通史》（两宋卷），中共中央党校出版社 2004 年版，第 555 页。

③ （宋）吴自牧：《梦粱录》卷 13《团行》，商务印书馆 1939 年版，第 112 页。

银、铜、铁、锡的开采和冶炼规模都
相当大，产量远远超过唐代[1]，为宋
代金银器包装的制作加工提供了原材
料。两宋时期，各地金银器制作行业
兴盛，据《东京梦华录》记载：不仅
皇亲贵戚、王公大臣、富商巨贾使用
金银器，就连庶民和酒肆妓馆的饰物
器皿，也往往是金银制品[2]，这是前代
所不曾有过的现象。宋代作为包装使
用的金银器皿主要有寺庙盛装舍利子
和经书的盒或匣，上层社会盛装食品
和化妆品的盒、罐、奁和香囊等（图

图 8-1　南宋镂空鸳鸯戏水金香囊

8-1），涉及宗教包装、经书包装、食品包装、化妆品包装、药品包装和酒水包装等
包装范畴。

　　二是纺织业。北宋的纺织业以丝织业最发达，当时四川的丝织业水平最高。到
南宋时，我国的纺织业中心已由北方转移到南方，江南丝织业在北宋基础上得到进
一步发展。织物的花样、印染品种皆胜过前代。江浙一带织物有"兼绮之美，不
下齐鲁"之美誉。另外，河北的绢、安徽亳州的轻纱、越州（今浙江绍兴）的寺
绫、河北定州的刻丝等都是有名的产品。海南、广西、云南大理等地棉纺织业较为
普遍。随着棉花种植的推广，到南宋末年，江南一带普遍纺织棉布。棉纺织业的兴
起，为我国纺织业增添了新内容，是手工业发展史上的大事，从此，棉布不仅成为
人们主要的衣着原料[3]，而且因其价廉和生产制作便利，也成为包括包装在内的其

①　吴怀祺：《中国文化通史》（两宋卷），中共中央党校出版社 2004 年版，第 555 页。

②　（宋）孟元老撰，邓之诚注：《东京梦华录注》，中华书局 1982 年版，第 223、131 页。"宰执亲王宗
　　室百官入内上寿"中言："殿上纯金，廊下纯银。食器，金银丽漆碗碟也。"卷五"民俗"中载："其
　　正酒店户见脚店三两次打酒，便敢借与三五百两银器。以至贫下人家，就店呼酒，亦用银器供送。
　　有连夜饮者，次日取之。诸妓馆只就店呼酒而已，银器供送，亦复如是。"

③　叶坦、蒋松岩：《宋辽夏金元文化志》，上海人民出版社 1998 年版，第 72—74 页。

他造物艺术上的重要材料[1]。棉布等纺织品通过印染和织绣等方式装饰图案后，用于制作各种精美的香囊、锦囊、钱袋和其他包装袋，成为当时使用十分普遍的包装形式，尤其在礼品包装的内包装中运用较为普遍。特别是在民间，往往用具有地方特色的花布图案将商品轻轻一裹，再用麻线或棉线束紧，或制作简易的麻或布袋，成为常见的简易包装形式。

三是制瓷业。宋代制瓷业的产量、技术均优于前代。宋代瓷窑遍布全国且各具特点。其中以河北的定窑，河南的汝窑、官窑、钧窑，浙江的哥窑最有名，被称为

图 8-2　汝窑刻花盒

宋代五大名窑。除五大名窑外，宋代还形成了著名的瓷都景德镇。南宋设于杭州凤凰山下的修内司官窑，所烧瓷品极其精美，为当时所珍贵。宋瓷在胎质、釉料及制作技术上皆有创新。瓷器不仅是精美的工艺品，也是日常用具，各式各样的陶瓷容器被广泛用于包装（图8-2）。考古和文献资料显示，瓷器作为宋代包装的重要组成部分，主要体现在酒包装、文具包装、化妆品包装、茶叶包装、食品包装等方面。

四是造纸业和印刷业。在汉唐造纸术的基础上宋代造纸原料有了进一步的拓展，桑、麻、竹、麦秆等举凡有纤维的植物都被用来作为造纸的原料。造纸原料的广泛性，使纸张质地各具特色。如蜀地的布头笺，因"薄而清莹"，"名冠天下"。福建建阳、四川成都、安徽徽州及浙江杭州等地都是纸的著名产地[2]。造纸业的发

---

[1]　参见（清）徐松：《宋会要辑要》第 146 册（影印本），中华书局 1957 年版，第 5715 页。《宋会要辑稿》食货五二之三三中载："布库所管布帛……应纲运拣退者，监官勒行人定验堪与不堪，转染科造。"可见，当时宫廷有专门掌管锦帛等布料的部门，同时还通过相关的验收方式，来保证布帛材料的质量。当时对布料的运用应该十分普遍，不仅广泛用于衣服制作，也涉及包装相关的各个方面。

[2]　葛金芳：《中国经济通史》（第 5 卷），湖南人民出版社 2002 年版，第 357—359 页。

展使纸大量运用到包装领域。尤其是宋代雕版印刷的繁荣以及毕昇发明活字印刷术，使纸质包装材料在传达商品信息、推销商品方面具有其他材料无可比拟的优势。随着造纸术、印刷技术的发展和商业的繁荣，宋代的纸包装运用广泛且以图文并茂的印刷形式广泛地运用在商品包装中。

二、商品包装的大量出现

宋朝虽然外患深重、积贫积弱，但在文治方面，却是非常成功的，宋代的经济、文化、科技之强，人才之盛较之汉唐有过之而无不及。文化辉煌，物质生活的富足，精神追求变得愈益迫切，于是宋朝在经济发展的同时有了强烈的文化需要，形成了独具特色的审美趣味和生活情趣，而这一切在促成了宋代文化繁荣的过程中，以包括包装在内的物质形态承载了这种成就。不仅一般的生活资料通过包装进入就近的市场，而且原先主要为社会上层服务的、以奢侈品和地方特产为主通过长途贩运方式所开展的贡纳、跨区域物流，对包装提出了更多、更高的要求，因为商业的发展，竞争越来越激烈，商品本质以外的因素一时成为消费者和统治者关注的重点。宋人周密《癸辛杂识》中载有一条关于地方所产的"鱼苗"贩运至市场这一长途的运输过程中，所采用的一系列延长鱼苗性命的方式和方法的史料："江州等处水滨产鱼苗，地主至于夏，皆取之出售，以此为利。贩子辏集，多至建昌，次至福建、衢、婺。其法作竹器似桶，以竹丝为之，内糊以漆纸，贮鱼种于中，细若针芒，戢戢莫知其数。着水不多，但陆路而行，每遇陂塘，必汲新水，日换数度。别有小篮，制度如前，加其上以盛养鱼之具。又有口圆底尖如罩篱之状，覆之以布，纳器中，去其水之盈者……终日奔驰，夜亦不得息，或欲少憩，则专以一人时加动摇。盖水不定则鱼洋洋然，无异江湖；反是则水定鱼死，亦可谓勤矣……"① 由此可见，宋代社会生产、生活中，特别是在商品的长途贩运或者流通过程中，已经有意识地发明了满足保护产品、方便运输的方式、方法，这无疑从侧面佐证了产品包装商品化程度的提升。

从文献所记载宋人的生活与消费方式来看，两宋时期，由于新兴的市民阶层的诞生，富庶安逸的生活使宋人消费意识浓烈，极大地刺激了茶坊酒市、娱乐业等第

---

① （宋）周密撰，吴企明点校：《癸辛杂识·鱼苗》，中华书局1988年版，第221页。

三产业的繁荣和发展。特别是宋朝废除了前代的夜禁制度，在市镇允许夜市存在，不仅使宋代市镇急剧增加，而且市镇商业活动和娱乐活动空前活跃，这在《东京孟华录》《梦粱录》《武林旧事》《都城纪胜》等宋人笔记中多有记述①。宋代的食品、服饰、器用，其丰富与精美可说已超过唐代。沈括在《梦溪笔谈》中说："唐人作富贵诗，多纪其奉养器服之盛，乃贫眼所惊耳"②。这就是说，唐代平民百姓所惊叹和羡慕的物品，宋代已司空见惯③。可以说，宋人强烈的消费意识和精神消费需求，促使日常消费品及礼品、首饰等物品及其包装需求量大幅增长。这突出地表现在以下几个方面：

图8-3　南宋香草纹银盖罐

第一，奢华之风的盛行与礼品、饰品包装需求的扩大。

宋代除了消费量剧增外，其消费质量也大为提高。北宋京城汴梁麇集着众多的豪门贵族、达官显宦以及地主富商，这些人在当时都是拥有巨大购买力的消费者，他们的高消费要求，导致社会奢靡风盛行。孟元老在《东京梦华录·序》里就根据自己在北宋末年汴梁的亲身经历，着意描写了有关这方面的情况。他说："举目则青楼画阁，绣户珠帘。雕车竞驻于天街，宝马争驰于御路，金翠耀目，罗绮飘香；新声巧笑于柳陌花衢，按管调弦于茶坊酒肆。八荒争凑，万国咸通。集四海之珍奇，皆归市易；会寰区之异味，悉在庖厨。"④另外，在全书的各卷中，还列举了汴京城内上层社会的种种纸醉金迷的奢靡之

---

① （宋）吴自牧：《梦粱录》卷13，商务印书馆1939年版，第114、117页。书中描绘的南宋临安："大街一两处面食店及市西坊西食面店，通宵买卖、交晓不绝"，"其余桥道坊巷，亦有夜市扑卖果子糖等物，亦有卖卦人盘街叫卖，如顶盘担架卖市食，至三更不绝。冬月虽大雨雪，亦有夜市盘卖。"正是夜市的热闹景象。

② （宋）沈括著，胡道静校正：《梦溪笔谈校正》，上海古籍出版社1987年版，第487页。

③ 方行：《中国封建地租与商品经济》，《中国经济史研究》2002年第2期。

④ （宋）孟元老撰，邓之诚注：《东京梦华录注·序》，中华书局1982年版，第4页。

风。如卷四"会仙酒楼"条："大抵都人风俗奢侈，度量稍宽，凡酒店中不问何人，止两人对坐饮酒，亦须用注碗一副，盘盏两副、果菜楪各五片、水菜碗三五只，即银近百两矣。虽一人独饮，碗遂亦用银盂之类"[①]（图8-3）。汴梁作为北宋都城，是当时的政治经济和文化中心，汴梁城里的奢侈之风，往往很快就为其他城市所仿效。

豪门贵族间交往互赠礼品，官府中买官卖官交易的贿赂之物，促进了奢华的礼品包装的盛行，突出反映在精美华贵的工艺品和珠宝包装方面。北宋中期，司马光在一篇《论财利疏》中就指出："臣窃见……左右侍御之人，宗戚贵臣之家，第宅园圃，服食器用，往往穷天下之珍怪，极一时之鲜明。……以豪华相尚，以俭陋相訾。愈厌而好新，月异而岁殊"[②]。到了北宋末年，在宋徽宗的倡导之下，汴梁上层社会的奢侈之风愈演愈炽[③]。这样，商品包装消耗的数量当然也就随之加大，并且这种风气一直延续到南宋。宋人周密的《癸辛杂识》中记载有"馈送寿礼"的情形："尝闻有阃帅馈师宪三十皮笼，扃鐍极严，误留寄他家。其承受人不过赍书函及鱼钥小匣投纳而已，笼中之物虽承受人亦所不知也。……又记吴曦出蜀入朝，多买珍异……金鱼及比目鱼等，及作粟金台盏遗陈自强者。在今观之，皆不足道，岂当时人有廉俭之风，视此已为异事。不若今人视以为常耶！……"[④] 由此可见，当时的礼品包装用"扃鐍极严"的"皮笼"来严防所置之物的丢失，并且其中还以"鱼钥"紧锁"小匣"，以致受礼之人都不知晓笼中所赠为何物。与此同时，从这条史料，我们还可以发现，相比北宋而言，南宋人视极尽奢华的奢侈品及奢侈包装"以为常耶"！

除了相关的文献记述以外，考古发现有这一时期诸如金银材质、玉料等珍贵材

---

① （宋）孟元老撰，邓之诚注：《东京梦华录注》，中华书局1982年版，第127页。

② （宋）司马光：《司马温公文集·论财利疏》奏章卷10（明吴时亮刻本）。

③ （宋）袁褧撰，袁颐续，姚士麟校：《枫窗小牍·卷上》，商务印书馆1939年版，第3页。"汴京闺阁妆抹凡数变。崇宁间，少尝记忆，作大鬓方额。政宣之际，又尚急扎垂肩。宣和以后，多梳云尖巧额，鬓撑金凤。小家至为剪纸衬发，膏沐芳香，花靴弓履，穷极金翠，一袜一领，费至千钱。"从这里可以想见，当时汴梁上层社会妇女的打扮、衣着的样式，几乎在不断地改变，在某种程度上反映了当时社会的奢侈之风。

④ （宋）周密撰，吴企明点校：《癸辛杂识》，中华书局1988年版，第91页。

图8-4　南宋鎏金双凤纹葵瓣式银盒

图8-5　白玉鸳鸯柄圆盒

质铸造的包装实物。如南宋时期的鎏金双凤纹葵瓣式银盒①，出土时，盒内放铜镜一件，应属化妆用品包装范畴。该件银盒上下对开，内置一层屉板。其盖面锤揲双凤对舞飞翔，边饰一周五瓣形小花，精巧细腻。图案凸起具有浮雕效果，表面鎏金，展现出南宋时期金属工艺的高超水平和贵族阶层的奢华（图8-4）。又如现藏于首都博物馆的宋代白玉鸳鸯柄圆盒，其造型与装饰独特，盒上立雕一对鸳鸯，口、胸部相连，并以均匀的细阴刻线琢出冠、眼、羽毛。除此之外，该玉盒开启结构的设计也尤为巧妙，盒以子母口扣合，并鸳鸯立雕平剖为二，不仅可以开合，而且打开时可分为两对鸳鸯，充分满足了上层贵族妇女的使用需求和审美趣味（图8-5）。可以说，这些为迎合上层社会妇女装扮需求而设计的精美化妆品包装和首饰包装不仅在宋代数量剧增，而且在做工和材料的选择方面也都奢华讲究。从目前考古发现的实物来看，华丽的漆制包装、金银材质包装、玉质包装，以及精美的瓷质包装容器等的使用范围均涉及宋代的化妆品、香料、食品、酒水、祭祀用品等领域中。

从上文中，我们不难发现，两宋时期拥有购买力的上层消费者，特别是贵族阶层，由于生活的畸形化，使他们对于包装消费品的追求方面，主要在华丽与精美，

---

① 福建省博物馆，《福州茶园山南宋许峻墓》，《文物》1995年第10期。发掘简报上称为"鎏金银镜盒"。

并不过多地计较价格的高低，甚至竟以愈贵愈好。为了维持这种数量大、品质高的消费，必须不断地从全国各地乃至海外输入各种各样的消费品和奢侈品及其包装。在这种情况下，导致宋代商品包装大量出现并在追求精美奢华的同时，出现了大量美轮美奂的经典作品。

第二，饮食文化的繁荣，促进了食品包装的大量出现。

"民以食为天"。我国的饮食文化源远流长，不仅代表了古代社会物质文明，而且折射出当时人们的精神风貌。作为我国传统文化的重要组成部分，饮食文化在很大程度上体现了不同阶级、阶层，不同地区、民族的价值观，是当时政治、经济、文化发展的结果。随着商品经济的发展、商业的繁荣，饮食文化在宋代迎来了发展的高潮。华夏饮食在平稳中走向精致华美，食品包装较前代呈现出多层次、多样化格局。

宋代食品包装出现的新格局，是与食品经营所出现的新方式紧密联系在一起的。在经营类型方面，食肴品类可划分为茶店类、酒店类、饭店类、点心店类、饼店类、面条店等；以地域饮食不同可分为北食与南食店类。点心店可分为荤素从食店、素点心从食店、馒头店、粉食店数种[1]。寺院的素斋也成为饮食业的一种，如著名的相国寺内"每遇斋会，凡饮食茶果，动物器皿，虽三五百分，莫不咄嗟而辨"[2]。在这种餐饮行业发达的环境之下，各类与保存、贮藏、便于运输的饮食品包装和包装技术得到了空前的发展。《梦粱录》中载：开封城中"其余桥道坊巷，亦有夜市扑卖果子糖等物，亦有卖卦人盘街叫卖，如顶盘担架卖市食，至三更不绝。冬月虽大雨雪，亦有夜市盘卖。至三更后，方有提瓶卖茶"[3]。这条史料一方面反映了宋时开封商业市场的繁荣，另一方面"担架卖市食""提瓶卖茶"等说法在某种程度上又说明了当时用于贮藏产品和便于搬运的包装品的繁盛。另外，从《清明上河图》和《东京梦华录》以及《梦粱录》等绘画作品和文献史料的记载来看，当时的市场上还出现了专为方便消费者购买产品而直销包装容器的店铺。例如，

---

① 宋代的各类店铺，文献颇多，可以参读《东京梦华录》《梦粱录》等宋人笔记，在此不列举文献史料。

② （宋）孟元老撰，邓之诚注：《东京梦华录注·相国寺内万姓交易》，中华书局 1982 年版，第 89 页。

③ （宋）吴自牧：《梦粱录·夜市》，商务印书馆 1939 年版，第 117 页。

图8-6　北宋镂空银盒

漆器的专卖店、银器店（图8-6）、铜器店等店铺中都有出售用于盛装饮食品的包装容器。

宋代城市副食品消费由封闭的自给自足型向开放型转变，饮食业的发展自发地进入了商品交换的运行机制中，特别是经营模式的多元化和市场竞争的激烈，促使宋代食品的营销开始注重塑造品牌[1]，在讲究食品色、香、味的同时，还加大了广告宣传和包装推广的力度。在广告宣传方面，经销商主要是通过诸如牌额[2]、布牌[3]等文字招幌形式来宣传产品；另一方面则是以改善包装的形象来达到商品促销的目的。《东京梦华录·民俗》中云："凡百所卖饮食之人，装鲜净盒器皿，车担使动，奇巧可爱，食味和羹，不敢草略。"[4]可见，宋代的饮食品经销者人们大多通过将食品装入"鲜净盒器皿"来销售自己的食品。同书《立秋》中还言："立秋日……鸡头[5]上市，则梁门里李和家最盛。中贵戚里，取索供卖。内中泛索，金合络绎。士庶买之，一裹十文，用小新荷叶包，糁以麝香，红小索儿系之，卖者虽多，不及

---

[1] 可参读叶坦、蒋松岩：《宋辽夏金元文化志》，上海人民出版社1998年版，第122—123页；宋代食品品种和品牌繁多，例如，南宋临安的饮食名店如有杂货场前甘豆汤、戈家蜜枣儿、官巷口光家羹、钱塘门外宋五嫂鱼羹、涌金门灌肺、五间楼前周五郎蜜煎铺、太平坊大街东南角虾蟆眼酒店、朝天门里朱家元子糖蜜糕铺、和乐楼、熙春楼等。

[2] 参见（宋）耐得翁：《都城纪胜·酒肆》，中国商业出版社1982年版，第5页。牌额，即店铺门口悬挂的匾额。

[3] 参见（宋）周密撰，李小龙、赵锐评注：《武林旧事·迎新》，中华书局2007年版，第80页。布牌，即宋代每年造酒，以布匹书酒库和商品之名，悬于长竿上。"户部点检所十三酒库，列于四月初开煮，九月初开清。先至提领所呈样品尝，然后迎引至诸所隶官府而散。每库各用布匹，书库名高品，以长竿悬之，谓之'布牌'。"

[4] （宋）孟元老撰，邓之诚注：《东京梦华录注·民俗》，中华书局1982年版，第131页。

[5] 鸡头，即鸡头果，在民间俗称鸡头米，是一种水生植物，可生食或煮食，也可作药用，具有健脾、益肾的功效，一般多是在中秋之前成熟上市。

李和一色拣银皮子嫩者货之。"这里所记是立秋之时，商家用"小新荷叶"包裹"鸡头（果）"，并系以带吉祥意味的红色"小索儿"，来出售自己的产品。不难看出，这种通过改进包装形象的手段，在一定程度上起到了促销商品的作用。另外，在食品包装盒的应用方面，不但讲究包装容器器形的美观适用，而且在容器上标注食品的品牌商标和名称，在食品盒内以纸书写上品牌的广告宣传词，作为促销的手段，这在众多出土的金银包装容器上均有所体现。如四川德阳出土的一批银器中，属包装范畴的银瓶、银盒等容器上即标刻有品牌商标和店铺名称"孝泉周家打造""周家十分煎银"等文字①。

在宋代的大中城市中，由于商业发达，饮食行业的竞争相当激烈，不仅体现在饮食的质量上，还体现在饮食包装的装潢方面，以至于在不同饮食包装容器上采用划花、雕刻、镂空、印花等手段，渲染饮食包装容器之美。文献显示，宋人甚至于对一些传统饮食器在制作和包装上也不断翻新。宋人范成大《吴船录》中就曾记载有一段自己乘船游历邻近成都的郫县时，见到了唐时即已有的"郫筒"酒②。书中载："郫筒，截大竹，长二尺以下，留一节为底，刻其外为花纹，上有盖，以铁为提梁，或朱或漆，或不漆，大率挈酒竹筒耳。《华阳风俗记》所载，乃刳竹倾酿，闭以藕丝蕉叶，信宿馨香达于外，然后断取以献，谓之郫筒酒。观此，则是就竹林中为止，今无此酒法矣。"③宋代饮食的发达兴旺和人们对饮食风尚的注重，再加上宋人生活的相对富足，特别是上层社会的奢侈饮食生活方式，无疑会促使宋代食品包装的多层次和多样化，与历代相比，在制作技术、装饰设计、材料运用甚至在食品包装上注重品牌宣传等方面，都呈现出进步的一面。

此外，值得注意的是，随着宋代饮食文化的繁盛，还出现或发明有保鲜食品和长期保存食物的方法。这里主要介绍两种：一种是井藏法，一种是铜水法。前者主要是用于保存食物，该方法有两种具体做法：一是悬井中水面上。这多是为夏季短

---

① 沈仲常：《四川德阳出土的宋代银器简介》，《文物》1961 年第 11 期。

② 唐代诗人杜甫有诗曰："酒忆郫筒不用酤。"

③ （宋）范成大：《吴船录》卷上（知不足斋本），上海古书流通处影印。

时间保藏肴馔的方法，如苏东坡《格物粗谈》说："夏天肴馔悬井中，经宿不坏。"[①]即为此法。二是沉井底水中。该方法亦是夏日冰冻食物的一种贮存方法。宋吴僧赞宁《笋谱》云："将笋截其尖锐，用盐汤煮之，停冷入瓶，用前冷盐汤，同封瓶口令密。后沉于井底。至九月井水暖，早取出，如生，可五味治而食之。"[②]与井藏法不同，铜水法多用于保存水果一类的产品。《格物粗谈》言："十二月洗净瓶或小缸，盛腊水，遇时果出，用青铜末与果同入腊水，收储颜色不变。凡青梅、枇杷、小枣、葡萄等水果皆可收藏。"[③]可以说，宋代饮食文化的发达，不仅推动了包装形式朝多样化发展，而且还衍生出了一系列诸如储藏食物的技术和方法，这一切对后世包装及其包装技术的发展产生了启迪和推动作用。

第三，茶文化的盛行与茶叶包装及其包装方式的多样化。

宋代，是我国茶业发展史上一个承前启后的时代。正所谓"茶兴于唐，盛于宋"。宋代茶文化的发展虽然在很大程度上受到宫廷皇室的影响，但无论其文化特色，或是文化形式，都有十分鲜明的地域和贵族特色。茶文化在上层社会中，充分展示了文化多样性。例如，宋代贡茶中的"小龙团饼茶"，欧阳修称这种茶"其价值金二两，然金可有，而茶不可得"[④]。宋仁宗最推崇这种小龙团，珍惜倍加，即使是宰相近臣，也不随便赐赠，只有每年在南郊大礼祭天地时，中枢密院各四位大臣才有幸共同分到一团，所谓"尝南郊致斋，两府共赐一饼，四人分之"正是此意。这种茶在赐赠大臣前，一般先由宫女用金箔剪成龙凤、花草图案贴在上面，称为"绣茶"[⑤]，然后再将茶盛装在包装小匣中赏赐给大臣。如南宋周密在《武林旧事·进茶》中所描述的贡茶均以"黄罗软盝""裹以黄罗夹复""外用朱漆小匣，镀金锁，

① （宋）苏轼：《格物粗谈》（学海类编第九十二册）。

② （宋）赞宁：《笋谱·生藏法》（左氏百川学海第二十九册壬集下）。

③ （宋）苏轼：《格物粗谈》（学海类编第九十二册）。

④ （宋）欧阳修：《归田录》卷2，中华书局1981年版，第24页。"茶之品，莫贵于龙、凤，谓之团茶，凡八饼重一斤。庆历中蔡君谟为福建路转运使，始造小片龙茶以进，其品绝精，谓之小团，凡二十饼重一斤，其价值金二两。然金可有，而茶不可得。尝南郊致斋，两府共赐一饼，四人分之。宫人往往镂金花其上，盖贵重如此。"

⑤ （宋）周密著，李小龙、赵锐评注：《武林旧事》卷2《进茶》，中华书局2007年版，第63页。"禁中大庆会，则用大镀金，以五色韵果簇订龙凤，谓之绣茶，不过悦目，亦有专其工者。"

又以细竹丝织笈贮之”的方式上贡，皇帝偶尔也将这种上贡的茶叶“赐外邸”①。从这条史料来看，宋代将盛装龙凤贡茶的华丽小盒子称“盝”，这种茶的外包装很精美，里面用黄色丝绸包裹，还在小匣子里垫上青色的竹叶，外包装用红色漆器盒子，而每只盒内茶叶仅可冲泡几盏，储存时一般装在用细竹丝编织的箱子里。由此可见，茶在宋代已经不再是清廉的象征，而是一种奢华的生活方式的体现。可以说，宋代贡茶制作之精良、价值之昂贵在历史上是空前的，在这种以华贵为本的用茶思想的指导下，不仅宋代的茶艺中奢侈浮华之风大盛，而且茶叶包装的雕琢矫造之气也日趋渐盛。

宋代奢华的皇室成员，给原本为节俭清修的茶披上了奢靡的外衣，历代皇帝为追求不同常人的享受，大兴制茶之风，穷精神与财力，研制出前所未有的精致、华贵的名茶。据《宣和北苑贡茶录》载，在太平兴国初年，北苑贡焙，只造龙凤团茶一种。到至道初，除龙凤茶外，又造石乳、的乳、白乳以进。仁宗庆历年间，蔡君谟造小龙团以进。自小团出，龙凤遂为次。神宗元丰年间，又造密云龙，其品又高于小团之上。哲宗绍圣时，又改密云龙为瑞云翔龙②。宋代的密云龙二十饼一斤，分成好几个等级，并以不同包装来区别。上供皇帝的“玉食”，用黄盖包装；分赐给大臣的，用绯色包装。宋人叶梦得《石林燕语》中记载：“熙宁中，贾青为福建路转运使，又取小团之精者为‘密云龙’，以二十饼为一斤，而双袋谓之‘双角团茶’。大小团茶皆用绯，通以为赐也。‘密云’独用黄盖，专以

① （宋）周密著，李小龙、赵锐评注：《武林旧事》卷2《进茶》，中华书局2007年版，第63页。“仲春上旬，福建漕司进第一纲蜡茶，名北苑试新，皆方寸小夸，进御止百夸，护以黄罗软盝，藉以青箬，裹以黄罗夹复，臣封朱印，外用朱漆小匣，镀金锁，又以细竹丝织笈贮之，凡数重。此乃雀舌水芽所造，一夸之值四十万，仅可供数瓯之啜耳，或一、二赐外邸，则以生线分解转遗，好事以为奇玩。”

② 参见（宋）熊蕃：《宣和北苑贡茶录》，《文渊阁四库全书·子部·谱录类》（文渊阁四库全书电子版），上海人民出版社、迪志文化出版书社1998年版。“太平兴国初，特制龙凤模，遣使臣即北苑造团茶，以别庶饮，龙凤茶盖始于此。又一种茶，丛生石崖，枝叶尤茂，至道初，有诏造之，别号‘石乳’。又一种号‘的乳’。又一种号‘白乳’……庆历中，蔡君谟将漕，创造小龙团以进，被旨仍岁贡之。自小团出，而龙凤遂为次矣。元丰间，有旨造密云龙，其品又加于小团之上。绍圣间，改为瑞云翔龙。至大观初，今上亲制《茶论》三十篇，以白茶者与常茶不同，‘偶然生出，一非人力可致’，于是白茶遂为第一……”

奉玉食"①。总之，终北宋之世，北苑贡茶争奇斗异，代有新出；新品一出，前茶即降为凡品，以致宋朝北苑贡茶的名目愈来愈多，举不胜举，而盛装贡茶的包装自是奢华讲究，一方面表现在藏茶方面的讲究，另一方面则体现为贮藏茶叶的包装形式的极尽奢华。

就目前文献记载来看，宋时上层社会的藏茶通常所用的方法是把茶放到茶焙中复烘后，用箬笼或其他盛器贮藏。时人认为茶叶有吸异味性，不适宜与香料药物放在一起，而箬叶与茶性质相近，不至于影响茶叶，同时还兼具一定的防潮作用，故适宜于包藏茶叶或茶饼。《茶录》中言："茶宜箬叶而畏香药，喜温燥而忌湿冷。故收藏之家，以箬叶封裹入焙中，两三日一次用火常如人体温。"对于不入茶焙的成品茶，蔡襄亦有言："茶不入焙者，宜密封裹，以箬笼盛之，置高处，不近湿气"②。不过，对此焙茶温度，宋徽宗赵佶在《大观茶论》中提出了不同看法："焙火如人体温，但能燥茶皮肤而已。内之湿润未尽，则复蒸喝矣。"为此，赵佶还提出：焙茶的"火之多少，以焙之大小增减。探手炉中，火气虽热，而不至逼人手为良"③。大概的意思是，焙茶饼或茶团的火的温度如同人的体温时，只能使茶的外表干燥，而体内的湿气却难以焙干，贮存时也会有热气蒸发的，而合理的办法是，依据焙篓的大小而增减火的大小，同时把火的温度控制在茶不烫手这个限度上，就是最好的。由此可见，宋代上层社会对藏茶的认识，已有了自己的一套看法，这不能不说是我国古代藏茶方法方面的一大进步，这不仅推动了宋代茶叶包装迈上新的台阶，而且也为后世茶叶包装的发展起到了助推作用。

与上述相关，伴随着宋代上层社会对藏茶方法认识的提高，宋代上层社会也十分重视茶叶包装的包裹形式，而且尤为奢华，等级差异十分明显。爬梳文献资料，可知最能反映宋代上层社会，尤其是统治阶层奢侈茶叶包装的是北苑贡茶的包装形式。宋人周密曾在《武林旧事》中言，北苑贡茶"护以黄罗软盝，籍以青箬，裹以黄罗夹复，臣封朱印，外用朱漆小匣，镀金锁，又以细竹丝织芨贮之，凡数重"。对于北苑贡茶的包装方式，宋人赵汝砺《北苑别录》中记载尤详："细色五纲"中

① （宋）叶梦得：《石林燕语》卷8，中华书局1984年版，第124页。

② （宋）蔡襄：《茶录》，卡卡译注，中国纺织出版社2006年版，第43、47页。

③ （宋）赵佶：《大观茶论》，卡卡译注，中国纺织出版社2006年版，第78页。

入贡茶的包装方式是"圈以箬叶，内以黄斗，盛以花箱，护以重篚，扃以银钥。花箱内外，又有黄罗幕之"。与"细色五纲"不同，"粗色茶七纲"是"圈以箬地，束以红缕，包以红纸，缄以白绫，惟拣芽俱以黄焉"[①]。由此可见，虽然差异有别、等级不同的北苑贡茶在包装的方式、方法上存有差异，但可以肯定的是均十分重视包装的考究而显得十分奢华。究其缘由，无疑是北苑茶作为进贡的御茶使然。

大量的文献史料和相关研究成果表明，宋代饮茶之风不但衍生出了宫廷对茶的等级品评，同时也派生出了所谓的"斗茶"艺术（图8-7）。这种对茶的喜好，不仅在宋代的统治阶层流行，而且在民间社会也

图8-7　斗茶图

十分盛行。诸如民间有人要迁徙，邻里要"献茶"，有客来，要敬"元宝茶"，定亲时要"下茶"，结婚时要"定茶"，同房时要"合茶"，亲友聚会更是离不开茶会。可以说，饮茶文化已经渗透到社会生活的各个方面。民间的茶楼、饭馆中的饮茶方式更是丰富多彩。据吴自牧《梦粱录》卷十六中记载，临安茶肆一年四季"卖奇茶异汤，冬月卖七宝擂茶、馓子、葱茶……"[②] 文献中还记载，当时的临安城，茶饮买卖昼夜不绝，即使是隆冬大雪，三更之后也还有人来提瓶卖茶。这种风尚之下，宋代民间茶叶包装得到了极大的发展，在藏茶方法以及包装形式方面，也呈现出有别于宫廷茶叶包装的面貌。

在藏茶方法方面，宋人欧阳修在《归田录》中言："自景祐以后，洪州双井白芽渐盛，近岁制作尤精，囊以经纱，不过一二两，以常茶数十斤养之，用辟暑湿之

①　（宋）赵汝砺：《北苑别录》（丛书集成本），商务印书馆1936年版，第13、14页。

②　（宋）吴自牧：《梦粱录》卷13，商务印书馆1939年版，第139页。

气，其品远出日注上，遂为草茶第一。"① 这种藏茶方法，是一种"以茶养茶"的方式，即利用茶叶本身的吸湿性来贮存茶叶，这种方法可以说与宫廷藏茶的方式有很大的区别，应该是民间或者文人阶层中有相当贮茶经验的人所创的。当然，这种藏茶方法，成本过高，一般的寻常百姓家庭未必使用得起。此外，民间各个阶层对于茶叶的储存方法和所采用的包装方式也很多。具体来说，有如下几种：一是用漆木盒和纸裹包以盛茶。据宋朱弁《曲洧旧闻》中言："蜀公（范仲淹）与温公（司马光）同游嵩山，各携茶以行。温公以纸为帖，蜀公用小黑木盒子盛之。"② 二是金、银盒盛茶。周密《癸辛杂识》云："长沙茶具，精妙甲天下。每副用白金三百星或五百星，凡茶之具悉备，外则以大缕银合贮之。"③《宋史·苏轼传》中也载："轼出郊，用前执政恩例，遣内侍赐茶笼、银合"④。这种用金、银盒来盛装茶叶的方式，除了贮藏茶叶的功能外，偶有宋人也用此来区别客人等级，如周辉的《清波杂志》载："吕申公……家有茶罗子，一金饰，一银，一棕榈。方接客，索银罗子，常客也；金罗子，禁近也；棕榈，则公辅必矣。"⑤ 三是以锡盒来贮茶，周辉的《清波杂志》记："茶宜锡，凡茶宜锡，窃意若以锡为合，适用而不侈。"⑥ 四是用小陶瓷器贮茶。宋吴自牧《梦粱录》："径山采谷雨前茗，用小缶贮之以馈人。"⑦ 值得指出的是，上面几种贮茶方法，并非是用于茶叶的长期保存，而是为便于日常频繁取用，同时有效防止湿气侵入而设计的。

从上所述，我们不难看出，在茶文化的盛行之下，茶叶包装在宋代取得了长足的进步，不仅宫廷贵族讲究茶叶贮藏的方式、方法以及茶叶的包裹形式，而且社会的各个阶层，尤其是文人阶层也十分注重对茶叶的包装和藏贮。如果说茶文化的甚嚣尘上是带动茶叶包装在宋代多样化发展的文化因素，那么，宋代文人的嗜茶

---

① （宋）欧阳修：《归田录》卷 1，中华书局 1981 年版，第 8 页。

② （宋）朱弁：《曲洧旧闻》卷 3，中华书局 2002 年版，第 115 页。

③ （宋）周密撰，吴企明点校：《癸辛杂识》，中华书局 1988 年版，第 42 页。

④ （元）脱脱等：《宋史》卷 338《苏轼传》列传 97，中华书局 1977 年版，第 10812 页。

⑤ （宋）周辉著，刘永翔校注：《清波杂志校注》卷 4，中华书局 1997 年版，第 176 页。

⑥ （宋）周辉著，刘永翔校注：《清波杂志校注》卷 4，中华书局 1997 年版，第 175 页。

⑦ （宋）吴自牧：《梦粱录》卷 14，商务印书馆 1939 年版，第 161 页。

之风、茶叶不易保存的缺陷则是推动茶叶包装及其茶叶包装技术多样化发展的内在动力。我们知道，古人饮茶，十分注重一个"品"字，但茶叶的采制，有季节的限定，因而非随时随地即可得而尝之的。所以，如果对茶叶保存不当，将致茶叶的香味尽失，从而无法从品饮中体味到茶叶的香美。蔡襄《茶录》中言："茶或经年，则香色味皆陈。"① 这无疑表明了时人已意识到成品茶随着存放时间的延长，会致茶叶的品质发生变化，甚或变陈。现代研究资料表明②，茶叶中含有诸多亲水性成分，如糖类、果胶物质等，这些物质有强烈的吸附作用，能将水分和异味吸附到茶叶中，从而导致茶叶品质下降；同时，茶叶中的某些化学成分在空气中会发生氧化反应，茶叶经过氧化，可使一部分可溶性的有效成分变成不溶性的缩合物质，进而降低茶叶的饮用价值，严重时还会发生霉变，甚或不能饮用。这就涉及成品茶的包装、贮存、保鲜等一系列问题，宋人正是基于这些，并在唐代人长期实践的基础之上，沿用并创造或发明了诸多具有创新性的茶叶包装容器、包装技术以及贮藏方法。

如果将唐代和宋代的茶叶包装相比较，唐代茶叶包装体现出流金溢彩、华美精致、色调浓烈的特色，宋代的茶叶包装则上升到高雅平淡、宁静淡泊的哲学审美风范。由相对开放、相对外倾、色调热烈的唐代文化向相对封闭、相对内倾、色调淡雅的宋代文化转型，有其复杂的政治、经济文化动因。自唐代以后文人茶道逐步成为一个独立的系统，成为文人士大夫清雅风流的文化生活方式之一。因为在他们看来，品茗可以给人以宁静、安详、悠然之态，所以文人士大夫围绕品茶而讲究的除茶叶品质外，还包括茶具、茶叶包装，以及饮茶环境的营造，精细雅致，注重意韵，融琴棋书画、赋诗唱和于一体。如此，茶道文化成为真正综合性、高度艺术化的一种行为和追求。宋代的文人士大夫秉承唐人注重精神意趣的茶文化传统，进一步把儒学的内省观念渗透到茗饮之中，使得饮茶基于现实又超越现实。他们不断提高的精神需求，持续地要求茶与茶事精良完备，推动了茶文化在真正意义上的兴起，成为中国茶文化重要的精神内涵。从宋代茶叶包装设计艺术中，我们可看到清茶使宋代文人的心境更为宁静淡泊，使他们的生活中弥漫着一种参透人生真味后的

① （宋）蔡襄：《茶录》，卡卡译注，中国纺织出版社 2006 年版，第 43 页。
② 参见李培智：《茶叶的化学》，《化学世界》1950 年第 7 期。

淡淡的喜悦。如果说唐代的茶叶包装体现的是茶文化的自觉时代的话，那么，宋代的茶叶包装就是朝着更高阶段和艺术化迈进了①。

第四，酒文化的发展与酒包装的大众化。

宋代酒禁松弛，不仅造成了夜市发达，而且影响了酒包装审美价值的转变。宋代饮酒不再只是富贵人家的专利，各阶层都流行饮酒。宋代酒业，呈现"万家立灶，千村飘香，烟囱如林，酒旗似蓑"的繁荣景象。例如，北宋河南各地酿酒业非常发达，名酒居全国首位，不但酒的品种多样，而且已经出现了蒸馏酒，只不过当时不叫"白酒"，而称"烧酒""蒸酒""酒露"（图8-8）。宋代酒店依其经营性质分为官营和私营两大类。从酒店经营的规模和项目看，又可分为以下数等：第一等为正店，第二等为脚店，或称分茶酒店，第三等为拍户酒店，是小型的零卖酒店，第四等为沿街串巷流动叫卖的小贩②。

图8-8 蒸酒图

宋代酒包装文化特色在继承隋唐遗风的基础上，赋予了浓厚的市民文化色彩。从容器造型而言，由于宋代是陶瓷生产的鼎盛时期，精美的瓷质酒包装容器占据了宋代酒包装容器的主体。官、定、汝、钧、哥五大官窑以及景德镇等中外知名的窑址，都生产了大批精美的瓷制酒包装容器。包装形式也发生了变化，除了历代常见的以坛子盛酒，草纸封口，加盖印章③，以及葫

---

① 陈瑜、杜晓勤：《宋代文人茶的人生之乐》，《文史知识》2007年第12期。

② 谭嘉：《昌文偃武的时代——宋》，吉林出版集团有限责任公司2006年版，第127—132页。

③ 参看合肥市文物管理处：《合肥北宋马绍庭夫妻合葬墓》，《文物》1991年第3期。合肥北宋马绍庭夫妻合葬墓出土2件釉陶罐，出土时罐口用灰膏泥封口，表面涂一层白石灰，顶部加盖一条长6厘米、宽2.8厘米的长条形朱红封印，罐内所装为白色透明液体，估计应是酒。这大概即为"草纸封口，加盖印章"的酒包装方式。不过令人遗憾的是，出土时印文已不清晰，无法辨认。

芦装酒随身携带这些最早的包装形式外，在宋代酒包装容器已开始相当普遍地使用瓶装，有玉壶春瓶、梅瓶、扁腹瓶、直颈瓶、瓜棱瓶、多管瓶、橄榄瓶、胆式瓶、葫芦瓶、龙虎瓶、净瓶等多种造型与款式。

　　玉壶春瓶又叫玉壶春壶，是一种撇口、细颈、垂腹、圈足，以变化柔和的弧线为轮廓线的瓶类。其造型上的独特之处是：颈较细，颈部中央微微收束，颈部向下逐渐加宽过渡为杏圆状下垂腹，曲线变化圆缓；圈足相对较大，或内敛或外撇，是宋代酒包装容器中瓷器的典型造器。

　　从装饰而言，最能体现大众审美的是体态高耸、丰肩、小口短颈，极为俊俏的梅瓶[①]。宋代的梅瓶，器体一般高且偏瘦，肩部向下斜，足部长而接近直线，底部比较小，器体的最小直径在肩部之上至口下部，处理手法多样，常有棱角分明的转折。各地瓷窑都有烧制，其中出于磁州窑系的一对白地黑花梅瓶，瓶身一书"清沽美酒"，一书"醉乡酒海"，作盛酒的用具是明白无疑的（图8-9）。梅瓶既是酒器，又是一件令人爱不释手的观赏品。因此，这类酒器多制作精美，不但考虑到贮酒容量，还要注意造型和装饰的优美。又如北宋的醉翁图梅瓶[②]，为北宋登封窑代表作珍珠地画花人物纹瓶，在瓶身的主要部位，刻画了一位醉汉，头倾垂，目微闭，袒胸露腹，肩负一个大酒葫芦，宽袖长衫，似酒至酣醉。其背景为珍珠地云朵纹，脚下是盛开的花朵。这种珍珠地画花瓷瓶是登封窑名产，是用铁工具戳印的

图8-9　清沽美酒瓶、醉乡酒海瓶

---

① 其名字源来自民国时期许之衡所撰《饮流斋说瓷》："口径之小，仅梅之瘦骨相称，故名梅瓶也。"因瓶体修长，宋时称为"经瓶"。

② 陈文平：《流失海外的国宝》，上海文化出版社2001年版，第17页。

图 8-10 醉翁图梅瓶

小圆圈纹，是模仿唐代金银器的花纹，又称鱼子纹。作为盛酒的包装容器，用醉汉负酒葫芦装饰，可谓构思巧妙，惟妙惟肖。而用此醉翁之意不在酒的画面来装饰酒器，也寄托了宋士大夫之流借物抒情和对时局不满的人生态度（图 8-10）。

宋代酒包装容器不仅是人民的生活实用品，同时又是一种艺术陈设品。如汝窑盘口酒瓶的莹润，"绿如春水初升日，红似朝霞欲生时"的钧窑酒容器，官窑的紫口铁足，哥窑的"百圾碎"酒容器，"粉似玉、白如雪"的定窑瓷执壶和景德镇的影青瓷酒容器等，皆具鲜明的时代特征，为宋代酒容器的代表。宋代在"武功不足，文治有余"的特殊社会背景下，人们比以前更着重于"穷理尽性"。因此，酒器的造型与装饰，以及饮酒的习俗也与当时的诗词书画一样，不再注重大气、粗朴、慷慨，而是更加着重准确、细腻、韵味以至于新巧，乃至呈现出一种世俗化、生活化和审美化的风貌。

第二节　包装装潢的商品性及风格特征

宋代包装的发展及其设计风格是以宋代商品经济的发展和当时人们的生活方式与商业意识为基础的。宋代虽处于中国封建社会中后期，其主导性的经济模式仍为自然经济，但由于宋代城市的发展以及市民阶层的扩大和生活水平的提高，使城市商品经济获得了长足的发展，呈现空前兴旺的态势，并引发商品意识在宋代社会和城市生活中滋长与蔓延。随着传统坊市制度的彻底崩溃，宵禁废弛，作为城市社会主体的市民阶层表现出旺盛的生活热情和欲望，创造出带有明显商品化色彩的都市文化生活。正如日本学者加藤繁在《中国经济史考证》中所说："当时（宋代）都市制度上的种种限制已经除掉，居民的生活已经颇为自由、放纵，过着享乐的日子。不用说这种变化，是由于都市人口的增加，它的交通商业的繁盛，它的财富的

增大，居民的种种欲望强烈起来的缘故。"① 正是市民阶层的"颇为自由、放纵"的
生活和种种强烈的欲望，导致了新的都市风情、文化娱乐的产生，导致了市民商品
意识的形成。例如，宋人极重传统节日，如元宵、清明、端午、七夕等。随着商品
经济的发展，这些传统民俗文化已被商品意识所"浸蚀"。商人们利用传统节日，
销售节日用品和纪念品。如端午节，东京开封"自五月一日及端午节前一日，卖桃、
柳、葵花、蒲叶、佛道艾。次日家家铺陈于门首"。由此可见，商品经济已渗透到
了传统民俗节日中。许多本来是自产自给的民俗物品都已转变为商品，在相当的程
度上改变了人们的生活方式②。

为满足不断滋长的精神需求，宋代的包装在装饰特点和造型设计上也非常注
重商业意识，开始遵循商品生产的法则，并反映随着商品经济发展而产生的新
的都市风情和都市意识，在包装设计的内涵和形式上保持着实用性与审美性的
统一。

一、两宋包装装潢的商品性体现

随着商业的发展，与前代相比，宋代包装的销售功能得到了进一步的加强，不
仅出现了为满足不同阶层消费审美的装潢设计风格，而且在包装的商业性上也形成
了独特特征。

1. 包装装潢设计所体现的审美差异背景下的商品性

从根本上说，由于社会性质所决定，两宋的商品生产主要面向包括皇室官僚在
内的上层社会、文人儒士和市民阶层，因而与之对应的商品包装，其装潢设计主要
是为迎合这三个消费阶层的生活方式和审美习惯，体现出面向这三种消费群体的宫
廷、文人和民间三种设计风格。

如第七章所述，所谓宫廷风格是指针对皇室官僚上层社会而设计的包装，一般
而言，其装饰精美，色彩华丽，工艺讲究，精雕细琢，常用红、金、银等绚丽的色

---

① ［日］加藤繁：《中国经济史考证》（第一卷），台湾华世出版社 1981 年版，第 375 页。

② 龙建国、廖美英：《宋代商品经济的发展与文化艺术商品化》，《江西财经大学学报》2000 年第 3 期。

图8-11　银制人物花卉纹圆盒

彩进行装饰，包装本身的价值往往是大大超过了被包装物本身，不仅是一件奢华的包装，更是一件精美绝伦的工艺品（图8-11）。宫廷风格包装商品性的体现，主要是集中在"来自民间'任土作贡'从各地收上来的瓷器和漆器，以及由官府'降样需索'①、委托民间制造的物品"②。尽管宋代宫廷有文思院掌管包括包装在内的宫廷奢侈品的主要生产任务，但是就文献记述来看，宋代宫廷的部分奢侈品还是来源于民间。如《宋会要辑稿》食货五二之三七中言："瓷器库在建隆坊，掌受明、越、饶州、定州、青州白瓷器及漆器以给用……宋太宗淳化元年七月诏瓷器库纳诸州瓷器，拣出缺璺数目等第科罪……真宗景德四年九月，诏瓷器库除拣封木春供进外，余者令本库持样三司，行人估价出卖。其漆器架阁品配供应，准备供进及榷场博易之用……"③通过这段记载，可以看出北宋王朝对各地所进诸如瓷器、漆器等贡品是十分重视的，除派高官管理贡瓷库外，对进贡之物的质量要求也十分苛刻。凡违规者非答即杖，必受鞭棍之刑，这足以说明封建统治者追求器物完美的一种至高无上的心理。可以说，在这种要求下，不仅刺激了地方手工业生产对提高技艺水平的追求，而且更为关键的是形成了对上层社会审美趣味的估量和揣摩的风气。正是这种情况，皇室宫廷中的包装器物无论是包装材料还是包装造型、包装装潢设计都可谓是精益求精之作，代表

---

① 参见《四库全书·子部·谱录类·端溪砚谱》（文渊阁四库全书电子版），上海人民出版社、迪志文化出版社1998年版。佚名撰《端溪砚谱》中云："宣和初，御府降样，造形若风字，如凤池样，但平底耳。有四环，刻海水、鱼龙、三神、山水，池作昆仑状，左日右月，星斗罗列，以供太上皇书府之用。"

② 徐飚：《两宋物质文化引论》，江苏美术出版社2007年版，第32页。

③ （清）徐松：《宋会要辑稿》第146册（影印本），中华书局1957年版，第5717页。这段话的大概意思是说，宋太宗下诏命瓷器库取出各州送来的瓷器，挑选出有裂纹的瓷器，并按照裂纹的大小分别予以治罪。到真宗景德四年九月再下诏书，令瓷器库拣出好贡瓷存入封木春库，以供皇室使用，剩下的持样品交三司，并由商人审定后估价出卖。

了统治阶级的尊贵和审美趣味（图8–12）。

就目前考古出土的实物和流传至今的宋代文物来看，属宋代宫廷风格的包装器物，在制作材料方面奢华讲究，大量使用金银、陶瓷以及珍贵木料等作为包装材料。其中尤其是瓷质包装容器，还设置了专为皇室制作生产的官窑，以提供上等的贡瓷（图8–13）。官窑瓷器，不计成本，精益求精，窑址的地点、生产技术严格保密，工艺精美绝伦。由于宫廷包装器物本来即带有皇室阶层的某种统治意识，所以包装物的装饰纹样显得严整规范，等级分明。这正如《续资治通鉴长编》中所载："凡器用，毋得表里用朱漆金漆，下毋得衬朱。非三品以上官及宗室、戚里之家，毋得金钿器具；用银钿者毋得涂金。非宫禁毋得用玳瑁酒食器；若纯金器，尝受上赐者，听用之。……宗室、戚里茶担、食盒毋得覆以绯红……"[①]由此可见，宫廷风格的包装物乃至所有器物设计，尤其是装潢设计，与其说是一种装潢，倒不如说是使用者身份的体现。

图8–12 南宋剔犀菱花形奁

图8–13 官窑瓜棱直口瓶

所谓文人风格，是指为了满足以文化人身份的社会阶层消费时，对其商品包装的审美需求而形成的一种风格。需要指出的是：虽然宋代是儒学、理学和禅宗哲学思想的并存融合时期，但理学思潮占据主流，在理学思想下，倡导"存天理、灭人欲"，所以文人士大夫阶层的审美价值与其他时期相比，发生了变化，他们追求清淡高

---

① （宋）李焘：《续资治通鉴长编》卷119，中华书局1995年版，第2798页。

图 8-14　定窑白釉墨书款弦纹盒

雅、沉静含蓄，因而所使用的包装其装潢体现出简洁理性的一面，装饰简洁明快。正如米芾在《砚史》所云："器以用为功。玉不为鼎，陶不为柱。文锦之美，方暑则不先于表出之绤，楮叶虽工，而无补于宋人之用。夫如是，则石理发墨为上，色次之，形制工拙，又其次，文藻缘饰，虽天然，失砚之用。"① 米芾的这一段论述反映了宋代文人在器物设计中追求功能第一的思想，而并非过度奢华的形式

（图 8-14）。除此之外，我们亦可从当时文人批评上层社会以及社会的奢侈风气的众多言论中②，看出宋代文人们对奢靡的器物消费之风明确的反对态度，这从侧面也反映出宋代文人们对器用所追求的是一种朴素的功能美，而并非"奢靡相胜""极其珍奇"的器具。针对文人的这种理性审美需求，市场出现了大量的满足文人这种特殊审美趣味的包装物以及文玩用具。欧阳修在《欧阳文忠全集》卷五四《圣俞惠宣州笔戏》中云："京师诸笔工，牌榜自称述。累累相国东，比若衣缝虱。或柔多虚尖，或硬不可屈。但能装管楬，有表曾无实。价高仍费钱，用不过数日。"③

从文献记载及大量考古出土实物来看，宋代文人风格的包装物，主要集中体现在诸如文玩用具包装、书籍包装以及生活日用包装等方面，其中尤以文玩用具包装最为明显。对于这类为满足文人爱护文玩用具的理性诉求而出现的文玩类包装，不仅市场上大量出现，而且更为值得注意的是有部分文人甚至还直接参与到了砚和砚

---

① （宋）米芾：《砚史》，收录于邓实、黄宾虹所辑《中国古代美术丛书·二集·第十辑》，国际文化出版公司 1993 年版，第 73 页。

② 关于文人对社会奢侈之风的批判的言论，在宋人著述中记载颇丰，现举一例以示说明。收入《宋朝诸臣奏议》卷一百二的司马光《上仁宗论理财三事乞置总计使》云："彼百工者，以时俗为心者也。时俗贵用物而贱浮伪，则百工变而从之矣。时俗者，以在上之人为心者也。在上者好朴素而恶浮侈，则时俗变而从之矣"。

③ （宋）欧阳修：《欧阳文忠全集》卷 54《圣俞惠宣州笔戏》。

盒的设计制作中①，这无不反映了当时文人对用具，尤其是对包括笔墨纸砚一类的文具以及与之相关的包装盒的关注和重视。清代李宗孔（一说潘永因）编《宋稗类钞》中有载："翰林学士王宇，谢赐笔札记云：'宣和七年八月二十一日，一夕凡草四制。翌日，遣中使至玉堂，赐以上所常御笔研等十三事：紫青石研一方，琴光漆螺甸匣一……贮粘曲涂金方奁一……'王方启封时，研间溃墨未干，奁中余曲犹存。"同书又载："丁晋公自海外徙光，临终以巨篋寄郡帑中，上题云：'后五十五年，有姓丁者来此作通判，可付开之。'至是岁，有丁侨者来佐郡政，即晋公之孙。计其所留年月，尚未生。启视之，乃黑匣贮端研一枚。"②可见琴光漆匣和黑匣是当时比较常见的砚盒。据目前考古出土的宋代抄手砚漆盒中，一般多是木胎内外髹黑素漆③。可以说，文玩一类的包装物代表的是文人阶层的审美趣味和文化思想。此外，从出土文物、墓室壁画和文献资料来看，宋代砚盒形制多样，装饰或以植物纹样为主，或以素漆覆面，展现了宋代简约、素雅的审美风格。尤其是在一些漆木匣、瓷器等上所装饰的"诗文""岁寒三友"和"梅兰竹菊"的题材，更是文人们理性、素朴的审美取向的体现。究其缘由，这极有可能与宋代理学的发展之后出现的"返璞归真"以及"禅化"思想的兴起有关的。

至于民间风格，是指面向广大市民阶层消费使用的包装。宋代商品经济较前代发达，但从严格意义上说，当时城市经济尚处于滥觞时期，市民阶层的收入仅供维持生计，所以其装潢设计则表现为外形简单、色彩和装饰纹样朴实吉祥、成本相对低廉。所谓"以其价廉而工省也"④，即为此意。宋代民间风格的包装装饰多取材于生活，具有浓烈的生活情趣和地方特色，花卉、瓜果、动物和人物等图形是装饰的

---

① 参见徐飚：《两宋物质文化引论》，江苏美术出版社 2007 年版，第 46—49 页。

② （清）李宗孔（一说潘永因）：《宋稗类钞》，书目文献出版社 1995 年版，第 698、712 页。

③ 参见无锡市博物馆：《江苏无锡兴竹宋墓》，《文物》1988 年第 11 期；合肥市文物管理处：《合肥北宋马绍庭夫妻合葬墓》，《文物》1991 年第 3 期。从无锡、合肥等墓葬中所发现的漆砚盒来看，均是内外髹黑漆的情况。

④ （宋）祝穆：《古今事文类聚续集》（子部·儒家类）（文渊阁四库全书电子版），上海人民出版社、迪志文化出版书社 1998 年版。书中载王元之《竹楼记》："黄冈之地多竹，大者如椽，竹工破之，刳去其节，用代陶瓦，以其价廉而工省也。"这段史料虽非直接说的是包括包装物在内的器具，但在很大程度上道出了民间造物在取材方面，就地取材，以节约成本的观念。

图 8-15 黑釉瓜式盖罐

主要题材，造型设计也以仿生形式以及传统和流行款式最为多见。如黑釉瓜式盖罐，通体施酱黑色釉，罐直口，腹部扁圆，呈瓜棱形。口部有荷叶式盖，盖顶有瓜蒂式提梁钮（图 8-15）。此罐形制较为别致，罐身瓜棱内凹明显，荷叶式盖上有小提梁者十分少见，是南方瓷窑产品。宋代的民间风格包装虽然没有贵族使用的包装做工讲究，材料也相对低廉，但是宋代的能工巧匠能充分运用聪明才智，发挥主观能动性，在装饰、色彩、造型等方面能根据广大市民阶层的审美需求，在包装的整体设计上体现出宋代的市民文化色彩，流传下了不少优秀作品，对研究宋代的文化生活也起到了重要作用。

值得注意的是，随着社会经济的迅猛发展，宋代大中型城市中的相对富足的消费者对物质消费提出了更高的要求，即在功能需求满足的条件下，开始转向对日常器具审美性的追求，这就在某种程度上促使民间风格包装具有一种向奢侈化、高档化发展的趋势。《武林旧事·酒楼》中载："每楼各分小阁十余，酒器悉用银，以竞华侈。"同书《歌馆》中亦有记："近世目击者，惟唐安安最号富盛，凡酒器……妆盒之类，悉以金银为之。"① 可以说，这种注重包装物审美属性的市场氛围，一方面在一定程度上强化了器物设计者和经销者们对产品予以包装的意识，并促使商品包装不断改良、改进；另一方面则致使社会蔓延一种追求包装形式，而忽略包装内容的畸形审美之风，造成包装朝奢侈化、过度化的趋势衍变。

两宋经济文化发达，上述具有代表性的三个阶层对包装的需求都有较大空间，商业和贸易的发展，手工艺的进步，激烈的竞争，使宋代的包装制作和生产在很大程度上都针对这三个阶层的消费者审美需求而设计制作。从宋代流传下来的大量传世包装

---

① （宋）周密撰，李小龙、赵锐评注：《武林旧事》，中华书局 2007 年版，第 160、162 页。

作品中我们可以看出不同的艺术风格和美学特性所体现的商品属性以及阶级性。

2. 包装装潢设计的视觉性与广告性的统一

宋代商品经济的迅速发展，城市规模扩大，人口数量增加，市场上流通的商品数量和种类繁多，商品市场竞争较为激烈，其包装在某种程度上体现出市场竞争的本质特征，呈现出市场文化的新态势。宋代商人已经具有相当的市场竞争意识，商品数量品种的增多使宋代商人走出"酒香不怕巷子深"的传统经营模式，开始在包装上出现带有广告形式的文字和商标图形。宋代包装在形式和内容上不断完善、突破和创新，充分发挥了传达信息、塑造形象、促进竞争的作用，奠定了它在中国古代包装史上的地位。例如，2000年北京御生堂举办的"明清老药铺医方广告包装展"中所展出的宋代磁州窑写有"赵家美酒飘香"的酒坛，以及宋代磁州窑"长生不老"药瓶等[①]，都说明了宋代商人在包装上注重广告宣传意识。

宋代在包装容器上也十分注重使用商标，手工业生产者为了推销商品，维护信誉，特意设计使用了商标，并借以扩大商品的知名度。上海博物馆藏有磁州窑系白地黑花梅瓶两件，瓶身上一书"清沽美酒"、一书"醉乡酒海"[②]，无不是包装商品化的具体体现。在保持器物造型和艺术装饰完美的同时，使标识具有一定的隐秘性和比较容易防止假冒，同时将标识的制作纳入了规范化和固定化。北宋名窑龙泉青瓷中有"永清窑记"的底款，宋时的湖州、饶州、杭州生产的铜镜和漆器上，都注明生产的铺号，如"湖州镇石家念二叔照子"和"湖州真正石家念二叔照子"两种不同的印记，他们为了声明自己不是冒牌，在"石家"前面加上"真"或"真正"字样[③]。在宋代的陶瓷药瓶上都有釉下彩书写的老药铺名称、地址和药名。在江阴、武进、无锡、常州、杭州、淮安等地出土的宋代漆制包装中，也发现了大量有标识铭文的器皿[④]。如1959年9月在四川省德阳县孝泉镇宋窖藏出土了两件银瓶，其中一件瓶的盖及瓶口锤揲多层二方连续变形如意纹，外底刻"东阳可久"四字（图

---

① 庞云：《明清老药铺的医方广告包装》，《光明日报》2000年10月19日。

② 冯先铭：《中国陶瓷史》，文物出版社1987年版，第249页。

③ 曹晚俊：《浅析中国古代商标标识沿革》，《中国集体经济》2009年第3期。

④ 谭元敏：《试论促销策略在宋代商业活动中的运用》，《青海民族研究》2004年第1期。

图8-16 如意纹银瓶

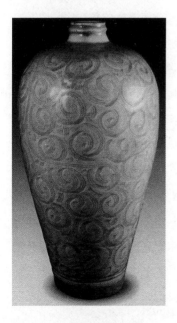

图8-17 南宋影青刻花云纹梅瓶

8-16）；另一件底上刻三行文字："南阳"（左），"周家十分煎银"（中），"勤号"（右）。同窑中还发现底内刻有"孝泉周家打造"的银盒①。由此可见，这些理性意识下的行为和做法，与现代意义上的商品包装视觉形象设计的意义毫无二致！

3. 包装成型新工艺和新技术的统一

两宋商品经济的迅速发展，推动了民间手工业的发展，在商品竞争中各地纷纷发明和采用新工艺、新技术，形成了各具特色的手工业生产体系。竞争使宋代的包装市场繁荣，包装工艺各具特点。这在陶瓷和漆制包装容器生产中表现得十分明显。

以宋代的"五大名窑"为标志，不同的釉色、装饰、装烧特点构成了若干个范围广大的窑系，同时在竞争中形成了产业中心。宋代的瓷器产品制作精良，工艺先进，装饰秀美，突出反映了宋代瓷器素雅、清丽、端庄的时代风格。这一切表明广泛用于包装上的瓷质包装容器在工艺技术上较前代有了重大的突破，取得了巨大的成就。特别是定窑的白釉印花，耀州窑的青釉刻花和划花，磁州窑的白釉釉下黑彩和白釉釉上划花，钧窑的乳光釉和焰红釉，景德镇窑的影青，龙泉窑的粉青釉和梅子青釉等，为包装容器自身的质地和视觉形象的凸显奠定了基础（图8-17）。至于黑釉的兔毫、油滴、玳瑁、剪纸漏花等新兴品种和装饰手法使陶瓷容器除了实用性外，更具有收藏的观赏性。可以说，宋代的陶瓷

---

① 沈仲常：《四川德阳出土的宋代银器简介》，《文物》1961年第11期。

工艺已达到炉火纯青、登峰造极的境界，其瓷质包装容器，无论是工艺还是技术，都是中国包装史上最为灿烂辉煌的篇章。

图 8-18　云龙纹犀皮漆盒

在宋代，"透明漆"①的熬制工艺和抛光技术，以及黑漆髹涂技术达到了较高的水平，即使是考古出土的漆制包装，在千余年之后，也感觉漆色光亮如新，色泽纯正，有湿润感。戗金在宋代漆制包装技术运用中又有新发展，已有戗金、戗银的填彩之别，犀皮是宋代漆制包装的新品种，俗称虎皮漆或波罗漆（图 8-18）。宋代螺钿漆器也很发达，多在黑漆底上镶嵌白螺钿片。新工艺和新技术在漆制包装加工和制作上的运用，不仅使漆制包装装潢更加美观，同时也吸引了消费者的视线，使之在同类产品中凸显出来，扩大了商品的销路，使商品竞争力获得增加。这可以从宋人笔记中记述的众多漆器买卖的情形以及漆器店得以窥见。据文献记载，宋时汴京有专门的漆器店铺"温州漆器什物铺"，临安更有"清湖河下戚家犀皮铺""里仁坊口游家漆铺""彭家温州漆器铺""黄草铺温州漆器"等著名铺店。《武林旧事》中载：孝宗淳熙间游幸西湖，当时市场上"珠翠、冠梳、销金彩段、犀钿、髹漆、织藤、窑器、玩具等物，无不罗列"②。《西湖老人繁胜录》记载"关扑"买卖的漆器有"螺钿交椅、螺钿投鼓、螺钿鼓架、螺钿玩物、时样漆器……犀皮动使……"③等多种。当然，值得指出的是，在漆制包装容器的商品化过程中，也出现了质量粗糙的问题，南宋人叶绍翁在《四朝闻见录》中载有"京师颜家巷髹器物不坚实"④，即反映了这一情形。

宋代造纸和印刷技术取得了突飞猛进的进步，造纸原料在继续使用麻、树皮的

---

①　漆膜透明光亮，可显出木纹，硬度、耐水性较好。主要可用作配制黑漆、彩色漆、罩漆等。

②　（宋）周密撰，李小龙、赵锐评注：《武林旧事》，中华书局 2007 年版，第 69 页。

③　（宋）孟元老：《西湖老人繁胜录》，中国商业出版社 1982 年版，第 8 页。

④　（宋）叶绍翁撰，沈锡麟、冯惠民点校：《四朝闻见录·柔福帝姬》乙集，中华书局 1989 年版，第 84 页。

同时，又大量地使用了竹、麦秸、稻草等纤维植物，包装用纸技术和品种都有所改进[①]。特别是活字印刷术的发明和雕版印刷技术的改进，使造纸和印刷技术在包装技术中得到充分结合。由于造纸原料丰富，用纸来包装产品不仅使包装成本降低，价格相对实惠，而且活字印刷术的采用不仅美化了纸包装的装潢效果，而且特别适合运用到批量包装制作中，节省了包装生产的时间。这些技术和工艺的进步，使商品在质量不变的情况下，大大降低了生产成本。物美而价廉，迎合了市民阶层的消费心理，商品的市场竞争力增强。此外，还需要指出的是：造纸技术和印刷技术的进步，不仅使得纸包装在社会生产、生活中被广泛使用，而且在一定程度上使包装从一般性容器中脱离出来，走上独立发展的阶段。

宋代作为我国封建社会商品经济高度发展时期，与商品生产、商品流通密切相关的包装设计，充分地体现了商品性的特征。这一特征涵盖了包装的装潢、造型、工艺技术、材料运用、消费人群定位等方方面面，现代包装设计的部分特点已在宋代包装设计上有不同程度的反映和体现。

二、两宋包装装潢设计的美学风格特征

两宋包装艺术在我国包装发展史上占有特殊地位，其凭借历史文化的积淀，成就了宋人幽雅淳清的艺术气质、丰富细腻的审美感受。与其所根植时代的其他艺术相比，包装因其经济结构、生产生活方式的变更，以及大众审美和科学技术的进步，出现了极富时代特色的新气象！

1.两宋包装设计美学风格形成的文化背景

北宋建立后，结束了晚唐、五代的战乱，统治者采取"守内虚外"的政策，对内强化集权，对外妥协求安，导致整个民族气质的文弱。汉唐那种驰骋宇内、征服八荒的气概一去不复返。士子对生活的态度从入世走向出世，从热情走向冷静，独善其身、内向自省、多愁善感，成为一个时代的性格。如果说六朝的隐逸是一种政治性的退避，宋元士大夫的隐逸则成为社会性的退避。与唐代艺术"成教化，助人

---

① 葛金芳：《中国经济通史》（第 5 卷），湖南人民出版社 2002 年版，第 357—359 页。

伦"的主旋律不同，宋代艺术注重审美愉悦，常常不是"激扬正道"，而是"适我性情"。其中的社会意义削弱了，主体的审美情趣却得到更自由、更充分的表现。相对于封建社会前期艺术的阳刚之美，这里表现的是阴柔之美，创造主体虽然仍未忘怀外部现实，但却是在以心为本的前提之下，通过内向性省思和体悟，在内省中实现主客体的合一。与宋代理学知性反省、造微心性的特点一致，两宋包装设计艺术也表现出精致、内省的性格，它不再有唐代包装体现出的磅礴的气势和炽热的情感，转而追求精灵透彻的心境意趣，含蓄而自然，精致而优雅，宁静而淡远。正如钱钟书说："少年才气发扬，遂为唐体，晚节思虑深沉，乃染宋调。"①宋代包装设计美学的形成，就是北宋社会大背景下的产物。

在两宋包装中体现的设计美学风格，是在两宋厚积薄发的文化背景下形成的，宋代文化的普遍繁荣，绝非无源之水，无本之木，而是在广泛继承、总结并发展前代已有成果的基础上形成的。例如，具有划时代意义的新儒学——宋学及其后理学的创立和发展，就是突出的范例，并影响到宋代包装设计的审美风格。甚至今天国人的价值观念、思维模式、审美观点，乃至表达感情的方式都与两宋文化有深厚的渊源。

2.儒、道、释的融合与理学的盛行对两宋包装设计风格的影响

中国传统文化的发展在宋代达到高峰，形成了独具特色的宋文化。中国传统美学在宋代也得到新的发展，形成新的特征，并长期影响到中国传统文化的审美主体结构。宋代美学在中国美学史上具有重要的地位，它形成了鲜明的时代审美理想、完整的主体审美意识、繁博的审美形态、独特的风韵格调，给后代的美学史以深刻影响。宋人富于原创精神，获得了创新性美学成就，提供了一系列前所未有的审美形式和美学理念。宋代的文化审美心态和思维机制、宋代创造的审美形态和由此所形成的审美风貌，构成了一轴灿然瑰丽的画卷，成为后人所神往的美学世界②。

宋代文化发展首先体现在完成了从唐代开始的中国传统文化主流儒、道、释的

---

① 钱钟书：《谈艺录》，中华书局1986年版，第1—4页。

② 吴功正：《论宋代美学》，《南京大学学报》2005年第1期。

融合，并且形成了民族本位文化的理学思想。理学长足发展将中国古典哲学的理论和实践功能都推向了极致，对中国古代社会后期人们的生存理念和思维方式产生着深刻而持久的影响。我们知道，理学的核心是"心性"问题。而"心性"实质上主要是关涉人的本质和存在价值的范畴，是一个融道德论、价值论、境界论为一体的重要范畴，是研究人的心灵问题的。在理学家眼里，心性又有着宇宙生命本体的意蕴，是生生不息的，而且宇宙万物的"生生之德"更集中地体现在表现人的生命意识的"仁"上。由此就演绎出道德精神生命的自然化与天地万物的精神化交织于一体的新的生命境域。理学家们强调情感的"中和"、心灵的"平静""无欲"。这种境界是一种超道德具有本体意味的审美快乐。这一文化思想转型对宋代美学产生了深远影响。宋代理学首先在理论思辨的总体水平上比唐代有了明显的提高。而受理学影响，中国传统儒家美学发展出了新的理论思想体系，即理学美学。理学美学代表着宋代美学思潮的基本精神和走向——在"一个世界"中实现人生价值的最高目标即审美境界①。这一观念在很大程度上影响了宋代包括包装艺术在内的造物艺术的风格的形成。总体看来，宋代包装艺术，体现出鲜明的理性色彩、思辨色彩。

同时，宋代理学从总体上体现出尚"理"和"理趣"化倾向。它高扬了主体精神，突出"格物致知""去欲存理""主静""立诚"，强调主体道德修养的重要性，强调人心应该服从"道心"。它与道释思想有对立和排斥的一面，又有不知不觉地渗透和影响着的一面。这种主导中国封建社会后期精神文化心态的基本观念的演化，对审美意识的演变影响无疑是深刻的，它使审美意识的主调逐渐由崇尚阳刚壮美与阳刚之气嬗变为追求优美与阴柔之气②。在最能集中表现审美意识的包装设计艺术领域，也体现出更为理性的"理趣"化审美倾向，追求包装器物的自然之美、造型之美、材料

图 8-19　磁州窑黑釉罐

---

① 邹其昌：《朱熹美学思想与中国美学精神》，《武汉理工大学学报》2003 年第 6 期。

② 吴功正：《论朱熹的美学思想》，《苏州大学学报》2004 年第 5 期。

之美、纹理之美，在装饰手法上，讲究"器完而不饰"，这种审美倾向，在两宋代表性的包装器物如瓷器、漆器上均有明显体现（图8-19）。

毫无疑问，推动宋代理学审美意识产生和形成代表人物当推朱熹和二程(程颢、程颐)，程颢的"仁体"，程颐的"理"①，朱熹的"心与理一""气象浑成""理在气中""文道合一"，代表着宋代理学的哲学精神②。这三人中，朱熹整合、发展并深化了理学美学，是理学美学的集大成者。宋代理学立足于儒家的人生价值观念与追求，出入佛道，兼容并蓄，演奏着一首理想与现实、道德与审美之间张力与平衡的人生境界追求的美妙乐章。这一乐章的最强音就是从道德走向审美。具体到美学及艺术领域就是强调"理"与"情"、"法"与"我"等如何统一的问题。他的这种思想直接影响到当时的造物领域，实际上就是一种重"道"轻"器"的思想，正如他所言："道即器，器即道，两者未尝相离。盖凡天下之物有形有象者皆器也，其理便在其中。……一物一器莫不皆然，且如灯烛者，器也，其所以能照物，形而上之理也；且如床桌，器也，而其用，理也。"③可以说，这种过度重"道""理"的造物观念，固然对包括包装在内的宋代器物艺术的朴素回归起到了莫大的助推作用，但同时也对注重技艺的造物艺术的发展，造成了某种程度上地阻碍④。

儒、道、释思想融合的最终形成，使宋代理学背后的美学从其形式到内容均呈现出新的特征，不仅产生了以王安石、苏轼、黄庭坚等为代表，受禅宗思想影响的居士佛教美学，而且产生了受到士大夫影响的禅宗美学，儒、道、释、禅宗思想相互渗透、相互影响⑤。无论是佛教美学，还是禅宗美学，在对人生与人性，在对自然与生物方面，把传统的"天人合一"思想推到了极致，使得建立在其上的阴柔美学甚嚣尘上，再加上商业经济的繁荣，导致了这种审美的反向。世俗化倾向十分鲜明和突出，真正达到了心物两彰。

总之，宋学的兴起，促进了理性主义的发展。宋学熔铸自然、社会、人生为

---

① 吴怀祺：《中国文化通史》（两宋卷），中共中央党校出版社2004年版，第159页。

② 邹其昌：《朱熹"气象"审美论》，《江汉大学学报》2003年第3期。

③ （宋）朱熹：《朱文公文集》卷30。

④ 参读杭间：《中国工艺美学思想史》，北岳文艺出版社1994年版，第122—128页。

⑤ 吴怀祺：《中国文化通史》（两宋卷），中共中央党校出版社2004年版，第72—83页。

图8-20　景德镇窑青白瓷四耳盖罐

一体，涉及政治、思想、人性、教育各个领域，它不拘泥于章句之学，而是注重义理之学，在塑造宋代文化的性格特征上起了关键作用。宋学各派，尤其是理学各家都重视哲理思辨。他们以"理"说"天"，提倡格物致知、内省慎独，主张严格的道德自律。在理学盛行的宋代，人们追求的是美学上的质朴无华，平淡自然的情趣韵味，而反对矫揉造作的装饰雕琢，并把这一切提高到某种透彻的哲学高度①。因而，宋代包装讲究的是细洁静润，色调单纯，趣味高雅，表现对神、趣、韵、味的追求和彼此的呼应相协调，并相互补充，成为一代美学风范。如景德镇窑青白瓷四耳盖罐②，通体施青白釉，釉色白中泛青，施釉较薄，胎薄体轻，色白而略粗松。器型制作规整，造型圆润而不失灵秀之气，虽无装饰，却显高雅，是宋代景德镇窑较精美的作品（图8-20）。在宋代理学的影响下，宋代包装造器之意蕴较为自然祥和，动中寓静，深化了"自然天成"和"天人合一"的审美情趣，把那种沉静、淡泊而怡然自得的追求，与"法自然"运行的虽动而静的宇宙精神境界相适应，虽景有限而意无穷。

3.市民阶层的俗文化对两宋包装风格的影响

宋朝是中国社会市民阶级正式产生的时代，大批的手工业者、商人、小业主构成了宋朝的中产阶级。他们经济上富裕，同时又有自己独立的价值追求。市民富裕闲暇的生活及审美趣味和生活情趣促成了宋朝的文化高度繁荣，民间包装在这一时期也出现前所未有的繁荣和鲜明特色，是一个物质文化与精神文化俱存并高度发展的时期。伴随着新兴的平民士大夫阶层的崛起和宋代文化的普遍高涨，其精神风貌

---

① 吴功正：《论朱熹的美学思想》，《苏州大学学报》2004年第5期。

② 李辉炳主编：《中国陶瓷全集》（宋下），上海人民美术出版社2000年版，第197页。

与生活理想也在艺术美学领域中产生了新的变化与转型。一改前代审美与造物游离，特别是主流美学与世俗美学分张的情形，而演化为主流美学向世俗美学靠拢的状况，甚至以俗为雅。随着审美观念的变化，宋代美学重新调整艺术眼光，重建了对于艺术的本质和艺术功能的理解。此外，随着宋代经济的发展，宋代城市发展并走向繁荣。当威尼斯和巴黎还只有10万居民时，北宋首都开封就已经拥有100万人口，而南宋首都临安的城市人口更达到150万①。更重要的是：开封、临安以及其他大城市是活跃而开放的，商业、手工业和娱乐业欣欣向荣，儒、释、道三教的活动与节日并存，纸币在商品交易中流通，印刷术使书籍变得容易获得和相对便宜。尽管只有少数商品形成全国性市场，但多环节的供应渠道却已经使得地区间的贸易发达，商品种类繁多。这一切，促进了市民阶层的俗文化发展。在宋代，生活富裕的士大夫和劳动阶层比邻而居，朝夕相对。官员、商人、手工业者、香客和流浪艺人游走在城市与城市和城市与乡村之间，将市民文化传播到城乡各地。诸色杂卖、百戏伎艺、三教九流、阡陌市井，构成了宋代市镇生活的风景画。它既不同于刻板、冷清、奢侈、放纵的皇亲贵族生活，也与风雅、飘逸、闲散、清淡的文人士大夫的生活迥然相异。因而，它所表现出来的是另一种前所未有的审美文化风尚，这种审美文化风尚当然不是空中楼阁，它是与当时的社会大文化背景，与当时理学的发达、艺术的兴盛、工艺的精进和日常生活中丰富的审美情趣密切相关的②。市民文化的勃兴，是为了适应城市中市民阶层的精神需要。这种市民文化，是一种新型文化。它的产生，影响了市民阶层使用的包装在装潢设计与器型设计上的风格特点。

4. 理性包装与世俗化包装的差异

如前所述，宋代美学的繁荣与发展，有着其特殊的社会、心理结构，尤其是由此构成的强大人文环境作基础。就社会结构而言，文人地位的提高，教育的繁荣，学术的自由，市民文化的兴起与繁荣都是美学繁荣与发展的重要契机。就心理结构

---

① 叶坦、蒋松岩：《宋辽夏金元文化史》，上海人民出版社1998年版，第17页。

② 陈国灿：《略论南宋时期江南市镇的社会形态》，《学术月刊》2001年第2期。

言，思想的活跃，个体性的增强，抱负与矢志、出世与入世的矛盾，主体心灵的冲突日益加剧，同样也为美学的发展提供了土壤。这种强大人文环境的营造，使得社会各阶层虽政治经济地位有别、审美趣味有异，但主体心灵方面则有着共同的理想抱负、价值追求和艺术境界。

宋代美学另一个突出的性格特征，就是作为文化传承与创造的主体的士大夫群体的社会构成发生了根本转型。由于重文轻武和经济繁荣，使得寒门、庶族士子成为士大夫群体的主体成分，并且成为宋代权力核心的主体成分。这一具有平民文化与经世精神的新的文化主体，使宋代美学出现了一系列的新变：一方面作为平民文化折射的推崇平淡、朴实的审美情趣成为美学主流，使得宋代除初期之外，包装的装饰艺术一改唐代中后期崇尚华丽、绮靡的风尚。特别是受主流思想观念的影响，宋代美学被经世致用的观念笼罩，对品行、节操、人格的推崇使审美人格和审美涵养功夫的理论发达。宋代美学讲法度、讲精致，促使形式美学成熟，美学追求趋向雅化，尚雅、尚清、尚逸、尚韵等①。在理性的美学思想指导下，宋代的包装追求自然之美、材质之美、纹理之美、造型之美。"清水出芙蓉，天然去雕饰"，以清新质朴为本，与"自然英旨"②同趣的审美追求，远远超越了一般技巧性的范畴，作为一种美学观念的特殊表现方式，宋代美学思想对宋代包装装饰风格的形成和发展产生了深远的影响。

图 8-21 耀州窑鸡心罐

在艺术创作的目的上，士大夫注重与标榜的是自我表现和陶冶性情，在这样情形之下，他们的设计或受其影响的包装的审美情趣便趋向理性化。如耀州窑鸡心罐，造型虽然简单，但却显稳重与质朴无华，平淡中彰显清高。器物虽无任何装饰图案，但自然纯

---

① 吴功正：《论宋代美学》，《南京大学学报》2005 年第 1 期。

② 钟嵘在《诗品序》中提到了"自然英旨"的观点，"自然英旨"观主张在诗歌创作中追求自然美、真美，诗之声韵应符合自然。

净的釉色与开片釉纹，显示出高超的工艺和自然流畅之美（图 8–21）。台北林伯寿先生藏有一件宋时景德镇所产的影青印盒[①]，属文玩包装范畴，其盒做扁圆状，盖和身似两碗合套，盒身的纹饰十分简单，盖顶面作浮雕式花叶纹饰，盖器外壁均作细直筋纹，胎骨呈白色，遍体施以白色微闪青色釉。就其简洁的纹饰和纯净的釉色等来看，充分地反映了时人，尤其是文人们对文玩一类包装器的理性的审美诉求（图 8–22）。

图 8–22　影青印盒

如果说在宋代以前，影响设计创物主流的是统治阶层，是统治阶层将其思想意识在不同程度强加于广大劳动大众的话，那么，到宋代，随着市民阶层的大量涌起和独立人格的彰显，市民阶层的造物活动不断增多。受生活方式和社会文化的影响，市民阶层追求的是自我愉悦和吉祥喜庆的生产、生活要求，因而其设计创造的器物以及包装在审美情趣上带有浓郁的世俗化特征。南宋陆游《老学庵笔记》中载："靖康初，京师织帛及妇人首饰衣服，皆备四时。如节物则春幡、灯毬、竞渡、艾虎、云月之类，花则桃、杏、荷花、菊花、梅花皆并为一景，谓之一年景"[②]。这段话的大概意思是，靖康初年，京城丝织品及服饰上的印花图案，一般是根据季节不同做一些改变，这无不反映了市民阶层的追求自我愉悦的审美情趣。又如河北磁州窑黑釉剔花罐，通体施黑褐釉，装饰采用剔花，整个纹饰分两层，肩部为变形回纹一周，腹部主题纹饰为缠枝花叶纹，叶纹剔划细密，从造型与装饰风格来看，具有河北地方民间特点。

众所周知，在艺术创作内容与生活的关系上，士大夫的审美风格往往与生活保

---

① 陈昌蔚：《中国陶瓷 3：宋·元瓷器》，台北光复书局 1980 年版，第 33 页。

② （宋）陆游撰，李剑雄、刘德权点校：《老学庵笔记》卷 2，中华书局 1997 年版，第 27 页。

持一定的距离，讲究远离凡尘；而市民阶层的包装艺术作品则紧密地贴近生活，随时取材于生活。因此，在包装创作的表现手法上，士大夫大多强调写意，主张为求意境而得意忘象，注重寻求和表现艺术形象以外的东西，以至于言与意、象与意、实与虚的问题成为宋代包装造器艺术中一个十分重要的问题。以形写神、避实就虚、寻求韵外之致则成为士大夫包装艺术表现上的共识。如1966年德安县蔡清墓出土的2件竹节形盒，盖作弧形隆起，盒身呈竹节状，盖上还饰褐彩斑五块[①]，这充分反映了文人士大夫阶层的审美诉求。市民阶层的包装艺术作品则大多采用写实手法。如1975年乐平县端平三年李知监墓出土的馒头形盒，造型似馒头状，盖隆起，盒身自腹内收，圆饼状十足。通体施青白釉，釉色泛黄，有冰裂纹，子口及底足露胎[②]。

在艺术创作的态度上，士大夫认为，真正有价值的艺术品必须标新立异，具有独创精神和个性，认为只有在继承前人成果的基础上打破传统，独创一格，才能达到最高的艺术境界。《政和五礼新仪》中言："循古之意而勿泥于古，适今之宜而勿牵于今……有不可施于今，则用之有时，示不废古……有不可用于时，则唯法其义，示不违今……因今之俗，仿古之政，以道损益而用之，推而行之。"这是宋徽宗朝为修订礼器制度而订立的一个原则，这一原则不拘泥于古法，有一种"贯通古今的立意和精神"[③]，可谓集中反映了宋代士大夫在艺术创作，尤其是造物方面的态度。市民艺术则尊重传统，不习惯打破先制且非常大众化。正如沈括《补笔谈》中言："今京师大屠善熟彘者，钩悬而煮，不使著釜底，亦古人遗意也……其他古器，率有曲意，而形制文画，大概多同。盖有所传授，各守师法，后人莫敢辄改。"不过，当今市民阶层中却更改古制，以致出现有器物形制乖张奇异的状况。针对这种情况，沈括有言："今之众学，人人各出己意，奇衺浅陋，弃古自用，不止器械而已。"[④]

在艺术风格上，士大夫的艺术风格趋于简洁、高远、疏淡、清雅，地域性差异

---

① 彭适凡、唐昌朴：《江西发现几座北宋纪年墓》，《文物》1980年第5期。

② 转引自范凤妹：《江西出土的宋代瓷盒》，《文物》1988年第3期。

③ 徐飚：《两宋物质文化引论》，江苏美术出版社2007年版，第207页。

④ （宋）沈括撰，张富祥译注：《梦溪笔谈·补笔谈卷二》，中华书局2007年版，第321页。

不甚突出。如现藏于河北定州净众院塔基出土的白釉弦纹筒形盒①，盒为仿竹节式高筒圆形，器身竹节纹整齐规矩，采用旋削和划花技法制成。其器的釉色白中泛黄，亮泽莹润，有垂釉痕。整盒造型端庄质朴，纹饰简洁大方，应属文人士大夫所强调简洁、清雅风貌的艺术风格。市民阶层的艺术风格则繁复、通俗、娇艳、浓丽，地域性差异巨大，如现藏于北京故宫博物院的北宋磁州窑白地剔粉缠枝花纹小罐②，灰色的胎体上施一层浅米黄色化妆土，采用"剔粉"的技法，把花纹以外的地方剔除干净，露出灰黄色的胎土，再罩上透明釉入窑烧制而成。其白釉上的花纹与灰黄色的胎色相互对应，别有一番风趣，具有典型的地域性特点。以瓷质包装容器为例，作为宋代商品包装的代表形式，不仅北方地区与南方地区瓷窑的风格不同，而且北方、南方地区内各个瓷窑也因其独特的釉色、款式、纹样、质地，而呈现出风格上百花齐放的格局，以满足不同民众的审美需求。河北定窑的瓷质包装容器胎质坚细、花纹精美，河南钧窑的色斑窑变、形式优美，陕西耀州窑的刚劲有力，刀锋犀利的刻花、剔花、镂空等是其特有的装饰手法，河北磁州窑黑白对比鲜明、富于层次感的特点，江西景德镇窑类玉似冰、极负盛名的"影青"，哥窑如鱼子纹的"开片"的绝世之作，浙江龙泉窑的苍翠色泽和独特的"出筋"手法，福建建窑的细如毫毛或呈羽毛状的美丽的褐色斑纹，江西吉州窑独创的木叶、剪纸粘贴技巧，等等，都形成了一方独有、别具一格的瓷质包装容器风格。

在包装的种类上，士大夫文人的理性包装除了常见的瓶类、盒类、罐类之外，与众不同之处是文人所特有的文具包装和书籍包装，另外还有棋盒和琴盒都是文人常用的包装。这些类型包装最能体现文人的理性审美风格和文化意蕴。古代的文化用品主要有笔墨纸砚，文人们非常在意这些用品的品质和品牌，在其包装上也自然讲究。存放墨有墨匣，砚用砚盒，笔用笔匣，印章和印泥用印奁。这些包装的材料以漆器和瓷器包装最多。宋代瓷业进一步发展，名窑众多，瓷器文具包装的烧造极为普遍。

关于印盒，《饮流斋说瓷》中的《说杂具·第九》有如下描述："宋制印合以粉

① 崔智超：《定州静志寺净众院塔基出土定窑瓷器精粹》，《收藏家》2010年第3期。

② 李炳辉：《中国陶瓷全集》（宋上），上海人民美术出版社2000年版，第173页，图一七二。

定为最精，式样极扁，内容印泥处甚平浅也。若哥窑、若泥均亦佳。哥窑印合，胎釉视常器较薄；泥均有浑圆者，有六角者……印合之式曰馒头、曰战鼓、曰磨盘、曰荸荠、曰平面（平面中仍有子口）、曰六角、曰正方、曰长方、曰海棠、曰桃形、曰瓜形、曰果形，递衍递嬗，制愈变形愈巧矣"①。由此可见，有宋一代，由于文化大盛，致使文人士大夫对文房用品颇有讲究，不仅追求盒形造型的各异，而且还强调印盒的精巧。竹园居士刘子芬所著《竹园陶说》中提到："印盒以宋定及明之青花为最，康熙之苹果绿亦有佳者。"由此可见，定窑所产的印盒，备受宋代文人士大夫们推崇。

与印盒一样，用于盛装、储藏笔墨纸砚的匣砚在宋代也颇有讲究。就文献史料记载和考古出土实物来看，砚匣材料的种类繁多，形式多样，其品种主要可以分为木匣、漆匣、纸匣、锦匣、石匣和金属匣等几种。其中金属和石材制匣的情况比较少，因为砚匣的材质必须是硬度适宜，耐潮湿，能起到对端砚的长期保护作用，而金属和石材并不利于砚的保存。文献记载，制作砚匣最理想的材料应当为木胎漆器，并且木胎砚匣的用材最好为紫檀、鸡翅、红木、花梨、金丝楠木和豆瓣楠木等珍贵木材。南宋赵希鹄的《洞天清禄·古砚辨》中记载："砚匣不当用五金，盖石乃金之所自出，金为石之精华，子母同处，则子盗母气，反致燥石，而又诲盗，当用佳漆为之。砚虽低，匣盖必令高过寸许，方雅观。然只用琴光素漆，切忌用钿花、犀皮之属。四角须用布，令极牢；不宜用纱。匣取其容砚，而周围宽三纸，或作皂绢衬，尤妙。今人于匣底作小穴，小窍容指，本以之出研，而多泄润气。令匣稍宽，不必留窍，或有墨汁流下，多污几案。又或匣底之下作豹脚，取其可入手指，以移重研，此尤非所宜。盖砚实则易发墨，虚则否。故古人作砚，多实，其趺又加以绁褯，正为是也。"② 可以说，这段言论详细地道出了宋代文人对砚盒一类包装物的理性要求，从制匣的用材到对"钿花""犀皮"一类装饰的忌讳，再到具体的设计制作过程中必须注意的诸如"四角须用布，令极牢""皂绢衬""匣稍宽，不必留窍"等细节，都作了十分详细的说明。从包装设计角度来看，这既充分地考虑

---

① 许之衡撰，杜斌校注：《饮流斋说瓷》，中华书局 2010 年版，第 203 页。

② （宋）赵希鹄：《洞天清禄》（丛书集成本），商务印书馆 1939 年版，第 10 页。

到了砚盒的实用功能，又兼顾到了砚盒在使用过程中的方便以及便于移动等要求。目前考古发现的众多漆砚盒实物，充分说明宋代文人们十分讲究对砚台的保护，所用包装盒多为素面漆器，显得朴素而典雅。如江苏无锡兴竹发现的砚盒，内外髹黑漆，素面，内置抄手歙砚一台①。南宋人陈槱在《负暄野录》更直接道出了用漆盒置砚的好处："爱砚之法，当以髹匣贮之，不惟养润，亦可护尘。"②由此可知漆匣不仅可以防尘，更重要的是可以"养润"，以更好地保护砚台。

除了印盒和砚匣外，能反映宋代文人士大夫风格的包装形式，还有书籍装帧设计。如前一章所述，我们知道，书籍装帧设计在隋唐五代已十分讲究，出现了诸如卷轴装、经折装、梵夹装、旋风装、蝴蝶装等装帧形式。至宋代，其书籍装订常见的有线装、蝴蝶装、旋风装以及包背装，而诸如卷轴装、经折装、旋风装等装帧方式则逐步淡出人们的视野，尤其是淡出了商业书籍装帧领域。这主要是因为由于北宋以后的书籍采用雕版印制，因而印制出来的书是以版为单位的若干个单页，故书籍一般都必须经过装订。因此，如果继续采用卷轴装、经折装、旋风装，不仅增多了粘连、折叠的工序，而且也跟不上社会文化发展的需要，尤其是不能满足商业出版的要求。于是，蝴蝶装、包背装、有线装等更为实用，符合雕版印刷技术推广下书籍装帧形式的要求。以至清代藏书家钱曾在《读书敏求记》中感叹："自北宋刊本书籍行世，而装潢之技绝矣"③。由此可见，宋代的书籍装帧设计的变化是印刷术发展的结果，不仅革新前代了书籍装帧形式，而且开元明清书籍装帧设计形态多元化的先河。

从文献记载来看，蝴蝶装是宋元两代十分流行的一种典籍装帧形式。正如《明史·艺文志序》中所言："无不精美，装用倒摺，四周外向，虫鼠不能损。"④蝴蝶装不仅美观，可防虫鼠，而且也十分坚固。这是因为蝴蝶装的书册，全用质量上乘的糨糊所粘贴的缘故。明人张萱在《疑耀·古装书法》中有详细的说明："今秘阁中所藏宋板诸书，皆如今制乡会进呈试录，谓之蝴蝶装。其糊经百年不脱落，不知其

---

①　无锡市博物馆：《江苏无锡兴竹宋墓》，《文物》1988 年第 11 期。

②　（宋）陈槱：《负暄野录》（丛书集成本），商务印书馆 1939 年版，第 10 页。

③　（清）钱曾：《读书敏求记》卷 3（丛书集成本），商务印书馆 1936 年版，第 90 页。

④　（清）张廷玉等：《明史》卷 96《艺文志一》，中华书局 1974 年版，第 2344 页。

糊法何似。偶阅《王古心笔录》，有老僧永光相遇，古心问僧：'前代藏经，接缝如线，日久不脱，何也?'光云：'古法用楮树汁、飞蘒、白芨末三物，调和如糊，以粘纸，永不脱落，坚如胶漆。'宋世装书，岂即此法耶?"[1] 根据相关文献记述和流传书籍等来看，蝴蝶装简称为"蝶装书"或"粘页书"，其具体的装法是：将雕版印刷好的每一印刷页子以版心为中缝线，使有字的单面印刷的纸面对折起来，字对字地折齐。然后集数页为一叠，以折边居中戳齐成为书脊，将每一页书页背面的中缝粘在一张裹背纸上，粘齐，再用一张比书页略长的硬厚整纸，从中间对折出与所装书册的厚度相同的折痕，并将其粘于书脊上，作为封面和封底，再把上下左三边余幅裁齐，一册蝴蝶装的书册即算装帧完毕。这种书籍装帧形态，从外表来看，打开书页恰似蝴蝶的展翅张开的形态，因而被称为蝴蝶装 (图 8–23)。叶德辉《书林清话》云："蝴蝶装者不用线订，但以糊粘书背，夹以坚硬护面，以版心向内，单口向外，揭之若蝴蝶翼。"[2]

图 8–23 蝴蝶装的书册

尽管上文中我们阐述了蝴蝶装在装书的方式、方法以及保存书籍等方面的优势，但我们也注意到这种书籍装帧并非完美无缺。正如有研究者言："这种装帧造成所有的书叶都是单叶，不但每看一版使人首先看到的都是无字的反面，而且很容易造成两个半叶有文字的正面彼此相吸连，翻阅极为不便。并且，蝴蝶书脊用浆糊粘接，作为藏书可以，若是经常翻阅，则容易脱落和散落。"[3] 可见，造成这种缺点的主要原因无疑是折页不当。为了克服这些缺点，在南宋时期出现了代替其的包背装形式。北京图书馆所藏南宋刻本《文苑》残册上，有"景定元年十月二十五日装背臣王润照管讫"条记佐证。其具体制法，是将书叶正折，版心向外，书叶左右两

① （明）张萱：《疑耀》卷5《古装书法》（丛书集成本），商务印书馆 1939 年版，第 104 页。

② （清）叶德辉：《书林清话》，世界书局印行，第 15 页。

③ 李致忠：《中国古代书籍的装帧形式与形制》，《文献》2008 年第 3 期。

边的余幅齐向书脊。这就使得正面文字向人。然后集数叶为一叠，排好顺序。再以版口一边为准戳齐，在右边栏外余幅的适当位置打眼，用纸捻穿订，砸平固定。而后将纸钉以外余幅裁齐，形成书背。再以整纸包裹书背，裁剪齐，即算完成。这种装帧缘其包裹书背，故名包背装。以后元、明、清历代，特别是政府官书，多取这种装帧样式，如明代的《永乐大典》、清代的《四库全书》等①。就功能角度来看，其包背装克服了蝴蝶装的缺点，便于翻阅，一目了然，但是也经不起频繁的翻阅，极易散落，因而也最终被线装形式所代替。

线装书始于何时，尚难稽考。但可以肯定的是至迟在北宋时期即已出现，如现藏于不列颠图书馆东方手稿部的中国敦煌遗书中，有一部北宋初年写本 S.5646 号《金刚般若波罗蜜经》，其装帧是在书籍内侧打三个透眼，用两股拧成的丝线绳横索书脊，并沿书籍竖穿，最后在中间透眼处打蝴蝶结系实②。这无疑是北宋时期线装书的实证。与蝴蝶装、包背装相比，线装书不仅便于翻阅，不易破散，而且有美观的视觉形态，坚固耐用。随着线装书籍装帧形态的出现和发展，至明代达到鼎盛，成为广受文人喜爱的一种装帧形式。与此同时，伴随着线装书籍装帧的发展也出现了函套、匣函等书籍包裹方式，不过多为书籍的外包装形态。整体看来，这些外包装的制作和设计均符合文人的理性审美特点，亦极考究、典雅。

5. 两宋包装的美学个性特征

作为包装设计艺术内容中最基本的，也是最主要的"机能性"，主要包含"实用机能""美感机能""象征机能"三种。也就是说，有的重视实用的价值，有的重视审美效果，有的以象征意义为主要目的。这主要由人的需要和物品的性质来决定。两宋包装浸透着宋代的文化精神和审美意识，富有鲜明的美学个性，将包装设计的"机能性"表现得较为完善，主要体现出：

（1）包装审美的和谐性

宋代设计艺术思想重视人与物、用与美、文与质、形与神、心与手、材与艺等

---

① 可参读杨永德：《中国古代书籍装帧》，人民美术出版社 2006 年版，第 100—102 页。

② 李致忠：《中国古代书籍的装帧形式与形制》，《文献》2008 年第 3 期。

因素相互间的关系，主张"和"与"宜"。对"和"与"宜"理想境界的追求，使
宋代包装呈现出高度的和谐性；外观的物质形态与内涵的精神意蕴和谐统一，实用
性与审美性的和谐统一，感性的表达与理性的规范的和谐统一，材质工技与意匠营
构的和谐统一。如梅瓶是宋时酒家盛酒用的容器之一，它是以贮酒的实用功能为主
导的。其小口、短颈，就是便于倾倒，防止酒味挥发，并能衬托和突出瓶身的修长
与挺拔的特点。为了达到藏酒量多，而又不失形体纤细、窈窕的美姿，我们可以从
北京故宫博物院收藏的定窑印花缠枝牡丹纹梅瓶看到，作品的权衡比例总是尽量把
最宽径往上提高，腹部以下向内收敛，与主体在体量上形成鲜明对比。这种对比的
处理是从南北朝的传统手法发展而来的，但宋代梅瓶所形成的优美形象，既保持了
传统造型的特点，又体现了强烈的时代感和宋瓷造型的独特风貌。完美的和谐性，
使宋代的梅瓶既是造型典雅的艺术品，又是可供盛装酒的酒包装容器，是使用功能
与形式美的完美结合。

（2）包装形式的象征性

宋代工艺思想沿袭了中国古代一直重视造物在伦理道德上的感化作用，并在包
装中注入浓烈的理性美学色彩。它强调物用的感官愉快与审美的情感满足的联系，
并且要求这种联系符合道德规范。受制于强烈的理学审美意识，宋代的部分包装含
有特定的寓意，往往借助造型、体量、尺度、色彩或纹饰来象征性地喻示伦理道德
观念，抒发自己的情操。除了考虑它的实用性之外，同时还要考虑到物品作用与人
体感官的感受。它介于人与物之间，通过人的审美感官而得到的审美感受，既要达
到人心理上的舒适感，还要达到精神上的愉悦感，体现出文质彬彬的审美规范[1]。
这种象征性的追求常常使文人包装物体现出理性色彩。相比之下，更多以生产者自
身的功利意愿为象征内涵的民间工艺美术则显得刚健朴质，充满活力，在包装的装
饰体现出生活情趣化、情景化、人性化，图案色彩上象征着吉祥如意和对生活的
美好愿望[2]。这一点在宋代的瓷器和漆器包装风格上均有明显的审美意境差异化象
征体现。如上海博物馆藏登封窑珍珠地划花人物瓶[3]，小口圆唇，短颈，溜肩，腹

---

[1] 潘之勇：《理学美学初探》，《学术月刊》1995年第4期。

[2] 戴璐：《宋代市井题材风俗画和宋代的文艺商品化》，《贵州大学学报》2004年第4期。

[3] 李炳辉：《中国陶瓷全集》（宋上），上海人民美术出版社2000年版，第194页。

体呈橄榄形，浅圈足。器身以细线刻划一醉态可
掬、袒胸露怀、肩挑葫芦的长衫醉汉，形象极为
生动，象征文人平淡清真、与世无争、清高雅致
的生活态度（图8-24）。

（3）包装用材的天趣性

宋代包装重视工艺材料的自然品质，主张
"理材""因材施艺"，要求"相物而赋形，范质
而施采""器完而不饰"。在造型或装饰上总是尊
重材料的规定性，充分利用或显露材料的天生丽
质。米芾在《砚史》中对端州半边岩所出的石材
进行了详尽的描述，充分反映了宋人，尤其是文
人对包括包装在内的器物用材方面的态度。"石

图 8-24　登封窑珍珠地划花人物瓶

理同上岩，色多青紫、近墨，多瑕而眼长如卵。有瞎眼者，中是白点；死眼者，黑
点而晕细；翳眼者，或青或黑，横乱其眼；又多青不成眼，圆点横长青间，道如松
木纹。"[1] 这种独特的审美和卓越匠心使宋代包装器物具有自然朴实、恬淡优雅的趣
味和情致。例如宋代瓷器包装多为素面无饰，主要以造型自身的形式感与晶莹剔透
的釉质作为美化的主要手段，完全是一派洗练、单纯、规整、精巧的仪态，以釉色
来表现抽象美已成为普遍的现象。宋代的漆制包装也以单色漆最为盛行[2]，如江苏
江阴文林公社六瓣葵花形假圈足黑漆盒，质地坚密，黑色精光内含，材料质感与宋
瓷追求釉层光滑滋润、釉色幽静柔美的意趣有类似之处。

（4）包装成型的工巧性

对工艺加工技术的讲究和重视，是宋代包装得以在中华包装文化上成为绚丽奇
葩的重要原因。科学技术的发展、创造精神的发挥、精益求精的工匠精神、丰富的
造物实践，使得工匠们在长期的实践中逐步懂得和悟出了注重工巧所产生的审美效

---

[1] （宋）米芾：《砚史》，载邓实、黄宾虹辑：《中国古代美术丛书·二集·第十辑》，国际文化出版公
　　司1993年版，第75—76页。

[2] 参见韩倩：《宋代漆器》（硕士学位论文），清华大学，2006年，第50—57页。据有人研究，宋代
　　漆器有黑髹、朱髹、紫髹、绿髹、绿髹、金髹等不同的单色漆。

应，便开始有意识地追求工巧的审美理想境界，即因材施工与浑然天成、刻意雕琢与雕镂画缋。宋代是一个擅长工艺的时代，工艺美术能工巧匠层出不穷。例如，在陶瓷包装容器工艺方面，在不断发展中精益求精，无论是从工艺制作还是从陶瓷容器造型的角度看，宋代的陶瓷包装容器中表现着一种坚忍不拔的创造力，表现着匠师们征服材料的毅力，他们的技能熟练而准确，真可谓巧夺天工，让后世的欣赏者为之敬佩和叹服。20世纪末杭州所发现的"尚药局"铭定窑白瓷龙纹盒，铜形腹，近底部和近面部渐内收，细砂平底，顶面釉下划刻一行龙，三爪、龙角刻成鹿角形状，刀法流畅自然。盒身和盒盖的形状大小都非常相似，盒身有子口，子口与盖口釉均被刮削，釉线刮削整齐，除底和口沿外，盒的里外均施釉，盒盖、盒身外近合口处均以楷书从右向左釉下划刻"尚药局"铭款，字体工整清晰[1]。可以说，就胎、釉、做工、纹饰等方面来看，这件用于包装的瓷盒都堪称完美，充分地显示了宋代瓷质包装容器的工巧之美。

第三节　瓷质包装容器的发展与纸包装的大量运用

一、瓷质包装容器的全面发展

宋代瓷质包装容器品种之多，远超前代，既有专供宫廷和达官贵人享受的生活精美瓷质包装容器，也有民间百姓因为保证生计而因陋就简使用的民窑陶瓷包装容器。陶瓷器，尤其是瓷器成为两宋代表性的包装形式。苏轼《东坡志林·阳丹诀》中载："冬至后斋居……以三十瓷器，皆有盖，溺其中，已，随手盖之，书识其上，自一至三十。置净室，选谨朴者守之。满三十日开视，其上当结细砂如浮蚁状，或黄或赤，密绢帕滤取。新汲水净，淘澄无度，以秽气尽为度，净瓷瓶合贮之……"[2]就这条史料来看，带盖瓷器虽是用来贮藏药物的，但是却反映了瓷质包装容器在宋代被广泛使用的事实。从目前考古发现来看，宋代最有代表性的陶瓷包

---

① 钟凤文：《"尚药局"铭瓷盒及其他》，《上海文博论丛》2003年第4期。

② （宋）苏轼：《东坡志林》，中华书局2007年版，第23页。

装容器有各种用途的盒类、包装瓷瓶类、盛装食品、药品、茶叶和化妆品的罐类等。两宋包装瓷器造型讲究，大件包装瓷器稳重而典雅，线条简洁流畅；小件瓷器包装造型花样百出，博采众长，无论仿生造型还是几何造型，都以追求和满足世俗的审美为目标。体现在造型中的世俗审美法则是人类在劳动中根据主观创造与客观事物相结合而探索出来的结果，是宋代设计美学思想的具体体现，如对称美、平衡美、错综美、曲线美、圆润美、流动美、意象美、神韵美等。

首先，关于瓷盒类包装容器。此类包装器物在宋代南北各窑均大量生产，器型有圆形、瓜形、梅花形、子母形等。用途极广，有镜盒、药盒、油盒、粉盒、黛盒、朱盒、香盒以及文房用品中的印泥盒①等。盒类包装一般以圆形为主，附盖，器身一般高于器盖，盖面微鼓，近底处多折腰。宋代瓷盒产量较大的是景德镇窑和德化窑，拥有专门从事制作瓷盒子的专业作坊。其中景德镇窑生产的盒子，大部分都刻有铭记，这些铭记大多数是景德镇瓷盒作坊的私家店名，如"许家盒子记""段家盒子记""蔡家盒子记""吴家盒子记"等，这无疑是不同的作坊主通过铭刻标记的方式，以起到广告宣传的作用。据现有资料统计，已知有潘、段、余、陈、汪、吴、兰、程、许、蔡、张、朱、徐等十三种姓氏标记②。德化窑在宋代制作的盒子，其造型、纹饰也异常丰富，有一百余种之多③。到了南宋时期，瓷盒子大为盛行，这与南宋通过东南沿海口岸海外贸易发展、宋瓷大宗出口、香料大量输入有关，当时香料的使用遍及朝野。来自各国的几十种香料需要盛装的包装盒子，而瓷盒价廉物美，更易满足社会需要。瓷盒除盛装各种香料，还能盛装妇女化妆品，如敷脸用的粉、画眉用的黛、抹唇用的朱红等，因此社会需要量大。正是因为市场的需要，使得瓷盒的制作，从一般的陶瓷作坊当中分离出来，以集中的生产方式，形成一个盒子的专业制作区④。

---

① 印泥盒，亦称印奁、印色池。文人用其蓄藏印泥，因宋以前用印一般为泥封、色蜡、蜜色、水色等，尚未出现真正意义上的印泥。宋以后油印的使用为了防止油料的挥发，遂以前代妇女存放水粉胭脂的瓷质粉盒保存印泥。

② 范凤妹：《江西出土的宋代瓷盒》，《南方文物》1986 年第 1 期。

③ 冯先铭：《中国陶瓷史》，文物出版社 1982 年版，第 271 页。

④ 刘良佑：《如冰似玉说影青——五代宋元时期的景德镇青白瓷》，《故宫月刊》1985 年第 3 卷第 9 期。

　　在盒类包装中，数量最多且最常见的是粉盒包装，粉盒瓷质包装容器造型美观，款式多样。常见有单盒、套盒、连体盒等。

　　单盒的造型以仿生造型最为多见，仿生造型设计以瓜果类植物仿生最多，其形态结构在自然形态的基础上加变形、夸张等处理，造型样式也表现出古代匠师们善于观察自然，把握中国传统文化的精神内蕴和按照工艺美术造型原则，加以提炼和变形的卓越能力与聪明才智，以及两宋时期的文化观念与世俗审美需求。体现了宋代包装设计"师法自然"的道家美学风范，以单纯质朴的自然意象延伸了人们的心灵空间，沟通人与自然的深层本质关系，同时追求自然生命的有机性质。仿生粉盒包装造型结构除了体现出自然形态的造型结构美学原则之外，还体现出了满足实用功能需要的设计准则。

　　套盒亦称"子母盒"。宋代瓷器套盒的设计巧妙独特，具有极强的实用性，如北宋青瓷四件套刻花粉盒①，整件作品大小套扣、聚散为整，充分利用空间，可把粉、黛、朱等化妆品分别放在大盒中的小盒之内，使用方便，便于保存，体现了工匠卓越的设计才能，是宋代系列化包装设计的体现（图8–25）。宋代套盒设计首先注重器物形式的整体美，注重子盒与母盒、部分与整体的有机统一，在造型与装饰方面充分体现协调性与整体感。此外，在套盒的结构设计中，注重内部空间的布局合理性，充分考虑包装容器的实用功能，由内而外进行设计，使容器外在形与其功

图 8–25　北宋越窑青瓷四件套刻花粉盒

①　李辉炳：《中国陶瓷全集》（宋下），上海人民美术出版社 2000 年版，第 74 页。

能相统一，反映了宋代瓷器包装所体现的"备物致用"的思想。

连体盒亦称"联盒"。宋代瓷器连体盒的设计是以满足实用性和方便性为首要目的。如《中国陶瓷全集》（宋下）中所收录的白瓷三联粉盒[①]，容器设计分盖和盒两部分，上下有企口，盖顶常用捏塑、贴塑、戳印、刻划等技法装饰有叶、花或瓜果的图案或立体仿生塑形，装饰图案整体协调，对称统一（图8-26）。宋代的连体包装盒

图8-26　白瓷三联粉盒

设计，整体器物构思巧妙，小巧玲珑，制作技法纯熟，能将日常所需的常用化妆品分类装在不同的区间，互不相混，开启仅需一次便能同时使用不同的化妆品，极为方便适用，在化妆品包装中深受使用者青睐。

其次，关于瓷瓶类包装容器。两宋的瓷瓶类包装容器，是观赏与使用相结合的典范，如梅瓶，既是造型典雅的艺术品，又是可供盛装酒的酒包装容器，是使用功能与形式美的完美结合。两宋瓶类包装瓷器品种多样，造型稳重、形态精美，且样式丰富，如各种各样的梅瓶、玉壶春瓶、扁腹瓶、瓜棱瓶、多管瓶、胆式瓶、龙虎瓶、葫芦瓶、橄榄瓶是常见的酒和药品的包装容器。

宋代的瓶类包装容器，追求外观造型的美感，讲究造型的和谐、比例的匀称、线条的流畅自如，形成一种简约淡雅、釉色纯净、挺拔、典雅独特的风格。在造型形式方面"求正不求奇"，各种造型以平实见长，不追求形式的奇特，但绝不是平淡，而是以平易之中的深厚韵味博得人们的欣赏。同一形式的瓶类造型，也因形体变化在样式上显现出丰富多样，反映出工匠在造型上不拘泥于一格的构思。造型的审美需求和形式的丰富变化，都和宋代经济发展、人民生活不断提高，为满足各阶层人们多方面的世俗审美需求有关。另外，宋代瓷器工艺技术的重大突破和激烈竞

---

① 李辉炳：《中国陶瓷全集》（宋下），上海人民美术出版社2000年版，第161页。

争也促使其造型和制作不断完善。

宋代瓷质包装容器造型的成熟，标志着制瓷艺术已达到相当高的水平和艺术境界。宋代瓷质包装容器中的优秀作品，都是经过许多陶瓷匠师们的反复修改，不断完善，才形成典范的样式，这是世俗审美需求的发展和体现。还以梅瓶为例，那原本是盛装酒水的瓶子，由于其造型结构特点是小口、短颈、宽肩、收腹、敛足、小底，整体比例修长，形体气势高峭，轮廓分明，挺拔刚健，视觉效果明确，形式感强，因而一直延续到今天，成为人们爱好的陈设装饰品。

宋代南、北方民窑多烧造梅瓶，北方梅瓶较多保留了契丹鸡腿瓶的痕迹，形体修长而秀丽，如北宋的耀州窑刻花缠枝牡丹纹瓶，高达48.4厘米，造型优美、釉色青翠、刻花娟秀、刚劲有力。瓶身各部分比例匀称，给人一种亭亭玉立、挺拔颀长的感受，是典型的宋代梅瓶造型，也是耀州窑鼎盛时期的代表作品之一（图8-27）。而南宋景德镇影青梅瓶和江西吉州窑等地梅瓶的高度明显低于北方梅瓶，

图8-27　耀州窑刻花缠枝牡丹纹瓶

其容积缩小，腹径较大，显得矮而胖，造型上给人以敦实之感。北宋晚期和南宋时，还出现一种口部稍大的新样式梅瓶，其在北宋晚期到金代初期耀州窑曾有烧造，窑址中发掘出土多件。从造型上看，这种大口梅瓶应是从小口梅瓶改进而来，其口部、肩、腹与底部尺寸均增大，由修长秀美改为壮硕丰满，不仅增大了装酒量，而且增强了平稳度，放置时不必依赖于支架[①]，也便于使用提子一次打出半斤、一斤的酒来。

梅瓶从宋代开始出现比较成熟的样式，磁州窑、耀州窑、湖田窑、吉州窑的梅瓶造型也各有所异。但是，这些造型样式不同却

---

① 河北宣化辽墓有多幅壁画显示当时以3只高颈瓶插放于低矮木几上，木几上开有3个圆口，瓶颈刚好卡放在木几上，说明在北宋时期，造型修长、深腹小底的瓷梅瓶由于重心较高，使用中是放在开孔木架上的。

又相近，其造型形态的变化，可以说是"大体则有，定体则无"。一种造型的形式结构，多种多样形态特点的变化，虽然各有其个性，但又比较接近，正因为如此，才在比较中找到这种造型的几种最佳状态，固定下来，成为那一时期的典型的优秀造型①。从各名窑烧制的梅瓶可看出两宋梅瓶在造型的统一中存在着变化，呈现出各自的特色。

再次，关于瓷罐类包装容器。瓷罐类包装容器是中国古代瓷器包装容器中最常见、历史渊源最悠久的包装品种之一。常见的器形有瓜棱罐、直口罐、鸡心罐、双系罐、盖罐等。瓷罐的一般特点为大口，短颈，深圆腹，底成圈足。作为包装而实用的瓷罐可用来盛酒、贮物。从贮藏功能来看，瓷罐都应该是有盖的，即为盖罐。因为盖的使用频率太高，目前我们所能见到的绝大多数盖罐只剩下罐身，罐盖大多缺失，从另一个角度也可看出瓷罐已经是两宋时期居家过日子的必备包装容器。因其用于包装，可保持物品的色、香、味，而且不易霉变，瓷罐在宋代经常用于存放食品、酒、药品、化妆品、茶叶等。两宋的瓷罐因造型独特，往往也是很好的工艺品。

瓷罐类包装容器的造型设计多从实用性和功能性出发，以方便储存为设计目的，追求形式与内容的统一。瓷罐的容积大小充分考虑内装物的实际常用量，以方便消费需求。瓷罐类包装容器多由于市民阶层作为储藏和销售之用，在设计上充分体现了市民阶层的审美需求。造型设计多源于生活和经验，因此以几何形、仿生造型多见。无论大器小件、规矩方圆，都制作精工、旋削认真，修坯一丝不苟。

二、纸包装的大量运用

毫无疑问，纸张的出现对包装的发展具有划时代的意义。因为用纸绢、纸绫、纸木等制成的包装盒，用来包装食品、书、画、笔、墨、砚等有更大的优越性，在纸上还可以印刷美观的插图和装潢，使包装不仅具有容纳、保护产品的功能，还具有审美的价值。考古资料和文献材料表明，纸在汉代出现以后，就有被作为包装材料的事实。但是汉唐间纸的产量不高，且主要用于书画，纸专门作为包装材料的情

---

① 郭强：《论宋代陶瓷的美学特征》，《南京艺术学院学报》2004 年第 3 期。

况并不多见。只是到了唐代，因造纸技术进一步完善，纸的品种增多，产量增加，纸运用到包装领域才逐渐普及，开始使用纸杯、纸器以及厚纸板。不仅用单层纸包裹食品、医药等小商品，而且已有了用多层裱糊在一起做成的纸盒、纸笸箩及小型纸缸、纸坛等日用包装容器。特别是为了满足包装功能的需要，当时还生产了能防油、防潮的蜡纸。唐中叶后，随着雕版印刷的发明，包装纸上开始印上简单的字号、图案和广告，初具现代广告的雏形。据传唐代高僧鉴真东渡日本时带去的许多药材，后来日本医道把鉴真奉为医药始祖，德川时期以前日本药袋上都贴有鉴真像①。

至宋代，市镇的大量出现使商品经济比重大大增加，加上造纸技术更加精进，从而推动了宋代包装的发展，使纸包装成为宋代包装的重要形式。宋代纸包装广泛用于食品、茶叶、书籍、中药、书画作品、火器等物品上。用纸包裹茶叶，在唐代就已十分普遍，宋代并未有实质性的改进，但也有发展，这主要体现在其作茶叶包装的内包装方面。如赵汝砺《北苑别录》"粗色七纲"中言：茶饼"圈以箬叶，束以红缕，包以红纸，缄以白绫"②。这是进贡之茶，所以在包装上颇为讲究，首先在箬叶裹包的基础上，再以"红纸"裹一层以为中层包装，尔后以"白绫"裹在"红纸"之外。由此可见，纸在宋代被应用于茶叶包装，尤其是在贡茶包装中，主要是作内包装之用。与此同时，纸包装在药品领域的应用，也较前代有所发展，主要体现在纸材质的精薄上。如欧阳修在《归田录》记载了一条他亲眼所见的有关纸包药的事情："余偶见一医僧元达者，解犀为小块子，方一寸半许，以极薄纸裹置于怀中……"③除在茶叶和药品领域被普遍应用外，纸包装还尤受到食品领域的青睐。如苏轼《格物粗谈》中有言："五月五日，以麦面煮粥，入盐少许，候冷倾入瓮中，收鲜红色未熟桃，纳满，外用纸密封口，至冬月如新。"④此处所用"纸"虽为辅助"瓮"进行的包装⑤，但也可以想见"纸"在当时应该被广泛地运用于社会的生产、生活中。而完全用纸来包装产品的情况也在市场上流行，如《梦粱录》中言："内

① 许凤仪：《唐代扬州的繁华对鉴真东渡文化传播的深远影响》，《扬州教育学院学报》2004年第2期。
② （宋）赵汝砺：《北苑别录》（丛书集成本），商务印书馆1936年版，第13、14页。
③ （宋）欧阳修：《归田录》，中华书局1981年版，第34页。
④ （宋）苏轼：《格物粗谈》（学海类编本）。
⑤ 在苏轼所撰写的《格物粗谈》一书中，多次谈到了用纸来密封包装容器的例子。

前杈子里卖五色法豆，使五色纸袋儿盛之。"① 等等。此外，值得一提的是，许多有名作品采用高级装裱这一特殊的包装形式，经过装裱包装的书画作品，既可馈赠友人，又方便进入书画市场，提高价格。宋人用纸来装裱书画，可谓十分讲究，不仅注重纸张裱贴的位置，而且十分强调纸张的质量。米芾《书史》中载："装书，裱前须用素纸一张，卷到书时，纸厚已如一轴头，防到跋尾，则不损古书。……油拳、麻纸硬坚，损书第一。池纸硾之易软，少毛，澄心其制也。……古澄心有一品薄者，最宜背书；台藤背书滑无毛，天下第一，余莫及。"② 同时，许多文人骚客，喜爱将自己的书法、绘画创作于纸扇、精巧的盒子、用于盛装食品的纸袋等上面，并常将椒水渗入纸质物中，以达到防蛀作用。据清人叶德辉《书林清话》中言："宋时印书纸，有一种椒纸，可以辟蠹。"又言："椒纸者，谓以椒染纸，取其可以杀虫，永无蠹蚀之患也。"③

　　宋代，在隋唐造纸技术的基础上，又有所改进，开始使用稻草、芦苇等多种植物原料进行造纸。宋代造纸原料有桑、麻、竹、麦秆、稻草和芦苇等，纸张的质地也因原料的不同而各具特色。宋苏易简《纸谱》："蜀人以麻，闽人以嫩竹，北人以桑皮，剡溪以藤，海人以苔，浙人以麦面稻秆，吴人以茧，楚人以楮为纸。"④ 如蜀地的布头笺，因"薄而清莹"，"名冠天下"⑤。福建建阳、四川成都、安徽徽州及浙江杭州等地都是纸的著名产地⑥。可以说，宋代造纸和印刷技术取得了突飞猛进的进步，造纸原料在继续使用麻、树皮的同时，又大量地使用了竹、麦秆、稻秆等纤维植物，包装用纸技术和品种都有所改进⑦。特别是活字印刷术的发明和雕版印刷技术的改进，使造纸和印刷技术在包装技术中得到充分结合。由于造纸原料丰富，

---

① （宋）吴自牧：《梦粱录·夜市》（丛书集成本），商务印书馆 1939 年版，第 116 页。

② （宋）米芾：《书史》，载邓实、黄宾虹辑：《中国古代美术丛书·二集·第一辑》，国际文化出版公司 1993 年版，第 41 页。

③ （清）叶德辉：《书林清话》，世界书局印行，第 163 页。

④ （宋）苏易简：《文房四谱·纸谱》（丛书集成本），商务印书馆 1939 年版，第 53 页。

⑤ （宋）苏轼：《东坡志林》云："川纸取布头机余，经不受纬者，治之作纸，名布头笺，此纸名冠天下。"

⑥ 参见潘吉星：《中国造纸技术史稿》，文物出版社 1979 年版，第 95 页。

⑦ 葛金芳：《中国经济通史》（第 5 卷），湖南人民出版社 2002 年版，第 357—359 页。

图8-28　济南刘家针铺包装广告铜版

用纸来包装产品不仅使包装成本降低，价格相对实惠，而且活字印刷术能实现美化纸包装的装潢效果，同时生产加工的效率又高，适合运用到批量包装制作中。技术和工艺的进步，既满足了市民阶层经济实用的消费心理，又降低了生产成本，提高了商品的市场竞争力。在宋朝庆历年间，还出现了世界上最早的包装广告印刷实物——北宋时期济南刘家针铺的用来包装针的包装广告铜版，现在保存于中国历史博物馆，上面雕刻着"济南刘家功夫针铺"的标题，中间是白兔捣药的图案，于图案左右标注"认门前白兔儿为记"，下方则刻有说明商品质地和销售办法的广告文字："收买上等钢条，造功夫细针，不偷工，民便用，若被兴贩，别有加饶，请记白。"整个版面图文并茂，白兔捣药相当于店铺的标志，文字宣传突出了针的质量和售卖方法（图8-28）。这副广告既可以作针铺的包装纸，也可以作广告招贴，都起到广告宣传的作用。这种包装纸的设计，集字号、插图、广告语于一身，已经具备了与现代包装相同的设计理念。

第四节　考古所见其他材质包装和绘画作品中所见两宋包装

一、考古所见其他材质两宋包装

两宋的工艺美术在隋唐五代的基础上，有了较大的发展，从而也使得两宋包装设计装饰风格、技巧以及对包装造型的设计运用在前代的基础上有了显著的变化，呈现出不同于前代的独特风格。两宋的包装从材料来看，除了前面讲的陶瓷和纸包装外，具有较高艺术价值和使用价值的还有金属材质和漆制包装等。下面试就这些材料，通过文献记载与实物资料结合，分别作一考述，既明其概况，又析其特征。

1.素雅生动的金银材质包装容器

两宋时期，各地金银器制作行业十分兴盛，商品化程度较高。在考古所出土的金银器中出现了许多制作精美的金银包装容器。从发展轨迹来看，应该说宋代的金银器制作是在唐五代的基础上发展而成，来自波斯萨珊王朝的异国风情的金银器已荡然无存，转为素雅而生动的风格，适应城市市民生活的需要，富有浓郁生活气息的为主[①]。宋代金银器生产的发展是与金银产量的增加及制作工艺的进步紧密相关的。朝廷专设"文思院"来掌管"金银犀玉工巧之物"，其中的镀金作、销金作、镂金作、银泥作等等，都是制作金银器皿的工艺和方法，主要供给皇室之用。而民间的金银器店铺在都市中也普遍存在。《东京梦华录》《都城纪胜》《梦粱录》等书都有记载。如《梦粱录》中记：杭州大街上"自五间楼北，至官巷南街，两行多是金银盐钞引交易，铺前列金银器皿及现钱，谓之'看垛钱'……"[②]这时期不仅皇亲贵戚、王公大臣、富商巨贾使用的包装有金银器[③]，就连庶民和酒肆妓馆使用的器皿，也往往使用金银制品，当时民间开设了专门制作金银器的铺子，且有不少店铺为了买卖竞争和维护商品信誉，往往把经营店铺和工匠名号、器物重量以及标明银子成色的印记都铸打在自己制造的金银器物上，故宋代有铭款的金银包装容器较为普遍，这是宋代金银包装容器有别于其他朝代的突出特点。从出土的一些金银包装容器上屡见"孝庄周家打照""庞家造洛阳子昌""周家造""李四郎"等带有广告性质的款识，表明了宋代金银器制作已经商品化。这正是创造出各式新颖别致、奇巧俊美金银包装容器的一个重要基础，并对元、明、清的金银包装容器制作产生了较大影响。

---

① 曹燕萍：《金银器》，上海书店出版社 2003 年版，第 97 页。

② （宋）吴自牧：《梦粱录·铺席》，商务印书馆 1939 年版，第 112 页。

③ 关于金银器在上层社会，尤其是在统治阶级的应用，在诸多文献中都有记载，特别是在《宋史》《宋会要辑稿》《续资治通鉴长编》以及《建炎以来朝野杂记》等书中，可谓俯拾皆是。现在偶举一例。
（宋）李心传《建炎以来朝野杂记》卷 149(中华书局 2000 年版，第 2395 页)。云："(绍兴十三年五月)丁丑，申节宰臣率百官上寿。京官任寺监簿已上，及行在升朝官并赴。始用乐，近臣进金酒器银香合焉，郡县锡宴皆如承平时。"

就目前考古发现的实物资料来看，两宋的金银包装容器，主要流行于酒水、茶叶、化妆用品等生活日用领域以及宗教用物领域，形制主要有盒、银奁、罐、瓶、函等不同种类。其中盒、奁等一类的金银包装容器多集中在包裹化妆所用的粉、饰品以及铜镜、玩物等内容，这一类金银包装容器出土数量较多，各地墓葬中大多有所发现，典型实物如江西德安南宋周氏墓中所发现的银奁和银粉盒[①]。银奁为平面六曲葵花形，分上、中、下三层，每层有子母口相套，是一件集合式化妆用品包装容器。出土时，奁内第一层放置铁镜 1 件，第二层放置纸制的篦子、梳、刀、刷和银盘，第三层则放有一粉盒。从放置内容的顺序来看，我们不难发现，这是按照人们日常使用器物的一般规律而设置的，这显然充分考虑到了人在使用包装物过程中的方便性。墓中银粉盒 2 件，其中 1 件内有铜质小勺 1 件，1 件内装白粉，有粉扑 1 只，这无疑是配套包装的方式。罐多用于盛装食品、药物等产品，瓶则一般作贮藏酒水之用。这一类包装容器，在宋墓中也时有发现，如江苏吴县藏书公社出土的荷叶盖柳斗银罐、斗笠状盖罐[②]和江苏溧阳平桥出土的用于盛酒的如意头纹银瓶[③]。

宋代金银包装容器的造型由于充分发挥了金银延展性好的特点，器形设计构思巧妙，以富有灵活性与创造性的多种加工技法为特征，显得精巧玲珑，新颖别致。其器物的形体与唐代的同类器物相比较，显得轻薄精巧。宋代金银包装容器的花纹装饰题材十分广泛，总的来说以清素典雅为特色，并富有生活气息。虽然没有唐代纹饰那样丰富华丽，但其洗练精纯却远胜于唐。纹饰上追求多样，素面的器物讲究造型，光泽夺目，与当时瓷器、漆器风格颇为一致。宋代金银包装容器的装饰构图种类很多，打破了唐代的团花格式，凡有纹饰的器物，其装饰的花纹多按照器物造型构图，其形式多随器形而变化，从而使多姿多彩的装饰纹样与变化多样的器物造型巧妙地结合，以达到和谐统一的效果。如福州茶园山墓出土的鎏金双凤纹银镜盒[④]，盒呈六出菱花形，子母口，盖面上捶錾有双凤图案，周边錾刻如意花卉，腹

① 江西省文物考古研究所等：《江西德安南宋周氏墓清理简报》，《文物》1990 年第 9 期。

② 叶玉奇、王建华：《江苏吴县藏书公社出土宋代遗物》，《文物》1986 年第 5 期。

③ 肖梦龙、汪青青：《江苏溧阳平桥出土宋代银器窖藏》，《文物》1986 年第 5 期。

④ 郑辉：《福州茶园山南宋许峻墓》，《文物》1995 年第 10 期。

部饰卷草纹，通体鎏金，精美可爱。该盒
出土时盒内放置一面六出葵花形铜镜，可
见该镜盒是专为铜镜而量身定做的，实属
化妆用具包装中的范例之作（图8-29）。南
京幕府山北宋中期墓中出土的银粉盒、鎏
金银盒等[1]金银包装容器，都显示出小巧玲
珑的高超造型。又如四川德阳出土的孝泉
镇银铺打造的银梅瓶、刻花盒等器形[2]，锤
刻工整，比例协调，有着恬静舒畅的特点，
反映了南宋城镇金银包装容器普遍发展的

图8-29　鎏金双凤纹银镜盒

趋势。设计尤为巧妙的是杭州大桥宋墓出土的小银盒。该盒呈筒形，上下两部分互
相套合而成。上下两部分均有一直径2.2厘米的圆孔，套合后旋转两部分使两孔重
合，可将盒内的物品从孔中倒出[3]，这堪称盒式金银包装容器中的经典之作。

　　宋代金银包装容器纹饰的题材主要来源于社会生活，其表现内容更为广阔，亦
更世俗化和商品化，具有较强的现实性和
浓郁的生活气息。其主要纹饰大致有花卉、
植物、瓜果、鸟兽虫鱼和人物故事、亭台
楼阁及錾刻诗词等。其包括的范围比唐代
更加繁复多样化。如花卉果类纹饰有莲花、
牡丹、梅花、菊花、竹子、松枝、蕉叶、
浮萍、莲子、荔枝、海棠、绣球、佛手、
灵芝等。这些纹饰象征幸福美好、繁荣昌
盛。如1958年安徽省宣城县出土，现藏安
徽省博物馆的双龙金香囊，长7.8厘米，香
囊呈鸡心形，佩挂腰间，用于辟邪除灾。

图8-30　双龙金香囊

①　南京市博物馆：《南京幕府山宋墓清理简报》，《文物》1982年第3期。

②　沈仲常：《四川德阳出土的宋代银器简介》，《文物》1961年第11期。

③　浙江省文物考古研究所：《杭州北大桥宋墓》，《文物》1988年第11期。

由两片金叶锤压而成。正反两面均镂刻首尾相对的双龙纹。昂首屈身，尾部向上翻卷，形象十分生动。香囊边缘刻草叶纹和联珠纹，中心微鼓，边缘较薄，中空处应是填香料的地方，顶端有一穿孔，用以穿系佩挂（图 8–30）。此香囊的纹饰精细、严谨、生动，制作工艺精细。在宋代金属工艺中常用龙作为装饰的题材，龙是古代人们想象中的神物，是传统的吉祥象征①。又如浙江省衢州市出土的南宋银丝盒②，盒为圆形，内层用银片打制成型，上下由子母口相连，外层用银丝编织，盖面饰精细的六角花棱。该盒出土时，内盛一金娃娃。宋代奉裸体小孩偶像为吉祥物，称之为"摩喉罗"。当时风俗是在七月七日互赠此物，以示吉祥。一般人家多用木、土等材料制作，富贵人家用金银材料制成。

宋代金银包装容器主要出土于中型以上的墓葬中，除此之外，还有一部分出自窖藏和塔基。这类金银包装容器的出土地点分布较广，重要的有浙江瑞安北宋慧光塔、江苏连云港海清寺阿育王塔③、镇江甘露寺塔基④、四川德阳孝泉镇⑤等。从文献记载及考古发掘来看，宋代金银包装容器多为酒包装容器、茶包装容器和首饰包装容器、化妆品包装容器⑥，此外还有部分佛家用舍利瓶等。制作工艺有鎏金、镀金、镂金等。如1967年浙江省瑞安县仙岩慧兴塔出土的北宋鎏金舍利瓶⑦，为佛教随葬品，银质，属宗教用品包装范畴。瓶由龛、瓶、底座三部分组成，龛呈半椭圆形，顶部饰有多层仰莲，内外皆饰繁茂的折枝花卉，开光中央各饰一长尾鸟，瓶连束腰座，与龛分裂。底座近边沿处作子口，正面与壶门相对处留缺口，内置一舍利瓶，

① 蒋文光、夏晨：《中国古代金银器珍品图鉴》，知识出版社 2001 年版，第 42—43 页。

② 崔成实：《浙江衢州市南宋墓出土器物》，《考古》1983 年第 11 期。

③ 刘洪石：《连云港海清寺阿育王塔文物出土记》，《文物》1981 年第 7 期。

④ 郑金星：《江苏镇江甘露寺铁塔塔基发掘记》，《考古》1961 年第 6 期。

⑤ 沈仲常：《四川德阳出土的宋代银器简介》，《文物》1961 年第 11 期。

⑥ （宋）李心传：《建炎以来朝野杂记》卷 149，中华书局 2000 年版，第 2395 页。书中载："（绍兴十三年五月）丁丑，天申节宰臣率百官上寿。京官任寺监簿已上，及行在升朝官并赴。始用乐，近臣进金酒器、银香盒焉，郡县锡宴皆如承平时。"（宋）周密：《癸辛杂识》，中华书局 1988 年版，第 42 页。"长沙茶具，精妙甲天下，每副用白金三百星或五百星，凡茶之具悉备，外则以大缕银合贮之。赵南仲丞相帅潭日，尝以黄金千两为之，以进上方，穆陵大喜，盖内院之工所不能为也。"

⑦ 浙江省博物馆：《浙江瑞安宋慧光塔出土文物》，《文物》1973 年第 1 期。

瓶腹正面刻"冲汉拾瓶，道清拾金"两行八字。底座中部束腰为六瓣瓜棱形，每个棱面开一小龛。座下部为三层叠置的六棱形，下有六个支脚。此塔造型优美，制作精细，内涵和形式、功用相结合，既是佛家供奉之器物，又具有银器包装的功能。

　　宋代金银器在其本身的纵向发展中，还出现了大量横向结合的作品。金银与漆、木等其他材料和制作工艺与纹样合璧。如常州北环新村宋墓出土的银里漆盖罐和银里扁圆盒，前者出土两件，均呈圆筒形。罐分内外两层，内层器壁为一银质平底筒形罐，为银里，里壁厚 0.12 厘米，做工十分精细，不仅节约了制作材料，而且减轻了包装物的重量。外层漆罐，木胎，素面，黑漆、退光，显得朴素而美观。银筒罐口都高于漆罐外壁，形成子口，底部有 0.15 厘米宽的一周边沿，略高出器底，具有防潮的功能性特点。器盖高 1.8 厘米，内壁银质，外壁则以漆盖包合，很好地加固了盖面，同时加以弧形的变化，使器盖与筒身结合，显得十分协调、美观。发掘报告称："这种造型的漆罐，是江浙地区北宋与南宋墓葬中普遍使用的随葬品，出土时往往能看到罐内存有粉质状的化妆品或类似药科的物质"[1]。同墓出土的银里扁圆盒的做法与银里漆盖罐相同。再如南宋福州茶园山墓出土的卷云纹银粉盒，器形为圆形，凸面，上下对开式，通体锤揲卷云纹，具有剔犀漆器的特点。底上还镌有"张念七郎"四字款[2]（图 8-31）。

　　与唐代不同，宋代开始，随着金产量的稳定和银产量的增长，以及商品经济的发展和封建阶级关系——租佃关系的确立，使得金银器的制造和使用发生了变化，金银器世俗化、商品化的现象十分突出，并表现出轻巧玲珑、典雅秀丽等风格特点。这一时期的金银器除上层贵族可以拥有以外，社会的富裕阶层都可以拥有，民间也大量制造。就呈现的特点来看，一

图 8-31　卷云纹银粉盒

①　陈晶：《常州北环新村宋墓出土的漆器》，《考古》1984 年第 8 期。

②　郑辉：《福州茶园山南宋许峻墓》，《文物》1995 年第 10 期。

方面是在金银器上铭刻打造者的姓氏或店铺名称。如四川德阳出土银器上刻有"孝泉周家打造""庞家造洛阳子昌"。另一方面则是在装饰题材上，多体现出浓郁的吉祥意蕴，如江苏溧阳桥出土的如意头纹银瓶和凸花灵芝仙鹤纹银盒[①]。其中前者属酒包装容器，有喇叭形盖，瓶体修长，在满足贮酒功能的基础上，强调造型的视觉美感。而瓶身及盖压印成排如意头纹，彰显了人们对吉祥如意生活的追求。后者盒呈十二曲花瓣形，子母口扣合；盖上捶錾凸花纹饰，中为一株灵芝，周围环绕六只仙鹤，两两相对展翅翱翔，其间饰以云纹；盖外缘斜下的十二曲间各饰一株灵芝，这种装饰题材的出现，无不反映了时人对长寿及美好生活的向往，是金银器世俗化的典型反映。

总之，宋代的金银包装容器在唐代基础上不断创新，具有鲜明的时代特色。有人认为，宋代艺术没有唐代的宏放魄力，但是其民族风格却更为完美。与唐代相比，宋代金银包装容器的造型玲珑奇巧，新颖雅致，多姿多彩。其胎体轻薄、精巧、俊美，造型多样，构思巧妙。纹饰追求多样化，或素面光洁，或花鸟轻盈。花纹装饰更加丰富多彩，几乎囊括了象征美好幸福、繁荣昌盛、健康长寿等寓意的花卉瓜果、鸟兽鱼虫和人物故事等，如仿龙泉窑瓷器的笪斗式荷叶盖银罐，其造型与装饰就充分体现了这一特色（图8-32）。相比之下，唐代金银包装容器显得气势博大，而宋代则以轻薄精巧而别具一格。工艺技法在继承唐代的钣金、浇铸、焊接、切削、抛光、铆、镀、锤、凿、镶嵌手法的基础上，加以改进，使其富有灵活性与创造性，运用立体浮雕形凸花工艺和镂雕的装饰工艺将器型与纹饰融为一体，充分体现了器物的立体感与真实感。在其造型、纹饰及风格上，宋代一反唐代的富丽豪华之风，转为素雅而生动的风格，以迎合那些新兴阶层的使用者。这种特征是与市民阶层的兴起，宋人的审美艺术嬗变一

图8-32　笪斗式荷叶盖银罐

---

① 肖梦龙、汪青青：《江苏溧阳平桥出土宋代银器窖藏》，《文物》1986年第5期。

致的！

2. 精益求精的漆制包装容器

宋代社会经济的繁荣，商品经济的兴旺，漆器生产不仅得到快速发展，而且漆器的制作中心随着经济重心的南移而转移到江南。除官方设有漆器生产的专门管理机构，民间作坊也十分普遍，特别是市镇大量兴起以后，市场需求扩大，推动了民用漆器的广泛发展，并使整个漆器生产呈现出民用化的特征。当时漆器的制作中心，除了河北定州位于中原之外，襄阳、江宁、杭州、温州都处于南方。其中，襄阳的漆手工业在北宋时驰名全国，有"天下取法"，谓之"襄样"的说法。漆器商品化以后，在各大城市和市镇涌现了不少漆器的专卖行，从事漆器的买卖交易。据《东京梦华录》载，北宋的开封有漆行和漆店，《清明上河图》里也有开封漆店的描绘，《梦粱录》等也记录了临安的漆行和漆店的情形，城内大街及诸坊巷"连门俱是"①。宋代的商品经济非常发达，人们的商品意识也十分强烈，因此在漆制包装上常常可见当时漆器作坊的名号款识，其作用无异于今天的商标，也是今人研究和收藏两宋漆器的主要参照②。宋代漆制包装中最常见的器型以日常的生活用品包装居多，尤其漆盒造型各异、漆匣形式多样、漆奁多彩多姿、漆罐质朴实用，其中不乏艺术精品。宫廷雕漆包装造型以盒最多，匣次之。下面我们不妨对这一时期漆制包装的造型和工艺装饰分别进行探讨。

（1）宋代漆制包装的造型

宋代漆制包装在造型方面较隋唐五代变化明显，有了新的突破。以造型优美，式样翻新见长。从大量考古出土物来看，造型上具备以下特点：一是突出了经济实用功能。圆形漆盒，方形漆盒，造型稳重、端庄，虽无装饰，却古朴大方，都是既美观又实用的宋代民间特别流行的漆制包装盒（图8-33）。二是造型讲究美观，器胎轻薄，比例匀称，规矩，除方、圆形器物外，通过起棱分瓣来追求和突显变化。

---

① 参见（宋）吴自牧：《梦粱录》卷13（丛书集成本），商务印书馆发行，第113、114页。书中记载："里仁坊口游家漆铺……彭家温州漆器铺……黄草铺温州漆器"；"自大街及诸坊巷，大小铺席，连门俱是，即无虚空之屋。"

② 漆侠：《中国经济通史·宋代经济卷》（上），经济日报出版社1999年版，第437—440页。

图 8-33 圆筒形黑漆奁

器物造型的轮廓线条圆润流畅，虽不施点缀，朴质无文，但却以造型本身的线条之美达到一定的艺术效果。三是器物造型新颖、别致。折肩黑漆罐、委角形漆镜盒、腰形漆盒等，更以独特的造型和优美的线条见长[1]。例如，漆镜盒委角和外壁凹凸及轮廓线的处理，充分表现了此盒质朴中的韵律美，在底部中心所设计的圆孔，专门是为取拿铜镜提供方便。折肩黑漆罐的造型美妙之处在于此罐的肩部处理不是弧形，而是由两道斜直线形成一个宽折肩，造型稳重，端庄大方。

两宋漆制包装的造型除了常见的圆形外，还流行起棱和分瓣的形式，这与同时期的瓷器非常相似。但瓷器以土搏型，比较方便，有凹凸的漆胎则需把木片弯曲，难度自然不可同日而语。总之，宋代的漆制包装大多端整规范，细洁可爱，具有高超的成型水准。据有关学者研究，宋代的木胎漆制包装一般采用"圈叠法"制作，即把木片裁成条，放在热水中加温，弯曲成圈，烘干定型后，再一圈圈累叠，胶粘成型。累叠时，要将各圈的接口互相错开，这样，木材所需承受的力被分散了，就不容易变形。这种方法是从战国出现的卷木胎基础上发展而来的，是漆器制胎技术上的又一大进步。宋代的漆制包装除木胎之外还有金银胎，明代张应文在其《清秘藏》论宋代雕红漆器时说："妙在刀法圆熟，藏锋不露，用朱极鲜，漆坚厚而无敲裂，所刻山水楼阁、人物鸟兽，皆俨若图画，为佳绝耳。"[2]

(2) 宋代漆制包装的装饰

宋代的漆制包装和其他的器物一样，追求精致，但受宋代理学思想影响，往往不加华饰，然看似平淡却其味无穷，往往在不经意中透露出一股清新之美。虽然

---

① 陈丽华：《中国古代漆器款识风格的演变及其对漆器辨伪的重要意义》，《故宫博物院院刊》2004 年第 6 期。

② 《清秘藏·论雕刻》卷上（藏修堂丛书）。

看上去没有唐代器物那种生气勃勃的美，但仔细品味，却颇有曲折幽回之处，耐人寻味。

图 8-34 北宋花瓣形漆盒

宋代漆制包装具有强烈的时代风格，在装饰上一反唐代装饰纹样的丰满富丽，喜欢华丽奇巧的风格，而以清新淡雅的面貌出现，更以式样翻新、色泽朴素大方见长。宋代漆制包装中最流行的是一色漆器，如北宋花瓣形漆盒①，虽无华丽的装饰，却以端庄质朴的造型、柔和变化的线条、纯正光亮的漆色，成为宋代漆器的主流，其单纯而不简陋，质朴而不粗糙的艺术形式，不仅具有一定的经济价值，同时也具有较高的欣赏艺术价值②（图 8-34）。

（3）宋代漆制包装工艺

宋代漆器制包装主要有两大类产品，一类为豪华高档的包装，另一类就是质朴无华的光素漆制包装。这两大类漆器与所采用的不同工艺有关。光素漆制包装的产品最多，使用也最广泛，代表了宋代漆制包装的主流，形成了独特的风格和时代特征③。光素漆，又称一色漆器，指通体髹一种颜色的漆器，有"黑髹""朱髹""褐髹""紫髹""金髹"等各种。两宋的单色漆制包装，颜色并不丰富，主要是黑、紫、红三种，又以黑色为最多，谈不上鲜艳光彩，但追求漆质坚密，光泽柔和，清华高贵，毫无火气，给人以"清水出芙蓉，天然去雕饰"的感受，气质娴雅，令人一见难忘。

宋代不仅善于制作朴素清新的单色漆制包装，而且也能制作各种技术难度较高的高档漆制包装。宋代高档漆制包装的工艺品种主要有：

1）金漆：分戗金和描金。前者是在朱色或黑色的漆地上，用针或刀尖镂划出纤细的花纹，花纹之内，填以漆色，然后将金箔或银箔贴上去，使金箔或银箔附着

---

① 吕济民：《漆器》，线装书局 2006 年版，第 185 页。

② 聂菲：《中国古代漆器鉴赏》，四川大学出版社 2002 年版，第 167—169 页。

③ 陈振裕：《中国历代漆器工艺的继承与发展》，《江汉考古》2000 年第 1 期。

在镂刻的线纹中，从而使所刻画的花纹线条轮廓皆呈金色或银色，这在髹漆工艺上称作戗金或戗银；后者则是直接用笔在漆器上描绘图案[①]。戗金漆制包装是宋代生产的高档漆制包装，非常华丽。1978年，在江苏武进南宋墓葬中发现了三件戗金漆器，均属于包装范畴，其制作精细，装饰富丽华贵，具有极高的水平，是我国目前已知的戗金漆器中时代最早、保存最为完好并带有款铭的漆制工艺品之一。三件漆器中具有包装功能的人物花卉纹朱漆戗金莲瓣式奁是其中的精品[②]。此奁是宋代妇女的梳妆盒，圈木成形，状若莲瓣，共有十二棱。这件漆奁通高21.3厘米、直径19.2厘米，木胎，整体为十二棱莲瓣筒状造型，由盖、盘、中、底四部分扣合而成，合口处口沿均镶包银扣。所谓银扣，是指在器物的口沿处镶包银圈，从图片中我们可以清楚地看到，这件漆奁上下共有六道银扣，这样既可以起到加固器身的作用，又增强了漆奁本身的装饰美，可谓一举两得。整器通体外髹朱漆，内髹黑漆。奁身四周十二棱间另戗刻有荷花、牡丹、梅花、山茶、莲花等六组折枝花卉。奁盖内黑漆底上，有朱漆书写十字铭文一行。盒身分为三段，每段接口处都用银边镶嵌，极为精美。奁的底漆为朱红色，盖子上刻绘一幅园林小景，石旁树下，两位仕女并肩

图8-35　人物花卉纹朱漆戗金莲瓣式奁

而立，罗衣轻薄，长裙曳地，一派嫣然风致，旁边站立一个仕女，捧着一个长颈壶，神情天真，周围风光葱茏旖旎，令人神往。奁的侧面，则刻有折枝花卉，花繁叶舒，刻画得精细美丽，十分惹人喜爱（图8-35）。由于长期以来出土的两宋漆器多为单色无纹，且戗金工艺品传世实物较为少见，工艺也难免失传，因而这件戗金漆奁的出土，为研究我国漆器工艺的发展历史提供了重要资料，并为我国髹漆工艺史填补了空白。

这件漆奁整体的莲瓣造型与宋代一般的

① 聂菲：《中国古代漆器鉴赏》，四川大学出版社2002年版，第16—19页。

② 陈晶：《记江苏武进新出土的南宋珍贵漆器》，《文物》1979年第3期。

素面漆奁相差无几，但由于周身的戗金工艺效果突出，莲瓣也因此显得更加饱满肥厚。纤细流畅的戗金线条与条状的银扣两种装饰技法同时运用于同一件器物，使整个器身纹饰分布显得疏密有致、层次分明、主题鲜明、对比强烈。在色彩的搭配上，这件漆奁运用了朱红与金黄这两种极富中国传统意义的色彩。在朱红色的漆底上，戗金与银扣交相辉映，光彩夺目，使整件漆奁显得庄重典雅、富丽堂皇，充分展示出我国宋代漆器制作的高超工艺和古人高雅的审美情趣。

同墓出土的朱漆戗金人物花卉纹长方盒，也是南宋具有代表性戗金漆制包装盒。出土时内装一对小粉盒，说明它是古代妇女用来盛装脂粉的器具。整个漆制包装盒由盒身、浅盘和盖三部分组成，盒身有子口，口部套一浅盘，通体外髹朱漆，内髹黑漆。从整体上看，这件长方盒以朱漆为地，与宋代流行的光素漆器并无区别，但由于采用了细钩填漆戗金的装饰手法，使这件戗金长方盒看起来图案轮廓分明，色泽艳丽清晰，显得典雅高贵又华丽夺目。这件长方盒，在盒身和盒盖的四面上下分别各有一组细钩戗金连枝花卉纹，共八组花卉图案，刻画了牡丹、芍药、栀子、山茶四种花纹，在朱漆艳丽的衬托下，戗画的金色花卉显得清新雅致，赏心悦目，给人以富丽堂皇、尽善尽美的艺术享受。长方盒的盖面则刻划了一幅人物风俗画，一老翁自山间走来，头束发髻，露胸袒腹，肩荷一木杖，杖头挂钱一串，远处点以茅屋，象征酒家，画面平远开阔，意境清逸。盒盖内侧有朱漆书写的"丁酉温州五马锺念二郎上牢"十二字款识（图8-36）。

2）犀皮：又称虎皮漆、波罗漆等。是在涂有凹凸不平的稠厚色漆的器物上，以各种对比鲜明的色彩分层涂漆，形成色层丰富的漆层，最后用质地较软的如山榛树、苦楝树烧成的木炭打磨。因漆层高低不同，故打磨后显出各种不同的斑纹[①]。如黑漆攒犀地戗金细钩填

图8-36 朱漆戗金人物花卉纹长方盒

---

① 聂菲：《中国古代漆器鉴赏》，四川大学出版社2002年版，第182—184页。

四季花长方盒①，通高 14.2 厘米、长 15.4 厘米、宽 8.3 厘米。由盒、浅盘和盖三件组成，盒有子口，口部套一浅盘。木胎，内髹黑漆，外以黑漆攒作地，通体四面饰戗金细色四季花卉纹。盒面宛如是一幅风景写意画：柳塘小景图。柳树躯干、垂柳枝条及花卉茎脉间均细色戗金，在戗金图案空白处的黑地上，作攒犀处理。盒身四面满布纹饰，不留空地，别具一格。纹饰为四季花卉的桃花、荷花、菊花、梅花等，构图繁缛，精细秀丽。采用工笔与图案相结合绘画手法，纤细流畅的线条、形态各异的四季花卉交融穿插，令人目不暇接，美不胜收。盒盖内侧有朱书款"庚申温州丁字桥巷廨七叔上牢"十三字（图 8-37）。据明黄成《髹饰录》第一百六十条

图 8-37　黑漆攒犀地戗金细钩填四季花长方盒

"戗金间犀皮"记载，这件四季花卉长方盒即应是戗金间犀皮作品，其工艺是在黑漆地上攒出一个凹陷的小圆点，然后在圆点内填以朱漆，将小圆点填满，待干固后再磨平，这样在黑漆上即显现出一个个朱色的小圆点纹，显得特别华丽，称之为攒犀②。此包装盒运用攒犀地与戗金工艺相结合的方法制作，不仅是南宋时期温州漆工巧夺天工的之作，也是目前我国古代漆制包装中首次发现运用这类髹漆工艺技法的实物。

3）螺钿：在器物表面上镶嵌以各色螺片使器物具有典雅美的艺术效果。唐代风行的嵌螺钿漆制包装，到宋代又有了新的发展。嵌在漆制包装上的螺钿，有厚薄之分，也称为硬螺钿和软螺钿，硬螺钿适合嵌在比较大型的器物上，色泽比较单纯，而软螺钿开片薄而小，色彩变化精微丰富，能嵌出细腻如图画效果的花纹，更加精细美丽，只是加工的难度超过硬螺钿。宋代的嵌螺钿，还经常和其他金属材料配合。宋代的嵌螺钿漆制包装中，还常常用铜丝制成花梗，配上螺钿裁成的花卉，

---

① 陈晶：《记江苏武进新出土的南宋珍贵漆器》，《文物》1979 年第 3 期。

② 王世襄：《髹饰录解说·戗金间犀皮》，文物出版社 1999 年版，第 157、158 页。"戗金间犀皮，即攒犀也。其文宜折枝花、飞禽、蜂蝶及天宝海琛图之类。其间有磨斑者，有钻斑者。"

精美异常①。如苏州瑞光寺塔发现的一件属宗教经书包装范畴的北宋嵌螺钿藏经漆匣。该件经书匣，黑漆，通体用天然彩色螺钿镶嵌成各种花卉图案，雍容瑰丽②。

4）雕漆：因其漆层颜色的不同，而分剔红、剔黄、剔绿、剔黑等。另外又将红黑色漆相间涂漆，雕刻花纹者称剔犀，或称乌间朱线。剔犀有两种：一种是"三色更迭"，即有三种不同的漆色交替可见，如南宋剔犀扁圆形黑面盒，有黑、红、黄三色相间，漆色九层。盖面剔刻四个对称的如意云纹，中心为四出圆圈纹。刀法精细，色调简洁明快，线条流畅③。另一种是"乌间朱线"，即只有红、黑两种漆色相互交替④，如南宋剔犀六角形奁，红面有黑线一道，盖面外剔刻如意云纹十个，内五个，中心剔刻五瓣梅花纹，器身剔刻相对组合的如意云纹和卷云纹⑤。这两种做法，在宋代的剔犀包装器物中都有发现，都是在胎体上每色刷若干道，集成一个色层，再换一色刷漆，积成另一个色层，如此几次，由不同的色层积累到一定厚度，然后用刀刻出各种花纹，有云钩、回纹、剑纹、绦环等图案，在剔刻出刀口断面上呈现出不同色泽的漆层，具有不同寻常的装饰效果。以这些花纹为基础，可以产生出种种不同的变化，但有其共同的特征，那就是：线条必须婉转，花纹回环曲屈，且花纹轮廓保持齐平，构成有规律的图案变化。如剔犀长方形盒，紫黑面乌间朱线两道，通体刻香草纹，线条纤丽，回旋婉转，均衡呼应，纹样别具一格。因而这种技法又称作"云雕"，日本人叫作"屈轮"。剔犀的定型可能在宋代。其器形、花纹和宋代银器有极为相似的地方。可见宋代的剔犀技术在漆制包装容器上的运用已具有颇高的水准。

宋代剔犀漆制包装中，最具有代表性的作品应为南宋剔犀执镜盒⑥。这件剔犀执镜盒高3.2厘米、长27厘米、直径15.4厘米，是现知最早的南宋剔犀实例之一。出土时，这只镜盒盛放双鱼纹执镜一面，圆形带柄，底面用子母口相扣合，木

① 陈振裕：《中国历代漆器工艺的继承与发展》，《江汉考古》2000年第1期。

② 苏州市文管会苏州博物馆：《苏州市瑞光寺塔发现一批五代、北宋文物》，《文物》1979年第11期。

③ 吕济民：《漆器》，线装书局2006年版，第182页。

④ 陈振裕：《中国历代漆器工艺的继承与发展》，《江汉考古》2000年第1期。

⑤ 吕济民：《漆器》，线装书局2006年版，第181页。

⑥ 陈晶、陈丽华：《江苏武进村前南宋墓清理纪要》，《考古》1986年第3期。

图 8-38　南宋剔犀执镜盒

胎。盒面及周缘、盒柄剔刻云纹图案八组，盒以褐色漆为地，用朱、黄、黑三色漆更迭髹出，待累积到一定厚度后，再用刀在盒面、柄部及周缘剔刻出云纹 8 组。刀口露出多层色漆，肥厚圆熟。底面及盒内侧髹黑漆（图 8-38）。

5）堆漆，是指用漆或漆灰在器物上堆出花纹的装饰技法。这种技法虽然出现于汉代，唐代以后有了一定的发展，但到宋代已逐渐成熟。堆漆的做法有好几种：一种是花纹与地子颜色不同，不同层次的几种漆色互相交叠，堆成的花纹侧面显露出有规律的色层，效果极像剔犀；另一种是用漆灰堆起花纹，然后上漆，花纹与地子为同一色，具有浮雕般的艺术效果。如浙江瑞安北宋慧光塔发现的属宗教包装范畴的经书函[1]。该函以檀木为胎，由盖与基座两部分组成，基座束腰，四周各有一只堆漆狮子。合外函和内函为一套，外函用漆堆塑佛像、神兽、飞鸟、花卉等，尤其是还镶嵌了小珍珠，显得非常精巧。内涵的形式与外函相同，但未堆漆，除函底外，都加以工笔描金（图 8-39）。

漆制包装作为中国古代包装最常见的形式之一，在宋代已遍及日常生活的各个方面，可谓百花齐放、推陈出新。无论是造型、装饰，还是制作工艺，均显示出与前代明显不同的艺术特色，给人以华丽中显端庄，素雅中显高贵的视觉与心理感受。尤其是纹饰和造型广泛取材于生活，制作工艺在前代基础上更加精益求

图 8-39　檀木经书函

---

[1]　浙江省博物馆：《浙江瑞安北宋慧光塔出土文物》，《文物》1973 年第 1 期。

精。此外，从考古发现和文献记述来看，宋代的漆制包装，在使用范畴上，基本上延续了春秋战国秦汉以来的传统，多被应用于食品[①]、化妆用品、铜镜等领域；同时由于唐以降宗教文化的大盛，也致使漆器等一类的日用器物被应用于宗教领域，因而在漆制包装中也出现了诸如盛装经书等一类宗教物品的宗教用品包装。如上文中提到的苏州瑞光寺塔发现的一件北宋嵌螺钿藏经漆匣，其出土时匣中尚有裹盛经卷的少量散落的经帙残物和刺绣经袱及经卷缥头的残片。此外，漆制包装在宋代也被广泛应用于贮藏笔墨纸砚等文人用品，出现了一批盒式砚台包装、匣式书画一类包装等文人风格的包装形式。关于这类包装的成因，我们在上文中已有所涉及，无疑是与宋朝重文轻武政策以及宋代文人士大夫阶层的崛起有很大关系的。就包装方式来看，宋代的漆制包装，进一步延续和发展了春秋、战国、秦汉以来的诸如集合式、组合式、便携式等包装方式；所不同的是，类似这种方式的宋代漆制包装多呈筒形，造型与装饰也更加丰富，没有统一形制。就使用范畴来讲，这几种包装方式，多应用于奁式、盒式的化妆品包装和匣式、盒式等文玩用具包装中。如合肥北宋马绍庭夫妻合葬墓发现的漆奁，筒形，出土时内装 1 大 4 小粉盒共 5 件[②]，与秦汉时期马王堆出土的子奁有异曲同工之妙。

固然纸制品、陶瓷、金银、漆器等几类包装在宋代获得长足发展，但同样值得注意的是，天然材质包装、丝织品包装等史前以来即已发展的传统包装种类，以及发展稍晚的书籍装帧设计，在宋代也有取得了一定的发展。从考古发现来看，天然材料包装已完全脱离了人类早前的稚气，而显得十分成熟，尤其是制作手段和工艺上，其复杂程度已不亚于其他包装的成型工艺。如合肥北宋马绍庭夫妻合葬墓出土的葫芦盒，完全采用植物葫芦制成，盖子上有葫芦形钮，盒、盖口沿均用铜皮包镶[③]。不过，这件素面葫芦盒内外髹了黑漆，与一般的天然材质包装有所差异。在天然材质包装中，尤其值得指出的是，宋代的粽子包装非常繁盛，用材上均采用的是粽叶，还用苎麻捆扎，俨然类似现代粽子包装的形态。如江西德安南宋周氏

---

① （宋）孟元老撰，邓之诚注：《东京梦华录注》，中华书局 1982 年版，第 203 页。《东京梦华录·端午》中载："……紫苏、菖蒲、木瓜、并皆茸切，以香药相合，用梅红匣子盛裹。"

② 合肥市文物管理处：《合肥北宋马绍庭夫妻合葬墓》，《文物》1991 年第 3 期。

③ 合肥市文物管理处：《合肥北宋马绍庭夫妻合葬墓》，《文物》1991 年第 3 期。

图 8-40　玻璃瓶

墓中发现的 2 件粽子，即为粽叶包裹，系在桃枝一端，并一苎麻捆扎①。丝织包装则多被应用于书籍、宗教用品等方面，如温州市白象塔发现的一批北宋的经书，出土时大多外包有丝绢②。又如浙江瑞安慧光塔发现的三方方形包袱，是舍经人用来包裹经卷用的③。包袱以杏红单丝素罗为地，用黄、白等色粗绒施平针绣成对飞鸾团花双面图案，显得十分精巧美观。

再者，从唐代已出现的玻璃包装容器，在宋代似乎仍属难得的奢侈品，不仅文献中鲜见记述，而且考古发现中仅有浙江瑞安北宋慧光塔共发现两件玻璃瓶④，其中一件相对较小，出土时破碎，高约 3—4 厘米，另外一件则为刻花玻璃瓶，高 9 厘米，呈浅蓝色，口沿平折，高颈鼓腹，腹部刻划有花纹，内贮藏细珠粒，应属宗教包装范畴（图 8-40）。

值得指出的是：宋代出现了前代所不见的锡制包装容器。就目前考古发现来看，主要有瓶和盒两种形制。锡瓶在江西乐平宋墓中发现 2 件，形制相同，制作精美。其瓶盖葵口，有高尖顶，顶下端刻多层莲瓣，上端饰多层斜旋纹。瓶身直口，长颈，鼓腹，八瓣瓜棱腹，圈足沿呈葵瓣形，颈部饰一周复线回纹。从瓶的口径 6 厘米、带盖通高 44 厘米等资料来看，此件锡瓶极有可能是一种保存茶叶的大型包装。锡就化学性质来说，无毒且易于锻造，储存避光性较好，更为重要的是无异味，非常适宜保存茶叶。实际上，宋代文献中即记载有用锡制作容器来储存茶叶的说法，如周辉的《清波杂志》记："茶宜锡，凡茶宜锡，窃意若以锡为合，适用而

① 江西省文物考古研究所、德安县博物馆：《江西德安南宋周氏墓清理简报》，《文物》1990 年第 9 期。

② 温州市文物处、温州市博物馆：《温州市北宋白象塔清理报告》，《文物》1987 年第 5 期。

③ 浙江省博物馆：《浙江瑞安北宋慧光塔出土文物》，《文物》1973 年第 1 期。

④ 浙江省博物馆：《浙江瑞安北宋慧光塔出土文物》，《文物》1973 年第 1 期。

不侈。"①无独有偶，在合肥北宋马绍庭夫妇合葬墓中发现2件形制、大小相同的锡盒，其出土时器内残留粉状植物纤维，极有可能属于茶叶②。

总之，包装作为商品经济的产物，作为商品的一部分，其发展程度与经济发展息息相关，包装作为一种艺术设计形式，其艺术发展的高度又体现了科技以及社会文化的高度。作为中国历史上经济、科技、文化、艺术都具有较高历史地位的宋代的包装设计艺术，具有典雅、平易的艺术风格，瓷质包装容器、漆制包装容器和部分金银材质包装容器以及玻璃包装容器、锡质包装容器都以质朴的造型取胜，很少有繁缛的装饰，使人感到一种清淡雅致的美。从美学角度看，它的艺术格调是高雅的。在宋代的包装设计上，能让人感悟到宋代的艺术设计和美学精神，感悟到宋代的包装设计在前代的基础上更为成熟的一面。从商业发展角度分析，宋朝社会是中国封建社会中承上启下的转折时期，封建社会诸因素发展成熟，也在一些方面孕育着中国近代社会的因素。正因为如此，所以宋代的包装受时代发展的影响，出现了某些接近近代包装的元素，包装更具商品意识。

二、绘画作品中所见两宋包装

"绘画是在一个平面上画符号、画线或雕刻的行为；广义上来说，是另一种语言表达形式。"③通过绘画作品，不仅可以真实再现当时人们的生活情景，生动而形象地反映当时的技术水平与状态，还能从侧面反映当时社会的经济状态，是研究古代的经济、建筑、交通、服装、习俗等极珍贵的资料。从流传至今的一些宋代绘画作品中，我们可以看到宋代包装的一些发展状况，在一定程度上为了解宋代包装提供了资料。

宋代是我国绘画的全盛期，绘画题材和技法都有极大的创新，尤其是风俗画更独辟蹊径，为两宋绘画书写了浓墨重彩的一笔。不仅表现了社会的方方面面，还可以从中窥见宋代包装的状况。如张择端所绘的《清明上河图》，是一幅描绘北宋都城汴京社会经济生活的巨幅长卷。画家以生动完美的技巧，如实地表现了从宁静的

① （宋）周煇著，刘永翔校注：《清波杂志校注》卷4，中华书局1997年版，第175页。
② 合肥市文物管理处：《合肥北宋马绍庭夫妻合葬墓》，《文物》1991年第3期。
③ [美]奇普·沙利文著，马宝昌译：《景观绘画》（第2版），大连理工大学出版社2001年版，第3页。

春郊到汴河上下的众多景物。以高度"写实"的手法刻画桥梁舟车，街坊商铺，靡不俱全。数不胜数的各种手工业生产、运输、贸易、旅游，都被作者有条有理而又真实自然地组织在这一宏大的艺术整体中。"它的伟大价值不仅表现在画面人物众多，景象的宏伟丰富以及表现技巧的生动完美，更值得注意的是它所反映的社会内容"①。在反映繁忙的商品交易的同时，也表现了某些物品的包装。

图中所绘文字店铺招牌之类，从各方面反映了北宋汴京的行业特征，可以说每种字号代表一种行业或一类店铺。大多数研究者通过各种店铺论述了汴京的经济繁荣，应当说这是主导面，但图画所揭示的宋代社会生产、生活情况远不止如此。经济的繁荣，手工业的发展，无不推动着包装工艺的进步。商品需求的扩大，亦促进了包装的发展，改变了传统包装的风格特点，从画中也能窥出一二。如《清明上河图》中有一家典型的香药铺画面，门前的竖牌上写着"刘家上色沉檀楝香"的字样，该铺房屋高敞，亦有类似欢迎之类的装饰。张择端画出这一场景，显然意在反映当时这一行业的重要性，所以把它放在一个非常显眼的位置上。另外，在刘家的对面、与"久住王员外家"为邻，还有一个招牌，写着"李家输卖上……"可能也是一家香药铺。此画佐证了香料贸易在宋代商品交换中占有突出地位。从文献资料记载还得知宋代的香料用途相当广泛，如：祭祀、礼佛用的焚香，家里用的熏香，贵族妇女带在身上的香球、香囊，作为筵席和合食品的香宴，照明时用的花蜡烛，还可用于造香酒及印刷品中的防腐，等等。香料贸易的繁荣，自然推动了相应包装的发展。宋代制作了大量精美的香囊、锦囊以及瓷盒用于包装香料，出售商品。香囊的材质种类也很多，有丝织品制作而成，可随身携带于身上，装饰与实用并重。也有金银容器，样式精美。

另图中画有几处卖"饮子"的摊铺，一处在虹桥的下端临街房前，有两把大型遮阳伞，一伞沿下挂着小长方形牌，写着"饮子"二字。伞下坐着一位卖饮子者，手拿一个圆杯形器物，做递与买者状；而买者身穿短袖衣，一手扶着挑担，一手臂伸开，似做接物状。那位卖饮子者，身旁放着提盒，可能是盛"饮子"用的。另一处在城内挂着"久住王员外家"的竖牌旁边，有两把遮阳伞，一伞下挂着"饮子"

---

① （宋）张择端绘，张安治著文：《清明上河图》，人民美术出版社 1979 年版，第 10 页。

招牌，一伞沿挂"香饮子"招牌。卖"香饮子"者坐在伞下，旁边摆着盛"饮子"的容器，一买者正拿碗做喝"饮子"之态。从中可以看出饮食文化在宋代发展达到新的高潮。所出售商品时也就更加注重、讲究包装与装潢。如糖果蜜饯用"梅红匣而盛贮"，五色法豆用"五色纸袋盛之"，"饮子"用瓷瓶贮盛，且设计十分别致。

在《清明上河图》所绘的诸店铺中，酒店最为突出，这说明酒店在汴京诸多行业中占有特别重要的地位。如在闹市区十字路口东侧的一家酒店，酒旗高悬，上写"孙羊店"三字。店的铺面为二层楼建筑，房屋高大，门面雄壮，门前搭建的彩楼欢门也特别讲究。楼上高朋满座，楼前车水马龙。就店铺门面而言，在画中可谓独一无二。酒楼后院宽敞，大酒缸空倒着，成排堆放在后院，叠累数层，这从一个方面反映出该店造酒量是相当大的。酒业的繁荣让宋代酒包装大众化，并打上了浓厚的市民文化色彩。为了在运输过程中更好地保护商品，作为当时宋代包装的重要组成部分——瓷质包装容器的烧制达到了登峰造极的境界。而且在实用的基础上，注重了审美方向。包装形式也发生了变化，除了历代常见的以坛子盛酒，草纸封口，加盖印章，这种最早的包装形式外，在宋代酒包装容器已开始相当普遍地使用瓶装，有多种造型与款式且装潢十分讲究，如"影青酒壶""玉壶春""长颈瓶"等。

此外，李嵩的风俗画《货郎图》也反映了宋代部分包装形式。货郎是在城市经济繁荣、商品流通发展下而出现的小商贩。他们走街串巷，往来于城市、乡村之间，沿途出售各种日用小商品。由于职业的关系，他们大都见多识广，消息灵通，谈吐风趣，会唱各种时兴小曲及各地方言小调，所售物品多为妇女日用品、儿童玩具及小食品之类。《货郎图》是当时社会现象的真实写照。从画中可以窥见货架上百货杂陈，琳琅满目，有勺叠盒、盏盒，货架上分挂包裹，估计装裹日用品、食品、儿童玩具等，数不胜数（图8–41）。类似反映宋代包装些许情形的风俗画还有不少，在此不

图 8–41 货郎图

——赘述。

除了上述的风俗画外，宋墓室壁画亦多视角地记录了当时宋王朝的辉煌，侧面反映出三百余年间的宋代的历史和文化。从这些壁画艺术当中，我们也可以看到宋代包装发展的一些状况。例如 1951 年在河南禹县白沙镇北发现北宋末年赵大翁及其家属的 3 座壁画墓。甬道两侧画身背钱串和手持简囊、酒瓶及牵马的侍者[①]。其中西壁画《宴饮图》绘墓主人夫妇对坐宴炊。身旁有三位装束各异的侍女，端举着盒罐及果盘，形似剔犀奁。此种漆盒精致、防虫、耐用，也是果品、糕点类的主要包装形式。而且后来的发展中，还出现了许多套装形式漆盒。饮用桌下面摆放一陶瓷罐，形似经瓶，用来贮藏酒水。墓后室西南壁上所绘的《梳妆图》，主要表现墓主赵大翁眷属早晨起来梳妆打扮的情景。图绘女主人身穿红衣，手举花冠，面对梳妆镜子精心理妆。镜子后面立一侍女，手捧绛色的圆盒；女主人右侧也有两个侍女，各执一盘，盒盘里盛有梳妆用品和杯盏茶具之类的器物。又如，1959 年在江苏淮安县杨庙镇发现的淮安 1 号宋墓壁画，墓室东西两壁画床帷摆设，东壁正中和左右皆圆桌子、器用、食品，以及男女侍仆，其中桌上摆放了很多壶、盒以及果品，还有酒瓶，酒瓶上有塞，与出土瓷罐内有木塞者完全一样[②]。诸如此类的宋代墓室壁画，还发现有很多，大部分都有相关的图像包装史料，如江西乐平宋代壁画[③]、河南新密市平陌宋代壁画[④]等。从以上列举之壁画可以看出宋代包装的形制和材料是丰富多彩的，食盒、奁、箱、壶、瓶等应用广泛，且形式丰富。由此可见，包装已经完全渗入到了宋人的日常生活中，成为不可或缺的一个重要部分。

这些绘画作品在一定程度上展现了宋代商业经济、世俗文化及社会政治。抛开其绘画的艺术性，通过其题材和内容，一方面有助于我们了解宋人的现实生活和精神追求；另一方面也为当时某些器物，尤其是包装形式提供了宝贵的图像资料，可资佐证文献记载和与实物互证。

---

① 宿白：《白沙宋墓》，文物出版社 2002 年版，第 34 页。

② 江苏省文物管理委员会、南京博物馆院：《江苏淮安宋代壁画墓》，《文物》1960 年第 8—9 期合刊。

③ 江西省文物考古研究所：《江西乐平宋代壁画》，《文物》1990 年第 3 期。

④ 郑州市文物考古研究所、新密市博物馆：《河南新密市平陌宋代壁画墓》，《文物》1998 年第 12 期。

第九章　辽、金和西夏政权下的包装

北方草原文化的形成和发展，极大地丰富了中华文化的宝库，构建了人与自然和谐共荣的生存模式和文化体系，展现了人类在不同自然条件下的非凡创造力，同时也为人们了解人类文化发展模式的多样性和中华文化的丰富内涵，提供了开阔的视野。作为中华文化的有机部分，北方草原文化不仅吸收和借鉴了中原农耕文化，而且也以自身的价值观和独特的文化滋生土壤，创造了具有民族和地方特色的文化，包装艺术概莫能外。

本章所要探讨的北方游牧民族为以内蒙古自治区东部呼伦贝尔草原为中心的契丹族所建立的辽国（907—1125 年）；崛起于白山黑水之间，进而统治中国北部广大地区的女真族所建立的金国（1115—1234 年），以及以宁夏和陕甘边界为中心的党项族所建立的西夏国（980—1226 年）。由于这些少数民族所建立的政权，在其立国前和立国以后很长一段时期以游牧经济为主，商品经济较为落后。因此，在这种经济结构之下，与商业发展密切相关的包装在设计的宗旨、风格等方面无不折射出当时的经济结构和政治进程，体现出以实用为基调，以保护物品为目的，以展现自身民族文化内涵为主，同时不断吸取中原汉族和周边民族文化，从而形成一种多种文化融合的风貌。具体而言，在包装的选材和制作上，多是就地取材，并对材料进行简单加工，以基本符合包装用品便于搬运产品的功能属性；在艺术风格上，由于游牧生产、生活方式的独特性，加之游牧文化与农耕文化的多元碰撞，使其包装的造型与装饰，呈现出强烈的地域性和文化的本土性。

第一节　辽、金和西夏政权的社会经济及生活方式

辽、金、西夏虽然都是由少数民族建立的政权，但为巩固对汉族地区的统治，他们都先后模仿中原王朝，特别是宋王朝的统治机制，设立管理机构，此外，他们也积极学习汉民族文化，并逐步改变他们固有的生产生活方式，进而呈现出与汉民族地区的生活方式相融合的特点。纵观辽、金和西夏政权下社会经济发展的轨迹，存在着从传统的狩猎、畜牧经济到农牧兼营；从极度不发达的手工业和商业到受宋朝影响下的逐步发展，且具有特色的手工业和商业的出现。这种发展轨迹和经济格局的形成，是民族融合下历史发展的必然！

一、社会经济特征

众所周知，辽、西夏、金时期，我国的经济重心从全国范围来说，虽然已经转移到南方。但是，与此同时，农耕生产方式也逐渐扩展到边疆地区。政治中心的再度多元化和割据政权地区局部较长时期安定的局面下，使这些地区农业、手工业生产获得了前所未有的新进步，粮食及各类手工产品的产量有了较大幅度提高，租佃关系日益普遍，大批农业人口转向工商和服务行业，促使一批城镇迅速崛起，商品经济快速发展。特别是这一时期与域外的联系加强，使对外贸易较内地活跃。在未入主中原以前，契丹人以狩猎和畜牧业经济为主，政府专设渔猎活动管理机构，使得集经济需要、军事功用和娱乐功能为一体的渔猎传统进一步得到发展，形成独具民族特色的渔猎制度和独特的捕猎方式，并由此奠定了其民族文化的基础。而在契丹入主中原以后，实行农牧并重政策，并采取了一系列积极保护和鼓励农业的措施，不断扩大农业区域，使其农业获得迅速发展，《辽史》中所记"农谷充羡，振饥恤难，用不少靳，旁及领国，沛然有余"①。同时，也根据地理环境采取了不同的畜牧政策。如在长城以北地区，由于"大漠之间，多寒多风，畜牧畋渔以食，皮毛以衣，转徙随时，车马为家。此天时地利所以限南北

---

① （元）脱脱等：《辽史》卷60《食货志下》，中华书局1974年版，第933页。

也"①，加大了畜牧业的发展力度。此外，以耶律阿保机为首的统治者还采取因俗而治的政策，"以国制治契丹，以汉制待汉人"，广泛吸收中原汉族的先进技术和文化，在政权机构上，实行南、北面官制度，适当吸收汉人参政，缓和民族矛盾；在法制建设上，采取蕃律、汉律并用的政策，并不断推进其走向融合统一；在经济方面，在发展传统的狩猎和畜牧业生产的同时，也注重各种手工业的发展，并推进城市化的进程。通过上述一系列政策措施，契丹族所建立的辽政权，不仅国力强大，而且有效地统治了新占领的汉族地区，使其政治、经济、文化的发展水平与传统中原地区基本同步。这一切为辽代社会与人们生产生活密切相关的包装的发展提供了良好的基础。不仅扩大了包装的使用范畴，涉及食品包装、茶叶包装、化妆用品包装等各个方面，而且在吸收中原先进技术的基础上，极大提高了包装的制作技术，为包装的广泛普及提供了强有力的技术条件。与此同时，辽国的包装也在继承本民族传统的基础上融入了大汉民族文化，从而呈现出既有别于游牧文化，又区别于汉民族文化的包装艺术。当然，值得指出的是在辽国统治期间，汉民族原有的包装也在一定程度上受到了游牧文化，尤其是契丹文化的影响。

　　女真族所建立的金国是在灭辽侵宋的基础上建立起来的，不仅急速拥有了辽、北宋的财富，而且也引进了大批的人才和先进文化，使金上京在12世纪上半叶成为整个东北亚地区政治、经济、文化都比较发达的中心城市。金上京建立之初，商业贸易并不很发达，"买卖不用钱，惟以物相贸易"②。但是，随着女真政权的逐渐稳固，交通条件的改善、城市的涌现和人口的增加，金国早期领地内的商业迅速发展，特别是中原先进的生产技术被广泛地运用到东北各地，使这一地区铁的冶炼加工技术臻于成熟，铜器和陶瓷制造业亦承袭了中原的制作技术和工艺传统。从大量出土的实物即可看出当时的社会分工已十分细致明确，同时大量货币的出现也表明了当时商业贸易的活跃程度。随着金代经济的发展，民族间的融合更加推进了社会的进步，使上京的手工业、商业得到了迅速发展。在渔猎、游牧和农耕的混合经济形式中，金国的农业经济成分也迅速提升，进一步向其他诸如渔猎、畜牧地区辐射

① （元）脱脱等：《辽史》卷33《营卫志上》，中华书局1974年版，第373页。

② （宋）确庵、耐庵编，崔文印笺证：《靖康稗史笺证》，中华书局1988年版，第34页。书中载："无市井买卖，不用钱，惟以物相贸易。"

和渗透。可以说金国手工业的进步、经济的平稳发展和商业的活跃，为金代包装生产和使用范畴的扩大，奠定了物质和技术基础。与此同时经济区域之间商业贸易的自由交往，促进了金国包装的发展和融合。

党项羌人所建立的西夏王朝在不到三百年的时间里，尽管经历了从原始氏族部落制向地主封建制经济形态的演变，但受中原地区先进生产方式和文明的影响，不仅其社会演进过程表现十分神速，而且其发展过程中也呈现出独特的发展模式。作为西夏社会经济主要部分的畜牧业，首先得到了蓬勃发展。尤其是在占据了自古就有"畜牧甲天下"之誉的凉州和甘州等河西走廊要地之后，西夏畜牧业经济的基础变得十分雄厚。为了弥补其疆域地处我国西北高原的不利环境，在开疆拓土的同时，西夏统治者积极发展农业和手工业生产，其畜牧经济区内的冶炼、陶瓷、纺织、造纸、印刷、酿酒、金银、木器等手工业通过掳掠汉族工匠进行生产，从而快速地达到了一定的规模和水平。畜牧业、农业、手工业的发展及市场交换的繁荣，为西夏包装的发展提供了需求空间的客观要求，其境内丰富的资源和汉族工匠的流入，为包装选材和工艺技术的运用提供了支撑。

总之，契丹、党项和女真社会的发展，在时间上虽然有先有后，在社会形态、经济结构的演进方面也存在着差别，但却有着诸多的共同点：一是契丹诸族都经历了原始社会阶段，并从父系家长制阶段进入奴隶制，而后又演进到封建制。所不同的是，女真奴隶制的形成、发展、衰落及其向封建制转化，脉络清晰；而契丹和党项在向阶级社会过渡时，奴隶制和封建制两种经济成分几乎是同时并存的，这也使得这两者的经济发展更富有特色。二是在这三个少数民族政权发展过程中，宗族是作为经济实体贯彻始终的，这些重要的经济实体占据着极为重要的地位，起着举足轻重的作用，对于这三个国家社会经济的发展及其演变具有重要的意义。三是在契丹、女真和党项的宗族中，同时存在两种经济成分，而女真族在进入中原地区之前宗族内没有封建经济成分。契丹党项宗族内的封建经济关系最终发展成为一种主导的经济制度，从外部条件看，它是受到了邻近的中原地区汉族高度发展的封建经济制度的影响，契丹建国以来农业以及纺织等手工业的迅速发展，与俘去的数十万汉人是有紧密关系的。契丹的社会生产力在这一影响下大大提高，其社会经济制度在这一影响下发生变化。而党项向封建制的转变，则受到了宋朝高度发展的封建租佃制的重大的影响。从以上的分析来看，各少数民族在社会制度的转变是有所不同的，但都无一例外受到了中原经济的影响，且不论各个政权处于何种社会阶段，始终存在着鲜明的等级制度和社会阶层的突出分野，因而与传统汉族地区相比，与生产生活密切相关的包装风格特征更显复杂性。不仅有贵族风格包装和民间风格包装的区别，而且有游牧生活和农耕生活为特征的包装，还有两者兼而有之的包装。这方面我们从现存的绘画中可以管窥一二。如草原画派代表胡瓌的代表作《卓歇图》①，描写的是契丹贵族游牧归来歇息的情景，画幅内容是一个宴饮场面，其视觉焦点是一两位契丹人席地而坐，旁边有四人带着弓和豹皮囊②侍立，在一边助兴的是由几个人组成的乐队，个个身背箭囊。画中所显现的豹皮囊应是游牧民族常用来盛装酒的器具，我们一般将这类具有典型游牧文化的皮囊，归属为旅游式或便携式酒水包装范畴（图9-1）。皮囊亦称"革囊"，是皮革制成的囊袋。李肇《国史补》云："曲江大会，比为下第举人，迩来渐多靡，皆为上列所占，向之下第举人，不复预矣。所以逼大会，则先牒教坊请奏，上御紫楼垂帘观焉。时或拟作乐，则为之移日。故曹松诗云：'追游若遇三清乐，行从应妨一日春。'敕下后，人置皮袋，例以图障、酒器、钱绢实其中，逢花即饮。"③《中国少数民族文献探析》一书中也有记载："在金属不多的情况下，皮革甲胄，就显得格外重要了。盛水、酒和乳等液体多用革囊，称之为皮桶、皮袋。这是游牧民族的一种普遍而特殊的容器"④。这种

图9-1　卓歇图

---

① 项春松：《赤峰古代艺术》，内蒙古大学出版社1999年版，第46—48页。

② 豹皮囊：省称"豹囊"，以豹皮所制。

③ （宋）尤袤：《全唐诗话》卷5《曹松》，上海朝记书庄1911年版，第103页。

④ 李杰：《中国少数民族文献探析》，民族出版社2002年版，第9页。

包装在游牧生活中不仅方便运输、贮存，而且十分简易，无论是部落首领还是普通牧民，莫不使用，但有所区别的是精美程度不同。因此，游牧民族的包装因其生活方式决定了具有较大的同质化。

二、生活方式特征

"每一个社会阶层都有自己的生活方式，自己的习惯，自己的爱好"[1]。不同的生活方式特征必然影响着包装的发展。"畜牧"与"猎渔"是辽代契丹人基本的生产活动，也是他们固有的生活方式。虽然随着中原农业经济被引入辽地之后，一部分契丹人开始由牧猎转农耕或半农耕，并渐渐过上了定居生活，他们仿效中原汉人居住的房屋式样，建造起了固定式的居室，逐渐有了自己的民族服饰，且在服饰上的阶级、等级之别非常严格，这也间接导致用于装饰物包装的阶级性和等级性差别。但不管时代如何变迁，契丹人始终"马逐水草，人仰酪，挽强射生，以给日用，糇粮刍茭，道在是矣"[2]。随着季节、气候和水草的变化四时迁徙，进行"春水""夏凉""秋山""坐冬"的活动。姜夔作《契丹风土歌》："契丹家住云沙中，耷车如水马如龙。春来草色一万里，芍药牡丹相间红。"[3]是对契丹人游牧生活的形象描述。由尚武习俗而进行的独具特色的"出行行动"，使得契丹民族包装的主要用途是保证被包装物在保存、运输和使用过程中不受或少受损伤，同时便于运

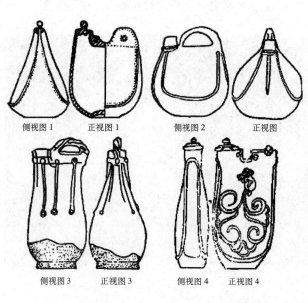

侧视图1　　正视图1　　　侧视图2　　正视图

侧视图3　　正视图3　　　侧视图4　　正视图4

图9-2　鸡冠壶

---

① 《列宁全集》第25卷，人民出版社1988年版，第356页。

② （元）脱脱：《辽史》卷59《食货志上》，中华书局1974年版，第923页。

③ 王瑞明：《宋人文集概述》，华夏文化艺术出版社2009年版，第624页。

作。例如，辽人用柔软耐磨损的皮革做包装材料，以适应马上的颠簸。用各种动物皮毛制作的皮囊和袋被广泛用来盛装酒水、奶和包裹各种物品，不仅不易洒漏，而且极便于游牧生活携带使用（图9-2）。《辽史拾遗补》载："北人（契丹）杀小牛，自脊上开一孔，遂旋取去内骨头肉。外皮皆完，揉软，用以盛乳酪酒僮。"[1] 由此可见，游牧生活方式下的契丹民族还善于就地取材来制作生活所需器物。

盘踞在西北地区的党项人是古代羌族的一支，早年居住在西北高原，以游牧为生，手工业在经济生活中所占比重不大，主要是以家庭手工业为特色的毡毯制作、毛褐纺织以及酒类酿造等，"牧养牛、羊、猪，以供其食"[2]，有"具酒食"的习俗。在迁居甘、陕、宁等西北地区以后，开始接触农耕，生活方式亦受到影响。食品南北兼顾，中（原）西（域）包容，饮食特色既显示了农耕定居的特点，又留有游牧民族的风味。从早期单一的游牧经济，封闭型的生活方式转变为农耕和游牧混杂的经济，广采其他民族先进习俗的生活方式。正是这种生活方式的变化，为西夏的酿酒业提供了广阔的前景，传统的酿酒业呈现出前所未有的生机。这在一定程度上带动了用于贮存、储运酒水的包装容器的发展。安西榆林窟第3窟壁画《酿酒图》[3]，就生动地再现了西夏时期酿酒的真实场景，从中亦能窥见一些酒包装容器的用材和造型形态。随着社会的发展，他们的居住逐渐分为两种形式："牧民居住毡帐；农业人口居住土屋"。衣饰也由原来的裘、褐等皮毛制品逐渐转向布帛、锦缎等棉丝制品。于是，在西夏境内出现了因生活方式不同而形成的游牧生活特征和农耕生活特征的两种形态包装。当然，在一些过渡地带，同时并存着游牧和农耕并存下的包装。

女真人主要生活在白山黑水的森林地带，这种地理环境使他们与生活在草原上的游牧民族有着明显的区别。辽国建立以前的女真族基本上是一个狩猎民族，他们的生活方式兼有渔猎、农耕和畜牧三种形态。需要说明的是，女真人的畜牧业与草原民族的游牧生活方式没有任何相似之处，据宣和七年（1125年）出使金朝的宋人钟邦直描述说，金源内地会宁府一带，"一望平原旷野，间有居民数十家……

---

[1]　（清）杨复吉：《辽史拾遗补》卷5，中华书局1985年版，第133页。

[2]　（唐）魏徵等：《隋书》卷83《列传第四十八·西域传》，中华书局1973年版，第1845页。

[3]　张伯元：《安西榆林窟》，四川教育出版社1995年版。

更无城郭，里巷率皆背阴向阳，便于牧放，自在散居"①。这是作为渔猎和农耕经济补充成分的定居畜牧业。10 世纪末，完颜部在首领绥可的率领下迁至按所虎水畔，今阿什河流域定居，并且有了农业经济。据文献记载：当时完颜部在那里种植五谷、刳木为器、制造舟车、烧炭炼铁，并且开始建造房屋②。文献史料中有关女真人农耕生活方式的记述颇多。如《高丽史》有东女真酋长向高丽索求耕牛的记载③。金太祖天辅六年（1122 年），宗翰派人向宋使马扩交代说："传语童太师（即童贯）：昨来海上曾许水牛，如今相望甚近，欲觅千头，令送来。"④这说明海上之盟时金人曾向宋朝索要过水牛，以满足金国农耕的需要。再如南宋归正人⑤介绍说，金朝初年，女真人有"每春正击土牛"的习俗，这也从一个侧面反映了耕牛在女真人经济生活中的重要性。所有这些自然条件和社会经济的条件，使得当时女真族喜爱用适应渔猎民族特点的桦树皮、鱼皮以及动物毛皮材料来制作包装。当然，女真人在学习周围民族特别是汉族先进文化的过程中，也逐渐学到了汉族先进的包装制作技术，以至于出现了"千日"酒瓶包装一类具有浓郁汉族文化特征的佳作。

三、汉族对辽、金和西夏的影响

在多民族政权并立时期，以汉族为主体的宋，与契丹人建立的辽、党项人建立的西夏以及女真人建立的金均发生过战争，宋朝虽在军事上屈居劣势，但其社会经济文化艺术却相当发达，因此在战争、人口迁徙和频繁的贸易交流中，契丹、党项、女真人均在很大程度上受到了汉民族文化的影响，进而呈现出一种游牧文化和

---

① （宋）确庵、耐庵编，崔文印笺证：《靖康稗史笺证》，中华书局 1988 年版，第 38 页。

② （元）脱脱等：《金史》，中华书局 1975 年版，第 3 页。书中载："子献祖，讳绥可。黑水旧俗无室庐，负山水坎地，梁木其上，覆以土，夏则出随水草以居，冬则入处其中，迁徙不常。献祖乃徙居海古水，耕垦树艺，始筑室，有栋宇之制，人呼其地为纳葛里。纳葛里者，汉语居室也。自此遂定居于安出虎水之侧矣。"

③ [朝鲜李朝]郑麟趾撰，末松保和译：《高丽史》卷 6，吉川弘文馆 1996 年版，第 147 页。书中载："壬寅，东女真大相吴于达请耕牛乃赐东路屯田司牛十头。"

④ （南宋）徐梦莘：《三朝北盟会编》，上海古籍出版社 1987 年版，第 85 页。

⑤ （宋）黎靖德：《朱子语类》卷 111，中华书局 1986 年版，第 2719 页。书中载："归正人元是中原人，后陷于蕃而复归中原，盖自邪而转于正也。"

农耕文化相融合的新文化，这无疑影响了辽、金和西夏包装艺术的发展。

汉文化影响到辽金西夏的各个方面，在官制、文学、艺术、语言、文字、历史记载、思想等方面都有不同程度的反映。在辽、金、西夏政权统治者的大力提倡和推动下，汉文化，尤其是儒学在这些国家均十分兴盛，可以说，对他们的社会各层面产生了很大的影响，加深了辽金西夏的汉化程度。儒学的广泛传播不仅推进了这些政权的封建化进程，而且对包装的发展，特别是对包装艺术的汉化趋势，起到了积极作用。

在民间，他们也把草原文化与农业文化融合推进到一个更高的层次。辽初大批汉人、渤海人曾迁往上京、中京（均在今内蒙古昭乌达盟）从事农耕，统和年间又有许多汉人迁往辽朝境内屯田垦种，增加了汉人与契丹人、渤海人接触的机会，也带去先进的经验和工艺。金朝初年曾将汉、契丹、渤海、奚人等迁往上京（今黑龙江省阿城市）等地，为女真社会带去先进的文化及农业、手工业、畜牧业技术，女真人的南迁使他们彻底融入到汉族的大家庭中。西夏对汉族封建文化的汲取也特别积极，为党项族与汉民族的融合奠定文化基础。西夏的疆土东与北宋毗邻，北与辽朝相接，这几个国家的居民交错地居住在一起，彼此间相互交往，相互受彼此文化渗透。少数民族与汉族之间的交流使得他们受到比较先进的文化和经济的影响，因而加快了自然同化过程。

另外，佛教文化对辽、金和西夏的影响也较为深远，文献、考古资料和传世的图像资料显示，其遍及社会生活的各个领域。在三个政权中，佛教对西夏的影响最大，其境内佛教昌盛，不仅使佛教用品的包装十分发达，有其特色，而且也使民间包装呈现出浓郁的佛教色彩。显然，从出土的佛教包装中可见其是融中原文化、草原文化、佛教文化于一体的。

总之，辽金西夏由于其特殊的地理位置和历史活动，频繁地同汉族和中原接触，对于较先进的汉文化的主动吸纳，再结合自身特点加以发展，形成带有传统民族特色并逐步向汉文化为中心转化的包装文化。

第二节　辽国包装

从包装类别上来看，辽国包装大体上可分为生活日用品包装与宗教包装两大类。其中生活用品包装从形式到内容都具有浓郁的契丹民族特色。考古出土的实物和相关文献记载表明，辽国的生活用品包装，以酒水包装、茶叶包装和药品包装等最为常见，酒、茶、药物这几类物品由于其气味易挥发，所以在包装材料的选择上常以陶、瓷、银等作为首选。生活用品的包装，又可分为宫廷包装和民间包装两类。尤其是民间的包装，在材料的选择和包装方式上更具契丹民族地方特色。宫廷包装追求高贵典雅，讲究形式与内容的完美结合；而民间包装则以实用性为基础，注重包装的功能与技巧，在装饰上也迎合大众的审美标准和情趣。相对而言，宗教用品的包装多用于盛装诸如舍利等特殊物品，因而具有某种特殊意义，不同于一般的生活用品包装。辽时萨满教、佛教、道教都有所发展，其中尤以佛教发展最盛。囿于考古材料所限，本节在探讨宗教用品包装时，仅以佛教用品包装为例进行论述。有关萨满教和道教的包装待他日考古材料丰富后再作补充，姑置不论！辽代佛教包装在满足实用功能的前提下，更多是为达到加深人们对神的敬重并产生依赖心理的目的。辽国包装，从包装材质上来看，主要有皮类、陶瓷、金银、玉、木料等。包装的造型主要涉及囊、壶、箱、篓、盒、函、坛、瓶等。

一、皮类包装

皮质包装器物在辽使用广泛，是带有契丹民族最根本文化属性的包装器物形式。它包括动物皮和植物皮包装两类。动物皮革包装在辽早期大量使用，最典型的即是契丹民族用以装酒之用的牛、羊、马和其他动物的皮革制作的皮囊造型器物。植物皮主要以桦树皮为主。桦树皮器物的造型和使用范围，文献资料中有诸多记载。《全辽备考》记："桦皮，桦木皮也，桦木遍山皆是，类白杨，春夏间剥落其皮入污泥中，谓之曰糟，糟数日乃出而曝之，地白而花成形者为贵，金史所谓酱瓣桦是也。"[1]可见，在狩猎民族当中，以桦树皮为原料制作器物的现象很普遍。狩猎民族狩猎于深山，最容易获得桦树皮制品的原料，而且桦树制品轻便、防水、不易破损，最适合狩猎民族经常搬迁的特点，故桦树皮文化首先由狩猎民族创造出来并传承下去。当然，随着他们生产方式和生活环境的改变，逐渐转向了陶质和金属材质

---

① （清）林佶：《全辽备考》卷下，台北广文书局1957年版，第26页。

包装为主。

考古发掘资料表明，契丹民族所制作的桦树皮包装满足于日常生活的需要，并以独特的制作工艺，形成了富有区域性特征的包装造型艺术，可惜的是，由于这类包装不易保存，因年代久远，出土的实物较少。《契丹国志》上记载的"弓以皮为弦，箭削桦为杆"[①]。他们除用桦木做箭杆外，还用桦树皮制作弓袋、箭囊，这已被考古发现所证实。内蒙古自治区呼伦贝尔盟扎赉诺尔地区木图那雅河沿岸和额尔古纳市拉布达林福兴砖窑等地的鲜卑族文化遗址、吐尔基山辽墓中，曾出土用桦树皮制成的生产和生活用品，包括弓袋、箭囊、壶形器、盒形器、桦皮筒等[②]。桦树皮壶，壶为直口，领，斜肩，直腹，平底内凹，分段缝制而成，用单层桦皮制作器物的领、肩、身、底四个部分，底部为双层桦皮；为竖向纹理的桦皮，下缘围住壶身的上缘，壶身底缘外折，压在壶的底缘之上；为了更好地加固壶身，在其肩部及以下部分、桹底及以上的外侧，均加附了一周桦皮条带，最后将各部分的相交之处缝制相连，轻软方便携行，不怕摔，不变形，不易滑脱，非常耐用，应是盛酒或马奶之用。罐呈筒状，小口，斜折肩，直腹，双层平底，底略呈椭圆形；器身为一张桦皮，上缘有豁口，将其分成宽度相等的片状，向内斜折，顺序叠压，以线固定，形成小口、斜肩；器身底缘向外平折与底缘缝合，底部外露一圈。桦树皮罐，不开裂，防潮性能好，轻便耐用，方便携带，应是贮存肉干、鱼干和谷物等用的。筒为直口，直腹，平底，底缘外露一圈；器身为一张桦皮，卷成圆筒状与底缝合。内蒙古新巴尔虎左旗甘珠尔花辽代墓葬出土的桦皮罐（原报告称为筒）无盖无底，系采用整张桦树皮包裹而成，两头相接处没有发现有缝合的针孔，其外壁的上下各缝有一周条状桦树皮，以来固定筒的形状，筒的外壁还发现缝有一条纵向的桦皮带子，带子的两个长边修饰成锯齿状，增加摩擦力，不容易滑落，轻便耐用，易于携行。关于桦树皮包装实际上早在秦汉时期，甚至更早，即已流行于北方的少数民族的社会生产生活中，因而可以说，以桦树皮为材料制作的包括包装在内的各类生活器具是我国古代游牧民族的一个共同特点。据口碑传说和工艺传承，桦树皮是东北地区

---

① （宋）叶隆礼：《契丹国志》卷 23，上海古籍出版社 1985 年版，第 226 页。

② 内蒙古文物工作队：《内蒙古扎赉诺尔古墓群发掘简报》，《考古》1961 年第 12 期；王成、陈风山：《新巴尔虎左旗甘珠尔花石棺墓群清理简报》，《内蒙古文物考古》1992 年第 1—2 期。

少数民族世代相传用作日常生活包装的材料。

桦树皮包装器物融制作工艺和器物造型为一体，这与桦树皮本身特性有密切关系。桦树皮材料具有不漏水、不透气、轻巧柔软而富有弹性的特点，具有极好的防水、抗腐蚀性能，以此制成的器物轻便、易携带，不易破碎，因而深受契丹民族的喜爱①。桦树皮包装制品最主要的功能是其容装功能，实用是桦树皮制品的第一属性，其包装品造型根据被包装物的不同，形状大小均有所差异。

桦树皮包装品造型相对陶瓷、金银包装容器造型而言显得简单。因取材方便，材料自身的柔软性使其还具有一定程度的防震作用，能较好地保护所装物品，日常所用诸如衣物、食品、针线、烟草、水酒等都可以用桦树皮制品盛装，这也使得桦树皮包装制品在辽代得到长期广泛的使用。

二、陶瓷包装容器

契丹建国后，引入中原陶瓷烧造技术，开创"辽瓷"的繁盛局面，被誉为"北国瓷都"，其产品不仅数量多，品类丰富，而且形成了地区民族特点。就包装容器造型而言，体现出契丹本土文化和其他民族文化相结合的特征。它一方面承袭了契丹族传统的皮囊器和木器的造型；另一方面，也吸收了中原汉地陶瓷造型和西亚地区金银器的样式。《辽史·国语解》云："应天皇后以征讨所俘汉人有技艺者，置之帐下名属珊，盖比珊瑚之宝。"②中原汉地的陶瓷造型是随着大批汉族制陶、制瓷工匠的被俘和控制而传入的。而中亚、西亚地区金银器的造型则是由于辽代存在的大部分时间里，在边境地区设立了许多権场并通过异域互通商贸而传入的。辽代陶质包装容器，以细泥黑陶制品居多，其器形多具民族特点，陶制鸡冠壶、鸡腿坛等尤为珍贵。

从考古发掘资料来看，辽陶瓷包装容器的造型可分为契丹式和中原式两类，契丹式的陶瓷包装容器，与契丹人游牧生活和特殊的生活方式有关，是指那些仿自契丹人长期使用的皮制、木制以及金属容器样式烧造的陶瓷器物。所谓中原式，大多

---

① 魏立群：《白桦树与桦树皮文化》，《大自然》2006 年第 3 期。

② （元）脱脱等：《辽史》卷 116《国语解》，中华书局 1974 年版，第 1545 页。

是辽国境内从事农耕生活的汉人使用的包装容器，大都依照中原固有的风格样式烧造而成。契丹贵族统治者建立地方政权后，虽然其生活习惯和器物形制不易改变，但为显示其权威和富足，在原有器物的基础上，主动接受更为精美和实用的陶瓷包装制品，从而产生辽代陶瓷包装容器的新造型。下面我们分别就有关典型器型稍作阐述：

1. 壶类

壶堪称辽陶瓷包装容器造型的最重要形式，属于贵贱通用的包装容器，辽代有一种具有代表性的壶式，形状仿契丹族使用的皮袋容器而烧造的，亦称"皮囊壶"。因壶的上部有鸡冠状的穿孔，故称"鸡冠壶"。又因形似马镫，俗称"马镫壶"。是所有辽代陶瓷包装容器造型中最具马背风情的器物。其流行时间从辽代早期直到

矮身横梁鸡冠壶

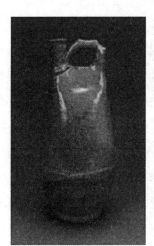

扁身横梁鸡冠壶

圆身横梁鸡冠壶

圆身单孔鸡冠壶

扁身双孔鸡冠壶

图 9-3　辽国陶瓷壶类容器

图9-4 绳梁式鸡冠壶

晚期，造型有提梁型和穿孔型两大类型。按提梁和穿孔的区别，鸡冠壶又可分为矮身横梁、圆身横梁、扁身横梁、圆身单孔和扁身双孔五种（图9-3）。提梁型鸡冠壶有黑瓷、白瓷、釉陶等材质区别，造型有高有矮，但壶体都极为圆浑饱满，辽中期以后，又衍生出折梁式和绳梁式鸡冠壶；穿孔型鸡冠壶的提系呈鸡冠形状，有穿孔，壶身仿软质皮囊，可分为平直形冠状双孔系和尖形冠状单孔系，但无论单孔还是双孔，其造型皆高耸、扁平，轮廓呈长方状，更像皮囊（图9-4）。从目前掌握的资料来看，瓷胎穿孔鸡冠壶较少，且仅限白瓷和酱黑瓷；釉陶较多，以绿釉和黄釉为主。也有少量素陶和银质鸡冠壶出土①。

辽代的鸡冠壶是作为契丹民族生活用品出现的，具有清洁美观和不易玷污的特点，存贮在容器内的酒、水不易变质，符合游牧民族生活习惯。鸡冠壶出现的时间应在契丹以前或更早，根据目前所见考古出土物，其质料有桦树皮制、皮革制、木制、陶制、金属（鎏金、银）制和瓷（釉陶）制等六种，后者最为习见，数量也最多，时代也较晚。鸡冠壶的定名最早由李文信先生根据扁体单孔式壶首有一中间起脊的鸡冠形耳而提出，后来将包括提梁式在内的各种变体均以此命名，并逐渐被学术界公认②。扁体鸡冠壶容积相对较小，地面上稳定性较差，优点是便于在乘骑物上捆扎固定，稳定性较好，是一种适合于马背上游牧生活使用的包装容器。辽代目前纪年墓中出土鸡冠壶的有葬于会同四年（941年）的耶律羽之墓，墓中出土两件白釉和两件褐釉的提梁式鸡冠壶，胎质细白，釉色莹润，是精工烧制的上品③。

鸡冠壶这一包装容器造型的出现是为适应游牧民族生活的需要，如扁身单孔式鸡冠壶的早期形态壶体扁圆，其壶身曲度正好与马身曲度相贴靠，便于紧紧地依附

① 陈进海：《世界陶瓷》第2卷，万卷出版公司2006年版，第299页。

② 李逸友编：《内蒙古文物考古文集》，中国大百科全书出版社1994年版，第590页。

③ 内蒙古文物考古研究所、赤峰市博物馆：《辽耶律羽之墓发掘简报》，《文物》1996年第1期。

于马体而十分稳定，位于壶上方一侧高而细的流，即使是在马上剧烈摆动时，壶内液体也不会倾洒。壶上的单孔和侧面的横穿耳，是为了携带和穿捆扎绳索而设计的，通过交叉捆扎可将壶体牢牢地固定在马身后侧。壶体上端鸡冠形耳，中心为一高耸的尖脊，向下垂直正好是圆孔，看来是专为因上方受力最大而加高的，并非是单纯为美观而是从实用角度考虑的。壶体的流偏向一侧呈不对称式，这种设计非常适合在马上饮用，只要一手托壶一侧，稍加倾斜，便可饮用，这样可以一手持续保持身体稳定，又可以随时饮水而不误行走。辽代早中期出现的双孔式变体鸡冠壶，从实用角度分析可以避免壶盖丢落，应是改良后的形制。

辽代中期以后，双孔式鸡冠壶壶身变成长方体，侧面由等腰三角形渐变为扁圆，鸡冠形耳变成方耳，这更利于马上贴靠固定。而提梁式鸡冠壶造型上由扁圆向圆形发展，尽管它的祖型也来自于皮囊壶，是专为马上携带而设计的，但由壶体上方加有提梁而不利于马上固定和壶形后来发展变化为圆形分析，它可能是专门用于居住使用的包装容器。由于壶体呈圆筒形，其贴靠面变小又易于滚动，且环梁难以经受得住马上颠簸而易碎，比较适合于定居生活使用。

从鸡冠壶造型的演变中可以看出各民族文化交互影响，尤其是汉民族文化对鸡冠壶的重要影响，是导致鸡冠壶造型演变的重要因素。鸡冠壶在唐朝时期开始传入中原，并且被汉文化所吸收，唐代的邢窑和巩县窑开始按皮制鸡冠壶的形状烧制瓷器，同时一些银仿制品也开始出现[1]。由于扁身单孔式鸡冠壶在唐朝中原地区仍然为马上使用，所以其形状和皮制品没有变化，只是在银壶的外表装饰上采用中原式的手法，以瑞鹿、玲珑石、卷草等花纹图案饰满壶身。这种同类风格的鸡冠壶成为带有浓厚草原游牧风格和中原装饰艺术的工艺品。

2. 瓶类

瓶类造型的包装容器主要有葫芦瓶、鸡腿瓶（坛）、梅瓶等，其中尤以梅瓶最具特色。就相关文献记载和考古材料来看，瓶类包装容器，应属酒包装范畴。关于葫芦瓶，这类瓶式包装容器多是运用仿生学原理，模仿自然界中的葫芦造型而

---

① 李逸友编：《内蒙古文物考古文集》，中国大百科全书出版社 1994 年版，第 589 页。

图 9-5 黑釉暗花葫芦瓶

进行的改造。许之衡在《饮流斋说瓷》中说过："形纯似葫芦，有大有小"[1]。睢景臣的套曲《哨遍·高祖还乡》中也有提到："王乡老执定瓦台盘，赵忙郎抱着酒胡芦"[2]。从目前考古出土的实物来看，尤以新惠镇呼仁宝和村南山墓出土的黑釉暗花葫芦瓶为代表（图9-5）[3]。亚腰葫芦形，灰褐色瓷胎，黑釉光亮，从口至下腹部绘暗花，上腹部为几何形装饰图案，下腹部绘一幅水乡景色画，有盛开的荷花、摇曳的芦苇，水鸟飞翔其中，近底部露胎，造型古朴庄重，匀称流畅。此壶应为盛装酒所用。辽瓷的技术工艺虽然受到了中原影响，但其生活特点也反映到了陶瓷制品上。毕竟当地烘制的陶瓷器皿主要是满足当地人的生活需要。由于辽国人民游牧生活习俗，此壶仿葫芦形除了美观外，烧制成上小下大，中间束腰，易于扎系、捆绑，也利于持握，难以滑脱，更便于束腰拴系。辽瓷结合契丹民族游牧特点具有独特的风格，辽代的黑釉瓷器注重釉装饰，即在光亮的黑釉上装饰各种纹样、剔花及线纹等，从而创造出纹饰朴素舒朗的特点。

与葫芦瓶直接模仿自然不同，鸡腿瓶则是抽象模仿自然物的局部，同样显得优美。就包装功能属性而言，鸡腿瓶的用途主要是运水或贮酒，羊山墓东南壁绘制的《备饮图》，在瓶架上放置有封泥和标签的鸡腿瓶[4]，表明瓶内装酒并有封存的日期和酒的品类。叶茂台墓出土的鸡腿瓶，其器内尚存红色液体，经化验是葡萄酒，证明其装酒功能。鸡腿瓶因造型修长，平底小口，上粗下细，形似鸡腿而得名，也称

① 许之衡：《饮流斋说瓷》，山东画报出版社 2010 年版，第 169 页。

② 史良昭：《元曲三百首全解》，复旦大学出版社 2009 年版，第 115 页。

③ 内蒙古文物考古研究所、内蒙古考古博物馆学会：《敖汉旗出土的黑釉暗花葫芦瓶》，《内蒙古文物考古》1997 年第 1 期。

④ 内蒙古文物考古研究所、内蒙古考古博物馆学会：《敖汉旗下湾子辽墓清理简报》，《内蒙古文物考古》1999 年第 1 期。

鸡腿坛、牛腿瓶、浑瓶，其
造型仿自长身皮囊制品。常
见鸡腿坛为茶褐色和黑色，
由肩至底饰有凹凸有致的弦
纹，少数容器肩部刻有汉字
或契丹文年款和工匠款，如
辽宁省博物馆收藏的"乾二
年田"款茶叶沫釉梅瓶（图
9-6）。这种鸡腿瓶被很多现
代学者视为梅瓶的雏形之作。
小口是为了避免盛装的水、

图 9-6 茶叶沫釉梅瓶

酒溅出，减少酒的挥发并方便携运，细长的造型，则为最大限度节省占地面积，亦
便于搬运。辽墓壁画中还有表现契丹人运输鸡腿瓶的画面。鸡腿瓶口小、胫细、腹
长，用绳索捆绑后背运很方便，倒梯形造型使绳扣越勒越紧，确实很适合契丹人游
牧射猎、逐水草而居的生活需要。

相比上述两类瓶或包装容器，在辽国被广泛使用的瓶或酒包装容器是曾受到宋
代文人喜爱的梅瓶，虽然梅瓶始见于宋，但
在辽国也被广泛使用，且在包装的功能上有
了新的拓展，同时在器物造型、装饰等方面
都显现出与宋王朝不同的艺术特点（图9-7）。
作为酒包装主要容器之一，梅瓶与酒之间产
生一定的和谐与统一性，有着特殊的文化审
美含义。

首先，从功用角度来说，梅瓶口颈部细
小，肩腹部宽长，胫部收敛。主要流行在中
国北部，是适应生活在寒冷北方的人们喜欢
饮酒这一生活习俗的。这正如蔡毅先生在
《关于梅瓶历史沿革的探讨》一文中所提出的

图 9-7 白釉梅瓶

"梅瓶北方起源说",认为宋瓷梅瓶起源于辽代契丹民族生活的北方广大地区,梅瓶的前身是契丹人创造的鸡腿瓶。并进而提出"梅瓶逐渐南传",认为辽代用于盛水、形体修长的鸡腿瓶向中原传播,促使中原出现了用于盛装水、酒的"经瓶"[①]。这种观点虽未言之凿凿,但从考古资料来看是有一定历史依据的。从实物资料来看,上海博物馆收藏的两件宋代磁州窑系白地黑花铭文梅瓶,这两件实物以开光形式分别题为"清沽美酒"[②]和"醉乡酒海"[③]四字,充分表明该器物具有盛酒功能,其高度都在40—50厘米,当属大酒瓶系列。单从其铭文来看,其时的梅瓶已具有广告宣传的雏形,已开始注重酒包装容器的宣传功能。上述古文献资料和实物资料表明:辽宋梅瓶是纯粹的实用器物,应该是盛酒的酒瓶,它的主要功用在于"盛酒",且能很好地保证所装酒的质量,在当时已被广泛使用,其使用方式还形成了一定的风俗习惯。

其次,从梅瓶的造型特征而论,一件好的器物造型,应该是功能和视觉美感的统一体。器物的设计必须考虑到其功用性,实用性能也是梅瓶造型存在的基础之一。

从实用性看,作为实用的酒包装容器的辽代梅瓶,由于受到中原文化的深刻影响,具有较为发达的制瓷业,生产的梅瓶与宋瓷梅瓶存在诸多共同点。其一,口部细小、颈部短窄的特点能为加盖密封提供方便,能够避免酒液香气的挥发,以及运输移动时荡出酒液,充分发挥出其方便性和保护性功能。其二,修长的形体可以最大限度地扩大梅瓶容量,能满足量大而又经济的盛酒要求,而相对宽大的肩腹部以及口颈部与肩腹部的过渡等形体特征,则便于酒液流速和流量的控制,这也足以看出梅瓶造型设计的人性化特征。其三,从艺术性来看,宋瓷梅瓶在造型上注重实用性的同时,形成了特有的艺术形态和造型风格。虽然辽代赤峰窑所产梅瓶与宋代磁州窑系的梅瓶在风格上较为接近,但在宋代的审美风尚的导向作用下,梅瓶形体力

---

① 蔡毅:《关于梅瓶历史沿革的探讨》,载中国古陶瓷研究会编:《中国古陶瓷研究》(第六辑),紫禁城出版社 2000 年版,第 89—95 页。

② 上海博物馆编:《中国博物馆丛书》第 8 卷,文物出版社 1985 年版,图 124。

③ 刘毅:《梅瓶小考》,载中国古陶瓷研究会编:《中国古陶瓷研究》(第六辑),紫禁城出版社 2000 年版,第 103 页。

求简洁大方，去除一切与梅瓶形体结构和实用性功能无关的附加物，重现内部结构的营造，注重功用合理性的表达，形体严谨、求实、单纯而又质朴，体现出宋人所崇尚的素雅平淡的理性。宋代梅瓶极小的口颈，能鲜明地衬托出主体瓶身修长的特点，同时，主体重心上移，形体的最大宽径在肩腹过渡处，瓶身下部收敛，胫足和底部瘦小，主体的肩腹与胫部在体量上形成鲜明的对比，形成了高耸挺拔、亭亭玉立的造型特征。而曲折对比的外部轮廓线，使梅瓶在形体上变化含蓄，在线条上气韵流畅而细腻柔和，既造就了优美修长的姿态，又蕴涵着清淡典雅的气质，形成了挺拔秀丽的器型风格，其造型设计在形象的艺术性和功能的实用性方面达到了完美的结合。

最后，从梅瓶的民族风格特色而言，一切器物形式的存在和发展，都是一定历史条件的产物，均受到生产力水平、社会意识形态以及相关工艺水平的影响和制约，从而被深深地打上时代的烙印，显示出阶段性的历史特征和时代风格特色。辽宋梅瓶虽然有较多的相似性，但在造型和装饰上存在着某些明显的不同。辽代梅瓶延续着早期梅瓶鸡腿瓶的样式，北方草原风格明显，具有直率、豪放的气势，"契丹味道"甚浓。由其造型和装饰亦可看出，辽人之审美理想和艺术趣味与中原汉人明显不同。

3. 盒类

现存辽代包装盒多为粉盒和三彩果盒。例如 1990 年金厂沟梁镇姚家沟 4 号墓出土的白盒，白瓷胎，乳白釉全占。子母口，平顶，折壁，底内凹，底缘有四个支钉痕，并显见旋削痕[1]。从其造型来看有明显的仿定瓷痕迹，胎质细腻，釉色光亮（图 9–8）。又如，1977 年敖汉旗丰收乡白塔辽墓出土的影青瓷粉盒。通高 5.8 厘米，形如南瓜，

图 9–8 白瓷粉盒

---

[1] 内蒙古文物考古研究所、赤峰市博物馆：《辽耶律羽之墓发掘简报》，《文物》1996 年第 1 期。

平底无釉，有黄色块状渣垫痕①。盖顶凹处有瓜蒂，子母口，出土时盒内尚有白色粉状物，当为盛装粉类盒。造型和釉色带有景德镇的影青瓷特征。再如翁牛特旗解放营子壁画墓出土的辽三彩果盒②，应是一件贵族奢侈用品。叠合式瓷盒，除黄釉牡丹花、四瓣花盒浅盘，子母口五节叠合，尚有 4 件为三彩釉，高 18 厘米；八瓣花式，子母口四节组合，外壁刻三彩牡丹花纹，制作精巧，高雅大方，整个盒子采用四瓣、八瓣形。整个器物被划分为许多装饰区间，填充与该区间吻合的合适构图，并取得通体装饰美观的效果。果盒体积较小，能够盛放的水果不多，便于捧拿。盒盖与盒身以子母口方式可以保证结合紧密，增强了盒子的密封性，使物品不易散落，也方便开启使用。其用途和造型应与汉族漆器果盒相似（图 9-9）。

图 9-9　辽三彩叠合式果盒

三、金银包装容器

金银器包装不同于其他材质的包装，具有高贵华美的色彩和光泽，并具有稳定的化学性质，且延展性极佳，易于加工和装饰。主要包括饮食包装、药具包装、宗教用具包装等。契丹人崇尚金银，金银及其制品的来源除了直接掠夺和赠送的金银器成品外，也有自己的金银加工作坊。其金银器虽然前期多少带有唐代遗风，但是从一些出土器物来看，契丹人的金银制品亦有独特的器类、器形和工艺，不同于唐宋稳定自在的风格。例如，陈国公主墓出土的镂花金荷包、錾花金针筒③，虽然形式与中原文化有着密切关联，但其系佩于带上，便于包装携带，与契丹生活的需要

① 敖汉旗文化馆：《敖汉旗白塔子辽墓》，《文物》1978 年第 2 期。

② 翁牛特旗文化馆、昭乌达盟文物工作站：《内蒙古解放营子辽墓发掘简报》，《考古》1979 年第 4 期。

③ 内蒙古自治区文物考古研究所、哲里木盟博物馆：《辽陈国公主墓》，文物出版社 2000 年版，第 26—28 页。

相吻合，体现契丹游牧生活的习俗（图9-10）。辽代金银材质包装容器主要有壶、盒、函、奁和舍利罐、舍利瓶等。其中，辽中期盒形丰富多样，形制上基本是上下等分，带圈足的较少。可分为四型：圆盒、盝顶方盒、菱弧形盒和链盒等。辽早期盒盖顶隆起，子母口，带圈足，延续晚唐型制。平面形式多样，有亚字形和菱弧形之分，如1992年阿鲁科尔沁旗耶律羽之墓出土的鎏金绶带花结亚字形银盒和鎏金双狮纹菱弧形银盒①。盝顶式盒盖正面模冲花卉图样，中心为四瓣花形纹，周围饰折纸花，外围为联珠纹。盖与盒身周边錾刻花、叶，以细密鱼子纹作地（图9-11）。另有鎏金龙凤纹万岁台银砚盒，其整体造型为长方体，平面略呈梯形，盒身内套一层素面银片，盒底有花式足13个，周边錾刻牡丹、忍冬卷草纹。盝顶，正面下端錾刻波涛，中部模冲浮雕效果的腾龙，三支立莲穿绕于龙身，其中一朵盛开，经龙嘴衔立于龙头顶部。盒盖四边錾刻牡丹、环形花纹。内盛凤字形

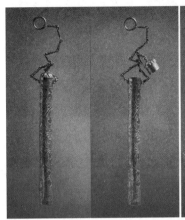

图9-10 镂花金荷包、鎏花金针筒

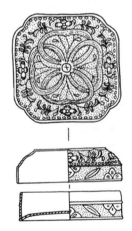

图9-11 鎏金绶带花结亚字形银盒

① 内蒙古文物考古研究所、赤峰市博物馆：《辽耶律羽之墓发掘简报》，《文物》1996年第1期。

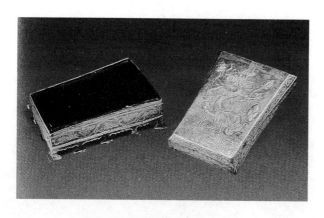

图 9-12　鎏金龙凤纹万岁台银砚盒

砚①（图 9-12）。

辽中期金银盒种类丰富多样，主要有圆盒、盝顶方盒、菱弧形盒、链盒四种。圆盒一般分平顶、圆顶两种。如北京顺义县净光塔基出土的荷叶纹银盒，圆体，一般体积较小，适合拿在手上，平顶，子母口，盒盖与盒身可以很好地结合，具有密封性好、开启方便的特点。盖顶錾荷叶纹，围如意纹一周，内装葫芦形器，装有佛舍利子。又如盝顶方盒，形体大多很小，从铭文可知此种方盒当作祭器使用。克里斯狄安·戴狄安先生收藏的双狮纹菱形金盒，不论其器形还是纹样，皆源于法门寺所出的鎏金双狮纹银盒模式②。而这四种形式盒中，其中链盒不见于唐宋，为辽代独有。纹饰采用满地装，形制多曲或任意形状，有链连接上下两体。这样主要是为了便于佩挂携带，体现游牧民族的生活需要。如辽宁朝阳北塔天宫出土之童子云纹多曲银链盒，纹饰隐起，子母口扣合，极具密封性，可以很好地保护物品，使物品不易散落③。两面各外向锤揲出三个童子和云纹图案，足踏莲蓬，似为化生。类似的实物还有巴林右旗和布特哈达辽墓出土的团花绣珠纹金链盒④，以及哲里木盟奈曼旗陈国公主驸马合葬墓出土的双鸳双鹤纹八曲金链盒⑤。属于辽晚期的盒则有净觉寺所出圆盒，盖顶圆隆，平底，略带宋的风格（图 9-13）。

函见于辽中期墓。函亦作"咸"⑥，是盒类容器，古时多用于置藏经书，多数形

---

① 内蒙古文物考古研究所、赤峰市博物馆：《阿鲁科尔沁旗文物管理所》，《文物》1996 年第 1 期。

② 朱天舒：《辽代金银器》，文物出版社 1998 年版，第 11 页。

③ 朝阳北塔考古勘察队：《辽宁朝阳北塔天宫地宫清理简报》，《文物》1992 年第 7 期。

④ 朱天舒：《辽代金银器》，文物出版社 1998 年版，第 4 页。

⑤ 内蒙古文物考古研究所：《辽陈国公主驸马合葬墓发掘简报》，《文物》1987 年第 11 期。

⑥ 华夫：《名物大典》，济南出版社 1993 年版，第 12 页。

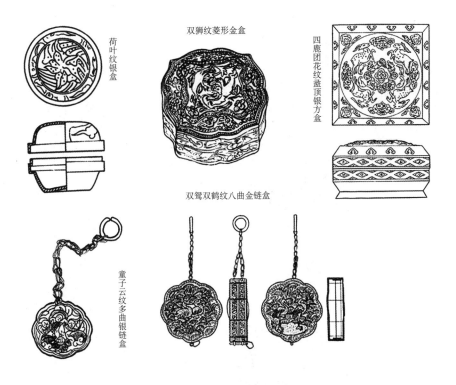

荷叶纹银盒

双狮纹菱形金盒

四鹿团花纹盝顶银方盒

双鸳双鹤纹八曲金链盒

童子云纹多曲银链盒

图9-13　辽代中期金银盒种类

体较小，为祭器。据《辽史》中记载："引帝于神座前，北面立。捧册函者去盖，进前跪。……捧册函者置于案上，捧宝函者进前跪，读宝官通衔跪读讫，引皇帝至褥位再拜，陪位者皆再拜。"[①] 函体正方，盝顶，无铰装，方圈足外侈。克里斯狄安·戴狄安先生收藏有鎏金仙人骑凤纹盝顶宝函、鎏金兔纹盝顶宝函、鎏金嘉陵频加伎乐天盝顶宝函、伎乐天纹盝顶金宝函等。鎏金嘉陵频加伎乐天盝顶宝函，钣金成型，纹饰鎏金，鱼子底纹。正方形器形，空间较大，给人以庄重、沉稳的感觉，适用于装经书或舍利，盝顶函底加焊外侈圈足，以增加稳定性。函盖与函体以子母口相合，盖上后咬合紧密，空气不能进入，可以有效地保护物品，同时开合并不困难。函盖斗方之中，有两重四出围花，花尖各有一字，连读为"太平

---

① （元）脱脱等：《辽史》卷50《礼志一》，中华书局1974年版，第841页。

图9-14 鎏金兔纹盝顶宝函、鎏金嘉陵频加伎乐天盝顶宝函

图9-15 鎏金盘龙纹银奁

清吉"。团花外绕四体嘉陵频加，人首鸟身，上体裸露，翘华尾。函体每面有两体伎乐天，舞姿各异，周围各绕大小祥云。有吉祥如意之意。函内有鉴文："文忠王府祈福祈祷用皿"（图9-14）。

目前所见奁有属辽中期的一件鎏金盘龙纹银奁[1]，出土于哲里木盟奈曼旗陈国公主驸马合葬墓，现藏内蒙古考古研究所。钣金[2]焊接成型，纹饰錾刻鎏金，子母口，扣合严实，取用方便。盖面隆起，增大了盛放物品的空间。饰盘龙戏珠纹，盖边缘一周莲瓣纹，莲瓣间填饰碎线纹，盖侧的奁腹皆錾飞凤和折枝牡丹的连缀图案；盖及腹体的口沿部分共同合成一整两破式的二方连续海棠花瓣，装饰极为精美（图9-15）。一般是用于盛放梳妆用品的器物。后代成为一种可以开合的梳妆镜匣。

另外还有金银材质的罐、瓶、壶、针筒等包装器物。其中1979年赤峰市郊城子公社出土的鎏金鹿纹鸡冠形银壶[3]，上窄下宽，为仿鸡冠壶形

---

① 内蒙古文物考古研究所：《辽陈国公主驸马合葬墓发掘简报》，《文物》1987年第11期。

② 中国社会科学语言研究所：《现代汉语词典》（第5版），商务印书馆2006年版，第36页。书中解释："钣金：动词，对钢板、铝板、铜板等金属板材进行加工。"

③ 春项松：《赤峰发现的契丹鎏金金银器》，《文物》1985年第2期。

（图 9–16）。《辽史·穆宗纪》中也有记载：
"应历十八年曾造大酒器，刻鹿纹，藏酒
以祭天"。该壶为契丹族典型酒器，上刻
鹿纹，可与文献互证。罐、瓶类包装容
器多为佛教供养器，如哲里木盟奈曼旗
陈国公主驸马合葬墓出土的银罐[1]和庆州
白塔出土的长颈舍利银瓶。[2]

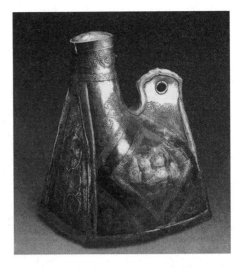

图 9–16　鎏金鹿纹鸡冠形银壶

四、玉质包装容器

　　辽代的玉器来源于与东西方的贸易
往来。其在器型上以配件装饰玉为主，
装饰一般为身上的配饰，也有马上的配
饰，造型与题材也以动物与生肖较多，这就要求玉器要集装饰与功用为一体。玉盒
配饰是一类独具特色的包装形式，它兼具实用和装饰功能。到目前为止，出土辽
代玉质包装容器数量不多，其功用体现出强烈的世俗化倾向，与中原传统玉器迥
异，具有浓厚的草原风格。从出土情况看，这些盒形佩系挂于公主腰间所戴之蹀躞
带上，高度不过 4—5 厘米，小巧玲珑，是为日常随身携带之物，其用途应该是装
盛香料、药末或胭脂等物品。盒形佩的功能和使用方式具有浓郁的草原游牧民族特
色，但在工艺、装饰纹样等方面仍带有唐宋文化的影子，可以看出汉文化对契丹文
化的影响是极为深远的。

　　盒形佩可分两种形制：一类是由形状完全相同的两片以子母口对合而成。如陈
国公主墓出土的龙凤纹盒佩、鱼形盒佩[3]。前者白玉质，扁圆形，所表现的龙、凤
图案，其凌厉的气势虽和唐代的龙凤纹略有差异，但龙尾卷过后腿以及凤尾的花叶
状造型却与唐代龙、凤非常相似。盒底近圆形内凹，有凸钮，钮上穿孔，以系鎏金
银链，便于日常随身携带，可装纳随身携带的细小物品；盒盖刻行龙衔珠，盒底刻

---

[1]　内蒙古文物考古研究所：《辽陈国公主驸马合葬墓发掘简报》，《文物》1987 年第 11 期。

[2]　德新、张汉君、韩仁信：《内蒙古巴林右旗庆州白塔发现辽代佛教文物》，《文物》1994 年第 12 期。

[3]　内蒙古文物考古研究所：《辽陈国公主驸马合葬墓发掘简报》，《文物》1987 年第 11 期。

飞凤衔珠。白玉鱼形盒佩则由形制、纹饰完全相同的两片扣合而成，体积较小，可容纳脂粉、药粉等小物品。为圆雕作品，通体打磨光洁后，仅在鱼首镶一薄金片，以金铆钉固定；尾部各有一金属合页，分别缀以金属细梢钉及扣钮，使两片开合自如，达到取用物品方便的效果，也可保护物品；鱼首另穿有一孔，以金属丝穿连珍珠、琥珀、绿松石、水晶珠以及一件片雕玉饰组成的佩饰，易于携行。另一类盒佩则由器盖及器体两部分组成。器体中部穿凿近圆形深腔，扩大了放置物品的空间。如陈国公主墓出土的白玉螺形佩由扁桃形玉环、蓝色玻璃珠、绿松石珠、螺形玉坠以银丝穿组而成；器盖中部钻有一孔，器身口沿亦有二对称穿孔；螺形坠腹中空，一端有两条银线各缀一颗玻璃珠，穿过螺形坠口部的两孔在器体内合而为一后，穿过器盖中心的圆孔，再穿缀玉环和绿松石珠，器身和器盖因此既开合自如，又不易滑落。螺形在辽代玉器中少有见到，海螺是佛教八吉祥之一，辽代受到中原地区佛教文化影响，其中似有一定的宗教含义。相似的构思亦见于辽宁阜新塔营子出土的金链竹节形玉盒[1]，竹节式圆筒形，可以金链系挂于腰间。盒共六节，最上即为盖，下五节为身。上下两侧出贯耳，链下有加金帽之蓝玻璃茄形坠饰。这种玉盒作为佩饰，不仅有装饰功能，还有实用功能，其样式深受北宋艺术的影响。原内装舍利子，放入金塔之内。穿过贯耳的两条金属链，一端各缀金帽绿玻璃珠一，另一端则共同系一金属环上。此器由和田白玉制成，整体抛光精工，组合方式十分巧妙（图9-17）。另外，河北义县清河门出土的一件青玉双鹅盒佩，虽仅存器身，但从器体中部的圆腔以及口沿对称的两个穿孔看，其造型和功能应与上述三件佩饰相同[2]。

图9-17 金链竹节形玉盒

---

① 现藏于辽宁省博物馆。

② 李文信：《义县清河门发掘简报》，《考古学报》1954年第8期。

此外，另有玛瑙等材质的舍利瓶、舍利罐出土，如独乐寺出土之葫芦瓶和辽宁朝阳市北塔天宫出土的金盖玛瑙舍利罐[1]（图9-18）。后者敞口，圆唇，束颈，鼓腹，平底。玛瑙罐体白、灰、红、棕等色相间，色彩斑斓，光润瑰丽。上有伞形金盖，盖顶金环纽上穿两根金银链连在罐颈部的金丝绳上。可以说辽代玉质包装容器是融中原文化、草原文化、佛教文化为一体的包装艺术，其独特的草原风貌丰富了中国玉质包装容器的内容，并对后世产生了一定的影响。

图 9-18　金盖玛瑙舍利罐

五、琥珀材质包装容器

契丹民族崇尚琥珀，有学者认为是因为琥珀代表了勇敢，符合契丹骑马民族尚武强悍的个性，是勇气的象征。琥珀的来源，很可能是由于商贸的往来。据《契丹国志》记载："高昌国、龟兹国、于阗国、大食国、小食国、甘州、沙州、凉州，已上诸国三年一次遣使，约四百余人，至契丹贡献玉、珠、犀、乳香、琥珀、玛瑙器。"[2] 从文献记录和出土器物来看，琥珀材质包装容器均出土于契丹贵族的墓葬之中，琥珀包装容器的使用应该仅仅局限于统治者的范围内，以满足上层贵族的需求。这类琥珀包装容器集装饰和实用功能于一体，小巧玲珑，通常系挂于蹀躞带上，随身携带。腹腔或作不规则的圆形，较浅，或为深达7厘米左右的小圆腔。可能是装香料、胭脂或针之用。如新民巴图营子出土的复叶形琥珀饰[3]，长近10厘米，由两块形制相同的复叶状琥珀、以子母口扣合而成。表面各雕刻两片相叠的树叶，中间以阴线刻细密的叶脉纹。另一面内凹成不规则圆腔，以纳物。同墓还出一件长

---

① 纪兵、王晶辰：《佛教遗宝》，辽宁人民出版社2005年版，第53页。

② （宋）叶隆礼：《契丹国志》卷21《南北朝馈献礼物》，上海古籍出版社1985年版，第201页。

③ 冯永谦：《辽宁省建平、新民的三座辽墓》，《考古》1960年第2期。

图 9-19　琥珀叠胜盒

柄形器，发掘报告以为是执柄。仔细观察其实中空，腔深 7 厘米左右，与辽陈国公主墓出土的金针筒相似，应该是琥珀针筒。

另外，阜新红帽子乡出土琥珀叠胜盒一件，现藏于辽宁省博物馆。盒为一盖一底，有子母口可以扣合，盖底同式，并同样阴刻"叠胜"二字。古代以菱形类的几何图案花饰为"胜"，寓意吉祥，妇女首饰亦常用之。其正方形者则称"方胜"。"叠胜"状如双胜相叠，犹如双喜字，古时常于春日或其他节日剪制胜形图案作为装饰。其四周镂雕绶带纹，表面抛光，器形优美，雕刻精致，是难得的琥珀精品（图 9-19）。

六、其他材质的包装

除上述材质之外，考古发现辽代亦有木质、竹质、布料等包装材料的使用，其造型也各有不同。

木质包装箱见于内蒙古昭乌达盟敖汉旗北三家辽墓东、西耳室白灰壁面上之《家什图》（高 107 厘米，宽 85 厘米）[①]。其西耳室画有箱子等生活用具，有的箱子上锁，有的启开，箱内放"银锭"等物，应为盛装银锭之用。1986 年在通辽陈国公主墓中，出土了一件柏木制作的弓囊，随后，2000 年 4 月，敖汉旗博物馆收藏了一件保存完好的辽代雕花弓囊，非常珍贵。这件雕花弓囊为侧柏制作。先将柏木作成如半张弓形的两扇，各凿出空腔，相合后即扁盒形，上口以纳弓，下底端平。合口处为子母口，合缝并不在一条直线上，呈略弯的斜线，这样便增加了子母口的合力，加大了紧密性。直边的两扇合口处上下各以一小皮条带相联结，起到加固作用，成为弓囊关、启的折页，皮带是用两个铜铆钉钉在每扇的合口处。内壁削光后

---

① 　敖汉旗文物管理所：《内蒙古昭乌达盟敖汉旗北三家辽墓》，《考古》1984 年第 11 期。

裱糊两层绢绫一类的丝织物，一扇为黄色绢，另一扇为红色绢，外壁的前后两面刻出半浮雕式的 5 朵如意形云朵，它们大小不一，错落有致，有流动感，下端底部每扇亦镶钉较窄的铜片，片之两端铜钉呈三角形分布，间钉两钉，铜片及钉均鎏金。一扇直的边棱处嵌入一桥状铁鼻，并有皮带条，适于背带。法库叶茂台辽墓出土的瓜棱式奁盒① 是辽代漆器的精品。瓜棱式奁盒技术非常复杂，同时又异常精美。它是一件卷木胎外又上漆的盛妆具。外形是平顶上下扣合式，下有圈足，起到了稳定作用。盖与身的周壁还有龛式凹窝，外体黑光，内壁和凹窝处则作红色。盒内还有一个花式盘，垫在盒底上，其结构设计合理，采用组合的形式，一般有盖、盘、中、底几部分，有效地实现了包装功能。内底红色，外底黑色。由于胎壁很薄，周围的凹花式作法难度较大，因而有较高的工艺价值。奁表面凹凸不平，增大了人拿握时的摩擦力，不易滑落，可以有效地保护物品，实现包装的保护功能。盒内有海兽葡萄纹铜镜及其他梳妆用品。

辽国用竹等天然材料编成的包装容器，据宋人沈括《梦溪笔谈》记载："自景德中（1004—1007 年）北戎（指契丹）入寇之后，河北籴便之法荡尽，此后茶利十丧其九，（陈）恕在（三司）任，值北戎讲和，商人顿复岁课，虽云十俗之多，尚未盈旧额。"② 这说明澶渊之盟后双方茶贸易额是很大的。苏辙《龙川别志》卷下记载，雄州李允孙、兵马都监李昭叙曰："雄州谍者常告北国（辽朝）要官间遣人至京师造茶笼、燎炉。允则亦使信与直作之，纤巧无毫发之异，且先期至则携至榷场，使茶酒卒，多口夸说其巧，令蕃酋遍观之。如是三四日，知蕃官所作已过，乃收之不复出。其国相传谓允则赂之，恐有奸变，蕃官无以至明，则被杀。"③ 这种茶笼，宋人蔡襄《茶录》载："茶不入焙者，宜密封裹以箬笼盛之，置高处不近湿风。"④ 箬，为箬竹，茶笼是盛装未入焙的茶叶用箬竹篾子编织的密封笼子。南宋审安老人绘有 12 种茶具图⑤，其中茶笼称"建城"："茶宜密裹，故以箬笼盛之，今称'建

---

① 辽宁省博物馆、辽宁铁岭地区文物组：《法库叶茂台辽墓记略》，《文物》1975 年第 12 期。

② （宋）沈括著，胡道静校正：《梦溪笔谈校正》，上海古籍出版社 1987 年版，第 407 页。

③ （宋）苏辙：《龙川略志·龙川别志》卷下，中华书局 1982 年版，第 95 页。

④ （宋）蔡襄：《茶录》，卡卡译注，中国纺织出版社 2006 年版，第 47 页。

⑤ （清）陆廷灿：《茶录》，卡卡译注，中国纺织出版社 2006 年版，第 317 页。

城'"①。另敖汉旗辽墓出土的《茶道图》②中，高案前即有方形竹笥一件。辽人受中原影响，亦喜好饮茶，据此可推知竹质材料的包装器物使用似应非常普遍。纺织品作为包装，《辽史》中曾记载："五品以上……文官佩手巾、算袋、刀子、砺石、金鱼袋；武官占鞢七事：佩刀、刀子、磨石、契苾真、哕厥、针筒、火石袋。乌皮六合靴"③。用丝织品缝合而成的袋自古以来就是用来盛放物品、可以随身携带的一种容器。因为中国古代的服装通常没有口袋，随身携带的物品像针线、印章、香料等只能放在袋子里。另外，丝织材料还常用包裹经卷，目前所知实物有见于庆州白塔的红罗地联珠骑士绣经袱，为丝织材料，近方形，长宽各28厘米④。白绢作衬里，一角有绢带，为包裹时打结用。袱上团窠图案，武士骑马驾双鹰，极具契丹民族特色。

从辽代包装发展的总体脉络来看，其包装根据其自然条件、生产生活方式，深深打上了草原游牧文化的烙印，而草原文化的变异和融合又使其发展多姿多彩，辽代包装中所蕴含的文化意蕴，不仅是辽代包装的标识，而且是解读契丹族文明进程的重要对象。在辽史中审视辽代包装艺术，把辽代包装艺术置于中国包装历史长河中，辽代包装艺术都无愧是极具民族特色和研究价值的！

第三节　金国包装

女真族是我国东北少数民族中历史悠久的一个民族。他们很早就居住在黑龙江、松花江、乌苏里江流域一带，长期接受契丹人的统治，在许多方面都接受了契丹人的文化影响。另外，他们还与中原地区的汉民族封建王朝保持着密切联系。文化的交流促进了民族的融合，也促进了包装文化的融合。在接受周邻民族、中原地区和域外国家的包装文化后，在本民族传统装饰、造型上又有所创新，表现出本民族风格、契丹游牧风格和中原风格的渐趋融合。整体看来，金国包装器型讲究外形

① （清）陆廷灿：《茶录》，卡卡译注，中国纺织出版社2006年版，第321页。

② 河北省文物研究所：《河北宣化辽墓壁画茶道图的研究》，《农业考古》1994年第2期。

③ （元）脱脱等：《辽史》卷56《仪卫志二》，中华书局1974年版，第910页。

④ 德新、张汉君、韩仁信：《内蒙古巴林右旗庆州白塔发现辽代佛教文物》，《文物》1994年第12期。

美，鲜明地表现了女真民族人民的审美艺术和情趣。从文献记载和出土器物来看，金国包装的器型主要有瓶、盒、壶、奁、袋、囊、罐等，用于制作包装的材料主要有桦树皮、陶瓷、金银等。

一、桦树皮包装

女真与契丹民族等其他北方少数民族一样，喜好用桦树皮来制作与人们生活密切相关的包括包装在内的生活日用器物。北方少数民族尤其是契丹、女真等民族在长期利用桦树皮制作器物的过程中，逐步形成桦树皮器物。就目前考古所发现的桦树皮器物和相关研究来看，发展过程与制陶文化有着某种内在联系。很大程度上用桦树皮制作的生活器具和包装物，反映着狩猎文化、牧业文化和农业文化的相互影响[1]。据现代科学研究表明白桦树的外皮中含有白色的桦皮脑，是一种白色晶体，常以游离的形式聚集在树皮的外表，形成一层白霜。此外，树皮中还含有40%左右的软木脂。软木脂与少量纤维素、木素共同形成了木栓细胞，它们有使桦树皮不透水、不透气、轻巧柔软而富有弹性的作用，可以替代纸、革、布料等。用桦树皮制成的器物轻便、易携带，不易破碎，非常适合于居无定所、经常迁徙的渔猎生活的需要。同时，桦树皮制品还具有取材方便、造价低廉、容易加工等特点，这也为桦树皮包装制品的广泛使用提供了条件。正是基于上述优质特性，桦树皮被广泛用来制作生活日用器具和包装物，并深受少数民族，尤其是女真、契丹等民族的喜爱。从桦树皮的加工工艺上看，也比较简单，传统的桦树皮加工技艺有四个步骤：一是剥取树皮；二是将皮子浸软或煮软；三是剪裁缝合；四是装饰图案。装饰手法有砸压的，也有用剪贴的，把象征吉祥、平安的图形装饰在制品上，呈现出独特的民族风格。

关于桦树皮器物的造型和使用范围，文献资料中有诸多记载，最早可追溯到考古学上的旧石器时代晚期。《山海经·海外西经》记载："肃慎之国在白民北，有树名曰雄常，先入伐帝，于此取之。"郭璞注说："其族无衣服，中国皇帝代立之者，则此木生皮可衣也。"[2]《全辽备考》记："桦皮，桦木皮也，桦木遍山皆是，类白杨，

---

① 李宏复：《中国北方民族桦树皮器物的造型艺术》，《中央民族大学学报》2003年第5期。

② 袁珂校注：《山海经校注》，巴蜀书社1992年版，第271页。

春夏间剥落其皮入污泥中，谓之曰糟，糟数日乃出而曝之，地白而花形为贵，金史所谓酱瓣桦是也。"[1] 据考古发掘资料表明，中国东北古代少数民族如鲜卑、契丹、室韦、女真、蒙古等都使用过桦树皮制作多种包装，并广泛用于生产、生活中。大约从金代开始，桦树皮的使用达到高峰。《三朝北盟会编》记载，女真人"依山而居，联木为棚，屋高数尺，无瓦覆，以木板或以桦树皮，以革缪之"[2]。《宋人轶事会编》卷十六中记载了这样一个故事：金朝初年，南宋著名学者洪皓出使金国，由于拒受厚禄，被扣留了多年。在此期间，他每天在桦树皮上抄写《论语》《大学》《中庸》《孟子》，时谓"桦叶四书"。由此可见，桦树皮在金国应用之广泛，并由单纯地注重使用价值向使用价值和审美价值并重的方向发展。

女真族的渔猎采集经济是一种游动性很强的经济活动，从事渔猎采集经济的女真族"逐野兽而迁徙"，居无定址。在长期不断的游动生活中，大而笨重的器具势必给自己造成诸多不便。桦树皮包装制品恰恰满足了游动生活的需要，它轻巧、结实、耐用，不怕摔碰，深受渔猎采集民族的喜爱。日常所用诸如衣物、食品、针线、酒水等都可以用桦树皮制品盛装。可以说，桦树皮包装，几乎遍及金国社会生产、生活的各个方面。在黑龙江省绥滨县中兴乡金代遗址中出土的桦树皮桶[3]，使用剪花纹和压印纹做装饰，即可佐证。可惜由于这类包装不易保存，以至我们今日难以见到弥历千年的当时保存完好的实物。正因如此，所以我们只能从历史文献出发，结合今天东北地区依然存在的桦树皮包装，对当时的情况作某些推测。

从现在东北少数民族桦树皮包装的制作和使用上来看，桦树皮包装制品在金代使用最为广泛的领域当数日常生活方面，他们使用的日常生活器皿有桦皮箱、针线盒、帽盒、火柴盒等。有些上面还装饰有精美图案，集实用和装饰于一体。上揭在黑龙江省绥滨县中兴乡金代遗址中出土的桦树皮桶，使用剪花纹和压印纹做装饰，饰纹为几何纹的二方连续图案组合式，纹饰内容与形式的形成应是与少数民族的信仰意识有关的。他们将对自然的困惑与畏惧转化为对自然的崇拜，对猛兽的崇拜，进而形成民族特有的图腾等，直接反映在这些纹饰之上。金国桦树皮器物的制作过

---

① （清）林佶：《全辽备考》卷下，台北广文书局 1957 年版，第 26 页。

② （南宋）徐梦莘：《三朝北盟汇编》卷 3，上海古籍出版社 1987 年版，第 17 页。

③ 黑龙江省文物考古工作队：《黑龙江畔绥滨县中兴古城和金代墓群》，《文物》1977 年第 4 期。

程与方法与今天的赫哲族似乎一脉相承，主要是用来盛放衣物和作为姑娘出嫁时必不可少的陪嫁品。有关桦树皮为材料制作的实物残存在内蒙古四子王旗、达茂旗、兴和县的金代墓中均有所发现，可见其使用广泛，残存物包括桦树皮盒、筒、针线荷包等，均缝制而成，其包装属性十分明显[①]。

二、陶瓷包装容器

女真族所建立的金国，其前期势力范围主要在白山黑水之间，陶瓷绝大多数属日用粗瓷，釉色单调，造型拙朴，缺少装饰。到金国后期，随着迁都燕京及入主中原，实施"实内地"政策，对中原传统陶瓷技术的继承，金国的陶瓷业出现了前所未有的发展。金代对陶瓷的重视，可以从宋金贸易中看出。不管是之前的"以丝绸易茶"、之后改用盐和杂物来交换；抑或是在对铜钱的争夺中，瓷器无疑都扮演着重要的角色。金代陶瓷在承袭辽、宋窑业后又有所发展，并形成一定的时代风格，为金代陶瓷包装容器的发展提供了良好的发展基础。金国习俗好自然，统治者崇信佛教——禅宗，加上游牧生活养成的粗犷、豪放的性格，所以金国陶瓷包装容器简单大方，装饰简洁朴素，以实用为主，总体趋向简化，富有浓厚的生活气息。如出土于山西天镇金墓，今藏于故宫博物院的黑釉剔花小口瓶，既有继承汉民族风格的一面，又体现出本民族的特征，别具韵味（图9-20）。

从历史文献和考古发掘实物看，金国时期的陶瓷包装容器，就使用范畴而言，大致可分为酒包装、梳妆类包装、食物包装等。

第一，在金国陶瓷包装容器中，最具典型意义的当属酒瓶包装，出现了器身刻有"千日酒"商标的酒瓶。

《辞海》中"千日酒"的定义为："传

图9-20 黑釉剔花小口瓶

---

① 孙进己：《中国考古集成》（东北卷），北京出版社1997年版，第315—316页。

图9-21 "千酒"瓶

说中山人狄希能造千日酒，饮之，千日醉。后为美酒的代称。"①1996年7月河北省迁安市城东北角华亭庄金代古墓群的第3号墓李酒使墓中出土的三个大"千酒"商标字样的陶质酒瓶②，证实了古籍所载"千日酒"的真实性。据史书记载，千日酒是辽天赞二年（923年），从定州安喜县（今河北省定州市）掳掠来的安喜人中的酿酒者，把酿造技术传入迁安县，用"千酒"的商标出售。出土的"千酒"瓶底与口大小相似，容量1.5公斤。酒瓶外观造型为鸡腿型，瓶身上部刻有"千酒"二字商标，用一陶瓶盖封口（图9-21）。从出土物中有"李酒使"三字来看，墓主姓李，任"酒使"。"酒使"是地方官员，官位六至八品不等，为金代专管地方征酒税的官吏③。中国古代商品酒包装，多采用大罐、大坛来包装，称之为"散装酒"；而"千酒"古瓶则是单瓶包装，易于携带、运输和销售，证实了我国商品酒的单瓶包装至少在金代已出现。"千酒"瓶的出土还表明我国带商标酒包装容器的出现至少不晚于金代，并提供了一个商品定量包装的重要信息："千酒"瓶容量为1.5公斤。从现代包装容器造型来看，容器的型制和良好的商标形象的介入，可以为品牌的塑造与维护起到极好的作用。现代的容器造型已不能只停留在物质材料构成的结构上，商品容器在其实用功能领域及其外延领域之中有着不可替代的地位，在内涵领域里，它的符号价值就变得更为重要。任何物象和要素都有一种动感，它们存在于形态的延伸和展开趋向中，掌握形象表现的张力，用直接性和象征性的手法更能准确地表达商品的信息。只有抓住商品的个性，才能更好地宣传品牌的个性特征。"千酒"古瓶准确地传达出"千日酒"的

---

① 夏征农等：《辞海》，上海辞书出版社1999年版，第140页。

② 唐山市文物管理处、迁安市文物管理所：《河北省迁安市开发区金代墓葬发掘清理报告》，《北方文物》2002年第4期。

③ 唐山市文物管理处、迁安市文物管理所：《河北省迁安市开发区金代墓葬发掘清理报告》，《北方文物》2002年第4期。

特征，信息的视觉强度与辨识度得到很好的表现，从现代包装的角度看，它维护了
"千日酒"的好的品牌形象。除上述几种瓶类酒包装容器外，金国还广泛使用梅瓶。
众所周知，梅瓶作为自宋以来我国的陶瓷包装的主要形式，主要流行在宋、辽、金
时期。《饮流斋说瓷》卷七"瓶罐"中言及梅瓶："梅瓶口细而项短，肩极宽博，至
胫稍狭，折于足则微丰，口径之小仅与梅之瘦骨相称，故名梅瓶也。宋瓶雅好作
此式，元明暨清初历代皆有斯制，红色者仿均为多……"[1] 金代梅瓶受北宋北方窑
的影响，具有挺拔修长的特点。山西平定宋金墓[2]和辽宁朝阳金墓等墓葬壁画的饮
酒场景中[3]，都可以看到梅瓶的形象。梅瓶在墓室壁画中多单只或成双的置于桌下，
并配有瓶架，与桌子上的酒注与盘盏相配套。辽宁省锦州市博物馆收藏的两件金代
白地黑花梅瓶，瓶身上也分别书写
诗文"春前有雨花开早，秋后无霜
叶落迟"和"三杯和万事，一醉解
千愁"，这都充分说明了梅瓶盛酒
的功能。今藏于河南省宜阳县文化
馆的白釉黑花瓷梅瓶，造型端庄，
与宋瓶造型极为相似，但纹饰秀
丽，具有浓厚的民间艺术风格。另
外，金墓中还出土有鸡腿瓶，其形
制与梅瓶相差不多。还有一种吐鲁
瓶，瓶形为半个梅瓶，瓶口为圆锥
形。纹饰黑白对比明显，给人强烈
的印象，这种风格在当时极为流行
（图9–22）。

吐鲁瓶

西北壁宴饮图摹本

白釉黑花牡丹纹瓶

白釉黑花牡丹纹梅瓶

图9–22 金国梅瓶及吐鲁瓶

王安石在其《上人书》中说："要
之以适用为本，以刻镂绘画为之容

---

① 许之衡撰，杜斌校注：《饮流斋说瓷》（说瓶罐第七），山东画报出版社2010年版，第164页。

② 山西省考古研究所等：《山西平定宋、金壁画墓简报》，《文物》1996年第5期。

③ 朝阳市博物馆、朝阳市龙城区博物馆：《辽宁朝阳召都巴金墓》，《北方文物》2005年第3期。

图 9-23 月白釉玉壶春瓶

图 9-24 "清沽美酒"经瓶

而已，不适用，非所以为器也。"① 李渔在其《闲情偶寄·器玩部》中言："人无贵贱，家无贫富，饮食器皿皆所必需。""凡人制物，务使人可备，家家可用"，等等②。可见，"备物致用"的功能主义造物思想古人是非常注重的，梅瓶的造型和装饰也正体现了这一点。例如，陕西省铜川市黄堡镇耀州窑遗址出土的月白釉玉壶春瓶，现藏于陕西省历史博物馆。瓶小口外敞，细长束颈，溜肩，鼓腹，圈足，施釉至足底。釉色以乳白为基调，白中泛青，釉汁乳浊、温润、不透亮，色泽极富玉石效果。造型古朴秀雅，整体投射出一种淡雅高贵的气韵③（图 9-23）。

金国在瓶式酒包装容器中，尤其值得一提的是现藏于上海博物馆的"清沽美酒"经瓶。其形制与宋元时期通常所见的经瓶没差别：小口，丰肩，修腹，小平底。造型挺拔秀丽，通体白釉黑花，颈部绘莲瓣纹，肩部为丛草纹，上腹主题花纹是四个等距的圆形开光，内填"清沽美酒"四个大字。开光外填绘丛草纹，下腹绘莲瓣纹。花纹简洁清新，自然大方。瓶上"清沽美酒"四字，明白无误地指明这件瓷器是盛酒之器④（图 9-24）。

第二，出于生产生活所需，大量的陶瓷广泛用于食品包装领域，主要有盖罐、双系罐、印盒等。其中黄釉双系罐，口径 4.6 厘米，底径 8.2 厘米，高17 厘米。红褐胎，半占黄釉，小直口外折，两侧有

① 夏传才：《古文论译释》，清华大学出版社 2007 年版，第 43 页。

② （清）李渔：《闲情偶寄·器玩部》，上海古籍出版社 1995 年版，第 220 页。

③ 党燕宁：《大美无言——耀州窑金代月白釉瓷》，《收藏界》2008 年第 10 期。

④ 岳洪彬、杜金鹏：《酒具——唇边的微笑》，上海文艺出版社 2002 年版，第 299 页。

对称的桥状双系，系外侧饰四道凸棱，溜肩圆腹，圈足底外撇。肩部书有铁锈色"油二两记"四字，说明此器物是用于装油的。整体造型朴拙，釉色单调，缺少装饰，以实用为主。又如霍州市陈村出土的白瓷盖罐，造型轻巧，肩部刻精细的卷草纹一周，胎质细腻，釉色白皙等[①]。白瓷小罐高5.9厘米、口径3.4厘米。盖中部有内凹，罐鼓腹，圈足。白胎，白釉，底部露胎。其中一件置于纸盒内，应为放化妆品的胭脂盒。

第三，受到隋唐五代时期的影响，特别是金人入主中原后，受汉人耳濡目染，金国女子日趋爱美，此时出现了化妆类的产品，如粉底、化妆油等，这便刺激了梳妆类包装的发展。如耀州窑荷莲印盒，椭圆形，子母口，盖、盒大小相若，上下结合紧密。盖面常刻划硕大荷花，枝叶缠绕，线条流畅，形象逼真。虽然逸笔草草，但是那种粗犷不羁用笔自由奔放的特点，却显示出金代陶瓷包装容器的艺术造诣和特殊风貌（图9-25）。

荷莲印盒

白瓷盖罐

黄釉双系罐

图 9-25　金国罐与印盒

三、金银材质包装容器

毫无疑问，金银器在中国古代社会大多是皇家和上层贵族所拥有的奢侈品，在一定程度上，它反映了一个朝代或民族文化的盛衰。金国从北宋和周边地区获得了大

---

① 刘秋平：《霍州窑及其白釉瓷器》，《文物世界》2003 年第 6 期。

量金银，同时鼓励开采金银矿冶，使其金银器制作较为发达，以至传世和考古出土的金银器令人瞩目！1127年，金兵攻陷开封，大肆掳掠乐工诸色艺人押回金国，提供了必需的技术力量。据徐梦莘《三朝北盟会编》记载："（十一月二十五日）……内司军器监工匠……做腰袋帽子，打造金银，系笔和墨，雕刻图画工匠三百余人"①。《金史·本纪》载："天辅七年（1123年），金取燕京路。二月，尽徙六州氏族富强、工技之民于内地"②。同年四月，"命习古乃、婆卢火监护长胜军及燕京豪族工匠，由松亭关徙之内地。"在大肆掳来的汉族工匠的指导下，金上京地区的冶矿业迅速发展，金银铜质包装容器的制造业于是有了发展，并深受金代女真贵族的喜爱。

金代金银等金属材质包装容器制作虽没有唐宋时期华丽，但也都十分精美，一般集装饰与实用于一体。纹饰吸收唐代遗风，受辽代风俗影响，制作工艺颇具民族特色。例如，1973年黑龙江绥滨中兴金代墓群出土金列鞴，由若干金银玛瑙玉石构

图9-26 金列鞴

成，垂吊起时全长37.7厘米，最宽处15厘米。分上中下三部分，上部是一个圆扁形子母口鎏金银盒③。盒表面内凹，银盒中部是一个长方形金饰件，其上端与银盒连缀，金饰件表面两侧有卷云纹，中间嵌两条长短不同的红玛瑙，并连缀两个球形和橄榄形玉石，下端分别系着由不同造型的玉石、玛瑙串成的长链，使其构成一个连环形状，下部是由红玛瑙串成一条长坠与中部的链环相连④。从银盒的形制和装饰及制作看，其艺术性是建立在使用者地位、权力基础之上，因为装饰功能大于使用功能，堪称为一件高档化妆物，而内可装小饰品物件，是贵族妇女平时随身携带之物，集装饰与实用于一体（图9-26）。将美观与实用的要求融合为一体，实现了美与用的双重功能。郭沫若曾

---

① （南宋）徐梦莘：《三朝北盟汇编》卷77，上海古籍出版社1987年版，第583页。

② （元）脱脱等：《金史》卷4《熙宗本纪》，中华书局1975年版，第3页。

③ 黑龙江省文物考古工作队：《黑龙江省绥滨县中兴古城和金代墓群》，《文物》1977年第4期。

④ 刘丽萍：《金代金银手工艺的发展及相关问题》，《社会科学战线》2003年第4期。

说："铸器之意本在服用，其或施以文镂，巧其
形制，以求美观，在作器者庸或于潜意识之下，
自发挥其爱美之本能，然其究极仍不外有便于
实用也。"① 女真民族金银包装器物设计及其审美
价值取向，在内容与形式上都充分反映了这一
基本性质。

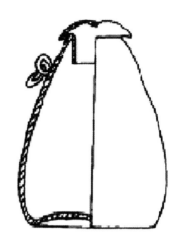

　　另有哈尔滨新香坊墓出土的银药壶②，小
口、附盖，底大而略圆，为仿鸡冠壶形，而就
局部设计来看，口径较小，便于药粒的盛放与
倒出，而颈部出现附盖，便极大地提高了壶的
密封性，以保药效的永久性；就制作工艺看，
其精湛的纹饰风格与辽陈国公主墓出土的金银

图 9-27　银药壶剖面图

包装容器十分相似，简洁、轻巧、可靠和方便（图 9-27）。

四、其他材质包装器物

　　除上述材质包装外，从文献所载和考古出土物，我们尚可知金国还有剔漆、纸
和丝绢等材质用作包装材料。

　　金代漆器继承北宋漆业且有所发展，几乎涵盖了生活的各个方面，实用性强，形
式丰富多样，精美绮丽。从辽宁法库叶茂台辽墓出土的奁等器物可以看出，宋辽金漆
制包装的形制具有继承关系。如 20 世纪 50 年代初出土于山西大同市金代墓中的剔犀
奁③，楠木胎，胎以燕尾榫斗拼，在榫间植锥形竹钉加固。此奁面及底髹黑漆，中间
二层朱漆，夹黑漆一层，朱黑相间，通体雕香草纹，婉转缠绕，布满全身，奁内齐口
处架一托盘，托盘四周及底皆为褐红色漆，正面亦雕香草纹。奁内原放妇女梳妆用品
一套：有木梳、漆碗、骨质胭脂盒、朱漆木质粉盒和铜镜等，这是迄今所见宋金时期
最大的剔犀包装器物。此包装采用了双层结构的组合设计，将妇女梳妆用品组合在一

---

① 郭沫若：《青铜时代》，中国人民大学出版社 2005 年版，第 237 页。

② 黑龙江省博物馆：《哈尔滨新香坊墓地出土的金代文物》，《北方文物》2007 年第 3 期。

③ 陈增弼、张利华：《介绍大同金代剔犀奁兼谈宋金剔犀工艺》，《文物》1985 年第 12 期。

起，形成一个有机统一的整体，实现了功能的合理性与形式的独创性。在装饰设计上，剔犀奁通身剔香草纹，纹饰委婉圆转，造型端庄别致，器物精美，对现代包装设计有着借鉴之用。还有北京市海淀区金墓出土的纸盒[①]，长方形，由多层纸粘合而成，外部涂有防水材料，盒内放有铜镜、木梳、白瓷小罐、小铜刀和小棕刷，应为梳妆盒。这种用多层纸做的盒子，对于我国纸制品工艺的研究有一定的价值。

另外，以织品类作为材料的包装也广为存在。以丝绢为材料的囊式、袋式、盒式包装物出土，虽然形制不同，但都为手工缝制，制作细致工巧，款式具有鲜明的地方性和民族风格。如1988年黑龙江省哈尔滨市阿城区巨源乡金齐国王墓出土的大量丝织品包装[②]，制作工艺精湛，图案华美，大都为妇女随身携带或盛装之物。例如，紫罗绦穿绿松石蟾蜍坠香盒，紫罗绦带面折叠打结系成，打结扣成套，中间穿一丝带，一端系一环形香盒，一黑一白。白色圆形盒装应为盛装香粉；黑色盛装黛黑（古代妇女描眉之用物）。另有，黄绿绢编绦印金花旎袋，用10块褐绿两色罗缝制，做工精细；绛暗花罗缀珠鞶囊，褐红色，中间折叠打结系成，下面有两口袋，左袋宽约10.6厘米，右袋下宽12.8厘米，风格典雅，可以系于腰上，用于盛

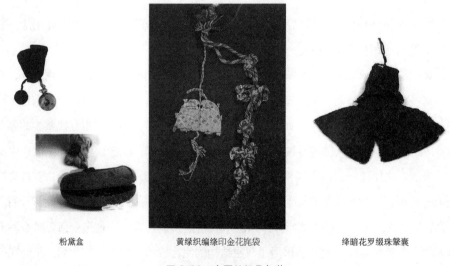

粉黛盒　　　　　　黄绿织编绦印金花旎袋　　　　　　绛暗花罗缀珠鞶囊

图 9-28　金国丝织品包装

① 北京市海淀区文化文物局：《北京市海淀区南辛庄金墓清理报告》，《文物》1988年第7期。

② 黑龙江省文物考古研究所：《黑龙江省阿城市巨源金代齐国王墓发掘报告》，《文物》1989年第10期。

手巾杂物，亦可当装饰配件（图9-28）。

我们知道，民族、地域包装文化与其地理生态环境及经济生活方式关系密切。女真族作为历史悠久的一个东北少数民族，随着社会经济的发展、生态环境的变化，其地域文化中的包装文化无疑具有了时代变迁性。从上文所述我们不难发现适应生活环境和生活方式而产生的包装文化，体现出了渔猎民族的包装文化特色，显得多姿多彩，集实用与装饰高度一体化。金国包装在风格上所呈现的自然、朴实，既显示出其包装的地域性和民族性特点，又具有受中原农耕文明影响的痕迹，反映其对外来文化和文明吸纳，所呈现出来的艺术特色和美学色彩，对现代包装设计无疑是具有一定启迪和借鉴意义！

第四节　西夏国包装

西夏是11—13世纪在中国西部出现的以党项族为主体的多民族王国，本名大夏，宋人称为西夏。其生产方式以畜牧业为主，农业为辅，过着牧农结合的半定居生活，因此在生活习惯、信仰习俗、部落组织习俗上显现出特有的民族色彩[1]。西夏的经济构成模式对其包装的形成和发展产生了重要的影响。

西夏的包装，在以畜牧业为基础，农业和手工业共同发展的经济模式下，表现出了传统包装的首要原则：实用性原则。

从目前出土的文物和所见文献史料记载来看，当时的包装大体可分为皮质包装（如囊，可用来盛装奶或酒等饮品）、浑脱[2]、木质包装（如木宝瓶[3]）、陶瓷包装容器（如茶叶瓶、扁壶、提壶等）、纸质包装、金银材质包装容器和纺织品包装等。

首先，从造型方面看，西夏包装造型设计简单、便捷、实用。西夏的包装形态

---

① 史仲文、胡晓林：《中国全史》之《宋辽金夏史》，人民出版社1995年版，第213页。

② 浑脱：原指北方民族中流行的用整张剥下的动物的皮制成的革囊或皮袋。这种用小牛全皮做皮囊的"浑脱"是古代一种工艺，大小牛羊均可加工。小的装酒、奶，盛水，大的还可用以作舟，浮水渡河。我们这里的浑脱是指用来盛酒的，可用作包装。如明叶子奇《草木子》："北人杀小牛，自脊上开一孔，逐旋取去内头骨肉。外皮皆完，揉软，用以盛乳酪酒潼。谓之浑脱。"

③ 甘肃威武地区博物馆：《甘肃威武西郊林场西夏墓清理报告》，《考古与文物》1980年第3期。

主要分为囊、瓶、壶、银盒、绣包、书籍装帧等。这些包装从造型的整体上看，均达到了便于运输、贮藏的实用性功能。如海原县出土的西夏茶叶末釉扁壶[①]，造型沿袭皮囊的结构，盛放空间增大，两侧各设计一个提耳，方便提握，它灌上液体，如酒浆或水，既可以用绳索套在坚实的双耳上，挂在帐篷里，或行进中的马背上使用，也可以在安静的环境里平放在桌上、炕上使用；同时还可将线状物系在两个提耳上，达到便于携带之功效；又如在宁夏回族自治区海原出土的西夏白釉花口瓶[②]，以及1982年内蒙古自治区准格尔旗敖包集出土的西夏酱釉剔刻花花口瓶[③]，两个瓶容器腹部肥大，向下逐渐变窄，底座呈椭圆状，此设计将容器的盛放空间增大，而底座则加大了瓶身的稳固性，瓶口呈花朵状，似乎是为了提拿方便，不易滑手脱落。西夏书籍装帧从形制上可分为卷轴装、梵夹装、经折装、蝴蝶装等。例如卷轴装，是将若干张纸粘起来，成为一条横幅，一头用一根细木棒做轴，以便卷起和展开[④]。从整体看，整本书籍的纸张黏贴在一个平面上，便于人们查阅、对比。由于纸张的易碎性，卷轴装不能长时间地保护纸张的完整性，而经折装弥补了这一缺点，具有很强的耐用性。

与此同时，器物在局部造型上也体现了包装的实用性。如宁夏海原县曾发现一件皮囊小壶，高10厘米，囊壶的肩有双耳，壶嘴，边缘是用针线缝合起来的[⑤]。从局部造型看，壶嘴和边缘处用线缝合，这很可能是为了空气流通，减小气压，使小囊不易损坏。1977年在甘肃省武威市西郊林场西夏一号墓出土的木宝瓶，木质，直口，平沿，宽肩瘦身，平底，带有塞盖[⑥]。从局部造型看，采用平底制作而成，这在一定程度上符合了包装造型设计上的稳定性，平底可以有较好的耐冲击和抗压性能，不易被外力击破压伤，体现了包装艺术的实用性原则。木经瓶在局部造型中又有塞盖结构的设计，而塞盖具有密封之功能。

其次，从选材方面看，以实用性为前提。主要体现在三方面：一是便于制作，

---

① 马文宽：《宁夏灵武窑》，紫禁城出版社1988年版，第38页。

② 马文宽：《宁夏灵武窑》，紫禁城出版社1988年版，第49页。

③ 伊克昭盟文物工作站：《准格尔旗发现西夏窑窟》，《文物》1987年第3期。

④ 景永时：《西夏的书籍及制作技艺述论》，《宁夏社会科学》1997年第6期。

⑤ 李进兴：《西夏瓷器造型探析》，《兰州学刊》2009年第9期。

⑥ 甘肃武威地区博物馆：《甘肃武威西郊林场西夏墓清理报告》，《考古与文物》1980年第3期。

易于成型；二是防腐、防潮、防漏，性能较好；三是符合西夏民族生活习性。如党项人内徙前过着"织牦牛尾及……为上饰"[①]，"一入官场，豹皮袋来虎皮囊……灰黄黄"[②]。"囊"是用皮革做成的容器，使用广泛，有皮囊小壶、浑脱等。皮制品是党项族先民最早的生活用具，它在制作上易于成型。可以看出，皮制品的包装设计既具有便于制作、易于成型的特性，又表现了西夏人们的生活习俗。西夏人民在选用皮质材料作包装外，木质材料的选用也是包装选材之一。据史料记载，西夏文字中关于器皿的记载全部都是木字旁结构，而在西夏建国之前，党项羌人就在使用木制器皿，从出土文物来看，西夏早期人们的生活用具也是木制品，如 1977 年在甘肃省武威市西郊林场西夏一号墓出土的木宝瓶以及木渣[③]。木质材料的包装是对西夏民族生活的真实反映。随着生产力的提高，经济结构的调整，西夏的社会生活由游牧逐渐转变为定居的生活模式，人们的审美意识也在不断的提高，这在一定程度上影响了包装艺术。由于皮质和木质的包装器物的易腐烂性，不能长时间地储存物品，而陶瓷、金银器、纸质等的出现极大地满足了人们的需求。如纸质包装，在黑水城出土的西夏文献，至今尚保留完好，说明当时的纸质材料可能是经过蜡油等液体浸泡，通过这种处理，使纸张的耐腐性大大提高。金属冶炼与锻打铸造是西夏非常重要的手工业生产部门，从出土实物看，银器有银盒、联珠纹铜纹壶等。在敦煌壁画和出土文物中或多或少地可以看到西夏中后期已出现陶瓷包装容器，如西夏褐釉剔刻花扁壶、西夏茶叶末釉扁壶等包装容器，表明在与中原等长期的交往和日趋稳定的生活中，西夏已制作陶器，用于长时间贮存物品。

当然，除了实用以外，西夏包装也十分讲究审美性原则，这充分体现了西夏包装的艺术性，折射着党项民族的审美情趣和社会进化特色。

西夏生产力的提高，经济模式的改变，民族文化的融合，使得包装艺术也随之发生变化。西夏包装艺术与当时先进的科技相联系，即表现在包装的使用目的、装饰纹样、工艺水平等方面。通过对包装装饰的创新，人们的精神生活有了明显的变化。从纹饰上看，就目前出土和史料记载西夏的瓶和罐包装纹饰共分为植物纹样、动物纹

---

① （唐）魏徵等：《隋书》卷 83《列传四十八·西域传》，中华书局 1973 年版，第 1463 页。

② 转引自李范文主编：《夏汉字典》，中国社会科学出版社 1997 年版，第 1184 页。

③ 李进兴：《西夏瓷器造型探析》，《兰州学刊》2009 年第 9 期。

样、人物纹样和边饰。植物纹样分为牡丹、莲花、菊花、葵花等。例如西夏在经瓶、扁壶、罐等器物上剔刻或模印大量牡丹花。花纹有折枝、缠枝和交枝三种。西夏经瓶常见剔刻鹿衔莲花纹。又如在扁壶上用一花枝曲折缠绕四个花朵，枝叶相互缠绕，花叶纷披，俯仰有致。内蒙古伊金霍洛旗出土的西夏酱釉剔刻花罐[①]，图案上的缠枝牡丹呈宽带状布满罐腹。动物纹样分为鱼纹、鹿纹等。边饰可分为卷草纹、卷云纹、几何纹形状。从工艺水平上看，西夏茶叶末釉扁壶，器高29厘米，腹下部不挂釉，露米黄胎。这个壶的表面刻有花纹，而且在整个壶身运用了点、线、面的构成，从侧面表现出了当时人们生活水平在不断的提高当中，懂得感受生活，品味生活。

　　由于受到本民族文化之外的外来文化的影响，西夏包装还呈现出了一定的地域性和融合性。

　　以当时包装的地域性而论，这里我们不妨用表格（表9-1）的形式，将其与同一时期的辽、金和北宋政权下的包装作一比较，以明其特征。

表 9-1

别类	形制	名称	造型	功能性	审美性
皮质品包装	西夏1： 图9-29皮囊小壶，图片来源：《西夏瓷器造型探析》	皮囊小壶	囊壶的肩有双耳，壶嘴，边缘是用针线缝合起来的	采用皮质材料，具有耐用、便于携带的优点。从造型看，壶的两侧设计耳朵，便于人们携带	整个外形似只乌龟，而周围用线缝合，显得粗犷，极具有民族特色
	辽2：图9-30鸡冠壶，图片来源：自绘线描图	鸡冠壶	壶口多为管状，上有鸡冠状耳，有单双孔之分，上扁下圆，底部有凹底、平底和圆足，壶身有皮绳纹饰	材质为皮质材料，耐用、便于携带。造型为鸡冠状，上部有孔，方便携带，底部设计使整个壶具有稳定性	整个壶形近似鸡冠，造型优美，壶身有皮绳纹饰，略显粗犷，符合游牧民族的特征

_____

① 高毅、王志平：《内蒙古伊金霍洛旗发现西夏窖藏文物》，《考古》1987年第12期。

别类	形制	名称	造型	功能性	审美性
陶瓷包装	西夏3：图9-31 西夏茶叶沫釉扁壶，图片来源：宁夏灵武窑	西夏茶叶末釉扁壶	口呈喇叭状，上仰似乌龟的头……背部施茶叶末釉，腹下部不挂釉，露米黄胎，整体造型似一爬行的乌龟	材质上为陶瓷，具有储存时间长、不易变质的实用功能。从侧面反映出西夏人的稳定生活	从审美看，制作精美，也说明了游牧人们审美意识的提高
	辽代4：图9-32　鸡冠壶，图片来源：《中国出土瓷器全集》图9-33　宋式花瓷瓶，图片来源：《敖汉文物精华》	宋式花瓷瓶鸡冠壶	在造型和纹饰上模仿汉族文化，呈现出一定的汉瓶色彩；左图则是沿袭辽早期皮制品包装形制进行的改造，是辽的一个特色包装容器	材料为陶瓷，具有了储存时间长的功能。造型上仿宋式瓶，腹部宽大，盛放空间较大，有较强的稳定性功能	从审美看，辽代的仿宋瓶和鸡冠瓶较前期有了长足的进步，他们善于吸收外来文化，并与之相融合，是人们审美意识的提高
	金代：图9-34　黑釉线条耳罐，图片来源：《中国瓷器收藏与鉴赏全书》	黑釉线条耳罐	在形制、纹饰、构图和色彩上，有中原文化的气息，同时金代在包装上已注重现代设计层面上点、线、面构成意识	罐子采用陶瓷做成，具有很强的保护、密封的实用功能，罐颈部两侧设计双耳，便于人们提拿	罐子整体与宋朝的近似，双耳对称，有白色线条，富于黑色釉，有旋纹，有一种神秘、庄重之感
	宋代：图9-35　宋代瓶形示意图，图片来源：自绘线描图	宋代瓶形示意图	从造型上、色彩上、图案上看，具有很浓厚的中原气息，是典型的宋代瓷器，与西夏游牧民族的包装器物有着天壤之别		

由表9-1可知，西夏的包装有着独特的地域性特征，具体体现在：

以皮质为材料的包装方面，西夏与辽代同属我国西北地区游牧少数民族，其风俗习惯和生活方式如出一辙，但在相同材料的选取下，造型上却大相径庭，这就表明了两个游牧民族的地区差异性，进而反映出了西夏独有的包装特色。

在陶瓷包装容器的制作方面，西夏与辽、金、宋等相比，造型上基本沿袭早期党项族包装造型特征，如皮囊小壶的造型、木经瓶的造型，而其他少数民族如辽、金受到中原文化的影响，在本民族的基础上将中原文化与之相融合，从而产生了与西夏陶瓷包装不同的容器形制。

当然，因民族融合带来的包装的融合不应被忽视，尽管这种融合经历了一个历史进程，但在这一进程中表现十分突出。在西夏政权存在时期，由于战争、交流等因素使得中原地区和周边地区的生产、生活不可避免地渗透到西夏，并不同程度地影响西夏社会经济生活的各个方面，包装艺术毫无例外地受到影响，表现出了西夏与周边包装艺术相融合的情形。这种融合性，我们从西夏与北宋和辽金的一些包装物中可以得到证明。试看下表：

表9-2

类别	形制	名称	造型及材料	纹饰	融合性
陶瓷包装	西夏(后期)1：图9-36 花口瓶、图9-37 花口瓶，图片来源：《宁夏灵武窑》，第109页	花口瓶	瓷瓶，瓶口为花朵瓣式瓶，瓶身为曲线，圆腹	植物纹样	西夏花口瓶造型晚于北宋，与金、辽同步，器形受外来文化影响，由平底逐渐变高，典雅秀美。花口瓶造型自然洒脱、轮廓线飘逸流畅、圆润而有神韵，瓷器基本继袭宋制，但又具有民族风格，追求精致华丽，认为牡丹是富贵的象征。具有极高的审美价值
	辽：图9-38 绿釉凤首花口瓶，图片来源：《中国造型艺术词典》。金：图9-39 金代花口瓶，图片来源：《中国陶瓷鉴赏图典》	辽代绿釉划花牡丹纹瓶、金代青釉花口瓶	两个瓶均以直线和曲线为主，腹部浑圆，而且两者都是花朵式的瓶口	雕刻植物纹样	

类别	形制	名称	造型及材料	纹饰	融合性
	 西夏：图 9-40　玉壶春瓶，图片来源：《宁夏灵武窑》，第 106 页	玉壶春瓶	瓷瓶，小敞口，直径细长，股腹圆足	植物纹样	玉壶春瓶是西夏出土最多的瓷器。造型最早源于印度葡萄酒神药叉女雕像左手所托的春瓶，它是北宋创烧的瓶式之一，西夏烧制的玉壶春瓶融合了西方印度春瓶与唐、元、宋等玉壶春瓶的特征，以变化的弧线构成柔和、均匀的瓶体，广泛受到喜爱
	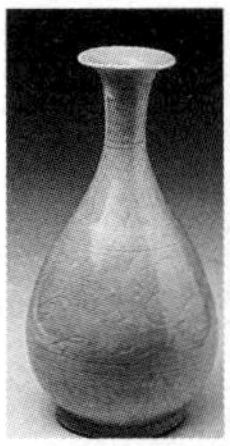  元：图 9-41　元青白釉暗花玉壶春瓶，图片来源：山东省博物馆；宋：图 9-42　宋代影青剔花玉壶春瓶，图片来源：《中国陶瓷全集》	元青白釉暗花玉壶春瓶、宋青玉剔花玉壶春瓶	两个瓶形都是撇口，细颈，圆腹，圈足，弧线的变化比较柔和匀称	植物纹样	由于西夏受到中原地区政治、经济、文化等因素的影响，烧制工艺、装饰技法、器型等方面与中原地区相似，西夏陶瓷中的装饰手法表明，西夏时期盛行儒学、佛学和崇尚自然天成的道家思想。西夏瓷器主要以白釉、褐釉、黑釉为主，一定程度上反映其与中原内地文化艺术的交流和融合
	 西夏 5：图 9-43　褐釉剔花牡丹纹瓷罐，图片来源：《中国出土瓷器全集》	褐釉剔花牡丹纹瓷罐	两个罐子在材料上均是瓷质品，且造型相似，有着相似的设计风格	采用自然植物纹样	
	 元朝：图 9-44　白釉黑花罐，图片来源：《中国出土瓷器全集》	白釉黑花罐			

类别	形制	名称	造型及材料	融合性
纸质包装	西夏	梵夹装	西夏书籍的包装形式多为佛教内容的书籍。如《辩法法性论》《慈悲道场忏法》《圣大悟阴王随求皆得经》和《圣摩利天母总持》等①	中古书籍实物的大汇聚，弥补了以往书籍研究中文献记载与实物样本相脱节的缺憾，廓清了梵夹装、经折装、缝缋装的真实面貌。可以说西夏书籍包装形式，在继承唐宋形制基础的同时，还彰显出汉藏文化之间的交流和互融、发展与创新，从而使得西夏书籍在中国古代书籍艺术研究中，成为至关重要的链接点和关键点
		经折装	西夏中有大批折子装书籍，而主要是佛教内容，所以以折子装又称"经折装"。西夏承袭唐宋形制，所存佛经经折装，其中尤以刻本明显，汉文、西夏文兼而有之	
		蝴蝶装	蝴蝶装是西夏世俗书籍的主要装帧形式，如《贞观玉镜统》《圣立义海》《德行集》等	
	中原	卷轴装（魏晋南北朝）	将若干张纸粘起来，成为一条横幅，一头用一根细木棒做轴，以便卷起和展开。在敦煌莫高窟藏经洞发现的魏晋至北宋初年的4万余件经卷、文书、卷轴画等，其中绝大部分为卷轴装	
		梵夹装（魏晋南北朝）	一种记录佛教内容的书籍，它吸取了中原书籍的形式	
		经折装（魏晋南北朝）	折折装是卷轴装的演变形式	
		蝴蝶装（宋朝）	把一张大纸一折为二，形成两面，文字相向朝里，将书页从反面折缝的地方互相粘连。蝴蝶装是宋朝书籍主要的包装形式	

---

① 关于纸质包装中书籍的装帧，参见景永时：《西夏的书籍及制作技艺术论》，《宁夏社会科学》1997年第6期；史金波：《西夏出版研究》，宁夏人民出版社2004年版，第145页；杨永德：《中国古代书籍装帧》，人民美术出版社2006年版，第238—240页。

类别	形制	名称	造型及材料	融合性
生活用品	西夏	木宝瓶	木质，直口，平唇，折肩收腹，平底，通高13.5厘米，口径2厘米，底径3.7厘米；表面涂红色，制作精细	西夏的生活用具包装根据本民族的生活习俗，在本民族特有的特征外，积极地吸收了外来文化，就使得西夏的包装在造型上、构图上、使用目的上与中原包装有着异曲同工之处
		金属	西夏文百科全书《圣立义海》载：西边宝山，淘水有金，熔石炼银、铜。从出土实物看，有金莲花盘、银盒等①	
	中原	木质	木质的包装是产品包装最古老的形式。据文献记载和考古发现，早在我国春秋战国时期木质材料就被用来作为餐饮物的包装	
		金属	金属包装材料是传统的包装材料之一，在包装材料中占有重要的位置，如春秋战国时期的青铜包装容器，金属材质包装分为金、银、铜、铁等	
	辽	金属	辽代的包装在材质的选择上也常用金属物，如盒类造型比较丰富，形制有弧形、圆形四曲、方形等，盒盖顶部多有隆起，雕饰华丽	

　　受中原书籍艺术的影响，西夏书籍的封面在质地上、形式上都沿用和继承中原传统形制。在黑水城出土的一本小书，用绸缎包裹系带，为文献中记载的包袱装。黑水城文献还遗存有一呈回字形的书套部件，可以看出，在书籍装帧艺术方面，西夏与中原书籍函套设计的发展是同步并进的②。

　　由表9–2可知，西夏的包装在一定程度上融合了其他民族包装的文化营养，具

---

①　李晓峰：《契丹艺术史》，内蒙古人民出版社2008年版，第290页。

②　艳云：《西夏对汉藏书籍艺术的传承和发展》，《史论空间》2008年第9期。

有一定的融合性。

　　陶瓷包装容器腹部偏大，曲线优美，瓶口呈花朵状，底部大多是平底，增添了一定的稳定性；纸质包装受儒佛影响，大量出现以佛经为主题的宣传书籍，说明了此时西夏已经出现印刷业。从出土的书籍看，形制上大多采用中原式的造型。生活用具包装，如木质品、丝织品，是中原远古时代的产物，在西夏出土类似的文物，表明党项羌人从早期便受到了中原文化的影响，并一直影响西夏的文化。金属也是先秦时代就已经出现的，但可能由于西夏建国之初手工业不甚发达，故很少有金属材质包装出土。而随着国力的增强，金属材质包装逐渐发展，这在出土的文物中有明显反映，而从形制上看，与中原包装很相似，说明西夏的金属材质包装在一定程度可能受到了一定的影响。

　　总之，西夏的包装，无论是在材质、造型还是在使用目的上，由于受到经济、政治以及文化背景影响，该时期的包装在表现出自身的实用性以及审美特征外，还在一定程度上体现了西夏的本土民族化、与汉化相融合化的特点。这无疑是对中国古代包装艺术的锦上添花，也为现代人了解西夏的包装艺术提供了很好的参考价值。

第十章　元代时期的包装

由蒙古族所建立的元朝，尽管享国不足百年，但从其崛起之日，到被明朝灭亡，对中国乃至世界历史产生了重大的影响。除了军事征服这个世人共知的事实外，元朝在民族、文化领域，尤其是在造物文明中，实有不可忽视的地位，因为空前的民族大融合，使不同民族、特色各异的造物洪流汇聚在一起，相互碰撞、扬弃之后，激发成为极具活力的新的造物行为，体现出传统的、民族的、融合的、创造性的造物活动。作为与生产、生活密切相关的包装，潜移默化地发生着、呈现着上述变化。

从总体上说，尽管元朝在对外征服的过程中，主要以掠夺人口、财富为主，实行的是"羁縻"，很多地方是间接统治，中央政府并没有派官员去那些地方直接管理，只是地方首领向朝廷表示效忠而已，但这些地方对元代的物质文化的影响无疑是存在的，反映在包装艺术上，因掠获物品和大量工匠的入元，以及外来民族人口在适应中土过程中对原有生产、生活方式的依赖性，使外来艺术被撷纳，中土艺术在调适中被再造，最终形成新的面貌和格局，因此，这一时期包装的造型与装潢继唐代以后，成为受域外影响最为巨大的时期，两宋以来人为的文化屏蔽现象被打破，包装艺术所承载的审美价值取向得到最大限度的张扬，为明清时期包装艺术的最后定型注入了活力，提供了基础。

元代外来文化艺术的注入所造成的影响，不仅表明了文明传承内在和外在的机制与动力，而且体现了人类历史发展的规律：人间正道是沧桑！

第一节　元代政治、经济、文化特征及对包装的影响

在中国历史上，由蒙古族建立的元朝是一个疆域空前辽阔、统一、多民族的大帝国，并形成了独具特色的政治、经济、军事等制度。崛起于漠北蒙古高原的蒙古族，从 1026 年由成吉思汗统一各部建立蒙古帝国以后，先后攻灭西辽、西夏、花刺子模、东夏、金等国，于 1271 年改国号为"大元"。1279 年元朝灭亡南宋，结束了自晚唐五代以来的分裂割据局面。1368 年元朝被明朝灭亡，余部退居漠北。这一发展过程，使得元代在政治、经济上具有游移性、混同性，文化上具有开放性、兼容性和多元化的特点。正是在这样的政治经济和文化背景影响下，所产生的与生产、生活密切相关的元代包装，具有有别于前代任何一个朝代的特征，在中国包装发展史上，形成了独特鲜明的个性。

一、元代政治、经济和文化特征

我们知道，自唐末藩镇割据以来，我国先后经历了五代十国和宋、辽、金、西夏等政权并存的局面。这种相互争夺的分裂局面，长达三四百年之久。成吉思汗建立政权以后，战乱局面也延续了七十余年。这种长时期的分裂割据，使地区经济发展不平衡的格局有所打破，区域经济特色得以加强，政治、经济、文化呈现多元化趋势。所以，当元灭南宋，结束诸多政权并存的分裂局面，建立起多民族的统一国家以后，其疆域北及漠北，南到海南。正如元代在建号的诏书中说："舆图之广，历古所无"①。《元史·地理志》记载："自封建变为郡县，有天下者，汉、隋、唐、宋为盛，然幅员之广，咸不逮元。"②"其地北逾阴山，西极流沙，东尽辽左，南越海表。"③

---

① （明）宋濂等：《元史》卷 7《本纪第七·世祖四》，中华书局 1976 年版，第 138 页。书中载："我太祖圣武皇帝，握乾符而起朔土，以神武而膺帝图，四震天声，大恢土宇，舆图之广，历古所无。"

② （明）宋濂等：《元史》卷 58《志十·地理一》，中华书局 1976 年版，第 1345 页。书中载："自封建变为郡县，有天下者，汉、隋、唐、宋为盛，然幅员之广，咸不逮元。……"

③ （明）宋濂等：《元史》卷 58《志十·地理一》，中华书局 1976 年版，第 1345 页。书中载："若元，则起朔漠，并西域，平西夏，灭女真，臣高丽，定南诏，遂下江南，而天下为一，故其地北逾阴山，西极流沙，东尽辽左，南越海表。……"

忽必烈作为蒙汉各族地主阶级的总代表，在政治上主张改革，抛弃蒙古旧制，在维护多民族国家统一的前提下，根据各个地区已存在的不同社会制度实行相应的统治政策。其中，最核心的是建立了行省制度①，其不仅加强了中央对地方的控制，而且有效地维护了多民族国家的统一，促进了社会经济的发展，有利于各个地区文化的"争奇斗艳"，使元代包装在各地区原有特色的基础上得到了延续和发展。

元代的政治制度是与经济制度紧密联系的。由善于经商的色目人制定和掌握财政政策，加上统治阶级享乐的需要，国家经济有明显的金钱至上的特征。

当然，元代统一全国后，封建剥削制度并没有发生实质性的变化。封建统治者仍占有大量生产资料，特别是占有大量的土地资源。他们通过土地占有，对广大劳动人民进行经济和超经济的剥削。与历史上的其他时代一样，元代在统一过程中，特别是统一以后，也实行了一系列休养生息的政策。元代初年，忽必烈推行了一系列有利于农业发展的措施，主要集中表现在农业科学技术的推广方面，以及农业生产工具的创新与改进。元代是我国古代农业科学技术推广最好的时期，中国古代著名的农业科技著作《农桑辑要》《农书》《农桑衣食撮要》等对元代全国农业生产技术的提高和推广发挥了极为重要的作用。而农业技术方面，种地农具及其耕作使用技术、播种、收获农具的进步以及棉花纺织技术的广泛被推广等，都为封建经济的发展奠定了基础。促进元代包装发展的基础是封建经济，而作为封建经济发展的基础则是生产技术。

同时，在手工业方面，元代封建统治集团鼓励官办，限制私办。由于在长期的征战过程中，手工业工匠为蒙古统治者提供优良的军器和各种消费品，再加上，蒙古统治者非常重视保护工匠和搜罗工匠②，使之从事于官办手工业生产，因而带来了

---

① 行省制，是中国行政管理制度的一次巨大革命，对后来政治制度影响深远。（行）省从此成为我国的地方行政机构，保留至今。

② [英] 道森著，吕浦译，周良霄注：《蒙古史》第7章《出使蒙古记》，中国社会科学出版社1983年版，第41页。书中载："在萨拉森人和其他民族的领土里，鞑靼人（他们作为统治者和主人生活在这些民族中间）把所有最好的工匠挑选出来，并使用他们来为自己服务，而其余的工匠则献出他们的产品，作为贡品"。

官办手工业的繁荣。元代统治者集中天下工匠，建立了庞大的官营手工业[①]，分属工部、武备寺、大都留守司、地方政府等部门，专门为皇室和贵族官吏提供金、玉、珠翠、冠佩、器皿、织绣等奢华的享受物品。官营手工业所形成的区域普遍性、专门性和工匠来源的广泛性，带动了包装的发展，所以，元代生产出了包括玉、瓷、金银等包装容器在内的许多令人叹为观止的包装艺术品。民间手工业方面虽然受到封建官府的控制，但因当时的经济模式仍然是自给自足的家庭式手工业生产，迫于生计，手工业者在追求生产的同时，也致力于改进工艺技术，使自己生产的产品更具竞争力。正因为如此，所以使得有些产品的质量和生产技术甚至超过了官办手工业。

在对外贸易方面，元朝与前代任何统一王朝明显的不同在于：元朝通过多次西征，疆域空前，所以，欧、亚、非三洲的诸多民族商人都接踵来华，使元代各地城市商业贸易繁荣[②]，同时，蒙古统治阶级降低商税税率，实施"商旅子来置而不征"[③]等重商政策，导致城市商贾云集、珍奇荟萃。《元典章·户部·体察钞库停闲》记载：大都"民物繁伙，若非商旅懋迁，无以为日月之资。"[④] 通过海上丝绸之路，使中西

---

① 元代官营手工业数量之庞大，门类之多。我们可以从以下两个方面看出：

一是数量多。《元史·百官志》各卷分别记载了：工部属下的官府作坊（连同"杂造"和"未明"的）共计 67 所；将作院属下的官府作坊共计 25 所；中政院属下的官府作坊共计 6 所；储政院属下的官府作坊共计 55 所；内史府属下的官府作坊共计 16 所；大都留守司属下的官府作坊共计 19 所；其他主管机构的官府作坊共计 12 所，总计 200 所。（明）宋濂等：《元史》，中华书局 1976 年版，第 2119—2326 页。

二是种类多。从统计的官府手工业作坊的门类来看：丝、毛制品包括丝织、刺绣、御衣、织佛像、毡毯、染；陶瓷器包括磁、琉璃；漆木器包括油漆、木器、雕木、旋等；金属器包括金银、镔铁、铜、铁、减铁、刀子、妆钉、出蜡；玉石器包括玛瑙、玉器，以及其他门类。可参见尚刚：《元代工艺美术史》，辽宁教育出版社 1999 年版，第 7—59 页。

② [意] 马可·波罗著，冯承钧译：《马可·波罗游记·第九四章·汗八里城之贸易发达户口繁荣》，上海世纪出版集团、上海书店出版社 2001 年版，第 237—238 页。书中载："应知汗八里城内外人户繁多……郭中所居者，有各地来往之外国人，或来入贡方物，或来售货宫中……此汗八里大城之周围，约有城市二百，位置远近不等，每城皆有商人来此买卖货物，盖此城为商业繁盛之城也。"

③ （元）袁桷：《清容居士集》卷 25《华严寺碑》，北京图书馆出版社 2006 年版，第 37 页。

④ （元）佚名：《大元圣政国朝典章上·户部》卷 6《体察钞库停闲》（影印元刊本），中国广播电视出版社 1998 年版，第 774 页。

方贸易交往频繁，经济交流达到空前繁荣。从而，在长途贩运贸易、商业交换空间扩大的局面下，刺激和促进了元代商业交通网络的形成、商业市场和中小商人的增多，以及商人商业意识加强。

有关元代商业贸易发达的情况，我们也可以从当时货币经济状况，窥见其一斑。元代是中国古代史上纸币流通最为盛行的时期。元世祖于中统元年（1260 年）便印发"中统交钞"和"中统元宝宝钞"。发钞之初，元代特别制定了最早的信用货币条例"十四条画"和"通行条画"：设立"钞券提举司"垄断货币发行，拨足以丝和银为本位的钞本，来维持纸币信用；允许民间以银向政府储备库换钞或以钞向政府兑银，同时严禁私自买卖金银；确立交钞的法律地位，所有钞券均可完税纳粮；明令白银和铜钱退出流通①。这实质上是标准的银本位制度。这一制度的推广和完善，无疑促进了商业贸易的发展，随之而来为储藏运输和销售需要的包装不仅面临着诸多新情况，如长途运输包装迎合域外消费需求、审美取向等均需面对和解决。正是这些新情况、新问题，使得元代包装有新的发展和变化。

如果说因国家和民族贸易需求而存在的审美差异对元代包装的影响是被动的话，那么由于民族融合和民族文化碰撞造成的文化嬗变，在元代表现得十分突出。

一方面，它在吸收各民族文化方面，具有前代任何少数民族政权无法比拟的开阔性和广泛性；另一方面，元代的统一作为中国各民族力量型的重组过程和确立，决定了元代民族融合具有深厚而广泛的历史基础，也就是其民族融合的深刻性。正是在上述两个特征基础上，元朝建立以后所形成和发展的文化是各民族共同创造的结果。而这种新的文化不仅具有时代性，而且体现在造物活动中，体现在包装方面，则经历了以前期的北方蒙古族风格特点为主，其他民族风格杂糅并存的局面，到后来以多民族相互融合，以生产生活方式为主要特征的格局。

二、元代包装对前代的传承

毋庸置疑，与中原汉民族及其文化相比，蒙古族在入主中原之初，是十分落后和野蛮的。尽管他们对中原农耕经济和文化在其初年试图予以改变，推行游牧化，

---

① 翁礼华：《大道之行：中国财政史》（中），经济科学出版社 2009 年版，第 557 页。

但这种倒行逆施的做法很快被中止，取而代之的是对中原先进的传统文化采取了接纳态度，并不断网罗汉族知识、文化精英，寻求多民族的文化交流与融合。充分体现了游牧民族向当时先进的中原文化、农耕文明学习的非保守性和宏大的开放性。这种态度的转变，无论是出于统治的需要被迫为之，还是文化发展不以人的意志为转移的客观规律，无可否认的客观事实是先进的汉文化很快成为元代文化的主流。在这种文化背景下，元代的包装由初期的停滞或者游牧生产生活化，而迅速扭转为对前代中原包装文化的传承，并对蒙古游牧文化在一定程度上的吸纳。

首先，在对传统包装造型的继承方面，元代包装实物主要有盒、瓶、罐、奁等，大部分具有传统的中原风格，沿袭中原传统包装造型，与此同时又有所变化。如1952年上海青浦县任氏墓中出土的八瓣莲花形朱漆奁[①]，无独有偶，另有一件与其造型类似的镶金花卉人物奁[②]，出土于江苏武进南宋墓中。又如元代罐包装容器中的荷叶盖罐、直口罐都是前代出现的器型，只是在整体上造型较大，更加圆润。盒包装容器以常见的圆形为主，还有一些云纹形，如"张成造"剔犀云纹圆盒[③]，风格浑厚质朴，令人叹为观止（图10-1）。这些包装，不论采用何种材质，都能在前代找到类似的造型，可见元代包装艺术对前代中原文化有所传承。

其次，元代包装装饰纹样中蕴含传统的审美因素。这在装饰视觉纹样的题材、装饰技法和装饰效果等方面均有所体现。

图10-1　剔犀云纹圆盒

在包装装饰题材上，大多是对中原传统装饰图案的直接运用，或是在中原文化的影响下形成的一种新的装饰风格，如植物花卉纹中的牡丹、荷花、菊花、忍冬、萱草等，动物纹中的鱼、雁、鸳鸯、龙、凤

---

① 沈令昕、许勇翔：《上海市青浦县城元代任氏墓葬记述》，《文物》1982年第5期。

② 陈晶：《记江苏武进新出土的南宋珍贵漆器》，《文物》1979年第3期。

③ 铁源：《中国古代漆器》，华龄出版社2005年版，第107页。

等。磁州窑白釉黄花凤纹大罐[①]外表装饰纹饰以中原题材的花卉纹、云纹以及具有吉祥寓意的凤纹为主，呈现出浓郁的中原风格（图10-2）。

图 10-2　磁州窑白釉黄花凤纹大罐

在包装装饰技法和装饰效果上，既继承中原传统，又有新发展。这在每一类材质的包装容器上都有体现，如青花瓷包装容器，采用传统技艺与新技艺相结合的技法，借鉴中国画的造型原则及技法程式，使青花瓷包装呈现出"艳而不俗""淡而不薄"的传统审美取向。此外，金银材质包装容器装饰常采取折枝和团花的构图方式，突出主题。在漆制包装容器中也多类似的情况。

从总体上看，元代包装艺术不论是包装造型还是包装装饰，都有对中原传统装饰艺术的继承，深受中原文化的影响。这反映了蒙古民族开放的胸怀，以及善于学习先进文化、积极进取的性格。同时，也说明了中原传统文化的博大精深，因为不同的民族在互相交融中，往往会吸收比自己本民族文化更先进的文化，以促进本民族文化的发展。这在元代包装文化中得到了充分体现。

三、蒙古族文化对元代包装的影响

众所周知，由于所处地理环境、社会环境的不同和生产生活方式的差别，每个民族在各自发展进化的过程当中，逐渐形成了属于本民族特有的文化传统以及与之相应的民族文化心理结构。逐水草而居的蒙古族，深受环境的陶冶和启迪，在承载北方游牧民族文化系统的基础上，经过本民族长期的开拓和实践，创造出灿烂的富有草原特色的游牧文明，并在此基础上形成独异的审美特点。这种审美特征在元代包装设计艺术中得到了明显的体现。

我们从已出土的元代包装实物来看，无论是包装的造型，还是装饰题材，均非直接传承蒙古族的传统工艺。这是由于蒙古族早期的手工业落后，而伊斯兰文化和

---

① 张宁：《记元大都出土物》，《考古》1972 年第 6 期。

汉文化根基深厚，手工业发达，蒙古人虽然统治了比自己先进的民族，但要想弘扬本民族的文化、体现自己的嗜好，必须依靠民族工匠的精湛技艺。由此可知，蒙古族文化对元代包装的影响，并非简单地表现为包装造型、装潢设计，而是深层思想观念在一定程度上有所体现。

这里，我们不妨从以下几个方面来分析蒙古族的民族特征以及民族文化对当时包装设计产生的影响，同时深入诠释形成这一时期包装设计艺术风格和审美价值取向的原因。

首先，蒙古族豪爽、粗犷的性格特征以及民族扩张心理使得统治阶级偏好雄伟、硕大的包装造型。综观出土或传世的古代包装实物，我们可以发现在蒙古族入主中原之前，用作包装的器物造型一般都偏小，符合中原人内敛、含蓄的性格特征，而入元之后，在蒙古族的统治下，生产出的器物多体大粗犷。这在陶瓷包装容器中表现最为明显。与宋代相比，元代陶瓷包装造型陡然增高变大，胎壁变厚，给人硕伟、丰满的感觉。如盛装酒的青花云龙纹盖梅瓶，高度为48厘米，内口径为3.2厘米，底径为14.1厘米，造型丰满，颇具伟岸之姿[①]。不仅在陶瓷包装容器中有大型包装容器出现，在金银和漆制包装容器中也有硕大体形的包装容器。这足以看出蒙古族对大型包装容器的喜爱，更反映了他们威武强悍、尚武的民族精神。

其次，蒙古统治者的尚色习俗对元代包装装饰色彩的影响。元朝是蒙古族建立的政权，蒙古族素有崇尚白色的习俗。据《马可·波罗游记》中的记载，每到新年伊始，"依俗，大汗及其一切臣民皆衣白袍，至使男女老少衣皆白色，盖其似以白衣为吉服，所以元旦服之，俾此新年全年获福。"[②] 可见白色在蒙古人心目中地位的崇高性。在蒙古族看来，白色是吉祥色，是圣洁、美好、善良的象征。同时，蒙古族也非常喜好蓝色，以致元代宫殿也大量使用蓝色的玻璃[③]。这是由于蓝色是代表天空的颜色，与他们生活的大草原相联系。另有，罗卜桑却丹在《蒙古风俗鉴》一书

---

① 谢天宇：《中国瓷器收藏与鉴赏全书》（上卷），天津古籍出版社2004年版，第68页。

② ［意］马可·波罗著，冯承钧译：《马可·波罗游记》，上海书店出版社2001年版，第224页。

③ （元）陶宗仪：《香艳丛书三集》卷2《元氏掖庭记56》（（清）知虫天子辑），人民中国出版社1998年版。书中载："元祖肇建内殿，制度精巧……瓦滑玻璃，与天一色。朱砂涂壁，红重胭脂。"

中记载："(蒙古人认为) 年色为蓝则兴，黄则衰，白则起，黑则收"①。由此可以看出蒙古族对蓝色和白色的偏爱。所以我们发现在元代盛行的用作包装容器的青花瓷器和卵白釉瓷器，无不与蒙古族的尚蓝、尚白习俗有关。此外，红色也是蒙古民族喜爱的颜色，它常常会令人联想到火、太阳等，是幸福、热烈、力量、胜利的象征。如《蒙鞑备录》中记载："成吉思汗之仪卫……帷伞亦用红黄为之"②。所以，在元代的包装容器上也不乏红色的装饰色彩，其中以剔红漆器最为突出，即使单色漆制包装容器也多以红色为主，如任氏墓中出土的莲瓣形朱漆奁③，足可以看出元代统治者在色彩取向上的贵红态度对漆制包装装饰色彩的影响。

再次，蒙古族游牧文化对当时的包装设计艺术影响深刻，无论是在造型还是在装饰上都有所体现，这与其民族所具有的生活方式是密切相关的，同时也是为了适应这种生活方式的需要。

建元之后，蒙古族为了适应原有的游牧生活方式，实行了两都制，每年冬夏来回巡幸。在这周而复始的迁徙过程中，生活用品包括包装容器需随时搬运，这个"马背上的民族"在包装的制作和选用上更多地考虑的是携带方便的包装，无论是造型上还是材质上都突出了这一属性，尤其在包装的用料上，多取用具有韧性和耐久性的材质，比如皮革、金银。蒙古族游牧生活的特性使得他们在包装设计上更多地顾及包装的使用功能。在四处迁徙的过程中方便携带、耐摔、坚固的包装容器更为实用，同时也符合蒙古民族这种独特的生活方式。除此之外，在包装的装饰上，其表现的题材也多为游牧类型，于是出现了众多具有游牧民族风格的包装容器，如皮囊、仿制皮囊的扁壶、带系的瓶、罐等。这些便于携带的、具有游牧民族风格的包装容器也是元代包装不同于前代的特点之一。

最后，蒙古族崇尚华丽，喜好使用贵重材质制作包装容器。关于这一点，可从金银器皿被广泛制造和使用的情况得到充分证明。蒙古人对外扩张的直接目的就是掠夺被占领地区的财产，伊斯兰民族地区装饰精美华丽的器物正好迎合了他们奢华的要求。入主中原后，蒙古统治者所使用的包装容器保持了奢华的特征，其用金风

---

① 宝·胡格吉勒图:《蒙元文化》，远方出版社 2003 年版，第 200 页。

② （南宋）赵珙:《蒙鞑备录》，中华书局 1985 年版，第 528 页。

③ 沈令昕、许勇翔:《上海市青浦县城元代任氏墓葬记述》，《文物》1982 年第 5 期。

气之盛行可谓空前绝后，并出现了在陶瓷包装上戗金①、在丝织品包装中织金②的现象。元代崇尚华饰的风尚在陶瓷包装容器中表现极为突出，如彩色釉瓷质包装的出现并流行，打破了长时间青白釉包装容器一统天下的局面，此时应运而生的青花瓷包装容器更能说明这一点。青花瓷包装容器不仅迎合了蒙古族尚白、尚蓝的尚色习俗，更主要的是它本身的呈色性很强，颜色鲜艳而稳定，更加符合蒙古族崇尚华丽装饰的风格。

总之，蒙古民族游牧文化在其形成和发展过程中具备了自身的多元性和同一性、开放性与凝聚性的特点。蒙古民族的族源是多元的，在其民族共同体形成的过程中，也是各个部族之间通过征战兼并成为大的部落联盟，最终统一为一个民族。在这样的过程中，其文化必然会经受冲击、破坏、交流以及融合，然后各部落不尽相同的语言、宗教、风俗习惯等逐渐融汇，形成新的蒙古族文化，因而它呈现出兼容并蓄、开放吸收的文化特色。在包装设计艺术中亦然，蒙古族在保持自身本土文化的同时，不断汲取中原、西域乃至中亚、欧洲等先进思想和文化，使其审美思想独具特色。

四、伊斯兰文化对元代包装的影响

元代包装艺术除了受蒙古族文化、中原汉文化的影响，受异域文化中的伊斯兰文化的影响是颇为深刻的。

元代的统一，不仅建立了横跨欧亚的大帝国，还进一步开拓了草原丝绸之路，形成了欧亚大陆经济贸易和文化交流的新局面。在元代，中国与亚洲、非洲、欧洲不少国家都有往来。西域自古以来即是沟通东西方交流的桥梁，到了元代，中国与西域的经济、文化等交流又重新繁盛开来。这时期不仅有中国的印刷术、造纸术和火药制造技术等重大发明传到西方，而且波斯、阿拉伯发达的天文、医学等成就也随着阿拉伯商人的贸易，以及伊斯兰教、阿拉伯文化传到中国③。此外，出于政治、

---

① 河北省博物馆：《保定市发现一批元代瓷器》，《文物》1965年第2期，第17—18页。文中载："窖藏内出土了3件钴蓝釉戗金瓷器"。

② 江苏省文物管理委员会：《江苏吴县元墓清理简报》，《文物》1959年第11期。文中载："元代墓葬内出土一件金荷花鸳鸯纹香囊"。

③ 德山：《元代交通史》，远方出版社1995年版，第164页。

社会、经济等方面的需要，元代统治者将其疆域内生活的人分成四个等级，其中"色目人"即异域人被列为二等，仅次于第一等级的蒙古人，受到优待和重用，这促使西方各国的贡使、商人、旅行家、传教士纷纷来到中国，并带来了新文化、新技术、新理念。其中，重视手工艺制造的伊斯兰民族，不仅培养出许多能工巧匠，而且还产生了众多善于经商的人士。这些商人往来穿梭中土，一方面促进了商品包装的流通，另一方面通过贸易建立起与中国工匠的联系，把异国的思想、材料、文化艺术带到中国。由此，蒙古族接触到了较为先进的伊斯兰文明，并被其精美华丽的物品所吸引，进而对伊斯兰世界的文化艺术产生浓厚兴趣，这使得元代包装容器的创造与伊斯兰世界产生了密切的关系。加上蒙古族重用伊斯兰工匠，元代包装艺术深受伊斯兰文化影响也在情理之中。从出土或传世的元代包装实物来看，陶瓷包装容器最能体现伊斯兰文化对元代包装设计艺术的影响，其主要表现在以下方面：

首先，在装饰工艺上受到伊斯兰文化的影响。中国传统瓷质包装容器多采用刻花、划花、印花等手法装饰，至元代，对外贸易繁荣，用于出口的瓷质包装容器增多。为适应对外销售的需求，元人引进了伊斯兰装饰工艺，遂使陶瓷包装容器展现出异域文化的特色。如青花瓷包装容器兴起，彩绘变成了装饰的主流。这种手法的重点是对装饰纹样进行细致描绘，以使纹样真实、精细，更加贴近生活，具有高度的写实性。同时，青花瓷包装容器所呈现的青色是由西亚地区盛产的钴兰料做着色剂，入窑烧制后呈现出的颜色，而且早在公元9世纪西亚就形成了釉下彩绘装饰陶器的传统。这种在异域装饰工艺影响下制作的瓷质包装容器，不仅满足了上层统治者的需求，更为重要的是迎合了异域人民的习俗，促进了出口商品包装的发展。

其次，在装饰题材上，元代陶瓷包装容器除了继承传统题材之外，融进了表现西域风情的纹饰，如葡萄、西瓜、缠枝花叶纹、缀珠纹及变形莲瓣纹等，明显带有伊斯兰装饰文化的色彩。将这些装饰纹样运用在传统陶瓷包装容器上，巧妙实现了中西文化结合，使得陶瓷包装容器呈现出多元文化色彩。毫无疑问，元代陶瓷包装装饰题材也受到了伊斯兰文化的影响。

再次，在装饰风格上，元代瓷质包装容器明显受到伊斯兰精细繁密审美文化的影响，形成装饰纹饰繁密、装饰布局"密不透风"的风格特点，有别于宋代的洗练、简约风格。如1980年江西高安出土、今藏于高安市博物馆的景德镇窑元青花缠枝

图 10–3　元青花牡丹纹带盖梅瓶

牡丹纹带盖梅瓶①，全器纹饰满布，多达九层，但层次分明、疏密有致，呈现出繁而不乱的视觉效果（图10–3）。这明显是属于异域瓷质包装容器的风格。此外，元代不少包装容器装饰题材是中国式传统题材，而装饰形式却采用的是伊斯兰形式，这种混合体所呈现出来的艺术风格比传统器物更显绚烂通俗，既丰富绚丽又奇特精致，可以说具有双重功能，即一方面满足了宫廷包装的审美需求，另一方面符合了域外包装的装饰审美。

　　除了陶瓷包装容器外，金银材质包装容器受伊斯兰文化影响也很明显。早期，元代金银材质包装容器大多秀美典雅，以素面者居多，即使带有纹饰装饰，其纹饰也比较洗练，或只在局部作简单的点缀装饰。随着中西文化交流的频繁，一些金银包装容器在装饰纹饰上呈现出华丽繁复的趋向，尤其是在元末表现最为明显。伊斯兰文化之所以对这一时期的包装设计艺术影响如此深刻，其原因之一是与元朝时期蒙古统治者对域外文化采取撷纳的态度有关。

　　域外文化中除伊斯兰文化对元代包装影响最大外，其次当推佛教文化。元代部分包装带有明显的佛教文化特点，如陶瓷包装容器装饰纹样中的串珠纹、垂云纹和杂宝图形等，在前代包装中不曾出现，而在蒙、藏喇嘛教文化中却有渊源出处，这显然是受其影响。再者，欧洲基督教对元代的包装设计也有某些影响。

　　元代各民族在经济、文化等方面的交流，不仅促进了北方游牧文化与中原农耕文化的相互融合，使蒙古族的审美思想不断发展，而且多种异域文化的不断涌入，也对蒙古族产生了重大影响。由此可见，元代文化具有高度的多样性和包容性，十分注重传承和发展多元文化。在元代融合的环境里，包装设计艺术吸取异质因子的精髓，呈现出多元化、民族化的审美趋向，并强化了民族包装文化融合的本质内涵。蒙古统治者以其特有的民族风俗习惯和文化心理作为基础，在逐渐的认同中，

① 杨道以：《江西高安窖藏元代青花釉里红瓷》，《收藏家》1999 年第 4 期。

达成一种多元统一的格局，使民族融合背景下的包装文化显得丰富多彩。

元代社会多种文化共存，它们有时单独作用于包装设计艺术，使某些包装展现出独特的风貌，而更重要的是它们交融渗透，取长补短，使元代包装设计艺术展现出全新的时代风貌，这就是融蒙古族文化、西域文化和汉民族传统文化于一体，既表现出粗犷、奔放、豪华的迎合统治者生活习俗和审美情趣的时代特点，又保持了中华民族传统的追求完整精致、形神兼备的造物风格[1]，同时吸取了异域文化的特色。

总之，元代各民族之间文化的影响是相互的，汉文化、伊斯兰文化在影响蒙古族文化的同时，也自觉或不自觉地受到了蒙古族文化的影响，逐渐形成一种文化融合的局面，使整个包装文化的发展融入了许多新的因素和新的机制，也正是因为以上诸文化相互交融渗透，才共同推进了元代包装设计艺术的发展。

第二节　元代包装艺术

就目前考古发掘和相关文献记述来看，元代的包装艺术按材质来区分，主要有陶瓷、金属、漆、丝绵、纸等，其中，陶瓷包装容器所占比重最大。下面我们分别对当时不同材质包装试作阐释：

为了避免论述过程中举例的繁复与重复，我们不妨先以《考古》《文物》这两类考古发掘报告最为集中的杂志为研究对象，取 1961—2011 年（50 年间），有关元代出土的包装实物考古发掘报告，对报告中各类包装种类与数量，进行整理分析与比对，以明其概况（见表 10-1）。

表 10-1　考古所见元代包装种类统计表

编号	元代包装材料的种类及数量						来源
	陶瓷	金属	漆器	丝织	木质	石质	
1	豆青瓷罐1件；陶圆盒1件		螺钿花绘圆漆盒1件	小铜镜的丝面毡底袋1件	木砚台盒1件		《山西省大同市元代冯道真、王青墓清理简报》，《文物》1962年第10期

---

[1]　高丰：《中国器物艺术论》，山西教育出版社 2001 年版，第 163 页。

编号	元代包装材料的种类及数量						来源
	陶瓷	金属	漆器	丝织	木质	石质	
2	瓷盒1件；陶罐1件						《北京昌平白浮村汉唐元墓葬发掘》，《考古》1963年第3期
3	黑釉带盖陶瓷罐1件						《太原西南郊清理的汉制元代墓葬》，《考古》1963年第5期
4	皈依瓶4件；影青仓2件						《江西南昌朱姑桥元墓》，《考古》1963年第10期
5		盒2件，其中1件内底压印文字"篠桥东陈铺造"；银罐1件	奁1件	钱袋1件			《江苏无锡市元墓中出土一批文物》，《文物》1964年第12期
6	瓷瓶1件；瓷罐1件；经瓶2件						《北京后英房元代居住遗址》，《考古》1972年第6期
7	罐10件；梅瓶5件						《北京良乡发现的一处元代窖藏》，《考古》1972年第6期
8	瓮罐1件。						《元集宁路故城出土的窖藏丝织物及其他》，《文物》1979年第8期
9	陶罐40件；陶盒4件；瓷罐1件；陶仓1件；玉壶春瓶1件	七子奁1件		麻葛绵囊1件；荷包1件；小口袋2件			《甘肃漳县元代汪世显家族墓葬》，《文物》1982年第2期
10			漆盒1件				《浙江海宁元代贾椿墓》，《文物》1982年第2期
11		银小罐1件	雕漆山水人物圆盒1件；漆奁1件；漆小圆盒1件		长方形带盖砚盒1件		《上海市青浦县元代任氏墓葬记述》，《文物》1982年第7期

编号	元代包装材料的种类及数量						来源
	陶瓷	金属	漆器	丝织	木质	石质	
12	梅瓶 1 件						《江西永新发现元代窖藏瓷器》，《文物》1983 年第 4 期
13			描金双凤牡丹纹漆奁盒 1 件				《山东嘉祥县元代曹元用墓清理简报》，《考古》1983 年第 9 期
14	瓷罐 1 件；瓷瓯 1 件						《山东荏平县发现一处元代窖藏》，《考古》1985 年第 9 期
15	陶盒 1 件						《三门峡市上村岭发现元代墓葬》，《考古》1985 年第 11 期
16		鎏金鸳鸯纹银香囊 1 件；菱形刻花百子银奁 1 件；银粉盒 1 件；胭脂罐 1 件；银香囊 1 件					《安徽六安县花石咀古墓清理简报》，《考古》1986 年第 10 期
17	影青瓷粉盒 1 件						《江西高安县发现元代天历二年纪年墓》，《考古》1987 年第 3 期
18				麻绳 1 件			《浙江临安县发现元代铜钱窖藏》，《考古》1987 年第 5 期
19	陶扑满 241 件						《河北遵化县出土古钱币和元代文物》，《考古》1987 年第 7 期
20	罐 1 件			麻纸绳 2 件			《山西襄汾县的四座金元时期墓葬》，《考古》1988 年第 12 期
21	瓷罐 1 件						《江西抚州元墓出土》，《文物》1992 年第 2 期
22	陶盒 2 件；梅瓶 1 件；罐 3 件						《陕西宝鸡元墓》，《文物》1992 年第 2 期
23	瓷罐 1 件	银罐 1 件					《福建南平市三官堂元代纪年墓的清理》，《考古》1996 年第 6 期

编号	元代包装材料的种类及数量						来源
	陶瓷	金属	漆器	丝织	木质	石质	
24	瓷盒 1 件	鎏金银盒 1 件				石 函 3 件。	《上海嘉定法华塔元明地宫清理简报》,《文物》1999 年第 2 期
25	罐 1 件						《河北承德县发现元代窖藏》,《考古》1999 年第 12 期
26				镜衣 1 件;针扎 1 件;布袋 3 件;绢囊 1 件			《河北隆化鸽子洞元窖》,《文物》2004 年第 5 期
27	陶罐 1 件;瓷罐 1 件						《西安南郊元代王世英墓清理简报》,《文物》2008 年第 6 期
28	绿釉鸡腿瓶 1 件;瓷罐 1 件						《河北宣化元代葛法成墓发掘简报》,《文物》2008 年第 7 期
29	陶方盒 1 件, 罐 3 件						《西安南郊潘家庄元墓发掘简报》,《文物》2010 年第 9 期
总计	98 件	11 件	7 件	15 件	2 件		

说明:

表中对"包装"的判断,是以器物具有包装的基本功能为判断依据。

罐:亦作"鑵",具有盛物功能[1]。

瓶:具有盛酒功能[2]。

盒:形体较小,具有盛放食物、药品、首饰以及化妆品等功能[3]。

奁:通指盒匣诸类盛物器[4]。

函:盒类容器,古多用置藏文书[5]。

袋:亦作"帒",亦称"橐"。以布帛或皮革制成的盛物或包装用品[6]。

荷包:随身佩戴或缀于衣袍之外的小囊,作盛物之用。

---

① 华夫:《名物大典》(下),济南出版社 1993 年版,第 51 页。

② 华夫:《名物大典》(下),济南出版社 1993 年版,第 52 页。

③ 华夫:《名物大典》(下),济南出版社 1993 年版,第 28 页。

④ 华夫:《名物大典》(下),济南出版社 1993 年版,第 174 页。

⑤ 华夫:《名物大典》(下),济南出版社 1993 年版,第 12 页。

⑥ 华夫:《名物大典》(下),济南出版社 1993 年版,第 129 页。

从以上所列元代包装种类统计的表格看来，陶瓷包装容器出土的数量远远超过其他材质的包装物，占有十分重要的地位！

一、陶瓷包装容器

截至目前，见诸报道的元代瓷窑数以百计，北方以今河南、山西、河北最为密集，南方则以今浙江、福建、江西最为集中[1]。可见元代陶瓷包装容器的烧制和使用十分广泛。

元代的陶瓷包装容器在使用上，具有盛装酒[2]、粮食[3]等物品的功能。在风格种类上，一方面继承了宋代传统，另一方面也研制出新品种。如青花、釉里红和钴蓝釉等包装容器种类。以元青花瓷包装容器最具代表性，它成为元代陶瓷包装容器的精品，其独树一帜的风格特色，开辟了在中国陶瓷包装容器装饰以彩绘和颜色釉为主的新时代。

元代青花瓷包装容器，主要是用氧化钴作颜料，以在陶瓷胎上描绘纹样、上釉，再烧制而成的青白花瓷为材质，制作精美的青花陶瓷包装容器。而它的特征主要反映在以下几个方面：

1. 装潢设计

元代青花瓷包装容器的装潢设计主要反映在装饰题材、装饰表现形式及颜色三个方面：

第一，在装饰题材方面，以人物故事、缠枝花卉、灵禽异兽为主。其中，最独特的是元青花陶瓷包装容器中装饰带繁多，以及变形的莲瓣纹的运用（图10-4）。因为人物、花卉、动物是中国历代陶瓷包装容器常见的主题。而装饰带与变形的莲

---

[1]　冯先铭编：《中国陶瓷史》，辽宁教育出版社1982年版，第333页。

[2]　中国科学院考古研究所、北京市文物管理处、元大都考古队：《北京后英房元代居住遗址考古》，《考古》1972年第6期。记载："黑釉经瓶……肩部釉下阴刻'内府'二字，毫无疑问，这是装内府酒的专用瓶"。

[3]　郭远谓：《江西南昌朱姑桥元墓》，《考古》1963年第10期。记载："出土遗物……其形状大同小异，为影青瓷……瓶内有稻谷等粮食。"

变形的莲瓣纹

装饰带

图 10-4　青花缠枝花卉罐

瓣纹加入，则是吸收了伊斯兰文明的装饰元素，这种融合是对宋代以来瓷质包装容器装饰题材的传承与发展。

第二，在装饰形式上，纹样布局合理，构成形式灵活多变。纵观已发现的元代陶瓷包装容器，我们不难看出，其纹饰布局取决于器物形态，或通体采用单种布局形式，或在不同部位采用不同的布局形式。由此可见，元代青花瓷包装容器的装饰设计，继承了传统中国艺术风格的特征，又受到了异域文化和少数民族文化的影响。在组织形式上，纹样安排合理、科学，不仅充分体现了各装饰元素之间的内在联系，而且更为重要的是巧妙运用了二方连续、开光和多层次装饰等不同装饰手段，从而使不同器物装饰在视觉上形成了一种独特的风格特征。具体来看，二方连续主要在元青花瓷中的瓶、罐、盒等包装容器装潢中应用较多，而开光和多层次装饰则在罐类包装容器中应用较多。这是由于罐的体积较大，其装饰空间广阔，在装饰纹样的选取上也往往比较繁复，所以，为了使纹样有层次，并且主次分明，就需要采用开光和多层次装饰的手法，以此突出其视觉美感（图10-5）。

此外，有的包装容器在构图上采用留白手法，以虚实相生的手法，突出主题画面，容易引起人的全新视觉感受。如青云龙纹带盖梅瓶[1]，包珠钮高盖，盖

图 10-5　元青花云龙纹荷叶盖罐

① 谢天宇主编：《中国瓷器收藏与鉴赏全书》（上卷），天津古籍出版社 2004 年版，第 68 页。

内墨书"御"字，说明是盛装御用酒的包装
容器（图 10-6）。它通过条带式的留白处理，
将人的视觉中心集中在主题图案上，具有明
确的指示性。

　　第三，在装饰工艺方面，从相关的考古
发掘实物中，我们可以得知，古代釉下青花
的技术始见于唐代，但唐宋的青花瓷报道发
现却甚少[①]。元代青花瓷装饰工艺，一方面
延续前代的刻、划、印、贴、堆、镂、绘等
多种装饰方法，另一方面又在此基础上进行
了创新与发展，使元代青花瓷包装容器装饰
不拘一格，在推陈出新中呈多元化发展的趋
势。另外，从出土的陶瓷包装容器来看，彩
绘装饰工艺占主流地位。这种工艺的运用，
不仅使陶瓷包装容器的装饰富有绘画性，纹
样表现豪放，而且符合蒙古族统治者的审美
需求。

　　刻填法是元代新兴的一种装饰方法，多
见于蓝釉白花或红釉白花器物上。如江苏吴
县出土的釉里红白云龙纹盖罐，罐的腹部采
用刻填法，纹饰清晰，色调对比鲜明（图
10-7）。此外，集绘画、镂雕、贴塑于一身
的装饰方法、仿漆器的戗金法也是元代青花
瓷包装容器中的创新应用，它们不仅体现着
元代制瓷水平的进步，而且形成了独特的装
饰效果。

图 10-6　青云龙纹带盖梅瓶

图 10-7　釉里红白云龙纹盖罐

---

①　尚刚：《唐元青花叙说·一》，《中国文化》1994 年第 9 期。

总之，元青花瓷包装容器装饰所形成的风格，大都呈现出不同于前代的时代风格，具有明显的蒙古游牧民族特色，同时在不断的民族交流中吸收异域的设计精髓，展现出一种新的设计面貌。而这些风格的形成，进一步反映出元青花瓷包装所具有的满足受众审美需求功能，也就是说，满足元代各个阶层不同的包装审美需求功能。

(1) 满足帝王的心理需求

关于元朝皇帝所使用的包装，最著名的当推青花瓷酒包装容器。从文献和考古出土实物来看，"春寿"铭云龙梅瓶是其代表。有学者论及这种元青花瓷酒包装瓶的价值时说："由于蒙古族酷嗜豪饮，这类青花梅瓶为数颇多。关于它们，正史似曾隐约提到。《元史》卷140《别儿怯不花传》[1]：'宣徽所造酒，横索者众，岁费陶瓶甚多。别儿怯不花奏制银瓶为贮，而索者遂止，至元四年，拜御史大夫……'按文序，内府贮酒瓶易以银质事发生在顺帝至元四年（1338年）之前，若所谓'梅瓶'即'春寿'铭青花梅瓶，那么，它们也当是此前若干年中的产品。'岁费陶瓶甚多'一句值得注意，显然，珍惜的不只是酒，更主要的倒是酒瓶，故这类酒瓶应该价值不菲，成本至少要高于所贮藏的精酿御用酒……"[2]

虽然"春寿"铭云龙梅瓶，价值不菲，但由于蒙古族人天生更爱金银材质，宫廷中的饮酒器全是金银玉的制作[3]。而这种梅瓶酒包装，帝王只是在乎其庞大的贮酒功能，并用于作为窖库里用来存酒的一种容器。所以帝王对于元青花瓷酒瓶包装中的装饰审美功能，自然没很高的要求，从而装饰上缺乏精致。

(2) 满足社会上层人士的审美需求

社会上层人士对元代青花瓷包装的审美需求，主要体现在对伊斯兰装饰、装潢风格的融合上。其中，伊斯兰风格的变形莲瓣纹样与装饰带，同传统青花瓷纹饰的完美融合运用，形成了元代青花瓷风格。如江西高安窖藏出土的元代青

---

[1] （明）宋濂等：《元史》卷140《别儿怯不花传》，中华书局1976年版，第3366页。

[2] 尚刚：《元代工艺美术史》，辽宁教育出版社1998年版，第186—188页。

[3] 韩儒林：《穹庐集·元代漠北酒局与大都酒海》，上海人民出版社1982年版，第140—144页。

花云龙纹兽耳盖罐①，全器通高 47 厘米，共 12 层。有装饰带 11 层，罐身上以云龙纹和缠枝牡丹为主，装饰带以及变形莲瓣纹样作为辅助元素很好地融合在罐身表面。整体装饰风格繁复，空隙狭小，与西亚青花瓷器的装饰风格有异曲同工之妙。

"这类器物多系浮梁瓷局的贡品，但并不大长久归属宫廷，或做对伊斯兰世界贡献的回赐，或做对达官勋贵的赏赍，或做皇家下番牟利的商品，此外一些是景德镇烧造的商品瓷，主顾是富室大家，其中，国内外的穆斯林和倾慕伊斯兰文明的人占了很大的比重。"②

（3）满足社会中下层的审美需求

元代青花瓷包装容器中有相当一部分制作、装饰都较粗糙，注重实用，时代特征并不明显。这类青花瓷包装容器主要是面向广大平民百姓。之所以如此，乃是因为在元代构成社会下层的民众主要是"汉人"和所谓的"南人"这两个等级，而他们是传统的汉民族，社会地位的卑微，使他们无法追求新的审美价值取向，所使用的物品只能是传统的一种简单延续。

（4）满足士大夫情趣的审美需求

在元代，因实行严格的等级制度，致使在汉族士大夫中有不少人十分憎恨蒙古族的统治，所以，面对典型的带有浓郁的"蛮夷"气息，而且装饰繁丽的青花瓷，士大夫们对其进行了强烈的抵触。正如明朝初年的曹昭所说，他们将其视之为"恶俗之物"。在这种心理之下，青花瓷不幸成为了汉人文化抵抗的牺牲品。于是，出现了一些造型典雅清隽的和以仿宋代官窑为特征的元代青花瓷包装容器，虽然数量很少，但地位特殊，它是具有独立人格和审美情趣的文化人的要求和亲自参与设计制作下的一种造物行为。

2. 元代青花瓷包装容器的造型设计

总体上说，元代青花瓷包装容器造型大气磅礴而不失精致感，包装容器的形制

---

① 杨道以：《江西高安窖藏元代青花釉里红瓷》，《收藏家》1999 年第 4 期。

② 尚刚：《元代工艺美术史》，辽宁教育出版社 1999 年版，第 188—189 页。

图 10-8　磁州窑白地黑花龙凤纹四系扁壶

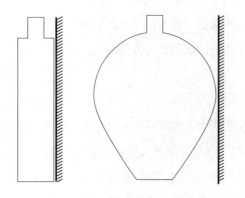

图 10-9　扁形壶与圆形壶的侧面受力解析图

上更是独创较多，主要反映在三个方面：

首先，扁形壶类包装容器。白地黑花龙凤纹四系扁壶①为磁州窑烧制，上有筒形小口，卷唇，器身呈扁长方形，两侧圆肩上各有四个镂空的龙形或环形双系，可供穿带。器身为扁形的器型，是为了方便元朝统治者两都巡幸和蒙古族人的迁徙方便携带而设计的（图 10-8）。这种造型是可以使包装容器本身与马体紧紧依附，从而减少了马匹在行进中产生的震动对容器所造成的损坏，容器肩部设计的可供穿带的结构，是为了利于迁徙途中的扎系、捆绑，防止滑脱（图 10-9）。除此之外，扁壶一侧有"羊羔酒"的戳记，并有题诗："金镫马踏芳草地，玉楼人醉杏花天。"这是对游牧民族生活的形象描绘。

其次，酒瓶类包装容器。作为盛酒器中较为普遍的梅瓶，元代在造型上有所改变，瓶形变粗，足变宽，以保持重心的稳定性。大多加盖，盖有子口，既可以使酒精不易挥发，又可以固定盖子，使之不易滑落，与此同时，元代梅瓶盖子的造型，有别于辽宋时期的平盖式器盖，而发展成为具有多种动物形状钮器盖。此外，较宋代的梅瓶多加了卷唇，从功能上来说，增加卷唇口可使液体在倒出后不至顺唇壁流下，这是梅瓶造型的又一个进步。器身的造型方面，一改之前梅瓶的通常圆腹的造型，出现了八棱形的梅瓶器身造型，1964 年在保定市永华南路的元代窖藏中出土的青花海水龙纹八棱梅瓶②（图 10-10），器身棱角分

① 首都博物馆书库编辑委员会：《古代瓷器艺术精品展》，北京出版社 2005 年版，第 26 页。

② 申献友：《青花海水龙纹八棱梅瓶》，《文物春秋》2000 年第 4 期。

图 10–10　青花海水龙纹八棱梅瓶

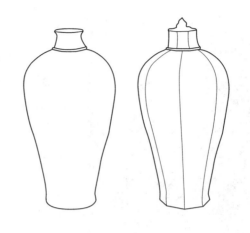

图 10–11 青花海水龙纹八棱梅瓶线描图

明，整体挺拔有力，既具有防滑功能，又利于拿取（图 10–11）。

　　至于酒包装容器容量的增加，则与蒙古族嗜酒有关。13 世纪 30 年代，前往燕京的南宋使臣说："鞑人之俗，主人执盘盏以劝客，客饮，若少留涓滴，则主人者更不接盏。见人饮尽，乃喜。……终日必大醉而罢。"[1] 蒙古人原来喝马奶酒，后来与其他民族接触，才学会喝粮食酒和果实酒，其中主要是葡萄酒。元代从域外传入阿剌吉酒即蒸馏酒的制作方法，并很快便流传开来。阿剌吉酒[2]的酒精成分很高，更易醉人，助长了当时的嗜酒风气。出土的许多元代瓷瓶都具有贮酒的功能，例如陕西蒲城元墓壁画[3]中"行别献酒图"，图中便有一人，手持玉春瓶给人倒酒（图10–12）。

　　再次，罐类包装容器。罐是元青花的主要器型，分大、中、小三种尺寸。从出

──────────

① （南宋）孟珙著，（清）曹忠校注：《续修四库全书·史部·蒙鞑备录·蒙三十五》，上海古籍出版社
2006 年版，第 531 页。

② （明）叶子奇《草木子》卷 3 下《杂制篇》（中华书局 1997 年版，第 68 页）载："法酒。用器烧酒之精液取之。名曰哈剌基。酒极酽烈。其清如水。盖酒露也。……此皆元朝之法酒。古无有也。"
同时，（元）忽思慧《饮膳正要》卷 3（上海古籍出版社 1990 年版，第 218 页）载：阿剌吉酒"味甘辣，大热，有大毒，主消冷坚积，去寒气，用好酒蒸熬，取露成阿剌吉"。

③ 陕西省考古研究所：《陕西蒲城洞耳村元代壁画墓》，《文物》2000 年第 1 期。

图 10-12　陕西蒲城元墓壁画

土的罐类包装容器形态分析，小型罐纹饰简单，工艺粗糙。中型罐国内出土较多，工艺稍差。而大型罐制作精良，纹饰繁缛。元青花中大罐的数量特别多，这一方面是由于元代景德镇二元配方瓷土提高了瓷胎中的铝氧含量，因而在烧制过程中，减少了变形，使烧制的成品率骤增；另一方面，由于蒙古族重宴飨，喜爱大型器皿，与此同时，为了贮藏食品及酒类等流质饮品，大口径更便于取拿食物。

总之，元代青花瓷包装容器造型的演变，大多是按照蒙古族和西亚诸民族的生活习性来设计和制作的，是汉族文化、蒙古族文化和伊斯兰文化的结晶，是不同民族生活习俗集结的产物。元青花瓷包装容器中许多造型的产生与使用方法，除传承汉族原有的器型外，还与蒙古族及西亚诸民族的生活方式有密切联系。

二、金属包装容器

金银深受蒙古统治集团喜爱，故元代金银器使用之盛堪称前所未有，统治集团在帐幕、宫室、衣饰、器具上无所不用金银。就连其他时代大多用丝织品制作的香囊，在元代这个时期也使用金银制作，如 1981 年于安徽六安县高崇岩乡花石嘴村元墓出土蝴蝶银香囊[1]以及鎏金鸳鸯纹银香囊[2]，工艺精湛，尽显帝王之家的豪华奢靡（图 10-13）。在众多金银制品中，用于包装的金银容器在数量上也超过了以往任何时代。元代专门设立了如金银器盒提举司[3]、上都金银器盒局[4]等，这些作坊生

① 安徽六安县文物工作组：《安徽六安县花石咀古墓清理简报》，《考古》1986 年第 10 期。
② 安徽六安县文物工作组：《安徽六安县花石咀古墓清理简报》，《考古》1986 年第 10 期。
③ （明）宋濂等：《元史》卷 89《志三十九·百官五》，中华书局 1976 年版，第 2254 页。
④ （明）宋濂等：《元史》卷 88《志三十八·百官四》，中华书局 1976 年版，第 2227 页。

产出了大量令异域人士惊叹、一再成为他们描述东行见闻重点的金银容器[①]。随之，涌现了一些名垂青史的制作金银器的高手，如魏塘浙江嘉兴引镇的朱碧山、平江的谢君余与谢君和、松江的唐俊卿等。

元代金银材质包装容器的特点除了材质之美、结构功能之美以外，还在于金银包装容器具有的独特情感特征。

1. 材质与结构功能之美

黄金虽然深受蒙古贵族的喜爱，但毕竟黄金价高，难以得到，且黄金质地较软，制作包装容器容易变形，所以金质包装的数量远远少于银质，不少

图 10-13　鎏金鸳鸯纹银香囊

外观看似金质的容器，实质为鎏金在银、铜上。如上揭鎏金鸳鸯纹银香囊，就是用银为底，通过鎏金工艺制作而成的香囊，香囊为鸡心形，纹样上雕镂着繁复的纹样，似是一对欲展翅飞翔的鸳鸯，踏在马蹄莲上，再以缠枝纹衬地。如此细腻复杂的装饰，再配上用于香囊的用途，在充分体现了金属材质的光泽属性的同时，将纹饰之美发挥到了极致。充分利用金银材质自身的光泽属性，使元代素面包装的比例大为增加且大有成为金银包装容器的主流之势。这种素面包装容器在盒类包装中表现得尤为突出。银质包装类容器中，若带有装饰，则其做法有錾刻、模冲、锤揲、镂空、掐丝、错金等，其中錾刻应用最广，而错金虽然为数不多，但文化背景却更加悠远。

1981 年 6 月 6 日，安徽六安县花石咀古墓清理时，出土了一件棱形刻花百子银盒[②]。它通高 24.8 厘米，口径 20.6 厘米，底径 20.6 厘米，顶部装潢为一只凤凰飞舞在百花丛中，外周与周边分别线刻菊花、栀子等花纹与菊花、栀子、海棠等

① ［意］马可·波罗著，冯承钧译：《马可·波罗游记》，上海世纪出版集团、上海书店出版社 2001 年版，第 219 页。第八十五章中言："……大汗所藏构盏及其他金银器皿数量之多，非亲见者未能信也。"

② 安徽六安县文物工作组：《安徽六安县花石咀古墓清理简报》，《考古》1986 年第 10 期。

花纹（图 10–14）。奁身为六瓣花形，银奁①内部结构分为三层：第一层高 3 厘米，为素腹。内部盛放菱花铜镜一面；第二层高 11.5 厘米。腹部精刻芙蓉、石榴、牡丹、栀子、萱草、秋葵、棠梨等花纹，并且内部分区存放了四个圆形银粉盒，一把木梳，还有一支铜粉具；第三层高 6.5 厘米，素腹。内部盛放了一件银胭脂蝶，一件银粉缸，一件银胭脂罐、银蝴蝶香囊和狮形银佩饰，还有银粉盂和粉具各一件（图 10–15）。此件银奁包括一整套梳妆用品，内装物数量十六件，配套齐全，重量总计 2070 克。那么，百子银奁如何承载如此之多的物件，是否放置合理，方便使用呢？

图 10–14　棱形刻花百子银奁　　　　　图 10–15　棱形刻花百子银奁分解图

我们可以从棱形刻花百子银奁的材质与结构功能两个方面来分析：

首先，棱形刻花百子银奁材质柔韧性好，重量轻，利于古代女子提携。银奁，为银制的一种梳妆用品盛装器具。"银"，《名物大典》将其定义为：色白，性软，有光泽②。加上其重量 2070 克，通高 24.8 厘米，口径 20.6 厘米，底径 20.6 厘米的庞大体形，可见化妆盒体重之轻。而从百子银奁所能承载的十六件内装物来看，银奁材质本身更是具有柔性强的特点。

----

① 华夫：《名物大典》（下），济南出版社 1993 年版，第 174 页。书中载："奁：通指盒匣诸类盛物器。后多指盛放梳妆用品的器具。流行于战国至唐宋"。

② 华夫：《名物大典》（下），济南出版社 1993 年版，第 205 页。

其次，百子银奁造型结构设计合理。从百子银奁的外部造型来看，分为三层。其中，第三层承载了八件梳妆物品；第二层承载了六件梳妆物品；第一层只承载一件物品。从物体的分配合理性上来看，越下层越重，反之，则会损坏内部结构。除此之外，第三层还放置了香囊等丝织物品，这有利于增加物体的缓冲力，减少垂直力度的压力。另外，里面化妆用具摆放次序井然有序，从铜镜到银粉盒、木梳、铜粉具，再到银胭脂蝶、银粉缸、银胭脂罐、银蝴蝶香囊和狮形银佩饰、银粉盂[①]、银粉具，完全符合古代女性化妆的使用顺序（图 10-16）。这是包装内容与形式的完美融合，具有良好的功能实用性。

从百子银奁第二层的内部结构来看，第二层的四个圆形银粉盒与外部花瓣盒型的组合摆放，成功地减少了圆形银粉盒与外盒之间的接触面，利于减缓与抵抗外部压力，以及保护内盒。所以，百子银奁不仅造型精美，由里到外设计十分合理，堪称是元代银奁的精品（图 10-17）。与此同时，像这种具有相同结构的盒型，还有江苏吴县元墓清理出土的八棱银果盒[②]、银多边形凤凰纹果盒[③]，以及甘肃漳县元代

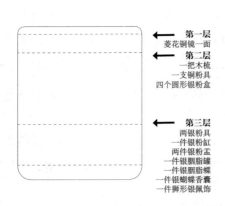

第一层
菱花铜镜一面

第二层
一把木梳
一支铜粉具
四个圆形银粉盒

第三层
两银粉具
一件银粉缸
两件银粉盂
一件银胭脂罐
一件银胭脂蝶
一件银蝴蝶香囊
一件狮形银佩饰

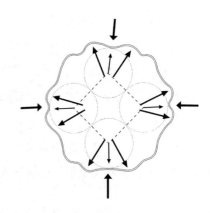

图 10-16　棱形刻花百子银奁解析图　　　　图 10-17　棱形刻花百子银奁受力解析图

① 华夫：《名物大典》（下），济南出版社 1993 年版，第 61 页。书中载："汉代之盂也是一种浴器，可作盥洗之用"。

② 江苏省文物管理委员会：《江苏吴县元墓清理简报》，《文物》1959 年第 11 期。

③ 吕济民主编：《中国传世文物收藏鉴赏全书》（下卷），线装书局 2006 年版，第 206 页。

汪世显家族墓葬出土的九子奁[①] 等。虽然都是仿生形态的造型，但其使用功能得以充分实现。

2. 金银包装容器的情感需求功能

为了充分利用和独享有限的贵金属资源，元代统治者一方面设立专门的金银器制作的"行诸路金玉人匠总管府"[②] 等机构，另一方面对民间金银器的使用，有严格的限制，并明令规定"瓷器上不准描金"[③]。这种做法，改变了两宋金银器生产商业化、世俗化的现象，商业领域和民间金银器生产骤然衰落，大量的金银器充斥在元代宫廷里，无论是饮食器还是酒具，金银数量之多，令前来中国游历的意大利人马可·波罗震惊。马可·波罗曾在他的著作中这样记载过："大汗所坐殿内，有一处置一精金大瓮，内足容酒一桶。大瓮之四角，各列一小瓮，满盛精贵之香料。注大瓮之酒于小瓮，然后用精金大勺取酒。其勺之大，盛酒足供十人之饮。取酒后，以此大勺连同带柄之金盏二，置于两人间，使各人得用盏于勺中取酒。妇女取酒之法亦同。应知此勺盏价值甚巨，大汗所勺盏及其金银器皿数量之多，非亲见者未能信也。"[④] 包括皇帝在内的元朝上层统治者对金银器的狂热追求和嗜好，在正史等文献中同样有所披露。《元史》卷75曾记载："其祭器，则黄金瓶、斝、盘、盂之属以十数，黄金涂银、香、合、碗、楪之属以百数，银壶、釜、杯、匜之属称是。玉器、水晶、玛瑙之器为数不同，有玻璃瓶、琥珀勺。世祖影堂有真珠帘，又皆有珊瑚树、碧甸子山之属。"[⑤]

造成宫廷垄断和独享金银器格局的原因，除了至高无上的权力之外，还与蒙古族统治者在其民族历史发展过程所形成的宗教信仰、生活习惯、文化素养、审美倾

---

① 漳县文化馆：《甘肃漳县元代汪世显家族墓葬·简报之二》，《文物》1982年第2期。

② （明）宋濂等：《元史》卷88《百官志四》，中华书局1976年版，第2228页。书中载："行诸路金玉人匠总管府，秩从三品。至大间，始置于杭州路。达鲁花赤、总管各一员，并从三品；同知一员，正五品；副总管一员，从五品；经历一员，从七品；知事一员，从八品；提控案牍一员。"

③ 史仲文、胡晓林：《中国全史》，人民出版社1994年版，第8546—8547页。

④ ［意］马可·波罗著，冯承钧译：《马可·波罗游记·第85章·名曰怯薛丹之禁卫二万二千骑》，上海世纪出版集团、上海书店出版社2001年版，第219页。

⑤ （明）宋濂等：《元史》卷75《祭祀志四·神御殿》，中华书局1976年版，第1875页。

向等密切相关，从一定意义上说，表象背后折射了蒙古民族对美的理解①。他们对贵金属的痴迷直接来源于他们的游牧民族背景，高价值、易携带的最佳材质就是金、银，以金银打造的包装容器既是可以赏玩的日常用品，又是物质财富的象征，这同瓷器、漆器相对较低的价值形成了一定的对比，所以金银包装容器在元代的兴盛和繁荣不难理解。

三、漆制包装容器

蒙古统治者对漆器的喜爱程度远远不如丝绸、毛毡、金银器和玉器，他们虽然也使用漆器，但一般是装饰简单的产品，以至将江浙四省进贡的漆器同皮货、糟姜、桐油等一并视为"粗重物件"而"不须防送"②。统治阶层对漆器的冷漠导致其发展十分缓慢。因此，元代的髹漆艺术基本上没有超越汉族传统规范。当时官府的漆器制作作坊数量不多，最能代表元代漆器成就的还是民间的制作。

尽管得不到统治集团的重视，但元代的漆制包装容器生产依然得到了一定程度的发展。据明初《碎金》记载，那时的漆器品种有犀皮、锦犀、剔红、朱红、退红、金漆、螺钿等，器型有桐叶色碟、减碟、菜盆、钵、盂、盏、盘、盒③。在元代，最常见的漆制包装容器品种仍然是红、黑、褐等色髹漆物，但它们全无图案，技艺平平，而如雕漆、螺钿、戗金银等高档品种的漆制包装容器，则上承两宋、下启明清，在中国漆制包装史上地位很高，并且涌现出特别擅长剔红的如张成、杨茂等漆器工艺巨匠。1983年山东嘉祥县元代曹元用墓清理时，出土的描金双凤牡丹纹漆奁盒④，

① 史仲文、胡晓林主编：《中国全史》，人民出版社1994年版，第8547页。《史集》记载："1258年2月15日，旭烈兀汗骑马进城巡视哈里发宫廷。他下令把哈里发叫了来，说道：你是主人，我们是客人，把你那儿对我们有用的东西告诉我们。哈里发明白了这话的意思，害怕得发抖，竟想不到库房的钥匙在哪里了。他吩咐砸坏几把锁，献上两千件长袍，一万第纳尔和若干件饰有宝石、珍珠的稀罕珍物。旭烈兀追问宝藏藏在哪里，哈里承认宫中央有一个装满金子的冰池。掘开后，发现其中装满了赤金。简言之，在六百年间聚集起来的一切东西，像群山般地堆积在汗帐周围。"
② 《大元圣政国朝典章》卷36《兵部三·驿站·押运·不须防送粗重物件》（影印元刊本），中国广播电视出版社1998年版，第1409页。
③ （元）佚名：《碎金·家生篇三十二》，故宫博物院文献馆1935年影印本。
④ 山东省济宁地区文物局：《山东嘉祥县元代曹元用墓清理简报》，《考古》1983年第9期。

整体呈圆桶形，奁盒的盖上描有双金牡丹纹，工整细腻，主要用于盛放铜镜、牛角梳子等物品。

元代漆制包装容器的特色主要体现在其制作工艺上，雕漆工艺和薄螺钿工艺的成熟、完善，以及戗金工艺的进步为元代漆制包装容器的多样性发展提供了技术保障。

运用雕漆工艺制作的漆制包装容器在元代最精美，也最盛行。这种工艺是在器胎上髹数十层以上色漆，待漆达到一定厚度，再在漆地上雕刻图案，图案灵活自如，具有很强的空间感和体积感，增添了器物的亲切感和生动性。因所髹漆色或髹漆方法的不同，又有剔红、剔黑、剔犀、剔彩等种类，元代雕漆基本是剔红及剔犀两种，其中又以剔红最多最为突出。如传世的由雕漆名匠张成制作的剔红拽杖观瀑图盒、剔红花鸟纹盖盒及在上海元代任氏墓中考古发掘的剔雕山水人物圆盒[1]，都精雕细刻，工艺精湛，是剔红工艺的精品包装容器。

薄螺钿漆包装容器在元代被大量制作，究其原因主要是由于此时的薄螺钿漆器工艺已经成熟。薄螺钿工艺是用精细的贝壳片拼成各种图案，镶嵌在器物表面，起到美化器物效果的装饰工艺。如日本冈山美术馆收藏的螺钿广寒宫八角漆盒与螺钿楼阁人物漆盒、美国旧金山亚洲艺术馆藏的螺钿鸟兽人物双层漆方盒等，都是技艺高超的薄螺钿漆制包装容器。薄螺钿镶嵌的图案精而薄，层次丰富，具有绚丽夺目、五彩斑斓的装饰效果。

另外，元代戗金的漆制包装容器在宋代的基础上继续发展，取得了别样的艺术成就。戗金即用金箔装饰漆地上的花纹，使花纹显示出金色，与红、黑的漆地形成鲜明对比，令器物繁荣富丽。王世襄《髹饰录解说》云："元代戗金漆器，传世尚多"[2]。这些器物中，"戗山水、人物、亭观、花木、鸟兽，种种臻妙"[3]，"物象细钩之间，一一划刷丝为妙"[4]，反映了戗金工艺包装的精美华丽与技术的精湛。

除上述以外，元代漆器制作改变了前代传统应用的朱书文字，多使用针刻文

---

① 上海博物馆、沈令昕、许勇翔：《上海市青浦县元代任氏墓葬记述》，《文物》1982 年第 7 期。

② 王世襄：《髹饰录解说》（修订版），文物出版社 1998 年版，第 138 页。

③ （明）曹昭：《格古要论后增》，中国书店 1978 年版，第 102 页。

④ 王世襄：《髹饰录解说》（修订版），文物出版社 1998 年版，第 138 页。

字。出土的元代漆制包装容器中，许多有针刻文字出现，如漆盒上的"张成造""张敏德造""口亥灵隐山钟家上牢"，经箱上出现的"延祐二年栋梁神正杭州油局桥金家造"款识。这些款识要么是制作者的铭记，要么是制作时间、制作作坊的铭记，具有一定的广告宣传作用，反映了元代漆制包装容器在民间的商品化生产性质[1]。

四、其他材质包装

1. 丝织包装物

在元代，纺织工艺有较大发展，官府对丝绸织造业十分重视，不仅在中央设有总管机关——工部，还在各地设有十六所染织提举司以及其他的毡局、绣局、罗局、杭州染织局等督促生产，形成了庞大的生产体系[2]。同时，政府颁布关于丝绵缎匹"不得私贩下海"[3]的禁令，可见元代统治者对丝织品的重视！

大量的丝织物除用于衣着之外，也成为某些物品的包装材料。就文献和考古发掘资料来看，用丝织物制作的包装主要为囊袋。蒙古族所使用的囊袋，最早是用皮革制成的。随着社会的演变和生产力的发展，囊袋的制作也有了变化，出现了以织锦、绫、棉为主制成的囊袋。1999 年 1 月，河北隆化鸽子洞出土元代窖藏丝织品四十四件[4]，其中就有三件作为包装用途的刺绣囊袋。它们形状各异、色彩艳丽、小巧玲珑，非常有特色。囊袋适用范围广、用途多，所以其尺寸没有固定要求，有小到几厘米的，也有大到十几厘米的，可以满足不同人群的需要。

从出土的元代窖藏囊袋来看，其造型主要为几何造型和仿生造型两大类。

几何造型以圆形为主，简洁单纯，具有很好的包装防护功能，利于随身携带，

① 白寿彝：《中国通史》，上海人民出版社 2004 年版，第 5861 页。书中载："元代海外出口商品的种类有纺织品、陶器、漆器……"；李德金等：《朝鲜新安海底沉船中的中国瓷器》，《考古学报》1979年第 2 期，第 245 页。文中便提及了商船中有漆器。

② 田自秉：《中国工艺美术史》，上海东方出版社 2000 年版，第 184 页。

③ （明）宋濂等：《元史》卷 104《刑法志三》，中华书局 1976 年版，第 2650 页。书中载："诸市舶金银铜钱铁货、男女人口、丝绵缎匹、销金绫罗、米粮军器等，不得私贩下海，违者舶商、船主、纲首、事头、火长各杖一百七，船物没官，有首告者，以没官物内一半充赏，廉访司常加纠察。"

④ 隆化县博物馆：《河北隆化鸽子洞元代窖藏》，《文物》2004 年第 5 期。

图 10-18 圆形白棱地彩花蝶镜衣香囊

图 10-19 明黄绫地彩绣折枝梅葫芦形囊袋

如用来盛放香料的圆形白棱地彩花蝶镜衣香囊[①]（图 10-18）。仿生造型主要是对自然界动植物形象的模拟，使包装造型富有趣味性，是实用功能与审美需求的完美结合。如明黄绫地彩绣折枝梅葫芦形囊袋[②]，模仿葫芦造型，呈上小下大形态，中部有收腰，整体造型美观新颖，富有趣味性（图 10-19）。又如模仿鱼的鱼形囊袋，用于包装针线，在鱼肚上设有一个 3 厘米的开口，可以方便拿取针线等物，而头部缝成方形，用一角作鱼嘴，形象生动，极富情趣。在注重审美的同时，考虑了包装使用的合理性。

元代囊袋不仅造型美观合理，而且装饰极富特色，用料讲究。首先，装饰纹样的题材内容相当广泛，既有传统的植物纹、动物纹、编织纹，又出现了一些新的纹样。值得一提的是缠枝花纹样，形成了迥异于宋代的风格。元代缠枝花纹样根据囊袋装饰画面的需要，作了相应变化，极具装饰性。其次，装饰纹样的构图合理，不仅采用绘画式构图，而且巧妙运用花卉纹的连缀以突出其韵律感。再次，装饰纹样的用色配比适宜，并突出了民族化的色彩，如圆形香囊在白底上配粉、淡黄、青

---

① 隆化县博物馆：《河北隆化鸽子洞元代窖藏》，《文物》2004 年第 5 期。

② 隆化县博物馆：《河北隆化鸽子洞元代窖藏》，《文物》2004 年第 5 期。

绿色彩，在蓝底上配粉、橙、青绿色彩，配色合理，具有和谐、厚重的风格。最后，囊袋的用料讲究，大多选用上等的绸、缎、绫、罗作面料，而且绣制花纹用的线、料也十分考究，以各种衣线及绫绸为主，体现了囊袋的精丽华贵。可以说囊袋不仅是包装用品，更是艺术品，反映了元代丝织包装物的精致华丽。

2.纸质包装

元代，纸的生产和使用范畴继续扩大。随着造纸技术的日益进步、产量的增加，纸不仅在内地广泛用于书画、包装等领域，而且已遍及边远地区。

有关元代包装用纸的情况，我们从以下两则考古发掘实物约略可知：

一是1980年10月至1981年7月期间，吐鲁番柏孜克里克石窟出土了一张原为元代[1]杭州泰和楼大街某金箔店的包装纸，其长9.2厘米，宽8.5厘米。上有木刻墨色印迹一方，内书文字5行，每行8字。其内容如下："□□□家打造南□，佛金（诸）般金箔见住，杭州泰和楼大街南，坐西面东开铺□□，辨认不误主顾使用。"印记文字表明，这是杭州泰和楼大街某制造金箔等用品的行铺[2]（图10–20）。

二是1985年湖南长沙沅陵县双桥出土的元代潭州颜料店的包装纸[3]。"长33厘米，宽25.5厘米，右上方为长方形版刻墨印，上部为覆莲叶纹，下部为莲花基座形纹，两则为二方连续环状花草纹。内部印广告文字5行，全文为：'潭州升平坊内白塔街，大尼寺相对住，危家自烧洗无比鲜红紫艳上

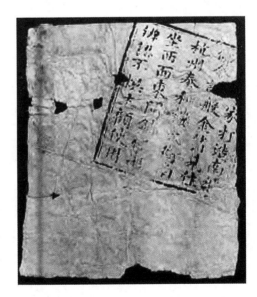

图10–20　吐鲁番柏孜克里克石窟出土包装纸

① 陈国灿：《吐鲁番出土元代"裹贴纸"浅析》，《武汉大学学报》（哲学社会科学版）1995年第5期。

② 岑云飞：《吐鲁番物馆》，新疆美术摄影出版社1992年版，第125页。

③ 陈建明主编：《湖南十大考古新发现陈列》，湖南省博物馆2003年版，第45页。

等银朱、水花二朱、雌黄，坚实匙筋。买者请将油漆记验，便见颜色与众不同。四远主顾，请认门首红字高牌为记'"①。包装纸的左上方另有字体略小的字2行。一行为"主顾，收买银朱，请认元日"，另一行为"祖铺，内外图书，印号为记"②。

从以上两段材料中，我们可以看出，元代纸质包装已经具有了现代商业纸质包装的基本属性，并表现在以下两个方面：

一是纸质包装的基本保护、包裹功能。我们能从吐鲁番柏孜克里克石窟出土包装纸所具有的方形的折痕中，初步判断其是用来包裹金箔的；湖南长沙沅陵县双桥出土的元代潭州颜料店的包装纸，从纸张的折痕及内装留有的红色粉末来看，其是用来包裹油漆材料的。所以，对于这两个地方出土的纸，我们都能从它本身的折痕中可以看出，它们都具有基本的纸包装的包裹及保护内部产品的功能特征。

二是纸质包装的基本广告、销售功能。针对目前已出土的元代纸质包装信息，我们能初步判断元代的纸包装已经具有了现代销售包装产品的相关属性特征。首先，包含了包装产品的销售物信息。吐鲁番柏孜克里克石窟出土包装纸中明确记载"金箔"为该店的销售物；同样，湖南长沙沅陵县双桥出土的元代包装纸也明确记载了"银朱、水花二朱、雌黄"等产品信息。其次，包含了包装产品的生产厂家及地址信息。"金箔"的销售地址为杭州泰和楼大街南，坐西面东的位置；而油漆材料也有相类似的记载，它产自"危家"，产品销售于潭州（今长沙）升平坊内白塔街，大尼寺对面。最后，包含包装产品的广告信息。湖南长沙沅陵县双桥出土的元代包装纸广告在这个方面表现得尤为突出，它不仅介绍了产品的质量："鲜红紫艳""坚实匙筋"，并要求"买者请将油漆记验，便见颜色与众不同"。通过产品的色泽信息，传达给消费者，本商店产品的特点与优势，起到一定提醒作用。同时，它还告诉我们，购买产品的时间，以每月初一日为期，其他时间不出售。除此之外，油漆纸包装中还有商标的出现与应用，"一呈正方形，一呈坌家形，印迹在清与不清之间，难辨其功能。这可能是迄今发现的世界最早的防伪标志与防伪技术。"③

---

① 熊传新、曹砚农：《湖南沅陵出土元代商品广告》，《中国文物报》1990年1月11日。

② 熊传新、曹砚农：《湖南沅陵出土元代商品广告》，《中国文物报》1990年1月11日。

③ 刘志一：《中国古代商标与广告发展史初探》，《包装世界》1996年第2期。

元代纸质包装除了以上两个方面的特征外，我们从中还可以看出纸质包装印刷技术的提高。吐鲁番柏孜克里克石窟出土元代包装纸，上面有木刻墨色印迹，我们由此可以初步推测此为元代王祯所发明的木活字印刷术① 后之物。特别值得指出的是：从元代纸包装的特点表现中，我们可以看出元代商业的繁荣。

第三节　元代包装艺术的特征

一、蒙古族包装的继承与发展

尽管蒙古族"始初草昧"，但其统治集团仍然极其珍重自己的传统，竭力维护本民族政治、法律的优越地位，在各个方面顽强地保存自己的风俗习惯，从而形成与其民族历史、政治、经济、文化和生活方式密切结合的蒙古族包装。

如果说在正殿旁，种上移自大漠的"誓俭草"② 尚难以影响包装艺术的话，那么，国家设两都，往来巡幸就一定会对包括包装在内的各类造物活动产生影响。但是元代统治集团却规定"各依本俗"③，内廷的祭祖、禳灾、祈福、生养、丧葬之类便全依"国俗旧礼"④。所以，蒙古族包装的继承和发展主要表现在以下几个方面：

首先，他们继承了符合自己生活方式的传统蒙古族包装形式。

蒙古民族的日常饮食中，由于乳制品极为重要，相应的贮存乳制品的包装容器

---

① 白寿彝：《中国通史》，上海人民出版社 2004 年版，第 5861 页。关于木活字印刷术："在北宋毕昇发明活字印刷术前后曾经试制过木活字，后来还有人尝试过，但都没有获得成功。元代王祯在前人经验的基础之上发明成功。例如选择硬质木板雕字，用小锯锯开制成活字，再用小刀四面修整，使之大小高低整齐划一；排版时不用粘合药料，而是排字作行，用竹片夹持，再用小木楔塞紧，使之坚牢不动，然后即可墨刷印。"

② （元）柯九思：《辽金元宫词·宫词十五首·之二》，北京古籍出版社 1988 年版，第 2 页。书中载："黑河万里连沙漠，世祖深思创业难。数尺阑干护春草，丹墀留与子孙看。世祖建大内，命移沙漠莎草于丹墀，示子孙毋忘草地也。"

③ （明）宋濂等：《元史》卷 83《选举三·铨法中》，中华书局 1976 年版，第 2068 页。书中载："凡值丧，除蒙古、色目人员各从本俗外，管军官并朝廷职不可旷者，不拘此例。"

④ （明）宋濂等：《元史》卷 77《志第二十七下·祭祀六》，中华书局 1976 年版，第 1923 页。书中载："国俗旧礼"。

在材料、造型等方面形成了其独特的风格。

蒙古族传统的乳制品包装，是以皮革为其主要的包装材料，囊成为其主要的造型形式。这种造型历史悠久，早在新石器时代昂溪文化遗址中就有仿制皮囊式样的陶罐出土。由于皮囊类包装容器拥有耐磨、抗冲击、携带方便等优点，充分体现了蒙古族人的生活特性。再加上元朝在建国过程中和建国以后，长期征战，军事活动始终是元代的重要内容，所以元代的军队，每骑必携皮囊盛装军需或给养，渡河之时，囊系马尾，人在囊上，这是皮囊作为包装在军事活动中的反映。马背上颠出来的特殊"白葡萄酒"乳酒是北方民族的创造。它以马、牛、羊、驼的乳为原料，用独特的工艺酿制而成，其中以马奶酒①为最珍贵，最难得。元代诗人许有壬笔下的"悬鞍有马酒，香泻革囊春"②成为马酒酿造史的写实名句。内蒙古奶酒起源于春秋，发展于秦汉，盛行于元代，后来盛传于民间。《中国酒之最》记载，最早发现的奶酒是乳酒（"乳酒"即是奶酒）。奶酒发明事出偶然，蒙古族先人远行狩猎为防饥渴，用皮囊携带鲜奶，由于整天飞马颠簸，使鲜奶分离——渣滓下沉，醇净的乳清上浮，竟得到有催眠作用的奶酒。《鲁不鲁乞东游记》描述奶酒的制作方法如下："将鲜奶倒入大皮囊，后以特制木棒搅拌，棒体下端似人头大小，将其挖空。快速搅拌，鲜乳始于气泡，似新酿葡萄酒，且变酸和发酵，继续拌至提取奶油，再窖以时日，其奶液味道很醇，即可饮用。"③元代还用皮囊盛储懂酒（马奶酒），这种被称为"浑脱"的包装，宫廷内宴也在使用。"相官马湩盛浑脱，骑士题封抱送来，

① （汉）班固：《汉书》卷19《百官公卿表第七上》，中华书局1962年版，第729页。马奶酒的历史最早可以追溯至西汉，《汉书》中记载："武帝太初元年更名家马为马挏马，初置路軨……"其注解[七]："应劭曰：主乳马，取其汁挏治之，味酢可饮，因以名官也。如淳曰：主乳马，以韦革为夹兜，受数斗，盛马乳，挏取其上（把）[肥]，因名曰挏马。礼乐志丞相孔光奏省乐官七十二人，给大官挏马酒。今梁州亦名马酪为马酒。晋灼曰：挏音挺挏之挏。师古曰：晋音是也。挏音徒孔反。"
② 出自（元）许有壬：《雨中桓州道中》，诗云："悬鞍有马酒，香泻革囊春。"
③ Manuel Komoroff, "Contemporaries of Marco Polo", Liveright Publishing Corp, New York, August, 1928, p.65."after they have got together a good quantity of this milk, being as sweet as cow's milk, while it is fresh they pour it into a great bladder or bag, and they beat the said bag witha piece of wood made for the purpose, having a club at the lower end shaper like a man's head, and being hollow within: and as soon as they beat the bag it begins to boil like new wine, and to become sour and sharp to the taste, and they beat it in that manner until it turns to butter..."

传与内厨供上用，有时直到御前开"①。诗中叙述的正是皮囊包装的使用情况。

　　蒙古族过上定居生活，特别是入主中原以后，盛装乳制品的大型包装容器有木制、铁制、铜制、皮制数种。木制的呈圆柱形，一般高约1.5尺，中间有一道箍，加盖，有的两边各安一木把，有的没有木把。铜制和铁制的乳桶呈圆柱形，桶的两端、中间部分手把处均镶有花纹，既美观又结实耐用。更考究的为镶银乳桶，五当召②内保存有一镶银奶桶，上部镶有两个菱形花纹，下面镶一菱形花纹，别致新颖。乳桶也有皮制的，蒙古族喜好把马奶酒装在大皮囊中，这种大皮囊用剥下的整张牛皮制成，容积可达300公升。

　　虎忽勒是一种以马皮或牛皮制作的盛水、酒等饮料的包装容器，呈元宝形，中间部位呈壶嘴状，上有木塞，木塞顶部有一孔，可穿入皮绳，或挂在身上，或挂在马上，结实耐用。动物的胃、盲肠也是蒙古族牧人贮存奶酒等制品时所用的器皿。《鲁不鲁乞东游记》中记载："从牛奶中，他们首先提取奶油，然后把奶油完全煮干，然后把它收藏在羊的胃里，这种羊胃是他们保存起来专作此用的。"③动物胃装贮量很大，大牲畜的胃可贮存50公斤。蒙古族游牧时代的这种包装用材和包装方式，到定居时代，其形制成为陶瓷容器造型模仿的对象。皮囊类包装等这种游牧民族充分利用自然材料制作的各类包装，不只是单纯流传在蒙古游牧民族中，如前文所述，它的形制也被陶瓷类制品竞相模仿。

　　另外，蒙古族豪饮成风，于是，出现了"贮酒可三十余石"的渎山大玉海和"贮酒可五十余石"④的木质银裹漆瓮，以至有了比小桶还要大许多的饮器"满忽儿"；漠北高原天寒风疾，人们以畜牧为生，于是，以羊毛为主要原料的毡罽业在汉地也迎来了空前的繁荣，《农书·农桑通诀集五·畜养篇第十四·养羊类》中记载："其羊每岁得羔，可居大群。多则贩鬻，及所剪毫毛作毡，并得酥乳，皆可供用博

① （元）张昱：《可闲老人集》卷2《其六十九》，《四库全书·集部·别集类》，迪志文化出版有限公司2003年版。书中载："相官马浬盛浑脱，骑士题封抱送来，传与内厨供上用，有时直到御前开"。

② 地名，位于内蒙古包头市东北约70公里的五当沟内。

③ Manuel Komoroff, "Contemporaries of Marco Polo", Liveright Punlishing Corp, New York, August 1928, p.66."out of the cow's milk they first churn butter;boiling the butter until it is dry, they put it into rams'skins,which they reserve for the same purpose."

④ （元）陶宗仪著，王雪玲校点：《南村辍耕录》卷21《宫阙制度》。

易，其利甚多。"① 他们要在迁徙中生产、生活，于是，各地工匠又在成批制作如四系的瓶、壶等器皿，以便携行。更突出的是蒙古族对白、青两色的好尚，这使大量白色、蓝色的工艺美术品应运而生，如丝、毛制品，青花瓷等。甚至连"七""九"这样原本无关宏旨的数字，也由于他们的特殊感情，在包装工艺中发挥着特殊的作用。

其次，蒙古族与汉族的融合，发展形成了新的蒙古族包装风格。

入主中原的蒙古民族，经过长期与汉人杂居共处，逐渐脱离游牧状态，开始与当地汉人一样从事农耕，在生产方式上发生了重大变化。如元朝中期，蒙古军遇到调防"每行必鬻田产"②。至元二十九年（1292 年），因全国农业地区普遍立"社"，元政府"命蒙古探马赤军人一体入社，依例劝课"③。这种生产方式的改变，使蒙古族昔日的包装发生变革成为一种必然的趋势。

长时间多元民族的混居与融合，蒙古族在思想观念上逐渐与汉族趋于一致。表现在蒙古民族对汉族先进的思想文化的吸收与接纳。如蒙古族之前对陶瓷包装的抵触，到后来的逐渐接受甚至喜爱。江西高安窖藏出土的六只酒包装容器带盖梅瓶④，在它们的盖内分别有墨书的"礼""乐""书""数""射""御"，足底也有同样的墨书，可见书写的内容是传统的儒家六艺，这也反映了作为少数民族统治的元代政权在思想观念上与汉族逐渐一致。这使得蒙古族包装逐渐从游牧民族风格向汉族包装风格演变。

二、地域性、等级性差异的时代风格

蒙古族于 13 世纪初，在漠北地区崛起以后，经过较长时期的征战，建立了一个空前的大帝国，其疆域之辽阔，实为中国历史上前所未有。但在广阔的疆域里，由于统治中心的迁徙，区域经济的发展和传统因素的影响，使得蒙古的经济形成了鲜明的地域性特征，在这种特征之下，包装也凸显出地域发展的不平衡性。大致而

---

① （元）王祯：《农书·农桑通诀集五·畜养》，辽宁教育出版社 1998 年版，第 246 页。

② （明）宋濂等：《元史》卷 134《列传十一·和尚》，中华书局 1976 年版，第 3258 页。

③ （清）柯绍忞：《新元史》卷 62《志第三十六·食货二》，中国书店 1988 年版影印，第 927 页。

④ 杨道以：《江西高安窖藏元代青花釉里红瓷》，《收藏家》1999 年第 4 期。

言，形成了两个大的区域。

一是蒙古的政治中心区域。蒙古人在掠夺财富和土地的同时，也掠夺着人才。他们每攻下一地，便凶残地把俘掳来的人大肆屠杀掉，同时又把各族工匠挑选出来，统一管理，让他们为其服务。蒙古的和林地区是工匠集中的地方，万余俘掳来的工匠在这里设局制作。阿不罕山南有许多汉族工匠，设有阿不罕部工匠总管府。和林附近的毕里纥都是"工匠积养之地"[①]。在这里发现的窑址和陶瓷器，表明制作陶瓷的工匠主要是被掳掠来的汉族工匠，因为在部分陶瓷器上有汉族工匠的名氏。宫廷建筑和各种奢侈用品，都有许多精美的创造。成吉思汗时迁徙许多汉族工匠到这里生产武器、丝织品，元朝建立后，在这里设立了几个匠局。当地居民原来只会用柳木做杯、碗，刳木为槽以渡河，也不会制作农具。于是有官员向元朝政府请求派陶、木、铁匠，教当地人制陶、冶铁和造船等技术，给当地人民的生产和生活带来了极大的方便。

漠南蒙古族地区的包装手工业更为发达。上都官营的匠局很多，有制毡和毛织品的毡局、异样毛子局，加工皮革的软皮局、斜皮局等，还有制造武器的铁局、杂造鞍子局、甲匠提举司，以及为宫廷用品生产的器物局、葫芦局和金银器局等[②]。其余各色工匠也都具备。同时，在诸王、贵戚、勋臣的封地内，也聚集着许多工匠为他们制作服务。从这些局、司的设置可以看出元代包装产品生产的特点，就是草原、游牧民族使用的物品是其主要部分，其中军需、骑射用品所占比重也很大。

元代蒙古族的政权统治了将近一个世纪，这时期的文化由三方面构成：一是蒙古贵族的游牧民族文化；二是汉族源远流长的传统文化；三是在版图的扩展和对外交往中，一些外来民族的文化。这些文化反映在包装艺术上，其风貌就成为了一种以雄厚、疏野、豪放的草原风格为主，兼及其他文化的集合。器形的硕大、装饰的粗犷、色彩的艳丽、对金银的好尚及桑棉、毛织的推广，反映了游牧民族特有的审美要求和生活方式。

二是江南地区。元代国土广大，海、陆贸易发达，又因北方战乱，南方相对平

---

①　（金元）张德辉：《张德辉岭北纪行足本校注》，内蒙古教育出版社 2001 年版。书中载："故城西北行三驿，过毕里纥都，乃弓匠积养之地……"

②　（明）宋濂等：《元史》卷 85—91《志第三十五·百官一至百官七》，中华书局 1976 年版，第2119—2326 页。

静，所以经济、技术重心进一步南移，促使包装行业中如制瓷业等在南方较为发达。但元代蒙古贵族尚金崇银，不像宋代统治者那样嗜好瓷器，所以就精美而论，瓷器烧制元不及宋。然而元代多有巨形大器的烧制，特别是蓝青花、釉里红的烧制成功，显示了其制胎和施釉色方面的进步。元代以硕大、厚重、粗犷之风代替了宋代素净、典雅的文儒之气，并以日益增多的生活类包装器皿代替了宋代颇为崇尚的偏重陈设欣赏的包装器物。元代瓷质包装容器在装饰上改变了唐、宋以来以刻、划、印、堆花为主的手法及青白瓷单一的局面，使瓷质包装容器成为集釉彩、绘画、雕塑于一体的综合艺术，为明、清彩瓷包装容器造型的进一步发展开创了新纪元。

促成南方民间包装艺术繁荣的原因，除了唐代中期以来经济发达、传统工艺技术的提高以外，还有受到蒙古贵族奢靡之风的影响下的因素，正如《南村辍耕录》卷11《杭人遭难》里记："杭民尚淫奢，男子诚厚者十不二三，妇人则多以口腹为事，不习女工。至如日用饮膳，惟尚新出而价贵者，稍贱，便鄙之，纵欲买，又恐贻笑邻里。"①这种奢靡之风的弥漫，导致了对物品新式样的追求，从而在一定程度推动了江南民间包装艺术不断翻新、不断创造。

在形成地域性特征的基础上，就每一地域而言，因蒙古族推行种族制度，等级森严，所以其包装与其他生产生活用品一样，等级性也十分突出。

自从有了阶级，包装的生产就有了等级性，等级性主要造成了官府和民间产品的不同风貌，也带来了它们各自内部的档次差异。

等级性在官府作坊的生产要求中，体现得尤为明显。产品要为封建政权服务，因此，政府对它的把持倍加严格。这种严格集中体现在对产品设计的限制上。那时官府产品的样式是派定的，甚至往往是钦定的，"不许辄自变移"，不论是朝廷直接掌控的作坊，还是地方性官营作坊，倘若有自行设计的新样制品，就要报送批准②。

① （元）陶宗仪撰，王雪玲校点：《南村辍耕录》卷11《杭人遭难》，辽宁教育出版社1998年版，第140页。

② （元）完颜纳丹等奉敕撰，黄时鉴点校：《通制条格》卷30《营缮·造作》，浙江古籍出版社1986年版，第337—338页。书中载："至元二十八年六月，中书省准奏《至元新格》：……诸局分课定合造物色，不许辄自变移。有上位处分改造者，即以见造生活比算元关物料，少则从实关拨，多则依数还官。"

政府对官府作坊的管理，其作坊中产品的数量、尺寸、品种、颜色、装饰等都反映统治集团的意志，擅自改动是绝对不允许的。如工部"掌天下营造百工之政令。凡城池之修浚，土木之缮茸，材料之给受，工匠之程式，铨注局院司匠之官，悉以任之"①。因此，工匠们的工作实际是将派定好的样式变为物质的现实，没有自由发挥的空间。因为有等级的限制，工匠的个人风格或者创新精神不能在官府作坊中一一体现，这在很大程度上限制了元代官府作坊中包装类产品的创新和发展。但是官府的产品追求精美华丽的风格，而且强调材质的高贵，比如大量使用金、银、玉等做装饰，甚至以金嵌玉、以珠宝饰金，用料考究，装饰华美。官府的包装产品不仅要极尽人工雕琢之美，还要极力炫耀材料的高贵奢华，因此，官府产品等级差别也就体现在精美华丽的程度上。正因其精雕细琢追求无限的奢华之风，才给后世留下了令人称绝的制作工艺技法，也成就了令人赞叹的元代包装艺术品。

与官府手工作坊产品迥然不同的是民间个体手工业产品。从政府之所以反复颁布内容相近的法令限制民间手工业生产的事实来看，一方面表明元代社会管理混乱，令行不止；另一方面反映民间手工业生产异常活跃，手工业工匠们在不断发挥着他们的创造力。尽管民间的生产虽不具备官府那样雄厚的资本、精良的材料、优越的技术和设备，但因为制作的产品大多是在集市流通贩卖或自己使用，在较大的随意性下，不时会产生出奇异之作。当然，其主流是满足民间大众日常的使用需求，所以，从总体上看，官、民产品的等级差异是十分明显的。

三、中外包装艺术的相互影响与撷取

元代统治者对中亚伊斯兰教国家的征服，对元代的包装发展是不容忽视的。西域穆斯林大量入迁到中国的许多地区，中西交流前所未有地广泛，带来了阿拉伯伊斯兰地区先进的科学技术与文化。他们以驻军屯牧的形式和工匠、商人、官吏等不同身份，遍布于全国各地。他们中的上层人物在商界、政界可以做到位高权重，这样一来，东迁的穆斯林能够从政治上用其个人喜好影响社会；经商者能从贸易上推进伊斯兰文明的传播。在普通的穆斯林民众中，也有为数不少的手工艺工匠，他们

---

① （明）宋濂等：《元史》卷85《志第三十五·百官一》，中华书局1976年版，第1345页。

及其后裔影响着元代包装工艺。对此，在《黑鞑事略》中有记载："霆尝考之，鞑人始初草昧，百工之事，无一而有。其国除孳畜外，更何所产？其人椎朴，安有所能？止用白木为鞍，桥鞍以羊皮，镫亦剜木为之，箭镞则以骨，无从得铁。后来灭回回，始有物产，始有工匠，始有器械，盖回回百工技艺极精，攻城之具尤精。后灭金虏，百工之事，于是大备。"①

蒙古民族早年的文化状态十分落后，他们接受中原物产及其包装的时间虽然很早，但若要欣赏并接受宋代包装的清秀典雅的风格，并非易事。加之较早接触的伊斯兰手工艺品，精美华丽的样式更符合他们的审美情趣。因此，在很大程度上，蒙古族工匠们的审美标准是建立在伊斯兰艺术的范式和风格上，这对后来元代包装艺术的发展影响深远。伊斯兰世界的工艺以装饰繁缛、做工精细著称。元代的包装装饰也日渐繁密，与崇尚简约精练的宋代典范迥然不同，这显然是受到了伊斯兰艺术的影响。伊斯兰世界喜好绿色，元代龙泉青瓷就有了改变釉色的传统面貌趋向绿色的变化，也许就是为了符合当时国内外穆斯林尚色的需求。元代烧造的玻璃类器皿、包装容器等较前代精美异常，大致也是由于西方掐丝珐琅等技术的传入。而元代最为突出的元青花瓷，繁密的装饰、精细的画风、"回回青"的色泽、装饰纹样和图案的形成原因及过程虽无明确记载，但就文献、出土物考证，大致应来自波斯。

元代通过海上丝绸之路到达非洲海岸，陆路往来直抵西欧，统一的环境为国际、地区间的交往创造了前所未有的便利条件，史称"适千里者，如在户庭；之万里者，如出邻家"②。中西交流广泛而频繁，蒙古族统治者鼓励通商的开放政策，便利、安全的驿站交通，拉近了欧亚之间的距离，使各种文化之间的直接对话成为现实，交流让中国认识了世界，世界也认识了元朝。

在经由海道、陆路输出的中国商品中，丝绸和陶瓷令中国技艺声名远扬。它们

---

① （南宋）彭大雅撰，徐霆疏，王国维笺证：《黑鞑事略》，1925年本。

② （元）王礼撰《麟原文集》卷6《义冢记》（两淮马裕家藏本）。文中载："惟我皇元，肇基龙朔，创业垂统之际，西域与有劳也。泊于世祖皇帝，四海为家，声教渐被，无此疆彼界；朔南名利之相往来，适千里者，如在户庭；之万里者，如出邻家。于是西域之仕于中朝，学于南夏，乐江湖而忘乡国者众矣。岁久家成，日暮途远，尚何屑屑首丘之义乎？"

数量庞大、品种繁多，仅在《岛夷志略》记录的丝绸就有丝布、锦、建宁锦、细绢、绿绢、红绢、山红绢、五色绢、水绫、色段、五色段、苏杭五色段、龙段、草金段等。瓷器则有青瓷、青白资、青白花瓷等。至于粗瓷、陶器在海外也有广阔的市场。在韩国新安海底的沉船里，发现了中国瓷器一万多件，其中有龙泉青瓷、青白瓷、白瓷、釉里红、钧窑系窑变釉瓷、吉州窑彩绘瓷、磁州窑系内地黑花瓷、哥窑青瓷等，此外，还有漆器和铜器。而元代，在海上对这些商品的保护运输方面，形成了比较规范的海上运输包装形式。如1977年，在朝国木浦附近海底，发现了载有瓷器、铜铁器等商品的中国元代海船，其中，瓷器被以每十件成一小包的形式，再分组装入木箱。元代的这种木质的海运包装形式，在一定程度上，减缓了海运带来的冲击与破坏，也同时在一定程度上保护了瓷器[①]。关于元代陶瓷产品包装在域外的风靡，日本学者三上次男在《陶瓷之路》[②]里、中国学者马文宽和孟凡人于《中国古瓷在非洲的发现》[③]中，均有描述。钦察汗国（金帐汗国）的都城别儿哥萨拉伊（在今俄罗斯伏尔加格勒附近）甚至成了中国商品的集散地，欧洲商人不必万里东行，就可以买到中国丝绸。

外销的元代包装类商品深受当地各个阶层人士的喜爱。不少穆斯林权贵用中国瓷质包装容器以炫耀其富有和高雅，一些人甚至在墓穴中都会放置瓷器以相伴永生，足见当地人士对元代瓷质包装的钟爱。

元境外对包装艺术品的钟爱不仅仅表现在购买、收藏的执着，更反映在对仿制品的热衷。万里而来的中国商品及其包装价格定然很高，一般百姓无力购买。而需求的存在自然而然地使制造元包装仿制品蔚然成风，这甚至在一定程度上改变了当

---

① 《在汉城看中国之瓷》，香港《大公报》1977年11月4日；李德金等：《朝鲜新安海底沉船中的中国瓷器》，《考古学报》1979年第2期。

② 参读［日］三上次男著，胡德芬译：《陶瓷之路》，天津人民出版社1983年版。该本著作主要是从考古学方面进行阐述，以说明中国陶瓷自古以来是如何地被输往海外各国，而在海外又如何得到重视。

③ 参读马文宽、孟凡人：《中国古瓷在非洲的发现》，紫禁城出版社1987年版。该书向读者展现了中国古瓷如何远渡重洋运到非洲，以及在非洲各地的分布情况，同时揭示中国古瓷在非洲人民社会生活与伊斯兰文明中的作用和地位，并指出非洲的中国古瓷在研究中非友好、中国瓷器发展史、中国海外交通和海外贸易史中的作用和意义。

地原有工艺美术的审美品位，改变了当地工艺美术的发展方向。14 世纪初，在地处波斯的伊利汗国，其陶瓷、丝绸产品都乐于采用诸如花卉、龙凤等中国包装传统样式的装饰题材。13 世纪后期开始，西亚及中亚的釉面砖制作名噪一时，龙凤、大雁、牡丹等典型的中国题材被大量采用，取代了先前的书法和几何纹样。伦敦维多利亚和阿尔伯特博物馆收藏的西亚铜器，就有龙凤等题材的装饰，由此也可以看到在蒙古时代，具有深厚传统的西亚镶嵌铜器也受到了元代工艺的影响。元代中期以来，青花是中国陶瓷的代表，在亚洲、非洲的广大地区乃至近代欧洲，逐渐形成了模仿中国青花的陶瓷风尚，时至今日，不同质地、风格的白底蓝花瓷器仍然是各国人士最喜爱的陶瓷品类，而这个历经千年仍不衰落的审美风潮正始于元代。如果说，那个时代的包装艺术受元代的影响是与蒙古族军事上的征服直接相关，但武力征服以后很快各自走上独立发展的道路，而影响得以延续的事实，不能不归结于中华文明的博大精深。

元代统治不足百年，但却诞生了极为灿烂的艺术成就。元代包装艺术以其粗犷洗练的"民族情"、细腻繁密的"江南风"、静雅脱俗的"文人气"，使它从历代包装艺术中脱颖而出，在中国古代包装史上留下了浓墨重彩的一笔。与其说元代的包装艺术是在某种文化的影响下取得的辉煌成就，不如说是因为蒙元社会多种文化并存，使元代包装艺术在多种文化的交融渗透下展现出有别于其他时代的独特风貌，各种文化取长补短，避免了因循守旧，使元代包装艺术在剧烈的变动中迅猛发展，展现出全新的时代风貌，所以，我们敢说是文化的大交流促成了元代包装艺术的别具一格。

第十一章　明清时期的包装

　　中国封建社会发展到明清时期，具有诸多的共同点：在政治上表现出高度集权专制性的同时，官僚制度变得腐朽不堪，成为桎梏封建经济、思想、文化，乃至社会进步的根源；在经济上，封建租佃关系虽然经过不断的调适相对完善，但地主和农民剥削与被剥削的对立状况也未能改变，在高度集权的政治制度下，既难以滋生新的社会阶层，又使传统解决矛盾的方式不能发生质的改变；在思想领域，理学经过不断的调燮，不仅备受统治者的推崇，而且普通百姓也习以为常，尽管不时有"异端"思想产生，但尚未达到撼动整个思想领域的条件和力量；在文化领域，科举制度的固化，使广大文人知识分子的主流已陷入科举入仕的泥沼不能自拔，余下的一些人则沉迷和醉心于山水，在报国无门的浩叹之下，追求怡然自得和闲情生活。于是，他们竞相涉猎传统文人们不屑一顾的物质生活的创造中，道器相济成为当时文人士大夫真实生活的写照。

　　封建的政治、经济、思想和文化的上述特征，使明清社会的发展只有为了满足统治阶级奢华生活欲望的手工业，与传统相比，这一时期手工业生产的最突出特点是文人思想的注入。正是这股活力，使明至1840年鸦片战争爆发以前，手工业在停滞的封建经济体制中得以缓慢地发展，使明清成为我国包装艺术发展史上的集大成时期，也成为传统包装向近代包装转变的最后沉淀期和变革的孕育期。

第一节　中国古代包装发展集大成时期

明清两代作为我国封建社会晚期的两个统一的多民族王朝，由于专制统治制度固化、民族融合基本完成、思想文化定型和经验技术的长期积累，使其"坐集千古之智"，在社会生活的各个方面成为封建社会集大成时期，包装设计领域也概莫能外。

明清时期包装的生产制作在前代业已存在民间包装和宫廷包装两大体系的基础上，区分更加明显，两大体系各自发展的规模更大，特色更加鲜明。民间包装在致力于实用、经济的前提下，也注重形式上的审美，以反映大众的审美价值取向，因此，化腐朽为神奇，巧夺天工的创造时有出现，作品具有浓郁的生活气息，风格质朴健康；宫廷包装制品，因物质条件、生产条件优越，使设计、生产、制作精益求精，工匠的聪明才智得以充分发挥，能工巧匠以精湛的技术迎合和满足这一腐朽时代统治者的物质追求和精神需求。

一、明清包装发展集大成的原因

就包装所涉及的创意、材料、造型、装饰和工艺等诸多因素分析，明清成为我国古代包装集大成时期的原因，可以归结为以下几个方面：

1.商品经济的发展和手工业工艺与技术的进步

明朝建立以后，大力推行休养生息政策，不仅垦田面积、粮食产量迅速扩大和增加，而且棉花、桑、麻的种植范围扩大，在一些地方出现专门化的趋势，传统意义上男耕女织的自然经济发生了渐变，即一家一户的经济生产模式演变为以家庭或作坊为单位的专业生产组织。这种演变最终带来明代中后期在江南地区资本主义性质生产作坊的出现。

明代中后期资本主义的萌芽虽至1840年鸦片战争爆发始终未能改变中国封建社会性质，但对封建经济体系、社会生活方式、思想文化观念和工艺技术进步有着不可忽视的作用。以当时变化最突出的丝织业为例，尽管仍分为官营和民营两种，但私营无论是在规模还是产量上均超过了官营，成为丝织业的主体，这种状况在以往任何时候是没有的。明清两代，官营丝织作坊设于京师的有针工局、织染厂、文思院和王恭厂等，归工部管辖。京师之外，则分设于浙江杭州、绍兴、严州、金华、衢州、台州、温州、宁波、嘉兴和湖州，以及南直隶所辖的镇江、苏州、松江，安徽徽州、宁国、广德，福建福州、泉州，四川成都和山东济南等处，其中东南地区是官府丝织业的中心，尤以南京、苏州、杭州三处为重，朝廷派驻宦官督管织造①。明代的统治者为了满足他们奢靡生活的消费需要，大肆搜刮缎匹，在额定的岁造外，经常加派增织。从而使江南一带（包括南京在内）的丝织生产规模不断扩大。从天顺年间开始，朝廷不断下令额外增造，尤以嘉靖、万历时期为甚，已远远超出官营丝织作坊的生产能力，各地方织染局为了完成任务，便纷纷实行"机户领织"制度，即通过中间包揽人，利用民间机户进行的"加工定货"的生产形式。民间机户在明代前期开始出现，明中叶以后普遍存在。张瀚《松窗梦语》卷四谓："余尝总览市利，大都东南之利，莫大于罗绮绢纻，而以三吴为最。即余先世，亦以机杼起家，而今三吴之以机杼致富者尤众。"②尤以江南的苏、松、杭、嘉、湖地区为盛。机户不仅存在于城市，也存在于乡村，并促使一批丝织业市镇形成③。明代中后期手工业生产规模的扩张和繁荣给手工艺人们提供了一个展示自己、发展自身的广阔舞台。这时的手工艺人们逐渐认识到，他们只要有高超的技能、有创造性，并能满足人们物质生活和精神文化生活的需要，就可以取得相应的报酬、得到社会的尊重和具有一定的社会地位。在这种情况下，无疑会刺激手工艺人们进行创造的积极性和主动性，制作工艺和水平也就随之提高。

还以丝织物为例，定陵出土了包括衣料、袍料、服饰等多达 640 多件的丝织物，从种类上看这些丝织品有绫、罗、绸、缎、纱、锦、妆花绸、妆花缎、缂丝、刺绣和单、双绒等，种类繁多，工艺高超，其中丝织品占有很大部分，可见当时中国的丝织品织造技术水平之高。

及乎清代，虽然明在江南地区的资本主义萌芽在明末清初遭到破坏，但到乾

---

① 白寿彝：《中国通史》，上海人民出版社 2004 年版。

② （明）张瀚：《松窗梦语》，上海古籍出版社 1986 年版，第 217 页。

③ 林金树：《中国明代经济史》，人民出版社 1994 年版，第 169 页。

隆、嘉庆时期，商品经济的发展水平超过明代。棉布、丝绸、纸、糖、盐等手工业品以及棉花、蚕桑、甘蔗、烟草、茶叶等经济作物的种植面积和产量都有大幅度的增长，并且地区性分工和专业化生产更明显，包买商大量出现且空前活跃。产品动辄"有贩至千里之外者"①。大量产品的商品化，促进了工艺和技术的改进与提高，使商品竞争力增强。还以丝织品为例，清代江南地区以南京、苏州等为代表的丝织业更为发达，品种更加五花八门、琳琅满目。清廷设有专门管理"缎纱染彩绣绘之事"的机构。织绣工艺的成就主要反映在丝织、刺绣等方面。因其工艺不同，丝织物在清早、中、晚三个时期呈现出不同的艺术特色。大致而言，早期继承明代传统，多用几何骨架、小花小朵、严谨规矩；中期纹样繁缛，色彩华丽，明显受巴洛克、洛可可等外来艺术影响；晚期则喜用折枝花、大朵花，给人以淳朴粗放之感。

在技术上，清代手工刺绣技术可以说空前绝后，刺绣艺人丁佩所著《绣谱》就以择地、选样、取材、辨色、程工、论品六章，总结了当时的刺绣经验。书中提出了"能、巧、妙、神"的美学原则，归纳了"齐、光、直、匀、薄、顺、密"的刺绣特点②。由于工艺的高和地域的不同，形成了苏绣、粤绣、蜀绣、湘绣"四大名绣"和京绣、鲁绣、汴绣、瓯绣"四小名绣"。

2. 手工业的生产经营管理体制的逐步完善

明代的农业和手工业比以往都有了较大的发展，甚至在一些部门出现了资本主义的萌芽，人们的物质生活水平也得到了进一步的提高。随之而来，无论是以皇帝为代表的官僚贵族阶层，还是普通大众和新兴的市民阶层，对包括包装在内的物质资料的要求及精神满足发生了改变。而生产规模的扩大、专业化的出现和技术的改进为这种新要求的满足提供了条件。于是，在手工业管理体制方面，围绕新要求而对传统体制实行了某些改革和完善措施。明朝政府为了保证皇族及高层官僚的豪华生活，通过徭役制度，大量征集全国各地的能工巧匠，集中在京师官府的手工业工

---

① （清）王梦庚原修，童宗沛等原纂，陈霁学修，叶芳模等纂：《新津县志》（道光九年刻本）卷29。

② （清）丁佩著，姜旼编著：《绣谱》，中华书局2012年版。

场或作坊，不计工本地精心加工各种生活用品和包装品，以满足宫廷贵族的奢侈需求。

明代手工业尤其是官营手工业的发展主要依靠徭役性的劳动，它是建立在利用各地从事相关行业的手工业者无偿劳动的基础上。这些供役的工匠，均是通过匠户制度强制征发而来，并以不同的劳役形式编入各地官营手工业作坊中。如明代南京、北京的织染，使用的是编入当地匠户的工匠，这种手工业者一经编制，就名列籍上，终生不得改易。地方织染局是以存留匠为主，即固定在局内生产的工匠。在织染局供役的工匠，还有军、民匠之分，"住坐民匠"①，是直接从民间征集而来，隶于匠籍，"住坐军匠"隶于军籍。军匠一般是在军中供役，有时也有部分因需要被派遣到其他手工作局去服役。南京内织染局的住坐人匠，除本地的匠籍机户就地供役外，另一个来源是从外府取用。如天顺四年(1460 年) 秋，工部奏称：苏、松、杭、嘉、湖五府，"其处巧匠多取赴内局"②。嘉靖四十四年 (1565 年)，内织染局缺乏织罗匠，"工部题行苏、松二府各取织罗匠二十名，随带家小，赴部审实送局"③。即南京内织染局的住坐人匠中，有很多是取自外府的"巧匠"，都是各地技艺水平很高的行家里手，他们一旦被征集，只好举家赴役。这些来自各地的能工巧匠被强制积聚到一块，带来了可以代表各地最高水平的工艺和技术，有助于技艺交流、融合、改进和发展，而且他们之间的相互竞争更成了工艺和技术取得更大进步的催化剂④，使得"巧变百出，花色日新"的各色包装物的出现成为可能。

在明代各地的官营民营手工业中，既然通过徭役制度网罗了大量身怀绝技的手工匠人，就要采用相对科学的方法管理他们，以便最大限度地发挥其作用。为了满足宫廷和贵族对奢华工艺品的需求，以及保证手工艺品的质量，在每一个手工作品的制作过程中都有很多的手工艺人的参与，他们既分工又协作，举凡与产品制作相关的各个步骤和环节都严格讲究、把关严密，以图样的形式来统筹最终的生产。这

---

① 王毓铨主编：《中国经济通史：明代经济卷》（上卷），经济日报出版社 2000 年版，第 489 页。

② （清）张廷玉等：《明史》卷 82《食货》，中华书局 1974 年版。

③ （清）张廷玉等：《明史》卷 82《食货》，中华书局 1974 年版。

④ 化蕾编著：《定陵地宫出土的金银器——皇权的象征》，收入《首届明代帝王陵寝研讨会暨首届居庸关长城文化研讨会论文集》，科学出版社 2000 年版。

就改变了原来生产制作的经验性所造成的随意性，预先和预想的设计在保证生产顺利进行下，还促使产品的功能、形态、装饰达到预期目的。"大小工匠约有五百，奔走力役之人不下千计"①，是文献中对明代景德镇御厂瓷器生产情况的描述，这些御厂内的劳动者被编入在二十三作中服役。各作有作头，其下则为作匠，共有三百余名，统名为上班匠②。正是有大量的能工巧匠的参与和他们的详细分工与协作，才使明清时期的包装在功能、造型、装饰及制作工艺等方面与前代的包装制作相比有了很大的进步。

这一时期手工业生产管理体制关键性变革发生在明中后期，即"出银代班"制取代原有无偿性的服役制，在"出银代班"制下规定轮班工匠每名每年征银四钱五分，称"班匠银"。到清顺治二年（1654 年）更是宣布废除匠籍制度，明令各省"俱除匠籍为民"，免征"京班匠价"。官府手工业及官府需要的匠役，均改为雇募制，实行"计工给值"。由"匠籍"制到"出银代班"制的变化，使工匠的劳动由强制性改为非强制性，对手工匠人的束缚大大减少，给他们提供了自由创作的空间；而由"出银代班"到"计工给值"的变化，使手工业者的身份更加自由，由无偿变为有偿的劳动价值，提高了手工业者的劳动积极性与创造性，从而有利于新的包装类型与包装品的出现，有利于不同地域、不同特色的包装循着自己的道路自然发展。

3. 社会思想观念和生活方式的改变，呼唤与之相适应的包装的出现

明代中叶，社会经济出现了从没有过的商品化趋势，在很多行业出现了资本主义萌芽。随着商品经济的发展，社会上出现了一个新兴的阶层——市民阶层，他们随着自身经济实力的增长，不愿继续屈从于森严的等级制度对他们生活的限制，思想上较多地想要摆脱儒家传统的束缚，表现出了强烈的对封建主义的叛逆精神和对严格的封建等级制度、权威文化的抵触情绪。他们抨击宋明理学，肯定和赞扬世俗生活，讴歌人世欢乐，肯定人的价值，宣扬人性解放。明代后期，社会上的这种追求个性解放思潮进入高潮。他们以各种行为方式破坏着传统道德对人们的束缚和限

① （清）刘绎：《江西通志》（光绪年本），中华书局 1967 年影印本，第 167 页。

② 王毓铨主编：《中国经济通史：明代经济卷》（上卷），经济日报出版社 2000 年版，第 407 页。

制。在这些价值观的指导下，明代中后期人们的生活方式发生了很大的改变，这些
变化在衣、食、住、行、用等方面具体体现出来。尤其在"用"这一方面反映了当
时人们生活方式的改变，这种改变在各种包装用品的发展上得到了一定的体现。我
们知道，明朝建立之初，仍沿袭甚至强化了前代严格等级制度对于社会各阶层在日
用器物方面的限制。史载：

"器用之禁：洪武二十六年定，公侯、一品、二品，酒注、酒盏金，余用银。
三品至五品，酒注银，酒盏金，六品至九品，酒注、酒盏银，余皆瓷、漆。木器不
许用硃红及抹金、描金、雕琢龙凤纹。庶民，酒注锡，酒盏银，余用瓷、漆。"①

但是，这种强制性的规定随着经济关系、社会阶层的变化，逐渐成为一纸空
文，新兴阶层在经济实力膨胀之下，对于其用品，从制作材料、造型、纹饰到规格
等方面十分讲究，追求艺术与实用相统一的美。万历时松江人范濂就曾在书中记
载："设席用攒盒，始于隆庆，滥于万历，初止士宦用之，近年即仆夫、龟子皆用
攒盒饮酒游山。"② 同书还记载说：

"细木家具，如书桌、禅椅之类，余少年曾不一见，民间止用银杏金漆方
桌。……隆（庆）、万（历）以来，虽奴隶快甲之家，皆用细器，而徽之小木匠，
争列肆于郡治中，即嫁妆杂器，俱属之矣。纨绔豪奢，又以椐木不足贵，凡床厨几
桌，皆用花梨、乌木、相思木与黄杨木，极其贵巧，动费万钱。"③

经济发展、新型阶级关系的产生和壮大，一方面导致了明代中后期人们价值观
念的转变和在衣食住行用等方面消费方式的改变，另一方面，这种转变反过来又推
动了商品经济的进一步发展。人们消费观念的改变，增加了人们对社会产品的需
求，扩大了商品市场，从而刺激了商品生产和流通。随着消费水平的提高，人们开
始讲求商品的质量和商品所体现出来的文化精神；人们的消费观念、生活方式中对
"人性""人欲"的重视，使得当时的产品设计与生产必须更精致和人性化。为了满
足这一社会需求，各类生产作坊的手工业生产者在传统讲究功能的同时，开始围绕
整个市场要素而设计制作。于是，除了产品品质之外，注重产品包装、品牌宣传等

---

① （清）张廷玉等：《明史》卷 68《志第六十二·河渠四》，中华书局 1974 年版。

② （明）范濂：《云间据目抄》（奉贤诸氏重刊铅印本）。

③ （明）范濂：《云间据目抄》（奉贤诸氏重刊铅印本）。

营销策略成为关注的重要领域。在这种背景下，产品包装设计得到了前所未有的发展。

与明代相比，清代资本主义性质的生产虽仍处于萌芽状态，没有发生质的变化，但在物用领域，人们思想观念的变化较明代有过之而无不及。浙江乌程范锴所著《汉口丛谈》①约成书于清道光初年，作为一部笔记体裁的作品，除了详细记录清代汉口居民的构成、街道、民居等以外，还较为详细地描述了市民的日常消费及娱乐生活。从其生活方式和价值观念，可以看出市民的思想观念已十分开放，追求豪华享乐之风十分盛行，市面商业发达，产品丰富，手工业生产者为了销售自己的产品，十分讲究包装。

类似汉口市民生产生活的城市几乎遍及全国各地，如上海、天津、广州、北京、昆明等。这些城市在鸦片战争以后，由于西方列强的经济、文化侵略，成为中国最先开启近现代化历程的中心城市。

4.商品经济的发展，对产品包装提出了更多、更高的要求

明清农业的发展，不仅提供了商品之源，而且为商人阶层的出现和存在提供了基础条件，使城市和乡村纳入到了统一的商品市场体系。这种统一的市场体系的快速形成和发展，最终导致明中叶以后资本主义的萌芽。而资本主义萌芽带来了商业活动的更加频繁和市场的日趋繁荣。其表现为不仅市场规模大、交易品种多，而且其结构也向多层次、多方位、行业化方向发展。尤其是明代中叶以后，在经济发达地区，特别是长江三角洲一带，固定的市集逐渐向市镇化转型。如松江、吴江等地原有的集市，由于居民日盛，商贾辐辏，纷纷自成市井，使城镇数目激增。凭借经济力量的日益壮大，商人的社会地位开始威胁到封建的官僚和士人，所以紧接着出现了大批士人的弃官、弃儒而从商现象，当时"舍儒就贾"②"以商起家"③的士大夫比比皆是，对利的追求甚至使"农、儒、童、妇皆能贾"。明万历年间，学者吕坤

---

① （清）范锴著，江浦等校注：《汉口丛谈校释》，湖北人民出版社1999年版。

② 泉州市地方志编纂委员会点校：《泉州府志》卷59。

③ 泉州市地方志编纂委员会点校：《泉州府志》卷59。

指出，当时投身商业经营的人数很多，"（商人）天下不知几百万矣"①。随着商业经营的发展，出现了除北京、南京、汉口等当时的一些大城市外的繁华地区，如苏、杭、嘉、湖、松五府，在这些繁华城市中，出现了许多专业的市集和街道。如北京的马丝锦胡同、石染家胡同、唐刀儿胡同、沈篦子胡同；南京的绫庄巷、锦绣纺、铁作坊、颜料坊等。随着明代海外贸易的兴起和发展，广州、泉州、福州、宁波成为了对外贸易的主要港口，通过这些港口，大量外国产品输入国内市场，使商品种类大大增加，这更促成了当时"贾人几遍天下"情势的发展，这种发展，势必也扩大了各类商品，包括各类手工业产品和包装品的销售市场②。同时中外贸易的发展也使得运输产品的包装迅猛发展，形成一批既可以有效保护商品且方便海陆运送的运输包装。

明末清初，由于战乱频仍，各地商业活动虽受到不同程度的影响，但从康熙年间开始，迅速恢复和发展，到乾隆时期，商业的繁荣程度远胜于明。其中江、浙两省商品经济的发展速度居于全国的领先地位，商业大城市十分密集。江宁"机业之兴，百货萃焉"③，绸缎花色齐全，远销北京、辽沈、闽粤以及川黔各省。苏州"郡城之户，十万烟火。""山海所产之珍奇，外国所通之货贝，四方往来千万里之商贾，骈肩辐辏"④。城中"洋货、皮货、绸缎、衣饰、金玉、珠宝、参药诸铺，游船、酒肆、茶店，如山如林"⑤。杭州南连闽粤，北接江淮，丝绸贸易的盛况，与江宁、苏州不相上下。扬州既是漕运咽喉，又是淮盐供应中心，这两个因素极大地刺激了商业的繁荣。上海的兴起更值得注意，陈文述《嘉庆上海县志序》称："闽广辽沈之货，鳞萃羽集，远及西洋暹罗之舟，岁亦间至。""诚江海之通津，东南之都会也"。

在北方，北京是清朝的都城，达官贵戚丛集，人文荟萃，商旅络绎，市肆繁丽，从衣食诸物到古玩书画，"凡人生日用所需，精粗毕备"⑥。巨大的和多层次的

---

① 白寿彝：《中国通史》，上海人民出版社 2004 年版。

② 王日根：《明清民间的社会秩序》，岳麓书社 2003 年版，第 498 页。

③ 清雍正朝修：《浙江通志》卷 102，中华书局 2001 年版。

④ （清）项朱树、王寿、吴受福：《古禾杂识》卷 2。

⑤ 张春华：《沪城岁事衢歌》，上海古籍出版社 1989 年版。

⑥ （清）潘荣陛：《帝京岁时纪胜》，北京古籍出版社 2001 年版。

消费需求，使北京商业形成独特风貌，并长期保持繁荣的局面。天津乃畿南重镇，"水陆交会，又东邻大海，饶鱼盐之利，四方商贾往往占籍而居"①。"百货懋迁通蓟北，万家粒食仰关东"②，京津两大城市，不仅与河北各州县，而且还通过海上和陆路，与山东以及东北各省建立了广泛的市场联系。嘉庆、道光之际，虽然外国资本主义的"洋货"源源不断地输入中国，但在鸦片战争以前，国内市场并未发生太大的变化，当时的情况，正如龚自珍所概括的："五家之堡必有肆，十家之村必有贾，三十家之城必有商"③，城乡人民的日常生活与商品市场的关系愈益密切。

国内市场的形成和繁荣，以及国外商品的不断涌入，对商品生产的影响是不言而喻的！一方面要求提高产品品质，使其更好地满足消费者的物质需求；另一方面，出于长途物流以及促销和引领时尚观念等多种需要，商品包装愈益受到重视，传统包装已无法满足新时代、新环境的要求。正是在这种背景下，从清代中叶开始，商品包装开始向现代化意义上的包装转型。

5. 造纸术和印刷术的进一步发展，推动了包装的直接发展

作为我国古代四大发明之一的造纸术，至迟在东汉时期就已能成批量地制作纸张。后经历朝各代的不断改进，到北宋时期纸张的质量已达到了相当精良的程度。到了明代，随着经济和文化的发展，尤其是印刷业对纸张的大量需求，造纸业也相应有了发展。当时，不仅政府在各主要纸产地设局造纸，用于制作宝钞、票据和供公文所需，而且民营造纸作坊也大为增多，几乎遍布全国各地，尤以江西铅山、永丰、上饶，福建建阳、顺昌，浙江常山、开化、余杭，安徽歙县、休宁、贵池，四川眉山、夹江等地的纸业更为兴旺发达。有些造纸作坊已具有较大的生产规模，如据记载，万历二十八年（1600年），铅山的石塘、陈坊等镇，"纸厂槽户不下三千余户，每户帮工不下一二十人"④。这时不但纸的产量、质量、用途、产地均比前代更为增长，而且还出现了专门记载造纸和加工技术的著作，这是前代所没有的。纸

---

① （清）陈宏谋：《天津府志序》，见乾隆《天津县志》卷21。

② （清）陈夔龙：《梦蕉亭杂记》卷1，中华书局2007年版。

③ 《龚自珍全集》（第一辑），《平均篇》，上海古籍出版社1975年版。

④ 康熙《上饶县志》卷10。

的柔软性和具有的密封性等优势，进一步加大了它在日常生活中的应用，使它逐渐代替了生产成本很高的绢、锦等，成为常见的包装材料之一。主要的包装形式有两种：一是常用于包装茶叶、中药、糕点等的包装纸，包装形式简单，随物而定形；二是纸箱包装或精致的纸盒包装。

明代造纸原料主要有竹、楮皮、桑皮、麻、稻草等。竹纸生产发展最快，已跃居全国纸业前列，其中以福建、江西生产的连史纸、毛边纸等产量最大，质量相当不错，价格也比较便宜，除了大量用于帛书外，部分用于包装。竹纸生产技术难度较大，但经宋元时期的不断探索与改进，在明代已达到完全成熟的阶段。如宋应星《天工开物·杀青》提到："凡造竹纸，事出南方，而闽省独专其盛"[1]，并详细记载了制造竹纸的方法。明代在产量和应用广泛性上仅次于竹纸的是皮纸。《江西省大志》详细记述了江西广信府造楮皮纸的技术过程。

明代所造纸张品种繁多，如连四纸、连七纸、毛边纸、观音纸、奏本纸、榜纸、开化纸、绵连纸、藤皮纸、油纸等，仅王宗沐《江西省大志》列举的当时江西纸的品种多达二十八种。明代还研制出不少著名的加工纸，如宣德年间创制的"宣德笺"，与"宣德炉"和"宣德瓷"齐名。宣德笺有金花五色笺、磁青笺、羊脑笺、素馨纸等，多供内府御用。宣德宫笺秘法后经谈伦从内府传出，谈伦及其后人在仿制的基础上又有创新，制成了名重一时的松江谈笺。《娄县志》载："谈仲和笺椎染有秘法，今邑中多业此艺，西门外列肆而售，有玉版、银光、螺纹、朱砂、玉青等笺，大而联榜，小而尺牍，色样不一，或屑金花描成山水、人物、鸟兽之形，或染花草，俱极精美。"[2] 此外，明代还曾仿制过前代的一些名纸，如唐薛涛笺、宋金粟山藏经纸等。关于加工纸的制作方法，屠隆《考槃余事》、冯梦桢《快雪堂漫录》以及高濂《遵生八笺》等著作都有一些记述，虽不甚周详，但亦为研究我国古代加工纸技术发展的珍贵史料[3]。

清代造纸业在明代基础上继续发展，尤以康熙、乾隆时期最为兴盛。造纸作坊大多分布在江西、福建、浙江、安徽等省，广东和四川次之，北方以陕西、山西、

---

①　（明）宋应星：《天工开物》，上海古籍出版社 2008 年版。

②　（清）谢庭薰：《娄县志》卷 3。

③　戴家璋主编：《中国造纸技术简史》，中国轻工业出版社 1994 年版，第 176—180 页。

河北等省为主。当时一些纸厂的工人已达百数十人，具备了相当的规模。同时，在产量和质量上都有很大的提高，品种增加，用途也更加广泛，这种情况一直延续到道光年间（1821—1850 年）[①]。例如安徽泾县一带生产的宣纸，用青檀皮掺入适量的楮皮或稻草制造，洁白柔韧，吸墨和韵墨性能良好，宜于书画、拓印和印刷，同时也用作某些贵重物品的内包装。当时造纸原料有竹、麻、树皮和稻草、麦秆等。其中竹纸产量居首位，竹纸中以江西、福建的"连史""毛边"最为普遍。皮纸产量居第二位，多作为书画纸和印刷纸。麻纸主要产于北方各省，但其产量所占比例逐渐减少。由稻草、麦秆制造的纸比较粗糙，多作包装、火纸等杂用[②]。

清代时期，在造纸技术上也有突破，康熙年间出现了用铜网抄造的"阔帘罗纹纸"[③]，纸宽有六尺。用铜丝编成的铜网，要比竹帘坚牢，使用寿命也较长，并且能造出较薄的纸张，因此它是造纸技术史上的一项重要发明。康乾时期在加工纸方面的又一项成就就是仿制出历代的名纸。如仿五代南唐澄心堂纸，仿宋代金粟山藏经纸，仿元代明仁殿纸，仿薛涛笺等，都很著名。此外还研制出一些新的品种，如梅花玉版笺、金花笺（洒金彩蜡笺）等。这些加工纸大多制作精美，造价高昂，至今尚可在故宫博物院等处见到。虽然 18 世纪下半叶以后西方发明了各种造纸机械，生产效率远远超过了中国的手工纸，但中国手工纸的许多优点是机制纸所难以达到的[④]。

明清时期，与造纸业相关的印刷业也进一步发达起来。印刷品种和数量都远远超过前代。由于资本主义的萌芽，在明代的一些印刷作坊中，已经出现了较为明确的分工，这些精细的分工大大促进了印刷业的发展，雕版、活字版和单色都有了普遍的应用。由于认识到印刷可以快速直接地提供丰富的信息，人们广泛在自家产品的包装纸上印上产品名称、商号、宣传语和吉祥图案来宣传自己的产品与提高自己产品的附加价值。明万历时，彩色"套印"术有了较大的发展，这种套印术包括涂版、饾版和拱花三种。它使印刷颜色由早期的朱、墨两色发展到五彩缤纷的多色，

---

① 白寿彝：《中国通史》，上海人民出版社 2004 年版。

② 潘吉星：《中国造纸技术史稿》，文物出版社 1979 年版。

③ （清）徐康：《前尘梦影录》，中国美术学院出版社 2000 年版。

④ 白寿彝：《中国通史》，上海人民出版社 2004 年版。

大大丰富了印刷在产品包装上的应用范围①。

6. 包装设计艺术接受主体的平民化倾向

随着商品经济的发展、社会分工的细化，新的社会阶层兴起和不断壮大，使传统艺术接受主体发生了变化，出现了由上层而逐渐走向平民化的倾向。这种变化在一定程度上对包装提出了新的审美要求，从而使包装设计在艺术性上为少数人服务而改变为大众服务。这是设计的本质所在，也是发展的一种必然。

随着明清商业经济的发展和新兴市民阶层的崛起，城市社会文化开始繁荣起来了，出现了反映市井生活的市民文学和戏剧，在绘画领域里，地方流派也层出不穷，如有明初的浙派和江夏派，中期的吴门派，晚期的松江派，他们绘画体现出了一种共同的倾向，就是接近世俗生活，采用日常题材，笔法潇洒，秀润纤细。如文徵明的《雨景山水》，秀丽温润，给人某种特殊的亲切感，这在前代是没有的。即这时的艺术品在追求形式美感的同时兼顾了对于生活内容的欣赏，高雅的趣味中兼顾了世俗的真实。随之，前代仅面向上层精英欣赏的艺术作品，开始走上了广泛的社会化和商品化的道路，原来不被普通大众所理解的"雅"艺术开始"俗"化了，以前只顾修身养性的艺术家不再羞于卖画、卖文，如唐伯虎、郑板桥等就都曾把自己的画明码标价出售，这样就为更多的市井小民接触雅文化提供了可能性。由于要顾及服务对象已经不再只是精英，明清艺术家必须"循索画者之意"，所以当时艺术作品的题材和风格都开始变得雅俗共赏。这时的艺术也不再只是"少数人独擅"了，出现了"国朝士大夫多好笔墨，或山水、或花草、或兰竹，各随其所好而专精之。其宗法或宋，或元，或沈、或董，用笔有枯秀，有淹润，亦各随其性而自成一风裁"②的局面。连清朝皇帝也加入了"好笔墨"的行列，顺治、康熙、雍正、乾隆四朝皇帝皆好绘画，康熙帝还曾敕撰《佩文斋书画谱》。一些诗社、画社、文学社在这时也开始出现了。在这种风气的推动下，社会上的男女老少，不管是识字的，还是不识字的，懂行的，还是不懂行的，都有机会不断地接触到一些古雅的文

① 曾礼军：《明代印刷出版业对明代小说的影响》，《浙江师范大学学报》（社会科学版）2004 年第 4 期。
② （清）张庚：《国朝画征录》，《国立北平图书馆善本丛书》，上海商务印书馆 1937 年版。

化，这样做的结果是有意无意地提高了全民的审美品位。人们审美品位的提高和崇古尚古的情怀，又为古雅的艺术作品进一步社会化和商业化准备了充足的消费者和可能性，也为绘画、书法以及其他艺术形式运用到包装装潢上提供了条件和接受氛围。

上述因素的共同作用使明清包装得到了长足的发展。使包装由生活实用性而转向实用艺术性，由以上层社会为主流而逐步走向了大众化。这样，导致了明清两代成为我国古代包装艺术发展的集大成时期。

二、明清时期包装发展的表现

在整个中国古代社会，明清时期堪称包装最为发达和集大成时期。尽管由于人们的审美趣味受商品生产、市场价值的影响和制约，供明清两代各个阶层等人物使用的产品包装，其审美取向与前代相比也表现出了"俗"的倾向，表现出了一种"镂金错采，雕迹满眼"的美，如技术的革新和进步带来的五光十色的明清彩瓷、掐丝珐琅、百宝嵌等散发珠光宝气的新品，呈现出可类比于欧洲洛可可式的繁缛、富丽、俗艳的风格，但在新技术、新工艺的推动下，特别是面向对象的全社会背景下，包装的功能得到了进一步的加强和拓展，现代意义上的包装设计要求得到了不同程度的体现。为此，我们试图以明清两代新出现的材料、制作技术、工艺带来的新的包装类型和宫廷包装制作的专业化倾向为脉络，结合当时民间包装在商品经济的背景下的广泛流通与使用，试图揭示明清两代包装发展不同于前代的新态势。

1. 新材质、新技术在包装上的应用

明清两代新材料和新技术在包装领域的应用，主要体现在两个方面：一是建立在传统材料之上的新技术。如瓷器包装中新出现的五彩、粉彩；漆制包装中出现了百宝嵌，以及匏器包装中的范制工艺等，他们主要是在对前代技艺的融通与综合上构造出了自身时代的特色，不仅仅是技术的突破，更主要的是对于包装装饰技法的丰富，使得包装的装饰意味更加浓厚。二是新材料的发现和运用。所谓新材料并非是在前代从未出现过的材料，而是指明清时期在包装领域广泛运用的新材料，其中包括珐琅包装容器、玻璃包装容器、纸质包装容器的出现和普通运用。这些新材质

虽然在前代已经出现，但因工艺、技术原因而价格较高，作为奢侈品而囿于上层社会，这一时期因技术的改进，走进了寻常百姓的生活中。其中玻璃容器和纸质包装在以资本主义萌芽为经济背景的明清时期的发展，促使了包装概念及其内涵和外延的改变，丰富了包装制作与运用过程中自身理论体系的内容，使得古代包装与现代包装产生了一种连续性的时空对接。

（1）珐琅包装

明代的金属加工工艺已达到较高水平，除了用金、银等金属直接制作的包装容器以外，还有一些使用复合金属材料，通过精工冶铸的如宣德炉、掐丝珐琅器皿一类器物的制作，显示了明代高超的金属加工工艺，到清朝，各种有色金属的冶炼技术更是取得了重大进步。

在论及珐琅工艺运用到包装容器制造时，我们有必要先了解明代工匠制度以及手工艺制作业的概况。如前所述，在明朝早期，如同前代一样，工匠技艺精湛者，常被征调入宫服役献艺。明代工匠有轮班及住作之分。由于轮班的各地工匠必须轮流赴京服役，疲于奔命，其中一年一班者，更是不仅奔走道路，而且盘缠昂贵，导致一年一班的匠户纷纷逃亡，其中铸造珐琅的匠工都是一年一班制。景泰五年，朝廷下令轮班工匠都改为四年一班，平均每年需服役二十二天左右，而住作工匠按规定每月服役十天[①]，在这种制度下，内廷服役的工匠和民间新生与成长中的工匠便有了相互交流的可能与机会。又因当时王阳明倡导"四民异业而同道"，使工匠意识和工匠精神增强，加速官匠制度解体，巧匠与擅长诗文书画的文人共同谋食于缙绅商贾之间[②]，这对于民间手工艺产品数量与质量的提升有很大帮助，因此，从明代中后期开始，唐以来官、私手工业在工艺、技术和产品质量上的差距大大缩小，民间私营手工作坊和个体生产者生产的产品有些甚至超过了官府作坊生产的。正因为如此，所以目前很多传世的明清器物很难区分是官作还是私作。

珐琅器工艺虽早在元末时期就传入中国，然而，在初期被视为"但可妇人闺阁之中用，非士大夫文房清玩也"，一直未受重视。到明代逐步被接纳而普遍应用。

---

① （明）申时行等：《明会典》卷 154《工部》，中华书局 1989 年版，第 10 页。

② 蔡玫芬：《文房聚英》，《新工艺兴起巧匠以艺博名》，日本同朋社 1992 年版，第 132—133 页。

明代的珐琅器以铜或铜合金为胎，清代则偶尔也有金银及合金为胎的珐琅。以铜或青铜为胎体，除了较经济之外，从包装材料学的角度分析也是非常好的选择，因为铜在空气中表面形成的氧化层，当其与釉在高温下作用时，较容易与珐琅釉结合成中间层，增强釉在胎面的辅助力，反观一些为了美观而用金银为胎体者，则效果不佳。我们将珐琅釉涂覆在金属胎表面形成的器皿成为珐琅器，简称珐琅。珐琅在明清虽然有种种不同的名称①，但以其制作的技法分类，则主要有掐丝、内填(錾胎)、画珐琅三种。

1）掐丝珐琅包装容器

掐丝珐琅容器的制作方法，先以铜丝盘出花纹，将之黏固在胎体上，填施各色珐琅釉料至花纹框格内，花纹外则填他色釉料为地（通常以蓝色釉料为多），而后入窑烘烧，如此重复数次，待器表面覆盖珐琅釉至适当厚度，再经打磨、镀金等手续则完成。

明代掐丝珐琅的主要器型正如《格古要论》中所载，主要为"香炉、盒、盏子、花瓶之类"②。其中用作包装的容器主要是珐琅盒，明代景泰年间制作的掐丝珐琅番莲纹盒，铜胎，盖与器身铸成浮雕式八瓣莲花形，器外施浅蓝釉为地色，盖顶平坦饰以莲心纹，盖壁与器身各莲花瓣内饰以不同颜色的折枝番莲花叶，矮圈足，底及盒内光素镀金，盒心阴刻"大明景泰年制"一行楷书款（图11-1）。此盒纹饰中的花瓣丰满，同一叶上往往施二至三种颜色，胎体厚重，釉层深厚以及掐丝末端以隐藏的方式处理，均具有早期掐丝珐琅的特色，而且落款的方式与当时漆器、瓷器落款的特色十分相同，可以确定它是景泰年间制作的珐琅包装盒。掐

图11-1　明景泰掐丝珐琅番莲纹盒

---

① 陈夏生：《明清珐琅器展览图录》，台北"故宫博物院"，1999年，第11页。

② （明）曹昭：《格古要论》，《景印文渊阁四库全书》第871册，第108页。

丝珐琅是明代景泰间主要工艺品种，俗称景泰蓝①。明代晚期，珐琅器深受人们的喜爱，民间作坊开始大量制作。延至清代，掐丝珐琅的包装容器的造型则更为丰富，出现了许多别致的形态，在注重装饰的同时，更加讲究与功能、容器造型结合，体现出整体美。具体表现在装饰成为功能实现的同时，诸多纹样和图案是根据包装容器的

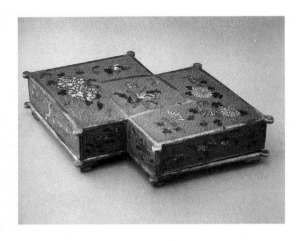

图 11-2　清掐丝珐琅方胜式盒

造型配饰的。如清代掐丝珐琅方胜式盒，铜胎，两菱形而一角叠合成方胜，高壁盖，套盖住浅壁的盒子上，底部六角出各铸一矮足。器表面浅蓝地卍字不断锦地纹，盖面饰以牡丹、菊花和罂粟花，盖壁饰以芍药、碧桃、茶、梅、兰花等，底部饰以冰梅纹，盒内装裱浅蓝色绫（图 11-2）。珐琅包装容器精美、耐用和相对低廉的价格，逐渐被运用到日常用品的包装上，如清代掐丝珐琅用作围棋盒、象棋盒的现象十分普遍。目前所见这两类盒子，皆为铜胎，长方形屉式盒，盒底有一椭圆形孔，方便将内屉顶出（象棋盒系盖盒），盒内往往置一绸裱围棋盘（象棋盘）。作为文玩用品包装，我们不难看出，它不仅注意到了开启方式，而且将包装与功能需要结合起来，使包装成为内装物使用功能需要的部分。这种设计理念和方法，直到今天才为包装界所提倡。

2）画珐琅包装容器

画珐琅器，又称"洋瓷"。清代康熙年间，中西方贸易禁锢被解除后，欧洲的画珐琅器（洋瓷）传入中国，这些舶来的画珐琅工艺品，引起了清代皇帝及王公大臣的关注，于是清政府分别在广州和北京宫廷专门设立了珐琅器制造作坊。随后不久，

---

① "景泰蓝"应是由"景泰蓝珐琅"而来。光绪年间寂园叟《陶雅》："范铜为质，嵌以铜丝，花纹空洞，杂填彩釉，昔谓之景泰蓝，今谓之珐琅，大抵朱碧相辉，镂金错彩，颇觉其富贵气太重，若真系名器，亦殊古趣盎然。"山东画报出版社 2010 年版。

由官府服役的工匠带到民间，民间便开始模仿这种制作精致、费时耗材的工艺技术，于是借鉴掐丝珐琅器、瓷器和料器（玻璃器）的生产，并吸收欧洲画珐琅工艺制作方法，经若干年努力，终于成功地烧制出了在图案题材、器物造型、珐琅色彩以及使用功能等各个方面，具有自身风格特点的画珐琅器，并且一直影响到现在。

从清代蓝浦《景德镇陶录》一书中对画珐琅器的描述可知，画珐琅器是以金属铜做器骨（胎），用五颜六色的瓷粉（珐琅釉）经烧制而成①。简单地说，画珐琅器是用珐琅釉料直接在金属胎上作画，经烧制而成，富有绘画趣味，因此也有人称之为"珐琅画"。画珐琅器的制作方法是：先在已制成的红铜胎上涂施薄薄的一层白色珐琅釉，入窑烧结，并使其表面光洁平滑，然后以单色或多彩的珐琅釉料，按照图案纹饰设计要求，绘制花纹图案，再经入窑焙烧显色而成。

清代，画珐琅器作为包装容器主要表现在康熙、雍正、乾隆三朝。画珐琅的包装容器在康熙时期主要以日常用具的瓶、盒为主。例如，康熙朝制作的画珐琅花卉盒，铜胎，盖与盘口呈十二瓣花式，盒内以弯曲的立壁分隔成七个部分，中央为圆形，其余呈弯曲不规则形，器形系仿万历朝瓷盒的形制。折沿盒口黄地饰牡丹花叶，盒内施浅蓝釉。器物表面黄地，球纽之莲瓣座包围着一朵牡丹花，外围绘制不同的转枝花卉，盒身的装饰与盖面相同，圈足黄地饰以云纹（图11-3）。

清代画珐琅器用于包装，其变化主要体现在装饰纹样方面。大致来说，康熙时，以写生花卉及图案式为主，也有少许传统山水风景。花卉主题为荷花、梅花、牡丹与菊；雍正时，装饰纹样以开光见多，多以西洋式的花叶纹或图案式的番莲及荷花为锦地，配合传统的四季花卉、竹石、鸟鹊

图11-3　清康熙画珐琅花卉盒

---

① （清）蓝浦著，郑廷桂辑补：《景德镇陶录图说》，山东画报出版社2004年版。

等吉祥纹样的开光，开光的式样有圆、椭圆、桃形和不规则形等；乾隆时，中西合璧的装饰方式最为流行，如西洋带肉翅的小天使和中国的蝙蝠纹饰的结合，还有开光风景画中的人物背景，出现港口、尖顶的北欧式楼房和教堂等建筑，表现出中西文化交流与融合。

3）内填珐琅包装容器

内填珐琅器的制作方法与掐丝珐琅相似，唯有胎体及器物表面的纹饰是采用范铸、錾刻、腐蚀或敲压等技法制成，故内填珐琅也称为錾胎珐琅。由于填烧的珐琅釉存在厚薄的不同而呈多种形态，有的珐琅釉盖过胎面，有的仅盖住下凹的胎面而使突起的金属纹饰裸露，但二者均有浮雕的效果。从北京故宫所藏清乾隆时期内填珐琅海棠式包装盒来看，铜胎，海棠式盖盒，器内浅蓝色，外壁錾浅浮雕式西洋卷叶缠枝花纹，间隙中填珐琅釉，盖顶开光处画西洋人物、港口、船舶。海棠式圈足内白地书蓝色"乾隆年制"双方框双行宋体字款（图11-4）。另一类则在胎面精雕细琢出美丽的地纹及纹饰，再填烧各色透明的珐琅釉，除了能使釉色更坚固地附着

图11-4　清乾隆内填珐琅海棠式盒

在胎面外，透明的釉色与花纹、地纹、胎色相映，倍增美观，同时也有镂空、累丝等技法与内填式相结合的包装工艺。

珐琅包装容器从明代景泰年间兴起，到清代十分发达。作为源于西方的手工艺技术和材料，由于与中国传统艺术与工艺结合，从而备受国人喜爱。这一方面表明明清时期对外来物质化的态度，即在吸纳中中国化；另一方面，珐琅器装饰的繁复华丽建立在工艺的繁杂性基础上，给明清工匠在工艺与装饰形式上一定的启示，从而在某种程度上推动了中国传统工艺的发展。

（2）玻璃包装容器

如前所述，玻璃的发现在我国虽然很早，但利用玻璃的历史却并不长。究其原

因，主要在于生产加工工艺。有关资料表明：在埃及，玻璃出现于公元前 16 世纪，埃及人以石英石为原料，用热压法生产玻璃容器。罗马人于公元前 1 世纪，掌握了吹制玻璃的工艺，还创造出了"浮雕玻璃工艺"。我国的玻璃工艺在清代以前一直处于缓慢的发展状态。到了清代，这种局面发生巨变。原因是清康熙皇帝乐于接受外来科学技术与工艺，当看到从国外带来的晶莹剔透的玻璃工艺品时，开始决定生产和制造中国自己的玻璃工艺。康熙三十五年，清皇室建立了自己的玻璃厂，从此开始了宫廷御用玻璃器的制作。当时清宫征调了全国最优秀的技术人员供职于玻璃厂，这些能工巧匠们依靠皇家雄厚的经济实力，凭借自己高超的技艺和智慧烧炼出了色彩丰富、质地精纯的玻璃。清代玻璃器代表了中国古代玻璃制造工艺的最高水平，制作的高峰期是在康、雍、乾三朝，这时的玻璃制品不但数量众多，而且通过借助无模吹制和有模吹制等技法，生产出了很多不同的形制和装饰。当时玻璃器按照艺术加工技法的不同可分为九个品种：单色玻璃、金星玻璃、搅玻璃、套色玻璃、

戗金玻璃、玻璃胎画珐琅、刻花玻璃、点彩玻璃和磨花玻璃。这些玻璃艺术加工工艺的辉煌成就，极大地丰富了当时的宫廷包装。

其中玻璃胎画珐琅工艺最为复杂，其以玻璃为胎体，是以画珐琅工艺进行装饰的复合工艺。由于技术、工艺要求极高，玻璃胎画珐琅仅适于制作小件容器，如小瓶、鼻烟壶等。其表面的绘画题材丰富，山水人物、花鸟鱼虫均可入画。其细润的玻璃胎体与绚丽的珐琅彩相互映衬，清丽艳美。清乾隆时期所造玻璃胎画珐琅西洋女子图烟壶，以涅白[①]色玻璃为胎，造型呈八方形，小口，平底，上配红色珊瑚盖。壶腹部前后有椭圆形开光，里面有运用西洋透视法彩绘的西洋女子半身像，肖像刻画细致，身后以花草为背景。壶体侧面各有对称的装饰花纹三组。整壶色彩鲜

图 11-5　玻璃胎画珐琅西洋女子图烟壶

---

① 涅白：中国传统色彩名词，灰色。有时也泛指被污染的白色，或浑浊不清的白色。

艳细润，描绘精美，充满异域风情。壶底部有楷书"乾隆年制"款（图 11–5）。

（3）漆制包装容器

我们知道，宋元时期漆器的制作在唐代的基础上，不仅工艺技术得到长足进步，而且漆器平民化和生活化，广泛用作包装容器。到明代，无论是官营还是民间的制作均有极大发展。明廷在北京设立的"果园厂"专门为宫廷漆器生产服务，《钦定日下旧闻考》记载："永乐年，果园厂制盒。"①"果园厂"的主持人是元代雕漆艺人张成的儿子张德刚。嘉靖时"果园厂"又吸收了云南优秀的制漆艺人，众多高手的汇聚，取长补短，使明代宫廷漆器的制作工艺，尤其是漆器作为包装容器的装饰艺术性有了长足的进步。

单纯从工艺的角度而言，明代的漆器工艺的种类很多，有描漆、雕漆、填漆、戗金、漂霞、倭漆、螺钿等等，其中雕漆的成就十分突出，此种工艺唐代已经出现，即把调制好的彩漆一遍又一遍地涂抹在事先制好的器胎上，等积攒到一定厚度时再用剔刀雕出花纹。它的特点是立体感强，有浮雕效果，给人逼真的艺术感受。雕漆色彩一般以红色为主，故又称"剔红"，永乐年间这种工艺达到了高峰。

螺钿是用磨制好的蚌壳薄片嵌入胎器当中，然后髹漆覆盖，最后再经磨平，制成五彩缤纷的艺术漆器。明代镶嵌螺钿工艺品的制作以宫廷造办处的产品为代表，工匠们通过选用各种不同质地的珍贵材料，利用其天然色泽，雕镂拼接于漆地之上，天衣无缝，使珍玉镶嵌和漆器珠联璧合，相得益彰，具有华丽富贵、典雅浑厚的风格，适合宫廷审美风格，广受青睐。当时的螺钿器数量众多、品种丰富，各种箱柜、瓶、盒、匣及文房用具等都用五彩缤纷的螺钿镶嵌成的山水人物、花鸟鱼虫等图案来装饰。有的嵌螺钿漆器所嵌的螺钿高出漆器或木器的表面，形成了浮雕或高浮雕的图案，称之为"镌甸"。明末扬州著名漆艺大师周翥，创制出了杂宝镶嵌法，称为"百宝嵌"，是将金、银、宝石、珍珠、珊瑚、碧玉、翡翠、水晶、玛瑙、象牙等数十种色彩各异的珍贵物件汇集在一起，分别镶入同一件漆器中，这样就造成了五色陆离、精光四射的效果，人称"周制之法"，被誉为"古来未有之奇玩"②。

---

① （清）于敏中等编：《钦定日下旧闻考》，北京古籍出版社 2001 年版。

② （清）谢堃《春草堂集》记："（扬州）又有周翥，以漆制屏柜、几案，纯用八（百）宝镶嵌，人物、花鸟颇有精致。"（清）钱咏《履园丛话》："周制之法，惟扬州有之。明末有周姓始创此法，故名周制。"

明代漆器制作工艺的发展，不仅与工匠不断探索有关，而且与有识之士的总结分不开。这种双重作用，集中地体现在我国现存唯一的一部古代漆工艺专著《髹饰录》中。该书由明代隆庆年间（1567—1572 年）安徽新安平沙黄成所著。全书分乾、坤两集，共十八章一百八十六条，分别记述了各类漆器的制造方法、原料、工具、漆工禁忌，以及漆器的种类和各个品种的形态，不仅总结了我国古代漆器工艺技术，而且为了解明代漆制包装容器的梗概提供了资料依据。

清代漆器生产虽然在工艺技术上没有大的突破，但地域性特色日益明显，呈多样化的发展趋势，民营漆器生产已取代官营生产而占据主流。各地民间漆艺作坊，形成各自的特色，如苏州的雕漆、扬州的漆镶嵌、福州的脱胎漆等。有关清代漆器遗存至今的颇多，仅故宫所藏就多达两百余件，作为包装容器的也不在少数，如清中期紫檀百宝嵌云螭纹拜匣，盒呈长方形，边角圆转，有带状矮足，盖、身子母口相合，口唇微卷，盖面隆起。盖面饰百宝嵌图案，上下各嵌一螭，首尾相衔，围拥着中央的变体"福"字纹。两螭口含灵芝，身披云气，腾飞跳跃，舒卷自如，曼妙灵动，极富动态。盖面图案以螺钿、玉石、珊瑚、象牙等材料镶嵌而成，形成红、绿、青、黄、白等多种颜色。装饰图案亮丽的颜色和弯曲舒展的线条与紫檀沉稳的颜色和整盒方中有圆的边线相得益彰，华贵而沉稳（图 11–6）。

采用两种以上的原料在一件漆器上贴嵌出多种纹饰的做法，《髹饰录》中称之曰"斑斓"①。这种技法在清初发展到高峰，螺片薄如纸，裁切精细，拼合巧妙，镶嵌也更加精细，如清初黑漆嵌螺钿加金片婴戏图箱，箱呈方形，正面及顶为可抽插的门，内装抽屉五个。除箱底外，其余各面及抽屉的外立墙均为黑漆地，上用薄螺钿及金、银片嵌成庭

图 11–6　紫檀百宝嵌云螭纹拜匣

---

① （明）黄成：《髹饰录》，山东画报出版社 2007 年版。

院婴戏图，共有幼童一百名，组成"百子图"，幼童动作神态各异，生动可爱。箱边及抽屉四边都用细壳沙组成边饰图案，光彩夺目。画、裁切、嵌制技艺都超出一般，应该是相关工艺成熟时期的杰作。

特别值得指出的是：清自乾隆开始，随着经济繁荣，漆器不仅制作精美，选料精良，做工细致，而且在装饰上形成与中国吉祥文化文字和图案密切结合的特点。螺钿嵌的常用图案画意深远，寓意吉祥，常见的有有"竹报平安""瓜蝶绵绵""寿山福海""富贵牡丹""团龙""团凤"等，如檀香木百宝嵌螺钿海屋添筹图盒。盒为檀香木制，圆形，从下部开启，内口凸起，与盒盖壁重叠。盖面嵌螺钿海屋添筹图，海水澎湃，白浪翻涌，祥云从海中升起，云中一幢楼阁露出重檐，一只仙鹤向楼前飞来。盖壁采用镶嵌技法，以螺钿为主材，饰如意纹框，框内嵌楷书"海屋添筹"四字。海屋添筹为祝寿题材，表示"添寿"之意。此盒用名贵的檀香木制作，再以螺钿、玛瑙、蜜蜡、珊瑚等材料镶嵌出精美的图案，愈显得雍容华贵（图11-7）。

图11-7　檀香木百宝嵌螺钿海屋添筹图盒

4. 匏制包装容器

葫芦作为包装容器，早在我国原始社会就已经开始，但在明代之前，这种包装容器始终是自然材料的一种简单利用，一般不作加工。到明末人们通过人为的加工，把天然美与人工意匠合而为一，使得这种类型的包装在造型上有了更多的创新，尤其是范制工艺的出现，不仅丰富了葫芦的造型，而且还可以直接饰以花纹，学术界通常将这种形制的葫芦包装称之为匏制包装容器。匏器的范制制作方法是指葫芦在幼果时，用各种形状并刻有各式花纹的模具将幼果夹紧、包裹起来，等到果实长成后再经裁割，涂漆，镶象牙、玳瑁等工艺，即成为有纹饰的器具。匏器以清代康熙年间的制品最为丰富和有名，那时的匏器工艺精致，品种齐全，式样

图 11-8 匏制凸花纹盒

新奇，纹饰丰富。当时用作包装的器形有瓶、鼻烟壶、罐、盒等。如匏制凸花纹盒，盒为仿瓜形造型，形体流畅，丰润饱满，小口，平底。口沿镶嵌象牙口，上配镂空柿蒂纹象牙盖。口沿饰卷草纹一周，盒身四个葵形开光，内饰莲花、卷草、灵芝围拥成的团窠"万寿"纹，有长寿吉祥的寓意。盒外底落"康熙赏玩"楷书四字款（图 11-8）。乾隆年间，这种"朴雅"之器更深得皇帝的钟爱，以为可胜金玉。

除常规的形制外，乾隆朝还出现了寓意吉祥的桃式盒，代表性的有"匏制福寿纹桃式盒"，盒为仿桃式造型，子母口扣合。盖顶微鼓，饰阳文桃枝、桃叶、桃花、桃实纹。盖面边缘饰一蝙蝠，盖顶枝叶间有"乾隆赏玩"四字款。纹饰生动形象，纹路清晰，层次分明，有较强的立体感。桃实纹为最高，花叶、枝条次之，款识为最低，充分显示出了制作者技艺的精湛。底面稍平，饰阳文纹饰，以突出的纹饰作为矮足。

图 11-9 匏制葫芦形鼻烟壶

在道光中叶之后相继出现了勒扎、火画、压花、刀刻等制匏工艺，这些工艺的出现，使匏器的形制、装饰得到了进一步的丰富。如匏制葫芦形鼻烟壶，壶体为束腰葫芦造型，共六瓣，平底。细腰丰腹，浑圆饱满，线条流畅。采用勒扎工艺使之分瓣匀称，凸凹过渡柔和。器口呈圆形，下微凹。上配绿玻璃盖，螺旋状，小巧可爱（图 11-9）。

从上述明清时期包装新材质的利用和新技术的发展来看，传统包装除了在工艺技术上的突破与创新外，在包装装潢上，体现出与传统吉祥文化结合，以彰显民族心理和大众审美要求的特点。而作为新材料的利用，虽与工艺的发展直接相关，但在强调包装的实用性和功能性相结合的原则下，一方面拓展了包装的用材范畴，另一方面也在一定程度上影响了整个包装的发展的态势。当然，这一时期包装艺术背后所蕴含的文化内涵和美学意蕴，也随着社会的变迁，反映出人们的审美价值取向和审美水平在逐步演变。

2.宫廷包装发展中专业制作机构的出现

中国历代官府的手工作坊，是建立在封建政治、经济体制之下的一种手工业生产方式。在这种方式下，其生产往往秉承皇帝敕谕，通过徭役制度，征集地方良工巧匠，由专门机构管理，集体制作的方式生产各类供皇室宫廷使用的器物。这种制度的出现与阶级国家的出现同步，但代有变化。与其他手工业制品一样，官府作坊所生产的包装物代表了同一时期包装物的最高水准。因此，从宫廷包装的角度来考察包装发展过程中制作工艺流程及组织制度是有意义的，毕竟古代包装发展进程的表现不仅是包装用品的数量和材质的增多，还包括包装技术的进步和包装生产机制的专业化倾向。

在明清时期，包装制作技术和体制的逐步完善是包装在这段"集大成时期"中非常重要的表现。明洪武初期，沿袭元代工匠旧籍，不许变动。虽然匠籍世袭无法改变，但是技术高超的工匠，一旦获得皇帝重用，就可以步入仕途。景泰五年，匠役定为"轮班工匠二年、三年者，俱令四年一班"[①]。明代朝廷设置的司监局库等机构，专门负责皇帝、皇室杂役等事务。洪武十七年，设置"内官监"，《明宫史》载："内官监：掌印太监一员……每班掌司第一人曰掌案。所管十作，曰木作、石作、瓦作、搭材作、土作、东行、西行、油漆作、婚礼作、火药作，并米监库、营造库……御前所用铜、锡、木、铁之器，日取给焉。"[②]

从上述文献记载可知，在当时虽然没有出现专门生产制作包装用品的作坊，但可看出宫廷制作和使用的器物用品已经是在有组织、有分工的手工艺体制下进行

---

① （明）申时行等：《明会典》卷154，第530页。

② （明）刘若愚著，吕毖摘：《明宫史》卷2《内宫监》，北京古籍出版社1982年版，第32页。

的，这是手工业发展分工日趋细致的结果。

到了清代，康熙、雍正、乾隆三朝于养心殿设"造办处"，各作坊制作的器物都非常精美，代表着清代工艺制造的最高水平。这些器物都是当时全国最优秀的工匠们的作品。有些工匠从地方被选送到养心殿造办处当差，还有多数从事各行当的手艺人仍在当地，通过督、抚、关差、织造、盐政等关系接受造办处的定制活计。据《大清会典事例》卷一千一百七十三载："初制养心殿设造办处，其管理大臣无定额，设监造四人，笔帖式一人。康熙二十九年增设笔帖式……"卷一千一百七十四载："原定造办处预备工作以成造内廷交造什件。其各'作'有铸炉处、如意馆、玻璃厂、做钟处、舆图房、珐琅作、盔头作、金玉作、累丝作、镀金作、錾花作、砚作、镶嵌作、摆锡作、牙作；油木作、雕作、漆作、刻字作、镟作、裱作、画作、广木作；镫裁作、绣作、绦儿作、皮作、穿珠作等。"[①]上述四十二作，至乾隆二十三年，将各作裁并，其中"匣作""裱作"合为"匣裱作"，无论是"匣作"还是后来合并的"匣裱作"都是当时专门制作用于包装的盒的作坊。在宫廷的器物用品制作机构中，包装盒、匣类的工艺已经从诸多的品种中独立出来，形成了专门性的制作单位，具有专业化的倾向。

从某种意义上讲，清宫造办处中"匣作"的出现，反映了当时盒匣类型的包装需求的增加，以及包装技术的逐步完善，使得其具备了成为一个新品种、新作坊的必要性。当时"匣裱作"中的工匠有"匣匠、镟匠、裱匠、彩画匠、广木匠，皆隶匣裱作"[②]，除了上述按工艺不同的分工以外，宫廷生产制作产品还出现了专门从事设计、样品制作、成本核算等前代从未出现过的部门和人员，这就形成了一个从设计、生产到管理的相对科学和周密的体系，正是在这种体系之下，按照皇帝、皇室定制的包装用品逐步完成制作，从预期的设计到材料选取、技术加工构成了一个环环相扣的生产机制。"匣作"和专业匣匠的出现，以及有组织的包装生产流程的形成，是明清时期包装发展的重要表现，同时对于古代包装史的发展有着里程碑式的意义。

---

① 《大清会典事例》卷 1173。

② 崇璋：《造办处之作房与匠役》，《中华周报》第 2 卷第 19 期，第 8 页。

3.民间包装的商品化发展

明代中后期，资本主义萌芽在江南地区的出现，虽然在很长一段时期是以纺织业为代表，但随着这种新的经济生产方式的出现，渐染到其他领域。出于专业化生产和商品流通的需要，专门生产包装物的作坊随之出现。这方面以私营漆器作坊为代表。

明代人高濂在其著作中记载："穆宗时，新安黄平沙造剔红，可比园厂，花果人物之妙，刀法圆滑清朗。奈何庸匠网利，效法颇多，悉皆低下，不堪入眼。较之往日，一盒三千文价，今亦无矣"①，这位漆匠黄平沙即《髹饰录》的作者黄成，他的剔红作品可以与果园厂的作品相媲美，深受百姓喜爱，因此一个盒子会卖到三千文的高价，这么高的卖价让周围的漆匠眼红，从而纷纷效仿制作，但制作工艺都不及黄成。由这段话可以推断出，当时民间漆制包装容器买卖自由，质量、工艺上乘的物品会被卖到高价，这是商品经济发展下的一种必然！

清代，专门生产包装物的作坊更是有进一步发展。清代扬州城非常繁华，同时它还是当时漆器生产的重要地区，有许多著名的漆工居住在城内。《扬州画舫录》的作者李斗在《小秦淮录》中描述了一位夏漆工，"夏漆工娶梨园姚二官之妹为妇，家于头巷，结河房三间。漆工善古漆器，有剔红、填漆两种。以金、银、铁、木为胎，朱漆三十六次，镂以细锦。合有蔗段、蒸饼、河西、三撞、两撞诸式，盘有主圆八角绦环四角牡丹花瓣诸式，匣有长方两三撞诸式，呼为雕漆器。以此至富，故河房中器皿半剔红，并饰楯槛，为小秦淮第一朱栏"②，夏漆工也是因为善于制作过去款式造型的漆器，且工艺精美而受到百姓喜爱，他在河边设有私人作坊，以此致富。当时手工业规模扩大，产品数量大幅度增加，商品生产专业化的程度增强使得包装的使用量不断增多，这其中一方面是需要进行包装的产品增加，另一方面是包装作为单独商品在其生产中也有了专门化的作坊。在清代苏州籍宫廷画家徐扬的《姑苏繁华图》中，漆器店便画有六家，漆制包装容器已经在市面上进行销售。"弘

---

① （明）高濂：《遵生八笺》，黄山书社 2006 年版。

② （清）李斗：《扬州画舫录》卷 9《小秦淮录》，山东友谊出版社 2001 年版，第 234 页。

历在位，苏州漆工所制雕漆，从小巧为直径半寸的圆盒到气势磅礴的宝座屏风，从器皿、陈设、文具、供器到家具等物，品种齐全，应有尽有。"① 这种私营手工业体制下的包装销售蔚然成风，不仅说明了当时社会上对于包装需求量空前增加，同时也表明商业经济的发展对包装生产与销售的刺激性作用。

明清时期，包装以商品交换的形式进行流通之所以日益普遍，这固然与社会分工、商品经济发展有关，但实则在其背后有一个强力的推手，即与这一时期赋税制度的变化有关，因为这种变化使传统的物品几乎都变成了商品。整个明清时期，赋税制度从明代嘉靖时期的"一条鞭法"和清代康熙时期出现的"摊丁入亩"，其不同于前代之处在于人身控制放松，给城市手工业提供了充足的劳动力，使城市和乡村纳入到了统一的商品市场。不仅地方土产品商品化，而且手工艺品也都成了商品，进入了市场，进行流通。包装作为保护商品，方便贮运、促进销售的附属物，在这种情况之下，其需求量自然增大。如安徽巢县"民间服用器具，仰外来商贩"②。包装在这样一个供需的经济关系中逐步发展，不仅是数量的增加，同时还包括品种的增多。商品经济改变了人们的日常生活方式，其中各种商品交换的丰富使得各种类型的包装充斥着人们的生活，大量的陶瓷包装容器、漆制包装容器、织锦囊袋、纸等在民间有着广泛的流通和使用。

此外，明清时期中外贸易中手工业经济产品的往来也颇为频繁。诸多沿海地带私营手工业作坊和家庭作坊直接加入到了对外贸易的行列当中。在明代，无论是前期的朝贡贸易，还是后期兴盛的私商海上贸易，输入的商品基本上是以海外各地的特产和一些手工业的原材料为主，如犀角、象牙、玳瑁、玛瑙珠、鹤顶、珊瑚等四十余种③，输出的产品也比过去丰富，除了丝织品和瓷器仍然占主导地位外，农副产品和手工业品等也逐步走向海外，特别是明代中后期至清代中期的贸易中，输入和输出的商品品种空前繁多，输入的有大量的金银、珠宝、药材、装饰品、工艺品、化妆品等，而输出的"如丝绸、生丝、茶叶、布匹、文房四宝、药材、绘画、

---

① 转引自乔十光主编：《中国传统工艺全集·漆艺》，大象出版社 2004 年版，第 211 页。

② 道光《巢县志》卷 4。

③ （明）申时行等：《明会典》，中华书局 1989 年版。

书籍、漆器、陶瓷、铜器、锡器，及其他生活用品等"①。除了其中有直接将包装用品作为商品来交换的情况之外，大部分农副产品和手工业品的物流运输都需要进行包装，而这种大批量商品的流通直接促使了包装生产的批量化和标准化的形成，使得作为商品贸易的运输包装迅速发展。

第二节　明清宫廷包装

如前所述，满足王室、皇室和贵族所需的宫廷包装早在先秦时期就已产生，并且代有发展，到明清时期，宫廷包装从设计、选材、造型、用色，到生产制作的组织和管理，均已程式化和形成了一套严密的管理制度。正是这种情况，使得明清宫廷包装不仅异常发达，而且颇具特色。

一、明清宫廷包装的分类

中国古代包装艺术发展到明清时期，在包装的功能、造型、装饰材料的应用及制作工艺等方面都达到了前所未有的高峰。特别是明代设立的内廷作坊和清代的宫廷御用作坊造办处，"集天下之良才，揽四海之巧匠"，专门负责设计和制作宫廷皇家用品的包装，使宫廷包装既注重对被包装物的保护功能，更强调艺术创意，其考究的选材，工艺上的精雕细琢，别致的造型，多样的装潢设计，以及对审美情趣、寓意和哲理的追求，使明清宫廷包装成为手工业时代包装的代表。因包装在材料、工艺、用途等方面具有多样性和复杂性，想要了解一个时期包装的概貌，必须有一个对当时各式各类包装的分类方式，方能避免遗漏和交叉重复。

从包装物的制作作坊来说，清代宫廷用品包装，主要是由宫廷造办处御用作坊制作的，如造办处中的匣作、漆作、木作等，是官营的专为皇家服务的工艺品及包装用品专业制作机构。此外，还有由全国各地进献的贡品包装和从国外引进的包装，即每年地方官员向朝廷进贡时所附属的包装物。明清时期与以往任何时候一样，均有严格的贡纳制度，甚至规定更加具体和严格，如清代就有专门的年

---

① 张研：《清代经济简史》，中州古籍出版社 1998 年版，第 543 页。

贡、端阳贡、万寿贡等。这些由各地官员进贡的地方土特产，均需要经过包装。且这类包装一方面要牢固严密，对所贡物具有良好的保护功能；另一方面又必须迎合最高统治者的审美心理，所以，在体现地域特色的同时，又在一定程度上具有宫廷包装物的特征。这种双重性构成了宫廷包装的丰富多样，又是宫廷包装与民间包装相互影响的重要途径。如"箬竹叶坨形茶包"，为云南生产名茶——普洱茶的包装，是清代云南官员常年进贡朝廷的贡品。这种茶包装的地方特色体现在包装材料上，它是用生长在热带地区箬竹的叶子和竹篾作为包装材料，先用叶子包住普洱茶，再用竹篾缠绕捆扎，后将竹篾两头合拧、扣结。使用箬竹叶子包装贡茶，既可以起到防潮、保鲜、耐磨损的作用，又增加了包装外形的质朴的美感。具有相同风格的包装还有清代光绪年间地方上供的"箬竹叶普洱茶团五子包"，所用材料是选择大片的箬竹叶，将五个茶团包住，相邻茶团之间用细绳缠绕系紧，使它们不至于松散[1]。这种包装还使茶团由球形变成修长的，富有曲线美的柱形，可谓构思巧妙（图11-10）。

图11-10 箬竹叶普洱茶团五子包

显然，从云南地方上贡朝廷贡茶的包装来看，它与宫廷作坊生产的其他包装容器相比，远逊其复杂性和工艺特色，同时也缺少人为的装饰，但它给人以材质美、生态美和质朴之感，因而受到统治者喜爱，成为云南地方普洱茶常贡品的包装形式。而这种包装为民间普通工匠，甚至是茶叶加工者所为，在云南地方具有一定的普遍性。以此而言，以包装物的生产单位来说明宫廷包装的内容是不科学的。

因为包装的生活性决定其与衣食起居用有密切关联，再结合留存至今的明清宫廷包装实物，我们认为按包装的盛装物来分类的方法，既可以将形形色色的包装归入到相应的类别之下，又能对各种材质、工艺和艺术特征作专门的阐释，不失为科学合理的方式。正因为如此，所以我们将明清时期的宫廷包装分为：书画包装、文

---

① 故宫博物院编：《清代宫廷包装艺术》，紫禁城出版社2000年版，第199页。

玩用具包装、书籍包装、生活用品包装和宗教器物包装五大部分①。不同用途的包装既充分突出宫廷对物品特性的严格工艺要求和皇家气派的风格，又便于说明包装物与选材、造型和装潢设计制作的关系，藉以揭示明清包装选材、造型、装饰和工艺的多样性。

1. 书画包装

书画是中国传统文化的精华，备受历代帝王珍爱。明清两代帝王不仅大都喜欢书画，而且还涌现出了像明太祖朱元璋、明宣宗朱瞻基、明宪宗朱见深、明孝宗朱祐樘和清朝康熙、雍正、乾隆、道光、咸丰等有较高造诣的帝王书画家。明清故宫收藏有历代书画精品，尤其是康乾盛世期间，由于帝王对于历代书画艺术的热爱，凭借着当时鼎盛的国力从民间大量征集书画作品，其中尤以乾隆皇帝最甚。乾隆十一年，他把日常居住的养心殿前殿西间隔出一个小室，把他认为是三件稀世之宝的王羲之《快雪时晴帖》、王献之《中秋帖》、王珣《伯远帖》贮藏在这里，命名为"三希堂"。次年，又命儒臣从内府收藏的历代法书墨迹中选出珍品三百四十件，钩摹编次勒石，名为《御制三希堂石渠宝笈法帖》，共三十二卷②。由此可见乾隆对书画之酷爱，除此之外，他一生写诗作文颇多，从主观上对书画的装帧和包装也倍加注重，有时甚至亲自参与设计，使得书画包装艺术日臻完美。从这些事实可以看出：明清宫廷书画包装除了受到传统书画包装影响之外，还羼入了这一时期诸如乾隆皇帝等人的偏爱和审美意识。而作为号称"乾隆盛世"的缔造者之一的乾隆，不仅好大喜功，而且唯我独尊，所以对他钟爱的书画的包装，在材料、结构、形态和装潢等方面无不异常讲究，处处体现着皇权思想和皇家的尊贵。

书画包装的装潢设计是体现书画包装艺术性的最主要因素，集中体现于包装的造型和装饰纹样上。包装结构不仅设计美观大方，而且注重安全性和取用的方便性。书画包装的形式虽然多样，但大体分为盒、套、匣三种形制。书画的套、盒、匣往往使用各类质地、纹饰多样的纸和木材，有的还采用锦缎、刺绣、缂丝等织

---

① 这种分类办法，参考了故宫博物院所编《清宫包装图典》的分类办法，该书 2007 年 9 月由紫禁城出版社出版。

② 万依：《清代宫廷史》，辽宁人民出版社 1990 年版，第 292—293 页。

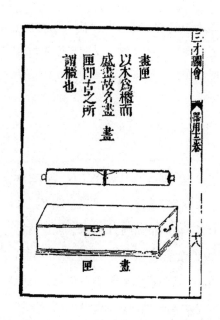

图 11–11 《三才图会》画匣示意图

绣物。

（1）盒式书画包装

自古以来，盒是书画包装常用的形式，分木盒、锦盒和纸盒等。明文震亨《长物志》在记述画卷及画轴包装时云：

"短轴作横面开门匣，画直放入，轴头贴签，标写某书某画，甚便取看。"[1]

"藏画以杉、桫木为匣，匣内切勿油漆糊纸，恐惹霉湿，四、五月，先将画幅幅展看，微见日色，收起入匣，去地丈余，庶免霉白。平时张挂，须三、五日一易，则不厌观，不惹尘湿，收起时，先拂去两面尘垢，则质地不损。"[2]（图 11–11）

除了绘画的包装以外，该书中还提到了对古帖的包装，其"装贴"篇云：

"古帖宜以文木薄一分许为板；面上刻碑额卷数，次则用厚纸五分许，以古色锦或青花白地锦为面，不可用绫及杂彩色；更须制匣以藏之，宜少方阔，不可狭长、阔狭不等，以白鹿纸镶边，不可用绢。十册为匣，大小如一式，乃佳。"[3]

上述文字，明确指出了包装对书画贮藏的重要性，同时对包装的形制进行了说明，对如何装潢也有较为实际的论述。

一般来说，木质书画盒精致古雅、尊贵体面、分量感佳；锦盒富丽华美、喜庆亮丽、高贵而不俗气；纸盒则朴实平和、经济实用。木质书画盒、匣是以各类木材为原料制成，其种类多为楸木盒、樟木盒、花梨木盒、鸡翅木盒、酸枝木盒、紫檀木盒等。其中，樟木书画盒以防蛀、幽香著称，是书画收藏者的至爱；楸木仿红木、楸木仿花梨书画盒，因物美价实而备受大众青睐；红木书画盒则以尊贵制胜，

---

[1]（明）文震亨：《长物志》卷 5《书画·小画匣》，江苏科学技术出版社 1984 年版，第 183 页。

[2]（明）文震亨：《长物志》卷 5《书画·藏画》，江苏科学技术出版社 1984 年版，第 183 页。

[3]（明）文震亨：《长物志》卷 5《书画·装贴》，江苏科学技术出版社 1984 年版，第 204 页。

无可替代。木质盒、匣上常篆刻书画的名称乃至画面，极富艺术气息，再加上有些
木料本身就很珍贵，更增加了书画包装的价值。

关于画轴的木质包装形式，在明代高濂《遵生八笺》中记载："赏鉴收藏画幅：
藏画之法，以杉板作匣，匣内切勿油漆糊纸，反惹霉湿。又当常近人气，或置透风
空阁，去地丈余便好。一遇五月八月之先，将画幅幅展玩，微见风日，收起入匣，
用纸封口，勿令通气，过此二候方开，可免霉白。"①不仅指出了木质书画包装匣制
作的具体要求，而且论述了匣装书画的存放和保护要求。显然是在长期实践经验中
总结出来的。

明清宫廷书画的包装形制和材质的选择是建立在历朝各代的经验基础之上的，
但在造型结构和装饰上更加讲究华美精致，今藏于故宫博物院的清乾隆时期所造的
紫檀嵌玉璧"集胜延禧"盒，就充分体现了这种特征。整个包装盒盖面平整，面上
嵌玉璧，璧上饰乳钉纹，在位于玉璧中孔的紫檀上刻有"集胜延禧"四字，字为隶
书体，字的外围饰满卷草纹。底座面为四方圆角平底，四角都装有固定画册的花
牙。盒壁开光，雕梅、兰图，内装四册图册。采用肌理细密、色泽古朴的紫檀来
作为山水画图册的包装盒，显得古朴典雅，内外统一（图11-12）。包装盒上使用
玉璧，应与乾隆酷爱玉器有关，流
露出乾隆的崇古敬天的思想，寓意
深远②。

书画锦盒是以纸板为胎，制成
囊匣，外糊织锦、丝绢之类织物，
这种纸板盒的造型和结构多仿陶、
铜器。书画锦盒有真丝锦盒、普通
锦盒两档。真丝锦盒色泽亮丽自
然、手感滑美、品质高贵，常用的
纹饰多为专供宫廷使用的"红龙真

图11-12　清代乾隆御用紫檀"集胜延禧"盒

---

① （明）高濂：《遵生八笺》，黄山书社2006年版。

② 故宫博物院编：《清代宫廷包装艺术》，紫禁城出版社2000年版，第120页。

丝锦""黄龙真丝锦"两种，另有多种团花图案。普通锦盒为古朴的土黄色和淡绿色，选择余地较小，但较经济。绘画通常会选用带纹饰的锦盒做包装，而书籍通常选用蓝色的素布作为外面的一层装饰材料，以显得庄重、素雅。纸质书画盒也是以纸板为胎制成囊匣，而外表裱糊的则是一层纸。面材有普通纸、特种纸两档。常备云纹暗绿色纸盒、陶纹亮灰色纸盒，为常用的类型。特种纸的色彩、纹样较多，纸质坚固。

画套，是书画包装最简便、最传统的包装形式。书画装裱完之后，必须包装并贮藏在盒匣内。明代周嘉胄的《装潢志》中对书画的装裱与包装有这样的记载："包首易残，最为画患，装裱始就，急用囊函。"① 其中，囊即为画套，一般分两类，一类是裹布，即外层用稍厚锦缎、刺绣、缂丝为面，里层为白色柔软的绸缎，缝合成比卷起的书画作品外沿大些的双层的方形布块。使用时将卷好的书画作品斜放其中，依次折叠四角即可包裹完毕，使用极为简便。这种包装方式多用于手卷这类小巧的书画作品。另一类是随形画套，这类画套是按照书画作品装裱后的形状，量体裁衣剪裁缝合而成。因是根据被包装物而专门定制的包装，所以画套与作品贴切、融合，选用的材料与上述裹布基本相同，选用外层硬里软层的织物做材料，采取内软外硬的方式，使书画作品不易被磨损，通常画套之外配之以匣盒，有利书画的保护。明《装潢志》中"手卷"篇记载："……绫锦袱，袱用匣或檀或楠或漆，随书画之品而轩轾之。"② 书中提到的"袱"即为画套，同时画套外的匣盒根据书画的品质予以包装。挂轴类书画多采用这种随形画套。两类画套上都缝有墨笔署画名的白色绸缎签条，由于包裹形式和结构的差异，所以缝合的位置略有不同。如清宫内廷所制《威狐获鹿图》卷轴画套，

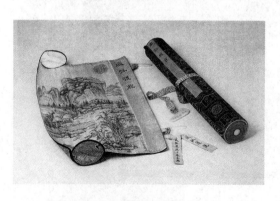

图 11-13　棉织《威狐获鹿图》卷轴画套

① （明）周嘉胄：《装潢志·囊》，山东美术出版社 1987 年版，第 36 页。

② （明）周嘉胄：《装潢志·手卷》，山东美术出版社 1987 年版，第 36 页。

套料为杏黄色金线织锦，套内衬白绫，由乾隆六皇子永瑢绘设色《秋景山水》，绫签用隶书"威狐获鹿"四字。书画包装形式以画包画，别开生面，而且用皇子的画作来做包裹描绘其父乾隆与宠妃容妃出猎情景的《威狐获鹿图》，既歌颂了乾隆善骑射，又隐喻父子情深，可谓寓意深刻，独具匠心，作品内容与外在包装，可谓相得益彰（图11-13）。

（2）集锦式书画包装

所谓集锦式包装，是指把装裱成不同形制的书画作品巧妙地组合在一起，融合成一个整体。这种书画包装的形式，将成套的书画置于一处，便于取用，创意新颖，构思巧妙。这种包装形式源于明代一些收藏家个人所为，因深受乾隆皇帝喜爱，便由清宫造办处专门制作，成为乾隆所藏书画的一种主要包装形式。其具体形式从乾隆红雕漆卷轴册页组合式包装可见一斑！该包装用剔红云纹锦地，造型由三个红雕漆卷轴盒、两个红雕漆书册盒和一个红漆底座组成。底座为四腿带托泥束腰式，源于家具的造型。这种组合式是将手卷和册页这两种完全不同装裱类型的书画作品组合在一起，使手卷和册页成为一体，创意独特，别具匠心（图11-14）。与此件包装有着同样形制的包装在乾隆时期还有一件，为紫檀木做成，造型由重叠的六轴紫檀卷轴和一本紫檀书册组成。上方的紫檀卷轴上刻团花纹，嵌象牙，象牙上刻所装书画名称《御制寒山别墅诗意》等画名，可以开启，内装六轴卷轴画。下方的紫檀书册，侧嵌象牙，为底座。此件包装的造型采用卷轴册页式，内外一体，制作精美，令人赏心悦目（图11-15）。另

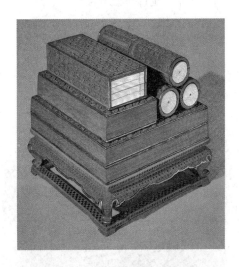

图11-14　清雕漆卷轴册页组合式二层盒

图11-15　紫檀卷轴册页组合装

外，许多特型的包装，量体裁衣，根据被包装书画的样式设计造型，就更具独特的艺术风格。如清中期"文竹书卷式盒"，采用的就是册页卷轴组合式包装形式，它由一个长方体盒、三个卷轴式盒、一个书函式盒以及葵式盒组成，每一盒的盖与身通过子母口结合。较大的长方体盒位于底层，盒盖与其余盒的盒身集于一体，3 个卷轴式盒呈"品"字形摆放上面，其长度与长方体盒相等。葵式盒和书函式盒位于 3 个卷轴式盒的同侧。整盒表面饰以文竹，阴刻着各式几何纹，葵式盒上浮雕变体夔纹，内装《董诰临米芾尺牍》《董诰九秋图》等。整盒精致典雅，形制丰富多样。就包装物来看，应该是专门为所钟爱同类书、画作品量身定做的包装。这种册页卷轴组合式包装形式是将内容相关的书籍、画册包装在一起，既便于查阅、管理，又内外一体，是珍贵系列图册理想的包装样式。

(3) 书画包装的装饰形式

由于清代帝王大都钟爱书画艺术，在亲自创作之余，广搜历代名家书画作品。同时注重对书画作品的包装，不仅出现了如前揭的宫廷书画包装形式，而且十分讲究书画包装的装饰。突出表现在装饰的题材与内容的选择和安排上，形成了既与书画本身有着内在的联系，又蕴含着深刻寓意的装饰特征。如清代乾隆御用紫檀"集胜延禧"盒和紫檀"绮序罗芳"提箱，是一对包装物，内装胜景图册和花卉图册，紫檀材质优良、色泽沉稳、纹理细密，盖面所刻隶书"集胜延禧"和"绮序罗芳"与两册书画内容极为贴切，上嵌玉璧又体现了乾隆崇古敬天的思想，装饰不仅华美，而且富有思想性（图11–16）。

图 11–16 紫檀"绮序罗芳"提箱

从目前所见清代宫廷书画包装的造型、纹饰[1]，除了部分体现最高统治者的

---

[1] 故宫博物院编《清宫包装图典》收录了有关书画包装实物图片 14 幅，可参考。该书于 2007 年由紫禁城出版社出版。

意趣之外，可以发现其蕴含着丰富寓意和深刻的文化内涵。从总体上看，它所承载的是传统文化中的思想观念和吉祥追求。如外方内圆盒象征"天地合一"，蟠桃盒祝颂长寿，瓜蒂连绵寓意"子孙万代，连绵不息"，海水云龙图案象征皇权至上，蝙蝠和葫芦则取其谐音"福""禄"，牡丹花纹表示富贵，梅竹装饰标榜清雅，等等。书画包装的图案和纹饰，除选用传统工艺精品上的图案纹饰以外，部分直接以时人书画艺术作品做装饰。这种装饰图案纹样源泉与装饰形式，有利于突出皇权思想与皇家气魄，因此，主题纹饰主要是象征皇家地位与尊贵的云龙纹、海水江崖纹以及寓意吉祥富贵的纹饰。包装盒外部常常装饰有象征敬天崇古的玉璧和其他玉质饰物。此外，书画包装非常注重包装物与被包装物的和谐统一，包装物优良的材质、精美的图案纹饰与珍贵的书画作品交互辉映，精致典雅[①]。

2. 明清宫廷的文玩用具包装

文玩包装，一般认为包括文房用具和供休闲玩耍娱乐之用的古玩珍品包装。其中文房用具是指中国传统文化中的"文房四宝"——纸、墨、笔、砚。供休闲玩耍娱乐之用的古玩珍品很多，主要有各种玉石、金属、漆器、陶瓷、匏器、玻璃、珐琅以及竹木牙角等。这些可归属"文玩"的珍品由于备受帝王官僚喜爱，自然离不开包装。

由于文玩用具品种多，其自身材质、形态和玩赏方式五花八门，所以其包装千差万别。为了便于了解，这里我们先进行分别介绍，然后在此基础上，归纳、分析、总结其特征。

（1）文房用具包装

1）笔的包装

中国古代的笔是指毛笔，它是书写和进行书画艺术创作的工具，因此，历代对其十分珍重，不仅制笔技术日益精进，而且对用于笔的收藏和保护的包装也颇为讲究。《西京杂记》载：汉制"天子笔管，以错（杂）宝为跗"[②]。可见帝王使用的毛笔取材的高贵，雕镂艺术的精工，自古有之。明清时制笔工匠们在笔的制作和包装上

---

① 参见故宫博物院编：《清宫包装图典》，紫禁城出版社 2007 年版，第 5 页。

② （晋）葛洪：《西京杂记》卷 1，三秦出版社 2006 年版。

可以说超越以往任何时候，毛笔的种类增多，质量提高，笔包装无论在取材、功能、结构和装饰上均达到了前所未有的水平。当时的制笔作坊不仅有宫廷造办处，而且在全国各地，尤其是文化大盛的江南地区出现了一批民间制笔高手，制作出了众多名笔，随之，毛笔的包装也更加精美。以宫廷造笔来说，据《清宫述闻·懋勤殿》所记："凡文房四事，由各等处呈进赏收者，预备上用、颁赐各件、皆收贮懋勤库"[①]。"乾隆五十七年，懋勤殿所存各色笔有二万余支。"[②]可见，宫廷用笔和藏笔数量巨大。这些御用笔除了材料珍贵、技艺精细外，在笔的装饰及保护上也颇为注重，通常是名笔配佳匣，一方面固然是珍重华贵，另一方面是为了更好地保护笔的本身，起到防潮、防蛀的作用，如清乾隆竹管楠木斗、象牙斗"云汉为章"紫羊毫提笔，装在一个提梁缠枝花带屉锦盒内。

又如清初竹管大霜毫、紫羊毫、大书画紫毫笔等分别装在长方几形四足带屉锦盒中，除了锦盒，还有精致的红木嵌银丝缠枝纹匣，楠木匣内套锦盒、樟木匣，以及引人注目的剔红五屉"御制诗花卉紫毫笔"匣，该笔匣长方形，匣内安可以活动的上下五层拉屉，取用十分方便。屉上分别卧有笔槽，每层可容纳十支毛笔，共五十支成套。笔匣以红漆为主，黄、绿两色漆作锦地，通体雕饰江南山水图景，匣

图 11-17 红雕漆五屉"御制诗花卉紫毫笔"匣

内屉座及匣底连体阔座均雕缠枝莲纹，匣顶中央回纹长方界栏内刻"天葩垂露"四字。整个漆匣色彩艳丽，雕工精细，雕饰层次清晰有致，远山近水，林木掩映，颇富诗情画意。笔匣用以贮存新笔，通常在匣的底部设置镂空层，里面放置药物以防蛀。这件包装堪称清宫现存最精美的毛笔包装，设计精巧，制作华丽，漆艺与雕饰都给人留下了深刻的印象（图 11-17）。更有甚者，连笔管及毫也加以包装，如清竹

① 章乃炜：《清宫述闻》，北京古籍出版社 1988 年版。

② 章乃炜：《清宫述闻》，北京古籍出版社 1988 年版。

管牛角斗羊毫提笔，毫尖均套一个黄绫套，使笔毛避免弯曲。有些漆管大抓笔及提笔，将毫根缠绕白丝线数匝，这也是包装的一种方式，加强了对笔毛的保护。

2）墨的包装

墨在中国古代书画艺术创作中具有十分重要的地位，因为中国古代书画艺术在很大程度上是笔墨艺术。墨不仅是书画艺术创作不可或缺的材料，而且被赋予了生命和艺术象征的意义，所以，中国古代书画家不仅重视和认识到了墨的作用，而且亲自制墨。明清时期，出现了许多制墨大家。墨的重要性，自然使墨的包装受到重视和关注。关于墨的包装，在明代高濂《遵生八笺·燕闲清赏笺中》中有这样的记载："墨匣：以紫檀、乌木、豆瓣楠为匣，多用古人玉带花板镶之。亦有旧做长玉螭虎人物嵌者为最，有雕红黑漆匣亦佳。"[①]其中提到墨匣的制作材料，最好以紫檀、乌木和豆瓣楠木为之，这三种木材皆为硬木，可以很好地保护墨块。清宫中珍藏的墨匣大多用这几种材料，其中较为典型的有清代乾隆时期的楠木提梁多屉墨匣，这件匣式包装顶部制弓形提梁，在侧面设置上提拉门，上阴识隶书"笭罗乌玦""上函"，字口填蓝彩。匣内设有隔板插放着五个抽屉，屉内安装小巧的蝙蝠形金属拉手，兼有实用和装饰作用，每一个屉中放置墨四锭，分别用黄色硬纸作托并随墨形一一制出凹槽。墨质易碎，嵌凹槽式存放起到了良好的保护作用。墨的上面覆黄色硬纸板，以防尘埃着于墨上（图11–18）。明代高濂在《遵生八笺》中提到的"雕红黑漆匣亦佳"，到清代仍然得到沿用，乾隆时期就有这样形制的墨包装，如黑漆描金云龙套装墨盒，盒身饰以金龙火珠团寿纹，漆盒内放置四个团寿夔龙纹锦盒，盒盖双开，镶金色纸边。每一个夔龙锦盒中分贮乾隆御墨两锭，御墨外包明黄色缎套，套面上绣制金龙海水云崖。锦

图11–18　楠木"笭罗乌玦"提梁多屉墨匣

---

① （明）高濂：《遵生八笺》，黄山书社2006年版。

图 11-19　黑漆描金云龙套装墨盒

图 11-20　黑漆描金胡星聚琴式墨盒

套柔软，图案精美，用以包装御墨，既实用又美观（图 11-19）。墨的包装，除了讲究材质外，造型上也多有取巧之处，因为很大程度上，专门为皇帝做的墨必然要讲究装饰和品位，其中清代康熙时黑漆描金胡星聚琴式墨盒就较为典型，这件包装在造型上十分巧妙，不仅其中盛装的墨被设计为琴形，而且其外的包装亦为琴式，一端岳山凸起描以金漆，旁侧镶嵌螺钿十三枚为琴徽，古琴神韵由此托出。八锭琴式墨分别仿照历代名人的琴式设计而成，精巧别致，其中二锭新意别出，外套以锦囊，其一尽入囊中，扎系绦带，其一半入囊中，首阴识"檀阁"二字（图 11-20）。古人好琴棋书画，以示风雅，把墨制成琴式，并用琴式漆盒作包装，创意新颖，更显出包装设计的雅趣①。

3）纸张的包装

纸自诞生之日起就被作为包装材料，到明清时期，随着造纸技术的日益精进，不仅宫廷用纸特别讲究，而且不少书画家也定制或按自己的要求生产特殊纸张，并对这些纸张在待作书画之前通过包装予以保护，从而确保纸张的属性不发生大的改变，另外，由于造纸受原材料产地的限制和对环境易造成污染等问题，造纸作坊往往在原材料产地或市镇边缘地带，需要运输包装，特别是明清宫廷用纸大都是贡

---

① 参见故宫博物院编：《清宫包装图典》，紫禁城出版社 2007 年版，第 18 页。

品，更需要通过包装来显现其特色与珍贵。明清两代就宫廷御用纸来源而言，不外乎两个方面，首先绝大多数是由政府部门在产纸的当地精选原料，造出一定数量指定的成品。当时每年中央政府要各产地省区进贡大批用纸，少则几万张，多则几十万张①。其次，内府还网罗天下各地著名的纸匠，入京专门制作特供帝王独享的高级用纸。

从上述史料可知，宫廷当中用纸量非常之多，不仅仅是用于批阅公文往来档案、书画写绘，且宫廷每年的生活装潢、祭祀用纸、印书等也需要大量纸品。因为纸张自身的易潮、易燃等特质，所以宫廷中纸张的贮藏和保护也十分重要，加之纸张的品种和用途皆不同，所以分类包装是有必要的，其中御用纸在包装上也较为华丽。如黑漆描金团龙纹斗方盒，盒面中央描绘团龙，四角分别饰以莲花一朵，枝茎绵绵，寓意吉祥。内装朱绢斗方，色泽浓艳，饰描金银云龙纹，皇帝御用。掀开漆盒，可见朱绢上罩放着卐字框架白丝的格网，网为明黄色框架，上贴彩色锦缎，工整秀雅；框架中央嵌制蝙蝠形金属饰件，以便提携。这层隔网，可以避免开盒时产生的微弱气息将盒中的纸绢带起，它与漆盒组成一个完善的纸张包装装置（图11-21）。从漆盒表现的漆艺特征推测，这套包装是在朱绢的生产地为其量身制作的。

在供宫廷用纸的运输包装方面，尽管文献缺乏记载，相关实物留存也极为罕见，但从现存的一件"毁抄印图纸"夹板可以看出，当时纸的运输包装与今天相比，几乎一致。该运输包装用粗木制成，表面涂黄色油漆，板盖由数块木板拼接而成，两端钉制木杠横向伸出板体，与底板的木杠对

图11-21　黑漆描金团龙纹斗方盒

① （明）李东阳等编《大明会典》（洪武二十六年）记载："印造茶盐引由、契本、户籍等项用纸，分派各产纸地如数解送到京。陕西十五万张、湖广十七万张、山西十万张、山东五万五千张、福建四万张、北平十万张、浙江二十五万张、江西二十万张、河南五万张、直隶三十八万张。"

图 11-22 "毁抄印图纸"夹板

应。夹板的四根杠子被一条长绳索拴住，并在上下两根杠子间交错缠绕，将夹板拴牢。在夹板装的绳索上，穿挂着一块木牌，上题"毁抄印图纸二百五十张"，纸张厚硬且洁白如雪，饰以花纹，可能是用于贴墙面的纸张。夹板虽然制作粗糙，形式较为简陋，但足以说明后世纸张的运输包装在明清时期已经出现（图 11-22）。

4）砚的包装

砚盒是砚台贮藏与包装的常见形式，《骨董琐记全编》载："墨盒之制，不详始于何时。相传一士人入试，闺人以携砚不便，为渍墨于脂，盛以粉奁，其说特新艳，然无确据。"[①]"墨盒"在这里指的是包装砚台的盒子，并非包装墨块的盒子。该书中说到砚台的包装是从女人粉奁包装演变而来，实有猜测之嫌，无可稽考。但砚台的包装形制在诸多文献中有所论述，如明代高濂《遵生八笺·燕闲清赏笺中》中就记载了砚台包装的相关史料，其中专门谈到了藏砚之法，同时对于砚匣的包装形制也有一定的评鉴，其云：

"涤藏砚法：以文绫为囊，韬避尘垢，藏之箪匣，不可以砚压砚，以致伤损。"[②]

"砚匣：用古砚一方，以豆瓣楠、紫檀为匣，或用花梨亦可。砚不在大，适中为美，可入藏匣。再备朱砚一匣，故《砚谱》有双履制者，为便二色用也。砚以端歙为佳，或用白端石为朱砚者，不耐久用，沾染不落，亦得旧石一方为副始佳。"[③]

由此可知，砚的包装十分注重材料的选择，且多用硬木，这种木材对砚台的保护性较好。从故宫所藏实物来看，到了清代，宫廷砚台包装十分华美，多为金属类材质，从遗存至今的实物来看，其中最为精美的应为清代乾隆时期的掐丝珐琅海水江崖龙暖砚盒，砚盒盖面及盒体饰以常见的海水江崖云龙纹，盒底部为铜质连体阔

---

① 邓之诚：《骨董琐记全编》，北京出版社 1996 年版，第 153 页。

② （明）高濂：《遵生八笺》，黄山书社 2006 年版。

③ （明）高濂：《遵生八笺》，黄山书社 2006 年版。

座，四周錾出联珠、卷草纹，有"大清乾隆年制"款识。砚盒口部承放铜质带隔屉子，两方砚石即盛在屉中而置于砚盒之上口内中，砚石细腻温润，距砚盒底部有较大的空间，逢冬季用砚时，在砚盒之中贮上热水，可以防止砚上的墨汁冻结（图11–23）。此外，另一藏品银鎏金錾花暖砚盒，砚盒为银鎏金錾花，呈长方形，上有盖，下设置八足，口内架连体银砚两方，盒顶面及其四壁均錾珍珠地，浮雕花纹。盖面饰以缠枝花卉，四壁饰相同的夔龙纹，每面的中心又嵌饰银烧蓝团龙，外底中心阴刻长方框，内篆书"大清乾隆年制"款。据考该包装盒为清宫造办处所造，胎体厚重，造型端庄大方，花纹錾刻精细，婉转流畅，富丽而又典雅，为银器中的杰作，这种暖砚为天寒地冻的冬季用的书写工具，有燃炭和热水两种，此暖砚为储水式，

图 11–23　掐丝珐琅海水江崖云龙暖砚盒

图 11–24　银鎏金錾花暖砚盒

但此包装盒内的银砚，不能研磨，只能做捻笔用，此种砚古已有之，名为书砚，冬季加热故称"暖书砚"[1]（图11–24）。

　　当然除了用硬木和金属材质制成的砚台包装外，还有其他材质的，如清代道光年就有匏质砚盒。从现存实物看，该砚盒为长方形，以匏为盖，盒底用紫檀制作，四周饰以连环纹，下有四个矮足，底边嵌象牙一周。匏器为古代民间包装多用的材质，这件砚台包装所使用的是匏模制成，即是将初生的嫩匏纳入模范之中，使之随模生长而成，无论是在宫廷还是民间，这种培育和制作的成功品极少，流传亦不多

---

[1]　参见故宫博物院编：《清宫包装图典》，紫禁城出版社2007年版，第68页。

图 11-25　匏质砚盒

（图 11-25）。这件砚台盒是清宫收藏中唯一流传至今的匏质砚台包装①。

5）印章与印泥的包装

众所周知，印章与印泥在我国出现甚早，至迟在春秋时就已出现，战国时已普遍使用。最初虽主要作为商业上交流货物的凭证，但自秦始皇统一中国以后，不仅作为权力的象征，而且渐及民间，成为身份的验证物，因此，被广泛使用，并注重保存。特别是作为最高统治者所使用的印玺，具有至高无上的权力，是帝王的象征，代表着一切，其包装自然讲究。

明清时期，宫中帝后的印玺都备有印匣、印盒作为存放印玺之用。由于印玺非凡的重要性，作为存放印玺的印匣都采用贵重金属、贵重木材作为制作材料，其造型都简洁，给人庄重之感。明代高濂《遵生八笺·燕闲清赏笺中卷》中对于印盒和印泥盒这种带有包装性质的容器有过如下论述：

"图书匣：有宋剔红三撞者，二撞者，有罩盖者。新剔红黑二种，亦有二撞者，但方匣居多。有填漆者，有紫檀雕镂镶嵌玉石者，有古人玉带板，灯板镶匣面者。有倭匣，四子、六子、九子，每子匣内，藏以汉人玉章一方，或藏银章，替下藏以宝石琥珀、官窑青东磁、旧人图书，为传玩佳品。若常用，以豆瓣楠为佳。新安制有堆漆描花蚰嵌图匣，精者可爱，近日市者恶甚。又如黑漆描花方匣，何文如之？亦堪日用。"②

"印色池：印色池以磁为佳，而玉亦未能胜也，故今官哥窑者贵甚。余见二窑印池，方者尚有十数，四八角并委角者，仅见一二，色亦不佳。余斋有三代玉方池，内外土锈血侵四裹，不知何用，今以为古玉文具中印池，似甚合宜。又见定窑

---

①　参见故宫博物院编：《清宫包装图典》，紫禁城出版社 2007 年版，第 92 页。

②　（明）高濂：《遵生八笺》，黄山书社 2006 年版。

方池，佳甚，外有印花纹，此亦少者。有陆子冈做周身连盖滚螭白玉印池，工致侔古，今多效制。近日新烧有盖白定长方印池，并青花白地纯白磁者，此古未有，当多蓄之。且有长六七寸者，佳甚。"①

其中，"图书"即为印章，"图书匣"即为包装印章的匣子，而"印泥池"指的就是印泥盒。高濂在书中指出，对于印泥的包装，瓷质比玉质还要好，所以在明清宫廷中有诸多印泥为玉质和瓷质容器。如清代嘉庆年制"懋勤殿"款龙纹印色盒，盒呈扁圆形，通体以青花云纹为地。盖上绘两条飞腾的金色五爪行龙，正中金色方框内有金彩"懋勤殿"三字。底足内施白釉，落青花"大清嘉庆年制"六字篆书款。

当然，在工艺技术与前代相比更加发达的清代，印章和印泥的包装在材质上远不止上述两种。如我们在前面所论及的清乾隆时期珐琅技术已经有了很大的提高，珐琅制品华美艳丽的色彩与宫廷审美风格深深相合，因此，在文房用具包装的制作中经常被使用，如故宫现藏画珐琅花鸟纹印色盒，盒呈圆形，子母口相扣合，盖鼓，圈足。盖面中央饰八瓣形开光，内彩绘花鸟图，一枝蔷薇花花开正艳，两只相对而鸣的绶带鸟立于其上。盖、盒立壁分别饰朵花纹一周，图案华美，色彩明丽（图11-26）。至于宫廷中皇帝使用的印章，不仅本身地位高，而且材质贵重，多用上上等和田玉，故所用包装在材质上也极为精贵，用贵金属作包装材料较为常见。如"八成金印匣"，匣体呈方形，盖面呈拱起的梯形。印匣内置印池，合为一套。印池

图11-26　画珐琅花鸟纹印色盒

图11-27　八成金印匣

---

① （明）高濂：《遵生八笺》，黄山书社2006年版。

边沿外折，置于印匣之中，为存放印玺之用。整体材料均为八成金质。印匣正面有扣别以供开合，两侧各备有四个提手，可系绳（图11–27）。

6）文具套盒

文玩用具除了单件的包装之外，为了使用的便利性，明清时期还将各种文具包装在一起，形成组合式包装。这种包装形式不仅在宫中使用，而且在文人士大夫中使用十分普遍。明代高濂《遵生八笺·燕闲清赏笺中卷》提及这类形制的包装时说："文具匣：匣制三格，有四格者，用提架总藏器具。非为观美，不必镶嵌雕刻求奇，花梨木为之足矣。亦不用竹丝蟠口镶口，费工无益，反致坏速。如蒋制倭式，用铅钤口者佳甚。"①

作为"总藏器具"的文具匣，其包装结构上通常是多格式，用以贮藏各种文房用具，在包装装潢上，文献中提到"非为美观"，但求朴素典雅，较多的装饰与镶嵌也不利于匣盒之保存，"反致坏速"。产生这种看法和认识，应是因文人喜游山玩水，居无定所，这类匣盒搬迁频繁的缘故。然而，宫廷中的文具匣情况有所不同，移动和搬迁不多，所以较为华美，如清中期的文竹嵌玉炕几式文具盒，整体呈方几形，有四足，正面设有五个大小不一的抽屉，分高低两层摆放，下层中间设一空洞，饰以镂雕花牙。小屉各装一白玉质小蝙蝠拉手，取放东西十分方便。文具

图11–28 文竹嵌玉炕几式文具盒

盒通体包镶文竹为饰，面饰龟背莲花锦地纹。几面上有一方瓶，设木座，瓶为4层组合式，可拆为小盒，各层之间通过子母口衔接。方瓶肩部饰两个白玉质兽首衔环耳，瓶内插一如意。瓶身饰蕉叶纹、卍字不断头纹。方瓶旁为一椭圆盒，也设有木座，盒顶饰一青玉蟠螭饰件，盒体饰缠枝莲纹。椭圆盒右边为一书函式二层盒。盒顶嵌有玉书签，饰青玉雕蟠螭及染牙丝穗玉佩。盒壁粘贴竹丝，似书页相叠（图11–28）。

① （明）高濂：《遵生八笺》，黄山书社2006年版。

又如故宫博物院现藏清乾隆时期的文竹绳纹提梁文具箱，木胎，外以竹黄贴制，呈双开门小立柜式，柜壁贴刻菱形束如意莲花宝相花纹，镂空的门框贴刻夔龙纹，柜内分为四层，一层较宽，装有镂空菊花纹的双扇门，内为盛装书册之用，二层和四层为通屉，为装笔之处。三层是双匣屉，可盛装砚印。每组屉盒前壁均贴刻宝相花纹，安装有铜镀金钉钮拉手。小柜两侧的底部錾绳纹金箍固定，自然形成文具箱的提梁[1]。该箱注重材质、做工讲究、结构合理，便于取用，装饰图案和色彩与被包装物文房用品的属性十分贴切。特别是文具箱的绳纹金箍提梁，源于人类早期的绳包装，既实用又美观。再如乾隆四十二年，由苏州进献给乾隆的棕竹水浪莲花

图 11-29　文竹绳纹提梁文具箱

图 11-30　棕竹水浪莲花盒

盒（图 11-29），利用棕竹美丽的天然色纹，以木为胎，将二十四块棕竹丝片盘贴成旋涡浪花纹葵花形盖，盖面正中嵌着一片雕莲花白玉，好似莲花漂荡于水面之上，盒内配有檀香木雕碧波莲花屉盘，盘中又雕阴刻御诗的五个小池，池嵌装汉代玉鱼。此盒外表丝纹紧密，纵横衔接不露刀痕，宛如天成[2]（图 11-30）。

（2）供休闲玩耍娱乐之用古玩珍品类包装

我们知道，由于前代留存、地方贡纳以及宫廷作坊制造等原因和形式，历代宫

---

① 参见故宫博物院编：《清宫包装图典》，紫禁城出版社 2007 年版，第 94 页。

② 参见故宫博物院编：《清宫包装图典》，紫禁城出版社 2007 年版，第 108 页。

中都收藏了不少古玩和时代工艺品。这些古玩和工艺品无论是长期被搁置，还是经常被帝王赏玩，都需要使用包装来保护和方便藏贮。明清两代，因宫中汇聚了大量文玩物品，所以内务府专设生产包装物的作坊——"匣作"，且规模呈不断扩大之势。康熙年间，共有官员及匠役人等五百九十四人[1]，至乾隆年间更为庞大。在乾隆二十年前曾设立有匣作、裱作、画作、皮作、玉作、镶嵌作等三十九作[2]。后将一些活计相近的作处合并，共为十五作。至乾隆二十三年，又有调整，这时懋勤殿、如意馆并造办处所属的单位共有四十一作。

作为专门为各类珍玩用品生产制作包装的匣作，与其他作坊相比，综合性更强，它需要将各种工艺技术和材料运用到包装的制作上，从而更好地体现皇家用器之华美精巧。如故宫博物院收藏的文竹寿春宝盒，于清乾隆年间设计制作，其外包装造型中圆外方，与古代礼器玉琮的造型颇为相似。盒面以聚宝盆及"春"字为图案，盒内有四子盒作为内包装，四子盒盒面分贴"天""地""同""春"四字，在外盒四角相邻的平面还贴有各体"寿"字九十六个，加上四幅"祝寿图"，恰好符合"百寿图"的数目。这件文玩包装的造型、纹饰和文字设计，具有"天人合一""长寿如春"的蕴意，而纹饰和文字的制作都用深色竹簧镂贴而成，与黄色的盒面形成统一而又有深浅变化，显示了典雅高贵的审美格调[3]（图11-31）。

又如故宫博物院所藏乾隆时黑漆描金"一统书车"玉玩包装匣，以日本黑漆描金盖箱作外包装，纹饰大方，色彩对比强烈。盖箱边角以铜鎏金錾花纹包护，箱底装两根铜管，用以穿绳，捆缠盖箱，方便抬运。箱内码放四十五件抽拉式套匣，内装玉器。套匣由木制成，边

图11-31　文竹寿春宝盒

---

① （清）赵尔巽等：《清史稿》卷118《志九十三·职官五·内务府》，中华书局1977年版。

② （清）昆冈奉敕纂：《钦定大清会典事例》卷90，台北新文丰出版社1976年版。

③ 参见故宫博物院编：《清宫包装图典》，紫禁城出版社2007年版，第94页。

包油竹，面裱织锦。套匣面嵌装铜鎏金把手，把手可启合，取用十分方便。套匣的面及屉两侧均嵌象牙，上刻玉玩套装名，其作用是防止套匣与屉分开后张冠李戴，一侧嵌装铜鎏金把手。屉为卧囊式，形状与所装玉器形状一致，而且加以彩绘，有山水、花鸟、诗词咏诵等，组成了一幅多姿多彩的图案。盖箱内所装的四十五件抽拉式套匣，根据所装玉器的不同，按一至九序号分为九类以命名。由于每一套匣内所装玉器较多，大小形状不一，虽然屉内有与玉器形状一致的卧囊，也极易混淆，故又根据屉内玉器卧囊的形制，把它绘制于锦缎上，锦缎一面是与玉器卧囊相同的图案名称，另一面是皇子、大臣或宫廷画师手绘的山水画。根据这块锦缎所绘的玉器形状和名称，即可找到屉内皇上所要欣赏的玉器，不致误了时辰，受到责备和惩罚，又可以把皇上要去的玉器，送回时准确找到其位置，这块锦缎实际起到按图索骥的作用。"一统书车"玉玩套装汇集了清宫所收藏的最精美的玉器，并以诗画的形式加以包装，彰显了古人所崇尚的"玉德"，而每一件玉器包装的命名变枯燥的数字为彰显美好意境的重要角色，将实用与博大精深的文化底蕴完美结合起来，使包装达到了出神入化的境界①（图 11-32）。

需要特别指出的是：清代宫廷贮藏珍玩的包装中有一批形制特殊的漆器，被称为"莳绘"。它是日本特有的漆器工艺，在 18 世纪频繁的中日贸易中，由地方官进贡给朝廷。这些莳绘以匣盒居多，在清宫中以收藏各式珍玩为主，形制分大、中、小三类，大者以及中型者除了保留外形之外，内部大多已被清宫改装，增加了内匣，分隔为若干空间，以便收藏各式珍玩，甚至作为多宝格（详见该书下一节"皇帝的多宝格"），收藏的地点以皇帝日

图 11-32　黑漆描金"一统车书"玉玩套装匣

---

① 参见故宫博物院编：《清宫包装图典》，紫禁城出版社 2007 年版，第 96 页。

常生活所在的养心殿为主。

为什么说莳绘这种漆器工艺系外来传入的呢？前述明天启年成书的《髹饰录》中并无"莳绘"一词。只有洒金、描金和识文描金等与"莳绘"有些相近的工艺。邓之诚《骨董琐记全编》"倭漆传入中国"条，提到泥金、描金、洒金漂霞的技法系从东夷传入，王世襄先生则认为莳绘技法的起源在中国，不过可以确定的是明代初年中国并没有莳绘的制作。到了晚明，吴中地区有仿制莳绘者，虽然仿制的式样与花纹十分相像，但是胎体较厚，"造胎用布少厚，入手不轻，比倭似远"①，相较晚明文人对莳绘"质轻如纸"的标准，两者差距甚远。对于胎的掌控即使在清代仍存在相同的问题，"乾隆三年四月二十八日，太监高玉传旨：'今日所进红里洋漆盒子，漆水花样俱好，此盒胎子蠢些，再做时要比此胎子秀气些，钦此。'"②胎体上的厚重，是仿制品与莳绘最大的差异。清代雍正皇帝十分喜爱莳绘，时常令造办处仿做洋漆，不过在制作时，常依据个人喜好修改样式，或者移植洋漆的装饰风格与纹样。"雍正十年十月二十八日，司库常保、首领太监李久明持出洋漆盒一件，奉旨：此盒花纹甚好，嗣后造办处如做漆盒可照此花纹，不必独照此盒款式。"又"雍正七年四月十一日，郎中海望持出洋漆万字锦条结式盒一件。奉旨：照样或烧造黑珐琅或做漆盒，钦此"。故宫博物院藏品黑漆描金包袱式长方形漆盒，据当时档案记载："雍正十年二月十七日，首领萨穆哈持出洋漆包袱盒二件，皇上传旨：此盒样式甚好，照此再做一些黑红漆盒。"③盒子外饰以凸起的包袱系纹。盒用黑漆金饰折枝佛手、石榴寿桃，寓意子孙满堂，万福长寿。包袱纹描油，在银灰色地上用红、黑、绿等色描绘菊花寿字锦纹，其褶皱和蝴蝶结表现得自然逼真，若不仔细观察，会令人产生错觉，认为它是用包袱皮裹着的漆盒④。这种雕包袱盒，源于对原包袱式包装的模仿，与青铜器上绳纹源于人类早期包装的造型有着异曲同工之妙，极具艺术观赏性。雍正皇帝十分喜欢日本漆器，亲自下令制造了该漆盒，用于放置珍爱物品和不时欣赏。莳绘对清代造物的影响，并非始于雍正，早在康熙朝时即已

---

① （明）高濂：《遵生八笺》，黄山书社 2006 年版。

② 朱家溍：《清代造办处漆器制做考》，《故宫博物院院刊》45，1989 年 3 月，第 3—14 页。

③ 朱家溍：《清代造办处漆器制做考》，《故宫博物院院刊》45，1989 年 3 月，第 3—14 页。

④ 参见故宫博物院编：《清宫包装图典》，紫禁城出版社 2007 年版，第 102 页。

有之，康熙年制作的清康熙画珐琅梅花鼻烟壶
就直接将莳绘嵌在壶腹的开光上，壶侧亦饰以
白地梅花（图11-33）。这种将珐琅与莳绘相结
合的做法，无疑是工艺上的一次突破与大胆尝
试，也说明当时莳绘的影响不只是漆器，同时
波及同时代的其他包装工艺创作中。

　　作为贮藏珍玩的莳绘盒，在使用上也有一
定的缺陷，高濂在《遵生八笺》中载："但可取
玩一时，恐久则胶漆力脱，或匣有润燥伸缩，
似不可传，宁取雕刻，传摩可久。"① 尽管如此，
当时的帝王亦十分赏识莳绘"轻"和"巧"的
特色。"轻"，是指质量轻，前文已提及过"质
轻如纸"；而"巧"则包含结构样式设计的巧妙

图 11-33　清康熙画珐琅梅花鼻烟壶

好用，以及做工的精巧，这些特质都使得莳绘盒广泛成为宫中收藏珍玩的包装盒。

（3）皇帝的"多宝格"

　　与前代不同，清代宫中出现了专门收藏或陈设古玩器物的多宝格。从严格意义
上说，它不属于包装，而只是家具的一种。我们之所以在这里稍加叙述，主要是清
宫中的多宝格对古玩珍品具有某些包装的功能。它的出现是为了方便皇帝随时鉴赏
和把玩宫中的奇珍异宝。在日常管理中，宫廷设置有各式的库房，例如清宫内务府
广储司下设银、缎、衣、皮、瓷、茶六库，凡天下贡献的奇珍异宝就收藏在这些仓
库里，各设专人管理，皇帝想要欣赏珍玩要经过很多道程序，十分不便②。多宝格
将数件至数百件珍玩，同贮在体积不太大的包装箱中。多宝格起源于何时，虽尚难
稽考，但在明代的一些笔记中，常提到当时的士人在旅行之时，常设计一种类似多
宝格的备具盒或途利匣等，内盛各种日常用品，以便利于行旅时不时之需，如明代
高濂《遵生八笺》卷八中记载：

---

①　（明）高濂：《遵生八笺》，黄山书社 2006 年版。

②　（清）赵尔巽等：《清史稿》卷 125《志一百·职官五》，中华书局 1977 年版。

"备具匣：余制以轻木为之，外加皮包厚漆如拜匣，高七寸，阔八寸，长一尺四寸。中作一替，上浅下深，置小梳匣一，茶盏四，骰盆一，香炉一，香盒一，茶盒一，匙箸瓶一。上替内小砚一，墨一，笔二，小水注一，水洗一，图书小匣一，骨牌匣一，骰子枚马盒一，香炭饼盒一，途利文具匣一，内藏裁刀、锥子、挖耳、挑牙、消息肉叉、修指甲刀锉、发刷等件，酒牌一，诗韵牌一，诗筒一，内藏红叶各笺以录诗，下藏梳具匣者，以便山宿。外用关锁以启闭，携之山游，似亦甚备。"①

备具匣有各种小包装用品，如小梳匣、香盒、茶盒、骰子枚马盒、香炭饼盒、骨牌匣、途利匣等等。屠隆《考槃余事·文房器具笺》"途利"条这样记述："小文具匣一，以紫檀为之，内藏小裁刀、锥子、乞耳、挑牙、消息、修指甲刀、剉指、剔指刀、发刷、镊子等件。旅途利用，似不可少。"② 这种形制的文具匣、备具盒，从功能和形式来说，可视为清宫廷多宝格的前身。

清代宫廷的多宝格平时多放在养心殿、储秀宫、重华宫等帝后燕居之所，可以方便随时开箱赏玩。多宝格在结构设计上十分巧妙，开合变化多端，许多结构设计动辄暗藏机关，令人耽迷其间，乐此不疲！故宫博物院现藏多宝格多数是嘉庆以前的帝王所聚拢制作的，只有极少是道光、咸丰和同治年间制作的，说明宫中的收藏也与国力的兴衰密切相关。

多宝格中的物品可谓"古今中外，共聚一堂"，通常一个多宝格里，可以同时贮藏有商代的玉器、汉代的铜器、宋代的瓷器、清代的如意、英国的怀表、俄国的金币等。各种奇珍异宝，只要体积适当，饶富趣味的都可以能在多宝格中出现。同时考虑到把玩的性质与情趣需求，在其结构设计上注重隐秘性、奇异性和突兀性，把玩者每于不能想象之处可能又会寻得一件暗屉夹层，其追探寻找的乐趣因巧妙的结构设计而不断被撩拨。

结构上最简单的多宝格是盖盒形的，就是一个浅壁盒子加上盒盖的形式，如明"鹿苑长春"多宝格，盒身不高，只有简单的夹层变化，一目了然，所以内容

① （明）高濂：《遵生八笺》，黄山书社 2006 年版。

② （明）屠隆：《考槃余事》卷 3《途利》，中华书局 1985 年版。

配置通常悦目大方（图 11-34）。此
外，有的多宝格盒子是两层屉或者
三层屉相叠的，在共有一个盒盖或
包装箱。

　　多宝格作为一种具有特殊形制
的包装，其引人入胜之处，在于其
结构上的巧妙和独特，对其解读和
诠释，可以丰富我国古代包装结构
设计的理论。

3. 明清宫廷的书籍与文献包装

图 11-34　明鹿苑长春盒二层长方盒

　　明清两代帝王虽圣明之君和平庸之主并存，但大都推崇文治武功，在文化事业
方面，采取了一系列措施，推动其发展与繁荣。尤其是清代康熙、雍正、乾隆三
朝，对历史文献进行了大规模的整理，从而使得宫廷中存放的书籍与文献远多于以
往各朝，被帝王浏览阅读的典籍也远多于以前。为了便于帝王翻阅，御用书籍的包
装注重设计，讲究装潢，制作精细，形式变化丰富，处处体现着至高无上的皇家地
位与特权。

（1）书籍与文献包装

　　书籍包装的造型主要有书籍的书衣、函套、书匣、书盒、书箱等，其主要功能
是为了保护纸面的书籍不受到破坏和方便携带，同时也为书籍增加美感，有利于永
世珍藏。

　　明清两代书籍包装有一种称为"帙"的包装，它是卷轴式书的一种包装方式，
因为一部卷轴式书往往有很多轴，为了防止插架时互相混杂，就使用布帛之类把一
部书的许多卷轴汇集、包裹成为一帙。通常一部书卷数多的大约每五卷或十卷包成
一帙。帙除用布、帛材料做成外，还有用细竹织成的，称为"竹帙"。如《圣训》
龙纹书帙，是用金龙明黄缎制成，内装清廷纂修的《圣训》，是自太祖高皇帝至穆
宗毅皇帝的训谕、诏令的包装。包装方式是把帙的一角与一织锦带连接，织锦带末
端配上云头形的骨别。

书衣是一册书的最外层，亦称"书面""封皮"等。装订时，在书册的前后加一张纸或丝织品起保护书文的作用，也叫"书衣"。一般的书衣使用绵韧性较强的有色纸，如棉连纸、毛边纸，也有的使用素色的绢、绫等，还有的采用织物中最为贵重的绫、锦等丝织品，上面往往织有精美的图案。明清内务府线装书的书衣一般采用绫、锦、绢等丝织材料。书衣的色彩多用象征皇家的明黄色，以体现钦定之书的威严和尊严，有的书衣颜色也采用大红色，而与儒家经典著作、经解、正史、天文、历算以及科技方面等被视为正统的、内容深奥的、富有哲理的书的书衣，则多采用传统的磁青色。总之，宫廷书籍的在书衣的设计上，常常表现为以一色为主。《骨董琐记全编》载："（天禄琳琅）① 在乾清宫东昭仁殿，藏宋金元板书。宋金用锦函，元用青绢函，明褐色绢函。"② 上贴醒目的书签，用楷体字或宋体字书写书名，这样的书衣给人以古朴、庄重、典雅、肃穆的感觉。

明清宫廷中除了珍藏有大量的书籍之外，还有各种各样的文献资料。主要包括国书、家谱、奏折、军事情报和历史档案等，这些文献有些是从地方和边关送呈的，在送呈过程中本身就需要包装，有些是皇帝组织编纂需要予以保存的，故均离不开包装。如存放明代皇家家谱的专用器物——宣德时期的"红漆戗金'大明谱系'长方匣"，通体红漆，金色花纹，绘双龙祥云，戗金楷书"大明谱系"四字。漆器本身具有胎薄体轻、防腐抗酸、坚固耐用、不易变形、久用如新的特性（图 11-35）。从故宫博物院所藏实物来看，漆匣在清代作为书籍与文献包装在宫廷内普遍地被使用。

图 11-35　红漆戗金"大明谱系"长方匣

（2）组合式书籍包装

宫廷供帝王学习和以备查阅的书籍，因使用频率和便利等因

① 天禄琳琅，为皇家藏书楼之名称。汉代时，天禄阁、石渠阁是宫廷档案馆；到了清代，乾隆九年（1744 年），乾隆帝命内臣检阅宫廷秘藏，选择善本进呈御览，列于昭仁殿，赐名"天禄琳琅"。

② 邓之诚著，邓瑞整理：《骨董琐记全编》，中华书局 2008 年版，第 9 页。

素，多用组合式包装存放。这种包装实质上是将同类或大部头的书籍用函套统装。这种书籍的函套通常用金、银、铜、木、石等上等材料做成，其中木材往往采用紫檀、楠木、红木、樟木等优质木材。这些材质本身就具有极高的艺术欣赏性，表面再装裱上精美的绢、锦，使得皇家图书愈显尊贵。最常见的书籍函套有可以包到除书首和书根之外其余部分的"四合套"；还有书的全部都可以包到的"六合套"。书函的开启部位，通常挖成环形或如意云形，开启方便。

书匣、书盒的造型有长、方、圆等多种形制，开启方式多用活门抽开式，书名镌刻在匣门上，填石绿等颜色。由于书匣多用来盛装古籍或珍本书籍，因此，在装饰上充分利用硬木的天然本色和自然纹理，以表现出古朴、高贵、典雅的美感。有的书箱包装为突出这种美感，还借用玉来作为包装的辅助材料。如紫檀嵌玉璧"绮序罗芳"提箱，此件提箱呈方形，箱顶安有提手。提箱侧盖采用上下推拉式，开合非常方便，侧盖上嵌玉璧，璧上饰乳钉纹，位于玉璧中孔的紫檀上刻有金色团寿纹，玉璧下方刻有隶体字"绮序罗芳"，字外围的方框内饰蟠螭纹。箱内分有十格，内装有十函花卉图[①]。又如清代宫廷内所藏"黑漆描金海水云龙《乐善堂文钞序》多格提箱"，呈单门箱式柜，内分十四层，每层宽度一致，单门提拉式，木胎，黑漆描金，饰海水云龙纹，箱身上端有提梁，用于提携。此柜不仅将全套《乐善堂文钞序》十四册藏于一体，还便于外出携带，小巧而实用[②]。也有其他形制巧妙、造型独特的包装，如紫檀木雕松竹纹书式盒，以名贵木材紫檀作主材，造型为书本样式，装饰图案采用雕刻手法。地子为深雕的疖疤横生的树干，树干上再镂雕苍松、秀竹、灵芝等，构图得当，层次分明，意境清雅，盒内置册页《董诰书〈义阐天心〉》。

清代乾隆年间由于有强大的经济实力作为后盾，这时的书籍包装尤其是盛装佛教经典的书匣、书盒被设计非常精细华丽，大量应用各种錾、雕、累丝、镶嵌、鎏金、雕漆、填漆、描金等工艺手法。还有一些佛教经典，采用传统的经折装或梵夹装，封面封底用紫檀硬木，或用硬纸板敷以各色绫棉装饰，再用包袱式插套，夹板

---

① 参见故宫博物院编：《清宫包装图典》，紫禁城出版社 2007 年版，第 60 页。

② 参见故宫博物院编：《清宫包装图典》，紫禁城出版社 2007 年版，第 62 页。

或函匣进行外包装①。有关经书及经文的包装，在本节随后的"宗教经文包装"部分将作详细论述。

4. 生活用品包装

生活用品包装是历代包装用品中种类最多、数量最大的一类，它包括了餐具、酒具、茶具、药具、烟具、梳妆用具、首饰盒等日常生活中经常使用的各类器物的包装。

皇家的日常饮食起居十分讲究，因此，有关生活类用具的包装十分考究。这类用品的包装除明代的内廷作坊和清代的宫廷御用作坊造办处制作外，还有各地进献的具有地方特色的贡品包装；既有朴实、经济、耐用的普通材质，又有富丽堂皇的紫檀、漆器、金银器等珍贵材料；既讲究装饰效果，保持着喜庆吉祥的传统风格，又注重包装的技巧与功能。这些生活类用品的包装将实用性、装饰性、技巧性很好地结合起来，在满足实用功能的基础上，一方面表现出浓郁的生活气息，另一方面又突出了皇家的尊贵和气派。来自于民间的包装物虽然大多就地取材，所注重的是包装的实用功能，但因为这些包装是作为贡品的包装物呈献给皇上，为了迎合皇家的审美趣味并炫耀贡品的珍贵和对皇室的崇敬，因此，在包装的风格特色方面往往有不同寻常之处，其主要方法是在制作中充分发挥材料质地、色调、纹饰特点，使装潢自然清新！

（1）服饰的包装

按照中国古代舆服制度，在统治集团内部，无论是皇帝、后妃、皇子、宗室成员，还是各级官僚，其服饰均存在严格的等级规定，不同的等级，其服饰用材、款式、装饰图案均有所不同。并且不同的服饰供不同场合使用。除了日常所穿戴的常服、便服以外，最重要和最讲究的是礼服。明清时期如同前代一样，礼服是统治者在举行朝祭等大典礼的场合穿戴的冠服。主要包括朝冠、端罩、衮服、朝服、朝珠、朝带等。由于礼服为"朝祭所御，礼法攸关，所系尤重"，所以在穿戴之余，其存放十分讲究，一则以体现其"严内外，明等级，辨尊卑"的社会属性，再则便

---

① 参见故宫博物院编：《清宫包装图典》，紫禁城出版社 2007 年版，第 38 页。

于需要时取用，因而其包装独特。从明清故宫遗留下来的实物来看，明清宫廷服装包装，在材质上与所包装的精美衣物相互辉映，譬如明代黄绫"天子万年"团龙补子盒，用明黄色云龙纹绫子做面，盒内以桃红色纸做内衬。盒口上下沿均贴金箔。盒为双开门式，内盛"天子万年"黄绫框方罩，黄绫封上书"石青江绸两面细绣五彩云章四团全洋金龙补子一份"。用黄绫框作方罩表现出了设计者用意的巧妙，透明质轻的方罩覆于被包装物上，可以有效防止打开门时柔软质轻织品滑落的情况，起到了包装的保护作用，同时边框明快的明黄色还起到了装饰的作用，体现了皇家的尊贵地位（图11-36）。又如清代将军头盔上缨束的包装，其以木质棉套筒状包装，故宫博物院所藏乾隆时期"木质棉套盔缨筒"为有效保护被包装物，采用了

三层包装。中间包装为木制圆柱形，内挖空，内装盔缨，盔缨外套黄绸套。木筒分为两半，安装合页和铜扣，便于开合和固定。木筒外再套黄棉套，黄棉套上有绳，用于包缠（图11-37）。再如故宫博物院还藏有一件专门盛装御用玉带而制的朱漆描金盒，该盒为木胎，圆形，直径较大，平顶，直壁，卧足。通体髹朱漆，以描金加墨彩为饰。盖面描绘了一幅山峦重叠、树木葱茏的画面，深远幽静。山林间有殿阁七座，六位雅士或徜徉于林间小径，或休憩于楼阁之中。盒壁饰游龙八条，间饰云朵和火珠。里及外底均髹朱光漆。此盒盖面上的图案气势宏大，而以山水为主题、龙纹作边饰，匠人在描金中运用了渲染的手法，再加上墨漆的皴点，使图案层次分明，

图11-36　明黄绫"天子万年"团龙补子盒

图11-37　乾隆时期木质棉套盔缨筒

立体感强，呈现出国画的笔墨意趣，在华丽富贵中不失雅致，为不可多得之物。

除了服饰的包装，宫廷中的首饰也十分讲究包装，最为典型的是作为饰品性质的荷包。自三代以降，人们佩挂鞶囊的习俗历代均有，功能也大同小异，只是名称各不相同而已。荷包之名，初见于明人著作，周祈《名义考》引《晋书》"舆服志"云："文物皆有囊，缀绶，八座尚书则荷紫，乃负荷之荷，非荷蕖也，今谓囊，曰荷包，本此。"[①]《事物绀珠》中也述及："荷包或金银，或撷绣，又压口捺荷包上用。"[②]

到了清朝，荷包这种具有包装功能的包装物在包装的性质上发生了某些改变，从原来包装香料，祛恶气、辟邪秽发展到随身携带的装饰品，甚至成为了送礼、祈福不可或缺的祥瑞礼物。清代帝王遴选皇后、妃子的时候，妃子往往要颁给荷包，清帝王在元旦日所戴的腰带上，拴挂的荷包要比平常的朝带或吉服要多，全则可达十个，左拴四个，其内分别盛"年年如意""双喜"等吉祥之物，以及金银八宝、

图11-38　宫廷荷包

金银锞、金银钱等，右边挂六个，也盛一些"事事如意""笔定如意""岁岁平安"等祥瑞物品，也有的是空的，而且凡是内廷行走的王公大臣，以及御前侍卫等，在元旦日所赏得八宝荷包，通常悬挂在胸前第二个扣子处。即使平常，清代宫廷中的男子也好在腰间拴带荷包。清代北平有荷包巷，专卖各式荷包、扇袋、眼镜袋等官样九件，这些包装或用缂丝或用锦缎缝制而成，再饰以龙凤、八宝、花卉、福禄寿喜等吉祥纹样，或刺绣，或压金银丝，花样尽有，此外还有累丝点翠、雕刻牙骨、金银翠玉的荷包，成为了宫廷中皇宗贵族观赏把玩的装饰珍品（图11-38）。可见，清代荷包既具包装的功能和性质，是名副其实的包装，

① （明）周祈：《名义考》，影印四库全书（第865册），台湾商务印书馆2008年版。

② （明）黄一正：《事物绀珠》，明万历年间吴勉学刻本。

但有些又是严格意义上的装饰物，并不具有专属性和唯一性。

(2) 饮食器具的包装

明清宫廷的饮食都是一定礼仪制度下的生活事项，饮食是礼仪最外在的表现形式，而礼是通过饮食活动来区别君臣尊卑的。所以饮食类的包装用具上多有礼仪制度的体现。尤其是皇帝在进行筵宴时，不仅精于美食，而且重视美器，通过精美的食品和精巧的食器，来体现政治上的至尊至荣地位，所有饮食类用品的包装不仅在材质上有金、银、玉石、象牙之属，同时每件包装的装饰纹样与工艺技术都精工精致。1956年，明代定陵发掘出土了一批饮食器具的包装，其中以花丝镂空金盒最为精美，盒内装玉制酒盂一件，"玉质洁白细腻，腹部饰以凤纹，爪持灵芝"。"金盒为子母口，盒顶部、腹部为花丝"，整体上玲珑剔透，里面的玉盂透过花丝隐约可见[①]（图11-39），从金盒的装饰与盒内玉盂的花纹，以及这件包装盒出土时，

图11-39 明代定陵出土的花丝镂空金盒玉盂

放在万历皇帝棺内的漆梳妆盒内这两点来看，这件器物应属于皇后、妃子所用，具有浓厚的宫廷色彩和鲜明的时代特征。

到了清代，宫廷的饮食器具似乎不再同明朝一样嗜于用金银制品，但是在这些器具的包装装饰和工艺上则显示出更高的追求，涌现了一批设计巧妙、做工精湛的包装。从故宫保存物来看，康熙朝制竹编葫芦式提梁餐具套盒颇为典型，这件套盒是方便提携餐具的包装器物，竹丝编大小盒三个，相叠呈葫芦状，以扁木框架将其拢为一体。盒的肩部，框架外面，则以黑漆戗金云龙纹装饰，三盒内盛有方形四格盘四个，大圆盘两个，小圆盘八个，小碗四个，乌木筷子两双，银质勺一个。其盘碗均用漆彩绘花纹，外观简洁，内置餐具齐备，既卫生又方便携带，可以推测这种

---

① 王秀玲：《定陵出土的明代宫廷玉器》，《收藏家》2005年第12期。

图 11-40　描金漆葫芦式餐具套盒

图 11-41　花梨木镂空提梁食盒

提梁式的餐具包装是清宫所作，为御膳房备用（图 11-40）。

提盒式餐具包装之所以在清代宫中出现，应与康熙、乾隆等经常巡幸、出游甚至微服私访有关。离开宫中以后，通过这种器具包装，可以使皇帝享用到宫中饮食器具。北京故宫藏乾隆时期花梨木镂空提梁食盒，盒子由内屉与外罩构成，五层内屉呈多边委角圆形，分别盛放银壶、盘、碗、箸等餐具，附有屉盖，盖中心雕刻蟠螭纹，外罩呈八方委角形；附有提梁，其中心处饰以铜镀金龙首提环，紧邻临罩盖顶部设一木梢子，以束紧食挑盒。这件餐具包装用料华贵，做工精湛，融使用与观赏为一体，不仅展示了清宫对餐具包装迎求高雅的艺术格调，同时也体现了清宫造办处包装制作的高超工艺水平（图 11-41）。

（3）其他生活类包装

除了宫廷日常的衣食住行外，在宫廷中也存在着其他生活日用类包装，如朝廷官员之间的书信与请柬的往来，多用拜匣。即用于送礼或递柬帖的长方形小木匣，这种类型的包装也较为常见，也称为"拜帖匣"。《二刻拍案惊奇》卷三记载："此病惟有前门棋盘街定神丹一服立效，恰好拜匣中带得在此。"①《官场现

---

① （明）凌濛初：《二刻拍案惊奇》，上海古籍出版社 1985 年版。

形记》第四六回："点完之后，用纸包了一个总包，仍旧放在那个拜匣之内。"① 拜匣这种用于书信、请柬传递的包装物的出现，主要局限在同一地方的上层社会中，一是显示地位；二是以示尊重。长途的书信往来则是通过秦汉以来业已产生的邮传制度而进行的。

5.烟茶药类包装

据明代著名医学家张介宾《景岳全书》："此物（指烟草）自古未闻，近自我明万历时始出于闽、广之间，自后吴、楚皆种植矣。……而今（指崇祯年间）西南一方，无分老幼，朝夕不能间矣。"烟草最早传入到中国的时间大约在明朝万历年间。然曾几何时，自万历年间烟草从不同路线传入中国，很快种植和吸烟风靡南北，遍及全国。迄至清中叶以后，北至松花江，南至海南，东至海边，西至新疆等地均有烟草种植，乾隆《湖南通志》卷五十"物产"："种瓜之田，半为种烟之地。"烟草传入以后，尽管因区域习俗和外来方式的影响，存在着不同的吸食方式，但从文献记载来看，主要是吸烟头、抽旱烟、水烟、卷烟和鼻烟。这些不同类型的吸食方式取决于对烟草的加工和整理方式，以及烟民对烟叶成分吸取方法。随之而来，便出现了不同的包装方法。

由于抽烟斗、抽旱烟、水烟、卷烟等吸烟方式的区别主要是在抽烟的用具不同，而其对烟草的包装相差不大，主要是用布、丝织品、皮革制作的烟袋，以及用金属、竹、木等制作的烟盒，我们这里不详加细说，仅就鼻烟这类独特的吸烟方式所出现的包装——鼻烟壶加以阐述。

（1）鼻烟壶

鼻烟壶是一种专门用来存放鼻烟的包装用具。吸食鼻烟的嗜好是由西方传入中国的，中国最早吸食鼻烟，据赵之谦在《勇庐闲诘》中记载："明万历时，意大利人利玛窦来华，以此鼻烟入贡，自此传入中国。"这种来源于西方的吸入方法，就是将上等的烟草、薄荷、冰片等磨成粉末，然后装在密封的容器里。吸食时，不用燃烧，而是将细管插入容器或是用小拇指沾取粉末放入鼻内闻。从目前发现的

---

① 李伯元：《官场现形记》，上海古籍出版社 2005 年版。

鼻烟壶实物来看，我国使用的鼻烟壶，大约是在清顺治年间，其体积大小不过二寸，小的仅及寸许，是一种小巧玲珑、携带方便的容器，其形制多为扁圆形，而正方形或长方形者较少。鼻烟壶最早是以无色玻璃制作，其后扩展到各种材料，诸如金、银、铜、玉石、玛瑙、珊瑚、象牙、瓷器、葫芦、竹木等材质。玻璃胎珐琅彩鼻烟壶，在康熙晚期已经有生产，到了乾隆时期其作品多且精，即俗称的"古月轩"。玻璃胎有白地不透明、半透明及透明三种，纹饰多采锦地开光，画心多以花卉为饰，亦有通体施以各式花卉图案，或加书吉祥语文字，亦有彩绘人物、亭台、阁楼。款多属刻款，亦有用蓝料书仿宋字体者①。据康熙四十四年成书的《香祖笔记》记载："近京师又有制为鼻烟者，云可明目，尤有辟疫之功，以玻璃为瓶贮之，瓶之形象种种不一，颜色亦具红、紫黄白黑绿诸色。白如水晶，红如火霁，极可爱玩。以象齿为匙，就鼻嗅之，还纳于瓶。皆内府制造，民间亦有仿之，终不及。"②此书作者王士祯系康熙朝大臣，对内廷的情况颇为了解，其所记应是可靠的。由此可知，中国的鼻烟是随西方传教士的来华而传入的，并首先在皇室和贵族中流行，清初扩散到民间。吸食鼻烟所用的包装容器鼻烟壶则经历了由西方引入到仿制再到自主制作的过程。

西方的鼻烟使用时多置于方形鼻烟盒内，这种鼻烟盒虽然精巧，但鼻烟味道容易挥发，也容易倾覆撒漏，更重要的是不适合中国人传统的佩戴习惯。因此，中国人将传统的储药用的小药瓶重新设计和改进，扩大了瓶腹的容量，用软木制成瓶塞，塞下插入象牙、竹签或贵金属制成的小匙，塞上用珍贵的材料镶嵌成瓶盖和盖钮。这样便制成了式样新颖且可以随身携带的鼻烟盒。

康熙时期是中国鼻烟壶生产的初期，从现存的实物中仅见金属胎画珐琅康熙御制鼻烟壶和青花釉里红瓷鼻烟壶两大类。但从文献记载中尚可看到有单色玻璃鼻烟壶、玉石类鼻烟壶，匏器类鼻烟壶等多个品种。鼻烟壶的样式多见小口、扩腹，仿汉代扁壶式。通常容器的肩部或有起伏，腹部或有凹凸等变化。图案装饰常见刻画花卉、花鸟、山水人物和动物等题材，极力追求绘画效果。有的作品还采用镶嵌技

---

① 李久芳：《鼻烟壶》(故宫博物院藏文物珍品大系)，商务印书馆、上海科学技术出版社 2002 年版。

② (清)王士祯：《香祖笔记》，上海古籍出版社 1982 年版。

法，截取其他作品的局部画面镶于鼻烟壶之上，别开生面。可见，鼻烟这种舶来品一旦被国人接受普及以后，便充分发挥其创造力，在满足和完善功能需要的条件下，结合传统容器造型和工艺，设计出了众多具有中国传统造型和文化特色的包装容器。

清代雍正、乾隆时期，王公大臣乃至市民阶层中吸闻鼻烟的嗜好已经十分普遍，从而促进了鼻烟壶生产规模的扩大和品类的增多。宫廷中鼻烟壶的制作更是达到了鼎盛。宫廷造办处和御窑厂等御用生产机构，除日常设计和生产鼻烟壶之外，还要在万寿、元旦、端午三大节日，精心制造一批鼻烟壶，以备皇帝赏赐之用。如乾隆二十年，皇帝在避暑山庄赏赐群臣，曾命令宫廷内的玻璃厂一次生产五百个鼻烟壶。与此同时，各地官员不断把本地生产的有特点的鼻烟壶进贡到朝廷。由此可知其需求量之大，嘉庆后，宫廷中鼻烟壶的制作水平下降，有的品种甚至已经停产，而民间鼻烟壶的生产却如雨后春笋一般发展起来，并有所创新，其中内画鼻烟壶，更是异军突起，开创了鼻烟壶制作的新时代。

就清代宫廷的鼻烟壶制作来看，它在一定程度上体现和反映了宫廷包装工艺的整体面貌，按照制作工艺技法的不同可分为：玻璃类鼻烟壶、金属胎珐琅类鼻烟壶、玉石类鼻烟壶、瓷质类鼻烟壶、竹木牙角匏和漆类鼻烟壶、内画类鼻烟壶等六大类，每类中又包含了诸多不同的品种。制作鼻烟壶的材料可以说举凡能制作成容器的材料都可用到，其中不乏贵重材质，如琥珀、蜜蜡、砗磲、珍珠、珊瑚、玳瑁、象牙、虬角等。小小的鼻烟壶，集中了中国古代包装各种工艺技法之大成，放射出奇光异彩。

（2）茶叶包装

从茶叶生产和发展历史来看，明清时期无论是茶叶种植面积，茶叶产量，还是制茶技术均有了质的飞跃。单以制茶工艺技术而论，当今所具有的茶的品类在这一时期先后均已出现。茶叶品种的增多，使茶叶包装的形式更加多样化。

明清时期茶叶包装的多样化，首先是建立在对茶叶自身属性的认识基础之上；其次是根据茶叶加工方式不同所形成的绿茶、乌龙茶、红茶、白茶、黑茶、普洱茶等种类品质保存的需要上。以前者来说，明代王象晋《群芳谱》载："茶之味清，而性易移。藏法，喜温燥而恶冷湿，喜清凉而恶蒸郁，宜清独而忌香臭。"[1] 顾元庆

---

① （明）王象晋纂辑，伊钦恒诠释：《群芳谱诠释》，农业出版社 1985 年版。

《茶谱》也谈到，茶"畏香药，喜温燥，而忌冷湿"①。同时代的罗廪在《茶解》中云："茶性淫，易于染着。无论腥秽及有气之物，不得与之近，即名香亦不宜相杂。"②这些认识是对茶叶的贮存特性进行的系统总结，与唐宋时期的许多茶叶论著相比，无疑是认识更加具体和深刻。拿后者来说，人们在长期的生产实践中，对茶叶包装中的不同容器存在的问题提出了有针对性的解决办法，形成了不同类别茶叶不同的包装容器和包装方式。如绿茶，包装需采用密封性和干燥性极强的容器，普洱茶与黑茶包装需要一定的透气性和防潮性，以便于包装中缓慢发酵，多采用植物包裹、捆扎的方式等。

因茶叶保藏时间有限，有关包装实物遗存甚少，但我们从北京故宫博物院所藏实物可见当时茶叶包装的科学性、合理性和精美性。如清代光绪年制楠木刻"雨前龙井"茶包装箱，呈长方形，正面设置前脸抽拉盖，盖面刻楷书"雨前龙井"，四周雕凸形条纹作为装饰，盖右下端贴黄条，上书"臣江朝宗跪进"。箱顶部置铜镀金提环，箱内中间部位设置隔板，其两旁各置放铁桶，内装雨前龙井茶。此包装选用密封性能好的铁桶，盖口严密，确保桶内茶叶久不变质，铁桶之外以贵重楠木制

图 11-42　楠木刻"雨前龙井"茶箱

作提箱，包装装潢上"雨前龙井"四字阴刻填绿，选用此色，犹如龙井的青翠，使人未曾品茗已神清气爽③（图11-42）。另一件木质茶叶包装箱，在包装结构设计上，为了达到茶叶保质、保鲜的效果，采用银质容器作为内包装，以木制容器作为外包装的双重包装形式，细看外包装箱，正面设置前脸抽拉盖，盖面中心部位贴黄纸

---

① （明）顾元庆：《茶谱》，载于丛书《说郛续》卷37，两浙督学周南李际期苑委山堂，清顺治三年（1646），清重印。

② （明）罗廪：《茶解》，载于丛书《说郛续》卷37，两浙督学周南李际期苑委山堂，清顺治三年（1646），清重印。

③ 参见故宫博物院编：《清宫包装图典》，紫禁城出版社2007年版，第148页。

条，上书"菱角湾茶"。箱内附黄绫
面挡板，挡板正面有布提柄，背面
依包装物尺寸挖两槽，周边衬托棉
垫，并用黄色绸缎包面，箱内再设
置凹槽，内放置两瓶银瓶"菱角湾
茶"。箱顶部设置木提梁。整个设计
在注重茶品安全的前提下，由内到
外映入眼帘的是明黄色，表明为皇
家独享之物[1]（图11–43）。

图 11–43　木质"菱角湾茶"提箱

（3）药品包装

相比较其他用具包装，生活用品包装讲究包装的实用性，对被包装物起到良好
的保护作用。烟、酒、茶、药的特点是气味容易挥发，为了避免这一问题，这类物
品的包装一般用陶瓷、铁、锡、银、玻璃等材料，既要保持其不受潮湿，又要密
封，还要防止挥发变味。如清代光绪年制作的木夹装麝香套盒，其采用层层包装的
手法，至今仍药味十足。这件包装设计为内外三层，其外层选用高档硬木制作，并
贴以黄纸封口，中层选用硬纸板制盒并裱黄色印花绸，内层是两个可以防潮、防香
气挥发的锡盒。这三层防护措施的设计达到了防潮、防蛀、防污染，以封装严密，

充分保护被包装物的目的，使得"麝
香至今药味极浓"（图11–44）。药品
的包装非常注重保鲜与保质，尤其
是需要长期备用和使用的药品，其
在包装材质上的选择也多从功能需
要和满足使用者精神需求两方面来
考虑。如黄绫"人参茶膏"瓷罐，
为清代光绪年间制作，外包黄绸缎，
上书"人参茶膏"四字，罐内盛放

图 11–44　木夹装麝香套盒

---

[1]　参见故宫博物院编：《清宫包装图典》，紫禁城出版社 2007 年版，第 148 页。

图 11-45 黄绫"人参茶膏"瓷罐

图 11-46 红漆描金双龙捧寿燕窝盒

民间特制的人参茶膏。以瓷器盛放茶膏，具有包装器皿洁净，不串味，防物品霉变，不受污染等优点，在青花瓷罐外，又以数片明黄暗花绸缎随罐形而剪裁，经过缝合包裹，这种双重的包装，意在渲染皇家饮品的高贵①（图 11-45）。与此相类似的还有燕窝的包装。北京故宫博物院留存至今的红漆描金双龙捧寿燕窝盒，采用漆制包装容器，圆盒造型雅致，色泽牢固，图案线条流畅，做工精细。漆盒的容积与盛放的物品量比例适中，通体髹红漆，盒身上下口边描绘金色回纹，盒盖绘制金色双龙捧寿纹，盒内装一兜燕窝，盒外红漆上耀眼夺目的装饰纹样使得漆盒精美富丽②（图 11-46）。

此外，考虑到不同药品混合使用时，要加以区分，宫廷造办处在包装上也有考量，为了方便用药做到既区别药品种类，又方便携带，故以连体和集成的形式来设计，如清代光绪年间制作的银质四连药包装，每个瓶子上均有镌字，分别是药品的名称。该包装中的四种丹散，为出行常备之药。常备则要携带方便，因此药瓶设计采用开合自如的铰接式结构，用时一字排开，各种药名一目了然，用完折叠收纳，非常方便。盖子与瓶身为螺旋式相连，既可以防止瓶盖脱落，又可以防止瓶内丹散外溢。最为精妙之处

---

① 参见故宫博物院编：《清宫包装图典》，紫禁城出版社 2007 年版，第 150 页。

② 参见故宫博物院编：《清宫包装图典》，紫禁城出版社 2007 年版，第 150 页。

在于瓶盖内焊有微型匙柄，开盖之时即可从中取药而无须再费倒手之劳。微型匙柄用银作材料，是基于银遇毒即刻变色的特征，这是清代皇帝药具通用的材料。这件四连药瓶包装是一件实用与包装完美结合的器物① （图11-47）。

图11-47　银质四连药瓶

治疗风寒感冒和清热祛湿的药材，无疑是宫中常备之物，对这些中药材的包装，既要保持其药性，又要便于区分，因此，在包装材料的选择上，多分别选用不同材质，在结构上，注重与药性保持相适宜的形态。北京故宫博物院所藏清代光绪期间的"母丁香"包装盒，就充分体现了这一特征。母丁香这味中药，呈椭圆形或长椭圆形，长1.5—3厘米，直径0.5—1厘米，味辛、性温。具有温中降逆、散寒止痛的作用，有治疗呃逆呕吐、牙痛、脾胃虚寒等众多功效，是中药中常用之药。该药的包装盒以玳瑁为材质，造型为八角形，八个立面沿边雕出花边，盖盒面用贴纸注明母丁香药名。整个包装简洁而又显精致，在今天仍然值得借鉴和学习（图11-48）。

众所周知，药材的需用须严格控制用量。作为宫廷用药，毕竟不同于面向大众的药铺，药物抓取频繁，所以对称量药品的衡器为了保持其准确性，也特别注重保护，设计了专门的包装。这种衡器即戥子，俗称小秤，在民间一般不用包装，而在宫廷则特制描金漆盒，显示皇

图11-48　玳瑁八角盒"母丁香"盒

① 参见故宫博物院编：《清宫包装图典》，紫禁城出版社2007年版，第152页。

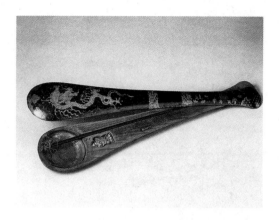

图 11-49　黑漆描金云龙纹戥子盒

家的富贵与奢华。北京故宫博物院藏明代万历年间的黑漆描金云龙纹戥子盒，即属于这类小秤包装。该盒身通体为黑漆地描金花纹。长条形，宽首，由整木镟成两半，内有凹槽，以存放戥子。小端有铜轴，可以开合。首端饰以龙戏珠，尾端饰以六菱锦纹及灵芝和枫叶。中段饰以卍字锦，锦纹开长方框，中有描金"大明万历年造"款，造型饱满圆润，线条流畅。漆质细腻，虽经历数百年，仍然漆黑光亮，金色明快[1]（图11-49）。

6. 妆奁中的包装

据《明史·礼志》记载，明代皇帝大婚追尊古礼，纳吉、告期（请期）之礼开列在一起。而《清史稿·礼志》云清代皇帝大婚诸多礼节，均经过钦天监这一国家天文历法机构卜测，皇后是在八旗众多秀女中经过二次复选而定，在朝廷看来是优中之优，自然吉不可言，因此，此时的大婚诸礼中不再刻意开列"告期"等仪节，大婚图中则直接代之以妆奁的描绘。在奉迎皇后入宫前夕，有丰厚的妆奁从皇后府邸抬入宫中，皇后的妆奁并非与民女一样由母家备办，而是由皇家采办，只是走了从皇后府邸抬入皇宫的一个过场而已。皇后的妆奁中除了衣被等生活起居用具，大多为女人所用的胭脂粉带之物，这些以化妆品为主的妆奁必须用到包装，且需精美喜庆。明清宫廷中许多精美的包装均属于此类，其形制丰富，有各种材质名贵和工艺精致经典包装用品。按照包装物来分类，主要有胭脂盒、梳妆盒、首饰盒、香水瓶、镜奁、香料盒、镜套、妆奁等。其中关于香料的包装，在明代高濂《遵生八笺·燕闲清赏笺中卷》中就有"香盒"的记载："香盒：用剔红蔗段锡胎者，以盛黄

---

[1]　参见故宫博物院编：《清宫包装图典》，紫禁城出版社 2007 年版，第 48 页。

黑香饼。法制香磁盒，用定窑或饶窑者，以盛芙蓉、万春、甜香。倭香盒三子五子者，用以盛沉速兰香、棋楠等香。外此香撞亦可。若游行，惟倭撞带之甚佳。"① 又载："香都总匣：嗜香者，不可一日去香。书室中，宜制提匣，作三撞式，用锁钥启闭，内藏诸品香物，更设磁盒磁罐、铜盒、漆匣、木匣，随宜置香，分布于都总管领，以便取用。须造子口紧密，勿令香泄为佳。俾总管司香出入紧密，随遇蒸炉，甚惬心赏。"②

《遵生八笺》中所提到的这些香盒包装，从遗留至今的实物来看，材质多种多样，数量较多，计有瓷盒、铜盒、漆盒、木盒等，在包装的形制上也特别注重香料的密封性，其中说到"子口紧密，勿令香泄为佳"，在结构上提匣以"用锁钥启闭"作为包装的开启方式，各种巧妙的设计都是为了满足包装的功能。当然，各种材质的香盒对化妆品品质的保证来说也是有差别的，毕竟并非各种材质的盒匣都适宜存放这种忌异味串窜和易挥发的香料与化妆品。在实际的使用过程中，在明代即有人注意到了这一点。文震亨在《长物志》中说：

"香合以宋剔合色如珊瑚者为上，古有一剑环、二花草、三人物之说，又有五色漆胎，刻法深浅，随妆露色，如红花绿叶，黄心黑石者次之。有倭盒三子、五子者，有倭撞金银片者，有果园厂，大小二种，底盖各置一厂，花色不等，故以一合为贵。有内府填漆合，俱可用。小者有定窑、饶窑蔗段、串铃二式，余不入品。尤忌描金及书金字，徽人剔漆并磁合，即宣成、嘉隆等窑，俱不可用。"③

上述这段文字是对材质不同的香盒包装的评论，明确指出在材质选择上漆盒佳于瓷盒，同时提到造型上"定窑、饶窑蔗段、串铃二式，余不入品。"尤其装饰上忌描金与金字，这些评判虽然未能分析说明原因，但从事实上看，不无道理。可见，香料、化妆品包装在明清时期已引起人们的关注和重视。

除了香盒之外，女人妆奁中还有一系列与梳妆打扮相关的用品，这些物品同样离不开包装。主要包括以下一些：

梳子包装：作为梳理头发工具的梳子，古代又称栉，形状扁平带有很多齿，早

---

① （明）高濂：《遵生八笺》，黄山书社 2006 年版，第 213 页。

② （明）高濂：《遵生八笺》，黄山书社 2006 年版，第 214 页。

③ （明）文震亨：《长物志》，江苏科学技术出版社 1984 年版，第 249—250 页。

在原始社会时期就业已出现，历代都是妇女陪嫁的重要用品之一。我们在论述汉代包装的时候曾指出：当时的梳子是与其他化妆用品一起集装于漆制包装容器——奁内。这种包装的分法，便于方便使用，但隋唐开始，奁这种集成包装逐渐消失，走向各个单类包装。造成这种变化的原因，主要是同一种类的品种增多，用途细化，奁这种集成包装已无法容纳种类多样，品种繁多的物品，故而以同一种类不同品种的集成包装为主，这在明清宫廷包装中有具体实物为证。如织锦多格梳妆盒，作

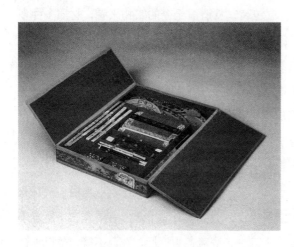

图 11-50　织锦多格梳妆盒

为清代晚期的纸质包装盒，用硬纸制作，盒面裱以织锦，其余部位粘贴黄纸，长方形的盒内设置有许多大小不等的长方格，内盛装多种规格的梳篦。这种织锦多格纸盒，体积虽小，但能盛装多达二十五件各类梳妆用具，按照类码放，排列有序，极大地方便清宫后妃平日梳妆打扮之需，该包装盒面色彩绚丽，内部结构合理，是清代宫廷梳妆用品包装的典型代表（图 11-50）。

铜镜包装：我们知道，古代人类最初是从江河池水中看到自己的形象，因此曾有过以水为镜的阶段。到了青铜时代，由于铜面能反光，便出现了青铜镜。青铜镜在我国一直使用到清末才被玻璃镜所取代。正因为如此，所以铜镜一直是女性嫁妆中不可或缺之物，而且十分注重其包装。明清宫廷铜镜的包装留存实物虽不多，但十分精美！乾隆时用于包装铜镜的镜套，为蓝色绸缎缝制，外套圆形有口，内套半圆形，两者以黄丝带串联，既可开合，又便于携带。外套两面缀花相同，中心饰以盛开的大菊花，为金地贴翠鸟毛制成，花两侧为双蝴，捧上部之"寿"字，以米珠串辑而成。这个以多材质、多种工艺复合制成的镜套，做工精细，图案华美，宫廷风味浓郁，套内装掐丝珐琅山水图圆镜一面，上刻"乾隆年制"款，据宫廷造办处档案记载，此镜作于乾隆八年，以此推断，外套当作于之后不久，是专门为珐琅铜

镜制作的精美包装[①]（图 11–51）。

首饰包装：首饰作为既具一定实用功能，更具审美性的物品，在古代社会一直受到人们的喜爱和重视，不仅其种类繁多，而且在实用性的基础上，每种首饰都被赋予了一定的精神审美和文化意蕴。这在吉祥文化盛行的明清时代，表现尤为突出。与之相应，明清两代的首

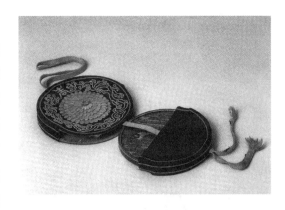

图 11–51　缎缀花铜镜套

饰包装，除了注重容纳和保护功能以外，在包装形态和装潢设计上，讲究内外合一，相得益彰，以体现首饰的珍贵性和文化品质。以清代中期的银累丝嵌玻璃首饰盒为例，包装造型上呈四方委角形，盒面嵌银累丝片，盖顶中心镶烧蓝五蝠捧寿纹，局部饰以西洋花叶纹，盒子侧面分别镶嵌烧蓝松鼠花卉及银花叶纹，左右两侧设计了铜镀金提环，盒正面中心上方设置锁孔，以插钥匙定开关，因为所包装物为贵重的首饰，所以包装以钥匙开启较为安全。盒沿边缘嵌红绿白蓝各色玻璃料石，内设银质镀金托盘，在包装结构上最为精妙的是盒内托盘上，对角焊接了镀金的蟋蟀和七星瓢虫立体造型的手柄，别有旨趣。托盘上存放珠宝首饰。这件包装之精美在于其各种工艺的综合运用，如镶、嵌、焊接、累丝、烧蓝、粘合等，使得包装与盛放的珍宝首饰，珠联璧合，相映生辉[②]（图 11–52）。

图 11–52　银累丝嵌玻璃首饰盒

① 参见故宫博物院编：《清宫包装图典》，紫禁城出版社 2007 年版，第 176 页。

② 参见故宫博物院编：《清宫包装图典》，紫禁城出版社 2007 年版，第 178 页。

　　值得注意的是：明清时期由于西方工业革命如火如荼地开展，大量工业品向外倾销之时，其商品包装乃至文化审美观念也被带到了中国，所以在当时部分宫廷包装上受到了西方装饰风格的影响。这一段时期欧洲流行的是与中国同期矫饰风格相似的洛可可风格，这种风格正迎合了宫廷的审美趣味，所以宫中一方面直接使用西方的包装，另一方面仿制和学习西方的包装技术和工艺，吸纳西方的装潢艺术，并与中国传统工艺结合。前者如清宫的铜镀金架香水瓶，系西洋制造，由三个蓝色玻璃瓶组成，用于盛放香水。瓶高 28 厘米，宽 11 厘米，铜镀金三角形瓶架底为三弯式支腿，上附圆提环。支架上每面各有一扇玻璃蛋形小门，上设半圆形铜镀金手柄用以开关。打开小门，便可以见到带盖蓝玻璃小瓶，蓝玻璃的局部均饰彩色贴花及彩绘花，并有铜镀金边饰。此瓶造型构思巧妙，装饰华丽，亮丽的蓝色和华贵的金属色、繁缛的彩色贴花，是典型的欧洲洛可可风格的包装（图 11-53）。后者如珐琅工艺，本来自欧洲，在清康熙时传入以后，不仅被仿制，而且其装饰图案和形式运用到陶瓷制作上。典型表现是清代景泰蓝的釉比明代要鲜艳，花纹图案繁复多样，与欧洲洛可可装饰有类似之处。

图 11-53　铜镀金架香水瓶

7. 明清宫廷的宗教经文包装

　　明清两代虽未出现佞佛的皇帝，但佛教是明清宫廷生活与文化的重要组成部分。这除了统治者自身的信仰以外，还出于统治的需要。因为明清时期中央政府与西藏、蒙古地区的联系十分密切，往来频繁，而这两个民族地区宗教发达，甚至政教合一。为了加强统治，维护国家和民族统一，明清两代统治者不仅在京城及内地修建这两个民族地区所信奉的喇嘛教寺院，而且双方不时交流宗教经书和法器，因而大量宗教用品被制作和供奉，随之，宗教性包装在内容形式、工艺技法等方面得到全面发展。清宫佛教物品的包装艺术形式，有着地域与历史横纵两大渊源，即明显的藏民族地域性特征以及对佛教包装传统形式的承袭与改进。宗教用品包装除用料考究、工艺精湛外，尤其强调以丰富独特的形式语汇及包装材质表达特定的宗教意蕴，以增强宗教的神秘性和威慑性。

宗教用品包装的产生依附于宗教物品的产生与传播，作为一种意识形态，除了依靠一定的说教来争取广大的信徒外，同时还要借助其他的形式向人们宣传。而宗教用品包装就是通过装潢艺术的形式，最为形象、直观的宣传，向人们展示宗教信仰虚幻、神秘、抽象的境界。因而宗教用品包装本质上只是宗教的外壳，无论其内容还是形式都摆脱不了宗教信仰的影子。

明代佛教盛行，刊印的大量佛经多用锦缎装裱封面，且每十卷为一包，采用丝织品包裹的方式，分送寺院收藏念诵。另外，宫廷监所造的铜胎掐丝珐琅，以景泰年间制作最精而闻名，为包装又增加了新的品类。清代诸帝为了大清江山社稷的稳定，对蒙藏少数民族采取"兴黄安蒙"政策，将藏传佛教中的黄教奉为国教。有清一代以乾隆朝崇佛为最，历朝最为精美的包装制品也集中于这一时期。

佛教经典和法器的保护与包装具有不同于其他类别包装的特点，具体体现在两个方面：一是包装材料珍贵，包装技巧特殊，纹饰与包装相统一；二是以五颜六色的珍贵珠宝做装饰，不惜工本。可以说是竭尽精雕细琢，纹饰繁缛精致，富丽奢华，以显示被包装物的神圣与庄重，同时也体现了皇家对宗教的虔诚。宗教经典与法物的包装，除了与其他物品一样的华美精工、用料考究外，彰显被包装物的神圣宗教特性更加被强调。乾隆年间的楠木盒套装檀香佛龛及银镀金组供就是其中的精品。这是一件组合式包装，盒长33.5厘米，宽14厘米，高29厘米，打开可分为三个小箱，箱体间由铜质活页相连，开合自如。每个小箱又分上下两层，用明黄色纸板隔开，箱内有丝绸卧囊，使供品能严丝合缝地嵌入其中，防止在移动时散乱或损坏。箱中檀香佛龛内供奉一尊珊瑚制无量寿佛，四周嵌银镀金五供、三式等器物。楠木盒折合后为一提箱，顶部装铜把手，箱面装锁，适合于旅途中随时开启供奉。

清代宫廷佛经的装帧，大部分采用贝叶夹装的形式，选用上等的磁青纸泥经写成，刻写精致，包装豪华，颇具富丽堂皇的宫廷风格。包装佛经选择的夹板、经匣、书衣都是各种质地考究、装潢华丽、便于永久保存佛经的材料，如漆器、檀香木、镀金铜、丝织品、玻璃等。尤其是使用名贵的檀香木，既契合佛教中"熏香供养"的宗教要求，又可利用檀香的天然香气驱虫防霉，一举两得。具有典型性的佛经包装有《心经》《佛说十吉祥经》《大白伞盖仪轨》《大圣文殊师利菩萨赞佛法身礼经》《无量寿佛经》《长寿经》及《妙法莲华经》等，其质地精良、装潢艳丽，并镶嵌珍贵的珠宝组成"八宝"图案，极尽富丽与奢华，显示出被包装物的重要及物主的富有和地位，从而也反映出清代帝王对佛教的虔诚与尊崇。如织锦御笔《妙法莲华经》函套，为硬板折合式，考虑到函板有一定厚度，其各面相接合及折角处的边缘都剔成斜角。前后板与右板内折部分分别剔挖成凸凹如意云头形状，这不仅有美化装饰作用，更可使函套合起时各部分镶嵌扣合紧密，对书籍起到良好的保护作用（图11–54）。包装整体堂皇富丽，设计巧妙，制作精细。经册与经函均以蓝底团龙纹"万寿"字织锦为面，内外统一，显得和谐美观[1]。又如铜镀金花丝镶嵌经盒，内置《大圣文殊师利菩萨赞佛法身礼经》一卷，清乾隆四十六年（1781年）得勒克写藏、满、蒙、汉四体合璧本，磁青纸泥金双面书。此经盒置于须弥托座上，座上四隅各设花牙，外罩盒盖。经盒通体镀金，镶嵌青金石、绿松石及红珊瑚，材质名贵，工艺精湛，给人以富丽堂皇、庄重神圣之感。乾隆三十五年（1770年），乾隆皇帝为庆祝其生母崇庆皇太后八旬大寿，而颁旨御制金书《甘珠尔》（乾隆三十五年内府泥金写本），这本经文的包装集中体现了御书包装的庄重与豪华。《甘珠尔》为藏文大藏经之一部，其包装为长条散叶梵夹装，外包经袱，上下红漆描金木夹板，用彩色经带捆缚。每夹一函，共计一百零八函。其首叶经头板裱磁青纸，上面覆盖红黄蓝绿白五色经帘，中间

图11–54　织锦御笔《妙笔莲华经》函套

①　故宫博物院编：《清宫包装图典》，紫禁城出版社2007年版，第134页。

凹下部分书梵藏对照金字，两边彩绘佛像二尊。装饰纯金欢门，镶嵌珍珠、珊瑚珠、松石等各色珠宝一万多颗。里面经叶由深蓝色磁青纸托裱而成，四周单栏，栏线外泥金描绘八宝缠枝莲纹。经叶两面用泥金精写正楷藏文。经叶以藏文字母为序，依次叠放，每摞经叶的四个立面均饰以泥金彩绘八宝图案，既显示了藏经的庄严肃穆，又避免了经叶叠放时发生错乱[①]（图 11-55）。

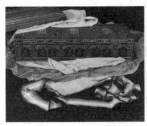  

图 11-55　清《甘珠尔》经书

据记载："乾隆皇帝佛缘深厚，他在六十三岁之前，每岁书《心经》两册；六十四岁至八十四岁时，改为每月朔望书之；退位后，每逢元旦、上元、浴佛日、寿辰及每月朔日各书一册"。因此，北京故宫博物院藏有大量乾隆帝手书《心经》，这些乾隆帝的珍爱之物被装饰得典雅、华贵。《御笔菩提叶笺心经并题句》更是被乾隆帝视为圣物，专门令人制成叶笺，并用织金锦书衣，书衣上装饰有"万寿"字样及繁丽的图案，配以黑漆地泥金楷书题签。其函套结构为露出书首和书根的"四合套"，函套外裱有与书衣相同的织金锦，并配相同的黑漆地泥金楷书题签，内外统一（图11-56）。

书套是明清宫廷中包装佛经

图 11-56　织锦插套及包袱装《心经》

① 参见故宫博物院编：《清宫包装图典》，紫禁城出版社 2007 年版，第 183 页。

常用的一种形式，它对佛经起到了很好的保护作用。"云头书套"，顾名思义是用传统的云头造型为书套的开启锁扣的一种装帧形式。云头书套用料讲究、造型优雅大方、创意巧妙、制作工艺极为精湛。例如，清织锦万寿云头《佛说十吉祥经》，其装裱格式为经折式，经册上下面为金丝楠木制成的书扉及封底，其上减地剔雕云水、蝙蝠等图案，正中镌刻经名。整个书套表面裱糊黄地花锦缎，内衬为明黄色云龙锦，书套的两个别子为象牙材质。云头书套无论是选材、造型设计还是制作工艺都相当考究。一般的书套只需用五块板，而制作云头套则需用九块板，且每块板大小、尺寸、形状又不尽相同[①]。清织锦万寿云头《佛说十吉祥经》，此书套右片与前后片函板顶端各剔挖成硬角如意云头形状，三片相互嵌合，融实用性与

美化装饰作用为一体。制作云头套的裁活工序时，对尺寸的要求是极为精确的，稍有差池，云头的两个扣就不能严丝合缝地吻合在一起。云头书套创意新颖巧妙、制作精良，在此经的包装形式和材料上所频繁出现的"万寿""云头（如意）""蝙蝠（福）"等形式的语汇寓意，又暗与本经"吉祥"旨趣相契合（图

图 11-57　织锦万寿云头《佛说十吉祥经》函套

11-57）。

　　另外，梵夹装这种装帧形式在宫中的御制藏传密教类经典中为常用包装形制。传统的梵夹装是用夹板将册页夹好后，连板带经于正中或两端钻一或两个孔，穿绳其内捆绕成册。例如清乾隆时期，锦缎包"梵夹式"装《大白伞盖仪轨经》。此《大大白伞盖仪轨经》包装华丽讲究，全部经页依序叠放整齐，上下各用木质护经板一块将散页合成为册，经板外均髹以朱漆，戗金满饰吉祥的图案。整体外包锦缎，束以丝条，条带一端安鎏金铜环扣，用以束紧册页（图 11-58）。此种装帧形式源于

① 　参见故宫博物院编：《清宫包装图典》，紫禁城出版社 2007 年版，第 132 页。

对古印度佛经装帧形式的仿效
而略作改动①。

　　漆器因为具有胎薄体轻，
防腐抗酸，坚固耐用，不易变
形、历久如新，华丽精美又不
失庄重的特点，成为自汉代以
来历代贵族喜欢选用的包装容
器。在乾隆时期漆器也是制作
经文包装的主要形式，典型的
漆制经盒有"剔彩云龙团寿纹

图 11-58　锦缎包"梵夹式"装《大白伞盖仪轨经》

经盒""剔红佛教故事经盒"三卷。清代乾隆时期的"剔彩云龙团寿纹经盒"，盒平
底，髹红漆，内置《御书瑜伽大教王经》六卷，是清乾隆十三年（1748 年）高宗
弘历写本。经衣为织锦，饰云龙团寿纹。盒盖面剔雕云龙团寿图案，立墙剔雕二龙
戏珠海水江崖纹。盒底落"大清乾隆年制"六字款。清康熙五十二年制"剔红佛教
故事经盒三卷"经衣是明黄地缠枝团龙纹织金锦。函面采用五色团寿云蝙蝠纹织锦，
五彩经索，紫檀云纹木胎，用料精致，色彩绚丽。

　　明清宫廷包装虽因类不同，形式多样，但不同类别的包装均体现了最高统治集
团对财富、工艺技术的占有和垄断，以及在色彩、纹饰方面的象征意义。这种情况
在前代有所体现，但在封建专制主义集权空前加强的明清两代得以固化。

二、明清宫廷包装艺术特征

　　中国封建社会延续了两千多年，作为封建王朝的统治者，宫廷上下使用的包
装，无论是从包装材料的选择还是包装物的造型、装潢设计，以及制作工艺均体现
着皇家至高无上的尊贵地位，可以说历代的宫廷包装都是各个不同时期包装技术水
平和制作工艺的最高体现。

　　明清两代处于封建王朝末期，它们集以往各个时代包装材料、工艺、技术之大

---

①　参见故宫博物院编：《清宫包装图典》，紫禁城出版社 2007 年版，第 124 页。

成，加之经过之前各个朝代积累，宫廷包装所追求的风格和审美意趣有了比较成熟而鲜明的模式，历代宫廷包装在艺术上所标榜的富丽高贵、豪华堂皇又为明清两代宫廷包装的设计指明了发展的方向，所以，明清宫廷包装在承袭前代包装艺术的基础上又表现出了不同于以往的新风格，达到了古代包装艺术的最高成就，这些成就主要体现在包装的造型结构、装饰工艺和材质选取等方面。

1. 明清宫廷包装的造型与结构

我们知道，在手工业时代，任何包装都是建立在一定的形态基础之上，而构成形态的主要因素，则是结构。明清宫廷包装的生产与制作之所以拥有强大的生命力，除大量的物品需要包装，且这些物品自身形态形形色色以外，还取决于宫廷内一直弥漫的皇权思想的要求与反映，以及包括最高统治者对于造型的审美的精神需求，正是这些复杂因素的共同存在和不同程度的反映，使得宫廷包装艺术的视觉形态呈现出多样中寓统一性的风格特点及艺术价值。也为这种风格和价值体系的构建提供了不同的实现路径。明清宫廷包装核心价值观念实质上是对这种造型的审美渴望的合理阐释，因为其包装器具创造的目的、功能、本质、美学活动以及艺术风格等多个方面都与其他艺术创作形式有着极大的不同，也正是这种对于造型的功利与审美的精神追求，使得明清宫廷对其包装用具高度重视。

与中国古代历朝各代一样，这一时期宫廷包装新的造型的出现与演变是和宫廷与民间原来包装造型的形成和演变同时并存发生的。这其中除了让人深切地感受到经济社会发展的推动力之外，还包括存在于一定社会中人的需要改变所蕴含的巨大作用。两种力量的共同作用，使明清宫廷包装造型艺术虽或以传统材料或以新材料为载体，但传统世俗观念被改变的痕迹十分明显，并逐步积淀出基于意识体现的一维性的主体人文思想，把物质与精神、形式与功能、结构与色彩集中统一于种类繁多的包装造型的外在表现中，它充分体现了皇权思想至高无上的地位和儒家"仁"的思想。如前揭北京故宫藏织锦御笔《妙法莲华经》函套，这件艺术品"为硬板折合式，函顶有一定厚度，故其各面相结合及折角处的边缘均剔成斜角，前后板与右板内折部分更分别剔挖成凸凹如意云头形状，这不仅有美化装饰的作用，更可使函套各个部分镶嵌扣合紧密，对书籍起到保护作用"①。众所周知，任何包装首先要满足"包装"这一基本功能，但抽象的功能不能凭空被人们得到，它必须借助具象的造型才能体现出来；包装品要有利于被包装物的保存、存贮和取用，这就需要借助于科学、合理的内外部包装结构；包装品要有利于顺利地传达产品信息，又需要有合理的图案、色彩和间接或直接的文字信息，而这一切又是基于形态和结构基础之上的。所以，可以这样说，包装的造型是包装功能、包装结构、包装装潢的物质载体。在包装设计中，造型设计占有非常重要的地位。造型设计的优劣将直接影响到对包装物品的盛装、保护功能，影响到包装物品的品质和稳定性，也影响到包装装潢和视觉审美的内容与表达形式。

明清宫廷包装艺术造型种类繁多、形式多样，并体现出一定的内在规律性。从北京故宫博物院现存藏品来看，其造型设计的手法主要表现在三个方面：

第一，几何形不仅成为包装造型形态的主流，而且几何形态丰富多样。从目前所见包装实物和有关文献材料可知，长方形、正方形、圆形、五角形、八角形、六角形盒以及棱形、圆柱形和复合几何形均有存在。不仅如此，而且工匠们往往在每一个类似几何造型的边、体、面、棱以及角等主要部位加上一些圆角或者纹样，这样，使得纯粹的几何形所容易带来的视觉上的单一、呆板、生硬变得丰富、活泼和富有情趣，形态美、材质美和工艺美融为一体。因为工匠们在处理这些部位时采用了对比与和谐、比例与统一、节奏与韵律、整体与局部等设计原则。如文竹寿春宝盒，整体作品造型外方内圆，在盒的四条边上凸出一部分，呈现一定的弧线美，在盒的面上雕饰寿春图案，图案的边沿饰有双龙纹，整个造型结构上部为土黄色，下部为黑色，紫檀木座，整个盒盖的图案与方圆造型隐含"天地同春"之意，与内装的"天""地""同""春"十个小盒相合，内外一体，相互辉映，寓意深刻。又如北京故宫藏清《文殊师利赞》经文包装，经文为贝叶夹装，经文外附木质护经板，面刻梵文并以金粉填充。整个经文用铜镀金玻璃盖盒包装。长方体的包装容器盒不仅用绿松石、珊瑚镶嵌出有立体感的莲花图案，而且盒体各边框用带八宝、火珠、蝙蝠纹的压条作装饰，这种造型与立面的装饰浑然一体，而且更富层次感②。

---

① 李婧：《清代宫廷包装及器物装饰艺术研究》（硕士学位论文），同济大学，2006年。

② 参见故宫博物院编：《清宫包装图典》，紫禁城出版社2007年版，第18页。

第二，明清宫廷包装体现出造型与功能需求的高度统一。在被包装物品决定其包装造型的基础上，从造型的保护功能、审美功能以及便利使用功能等方面有机结合，进行巧妙设计。如酒、烟、茶叶以及药等日用生活与娱乐用具，不但采用了密封性能较好的铁、陶、玻璃以及锡等材质，而且有些包装容器融入对皇帝本人的人情味设计，宫廷中的能工巧匠努力地在"内在精神需求"和"视觉表现力"二者之间寻找平衡点。既能让皇帝接受，同时又不损害包装容器的视觉审美感。这种设计不论在安全性还是从人体工学原理来说都是极其可贵的。这一类造型在满足包装基本功能的前提下，注重了包装作为独立物存在时与环境的协调性，以及与视觉接触时的审美性。在某种程度上说，它既是包装，同时又是赏心悦目的工艺品。其次是营造审美视觉效果时注重了技术的运用，体现出工艺技巧之美，既把明清宫廷统治者的皇威体现出来，又能细致入微地蕴含人文关怀。如银质四连药瓶，分别内装有四种常备之药，为携带方便，整个包装结构采用折叠式与开合自如的铰链式结构，用时一字排开，用完之后可以折叠收纳，为防止盖与瓶身相互脱节，故盖为螺旋式结构与瓶身相连，最为精妙之处在于瓶盖内焊有微型匙柄，开盖之时即可从中取药而无须再费倒手之劳。既不会划伤冠帽，也不会像髹漆盒因内部温度过高使漆质变软，而污染冠帽（图11-59）。

第三，明清宫廷包装造型结构所呈现的阴阳互补形态，不仅符合视觉感知和认知习惯，而且体现了艺术辩证法原理，达到了整体划一、以大带小、大小相生的和谐、统一效果。它除了反映出工匠们对包装结构与工艺的娴熟运用以外，还令人感受到了宫廷包装在满足功能需求基础上，追求变化背后的科学认知，意味着宫廷包装在形式上追求变化和趣味性的理性思考是基于对传统审美法则的观照和影响。如

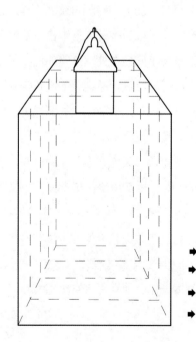

图11-59　银质四连药瓶整合立体图

清代描金葫芦式漆餐具套盒系用牛皮压模成型，葫芦一分为二，内装执壶、盘、碗、匙，共七十九件，葫芦盒为黑漆地，两面描金龙凤纹，其餐具均红漆地描金折枝花卉或花蝶纹，整个葫芦形包装盒既适应了不同大小餐具盛装对空间的要求，而且包装的情趣和联想意味得到了发挥（图11-60）。类似这种

图11-60 描金葫芦式漆餐具套盒

造型方式，让我们深深地感受到了包装造型的艺术性，很多包装物可以说本身就是一件单独的艺术品。

以上所述，尽管只是从明清各类包装形式中列举了部分典型实例，但无论是何种形态，包括软质包装和硬质包装，无论在外部形态结构，还是内在形态结构上，均不同程度地体现了技术与艺术、功能与形式、物质与精神的统一。软质包装容器以纸、棉、丝织物等软质材料为主，这类包装受压后容易变形，但可以随被包装物的形态成形，贴合性好、柔软，可以有效减震，从而起到对被包装物品的保护作用，而且它们的制作工艺和技术都比较简单，价格低，因此被广泛用作为内包装材料。内包装造型以盒、箱、瓶为多。硬质包装容器的设计是以玻璃、陶瓷、文竹、玉、漆、金属、紫檀等材料为主，其造型为各种瓶、罐、匣、盒，它们可作内包装也可作外包装使用，具有良好的产品保护功能，成型后定型性好，有一定的抗压性能。围绕功能和形式所进行的内、外结构设计，始终坚持了功能上主要体现容装性、保护性与方便性；同时辅佐包装造型与装潢设计体现显示陈列性。在这一前提和原则之下，通过多样性的结构设计，以丰富包装形式，以至明清宫廷包装琳琅满目、形形色色，让人美不胜收！如盒可以为方盒、矩形盒、圆盒、多层盒、套盒、异形盒，方盒中又有四方、长方、八方等不同形式。

总之，明清宫廷包装的造型与结构不是各自独立、互不相干的，而是相互依赖、相辅相成的。包装的造型借助一定的结构完成了它的"盛装"这一基本功能，而包装的结构又通过具体的造型体现出来。

2.明清宫廷包装装潢与工艺

尽管明清包装艺术离不开材料、造型、结构与工艺，但包装的装潢在艺术风格和特征中，不仅给人以视觉美感，而且在这种美感的表象背后，蕴含着装潢所承载的意蕴之美。这种装潢美从总体上可以概括为"皇家风范"，即包装物制作的动因以博取或满足皇帝喜好为目的。随之而来，不惜工本，精心制作，并运用雕刻、錾刻、彩绘、镶嵌、烧造以及编织等较复杂的工艺制作工序，以宫廷所独用或适合的色彩、图形和文字等，通过精心设计，追求和达到包装的内容、形式与文化内涵的三者完美结合，把具有象征隐喻的手法通过工匠们精湛的工艺技术体现出来。"装饰性"的包装极大地刺激与提高了宫廷艺术家的想象性，努力实现包装体现和迎合最高统治者的精神欲望并致力于延续。当然，这种追求在凸显设计、制作者和使用者思想观念、审美价值取向的同时，力求符合传统思想文化。明清宫廷包装艺术不但侧重于材质与工艺方面，更加注重表面的图案装潢性，这种装潢是在功能性的前提下，所进行的美化与修饰，通过图案以包装的形式固定在造型的表面上，既要反映皇宫贵族的风格典雅，又要注重精美气派的视觉表现。

（1）工艺技术

任何造型和装饰都要通过一定的工艺去实现。明清宫廷包装精湛的工艺不仅使造型与装潢工艺得到完整的体现，而且使皇家风范充分凸显。因此，解读其工艺技术，有助于理解其艺术风格特征。综合而论，这一时期工艺技术的独特性主要体现在以下几个方面：

第一，雕刻工艺在明清宫廷包装艺术中大量运用。在明清宫廷包装艺术中，运用雕刻技法进行包装容器制作屡见不鲜，特别是清代康熙、雍正、乾隆三代，由于当时政局稳定、经济富庶，"社会奢靡之风使得人们对装饰风格爱好逐渐转向雍容华贵、繁缛雕饰的风尚，加上清宫的追随和提倡，清代中叶以后运用各种的工艺造成多种新奇的式样"①，也给这种具有贵族气质的工艺活动提供了前所未有的发展空间，如红漆雕刻、竹根雕刻以及紫檀雕刻等工艺的出现，雕刻的图案时隐时现，委婉流畅自如，因而在视觉上给人以自然随和之感，雕刻手法凸显出宫廷内务府造办处工匠的细致入微，具有瑰丽的色彩效果。如紫檀木雕锦纹嵌玉鼻烟壶方盒，这件包装全器整体上呈现正方形，四周各有一个抽屉，每个抽屉里面有四个方格，其上镶嵌了十只白玉蝙蝠，外面雕刻回纹，其图案具有强烈的韵律美，构成一幅别具特色的美丽画面，使得视觉上达到和谐、均衡的审美外在表现效果，从而表现出独特的审美雕饰情趣（图11-61）。据史料记载，乾隆酷爱鼻烟壶，他在位六十载，宫廷御用工匠为他制作的鼻烟壶达数万件之多，这些鼻烟壶除了自身作为

图 11-61　紫檀木雕锦纹嵌玉鼻烟壶方盒

鼻烟的精美包装容器以外，或因收藏或因赏赐等需要，还配有经过精雕细刻的外包装。

第二，镶嵌工艺在明清宫廷包装艺术中屡见运用。镶嵌工艺作为一种传统造物工艺，早在原始社会末期就业已出现，在以后历朝各代可以说长盛不衰。这种工艺的运用从本质上说，是为了改变材料单一的视觉效果和营造预想材料质感和材质之美效果，因此，备受工匠和使用者推崇。清代宫廷包装用材虽然广泛，且材质异常珍贵，但任何材质的质感和肌理的相对单一是包装选材无法解决的问题，特别是体和面相对较大的包装这种缺陷更加明显。而通过绘制图案纹样的方法又往往不易长久保持或缺乏装饰的层次效果，因而镶嵌这种工艺被大量运用。在明清包装所用的盒、箱、匣等造型的器壁上用有别于容器自身材质的其他材料，直接镶嵌出人物、动物、植物形象和其他的纹样，或在镶嵌之后再鎏金镀银，以实现现统一中有

---

① 李婧：《清代宫廷包装及器物装饰艺术研究》（硕士学位论文），同济大学，2006 年。

变化的同时，增强所镶嵌图案的稳固性的做法，是十分普遍的。如铜镏金嵌玻璃彩绘《文殊赞佛身礼经》盖盒，"此经装帧为变体梵夹式，经盒内装《文殊师利菩萨赞佛法身礼经》，经文用满、蒙、藏、汉，四体文字对照，墨书与长方形金粉硬笺上，经册整体放置于一铜镀金须弥座上，座顶四隅起与经册等高的折角护栏以固定经册，外罩鎏金铜框玻璃盖盒，整个经盒通体鎏金并镶嵌青金石、松石及珊瑚等珍材，组成装饰纹样，极显精美华贵"[①]（图11-62）。

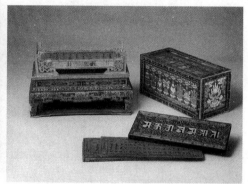

图11-62　铜鎏金嵌玻璃彩绘《文殊赞佛法身礼经》盖盒

　　第三，编织工艺在明清宫廷包装艺术中十分常见。我们知道，丝织物自古以来就是重要的包装材料和包装方式。明清时期，由于编织工艺的高度发达，使织物的编织水平不仅普遍提高，产量激增，而且个性化的定编、定织成为常态，无论是宫廷造办处下的织坊，还是极富时代和工艺特色的诸如南京织锦、上海顾绣等都可以根据需要，编织出各种图案、花纹的织物。正因为如此，所以，在明清宫廷包装中，举凡诗书画与生活娱乐用器的包装，用织物作包装材料颇为盛行。且这些织物无论是形态、结构还是装饰的图案动辄是根据包装物的形态和属性而编织成的，因此，它在结构上要力求与被包装物匹配，在装饰图案上讲究与包装物的图像的秩序。其工艺运用中，除了技术的娴熟之外，要求对被包装物有全面的了解，才能实现两者的完美结合和相得益彰。从保存至今的包装实物来者，编织物上装饰图案的

---

①　李婧：《清代宫廷包装及器物装饰艺术研究》（硕士学位论文），同济大学，2006年。

内容常以皇帝的亲身经历和反映皇室成员深情交流的场景来表现，场景表现生动传神，造型别致，色彩富于强烈的节奏感和韵律感，具有浓郁的装饰情趣和凸显皇家风格。如前揭"织锦《威狐获鹿图》卷轴画套"，这件包装作品是为乾隆的画作而专门设计制作的，整个画套为杏黄色的金线织锦、压黑色包边，画套上的白玉别子仿汉玉蝉形，画套内衬白绫，上有乾隆皇六子永瑢绘设色《秋景山水》一幅，右方贴淡青色绫签，隶书"威狐获鹿"四字，内装《威狐获鹿图》卷轴。

（2）装饰纹样

包装的装饰装潢是体现包装视觉艺术性的主要因素，包装品的装饰纹样一方面给人以视觉美；另一方面，纹样所承载的文化给人带来理性的意境之美。装饰纹样是否可以达到上述两个目的和效果，取决于以下两个因素：一是题材与内容的选择和编排；二是处理技法的表现力和艺术效果。当然，好的装饰纹样及其表现，是建立在包装造型的准确把握和充分利用基础之上的。清代宫廷包装在装饰手法和装饰图案上具有典型的宫廷风格，在包装物的纹饰上以双龙海水江崖纹等典型宫廷纹饰为主，龙纹矫健雄壮，海水江崖纹起伏有致，体现了清代皇权思想的至高无上。同时，包装品在纹饰设计上，更多地直接选用其他工艺品上的图案纹饰，乃至直接以书画艺术作品作为装饰。最典型的是书画作品的包装品——书画套、盒吉祥的图案套往往使用锦缎、刺绣等织绣品，纹饰一如织绣工艺品；盒、匣上常镌刻书画名称乃至画面，极富艺术气息。

明清宫廷包装的装饰纹样使用得最多的除了龙纹和海水江崖纹外，当推吉祥纹样。在明代晚期出现了大量寓意吉祥的图案，这些图案反映人们对于幸福和美好愿望的期望与追求，具有浓厚的生活气息。如定陵出土的执壶上有寓意"万寿富贵"的纹饰，在一些实用器上还常常会看到云鹤纹、灵芝纹、八仙庆寿纹等寓意长寿的装饰图案。实际上"图必有意，意必吉祥"的装饰题材在整个明清的艺术设计中都很流行。如鸳鸯象征夫妻恩爱，石榴多子，松竹梅表示清高正直，牡丹象征富贵荣华，松鹤寓意长寿。也有因谐音而成为图案题材的，像蝙蝠与"福"，鱼与"喜庆有余"，鹿和"禄"，瓶和"平安"，金鱼和"金玉"，荷花和"和"，等等。还有几种方式联合起来的设计，比如万字和牡丹叫作"富贵万代"，万字、蝙蝠和寿字结合在一起就是"福寿万代"，万字锦地上绣花卉是"锦上添花"，等等。

　　吉祥图案的分类主要有：表现幸福的五福，福在眼前；表现美好的凤传牡丹，鸳鸯戏莲；表现喜庆的喜相逢，喜上眉梢等，还有寿庆的八仙祝寿、万寿无疆、松鹤延年、福寿三多、福山寿海等，婚庆的鸳鸯戏水、连（莲）生贵子、瓜瓞绵绵纹样等，庆升迁的有指日高升、马上封侯（猴）、平（瓶）升（生）三级（戟），一品当朝等；庆开业则用年年发财、一本万利等；表现丰足的年年有余；表现平安的一帆风顺；表现多子的榴开百子；表现学而优则仕的鲤鱼跃龙门等。

　　吉祥图案的表现手法多种多样，有的是抽象意念的具体化，也有的是具体事物的抽象化。其表现手法主要有：一是象征。即以事物的形态、色彩或生态习性，取其相似或相近，来表现特定的含义。如松、竹、梅以各自的风骨，获得"长春不老""君子之道""不畏风寒"的赞誉，统称为"岁寒三友"，这些纹饰常出现于各种文玩及其包装的装饰图案中。二是寓意。即借物托意。如因蜘蛛俗称"喜子"，故一般把蜘蛛出现视为喜兆，用蜘蛛从网上倒挂下来的图案，寓意为"喜从天降"。牡丹花被称为百花王，故有"一品""富贵"之喻。神话传说中有王母的蟠桃三千年开花，三千年结果之说，故桃也称为"寿桃"，与松鹤一起表示长寿，葫芦有"宝葫芦"之称，以其藤蔓绵长寓意"万代"。三是谐音。因字的发音有基音和泛音，一般都是复合振动，故谐音是借字的同音和近音来表示特定的含义。在明清的吉祥图案中，这种表现手法使用极为广泛。有"梅"与"眉"、"竹"与"祝"同音，绶带鸟的"绶"与"寿"同音，合起来象征"齐眉祝寿"。四是表号。即用象征性符号表示意义，即一种标记、表识。如鸟表示日，兔表示月，鱼表示有余，钱表示富有等。五是文字。即直接用文字表示意义，如福、喜、寿、吉祥等。

　　值得注意的是：宫廷作为全国统治的中枢机构，为了维系统治，具有严格的等级和礼制，这些传统观念和习俗，不免也融入到了包装设计中，从而使包装物蕴含了思想，表达出了制作者和拥有者的精神世界和文化品位，展示出了丰富的文化内涵。明朝是中央集权高度集中的朝代，皇权的至高无上、不可侵犯达到了登峰造极的地步。这种思想必然要反映到社会生活的各个方面。作为宫廷御用品的宫廷包装首先要符合封建礼制，所以宫廷包装物的制作中自然第一就要使用云龙纹，因为皇权的最好表现是龙，龙是人君的象征。这一纹样经常出现在各类宫廷包装物上，宗教经典、御书、文玩等这些着重体现庄重、尊贵地位的包装物上，龙纹的装饰自不可少，即使是在体量很小的日用品包装上，复杂的龙纹装饰也出现很频繁。不仅龙纹是宫廷包装纹样习见的图案，而且宫廷的龙纹造型具有严格的规定，仅限于"五爪"龙纹。民间龙纹则只能用"三爪"或"四爪"，否则就是僭越。这种规定自明代开始，历清代而不废。

明清宫廷包装装饰纹样所体现出来的强制规定和吉祥化的积淀与固化，是封建专制主义集权的物化和思想意识的外现。充分反映了封建统治在制度建设方面，到明清时期已经渗透到了社会生产、生活的各个方面，统治者的意愿已经寄托到了虚幻的理想境界和完全的形式层面。这种做法和状况，虽然对艺术形式的定格不无裨益，但从艺术创作的源泉和推动力而言，则不免导致了艺术题材、内容的单一与固化，艺术形式的程式化。这正是清中叶以后，造物艺术愈益落后于西方的重要原因之一。

3.明清宫廷包装"材质之美"的体现

毫无疑问，每一件宫廷御用包装都是建立在一定的用材基础之上的。从客观上说，由于权力所带来的财富，使宫廷可以拥有和得到普天之下的各种材质，所以，宫廷包装在选材上具有无限的多样性。而从生产制作者的主观层面来说，面对多样的材质的选择，又不免受到了权力、地位的干扰和制约，"为帝王"设计制作的目标和理念，使包装设计在选材上的合理性和加工工艺上的便利性动辄被忽略。因而，追求材质之美与珍稀成为宫廷包装制作管理阶层的价值取向，成为制作者无可奈何、无法改变的选择。这一现象是宫廷包装明显区别于民间包装的特点。在不计成本、追求材质高贵精美的理念下，明清宫廷包装材料就主材和辅材来看，大致可分为硬材和软材两大类。硬材通常指的是紫檀木等名贵木材和珐琅、金银等贵金属；软材则是竹藤植物、纸质以及编制织锦等材料。为了显示用材的高档，对于一件包装而言，硬材和软材的使用是相对的，明清宫廷包装往往是硬中有软、软中有硬，交叉混合使用。

作为明清宫廷包装习见的漆器，堪称代表了其在用材上的特点。如前所述，漆的使用起源于我国的商周时期，殷人已经普遍种植漆树，到了明清时期漆工艺已经发展到高峰，它具有防腐、抗酸、坚固等物理属性，这样优异的物理性能自然得

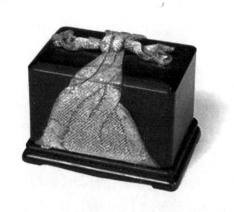

图 11-63　紫檀雕包袱盒

到宫廷统治者的宠爱。一方面，工匠们用各种材料制胎，以期达到精美效果；另一方面，直接在一些名贵硬木上髹漆，增强和凸显硬木材质之美，同时，不惜运用雕刻、镶嵌等工艺，辅之以其他材质，增强视觉之美。如北京故宫藏红雕漆卷轴册页组合装，造型由三轴红雕漆卷轴、两本红雕漆书册和一个红雕漆底座组成。还有紫檀雕包袱盒（图 11-63）、剔汇绳纹圆盒等，这些包装通过发掘和利用材质之美，美化了包装的效果。

　　明清宫廷的工匠们在充分认识到不同材料所呈现的材质之美的同时，也注意到了材质与被包装物品的结合，即充分考虑到被包装物对包装防护功能的要求，于是对某些物品逐渐形成了相对固定的包装材料。这种相对的固定性在体现"材尽其用"的设计思想的同时，在一定程度上有利于包装的识别功能的发挥和风格特点的形成。这实质上是明清工匠将包装物外化为艺术形式的一种有力手法。有些物品由于质地脆弱、不易保存、不防潮、易挥发等物理属性的原因，这类包装品的限定大都体现在明清宫廷生活用具的包装主题里面，如对烟、酒、糖、茶等较易带有挥发性包装物品上，其外包装往往选用漆、紫檀木、铁、陶瓷等比较容易封存好的材料进行包装。如北京故宫藏清代黄绫"人参茶膏"瓷罐，整个包装容器以瓷器盛放药膏，具有包装器皿洁净、不串味、防物品霉变、不受污染等性能，在青花瓷罐外，又以数片明黄暗花缎随罐形剪裁，经缝合包装这种双重的包装法，意在渲染皇家饮品的高贵。

　　在明清宫廷包装艺术中，虽然可以不计工本，但在现实的设计与制作过程中，工匠们也自觉或不自觉地考虑到材料的经济性、科学性以及美观性。正是这种考虑和实践，使各种类型的包装在表现形态方面与形式上显示出不同的审美价值取向和视觉效果，如使用藤条、竹子、绳子、纸盒、布、棉等十分寻常的包装材料，通过质朴、简易的包装方法，包装一些日用消费品。如紫檀雕包袱盒，源于对包袱式包装的模仿，既具有极高的艺术性，又很好地解决了搬动提拿的方便性，不仅是硬质包装材料和软质包装材料巧妙结合的经典之作，而且传承了传统的包装方式。又如箬竹叶坨形茶包，虽然是清代地方官员进贡的贡品，但送入宫廷以后，其包装材料和形态并未改变，在某种意义上反映其用材和形态得到了统治者和宫廷工匠们的认可。这种包装是选择生长在热带地区箬竹上宽大的叶子，以横竖交错法，将坨形普洱团包裹，最外层用竹篾等距离地围圈捆扎，并用细绳相系，尤其是竹篾捆扎中施用扣结，使得茶包牢固，既能呈现地方浓郁风俗特色，又增添了外形的朴素之美。明清宫廷中所保存的大量地方贡品以原包装留存，表明宫廷包装在讲究用材的同时，对用材的科学性和经济性并不排斥，认为宫廷包装用材高档精美的观点无疑是片面的。

综上所述，我们不难发现，明清宫廷包装集千古之大成，其艺术性的来源、构成和表现是综合了用材、造型、结构、装潢和工艺等与包装构成的各种要素。通过这一系列要素而形成的视觉效果与审美价值取向，实际上蕴含着政治需要与文化传承的交融、富贵与奢侈的兼容并蓄以及时代审美变迁与典雅风格的碰撞与调适选择。其对材料的撷取、工艺技术的推陈出新、造型的演变、结构的创新和图案色彩的理解，使传统包装焕发出新的生机，给人以无尽的视觉美感。它作为中华民族造物文化的一部分，充分反映了宫廷艺术家对社会生活以及自然的充分理解和创造。深入挖掘其艺术形成的原因及其艺术风格特征，不仅可深化和推进中国古代包装艺术史的研究，而且有助于揭示我国古代造物思想，了解历史时期为何造物、因何造物和如何造物，从而为今天包装设计实践提供某些借鉴和启示！

第三节　明清民间包装

民间包装自古以来就是整个包装的主体，这不仅因为其数量巨大，具有普遍性，而且民间包装与宫廷包装之间始终存在一种相互转换的关系，这就是独特的民间包装会因物产贡纳或工匠征调等原因，为统治者喜爱和接受，成为宫廷包装，反之，宫廷包装则会因统治者赏赐、推恩或上行下效演变为民间包装。明清时期，民间包装正体现了这种特征。

一、民间包装的全面发展

明清时期，随着全国各地社会经济发展水平的总体提高和地区经济发展不平衡性的相对缩小，与前代相比，民间包装发展发生了一定的变化。反映在包装的使用范围更加广泛、包装材料更加多样、包装工艺技术更受推崇、包装的重要性更加凸显。这一切在一定程度上推动了包装从传统向近代的演进。

首先，明清民间包装的发展和使用，受到当时经济发展和技术进步的影响。明清时期尽管是封建社会末期，但社会经济发展的水平无疑是前所未有的。无论是人口数量、垦田面积、赋税收入，以及市镇的总数和分布，均超过历朝各代。这种局面的形成，是建立在明清两代统治者调整封建租佃关系、改革赋税征收方式和重视手工业、商业发展基础之上的。社会经济发展水平的提高，带动了技术的进步，因为技术的发展与生产发展的关系最为密切，且较少受到上层建筑和意识形态的影响。明中叶以后所出现的资本主义萌芽，正是技术进步的结果和技术应用的推动。反过来，资本主义性质的生产不仅使纺织、冶铁、造船、造纸、制瓷等传统技术稳步发展，而且产生了一些新的生产技术。尽管这些技术主要集中在官营手工业中，但是民间作坊的手工艺人在生产规模的扩张和市场的竞争中，对技术的推崇和发明、改良、完善表现出了极大的热情和重视，从而使明代中后期，成为我国手工业工艺技术快速发展和名家辈出的时代。从《明实录》《天工开物》《万历野获编》及当时所修各地府、县志书所载，当时各个门类的手工艺人都有名垂青史的，这是前代少见的，在一定程度反映了当时手工艺技术的日益精进。

明末农民起义和清初的统一战争，虽然对社会经济造成了严重破坏，但当社会安定以后，清初的统治者，从康熙开始，便采取了一系列发展农业、手工业和商业的措施，使经济得以迅速恢复的同时，涌现了一批新兴城市的产生，并迎来了一个前所未有的大规模文化发展和总结的时代到来，与欧洲各个国家的文化交流也呈现出异彩纷呈的局面。既有国内各民族间的文化交流，又有和国外各国的文化交流。各民族文化和生活习俗的交融及国外文化的传入，对清代文化的发展产生了史无前例的影响。包装在这样一个环境当中得到了长足的发展。尽管与明代相比，清代在这方面并没有发生质的变化，但量的增大是毋庸置疑的。因此，与明代一样，在与包装相关的手工业领域里，不仅仍然是名家辈出，而且地域特色更加突出，有关手工艺选材、工艺技术方面的总结性著作大量出现，在数量上远远超出明代。令人遗憾的是，自道光以后，由于国内矛盾不断加剧、黄河决口等大自然灾害频发，加之大量鸦片输入，白银外流，皇室贵族的奢侈浪费等，致使财力枯竭。在乾隆初年尚属充盈的国家财政，到了嘉庆年间已经是入不敷出。明代以来出现的资本主义性质生产作坊未能得到充分发展和产生质的变化，最终导致在西方列强坚船利炮的攻击下，中国沦为半殖民地半封建国家，包括民间手工艺在内的手工业生产陷入艰难境地，发展异常困难。

其次，明清两代在手工业经营管理体制上的变化，不仅提高了手工业生产者的地位，激发了其生产积极性，而且使包装的发展逐渐平民化，民间包装全面化。从明代开始的工匠服役制度的改革，使社会工匠阶层的地位上升，收入有了保证，特别是许多普通工匠一旦技艺得道官府肯定，可以由技术入仕，使他们不仅乐其业，而且潜心技术的发明，从而导致了传统产业技术转型，不唯如此，轮班匠制和匠户制度，虽然使民间优秀的手工业者多集中在官营的手工业工场或作坊，但官府工场或作坊的分工和协作非常细致、明确、协调，有利于工匠们学习和了解工艺流程与先进的生产管理与经营方式。到了明代后期，这种无偿性的服役制改为了"出银代班"①制度的全面推行，规定轮班工匠每名每年征银四钱五分，称"班匠银"②。以及清顺治二年宣布废除匠籍制度，改为"计工给值"的雇募制。这种由"匠籍"制到"出银代班"制的变化，使工匠的劳动由强制性改为非强制性，对手工匠人的束缚大大减少，给他们提供了自由创作的空间，提高了工匠生产设计的主动性和平民化。有利于民间包装新的类型与包装新品种的出现，有利于以前在宫廷或上层官府使用的包装向民间扩展。

再次，明清宫廷包装的高度发展、集大成的成果，通过新型徭役制度，反过来全面推动民间包装的发展，特别是在商品经济持续的发展中，日趋独立的手工业形

---

① （明）申时行等：《明会典》，中华书局 1989 年版。

② （明）申时行等：《明会典》，中华书局 1989 年版。

成了各种专业化的生产工场和作坊，从而缩小了宫廷包装与民间包装在工艺技术甚至包装理念方面的差距。事实上，明清两代，民间包装与宫廷包装的相互影响始终存在。明清时期宫廷包装与民间包装的互动关系，我们从《洪武实录》记洪武二十六年五种轮班新制所编定的各行业班次可见一斑！其规定如下：五年一班的：锯匠、瓦匠、油漆匠、竹匠、五墨匠、壮窑匠、双线匠。三年一班的：土工匠、热铜匠、穿甲匠、棺材匠、笔匠、织匠、络丝匠、换花匠、染匠、舱匠、船木匠、箬篷匠、橹匠、芦蓬匠、钑金匠、缘匠、刊字匠、熟皮匠、扇匠、魫灯匠、毡匠、毯匠、卷胎匠、鼓匠、削藤匠、木桶匠、鞍匠、银匠、销金匠、索、穿珠匠。一年一班的：裱褙匠、黑窑匠、铸匠、绣匠、蒸笼匠、箭匠、银珠匠、刀匠、琉璃匠、锉磨匠、弩匠、黄丹匠、藤枕匠、刷印匠、弓匠、旋匠、缸窑匠、洗白匠、罗帛花匠[①]。不难看出，当时手工业分工十分细致，而且各类手工艺人都有轮班服役的义务。在轮班制下，手工艺人由民间的个体生产到官府的集体生产，视野得到开阔，技艺得到提高。他们服役期满回到民间以后，必然促使民间包装的种类更多，做工更精致。明清是我国封建社会最后两个朝代，宫廷生活极为奢侈。宫廷包装的用材、做工、采用的装饰工艺可以说集各朝工艺之大成，民间包装在这些方面都不免受到宫廷包装的影响。从而导致民间大众的审美需求、宗教信仰、做工工艺、材料使用等各个方面都有一种追求上层的趋势。宫廷包装的发展和种类在当时一直存在引领民间包装的趋势，从一定程度上，我们可以说明清时期的时尚引领者就是宫廷贵族。当然，这一切也与民间的追求者的竞相仿效不无关系。例如，明嘉靖皇帝推崇道教，使得嘉靖时期的道教十分兴盛，导致当时宫廷瓷器包装上的花纹装饰题材道教色彩浓厚，吉祥祈福的内容很多。在这种宫廷偏爱的影响下，民间就采用各种松柏、仙鹤等表达长生不老的含义，这在民窑瓷器上反映十分明显！

　　除此之外，民间大众的生活风气变化对包装的发展也有很大的影响。民间的生活风气对于包装的影响主要是经济文化和生活方式的影响。明正德以前由于生产尚未全面恢复，经济条件低下，社会财富普遍比较匮乏，社会风俗崇尚俭朴淳厚，贵贱有等，不仅下层百姓如此，缙绅士大夫也不例外。并且在统治者眼里，追求生活

---

① 《洪武实录》卷 23。

享受，张扬人的欲望是一种危险倾向，一旦各个阶层都去追求高消费，上下尊卑的秩序就要被打乱了。明初法律明文规定，绫罗缎绢等高级丝织品唯有政府官员才能穿，黄金饰品只有皇室宫妃才能戴，"商贩、下贱不许服用绍裘"，"商贾、技艺家器皿不许用银"①。由此可见，明初，权威文化的消费观实际上并非是以朴为美，而是以礼为美，受这种思想的影响，明初生活用的包装容器都是讲究礼制，等级有别。正德以后，浑厚之风少衰，风尚颓靡，华侈相高，出现一股追求艳丽、慕尚新异的风潮。这种风气从士大夫、市民等阶层开始，影响及于下层百姓、娼妓，始于城市，辐射远近乡村，使整个社会生活呈现异于明初的现象。这种风气一直延续到清嘉庆之后②。

晚清时期由于西方列强的侵略，中国沦为半殖民地半封建社会。社会的变化必然要导致文化和生活形式发生新的变化。晚清文化的种种变化无不反映着晚清社会的新陈代谢，一方面民族陷入危机，中国人民生活陷入水深火热之中，人们对于生活的追求远不如前期那样精致和奢侈；另一方面，西方文化的大量涌入，西方社会的思想、观念、理论对中国文化的侵略，精神征服，使得中国包装艺术的发展开始向西方社会学习，并逐渐借鉴和引入国外元素。

总之，明清时期社会经济的发展、科学技术的进步、官府手工业管理制度的改进、工匠技术进入仕途的存在等，使宫廷包装与民间包装相互依存、相互影响，不断推动着包装方式和技术的发展，使明清两代宫廷、官府包装与民间包装的差距缩小，这是以往任何历史时期所不曾有过的现象。

二、明清民间包装的分类

中华民族地域辽阔，资源丰富，物质材料多样、生活习俗不同，所以各种材质几乎都被用来制作包装。这种情况的存在，就为民间包装的具体分类增添了一定的难度，不同的分类标准将导致同类包装的归属产生差异。为了彰显民间包装的地域性与民俗性的特征，这里我们试图以材质作为划分的标准，将这一时期包装分为：

---

① （清）张廷玉等：《明史》卷67—68《舆服三、四》，中华书局1974年版。

② 陈宝良：《明代社会生活史》，中国社会科学出版社2004年版。

陶瓷包装容器、漆制包装容器、织绣包装容器、金属包装容器、竹木牙角包装容器和纸质包装等种类。

1.陶瓷包装容器

在中国陶瓷史上，明代是继宋代以后的又一个黄金时代。无论是烧制工艺技术，还是陶瓷造型及器物的意境上，都有了重大进步，青花、五彩、斗彩等都是明代新烧制成功或技术日益精进、闻名于世的瓷器，它广泛流行到欧洲、日本等国，对世界陶瓷艺术产生重大的影响[①]。而且在陶器制作方面也逐渐出现新的风格，琉璃和珐琅制品日渐普及，成为中国古代陶器中具有代表性的品种。明代制瓷业的发展除了技术的积淀以外，主要就是永乐年间郑和下西洋带来的经济文化交流，并使瓷器远销异域，使外国的艺术理念、技术与颜料大量输入，极大推动了当时制瓷业的发展。况且，由于当时统治阶级的重视，官窑在数量和产量上急剧增长，江西景德镇成为著名的"瓷都"。除了官窑以外，不仅在景德镇地区，而且在全国其他地区，都有为数众多的民窑存在，而民间陶瓷包装容器多出自民窑，在造型和装饰上都有着不同于官窑制品的朴实简约风格。

（1）明代民间陶瓷包装容器

明代禁制，民窑不得作色釉器，因此，民窑只得专门从事青花器的烧制，并以之推销于海内外，其青花作画意笔洒脱，尤为突出。民窑青花仍以景德镇为主要的产地，此外也产于四川、浙江、安徽、湖南、福建、广东等地。景德镇民窑所用胎土如同官窑，先用麻仓土，嘉靖起改用高岭土。青花釉初用土青，因此发色暗而不均匀，嘉靖以后，因为盗匿私卖，回青流入民窑，所以民窑也有发色较佳的青料。官窑器巧，民窑则单纯而稳重，画风上官窑华丽典雅，而民窑则自然洒脱，简单朴素。如景德镇民窑所烧制的青花盖盒包装容器，盒作椭圆形，带盖，盖子顶部饰以串枝花叶纹，边缘环饰海水纹，盖外壁饰 S 形漩涡纹，盒肩侧饰花瓣纹，纹饰均用青花勾勒以及填染，笔意真率而狂野，设色浓淡不均，是典型的明代初期景德镇民窑包装容器，传世和考古出土物颇多。

---

① 中国硅酸盐学会：《中国陶瓷史》，文物出版社 1982 年版。

明代景德镇周边有大量民窑存在，如较为知名的有小南街窑、周丹泉窑、吴十九窑等。此外，全国各地较为著名的民窑有处州窑、德化窑、石湾窑、宜兴窑等，这些民窑生产的瓷质包装容器造型多样，地方风格突出。除了前代的一些包装器形，如罐、盖碗、玉壶春瓶、贯耳瓶等较多地保留了前代的造型形式和风格以外，还出现了一批新的器

图 11-64　明景德镇青花盖罐

形，如盖盒、盖罐（图 11-64）、系罐、文具盒等。民间瓷器虽然装饰简约，但是器型却很丰富，并且包装使用的场合也很广，主要是因为使用瓷器包装器皿洁净、不串味、防物品霉变，不受污染等功能。这些器物的造型与装饰，一改元代造型中因为比例不协调所造成的不稳定感，同时，还因受官窑瓷器和外来文化艺术影响，甚至还出现了某些异域情调的装饰。

永乐、宣德年间，瓷器的造型因为许多小巧玲珑的日用包装器物的大量烧制而变得异常丰富。这是与郑和七下西洋以后受伊斯兰国家风俗世情的影响有关。如明宣德珠山一带使用的青花缠枝花卉单把罐，直口，鼓腹，卧足。器腹绘青花缠枝四季花卉，上下绘仰俯双形莲瓣纹，口部饰莲瓣纹一周，口沿部饰点状纹，单把中起一棱。这种造型的包装器物原型来自伊斯兰教金属器皿造型。

(2) 清代民间陶瓷包装容器

与明代一样，清代官窑主要仍集中在江西景德镇，其管理制度和措施大致也承袭明代旧制。但官窑和大量存在的民窑的关系发生了新的变化，其中与民间陶瓷包装容器关系最为密切的是编役制的废除与"官搭民烧"方式的实行。一方面，编役制度的废除，增加了工匠们的独立性，获得较多的自由，提高了他们的主动性和积极性；另一方面，"官搭民烧"制度的施行，普遍提高了民窑的烧造技术，因此在乾隆年间，"官民竞市"的局面表现十分突出。它们相互影响，促进了整个瓷业的进步，同时刺激着民间瓷质包装容器的发展。

"官搭民烧"方式的存在和发展，最终导致了官窑的名存实亡和民窑的发达。

乾隆时的《陶冶图说》载："景德镇袤延仅十余里，山环水绕，僻处一隅，以陶四方商贩，民窑二三百区，终岁烟火相望，工匠人夫不下数十余万"。这不仅表明景德镇民营制瓷业发达，而且商业化程度高。从生产的规模、分工以及雇佣关系的实质来看，已经真正发展到资本主义的工场手工业阶段。

清代由于官窑与民窑关系的模糊，使民窑瓷质包装容器的造型较前代空前丰富，许多昔日仅为官窑所烧造的器型大量流入到民间。各种罐、盒形制的瓷质包装容器应有尽有。这些包装容器大都沿袭历代传统式样，仿古风气十分盛行，普遍存在仿宋、明瓷器形制的现象。

顺治、康熙和乾隆时期的瓷质包装容器一般都比较古拙、丰满、浑厚。康熙时期的包装器型，式样之多，尺寸之大，制作之规范，更胜于明代。例如，瓶的形制多变，口小腹大称瓶，口腹大小相近称尊，口大腹小称觚；有一种口有双边，颈较细而短，瓶身直削称为棒槌瓶；另外还有梅瓶、胆式瓶、锥把瓶、蒜头瓶、天球瓶、葫芦瓶、油槌瓶、荸荠扁瓶、菊瓣瓶等。其他的包装器型还有将军罐、粥罐、鼓罐、日月罐以及各式各样的盒等。

雍正时期的包装器型制作较为秀巧隽永、工丽妩媚，器型的部位比例协调、恰到好处，不少器型还取材于自然界的花果形态，如海棠花式、莲蓬式、瓜棱式、石榴式、柳条式等。乾隆朝包装容器造型比前期更为繁多，并显得规整精细，新奇器物不可胜数。如转心瓶，由瓶心、瓶身、底座等分烧组合而成。瓶颈与内心粘连在一起，套于腹内，底部将器底座粘合封闭，腹部开光式镂空，可透视到颈部旋转的内心瓶上的图案，效果似走马灯。

嘉庆以后，由于国力衰微，内忧外患，瓷质包装容器虽也有些前所未有的品种和造型，如荷叶式盖罐，但都较为稚拙笨重。后来到了宣统时期由于受到新思想和国外瓷器发展的影响，造型风格才呈现出从传统向现代过渡的特征。

在陶质包装容器的烧制方面，清代民间陶场可谓分布全国各地，地域性十分突出，主要烧制民间日用所需的缸、罐、碗、瓶和瓮等，作为包装容器多用于个体家庭贮存菜肴和酒等。与以往相比，在种类、制作技术方面并无大的变化。值得一提的是清朝时期的紫砂陶质包装容器，与明代相比，也有所发展，器型逐渐增多，如清朝宜兴顾景舟制的树纹小印盒，仿树根形状制成，雕琢逼真、形象（图 11–65）。

还有少量紫砂鼻烟壶，壶体为六方瓶形，三面绘山水，另三面绘云雪图，两侧雕有向首纹。质地细腻均匀。器型秀巧端正，配鎏金雕花铜盖。

除了种类增多、造型丰富之外，清代民窑瓷质包装容器发展的成就还反映在装饰艺术方面。概括地说，清代民间瓷质包装容器的彩绘图案可以分为两类：一是单纯的纹样，如缠枝莲、缠枝菊、缠枝牡丹、团花、回

图11-65　清宜兴顾景舟制的树纹小印盒

纹、海涛纹等；另一类则是以花卉、花鸟、山水人物故事为主题的图案画面。这些画面往往通过寓意和谐音来表达吉祥含义。

另外，由于民间生活的丰富多样性，以及民窑分布的广泛性，使清代民间瓷质包装容器装饰的题材、内容和形式更具生活化、情趣化、乡土气息和地域工艺特色，如今藏于江西省博物馆的"王炳荣"铭堆塑豆绿釉印盒，充分运用堆塑工艺，圆形，子母口，面微突起，盖口以云龙纹为主体，刻画出龙体轮廓，云层起伏；印盒周身饰乳钉纹，其制作工艺在细部表现上非常流动，线条纤细而又多曲折，是光绪年间少有的佳品（图11-66）。

最后，还需要特别指出的是：瓷质包装容器，不仅仅是以瓷器作为包装和盛装其他物品的容器。明清时期，瓷器外销频繁，大量的瓷器作为商品被销售到外域，除此，还有各地方陶瓷产区向京师上供瓷器，在瓷器的运输当中也产生了诸多包装形式，我们称之为瓷器的运输包装。除了传统的木箱盛装、草绳捆扎等包装方式之外，明清时期还出现了饶有趣味的

图11-66　"王炳荣"铭堆塑豆绿釉印盒

瓷器运输包装方式，即明沈德符所著《万历野获编》中所载："于京师见北馆伴口夫装车，其高至三余丈，皆靼靼、女真诸部及天方诸国贡夷归装所载，他物不论，即以瓷器一项，多至数十车。余初怪其轻脆何以陆行万里？既细叩之，则初买时每一器内纳细土及豆麦少许，叠数十个辄缚成一片，置之湿地，频洒以水，久之，则豆麦生芽，缠绕胶固，试投牢确之地，不破损者始以登车，既装驾时，又以车上掷下数番，其坚如故者，始登以往，其价比常加十倍。"①

2. 漆制包装容器

（1）明清民间漆制包装容器的发展及表现

明清是中国漆器工艺发展史上的一个重要时期，尤其在明代，在长达二百七十余年的历史进程中，受皇家御用的官办作坊漆器生产的影响，民间漆工艺呈现出了"千文万华，纷然不可胜识"的景象，出现了战国秦汉以后又一个漆器制作的黄金时代，同时出现了许多类型的漆制包装制品。有关史料表明：在明永乐、宣德年间，漆制包装容器在民间尚不多，主要流行于宫中。《钦定日下旧闻考》记载："永乐年，果园厂制盒。"②但到宣德以后民间漆器业得到迅速发展，不仅产地增多、名家高手辈出，而且形成了鲜明的风格特点。

近代人郑师许在其著作《漆器考》中写道："五代两宋，其制造中心，初为湖南，后移江西。湖南接近四川，遍地产生漆树，惟所产多带淡黄色，纯白者极少。迄今湖南人尚以漆实为家畜之饲粮。江西则以吉安、庐陵为制作中心。至元代乃渐移至扬州及嘉兴一带。明代漆工业更盛，北平、广东、苏州、扬州、宁波、福州，各地均能发挥其特色。而尤以福州为最盛，迄今不替。上海附近之昆山、嘉定，在明代亦制作精美，今则以寂焉无闻矣。至于清代，北平颇多精品，今亦继续不衰。"③这段内容大致概括了五代两宋至明清时期漆器主要产地的变迁过程，这也是中国手工业经济发展的一个过程。明清时期，漆器的中心产地已转移到江南地区，江南地区经济发达、物产丰富，盛产优良漆树，手工业兴盛发达，工匠多

---

① （明）沈德符：《万历野获编》卷30《夷人市瓷器》，中华书局1989年版。

② （清）于敏中：《钦定日下旧闻考》，北京古籍出版社2001年版。

③ 郑师许：《漆器考》，上海中华书局1937年版，第33页。

汇集这一地区，有其历史的必然性。
与此同时，民间漆制包装容器的生
产，也大多集中在江南地区。

1）雕漆类包装容器的民间产地

浙江嘉兴西塘，有着生产漆器的
良好环境。从元末开始，嘉兴陆续涌
现出一批漆工艺大师，如彭君宝、张
成、杨茂等人。雕漆剔红器是嘉兴最
出名的特色产品（图11-67），元末
漆艺大师张成、杨茂的剔红漆器最为
有名，日本、琉球国的人就非常喜爱

图11-67　明代宣德剔红七贤过关图圆盒

他们的作品。明代初年，张成的儿子张德刚继承父业，剔红作品同样是精工细致，
《嘉兴府志》记载："张德刚，西塘人，父成与同里杨茂俱善髹漆剔红器，永乐中，
日本琉球购得以献于朝，成祖闻而召之，时二人已殁，德刚能继其父业，至京面试
称旨，即授营缮所副"①，张德刚到京城面见了明成祖，还被授予官职，等他回到家
乡，同乡人漆工包亮嫉妒而与他争巧，后来宣德年间也被召为营缮所副。同时，还
有一位姓洪的漆匠，他造的漆器精巧绝伦、名擅一时。由于明代工部下属营缮所的
官员中有像张德刚、包亮这样的雕漆大师，宫廷漆器作坊果园厂的剔红作品在当时
如此出名，应该是与他们的影响分不开的。

明代中后期，嘉兴还涌现出了杨埙这样的漆艺大师，杨埙精通漆理，以善于仿
制倭漆盒匣之作而闻名，世称"杨倭漆"。此外，为我国现存最早的一部漆艺专著
《髹饰录》作注的杨明也是嘉兴人，王世襄先生在《髹饰录解说》前言中推断杨明
可能是元末雕漆大师杨茂的后裔，他也精通漆工技法，因此才有能力为这样一部漆
艺专著作注释。

此外，云南雕漆在明代也很有名。明初沿袭元朝传统，宫廷御用监仍较多使用

---

① （清）陈梦雷等：《古今图书集成·经济汇编考工典》卷10《漆工部纪事》，中华书局1934年影印，
第50页。

云南漆匠，但自从明成祖之后，云南雕漆被嘉兴派雕漆所取代，直至明中晚期，随着明朝政府重新起用滇工，云南雕漆又重新取得主流地位，使得其在明朝晚期大行其道。云南漆器工艺，追其溯源，乃承接于蜀地。四川在汉代是全国的漆器制造中心，因地理因素的影响，四川的漆艺传到云南，形成了一股不同于中原的漆艺风格。明代沈德符在《万历野获编》中对此有过介绍："唐之中世，大理国破成都，尽掳百工以去。由是云南漆织诸技，甲于天下。唐末复通中国。至南汉刘氏与通婚姻，始渐得滇物。元时下大理，选其工匠最高者入禁中，至我国初收为郡县。滇工布满内府，今御用监供用库诸役，皆其子孙也，其后渐以消亡。嘉靖间，又敕云南拣选送京应用。"① 云南漆匠当初布满官营漆器作坊，其雕漆风格在制作出的器物上表现得淋漓尽致，高濂评论云南漆器："刀不善藏锋，又不磨熟棱角，雕法虽细，用漆不坚"②，清代王士祯评云南漆器："髹剔银铜雕钿诸器，滇南者最佳。固有地饶精铁，沙石玑贝，易于缀饰"③。可见，云南雕漆器彰显出一股豪迈、爽朗、质朴的风格。可惜到了清代，云南雕漆工艺式微，变得悄无声息。

清代云南雕漆工艺衰落的同时，苏州的雕漆器异军突起。不仅在清宫档案中有苏州织造局官员多次进贡各种漆器的记录，而且在故宫博物院中现存有乾隆时期雕漆绣球花团香宝盒等许多苏州产漆制包装容器。

（2）镶嵌类漆制包装容器的民间产地

明清时期，伴随着扬州城市经济的繁荣，元代时期业已发达的漆器制造业更加进步，形成了螺钿镶嵌、百宝嵌等著名品种，涌现出了一大批见于著述的著名漆艺工匠。

扬州漆制包装容器以百宝嵌最为代表，百宝嵌也称"周制"，出现于明代末期，为一名周姓漆匠所创。"周制之法，惟扬州有之，明末有周姓者始创此法，故名周制。其法以金银、宝石、真珠、珊瑚、碧玉、翡翠、水晶、玛瑙、玳瑁、砗磲、青金、绿松、螺甸、象牙、密蜡、沉香为之，雕成山水、人物、树木、楼台、花卉、

---

① （明）沈德符:《万历野获编》卷26《玩具》，中华书局1989年版。

② （明）高濂:《遵生八笺·燕闲清赏笺卷中》，人民卫生出版社2007年版，第462页。

③ （清）王士祯:《陇蜀余闻》，引自谢国桢编:《明代社会经济史料选编》（上），福建人民出版社1980年版，第316页。

翎毛，嵌于檀梨漆器之上。大而屏风、桌椅、窗槅、书架、小则笔床、茶具、砚匣、书箱，五色陆离，难以形容，真古来未有之奇玩也"①。阮葵生《茶余客话》中也写道："周柱治镶嵌……名闻朝野"②。从上述各家的记载中看，虽有称谓上的不同，但周翥、周柱应为同一个人，因翥与柱同音。关于周翥其人的行踪与生平事迹，《骨董琐记》"周制"条记载："周嘉靖时人，为严嵩所养，嵩败，器物皆入内府，流传人间绝少"③。从中可以略知周翥是明代嘉靖年间的人，身怀绝技，为奸臣严嵩所养，其作品后来都流入内府。"周制"在清代乾隆、嘉庆年间流行于宫廷之中，《骨董琐记》"乾隆雕嵌"条记载："新正江南进挂屏，多横幅，陈设器嵌铜磁玉石片，肖其半面。器中染象牙为枝，玉石为花叶。或以玉石为果实，染象牙为小花炮，杂玩器之类，插细珠串为幡胜于瓶，剧有巧思。上命刻御制春帖子于上方。"④ 可知，乾隆年间宫中百宝嵌漆器颇多，深得乾隆皇帝青睐。吴骞《尖阳丛笔》曰："明世宗时，有周柱善镶嵌奁匣之类，精妙绝伦，时称周嵌。"⑤ 尤其是以百宝嵌制作的匣盒包装在清代声名鹊起，从宫廷造办处仿制开始，渐染民间，成为清代漆制包装容器的一大特色（图11-68）。晚清，扬州漆艺文玩异军突起，很多百宝嵌漆包装盒成为众多士大夫、文人案头的文玩，如扬州著名漆匠卢葵生的作品就以造型独特，多镌刻诗、书、画、印于包装盒

图11-68　百宝嵌漆器盒

① （清）钱泳：《履园丛话》卷12《艺能》，中华书局1979年版，第322页。

② （清）阮葵生：《茶余客话》卷10，《丛书集成初编》，商务印书馆1936年版，第82页。

③ 邓之诚：《骨董琐记全编》卷1《周制》，北京出版社1996年版，第11页。

④ 邓之诚：《骨董琐记全编》卷1《乾隆镶嵌》，北京出版社1996年版，第7页。

⑤ （清）吴骞：《尖阳丛笔》，《丛书集成续编·子部杂学类·杂说之属》，上海书店出版社1994年版，第922页。

上，而很受当时文人的欢迎。仿紫砂漆、绿沉漆、浅刻、八宝灰等深沉黯雅，不骄不媚，与士大夫精神默契的漆艺，成为晚清扬州漆器的流行工艺。

(3) 脱胎类漆制包装容器的民间产地

与上述苏州、扬州漆器制作工艺有所不同，福州漆器以脱胎漆器为代表。清乾隆年间，福州脱胎漆器独树一帜，主要是因为恢复了失传已久的夹纻（脱胎）技法。据文献记载，福州脱胎漆器的首创者是清乾隆年间福州漆艺匠人沈绍安，"他幼习漆艺，早年开设漆器店。三十余岁时，一次在县衙修匾额时发现匾额是以夹纻加漆灰裱褙于木胎上，外髹以色漆。由于匾额胎体年久腐朽剥离，而表层夹纻髹漆仍完好。他指出：若以泥塑为胎，夹纻髹裱其上，制作各种器皿或人物、禽兽，然后以水泡之，泥溶而胎脱，所求漆胚成，再加以种种髹饰则成为精美之漆器产品，乃取名为'脱胎漆器'。为求脱胎产品之丰富多彩，他从传统朱、黑二色，增加了蓝、绿、黄、褐诸色；再贴以金、银箔，撒以金、银粉，泥以金、银泥，从而饮誉海内外"[1]。自沈绍安首创脱胎漆器起，其技艺代代族传家承。沈绍安第五代孙沈正镐、沈正恂把泥金和泥银调到漆料当中去，在原有几色的髹漆技艺基础上，新研制出金银、天蓝、苹果、葱绿、古铜等颜色，制作出来的作品达到了华丽辉煌、灿烂夺目的效果。

福州所制作的漆制包装容器因采用脱胎工艺，体薄质轻，且色彩上光泽如镜，不仅具有包装的实用性，而且陈设效果极佳，故深受喜爱，名重一时！

(4) 以盒匣为主要形制的漆制包装容器

明清时期漆制包装容器的主要形制是盒匣之类，无论是在宫廷还是民间，漆制包装容器的造型与装饰都十分丰富，当时的形制主要有三种：蔗段式、蒸饼式和撞式。清初人高士奇在《金鳌退食笔记》"果园厂"条中记载："明永乐年制漆器，以金银锡木为胎，有剔红、填漆两种，所制盘盒，文具不一，剔红盒有蔗段、蒸饼、河西、三撞、两撞等式。蔗段人物为上，蒸饼花草为次……匣有长方、二撞、三撞、四式……其合制贵小，深者五色灵芝旁，浅者回文戗金边……"[2] 从这段文字看，明代前朝的造型风格主要倾向于厚重、敦实，器物造型趋于扁矮且形体不大，

---

[1] 乔十光主编：《中国传统工艺全集·漆艺》，大象出版社2004年版，第242页。

[2] （清）高士奇：《金鳌退食笔记》，北京古籍出版社1982年版。

蔗段式、撞式、蒸饼式盒较为流行。所谓蔗段式即圆形，平顶，直壁矮卧足或无足。撞式盒是指盖、器中间加有套层的形制，依所加层次分为两撞、三撞式，有长、方形两种，带底足。匣依据形式可分为长方、二、三、四撞等形制。其后，从明代晚期到清代出现了圆形捧盒、方形、八角形盒等，新出现的形制有银锭式，方胜式、梅花式、海棠式、茨菰叶式，钵式以及寿字形、鱼形、卍字形等，变化多端，新颖别致。这一方面说明漆制包装容器制作日趋发达，另一方面表明漆制包装的制作与实际需要结合更加紧密，因而造型不断推陈出新。

我们知道，无论是从包装的盛装、贮藏、开启功能，还是从视觉的效果来看，盒匣式包装造型都有其无可替代的优势，正因为如此，所以明清时期漆制包装容器虽非寻常之物，但在民间所用，大都以此类造型为主。前引万历年间刊印的《遵生八笺》云：

"提盒：余所制也，高总一尺八寸，长一尺二寸，入深一尺，式如小厨，为外体也。下留空，方四寸二分，以板匣住，作一小仓，内装酒杯六，酒壶一，箸子六，劝杯二。上空作六格，如方盒底，每格高一寸九分。以四格，每格装碟六枚，置果馔供酒觞。又二格，每格装四大碟，置鲑菜供馔箸。外总一门，装卸即可关锁，远宜提，甚轻便，足以供六宾之需。"

"备具匣：余制以轻木为之，外加皮包厚漆如拜匣[①]，高七寸，阔八寸，长一尺四寸。中作一替，上浅下深，置小梳匣一，茶盏四，骰盆一，香炉一，香盒一，茶盒一，匙箸瓶一。上替内小砚一，墨一，笔二，小水注一，水洗一，图书小匣一，骨牌匣一，骰子枚马盒一，香炭饼盒一，途利文具匣一，内藏裁刀、锥子、挖耳、挑牙、消息肉叉、修指甲刀锉、发笊等件，酒牌一，诗韵牌一，诗筒一，内藏红叶各笺以录诗，下藏梳具匣者，以便山宿。外用关锁以启闭，携之山游，似亦甚备。"

"图书匣：有宋剔红三撞[②]者，二撞者，有罩盖者。新剔红黑二种，亦有二撞者，但方匣居多。有填漆者，有紫檀雕镂镶嵌玉石者，有古人玉带板，灯板镶匣面者。有倭匣，四子、六子、九子，每子匣内，藏以汉人玉章一方，或藏银章，替下

---

① 拜匣：旧时用于送礼或递柬帖的长方形小木匣，属于木质包装。

② 撞：吴语提盒，有盖，作一、二层皆可。

藏以宝石琥珀、官窑青东磁、旧人图书，为传玩佳品。若常用，以豆瓣楠为佳。新安制有堆漆描花蜠嵌图匣，精者可爱，近日市者恶甚。又如黑漆描花方匣，何文如之？亦堪日用。"①

文中所云提盒为饮食用具类包装，备具匣为旅行用品类包装，香盒为生活起居类包装，图书匣为书籍类包装，均为盒匣式包装。

随后，成书于明崇祯七年的《长物志》，对这种盒匣式漆制包装容器，亦有记载，其云：

"香合，以宋剔合色如珊瑚者为上，古有一剑环②、二花草、三人物之说，又有五色漆胎，刻法深浅，随妆露色，如红花绿叶、黄心黑石者次之，有倭盒三子、五子者，有倭撞金银片者，有果园厂，大小二种，底盖各置一厂，花色不等，故以一合为贵。有内府填漆合，俱可用。小者有定窑、饶窑蔗段、串铃二式，余不入品。尤忌描金及书金字，徽人剔漆并磁合，即宣成、嘉隆等窑，俱不可用。"③

从上述文字中，我们可以看出，万历到崇祯年间，在长达半个多世纪的时间里，社会上流行和备受推崇的漆制包装造型基本未变，根本在于其良好的功能。《长物志》中所提到的"倭撞金银片"指的是日本式提盒，这种外来样式的包装之所以受到追捧，同样也在于造型的合理性。这正如在《考槃余事》中所说："合有倭撞，可携游，必须子口紧密，不泄香气方妙。"④日本式提盒之所以备受宠爱，原因不外乎其在包装结构上特别突出实用功能，注重包装密闭性，有利于香气保存。

明清时期，民间漆制包装容器除作为贡品被送到宫廷之外，在民间的流通主要是以商品买卖的形式进行的。明代人高濂在《遵生八笺》中记载："穆宗时，新安黄平沙造剔红，可比园厂，花果人物之妙，刀法圆滑清朗。奈何庸匠网利，效法颇多，悉皆低下，不堪入眼。较之往日，一盒三千文价，今亦无矣"⑤，《骨董琐记》

① （明）高濂：《遵生八笺·燕闲清赏笺中卷》，黄山书社 2010 年版。
② 剑环：剔红漆器的一种样式。《金鳌退食笔记》："元时，张成、杨茂剑环，香草之式，似为过之。"
③ （明）文震亨：《长物志》，江苏科学技术出版社 1984 年版。
④ （明）屠隆：《考槃余事》，中华书局 1985 年版。
⑤ （明）高濂：《遵生八笺·燕闲清赏笺中卷》，黄山书社 2010 年版。

也载:"新安黄平沙造剔红,一盒三千文。"① 这位漆匠黄平沙即《髹饰录》的作者黄成,他的剔红作品可以与果园厂的作品相媲美,深受百姓喜爱,因此一个盒子会卖到三千文的高价,这么高的卖价让周围的漆匠眼红,从而纷纷效仿制作,但制作工艺都不及黄成。清代,李斗在《扬州画舫录》"小秦淮录"中描述了一位夏漆工,"夏漆工娶梨园姚二官之妹为妇,家于头巷,结河房三间。漆工善古漆器,有剔红、填漆两种。以金、银、铁、木为胎,朱漆三十六次,镂以细锦。盒有蔗段、蒸饼、河西、三撞、两撞诸式,盘有方、圆、八角、绦环、四角、牡丹花瓣等式,匣有长方、两三撞诸式,呼为雕漆器。以此致富,故河房中器皿半剔红,并饰之楯栏,为小秦淮第一朱栏"②。夏漆工也是因为善于制作过去款式造型的漆器,且工艺精美而受到百姓喜爱,他在交通便利、商业发达的扬州河边设私人作坊,制作销售漆制包装品而名噪一时。可见,当时民间漆制包装容器买卖自由,并且质优价高,完全符合商品经济发展的规律。

明代江南地区发达的漆器制造业和大量用作包装容器的状况,在清代被继承,并呈现出某些新气象。清代除继承了明朝一些传统的形制特征以外,一些独特新颖的造型也频频面世,形成新的特点。比如漆盒有:仿造车船、殿阁建筑的辇车形香盒、画舫形香盒等;有寓意吉祥的桃形盒,蝴蝶盒;有仿书卷式、书丞式盒;还有模仿形状各异的各种果形盒,如石榴形盒、莲子形盒、荷叶形盒、瓜形盒、葫芦形盒等,不胜枚举。除了各种仿生造型以外,仿古造型也盛极一时,当时漆制包装容器仿古成癖,多是从古瓷器、玉器以及青铜器中模仿的造型。如仿明代玉器的剔彩圭璧式盒、仿青铜器的剔红簠盒,均是清代漆器上出现的新的形制,仿古造型的出现,论者多谓与乾隆皇帝嗜好古器有关。事实上,并非完全如此,实则是传统思想和清初文字狱高压态势下古器物研究勃兴等多重因素共同作用的结果。

在漆器造型发生变化的同时,在装饰上,清代无论是官私漆制包装容器的图案纹饰在继承明代的装饰题材的基础上,也变得更加丰富多彩,新图案纹样不断涌现,世俗生活纹饰作装饰的故事内容更多、更新颖;吉祥意义的象征图案纹样普遍

---

① 邓之诚:《骨董琐记全编》,北京出版社 1996 年版。

② (清)李斗:《扬州画舫录·小秦淮录》,山东友谊出版社 2001 年版,第 234 页。

流行；出现文字盒吉祥图案结合的纹饰设计。在图案表现手法方面，以开光形式为多，像盒之类，除了盖面采用开光表现主题图案以外，其壁、边部也随形作各种形状的开光，内饰文字或图案。图案纹饰的总体风格更趋于缜密，有些甚至显得繁缛琐碎。再者，清代漆制包装容器的装饰用色之繁，也堪称为历代之冠，各种色彩具备，各种油彩、漆色，兼施并用，往往能收到很好的艺术效果。清代的剔彩漆器，常备红、黄、绿、紫、黑五色，剔红颜色较明代鲜红而色滞，不具有明早期那种沉稳的效果和韵味。[①]

总之，明清两代除皇家御用的官办漆器作坊以外，民间的漆器作坊也很发达。这些私营漆器作坊，工匠均来自民间，生产较为自由，产品主要是供应给城市中的普通居民。虽然其物质力量和技术基础不及官营作坊，但是竞争的压力会促使其不断改进生产技术、提高效率和产品质量，并且有所创新。这些主要针对普通民众的手工业产品，更能符合消费者的审美趣味及实际生活的需要，生活化气息浓郁，生命力也因此更强。这一时期的漆制包装产品的使用也涉及社会的各个方面，并且在实用的基础上，其装饰性、观赏性较以前更加明显和突出，以至于任何一件漆包装容器，在一定程度上都可以说是一件精美的工艺品。

3.民间竹木牙角匏类包装容器

如前所述，从原始时代开始，我们的祖先就开始利用自然界生长的竹、木和动物的骨、牙、角制造和雕刻生存、生活所需的包装容器、生产工具和美化生活的装饰品。这种利用自然界习见之物进行造物的行为活动不仅取材容易，而且加工简单，因而一直是民间造物的主要方式。在中国古代造物史中，上述材料不少被用作包装。到明清时期，由于经济发展、人口增加、商业发达，竹木材料用于包装领域更加广泛，牙、骨、角、匏类等需要经过特殊加工和处理的材料，因其材质的独特形成的造型个性化和特殊的肌理、质感效果，也被大量制作包装容器，用于包装特殊物品和彰显高贵品质，成为包装领域新的发展特点。

---

① 陈丽华：《漆器鉴识》，广西师范大学出版社 2002 年版，第 195—268 页。

（1）竹、藤、木作为包装材料的普遍性

在自然经济占主导地位的封建社会，竹材和木材在民间通常被用来制作各种各样的包装容器，一方面用于包装自产自用的各种生活资料，另一方面也用于包装剩余物品，以方便投放市场。到明清时期，随着后者比重的有所增加，使传统的主要注重实用功能的造物而演变为功能和形式的有机结合，反映在造型和装饰上注重美化。

竹材包装可分为竹制包装和竹编包装两大类，竹制包装的形制和木制包装相似，因为其材料来源广泛，加工制作技法简单，可以做成生活中的各种包装容器，从食盒、文书盒、棋牌盒到火药罐等，应用十分广泛，涉及生活的方方面面。因为使用者主要是平民百姓，所以一般不作过多的装饰。如现藏于福建泉州中国闽台缘博物馆的清代竹制火药罐，有两种形制，一种是单孔，一种是三孔，均为黑地红漆装饰，有金属提钮，可以穿绳，以在行军过程中使用。竹编包装可以根据需要，编成各种造型，但从造型的方便和难易程度来说，主要有竹编的各种篓、笼、筐、篮、盒和包，用以包装各种物品，应用极为广泛，基本没有装饰。藤编包装和竹编包装一样，应用很广，尤其是在山西、河南等中原地区，因为竹材较少，就用藤代替竹编。藤的种类很多，除了藤类植物以外，主要包括柳条、杨树枝等柔韧性较好的树枝。如平遥的藤编盒，有方形和圆形两种，盖上有金属提手，盖和身之间有金属扣，可以扣起来，并留有一孔，应该是露出茶壶器嘴之用，所以这种器物应该是放茶壶的藤编盒。

竹藤之外，民间编织包装还有用麦秸、稻草、芦苇和一些草类编织的容器。这类包装多为民间根据需要，就地取材，随时编织，在全国各地都存在。

明清时期，木材是包装最广泛的材料之一，主要用来制作各种造型的箱、盒、匣、桶等。其往往与家具有着密切的联系。因在中国家具发展史上，明清时期具有十分独特的地位和特征，以名贵硬木见长，所以，这一时期的木质包装的突出特点是采用较为贵重的优质木材做成，这些木材的共同特点是材质坚硬，木性稳定，各具不同的色彩和纹理，用这些木材制作的包装器物多利用木材本身的自然色彩，很少雕刻花纹，边角处刻出线条，采用复杂的榫卯结构，既增加了美观效果，又不破坏木质纹理的自然特点。偶有雕刻花纹，也只是局部点缀，而且都刻得简要，尤其是在花梨、紫檀、铁力和鸡翅木等优质硬木材制作的包装上，更是如此。小件木质

包装受到当时家具风格的影响，逐渐形成了自己的特点：从造型上讲，明代木制包装器物收分有致，不虚饰、不夸耀、不越礼，方方正正，方中带圆，比例匀称而协调，并与功能需求相结合，自然得体。从结构上讲，明代木制包装器物像家具一样不用一根铁钉或者很少使用一些铆钉作表面的装饰，靠合理的榫卯结构相连接，且足以抵御南方的潮湿和北方的干燥。从装饰上说，明代木制包装器物的装饰是极有节制的，除了偶尔有雕刻和镶嵌以外，注重的是自身材质的肌理和纹理之美。

清代自康熙以后，随着家具风格的变化，木质包装制作随之发生了某些变化，主要表现在用材方面，由明和清初注重材料的名贵而逐渐发展到材料不太讲究，就地取材成为木质包装的主要材料来源；造型方面，明代文人参与设计的情况不再存在，而缺少了对造型新的想象力，不仅造型程式化，而且变得呆板；装饰方面，通常用各种雕刻、镶嵌、髹漆、彩绘来表达民间审美价值取向，世俗气息十分浓厚。

(2) 竹木雕刻类包装容器

竹木雕源于竹木器，从使用竹木器的史前时代开始，到竹木雕刻艺术独立发展并成熟的明清时代，历经了几千年的漫长岁月。明清时期，竹木雕刻包装的种类、数量增多，而且出现了众多文人、书画家参与，使本来单纯讲究技巧的工艺制品，趋向于追求书法和绘画的效果，从而提高了其艺术品位，彻底改变了将竹木雕刻视作"奇技淫巧""雕虫小技"的社会偏见。这种观念的变化促进了竹木雕刻包装艺术的新发展，形成了不同的风格和流派，涌现出一大批著名的雕刻家，他们的包装作品也蜚声海内外。

1) 明清竹雕类包装

竹雕是在竹材器物上雕刻各种装饰图案和文字，或用竹根雕刻成陈设摆件和带有赏玩与盛装特殊物品的包装容器。需要指出的是：竹雕类包装容器在整个竹雕类器物中所占比例极小。之所以作专门叙述，主要是其作为包装物有别于其他材质的包装容器，具有鲜明的艺术性。明清时期，按照竹刻风格，时人将竹刻分成两派，即金陵派和嘉定派。据清嘉定人金元钰《竹人录》载："雕竹有二派，一始于金陵濮仲谦，一始于吾邑朱松邻。"①说的就是当时著名的民间雕刻派别和雕刻家，金陵

---

① （清）金元钰：《竹人录》，杭州古旧书店 1983 年版。

派的代表人物是濮仲谦，而嘉定派的代表人物是朱鹤。濮仲谦刻竹通常是以浅浮雕为主，时而也刻制一些高浮雕的作品，最喜欢根据竹材的自然形状和特征，用简洁的刀法，略施雕琢，随形刻制，自然成器。朱氏三代，朱鹤、朱缨、朱稚征是当时嘉定派颇负盛名的代表人物。朱鹤擅长诗文书画，精雕镂艺术，在他的雕刻设计与制作中，经常以笔法运用于刀法之中，刻五六层的镂空深刻透雕。他将南宋画派糅合在北宋的雕刻之中，创造出深刻法，使其作品深受时人器重，得到他作品的人，不呼器名，而是直接以"朱松邻"称之。甚至到了清代中期，乾隆帝看了他刻制的竹器，也题有"高枝必应托高士，传形莫若善传神"来赞扬他的作品。吴之璠，是朱氏三代之后嘉定派刻竹的代表人物，其一些优秀的作品曾被地方官吏贡进内廷。《竹人录》称其："所制薄地阳文最工绝。"民间雕刻家还有封锡爵、封锡禄、封锡璋三兄弟，是清朝嘉定派刻竹传人，所刻形态准确，神情潇洒，运刀快利，均为雕刻器物之精品。周颢，也是清代中期的著名雕刻家，字芷若，号雪樵。《竹人录》谓其"作山水树石丛竹，用刀如用笔，不假稿本自成丘壑。其皴法浓淡坳突生动浑成，画手所不得者能以寸铁写之"[1]。其作品以阴刻为主，轮廓皴擦一刀刻出，树木枝干一剔而就，刀痕爽利，虽持南宗皴法，更具斧劈意境，其简略的雕刻风格对后世影响甚大。

　　明清期间，竹雕作品繁多，层出不穷，雕刻技法变化多端，典型的雕刻工艺有留青雕刻、竹节雕刻和竹黄工艺。留青雕刻，也称平雕，就是用竹子表面一层青皮雕刻图案，把图案之外的青皮铲去，露出竹肌。采用这种手法雕刻的包装容器器表色泽莹润。明末清初以这种手法制作的竹雕包装容器很盛行，这一时期，许多竹刻名家都兼精书画，他们从书画艺术中汲取养分，以充实竹刻艺术，无论题材、技法，都与书画艺术紧密结合。竹节雕是指先将竹节制成器物，然后在竹制器物上做深浮雕和镂空雕等雕刻，使其成为精致的器物，如臂搁、笔筒、香筒、茶叶筒，最为典型的竹节雕刻包装是用于盛放茶叶的竹刻筒，当时竹节雕刻茶叶筒精细之处，毛发毕现，而不拘泥于竹材局部，使整个茶叶筒独具匠心。

　　竹黄工艺的历史并不久远，"创自乾隆南巡时"[2]。竹黄与竹青同具珐琅质，不

---

[1]　（清）金元钰：《竹人录》，杭州古旧书店 1983 年版。

[2]　（清）徐珂：《清稗类钞》（第 13 册），中华书局 1984 年版，第 6110 页。

易为蛀虫或菌类侵蚀，于是，民间艺人便先用各种材料作胎，做成各种形状的器物，然后在器物的表面贴上竹黄，有的因为装饰纹样的需要，要贴上两至三层竹黄。通常以木作胎，所用之木有楠木、柏木、杉木、红木、乌木与黄杨木等，其中以黄杨木最为珍贵。竹黄工艺的历史虽不久远，但它却风行一时。大学士纪晓岚于乾隆二十八年冬按试汀洲时，曾偶得竹黄箧一件，一时兴起，题小诗《咏竹黄箧诗并序》："瘦骨碧檀乐，颇识此君面。谁信空洞中，自藏心一片。凭君熨帖平，展出分明看。本自汗青材，裁为几上器。"[1]纪晓岚所得的竹黄箧是福建上杭所制，当时上杭是竹黄器的重要产地，后来湖南邵阳也成为竹黄器的重要产地，道光以后，浙

图 11-69　竹黄方胜盒

江的嘉定、黄岩，四川的江安都出产竹黄器，其技艺则传自上杭和邵阳。用竹黄工艺制成的包装器物表面呈鹅黄色，清淡优雅、大多为光素，很少有纹饰或有少数线条纹饰。所刻纹饰有彩花如意、方夔、莲瓣勾莲、回纹、雷纹、山水人物和花草等。例如清乾隆时浅浮雕八吉祥纹竹黄方胜盒，在盒盖及外围浅浮雕八吉祥纹图案，线条流畅，为竹黄工艺中带有包装性质器物的精品[2]（图11-69）。

　　竹雕、竹黄包装工艺在我国清朝发展达到高峰，在这些工艺刚产生时常做成文具、插屏等当作礼物，文人墨客喜欢将自己的文字与书画刻划在竹黄器上，馈赠亲友。后来竹雕、竹黄工艺除了制作小件的盒、盘文具等器外，还制作成各种仿古器皿、储物盒、朝珠盒、官帽盒、拜盒、鼻烟壶等各种包装器物，色泽雅致、质地坚实、工艺精美。如清竹黄雕人物故事图如意形眼镜盒，盒盖上两面浮雕蝙蝠和团寿纹，寓意福寿双全。盒一面浮雕"平升三级"图案，另一面浮雕松下高士图，工艺

---

① （清）纪昀：《阅微草堂笔记》，上海古籍出版社 1998 年版。

② 史树青：《中国艺术品收藏鉴赏百科》第 3 卷，大象出版社 2003 年版，第 12 页。

精湛、线条硬挺，使人百看不厌[①] （图
11–70）。

竹雕、竹黄包装器物的主要装饰
纹样，有各种山水图、怪石图、梅兰
竹菊等风景图和浴马图、太白醉酒
图、蕉荫读书图、七贤图等人物故事
图，少有花、鸟、瑞兽等纹样。这是
竹雕包装与瓷器、织锦包装纹样上的
区别。

图 11–70　竹黄雕人物故事图眼镜盒

2）明清木雕类包装

明清两代，堪称中国古代木器雕
刻最为辉煌的时期。在宋代业已流行的东阳黄杨木雕、潮州金漆木雕和硬木雕刻
等，在明清时更有长足发展，成为闻名遐迩的工艺品种。与竹雕作品一样，用作包
装的木雕容器只是其中很少的一部分，这为数不多的作品兼具实用与艺术性，甚至
后者占据主流。

东阳木雕是以硬木和黄杨木为主要材料刻制而成的美术工艺作品，其中包装器
物雕刻大多属于小型雕刻，如盒、盆、文房用具等。东阳木雕包装器物的雕刻技法
繁多，雕刻内容多为历史故事和民间传说为题材，图案常用满花形式，但满而不
壅，松而不散，具有浓厚的乡土气息和地方特色。

潮州木雕是流传于广东省潮汕地区的一种著名的民间工艺美术品。由于在雕刻
中使用了透雕、圆雕、浮雕等一系列完整的技法，使潮州木雕工艺卓然于世。潮州
木雕的主要包装器型有信插、食盒、香炉罩等。无论在何种包装器物上，大多以云
龙、草尾、勾藤花等图案作为装饰，刀法简练，布局大方，有着概括含蓄、趣味性
强的特色。另外，潮州木雕亦称"金漆木雕"，这是因为作品经过雕刻之后，外表
还要贴上纯金箔或涂上亮金漆，以显得金碧辉煌，并在其耀目的光彩中显示了玲珑
剔透的艺术魅力。

---

① 史树青：《中国艺术品收藏鉴赏百科》第 3 卷，大象出版社 2003 年版，第 13 页。

除了这两个明清主要的雕刻体系以外，在其他地区，民间的紫檀雕刻、黄杨木雕和沉香木雕等雕刻技术也很发达。木雕作品用作包装的主要是箱、文具匣、炉瓶盒、文书盒等器型，有方、圆、长方、八方、桃形、瓜形、如意头等多种。如山西王家大院使用的木雕文书盒，器形下身是方形，上部稍窄成梯形，前面雕刻寿字纹、龙纹、盒门左右两边各有一龙配祥云纹，周身红漆，纹饰描金，是当时富贵家庭的典型器物。

3) 牙角雕刻类包装容器

牙角类雕包装容器，通常多指象牙和犀角所雕作的包装容器，这两种材料来源稀少，主要依靠从东南亚和非洲进口，故十分珍贵。明代曹昭的《新增格古要论》[①]把象牙和犀角列入"珍奇论"篇章中，可知古人对象牙和犀角十分珍视，甚至被统治者用作等级制度的象征。《明史·舆服志》载："其带一品玉、二品花犀、三品金银花、四品素金……"[②] 明确规定二品官员才能佩戴犀角刻花的官带，显示出犀角的高贵地位。

象牙和犀角性质不同，形状各异，但作为雕刻工艺，二者尚属同一类别。牙雕材料除象牙之外又有海象牙、海马牙。角类中尚有牛角、羚羊角和鹿角。牛角材

图11-71 犀角雕云纹盒

料广泛、民间比较流行，羚羊角多用作刀鞘之类的套盒，鹿角主要用在家具装饰方面。犀角是一种名贵的中药材，性寒、凉血，有清热解毒的功效，可以醒酒，所以古人多用作酒杯。明代宫廷中遗存的犀角杯等器物数量可观，但是民间使用的较少，尤其是包装用器，较为经典的如明代早期的犀角雕云纹盒[③]，盒用犀角雕成，圆形，有盖，子母口相合。盖面与外壁各剔刻三朵如意云头纹，小巧玲珑，颇为可爱。这种小盒又称"牛眼

---

① （明）曹昭撰，王佐增补：《新增格古要论》，中国书店1987年版。

② （清）张廷玉等：《明史》卷65《舆服一》，中华书局1974年版。

③ 李久芳：《竹木牙角雕刻》，上海科学技术出版社2001年版，第116页。

盒"，这件包装盒系模仿漆器工艺中的剔漆技法，精心打磨，线条圆转流利，刀锋泯然无痕（图11-71）。

　　因受材料的限制，牙角雕刻除了雕刻像传说中的天女散花、仙翁采药、刘海戏蟾、布袋和尚等面部慈祥、神采奕奕类人物摆件外，只能做小件包装容器。在明代早期，这类包装制品并不多，只有少数的印盒等实用性较强的类型，到明代中期，随着都市经济的繁荣，上层社会追求享乐日盛，使用犀角制品成为一种时尚，并成为显示身份和财富的象征，牙角雕刻包装制品种类开始增多，主要有印盒、奁盒、鼻烟壶、香囊、棋罐、文具盒、火镰盒、名片夹等，形制小巧玲珑，雕工各异，充分展现出明清的雕刻技艺和包装造型物尽其材的特征。如清代中期的象牙雕镂空如意纹长方小套盒，盒以象牙雕成，在大盒中盛装十八个如指甲盖大小的各式小盒，大小盒均刻雷纹、如意纹、双夔纹等，在小盒中还有象牙微雕的果实、昆虫、环链等。大盒外底部刻阴文"乾隆癸未季春小臣李爵禄恭制"楷书款。这件象牙包装制品，器壁薄如蛋壳，镂空雕刻纹线细如发丝，玲珑剔透，精细绝伦（图11-72）。

图11-72　象牙雕镂空如意纹长方小套盒

　　牙角雕刻因受材料自身体量的局限性，故多只能制作造型娇小的物品，所以作为包装物，从传世作品来看，多为火镰盒、鼻烟壶、名片夹等。名片夹，作为清朝特有的名片包装物，据清代学者赵翼《陔余丛考》记述："古人通名，本用削木书字，汉时谓之谒，汉末谓之刺，汉以后则虽用纸，而仍相沿曰刺。"[①] 可知，名片的前身即我国古代所用的"谒""刺"。名片夹，就是装名片的盒子。至清末时期文人和官员很多都有自己的名片，大小和现代名片相差不多，能在一定程度上反映主人的身份和地位。名片夹主要有织绣和各种竹木牙角雕刻的两种材质。织绣名片夹形制比

① （清）赵翼著，栾保群、吕宗力校点：《陔余丛考》卷3《名帖》，河北人民出版社2007年版。

图 11-73　象牙镂雕人物纹名片盒

图 11-74　象牙雕荔枝纹方盒

较简单，与当时的佩饰如荷包、香囊等成一体。而采用竹木牙角雕刻的名片夹做工精致，既是实用品，又是装饰品，今藏于南京甘家大院（民俗博物馆）的象牙雕名片夹，分上下两部分，可以扣合，外壁以"百雕不露地"的形式刻画出庭院生活场景，人物、树木、楼梯、阁楼布局紧凑，刻工圆润流畅，层次分明（图 11-73）。

如果说牙角雕刻的珍奇在于其材质的话，倒不如说在巧用材的基础上，通过其雕刻不同的纹饰，以表现其雕刻工艺美和纹饰美。这一特点在明清时期存在一个演变过程，大致来说，明朝初期，民间牙角雕刻的装饰纹样并不复杂，只有简单的装饰性线条。明代中期，随着都市经济的繁荣，上层社会追求享乐日盛，使用象牙、犀角制品成为一种新的追求，牙角雕刻制品种类增多，艺术风格逐渐由简单的线条纹饰向着刀工快利、纤巧细腻、布局繁缛的方向发展。明代晚期的象牙雕荔枝纹方盒，高 8.1 厘米，径 7.5 厘米，用象牙雕成，盖顶雕双螭，器和盖壁四周以荔枝图纹为主要装饰纹样，并利用简与繁、整与碎的对比，在大面积荔枝图纹下衬以细密、规整的几何形、棱形、六角形及圆形等纹饰，采用浮雕技法，刀法圆润细腻，主体纹样十分突出，细部花纹富于变化[1]（图 11-74）。

及乎清代，其初期的牙角雕刻制品继承了明代纤巧细腻的传统风格，到清中

---

[1]　李久芳：《竹木牙角雕刻》，上海科学技术出版社 2001 年版，第 115 页。

期，牙角包装容器的雕刻工艺达到了历史上的最高峰，形成两种风格完全不同的牙角雕刻包装艺术形式，一种是装饰精致，适用达官贵人显示财富和特权的包装，其特点：一是运用高浮雕技术，追求立体效果。如象牙雕人物瓶，刻些许人物在劳动的场景，瓶本身虽为圆形，但整个画面采用凸雕技法，纹饰深峻，人物、楼阁、花草均为立体形象，这种作品在追求雕塑的基础上，更注重对牙角类雕刻技法的探求。这种瓶多为官宦和富商人家存放小药丸的包装容器。二是镂雕技艺精湛，玲珑剔透。现存于扬州双博馆（由扬州中国雕版印刷博物馆、扬州博物馆新馆组成）的镂雕亭阁人物象牙鼻烟壶，所刻树木枝叶繁盛，间杂亭阁楼台，人物神情千姿百态，服装褶皱飘逸自然，工艺之精巧，颇具匠心。另一种是纹饰朴素大方，尽显文人清高简朴特色的包装，其特点是器型的实用性非常强，装饰花纹以简明的线条为主，基本不做透雕和镂雕技术处理，彰显主人的文人气质，这方面最典型的包装物是围棋罐，现藏于周庄博物馆的带盖象牙围棋盘围棋罐，制作精致，围棋罐周身刻蜘蛛网纹，并有开光内雕花卉纹装饰，使整个器盒简洁而典雅。

竹木牙角雕刻作品虽然讲究巧用材和工艺技术，且这类作品最终大多流入宫廷和达官贵人之手，但从制作的缘起来看，基本上始于民间，是民间手工艺人对材质之美的发掘利用，并赋予其精湛技术的造物行为，充分反映出艺术源于生活、高于生活的发展规律。

（3）匏器类包装

利用葫芦的容纳功能和以葫芦制器，在远古时期就已出现。有关将其用于包装的事实，我们在前面有所论述。但到明清时期，由于葫芦种植区域广、产量高，其形态易于控制，天然和人工合一，因而被人们广泛用作各种包装容器，甚至形成专门的产业。在明清时期的各类文献中，有关葫芦的种植、利用和制作匏器的情况的记述，可以说举不胜举。从文献记载来看，钱载在描述用葫芦制作的酒包装容器时说："高六寸，容半升，肤色黄栗，滑不留手。上刻小行书云：'酿成四海合欢酒，欲共苍生同醉歌。'"[1] 高濂称制匏高手方古林制作的匏器"就物制作妙入神"[2]。

---

① （清）钱载：《箨石斋诗集》卷 6，清刊本。

② （明）高濂：《遵生八笺》，黄山书社 2006 年版。

明代屠隆在《游具笺》云："有瘿瓢其形如芝如瓠者，山人携以饮泉，大不过四五寸，而小者半之。惟以水磨其中，布擦其外，光彩如漆，明亮烛人，虽水湿不变，尘污不染，庶入精鉴。有小扁葫芦可作瓢，须摸弄莹结方妙。"[1] 据说，浙江嘉兴人巢端明，在明亡后归隐回家种葫芦养虫玩，擅长制作匏器，使其长成樽、彝等形状，世称"檇李匏尊"，其产品驰名遐迩，供不应求。在其带动下，浙江嘉兴葫芦种植和匏器制作形成产业，清许瑶光修《嘉兴府志》[2] 将其列入《物产》门，成为一方特有之工艺品种。

大量的文献资料表明：在葫芦生长期内，人为控制其成形，以及对天然葫芦进行截切加工，在明清时期十分发达，颇具规模。从当时葫芦器的造型制作上看，可分为三种：天然葫芦、勒扎葫芦和范制葫芦。后两者主要是在葫芦生长的过程的中对其形状进行限制，取得想要的造型。就范制葫芦而言，其主要是指当葫芦幼小时，纳入有刻有花纹的范模，待秋老后取出，其形状图文，悉如人意，宛若斤削刀刻而成，是天然与人工之巧妙结合。明万历年谢肇淛撰《五杂组》，其《物部》中记载："余于市场戏剧中见葫芦多有方者，又有突起成字为一首诗者，盖生时板夹使然，不足异也。"[3] 所谓板夹，实则为木范，为四面夹之，使葫芦制成方形。

图11-75 紫葫芦鼻烟壶

由于匏器造型和装饰是以人工预想为基础，且范为一器一范，所以明清时期范制葫芦成为民间常见的工艺品。范制葫芦，这种特殊的工艺手法，不仅增加了葫芦器的造型，使得葫芦器的使用范围逐渐扩大，同时，范内有各种阴刻图案与文字，自然有装饰上的设计与巧思，民间诸多家常日用品皆可采用葫芦器盛装，在葫芦包装的功能上也得到了延伸。范制葫芦，其纹样宛若天

---

① （明）屠隆：《游具笺》，《美术丛书》二集第九辑三册，神州国光社排印本。

② （清）许瑶光修：《嘉兴府志》，上海书店出版社1993年版。

③ （明）谢肇淛：《五杂组》卷10《物部三》，上海书店出版社2009年版。

生，远胜通过押花、针划、刀刻工艺等工艺形成的装饰效果，备受人们推崇和喜爱，加上价格低廉，具有广阔的消费市场。如紫葫芦鼻烟壶（图 11-75），系范制葫芦而成，壶腹圆中带方，正背两面较平，左右侧中部略凸，出现上下两斜面。图案为分棱团栾形物凡六，上覆叶片，口沿有一道回纹，壶盖用白、红两色铜锤成，顶踞蟾蜍，灿然如银，是目前所见匏器包装中的珍品。

四、明清民间织绣包装

明朝从建国起，就十分重视农桑事业，采取了一系列措施恢复和发展纺织品的生产，很快扭转了元代毁农从牧造成的农桑凋敝现象，丝织业很快进入兴盛发达期。加上棉花种植在全国大部分地区得到推广，棉布生产跃居各类织品首位，不仅解决了衣着需要，而且大量用来制作各类包装。

明代桑棉种植面积的扩大、产量的提高，使传统的丝织品生产和棉布生产出现了新变化，除了官府作坊远多于以往之外，在江南地区出现了资本主义性质的生产企业。明代政府设置的织绣机构规模之大是前所未有的，在中央有南北两京的内织染局、工部染织所、南京供应机房和神帛堂，在外则设有 23 个地方织染局，浙江的杭州、绍兴、严州、金华、衢州、合州、温州、宁波、湖州、嘉兴，福建的福州、泉州、南直隶的镇江、苏州、松江和安徽的徽州、宁国、广德，山东的济南，还有江西、山西、河南、四川布政司等。受官营织绣艺术的影响，明代民间的织绣也空前发展，特别是在江南地区，织绣生产逐渐商业化，江南许多市镇都出现了专业化的染织手工作坊，形成了绦匠、绣匠、毡匠、毯匠、染匠、织匠、挑花匠、挽花匠、刻丝匠等不同的职业。江南民间织绣的种类也较前期增多，但民间织绣品种主要是绫罗绸缎，其风格则受江南花鸟画的影响颇大，特别是缂丝和刺绣的风格与绘画艺术基本合流，或是画为绣本，或是画绣结合。

明朝时的棉织业以松江的上海、华亭、青蒲等县为中心。与之匹配的明代的印染业，则以芜湖、京口为中心，形成相对的产业集群，因而商品化程度较高，具有一定的专业化生产特色，以满足服装、被服和包装等不同消费的需求。

清代的纺织业，不仅保持了明代发展起来的格局，而且由于推行满族的官服制度，发展了汉族传统的织绣文化，对染织工艺也愈加重视。在纺织品需求上，由原来相对单一的皮毛和麻织品而发展到丝织品、棉织品为主，所以，染织的品种更多，技法更佳，用料更精。在棉织业方面，清代进入繁荣时期，鸦片战争之前，全国农户近半数织布，棉布进入市场达三亿余匹。大量棉布经过染色、踹光后，被用作各种包装材料，并且在包装的图案、装饰方面远胜明代，形成了地域特色。各种珍稀和名贵物品则以丝织品包装。

1. 明清纺织品包装的主要类型

从文献资料和传世包装实物来看，明清时期的纺织品包装除了体现在生活用品的包装之外，主要有器物的外包装和小件佩饰包装两个方面。

作为器物的外包装，用棉布或纺织品在民间也较为常见，其多以纯色的布或彩色丝绸做成，表面或光素无色，或绣制各种山水花鸟图案，根据内包装物品形制而做成紧裹器外的套子，既有方形的又有圆形的，形制不一。例如蓝靛布套漆皮柳条手提箱，整个外套没有刺绣或其他纹样装饰，布套紧贴箱子外面，在箱口左右两侧各用数量不等盘扣扣紧，中间有铜如意拍子可以上锁包装外套。

明清时期，布帛等织物作为器物的包装在民间的广泛运用主要有两方面的原因：一是明清时期丝织业的蓬勃发展，不仅在官营手工业中占有着重要的比重，在民营手工业也多有发展，其中家庭作坊和私营作坊的大量出现，布帛已经成为寻常易得之物；二是布帛材质柔软，利于产品的保护，同时便于加工制作，可以随包装物而定制，在造型上可因包装物的形态而灵活造型，加工方便。正因为如此，所以明清时期布帛在民间百姓的日常生活中用作包装材料较为常见，几乎渗透到了日用品的各个方面，用途十分广泛。从一定意义上说，布帛类织物制成的包装是继纸质包装在明清兴盛之前民间使用最多的包装类型。

在布帛材料包装中，有一种较为特殊类型的包装，即作为佩饰性质的丝织物囊袋。关于佩饰类囊袋的记载，在《诗·大雅·公刘》中有"乃裹糇粮，于橐于囊"[1]的语句，是民间佩囊习俗的真实记录。汉人毛亨释云："小曰橐，大曰囊。"[2]即佩囊

① 程俊英：《诗经注析》，中华书局 1991 年版。

② 李学勤：《毛诗正义》十三经注疏本，中华书局 1980 年版，第 504 页。

有大小之分，在功能上也是有区别的，囊即"荷囊"，是用来盛放零星物件的佩袋，一些必须随身携带的印章、钥匙等，外出时将其放入荷囊中，佩于腰间。橐的体积比囊小些，放珠玉、香料等细碎，用来佩于腰间避邪、驱臭。在明清时期的佩饰中，各式能够满足多种用途的囊、包、袋占很大比重，一般和其他佩饰结合以数件系于环或牌上，与挂链或绶带等佩于腰间。清代中期之后，在官宦以及大户人家的男女中，以在全身佩戴各种物件为时髦，徐珂在其《清稗类钞·服饰》中记：

"某尚书丰仪绝美，装饰亦趋时，每出，一腰带必缀以槟榔荷包、镜扇、四喜、平金诸袋……胸藏雪茄纸烟盒……统计一身所佩，不下二十余件之多。"[1]

赵汝珍在《古玩指南续编》中对清末时人佩戴香囊曾经这样记述："无论贫富贵贱，三教九流，每届夏日无不佩香囊者。故北京售卖香囊之肆，遍于九城。庙会集市售卖者尤多。盖堂时夏日如不佩带香囊，宛如衣履不齐，在本人，心意不舒，在应世为不敬。即下级社会人士，亦必精心购制。绣花镶嵌，极人力之可能。高贵者尤争奇斗巧，各式各种精妙绝伦。"[2]

民间百姓或为避邪，或为随身携带小物图个方便，佩戴囊袋之风渐盛，直至今日，仍有残存。民间流传的各种织绣佩饰包装的质料虽较为一般，但其造型样式却丰富多彩，别致有趣。我们从包装物的不同分为以下几种：

荷包，用于盛装零碎什物，是最常见的随身小件绣品，也有用牙角雕刻的精致荷包。从唐朝开始有"鱼袋""龟袋"等荷包的雏形出现，但荷包成为珍贵的佩饰物始于明末清初，当时是作为皇宫赏赐品，在年终时赏赐给大臣的，根据清朝的服饰制度，上自帝王下至百官穿着官服时腰间皆需系带，着朝服系朝带，着吉服系吉带，

图 11-76　宫廷荷包

---

① （清）徐珂：《清稗类钞》（第 13 册），中华书局 1984 年版，第 6226 页。

② 赵汝珍：《古玩指南续编》，金城出版社 2010 年版，第 572—575 页。

外出用行带。不论朝带、吉服带、常服带或行带上的垂饰物品皆有囊、燧、鞘刀等，囊是荷包，燧是火镰盒。这些垂饰物原本是具有实用性的，与清朝以马上得天下的关系十分密切，充分显示当年满族人骑马入关的遗风。荷包可以储食物，以供途中充饥，都是布帛、织锦等制成（图11–76）。荷包后来逐渐成了民间男女的传情之物。一般是方形、圆形或葫芦形，带彩色缨络，在袋口或葫芦细腰处再以各色丝线弦扣成索。

钱袋，用于盛装钱币，实质是荷包的一种，明代时钱袋的制作还比较粗糙，到清代形式逐渐繁多而精致，通常为正方形或椭圆形，方形一般有如意形或方圆形袋盖，适于男子使用；而椭圆形钱袋没有袋盖，以红色为主，适于女子使用。

腰包，古医学认为，人之腹部为脏腑所在之地，宜暖不宜凉，以颐养丹田之气，故民间妇女用多层布或丝绸缀缝，并在表面描画绣花，制成抱肚荷包，又叫腰包，系于腰带之上，又可供装钱物之用，与今日腰包有异曲同工之妙。腰包多为长形，袋口平直，袋底成莲瓣形或圆形，有一莲瓣形袋盖，或没有袋盖而是上下两个部分。腰包上常绣成麒麟送子、五子登科、八仙图、八宝图、戏曲人物等吉祥纹样。后来一些腰包发展为只用来装钱物等的小件绣品，挂在衣服外面，不再起抱肚作用，所以制作也就越发精致可爱。

烟袋，盛装烟丝的袋囊。多为竖长形，葫芦形或花瓶形，在袋口有细绳或丝线弦扣成索，防止烟丝漏出。烟袋多为男子使用，所以颜色相对钱袋较暗淡，常以黑色或玄色为底，上绣各色图案。

扇套，用于存放折扇，佩于腰间，既具有实用性，又具有观赏性，为清朝家境较好的男子佩戴之物。据说，折扇在清朝时由高丽传入我国，扇套随后逐渐流行，其形制上大下小，在开口处做成半圆形或如意形，并绣以如意云纹，开口处有用彩色丝线作吊挂的绳链。根据中国民间个人崇尚喜好和个性风范，在扇套上刺绣有精美花纹，如"三多""子孙万代""麒麟送子"等如意图案或经典诗句，较为讲究的扇套图案用金线盘绣，平常一些的也都采用打子、锁子、辫针等多种针法绣成，反映文人儒雅豪放的气质，突出才子风流倜傥的风采。

香囊和香袋，盛装香料的袋囊，香袋可随时取出或放入香料，而香囊只供盛放香料，不能取出。香囊古时又称香包、香缨、香袋、香球、佩伟等，古人佩戴香囊的历史可以追溯到先秦时代。据《礼记·内则》载："男女未冠笄者，咸盥、漱、栉、縰、拂髦、总角、衿缨、皆佩容臭。"[①]郑玄注："容臭，香物也，以缨佩之，为迫尊者，给小使也。"意思是说年轻人去见父母长辈时要佩戴"衿缨"，即编织的香囊以示敬意，这种"衿缨"应是最早形态的香囊。后世香囊多用丝绸缝制，再饰以精美图案，内装朱砂、雄黄、香药，清香四溢，再以各色丝线弦扣成索，作各种不同形状，形形色色，玲珑可爱。明清时期，刺绣精美的香囊和香袋是人们重要的配饰，无论男女，都将自己喜爱的香囊或香袋，作为随身携带的赏玩之物。香囊、香袋的形制也有很多，除了方形、圆形等规则造型以外，还有一些花篮形、柿子形、石榴形、鱼形等不规则形状。

褡裢，系于腰带之上，装钱币杂物。细长，中间开口，两边各有一袋，或上端开口或中间相对而开口，竖牌并列两个袋囊，可以从中间折叠，也可以搭在别的器物上，佩饰类的褡裢形制较小，比较大的褡裢还有马背褡裢等。一般有两幅画面或一幅主要的图案作装饰。

扳指套，盛装扳指的套袋。多为圆柱形，小巧精致，红色居多。

钥匙套，放钥匙的套袋，清朝时的钥匙都是细长形，所以钥匙套都是以细长为主的棱形。

眼镜套，眼镜自明宣德年间始入中国，清初逐渐普及，遂有镜套之制。其形制有两种：一种是带有硬质衬垫的，圆腰形，中间断开，可以插接起来；另一种形制是不加硬质衬垫，长椭圆形，在一端开口，周边都有黑色镶边。眼镜套既是盛装眼镜的容器，又是清代官僚文人显示身份的标志之一。

镜套、梳套，盛装镜子和梳篦的袋囊，镜子、梳篦一直是女子梳妆打扮的必备品，所以镜、梳套也就是闺房内精美的饰物之一。其形制有圆形的、方形的，有的是可以直接把镜子装进去的镜套，有的是只装镜子边缘的装饰性镜套，不过都在镜套边缘做成菲子形，图案有鸳鸯戏水等，显示女性的精致生活。

火镰盒，放火石、铁片的袋囊，可以随时取火，或照明，或取暖，或烹煮，在官服里火镰盒的材质是各唯其宜，其中织绣类占多数，象牙、犀角雕刻的火镰也不

---

① 杨天宇：《礼记释注》，上海古籍出版社 2007 年版。

在少数，其内常置一弧形铁片，有时尚有打火石一块。

上述各种袋、套、盒等物品，有些并非严格意义上的包装，它们只是具有包装的功能，或在特定的情况下成为包装。

2.明清织绣包装物装饰纹样

从留存至今的明清的织绣包装物的装饰纹样、图案设计，可以看出明清时丝织业的发达与兴盛。这不仅与刺绣技法和印染技术的高度发展有关，还与生产者能将绘画艺术中的造型能力与艺术表达水平灵活运用到包装装饰纹样中有关。明代织绣包装主要可以分为吉祥图案、动物图案、自然气象纹、器物纹样、几何纹样和人物纹样等。

宋元以后，由于理学思想不断完善和影响的扩大，使中国社会的思想价值、道德价值和审美取向不仅发生了变化，而且融为一体，这样，在艺术领域，出现了将三者以图像的形式表现出来的情况，以表达某种特定的含义，从而使这些图案纹样具有特定的符号性、象征性、寓意性。如现存于杭州丝绸博物馆的石榴纹烟袋，葫芦造型，于玄色上绣石榴纹、卍字纹，如意纹装饰袋口。葫芦细腰处有传统中国结作弦扣，并各留四须，合数为八，代表吉祥。石榴多子，古人取其喻子孙众多，典出《北史·魏收传》，曰："齐安德王延宗，纳赵郡李祖收之女为妃。帝到李宅赴宴，妃母宋氏献二石榴于帝前，诸人莫知其意，帝投之，收曰：'石榴多子，王新婚，妃母欲其子孙众多。'帝大喜。"[1]之后，石榴作为吉祥图案常用于古代各种物品上。吉祥图案利用象征、寓意、比拟、表号、谐音等方法，以表达其装饰的吉祥含意。

明清织绣包装中常见的动植物纹样，有现实中的动物，如兽类中的狮子、虎、鹿、仙鹤、孔雀、鸳鸯、喜鹊等；也有想象中的动物龙、凤、麒麟等。这些动物纹样都有其指定性的寓意，如传世的清朝山西省刺绣双面荷包，前面的图案为"凤凰于飞"，背面图案为"因荷得偶"。荷包上的辅助图案前为"秋虫图"，后为"消夏图"。民间将夫妻和谐，生活美满称为"凤凰于飞"，语出《诗经》，典故出自《左传》，在《史记》中有记述，故事说："初，懿氏卜妻敬仲。其妻占之曰：吉，是谓

---

① （唐）李延寿：《北史》卷 56《列传四十四·魏收传》，中华书局 2003 年版。

凤凰于飞，和鸣锵锵。"注云："雌雄俱飞，相和而鸣锵锵然，尤敬仲夫妻相适齐，有声誉。"①"因荷得偶"的主体纹样为植物中的莲花，莲为花中君子，属"八吉祥"之一；与其他植物所不同的是花与果实同时生长；意寓"早生贵子"，而"藕"和"偶"同音同声，表示天赐良缘。器物纹样在包装物上主要以八宝纹和七珍纹为多。清代山西的布制刺绣戏曲人物暗八仙纹腰包，腰带条饰为锁绣"暗八仙"纹样，简单的线条，装饰感极强，镶蓝色边缘。暗八仙相对应于"明八仙"而言，是指八位仙人所持之物，即鱼鼓（张果老）、宝剑（吕洞宾）、横笛（韩湘子）、莲花（何仙姑）、葫芦（铁拐李）、扇子（汉钟离）、阴阳板（曹国舅）、花篮（蓝采和），下部的刺绣纹样为戏曲《打金枝》中的场面，人物形神生动，场景造型俱备，于红布地上用多种彩线刺绣，形成了热烈的色彩效果。七珍纹由宝珠、方胜、犀角、象牙、如意、珊瑚、银锭组成，象征富有。八宝纹和七珍纹样并不一定在包装物上同时使用，有时只用其中的一种或数种。自然气象纹以云纹、雷纹、水波纹最为常用，它们或作为纺织品的图案衬底，或作为刺绣的底边或边缘的装饰纹样。几何纹样如龟甲纹、"卐"字纹、棱形纹、方胜纹等，这些纹样象征长寿，并有避邪的含义。人物纹有百子图、婴戏图、五子登科、戏剧人物等，常用在腰包和裙褴上。织绣包装物上的各种图案，在追求图案纹样形式美的同时，十分注重其表达内容的鲜明性，以达到"纹必有意，意必吉祥"的目的。

五、民间金属材质包装容器

我国古代冶金技术发展到明清时期，不仅技术有所进步，而且加工工艺在长期的生产实践中逐步积累，达到了较高的水平。尽管仍然处在手工艺生产阶段，但在实际应用上，在明末以前，我国的冶金技术，在冶铁、灌钢、炼锌等金属加工工艺方面一直处于世界先进行列。金银铜铁锡被广泛应用于民间日常生活中。明清时期，金属材质包装容器主要体现在两个方面：一是普通金属包装容器，二是金银材质包装容器。明代的金属加工工艺已达到较高水平，除了众多金属直接制作的包装

---

① 《诗·大雅·卷阿》，程俊英：《诗经注析》，中华书局 1991 年版；《史记·田敬仲完世家》，中华书局 1972 年版。

容器以外，还有一些金属和其他材料结合的包装容器，如掐丝珐琅器皿的制作。诚然，像掐丝珐琅工艺并未在民间流传，一直到清末同光中兴之前都是宫廷独享的，所以这种材质的民间包装几乎不存在。不过，从传世物来看，以锡、铜为材质的包装容器在民间有着广泛的制作。

制作锡器是我国传统的民间技艺，称为"打锡"，历代均盛行。由于锡为银白色有光泽的金属，在空气中不易氧化，即使氧化，所生成的氧化物也是一层透明的薄膜，并不影响其明亮的色泽，以及锡也不受弱酸碱的侵蚀，并且无毒等物理和化学属性，所以在这一时期被广泛用作医药品、茶叶等日常生活用品的包装容器。

明清时锡容器的式样有很多，其形制多仿自青铜器和陶瓷器，也有少数锡器具有独特的造型，以及地方性特殊风格。民间常用的锡质包装容器有茶叶罐、酒筒、药罐、粉盒等类别，器型一般简洁实用，以方形、圆形等传统造型为多。如藏于杭州胡庆余堂的各种锡制传统中药盛器，有方形，圆形，也有三层的复式包装容器盒。锡制中药盛器，五边形，分上中下三部分，如意形器盒，器中部饰一圈回纹，底座有镂空花纹，并带有如意形底座，口上倒扣碗形盖，上有五边形盖钮，整个器型制作精细，是明清民间传统中药包装中典型的造型。胡庆余堂中的包装器型还有比较简单的造型，如方形盛药器盒，周身没有任何花纹装饰，器身和盒盖通过合页连接，正前方有铜制如意头盖扣，可以上锁，盒的左右两边各有一个圆形小提梁，使整个器型简单而又实用。

锡制包装容器的纹饰制作力求精致，常以龙、凤、虎、麒麟、蝙蝠、荷莲及其他花鸟图案，在容器上雕刻纹饰或制成浮雕嵌饰其表面。如甘家大院的锡制粉盒，有榴开百子和圆形两种。榴开百子粉盒上有浮雕石榴树叶，形象生动；而圆形粉盒盒盖和盒身上饰寿字团花纹，做工精致，美观实用。

除了锡制包装容器之外，金属包装容器中还有大量使用铜作材料。明清时期铜包装容器主要用在茶叶、药品、砚和墨的包装方面，其造型和装饰特点与锡制品相似，一般讲究实用性，并不追求奢侈精致的纹饰。如现藏于杭州茶叶博物馆的铜制茶叶罐，分上中下三个部分，盖口部分为没有任何花纹装饰的圆形，器身下收，中间有寿字和花草的浮雕装饰，下部分为没有任何装饰的外撇器足。这种茶叶包装罐还有形制相似，装饰风格相似的几款。铜制包装容器在明清时期经常用在文房用品——墨的包装上，如现藏于福建省晋江市博物馆的铜墨盒，有两个器型，一个是圆形，一个是扇形，两个器型都是非常简单而无花纹装饰，但是在盒盖上都有诗文装饰，显示文人墨客的高雅。

至于金、银材质的包装容器，由于其材料珍贵，在民间一向较少使用，但这一时期由于金银产量提高、商品经济的发展和禁令的松弛等原因，民间金、银器的使用日渐流行，特别是银质包装容器在市镇和一些少数民族地区成为寻常之物，并且有别于宫廷金银包装容器。民间金银包装容器的制作一方面器小而轻薄，或以鎏、镀工艺出现；另一方面，无论是造型，还是装饰风格，都具有世俗的特点，即造型的简洁、装饰的生活性和田园风格等。如现藏于山东省博物馆的清朝银质莲花式盒，盒底有两片荷叶支撑，盒身由莲瓣包围，整个盒形是莲蓬形，盖钮为形象的青蛙，具有明显的田园风格。

金银材质的包装容器因其名贵，故注重工艺和装饰，其主题纹饰往往采用鎏金工艺，使纹饰鲜明突出、华丽富贵，特别是在包装容器的边框和口沿部位的纹饰带均采用鎏金，从而增强了视觉的层次感和立体感，使包装容器更加光彩夺目。尽管明清时期的民间金银器与皇家公侯使用的金银器相比较，多鎏金银器，基本不见金器和宝石镶嵌工艺，但是，明清时期的民间金银材质包装容器仍以其精良的做工、典雅古朴的造型，使得在民间其仅有的发展过程中形成了与宫廷风格较为明显的对比。

六、明清民间的纸质包装

如前所述，从西汉开始，我国就已使用纸作包装材料。到宋元时期，随着造纸技术逐渐成熟，这一阶段的造纸原料较之隋唐五代有了新的发展，纸的品种也越来越多，纸的用途更加广泛。明清时期，农业生产、耕作技术和粮食产量都有所提高，经济作物得到更为广泛的推广，为手工业提供了足够的原料，这时造纸技术进入了总结性的发展阶段，在造纸的原料、技术、设备和加工等方面，都集历代之大成。纸的产量、质量、用途和产地也都比前代有所增长，随着明清时期频繁的对外经济文化交流，我国的一些精工细作的造纸和加工纸的技术也通过不同渠道传入欧美各国。明清时期纸的用途也越来越广，已经成为日常生活不可缺少的东西，除书画、印刷、宗教活动用纸外，纸成为当时民间最为广泛的一种包装材料。

1. 纸质包装的广泛使用

纸包装到唐代时，便有着较为广泛的使用，范文澜在《中国通史简编》中指出唐朝包装就已经广泛地使用了纸包装。据他考证，在唐朝"用纸写字印书以外，还有糊窗的纸，专包茶叶的纸称为茶衫子……"①明清时期，由于纸的柔软性和廉价性优势，使它逐渐代替了生产成本很高且制作费时费工的绢、锦等，成为常见的包装材料，后来出现的印染、蜡染等技术以后，使纸具有了优质的防油、防潮的实用功能和装饰功能，进一步加大了它在日常生活中的应用。

关于明代造纸的情况，在当时的文献著作中多有提及，据屠隆《考槃余事》卷二《纸笺》②记载，明代当时纸的价格并不算高，因此广用于民间，成为十分普遍的包装材料。用于各种途径的包装纸，在对纸的材质上要求普遍较低，百姓日常使用的包装纸大多为皮纸，即由稻麦秸秆制成的次等纸，明高濂的《遵生八笺》中记载：

"今之楚中粉笺，松江粉笺，为纸至下品也，一霉即脱。陶谷所谓化化笺，此尔。止可用供溷材，一化也；货之店中，包面药果之类，二化也。甚言纸之不堪用者，类此。"③

这里高濂在纸的档次评鉴上虽然主要是以书画用纸为标准，但无疑较为真实地反映了明代包装用纸并不讲究，甚至与"溷材"等同。除此，明宋应星的《天工开物》也记：

"凡纸质用楮树一名谷树皮与桑穰、彼蓉膜等诸物者为皮纸，用竹麻者为竹纸，精者极其洁白，供书文、印文、柬启，用粗者为火纸、钱纸、包裹纸。"④

同样说明当时包装用纸相对比较粗糙，甚至用其他工序上用过的"废纸"，明宋应星著《天工开物》中还记载着这样一种较为特殊的包装用纸：

---

① 范文澜：《中国通史简编》，河北教育出版社 2000 年版。

② （明）屠隆：《考槃余事》卷 2《纸笺》。

③ （明）高濂：《遵生八笺》，黄山书社 2010 年版。

④ （明）宋应星著，曹小鸥注释：《天工开物图说》，山东画报出版社 2009 年版，第 421 页。

　　"凡乌金纸由苏、杭造成，其纸用东海巨竹膜为质。用豆油点灯，闭塞周围，止留针孔通气，熏染烟光而成止纸。每纸一张打金箔五十度，然后弃去，为药铺包硃用，尚未破损，盖人巧造成异物也。"① 乌金纸本身虽并非用作包装用纸，但由于良好的韧性，在制作金箔之余，也常用于中药材（包硃，即包装硃砂）的包装使用。上述两条文献明确地指出，当时纸质包装主要用来包装食物，用于包装的纸品在材质上并不讲究，品质很低，通常都是一次性使用，纸包装自身的特点使得它在包裹物品上有着很多方便之处，这是其他传统材质包装纸品所不具备的。

　　明清时，与纸质包装相关的包装印刷也有所发展，印刷的品种和数量都远远超过前代。明代的一些印刷作坊中，已经出现了较为明确的分工，并促进了印刷业的发展，雕版、活字版和单色都有了普遍的应用。诸多商家开始利用印刷技术向大众传递各自想要表达的信息，在自家的产品包装纸上印上产品的名称、商号、广告语等介绍和推销产品。万历时，彩色"套印"技术有了较大的进步，这种套印术包括涂版、饾版和拱花三种。它使印刷颜色由早期的朱、墨两色发展到五彩缤纷的多色，大大丰富了印刷在产品包装上的应用范围。清代彩色印刷应用的范围越来越广，出现了民间年画印刷。之后如年画一样的装饰主题和装饰技术被广泛应用在各种日常生活用品的包装上。这就促成了商品包装的兴盛，同时包装作为一种产品广告的形式出现，在一定程度上充当了无声推销员的作用。

　　明清时期，各行各业都有其约定俗成的包装形式和惯例，这是在长期商业实践中自然形成的。人们只要拿着某种包装好的货物在街上一走，旁人便能立刻知道里边包的是什么东西。在晚清徐珂的《清稗类钞》中记载："某尚书丰仪绝美，装饰亦趋时，每出，一腰带必缀以槟榔荷包、镜扇、四喜、平金诸袋……胸藏雪茄纸烟盒……统计一身所佩，不下二十余件之多。"② 由此可知，当时已经出现了纸质烟盒的包装。这不仅说明了包装功能在逐渐地丰富，同时在经济发展的背景下，纸包装用于说明产品属性的特质被挖掘出来，有力地促进了以包装树立产品品牌的商业化发展。

---

① （明）宋应星著，曹小鸥注释：《天工开物图说》，山东画报出版社 2009 年版，第 423 页。

② （清）徐珂：《清稗类钞》（第 13 册），中华书局 1984 年版，第 6226 页。

2.商业与广告业的发展对于纸包装的影响

明清时期，纸是民间使用最广泛而又便宜实用的包装材料之一，用于商品包装的形式主要有两种：一种是常用来包装散茶叶、中药、糕点等的纸张；另一种形式是纸箱包装或精致的纸盒包装。北京同仁堂中药材的包装是较为典型的是中药店的纸包装形态。当时，汤剂的药味绝大多数采取分包包装。一般草药用白片艳纸，垫上一张粉红色的小药方，上面印有药名、产地、药性、主治病例及图样，被称为"药味图说"。较为名贵的细药则用木刻版大药方，垫上红棉纸或油纸另外包装，每味药各包一小包，然后码起来，成为扣斗式的梯形，再用印有门票的大纸一包，将折叠有致的药方附在上面，再把用于煎药的小笊篱放在包下，用麻筋一捆。用不同颜色的包装纸来区分所开的药品，不仅便于药店与顾客双方检查核对所抓药味是否与医生开的方剂相符，而且精细的包装能够表现药店对抓药顾客的责任与诚信[①]。

茶叶铺的纸包装更为精细，甚至使用多种形制的纸质包装。举凡作为礼品的茶都装在挂漆彩绘的铁筒内，这样不但美观大方，而且茶叶不会跑味，实用价值很高。一般属于顾客自用的茶叶，大多是零散包装的，每一小包仅装几钱茶叶。好茶叶用三层包装纸，最外层是彩色透明玻璃纸，第二层是彩印门票，第三层是白衬纸。次一等的茶叶也用两层包装纸，免去外皮的玻璃纸。如果顾客买一百包或五十包，也要将小包叠起，但不再用包装纸打大包，只是用红、绿麻筋一拴，而且彩色小包还注重色彩的搭配。这就可以看出，当时茶叶的包装已经注意到包装的视觉效果，以便迅速吸引顾客的眼球，增加购买量，不失为出色的广告包装设计作品。此外，从杭州茶叶博物馆展出的外销茶图片中，可以清楚地看到清代已用纸箱包装茶叶，并且其包装上已经印刷了各种图案和文字作为宣传与识别的标识。只是因纸包装的不易保存，我们难见当时实物。

清末，糕点铺大都备有装糕点用的"行匣"，这是用木板咬口而成的长方形木匣，外边粘上彩印风景的包装纸，并题有"一路顺风"的祝词，近似于现在使用的

---

① 丁俊杰、黄升民、刘英华：《中国广告图史》，南方日报出版社 2006 年版。

外卖的包装性质。除此，简易的糕点包装是用蒲草编织而成的长方斗形的"蒲包儿"，先将糕点用白纸包好，码放在蒲包儿里，外面敷上红、绿门票，用彩色麻筋捆扎。还有的糕点用纸包成长方形，上面放一张印着商店名称、地址的商品介绍，再用线绳捆上，既便于顾客携带，又有助于推销宣传。

与糕点铺类似的还有鲜果局子和果摊子，一般都用上宽下窄圆形的果筐装货，秋天还要衬上香蒿，以增加果品的香度。更为讲究的是果篮包装。秋天各种新鲜水果上市的时候，商家可以得心应手地进行搭配，丰富的色彩让人看了赏心悦目。

其他店铺也有历史上传承下来的包装形式。如烟铺卖烟叶，往往用印有本号戳记的细草纸包成菱形包；油盐店卖的干黄酱是用草纸垫油纸，做成梯形包；其他如黄花、木耳、蘑菇等，一律用麻纸做成方形包；酱菜、酱豆腐等高级咸菜一律装入油篓；肉铺夏天常用鲜荷叶做成菱形包，来包装酱肘子、小肚等熟菜，而用蓖麻子叶包生肉，樱桃、桑葚等时令鲜品的则用杨树叶做衬托；杂货摊则用旧书本、旧报纸包装花生仁、葵花子、海棠干、杏干之类的零食。

明清时期，一般商品上都会有印有商品说明的包装纸，称为"仿单"。为了说明这种包装纸，兹举现存实物数例以示说明：

杭州老三泰琴弦店："祖传李世英按律法制太古琴弦、缠弦，各式名弦，一应俱全，发客。老铺历百余年，并无分出。凡士商赐顾者，请认杭省回回堂下首，积善坊巷口老三泰图记，庶不致误。"

北京桂林轩脂粉铺："桂林轩监制金花宫脂、西洋干脂，小儿点痘，活血解毒；妇人点唇，滋润鲜艳，妙难尽述。寓京都前门内棋盘街路东，香雪堂北隔壁。赐顾请详认墨字招牌便是。"红字套冰梅蓝花边。

徽州胡开文墨店："苍佩室墨赞：珍称墨宝，驰誉艺林。苍佩之宝，触目球琳。元霜质栗，紫云老沉。延珪而后，此其嗣音。泼纵似海，惜本如金。龙宾十二，助尔文心。道光丁酉春秋，春叔孙日萱书于海阳书院之求寡过斋。"

扬州卢葵生漆器店（漆砚）："其砚全以沙漆，制法得宜，方能传久下墨。创自先祖，迄今一百十余年，并无他人仿制。近有市卖者假冒，不得其法，未能漆沙经久，倘蒙鉴赏，必须认明砚记图章、住址不误。住扬州钞关门埂子街达士巷南首古榆书屋卢氏。"①

上述包装纸不仅详细介绍了所售商品的优良品质，还对该商号的招牌做了广告宣传，其信誉有了保证。

总之，明清时期，印制有产品属性的纸包装的广泛使用，促成了独立性质的商品包装的出现，这与传统的其他形制包装有着巨大的差别，尤其是包装的一次性使用，充分表明包装附属性的特征已经彰显。因此，纸包装的发展和广泛的使用是中国古代包装发展的重要的飞跃，它不仅丰富了古代包装概念的外延，而且使得古代包装长期隶属于器物的性质发生了转变，包装成为了产品说明的重要部分，其"广而告之"的属性凸显出来。明清时期纸包装的发展可以说是近代商品包装的肇始，对近代包装设计的发展影响深远。

第四节　明清时期少数民族的包装

明清两代均是多民族的封建王朝。在当时的版图内，无论是在广大的东北、西北、西南等向来都是多民族人口聚居的区域，还是在内地偏远地区，仍然存在有大量少数民族杂居。由于历史、地理和民族自身属性等原因，使这些不同民族在这一时期所使用的包装方呈现出多姿多彩的特征。为了阐明这些民族包装的特征，本节拟就当时主要民族地区包装分别加以阐释。

一、东北地区少数民族的包装

东北地区包括现在的辽宁、吉林、黑龙江三省及内蒙古自治区的赤峰市、通辽市、呼伦贝尔市、兴安盟等三市一盟。习惯上，人们把东北地区的古代少数民族分为三大系：一是肃慎系；二是秽貊系；三是东胡系。经过明朝及明朝以前的发展和重新组合，在明清逐渐形成满族（女真族）、蒙古族、朝鲜族、达斡尔族、鄂伦春族、鄂温克族、赫哲族、锡伯族等民族。由于民族发展历史和民族自身的特征，这些不同少数民族在包装上既有一定的共性，又有自身的独特性，所以我们将分别对

---

① 丁俊杰、黄升民、刘英华：《中国广告图史》，南方日报出版社 2006 年版。

各个民族在这一时期所使用的包装作一简要阐述。

1. 满族（女真族）

满族属于阿尔泰语系满—通古斯语族，主要居住在今辽宁省境内，其他散居于吉林、黑龙江、内蒙古、河北、甘肃、江苏和新疆等全国各省区的平原农业区及北京、天津等地。满族，本称为满洲，属东胡的一支，发祥于白山黑水之间，其族源可上溯至周代的肃慎，汉代为挹娄，南北朝时期为勿吉，隋唐时期为靺鞨，五代、宋、辽、金、元时期为女真。明代女真分为建州女真、海西女真、野人女真等三大支。明朝后期，女真族在爱新觉罗·努尔哈赤的统治下迅速崛起，重建金国（后金）。1616 年，努尔哈赤在赫图阿拉建立"后金"，脱离了明朝的统治，明朝以后多次派兵攻打女真族，但都被击败。1636 年，努尔哈赤之子皇太极在沈阳改国号为清，正式开始了灭明的战争。明崇祯十七年，李自成攻克北京后，远在山海关的总兵吴三桂以为明帝报仇为名引清兵入关。此时皇太极已死，其子福临在摄政王多尔衮的辅佐下，于同年五月攻占北京，四个月后清朝将都城迁至北京，开始了它在关内的统治。清太宗皇太极把"女真"改为"满洲"，把"金"改为"清"。清代的满族，与金、元、明时期的女真族有所不同，其主要以建州女真和海西女真为核心，吸收其他一些民族成分，经过长期共同生活，形成民族共同体，在共同文化上表现出共同的心理素质，形成了稳定的民族意识。

从有关文献记载来看，明代女真三部的社会生产与发展水平极不相同。建州女真人是农业定居生活，15 世纪的建州女真已是"乐住种，善缉纺，饮食服用皆如华人。"① 海西女真人也推行农业生产，"俗尚耕稼，妇女以金珠为饰，倚山作寨聚其所亲居之。"② 建州女真人和海西女真人由于与汉人、朝鲜人杂居，吸收了汉人和朝鲜人的先进生产技术和生活工具，生活方式在一定程度上被同化。明朝时，他们把秦汉时期通过朝鲜从中国学会的冶铁制造和使用铁器技术进一步发扬光大，开始制作铁制农具和生活用具，因而出现了金属材质包装容器。而野人女真则因其居住

---

① ［日］池内宏等：《明代满蒙史料》卷 77，日本 1953 年初版，台湾文海出版社 1975 年译序印行。

② （明）魏焕：《皇明九边考》卷 2，兰州古籍书店 1990 年版。

在黑龙江中下游，所以"不事耕稼，惟以捕猎为生"①。生活较之其他两个部原始，基本没有像汉族或朝鲜族那样通过人为加工过的包装器物，其生活中所用包装基本上是利用自然物进行简单的捆扎和包裹，或用天然果壳与动物内脏进行盛装。

明朝女真人生活中所用包装主要以木质容器为主，这些木质包装容器或是用一块木材凿雕，或是由几片木板拼制而成的容器。女真人善于民间木雕，雕刻的产品具有浓郁的民族特点和鲜明的地方特色，例如木瓢、木碗等生活器皿。木桶是女真最有代表性的包装容器，"女真以前叫做'服寺黑'，是以木板拼制，外围用竹条箍起来的工艺较为精致的一种器皿。"②这种木桶可以用来盛放各种生活用品、食物等，用途非常广泛。

女真人的木质包装容器还用在其他的场合。在萨满教影响下出现一些特殊的包装器物，如神匣。在我国古籍中，最早出现"萨满"一词在宋代，称之为"珊蛮"③，云："珊蛮者，女真语巫妪也，以其通变如神。"这里的珊蛮，即萨满的异译。在萨满教信仰下，满族崇祀的对象有自然神祇、动物神祇、祖先英雄神祇等多种神祇，其崇拜对象、祭祀礼仪各氏族不尽相同，不仅包含该氏族的宗教信仰，还包含其民俗礼仪、道德传统等多方面内容。在明朝，女真族民间有到"神堂"拜萨满神的习俗。为了便于携带崇奉的神偶、神谕、祭祀中用的神器等，而制作了桦皮匣、柳匣、骨匣、石罐等"神匣"，用以代表众神祇所居的"金楼神堂"。这种习俗一直保持到清代。平时神匣任何人不能随意打开，只有在祭祀中净身洗面的萨满或穆昆达方能打开。除了神匣以外，还有祭祀匣、祖宗匣等不同类型的匣子，体现满族在萨满宗教影响下的包装形式缤纷多样。

满族立"谱"以尊祖系世的风俗，源远流长。续谱是家族中最重要的集体活动，一般在农历二月举行。到了续谱的吉日良辰，全族男女老少欢颜聚会。族人聚齐后，族长洗手焚香，揭去覆盖保存宗谱的"谱匣子"上的红布，打开谱匣，取出谱单，这一仪式叫"请谱"，然后"晾谱"，再后"拜谱"，最后才是"续谱"，将已故者的名字涂成黑色，新续的生者名字用红砂填上。谱书不但总族长有，分族长也

---

① （明）魏焕：《皇明九边考》卷2，兰州古籍书店1990年版。

② 杨锡春：《满族风俗考》，黑龙江人民出版社1988年版。

③ （宋）徐梦莘：《三朝北盟会编》卷3，上海古籍出版社1987年版。

人手一册，并被该族的大家庭所珍藏。因为族谱是非常神圣的，家族都希望家谱能延续子子孙孙，所以谱匣都制作精美，装潢华丽，做工考究。"神匣""祭祀匣""祖宗匣""谱匣"等体现了满族特殊的木制包装形式。如民国时《安东县志》载："满俗祭先则设神杆各索摩及神板，以各色棱条代祖像，长盈尺，藏木匣内"①"南龛一大匣内贮神索绳，北龛一小匣，内贮香末"②。

图 11-77　烟荷包

满族民间木质包装，产生于得天独厚的自然环境，表现了满族独具风采的艺术风格，所以代代相传，相约成俗，沿袭至今。除了木质包装以外还有其他形式的包装，尤其是到了清朝，满族这个新的民族共同体的诞生，标志着女真文化有了一个质的飞跃。满族经济在清政府的支持与管理下相应发展，满族的社会生活已经逐渐和汉族趋向一致，有些包装器物的生产和使用与汉族也一致。譬如，满族人喜欢佩戴荷包，这种习俗比汉人更盛行，男子多挂在束腰带的两侧（图 11-77）。

满族称荷包为"法都"。满族人佩戴荷包的做法源自女真猎人在山林时，腰间常挂一个皮子做成的"囊"，里面装些食物，用皮条子将口抽紧，很像荷包的样子，以便远途狩猎时途中充饥。后来在清朝就演变为精巧的佩饰，常用绫罗绸缎等上等丝织品作面料，用刺绣、纳纱③、推绫等方法精制而成。除了平时挂戴之外，生日、满月、放定、过礼、迎亲诸事，以及青年男女私订终身都把荷包作为礼品和信物，小巧精致，绣有象征意义的花和字④。清朝时，满族当政，有关满族的包装成为清宫廷包装的一部分，前文已有论及，此不赘述。

---

① 《安东县志》卷 7《祭礼》，1931 年版，长春市图书馆 2011 年版，第 33 页。

② 姜相顺、佟悦、王俊：《辽滨塔满族家祭》，辽宁民族出版社 1991 年版。

③ 纳纱：纱绣针法之一，以素纱为绣底，用彩丝绣满纹样，四周留有纱地。用色依花样顺序进行，内深外浅或外深内浅均可。适宜绣制实用绣品中的被罩、床毯和欣赏绣品中的人物服饰等。

④ 张佳生：《中国满族通论》，辽宁民族出版社 2005 年版，第 807 页。

2. 蒙古族

"蒙古"一词的音译始见于《旧唐书》，最初称"蒙兀室韦"[①]，有人认为"蒙古"的原意是"天族"。"蒙古"是蒙古族的自称，其意为"永恒之火"，别称"马背民族"。原为蒙古族部落中的一个部落的名称，后来随着历史的发展和演变逐渐成为这些部落的共同名称。元朝灭亡以后，蒙古族退居阴山一带以后，由于政治上不稳定、战争频繁、经济水平下降等原因，从总体来说文化生活艺术发展比较缓慢，到了明代中叶以后，随着社会经济的回升和与明朝关系的缓和，生产、生活开始呈区域性发展的局面，包装由此发展并呈现出新的特征。至清代，由于民族融合蒙古族的文化艺术得到全面发展，比较突出的成就就是书面语言的形成和规范化，进而影响到包装艺术的发展。但与元朝相比，明清蒙古族的包装产生了根本性的变化，即由元代更多地融合汉族文化艺术而转变为向蒙古族传统包装的一种回归。其原因乃是明清时期蒙古部落主要聚居在阴山一带，过着相对隔绝的游牧民族，与元朝蒙古族的生产生活方式发生了根本性的变化。正是这种回归，使得这一时期蒙古族包装在类型与装饰方面呈现出其民族固有的特征。

（1）金属材质的包装容器

由于蒙古民族的生活需要，创造了不少适合游牧搬迁的，适用、经济、美观而不易损坏的各种金银铜铁用品，明清时期具有包装功能的金属材质容器常见的有酒壶、奶桶、酒具、各式盒等，通过对金、银、铜、铁等金属采用板打、錾刻等工艺技巧，制成有各种纹样和图案装饰的民间实用品。这是蒙古民族的包装形式与中原包装的最大区别。

明清时期，蒙古族的包装基本都有金属装饰，"俗贵铁，加以金玉以充用"，相类似的装饰手法还有在金银上镶嵌玉石、珊瑚、翡翠等；而同一时期中原地区的包装较少使用纯金属作材料，在包装器物上也很少有金属装饰。今藏于内蒙古科尔沁博物馆的清代银、珊瑚火柴盒，大体可以反映这种特征，这些包装盒表面四周装饰

---

① 刘昫《旧唐书》卷 199 下《室韦传》云："今室韦最西与回纥接界者乌素固部落，当俱轮泊之西南……又东经大室韦界，又东经蒙兀室韦之北、落俎室韦之南……"中华书局 1975 年版。

几何形弧线纹，前后和左右两侧各镶嵌一个珊瑚，珊瑚外围装饰卷草纹，侧面有拉环，可以打开火柴盒，形制和现代的火柴盒相似，但是更精致美观，坚固耐用。之所以这些日用物品用金属材质包装，则是因为蒙古族过着游牧生活，用金属作材料具有耐用性，能更好地满足包装保护功能的需要。

（2）刺绣织锦类包装用品

刺绣包装不仅在元明清时期的蒙古族中较为流行，而且形成了自己独特的装饰风格，这主要是因为蒙古族生活的地区冬季漫长而严寒，春秋穿夹袍，夏季穿单袍，冬季穿皮袍、棉袍，为了适应草原生活的习俗，通常会在腰间扎腰带，不仅用扎紧腰带防寒，还用来防止骑马颠簸时闪腰，而且把它看作是一种漂亮的装束。为了配合这种漂亮的装束，男子还习惯在腰带右边挂蒙古刀，左边挂烟具。无论是蒙古刀的刀鞘，还是火镰包，多为金属制品。刀鞘中除了刀外，还装有一双银质筷子。火镰的套为皮制，装有镶嵌着珊瑚的银饰。蒙古刀与火镰除了它作为牧民生活不可缺少的生活用具之外，也是蒙古男子佩戴的一种装饰品。蒙古人使用的鼻烟壶通常装在绣有美丽图案的绸缎袋里，佩戴腰间。同时还有烟荷包，这种包装一般都绣得很漂亮，系有长长的丝织或银质衬穗，下垂衣外，通常有烟嘴盖和掏烟灰用的针同时挂在银链上。尤其是清朝受满族和汉族生活习俗的影响，荷包也作为信物由未婚女子为自己的情人精心绣制，既是爱情的信物，也是体现女子家庭经济、教养、聪慧的标志，女子婚后还要给公公婆婆绣。也有不吸烟的未婚男子配挂香荷包的，在清朝蒙古族有"妹绣荷包挂在郎的腰"的唱句。

蒙古族信奉宗教，佛教经典的翻译受到高度重视，这些经文的包装也多采用刺绣为材料。北京故宫藏佛经《甘珠尔》的包装即为其代表，经文为贝叶夹装，每夹为一函，共计一百零八函。每函都用护经板、包袱、丝带等捆扎保护。护经板分裹外二层，各二块。外层为木胎髹朱漆，描金绘莲花及六字真言。内层护经板装裱以

图 11-78 佛经《甘珠尔》包装

磁青纸，并覆盖红蓝黄绿白经卯五块。经文以藏文泥金精写于磁青纸上，上下以硬木板做皮，上罩织成二龙戏珠图案的丝绸。首函冠有"乾隆三十五年七月二十五日御制金书甘珠尔大藏经文序"（图 11–78）。

（3）其他材质的包装用品

木雕、骨雕镶嵌的包装在明清时期也多有使用，通过骨雕工艺制作的包装品属于就地取材和巧用其材，将诸如羊角、牛角以及动物的骨头雕琢成具有实用性的器物，其中部分成为包装容器，用来包装酒、茶、烟以及其他物品。而木雕包装，虽然同骨雕一样是就地取材，但是不仅成本低，而且工艺相对简单，特别适合于需要大容量的包装，蒙古族的木箱、木桶、木匣等便是这类包装。内蒙古通辽市科尔沁博物馆所藏清代雕鱼木盒，器身遍体刻鱼纹，鱼嘴、鱼鳍、鱼尾，雕刻大方淳朴，精巧细致，纹样古雅，具有鲜明的民族风格，是牧民珍爱的雕刻用品。此外，木和金属相接合的包装在明清的蒙古族也很流行，如木铜信筒，设计合理，简单而精致。

大约从乾隆初年开始，"鼻烟壶之制"①在汉人中非常兴盛，几乎为官商所必备，同时在蒙古地区也流行起来，敬献鼻烟壶成为一种尊贵的民族礼节，并有其特殊的规定和讲究，逐渐取代烟袋的地位。蒙古族的鼻烟壶形制和材料像中原一样丰富，有金、银、铜、琥珀、玛瑙、翡翠、玻璃等。造型多为扁圆型，有内画和外刻图案两种工艺，高级的鼻烟壶盖子是银色的，上面镶嵌有珊瑚或者绿松石大圆珠，但是装饰图案与中原有很大不同，主要有飞龙奔马、千鸟百兽、摔跤射箭等，这是与蒙古民族的生活息息相关的。只有在飞马驰骋，视摔跤、射箭为基本技能的蒙古草原才会采用这样的主题图案。在鼻烟壶的外面往往还用一个绣有各种精美图案的小袋作外包装，这种丝织

图 11–79　鼻烟壶

---

①　崇彝：《道咸以来朝野杂记》，北京古籍出版社 1982 年版。

小袋与艳丽的蒙古袍相呼应，粗犷之中带着灵巧之气。清代蒙古族男女老少腰间几科都挂鼻烟壶，除实用外，成为一种独有的包装配饰[①]（图11-79）。

(4) **蒙古族包装用品的装饰特点**

从文献所载和流传至今的实物分析，明清时期蒙古族的包装与汉族包装装饰的主要区别有二：一是图案装饰；二是金属和镶嵌装饰。从包装的装饰图案说，蒙古语称艺术图案为"贺——乌噶勒扎"，是对一切器物的造型设计和各种纹样的统称。这是蒙古包装艺术中的重要内容。蒙古牧民衣、食、住、用方面的任何一件东西都与图案有关，包装概莫能外，比如，木箱、木匣、铜壶、荷包、刀鞘袋等都饰有各种图案纹样，十分美观。蒙古族包装的传统图案有回纹、方纹、火纹、水纹、龙纹、犄纹、锤纹、盘肠图案等多种。由于对尚武、尚刚精神的热爱，因而人们对审美对象的追求形成了喜欢直线、棱角分明的取向，有一定体积感、坚实感的形态备受欢迎，推崇力和速度结合的飞动美。正因为如此，他们赖以生存、生活的牛、羊、马等动物成为装饰图案的主要题材。

清代后期随着蒙古族与汉族和其他民族之间的交流，包装的装饰图案也受到了外来影响。汉族的"龙""凤""蝙蝠""佛手"和"喜""梅""寿"等图案与文字在蒙古族包装中开始应用。通过藏佛教的传入，佛教的八宝图案在蒙古族地区广为流行。外来图案和纹样，常常被当作一个基本单位图样，演变为蒙古人固有的连续纹样和适合纹样，融化在蒙古族包装艺术中，使其变得更加丰富多彩。

3. 鄂伦春、达斡尔等其他少数民族

明清时期的东北，除了满族和蒙古族而外，还有达斡尔族、鄂伦春族、鄂温克族、锡伯族、赫哲族等其他少数民族。这些少数民族虽然在人口数量上远不及满族和蒙古族，社会经济发展程度也远落后于这两个民族，但因这些民族与满蒙民族长期杂居或与之毗邻，且地理环境和自然条件相差无几，所以其包装与满蒙大体上具有一致性，只因其民族历史的差异，使得其包装体系中，具有广泛使用桦树皮和动物皮毛作为包装材料的重要特征。

---

① 阿木尔巴图：《蒙古族民间美术》，内蒙古人民出版社1987年版。

(1) 桦树皮包装

达斡尔、鄂伦春和鄂温克等少数民族所居住的黑龙江、松花江、乌苏里江两岸，到处生长着秀美的白桦树。白桦树的树皮成为这些民族日常生活用具制作的重要材料。据明代曹昭的《格古要论》记载："鞑靼[1] 桦皮，出北地，色黄，其斑如米豆大，微红色，能收肥腻，甚难得，裹刀鞘为最。"[2] 可见白桦树树皮薄，有斑纹，每年五六月间桦树水分大的时候进山采剥桦树皮，根据所需器物的大小剥取不同尺寸的桦皮，然后去掉树皮里面的硬节和凹凸不平的部分，稍加修理就可做成各种包装产品，制成的包装产品有天然的金黄色。清朝曾将桦树皮定为贡品，于打牲乌拉专设壮丁入山采取，并设桦皮厂，岁得桦树皮供内务府制作各种用物以及箭杆、矛杆。鄂伦春、达斡尔、鄂温克、赫哲等少数民族的桦树皮制品非常丰富。因各民族生活方式有一定的区别，以桦树皮工艺制造出来的包装器具，在种类上和造型上也都形成了一定的差异，在装饰手法上也有一些区别。

在这些民族的桦树皮包装中，以鄂伦春族的最为出色，用之制作的包装容器主要有衣箱、烟盒、火药盒、针线盒、荷包和背包等。雕刻是鄂伦春族包装的主要装饰手法，也是鄂伦春族主要的传统技艺，分桦树皮雕、木雕和骨雕三种，因为桦树皮制品在鄂伦春族人生活中的重要地位，决定了桦树皮雕刻的代表性。桦树皮箱是桦树皮雕艺术的集中体现，盖上和箱的四周刻有色泽鲜艳的花纹，主要有云字纹、回纹和各种花朵图形，图案和花纹雕刻好之后，涂上红、黄、黑三种颜色，使其色彩鲜明，富有立体感。

赫哲族的桦树皮包装工艺也具有民族特色。他们早年除了以桦树皮制作夏帽、桦皮船、住房等以外，还制作各种包装容器，如箱子、盒子、桶等，但是赫哲族在包装器物上雕刻的花纹与鄂伦春族的稍有区别，主要雕刻鹿、狗、花、草、树、鸟、鱼等，十分精致细腻；在桦树皮盒上刻的阴纹、阳纹和点线混合的艺术图案也很多。如桦树皮做的荷包，上面有刻成的花形图案和点线的混合图案。有些桦皮制品，不用线缝，而是用精巧的咬合方式，既美观又严密、坚固。直到今天，一些赫

---

① 鞑靼：中国古代北方有多重含义的民族泛称。

② 曹昭：《格古要论》，明代万历年间，由周履靖收录至《夷门广牍》（景明刻本）卷6。

哲族老人还保存了这种桦皮工艺的制作
方法和技巧。

　　达斡尔等几个民族的生活同样离不
开桦皮包装，并在上面刻以各种花纹和
动植物图案。其中烟盒既是生活必需
品，又是独具民族特色的精美工艺品
（图11-80）。

　　桦树皮包装工艺是东北地区狩猎民
族在森林中创造出来的特有的民间工艺
美术形式，他们的包装器具尽管带有很
多原始的韵味，但不乏强烈的民族及地
域特色。

图11-80　达斡尔烟具

　　（2）皮革包装

　　除了桦树皮包装之外，由于这些民
族基本上是过着狩猎生活，所以皮革包
装也占有十分重要的地位。皮革加工工
艺是鄂伦春族等少数民族中最主要的手
工业，常用的皮张有狍皮、鹿皮、狐狸
皮、犴皮、貉皮、野猪皮、熊皮、豹皮
等，其中狍皮最为普遍。这些皮张经过

图11-81　狍皮包

熟制之后方能加工成各种皮制品。皮子熟好后，就可以裁剪成所需制品的面料，并
用狍、鹿、犴筋捻成的线缝制各种所需皮制品，主要有皮口袋、皮背包、烟荷包、
皮马褡等。如狍皮医药袋，下部狍皮制作，上部为布，圆形，在布与狍皮的衔接处
和袋口用彩色红、蓝、黑彩色布条作装饰。这种皮包是黑龙江地区少数民族在清朝
时经常使用的包装物（图11-81）。

二、西北地区少数民族的包装

　　西北地区主要包括我国陕西、甘肃、新疆、宁夏、青海等省份。明清时期居住

在这些地区的少数民族，主要有回族、维吾尔族、土族、裕固族、撒拉族、塔吉克族等少数民族，其中以回族和维吾尔族的包装最具代表性。下面试就这两个民族的包装稍作阐释。

1.回族的包装艺术

回族，形成于明代。在此之前，自唐宋至元，随着大批西域穆斯林（包括阿拉伯人、波斯人和中亚各族人）移居中国，到明朝中期，这些入居中原的穆斯林在业已形成的回回群体基础上，又随大量西域穆斯林内迁，他们与汉、维吾尔、蒙古等民族长期交融和通婚，使回回人群体进一步扩大。在伊斯兰教文化特色的宗教活动影响下，婚姻、丧葬、饮食等风俗习惯逐渐规范，其手工业和商业贸易等方面也形成本民族的特色。由于明朝对西北经营缺乏方略，中西交通受阻，使回回商人的中西陆路贸易衰落，但由于回族入居内地日久，在手工业和商业方面向汉人和其他少数民族学习、交流的同时，本民族之间和与其他周边民族间的物产交流与技术交流不时发生，所以其民族手工业逐步发展起来。包装在这种背景下初具雏形。

与明代相比，回族在清朝的政治地位有所下降。清朝早期，用"齐其政而不易其俗"的政策对待回族。清中叶后，由于回族不断反叛，回民多次起义，清王朝对回族采取公开的防范和压制，西北回族自身民族经济发展陷入重重困境，对外的交往也受到诸多限制。这一方面对回族的包装艺术发展造成很大的障碍，使得回族的包装艺术在清朝发展极为缓慢；另一方面则由于民族发展和民族融合进程受阻，其原有的包装艺术极少受到外来因素的影响，得到了较好的传承。

明初，在伊斯兰教信仰下，来自不同地区、不同民族的人们逐渐形成回族，扎根在西北地区和云南。回族宗教色彩浓厚，成为其生活的准则，进而形成回族特殊的风俗习惯，与之相适应，出现一些特殊的包装物，其中使用较为广泛的是具有包装功能的回族荷包。这种在回族民间广泛流传的一种刺绣类包装，其上面大都有花鸟鱼虫等动植物图案，被人们视为驱邪降魔的吉祥之物。有些在回族聚居区，由于受汉族的影响，回族儿童在端午节或者平时也佩戴荷包。生活在六盘山地区的回族妇女们，充分发挥想象力，用各种绸缎和各种丝线做成各色各样、色彩艳丽的荷包。

　　值得注意的是：回族在其民族历史发展过程，其包装装饰艺术对汉族传统艺术的撷纳和工艺的学习，以及回族装饰艺术对汉族传承工艺美术的双向互动影响。具体表现在回族吸收了传统汉族纹饰中的宝相花纹、缠枝纹等，而汉族则从回族装饰中借鉴了花果纹等；在工艺方面，明朝汉族中非常流行的珐琅彩在回族中被普遍使用，反过来，回族的花纹对汉族的青瓷工艺影响非常深刻，汉族的装饰花纹常将龙、凤、松、竹、梅及宝相、如意、八仙庆寿等中国传统的吉祥题材与回回纹饰有机地协调在一起。

2. 新疆维吾尔族

　　"维吾尔"是民族自称，一般认为含有"联合""协助"的意思，主要分布于新疆维吾尔自治区，大多聚居在天山以南的各个绿洲，由于维吾尔族的历史悠久，所以其包装形制与其传统民族审美特征有着密切的联系。就其主要方面而言，体现在木、陶瓷和金属等为材料，并以其民族特性为造型和装饰风格。

　　在距今 3800 年的小河墓地和古墓沟墓地等古代维吾尔族人的文化遗存中，曾发现了大量的木质文物。木材一直是维吾尔的主要材料之一，维吾尔的木质包装是明清时期包装的重要构成之一，主要体现在生活类的木制包装容器中，有木罐、木瓶、木盒等造型。这些包装的加工方法，或采用了内外旋切法，或经钻、砍、刮削和抠等工艺制作，然后打磨光滑。包装物器身有光滑无纹的，也有装饰纹样的。装饰纹样主要是继承唐代木器上流行的彩绘宝相花纹、狩猎纹、植物花卉纹等。如新疆博物馆藏的小秤及秤包装盒，秤盒简单大方，制作精致，可以正好卡住秤杆、秤盘、秤砣，通过旋转就可以打开或合上秤盒，并且合上时可以通过盒盖上的铜饰扣住，不会松动，使用极为方便，充分体现出维吾尔族包装讲究实用性与观赏性紧密结合的特点。

　　由于受伊斯兰教崇尚读书风气的影响，到清代，维吾尔族木质产品的文化内涵也发生着变化，出现了木质文具盒等文房用品包装。这种文具包装盒表面多施彩绘，色彩艳丽，盒体与盒套图案均采用满花的方式，画面布满花纹，既是实用的文具盒，又是具有鲜明的民族特色的包装工艺品。

维吾尔族制作陶瓷类包装容器的历史，几乎与内地同步。在元代以前，无论其烧制工艺，还是其造型与装饰艺术，均落后于中原内地。个中原因，或因生活方式以游牧为主，或因内地工艺输入的限制，或因商业交往的频繁。到明清时期，由于受中原内地陶瓷工艺影响增强，维吾尔族的陶瓷艺术迅速走向成熟。从留存实物来看，这一时期陶瓷包装容器主要是瓶，其造型大都源自中原汉地传统造型，粗颈，溜肩，鼓腹，浅圈足。在装饰上，瓶身往往绘制蕉叶、山水、人物、亭榭等图案。肩部和底部的几何形纹饰带有明显的民族特征。

金属材质的包装容器则主要是铜制品，工匠们通过锻打、铆接、焊接、錾刻、剔雕等一系列工艺过程，制作出精美的铜罐、铜墨盒等包装物。图案多是连枝花卉、果实以及铭文等，经过艺术的夸张、变形，给人感觉纹样布局巧妙、线条流畅，极具装饰效果。由于伊斯兰教崇尚读书风气的影响，墨盒像木制文具盒一样，在清朝的维吾尔族地区非常流行，主要有瓷质和铜质两类。

三、西藏地区少数民族的包装

西藏位于中国的西南边陲，青藏高原的西南部，是一个以藏族为主体的少数民族自治区。除藏族外，还有门巴族、珞巴族、回族、纳西族等少数民族以及尚未确定族称的僜人、夏尔巴人。西藏地区的包装艺术是西藏高原及甘、青、蜀、滇各族同胞们在劳动、生产、生活中，共同创造的高原灿烂文化的一部分，具有悠久的历史，丰富的内涵，精湛的技巧，民族化的形式。它在一定程度上反映了西藏各个时代的民族文化、民族习俗、宗教和政治状况。

1.西藏地理环境及其对藏族包装艺术发展的影响

西藏地区由于地理、气候环境的独特性，不仅有其独特的生活方式，而且物产也有别于其他地区，同时与外界的联系和交往相对也松散一些，因而包括包装在内的造物活动，既有其自身的本土特色，又较少受到外来因素的影响，具有相对的稳定性。如陶质包装容器的发展，由于燃料和高山缺氧的原因，其发展十分缓慢。从发掘的古代陶器来看，远在4600年前西藏地区已开始烧制，用于包装的有罐、瓶等器型，属于和中原新石器时代同一时期的产物，但当中原的陶瓷器高度发达的时期，西藏却仍然保持着陶器的原始生产①。至 20 世纪 80 年代初甚至还处在瓷器的试制阶段。

除了自然环境对藏族造物具有制约性以外，宗教信仰也是不可忽视的。苯教、伊斯兰教和佛教在藏族历史上出现过，甚至扮演了重要的角色。明清时期，藏传佛教对藏族的影响可以说涉及了精神和物质的各个方面。宗教信仰及其文化直接或间接地反映在藏族包装之中。

2. 明清时期西藏地区包装艺术的发展

明朝廷对西藏采取了"多封众建"的政策，在对各喇嘛教派领袖，分别加以封赦的同时，还任命了许多俗官。明朝所封喇嘛教领袖有三个法王：大宝法王、大乘法王、大慈法王。法王以下还册封了五个王，在王以下还册封有大国师、国师、禅师、僧官等，并同他们建立了朝贡关系，朝贡人员从 15 世纪二三十年代的三四十人到 60 年代的三四千人，大量的朝贡人员往来于西藏和中原之间，他们把藏族地区的牲畜、皮毛、麝香、铜佛等土特产品和手工艺品带到中原，又把明朝回赐的金银、绸缎、锦帛、茶叶等物资带回到西藏。并且明朝对朝贡以"厚往薄来"为原则，朝贡所获赏赐的价值，一般是贡物的三倍以上。朝贡者进入内地的一切用度由朝廷供给，朝贡者除能直接得到朝廷的大量赏赐外。还能借助朝贡的机会从事贸易活动，将随身带来的银两和朝廷赏赐的财物置换成一些在藏区紧俏的物品。由于朝贡不仅能使藏区僧俗人等在政治上得到明朝中央的封、赐，而且对巩固自身在地方的政治、宗教势力有所助益；还能给朝贡者带来巨大的经济效益，得到高额的商业回报，因此，明朝自洪武至崇祯各个时期，藏区到内地朝贡的僧俗人员络绎不绝。这就形成明朝中原和西藏文化、物品的大量交流。这些交流的物品自然离不开包装。因此，明清时期西藏地区包装与之前发生了重大变化，具体表现在受中原王朝的影响增大，由此而在包装类别、包装材料，以及加工工艺方面明显增加和进步。明朝内地对藏区包装的影响，我们通过下列事实可见一斑！如景泰四年（1453 年）"四川董卜韩胡宣慰司番僧、国师、禅师、刺

---

① 《西藏卡若遗址试掘报告》，《文物》1979 年第 9 期。

麻进贡毕日，许带食茶回还。因此货买私茶万数千斤其（及）铜、锡、磁、铁等器用。"①其中铜、锡、磁、铁等器用中包装器物有很多，较之因赏赐而流入藏区的工艺美术种类也更为丰富，体现了藏族人民对内地不同门类包装工艺品的大量需求。

明朝官方赏赐给藏区各地僧俗大小头目的物品，主要是由官方手工业生产机构制作的，有的直接产自宫廷作坊，产品档次高，工艺考究，多用于赏赐寺院和藏区较大的僧俗头目。通过贸易输入藏区的物品，其中绝大多数是民间自主生产，用料、工艺虽不及官方物品讲究，但是有较强的内地民间艺术色彩，价格低廉，便于流通。明朝这两类物品传入西藏，数量庞大，以致今天在西藏仍有很多明朝廷官方和民间物品传世。目前在西藏已发现的明朝内地包装器物以丝绸、瓷器为多，还有金银器、铜器、玉石器、漆木器、牙角雕刻器等。

从以上事实看，明朝在西藏的施政和宗教政策，对于西藏地区包装艺术的发展有深刻的影响，一是加强了汉藏两地的文化交流。在朝贡过程中不仅有官员、使臣，还有工艺匠人、民间艺人等，这就对汉藏两地的技术交流起到了促进作用。从现在西藏许多寺庙，尤其是萨迦寺、布达拉宫等留存的大量明代瓷器、铜器、雕塑器等，可以看出中原对藏族人民的社会生活和西藏包装艺术的影响。中原的装饰纹样被藏族工匠运用到了包装制品、雕刻等艺术形式中，中原的包装器物造型被藏族工艺所吸收和借鉴，中原的龙纹、花卉、太极、云纹、几何纹样频频出现在藏族包装中，如铁质的糌粑盒上饰有汉字变体寿字装饰②。二是西藏喇嘛教在明朝的"多封众建"政策的鼓舞下，佛教艺术得到继续发展，众多寺庙中的壁画、唐卡和雕塑艺术都对藏族佛教包装艺术的发展起到了促进作用。例如僧人饮食用的食具盒，形制很特别，一般为筒形，有盖，盒上有金属铜镶饰，贵重的还用金、银镶饰，而且镂雕华美，这是僧人在藏区地位的一种象征。

清代，在汉藏交流全面加强的前提下，传入西藏的内地宫廷包装和民间包装物数量十分巨大，目前仍有大量传世。主要品种包括瓷器、丝绸、金银器、铜铁器、

① 《明英宗实录》卷230，附五十。转引自伊伟先：《明朝藏族史研究》，民族出版社2000年版，第242页。

② 王明星：《宝藏——中国西藏历史文物》（第三册），朝华出版社2000年版，图115。

玉石器、珐琅、玻璃、漆器、木器、象牙雕等。内地包装物的大量传入，直接或间接地影响到了西藏本土包装的发展。在包装造型上，包装容器样式增多。在整体造型模仿内地器型同时，藏族工匠往往在局部造型及装饰上融入藏族艺术因素，而形成了自身的特色，产生很多具有明显藏区特点的包装器型。在装饰上，包装装潢除了继续保留藏族特有的纹样以外，注重采用内地纹饰和藏式纹样的结合。下面试就各类包装稍加说明：

（1）饮食类包装

明清西藏包装主要类型包括食品、宗教用具、首饰，以及其他一些类别。藏族的许多食品包装，如酥油桶、酥油壶是藏族特有的日用器物，在藏式桌上放上一套铜质镀金的酥油茶具，是极具民族特色的。因为人们日常生活离不开它，所以把它视若"宝贝"，千方百计地美化它、装饰它。有些高级的酥油桶，上边镶有铜饰件，桶身有四道雕花铜箍，还有精美的铜帽盖。

青稞酒壶，用来盛放青稞酒的壶。青稞酒是藏族同胞生活中的重要饮料，也用它迎接贵客，酬谢友人。常见的青稞酒壶为广肩、高颈、大嘴。

多穆壶，藏语称这种酒壶为"勒木"，内地称为"多穆壶"。民间用于盛装茶水或青稞酒，寺院喇嘛也常用此种壶。制作多穆壶的材料有多种，包括银质、铜质、瓷质等。

糌粑盒，是藏族极具特色的食品包装容器，主要盛放糌粑。糌粑是藏族同胞的生活主食，它是用炒熟的青稞磨的面。糌粑盒主要用木质，也有铜质、铁质的，造型多为鼓腹广口带盖，大小不等。藏民远行时，一般把糌粑盛在皮或布做的糌粑袋中，随身携带。

（2）宗教及文教类包装

藏传佛教在明朝得到强势发展，随之法器和供器包装发展迅速。这类包装装饰纹饰都是与佛教有关的纹饰，并且包装物和所包装的内容相得益彰，同时在器物中体现着佛教的神圣。有关藏传佛教法器种类很多，不少法器均有包装。这里我们选择几种代表性法器包装稍加介绍：

铃杵盒，用来盛装铃与杵的盒子。铃与杵都是密宗法器，使用时一手握一只。佛教僧人修行六度时，摇动铃，意在传扬法音，令众生耳闻而得以受加持。有碗铃、杆铃和碰铃。杵是用来表示般若智慧无坚不摧，犹如金刚。传世的铃杵描漆皮盒，内有麻布及布上书写满、汉、蒙、藏四体字，盒外漆色黯褐，盒壁隐约为大朵满铺的莲花、带状的莲枝菊花与回纹、涡卷纹、三角纹等。盒底为一长喙鹊鸟展翅立于莲花上。此器应为西藏进贡朝廷的贡品。

经盒，是盛放经书的器物，一般为木制、皮制，或金银制。另外，还包括嘎布拉数珠匣、佛像盒，而这种匣和盒是指装嘎布拉数珠和佛像的器物。嘎布拉数珠与佛像是藏族非常重视的法器。图中嘎布拉数珠匣，内盖里墨书满、汉、蒙、藏四体文字："乾隆四十五年十月二十七日班禅额而德尼在宁寿宫念经，呈进嘎布拉数念珠一盘。"数珠共108颗，盛放在皮盒内，盒内制作精巧，使得数珠正好置于槽内，并使五条璎珞放在一起，不被压乱（图11-82）。

由于藏民笃信藏传佛教，撰写经文和经书不仅是高级僧侣重要的宗教活动，而且对一般藏民来说，也是经常性的行为，所以，藏族对文具包装极为讲究。藏文使用竹笔、金属笔硬笔书写。藏族文房用具有竹笔、墨水瓶、刀子、藏纸、木尺、粉简①、筹算盘等。竹笔包括圆杆竹笔和三棱竹笔两种，分别为书写大字和小字。在西藏，文人十分讲究文房用具的形质。墨水瓶多用银和铜制成，笔套往往用金、银、铜、铁等金属制成，工艺考究，造型精美。如图11-83所示藏族银质墨水瓶，这是一件典型的藏式墨水瓶，瓶体和瓶盖均用白银制成，饰以黄铜，增加其美感。这类墨水瓶结构独特，墨水倒入瓶内后，即使倒置过来，也不会遗漏，瓶内还装有

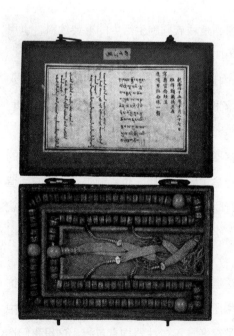

图11-82　清代乾隆嘎布拉念珠盒

---

① 粉简：藏语称"桑木扎"，是用木片或象牙等做成的代纸书写工具。

两粒小铁球，沾墨写字之前，轻轻摇动就
能使瓶内墨水搅匀。藏族墨水瓶中更为精
美者还有用青花瓷制成的，同时两个瓶体
拼接，分别装红、黑两种墨水，多为官
员使用，红墨水用以批文，黑墨水则为
常用。

图11-83　藏族墨水瓶

　　笔套，藏族人使用的笔套由上下两部
分组成，下方长，为套身，上方短，为套
盖。笔套盖和套身上有凸置的环，用来穿
绳，以便挂在腰带上随身携带。笔套有银
质、铜质的，更多的是铁质的，不论什么
质地，其形状均为柱体，且讲究装饰。笔
套工艺有错金、鎏金等，有雕饰各种花纹的，更有镂空图案。

　　（3）生活日用类包装

　　藏民在日常生活中常用的包装有火镰包、针线盒、药罐、各种器械盒、毛织口
袋等。

　　火镰包，火镰是藏族人自古以来使用的取火用具。用火镰敲击燧石即可冒出火
星，取得火种。火镰包多为铁头皮质，上镶银、珊瑚和绿松石，极具装饰意味。火
镰包除了实用的取火功能之外，还有装饰的情愫在其中，西藏地方官员腰间佩戴的
火镰包，多为装饰性。

　　针线盒，作为生活用品类的包装，其不仅有实用价值，同时藏族男女都佩戴这
种用具性饰物。长针线盒多用铁质镶银并装饰以珊瑚和绿松石，短针线盒为黄铜
质，都是人们腰间佩戴的日用品。在西藏，男女都会针线活，特别是农牧区，纳鞋
底、缝制衣物等大多由男人来做。针线盒除了铁、铜等金属材质之外，也有用牛皮
作材料的。皮质针线盒一般形状似半圆荷包，皮底上饰以白铜和黄铜，中央镶一块
绿松石。平日挂于腰间，既方便生活，又起到了较好的装饰效果。

　　药罐，即药包装。藏药和藏族医术在明清时期有独特的发展，藏医所用藏药，
其原料有植物、动物和矿物，经调和配制成各种成药，成药多为丸药，其中有最珍

贵、疗效最好的是"热纳桑培"（珍珠七十丸）、常觉、祖珠达西等。这些药丸一般放在金属罐中，既可以防潮，防散发，又不串味。

与藏族药包装同类的还有医疗器械包装盒，明清时期，西藏由于长时间处于部落联盟状态，部落间频繁的战乱，导致大量的伤残病人，促使藏族在外科治疗方面有所进步，从而产生和发明了许多治疗器械，种类繁多，功能齐全，实用性极强。用来包装这些医疗器械的盒子，也是按照器械的形制，做成成套包装，既能卡放工具，又保证器械的位置不变，便于使用。

从上述明清时期藏族地区包装的类别及具体情况，我们试图从其形制设计、色彩、装饰纹样、制作材料和工艺技法方面，分析其艺术风格和特征。

第一，就包装形制设计来说，明清时期西藏包装艺术给人的总印象是看上去端庄敦厚，收放合度，和藏族建筑及服装的特点基本趋于一致，如壶、罐、坛类，虽然都用了倒置梯形的形式，但上下宽差与高度所形成的比例关系，能使人产生一种非常安定的感觉，不故弄玄虚，不哗众取宠，崇尚自然美的规律，这正是藏族人民的性格在造型形式中的体现。藏式包装器物的两条侧轮廓线，往往有一种速放急刹的感觉，蕴藏着一种凝聚的力。在设计上与中原包装艺术的结合，使金银铜铁器、漆木器等较之绘画、雕塑等造型和装饰更为丰富。

第二，就包装设计物的色彩而言，藏族的包装艺术就像唐卡、雕塑艺术等一样，具有强烈、激昂、响亮的调子。但在不同的地区，因文化生活和习俗的差异，也有区别。藏北牧区人民喜欢粗犷有力的花纹，颜色对比鲜明。拉萨人民则喜欢花纹细密，和谐而又鲜明的色彩。但是整体来说藏族的包装总是追求红蓝黄白等颜色的综合使用，追求五颜六色的色彩效果，图案新颖，具有较高的欣赏价值，工艺精湛，洋溢着浓郁的民族特色。

第三，藏族包装的装饰纹样，由于受佛教的影响，习惯在包装器物上装饰象征吉祥的八宝、七政、五妙欲等图案和茂密的卷草纹饰。明清时期，由于和中原文化的相互交流，使得中原的装饰纹样被藏族工匠运用到了包装工艺品、雕刻等艺术形式中，中原的龙纹、花卉、太极、云纹、几何纹样频频出现在藏族包装中。如高档木果盒，造型与内地果盒造型基本相似，盒身与盖外口沿绘卷草，盖面中心绘红荷、绿叶、水草，具有写实风格，受到当时内地瓷器上常见的"把莲"（一束莲）

装饰的影响，但从整体纹饰搭配和花色上看，却明显具有藏器之风。

在包装的纹样制作中，或者通过纹饰本身的疏密变化形成强烈的对比；或者用精细流畅的装饰花纹，和安定敦实的形体互相映衬，给人造成一种既纯朴而又华丽的印象。一个铜罐，给它的盖、顶、颈、肩等部位饰以银质图案，它不但会因为色彩和节奏的变化，产生高贵富丽之感，而且原来那种过度持重的笨重感觉也会有所减弱。

第四，在制作材料和工艺技法方面，金银器物是藏族社会最重要的器物，也是藏族包装艺术中的精华所在。藏族的金、银、铜器物在吐蕃时期已发展到很高的水平，到明朝，由于同中原地区的文化交流进一步加强，金银铜加工生产得到长足发展。16、17世纪，西藏金工工艺和寺庙建筑艺术同时达到巅峰时期。这个时期有许多精细的包装器物问世，大都采用金银铜等材质。另外，西藏包装物上也多镶嵌玉石、翡翠、珊瑚等宝石，以体现包装物的贵重和装饰的华丽性，同时也反映出藏族包装用材的多样性。需要指出的是：由于地理环境和技术的原因，较少使用陶瓷、木、布等包装材料，而主要使用金属材料，故金属加工工艺发达，以铸造工艺、雕刻工艺、镀金工艺为主。铸造可以用于宗教活动使用的器物上，也用于世俗生活中，可以铸造各种壶和桶。雕刻工艺在包装上主要用于雕刻各种佩饰类包装。鎏金是西藏包装中最为流行的装饰手法，鎏金就是镀金、镀银的工艺，它是把溶好的金、银"汞齐"（用水银加热熔化成金、银液体），刷或喷在已经除污出光的铜器或银器上，再把器件放在硫黄、红石和食盐的混合液体中浸泡冷却，从而改变了原材料表面色泽特征，使其增进材质档次的一种传统工艺形式。

西藏包装器物艺术和其他各民族的艺术形式一样，历来都不是孤立存在的，而是通过与临近地区、民族、国家等的相互影响，相互吸收，共同发展壮大起来的。在本节前面已经阐述汉藏包装艺术文化的相互影响和交融，经过长时期的吸收和融合，已经变成了本民族自己的包装艺术形式和内容。明清时期西藏包装器物艺术仅是藏文化的一个局部，它的形式、特点、风格、内容和制作方法都能代表和体现当时西藏人民的生活特征和文化底蕴。

四、台湾地区少数民族的包装

台湾地区的土著民族，我们概称为高山族。其实我们所说的台湾的少数民族是高山九族和平埔十族的统称。高山九族有：阿美族、泰雅族、排湾族、布农族、卑南族、曹族、赛夏族、雅美族、鲁凯族等。平埔十族有：凯达格兰族、雷朗族、噶玛兰族、道卡斯族、巴则海族、巴布拉族、巴布萨族、洪安雅族、西拉雅族、邵族等。

明清时期高山族的手工业尚不发达，主要是就地取材，运用本地原料，制造出生产和生活所需要的各种包装用具。由于当地土地肥沃，雨量充沛，气候适宜，十分有利于竹、木生长，所以明清时期高山族有关竹、木加工的手工艺远比冶铁、烧瓷等技术发达，故其生活包装用具多用竹木制成。

1.竹木材质包装物

台湾地区用竹藤等植物编织器物的做法，早已有之，到明清时期，由于社会经济的发展和文明程度的提高，这种古老的包装工艺因需求的增长而得以继承和发展。高山族人民用简单的番刀、小刀为工具，编织各类用器和包装容器十分普遍，特别是在阿美人生活的地区，编织物的品种众多，小者如日常生活用具，大者有农具、渔具、贮藏器、运输工具、竹屋等。这种生活用具和包装物，所用的材料以竹为多，辅之以藤。可以分为竹皮、藤皮、竹篾和藤心诸种，编织法可以分为密编和稀编两类，密编的篮子多用人字纹及截嵌纹，稀编的篮子多用斜交纹。渔具有渔筌、渔篓、渔帘、渔箕等。编织材料由男子上山采砍，编织也是男子的任务，"农事之暇，男则采藤编篮、砍木凿盆，女则绩苎织布。"[1]

编织类包装有两类：一是生产类：主要用于存放生产生活用品及粮食。"贮物用筐及藤篮"[2]；"又编竹为霞篮，其制圆小者容一二斗，大者可三四石"[3]；贮藏稻谷的竹篾，又叫竹席，"所以贮粟者……编竹为席置于上及四旁。所收禾粟，悉贮于内。上可以蔽风雨，下可以去湿气"[4]，还有桶形、盒形、有盖圆柱形储藏稻粟禾搬运的编织包装器物。用于存粮的篓，形制简单，下方上圆，带"耳朵"，便于搬

---

[1] （清）黄叔璥：《台海使槎录》卷7《南路凤山·傀儡番二》，中华书局1985年版。

[2] （清）黄叔璥：《台海使槎录》卷5《北路诸罗番四·器用》，中华书局1985年版。

[3] （清）黄叔璥：《台海使槎录》卷7《南路凤山番一·器用》，中华书局1985年版。

[4] 故宫博物院编：《重修凤山县志》，海南出版社2001年版。

动。二是生活类，包括竹笼、提篮、浅篮、竹笾、藤笼等。"藤笼，以藤为之。有底、有盖，与篾笼同。其制或方、或圆、或猪腰形，番用以贮物者"①。

与竹藤等编织工艺同样发达的还有用刳木工艺制作的包装容器。在明清时期，高山族人民，以一把手刀为工具，即可以制造各种富有民族特色的木质和竹质包装容器。高山族人很多包装物都是竹木制的，如各种造型的木筒、竹筒，多用于盛装食物和酒类。

此外，匏器在明清高山族中也有着广泛的使用，据《诸罗县志》载：

"室中壶卢，累累以百十许，多为富。大者容二斗。嫩时，味苦不可食。俟坚老，截顶出瓢，选其小而底相配者制为盖，泽以鹿脂，摩挲既久，莹赤如漆。番人于役，用装行李，雨行不濡。传递公文，遇大水，取置其中，戴于首而渡。汉人重价沽之，弗售也。"②

上述文献中的"壶卢"在形制上与内地汉族使用的匏器有所不同。在《澎湖纪略》中有这样的记载，将匏器区分为三种。

"壶卢：壶，酒器也；卢：饭器也。是物各象其形，可为酒饭之器也。俗作葫芦，非矣。世以壶、匏、瓠三物通称，不知本草明分三种：长如越瓜，首尾如一者为瓠；无柄而圆大、形扁者为匏；颈短而小、腹大而圆者为壶。"③（图11-84）

然而，三者都是用来盛装的生活用具，其实用价值和用途是类似的。

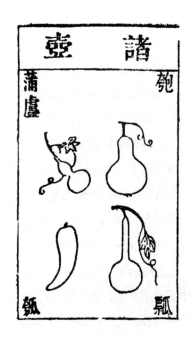

图11-84 《本草纲目》所绘诸壶图

① （清）周玺等：《彰化县志》卷12，清道光十一年修，十六年刻本。

② （清）陈梦林、周钟瑄：《诸罗县志》卷8《风俗志·器物》，中华书局1962年版，第161页。

③ 胡建伟：《澎湖纪略》卷7，中华书局1962年版，第166页。

2. 生活习俗与包装用具

烟酒为高山族人民日常生活中不可或缺之物，每有祭祀、生育、婚事或宴会，高山族人必定互相邀饮，不醉不休。再者，嚼槟榔为高山族又一习俗，成年人几乎每天食用。这些生活习俗与包装发展有密切的关系。

高山族除了雅美人，男女均嗜好吸烟，有的甚至七八岁即有此嗜好。但是阿美人禁止未成年男女吸烟，布农人禁止儿童与未婚少女吸烟，阿里山曹人旧俗男子非40岁以上、女子非至老年不能吸烟，卑南人吸烟为40岁以上男性的特权，女性少有吸烟习惯。然则，台湾岛内土著民众吸烟始于何时呢？从明末清初平埔人吸烟已很普遍的事实来看，应是15世纪哥伦布发现西印度群岛以后，始从托贝哥岛传遍世界各地，平埔人似应在此后不久，而早于中国内地。成书于清光绪十七年的《台阳见闻录》记载：

"番烟，以烟叶曝干，累数十斤，卷成圆形；外用藤条细行约束，巨如小儿臂。每食，以小刀切成缕。"[1]

这种香烟及其包装的制法和名称直到20世纪初还保留在布农人等中间。高山族自种烟草，自己加工烟叶，卷而吸之，或以竹根、木料制烟斗，箭竹为吸管，其形状似小锤。烟袋为高山族部分成年人的必备之物，以皮革制烟袋，所谓皮革则多用鹿皮，《诸罗县志》中记载：

"鹿皮：……有用以制烟荷包、烟筒袋者，北人多喜之。"[2]

也用绣花织绣的荷包作为烟袋者，荷包同样为高山族的手工艺传统，文献中这样描述："荷包，方广可八九寸，以红哆啰呢、汉府缎为之"[3]。除此之外，也有其他材质的烟具包装，譬如木制烟盒，根据高山族人的喜好，这些烟盒上通常雕刻有精美的图案和花纹。

饮酒之风甚行于高山族各部，他们所酿制的酒味美，储藏愈久，酒性愈烈。高山族人到野外或田野地里去的时候，总要带着两三筒或者两三罐酒，就像带一天的

---

[1] 唐赞衮：《台阳见闻录》卷下《番烟》，文海出版社有限公司1981年版。

[2] （清）陈梦林、周钟瑄：《诸罗县志》卷8《风俗志·器物》，中华书局1962年版，第185页。

[3] （清）陈梦林、周钟瑄：《诸罗县志》卷8《风俗志·器物》，中华书局1962年版，第149页。

食物一样。高山族的酒包装主要是陶罐和竹筒。高山族人通过腌、晒干、烤干三种方法，保存大量的白菜、萝卜、肉和芋头等食物。经过处理的白菜、萝卜和肉等存放在竹筒或陶罐中，而芋干则存放在木制谷仓中。

高山族中卑南人、阿美人、排湾人、雅美人及平埔人有嚼槟榔的嗜好，但是中部以北的高山族则无此习。嚼槟榔与黑齿习俗有关，他们以嚼槟榔能使齿面变黑为美。槟榔在高山族有着悠久的种植历史，在明末清初，平埔人部落中，"槟榔树产新港、萧垅、麻豆、目加溜湾最佳……"① 阿美人男女老幼皆嚼槟榔，此风在台湾南部各族中，最为盛行。所以，在清朝时期，南部高山族人成年男女在身上必挂有槟榔袋，妇女用槟榔袋尤其考究，袋面上还有五彩刺绣，槟榔袋中除了槟榔籽外，还有小刀一把，石灰盒一个及许多药叶。食时先用小刀将槟榔籽劈开，抹上石灰膏，包上药叶，然后放入口中咀嚼。

3. 以雕刻为主的包装装饰手法

如果说高山族包装造型在一定程度上取决于材质特征和属性的话，那么，装饰上则往往通过雕刻工艺实现其审美需求。他们的雕刻工艺在明清时期已经非常发达，并且以木雕为主。南部的排湾、鲁凯、卑南、雅美等族群的雕刻最精致，有浮雕、立雕、透雕诸类，尤以排湾族最佳，能在木桶、木盒、竹筒、木箱、酒具等几乎所有的木制包装物上雕刻各种形象与图案。

高山族雕刻的纹饰图案富有地方特色，多为人头和蛇，蛇多为"百步蛇"。据说此蛇毒性很大，与高山族创世神话有关，因此极受尊重。人头图案，与猎头习俗有关，以此显示本族之兴旺。甚至还有人头与蛇并用。此外则为各种鸟兽，如鹿、野猪、鹰等，显然与狩猎有关。这些装饰主题和形式，都极为简单、质朴而且贫乏。这取决于这些土著民族在明清时尚处于较为原始的生产方式。由于他们终日为温饱而奔波，生活极为不安定，艺术上当然是不可能有辉煌的表现，而题材和内容的单调，是一种狩猎生活为主体生活方式的反映，所以，蛇、人头、鹿等成为他们包装装饰艺术图案中最为普遍的取材内容。

---

① （清）唐赞衮：《台海见闻录》卷下《槟榔》，文海出版社有限公司 1981 年版。

明清时期，上述少数民族的社会发展，尤其是生产力水平与内地存在一定的差距，但从包装发展的角度而言，不仅没有本质之分，相反，地域的、民族的差异，丰富了整个中华包装艺术，推动了整个中华文明的不断发展。众多少数民族在包装用材、造型、装饰、工艺的选择与运用，及其所蕴含和表现的设计理念方面，为我们今天的包装设计，可以提供某些有益的启示和借鉴，值得重视和学习！

附录　图片资料来源一览表

图号	名称	资料来源
图 1-1	双层九子漆奁	湖南省博物馆
	书籍装帧	《故宫文物月刊》1985 年第 5 期
图 1-2	红陶小口尖底瓶（半坡类型）	《中国美术全集·工艺美术编》—— 陶瓷（上册）
图 1-3	提梁卣（商代晚期）	江苏省南京博物院
图 1-4	商代饕餮纹鼎	山西省平陆县博物馆
图 1-5	鎏金鹦鹉纹银盒	江苏省镇江市博物馆
	长沙窑青釉褐绿彩油盒	《名窑名瓷识别图鉴》
图 1-6	彩陶鲵鱼纹瓶	甘肃省博物馆
图 1-7	鸟鱼纹彩陶瓢箪瓶	陕西省西安市半坡博物馆
图 1-8	旋涡纹彩陶罐	甘肃省博物馆
图 1-9	蒲公英蜻蜓剔红盒	日本九州国立博物馆
图 1-10	青釉绿彩阿拉伯文背水扁壶	江苏省扬州中国雕版印刷博物馆
图 1-11	鎏金飞狮六出石榴花结纹银盒	陕西历史博物馆
	鎏金翼鹿凤鸟纹银盒	陕西历史博物馆
图 1-12	齐王墓银盘	中国国家博物馆
图 1-13	南越王墓银盒	广州西汉南越王博物馆
图 1-14	天然葫芦	（自行拍摄）
图 1-15	分铸法	《考古》1981 年第 2 期
图 1-16	双耳四系旋涡纹彩陶罐	《中国美术全集·工艺美术编》— 陶瓷（上册）
图 1-17	饕餮纹提梁卣	河南省博物院

图号	名称	资料来源
图 1–18	广珐琅花卉福寿八宝双层馔盒	广东省博物馆
图 2–1	1. 河南新郑裴李岗双耳壶	《考古》1978 年第 2 期
	2. 河南新郑裴李岗大口深腹罐	《考古》1977 年第 7 期
	3. 河北武安磁山大口深腹罐	《考古》1977 年第 6 期
图 2–2	蛋壳形黑陶容器	《中国彩陶艺术论》
图 2–3	陶质包装容器纹饰的地方特色	（自行绘制）
图 2–4	陶质包装容器造型演变图	（自行绘制）
图 2–5	典型性的陶质包装容器	（自行绘制）
图 2–6	半坡类型小口尖底瓮	《中国传统工艺全集》
图 2–7	崧泽文化带盖黑陶罐	上海市博物馆
图 2–8	泥条盘筑法	《艺术中国》
图 2–9	马家窑彩陶罐	河南省开封饮食文化博物馆
	马家窑彩陶瓶	甘肃省博物馆
图 2–10	缠藤篾朱漆筒	《中国美术全集》
图 2–11	葫芦形瓶	《中国八千年器皿造型》
图 2–12	大口束颈罐	《新中国的考古发现和研究》
图 2–13	高颈平肩长直腹瓶	《新中国的考古发现和研究》
图 2–14	筒形瓶	《新中国的考古发现和研究》
图 2–15	单耳回纹彩陶罐	《固原历史文物》
图 2–16	大口深腹罐	《中华文明的一源：红山文化》
图 2–17	斜口罐	《中华文明的一源：红山文化》
图 2–18	圈足壶	《中国美术全集·工艺美术篇—— 陶瓷》（上册）
图 2–19	双大耳罐	《中国八千年器皿造型》
图 2–20	深腹罐	《新中国的考古发现和研究》
图 2–21	三耳罐	《中国彩陶艺术论》
图 2–22	庙底沟类型的葫芦形双耳瓶	山西省博物馆
图 2–23	姜寨遗址出土的彩陶"变形鱼纹葫芦瓶"	陕西省西安半坡博物馆
图 2–24	红陶双口壶	《中国文物大辞典》（上册）
图 2–25	网纹彩陶束腰罐	甘肃省博物馆
图 2–26	立鸟陶器	《江汉考古》2008 年第 3 期
图 2–27	半坡遗址彩陶上的鱼纹演变关系图	《文物史前史》
图 2–28	基础图案	（自行绘制）
图 2–29	装饰花纹与陶质包装容器的统一	（自行绘制）

图号	名称	资料来源
图 2-30	陶质包装容器装潢设计的对称构图	（自行绘制）
图 2-31	陶质包装容器装饰部位	（自行绘制）
图 2-32	陶质包装容器制作工艺流程图	（自行绘制）
图 2-33	河姆渡文化的漆碗	《河姆渡文化》
图 2-34	彩陶葫芦瓶	《中国原始艺术》
图 2-35	呈系列的陶壶体系 1	（自行绘制）
	呈系列的陶壶体系 2	（自行绘制）
图 3-1	毛公鼎上的金文拓片	台北"故宫博物院"藏
	散氏盘上的金文	台北"故宫博物院"藏
图 3-2	陶瓷材料	《中国古代瓷器鉴定实例》
	青铜材料	《中国古青铜器》
图 3-3	殷墟出土的包裹青铜器的丝织物	《殷墟的发现与研究》
图 3-4	原始的瓷质罐剖面线描图	《东方博物》（第四辑）
图 3-5	商晚期的青铜材质包装容器	《中国古青铜器》
	西周中后期的青铜材质包装容器	《中国古青铜器》
图 3-6	食品类青铜材质包装容器	《中国历史器物造型纹饰词典》
图 3-7	酒水类青铜材质包装容器	《中国历史器物造型纹饰图典》
图 3-8	青铜材质包装容器形制衍变图	《中国八千年器皿造型》
图 3-9	壶式青铜材质包装容器	《中国古代青铜器》
图 3-10	簋和盨的兽型耳鋬	《中国历代器物造型纹饰图典》
图 3-11	虎食人卣	《中国历代器物造型纹饰图典》
图 3-12	仿动物的青铜材质包装容器	《中国历代器物造型纹饰图典》
图 3-13	壶式青铜材质包装容器结构分析图	（自行绘制）
图 3-14	青铜材质包装容器上主体纹饰的变迁图	（自行绘制）
图 3-15	饕餮纹	《中国历代器物造型纹饰图典》
图 3-16	龙纹的类型	《商周青铜器幻想动物纹研究》
图 3-17	青铜材质包装容器的装饰分区	（自行绘制）
图 3-18	窃曲纹	《中国工艺美学集》（上）
	环带纹	《中国青铜品鉴定实例》
图 3-19	神权象征的青铜包装容器	《中国八千年器皿造型》
图 3-20	礼制象征的青铜包装容器	《中国历代器物造型纹饰图典》
图 3-21	西周青铜壶的式样	《中国历代造型纹饰图典》
图 3-22	西周青铜簋的形式	《中国八千年器皿造型》
图 3-23	夏代罐式陶质包装容器	中国社会科学院考古研究所

图号	名称	资料来源
图 3–24	瓮	《中国古陶收藏与鉴赏》
	罍	《流失的国宝》
	壶	《中国古陶收藏与鉴赏》
图 3–25	商代丝织品包装	《文物精品与文化中国》
图 3–26	原始瓷罍与原始瓷罐	《中国出土瓷器全集》
图 3–27	漆绘彩陶壶	《考古》1963 年第 6 期
图 3–28	雄浑厚重的青铜器包装容器	《中国古铜器》
图 3–29	商代的对称纹样、单独适合纹样	《中国历代器物造型纹饰图典》
	西周的反复连续、带状的二方连续	《中国历代器物造型纹饰图典》
图 3–30	白陶尊	上海博物馆
图 4–1	彩绘陶壶	《中国工艺美术集》（上）
图 4–2	奁式化妆品包装	《中华梳篦六千年》
图 4–3	凤纹盒	《战国秦汉漆器艺术》
图 4–4	漆器艺术	《髹漆成器》
图 4–5	彩绘撞钟击鼓图鸳鸯形器盒	《中国工艺美术集》（上）
图 4–6	龟形漆盒	《曾侯乙墓》
图 4–7	彩绘鸳鸯漆盖豆	《漆器艺术》《髹漆成器》
图 4–8	云雷纹方壶	《中国古代漆器鉴赏》
	彩绘漆方壶	《信阳楚墓》
图 4–9	漆豆	《楚文物图典》
图 4–10	漆扁壶	《中国古代漆器造型纹饰》
图 4–11	耳杯套盒	《古玩存世量与价值评估》
图 4–12	包山兽形酒具盒	《楚秦汉漆器艺术》
	包山兽形酒具盒结构分解图	《中国传统器具设计研究》
图 4–13	三足漆盒	《曾侯乙墓》（下）
	结构图	《曾侯乙墓》（上）
图 4–14	彩绘龙纹漆方盒	《江陵雨台山楚墓》
图 4–15	迎宾图漆奁	《中国文艺美术集》上
图 4–16	双龙纹罍	《夏商周青铜器研究（东周篇）》
图 4–17	春秋战国时期青铜提梁壶	《中国历代器物造型纹饰图片》
图 4–18	活链式提梁造型	《商周彝器通考》
图 4–19	簠式青铜包装容器	《山东大学文物精品选》
图 4–20	春秋战国时期的豆	《中国历代器物造型纹饰图典》

图号	名称	资料来源
图 4-21	尊缶	《商周青铜器与楚文化》
	镶嵌几何纹敦	《山东大学文物精品选》
	三凤纹器耳盒	《考古人手记》第三辑
图 4-22	栾书缶	《国宝》
	蔡侯缶	《中国美术全集》
图 4-23	曾侯乙墓出土的战国时期青铜冰鉴酒缶	《中国青铜器全集》
图 4-24	盒式青铜包装容器线描图	（自行绘制）
图 4-25	狩猎纹铜壶	台北"故宫博物院"
图 4-26	镶嵌水陆攻战图像的青铜壶纹样展开图	《中国古代服饰研究》
图 4-27	包山楚墓食品陶罐	《包山楚墓》
图 4-28	盒式青铜包装容器线描图	《楚文物图典》
图 4-29	毛笔竹筒结构分解图	（自行绘制）
图 4-30	竹盒线描图	（自行绘制）
图 4-31	笋叶袋	《包山楚墓》
图 5-1	圆奁盒	《考古》1981 年第 1 期
图 5-2	马王堆漆器上标刻的铭文	《长沙马王堆一号汉墓》上集
图 5-3	凸瓣纹银盒	《中国工艺美术集》上
图 5-4	长颈鼓腹银壶	《考古》2009 年第 5 期
图 5-5	丝织药用香囊	《长沙马王堆一号汉墓》下集
图 5-6	秦汉毛笔包装	《中国历代文房用具》
	毛笔竹筒结构图	《中国历代文房用具》
图 5-7	鎏金铜兽形砚盒	江苏省南京博物院
图 5-8	茧形壶	《陶语》
	蒜头壶	《中国工艺美术集》上
	匏壶	《瓯骆遗粹——广西百越文化文物精品集》
	浮雕狩猎纹绿釉陶壶	《中国工艺美术集》（上）
	双耳瓿	《越窑青瓷精品五百件》
	灰陶盒	《中国古代陶器鉴定》
图 5-9	陶匏壶造型演变图	《中国饮食文化》
图 5-10	东汉青釉扁壶	《中国古陶瓷图典》
图 5-11	水波纹四系罐	《中国造型艺术辞典》
图 5-12	湖北蕲春提梁索链壶	《考古学报》1999 年第 2 期
	湖南长沙提梁索链壶	《长沙发掘报告》

图号	名称	资料来源
图 5-13	链子铜壶	河北省博物馆
图 5-14	樽	《文物》1980 年第 6 期
图 5-15	长沙马王堆九子奁夹袱	《长沙马王堆一号墓》下集
图 5-16	马王堆针衣	《长沙马王堆一号墓》上集
图 5-17	马王堆出土的瑟衣、竽衣	《长沙马王堆一号墓》上集
	竽律衣	《长沙马王堆一号墓》下集
图 5-18	马王堆出土的木笥	《长沙马王堆一号墓》下集
图 5-19	马王堆出土的裹夹梅子竹夹	《长沙马王堆一号墓》下集
图 5-20	彩绘鸟云纹圆盒	湖北省博物馆
图 5-21	安徽天长县方形漆盒	《中国古金银器》
图 5-22	双耳长盒	《云梦睡虎地秦墓》
图 5-23	漆耳杯盒	长沙马王堆 1 号汉墓
图 5-24	直口式漆奁扣合方式	《满城汉墓发掘报告》（上册）
图 5-25	七子漆奁	《中国文物定级图典》
图 5-26	子母口式漆奁包装	湖北省荆州博物馆
图 5-27	彩绘变形鸟纹双层漆奁	《云梦睡虎地秦墓》
图 5-28	双层九子漆奁	《中国工艺美术集》
图 5-29	马王堆汉墓漆钟	《长沙马王堆一号墓》上集
图 5-30	西汉漆樽	《文物》1974 年第 6 期
	西汉漆樽	《巢湖汉墓》
图 5-31	安徽天长汉墓鸭嘴形盒	《安徽天长县汉墓的发掘》
图 5-32	秦汉漆器装饰纹样——卷云纹	《云梦睡虎地秦墓》
	秦汉漆器装饰纹样——云气纹	《中国八千年器皿造型》
	秦汉漆器装饰纹样——波折纹	《云梦睡虎地秦墓》
图 5-33	汉代匈奴的黄釉浮雕陶樽	《中华舞蹈志·内蒙古卷》
图 5-34	汉代匈奴黄釉陶鸮壶	《中国陶器定级图典》
图 5-35	东汉时期鲜卑族的桦树皮罐	内蒙古博物院馆
图 5-36	织锦梳篦袋	新疆维吾尔自治区博物馆
图 5-37	东汉时期的皮革箭筒	《西域国宝录:汉日对照》
图 5-38	陶三足格盒	《广州考古五十年文选》
图 5-39	陶套盒	（自行拍摄）
图 5-40	陶罐	《广州市博物馆·广州汉墓下》
图 5-41	五联罐和梅核	《穗港汉墓出土文物》
图 5-42	陶匏壶	《广州考古十年出土文物选萃》

图号	名称	资料来源
图 5-43	漆套盒	《穗港汉墓出土文物》
图 5-44	南越王墓出土的玉盒	《西汉南越王墓博物馆珍品选录》
图 6-1	北齐墓骆驼陶俑	《磁县湾彰北朝壁画墓》
图 6-2	胡腾舞黄釉扁壶	河南省博物院馆
图 6-3	青瓷卣形壶	《安徽省马鞍山东吴朱然墓发掘简报》
图 6-4	四系带盖瓷罐	《六朝瓯窑青瓷鉴赏》
图 6-5	多子盒	《六朝古玩鉴定》
图 6-6	漆方槅	《中国文物》
图 6-7	槅	《青瓷与越窑》
图 6-8	青釉四系鸟钮盖缸	《中国造型艺术辞典》
图 6-9	莲瓣纹青瓷盖罐	《六朝青瓷知识三十讲》
图 6-10	青瓷釉下彩盘口瓶	江苏省南京博物院
图 6-11	黄釉绿彩刻莲瓣纹四系罐	《中国艺术品收藏鉴赏百科》
图 6-12	青瓷莲花尊	中国国家博物馆
图 6-13	黄釉绿彩刻莲瓣纹四系罐	河南省博物馆
图 6-14	扬鞭催狮舞——青釉人物狮子纹瓷扁壶	太原西郊出土唐青釉人物狮子扁壶
图 6-15	漆奁	《考古》2002 年第 6 期
图 6-16	漆奁	《考古》2002 年第 6 期
图 6-17	漆奁	《考古》2002 年第 6 期
图 6-18	漆粉盒	《考古》2002 年第 6 期
图 6-19	粉盒	《考古》2002 年第 6 期
图 6-20	双鹿装饰罐	《外国陶瓷艺术图典》
图 6-21	土偶装饰罐	《外国陶瓷艺术图典》
图 6-22	绿釉长颈壶	日本东京国立博物馆
图 6-23	高足壶	《日本古陶瓷》
图 7-1	骆驼背负物品 1	《华夏考古》2005 年第 4 期
	骆驼背负物品 2	《安阳隋墓发掘报告》
图 7-2	青釉绿彩阿拉伯文背水扁壶	江苏省扬州博物馆
图 7-3	法门寺地宫中出土的碾䃘	《中国传世文物收藏鉴赏全书（金银器下）》
	法门寺地宫中出土的调达子	《中国传世文物收藏鉴赏全书（金银器下）》
图 7-4	法门寺出土的茶罗子	《中国传世文物收藏鉴赏全书（金银器下）》
	法门寺出土的茶罗子	陕西省宝鸡市法门寺博物馆

图号	名称	资料来源
图 7–5	陕西省西安市南郊何家村出土的鎏金石榴花纹银盒	《神韵与辉煌》
图 7–6	金银器造型演变图	（自行绘制）
图 7–7	双凤衔绶带纹五瓣银盒	《中国传世文物收藏鉴赏全书（金银器上）》
图 7–8	鎏金银盒	《扬州近年发掘唐墓》
图 7–9	西安南郊何家村出土的铭刻有"上上乳"（次上乳）银药盒	陕西历史博物馆
图 7–10	鹦鹉纹圈足银盒	《中国文物精华大辞典·金银玉后卷》
图 7–11	委角方形银盒	《周秦汉唐皇皇国宝》
图 7–12	方形银盒	《神韵与辉煌》
图 7–13	丁卯桥四鱼纹菱形银盒	《中国古金银器》
图 7–14	鎏金双狮纹棱弧形圈足银盒	《周秦汉唐文明》
图 7–15	银莲瓣纹提梁罐	《中国传世文物收藏鉴赏全书（金银器下）》
	银素面提梁罐	《中国传世文物收藏鉴赏全书（金银器下）》
图 7–16	银仰莲座有盖罐	《中国传世文物收藏鉴赏全书（金银器下）》
图 7–17	银舞马衔杯纹壶	《中国传世文物收藏鉴赏全书（金银器下）》
图 7–18	银双摩羯形提梁壶	《中国传世文物收藏鉴赏全书（金银器下）》
图 7–19	金银丝编笼子	《中国传世文物收藏鉴赏全书（金银器下）》
图 7–20	银镀金飞鸿球路纹笼子	《中国传世文物收藏鉴赏全书（金银器下）》
图 7–21	鎏金银龟盒	《中国传世文物收藏鉴赏全书（金银器下）》
图 7–22	银龟形茶盒	《中国传世文物收藏鉴赏全书（金银器下）》
图 7–23	鎏金飞鸿折枝花银蚌盒	《华夏考古》2007 年第 3 期
图 7–24	卧羊银盒	《唐代金银器研究》
图 7–25	蝴蝶纹菱形银盒	《中国古金银器》
图 7–26	瓜形银盒	《唐代金银器研究》
图 7–27	鎏金鹦鹉卷草纹云头形银粉盒	《中国传世文物收藏鉴赏全书（金银器下）》

图号	名称	资料来源
图 7-28	鎏金线刻飞廉纹银盒	《神韵与辉煌》
图 7-29	鎏金鸳鸯纹银盒	《中国传统金银器鉴赏》
图 7-30	青瓷八系刻花罐	《考古》1959 年第 9 期
图 7-31	白瓷盒	《考古与文物》1994 年第 4 期
图 7-32	青瓷奁盒	《湖南郴州市竹叶冲唐墓》
图 7-33	瓷粉盒	《文物》1957 年第 3 期
图 7-34	三彩粉盒	《唐三彩收藏实用解析》
图 7-35	五代秘色瓷双凤粉盒	《中国越窑青瓷》
图 7-36	越窑青瓷划花婴儿粉盒	《细巧玲珑的越窑粉盒》
图 7-37	汉唐罐形演变图	（自行绘制）
图 7-38	青釉雕花三足盖罐	《中国历代茶具》
图 7-39	隋唐瓶型演变图	（自行绘制）
图 7-40	双螭把双身瓶	《考古》1959 年第 9 期
图 7-41	白釉双龙耳瓶	《中国造型艺术辞典》
图 7-42	隋唐盘口瓶	《中国出土瓷器全集》
图 7-43	六曲形漆盒	《中国出土瓷器全集》
图 7-44	银平脱方漆盒	《偃师杏园唐墓》
图 7-45	方盒漆器	《文物》2000 年第 2 期
图 7-46	鎏金翼鹿凤鸟纹银盒	《周秦汉唐皇国宝》
图 7-47	浅绿色的玻璃瓶	《考古》1959 年第 9 期
图 7-48	八重宝函	陕西博物院
图 7-49	卷轴装	《中国古代书籍装帧》
图 8-1	南宋镂空鸳鸯戏水金香囊	江西省博物馆
图 8-2	汝窑刻花盒	河南省博物馆
图 8-3	南宋香草纹银盖罐	《两宋包装设计研究》
图 8-4	南宋鎏金双凤纹葵瓣式银盒	《中国古金银器》
图 8-5	白玉鸳鸯柄圆盒	首都博物馆
图 8-6	北宋镂空银盒	《中国美术全集》
图 8-7	斗茶图	《两宋包装设计研究》
图 8-8	蒸酒图	《两宋包装设计研究》
图 8-9	清沽美酒瓶	上海博物馆
	醉乡酒海瓶	上海博物馆
图 8-10	醉翁图梅瓶	《两宋包装设计研究》
图 8-11	银制人物花卉纹圆盒	《流失海外的国宝（图录卷）》

图号	名称	资料来源
图 8–12	南宋剔犀菱花形奁	《中国漆器精华》
图 8–13	官窑瓜棱直口瓶	《中国陶瓷全集》
图 8–14	定窑白釉墨书款弦纹盒	《中国陶瓷全集》
图 8–15	黑釉瓜式盖罐	《两宋瓷器下》
图 8–16	如意纹银瓶	《中国文物大典》
图 8–17	南宋影青刻花云纹梅瓶	《中国陶瓷全集》
图 8–18	云龙纹犀皮漆盒	《流失海外的国宝（图录卷）》
图 8–19	磁州窑黑釉罐	《中国陶瓷全集》
图 8–20	景德镇窑青白瓷四耳盖罐	《中国陶瓷全集》
图 8–21	耀州窑鸡心罐	恭王府藏品库
图 8–22	影青印盒	《中国陶瓷 3》
图 8–23	蝴蝶装的书册	《中国古代书籍装帧》
图 8–24	登封窑珍珠地划花人物瓶	上海博物馆
图 8–25	北宋越窑青瓷四件套刻花粉盒	《家有宝藏》
图 8–26	白瓷三联粉盒	《中国陶瓷全集》（宋下）
图 8–27	耀州窑刻花缠枝牡丹纹瓶	《中国陶瓷全集》
图 8–28	济南刘家针铺包装广告铜版	上海博物馆
图 8–29	鎏金双凤纹银镜盒	《两宋包装设计研究》
图 8–30	双龙金香囊	安徽省博物馆
图 8–31	卷云纹银粉盒	《金银器收藏入门》
图 8–32	笪斗式荷叶盖银罐	《中国古金银器》
图 8–33	圆筒形黑漆奁	《两宋包装设计研究》
图 8–34	北宋花瓣形漆盒	江苏省常州博物馆
图 8–35	人物花卉纹朱漆戗金莲瓣式奁	江苏省常州博物馆
图 8–36	朱漆戗金人物花卉纹长方盒	江苏省常州博物馆
图 8–37	黑漆攒犀地戗金细钩填四季花长方盒	江苏省常州博物馆
图 8–38	南宋剔犀执镜盒	江苏省常州博物馆
图 8–39	檀木经书函	浙江省博物馆
图 8–40	玻璃瓶	《文物》1973 年第 1 期
图 8–41	货郎图	《一生不可不知道的中国绘画》
图 9–1	卓歇图	《中国美术全集·绘画篇·隋唐五代绘画》
图 9–2	鸡冠壶	《考古》1995 年第 7 期

图号	名称	资料来源
图 9–3	矮身横梁鸡冠壶	《中国宋元瓷器图录》
	扁身横梁鸡冠壶	《中国宋元瓷器图录》
	圆身横梁鸡冠壶	《中国宋元瓷器图录》
	扁身双孔鸡冠壶	《中国宋元瓷器图录》
	圆身单孔鸡冠壶	《中国宋元瓷器图录》
图 9–4	绳梁式鸡冠壶	《敖汉文物精华》
图 9–5	黑釉暗花葫芦瓶	《敖汉文物精华》
图 9–6	茶叶沫釉梅瓶	《辽代陶瓷鉴赏》
图 9–7	白釉梅瓶	《敖汉文物精华》
图 9–8	白瓷粉盒	《中国出土瓷器全集》
图 9–9	辽三彩叠合式果盒	《中国出土瓷器全集》
图 9–10	镂花金荷包	内蒙古自治区科尔沁博物馆
	錾花金针筒	内蒙古自治区科尔沁博物馆
图 9–11	鎏金绶带花结亚字形银盒	《文物》1996 年第 4 期
图 9–12	鎏金龙凤纹万岁台银砚盒	《中国古金银器》
图 9–13	辽代中期金银盒种类	《辽代金银器》
图 9–14	鎏金兔纹盝顶宝函	《故宫文物月刊》
	鎏金嘉陵频加伎乐天盝顶宝函	《故宫文物月刊》
图 9–15	鎏金盘龙纹银瓷	《中国传世文物收藏鉴赏全书—金银器》
图 9–16	鎏金鹿纹鸡冠形银壶	《中国传世文物收藏鉴赏全书—金银器》
图 9–17	金链竹节形玉盒	《佛教遗宝》
图 9–18	金盖玛瑙舍利罐	《佛教遗宝》
图 9–19	琥珀叠胜盒	《佛教遗宝》
图 9–20	黑釉剔花小口瓶	《中国造型艺术辞典》
图 9–21	"千酒"瓶	《故宫文物月刊》
图 9–22	金国梅瓶及吐鲁瓶	《故宫文物月刊》
图 9–23	月白釉玉壶春瓶	《中国出土瓷器全集》
图 9–24	"清沽美酒"经瓶	《故宫文物月刊》
图 9–25	白瓷盖罐	《中国出土瓷器全集》
	黄釉双系罐	《敖汉文物精华》
	荷莲印盒	《中国瓷器收藏鉴赏全集》
图 9–26	金列鞭	中国国家博物馆
图 9–27	银药壶剖面图	《哈尔滨新香坊墓出土的金代文物》

图号	名称	资料来源
图 9-28	金国丝织品包装	《金代服饰——金齐国王墓出土服饰研究》
图 9-29	皮囊小壶	《西夏瓷器造型探析》
图 9-30	鸡冠壶	(自行绘制)
图 9-31	西夏茶叶沫釉扁壶	《宁夏灵武窑》
图 9-32	鸡冠壶	《中国出土瓷器全集》
图 9-33	宋代花瓷瓶	《敖汉文物精华》
图 9-34	黑釉线条耳罐	《中国瓷器收藏与鉴赏全书》
图 9-35	宋代瓶形示意图	(自行绘制)
图 9-36	花口瓶	《宁夏灵武窑》
图 9-37	花口瓶	《宁夏灵武窑》
图 9-38	绿釉凤首花口瓶	《中国造型艺术词典》
图 9-39	金代花口瓶	《中国陶瓷鉴赏图典》
图 9-40	玉壶春瓶	宁夏灵武窑
图 9-41	元青白釉暗花玉壶春瓶	山东省博物馆
图 9-42	宋代影青剔花玉壶春瓶	《中国陶瓷全集》
图 9-43	褐釉剔花牡丹纹瓷罐	《中国出土瓷器全集》
图 9-44	白釉黑花罐	《中国出土瓷器全集》
图 10-1	剔犀云纹圆盒	《中国古代漆器》
图 10-2	磁州窑白釉黄花凤纹大罐	《记元大都出土物》
图 10-3	元青花牡丹纹带盖梅瓶	《江西高安窖藏元代青花釉里红瓷》
图 10-4	青花缠枝花卉罐	《中国艺术品鉴赏百科》
图 10-5	元青花云龙纹荷叶盖罐	《江西高安窖藏元代青花釉里红瓷》
图 10-6	青龙云纹带盖梅瓶	《江西高安窖藏元代青花釉里红瓷》
图 10-7	釉里红白云龙纹盖罐	江苏省吴县文物管理委员会
图 10-8	磁州窑白地黑花龙凤纹四系扁壶	《古代瓷器艺术精品展》
图 10-9	扁形壶与圆形壶的侧面受力解析图	(自行绘制)
图 10-10	青花海水龙纹八棱梅瓶	《河北省博物馆文物精品集》
图 10-11	青花海水龙纹八棱梅瓶线描图	(自行绘制)
图 10-12	陕西蒲城元墓壁画	《中国历史文物》2008 年第 3 期
图 10-13	鎏金鸳鸯纹银香囊	《考古》1986 年第 10 期
图 10-14	棱形刻花百子银盒	《中国文物精华 1992》
图 10-15	棱形刻花百子银盒分解图	《中国文物精华 1992》
图 10-16	棱形刻花百子银盒解析图	(自行绘制)

图号	名称	资料来源
图 10-17	棱形刻花百子银奁受力解析图	（自行绘制）
图 10-18	圆形白棱地彩花蝶镜衣香囊	《文物》2004 年第 5 期
图 10-19	明黄绫地彩绣折枝梅葫芦形囊袋	《文物》2004 年第 5 期
图 10-20	吐鲁番柏孜克里克石窟出土包装纸	吐鲁番博物馆
图 11-1	明景泰掐丝珐琅番莲纹盒	《明清珐琅器展览图录》
图 11-2	清掐丝珐琅方胜式盒	《明清珐琅器展览图录》
图 11-3	清康熙画珐琅花卉盒	《明清珐琅器展览图录》
图 11-4	清乾隆内填珐琅海棠式盒	台北"故宫博物院"
图 11-5	玻璃胎画珐琅西洋女子图烟壶	北京故宫博物院
图 11-6	紫檀百宝嵌云螭纹拜匣	《竹木牙角雕》
图 11-7	檀香木百宝嵌螺钿海屋添筹图盒	《竹木牙角雕》
图 11-8	匏制凸花纹盒	《竹木牙角雕》
图 11-9	匏制葫芦形鼻烟壶	北京故宫博物院
图 11-10	箬竹叶普洱茶团五子包	《清代宫廷包装艺术》
图 11-11	《三才图会》画匣示意图	《画匣》
图 11-12	清代乾隆御用紫檀"集胜延禧"盒	《清代宫廷包装艺术》
图 11-13	棉织《威狐获鹿图》卷轴画套	《清代宫廷包装艺术》
图 11-14	清雕漆卷轴册页组合式二层盒	《故宫文物月刊》第 16 册
图 11-15	紫檀卷轴册页组合装	《清代宫廷包装艺术》
图 11-16	紫檀"依序罗芳"提箱	《清代宫廷包装艺术》
图 11-17	红雕漆五屉"御制诗花卉紫毫笔"匣	《清代宫廷包装艺术》
图 11-18	楠木"笏罗乌玦"提梁多屉墨匣	《清代宫廷包装艺术》
图 11-19	黑漆描金云龙套装墨盒	《清代宫廷包装艺术》
图 11-20	黑漆描金胡星聚琴式墨盒	《清代宫廷包装艺术》
图 11-21	黑漆描金团龙纹斗方盒	《清代宫廷包装艺术》
图 11-22	"毁抄印图纸"夹板	《清代宫廷包装艺术》
图 11-23	掐丝珐琅海水江崖云龙暖砚盒	《清代宫廷包装艺术》
图 11-24	银鎏金錾花暖砚盒	《清代宫廷包装艺术》
图 11-25	匏质砚盒	《清代宫廷包装艺术》
图 11-26	画珐琅花鸟纹印色盒	《明清珐琅器展览图录》
图 11-27	八成金印匣	《清代宫廷包装艺术》
图 11-28	文竹嵌玉炕几式文具盒	北京故宫博物院
图 11-29	文竹绳纹提梁文具盒	《清代宫廷包装艺术》
图 11-30	棕竹水浪莲花盒	《清代宫廷包装艺术》

图号	名称	资料来源
图 11–31	文竹寿春宝盒	《清代宫廷包装艺术》
图 11–32	黑漆描金"一统车书"玉玩套装匣	《明清珐琅器展览图录》
图 11–33	清康熙画珐琅梅花鼻烟壶	《明清珐琅器展览图录》
图 11–34	明鹿苑长春盒二层长方盒	《故宫文物月刊》第 23 册
图 11–35	宣德时期的红漆戗金"大明谱系"长方匣	《清代宫廷包装艺术》
图 11–36	明黄绫"天子万年"团龙补子盒	《清代宫廷包装艺术》
图 11–37	乾隆时期木质棉套盉缨筒	《清代宫廷包装艺术》
图 11–38	宫廷荷包	《故宫文物月刊》第 27 册
图 11–39	明代定陵出土的花丝镂空金盒玉盂	明十三陵博物馆
图 11–40	描金漆葫芦式餐具套盒	《清代宫廷包装艺术》
图 11–41	花梨木镂空提梁食盒	《故宫文物月刊》第 27 册
图 11–42	楠木刻"雨前龙井"茶箱	《清代宫廷包装艺术》
图 11–43	木质"菱角湾茶"提箱	《清代宫廷包装艺术》
图 11–44	木夹装麝香套盒	《清代宫廷包装艺术》
图 11–45	黄绫"人参茶膏"瓷罐	《清代宫廷包装艺术》
图 11–46	红漆描金双龙捧寿燕窝盒	《清代宫廷包装艺术》
图 11–47	银质四连药瓶	《清代宫廷包装艺术》
图 11–48	玳瑁八角盒"母丁香"盒	《清代宫廷包装艺术》
图 11–49	黑漆描金云龙纹戥子盒	《清代宫廷包装艺术》
图 11–50	织绵多格梳妆盒	《清代宫廷包装艺术》
图 11–51	缎缀花铜镜套	《清代宫廷包装艺术》
图 11–52	银累丝嵌玻璃首饰盒	《清代宫廷包装艺术》
图 11–53	铜镀金架香水瓶	北京故宫博物院
图 11–54	织绵御笔《妙笔莲花经》函套	《清代宫廷包装艺术》
图 11–55	清《甘珠尔》经书	《清宫藏传佛教文物》
图 11–56	织锦插套及包袱装《心经》	《清代宫廷包装艺术》
图 11–57	织绵万寿云头《佛说十吉祥经》函套	《清代宫廷包装艺术》
图 11–58	锦缎包"梵夹式"装《大白伞盖仪轨经》	《清代宫廷包装艺术》
图 11–59	银质四连药瓶整合立体图	（自行绘制）
图 11–60	描金葫芦式漆餐具套盒	北京故宫博物院
图 11–61	紫檀木雕锦纹嵌玉鼻烟壶方盒	《清代宫廷包装艺术》
图 11–62	铜鎏金嵌玻璃彩绘《文殊赞佛法身礼经》盖盒	《清代宫廷包装艺术》
图 11–63	紫檀雕包袱盒	《竹木牙角雕》

图号	名称	资料来源
图 11-64	明景德镇青花盖罐	北京故宫博物院
图 11-65	清宜兴顾景舟制的树纹小印盒	北京故宫博物院
图 11-66	"王炳荣"铭堆塑豆绿釉印盒	江西省博物馆
图 11-67	明代宣德剔红七贤过关图圆盒	《故宫文物月刊》第 88 册
图 11-68	百宝嵌漆器盒	《故宫文物月刊》第 101 册
图 11-69	竹黄方胜盒	《竹木牙角雕》
图 11-70	竹黄雕人物故事图眼镜盒	《中国艺术品收藏鉴赏百科》第三卷杂项（一）
图 11-71	犀角雕云纹盒	《竹木牙角雕》
图 11-72	象牙雕镂空如意纹长方小套盒	《竹木牙角雕》
图 11-73	象牙镂雕人物纹名片盒	《中国艺术品收藏鉴赏百科》第三卷杂项（一）
图 11-74	象牙雕荔枝纹方盒	《竹木牙角雕》
图 11-75	押花紫葫芦鼻烟壶	《中国葫芦》
图 11-76	宫廷荷包	《故宫文物月刊》第 27 册
图 11-77	烟荷包	《中国少数民族文化史图典（东北卷）》
图 11-78	佛经《甘珠尔》包装	《清宫藏传佛教文物》
图 11-79	鼻烟壶	《中国少数民族文化史图典（东北卷）》
图 11-80	达斡尔烟具	《中国少数民族文化史图典（东北卷）》
图 11-81	狍皮包	《中国少数民族文化史图典（东北卷）》
图 11-82	清代乾隆嘎布拉念珠盒	《故宫文物月刊》第 2 册
图 11-83	藏族墨水瓶	《宝藏》
图 11-84	《本草纲目》所绘诸壶图	《故宫文物月刊》第 6 册

后　记

　　《中国古代包装艺术史》从发凡起例至今天付梓，已跨越了十三个年头。十三年，在历史的长河中只是弹指一挥间，但对于有涯的人生来说，却是生命中的宝贵年华。这就不免有诸多的感慨，很多的话要说！

　　首先，要交代的是本书的写作起源。1998年底，年轻气盛、对人生充满自信的我负笈南迁，从中原大地来到南方交通枢纽重镇株洲，作为人才引进就教于时中国包装总公司下辖的唯一一所本科院校——株洲工学院。这是一所以包装为办学特色的院校，因此，全校言必称包装，在学校讲授包装类课程和从事包装研究的教师地位高，充满自豪感也就在情理之中。我虽然接触和学术研究的范围较广，但于包装而论，是一个彻头彻尾的外行。在这种氛围中，耳濡目染，来校后不久竟也关注起包装领域的一些知识。通过日积月累，由点到面，逐渐认识到自己在包装领域不仅有用武之地，甚至还有一定的优势，这种优势反映在包装艺术史方面，因为我有着扎实的史学功底和一定的艺术学基础。随之，便一头扎进了包装艺术史这一鲜有人涉足的领域。时光荏苒，不知不觉，一晃十五六年过去了。常言道，十年磨一剑。这项研究已超过了十年，是否成剑，真不敢自必！

　　其次，十多年持续不断的研究，其间发生了许多相关的事，有必要稍作交代，这或许会对本书的认识有所帮助。往事历历在目，挥之不去，思之良久，觉得资料的收集是不得不提的。由于包装自身的演变，从传统到现代已发生了根本性的变化，可以说面目全非，同时，也因时代变迁，传统包装的实物或多荡然无存，或被厚厚的历史尘埃所湮没，加上文献记载的漏落，我们难知其详。这应是长期以来学术界鲜有人涉足该领域研究的主要原因所在。我们知道，研究史学，没有史料是无从谈起的，而史料的形式又多种多样，包括文献、实物、图像，乃至口碑传说等。经过认真思考，我在动手伊始，便制订了史料收集的全面计划。为了便于对古代包装的理解和从浩如烟海的文献中爬梳出零散的文献资料，我先进行了实物史料的收集。2003 年暑假和下学期，我在制订了周密的考察计划以后，带领研究生分成四个小组，对全国含港澳台地区地市级以上博物馆进行了一次地毯式的考察，共拍摄到有关实物图片近 6 万幅，基本上囊括了考古出土和传世的有关包装实物。这中间特别难忘的是我与谭嫄嫄、柯胜海赴台湾收集资料的过程。因为台北"故宫博物院"不允许拍照，对偷拍监控很严，致使我们制定的拍摄工作方式根本无法展开，于是只得以笔录和画线描图的方式对有关实物进行记录，其费时苦心自不待言。同时，所购买的近百公斤的书籍，因无法邮寄，全部是随身带回来的，每当见到至今放在我工作室的三个手推车，当时的狼狈之状，便又在眼前。

如果说实物、图像史料的收集有着一定的视觉享受，甚至还可以附带领略一些风土人情的话，那么，文献史料的收集，则无疑是枯燥和颇耗时日的。面对汗牛充栋的各类文献史料，一个人想要全部过目，无疑难以竟日。我把这一工作和研究生的培养结合起来，先是让黎英、周作好、司丽丽、李娜等人对某一时期、某一民族或某一地域的包装进行资料收集和专题研究，在同学们的认真和努力下，效果甚好，不仅发现了不少颇有价值的史料，而且也领悟到了查找史料的门径和取巧的方法。随后参与资料收集的学生更多，有邓昶、郑超、姚进、朱小尧、李春波、黄文暄、管方圆、李梦远、毛素梅、万映频、张文等十多位研究生。资料收集由正史、政书、丛书为主，逐步拓展到笔记小说、野史杂记等举凡现存文献，因此，从本书资料的全面性来说，尽管不能说网罗无遗，但我可以充满自信地说："遗漏在所难免，但做到了上穷碧落下黄泉！"

其三，与该成果相关的事。研究工作展开以后，陆续有了一些成果问世，产生了一定影响。于是，2005 年我尝试申报了教育部人文社会科学研究项目，没想到一举立项，获得资助。这自然增强了我的信心，成为努力钻研的动力。2009 年，我在从事该项目的研究中，因在收集史料和利用史料中涌现了众多心得体会，申报了国家社科基金艺术学项目《中国古代设计史料学与数据库建设》，同样获得立项。其欣喜之情自不待言，信心倍增之余，还解决了研究经费不足的问题。至于 2013 年申报成功的《藏族古代设计史研究》，更是在民族包装设计史方面的推进。这些项目，在一些人看来，跨度较大，但事实上，我都是沿着史料及其价值发微作为主线开枝发叶的，均有着密切的联系。结题时间和成果质量的严格规定与要求，令我头上扎上了一道又一道的紧箍咒，从不敢懈怠，日之不足，继之以夜。为此，冷落了家人，没有尽到儿子、丈夫、父亲的责任；透支了身体，为以后的生活埋下了隐患。不寒而栗之余，只能以老祖宗张载所言："为往圣继绝学，为万世开太平。"聊以自慰！

其四，与成果相关的人。除了前面提到的诸多我的研究生以外，这里所涉及的实质上是对该成果形成给予过指导和帮助的人。由于该成果弥历十多年，与之有一定关联的人很多，原株洲工学院院长张晓琪，他对包装的课题给予了重视和支持，让我开始从事包装艺术史的研究。另一位是原株洲工学院副院长杨连登同志，尽管在我开始此项目不久以后他就因年龄原因退出了领导岗位，但在很大程度上，是他一再的鼓动、鼓励和不时的关注，使我涉猎到了包装这一领域，而且矢志不移，时至今日我一直铭记他！祝他健康长寿！另外，还有张公武研究员，虽然他因乡音太重，交流有些费劲，但这是一位很有学识的好友，在资料收集、提纲拟定等方面，曾提出不少好的建议，并且一直关心此成果的完成进度和出版工作，这自然令我感动万分！至于该成果结题时的评审专家东南大学凌继尧教授、中南大学胡彬彬教授、中国艺术研究员孙建君研究员、清华大学何洁教授、湖南工业大学胡俊红教授等，在学术上给予的指导，使我在结题后漫长的修改中受益匪浅！常言道，秀才人情纸一张！千言万语化作两个字：感恩！

笔者之所以有勇气将拙著公开出版，是期待抛砖引玉，广泛求教于同好。因为我始终坚信清人刘开《问说》所言："理无专在，而学无止境也。"中国古代包装艺术史随着新的实物史料的不断被发现和研究队伍的日益扩大，将逐步丰富和日臻完善。在这一领域，我将继续耕耘，有待他日，将补苴纠谬，敬请各位读者不吝赐教！

朱和平

2016 年 10 月于株洲

责任编辑：曹　春
封面设计：木　辛
责任校对：吕　飞

图书在版编目（CIP）数据

中国古代包装艺术史／朱和平 著 . —北京：人民出版社，2016.12
ISBN 978－7－01－017513－3

I.①中…　II.①朱…　III.①包装设计－工艺美术史－中国－古代
　IV.①TB482-092

中国版本图书馆 CIP 数据核字（2016）第 058392 号

中国古代包装艺术史
ZHONGGUO GUDAI BAOZHUANG YISHUSHI

朱和平　著

人民出版社 出版发行
（100706　北京市东城区隆福寺街 99 号）

北京盛通印刷股份有限公司印刷　新华书店经销

2016 年 12 月第 1 版　2016 年 12 月北京第 1 次印刷
开本：710 毫米 × 1000 毫米 1/16　印张：50.25
字数：806 千字

ISBN 978－7－01－017513－3　定价：198.00 元

邮购地址 100706　北京市东城区隆福寺街 99 号
人民东方图书销售中心　电话：（010）65250042　65289539